普通高等教育农业部“十二五”规划教材
全国高等农林院校“十二五”规划教材

普通物理学 精编版

普通高等教育“十一五”国家级规划教材修订版

理工类

曹学成 武秀荣 主编

中国农业出版社

内容简介

本教材是普通高等教育“十一五”国家级规划教材《普通物理学》（上册、下册）（习岗主编）及其修订版（武秀荣、曹学成主编）的精编版，为满足国内高校目前许多理工类专业对少学时教材的需求而编写。此书为普通高等教育农业部“十二五”规划教材、全国高等农林院校“十二五”规划教材，包括力学、热学、电磁学、机械振动与波动、光学和近代物理基础6篇共15章内容，并且还将出版配套的《普通物理学学习指导》。

本书比较系统地阐述了物理学基础理论，同时吸纳了物理学与现代高新技术密切联系的知识，为每章编写了拓展阅读专题，如基本粒子、宇宙的加速膨胀、GPS导航系统、生命探测器、巨磁电阻效应、二维纳米材料石墨烯、广义相对论等近代物理理论及应用和近几年获得诺贝尔物理学奖的项目，尽力反映物理学的新思想和新技术。全书系统完整，阐述清晰，主线突出，精选了例题、思考题和习题，具有较强的时代性和较宽的适用面。

本书可作为各类高等院校理工类专业的大学物理学公共基础课教材或教学参考书，同时对农林、生命科学类专业学生和科技工作者也有参考价值。

编 写 人 员

主　编　曹学成（山东农业大学）
　　　　　武秀荣（山西农业大学）
副主编　姜永超（青岛农业大学）
　　　　　汤剑锋（湖南农业大学）
　　　　　姜贵君（山东农业大学）
参　编　鲍钢飞（山东农业大学）
　　　　　高　峰（山东农业大学）
　　　　　丛晓燕（山东农业大学）
　　　　　周海亮（山东农业大学）
　　　　　秦羽丰（山东农业大学）
　　　　　吕　刚（山东农业大学）
　　　　　段智英（山西农业大学）
　　　　　郭　锐（山西农业大学）
　　　　　于建世（山西农业大学）
　　　　　徐进栋（青岛农业大学）
　　　　　刘　杰（青岛农业大学）
　　　　　张志广（青岛农业大学）
　　　　　龙卧云（湖南农业大学）
　　　　　欧阳锡城（湖南农业大学）
　　　　　王青如（聊城大学）
　　　　　墨蕊娜（塔里木大学）
　　　　　楚合营（塔里木大学）
　　　　　侯志青（河北农业大学）
主　审　刁　岗（西安理工大学）

前言

本书依据教育部高等农林院校理科基础课程教学指导委员会制定的《理工科类本科物理学课程教学基本要求》，在刁岗主编的普通高等教育“十一五”国家级规划教材《普通物理学》（第一版）和武秀荣、曹学成主编的《普通物理学》（第二版）的基础上，吸取了国内外同类教材的优点，结合作者多年从事大学物理教学的经验编写而成。

本教材为普通高等教育农业部“十二五”规划教材、全国高等农林院校“十二五”规划教材，得到了山东省教育厅“高等学校基础学科建设专项资金”、山东省研究生教育创新计划项目（SDYY08048）、山东省高等学校教学改革立项项目（2009282）、中华农业科教基金教材建设研究项目（NKJ201202005、NKJ201202024）、山东农业大学教育教学研究课题（山农大办字［2012］78号）等的资助。

该书为高等农林院校理科、工科各专业大学物理公共基础课教材。作为《普通物理学》（上册、下册）的精编版，编者对一些物理理论的讲解采用更简捷而又不失严密性的方法，对原书中的例题、习题做了精选调整，既保留了理工科教材的理论体系，又避免了学生学习起来艰涩难懂。全书共分质点运动学、质点动力学、刚体力学、流体力学、气体动理论、热力学、静电场、恒定电流、稳恒磁场、电磁感应与电磁场、机械振动、波动、波动光学、狭义相对论、量子力学基础15章内容，编写计划学时为60～80学时，拓展阅读专题16篇。本书力求做到在保持基本教学内容的前提下，努力扩大信息量，积极引进物理学研究的新思想、新技术和新成果，如基本粒子、宇宙的加速膨胀及宇宙大爆炸模型、GPS导航系统、生命探测器、巨磁电阻效应、纳米科学技术、扫描隧道显微镜、相对论时空观、量子论等，使读者能接触现代高新科技的发展脉搏和现代物理的前沿课题，给学生提供了知识扩展空间，注重了对学生科学素质和创新能力的培养。本书的另一编写特色是在讲述物理学基本知识内容的同时，插入了“知识链接”板块，引入了一些物理科技在工农业方面的应用，以及一些科学史中的人文佚事、科学思想的述评，体现物理学中的人文精神，使教材既生动有趣，又能反应物理学的进展对人类社会生产力发展所产生的巨大推动作用。

本书前言、绪论及附录由曹学成、吕刚编写；第一篇力学由武秀荣、曹学成、姜贵君、王青如、段智英、周海亮、郭锐编写；第二篇热学由姜永超、曹学成、徐进栋、张志广、高峰编写；第三篇电磁学由曹学成、高峰、鲍钢飞、于建世、侯志青、墨蕊娜编写；第四篇机械振动与波动由汤剑锋、丛晓燕、龙卧云、欧阳锡城、秦羽丰编写；第五篇光学由汤剑锋、姜贵君、楚合营编写；第六篇近代物理基础由曹学成、姜永超、鲍钢飞、刘杰编写。最后由曹学成教授、武秀荣教授负责全书的修改与定稿工作。

西安理工大学习岗教授仔细审阅了此书，并提出了许多宝贵意见。中国农业出版社有关人员在本书的编辑出版过程中付出了辛勤的劳动，在此一并致谢。

在编写本书的过程中，我们学习了兄弟院校的经验，借鉴、参阅了许多相关教材和参考文献的内容，有些未能列出。在此，我们谨对这些教材和文献的作者、同仁们表示衷心的感谢。

对于本书中的不足和疏漏之处，恳请读者批评指正，以便再版时改进。

编　者

2013 年 1 月

目录

第二篇 热 学

第三篇　电磁学

第四篇　机械振动与波动

第五篇　光　学

第六篇　近代物理基础

绪　论

一、物理学的研究对象

物理学是研究物质的基本结构、基本运动形式及其相互作用的科学。物理学的性质决定了它是整个自然科学的基础，是许多高新技术的重要基石，是先进思想、先进文化的重要源泉。物理学理论及其所创立的世界观和方法论在培养学生的科学素质等方面起着极为重要的作用。因此，以物理学基础为内容的大学物理课程，是高等学校理科、工科以及农科各专业学生一门重要的通识性必修基础课。该课程所教授的基本概念、基本理论和基本方法是构成学生科学素养的重要组成部分，并给后续课程提供强有力的支撑。

物理学理论一般分为两大部分，19 世纪以前的成就称为**经典物理学**，按其研究的物质运动形态和具体对象，所涉及的范围包括：**力学**（Mechanics）、**热力学**（Thermodynamics）、**电磁学**（Electromagnetism）、**光学**（Optics）等。19 世纪以后的成就称为**近代物理学**，它的主要支柱是**量子力学**（Quantum mechanics）和**相对论**（Relativity）。当然，任何理论都是相对的，都有各自的局限性并总是处在不断的发展之中。

1. 物理学研究的基本相互作用　物理学的研究表明，自然界中物质之间的各种相互作用可归结为**四种最基本的相互作用**，即**强相互作用、电磁相互作用、弱相互作用、引力相互作用**，它们的传播媒介不同，作用范围（即力程）各异，作用强度也相差极大，若以强相互作用的强度为 1，则将其比较可见表 0-1。

表 0-1　自然界四种基本相互作用

作用种类	强相互作用	电磁相互作用	弱相互作用	引力相互作用
力荷	色荷	电荷	味	质量
受作用粒子	强子	带电粒子	强子、轻子	所有粒子
媒介粒子	胶子	光子	中间玻色子	引力子（待发现）
相对强度	1	1/137	10^{-15}	10^{-42}
力程（m）	$10^{-16}\sim10^{-15}$	长程	$<10^{-16}$	长程
举例	核子结合成原子核 夸克结合成强子	原子的构成	β 衰变	重力、天体之间

引力相互作用——是人们认识最早的一种相互作用。原则上讲，在一切质量不为零的粒子之间都存在这种作用，但实际上只有当这些粒子聚集成质量巨大的物体时，它才显著地发挥作用。在微观世界（分子、原子、电子、原子核等），特别是基本粒子中它和其他三种相互作用相比较是微不足道的。

电磁相互作用——是人们研究得较为透彻的一种相互作用。它发生在一切带电或具有磁矩的粒子之间，在宏观世界中它扮演了主要的角色，在微观世界它同样也起着十分重要的作用。

强相互作用——是存在于质子、中子等强子（参与强相互作用的粒子）之间的一种相互作用。正是这种相互作用的存在，才使具有相互排斥的质子聚集在一起形成了不同的原子核，组成了丰富的质量世界。

弱相互作用——除存在于强子之间外，还存在于像电子、中微子等轻子之间，但只有在发生衰变反应时才显示出它的重要性。

对于相互作用理论的研究，最早做出贡献的是美国物理学家温伯格（Steven Weinberg，1933—）、格拉肖（Sheldon Lee Glashow，1932—）和巴基斯坦物理学家萨拉姆（Abdus Salam，1926—），他们于1967年提出了电弱统一理论，将电磁相互作用和弱相互作用统一在同一理论框架中，取得了极大的成就，并因此荣获1979年诺贝尔物理学奖。目前进一步研究的问题是：量子电动力学在更高能量或更小范围的运用性；弱电统一理论的进一步实验验证；各种作用的守恒定律及其破坏；以及是否存在另外的基本相互作用，如超强或超弱相互作用等。在此基础上，又有人想将电磁作用、弱相互作用和强相互作用统一起来，建立"大统一理论"，这种理论正在探索之中。最后建立起把这四种基本相互作用都统一起来的"超大统一理论"，就是在爱因斯坦的启发下，不息奋斗的物理学家们对物理学的最高追求。

2. 物理学研究的空间尺度　既然物理学是研究物质结构、性质及其变化基本规律的科学。它的研究对象也就十分广泛。从研究对象的空间尺度来看，大小至少跨越了约42个数量级，可分为四个系统：

宏观系统（macroscopic system）——物理学将接近人体尺度附近几个数量级的物质系统叫宏观系统，研究这一系统的物理学称为宏观物理学或经典物理学。物理学对物质世界的研究就是从这里开始的。

微观系统（microscopic system）——在19世纪与20世纪之交，物理学开始深入到物质的分子、原子层次，在这个尺度上物质运动的规律与宏观系统有本质的区别，物理学家把分子、原子以及后来发现的更深层次的物质客体（如原子核、质子、中子、电子、中微子、夸克等）称为微观系统。研究微观系统的物理学包括原子物理、分子物理、高能物理以及粒子物理等。

介观系统（mesoscopic system）——20世纪80年代以来，人们发现尺度在纳米和毫米之间的物质客体具有许多特殊性质，这种尺度介于宏观和微观之间的物质系统称为介观系统。目前，研究介观系统行为的介观物理学已发展成物理学中一个新的分支，介观物理学的发展导致了**纳米技术**（nanotechnology）的产生。由于纳米材料具有许多奇异特性，它们可在许多学科和技术领域里得到应用，并相继产生许多新的交叉学科，如纳米化学、纳米药物学、纳米生物学等。可以预见，纳米技术将在21世纪得到蓬勃的发展。

宇观系统（cosmological system）——在物理学中，人们把比宏观系统更大的系统称宇观系统。研究宇观系统的物理学包括天文学和天体物理学等，研究对象从个别天体到太阳系、银河系，从星系团到超星系团，尺度横跨了19个数量级。物理学最大的研究对象是整个宇宙，最远观察极限是哈勃半径，尺度达10^{27} m数量级，此时的物理学称为**宇宙学**（cosmology）。宇宙学的巨大成就是建立了**大爆炸宇宙模型**（参阅绪论后的拓展阅读）。按照这个模型，宇宙是在150亿年前的一次大爆炸中诞生的，在宇宙**混沌**（chaos）初开时物质的密度和温度都极高，那时没有原子和分子，更谈不到恒星和星系，有的只是极高温的热辐射和在其中隐现的高能粒子。因而，早期的宇宙又成了粒子物理研究的对象。就这样，物理学中研究最大对象和最小对象的两个尖端学科——宇宙学和粒子物理学竟奇妙地衔接在一起，结成为密不可分的姊妹学科。

3. 物理学研究的时间尺度　物理学研究的时间尺度同空间尺度一样，跨越也非常大。

时间尺度预计可跨越 65 个数量级，而质量跨越了 84 个数量级（电子的质量为 10^{-30} kg，现在所知宇宙的总质量为 10^{53} kg）。目前还没有一个绝对和精准的时间表，这里，我们以基本粒子的寿命为例简要介绍时间尺度的问题。

所谓基本粒子的寿命，就是指粒子从产生到衰变所经历的一段时间，粒子的寿命以强度衰减到一半的时间来定义。迄今为止，人们所知道的基本粒子已有 300 多种。其中，除少数寿命特别长的稳定粒子（如电子、质子、光子和中微子）外，其他都会分别通过弱相互作用、电磁相互作用和强相互作用衰变成别的粒子。在这些衰变的粒子中，绝大多数是瞬息即逝的，也就是说，它们往往在诞生的瞬间就已夭折。但由于引起衰变的原因不同，不同粒子的寿命（通常指粒子静止时的平均寿命）也有巨大的差异。如一个自由的中子会衰变成一个质子、一个电子和一个中微子，一个 π 介子衰变成一个 μ 子和一个中微子，其中，$\pi^{\pm}$ 介子的寿命约为 2.6×10^{-8} s；通过电磁相互作用衰变的粒子的寿命就短得多了，π^{0} 介子的寿命是 8.4×10^{-17} s，η 介子的寿命是 3×10^{-19} s，比起 $\pi^{\pm}$ 介子来，它们的寿命竟分别要短 9～11 个数量级。但寿命最短的，则要算通过强相互作用衰变的“共振态粒子”（如 Δ 粒子、Σ 粒子等），它们的寿命之短达到了惊人的地步，其寿命一般短到 $10^{-24}\sim10^{-20}$ s，以至于人们很难用确切的形容词来描述它们的衰变过程。粒子物理学家即使利用最优的实验手段也已无法直接测量它们，而只能用间接的方法推算出它们的寿命。

质子是最稳定的粒子，据推算，质子的寿命为 10^{32} 年。但质子是否衰变，质子的最大寿命是多少？宇宙的寿命约为 3×10^{10} 年，是否还能更长？……这一切尚在探索之中，一时难以定论。

二、物理学和其他学科的关系

物理学研究的是自然界最普遍的规律，是一切自然科学的基础。许多物质层次既是物理学的研究对象，也是其他学科的研究对象（见表 0-2）。物理学的基本概念和技术被应用到所有

表 0-2　物质世界的层次及其相关学科

层次名称	空间尺度数量级/m	相关学科
宇宙半径	10^{26}	宇宙学
银河星团	10^{23}	
星系	10^{20}	天文学
星球	$10^{7}\sim10^{12}$	天体物理学
地球	10^{7}	地质学
地球上的动植物	$10^{-2}\sim10^{5}$	生物学、生物物理学、纳米生物学
凝聚态物质	$10^{-3}\sim10^{6}$	凝聚态物理学
介观物质	$10^{-9}\sim10^{-6}$	介观物理学、纳米技术
气体		空气动力学
液体		液体动力学
固体		固体物理学
等离子体		等离子体物理学
巨大分子	10^{-7}	高分子化学、生物化学
分子	10^{-9}	分子物理学、物理化学、量子化学
原子	10^{-10}	原子物理学
原子核	10^{-14}	原子核物理学
基本粒子	10^{-15}	粒子物理学

自然科学之中，从而产生了许多交叉学科，如宇宙学、物理化学、生物物理学、地球物理学等。这些交叉学科的产生一方面促进了物理学自身的发展，另一方面也促进了其他学科的发展，成为了这些学科发展的源泉。在21世纪，学科之间的交叉将成为科学发展的特征与主流。

物理学和化学的交叉，派生出物理化学、量子化学等学科，特别是量子化学已深入到化学现象的微观机理，现在化学和物理学几乎没有明显的分界了。

物理学和生物学的关系又是怎样的呢？量子力学的奠基人之一薛定谔（E. Schrödinger，1887—1961，奥地利理论物理学家）（图0-1）在1944年写的《生命是什么？——活细胞的物理学观》成为生命科学与物理科学联姻的里程碑。在书中，他试图用热力学、量子力学等理论来解释生命现象，引入了负熵、遗传密码、量子跃迁式突变等概念，这些概念至今仍有着广泛的影响。他是公认的分子生物学的先驱！

图0-1　薛定谔
(E. Schrödinger，1887—1961)

随着生命科学研究的不断深入，人们发现在生命体系中存在着大量的物理过程和现象，这些过程和现象同样遵守物理学规律。从最初的物理学和生物学相互渗透与融合，到如今的生物学与物理学的相互依存、不可分割。两学科的交叉已形成了充满活力的新兴学科——生物物理学、量子生物学和纳米生物学等，取得了举世瞩目的成就，如DNA双螺旋结构的确定、X射线蛋白质分子结构分析、DNA基因序列激光测定法、高性能串联飞行时间质谱蛋白质组分析系统（MALDI TOF）等。21世纪是生命科学的世纪，生命科学的飞速发展是在物理学技术的支撑下取得的。

大量事实表明，物理思想与方法不仅对物理学本身有价值，而且对整个自然科学，乃至社会科学的发展都有着重要的贡献。据统计，自20世纪中叶以来，在诺贝尔化学奖、生理及医学奖，甚至经济学奖的获奖者中，有一半以上的人具有物理学的背景，——这意味着他们从物理学中汲取了智能，转而在非物理领域里获得了成功。——反过来，却从未发现有非物理专业出身的科学家问鼎诺贝尔物理学奖的事例。这就是物理智能的力量！

三、物理学和科学技术的关系

物理学是自然科学的核心，是技术创新的源泉。缺少了对以物理学为核心的自然科学的了解，我们就很难树立科学的发展观，很难保持持续稳定的发展。

历史上，物理学和技术的关系有两种模式。一种是技术向物理学提出了问题，促使物理学发展了理论，反过来提高了技术，即技术→物理→技术；另一种是理论先获得突破，导致了技术的产生，技术又反过来促进理论的发展。以解决动力机械为主导的第一次工业革命是第一种模式的例子。18世纪末瓦特（J. Watt，1736—1819）发明的蒸汽机给人们提供了有效的动力。其后，蒸汽机被应用于纺织、轮船、火车。但是，那时的热机效率只有5%～8%。对提高热机效率的思考导致了1824年卡诺定理（Carnot theorem）的产生，卡诺定理为提高热机效率提供了理论依据。到20世纪蒸汽机效率达到15%，内燃机效率达到40%，燃气涡轮机效率达到50%。电气化的进程则是第二种模式的例子。从1785年库仑定律（Coulomb law）的建立到1831年法拉第（M. Faraday，1791—1867）发现电磁感应定律，基本上是理论上的探索，没有应用的研究。然而，此后半个多世纪，各种交、直流发电机、电动机和电报机的研究应运而生。到了1862年麦克斯韦（J. C. Maxwell，1831—1879）电磁理论的建立和1888年赫兹（H. R. Hertz，1857—1894）的电磁波实验，又导致了无线电的发明。

20世纪以来，在物理和技术的关系中，上述两种模式并存，相互交叉。几乎所有重大的新技术领域的创立，都依赖于物理理论和实验技术上知识的积累。物理学扩展和提高了我们对其他学科诸如工程、通信、医学、环境科学、农业科学、生物学的理解，可以说物理学的发展是人类社会进步的一个重要组成部分。

物理学与农林科技和生命科学的结合也堪称典范。如物理学与医学的有机结合产生了计算机层析术（computer tomography，CT）、核磁共振成像（NMR）、超声波成像和激光手术等，这些现代化的诊断技术与方法已广泛应用于我们的生活，保证和改善了人们的生活质量。这里我们以扫描隧道显微镜为例来说明物理与科技的关系。我们知道，显微镜由最早的可把物体放大几百倍的光学显微镜发展到可放大几十万倍的电子显微镜，是生命科学发展史上的一个重要里程碑。而**扫描隧道显微镜**（scanning tunneling microscope，STM）的出现和目前世界上最高分辨率的**原子力显微镜**（atomic force microscope，AFM）的问世，将会在表面科学、纳米高科技、生命科学、遗传工程、分子生物医学、药理学等重大科技领域作出划时代的贡献。

物理学概念、方法和技术的引入使农林科技和生命科学获得了长足的发展。物理学不仅将以超声、遥感、激光、X射线衍射、电子显微镜、核磁共振等高新技术来支撑和促进现代农林科技和生命科学的高速发展，还将以主力军的身份参与解决生物节律、细胞通信和生命起源等重大生命科学的难题。可以说，物理学原理、技术与方法的渗透与融合是现代农林科技和生命科学发展的动力和源泉。这种状况表明，现代农林和生命科学工作者必须具备宽厚的物理学基础，物理素质将成为其科学素质的极为重要的组成部分。

现在，要进一步观察分子、原子等更细微的结构，更多的要使用扫描隧道显微镜，其放大倍数达到数千万倍。这是20世纪80年代初期出现的一种新型表面分析工具。其基本原理是基于量子力学的隧道效应和三维扫描。扫描隧道显微镜的出现，使人类能够实时观察单个原子在物质表面的排列状态和与表面电子行为有关的物理、化学性质，扫描隧道显微镜因其可直接观察物体表面原子结构而不会对样品表面造成任何损伤，而被广泛应用于表面科学、材料科学、生命科学等领域，并成为纳米加工的关键技术。扫描隧道显微镜不仅可以在各种样品表面上进行直接刻写、诱导淀积等，它还可以把吸附在表面上的吸附质如金属小颗粒、原子团及单个原子等从表面某处移向另一处，即对这些小颗粒进行操作。图0-2(a)所示是用扫描隧道显微镜拍摄的硅表面原子阵列图，图0-2(b)是硅单个原子从表面某处被移走后形成的"100"字样。1991年，IBM公司的拼字科研小组用扫描隧道显微镜针尖移动吸附在金属表面的一氧化碳分子，拼成了一个大脑袋小人的形象，见图0-2(c)。图中每个白团是单个一氧化碳分子竖在铂表面上的图像，顶端为氧分子，各个分子的间距约0.5 nm。这个"分子人"从头到脚只有5 nm高，堪称世界上最小的人形图案。1993年，美国科学家成功地进行了移动铁原子的实验。在低温条件下，用扫描隧道显微镜针尖将48个铁原子在铜的表面排列成直径为14.3 nm的圆圈构成一个"量子围栏"，最近的铁原子相距0.9 nm，如图0-2(d)所示。这些铁原子吸附在铜表面上，环中电子只能在其“围栏”内运动，形成“驻波”。现在人们还可以进一步使用原子力显微镜提供真正的样品三维表面图。原子，这个过去只存在于科学家头脑中的客体，已经十分清晰地展示在人们面前了！正如著名美籍华人物理学家**李政道**（Tsung-Dao Lee，1926—）所说：“没有昨日的基础科学就没有今日的技术革命”。

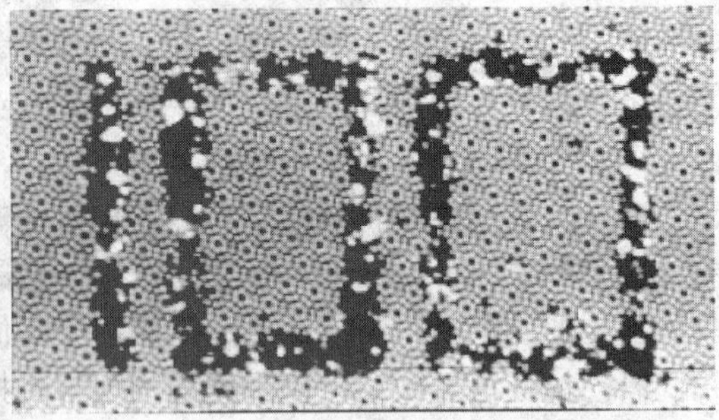

(a) 硅表面原子阵列图　　(b) 用探针移动硅表面层的原子排布成“100”

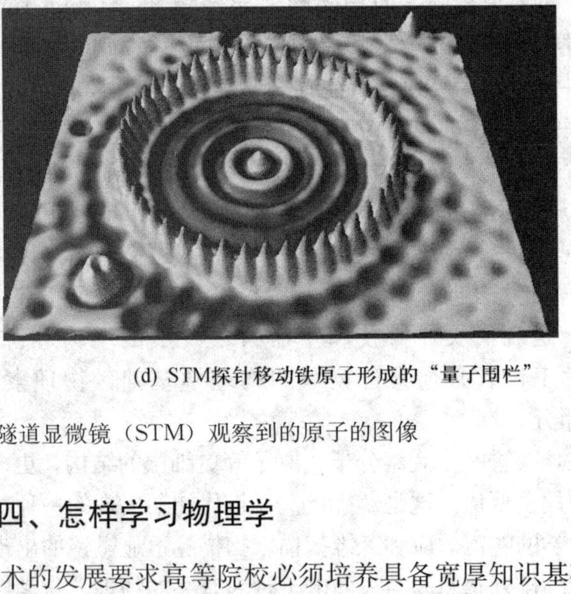

(c) “分子人”图形　　(d) STM探针移动铁原子形成的“量子围栏”

图 0-2　扫描隧道显微镜（STM）观察到的原子的图像

四、怎样学习物理学

我们认为，现代社会和科学技术的发展要求高等院校必须培养具备宽厚知识基础、扎实专业技能、较强适应能力和强烈创新意识的复合型人才。这就要求高等院校各专业的大学物理公共基础课程的教学目标是：①使学生较系统地学习物理学的基本内容、研究方法，拥有宽广的知识背景，为进一步学习做好准备。②使学生掌握科学分析方法和科学研究方法，提高获取新知识的能力，为终身教育打好基础。③掌握基本的自然规律，树立正确的自然观、世界观和发展观，培养学生的科学素质和对社会发展的高度责任感。④以创新教育为核心，激发学生的创新欲望，培养创新精神和创新能力。

根据人才培养的目标和要求，学习物理应坚持物理科学方法论以及理论与实践相结合等原则。

1. 坚持物理科学方法论　物理学有一套科学的研究方法。物理学作为一门基础科学，从它辉煌的发展史中就可以看出它在社会发展中的重要作用。从牛顿（I. Newton，1642—1727）的《自然哲学的数学原理》到爱因斯坦（A. Einstein，1879—1955）的相对论，以及同时诞生的量子力学，物理学已经建立了非常完整的学科理论体系。物理学方法原理既包含类比、归纳、综合等科学思维方式，又包含抽象、理想、假设、统计等科学研究方法，物理学所建立的“提出命题、建立模型、推测答案、实验检验”的研究模式已成为一切科学研究所遵循的基本准则。例如，严格地讲，物理学中的质点、刚体、惯性参考系、平衡态、点电荷等都不存在，物理学是将它们作为一种理想模型来研究实际问题和解决实际问题的。因此，通过物理学的学习可以接受科学思维方式和科学方法的训练。

举世闻名的德裔美国科学家、近代物理学的开创者和奠基人——爱因斯坦说得好：“发展独立思考和独立判断的能力，应当始终放在首位，而不应当把专业知识放在首位。如果一个人掌握了他的学科的基础理论，并且学会了独立思考和工作，他必定会找到自己的道路，而且比起那种主要以获得细节知识为其培训内容的人来，他一定会更好地适应进步和变化。”

2. 遵循实践—理论—再实践的方法 学习物理首先要扎扎实实学好基本理论和基本知识，包括物理概念、规律、物理图像等。其次，要以实事求是的态度对待科学真理。通过物理实验以及不断的实践和探索来正确理解物理理论，在这个过程中学会独立思考、自己判断，不要迷信偶像和权威。例如，万有引力和牛顿定律的发现绝不是因为牛顿看到一个苹果掉在地上，而是牛顿在哥白尼（N. Copernicus，1473—1543）、伽利略（G. Galileo，1564—1642）、第谷（Tycho Brahe，1546—1601）、开普勒（J. Kepler，1571—1630）、胡克（R. Hooke，1635—1703）、惠更斯（C. Huygens，1629—1695）的研究基础上完成的。牛顿自己讲得很清楚：“那是因为我站在巨人的肩上”。过分宣扬牛顿从一个苹果发现万有引力和牛顿定律是不科学的，是有害的。第三，物理学的发展是曲折的，是经过众多科学家艰苦工作的结果。例如迈克尔孙—莫雷用了 10 多年寻找“以太”，最终证明“以太”根本不存在。他们和爱因斯坦一样，为狭义相对论的发现做出了贡献。又如，我们不讲伽利略推翻了亚里士多德（Aristotle，前 384—前 322），爱因斯坦推翻了牛顿这一类的话。在科学发展的道路上，不能用“胜者王侯，败者贼”这种方法去衡量科学和科学家，每一位学习物理的学生和科技工作者都要学会尊重所有为科学做出贡献的人。物理学的每一个进展和研究成果都是大量科学家长期艰苦工作的结晶，物理学的发展历史就是无数科学家不断创新的历史。通过物理学的学习可以了解到科学家对真理忘我的追求精神和优良品德，有助于培养大胆创新、坚韧不拔的作风，树立正确的人生观。

3. 勤学苦练，悟物穷理，融会贯通 物理学博大精深、内容丰富。学好物理学，关键要勤于思考，悟物穷理。勤于思考，就要对新的概念、定义、公式中的符号和公式本身的含义，用自己的语言陈述出来。对于定理的证明、公式的推导，最好在了解了基本思路之后，自己能把它们演算出来。这样你才能熟练掌握物理学的研究方法、数学描述语言和推演技巧。悟物穷理，就要多向自己提问。问题是如何提出的？推论是怎样得来的？它有哪些重要的应用？理论的一般适用条件或极端适用条件是什么？如果能做到这些，就一定能够了解物理学的真谛，并从中获得极大的教益。当然还必须在理解的基础上进行适当的记忆，做大量的练习题，而不是仅仅满足于掌握一些知识、定律和公式，更不要死记硬背公式。

正如著名美国理论物理学家、诺贝尔奖获得者费曼（R. P. Feynman，1918—1988）所说：“科学是一种方法，它教导人们一些事物是怎样被了解的，什么事情是已知的，现在了解到什么程度，如何对待疑问和不确定性，证据服从什么法则，如何去思考事物做出判断，如何区别真伪和表面现象。”

拓展阅读

宇宙的加速膨胀

——解读 2011 年诺贝尔物理学奖

一、宇宙加速膨胀的发现

宇宙膨胀的发现和确证，被认为是 20 世纪最重要的、最具深远意义的天文学进展和成就，它改变了人们对宇宙面貌本原的认知和理解。

关于宇宙的演变，科学家一直认为不外乎两种可能：一种可能是宇宙的物质密度足够大，于是在引力作用下，膨胀将不断减速，直至停止并且随后开始收缩，最后又缩回一个体积无穷小的点；另一种可能是宇宙的物质密度不够大，虽然在引力作用下，膨胀也在减速，但因为膨胀又进一步稀释了物质，使得引力的“刹车”作用逐渐失灵，于是宇宙膨胀将永远持续下去。因此不论宇宙面临哪一种命运，膨胀都将减速，看来这是没有歧义的。宇宙膨胀必然减速的深层原因是在宇宙那么大的尺度范围内，物质的运动只受引力支配，而引力总是倾向于把所有物质都聚拢在一起，不让它们散开去。

然而这一看似绝对正确没有歧义的结论却被证明是错误的。美国和澳大利亚的科学家们在 1998 年分别公布了他们的研究成果：“通过对Ⅰa 型超新星测距发现宇宙的膨胀是加速的”。这一成果否定了过去科学家对宇宙膨胀的认知，动摇了宇宙学理论的根基，并且揭示出了暗能量存在的可能性。这一成果为人类从整体上研究宇宙提供了新视角，堪称宇宙探索道路上的里程碑。因此 2011 年 10 月 4 日，瑞典皇家科学院将 2011 年诺贝尔物理学奖授予美国科学家索尔·珀尔马特（Saul Perlmutter，1959—）、亚当·里斯（Adam Guy Riess，1969—）和拥有美国和澳大利亚双重国籍的科学家布莱恩·施密特（Brian Paul Schmidt，1967—），以表彰他们透过观测遥距超新星而发现宇宙加速膨胀的重大发现。

二、宇宙加速膨胀的测定

1. 标准烛光　对于浩瀚的宇宙，我们该如何进行测量呢？这首先要认识什么是光度和亮度。光度是发光体本身固有的发光本领。例如，一个 100 W 的灯泡，它的光度就是 100 W。亮度则是观测者看上去的明亮程度，与发光体的距离有关。100 W 的灯泡，放在距离10 m处，看上去很亮；若改放在距离 100 m 处，看上去就暗多了。根据物理知识——亮度和距离的平方成反比，这样，在知道灯泡的光度为 100 W 的前提下，再测定出它的亮度，就能依据“距离平方的反比”定则，准确推算出灯泡的距离。我们可以将已知光度的灯泡看作是“标准烛光”，这是一个很形象的比喻，假如你准确地知道一支蜡烛点亮时的亮度，你就可以根据观测到的蜡烛的实际亮度推测出蜡烛离你有多远，如图 0-3 所示。如果这时蜡烛旁边刚好有一个人手持蜡烛，那么你也可以通过蜡烛的亮度来判断你和那人之间的距离。天文学家领悟到可以运用类似的“标准烛光”方法去测定天体之间的距离。

图 0-3　标准烛光示意图

在茫茫宇宙中，能够成为“标准烛光”的天体是什么呢？科学家们发现，造父变星及Ⅰa 型超新星等可堪当此任。

2. 造父变星　**造父变星**（Cepheid variable stars）是一类高光度周期性脉动变星，由于典型星“仙王座δ星”的中文名为“造父一”而得名（在中国古代将“仙王座δ”称作“造父一”）。由于根据造父变星周光关系可以确定星团、星系的距离，因此造父变星被誉为“量天尺”。造父变星实际上包括两种性质不同的类型：星族Ⅰ造父变星（或称经典造父变星）和星族Ⅱ造父变星（或称室女W型变星），它们有各自的周光关系和零点。科学家们经过研究发现，造父变星的光变周期和光度之间有着密切关系，光变周期越长，亮度就越大，这称为**周光关系**。通过得到的周光关系曲线，用来作为测量天体距离的尺度，因此造父变星可谓是人类的“量天尺”了。天文学家则将造父变星视为宇宙中的“标准烛光”，因为我们可以用它来测量视差法无法测量的特大距离。以后在测量遥远未知距离的星团、星系时，只要能观测到其中的造父变星，利用周光关系就可以将星团、星系的距离确定出来。造父变星，可测量数千万**秒差距**（parsec，pc）的距离（注：秒差距是一种最古老的，同时也是最标准的测量恒星距离的方法。1 pc＝3.086×10^{16} m＝3.26 光年。天文学家通常使用秒差距而不是天文单位光年来描述天体的距离）。

3. Ⅰa型超新星 Ⅰa型超新星是由白矮星产生剧烈爆炸形成的激变变星，见图0-4、图0-5。这种类型的超新星通过质量累积的机制，在达到一定质量时才能爆发，因而Ⅰa型超新星的最大亮度的绝对星与光度曲线有很明确的函数关系。Ⅰa型超新星可用于确认数亿秒差距外的星系距离。因此诺奖的两个研究团队都是通过寻找Ⅰa型超新星进行精确的测距来判定宇宙膨胀的具体情况的。

图0-4 超新星爆炸

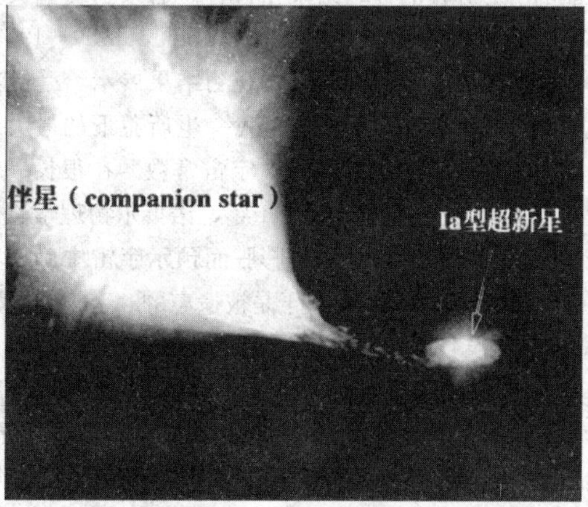

图0-5 Ⅰa型超新星爆炸放大图

4. 宇宙红移 在日常生活中，距离一般来说是一个比速度更易测量的量，但在茫茫宇宙中，则刚好相反。在宇宙测量中通常是利用多普勒效应测量出天体远离我们的速度，从而推算出天体与我们的距离。多普勒效应是由相对运动引起的，分为声波多普勒效应：比如当火车向你驶来的时候，声调会变得尖锐，而离你而去时，声调会趋于缓和。而光多普勒效应是指，当一个运动物体向你驶来，它发出的光受到挤压，波长变短，在光谱中朝蓝的一端移动，谓之“蓝移”；反之，离你而去时，它发出的光受到拉伸，波长变长，朝红的一端移动，谓之“红移”。宇宙膨胀，远处的天体远离我们而去，属于红移的情况，

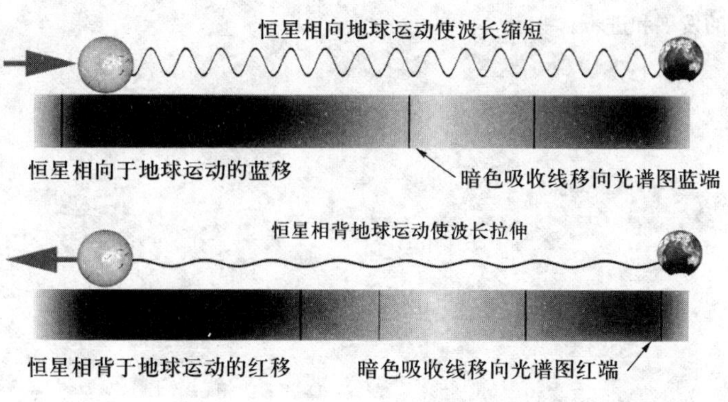

图0-6 宇宙“蓝移”及“红移”示意图

如图 0-6 所示。在光谱中测出了红移的程度，就能很快获知天体离开我们的速度。两个小组惊奇地发现，高红移的超新星比原来预计的要暗。这意味着这些超新星的距离比我们预料的要远，这表明宇宙膨胀在加速，而不是在减速！

三、谁是宇宙加速膨胀的推手？

那么，是什么力量在抵消引力作用，导致宇宙膨胀加速呢？现在大家普遍认为是**暗能量**（dark energy）在起作用，但它是什么，迄今人们仍不清楚。

关于暗能量概念的起源，还得追溯到科学巨匠爱因斯坦在他 1915 年的相对论中提出的一组引力方程式，这一组方程式的结果预示着宇宙是在做永恒的运动，但这个结果与爱因斯坦宇宙是静止的观点相违背，为了使这个结果能预示宇宙是呈静止状态，爱因斯坦又给方程式引入了一个项，称之为**"宇宙常数"**。人们经过哈勃空间望远镜观测发现，事实上宇宙是在不断膨胀着的，并且这一观测结果完全与引入"宇宙常数"之前的引力方程的计算结果相符合。后来当美国天文学家爱德温·哈勃（Edwin P. Hubble，1889—1953）得意洋洋地将膨胀宇宙的天文观测结果展示给爱因斯坦看时，爱因斯坦说："这是我一生所犯下的最大错误"（见图 0-7）。此后那个"宇宙常数"在很长一段时间被人们所遗忘。直到 2011 年，诺贝尔物理学奖的研究成果才发现宇宙是加速膨胀而预示宇宙中确实存在着某种"巨大的东西"，于是被遗忘的"宇宙常数"便被赋予了"暗能量"的含义。现在看来，爱因斯坦"最大的错误"可能就是我们最伟大的发现。

图 0-7　1931 年哈勃（中）陪同爱因斯坦（左）观看胡克望远镜

宇宙学中，暗能量还仅仅是科学家的猜想，指一种充溢空间的、具有负压强的能量。按照相对论，这种负压强在长距离类似于一种反引力。因此暗能量是一种不可见的、能推动宇宙运动的能量，宇宙中所有的恒星和行星的运动都是由暗能量与万有引力来推动的。暗能量假说是解释宇宙加速膨胀和宇宙中失落物质等问题的一个最流行的方案。它之所以具有如此大的力量，是因为据推测暗能量在宇宙的结构中约占 73%，占有绝对统治地位。暗能量假说的提出是宇宙学研究上的一个里程碑。

如今关于暗能量的客观存在性，已成为物理学界的一个关注热点和议题，今后必然会推动和影响宇宙学的发展和进步。

第一篇　力　学

世界是物质的，物质是运动的，物质运动的形式是多种多样的，**机械运动**（mechanical motion）是物质最简单、最基本的运动形式，它是指物体之间（或同一物体各部分之间）相对位置随时间变化的过程。**力学**（mechanics）就是研究机械运动规律及其应用的科学。

以牛顿运动定律为核心建立起来的经典力学体系，是人类认识自然及历史取得的第一个伟大成就，是近代自然科学中最早建立完备体系的学科，对整个近代科学的发展以及人类生活方式均产生了极其深刻的影响。牛顿力学的建立是科学范式的重要变革，标志着近代自然科学的诞生，并成为自然科学其他学科的典范。

另外，力学研究也与应用技术密切相关。力学原理是工程技术的最重要基础，在机械工程、土木工程、航天工程及水利工程当中，力学的研究成果获得了最广泛的应用。通过技术这个桥梁，力学时刻影响或改变着人类的生活方式。大到飞机、航母、卫星、火箭，小到生活用品日常起居，力学的研究成果不断地推进人类自身的发展。

依据研究对象及研究内容的不同，经典力学可以分为**运动学**（kinematics），**动力学**（dynamics）及**静力学**（statics）三个部分。运动学研究如何描述物体的运动，动力学则研究物体运动状态改变的原因，静力学解决物体处于平衡时的力学问题。

本篇包括第一章质点运动学，第二章质点动力学，第三章刚体力学及第四章流体力学基础。质点运动学和质点动力学主要讨论质点运动的基本规律，刚体力学着重讨论刚体定轴转动的基本规律，流体力学则研究流体的整体运动规律。

中国工程力学的奠基人钱学森

“在近代力学里，把理论和实际紧密结合起来的要求，是十分明显的。我们可以说，近代力学离开了理论基础，就解决不了问题，而离开了生产实践，就将失去其生命力。”这是一句广为流传的名言，说话者是我国工程力学奠基人钱学森先生。

钱学森在讲台上

钱学森（1911—2009），浙江省杭州市人，空气动力学家，中国科学院院士，中国工程院院士。中国力学界公认钱学森是“我国近代力学的奠基人”、“对发展我国力学事业有全面而深刻的影响”。他1934年毕业于上海交通大学，1935年赴美国麻省理工学院留学，翌年获硕士学位，后入加州理工学院。1939年获航空、数学博士学位后留校任教并从事应用力学和火箭导弹研究，是加州理工学院空气动力学实验室的创始人之一。1955年，钱学森回到祖国，于1956年向中央提交了《建立我国国防航空工业意见书》，它也成为发展我国自主火箭导弹技术的最早实施方案。钱学森协助周恩来、聂荣臻筹备组建火箭导弹研制机构——国防部第五研究院，1956年10月任该院院长。此后长期担任我国火箭导弹和航天器研制的技术领导职务，为中国火箭导弹和航天事业的创建与发展作出了杰出的贡献。1957年获中国科学院自然科学一等奖，1979年获美国加州理工学院杰出校友奖，1985年获国家科技进步奖特等奖。1989年获小罗克维尔奖章和世界级科学与工程名人称号，1991年被国务院、中央军委授予“国家杰出贡献科学家”荣誉称号和一级英模奖章。

第一章　质点运动学

运动学（kinematics）是经典力学的分支之一，侧重从几何的观点来描述物体位置随时间的变化规律。质点运动学研究质点机械运动的描述方法，主要包括位置矢量、位移、速度和加速度等基本概念。虽然本章涉及的一部分概念和公式在中学物理课程中已有初步介绍，本章将对其进行更严格、更全面和更系统化地研究。微积分的思想和方法以及矢量概念和运算的使用，使本章对质点运动的描述更加注重科学抽象与逻辑推理。

第一节　质点运动的描述

一、确定质点位置的方法

1. 参考系　坐标系　质点　在自然界中，所有物体都在不停地运动，绝对静止不动的物体是不存在的。然而运动又是相对的，这就是说任何物体运动的确定，必须选择另一个物体作为参照，这个被选作参照的物体称为参考物，与参考物固连的三维空间称为参考空间。另外，物体的位置变动总是伴随着时间的变化，所谓考察物体的运动，也就是考察物体的位置变动与时间的关系。因此，考察运动还必须有计时的装置，即钟。参考物和与之固连的钟的组合称为**参考系**（reference system）。不过，在牛顿力学的框架中，常把参考物称为参考系，而不必特别指出与之相连的参考时间。显然，相对于不同的参考系，同一物体的同一运动会表现出不同的运动状态。这种物体的运动状态随参考系的不同而不同的性质叫做**运动的相对性**（relativity of motion）。由于运动具有相对性，因此，当描述一个物体的运动时，必须指明是相对于哪一个参考系而言的。

确定参考系之后，为了定量地描述物体的运动（相对于参考系的位置、运动的快慢、运动的方向等）还需要在参考系上选用一个具有标度的**坐标系**（coordinate system）。最常用的坐标系是直角坐标系（x、y、z）。此外，也可以根据具体情况选用平面极坐标系（r，φ）、柱坐标系（r，φ，z）、球坐标系（r，θ，φ）和自然坐标系等。有了坐标系就可以定量描述物体的运动。由于物体具有一定的大小和形状，在运动中物体上各点的位置变化并不一定相同，但是在很多情况下，可以认为在运动中物体上各点的位置变化是相同的，这时可以忽略物体的大小和形状，而把物体当成是一个具有一定质量的几何点，用这个几何点的运动来代表整个物体的运动。这个具有一定质量的几何点称为**质点**（particle）。例如，研究太阳系中行星运动时，由于行星的直径比行星绕太阳运动的轨道半径小得多（地球与太阳之间的距离大约是地球本身直径的 10^4 倍），所以在研究行星公转时，可以将行星看作一个质点。这里说明几点：

（1）将物体看作质点来处理是有条件的，能否将一个物体看作质点，完全取决于问题的性质。当研究地球自转时，就不能把地球当作一个质点了。对于一个极小的原子，当研究其内部的结构时，同样不能将其看成质点。

（2）质点是一个理想化的物理模型。在物理学中，为了突出研究对象的主要性质，常会引入一些理想化的模型来代替实际物体，从而使问题变得简单。理想化方法是物理学，也是自然科学研究中一个常用的方法。后面提到的刚体、理想流体、理想气体、点电荷、原子模型等都是理想化模型。

（3）当不能把所研究的物体当成质点时，物理学的处理方法是把整个物体看成是由许多质点组成的**质点系**（particle system），通过对质点系的研究来了解整个物体的运动。因此，研究质点的运动规律是研究物体运动规律的基础。

（4）在本章中只考虑物体的平动，不考虑物体的转动与形变，从而可以将物体当作质点来处理，故本章称为质点运动学，本章研究的规律适用于不发生转动和形变的平动物体的情况。

2. 位置矢量 设有一个质点沿曲线运动，为了表示质点在 t 时刻的位置 P，可以选取如图 1-1 所示的直角坐标系，用从原点到该点的有向线段 OP 来确定质点位置，有向线段 OP 记作矢量 $\boldsymbol{r}$，称为质点的**位置矢量**（position vector），简称**位矢**。

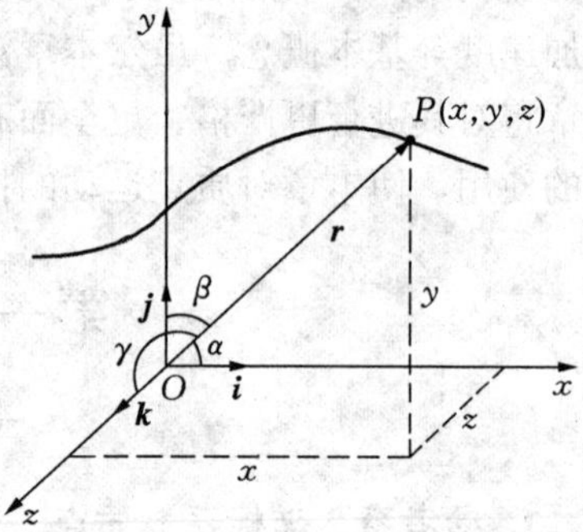

图 1-1 质点的位置矢量

位置矢量可以用它沿三个坐标轴的分量来表示。由于位置矢量 $\boldsymbol{r}$ 沿三个坐标轴的分量分别是 x、y、z，用 $\boldsymbol{i}$、$\boldsymbol{j}$、$\boldsymbol{k}$ 分别表示沿 x、y、z 轴正方向的单位矢量，则位置矢量 $\boldsymbol{r}$ 可写成

$$\boldsymbol{r}=x\boldsymbol{i}+y\boldsymbol{j}+z\boldsymbol{k} \qquad (1-1)$$

位矢 $\boldsymbol{r}$ 的大小（或称模）为 $$|\boldsymbol{r}|=r=\sqrt{x^2+y^2+z^2} \qquad (1-2)$$

位矢 $\boldsymbol{r}$ 的方向余弦为 $$\cos\alpha=\frac{x}{r},\quad \cos\beta=\frac{y}{r},\quad \cos\gamma=\frac{z}{r} \qquad (1-3)$$

式中，α、β、γ 分别是 $\boldsymbol{r}$ 矢量与 x、y 和 z 轴之间的夹角（取小于 π 的值）。

二、质点的位移、速度和加速度

1. 位移 如图 1-2 所示，设某质点在 t 时刻位于 A 点，其位置矢量为 $\boldsymbol{r}(t)$，经过一段时间 Δt 后，质点从 A 点运动到 B 点，B 点的位置矢量为 $\boldsymbol{r}(t+\Delta t)$，从 A 指向 B 的有向线段叫做物体在这段时间内的**位移**（displacement），常用 $\Delta\boldsymbol{r}$ 表示。由图 1-2 容易看出，$\Delta\boldsymbol{r}$ 也就是质点在 t 到 $t+\Delta t$ 时间内位矢的增量，即

$$\Delta\boldsymbol{r}=\boldsymbol{r}(t+\Delta t)-\boldsymbol{r}(t) \qquad (1-4)$$

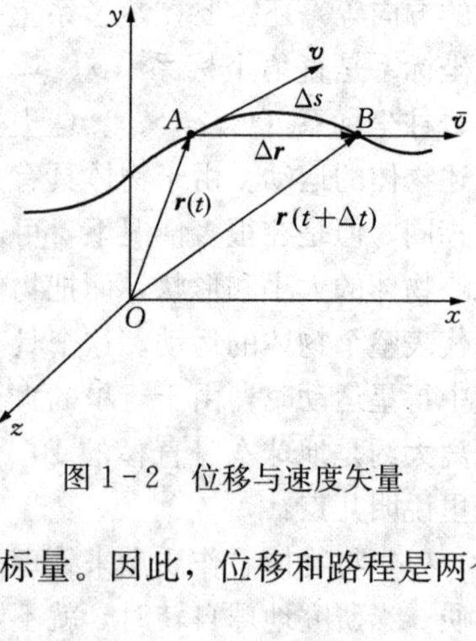

图 1-2 位移与速度矢量

由定义可知，位移 $\Delta\boldsymbol{r}$ 是矢量，它的方向由始点 A 指向终点 B，其量值 $|\Delta\boldsymbol{r}|$ 就是 AB 的长度。而在运动过程中，质点实际通过的路径，即运动轨道上相应的弧长 Δs 叫做该质点在 Δt 时间内经过的**路程**（distance），路程是标量。因此，位移和路程是两个不同的概念。

2. 运动方程 质点在运动时，它的位矢 $\boldsymbol{r}$ 是随时间变化的，即

$$\boldsymbol{r}=\boldsymbol{r}(t)=x(t)\boldsymbol{i}+y(t)\boldsymbol{j}+z(t)\boldsymbol{k} \tag{1-5}$$

该式给出了质点在 t 时刻的位置。类似地，位矢相应的三个坐标分量可以表示为

$$x=x(t),\ y=y(t),\ z=z(t) \tag{1-6}$$

式（1-5）和式（1-6）称为质点的**运动方程**（equation of motion）。从式（1-6）中消去参数 t 得到的关于坐标 x、y、z 的函数关系式称质点运动的**轨迹方程**（obit equation）。

类似地，在极坐标下质点的运动方程可表达为 $r=r(t)$，$\theta=\theta(t)$。在自然坐标下，质点的运动方程可表达为 $s=s(t)$。由于知道了运动方程就可以确定任意时刻质点的位置，因此，质点运动学的重要任务之一就是找出各种具体运动所遵循的运动方程。

3. 速度　质点的位置随时间变化产生了位移。为了描述质点位移随时间变化的快慢程度，引入速度矢量的概念。如图 1-2 所示，当质点在 Δt 时间内发生位移 $\Delta\boldsymbol{r}$ 时，定义

$$\overline{\boldsymbol{v}}=\frac{\Delta\boldsymbol{r}}{\Delta t} \tag{1-7}$$

为质点在 $t\to t+\Delta t$ 这段时间内的**平均速度**（average velocity）。按照定义式，平均速度是矢量，它描述了质点在 Δt 时间内运动的平均快慢程度，其方向就是位移的方向，其单位是 $\mathrm{m\cdot s^{-1}}$。在图 1-2 中，平均速度的方向就是曲线上从 A 指向 B 的割线方向。

当 $\Delta t\to 0$ 时，平均速度的极限就是质点在 t 时刻的**瞬时速度**（instantaneous velocity），简称**速度**，用 $\boldsymbol{v}$ 表示。

$$\boldsymbol{v}=\lim_{\Delta t\to 0}\frac{\Delta\boldsymbol{r}}{\Delta t}=\frac{\mathrm{d}\boldsymbol{r}}{\mathrm{d}t} \tag{1-8}$$

由图 1-2 可见，当 $\Delta t\to 0$ 时，B 点沿曲线趋近 A 点，割线 AB 将趋近于 A 点的切线，故质点在 A 点（即 t 时刻）的速度方向为曲线上该点的切线方向，并指向前进的一方。

速度的大小叫**速率**（speed），用 v 表示

$$v=|\boldsymbol{v}|=\left|\frac{\mathrm{d}\boldsymbol{r}}{\mathrm{d}t}\right| \tag{1-9}$$

如果用 Δs 表示在 Δt 时间内质点沿曲线走过的路程（即弧 AB 的长度），当 $\Delta t\to 0$ 时，$|\Delta\boldsymbol{r}|$ 和 Δs 趋于相同，因此

$$v=\lim_{\Delta t\to 0}\frac{|\Delta\boldsymbol{r}|}{\Delta t}=\lim_{\Delta t\to 0}\frac{\Delta s}{\Delta t}=\frac{\mathrm{d}s}{\mathrm{d}t} \tag{1-10}$$

这就是说速度的大小（即速率）等于质点所走过的路程对时间的导数。

将式（1-5）代入式（1-8），速度可表示成

$$\boldsymbol{v}=\frac{\mathrm{d}\boldsymbol{r}}{\mathrm{d}t}=\frac{\mathrm{d}x}{\mathrm{d}t}\boldsymbol{i}+\frac{\mathrm{d}y}{\mathrm{d}t}\boldsymbol{j}+\frac{\mathrm{d}z}{\mathrm{d}t}\boldsymbol{k}=v_x\boldsymbol{i}+v_y\boldsymbol{j}+v_z\boldsymbol{k} \tag{1-11}$$

上式表明，质点的速度 $\boldsymbol{v}$ 是沿三个坐标轴方向的分速度的矢量和。$v_x=\dfrac{\mathrm{d}x}{\mathrm{d}t}$，$v_y=\dfrac{\mathrm{d}y}{\mathrm{d}t}$，$v_z=\dfrac{\mathrm{d}z}{\mathrm{d}t}$ 分别为速度在 x，y，z 轴的分量。所以速度矢量的大小（即速率）为

$$v=|\boldsymbol{v}|=\sqrt{v_x^2+v_y^2+v_z^2} \tag{1-12}$$

根据速度的定义式（1-8），若已知质点的运动速度 $\boldsymbol{v}(t)$，则质点在时间 $\mathrm{d}t$ 内的位移为

$$\mathrm{d}\boldsymbol{r}=\boldsymbol{v}(t)\mathrm{d}t$$

质点自 t_0 时刻到 t 时刻的总位移即为

$$\boldsymbol{r}(t)-\boldsymbol{r}(t_0)=\int_{t_0}^{t}\boldsymbol{v}(t)\mathrm{d}t \tag{1-13}$$

式（1-13）说明，只要知道质点的运动速度$\boldsymbol{v}(t)$及质点的初始位置矢量$\boldsymbol{r}(t_0)$，就可以根据上式求出任意时刻质点的位置矢量。表1-1给出了一些实际的速度大小值，由此可以对速度的大小有个直观的了解。

表1-1　一些物体运动的速率

名称	速率/$\mathrm{m\cdot s^{-1}}$
光在真空中的速度（c）	3.0×10^8
正负电子对撞机中电子的速度	$0.999c$
基态氢原子中电子的经典速度	2.2×10^6
太阳在银河系中绕银河系中心的运动速度	3.0×10^5
地球公转速度	3.0×10^4
地球自转速度（赤道上一点）	4.6×10^2
人造地球卫星的速度	7.9×10^3
现代歼击机的速度	$\sim9\times10^2$
步枪子弹离开枪口时的速度	$\sim7\times10^2$
空气分子热运动的平均速率（0 ℃）	4.5×10^2
空气中声速（0 ℃）	3.3×10^2
动车、高铁、磁悬浮列车、赛车速度	$\sim1.0\times10^2$
猎豹（最快动物）	2.8×10
蜗牛的爬行速度	$\sim1.5\times10^{-3}$

4. 加速度　速度是个矢量，不论它的大小还是方向发生变化，或者两者同时变化，速度都发生了变化。在图1-3(a) 中，$\boldsymbol{v}(t)$ 和$\boldsymbol{v}(t+\Delta t)$ 分别表示质点在 t 时刻和 $t+\Delta t$ 时刻的速度。从图1-3(b) 中可以看到，在 Δt 时间内质点的速度增量为 $\Delta\boldsymbol{v}=\boldsymbol{v}(t+\Delta t)-\boldsymbol{v}(t)$。定义

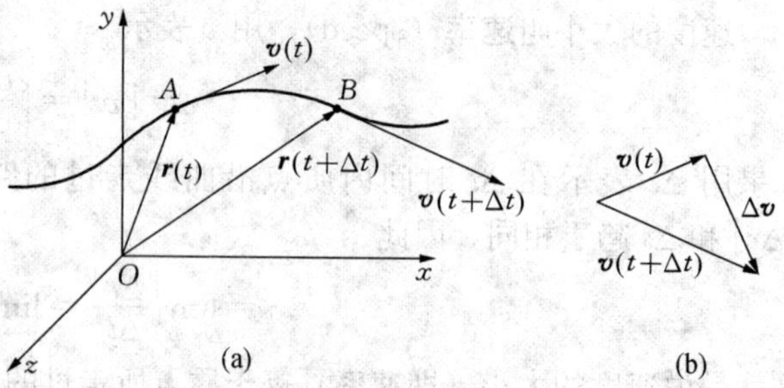

图1-3　速度矢量与加速度矢量

$$\boldsymbol{a}=\frac{\Delta\boldsymbol{v}}{\Delta t}=\frac{\boldsymbol{v}(t+\Delta t)-\boldsymbol{v}(t)}{\Delta t} \tag{1-14}$$

为质点在 Δt 时间内的**平均加速度**（average acceleration），它反映了在 Δt 时间内速度的平均变化率，其方向为速度增量的方向。在国际单位制（SI）中，其单位是 $\mathrm{m\cdot s^{-2}}$。

当 $\Delta t\to0$ 时，平均加速度的极限就是质点在 t 时刻的**瞬时加速度**（instantaneous acceleration），简称**加速度**（acceleration），即

$$\boldsymbol{a}=\lim_{\Delta t\to0}\frac{\Delta\boldsymbol{v}}{\Delta t}=\frac{\mathrm{d}\boldsymbol{v}}{\mathrm{d}t}=\frac{\mathrm{d}^2\boldsymbol{r}}{\mathrm{d}t^2} \tag{1-15}$$

在直角坐标系中，加速度可表示成

$$\boldsymbol{a}=\frac{\mathrm{d}\boldsymbol{v}}{\mathrm{d}t}=\frac{\mathrm{d}v_x}{\mathrm{d}t}\boldsymbol{i}+\frac{\mathrm{d}v_y}{\mathrm{d}t}\boldsymbol{j}+\frac{\mathrm{d}v_z}{\mathrm{d}t}\boldsymbol{k}=a_x\boldsymbol{i}+a_y\boldsymbol{j}+a_z\boldsymbol{k} \quad (1-16)$$

式中 $a_x=\frac{\mathrm{d}v_x}{\mathrm{d}t}=\frac{\mathrm{d}^2x}{\mathrm{d}t^2}$，$a_y=\frac{\mathrm{d}v_y}{\mathrm{d}t}=\frac{\mathrm{d}^2y}{\mathrm{d}t^2}$，$a_z=\frac{\mathrm{d}v_z}{\mathrm{d}t}=\frac{\mathrm{d}^2z}{\mathrm{d}t^2}$，称为加速度在 x，y，z 轴的分量。所以加速度矢量的大小为

$$a=\sqrt{a_x^2+a_y^2+a_z^2} \quad (1-17)$$

按定义式（1-15），加速度 $\boldsymbol{a}$ 的方向为 Δt 趋于零时 $\Delta\boldsymbol{v}$ 的极限方向。一般而言，在曲线运动中，加速度 $\boldsymbol{a}$ 的方向与 $\boldsymbol{v}$ 的方向并不在同一直线上，加速度 $\boldsymbol{a}$ 总是指向曲线的凹侧。例如，在抛物运动中，无论物体处于上升还是下降过程，其加速度 $\boldsymbol{a}$ 总是指向曲线的凹侧。只有在直线运动的特殊情况下，$\boldsymbol{a}$ 与 $\boldsymbol{v}$ 的方向在加速时相同，减速时相反。

如果质点的加速度随时间变化，表示为 $\boldsymbol{a}(t)$，则由加速度的定义可知，质点在时间 $\mathrm{d}t$ 内的速度增量为

$$\mathrm{d}\boldsymbol{v}=\boldsymbol{a}(t)\mathrm{d}t$$

在 t_0 时刻到 t 时刻，质点运动速度的改变量为

$$\boldsymbol{v}(t)-\boldsymbol{v}(t_0)=\int_{t_0}^{t}\boldsymbol{a}(t)\mathrm{d}t \quad (1-18)$$

式（1-18）说明，只要知道质点运动的加速度 $\boldsymbol{a}(t)$ 及质点的初始速度 $\boldsymbol{v}(t_0)$，就可以根据上式求出任意时刻质点的速度矢量 $\boldsymbol{v}(t)$。

如果质点加速度的大小和方向都不随时间变化，即加速度为常矢量的运动，这种运动叫做**匀变速运动**。设初始时刻 $t=0$ 时，初位置矢量为 $\boldsymbol{r}_0$、初速度为 $\boldsymbol{v}_0$，则由 $\mathrm{d}\boldsymbol{v}=\boldsymbol{a}\mathrm{d}t$ 得

$$\int_{v_0}^{v}\mathrm{d}\boldsymbol{v}=\int_0^t\boldsymbol{a}\,\mathrm{d}t$$

由于加速度 $\boldsymbol{a}$ 为常矢量，故

$$\boldsymbol{v}=\boldsymbol{v}_0+\boldsymbol{a}t \quad (1-19)$$

该式为常见的匀变速运动的速度公式。

由速度公式 $\boldsymbol{v}=\frac{\mathrm{d}\boldsymbol{r}}{\mathrm{d}t}$，可得

$$\mathrm{d}\boldsymbol{r}=\boldsymbol{v}\mathrm{d}t=(\boldsymbol{v}_0+\boldsymbol{a}t)\mathrm{d}t$$

两边积分

$$\int_{r_0}^{r}\mathrm{d}\boldsymbol{r}=\int_0^t(\boldsymbol{v}_0+\boldsymbol{a}t)\mathrm{d}t$$

得

$$\boldsymbol{r}=\boldsymbol{r}_0+\boldsymbol{v}_0t+\frac{1}{2}\boldsymbol{a}t^2 \quad (1-20)$$

该式为匀变速运动的位置矢量公式。

在实际应用中，常使用式（1-19）和式（1-20）的分量式来解决问题。

知识链接　在这里可以看到，式（1-19）和式（1-20）是物理概念加微积分的方法自然导出的，这也是在中学物理中所熟知的结果。但事实上，最早研究运动以及提出加速度概念的是16世纪近代精密自然科学的创始人伽利略（G. Galileo，1564—1642）。加速度的概念是人类认识史上最难建立的概念之一，也是每个初学物理的人最不易真正掌握的概念。伽利略提出"匀加速运动是这样一种运动：当脱离静止状态后，在相等的时间间隔内，速度的增量相等"。按照这个定义，伽利略导出了形如式（1-19）和式（1-20）所示的结果。对于这个结果，历史上曾发生过争论，当然争论的结果，伽利略是正确的。现在我们看到，"加速度"的概念是建立在瞬时速度和导数的基础上的，借助微积分可以自然推出这个结果，科学的发展和数学的魅力在这里得到了充分的展示。

三、运动学中的两类问题

1. 第一类问题：由已知质点的运动方程求速度和加速度 已知质点的运动方程，即位置矢量随时间的变化关系，根据速度和加速度的定义，用求导的方法求出质点在任意时刻的速度和加速度。

例题 1-1 质点在 xy 平面内运动，运动方程为 $x=2t$，$y=18-2t^2$，其中 x、y 以米计，t 以秒计。求：(1) 质点的轨迹方程；(2) 质点运动方程的矢量形式；(3) 质点在前 2 s 的平均速度；(4) 质点在 2 s 时的速度和加速度。

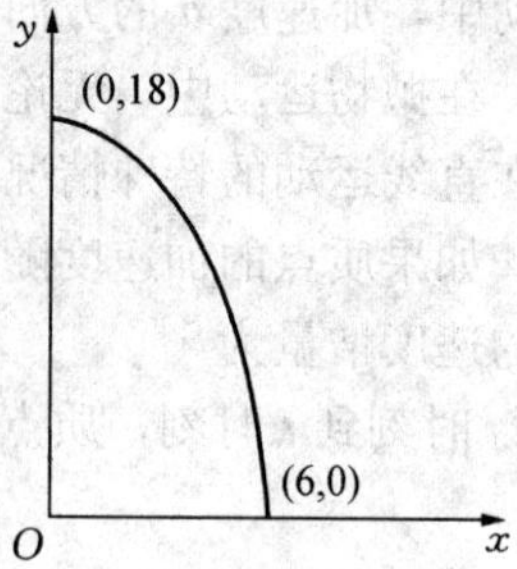

图 1-4 例题 1-1 图

解：(1) 将质点运动方程 $x=2t$，$y=18-2t^2$ 联立求解，消去 t，可得到质点的轨迹方程为 $y=18-\frac{1}{2}x^2$，

由此可知质点的轨道曲线如图 1-4 所示。

(2) 质点的位矢为 $\boldsymbol{r}=2t\boldsymbol{i}+(18-2t^2)\boldsymbol{j}$

(3) 质点在前 2 s 内的平均速度为

$$\bar{\boldsymbol{v}}=\frac{\boldsymbol{r}(2)-\boldsymbol{r}(0)}{2}=\frac{1}{2}\{[2\times2\boldsymbol{i}+(18-2\times2^2)\boldsymbol{j}]-18\boldsymbol{j}\}=2\boldsymbol{i}-4\boldsymbol{j}$$

(4) 质点在 2 s 时的速度为 $\boldsymbol{v}=\frac{\mathrm{d}\boldsymbol{r}}{\mathrm{d}t}=2\boldsymbol{i}-4t\boldsymbol{j}=2\boldsymbol{i}-8\boldsymbol{j}$

其大小（速率）为 $v=\sqrt{2^2+8^2}=\sqrt{68}\approx8.25(\mathrm{m\cdot s^{-1}})$

质点在 2 s 时的加速度为 $\boldsymbol{a}=\frac{\mathrm{d}\boldsymbol{v}}{\mathrm{d}t}=-4\boldsymbol{j}$

加速度的大小为 $a=4(\mathrm{m\cdot s^{-2}})$

加速度的方向沿 y 轴的负方向。

2. 第二类问题：由已知质点的加速度和初始条件求速度和运动方程 已知质点在运动过程中的加速度和初始条件，利用积分的方法来确定任意时刻质点的速度和运动状态，即求其位矢和速度随时间的变化关系。

例题 1-2 一个质点沿 x 轴正向运动，其加速度 $a=kt$(k 为常量)。当 $t=0$ 时，$v=v_0$，$x=x_0$。试求质点的速度和质点的运动方程。

解：因为 $a=kt$，所以质点做变加速运动。又因为 $a=\mathrm{d}v/\mathrm{d}t=kt$，所以有 $\mathrm{d}v=kt\mathrm{d}t$，

做定积分 $$\int_{v_0}^{v}\mathrm{d}v=\int_0^t kt\,\mathrm{d}t$$

得 $$v=v_0+\frac{1}{2}kt^2$$

又由 $v=\mathrm{d}x/\mathrm{d}t$，得 $$\mathrm{d}x=v\mathrm{d}t=\left(v_0+\frac{1}{2}kt^2\right)\mathrm{d}t$$

积分 $$\int_{x_0}^{x}\mathrm{d}x=\int_0^t\left(v_0+\frac{1}{2}kt^2\right)\mathrm{d}t$$

得质点的运动方程为 $$x=x_0+v_0t+\frac{1}{6}kt^3$$

第二节　曲线运动

一、圆周运动

圆周运动（circular motion）是曲线运动的特例。质点做圆周运动时，由于其轨道的曲率半径处处相等，而速度方向始终在圆周的切线上，因此对圆周运动的描述，可以采用以平面自然坐标系为基础的线量描述和以平面极坐标系为基础的角量描述。掌握了圆周运动的描述方法，可以加深对一般曲线运动基本规律的理解，同时，研究圆周运动也是研究刚体转动的基础。

1. 角位移　当质点做圆周运动时，可用圆心到质点的半径与某一固定方向（Ox 轴）之间的夹角 θ 来描述质点的位置，如图 1-5 所示。θ 就叫作质点的**角位置**（angular position），也称**角坐标**。质点在运动过程中，角位置随时间不断变化，可以表示为 $\theta=\theta(t)$。

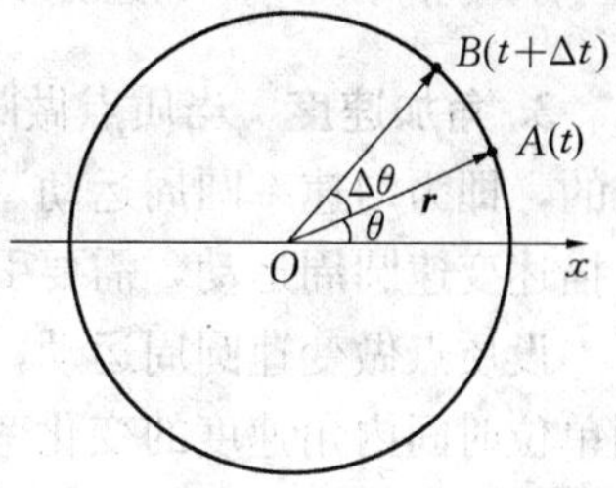

图 1-5　质点的圆周运动

若质点在 t 到 $t+\Delta t$ 时间间隔内，由 A 点运动到 B 点，其转过的角度可用 $\Delta\theta$ 表示，$\Delta\theta$ 称为**角位移**（angular displacement）。角位移既有大小又有方向，其方向的规定按右手螺旋法则：**用右手四指表示质点的旋转方向，与四指垂直的大拇指则表示角位移的方向**。在图 1-5 中，质点逆时针转动，这时角位移的方向垂直于纸面向外，反之向里。但需要指出的是，可以证明，有限大小的角位移不是矢量（因为其合成不服从交换律），只有在 $\Delta t\to 0$ 时的角位移 $d\theta$ 才是矢量。质点做圆周运动时，其角位移只有两种可能的方向，因此，可以通过在标量前加正、负号来表示角位移的方向。如果我们过圆心作一垂直于圆面的直线，任选一个方向规定为坐标轴的正方向，角位移与坐标轴正向相同则为正号，反之则为负号。

2. 角速度　如前述引入速度和加速度的方法一样，我们也可以引进角速度和角加速度。定义

$$\bar{\omega}=\frac{\Delta\theta}{\Delta t} \tag{1-21}$$

为质点在 $t\to t+\Delta t$ 这段时间内的**平均角速度**。当 $\Delta t\to 0$ 时，角位移 $\Delta\theta$ 与 Δt 比值的极限叫做质点在 t 时刻（图 1-5 中 A 点）的**瞬时角速度**，简称**角速度**（angular velocity）。常用 ω 表示，即

$$\omega=\lim_{\Delta t\to 0}\frac{\Delta\theta}{\Delta t}=\frac{d\theta}{dt} \tag{1-22}$$

在国际单位制（SI）中，角速度的单位是 $rad\cdot s^{-1}$。角速度为矢量，其大小反映质点沿圆周运动的快慢程度，其方向在转动轴方向上，与角位移同向，指向也是由右手螺旋法则来确定：**取右手四指弯曲的方向沿着质点转动的方向，伸直的拇指所指的方向即为角速度 $\boldsymbol{\omega}$ 的方向**，如图 1-6 所示。在上述有关 $\Delta\theta$ 正、负的规定下，质点沿逆时针转动时，ω 取正值；沿顺时针转动时，ω 取负值。

在工程上角速度的单位也常用每分钟绕行的圈数 n（即转速 $r\cdot min^{-1}$）来表示。显然，角速度 ω 与转速 n 的关系为　$\omega=2\pi n/60$

当质点做圆周运动时，它的速率叫线速度。如以 ds 表示质点在 dt 时间内走过的弧长，

由图 1-7 可见，$ds=Rd\theta$，则线速度为

$$v=\frac{ds}{dt}=R\frac{d\theta}{dt}=R\omega \tag{1-23}$$

即圆周运动中，质点的线速度等于半径与角速度的乘积。

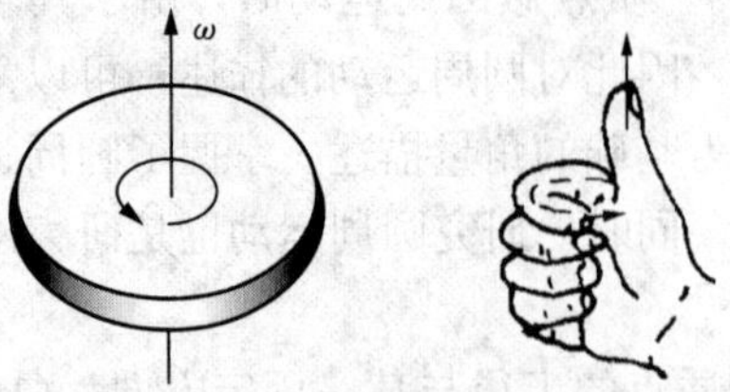

图 1-6 角速度矢量的定义

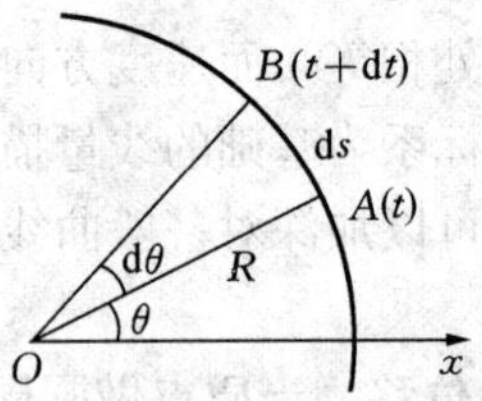

图 1-7 推导角量与线量关系

3. 角加速度 当质点做圆周运动时，如果角速度 ω 是常量，这时质点的速度大小是不变的，即为匀速率圆周运动。当角速度 ω 随时间 t 改变时，这种转动叫做**变速圆周运动**。为了描述变速圆周运动，需要引入角加速度的概念。

设质点做变速圆周运动，t 时刻的角速度为 $\omega(t)$，而在 $t+\Delta t$ 时刻角速度为 $\omega(t+\Delta t)$，则单位时间内角速度的变化率称为质点的**平均角加速度**（average angular acceleration），用 $\bar{\beta}$ 表示

$$\bar{\beta}=\frac{\omega(t+\Delta t)-\omega(t)}{\Delta t}=\frac{\Delta\omega}{\Delta t} \tag{1-24}$$

当 $\Delta t\to 0$ 时，比率 $\Delta\omega/\Delta t$ 的极限值称为 t 时刻质点的瞬时角加速度，简称**角加速度**，用 β 表示

$$\beta=\lim_{\Delta t\to 0}\frac{\Delta\omega}{\Delta t}=\frac{d\omega}{dt}=\frac{d^2\theta}{dt^2} \tag{1-25}$$

在 SI 制中，角加速度的单位是 $rad\cdot s^{-2}$。角加速度也是矢量，$\boldsymbol{\beta}$ 的方向就是角速度变化（即 $\Delta\boldsymbol{\omega}$）的方向。角加速度描述了角速度随时间变化的快慢情况，其正负决定于角速度增大还是减小。当加速时，β 与 ω 同号；减速时，β 与 ω 异号。

当质点的角加速度 $\beta=$ 常量时，由角加速度定义可知，$d\omega=\beta dt$，积分得

$$\omega=\omega_0+\beta t \tag{1-26}$$

该式为**匀变速圆周运动**的角速度公式。

再由角速度的定义式（1-22），可得 $d\theta=\omega\,dt=(\omega_0+\beta t)dt$

对上式两边积分

$$\int_{\theta_0}^{\theta}d\theta=\int_0^t(\omega_0+\beta t)dt$$

得

$$\theta=\theta_0+\omega_0 t+\frac{1}{2}\beta t^2 \tag{1-27}$$

将式（1-26）和式（1-27）联立，消去 t，可得

$$\omega^2-\omega_0^2=2\beta(\theta-\theta_0) \tag{1-28}$$

式（1-26）、式（1-27）和式（1-28）是质点做匀变速圆周运动的三个基本公式。不难看出，这些公式与匀变速直线运动的基本公式在形式上是相似的。

4. 切向加速度 法向加速度 如图 1-8(a) 所示，O 为自然坐标系原点，$\boldsymbol{e}_t$ 和 $\boldsymbol{e}_n$ 分别为切向单位矢量和法向单位矢量。我们知道，$|d\boldsymbol{r}|=ds$，质点在自然坐标系中运动时，位移、速度可分别表示为 $d\boldsymbol{r}=ds\,\boldsymbol{e}_t$，$\boldsymbol{v}=\frac{d\boldsymbol{r}}{dt}=\frac{ds}{dt}\boldsymbol{e}_t=v\boldsymbol{e}_t$

由加速度的定义可知
$$\boldsymbol{a}=\frac{\mathrm{d}\boldsymbol{v}}{\mathrm{d}t}=\frac{\mathrm{d}(v\boldsymbol{e}_{\mathrm{t}})}{\mathrm{d}t}=\frac{\mathrm{d}v}{\mathrm{d}t}\boldsymbol{e}_{\mathrm{t}}+v\frac{\mathrm{d}\boldsymbol{e}_{\mathrm{t}}}{\mathrm{d}t} \tag{1-29}$$
如图 1-8(b) 所示，由于 $\boldsymbol{e}_{\mathrm{t}}(t)$ 和 $\boldsymbol{e}_{\mathrm{t}}(t+\Delta t)$ 均是大小为 1 的单位矢量，因此，当 $\Delta t\to 0$ 时，$\mathrm{d}e_{\mathrm{t}}=1\cdot\mathrm{d}\theta=\mathrm{d}\theta$；$\mathrm{d}\boldsymbol{e}_{\mathrm{t}}$ 的方向垂直于 $\boldsymbol{e}_{\mathrm{t}}(t)$，即沿 $\boldsymbol{e}_{\mathrm{n}}$ 方向，写成矢量式为
$$\mathrm{d}\boldsymbol{e}_{\mathrm{t}}=\mathrm{d}\theta\boldsymbol{e}_{\mathrm{n}}$$
故有
$$\frac{\mathrm{d}\boldsymbol{e}_{\mathrm{t}}}{\mathrm{d}t}=\frac{\mathrm{d}\theta}{\mathrm{d}t}\boldsymbol{e}_{\mathrm{n}}=\omega\boldsymbol{e}_{\mathrm{n}}$$
这样，式 (1-29) 可以表示成 $\boldsymbol{a}=\frac{\mathrm{d}v}{\mathrm{d}t}\boldsymbol{e}_{\mathrm{t}}+v\omega\boldsymbol{e}_{\mathrm{n}}=\frac{\mathrm{d}(R\omega)}{\mathrm{d}t}\boldsymbol{e}_{\mathrm{t}}+v\omega\boldsymbol{e}_{\mathrm{n}}$

即
$$\boldsymbol{a}=\frac{\mathrm{d}\boldsymbol{v}}{\mathrm{d}t}=R\beta\boldsymbol{e}_{\mathrm{t}}+R\omega^2\boldsymbol{e}_{\mathrm{n}}=\boldsymbol{a}_{\mathrm{t}}+\boldsymbol{a}_{\mathrm{n}} \tag{1-30}$$
该式表明，圆周运动的加速度 $\boldsymbol{a}$ 是由两个分加速度 $\boldsymbol{a}_{\mathrm{n}}$ 和 $\boldsymbol{a}_{\mathrm{t}}$ 合成的。其中，$\boldsymbol{a}_{\mathrm{t}}$ 的方向沿轨道的切线方向，叫作**切向加速度**（tangent acceleration）；$\boldsymbol{a}_{\mathrm{n}}$ 的方向垂直于速度的方向并且沿着半径指向圆心，叫作**法向加速度**（normal acceleration）。由式 (1-30) 可得
$$\boldsymbol{a}_{\mathrm{t}}=\frac{\mathrm{d}v}{\mathrm{d}t}\boldsymbol{e}_{\mathrm{t}}=R\beta\boldsymbol{e}_{\mathrm{t}}，\ \boldsymbol{a}_{\mathrm{n}}=R\omega^2\boldsymbol{e}_{\mathrm{n}}=\frac{v^2}{R}\boldsymbol{e}_{\mathrm{n}} \tag{1-31}$$
上式表明，**切向加速度是由速度大小变化引起的，反映了质点速度大小的变化率；法向加速度是由速度方向变化引起的，反映了速度方向的变化率**。加速度大小为
$$a=|\boldsymbol{a}|=\sqrt{a_{\mathrm{t}}^2+a_{\mathrm{n}}^2} \tag{1-32}$$
用 φ 表示加速度与速度方向之间的夹角，如图 1-8(c) 所示，则有
$$\varphi=\arctan\frac{a_{\mathrm{n}}}{a_{\mathrm{t}}} \tag{1-33}$$

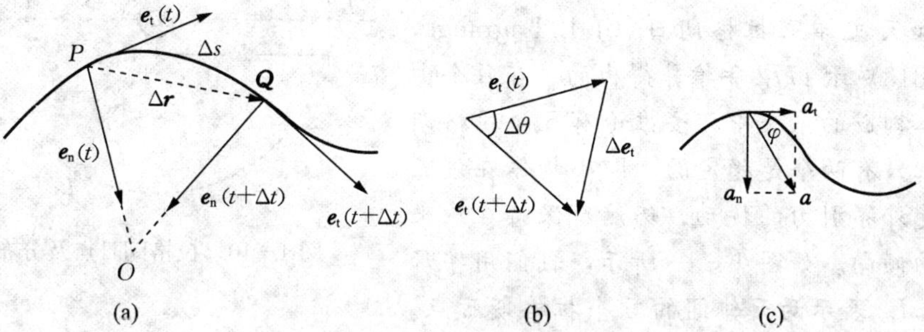

图 1-8　用自然坐标系表示质点的位置

应该指出，以上关于加速度的讨论及结果，也适用于任何平面上的曲线运动。

5. 圆周运动的矢量表示　以上我们引入角位移、角速度、角加速度等概念对圆周运动进行了描述。在第一节中提到，一般而言，在直角坐标系中质点的位置用位矢 $\boldsymbol{r}$ 表示，现在，我们用这种一般的方法讨论一下匀速圆周运动。

如图 1-9 所示，设质点在 Oxy 平面上做圆周运动，其运动方程可以表示为
$$x=R\cos\omega t,\ y=R\sin\omega t,\ z=0$$
其中，R 和 ω 为正值常量。质点在任一时刻的位矢可表示为

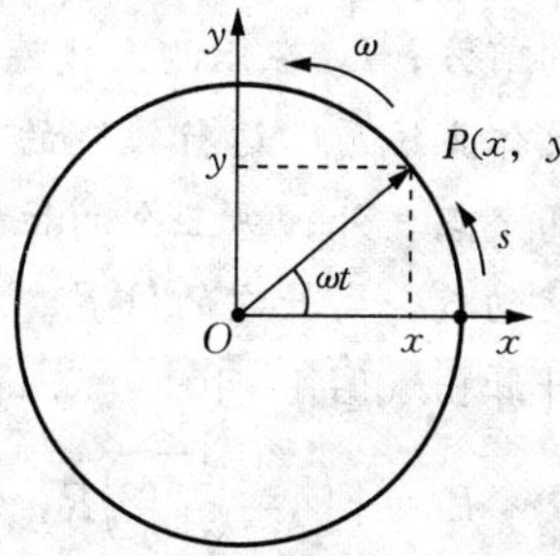

图 1-9　匀速圆周运动

$$\boldsymbol{r}=x\boldsymbol{i}+y\boldsymbol{j}=R\cos\omega t\boldsymbol{i}+R\sin\omega t\boldsymbol{j} \tag{1-34}$$

在上式中消去 t 后，可得出质点运动的轨迹方程为

$$x^2+y^2=R^2,\ z=0 \tag{1-35}$$

将式（1-34）对 t 求一阶导数，可得质点在任一时刻的速度矢量为

$$\boldsymbol{v}=\frac{\mathrm{d}\boldsymbol{r}}{\mathrm{d}t}=\frac{\mathrm{d}x}{\mathrm{d}t}\boldsymbol{i}+\frac{\mathrm{d}y}{\mathrm{d}t}\boldsymbol{j}=-R\omega\ \sin\omega t\boldsymbol{i}+R\omega\ \cos\omega t\boldsymbol{j} \tag{1-36}$$

由此，速度沿两个坐标轴的分量分别为 $v_x=-R\omega\sin\omega t$，$v_y=R\omega\cos\omega t$

质点在任一时刻的速度大小为 $v=\sqrt{v_x^2+v_y^2}=R\omega$

由于 R 和 ω 为正值常量，所以 v 是常量，也表明质点做匀速率圆周运动。

将式（1-36）对 t 再求一次导数，可得质点在任一时刻的加速度矢量为

$$\boldsymbol{a}=\frac{\mathrm{d}\boldsymbol{v}}{\mathrm{d}t}=-R\omega^2\cos\omega t\boldsymbol{i}-R\omega^2\sin\omega t\boldsymbol{j}=-\omega^2\boldsymbol{r} \tag{1-37}$$

这说明，任何时刻加速度的方向总是和位矢 $\boldsymbol{r}$ 的方向相反。也就是说，加速度总是沿半径指向圆心。因此，在匀速率圆周运动中的加速度也叫向心加速度。向心加速度的大小，由式（1-37）容易推出，即 $a=\sqrt{a_x^2+a_y^2}=R\omega^2$

这正是我们熟知的结果。

知识链接

拉格朗日点之谜

拉格朗日点（Lagrangian points）又称天平点，指受两大物体引力作用下能使小物体稳定的点。在该点处，小物体相对于两大物体基本保持静止。这些点的存在是由法国籍意大利裔数学家和天文学家拉格朗日（J. L. Lagrange，1736—1813）于 1772 年推算得出的。在每个由两大天体构成的系统中，按推论有 5 个拉格朗日点，但只有两个是稳定的，即小物体在该点处即使受外界引力的扰动，仍然有保持在原来位置处的倾向。如图 1-10 所示，我们用字母 L_1，…，L_5 表示两天体间的 5 个拉格朗日点。L_1 在 M_1 和 M_2 两个大天体的连线上，且在它们之间；L_2 在两个大天体的连线上，且在较小的天体一侧；L_3 也在两个大天体的连线上，且在较大的天体一侧；L_4 在以两天体连线为底的等边三角形的第三个顶点上，且在较小天体围绕两天体系统质心运行轨道的前方；L_5 在以两天体连线为底的等边三角形的第三个顶点上，且在较小天体围绕两天体系统质心运行轨道的后方。任何“双星系统”都有五个拉格朗日点。除了 L_1、L_2 两个点之外，另三个的拉格朗日点不很稳定，位于这三个拉格朗日点上的小天体，稍受扰动就会离开它的位置。拉格朗日点的位置可以由天体质量 M_1、M_2 以及轨道半径 R 计算出（图 1-10）。

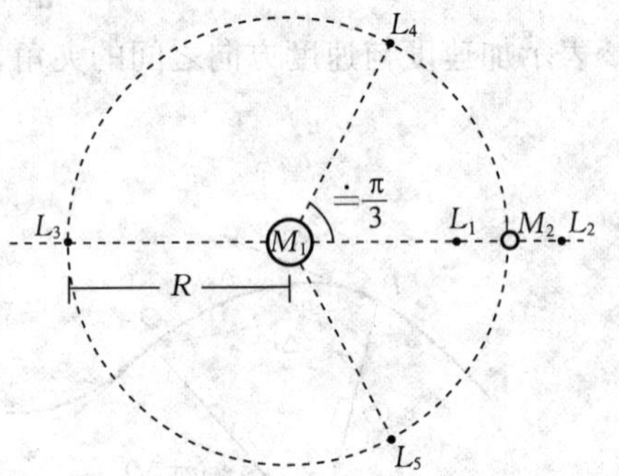

图 1-10 拉格朗日点及分布图

$$L_1=\left(\left(1-\sqrt[3]{\frac{\alpha}{3}}\right)R,\ 0\right),\quad \alpha=\frac{M_2}{M_1+M_2}$$

$$L_2=\left(\left(1+\sqrt[3]{\frac{\alpha}{3}}\right)R,\ 0\right),\qquad L_3=\left(-\left(1+\frac{5\alpha}{12}\right)R,\ 0\right)$$

$$L_4=\left(\frac{M_1-M_2}{M_1+M_2}\frac{R}{2},\ \frac{\sqrt{3}}{2}R\right),\qquad L_5=\left(\frac{M_1-M_2}{M_1+M_2}\frac{R}{2},\ -\frac{\sqrt{3}}{2}R\right)$$

1978 年，第一颗拉格朗日点卫星“国际探测者三号”发射成功，拉开了拉格朗日点开发利用的序幕。近年来，拉格朗日点的应用已成为国际空间探测热点，已有多颗该类卫星相继发射成功，并开展了诸如可用于替代哈勃望远镜的新一代望远镜、世界空间天文台紫外望远镜等相关项目的研究。随着科学家们对外太空探索热情的高涨，拉格朗日点已经成为观测空间天气、太空环境、宇宙起源等的最佳位置。研究拉格朗日点卫星的发射技术，不但对于掌握该类卫星的发射特点，分析和解决此类卫星发射的技术难点具有重要意义，同时也可促进对深空探测技术的突破与掌握，对空间探测及航天运输系统未来的发展都将起到重要的推动作用。

我国已经在以月球探测为主的深空探测领域进行了开创性的研究，开展基于拉格朗日点的深空探测，既可以获得重要的科学观测技术成果，促进我国运载卫星和测控技术的提高，又可以参与深空探测项目的国际交流与合作；既能共享科技成果，又有利于维护我国的外空权益。因此，继卫星应用和载人航天之后，深空探测将是我国有所建树的重要技术领域。

拉格朗日点深空探测加快了我国向外太空发展的步伐。“嫦娥二号”于 2010 年 10 月 1 日发射升空，2011 年 6 月 9 日 16 时 50 分 05 秒，在探月任务结束后飞离月球轨道，飞向第 2 拉格朗日点（L_2）继续进行探测。北京时间 8 月 25 日 23 时 27 分，经过 77 天的飞行，“嫦娥二号”在世界上首次实现从月球轨道出发，受控准确进入距离地球约 150 万 km 远的、太阳与地球引力平衡点——拉格朗日 L_2 点的环绕轨道。围绕这个国际深空探测的热点，“嫦娥二号”只需消耗少量燃料便可长期驻留。据悉，“嫦娥二号”搭载的太阳风离子探测器、太阳高能粒子探测器、X 射线谱仪及 γ 射线谱仪等仪器，将探测地球磁场空间远端的带电粒子，并观测有可能爆发的太阳 X 射线、宇宙 γ 射线等，获取相关科学数据，深入认识日地空间环境，对于研究空间天气和环境预警具有开创性意义。同时，这项任务也将进一步验证我国百万千米级别的远距离空间测控能力。这既是国际上首次从月球轨道出发探测拉格朗日点，也是我国首度对拉格朗日点的转移轨道和任务轨道进行设计和控制，并由此实现从 40 万 km 到 150 万 km 的卫星通信。这一系列突破是我国航天领域取得的又一重要跨越性成果，为我国探月工程后续任务的开展及深空探测打下了坚实的基础。

例题 1-3　一飞轮以转速 $n=1\,500\ \mathrm{r\cdot min^{-1}}$ 转动，受制动后而均匀地减速，经 $t=50\ \mathrm{s}$ 后静止。（1）求角加速度以及从制动开始到静止飞轮的转数；（2）求制动后 $t=25\ \mathrm{s}$ 时飞轮的角速度；（3）设飞轮的半径 $R=1\ \mathrm{m}$，求 $t=25\ \mathrm{s}$ 时飞轮边缘上任一点的速度和加速度。

解：（1）由已知条件　$\omega_0=2\pi n=2\pi\times\frac{1\,500}{60}=50\pi(\mathrm{rad\cdot s^{-1}})$

当 $t=50$ s 时，$\omega=0$，故角加速度为 $\beta=\dfrac{\omega-\omega_0}{t}=\dfrac{-50\pi}{50}=-3.14(\text{rad}\cdot\text{s}^{-2})$

从开始制动到静止，飞轮的角位移 $\Delta\theta$ 及转数 N 分别为

$$\Delta\theta=\theta-\theta_0=\omega_0 t+\frac{1}{2}\beta t^2=50\pi\times50-\frac{\pi}{2}\times(50)^2=1\,250\pi(\text{rad})$$

$$N=\frac{1\,250\pi}{2\pi}=625(\text{r})$$

（2）$t=25$ s 时飞轮的角速度为 $\omega=\omega_0+\beta t=50\pi-25\pi=25\pi(\text{rad}\cdot\text{s}^{-1})$

（3）$t=25$ s 时飞轮边缘上任一点的速度为 $v=R\omega=1\times25\pi=78.5(\text{m}\cdot\text{s}^{-1})$

相应的切向加速度、法向加速度和总加速度分别为

$$a_{\text{t}}=R\beta=-\pi=-3.14(\text{m}\cdot\text{s}^{-2}),\quad a_{\text{n}}=R\omega^2=1\times(25\pi)^2=6.16\times10^3(\text{m}\cdot\text{s}^{-2})$$

$$a=\sqrt{a_{\text{t}}^2+a_{\text{n}}^2}=\sqrt{(-3.14)^2+(6.16\times10^3)^2}\approx6.16\times10^3(\text{m}\cdot\text{s}^{-2})$$

二、抛体运动

从地面上向空中抛出一个物体，物体所做的运动叫做**抛体运动**（projectile motion）。若忽略风力及空气阻力的影响，物体的运动轨迹被限制在通过抛射点的抛出方向和竖直方向所确定的平面内，于是可以选择平面直角坐标系来描述这一运动。

在图 1-11 所示的直角坐标系中，将一个物体自原点以初速度 $\boldsymbol{v}_0$ 沿与水平方向成 θ_0 的角度斜向上抛出，那么，物体的起始位置为 $x_0=0$，$y_0=0$，初速度的分量为 $v_{0x}=v_0\cos\theta_0$，$v_{0y}=v_0\sin\theta_0$。由于重力加速度方向向下，可作常量（$\boldsymbol{a}=-g\boldsymbol{j}$）处理，因此抛体运动是由沿 x 轴的匀速直线运动和沿 y 轴的匀变速直线运动叠加而成的。物体在空中任意时刻的速度分量为

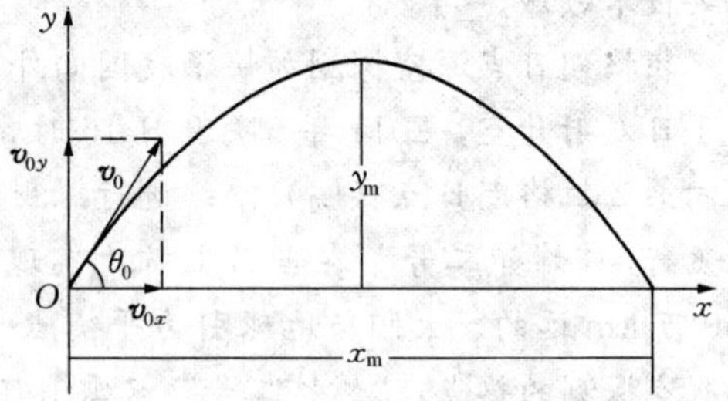

图 1-11 抛体运动

$$v_x=\frac{\mathrm{d}x}{\mathrm{d}t}=v_0\cos\theta_0,\qquad v_y=\frac{\mathrm{d}y}{\mathrm{d}t}=v_0\sin\theta_0-gt$$

抛体运动的速度可表示为

$$\boldsymbol{v}=v_x\boldsymbol{i}+v_y\boldsymbol{j}=v_0\cos\theta_0\boldsymbol{i}+(v_0\sin\theta_0-gt)\boldsymbol{j}\tag{1-38}$$

在空中任意时刻的位置坐标为 $x=(v_0\cos\theta_0)t$，$y=(v_0\sin\theta_0)t-\dfrac{1}{2}gt^2$

物体在任意时刻的位矢表示为

$$\boldsymbol{r}=\int_0^t\boldsymbol{v}\,\mathrm{d}t=(v_0t\cos\theta_0)\boldsymbol{i}+(v_0t\sin\theta_0-\frac{1}{2}gt^2)\boldsymbol{j}\tag{1-39}$$

消去式（1-39）中的 t，可得抛体运动的轨迹方程为

$$y=x\tan\theta_0-\frac{g}{2v_0^2\cos^2\theta_0}x^2\tag{1-40}$$

由此可知，物体在空间所经历的路径是抛物线。

由上述各式可以获得抛体运动的一些基本规律。当 $v_y=0$ 时，可求出物体上升到最高点时所用的时间为

$$t_m=\frac{v_0\sin\theta_0}{g}$$

因此物体运动的最大高度（射高）为

$$y_m=\frac{v_0^2\sin^2\theta_0}{2g} \tag{1-41}$$

当 $y=0$ 时，可求出物体由原点抛出在空中飞行回落到轴上另一点时所用的时间为

$$T=\frac{2v_0\sin\theta_0}{g}$$

由此可求得飞行的射程（即 T 时间内水平运动距离）为

$$x_m=\frac{v_0^2\sin 2\theta_0}{g} \tag{1-42}$$

抛体运动是水平和竖直两个方向上两个分运动的合成，称为运动叠加原理。这里，看上去是强调"叠加"，其实，叠加的前提是要求这两个分运动必须是相互独立的，互不影响的。应该指出，以上关于抛体运动的公式，都是在忽略空气阻力的情况下得出的。只有在初速度比较小的情况下，它们才比较符合实际，如果阻力不能忽略不计，则有关公式必须予以适当修正。

例题 1-4　一个大炮发射出的炮弹具有初速度 v_0，要击中坐标为（x，y）的目标，炮口的仰角应为多少？

解：将抛体的轨道方程式（1-40）$y=x\tan\theta_0-\frac{g}{2v_0^2\cos^2\theta_0}x^2$，改写为 $\tan\theta_0$ 的函数

$$y=x\tan\theta_0-\frac{gx^2}{2v_0^2}(1+\tan^2\theta_0)$$

整理得

$$gx^2\tan^2\theta_0-2v_0^2x\tan\theta_0+(2v_0^2y+gx^2)=0$$

由此解出

$$\tan\theta_0=\frac{v_0^2\pm\sqrt{v_0^4-2v_0^2gy-g^2x^2}}{gx}$$

即

$$\theta_0=\arctan\frac{v_0^2\pm\sqrt{v_0^4-2v_0^2gy-g^2x^2}}{gx}$$

讨论：若 $v_0^4-2v_0^2gy-g^2x^2>0$，θ_0 有两个解，即有两个仰角可以击中目标；

若 $v_0^4-2v_0^2gy-g^2x^2=0$，θ_0 只有一个解；

若 $v_0^4-2v_0^2gy-g^2x^2<0$，θ_0 无解，即任何仰角都不能击中目标。

第三节　相对运动

研究力学问题时常常需要从不同的参考系来描述同一物体的运动。对于不同的参照系，同一质点的位移、速度和加速度都可能不同。

一、伽利略坐标变换

假设有两个参考系 S($Oxyz$) 和 S′($O'x'y'z'$)，它们对应的坐标轴相互平行，且 x 轴与 x' 轴重合在一起。其中 S 系为静止参考系，S′系以恒定的速度 $\boldsymbol{u}$，相对 S 系沿 x 轴正向做匀速直线运动，为运动参考系，如图 1-12 所示。若有一质点 P 相对 S′系的速

度为$\boldsymbol{v}_{S'}$，相对S系的速度为$\boldsymbol{v}_S$，因为$t=t'$。对于两系中空间坐标之间的关系，在S系中P点的坐标是(x, y, z)，对应的位置矢量为$\boldsymbol{r}$，在S′系中P点的坐标是(x', y', z')，对应的位置矢量为$\boldsymbol{r}'$。若以$\boldsymbol{R}$表示S′系原点O'相对于S系原点O的位置矢量，按照矢量关系，从图1-12中可得

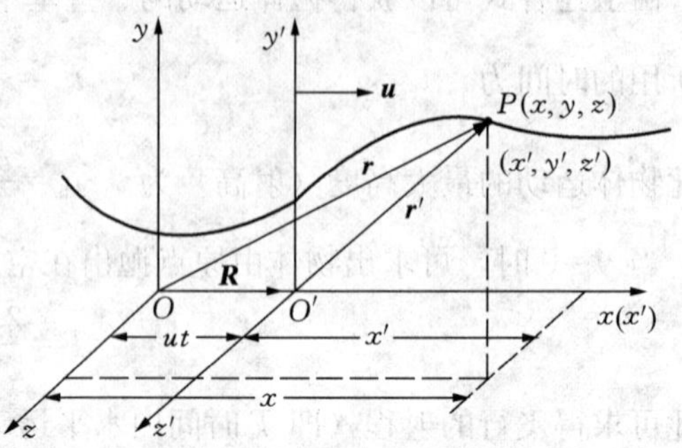

图1-12　伽利略坐标变换

$$\boldsymbol{r}=\boldsymbol{r}'+\boldsymbol{R}=\boldsymbol{r}'+\boldsymbol{u}t$$

P点在S系中空间坐标和时间坐标与P点在S′系中的空间坐标和时间坐标之间的关系为

$$\boldsymbol{r}'=\boldsymbol{r}-\boldsymbol{u}t,\ t'=t \tag{1-43}$$

写成沿直角坐标的分量式，有

$$x'=x-ut,\ y'=y,\ z'=z,\ t'=t \tag{1-44}$$

式（1-43）或式（1-44）叫做**伽利略坐标变换**（Galileo coordinate transformation）。

需要注意，$\boldsymbol{r}$和$\boldsymbol{R}$是在S系中的观察者所观测到的值，而$\boldsymbol{r}'$则是S′系中的观察者所观测到的值。由于在矢量相加时，各矢量必须是在同一坐标系中的测定结果。所以，只有当在S系中观测的$O'P$矢量与在S′系中的观测的$\boldsymbol{r}'$相同时，式（1-43）才是成立的。这样，式（1-43）就蕴含了一个条件，这就是：**空间两点的距离无论从哪个参考系中来测量，其值都是相等的，与参考系的运动状态无关**。这一特性叫做**空间的绝对性**（或长度测量的绝对性）。

二、伽利略速度变换

将式（1-43）中的第一式对t求导可得

$$\boldsymbol{v}=\boldsymbol{v}'+\boldsymbol{u} \tag{1-45}$$

该式叫做**伽利略速度变换**（Galileo velocity transformation）。$\boldsymbol{v}$为物体相对于静止参考系的速度，称为**绝对速度**；$\boldsymbol{v}'$为物体相对于运动参考系的速度，称为**相对速度**；$\boldsymbol{u}$为S′系相对于S系的速度，称为**牵连速度**。这个结果表明，**质点的绝对速度等于相对速度与牵连速度的矢量和**。

应该注意，速度的合成和速度的变换是两个不同的概念。速度的合成是指在同一参考系中一个质点的速度和它的各分速度的关系。相对于任何参考系，它都可以表示为矢量合成的形式。而速度变换涉及有相对运动的两个参考系，其公式的形式和相对速度的大小有关。伽利略速度变换只适用于相对速度比真空中的光速小得多的情形，在高速情况下，伽利略速度变换并不成立，这一点将在相对论一章中给出详细的说明。

三、伽利略加速度变换

设S′系相对于S系沿x轴正向做匀变速运动，加速度为$\boldsymbol{a}_0$，将式（1-45）对t求导得

$$\frac{\mathrm{d}\boldsymbol{v}}{\mathrm{d}t}=\frac{\mathrm{d}\boldsymbol{v}'}{\mathrm{d}t}+\frac{\mathrm{d}\boldsymbol{u}}{\mathrm{d}t}$$

即

$$\boldsymbol{a}=\boldsymbol{a}'+\boldsymbol{a}_0 \tag{1-46}$$

该式叫做**伽利略加速度变换**（Galileo acceleration transformation），其中，$\boldsymbol{a}=\frac{\mathrm{d}\boldsymbol{v}}{\mathrm{d}t}$叫做绝对

加速度；$a'=\frac{d\boldsymbol{v}'}{dt}$叫做**相对加速度**；$\boldsymbol{a}_0=\frac{d\boldsymbol{u}}{dt}$叫做**牵连加速度**。这个结果表明，**质点的绝对加速度等于相对加速度与牵连加速度的矢量和。**

如果S′系相对于S以匀速度u沿x轴正向运动，则牵连加速度$\boldsymbol{a}_0=0$，由式（1-46）得

$$\boldsymbol{a}=\boldsymbol{a}' \tag{1-47}$$

这就是说，在做相对匀速直线运动的参考系中所测得的加速度是相同的。

例题1-5　静止于地面上的人看到雨滴在空中以$10.0\ \mathrm{m \cdot s^{-1}}$的速度竖直下落。若有一辆客车在水平马路上以$8.0\ \mathrm{m \cdot s^{-1}}$的速度向东开行，求雨滴相对于车厢的速度。

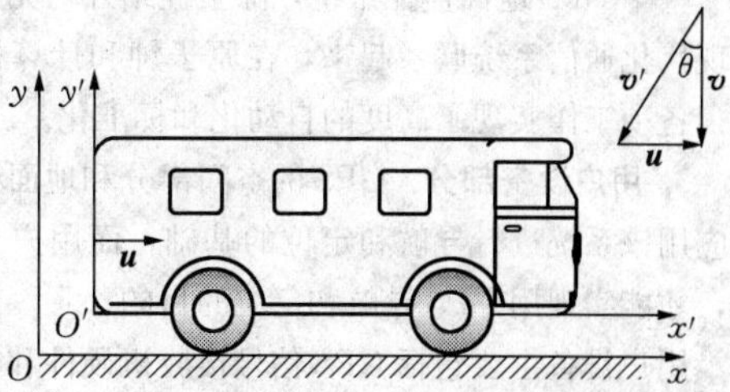

图1-13　例题1-5图

解：如图1-13所示，分别在地面和客车上建立坐标系S(Oxy)和S′($O'x'y'$)，设雨点相对地面的速度为$\boldsymbol{v}$，雨点相对客车的速度为$\boldsymbol{v}'$，客车相对地面的速度为$\boldsymbol{u}$，则根据伽利略速度变换可得

$$\boldsymbol{v}=\boldsymbol{v}'+\boldsymbol{u}$$

从图1-13所示的几何关系不难看出

$$v'=\sqrt{v^2+u^2}=\sqrt{10.0^2+8.0^2}=12.8(\mathrm{m \cdot s^{-1}})$$

$$\theta=\arctan\frac{u}{v}=\arctan\frac{8.0}{10.0}=38.7^\circ$$

拓展阅读

全球定位系统（GPS）的原理及其应用

全球定位系统（global positioning system，简称GPS）是从20世纪70年代逐步发展起来的利用卫星测时和定位的导航系统。它可以提供实时、高精度的三维位置、速度和时间信息，因此它作为先进的测量手段和新的生产力，已经融入了国民经济建设、国防建设和社会发展的各个应用领域。通过对GPS系统的应用开发，GPS已能够进行高精度的静态定位和动态定位、准确的时间和速度的测量，而且实施简便、快速，显示了多方面的优越性。所以在个人生活服务、测量测绘、交通运输、气象应用、应急救援、精密授时、精细农业、军事等方面获得了广泛的应用。

一、GPS系统构成

全球定位系统（GPS）是由一系列专用卫星组成的，这些卫星不停地绕地球运转并向地面发回它们具体空间位置的信息，根据这些信息和测量学原理，即可算出地面任何一个地点的地理坐标。GPS可分为三大部分，即空间卫星星座、地面监控和用户设备。

1. GPS卫星星座　发射入轨能正常工作的GPS卫星的集合称为GPS卫星星座。GPS卫星星座的空间部分由24颗GPS工作卫星组成，其中21颗为可用于导航的卫星，3颗为在轨备用卫星。这24颗卫星均匀地分布在6个轨道面内，每个轨道面上分布有4颗卫星。轨道面与赤道面的倾角为55°，相邻轨道之间的卫星还要彼此叉开40°，以保证能将全球均匀覆盖。地面上一个地点最少能接收4颗，最多能接收11颗卫星的信息（图1-14）。每个卫星以两个L波段发射无线电信号，频率分别为L_1＝1 565～1 586 MHz和L_2＝1 217～1 238 MHz。卫星上装配有铯原子钟、微处理机和太阳能翼板。

2. 地面监控系统 GPS的地面监控系统主要是由一个主控站、联合空间执行中心和五个监测站以及三个注入站组成。地面监控部分的基本功能是，当GPS卫星进入轨道后，监测、计算和控制为导航定位而播发的星历（即卫星运动及轨道参数）监控卫星及其各种设备的工作状态及各颗卫星是否处于GPS时间系统和启用备用卫星以代替失败的工作卫星等。

整个GPS地面监控系统，除主控站外均无人值守。各站间用现代化通信系统联系起来，在原子钟和计算机的驱动和控制下，各项工作实现了高度的自动化和标准化。

3. 用户设备部分 GPS的空间部分和地面监控部分，是用户应用该系统进行导航和定位的基础，而用户只有通过用户设备，才能实现用GPS导航和定位的目的。

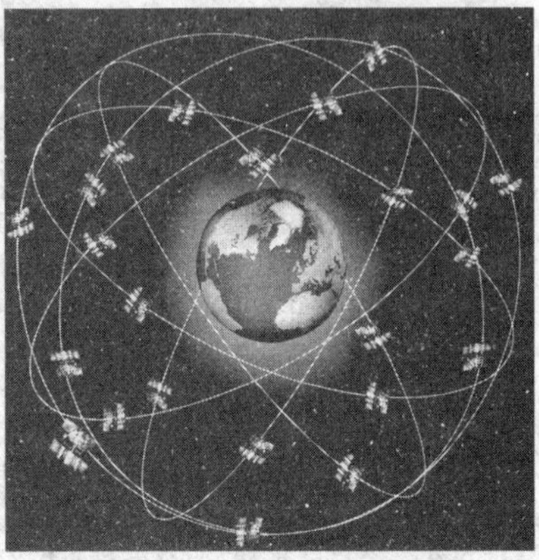

图1-14 GPS的卫星轨道示意图

用户设备主要包括GPS信号接收机硬件和数据处理软件以及微处理机及其终端设备等。GPS信号接收机是指能够接收、跟踪、变换与测量GPS卫星所播发信息的设备，其主要包括天线、接收设备、机内软件和电源等。接收机的功能不只是能接收GPS卫星信号，而且还能进行一些所需的计算。

GPS接收机采集的**伪距**（pseudo range，由于传播时间 Δt 中包含有卫星时钟与接收机时钟不同步的误差、卫星星历误差、接收机测量噪声以及测距码在大气中传播的延迟误差，等等，由此求得的距离值并非真正的站星几何距离，习惯上称之为“伪距”）、载波相位观测值、星历及气象数据不是常规的表征地面点间的距离、角度、高差、坐标等，因此要经过一系列的数据处理，最后得出GPS接收站点的坐标位置。由于数据处理十分繁杂，只有依靠计算机才能进行。

二、GPS系统工作的物理基础

由于全球定位系统能同时保证全球任何地点或近地空间的用户最低限度连续收看到4颗卫星（图1-15），每颗卫星又都能连续不断地向用户接收机发射导航信号，而用户到卫星的距离等于电磁波的传播速度乘以电磁波传播所用的时间。假设用户同时接收到4颗卫星信号，且4颗卫星发射信号时的精确位置和时间分别为（x_1，y_1，z_1，t_1），（x_2，y_2，z_2，t_2），（x_3，y_3，z_3，t_3），（x_4，y_4，z_4，t_4），电磁波的传播速度为 u，用户此时所在的位置为（x，y，z，t），则有

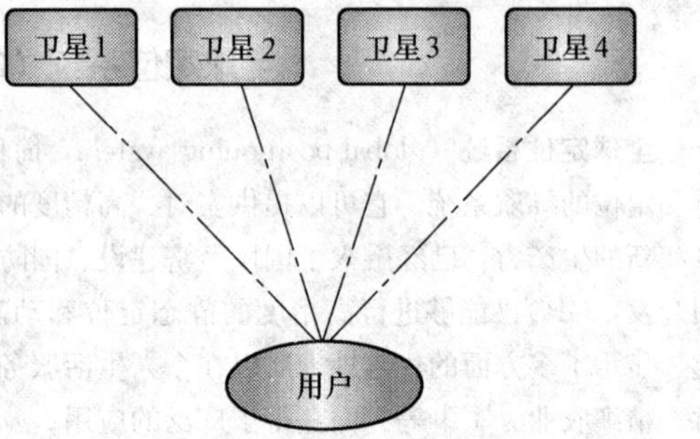

图1-15 GPS定位原理

$$\left.\begin{array}{l}\sqrt{(x-x_1)^2+(y-y_1)^2+(z-z_1)^2}=u(t-t_1)\\ \sqrt{(x-x_2)^2+(y-y_2)^2+(z-z_2)^2}=u(t-t_2)\\ \sqrt{(x-x_3)^2+(y-y_3)^2+(z-z_3)^2}=u(t-t_3)\\ \sqrt{(x-x_4)^2+(y-y_4)^2+(z-z_4)^2}=u(t-t_4)\end{array}\right\} \tag{1-48}$$

解此方程组可求得 x，y，z，t 的值，即用户所在的位置和时间。

如果连续不断地定位，则可求出三维速度（v_x，v_y，v_z）。设 t 时刻用户的位置为（x，y，z），t' 时刻用户的位置为（x'，y'，z'），则用户的速度为

$$v_x=\frac{x-x'}{t-t'},\ v_y=\frac{y-y'}{t-t'},\ v_z=\frac{z-z'}{t-t'} \tag{1-49}$$

全球定位系统测量精度高，该系统相对定位，由于测量技术和处理软件水平不断提高，短距离定位精度可达厘米数量级；中长距离相对精度可达到 10^{-7}～10^{-9}量级，即 1 000 km 仅有几毫米的误差。目前，军用 GPS 精度一般在米级左右，民用精度在几十至百米左右。

三、中国 GPS 发展计划——北斗卫星导航系统

目前，全世界有四套卫星导航系统：中国的北斗卫星导航系统［BeiDou(COMPASS) Navigation Satellite System，CNSS］、美国的全球定位系统（GPS）、俄罗斯的格洛纳斯（GLONASS）和欧洲的伽利略（GALILEO）卫星导航系统。卫星导航系统是重要的空间基础设施，为人类带来了巨大的社会、经济效益。中国作为发展中国家，拥有广阔的领土和海域，高度重视卫星导航系统的建设，并正在努力探索和发展拥有自主知识产权的卫星导航定位系统。

1. 北斗卫星导航系统的建设规划和实施进展情况　北斗卫星导航系统（CNSS）是中国正在实施的自行研制、独立运行的全球卫星定位系统，是继美国的 GPS 和俄罗斯的 GLONASS之后第三个成熟的卫星导航系统。系统由空间端、地面端和用户端三部分组成，如图 1-16 所示，空间端包括 5 颗静止轨道卫星和 30 颗非静止轨道卫星，地面端包括主控站、注入站和监测站等地面站，用户端由北斗用户终端以及与美国 GPS、俄罗斯 GLONASS、欧盟 GALILEO 等其他卫星系统兼容的终端组成。系统可在全球范围内全天候、全天时为各类用户提供高精度、高可靠的定位、导航、授时服务，并兼具短报文通信能力。

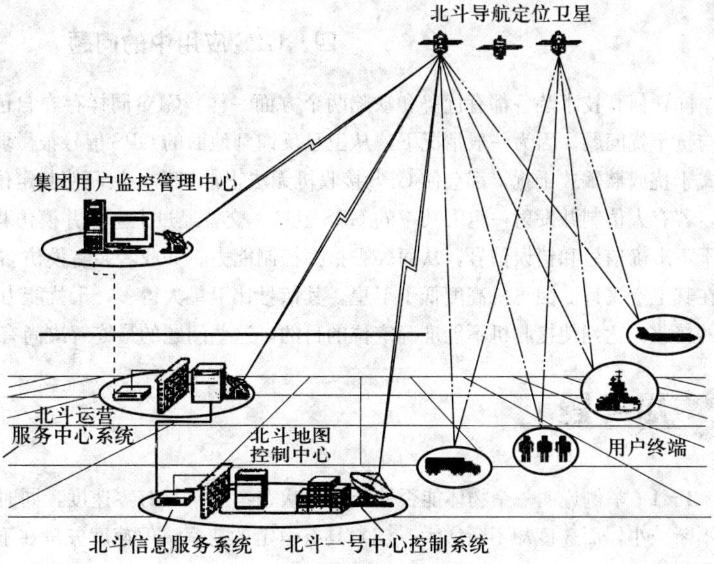

图 1-16　北斗卫星导航定位系统组成

早在 20 世纪 80 年代到 90 年代，我国就结合国情，科学、合理地提出并制订自主研制实施“北斗卫星导航系统”建设的“三步走”规划：第一步是试验阶段，即用少量卫星利用地球同步静止轨道来完成试验任务，为北斗卫星导航系统建设积累技术经验、培养人才，并研制一批地面应用基础设施设备等；第二步是到 2012 年，计划发射 10 多颗卫星，建成覆盖亚太区域的北斗卫星导航定位系统（即“北斗二号”区域系统）；第三步是到 2020 年，建成由 5 颗地球静止轨道和 30 颗地球非静止轨道卫星组网而成的全球卫星导航系统。

2000 年 10 月 31 日，中国成功发射了第 1 颗北斗导航试验卫星，至 2007 年 2 月 3 日，完成第 4 颗北斗导航试验卫星的发射，建成了第一代北斗导航试验系统。到 2012 年 10 月 26 日，已成功发射“北斗导航试验卫星”4 颗，“北斗导航卫星”16 颗，已经初步具备区域导航、定位和授时能力。北斗卫星导航系统将在 2020 年形成全球覆盖能力。

北斗卫星导航系统面向全球用户提供高质量的定位、导航和授时服务，包括开放服务和授权服务两种方式。开放服务是向全球免费提供定位、测速和授时服务，定位精度 10 m，测速精度 $0.2\ m \cdot s^{-1}$，授时精度 10 ns。授权服务是为有更高精度、更高可靠卫星导航需求的用户，提供定位、测速、授时和通信服务。北斗卫星导航系统自 2011 年 12 月正式宣布提供试运行服务以来，系统运行稳定，已产生显著的经济、社

会效益，有些技术指标还超出设计预期。当北斗建成区域系统和全球系统以后，威力将成倍增加，可以和现在的美国 GPS 系统发挥的作用完全一样。

2. 北斗系统的优势和劣势

（1）北斗系统的五大优势　和美国的 GPS、俄罗斯的 GLONASS 相比，中国的北斗系统有五大优势：①同时具备定位与通信功能，无需其他通信系统支持；②覆盖中国及周边国家和地区，24 小时全天候服务，无通信盲区，与 GPS 精度相当；③特别适合集团用户大范围监控与管理，以及无依托地区数据采集用户数据传输应用；④独特的中心节点式定位处理和指挥型用户机设计，可同时解决“我在哪儿”和“你在哪儿”；⑤自主系统，高强度加密设计，安全、可靠、稳定，适合关键部门应用。

（2）北斗系统的劣势　北斗系统属于有源定位系统，系统容量有限，定位终端比较复杂；北斗系统属于区域定位系统，目前只能为中国以及周边地区提供定位服务。随着北斗卫星导航定位系统的不断完善，2020 年左右形成全球覆盖能力，北斗系统的劣势将可以逐步消除。

四、GPS 应用中的问题

同任何高技术装备都有优势和缺陷两个方面一样，GPS 同样存在自己的“死穴”或“盲点”——即干扰与抗干扰问题。因为一般情况下，从卫星反馈到地面的 GPS 信号很微弱，如果有人采取瞄准式干扰、阻塞式干扰或欺骗式干扰，都会使 GPS 接收机无法正常工作，从而使其定位、导航精度降低或产生误导。例如，若有人仿制并发射一组大功率的 GPS 卫星，交替经过上空，并模仿其频率密码，就会使得地面接收到若干不准确信号和错误信号，从而失去指挥控制能力。又或者装有模仿 GPS 信号发生装置的飞机，不定时地在其上空飞行。因飞机高度低于卫星，其信号比卫星大得多，干扰能力强，也可以干扰接收机对 GPS 信号的接收，达到使接收机不能准确定位的目的。这些问题的最终解决尚有赖于科技的不断进步。

思考题

1-1　举例说明一个物体能否处于下列状态：（1）具有零速度，同时具有不为零的加速度；（2）加速度不断减小，而速度却不断增大；（3）具有恒定的速率，但速度矢量在不断地改变中；（4）具有恒定的加速度矢量，但运动的方向不断改变。

1-2　质点做平面曲线运动的运动方程为 $x=x(t)$，$y=y(t)$。在计算质点的速度和加速度时，有人先求出 $r=\sqrt{x^2+y^2}$，然后根据定义 $v=\mathrm{d}r/\mathrm{d}t$ 和 $a=\mathrm{d}^2r/\mathrm{d}t^2$ 求得 v 和 a 的值。也有人先计算出速度和加速度的分量，再合成求得 v 和 a 的值，即

$$v=\sqrt{\left(\frac{\mathrm{d}x}{\mathrm{d}t}\right)^2+\left(\frac{\mathrm{d}y}{\mathrm{d}t}\right)^2},\ a=\sqrt{\left(\frac{\mathrm{d}^2x}{\mathrm{d}t^2}\right)^2+\left(\frac{\mathrm{d}^2y}{\mathrm{d}t^2}\right)^2}$$

这两种方法哪一种是正确的？差别何在？

1-3　$|\Delta\boldsymbol{r}|$ 和 $\Delta|\boldsymbol{r}|$ 有区别吗？$|\Delta\boldsymbol{v}|$ 和 $\Delta|\boldsymbol{v}|$ 有区别吗？$\left|\frac{\mathrm{d}\boldsymbol{v}}{\mathrm{d}t}\right|=0$ 和 $\frac{\mathrm{d}|\boldsymbol{v}|}{\mathrm{d}t}=0$ 各代表什么运动？

1-4　任意平面曲线运动的加速度的方向总指向曲线凹的一侧，为什么？

1-5　试回答下列问题：

（1）匀加速运动是否一定是直线运动？为什么？

（2）在圆周运动中，加速度方向是否一定指向圆心？为什么？

1-6　对于物体的曲线运动，试判断下面两种说法的正确性：

（1）物体做曲线运动时必有加速度，加速度的法向分量一定不等于零。

（2）物体做曲线运动时速度方向一定在运动轨迹的切线方向，法向分速度恒等于零，因此其法向加速度也一定等于零。

1-7　一个做平面运动的质点，它的运动方程是 $\boldsymbol{r}=\boldsymbol{r}(t)$，$\boldsymbol{v}=\boldsymbol{v}(t)$，如果（1）$\mathrm{d}r=0$，$\frac{\mathrm{d}\boldsymbol{r}}{\mathrm{d}t}\neq0$，质点做什么运动？（2）$\mathrm{d}v=0$，$\frac{\mathrm{d}\boldsymbol{v}}{\mathrm{d}t}\neq0$，质点做什么运动？

1-8　一个斜抛物体的水平初速度是 v_0，它在轨迹的最高点处的曲率半径是多大？

习题

1-1　如图1-17所示，一个质点在平面上做曲线运动，t_1 时刻的位置矢量为 $\boldsymbol{r}_1=-2\boldsymbol{i}+6\boldsymbol{j}$，$t_2$ 时刻的位置矢量为 $\boldsymbol{r}_2=2\boldsymbol{i}+4\boldsymbol{j}$。求：（1）在 $\Delta t=t_2-t_1$ 时间内质点的位移矢量；（2）该段时间内位移的大小和方向（方向以与 x 轴的夹角表示）。

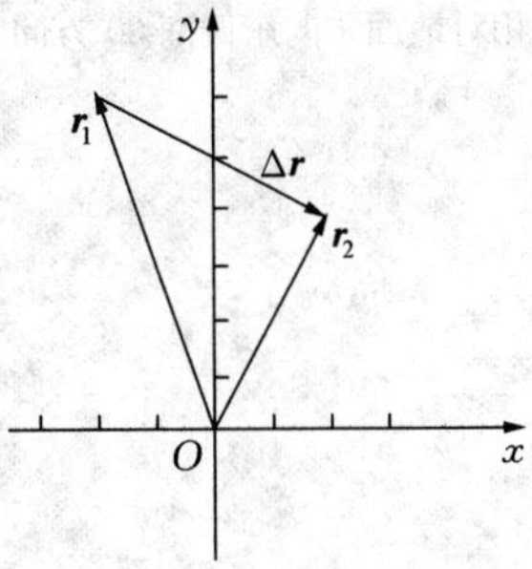

图1-17　习题1-1图

1-2　已知某质点的运动方程为 $x=2t$，$y=2-t^2$，式中 t 以秒计，x 和 y 以米计。试求：（1）质点的运动轨迹（用图表示）；（2）$t=1$ s 到 $t=2$ s这段时间内质点的平均速度；（3）1 s末和 2 s 末质点的速度；（4）1 s 末和 2 s 末质点的加速度。

1-3　已知质点的初始位置矢量和速度矢量为

$$\boldsymbol{r}(0)=R\boldsymbol{j},\ \boldsymbol{v}(t)=v_0(\cos\omega t\boldsymbol{i}+\sin\omega t\boldsymbol{j})$$

其中 R、ω、v_0 均为常数。试求质点的运动方程及轨迹方程。

1-4　如图1-18所示，在离水面高度为 h 的岸边上，有人用绳子跨过一个定滑轮拉船靠岸，收绳的速率恒定为 v_0。求船在离岸边的距离为 s 时的速度和加速度。

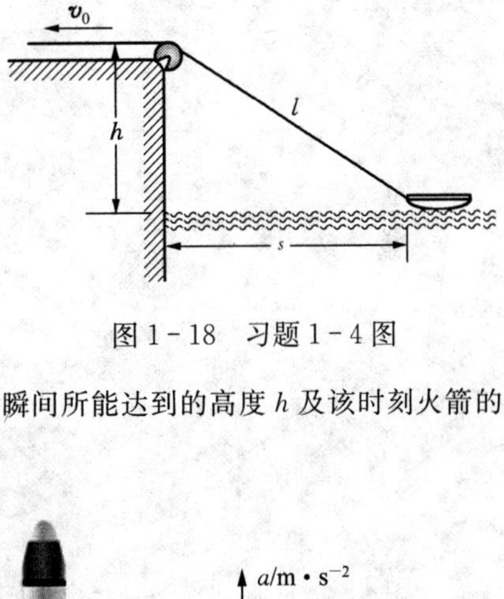

图1-18　习题1-4图

1-5　一个质点沿 x 轴运动，其加速度与速度成正比，方向与运动方向相反，即 $a=-kv$（其中 k 为正常数），质点的初始位置和初速度分别为 x_0 和 v_0。试求质点位移随时间变化的关系式。

1-6　火箭沿竖直方向由静止向上发射，加速度随时间的变化规律如图1-19所示。试求火箭在 $t=50$ s 燃料用完那一瞬间所能达到的高度 h 及该时刻火箭的速度 v。

1-7　已知质点沿半径 $R=0.2$ m 的轨道做圆周运动，其角位置随时间变化关系为 $\theta=t^3-3.0t^2+4.0t$，式中 θ 的单位是 rad，t 的单位是 s。试求：（1）$t=2.0$ s 到 $t=4.0$ s 这段时间内的平均角加速度；（2）$t=2.0$ s 时，质点的加速度。

1-8　一个质点从静止出发沿半径为 $R=1$ m 的圆周运动，其角加速度随时间的变化规律是 $\beta=12t^2-6t(\mathrm{rad}\cdot\mathrm{s}^{-2})$。试求该质点的角速度、切向加速度和法向加速度。

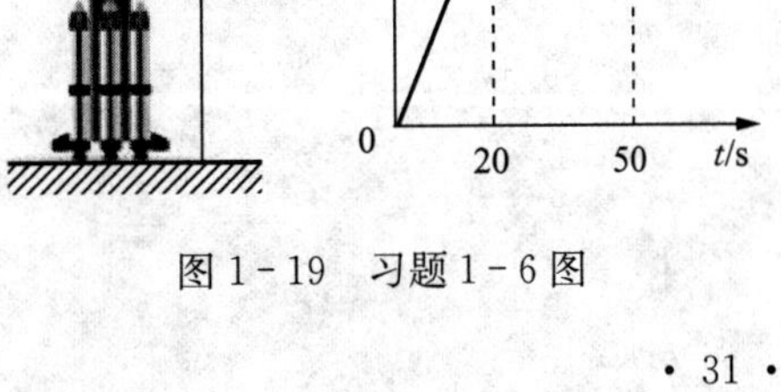

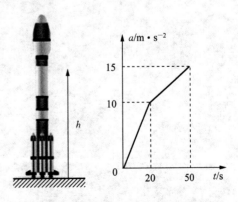

图1-19　习题1-6图

1-9　某质点沿半径为 R 的圆周运动，其角坐标 θ 随时间的变化规律是 $\theta=\omega_0t-bt^2/2$，其中 ω_0 和 b 都是正常量。求：（1）t 时刻质点的角速度；（2）总加速度大小等于 Rb 值时，质点转过了多少圈？（3）t 为何值时，质点的切向加速度与法向加速度的大小相等？

1-10 已知质点做平抛体运动，其位置矢量为 $\boldsymbol{r}=v_0t\boldsymbol{i}-\frac{1}{2}gt^2\boldsymbol{j}$，其中 v_0、g 为常量。试求任意时刻的切向加速度和法向加速度。

1-11 有一个学生在体育馆阳台上以投射角 $\theta=30°$ 和速率 $v_0=20\ \mathrm{m\cdot s^{-1}}$ 向台前操场投出一个垒球。球离开手时距离操场水平面的高度 $h=10\ \mathrm{m}$。试问球投出后何时着地？在何处着地？着地时速度的大小和方向（用速度与水平方向的夹角表示方向）各是多少？

1-12 飞机 A 以 $v_A=1\,000\ \mathrm{km\cdot h^{-1}}$ 的速率（相对地面）向南飞行，同时另一架飞机 B 以 $v_B=800\ \mathrm{km\cdot h^{-1}}$ 的速率（相对地面）向东偏南 30°方向飞行。求 A 机相对于 B 机的速度。

第二章　质点动力学

第一章讨论了质点机械运动的描述方法及其基本规律，但没有涉及质点运动状态变化的原因。本章将讨论引起质点运动状态变化的原因（力）与质点运动状态变化的规律，这部分内容称为**质点动力学**（dynamics）。

质点动力学的基本内容是牛顿三定律，核心是牛顿第二定律。以牛顿三定律为基础的力学体系称为牛顿力学或经典力学。本章首先讨论牛顿三定律及其联系的物理概念；然后，从牛顿第二定律出发，导出动量定理与动量守恒定律和动能定理与机械能守恒定律；最后，对经典力学的成就和局限性做些说明。

第一节　牛顿运动三定律及其应用

一、牛顿运动定律

牛顿在伽利略惯性原理的基础上，于 1687 年在他的名著《自然哲学的数学原理》（以下简称《原理》）中提出了力学的三条定律，对宏观物体的运动给出了精确的论述。后人为了纪念牛顿的研究成果，将这三条定律称为牛顿运动定律。牛顿运动定律是从无数事实中归纳总结出来的，是整个动力学的基础。

1. 牛顿第一定律　牛顿第一定律（Newton first law）的表述为：**任何物体，如果不受其他物体对它的作用，将继续保持其静止或匀速直线运动的状态**。

牛顿第一定律在字面上看是简单的，但它包含了一些重要的概念与思想，对其作一番剖析是很有意义的。

（1）*第一定律提出了力和惯性这两个重要概念*　人们对力的认识，最初是与举、拉、推等动作中的肌肉紧张相联系的。古代对力的认识主要是通过平衡，即从静力学角度发展起来的。从动力学角度来认识力，把力与物体运动状态正确地联系起来，主要是伽利略和牛顿的功绩。伽利略通过对斜面上物体的运动的研究，得出了不受加速或减速因素作用的物体将做匀速直线运动的结论。牛顿则将这种加速（或减速）因素明确地称为**力**（force），提出力是迫使物体改变静止或匀速直线运动状态的一种作用。力的这一定义大大拓宽了力的范围，使力的范畴从原来仅限于弹性力、肌肉力、压力开拓到包括引力、磁力等。

第一定律常称**惯性定律**。牛顿在其《自然哲学中的数学原理》一书中明确提出了“**惯性**”（inertial）这一名词，指出“所谓惯性，或物质固有的力，是每个物体按其一定的量而存在于其中的一种抵抗能力，在这种力的作用下物体保持其原来的静止状态或者在一直线上等速运动的状态。”牛顿进一步解释说“这种力总是同具有这种力的物质的量（注：指质量）成正比，它和物质的惰性没有什么差异，只是说法上不同而已。一个物体，由于其物质的惰性，要改变它的静止或运动状态就极其不易，因此这种固有的力可以用一个最确切的名称‘惯性’或‘惰性’来称它”。可见物体的惯性是指物体抵抗其运动状态改变的能力，物体的惯性越大，物体抵抗其运动状态改变的能力越大，就是说运动状态越难改变。这里的状态改变的难易不是速度本身的大小，而是速度变化难易，即加速度的小或大。

（2）第一定律定义了惯性系的概念 第一定律中所谓不受力作用的物体保持静止或做匀速直线运动，是相对什么参考系而言的？显然，第一定律不可能在任何参考系中都成立，因为若一个物体相对某参考系S做匀速直线运动，它相对于另一个相对S做加速运动的参考系S′就不可能做匀速直线运动。尽管如此，根据第一定律，总可以找到一种特殊的物体群（参考系），在这种参考系中，不受任何作用的物体（质点）保持静止或做匀速直线运动，这个参考系就是在第一定律中成立的参考系，这样的参考系常称作**惯性系**（inertial reference system）。在后面我们可以知道，做相对匀速直线运动的参考系为惯性系，从这个意义上说，第一定律定义了惯性系，同时也断言了惯性系的存在。

综上所述，第一定律具有丰富的内容，它既提出了力和惯性的概念，又定义了惯性系；而且，它的成立并不依赖于力和惯性的定量量度，比第二定律具有更大的兼容性。

2. 牛顿第二定律 **牛顿第二定律**（Newton second law）的表述为：**物体的动量随时间的变化率与作用在这个物体上的合外力成正比，其方向与所受合外力的方向相同。**

在牛顿第二定律中，将物体的**动量**（momentum）定义为它的速度$\boldsymbol{v}$和质量m的乘积，以$\boldsymbol{p}$表示，即$\boldsymbol{p}=m\boldsymbol{v}$。因此，牛顿第二定律的数学表达式为

$$\boldsymbol{F}=k\frac{\mathrm{d}\boldsymbol{p}}{\mathrm{d}t}=k\frac{\mathrm{d}(m\boldsymbol{v})}{\mathrm{d}t} \tag{2-1}$$

其中的比例系数k的值和公式中各物理量的单位有关，如果选用SI制，可得$k=1$，于是上式写作

$$\boldsymbol{F}=\frac{\mathrm{d}\boldsymbol{p}}{\mathrm{d}t}=\frac{\mathrm{d}(m\boldsymbol{v})}{\mathrm{d}t} \tag{2-2}$$

如果物体的质量不随时间改变，则第二定律可以写成

$$\boldsymbol{F}=m\frac{\mathrm{d}\boldsymbol{v}}{\mathrm{d}t}=m\boldsymbol{a} \tag{2-3}$$

式（2-3）就是大家熟悉的牛顿第二定律的数学表达式。显然，式（2-2）是牛顿第二定律的普遍形式，式（2-3）则是在质量为常量条件下的特例。在相对论中将会知道，当物体的速度接近真空中的光速c时，物体的质量将显著地随速度而改变，这时式（2-3）不再成立。但由于在通常发生的力学过程中，物体运动的速率远小于光速，因此可用式（2-3）表达牛顿第二定律。

对于牛顿第二定律应注意以下几点：

（1）定律中各物理量的量度 由于第二定律涉及力、质量和加速度三个物理量之间的定量联系，因此这就要求对这三个物理量作定量的量度。加速度的量度在有了长度和时间的量度后是不成问题的，剩下的是质量和力的量度问题。

对于质量的量度，牛顿并没有对此下过定义，他只说明质量是密度与体积的乘积。但是，牛顿正确地指出了质量的惯性属性，并指出“惯性与物质的量成正比”。因此，可以用惯性的大小来量度质量。对于力的量度，第二定律本身就给出了力的量度的方法。规定使单位质量获得单位加速度的力为一个单位力。例如，取质量的单位为1 kg，加速度的单位为$1\ \mathrm{m\cdot s^{-2}}$，则力的单位为$1\ \mathrm{kg\cdot m\cdot s^{-2}}$，这一力的单位定义为1牛顿（N），即$1\ \mathrm{N}=1\ \mathrm{kg\cdot m\cdot s^{-2}}$。

（2）定律的矢量性 第二定律表明了力与加速度的矢量关系，说明了力是产生加速度的

原因。在实际应用中，可以把它写成相应的分量形式。如在直角坐标中，其分量式为

$$\begin{cases} F_x = ma_x = m\dfrac{\mathrm{d}v_x}{\mathrm{d}t} = m\dfrac{\mathrm{d}^2x}{\mathrm{d}t^2} \\ F_y = ma_y = m\dfrac{\mathrm{d}v_y}{\mathrm{d}t} = m\dfrac{\mathrm{d}^2y}{\mathrm{d}t^2} \\ F_z = ma_z = m\dfrac{\mathrm{d}v_z}{\mathrm{d}t} = m\dfrac{\mathrm{d}^2z}{\mathrm{d}t^2} \end{cases} \tag{2-4}$$

如果知道物体所受的力和物体的初始运动状态（初位置和初速度），求解这组微分方程，就可以得到物体的速度和运动方程，从而确定任意时刻物体的位置和速度，即确定物体的运动状态。

在平面曲线运动中，第二定律也常用切线方向和法线方向（自然坐标系）的分量式表示，即

$$F_{\mathrm{t}} = ma_{\mathrm{t}} = m\frac{\mathrm{d}v}{\mathrm{d}t},\quad F_{\mathrm{n}} = ma_{\mathrm{n}} = m\frac{v^2}{\rho} \tag{2-5}$$

式中 F_{n} 和 F_{t} 分别代表法向合力和切向合力，a_{n}，a_{t} 分别为法向加速度和切向加速度，ρ 是物体运动曲线的曲率半径。

3. 牛顿第三定律　**牛顿第三定律**（Newton third law）的表述为：**当物体 A 以力 $\boldsymbol{F}$ 作用于物体 B 时，则同时物体 B 必以力 $\boldsymbol{F}'$ 作用于物体 A，$\boldsymbol{F}$ 和 $\boldsymbol{F}'$ 总是大小相等，方向相反，且在同一直线上**。该定律可用数学式表示为

$$\boldsymbol{F} = -\boldsymbol{F}' \tag{2-6}$$

如果 $\boldsymbol{F}$、$\boldsymbol{F}'$ 中的一个力叫做作用力，则另一力叫做反作用力。

第三定律进一步阐明了力的相互作用的性质，它包含有以下意义：

（1）力是物体之间的相互作用，每一个力都有它的施力者和受力者。

（2）力是成对出现的，作用力和反作用力同时存在、同时消失。

（3）作用力和反作用力分别作用于两个不同物体上。

（4）作用力和反作用力属于同一性质的力，如果作用力是万有引力或弹性力或摩擦力，则反作用力也相应地是万有引力或弹性力或摩擦力。

二、力学中常见的几种力

动力学的任务是研究物体在周围其他物体作用下的运动。当作用于物体的力已知，物体的运动即可由牛顿定律求出。但周围物体如何对考察物体施力，则是由力的定律来确定的。只有在解决了这个问题以后，运动定律才能成为解决实际力学问题的有力工具。

力是物体间的相互作用，它可分为接触力和非接触力两种。所谓接触力，就是两物体因接触而产生的相互作用力，例如弹性力和摩擦力等。当然，接触是就宏观意义而言的，从微观意义上说，所谓接触，只是物体分子比较接近而已。接触力是分子力引起的，它是分子力在宏观尺度内的平均值；非接触力是指物体间未接触时即存在的力，主要是引力、静电力和磁力。

1. 弹力　发生形变的物体，由于要恢复形变，对与它接触的物体会产生力的作用，这种力称为**弹力**（elastic force）。弹力的表现形式很多，下面只讨论三种常见的表现形式。

（1）*正压力（或支持力）*　两个相互接触的物体，因压挤而产生了形变（这种形变通常十分微小以至难以观察到），为了恢复所产生的形变，因而对对方产生了正压力（normal pressure）或支持力。其大小取决于相互压紧的程度，方向总是垂直于接触面指向对方。

（2）拉力 绳索或线对物体的拉力（pulling force），这种拉力的产生是由于绳子发生了形变（通常也十分微小以至于难以观察到）而产生。它的大小取决于绳被拉紧的程度，其方向总是沿着绳指向绳收缩的方向，

（3）弹性力 在力学中还有一种常见的弹力就是弹簧的弹性力。当弹簧被拉伸或压缩时它就会对联结体产生弹性力的作用，这种弹性力总是要使弹簧恢复原长。这种弹性力遵守**胡克定律**（Hooke law），即：**在弹性限度内，弹性力的大小和形变的大小成正比，方向与形变的方向相反**。如图 2-1 所示，若以 F 表示弹性力，以 x 表示形变（即弹簧的长度相对于原长的变化），则有

$$F=-kx \tag{2-7}$$

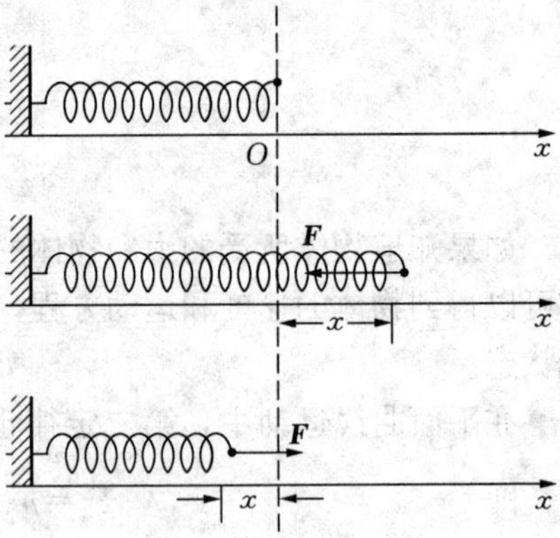

图 2-1 弹簧的弹性力

其中 k 为弹簧的劲度系数，它取决于弹簧本身的结构；负号表示弹性力的方向与形变的方向相反，也就是说弹簧的弹性力总是指向恢复它原长的方向。

2. 摩擦力 当两个相互接触的物体在沿着接触面有相对运动或有相对运动的趋势时，每个物体在接触面上都受到对方作用的一个阻碍相对运动或相对运动趋势的力，这种力称为**摩擦力**（friction force）。

相互接触的两个物体在外力作用下，处于相对静止但有相对滑动趋势时，它们之间产生的摩擦力称为**静摩擦力**（static friction force），用 $\boldsymbol{f}_s$ 表示。如用力推停在地板上的重木箱，没有推动，正是由于木箱底部受到了地板的摩擦力的阻碍作用。一个物体受到另一个物体的静摩擦力的方向，是和它相对于后者运动趋势的方向相反的。所谓运动趋势的方向是指如果没有摩擦力存在时它将要运动的方向。

静摩擦力的大小是可以改变的，视外力的大小而定。例如人用力 $\boldsymbol{F}$ 推静止在地面上的木箱时，由于木箱是静止的，所以静摩擦力 $\boldsymbol{f}_s$ 的大小一定等于人的推力 $\boldsymbol{F}$ 的大小，因而静摩擦力随着人的推力的变化而变化。当然，静摩擦力的大小是有限度的，因为事实上当人的推力达到一定程度时，木箱就要被推动，这时的静摩擦力称为最大静摩擦力。实验得知，最大静摩擦力 f_{smax} 与两个物体间的正压力 N 成正比，其大小为

$$f_{smax}=\mu_s N \tag{2-8}$$

式中比例系数 μ_s 称为**静摩擦系数**（coefficient of static friction），它取决于接触面的材料与表面粗糙状况。各种接触面间的静摩擦系数大小可以从技术手册中查到。

当物体受到的外力超过最大静摩擦力时，相互接触的两个物体之间就会发生相对运动（滑动），此时的摩擦力称为**滑动摩擦力**（sliding friction force），用 $\boldsymbol{f}_k$ 表示。实验证明，当物体间相对运动的速度不太大时，滑动摩擦力 $\boldsymbol{f}_k$ 的大小和滑动速度无关，而和正压力 N 成正比，即

$$f_k=\mu_k N \tag{2-9}$$

式中 μ_k 称为**滑动摩擦系数**（coefficient of sliding friction），它也取决于接触面的材料与表面粗糙状况，而且还与两物体的相对速度有关。

3. 黏滞力 物体在流体（包括气体和液体）中运动时受到的流体阻力称**黏滞力**（viscous force），黏滞力产生的原因和遵从的规律很复杂。一般地说，在流体和物体相对运动速率不大时，流体阻力可以认为与速率成正比，即

$$f=-kv \tag{2-10}$$

式中 k 为常数，它与物体的形状、流体的性质等因素有关，通常由实验确定。负号表示阻力与速度方向相反。

在流体和物体相对运动速率较大时，流体多处于湍流状态，这时流体阻力可以认为是与速率的二次方成正比，即

$$\boldsymbol{f}=c\rho Sv^2 \tag{2-11}$$

式中 ρ 为流体的密度，S 为物体在垂直于速度方向的横截面，c 为阻力系数，其大小与速率大小有关。阻力 $\boldsymbol{f}$ 与运动速度 $\boldsymbol{v}$ 方向相反。快速骑自行车者和滑冰者，弯曲身体或采取蹲式都是为了减小截面，以达到减小空气阻力的目的。空中的跳伞者，采用截面积大的降落伞以增大空气阻力，使其能缓缓降落。

当物体从空中由静止落下时，所受空气阻力随其速率的增大而增大，当落到物体重量与阻力相等时，物体的加速度为零，此后物体将以匀速率下落，此时的速率称为**终极速率**（terminal speed），又称为收尾速率。设阻力与速率二次方成正比，按式（2-11），这时有

$$mg=c\rho Sv_t^2$$

其中用 v_t 表示终极速率。由此可得终极速率为

$$v_t=\sqrt{\frac{mg}{c\rho S}} \tag{2-12}$$

4. 万有引力　万有引力（universal gravitation）是指存在于任何两个物体之间的吸引力，这个规律是牛顿首先发现的。按照万有引力定律，质量分别为 m_1、m_2 的两个质点，相距为 r 时，它们之间的引力的大小为

$$F=G_0\frac{m_1m_2}{r^2} \tag{2-13}$$

式中 G_0 叫做万有引力常量，$G_0=6.67\times10^{-11}\ \mathrm{N\cdot m^2\cdot kg^{-2}}$。

式（2-13）适用于两个质点。对于两个实际的物体，它们之间的万有引力应是组成一物体的各个质点与组成另一物体的各个质点之间的万有引力的矢量和。对于两个质量均匀分布的球体，计算结果表明，式（2-13）仍然适用。

知识链接　由于地面上两物体之间的引力太微弱，如何确定万有引力常量 G_0 变得非常困难。直到100多年后，才由英国物理学家卡文迪许（H. Cavendish，1731—1810）于1798年通过著名的扭秤实验测得。在测得了 G_0 值后，卡文迪许利用实验测得的重力加速度 g 计算出了地球的质量，成为第一个称量地球质量的人。他的实验的成功，使牛顿万有引力定律成为更加完美的理论。卡文迪许的扭秤实验也被《物理学世界》杂志评为历史上“最美丽”的十大物理实验之一。

万有引力定律揭示了引力的“万有性”或“普适性”，任何物体之间都具有相互吸引的本性。万有引力定律是今天在世界范围蓬勃发展的航天技术的基础，是它使人类飞向宇宙的这一梦想得以实现。人造卫星的上天、载人航天器的发射、人类成功登月，无一不是万有引力的贡献。

三、牛顿运动定律的应用

动力学问题一般也分为两类：一类是已知物体的运动状态，求物体所受的相互作用力，在中学物理中大多涉及的是这一类问题；另一类是已知作用在物体上的力，求解物体的运动状态。这两类问题的分析方法都相同，均可用牛顿运动定律来求解。其基本步骤是：

（1）*确定对象查受力* 首先根据已知条件和所求问题，确定涉及的物体（质点）作为研究对象，若涉及多个物体时，则可采用隔离法，逐个地确认其质量。然后对研究对象逐个进行受力分析，画出简单的示力图。

（2）*分析运动选坐标* 首先分析所选定物体的运动状态，包括速度、加速度、运动轨迹等。涉及多个物体时，要找出它们之间的运动学关系（速度、加速度之间的关系），画出各个物体加速度的方向。然后，根据受力和运动状态建立合适的坐标系（直角坐标系或自然坐标等）。

（3）*列出方程求解答* 运用牛顿定律列出方程式（包括矢量式和所选坐标系中的分量式），在方程足够的情况下即可求解。求解时一般先用字母符号得出结果，然后统一使用国际单位制代入数据。这样做，一方面有利于检查每一步的正误，所得结果的物理意义比较明显；另一方面可以减少计算过程中引入的附加误差。

例题 2-1 物体在黏滞流体中的运动。质量为 m 的小球在重力 $\boldsymbol{G}(m\boldsymbol{g})$、浮力 $\boldsymbol{F}_0$、阻力 $\boldsymbol{f}=-k\boldsymbol{v}$（其中 k 是一个比例常数，它与小球的尺寸、材料与流体的黏度有关，而 $\boldsymbol{v}$ 是小球的运动速度）的作用下竖直下降。试求小球的速度、位置随时间变化的关系式。

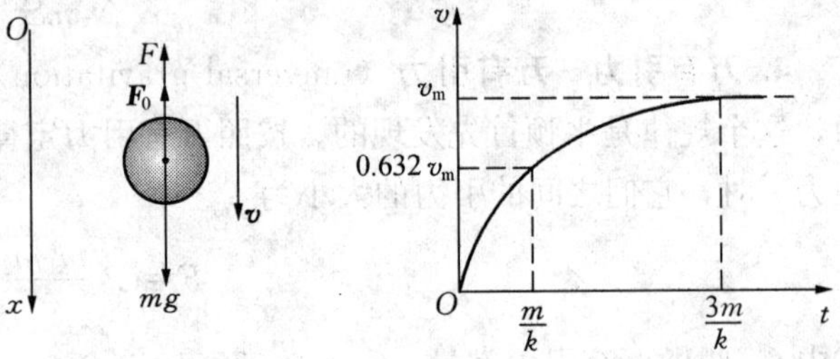

(a) (b)

图 2-2 例题 2-1 图

解：该题为已知力求运动。以小球 m 为研究对象，画出受力图，并以小球运动直线为 x 轴，取其一点为原点 O，如图 2-2(a) 所示。由牛顿定律可写出

$$\boldsymbol{G}+\boldsymbol{F}_0+\boldsymbol{f}=m\boldsymbol{a}$$

分量式为 $mg-F_0-kv=m\dfrac{\mathrm{d}v}{\mathrm{d}t}$

将上式分离变量，改写为

$$\frac{\mathrm{d}(mg-F_0-kv)}{mg-F_0-kv}=-\frac{k}{m}\mathrm{d}t$$

若小球由静止开始加速，则 $t=0$ 时，$v=v_0=0$，对上式取定积分得

$$\int_0^v \frac{\mathrm{d}(mg-F_0-kv)}{mg-F_0-kv}=\int_0^t -\frac{k}{m}\mathrm{d}t$$

积分得

$$\ln\frac{mg-F_0-kv}{mg-F_0}=-\frac{k}{m}t$$

由此解出小球的速度

$$v=\frac{mg-F_0}{k}\left(1-\mathrm{e}^{-\frac{k}{m}t}\right) \quad ①$$

利用 $v=\mathrm{d}x/\mathrm{d}t$，即 $\mathrm{d}x=v\mathrm{d}t$，对上式再次积分可得小球的位移为

$$x-x_0=\frac{mg-F_0}{k}t+\frac{m(mg-F_0)}{k^2}\left(\mathrm{e}^{-\frac{k}{m}t}-1\right) \quad ②$$

其中，x_0 是小球的初位置。

式①说明，v 随 t 增大而增大，当 $t\to\infty$ 时速度最大，并且有

$$v_m=\frac{mg-F_0}{k} \quad ③$$

该速率即为终极速率。将 v_m 代入式①，则有

$$v=v_m(1-e^{-\frac{k}{m}t}) \quad ④$$

图 2-2(b) 是沉降物体的 v—t 曲线，当 $t=3m/k$ 时，$v=0.95v_m$，已非常接近终极速率，故实际上测定终极速率时，时间 t 不一定很长，只要足够即可。

对一定的小球和液体，式③中的 mg 及 F_0 均为已知，只要测出 v_m，比例常数（阻力系数）k 即可确定，这对研究流体阻力很有意义。

例题 2-2　由地面沿铅直方向发射质量为 m 的宇宙飞船，如图 2-3 所示。试求宇宙飞船能脱离地球引力所需的最小初速度。不计空气阻力及其他作用力。

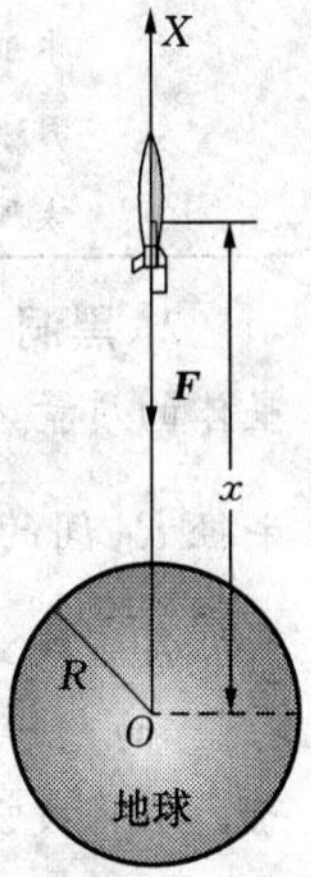

图2-3　例题 2-2 图

解： 选宇宙飞船为研究对象。设地球为均质球，地心为原点，取 x 坐标轴向上为正。飞船只受地球引力作用，根据万有引定力定律，地球对飞船引力的大小为

$$F=G_0\frac{Mm}{x^2}$$

用 R 表示地球的半径，把 $G_0=gR^2/M$ 代入上式得

$$F=\frac{mgR^2}{x^2}$$

由牛顿第二定律得

$$m\frac{dv}{dt}=-\frac{mgR^2}{x^2}$$

其中，负号引入是考虑到 $dv/dt<0$。将上式化简得

$$\frac{dv}{dt}=-\frac{gR^2}{x^2}，由于\frac{dv}{dt}=\frac{dv}{dx}\cdot\frac{dx}{dt}=v\frac{dv}{dx}$$

将其代入上式并分离变量得

$$v\,dv=-gR^2\frac{dx}{x^2}$$

设飞船在地面附近（$x\approx R$）发射时的初速度为 v_0，在 x 处的速度为 v。将上式积分，有

$$\int_{v_0}^{v}v\,dv=\int_R^x -gR^2\frac{dx}{x^2}，解得\ v^2=v_0^2-2gR^2\left(\frac{1}{R}-\frac{1}{x}\right)$$

飞船要脱离地球引力的作用，即意味着飞船的末位置 x 趋于无限大而 $v\geqslant0$。把 $x\to\infty$ 时 $v=0$ 代入上式，即可求得飞船脱离地球引力所需的最小初速度（取地球的平均半径为6 370km）为

$$v_0=\sqrt{2gR}=\sqrt{2\times9.8\times6\,370\times10^3}=11.2(\text{km}\cdot\text{s}^{-1})$$

这个速度称为**第二宇宙速度**。需要指出，在上面的分析中忽略了空气阻力，同时也未考虑地球自转等影响。本例题用牛顿第二定律导出了第二宇宙速度，在本章的拓展阅读中，将用机械能守恒的方法得出同样的结果，同时得出第一和第三宇宙速度。

知识链接　　**逃　离　星　体**

1. 逃逸速度　上述计算结果表明，把物体从地球表面发射出去如果发射速度满足 $v_0=\sqrt{2gR}=\sqrt{2G_0M/R}$ 时，物体将脱离地球引力作用一去不复返，故此速度也称为地球的**逃逸速度**。事实上不仅地球有逃逸速度，每个星体都有自己的逃逸速度。由于万有

引力是普适的，因此，对于质量为 M、半径为 R 的任意星体来说，其逃逸速度均可表示为

$$v_{逃}=\sqrt{\frac{2G_0M}{R}}$$

表 2-1 给出几种代表性星体的逃逸速度，表中，M_e 为地球质量。

表 2-1 几种星体的逃逸速度

星体	M/M_e	R/km	$v_{逃}$/km · s^{-1}
地球	1	6 370	11.18
火星	0.107	3 390	0.52
木星	317.9	71 400	59.60
月球	0.012	1 738	2.35
太阳	333×10^3	696×10^3	618×10^3

2. 黑洞 从上式可知，星体的质量 M 越大，半径 R 越小，逃逸速度就越大。若某星体的质量为 M_B，半径为 R_B，其逃逸速度大到等于光速 c，则这个星体的质量 M_B 和半径 R_B 间的关系为 $R_B=\frac{2G_0M_B}{c^2}$

按照狭义相对论，任何物体的速度都不能超过光速，因此任何物体，包括质量为 $h\nu/c^2$ 的光子，都不能脱离这样的星体。不仅如此，任何靠近这样星体的物体，包括光子，都将被吸收。这样的星体被称为**黑洞**（black hole）。通常把 R_B 称为**引力半径**，或**史瓦西半径**（schwarzschild radius）。

黑洞具有极大的密度，如要把太阳压缩成为黑洞，必须将其质量压缩到半径只有 3 km范围内，这时太阳的密度为现在的 10^7 倍。又如要把地球压缩成为黑洞，必须将其质量压缩到半径为 9 mm 范围内，这时“地球”的密度将为现在的 10^{12} 倍。

现代天文学有关星体演化过程的一种模型是：开始时一团巨大的主要成分为氢的云团，在万有引力作用下不断收缩，温度随之升高；当温度升高到 10^7 量级时开始发生氢聚变为氦的热核反应，这时一颗恒星诞生了。恒星向外光辐射产生的压力，使收缩停止，恒星处于稳定的“壮年期”，它的温度、体积都无明显变化。到氢“燃烧”完后，恒星进入“老年期”，收缩重新开始，氦等较重元素聚变热核反应依次发生，直到最后形成一个核心，这时不再有热核反应提供能量，恒星宣告“死亡”。此后，“死亡”的恒星在万有引力作用下，继续收缩，其最后的归宿有两种可能，一是经过一次超新星爆发而形成超新星；另一种是转变为白矮星、中子星或黑洞，其中白矮星和中子星现已在观测中确认，最近有报道说黑洞也已被发现，不过，对此尚待进一步证实。

第二节 动量定理和动量守恒定律

在上一节中，了解到牛顿第二定律反映了物体所受的外力与它的运动状态变化的瞬时关系。本节将在牛顿第二定律的基础上，讨论力的时间累积作用，即讨论当力作用一段时间

后，受力物体的运动状态将发生怎样的改变，并由此导出动量守恒定律。

一、冲量与动量定理

设物体（质点）所受的合外力为 $\boldsymbol{F}$，始（$t=t_1$）、末（$t=t_2$）动量分别为 $\boldsymbol{p}_1=m\boldsymbol{v}_1$ 和 $\boldsymbol{p}_2=m\boldsymbol{v}_2$。将牛顿第二定律

$$\boldsymbol{F}=\frac{\mathrm{d}(m\boldsymbol{v})}{\mathrm{d}t}=\frac{\mathrm{d}\boldsymbol{p}}{\mathrm{d}t}$$

改写为

$$\boldsymbol{F}\mathrm{d}t=\mathrm{d}\boldsymbol{p} \tag{2-14}$$

积分上式得

$$\int_{t_1}^{t_2}\boldsymbol{F}\mathrm{d}t=\int_{p_1}^{p_2}\mathrm{d}\boldsymbol{p}$$

即

$$\int_{t_1}^{t_2}\boldsymbol{F}\mathrm{d}t=\boldsymbol{p}_2-\boldsymbol{p}_1=m\boldsymbol{v}_2-m\boldsymbol{v}_1=\boldsymbol{I} \tag{2-15}$$

其中，$\int_{t_1}^{t_2}\boldsymbol{F}\mathrm{d}t$ 称为力 $\boldsymbol{F}$ 在 t_1 到 t_2 时间内的**冲量**（impulse），常用 $\boldsymbol{I}$ 表示。式（2-15）表明，**在运动过程中质点所受合外力的冲量等于质点动量的增量**，这个结论称为质点的**动量定理**（theorem of momentum）。

在式（2-15）中，冲量 $\boldsymbol{I}$ 表示力 $\boldsymbol{F}$ 在 t_1 到 t_2 这段时间内的时间累积作用。其效果是使质点的动量发生改变。如果在 t_1 到 t_2 的过程中 $\boldsymbol{F}$ 是恒力，则它的冲量可以简单地表示为 $\boldsymbol{F}$ 和它的作用时间 t_2-t_1 的乘积，这时式（2-15）可写为

$$\boldsymbol{F}(t_2-t_1)=m\boldsymbol{v}_2-m\boldsymbol{v}_1 \tag{2-16}$$

应该注意，冲量是矢量。对无限小的时间间隔 $\mathrm{d}t$ 来说，元冲量 $\boldsymbol{F}\mathrm{d}t$ 的方向可以认为与外力 $\boldsymbol{F}$ 的方向一致。但是在一段有限时间内，外力 $\boldsymbol{F}$ 的方向如果是随时间改变的，那么冲量的方向就不能决定于某一瞬时的外力的方向，而是决定于物体动量增量的方向。至于冲量的量值则完全决定于物体在始、末两个状态动量增量的绝对值，而与运动过程中各时刻的动量无关。

由于动量定理式（2-15）是矢量式，应用时可以直接按矢量关系求解，也可以将其写成分量式，按标量关系求解后再合成。在直角坐标系中，式（2-15）的三个分量式分别是

$$\left.\begin{aligned}I_x&=\int_{t_1}^{t_2}F_x\mathrm{d}t=mv_{2x}-mv_{1x}\\I_y&=\int_{t_1}^{t_2}F_y\mathrm{d}t=mv_{2y}-mv_{1y}\\I_z&=\int_{t_1}^{t_2}F_z\mathrm{d}t=mv_{2z}-mv_{1z}\end{aligned}\right\} \tag{2-17}$$

在国际单位制（SI）中，冲量的单位是 N·s。

动量定理在处理碰撞和打击等问题中特别有用。在碰撞和打击过程中，物体相互作用的时间很短，但力却很大，且随时间迅速变化（图 2-4），这种力称为**冲力**。在这类过程中，由于力的瞬时值很难确定，因此冲力常用平均冲力 $\overline{\boldsymbol{F}}$ 来表示。这样，冲力对物体动量改变的作用就可以用同一时间内一个恒力 $\overline{\boldsymbol{F}}$ 的冲量来代替。即

$$\int_{t_1}^{t_2}\boldsymbol{F}\mathrm{d}t=\overline{\boldsymbol{F}}(t_2-t_1)$$

如果测出了过程经历的时间，则由始、末时刻动量的

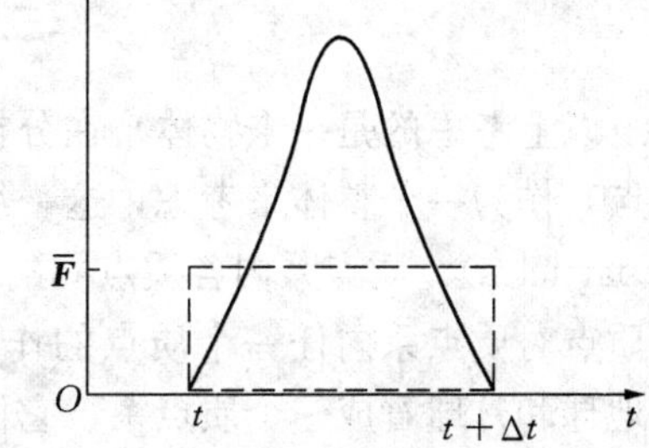

图 2-4　冲力变化曲线

增量就可求出该过程中的平均冲力为

$$\overline{\boldsymbol{F}}=\frac{\boldsymbol{p}_2-\boldsymbol{p}_1}{t_2-t_1} \tag{2-18}$$

该式对于估计碰撞或打击的机械效果十分有用。在生产中，有时要利用冲力，增大冲力；有时又要减少冲力，避免冲力造成危害。例如，使用冲床冲压钢板是利用冲头和钢板冲击时的巨大冲力，各种缓冲器和缓冲设备的作用则是延长碰撞时间以减小冲力。

例题 2-3 如图 2-5 所示，质量 $M=3.0\times10^3$ kg 的重锤，从高度 $h=1.5$ m 处自由落到受锻压的工件上，工件发生变形，试求作用时间分别为 $t_1=0.1$ s 和 $t_2=0.01$ s 时，锤对工件的平均冲力。

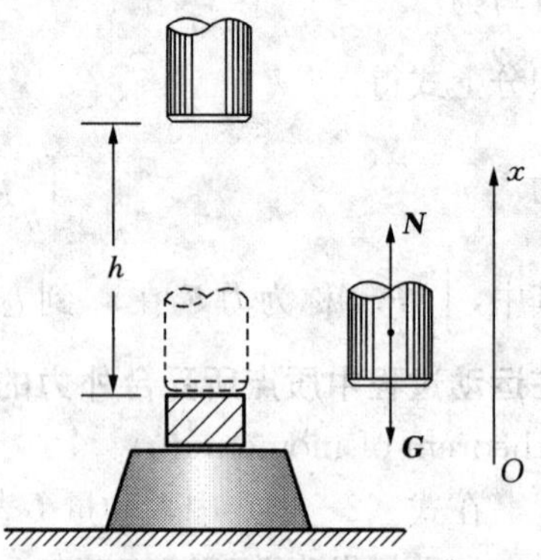

图 2-5 例题 2-3 图

解： 取重锤为研究对象。在 t 这段时间内，作用在锤上的力有两个：重力 $\boldsymbol{G}$，方向向下；工件对锤的支持力 $\boldsymbol{N}$，方向向上。此支持力是个变力，在极短时间内迅速变化，我们用平均支持力 $\overline{\boldsymbol{N}}$ 来代替。

由自由落体公式，可以求出锤刚接触工件时的速度为 $v_0=\sqrt{2gh}$。在这极短的时间 t 内，锤的速度由初速度 v_0 变到末速度 $v=0$。取竖直向上的方向为坐标轴的正方向，则根据动量定理得

$$(\overline{N}-G)t=0-(-Mv_0)=M\sqrt{2gh}$$

由此解出

$$\overline{N}=\frac{M\sqrt{2gh}}{t}+G=Mg\left[\frac{1}{t}\sqrt{\frac{2h}{g}}+1\right]$$

将 M、h 和 t 的数值代入，得 $t_1=0.1$ s 时，

$$\overline{N}=3.0\times10^3\times9.8\left[\frac{1}{0.1}\sqrt{\frac{2\times1.5}{9.8}}+1\right]=1.92\times10^5\text{(N)}$$

$t_2=0.01$ s 时，

$$\overline{N}=3.0\times10^3\times9.8\left[\frac{1}{0.01}\sqrt{\frac{2\times1.5}{9.8}}+1\right]=1.66\times10^6\text{(N)}$$

由于重锤对工件的平均冲力 $\overline{\boldsymbol{N}}'$ 的大小等于工件对锤的平均支持力 $\overline{N}$，所以 $\overline{\boldsymbol{N}}'=1.92\times10^5$ N 和 1.66×10^6 N，但方向竖直向下。

由上面的计算知道，锤的自重（2.9×10^4 N）对平均冲力是有影响的。但在第二种情况中，锤对工件的平均冲力 $\overline{N}'$ 比锤的自重要大几十倍，因此，在计算过程中，可以忽略锤的自重的影响。

二、质点系的动量定理

以上考虑的是一个物体。在分析许多实际问题时，常可以把有相互作用的若干物体（或质点）作为一个整体来考虑，这一组物体（或质点）可作为一个系统，称做**质点系**（system of particles）。质点系内各质点间的相互作用力称为内力（internal force）；质点系以外的其他质点对质点系内任一个质点的作用力称为质点系所受到的外力（external force）。例如，将地球和月球看成一个质点系，它们之间的万有引力就是内力，而质点系以外的物体（如太阳以及其他星球）对地球和月球的引力都是外力。

将牛顿运动定律应用于质点系中的每一个质点，可以得出用于质点系的动量定理。

设一个质点系有两个质点组成，如图 2-6 所示。图中虚线表示质点系的周界，$\boldsymbol{f}_{12}$ 表示 m_2 对 m_1 的作用力，其余类推。$\boldsymbol{f}_{12}$、$\boldsymbol{f}_{21}$，等为内力。用 $\boldsymbol{F}_1$、$\boldsymbol{F}_2$ 分别表示质点系内第一、第二个质点所受的外力。

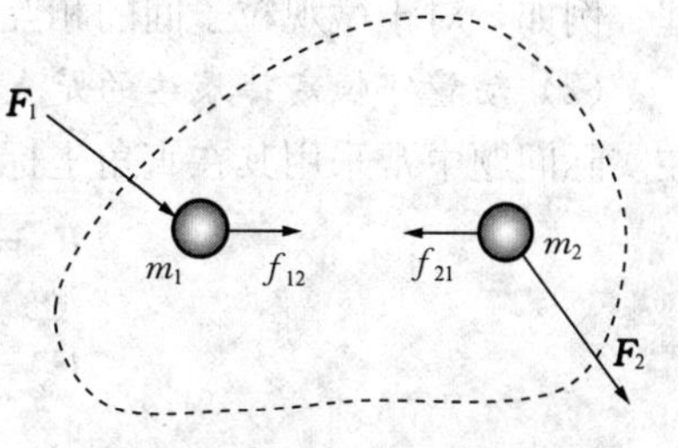

图 2-6　系统的内力和外力

对质点系内的各个质点，由牛顿第二定律可写出

$$\boldsymbol{F}_1+\boldsymbol{f}_{12}=\frac{\mathrm{d}\boldsymbol{p}_1}{\mathrm{d}t},\ \boldsymbol{F}_2+\boldsymbol{f}_{21}=\frac{\mathrm{d}\boldsymbol{p}_2}{\mathrm{d}t}$$

根据牛顿第三定律，内力在质点系内总是成对出现的，它们之间满足 $\boldsymbol{f}_{12}+\boldsymbol{f}_{21}=0$，即所有内力的矢量总和等于零。因此，把上面各式相加后可得

$$\boldsymbol{F}_1+\boldsymbol{F}_2=\frac{\mathrm{d}(\boldsymbol{p}_1+\boldsymbol{p}_2)}{\mathrm{d}t} \tag{2-19}$$

该式表明，质点系所受外力的矢量和（$\boldsymbol{F}_1+\boldsymbol{F}_2$）等于质点系总动量（$\boldsymbol{p}_1+\boldsymbol{p}_2$）随时间的变化率，式（2-19）是牛顿第二定律应用于质点系的表达式。

若以 $\boldsymbol{F}$ 表示质点系所受的合外力，$\boldsymbol{p}$ 表示质点系内所有质点的总动量，式（2-19）可简写为

$$\boldsymbol{F}=\frac{\mathrm{d}\boldsymbol{p}}{\mathrm{d}t}，\text{将其改写成}\quad \boldsymbol{F}\mathrm{d}t=\mathrm{d}\boldsymbol{p}$$

积分得

$$\int_{t_1}^{t_2}\boldsymbol{F}\mathrm{d}t=\boldsymbol{p}_2-\boldsymbol{p}_1=\sum_{i=1}^{n}m_i\boldsymbol{v}_{i2}-\sum_{i=1}^{n}m_i\boldsymbol{v}_{i1} \tag{2-20}$$

式（2-20）表明，**质点系所受的合外力的冲量等于质点系总动量的增量**。这个结论称**质点系的动量定理**。

三、质点系的动量守恒定律

当质点系不受外力，或虽受外力，但外力的矢量和为零时，即 $\boldsymbol{F}=\sum_i\boldsymbol{F}_i=0$，由式（2-20）可得

$$\sum_{i=1}^{n}m_i\boldsymbol{v}_{i2}=\sum_{i=1}^{n}m_i\boldsymbol{v}_{i1}=\text{常矢量} \tag{2-21}$$

亦即

$$\sum_i\boldsymbol{p}_i=\text{常矢量} \tag{2-22}$$

该式为**质点系的动量守恒定律**（law of conservation of momentum）。其语言表述为：**当质点系不受外力或所受外力的矢量和为零时，质点系的总动量保持不变**。

动量守恒定律表明：组成质点系的几个相互作用的质点（物体），在不受外力或所受外力矢量和为零的条件下，一个物体所失去的动量，等于别的物体所获得的动量，动量在物体之间传递。由于这种传递是在质点系内部进行的，所以质点系的总动量守恒。

动量守恒定律是物理学中最普遍的定律之一。实践表明，动量守恒定律不仅适用于宏观系统，而且也适用于由分子或原子等微观粒子组成的微观系统。即使在牛顿定律不适用的领域（例如微观领域），动量守恒定律仍然成立。

应用动量守恒定律分析解决实际问题时，应注意以下几点：

（1）动量守恒定律成立的基本条件是合外力为零　即

$$\boldsymbol{F}=\sum_i\boldsymbol{F}_i=0$$

有时合外力虽不为零，但只要在作用过程中外力远小于内力，这时也可以按动量守恒来处理。例如，对于微观粒子间的相互作用以及爆炸、碰撞等过程常可以使用动量守恒定律。

（2）动量守恒定律表达的是矢量关系，因此要注意它的矢量性，并选择适当的坐标系在实际问题中常采用其在直角坐标系中的分量式，即

$$\left.\begin{aligned} F_x = 0,\ \sum_i m_i v_{ix} = C\ (\text{常量}) \\ F_y = 0,\ \sum_i m_i v_{iy} = C\ (\text{常量}) \\ F_z = 0,\ \sum_i m_i v_{iz} = C\ (\text{常量}) \end{aligned}\right\} \qquad (2-23)$$

由此可知，当质点系所受的合外力 $\boldsymbol{F} \neq 0$ 时，质点系的总动量不守恒。但是，如果合外力在某一方向上的分量为零时，质点系的总动量在这一方向上的分量仍是守恒的。

（3）弹性碰撞和非弹性碰撞　在碰撞后，两物体的动能之和（即总动能）完全没有损失，这种碰撞叫做**完全弹性碰撞**（perfect elastic collision）。如果两个碰撞小球的质量相等，联立动量守恒和能量守恒方程时可解得：两个小球碰撞后交换速度。如果被碰撞的小球原来静止，则碰撞后该小球具有了与碰撞小球一样大小的速度，而碰撞小球则停止。多个小球碰撞时可以进行类似的分析（图 2-7）。

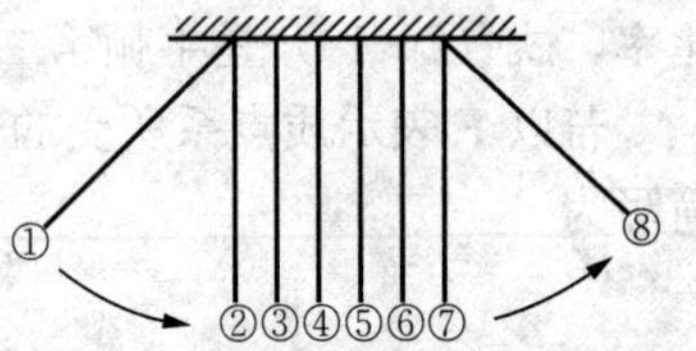

图 2-7　完全弹性碰撞

碰撞过程中物体往往会发生形变，还会发热、发声。因此在一般情况下，碰撞过程中会有动能损失，即动能、机械能都不守恒，这类碰撞称为**非弹性碰撞**（inelastic collision）。碰撞后物体结合在一起，或者速度相等，看做一个整体时动能损失最大，这种碰撞叫做**完全非弹性碰撞**，完全非弹性碰撞的过程机械能也不守恒。但是该系统的动量守恒。碰撞后完全不反弹，比如湿纸或一滴油灰，落地后完全粘在地上，这种碰撞则是完全非弹性的，自然界中，多数的碰撞实际都属于非弹性碰撞。

（4）动量守恒定律只适用于惯性系　在使用动量守恒定律时必须将质点系中各质点的速度统一到同一个惯性系中。

例题 2-4　α 粒子是氦原子核。在一次 α 粒子散射实验中，α 粒子和静止的氧原子核发生"碰撞"，如图 2-8 所示。实验测出，碰撞后 α 粒子沿与入射方向成 $\theta=72°$ 角的方向运动，而氧原子核沿与 α 粒子入射方向成 $\beta=41°$ 角的方向运动。求碰撞前后 α 粒子的速率比。

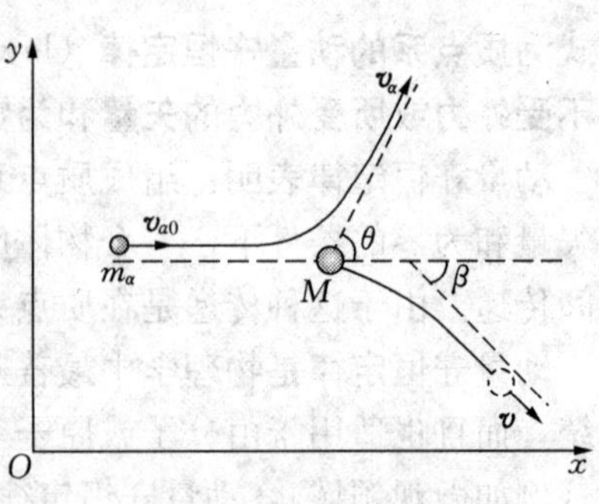

图 2-8　α 粒子散射

解：α 粒子的这种"碰撞"过程实际上是它们在运动中相互靠近，继而由于相互排斥而分离的过程。将 α 粒子与氧原子核视为一个质点系，由于在整个过程中只有内力作用，所以质点系的动量守恒。设 α 粒子质量为 m_α，碰撞前后的速度分别为 $\boldsymbol{v}_{\alpha0}$ 和 $\boldsymbol{v}_\alpha$，氧核质量为 M，碰后速度为 $\boldsymbol{v}$。在如图 2-8 所示的坐标系中，令 α 粒子入射方向与 x 轴平行，由动量守恒定律得

$$m_\alpha \boldsymbol{v}_{\alpha0} = m_\alpha \boldsymbol{v}_\alpha + M\boldsymbol{v} \qquad ①$$

该式沿 x、y 坐标的分量式分别为

$$m_\alpha v_{\alpha0}=m_\alpha v_\alpha\cos\theta+Mv\cos\beta \quad ②$$

$$m_\alpha v_\alpha\sin\theta-Mv\sin\beta=0 \quad ③$$

由式②、式③解得 $$v_{\alpha0}=v_\alpha\cos\theta+\frac{v_\alpha\sin\theta}{\sin\beta}\cos\beta=\frac{v_\alpha}{\sin\beta}\sin(\theta+\beta)$$

所以 $$\frac{v_\alpha}{v_{\alpha0}}=\frac{\sin\beta}{\sin(\theta+\beta)}=\frac{\sin41^\circ}{\sin(72^\circ+41^\circ)}=0.71$$

即碰撞后 α 粒子的速率约为初速率的 71%。

第三节　动能定理和能量守恒定律

上节讨论了力的时间累积作用，引进了冲量和动量概念，推出了动量定理和动量守恒定律。本节讨论力的空间累积作用，在介绍功和动能概念的基础上，由牛顿第二定律出发，导出动能定理和机械能守恒定律。

一、功与动能定理

1. 功与功率　当一个物体受到了力的作用，并且在力的作用下发生了一段位移，称该力对物体做了**功**（work）。由于在物体运动的过程中力始终存在，因此，功反映了力的空间累积作用。

（1）恒力的功　设一个可视为质点的物体在恒力 $\boldsymbol{F}$ 的作用下沿直线运动，其位移为 $\Delta\boldsymbol{r}$（图 2-9），则作用在物体上的力 $\boldsymbol{F}$ 与物体位移 $\Delta\boldsymbol{r}$ 的标量积（简称标积或点积）定义为该力在这段位移上对物体所做的功，简称为力的功，用 W 表示，即

$$W=\boldsymbol{F}\cdot\Delta\boldsymbol{r}=F\Delta r\cos\theta \tag{2-24}$$

式中 θ 是 $\boldsymbol{F}$ 和位移 $\Delta\boldsymbol{r}$ 之间的夹角。由这个功的定义可知，功是标量，它的正负符号取决于 θ 的大小。

- 当 $\theta<\pi/2$ 时，W 为正值，力对物体做正功；
- 当 $\theta>\pi/2$ 时，W 为负值，力对物体做负功；
- 当 $\theta=\pi/2$ 时，$W=0$，力对物体不做功。

（2）变力的功　在一般情况下，物体是沿曲线运动的，而且在物体运动过程中，作用于物体上的力的大小和方向都可能不断变化。这时，显然无法再用式（2-24）来计算此变力所做的功。但是，借助于微积分，可以将运动轨迹分成无穷多个无限小的位移段 $d\boldsymbol{r}$（叫做位移元），这样，在每一个位移元上物体受到的力可以认为是一个不变的力 $\boldsymbol{F}$，如图 2-10 所示。于是，在此小位移上该力所做的功（称元功或微功）可以用式（2-24）来计算。设 $\boldsymbol{F}$ 与 $d\boldsymbol{r}$ 间的夹角为 θ，则在该位移元上力所做的元功为

$$dW=\boldsymbol{F}\cdot d\boldsymbol{r}=F\cos\theta\, dr \tag{2-25}$$

这样，力在全部路程 ab 上所做的总功就等于力在各位移元上所做的诸元功的代数和，即

$$W=\int_a^b\boldsymbol{F}\cdot d\boldsymbol{r}=\int_a^b F\cos\theta dr \tag{2-26}$$

其中的积分上、下限 a、b 分别表示物体沿曲线运动的起点和终点。由此，只要知道力 F 随位置的变化关系，就可以根据上式求出功的量值。

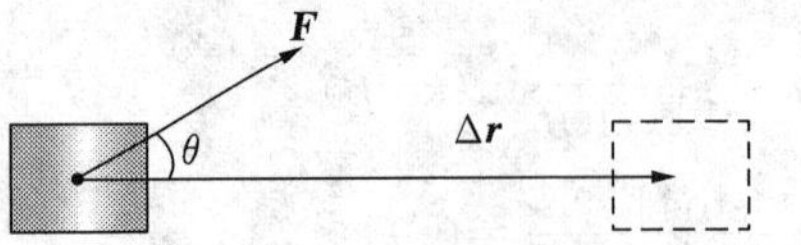

图 2-9　恒力的功

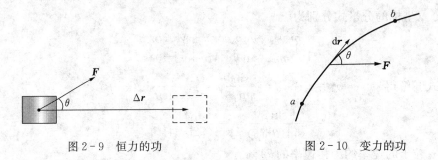

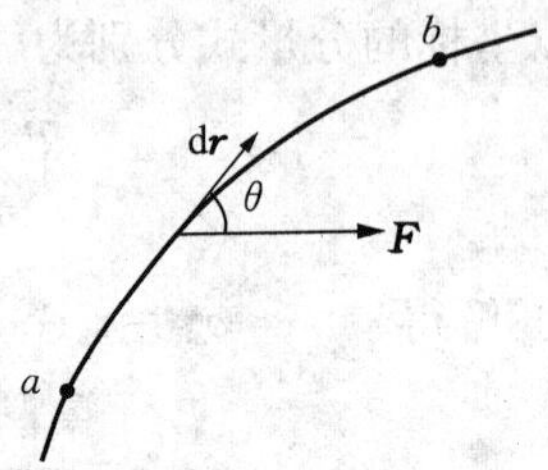

图 2-10　变力的功

当物体同时受到几个力作用时，不难证明合力的功等于各分力功的代数和。

在 SI 值中，功的单位是 N·m，称为焦耳（J）。在电工学中还常用千瓦小时（kW·h）和电子伏特（eV）作为功的单位，其相互关系是

$$1\ \mathrm{kW\cdot h}=3.6\times10^{6}\ \mathrm{J},\ 1\ \mathrm{eV}=1.6\times10^{-19}\ \mathrm{J}$$

（3）功率　在实际问题中，不仅要知道力所做的功，还需要知道完成这一功的快慢，功率是描述做功快慢程度的物理量。设力在 t 到 $t+\Delta t$ 时间内所做的功为 ΔW，则定义

$$\overline{P}=\frac{\Delta W}{\Delta t}$$

为力在 Δt 时间内的平均功率（average power）。当 $\Delta t\to0$ 时的平均功率的极限

$$P=\lim_{\Delta t\to0}\frac{\Delta W}{\Delta t}=\frac{\mathrm{d}W}{\mathrm{d}t}\qquad(2-27)$$

定义为某时刻的瞬时功率，简称为**功率**（power）。在 SI 制中，功率的单位是 $\mathrm{J\cdot s^{-1}}$，称为**瓦特**（W）。若将式（2-25）代入式（2-27），则

$$P=F\cos\theta\frac{\mathrm{d}r}{\mathrm{d}t}=Fv\cos\theta=\boldsymbol{F}\cdot\boldsymbol{v}\qquad(2-28)$$

上式表明，力的瞬时功率等于该时刻的力与物体运动速度的标积。

例题 2-5　马拉爬犁在水平雪地上沿一弯曲道路行走。爬犁总质量为 3×10^{3} kg，它和地面的滑动摩擦系数 $\mu_{\mathrm{k}}=0.12$。求马拉爬犁行走 2 km 的过程中，路面摩擦力对爬犁做的功。

解：这是一个物体沿曲线运动，但是力的大小不变的例子。爬犁在雪地上移动任一元位移 $\mathrm{d}\boldsymbol{r}$ 的过程中，它受的滑动摩擦力的大小为

$$f=\mu_{\mathrm{k}}N=\mu_{\mathrm{k}}mg$$

由于滑动摩擦力的方向总与位移 $\mathrm{d}\boldsymbol{r}$ 的方向相反，所以相应的元功应为

$$\mathrm{d}W=\boldsymbol{f}\cdot\mathrm{d}\boldsymbol{r}=-f|\mathrm{d}r|=-f\mathrm{d}s=-\mu_{\mathrm{k}}mg\mathrm{d}s$$

其中，$\mathrm{d}s=|\mathrm{d}r|$ 表示元位移的大小，即相应的路程。则在爬犁从 A 移到 B 的过程中，摩擦力对它做的功就是

$$W=\int_A^B-\mu_{\mathrm{k}}mg\,\mathrm{d}s=-\mu_{\mathrm{k}}mg\int_A^B\mathrm{d}s$$

上式中最后一项的积分为从 A 到 B 爬犁实际经过的路程 s，所以

$$W=-\mu_{\mathrm{k}}mgs=-0.12\times3\,000\times9.81\times2\,000=-7.06\times10^{6}(\mathrm{J})$$

此结果中的负号表示滑动摩擦力对爬犁做了负功。此功的大小和物体经过的路径形状有关。如果爬犁是沿直线从 A 到 B 的，则滑动摩擦力做的功的数值要比上面的小。

例题 2-6　如图 2-11 所示，质量为 m 的摆锤系于绳的下端，绳长为 l，上端固定，一个水平力 $\boldsymbol{F}$ 从零逐渐增大，缓慢地作用在摆锤上，使摆锤虽得以移动，但在所有时间内均无限地接近于力平衡，一直到绳子与竖直线成 θ_0 角的位置。试计算变力 $\boldsymbol{F}$ 所做的功。

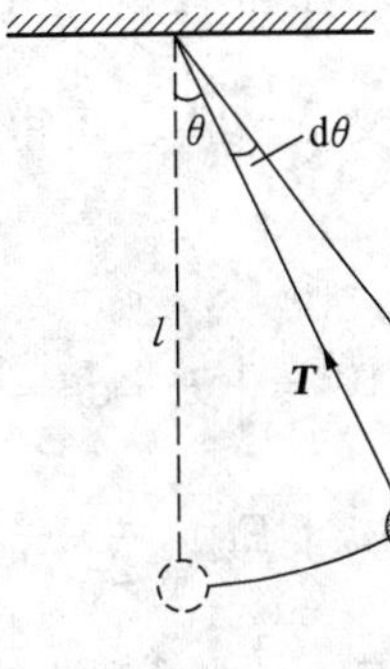

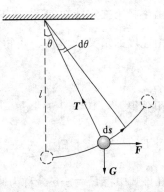

图 2-11　例题 2-6 图

解： 选摆锤为研究对象。摆锤所受力为重力 $\boldsymbol{G}(m\boldsymbol{g})$、绳子拉力 $\boldsymbol{T}$、水平力 $\boldsymbol{F}$，如图 2-11 所示。因为在任意位置摆锤都无限接近于平衡，可视为加速度为零。将力沿水平、竖直方向分解，其分量式为

$$F - T\sin\theta = 0,\ T\cos\theta - mg = 0$$

解得

$$F = mg\tan\theta$$

当摆锤在任意位置（用角位置 θ 表示）上沿圆弧有无限小位移 d$\boldsymbol{s}$ 时，力 $\boldsymbol{F}$ 所做元功为

$$\mathrm{d}W = \boldsymbol{F}\cdot\mathrm{d}\boldsymbol{s} = F\cos\theta\mathrm{d}s$$

将 $F = mg\tan\theta$、$\mathrm{d}s = l\,\mathrm{d}\theta$ 代入上式，根据变力做功公式可得摆锤从初始位置（$\theta=0$）到末位置（$\theta=\theta_0$）的过程中力 $\boldsymbol{F}$ 对摆锤所做的总功为

$$W = \int \mathrm{d}W = \int_0^{\theta_0} mg\tan\theta\cos\theta\cdot l\ \mathrm{d}\theta = mgl\int_0^{\theta_0}\sin\theta\ \mathrm{d}\theta = mgl(1-\cos\theta_0)$$

例题 2-7　矿砂自料槽均匀竖直下落到水平运动的传送带上，如图 2-12 所示。设落砂量 $q_m = 50\ \mathrm{kg\cdot s^{-1}}$，传送带速率为 $v = 1.5\ \mathrm{m\cdot s^{-1}}$。不计轴上摩擦。求保持传送带匀速运动所需的电动机的功率。

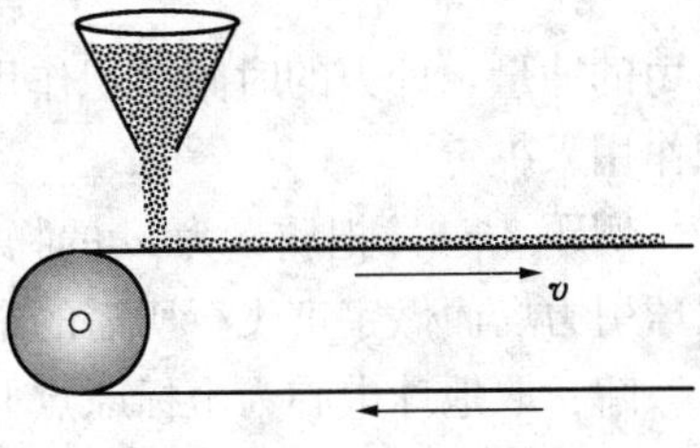

图 2-12　例题 2-7 图

解： 传送带做水平匀速运动，则电动机对传送带的水平拖力 $\boldsymbol{F}$ 的大小应等于矿砂对皮带的水平作用力 $\boldsymbol{F}_{砂}$ 的大小（方向为水平向左），即 $F = F_{砂}$。对矿砂应用动量定理，可以求出传送带对砂的水平力 $\boldsymbol{F}'_{砂}$（方向为水平向右）。

设在某极短时间 Δt 内落于传送带上的矿砂质量 $\Delta m = q_m\Delta t$，它的水平速度由零变为 v。写出水平方向动量定理式，有　$F'_{砂}\Delta t = \Delta m v - 0 = q_m\Delta t v$

由此求得

$$F'_{砂} = q_m v$$

由牛顿第三定律 $F_{砂} = F'_{砂}$，故所需电动机的功率为

$$P = \boldsymbol{F}\cdot\boldsymbol{v} = F_{砂}v = q_m v^2 = 50\times1.5^2 = 1.125\times10^2(\mathrm{W})$$

2. 质点的动能定理　现在讨论由于外力做功对物体运动状态的影响。设一个质量为 m 的质点在变力 $\boldsymbol{F}$ 作用下沿曲线从 a 点运动到 b 点，如图 2-13所示。它在 a、b 点时的速度分别用 $\boldsymbol{v}_a$ 和 $\boldsymbol{v}_b$ 表示。由式（2-26）可知，变力 $\boldsymbol{F}$ 在此过程中所做的功为

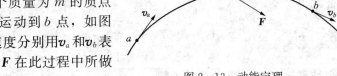

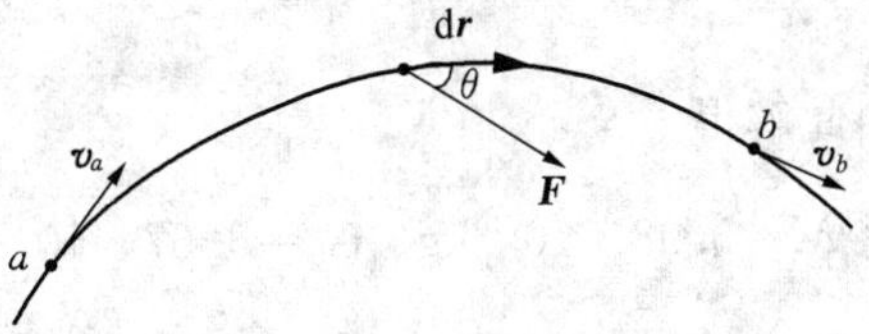

图 2-13　动能定理

$$W = \int_a^b F\cos\theta\mathrm{d}r$$

由牛顿第二定律知
$$F\cos\theta = ma_t = m\frac{dv}{dt}$$
由速度的定义 $v=dr/dt$ 可得 $dr=v dt$。在上式两端同乘以 dr，上式可化为
$$F\cos\theta\, dr = m\frac{dv}{dt}v dt = mv dv$$
积分得
$$W=\int_a^b \boldsymbol{F}\cdot d\boldsymbol{r} = \int_a^b F\cos\theta dr = \int_{v_a}^{v_b} mv\ dv = \frac{1}{2}mv_b^2 - \frac{1}{2}mv_a^2$$
令 $E_{kb}=\frac{1}{2}mv_b^2$，$E_{ka}=\frac{1}{2}mv_a^2$，上式可简记为　　$W=E_{kb}-E_{ka}$

在该式中将 $E_k=\frac{1}{2}mv^2$ 称为速率为 v 的质点所具有的**动能**（kinetic energy），E_{kb} 和 E_{ka} 就分别表示了质点在终态和初态时的动能。于是，这个结果表明，**合外力（无论是恒力还是变力）对质点所做的功等于质点动能的增量**。这个结论称为**质点的动能定理**（theorem of kinetic）。

一般地，当质点的速度从 v_0 变化到 v 时，上述动能定理的一般数学表达式为
$$W=E_k-E_{k0} \tag{2-29}$$
从式（2－29）可以看出，当外力对质点做正功（即 $W>0$）时，质点的动能增加；当外力对质点做负功（即 $W<0$）时，质点的动能减少。功是质点动能改变的量度，这就是功的物理意义。

至此我们看到，一个质点的机械运动可以由两个物理量表征：一个是动量 $\boldsymbol{p}=m\boldsymbol{v}$，另一个是动能 $E_k=\frac{1}{2}mv^2$，它们都是表征质点运动状态的重要物理量。动量是矢量，它的改变由力的冲量，即力的时间累积作用决定；动能是标量，它的改变由力的功，即由力的空间累积作用来决定。

例题 2－8　把质量为 m 的物体，从地球表面沿铅直方向发射出去，试求能使物体脱离地球引力场而做宇宙飞行所需的最小初速度——第二宇宙速度。

解：取地球中心为坐标原点并假设地球是半径为 R、质量为 M 的均质球。在物体从初始位置（$r_1=R$）运动到末了位置（$r_2=\infty$）的过程中，不考虑空气阻力，只有万有引力做功，由动能定理
$$\int_a^b \boldsymbol{F}\cdot d\boldsymbol{r} = \frac{1}{2}mv_2^2 - \frac{1}{2}mv_1^2$$
可写出
$$\int_R^\infty -G_0\frac{mM}{r^2}dr = \frac{1}{2}mv_2^2 - \frac{1}{2}mv_1^2$$
其中，负号是因为引力方向与位移方向相反。积分上式，并考虑到 $v_1=v_0$，$v_2=0$，可得
$$-G_0\frac{mM}{R} = 0 - \frac{1}{2}mv_0^2$$
由此解得
$$v_0=\sqrt{\frac{2G_0M}{R}}$$
将 $M=5.98\times10^{24}$ kg、$G_0=6.67\times10^{-11}$ N·m^2·kg^{-2}、$R=6\,370$ km 带入上式，可得
$$v_0=11.2\times10^3\ \mathrm{m\cdot s^{-1}}$$
这个结果与例题 2－2 的结果相同。

3. 质点系的动能定理　现在考虑由若干个存在相互作用的质点组成的质点系。对其中每一个质点应用前述的质点动能定理，可以推出适用于质点系的动能定理。为简便起见，

设质点系由两个质量分别为 m_1、m_2 的质点组成，如图 2-14 所示。在图中，用 $\boldsymbol{F}_1$ 和 $\boldsymbol{F}_2$ 分别表示作用于两个质点上的合外力，系统的内力分别用 $\boldsymbol{f}_{12}$ 和 $\boldsymbol{f}_{21}$ 表示，$\boldsymbol{f}_{12}$ 表示 m_2 对 m_1 的作用力，$\boldsymbol{f}_{21}$ 表示 m_1 对 m_2 的作用力。对两个质点分别应用动能定理有

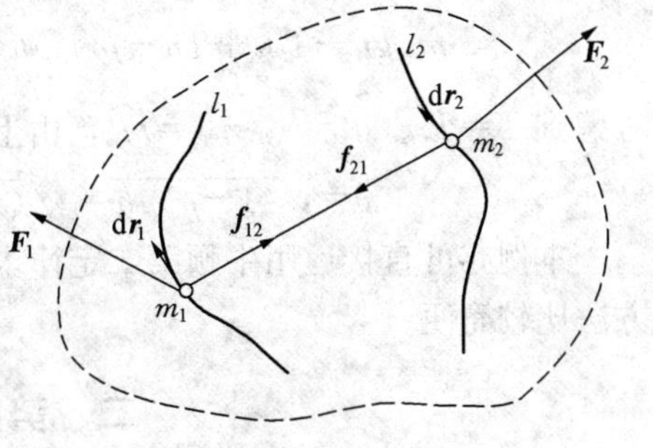

图 2-14　系统的内力和外力

$$\int_{l_1} \boldsymbol{F}_1 \cdot \mathrm{d}\boldsymbol{r}_1 + \int_{l_1} \boldsymbol{f}_{12} \cdot \mathrm{d}\boldsymbol{r}_1 = \frac{1}{2}m_1 v_1^2 - \frac{1}{2}m_1 v_{10}^2$$

$$\int_{l_2} \boldsymbol{F}_2 \cdot \mathrm{d}\boldsymbol{r}_2 + \int_{l_2} \boldsymbol{f}_{21} \cdot \mathrm{d}\boldsymbol{r}_2 = \frac{1}{2}m_2 v_2^2 - \frac{1}{2}m_2 v_{20}^2$$

其中，积分号下的 l_1 和 l_2 分别表示两个质点在运动过程中所走过的路径，v_1 为 m_1 在终了状态的速度，v_{10} 为 m_1 在起始状态的速度；v_2 为 m_2 在终了状态的速度，v_{20} 为 m_2 在起始状态的速度。把上面两式相加，并令外力所做的功为

$$W_{外力} = \int_{l_1} \boldsymbol{F}_1 \cdot \mathrm{d}\boldsymbol{r}_1 + \int_{l_2} \boldsymbol{F}_2 \cdot \mathrm{d}\boldsymbol{r}_2$$

质点系中内力所做的功为　$$W_{内力} = \int_{l_1} \boldsymbol{f}_{12} \cdot \mathrm{d}\boldsymbol{r}_1 + \int_{l_2} \boldsymbol{f}_{21} \cdot \mathrm{d}\boldsymbol{r}_2$$

质点系在末态的总动能为　$$E_\mathrm{k} = \frac{1}{2}m_1 v_1^2 + \frac{1}{2}m_2 v_2^2$$

质点系在初态的总动能为　$$E_\mathrm{k0} = \frac{1}{2}m_1 v_{10}^2 + \frac{1}{2}m_2 v_{20}^2$$

由上述诸关系可得　$$W_{外力} + W_{内力} = E_\mathrm{k} - E_\mathrm{k0} \tag{2-30}$$

式（2-30）为质点系动能定理的数学表达式。其语言表述为：**质点系的所有外力和内力做功的代数和等于质点系动能的增量**。

这里说明两点：

- 式（2-30）虽然是从两个质点构成的质点系推出的，但是对由 N 个质点构成的质点系，该式仍然成立。
- 对质点系而言，内力是成对出现的，由牛顿第三运动定律可知内力的矢量和为零，所以内力不改变质点系的动量。但是，内力的矢量和为零，内力的功不一定为零。当内力功不为零时，它将改变系统的总动能。

例题 2-9　在图 2-15(a) 所示的装置中，物体 A、B 的质量 $m_\mathrm{A} = m_\mathrm{B} = 0.01\ \mathrm{kg}$，物体 B 与桌面间的滑动摩擦系数 $\mu = 0.10$，滑轮质量不计，连接 A、B 的绳子质量忽略不计且不可伸长。求物体 A 自静止落下 1.0 m 时的速度（此时 B 仍在桌面上）。

解： 将 A、B 视为一个质点系，分析受力情况并画出示力图，如图 2-15(b) 所示。以 A、B 静止时为初始状态（$v_\mathrm{A} = v_\mathrm{B} = v_0$），A 落下 1.0 m 时为末状态（$v'_\mathrm{A} = v'_\mathrm{B} = v$），对 A、B 组成的质点系应用动能定理，有

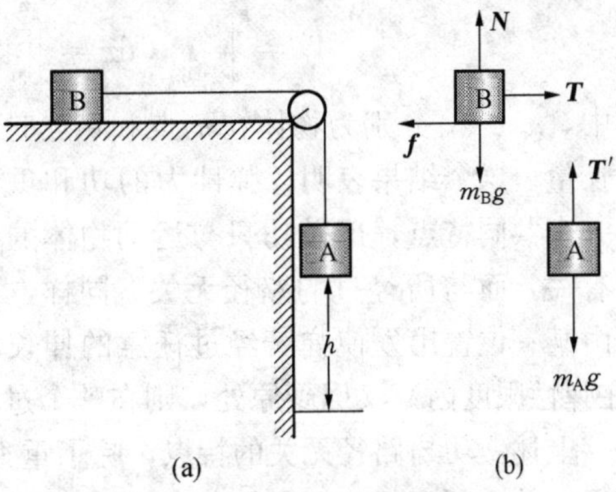

图 2-15　例题 2-9 图

$$m_{A}gh-T'h+Th-\mu m_{B}gh=\left(\frac{1}{2}m_{A}v^{2}+\frac{1}{2}m_{B}v^{2}\right)-\left(\frac{1}{2}m_{A}v_{0}^{2}+\frac{1}{2}m_{B}v_{0}^{2}\right)$$

考虑到 $T=T'$、$v_0=0$、$m_A=m_B$，由上式可得

$$v=\sqrt{(1-\mu)gh}=\sqrt{(1-0.10)\times 9.8\times 1.0}=2.97(\mathrm{m\cdot s^{-1}})$$

本例亦可直接运用牛顿第二定律求解。请读者自己演算，并与上述解法比较，看哪一种方法比较简便。

二、势能与机械能守恒定律

1. 保守力　按照前述功的定义，我们再来详细考察重力的功。如图 2-16 所示，设一个质量为 m 的物体，在重力作用下从位置 a 经任意路径（如图 2-16 中曲线 acb）到达位置 b，令 a 和 b 位置的高度分别为 h_a 和 h_b，取图示坐标。在位移元 $d\boldsymbol{r}$ 中，重力 $\boldsymbol{G}=m\boldsymbol{g}$ 所做的元功为

$$dW=\boldsymbol{G}\cdot d\boldsymbol{r}=mg\cos\theta\, dr=-mg dh$$

式中 $dh=-dr\cos\theta$ 是物体在位移元 dr 中对应坐标 h 的改变量（负号表示 h 值减少）。于是，在物体沿曲线从位置 a 运动到位置 b 的过程中，重力所做的总功为

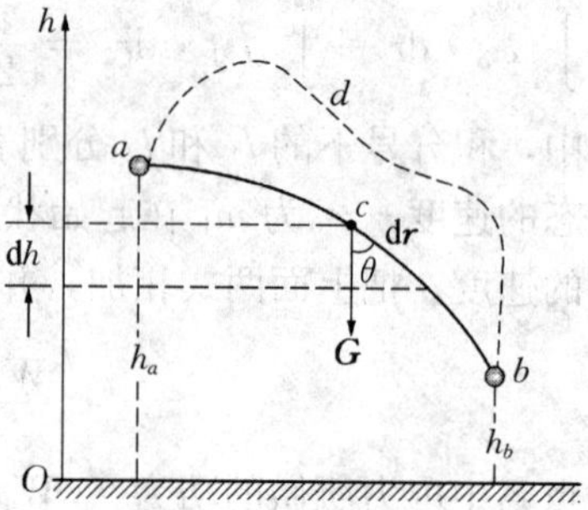

图 2-16　重力的功

$$W=\int_a^b dW=\int_{h_a}^{h_b}-mg\,dh=mgh_a-mgh_b \tag{2-31}$$

这个结果表明，重力对物体所做的功等于物体始、末位置的高度之差与重力的乘积。由于移动路径是任意取的，可以预见，当物体由位置 a 沿另一条曲线 adb 运动到位置 b 时，重力所做的功仍与式（2-31）计算的结果相同。这就是说，**重力对物体所做的功只与该物体的始、末位置（h_a 和 h_b）有关，而与所经过的路径无关**。据此，如果物体沿任意闭合路径 $adbca$ 运动一周又回到起始位置 a 时，重力对物体做功为零，即

$$W=\oint dW=\oint \boldsymbol{G}\cdot d\boldsymbol{r}=0 \tag{2-32}$$

再来考察弹性力做功的特点。在图 2-17 中，物体在弹簧弹性力的作用下由位置 a（坐标为 x_a）运动到位置 b（坐标为 x_b）的过程中，物体所受的弹性力 $\boldsymbol{F}=-k\boldsymbol{x}$ 为变力（在弹性限度内），弹力对物体所做的功为

$$W=\int_{x_a}^{x_b}\boldsymbol{F}\cdot d\boldsymbol{x}=\int_{x_a}^{x_b}(-kx)dx=\frac{1}{2}kx_a^2-\frac{1}{2}kx_b^2 \tag{2-33}$$

其中，x_a、x_b 分别为物体在 a 点和 b 点时弹簧的伸长量。这个结果表明，弹性力的功和重力的功有一个共同特点，即做功只与运动物体的始末位置有关，而与所经过的路径无关。同样，如果物体由某一位置出发使弹簧经过任意的伸长和缩短（在弹性限度内）又回到原处，则在整个过程中弹性力所做的功为零。

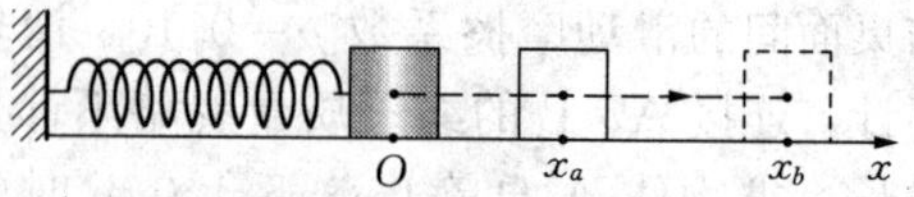

图 2-17　弹性力的功

上述做功与路径无关的特点，除了重力和弹性力具备以外，万有引力和静电力也具备。但是，并非所有的力都是如此。例如，摩擦力做功与路径是有关的。正因为存在着这样的差别，可以按此特点将力分为两类：把重力、弹性力、静电力这类做功只与物体的始末位置有

关而与所经历的路径无关的力称为**保守力**（conservative force），而把做功与路径有关的力称为**非保守力**（non－conservative force）。

2. 势能　既然保守力做功与路径无关，只与物体始末位置有关，那么在有保守力作用的系统中，就可以将保守力的功用一个位置函数的差值表示出来，这个位置函数就叫做**势能**（potential energy），常用 E_p 表示。例如，物体在位置 a 处的势能为 E_{pa}，在位置 b 处的势能为 E_{pb}，若物体由位置 a 运动到位置 b，那么保守力对其所做的功就可以表示为

$$W_{保守力}=E_{pa}-E_{pb} \tag{2-34}$$

即物体由位置 a 到位置 b 的过程中保守力所做的功 $W_{保守力}$ 等于物体在位置 a 时的势能与在位置 b 时的势能的差值。也就是说，保守力做正功，势能减少。

一般地，令物体在初始位置的势能为 E_{p0}，终了位置的势能为 E_p，式（2－34）可写为

$$W_{保守力}=-(E_p-E_{p0})=-\Delta E_p \tag{2-35}$$

即保守力在某一过程中所做的功等于始末两个状态势能增量的负值。对于一个微小的过程，上式可写为以下的微分形式

$$dW_{保守力}=-dE_p \tag{2-36}$$

对于势能概念，应注意以下几点：

● 物体之间存在着某种保守力是势能存在的必要条件，不同的保守力有与之相应的势能，如重力势能、弹性势能、引力势能等。

● 势能是属于相互作用着的物体系统（质点系）所具有的能量，不属于某一个物体。例如，重力势能是地球和地球附近的物体所共同具有的相互作用能量，并不只属于物体本身。

● 势能的数值是相对的，而势能差才是绝对的。只有当势能零点选定之后，某一点的势能才有确定的量值。势能零点的选取可以是任意的。例如，对于重力势能，通常选取地球表面为零势能点，于是，质量为 m 的物体从距地面高为 h 处落到地面时，重力所做的功即为 $W=mgh$，该值也就等于在距地面高 h 处时物体和地球这一物体系统所具有的重力势能，即

$$E_{p重}=mgh \tag{2-37}$$

对于弹性势能，一般选弹簧处于自然状态时其自由端所在处 O 点为零势能点。这样，当弹簧被拉长或压缩 x 时，系统所具有的弹性势能等于把物体从 x 处移到 O 点过程中弹性力所做的功，即

$$E_{p弹}=\frac{1}{2}kx^2 \tag{2-38}$$

由此可见，势能的物理意义是物体由于位置变化而储有的能量，这一能量与保守力相联系，并可以通过保守力做功来量度。

3. 机械能守恒定律　对质点系而言，其内力可分为保守内力和非保守内力两个部分，动能定理式（2－29）可进一步写为

$$W_{外力}+W_{保内力}+W_{非保内力}=E_k-E_{k0} \tag{2-39}$$

由于保守内力做功的结果是使得质点系的势能（包括重力势能和弹性势能等）发生改变，由式（2－35）知

$$W_{保内力}=E_{p0}-E_p$$

将上式代入式（2－39），整理后得到

$$W_{外力}+W_{非保内力}=(E_k+E_p)-(E_{k0}+E_{p0})$$

或

$$W_{外力}+W_{非保内力}=(E-E_0)=\Delta E \tag{2-40}$$

其中，$E=(E_k+E_p)$ 叫做质点系的**机械能**（mechanical energy），ΔE 为机械能的增量。该式表明，**质点系所受外力的功与系统内非保守内力的功的总和等于系统机械能的增量。**

如果 $W_{外力}+W_{非保内力}=0$，则由式（2-40）可得

$$E=E_0=常量 \tag{2-41}$$

这个结果表明，**当质点系内只有保守内力做功，其他非保守内力和一切外力不做功（或所做功之和为零）时，质点系内各质点的总机械能保持不变**。这个结论称为**机械能守恒定律**（law of conservation mechanical energy）。

不难理解，在满足机械能守恒定律的条件下，虽然质点系的总机械能保持不变，但质点系内的动能和势能可以相互转化，这种转化是通过质点系内的保守内力做功来完成的。

三、能量守恒定律

如果质点系不受外力作用，其内力除重力和弹性力等保守力外，还有摩擦力或其他非保守力做功，则质点系的机械能将不再守恒。但是大量实践表明，在其机械能增减的同时，必定有等值的其他形式的能量减增，而质点系的机械能和其他形式的能量总和是守恒的。在物理学中，不受外界作用的系统称封闭系统（closed system）。这就是说，**对于一个封闭系统，能量既不能消失，也不能创造，只能从一种形式转换为另一种形式**。这一结论称为**能量守恒定律**（law of conservation energy）。

应该说明，能量守恒定律是经典力学的重要内容，它并不是从牛顿运动定律推出的，而是从无数事实中归纳出的结论。它是自然界中最普遍性的定律之一，适用于包括机械的、热的、电磁的、原子和原子核内的以及化学的、生物的等等任何变化过程。

根据能量守恒定律可以进一步深刻理解功的意义。在研究质点系的能量转化和传递过程中可以看到，能量的转化与传递是通过做功实现的。例如，在落体运动中，通过重力做功使重力势能转化为物体的动能，所转化的能量恰等于重力对物体所做的功；又如汽车刹车时摩擦力做功，做功的结果使机械能减少，减少的机械能转化为分子热运动能量，摩擦力的功等于所转化的能量。这些事实表明，做功是实现能量传递或转化的一种形式，功是能量传递或转化的量度。

例题 2-10 一个劲度系数为 k 的弹簧，一端固定，另一端与质量为 m_2 的物体相连，m_2 静止在光滑的水平面上。质量为 m_1 的物体从半径为 R 的 1/4 光滑圆弧上滑下，与 m_2 粘在一起压缩弹簧，如图 2-18 所示，求弹簧的最大压缩量。

解：本题由三个物理过程组成。第一个过程为 m_1 从静止下滑到水平面上，还没有与 m_2 相碰的过程，在此过程中机械能守恒（取 m_1 与地球为一个质点系）。设 m_1 滑到水平面时的速度为 v_1，由机械能守恒定律可知

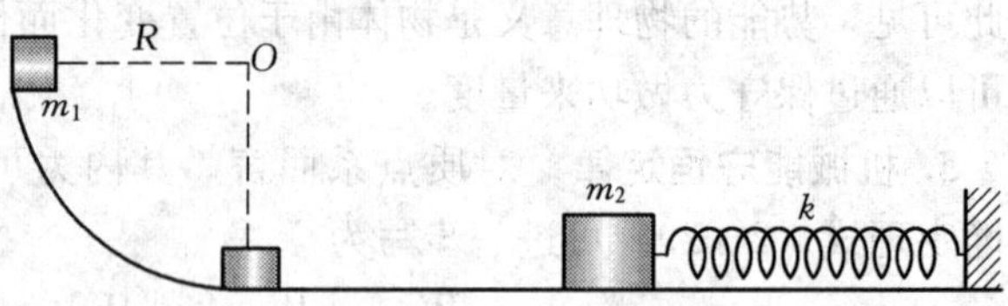

图 2-18 例题 2-10 图

$$m_1 gR=\frac{1}{2}m_1 v_1^2 \quad ①$$

第二个过程为 m_1 与 m_2 碰撞的过程。取 m_1 和 m_2 为研究对象（质点系），因碰撞时间很短，弹簧还来不及压缩，所以外力（弹性力）可忽略，满足动量守恒条件。设碰撞后两物体的共同速度为 v，且注意到第一过程的末速度就是第二过程碰前的初速度，则按动量守恒定律有

$$m_1 v_1=(m_1+m_2)v \quad ②$$

第三个过程为 m_1 和 m_2 压缩弹簧的过程。取 m_1、m_2 和弹簧为一个质点系，设弹簧的最大压缩量为 x，根据机械能守恒定律，可得

$$\frac{1}{2}(m_1+m_2)v^2=\frac{1}{2}kx^2 \quad ③$$

将式①、②、③联立求解，得 $$x=m_1\sqrt{\frac{2gR}{(m_1+m_2)k}}$$

拓展阅读

航天中的力学

时至今日，人类飞向宇宙的梦想已得以实现。人造卫星的上天，载人航天器的发射，人类首次登月的成功……一个个激动人心时刻的到来，把人类航天活动不断推向高潮。到目前为止，人类已发射了数千颗不同类型的航天器，这些航天器发挥了各自不同的作用，造福于人类。一些肩负着探索宇宙使命的探测器已频频造访了太阳系所有的行星，有的甚至已开始远离太阳系，进入茫茫的宇宙。所有这些都来源于牛顿力学，没有牛顿力学，一切都将是遥不可及的幻想。

一、航天中的宇宙速度

1. 第一宇宙速度　在地面上发射航天器，使之能沿绕地球的圆轨道运行所需的最小发射速度称为第一宇宙速度，即发射人造卫星所需的最小速度。当质量为 m 的人造卫星在距地心为 r 的圆形轨道上以速度 v 运行时，地球对它的引力为其做圆周运动所需的向心力，故有

$$G_0\frac{Mm}{r^2}=m\frac{v^2}{r}$$

其中，G_0 为引力常量，M 为地球的质量。由上式得

$$v=\sqrt{\frac{G_0M}{r}}$$

由于人造地球卫星在大气层内运动时将受到大气的阻力，不断损失能量，不能做圆周运动，因此，它必须在大气层外运动。按在地面上 $h=200$ km 高度处来计算，设地球的半径为 R，则由上式计算出的第一宇宙速度为

$$v=\sqrt{\frac{G_0M}{R+h}}$$

将 $R=6\,370$ km、$G_0=6.67\times10^{-11}$ N·m²·kg⁻²、$M=5.977\times10^{24}$ kg 带入可得第一宇宙速度为

$$v_1=7.78\ \text{km}\cdot\text{s}^{-1}$$

2. 第二宇宙速度　在地面上发射航天器，使之能脱离地球的引力场所需的最小发射速度，称为第二宇宙速度。

第二宇宙速度为航天器脱离地球引力作用的最小发射速度。当航天器在从地面到脱离地球引力场过程中，符合机械能守恒。设航天器在地球表面的发射速度为 v_2，则在发射时，其与地球整个系统的机械能为

$$E=\frac{1}{2}mv_2^2-G_0\frac{Mm}{R+h}$$

由于在发射后并没有另外的能量来源，所以在航天过程中航天器的能量保持不变，也就是能量守恒。如果物体可以离开地球的引力范围，也就是可以到达与地球距离为无穷远的地方，这时物体的势能等于零，总能量等于动能的值，最小也是零。这样第二宇宙速度可以由下面的式子算出

$$\frac{1}{2}mv_2^2-G_0\frac{Mm}{R+h}=0$$

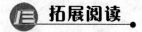

$$v_2=\sqrt{\frac{2G_0M}{R+h}}=\sqrt{2}v_1=11.01\ (\mathrm{km\cdot s^{-1}})$$

3. 第三宇宙速度 从地面发射能够离开太阳系引力范围的物体的最小发射速度称为第三宇宙速度，可以用能量守恒定律和速度相加来估算第三宇宙速度。物体在离开地球引力范围时的总能量是它的动能和太阳对它吸引的势能之和，在航天过程中它的能量保持不变，也就是能量守恒。如果物体离开太阳引力范围，可以到与太阳距离为无穷远的地方，这时物体的势能等于零，总能量等于动能的值，最小也是零。这样物体在离开地球引力范围时相对于太阳的速度 v_s 可以由下式算出

$$\frac{1}{2}mv_s^2-G_0\frac{m_sm}{R_{es}}=0$$

其中，R_{es}是地球到太阳的距离，m_s 是太阳质量。由于地球相对于太阳做圆周运动，用类似于第一宇宙速度的算法，地球相对于太阳的速度 v_e 可以由下面式子算出

$$v_e=\sqrt{\frac{G_0m_s}{R_{es}}}$$

按照速度叠加原理，$v_s=v'+v_e$，其中 v'为物体相对于地球的速度。在地球上发射的物体只要在脱离地球引力范围时还相对于地球有速度 $v'=v_s-v_e$ 而具有动能 $mv'^2/2$ 时就有可能飞出太阳系。按能量守恒定律，第三宇宙速度 v_3 可由下面式子决定

$$\frac{1}{2}mv_3^2-G_0\frac{Mm}{R+h}=\frac{1}{2}m(v_s-v_e)^2$$

由此可解出第三宇宙速度为
$$v_3=v_2\sqrt{1+\left[\frac{3}{2}-\sqrt{2}\right]\frac{m_s(R+h)}{MR_{es}}}$$

将 $m_s=1.989\times10^{30}$ kg，$R_{es}=1.5\times10^{11}$ m 和其他各量值代入上式可算出 $v_3=16.54\ \mathrm{km\cdot s^{-1}}$。

二、人造卫星的发射

发射人造卫星和航天飞船是用运载火箭，其原理是动量守恒定律。火箭飞行时，燃料在燃烧室中燃烧，向火箭飞行的相反方向不断喷出速度很大的气体，使火箭获得很大的动量，从而获得巨大的前进速度。火箭的飞行不需要空气的作用，它自身带有助燃室，因此，可以在空气稀薄的高空或外层空间飞行。

为简单起见，设火箭在自由空间飞行，即它不受引力及空气阻力等任何外力的影响。因为火箭是变质量系统，不同时刻质量不同，喷出气体的速度不同，故不能从过程的始末状态来考虑，只能从 t 到 $t+\Delta t$ 时刻的元过程来分析（见图 2-19）。把某时刻 t 的火箭（包括火箭体和尚存的燃料等）作为研究对象。设 t 时刻的火箭总质量为 m，速度为 v。经过 $\mathrm{d}t$ 时间，由于火箭喷出气体，箭体的速度增加为 $v+\mathrm{d}v$，火箭体的质量变为 $m+\mathrm{d}m$（由于火箭体的质量减小，故 $\mathrm{d}m$ 为负值）。$\mathrm{d}t$ 时间内喷出气体质量为$-\mathrm{d}m$，其喷出时相对于火箭体的速度为 u，根据动量守恒定律，有

$$mv=(m+\mathrm{d}m)(v+\mathrm{d}v)-\mathrm{d}m(v-u)$$

展开此等式，并略去二阶无穷小量 $\mathrm{d}m\mathrm{d}v$，可得

$$\mathrm{d}v=-u\frac{\mathrm{d}m}{m}$$

设火箭点火时，其质量为 M_0，初速度为 v_0，燃料烧完后火箭质量为 M_f，速度为 v_f，对上式积分，有

$$\int_{v_0}^{v_f}\mathrm{d}v=-u\int_{M_0}^{M_f}\frac{\mathrm{d}m}{m}$$

由此得
$$v_f-v_0=u\ln\frac{M_0}{M_f}$$

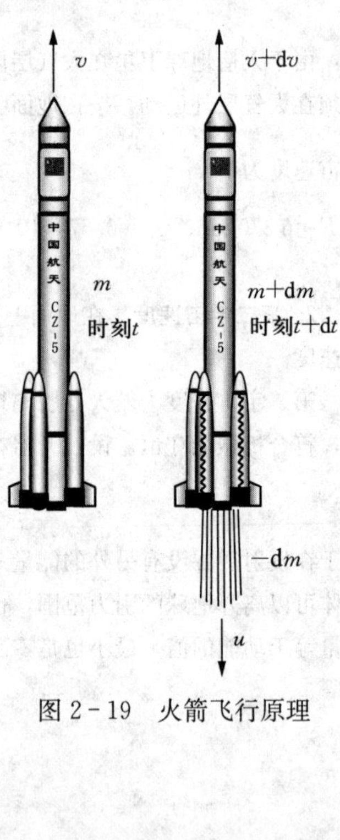

图 2-19 火箭飞行原理

该式为著名的齐奥尔科夫斯基公式。此式表明，火箭在燃烧后所增加的速度和喷气速度成正比，也和火箭始末质量比的自然对数成正比，这个结论给出了提高火箭速度的方法。

由以上讨论可知，要把航天器发射上天，则火箭获得的速度至少要大于第一宇宙速度。若要使航天器离开地球到达其他行星或脱离太阳系到其他星系，则火箭获得的速度应分别大于第二宇宙速度和第三宇宙速度。那么，单级火箭能否达到这些速度呢?

由上式可知，要使火箭获得尽可能大的速度 v_f，就必须尽可能大地增大质量比和燃料气体的喷射速度 u。但由于火箭上需装备众多仪器设备，装燃料的容器也必须足够坚固，以承受燃料燃烧时所产生的高压，所以质量比不可能太小，通常在 10～20 之间，而燃料气体的喷射速度 u 也受到诸多因素的限制。常规液态燃料燃烧后气体的速度 u 接近 $2\ \mathrm{km\cdot s^{-1}}$，非常规燃料如以液氢加液氧做推进剂，其喷射速度 u 可达 $4\ \mathrm{km\cdot s^{-1}}$ 以上。为估计单级火箭所能达到的末速度，不妨设质量比约为 15、u 为 $4\ \mathrm{km\cdot s^{-1}}$、初速度为零，则

$$v_f = u\ln\frac{M_0}{M_f} = 4\ln 15 = 10.8(\mathrm{km\cdot s^{-1}})$$

若计入地球引力和空气摩擦阻力产生的影响，再加上各种技术原因，单级火箭的末速度将小于第一宇宙速度。这就是说，单级火箭是不能把航天器送上天的。

为了使火箭获得高速度，现在采用多级火箭。一级的燃料用完时，壳体自行脱落，随之第二级火箭将被点燃。以此下去，火箭最后将获得很大的速度。

三、神舟九号飞船

近年来，我国的航天事业正在飞速发展。神舟九号飞船是中国航天计划中的一艘载人宇宙飞船，是神舟号系列飞船之一。神九是中国第一个宇宙实验室项目 921 - 2 计划的组成部分，用以执行与天宫一号进行首次载人交会对接。2012 年 6 月 16 日 18 时 37 分，神舟九号飞船在酒泉卫星发射中心发射升空。2012 年 6 月 18 日约 11 时左右转入自主控制飞行，14 时左右与天宫一号实施自动交会对接，这是中国实施的首次载人空间交会对接。并于 2012 年 6 月 29 日 10 点 00 分安全返回。神舟九号飞船为三舱结构，由轨道舱、返回舱和推进舱组成（图 2 - 20）。飞船轨道舱前端安装自动式对接机构，具备自动和手动交会对接与分离功能。神舟九号将基本成为我国的标准型空间渡船，未来实现批量生产。我国载人空间站工程已正式启动实施，2020 年前后将建成规模较大、长期有人参与的国家级太空实验室，中国将拥有自己的太空家园。

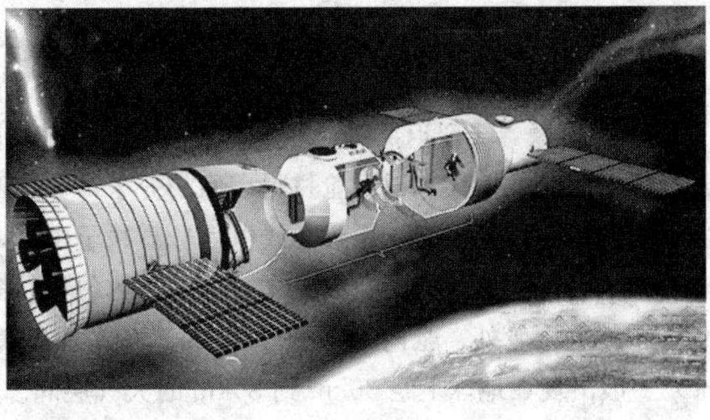

图 2 - 20　神舟九号及天宫一号内部结构示意图

四、航天中的挑战——超重与失重　黑障现象

1. 超重与失重　航天器发射过程中要从地面出发上升到至少 $h=200\ \mathrm{km}$ 的高空。与此同时，还要加速到相对于地球的速度为 $v=7.78\ \mathrm{km\cdot s^{-1}}$ 以上，这是航天中必不可少的过程。在这段时间内，航天器要经历一个超重过程，通常以重力加速度 g 的倍数来表示超重的大小。卫星和载人宇宙飞船在发射时的超重可达 $10g$，航天飞机的超重则较小，约为 $3g$。人们把以人相对于地面正坐为基准，从头部到骨盆方向的超重定为正，反之为负。人在正超重时，血液受惯性力作用而向下半身运动，头部血压下降，当加速度达到一定数值时，视觉变模糊；若加速度进一步增大，中心视觉也随之消失，两眼发黑，叫作“黑视”。数值较大的正超重，可使脑组织缺氧而导致意识丧失。当飞船返回地球时，负加速度使人产生负超重，这时血液从下身向头部流动，头部充血，则出现“红视”。

航天器进入航天轨道后，就进入失重状态。这时所有的物体都表现为有质量、无重量的状态。所有的

物体都飘浮在空中，似乎都没有受到地球的万有引力的吸引。在航天的整个过程中，主要都是失重状态。

在失重条件下会出现许多奇特的物理现象。在太空，宇航员可以把 3 000 kg 的卫星毫不费力地举起，推出航天飞机的闸室，布置到轨道上去。而且，有些物理规律的内涵更加明晰，而有些熟悉的物理现象却不复存在。例如在地球上，由于地球的引力，物体之间的摩擦力总是难以避免，这使得以实验直接证明牛顿定律相当困难。而在太空中，物体之间不再存在相互压力，也就避免了摩擦力，牛顿定律就变得显而易见了。在一架航天飞机中，一个宇航员可以一直静止在舱室的空中，直到另一个人给他一个外力为止。一旦两个宇航员互相碰撞，他们飘移的距离恰好与其质量成反比。宇航员若用一把锤子敲击一个物体，反作用力就会把他自己弹向远处。若用扳手拧紧螺帽，宇航员自己就会向相反方向旋转，而螺帽却没有拧紧。有时宇航员不当心被人一撞，还会意想不到地边飘移边翻起筋斗来。在失重状态下，舱室内所有东西均呈"飘浮"状态，除非穿上带钉子的鞋子，并在网格状的地板上，才有可能行走。宇航员可抛出所携带的铅笔，以使自己朝相反方向移动。

在地球上，肥皂泡是表面张力的结果。表面张力是液体分子间的相互吸引力产生的。失重状况下，表面张力效应就更为显著。在航天飞机上，水龙头里的水若没有喷射压力，即使打开龙头，水滴也不下落。在失重下溅射开来的液体总是形成球状的液滴，并在舱室内飘浮。在太空舱里洗澡，水是从一个水枪中喷射出来的。为了防止水珠乱飞，不得不装配废水收集装置，用气流将废水收集起来，最后装进塑料袋里。宇航食品大多是脱水的，并用塑料包装，吃的时候用热开水使之恢复水分，复水后的食品成为液体质料，宇航员再用剪刀割开塑料容器或食品口袋的封口，用匙子进食。与地面上明显不同的是，即使匙子倾斜或上下颠倒，复水后的食品仍停留在匙子上而不会下落。这是由于液体中的分子会受到固体表面分子的吸引力，可以使液体粘附在固体上。

当然，失重也会对生命活动造成影响，由此发展了航天医学的新领域。对此，这里不再详述了。

2. 黑障现象 飞船返回舱返回大气层后，与大气层剧烈摩擦，可使船体外壳达到 2 000 ℃以上的高温，贴近返回舱表面的气体和返回舱材料表面的分子被分解和电离，形成一个等离子体层。由于等离子体具有吸收和反射电磁波的能力，导致无线电信号衰减至中断，因此包裹返回舱的等离子体层，实际是一个等离子电磁波屏蔽层。所以当返回舱进入被等离子体包裹状态时，舱外的无线电信号进不到舱内，舱内的无线电信号也传不到舱外，舱内外失去了联系，这就是**黑障现象**（blackout phenomenon）。**黑障区**（Blackout zone）一般出现在地球上空 35km 到 80km 的大气层间。在黑障区，由于返回舱跟地面控制中心片刻失去通讯，这段期间太空人最危险，万一因为太空船在这里烧穿，就会殉职。

黑障现象目前尚无很好的解决办法。众所周知，通信信号是电磁波，而高温使飞船周围的空气电离形成等离子体，屏蔽了电磁波，好在造成屏蔽的时间很短，仅 4 min 左右，当返回舱降至稠密大气层并开启减速伞后，黑障即可消除。

思考题

2-1 回答下列问题：

(1) 物体的运动方向和合外力方向是否一定相同？(2) 物体运动的速率不变，所受合外力是否为零？(3) 物体的运动速度很大，所受合外力是否也很大？

2-2 物体所受摩擦力的方向是否一定和它的运动方向相反？试举例说明。

2-3 在水平路面上，一个大人推一辆重车，一个小孩推一辆轻车，各自做匀加速直线运动（阻力不计）。甲、乙两同学在一起议论，甲说：根据牛顿运动定律，大人的推力大，小孩的推力小，因此重车的加速度大。乙同学说：根据牛顿运动定律，重车的质量大，轻车的质量小，因此轻车的加速度大。上述说法是否正确？请简述理由。

2-4 当你用双手去接住对方猛掷过来的球时，你用什么方法缓和球的冲力？怎样解释？

2-5　有两只船与堤岸的距离相同，为什么从小船跳上岸比较难，而从大船跳上岸却比较容易？

2-6　一个物体沿粗糙斜面下滑。试问在这过程中哪些力做正功？哪些力做负功？哪些力不做功？

2-7　非保守力做功总是负的，对吗？举例说明之。

2-8　一个物体可否只具有机械能而无动量？一个物体可否只有动量而无机械能？试举例说明。

2-9　若航天飞机在一段时间内保持绕地心做匀速圆周运动，则下列说法正确的是：

（1）它的速度的大小不变，动量也不变；（2）它不断地克服万有引力做功；（3）它的动能不变，引力势能也不变；（4）它的速度的大小不变，加速度等于零。

2-10　一个人在以恒定速度运动的火车上竖直向上抛出一石子，此石子能否落入人的手中？如果石子抛出后，火车以恒定的加速度前进，结果又将如何？

2-11　请回答下述问题，并说明理由。一个人站在医用体重计的测盘上，在人突然下蹲的全过程中，指示针示数变化情况应是：（1）先减小，后还原；（2）先增大，后还原；（3）始终不变；（4）先减小，后增大，再还原。

2-12　用绳子系一个物体，在竖直平面内做圆周运动，当物体达到最高点时，（1）有人说："这时物体受到三个力：重力、绳子的拉力以及向心力"；（2）又有人说："因为这三个力的方向都是向下的，但物体不下落，可见物体还受到一个方向向上的离心力和这些力平衡"。这两种说法对吗？

习题

2-1　一个质量为 10 kg 的质点在力 $F=(120t+40)\mathrm{N}$ 的力作用下，沿 x 轴做直线运动。在 $t=0$ 时，质点位于 $x=5.0\ \mathrm{m}$ 处，其速度 $v_0=6.0\ \mathrm{m\cdot s^{-1}}$。求质点在任意时刻的速度和位置。

2-2　轻型飞机连同驾驶员总质量为 1.0×10^3 kg。飞机以 $55.0\ \mathrm{m\cdot s^{-1}}$ 的速率在水平跑道上着陆后，驾驶员开始制动，若阻力与时间成正比，比例系数 $\alpha=5.0\times10^2\ \mathrm{N\cdot s^{-1}}$，求：（1）10 s 后飞机的速率；（2）飞机着陆后 10 s 内滑行的距离。

2-3　一个物体自地球表面以速率 v_0 竖直上抛，假定空气对物体阻力的值为 $F_r=kmv^2$，其中 m 为物体的质量，k 为常量。试求：（1）该物体能上升的高度；（2）物体返回地面时速度的值。（设重力加速度为常量）。

2-4　一个质量为 10 kg 的物体，受到力 $\boldsymbol{F}=(30+40t)\boldsymbol{i}(\mathrm{N})$ 的作用。求：（1）在开始的 2 s 内，此力的冲量大小；（2）若物体的初速度大小为 $10\ \mathrm{m\cdot s^{-1}}$，方向与 $\boldsymbol{F}$ 同向，在 2 s 末物体速度的大小。

2-5　一个质量为 0.25 kg 的弹性小球，以 $5\ \mathrm{m\cdot s^{-1}}$ 的速率和 45°的仰角投向墙壁，如图 2-21 所示。设小球与墙壁的碰撞时间为 0.05 s，反弹角度与入射角相等，小球速度的大小不变。求墙壁对小球的平均冲力。

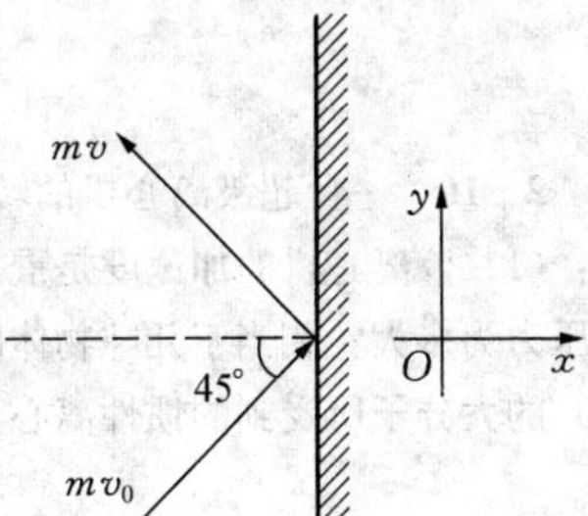

图 2-21　习题 2-5 图

2-6　已知质点的质量为 1 kg，运动方程为

$$\boldsymbol{r}=0.8\left(\cos\left(\frac{1}{4}\ \mathrm{rad\cdot s^{-1}}\right)t\boldsymbol{i}+\sin\left(\frac{1}{4}\ \mathrm{rad\cdot s^{-1}}\right)t\boldsymbol{j}\right)\mathrm{m}$$

求 $t=0$ 到 $t=2\pi$s 这段时间内，质点所受合力的冲量。

2-7　水管有一段弯成 90°，已知管中流量为 $3\times10^3\ \mathrm{kg\cdot s^{-1}}$，流速 v 为 $10\ \mathrm{m\cdot s^{-1}}$，求水流对此弯管的压力大小与方向。

2-8　质量为 M 的人手里拿着一个质量为 m 的物体，此人用与水平面成 α 角的速率 v_0 向前跳去。当他达到最高点时，他将物体以相对于人为 $\boldsymbol{u}$ 的水平速率向后抛出。问：由于人抛出物体，他跳跃的距离增加了多少？（假设人可视为质点）

2-9　一个原来静止的原子核，放射性蜕变时放出一个动量 $p_1=9.22\times10^{-21}\ \mathrm{kg\cdot m\cdot s^{-1}}$ 的电子，同时还在垂直于此电子运动的方向上放出一个动量 $p_2=5.33.\times10^{-21}\ \mathrm{kg\cdot m\cdot s^{-1}}$ 的中微子。求蜕变后原子核

的动量的大小和方向。

2-10 原子核与电子间的吸引力的大小随它们之间的距离 r 的变化而变化，其规律为 $F=k/r^2$，求电子从 r_1 运动到 $r_2(r_1>r_2)$ 的过程中，核的吸引力所做的功。

2-11 从 10 m 深的井中，把装有水的水桶匀速上提，水桶总质量为 10 kg，若漏水的速率为 $\lambda=0.2\ \mathrm{kg\cdot m^{-1}}$。求把水桶从水面提高到井口时外力所做的功。

2-12 质量为 $m=2\times10^{-3}$ kg 的子弹，在枪筒中前进受到的合力为 $F=400-8\,000x/9$（F 的单位为 N，x 的单位为 m）。已知子弹射出枪口时的速度为 $300\ \mathrm{m\cdot s^{-1}}$，求枪筒的长度。

2-13 质量为 m 的 A 球，以速度 $\boldsymbol{u}$ 飞行，与一个静止的小球 B 碰撞后，A 球的速度变为 $\boldsymbol{v}_1$，其方向与 $\boldsymbol{u}$ 方向成 90°。B 球的质量为 $5m$，它被撞后以速度 $\boldsymbol{v}_2$ 飞行，$\boldsymbol{v}_2$ 的方向与 $\boldsymbol{u}$ 成 $\theta=\arcsin0.6$ 的角度。求：(1) 两小球相撞后速度 $\boldsymbol{v}_1$、$\boldsymbol{v}_2$ 的大小；(2) 碰撞前后两小球动能的变化。

2-14 如图 2-22 所示，一个质量为 $M=10$ kg 的物体放在光滑水平面上，并与一个水平轻弹簧相连。已知弹簧的劲度系数 $k=1\,000\ \mathrm{N\cdot m^{-1}}$。今有一个质量 $m=1$ kg 的小球，以水平速度 $v_0=4\ \mathrm{m\cdot s^{-1}}$ 向左运动，与物体 M 相撞后，又以 $v_1=2\ \mathrm{m\cdot s^{-1}}$ 的速度弹回。求：(1) M 开始运动后，弹簧将被压缩，弹簧可缩短多少？(2) 如果小球上涂有黏性物质，相撞后可与 M 粘在一起，则 (1) 所问的结果又如何？

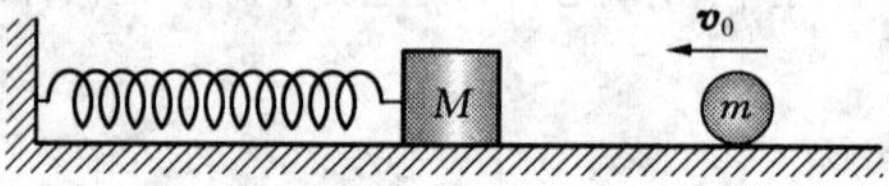

图 2-22 习题 2-14 图

2-15 在图 2-23 所示的装置中，两小球质量相等，$m_1=m_2=m$。开始时外力使弹性系数为 k 的弹簧压缩某一距离 x，然后释放将小球 m_1 弹射出去，获得一定的速度，并与静止的小球 m_2 发生碰撞，碰后小球 m_2 将沿半径为 R 的圆环轨道上升，升到 A 点恰与圆环脱离，A 点半径与竖直方向成 $\alpha=60°$ 角。设忽略一切摩擦，求弹簧被压缩的距离 x。

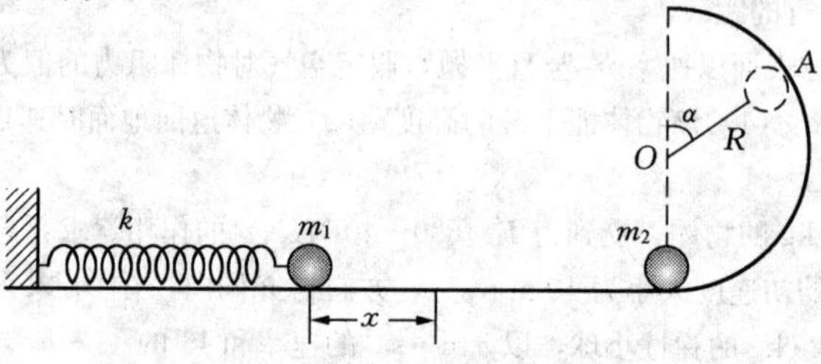

图 2-23 习题 2-15 图

2-16 一台超级离心机的转速为 $5\times10^4\ \mathrm{r\cdot min^{-1}}$，其试管口离转轴 2.0 cm，试管底离转轴 10.0 cm。问：(1) 该离心机的加速度是重力加速度 g 的多少倍？(2) 如果试管装满 12.0 g 的液化样品，管底所承受的压力为多大？相当于几吨物体所受重力？(3) 在管底一个质量为 1.67×10^{-22} kg（相当于质子质量的 10^5 倍）的大分子所受到的惯性离心力多大？

第三章　刚体力学

在前两章的讨论中将物体视为质点。但是，对于机械运动的研究，只考虑质点的运动是不够的，因为质点的运动只代表物体的平动，而实际物体有一定的形状和大小，它可以做平动、转动，甚至更复杂的运动，而且在运动中物体的形状也可能发生改变。本章主要阐述在力的作用下不发生形变的物体即刚体的运动规律。在刚体的运动中，平动和定轴转动是最基本的运动形式，这里着重讨论刚体定轴转动的转动规律，将为进一步研究更复杂的机械运动奠定基础。

第一节　刚体定轴转动的转动定律

一、刚体运动的描述

1. 刚体　在外力作用下整体及其各部分的大小和形状均保持不变的物体称**刚体**（rigid body）。若将物体视为质点系，那么刚体内部各质点之间的距离始终保持不变。由于实际物体在外力作用下，其形状和大小或多或少会有一些变化，但如果这种变化与物体的几何线度相比很小，对所讨论的问题的影响可以忽略，就可以把该物体看成刚体。显然，刚体是实际物体的一种抽象，是一个理想化模型。

2. 刚体的运动　由于受到不同的约束，刚体可以有各种运动形式。但是，刚体的最简单的运动形式是平动和转动。当刚体运动时，如果刚体内任何一条给定的直线在运动中始终保持它的方向不变，这种运动叫做**平动**（translational motion）。如升降机的运动和汽缸中活塞的运动等，都是平动。显然，刚体平动时，在任意一段时间内，刚体中所有质点的位移都是相同的。而且在任何时刻，各个质点的速度和加速度也都是相同的。所以，刚体内任何一个质点的运动都可代表整个刚体的运动。此时，刚体运动的描述与质点相同。

刚体运动时，如果刚体的各个质点在运动中都绕同一转轴做圆周运动，这种运动叫做**转动**（rotation）。如机器上飞轮的运动、钟摆的运动、地球的自转运动等都是转动。如果转轴是固定不动的，就叫做**定轴转动**（fixed - axis rotation）。

刚体的运动一般比较复杂，常可看作是平动和转动的叠加。如车轮的转动，如图 3 - 1（a）所示，可以分解为车轮随着转轴的平动和整个车轮绕转轴的转动；陀螺的非定轴转动，如图3 - 1(b）所示，陀螺在绕自转轴自转的同时，自转轴还绕着另一个固定的转轴不停地旋转，以旋进（也称进动）的方式运动（详见本章拓展阅读）。由于平动和定轴转动是刚体最基本的运动形式，而刚体平动的运动规律与质点的运动相当，这里不再重复讨论。因此，本章着重讨论刚体的定轴转动。

3. 刚体的定轴转动　由于刚体的质量是连续分布的，它可以看成由许多质量元（即质元）Δm 组成。刚体绕某一定轴转动时，各质元的线速度、加速度一般不同，如图 3 - 2 所

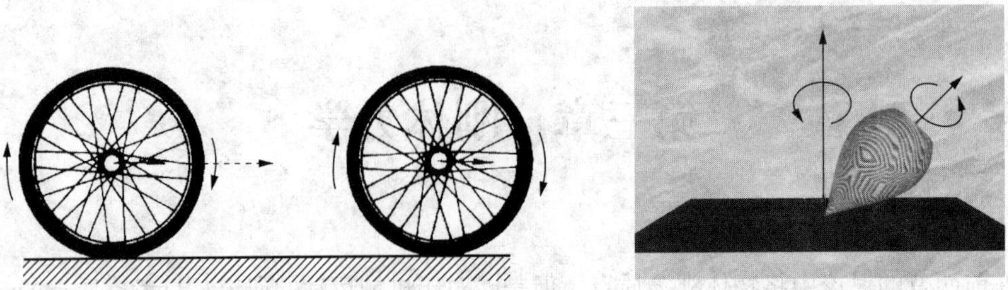

(a) 车轮的滚动　　　　(b) 陀螺的转动

图 3-1　刚体的一般运动

示。但由于各质元的相对位置保持不变，所以，描述各质元运动的角量，如角位移、角速度和角加速度都是一样的，因此，描述刚体整体的运动时，用角量最为方便。

在研究刚体的定轴转动时，通常取任意垂直于转轴的平面 N 作为参考平面。这个参考平面称为**转动平面**（plane of rotation），如图 3-3 所示。在图中，设 P 点为刚体上的一个质元，由于 P 点和刚体一起转动，P 点的转动就代表了整个刚体的转动，可用 P 点相对于某一参考方向 x 转过的角度 θ 来描述。利用第一章质点运动学中对圆周运动的描述方法，以 $\mathrm{d}\theta$ 表示刚体在 $\mathrm{d}t$ 时间内转过的角位移，则刚体转动的角速度为

$$\omega=\frac{\mathrm{d}\theta}{\mathrm{d}t} \tag{3-1}$$

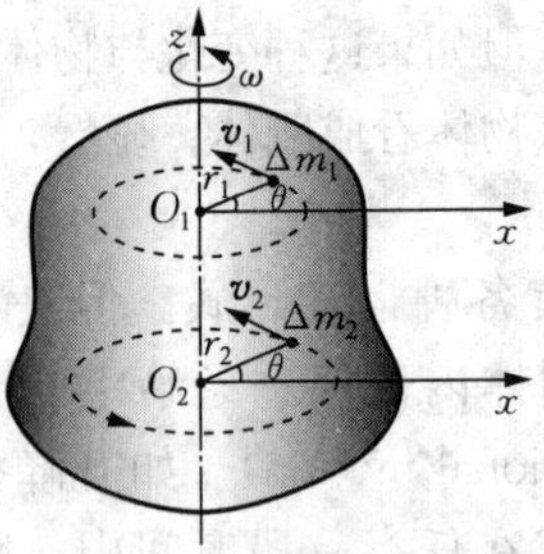

图 3-2　刚体的定轴转动

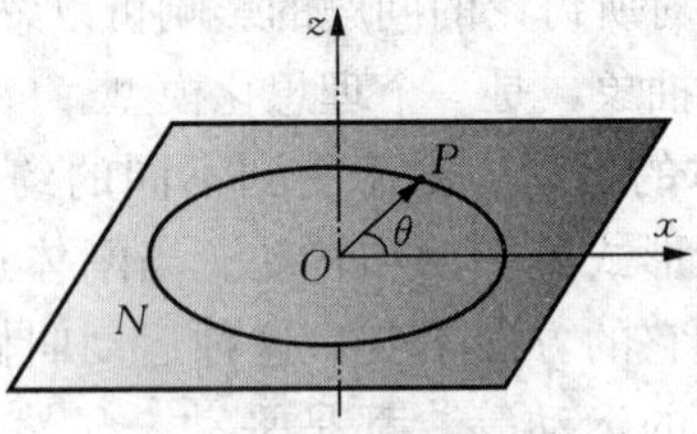

图 3-3　转动平面

角速度 ω 可以定义为矢量，以 $\boldsymbol{\omega}$ 表示。如图 3-4 所示，它的方向规定为沿轴的方向，其指向可由右手螺旋法则来确定，即把右手拇指伸直，其余四指弯曲，使弯曲的方向与刚体转动方向相同，这时拇指所指的方向就是角速度的方向。在转轴上确定了角速度矢量后，则刚体上任一个质元 P（如图 3-5 所示）的线速度 $\boldsymbol{v}$ 与角速度 $\boldsymbol{\omega}$ 之间的关系可表示为

$$\boldsymbol{v}=\boldsymbol{\omega}\times\boldsymbol{r} \tag{3-2}$$

当角速度矢量 $\boldsymbol{\omega}$ 与位矢 $\boldsymbol{r}$ 的方向垂直时，则

$$v=r\omega \tag{3-3}$$

角速度 ω 是描述定轴转动的刚体转动快慢的物理量，单位为 $\mathrm{rad\cdot s^{-1}}$。在工程上也常用转速 n 来描述刚体转动的快慢，若 n 表示每分钟转过的圈数，单位为 $\mathrm{r\cdot min^{-1}}$，此时，ω 与 n 的关系是

$$\omega=\frac{2\pi n}{60} \tag{3-4}$$

和圆周运动一样，定轴转动的刚体角加速度为

$$\beta=\frac{\mathrm{d}\omega}{\mathrm{d}t}=\frac{\mathrm{d}^2\theta}{\mathrm{d}t^2} \tag{3-5}$$

距离轴为 r 处的质元的加速度与刚体的角加速度和角速度的关系为

$$a_t = r\beta \tag{3-6}$$

$$a_n = r\omega^2 \tag{3-7}$$

其中，a_t 为质元的切向加速度，a_n 为质元的法向加速度。

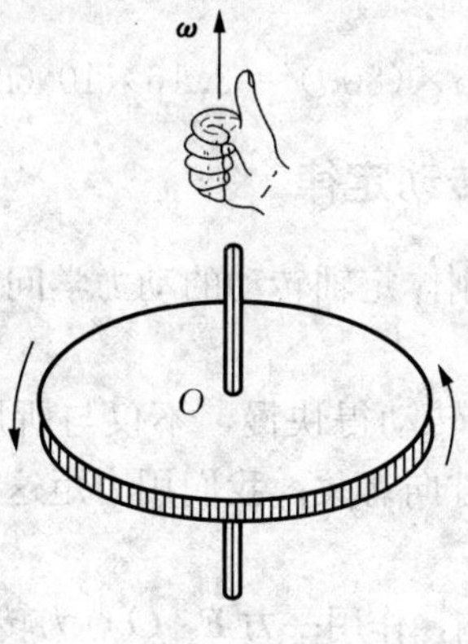

图 3-4　角速度矢量的定义

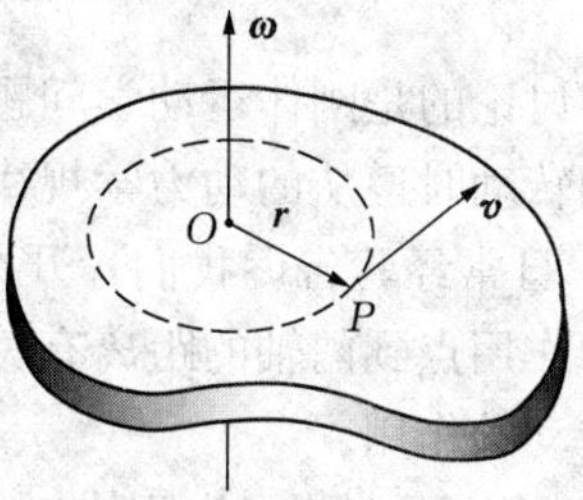

图 3-5　线速度与角速度的关系

设在 t 时刻刚体的角加速度为 β，$t=0$ 时，$\omega=\omega_0$，$\theta=\theta_0$，则将式（3-5）和式（3-1）积分得

$$\omega = \omega_0 + \int_0^t \beta \, dt \tag{3-8}$$

$$\theta = \theta_0 + \int_0^t \omega dt \tag{3-9}$$

若刚体绕定轴转动是匀变速的，即 β=常量，则有

$$\omega = \omega_0 + \beta t \tag{3-10}$$

$$\theta = \theta_0 + \omega_0 t + \frac{1}{2}\beta t^2 \tag{3-11}$$

将两式联立消去 t 可得

$$\omega^2 = \omega_0^2 + 2\beta(\theta - \theta_0) \tag{3-12}$$

这组方程与匀变速直线运动以及匀变速圆周运动中对应的关系相似。

例题 3-1　设发动机飞轮的转速在 12 s 内由 1 200 r·min^{-1} 均匀地增加到 3 000 r·min^{-1}，已知飞轮的半径为 0.5 m。试求：(1) 飞轮的角加速度；(2) 在这段时间内发动机飞轮转过的圈数；(3) 当飞轮转速为 2 400 r·min^{-1}时，飞轮边缘上一点的线速度、切向加速度和法向加速度的大小。

解：(1) 根据公式 $\omega=\frac{2\pi n}{60}$，转速 $n_1=1\,200$ r·min^{-1} 和 $n_2=3\,000$ r·min^{-1} 相应的角速度分别为　$\omega_1=\frac{2\pi\times 1\,200}{60}=40\pi(\mathrm{rad\cdot s^{-1}})$，$\omega_2=\frac{2\pi\times 3\,000}{60}=100\pi(\mathrm{rad\cdot s^{-1}})$，

所以在 12 s 内飞轮的角加速度

$$\beta=\frac{\omega_2-\omega_1}{t}=\frac{(100-40)\pi}{12}=5\pi=15.7(\mathrm{rad\cdot s^{-2}})$$

(2) 在 12 s 内飞轮的角位移

$$\Delta\theta=\omega_1 t+\frac{1}{2}\beta t^2=40\pi\times 12+\frac{1}{2}\times 5\pi\times 12^2=840\pi(\mathrm{rad})$$

所以飞轮在这一段时间内转过的圈数为 $N=\dfrac{\Delta\theta}{2\pi}=\dfrac{840\pi}{2\pi}=420(\mathrm{r})$。

(3) 当飞轮转速为 $2\,400\ \mathrm{r\cdot min^{-1}}$，即角速度 $\omega=\dfrac{2\pi\times 2\,400}{60}=80\pi(\mathrm{rad\cdot s^{-1}})$ 时，飞轮边缘上一点的线速度为　　$v=r\omega=0.5\times 80\pi=125.6(\mathrm{m\cdot s^{-1}})$

切向加速度和法向加速度的大小分别为

$$a_t=r\beta=0.5\times 5\pi=7.85(\mathrm{m\cdot s^{-2}}),\ a_n=r\omega^2=0.5\times(80\pi)^2=3.16\times 10^4(\mathrm{m\cdot s^{-2}})$$

二、刚体定轴转动的转动定律

前面我们讨论的是刚体运动学问题，以下将讨论刚体定轴转动的动力学问题，并定量描述刚体做定轴转动时遵从的动力学规律。

1. 力矩　日常经验告诉我们，开关门的时候，门转动得快慢，不仅与所用力的大小有关，还和力的作用点到门轴的距离有关，并且与力的方向有关。我们用力矩这个物理量来描述力对刚体转动的作用。

设一刚体可绕 z 轴转动，在刚体与 z 轴垂直的平面内，作用一力 $\boldsymbol{F}$，O 点为转轴 z 与力所在平面的交点，如图 3-6(a) 所示。从 O 点到力 $\boldsymbol{F}$ 的作用线的垂直距离 d 叫做力对转轴的**力臂** (lever arm)，力的大小 F 和力臂的乘积，就叫做力 $\boldsymbol{F}$ 对转轴的**力矩** (moment)，用 M 表示，即

$$M=Fd \tag{3-13a}$$

由图可以看出，$\boldsymbol{r}$ 为由点 O 到力 $\boldsymbol{F}$ 的作用点 P 的矢径，φ 为矢径 $\boldsymbol{r}$ 与力之间的夹角。由于 $d=r\sin\varphi$，所以力矩大小又可表示为

$$M=Fr\sin\varphi \tag{3-13b}$$

力矩不仅有大小，而且有方向，力矩是矢量，且 $\boldsymbol{M}$、$\boldsymbol{r}$、$\boldsymbol{F}$ 三个矢量之间满足矢量乘法关系，故力 $\boldsymbol{F}$ 对该转轴的力矩 $\boldsymbol{M}$ 定义为矢径 $\boldsymbol{r}$ 与力 $\boldsymbol{F}$ 的矢积

$$\boldsymbol{M}=\boldsymbol{r}\times\boldsymbol{F} \tag{3-14}$$

力矩的方向可由右手螺旋法则来确定：**把右手拇指伸直，其余四指弯曲，使弯曲的方向由矢径 $\boldsymbol{r}$ 经小于 180°的角 φ 转向力 $\boldsymbol{F}$ 的方向，这时拇指所指的方向就是力矩的方向**，如图 3-6(a) 所示。在 SI 制中，力矩的单位为 N·m。

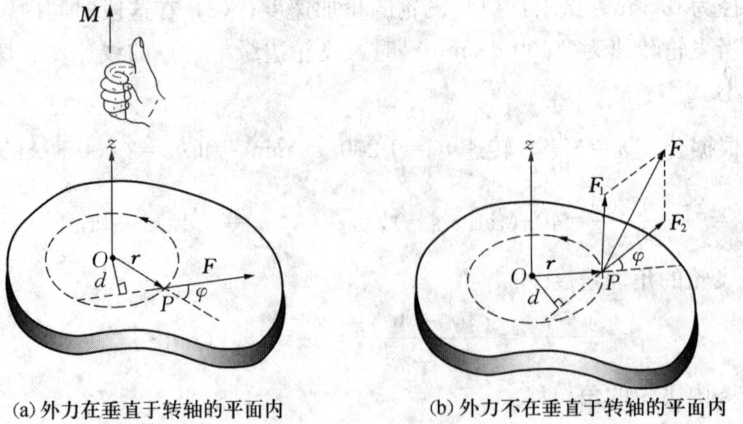

图 3-6　力矩示意图

如果外力 $\boldsymbol{F}$ 不在垂直于转轴的平面内，如图 3－6(b) 所示。可以把外力 $\boldsymbol{F}$ 分成两个分力 $\boldsymbol{F}_1$ 和 $\boldsymbol{F}_2$，$\boldsymbol{F}_1$ 与转轴平行，$\boldsymbol{F}_2$ 在转动平面内，因此只有在转动平面内的分力 $\boldsymbol{F}_2$ 能使刚体转动。一般而言，在力矩的定义式（3－14）中，$\boldsymbol{F}$ 应理解为外力在转动平面内的分力。

当有多个外力同时作用在刚体上时，容易证明，合力矩等于各分力力矩的矢量和。

2. 转动定律　在研究质点运动时，我们知道，在外力作用下，质点会获得加速度。绕定轴转动的刚体，在外力矩作用下，它的角速度会发生改变，即获得了角加速度。下面我们从牛顿第二定律出发来推导出角加速度与外力矩之间的关系。

在图 3－7 中，假定刚体由质元 Δm_1，Δm_2，…，Δm_i，…组成，转轴到各质元的距离为 r_1，r_2，…，r_i，…，设刚体绕定轴转动的角速度和角加速度分别为 ω 和 β。在某一时刻，P 处的质元 Δm_i 受到外力 $\boldsymbol{F}_i$ 和内力 $\boldsymbol{f}_i$（即刚体其他质元对它作用的合力）的作用，$\boldsymbol{F}_i$ 与矢径 $\boldsymbol{r}_i$ 之间的夹角为 φ_i，$\boldsymbol{f}_i$ 与矢径 $\boldsymbol{r}_i$ 之间的夹角为 θ_i。为简化，假定它们均在转动平面内。$\boldsymbol{F}_i$ 可分解为法向力 $F_i\cos\varphi_i$ 和切向力 $F_i\sin\varphi_i$，$\boldsymbol{f}_i$ 可分解为法向力 $f_i\cos\theta_i$ 和切向力 $f_i\sin\theta_i$。其中的法向力通过转轴，其对转动没有影响，对转动有贡献的只有切向力。根据牛顿第二定律可写出质元 Δm_i 的切向运动方程为

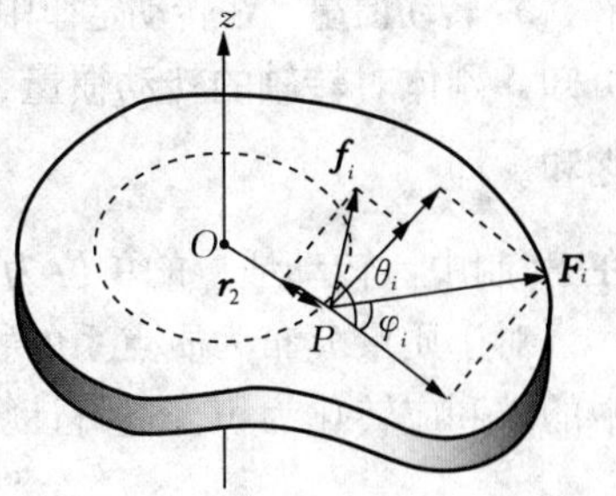

图 3－7　转动定律的推导

$$F_i\sin\varphi_i+f_i\sin\theta_i=\Delta m_i a_{it}=\Delta m_i r_i\beta$$

其中，a_{it} 为质元 Δm_i 绕轴做圆周运动的切向加速度。对上式两边各乘以 r_i，并考虑到各质元的角加速度 β 均相同，对整个刚体内的所有质元求和，可得

$$\sum_i F_i r_i\sin\varphi_i+\sum_i f_i r_i\sin\theta_i=\sum_i \Delta m_i r_i^2\beta$$

其中，左侧第一项为外力矩的总和，称为合外力矩，第二项为内力矩的总和。因为内力是质元之间的相互作用力，它们是成对出现的。容易证明，任一对作用力与反作用的力矩之和为零。所以，第二项 $\sum_i f_i r_i\sin\theta_i=0$。这样，上式可化为

$$\sum_i F_i r_i\sin\varphi_i=\sum_i \Delta m_i r_i^2\beta$$

式中，$\sum_i \Delta m_i\cdot r_i^2$ 由刚体内各质元相对于转轴的分布所决定，它只与绕定轴转动的刚体本身的性质和转轴的位置有关，把它称为刚体对转轴的**转动惯量**（moment of inertia），用 J 表示，即

$$J=\sum_i \Delta m_i r_i^2 \tag{3-15}$$

由于合外力矩 $M=\sum_i F_i r_i\sin\varphi_i$，这样式 $\sum_i F_i r_i\sin\varphi_i=\sum_i \Delta m_i r_i^2\beta$ 可简写为

$$M=J\beta \tag{3-16a}$$

其矢量式表示为

$$\boldsymbol{M}=J\boldsymbol{\beta}=J\frac{\mathrm{d}\boldsymbol{\omega}}{\mathrm{d}t} \tag{3-16a}$$

式（3－16）表明，**刚体绕定轴转动时，其角加速度与它受到的合外力矩成正比，与刚体的转动惯量成反比**。这个结论称为**刚体定轴转动的转动定律**。

由于角加速度方向与合外力矩的方向相同并都在同一转轴上，所以我们在应用转动定律时，常用转动定律的标量式来讨论问题。转动定律表明，决定绕定轴转动刚体的运动状态变化与否、及变化快慢的量是合外力矩。对于给定的合外力矩，转动惯量愈大，角加速度愈

小，即刚体绕定轴转动的运动状态愈难改变。如果刚体所受的合外力矩为零，则由转动定律可知角加速度为零，即刚体处于静止或匀角速转动状态。

将式（3－16）与牛顿第二定律 $\boldsymbol{F}=m\boldsymbol{a}$ 相比较是很有启发的，式中合外力矩 $\boldsymbol{M}$ 对应合外力 $\boldsymbol{F}$，角加速度 $\boldsymbol{\beta}$ 对应加速度 $\boldsymbol{a}$，而转动惯量 J 则和质量 m 相对应。由于质量 m 是物体平动惯性的量度，那么，类似地，转动惯量 J 就是刚体在转动过程中转动惯性大小的量度，转动惯量的名字就是因为这个原因而得的。由此可见，转动定律在刚体定轴转动中的地位与牛顿第二定律在刚体平动（或质点运动）中的地位是相当的。

3. 转动惯量 在转动定律中，最重要的一个物理量是转动惯量。从转动惯量定义式（3－15）可知，**刚体对转轴的转动惯量 J 等于刚体上各质元的质量与各质元到转轴距离平方的乘积之和**。即

$$J=\sum_i \Delta m_i r_i^2$$

在 SI 制中，转动惯量的单位为 $\mathrm{kg}\cdot\mathrm{m}^2$。

对于质量分布为质点系的物体，转动惯量可直接由上式求出。对质量连续分布的，上式中的求和应转化为积分进行计算，即

$$J=\int r^2\,\mathrm{d}m \tag{3-17}$$

关于质量连续分布的物体可分为：线分布、面分布、体分布。由式（3－17）可得：

（1）质量为线分布时，$J=\int_l r^2\,\mathrm{d}m=\int_l r^2\lambda\,\mathrm{d}l$；

（2）质量为面分布时，$J=\int_S r^2\,\mathrm{d}m=\int_S r^2\sigma\,\mathrm{d}S$；

（3）质量为体分布时，$J=\int_V r^2\,\mathrm{d}m=\int_V r^2\rho\,\mathrm{d}V$；

其中，λ 为质量的线密度，σ 为质量的面密度，ρ 为质量的体密度。

刚体对轴转动惯量的大小决定于转轴的位置、刚体的质量和质量对轴的分布情况。转动惯量的这些性质，在日常生活和工程实际问题中随时随地都可观察到。例如，为了使机器工作时运行平稳，常在回转轴上装置飞轮，一般这种飞轮的质量都非常大，而且飞轮的质量绝大部分都集中在轮的边缘上，如图 3－8 所示。这些措施就是为了增大飞轮对转轴的转动惯量。

图 3－8 飞 轮

要应用转动定律解决实际问题，必须首先确定系统的转动惯量。对于几何形状规则、质量连续且均匀分布的刚体，可以用积分计算其转动惯量。表 3－1 给出了常见刚体的转动惯量。对形状复杂的刚体，用上述方法计算是困难的，通常是用实验的方法测定出来的。

表 3－1 常见刚体的转动惯量

刚体形状	转动惯量	刚体形状	转动惯量
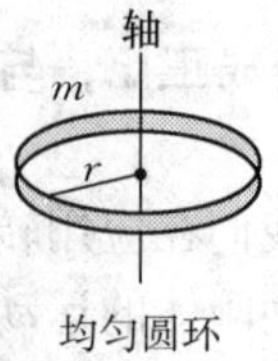 均匀圆环	mr^2	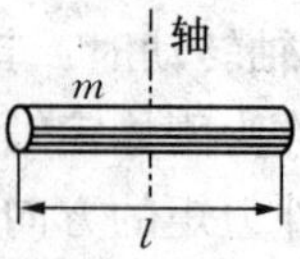 均质细杆	$\frac{1}{12}ml^2$

（续）

刚体形状	转动惯量	刚体形状	转动惯量
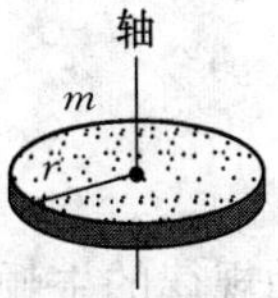 均质圆盘	$\frac{1}{2}mr^2$	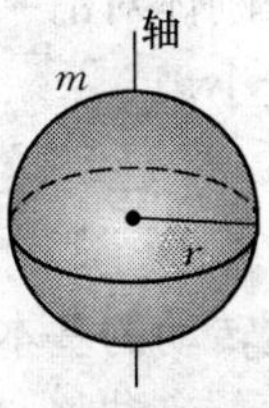 均质球体	$\frac{2}{5}mr^2$
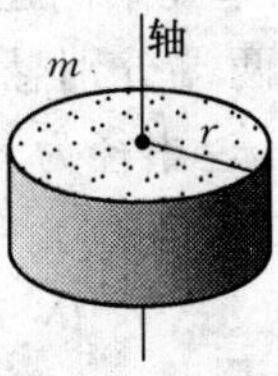 均质圆柱体	$\frac{1}{2}mr^2$	 均质球壳	$\frac{2}{3}mr^2$

例题 3-2　一个长为 l、质量为 m 的均质细杆，如图 3-9 所示。试求：(1) 该杆绕通过中心并与杆垂直的轴的转动惯量；(2) 杆绕一端并与杆垂直的轴的转动惯量。

解：(1) 以杆的质量中心（质心）C 为坐标原点 O，沿杆长方向取坐标 Ox。杆的质量为线分布，按公式 $J=\int_l r^2\mathrm{d}m=\int_l r^2\lambda\mathrm{d}l$ 求转动惯量。为此在坐标为 x 处取线元 $\mathrm{d}x$，该线元的质量为

$$\mathrm{d}m=\frac{m}{l}\mathrm{d}x$$

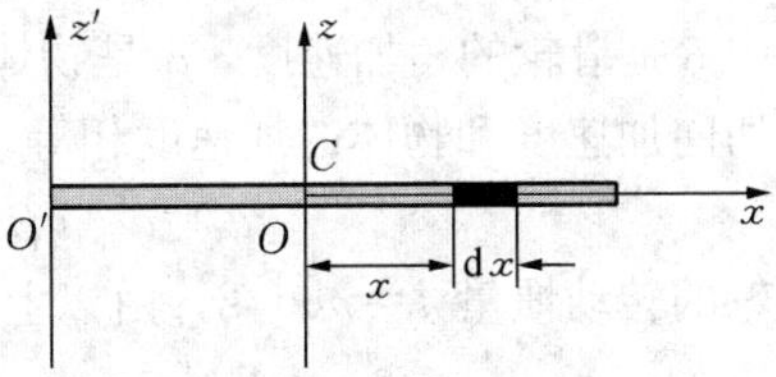

图 3-9　例题 3-2 图

由于质量元 $\mathrm{d}m$ 到 z 轴的垂直距离为 x，所以，杆绕通过质心的轴的转动惯量为

$$J_C=\int_l r^2\mathrm{d}m=\int_{-l/2}^{+l/2}x^2\frac{m}{l}\mathrm{d}x=\frac{1}{12}ml^2$$

(2) 求通过杆的一端、并与 z 轴平行的 z' 轴的转动惯量，只要把坐标原点放在 O'，其余步骤如上，这时积分的上下限有所不同，应为

$$J'=\int_l r^2\mathrm{d}m=\int_0^l x^2\frac{m}{l}\mathrm{d}x=\frac{1}{3}ml^2$$

4. 平行轴定理　由例题 3-2 可见，对不同的转轴，同一刚体的转动惯量是不同的。事实上，若两根轴彼此平行，且其中一根通过刚体的质量中心 C，如图 3-10 所示。则容易证明，刚体分别对这两根轴的转动惯量之间存在下述的简单关系

$$J=J_C+md^2 \qquad (3-18)$$

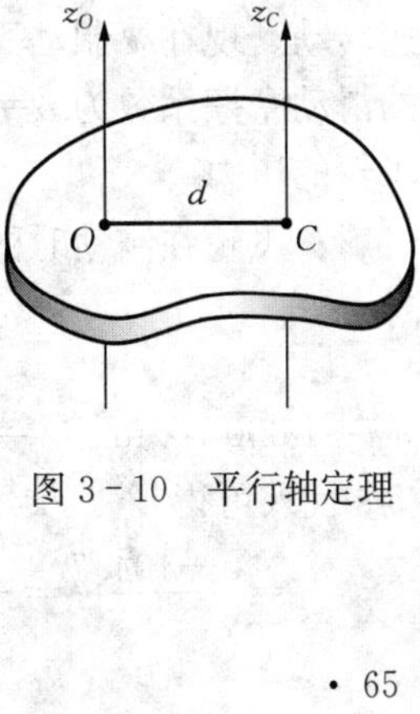

图 3-10　平行轴定理

其中，m 为刚体的质量，J_C 为刚体通过其质心 C 的轴的转动惯量，d 为两轴之间的距离。这一关系叫做**平行轴定理**。利用该定理可以方便地求出一些刚体的转动惯量，如在例题 3-2 中，我们可用平行轴定理来求得杆绕一端并与杆垂直的轴的转动惯量为

$$J' = J_C + md^2 = \frac{1}{12}ml^2 + m\left(\frac{l}{2}\right)^2 = \frac{1}{3}ml^2$$

根据平行轴定理可知，在刚体对沿某一方向相互平行的各个轴的转动惯量中，以刚体对通过质心的轴的转动惯量为最小。

三、转动定律的应用

刚体定轴转动定律是描述转动的基本公式，它的作用和描述平动运动规律的牛顿运动定律 $F=ma$ 相当，因此，必须重点掌握。在应用公式 $M=J\beta$ 解决具体问题时，要特别注意转轴的位置和指向，同时，也要注意力矩、角速度和角加速度的正负。下面举几个例题。

例题 3-3 一不可伸缩的轻绳跨过一定滑轮，滑轮视为圆盘，绳的两端分别悬有质量为 m_1 和 m_2 的物体 1 和 2，$m_1<m_2$，如图 3-11 所示。设滑轮的质量为 m，半径为 r，滑轮轴处的摩擦可忽略不计，绳与滑轮之间无相对滑动。试求物体的加速度和绳的张力。

解： 如图 3-11 所示，设物体 1 这边绳的张力为 T_1、$T_1'(T_1=T_1')$，物体 2 这边绳的张力为 T_2、$T_2'(T_2=T_2')$。因 $m_1<m_2$，物体 1 向上运动，物体 2 向下运动，滑轮以顺时针方向旋转。因绳不可伸缩，故物体 1 和 2 加速度相等，按牛顿运动定律和转动定律可列出下列方程

$$T_1-m_1g=m_1a,\quad m_2g-T_2=m_2a,\quad T_2'r-T_1'r=J\beta$$

式中 β 是滑轮的角加速度，a 是物体的加速度。滑轮边缘上的切向加速度和物体的加速度相等，即

$$a_t=a=r\beta$$

滑轮的转动惯量 $J=mr^2/2$，由以上各式即可解得

$$a=\frac{(m_2-m_1)g}{m_1+m_2+m/2}$$

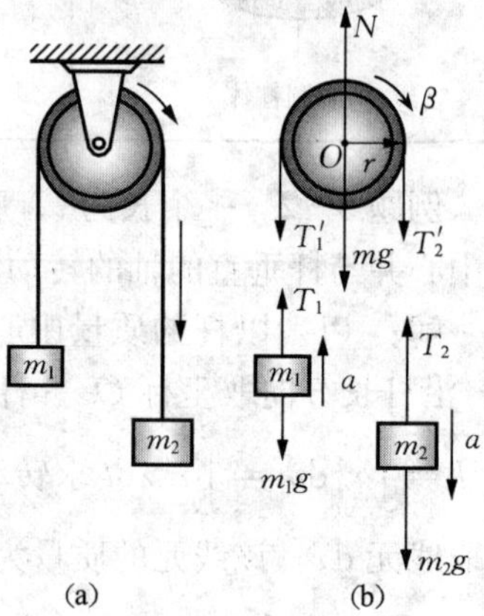

图 3-11 阿特伍德机

$$T_1=m_1(g+a)=\frac{4m_1m_2+m_1m}{2m_1+2m_2+m}g,\quad T_2=m_2(g-a)=\frac{4m_1m_2+m_2m}{2m_1+2m_2+m}g$$

当不计滑轮质量，即令 $m=0$ 时，可解得 $a=\frac{m_2-m_1}{m_2+m_1}g$，$T_1=T_2=\frac{2m_1m_2}{m_1+m_2}g$。

该题中的装置叫**阿特伍德机**（Atwood machine），是一种可用来测量重力加速度 g 的简单装置。通过实验测出物体的加速度 a，再通过以上推导的结果把重力加速度把 g 算出来。

例题 3-4 一个飞轮的质量 $m=60$ kg，半径 $R=0.25$ m，正在以 $\omega_0=1\,000$ r·min^{-1} 的转速转动。现在要制动飞轮，要求在 $t=5.0$ s 内使它均匀减速而最后停下来。闸瓦与飞轮之间的滑动摩擦系数为 $\mu=0.8$，而飞轮的质量可以看作全部均匀分布在轮的外周上。求闸瓦对飞轮的压力 N。

解： 飞轮在制动时的角加速度为

$$\beta=\frac{\omega-\omega_0}{t}$$

以 $\omega_0=1\,000$ r·min^{-1} $=104.7$ rad·s^{-1}，$\omega=0$，$t=5$ s 代入可得

$$\beta=\frac{0-104.7}{5}=-20.9(\text{rad}\cdot\text{s}^{-2})$$

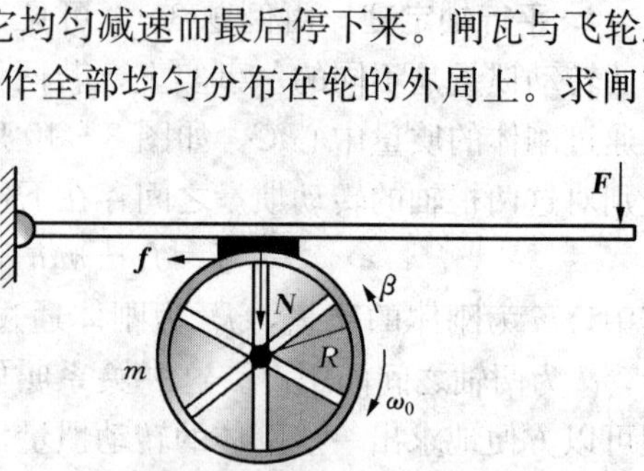

图 3-12 例题 3-4 图

负值表示 β 与 ω_0 的方向相反，和减速转动相对应。

闸瓦作用于飞轮的摩擦力矩为 $M=-fR=-\mu NR$

根据刚体定轴转动定律 $M=J\beta$，可得 $-\mu NR=J\beta$

将 $J=mR^2$ 代入，得 $N=-\dfrac{mR\beta}{\mu}=-\dfrac{60\times0.25\times(-20.9)}{0.8}=392(\text{N})$

例题 3-5 图 3-13 所示为测量刚体转动惯量的装置。待测的物体装在转动架上，细线的一端绕在半径为 R 的轮轴上，另一端通过定滑轮悬挂质量为 m 的物体，细线与转轴垂直。从实验测得 m 自静止下落高度 h 的时间为 t。忽略各轴承的摩擦、滑轮和细线的质量，细线不可伸长，并预先测定空转动架对转轴的转动惯量为 J_0。求待测刚体对转轴的转动惯量。

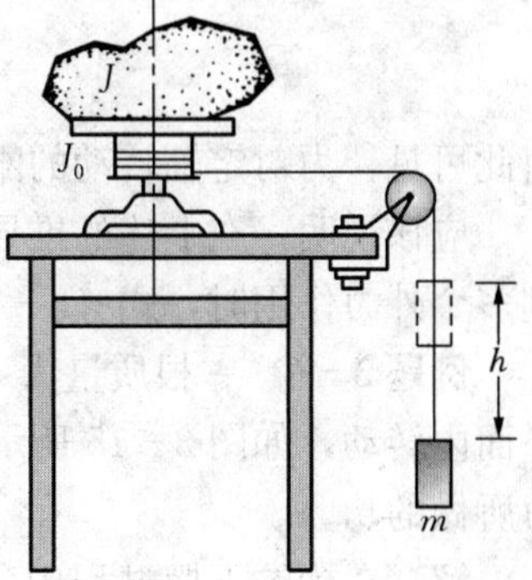

图 3-13 例题 3-5 图

解： 隔离物体 m，设线中的张力为 T，物体 m 的加速度为 a，由牛顿第二定律可得 $mg-T=ma$

以待测刚体和转动架为整体，设待测刚体的转动惯量为 J，由绕定轴转动的转动定律可得 $TR=(J+J_0)\beta$

由细线不可伸长以及 m 自静止下落，有 $h=\dfrac{1}{2}at^2$，$a=R\beta$

上述各式联立求解，得 $J=mR^2\left(\dfrac{gt^2}{2h}-1\right)-J_0$

从已知数据 J_0、R、h、t 即可算出待测的转动惯量 J 来。

注意：该题用到了转动惯量的一个基本属性，这就是转动惯量具有可加性，转动惯量的可加性在实际应用中经常会用到。

第二节 刚体定轴转动的动能定理

刚体在外力矩作用下绕定轴转动，外力矩对刚体做功，其角速度会发生改变，因而动能也发生相应变化。本节讨论刚体定轴转动中的功能关系。

一、力矩的功 转动动能

1. 力矩的功 当质点在外力作用下发生位移时，力就对质点做了功。与之相似，刚体在外力矩作用下转动时，力矩也对刚体做功。在刚体转动时，作用力可以作用在刚体的不同质元上，各个质元的位移也不相同。这时，只有将各个力对各个质元所做的功加起来，才能求得力对整个刚体所做的功。

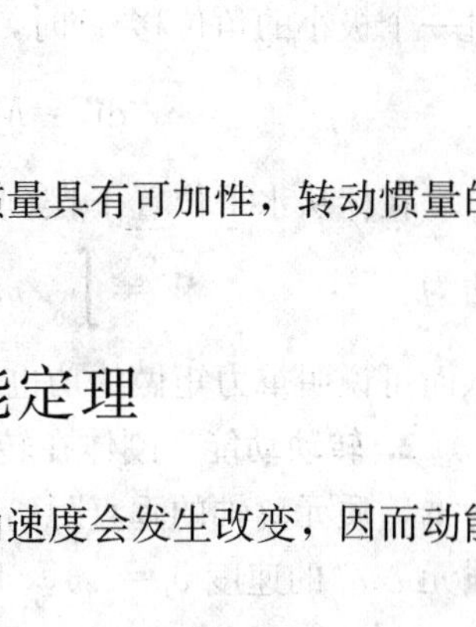

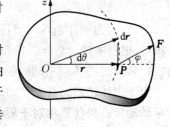

图 3-14 力矩的功

现在来计算力矩的功。对于刚体，因为各质元之间的相对位置不变，所以内力不做功，只需考虑外力的功。而对于定轴转动，只有在垂直于转轴平面内的力才能使刚体转动，平行于转轴的力是不做功的。在图 3-14 中，设刚体上的质元 P 在垂直于转轴平面内外力 $\boldsymbol{F}$ 作用下，绕轴转过的角位移为 $\mathrm{d}\theta$，质元 P 的位移大小为 $\mathrm{d}r=\mathrm{d}s=r\mathrm{d}\theta$，位移 $\mathrm{d}r$ 与 $\boldsymbol{F}$ 所成的夹角为

$\pi/2-\varphi$。按照功的定义，力 $\boldsymbol{F}$ 在这段位移中所做的元功为

$$\mathrm{d}W=\boldsymbol{F}\cdot\mathrm{d}\boldsymbol{r}=F\cos\left(\frac{\pi}{2}-\varphi\right)\cdot r\mathrm{d}\theta=F\sin\varphi\cdot r\mathrm{d}\theta$$

由于 $Fr\sin\varphi$ 就是力 F 对转轴的力矩 M，因而上式可写为

$$\mathrm{d}W=M\mathrm{d}\theta \tag{3-19}$$

当刚体从 θ_1 转到 θ_2 时，力 $\boldsymbol{F}$ 所做的功为

$$W=\int_{\theta_1}^{\theta_2}M\mathrm{d}\theta \tag{3-20}$$

由此可见，力对定轴转动的刚体所做的功等于力矩与刚体角位移乘积的积分。

应该说明，在上述的推导中，只考虑了一个外力的作用。事实上，容易证明，当刚体受到多个外力作用时，式（3-19）和式（3-20）仍然成立。

例题 3-6 一根质量为 m、长为 l 的均匀细棒 OA，可绕通过其一端的光滑轴 O 在竖直平面内转动，如图 3-15 所示。今使棒从水平位置开始自由下摆，求细棒摆到竖直位置时重力所做的功。

解： 在棒的下摆过程中，对转轴 O 而言，轴对棒作用的支承力 N 通过 O 点，所以支承力 N 的力矩等于零；轴和棒之间没有摩擦力；重力 G 的力矩则是变力矩，大小为 $M=mg\dfrac{l}{2}\cos\theta$。当棒转过一个极小的角位移 $\mathrm{d}\theta$ 时，重力矩所做的元功是

$$\mathrm{d}W=M\mathrm{d}\theta=mg\frac{l}{2}\cos\theta\mathrm{d}\theta$$

在棒从水平位置下摆到竖直位置的过程中，重力矩所做的总功为

$$W=\int_0^{\pi/2}mg\frac{l}{2}\cos\theta\mathrm{d}\theta=\frac{1}{2}mgl$$

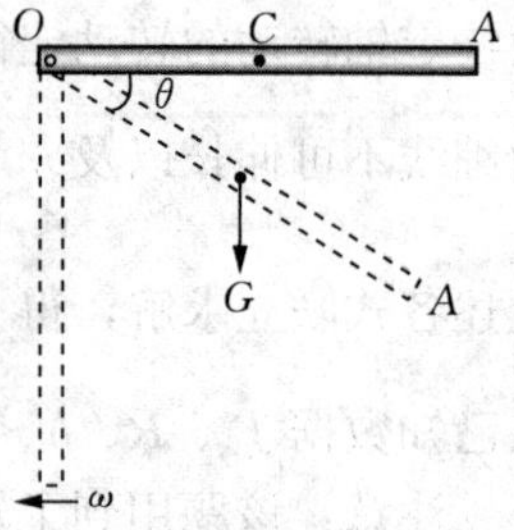

图 3-15 例题 3-6 图

从而可说明重力矩做的功也就是重力做的功。

2. 转动动能 刚体在转动时具有转动动能。设刚体中某一个质元的质量为 Δm_i，速度为 v_i，质元离轴的垂直距离为 r_i。由于刚体做定轴转动时，各个质元都做圆周运动，因此，质元 Δm_i 的速度 $v_i=r_i\omega$，于是，该质元的动能为

$$\Delta E_{ki}=\frac{1}{2}\Delta m_i\cdot v_i^2=\frac{1}{2}\Delta m_i r_i^2\omega^2$$

整个刚体由于转动而具有的动能为 $E_k=\sum_i\Delta E_{ki}=\frac{1}{2}\left(\sum_i\Delta m_i r_i^2\right)\omega^2$

即

$$E_k=\frac{1}{2}J\omega^2 \tag{3-21}$$

式（3-21）为刚体因转动而具有的动能，因此叫做刚体的**转动动能**（rotational kinetic energy）。把刚体转动动能公式和刚体平动动能公式相比较可见，转动时的 ω 与平动时的 v 相对应，转动时的 J 与平动时的 m 相对应。

由于刚体转动时具有转动动能，因此，**刚体在运动中具有的机械能包括由质心运动决定的平动动能、势能及相对于质心转动的转动动能三部分组成。**

例题 3-7 一质量为 m，半径为 R 的匀质圆柱体，在倾角为 θ 的斜面上从距地面 h 高处无滑动地滚下来，如图 3-16 所示。试求圆柱体滚到地面时的角速度 ω。

解：设圆柱体质心的速率为 v_C，它绕圆柱体质心的角速度为 ω。由于圆柱体在下滚过程中，只做滚动没有滑动，故摩擦力不做功，所以圆柱体和地球系统的机械能守恒，应有

$$mgh=\frac{1}{2}mv_C^2+\frac{1}{2}J\omega^2$$

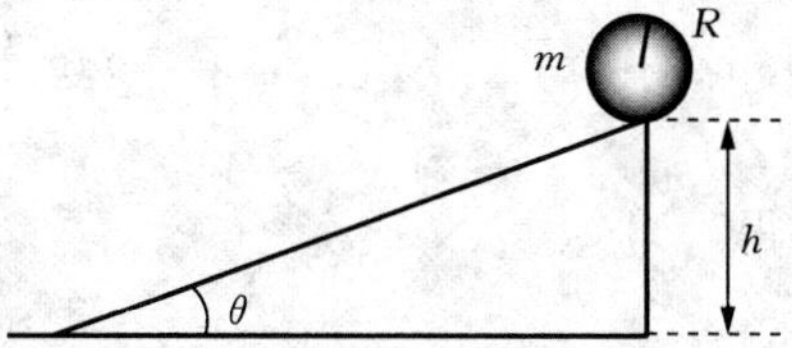

图 3-16　例题 3-7 图

由于是纯滚动，有 $v_C=R\omega$。均匀分布的圆柱体对质心轴的转动惯量为

$$J=\frac{1}{2}mR^2$$

解得

$$\omega=\frac{2}{R}\sqrt{\frac{gh}{3}}$$

本题也可用运动定律和转动定律来求解。读者不妨一试。

二、刚体定轴转动的动能定理

设在合外力矩 M 作用下，刚体绕定轴转过的角位移为 $\mathrm{d}\theta$，合外力矩对刚体所做的元功为

$$\mathrm{d}W=M\mathrm{d}\theta$$

再根据刚体定轴转动的转动定律，可得

$$M=J\beta=J\frac{\mathrm{d}\omega}{\mathrm{d}t}=J\frac{\mathrm{d}\omega}{\mathrm{d}\theta}\cdot\frac{\mathrm{d}\theta}{\mathrm{d}t}=J\omega\frac{\mathrm{d}\omega}{\mathrm{d}\theta}$$

化简得

$$M\mathrm{d}\theta=J\omega\mathrm{d}\omega$$

也即

$$\mathrm{d}W=M\mathrm{d}\theta=J\omega\mathrm{d}\omega \tag{3-22}$$

当刚体转动由 θ_1 转到 θ_2，角速度由 ω_1 变为 ω_2 时，并设 J 为常量，则力矩所做的功为

$$W=\int_{\theta_1}^{\theta_2}M\mathrm{d}\theta=J\int_{\omega_1}^{\omega_2}\omega\mathrm{d}\omega=\frac{1}{2}J\omega_2^2-\frac{1}{2}J\omega_1^2 \tag{3-23}$$

该式表明，**合外力矩对绕定轴转动的刚体所做的功等于刚体转动动能的增量**。这个结论称为**刚体定轴转动的动能定理**。

例题 3-8　一个长为 l、质量为 m 的均质细杆竖直放置，其下端用摩擦可忽略的铰链 O 相接，如图 3-17 所示。由于此竖直放置的细杆处于非稳定平衡状态，当其受到微小扰动时，细杆将在重力作用下由静止开始绕铰链 O 转动。求细杆转到与竖直线呈 θ 角时的角速度。

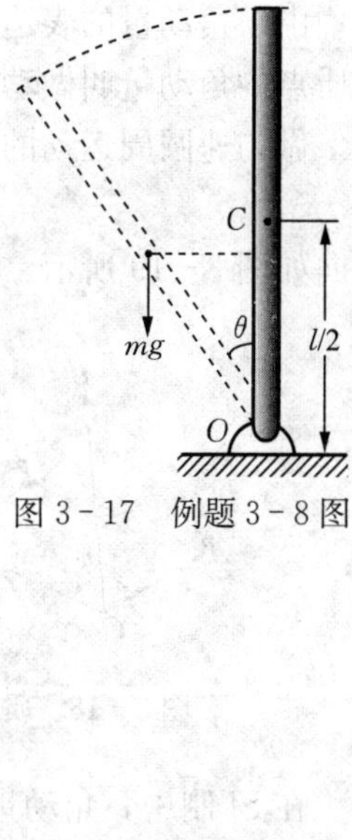

图 3-17　例题 3-8 图

解：如图 3-17 所示，取杆为研究对象，杆的质心为 C。作用于杆的力有铰链处的支承力（不做功）和重力。设细杆由竖直放置转到与竖直线呈 θ 角时的角速度为 ω，此时杆具有的转动动能为

$$E_k=\frac{1}{2}J\omega^2$$

已知细杆绕轴 O 的转动惯量 $J=\frac{1}{3}ml^2$。

细杆由竖直放置转到与竖直线呈 θ 角时重力矩所做的功为

$$W=mg\frac{l}{2}(1-\cos\theta)$$

根据刚体定轴转动的动能定理，可得

$$mg\,\frac{l}{2}(1-\cos\theta)=\frac{1}{6}ml^2\omega^2-0$$

解得
$$\omega_0=\sqrt{\frac{3g}{l}(1-\cos\theta)}$$

第三节　刚体定轴转动的角动量守恒定律

前面，我们讨论了力是引起质点或平动物体运动状态发生变化的原因，力矩是引起转动物体运动状态发生变化的原因。我们曾从力对时间的积累作用出发，引出动量定理，以及动量守恒定律。对刚体的定轴转动，我们可采用同样的方法，讨论力矩对时间的积累作用，得出角动量定理和角动量守恒定律。

一、刚体定轴转动的角动量定理

1. 角动量

（1）质点的角动量　**角动量**（angular momentum）与动量、能量的概念一样，也是物理学中重要的基本概念。大到天体，小到质子、电子等微观粒子，对它们的运动描述和研究都经常用到这个物理量。

如图 3－18 所示，对于在 t 时刻，动量为 $\boldsymbol{p}=m\boldsymbol{v}$ 的质点，当它对于某固定点 O 的位矢为 $\boldsymbol{r}$ 时，质点对 O 点的角动量 $\boldsymbol{L}$ 定义为位矢 $\boldsymbol{r}$ 和动量 $\boldsymbol{p}$ 的矢积，即

$$\boldsymbol{L}=\boldsymbol{r}\times\boldsymbol{p}\tag{3-24}$$

其角动量 L 的大小为
$$L=rp\sin\varphi=mvr\sin\varphi\tag{3-25}$$

$\boldsymbol{L}$ 的方向垂直于位矢 $\boldsymbol{r}$ 和动量 $\boldsymbol{p}$ 所组成的平面。它的方向可由右手螺旋法则来确定：**把右手拇指伸直，其余四指弯曲，使弯曲的方向由矢径 $\boldsymbol{r}$ 经小于 180°的角 φ 转向 $\boldsymbol{p}$ 的方向，这时拇指所指的方向就是角动量的方向**。

由于角动量的表达式 $L=rp\sin\varphi$ 和力矩的表达式 $M=rF\sin\varphi$ 非常相似，因此，有时也把质点的角动量叫做**动量矩**（moment of momentum）。

做匀速圆周运动的质点 m 对其圆心的角动量的大小为

$$L=rmv\tag{3-26}$$

方向如图 3－19 所示。

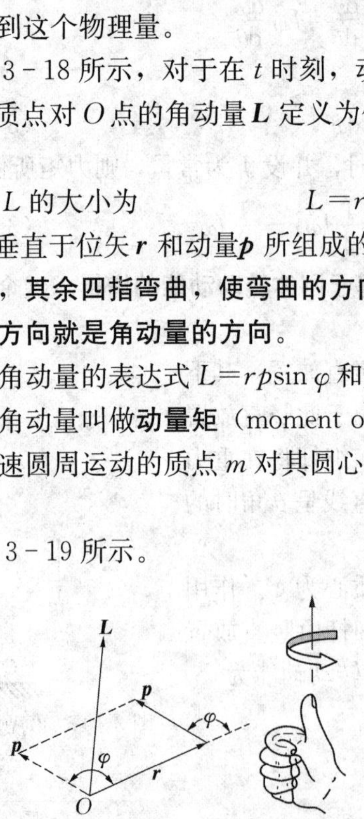

图 3－18　质点角动量的定义

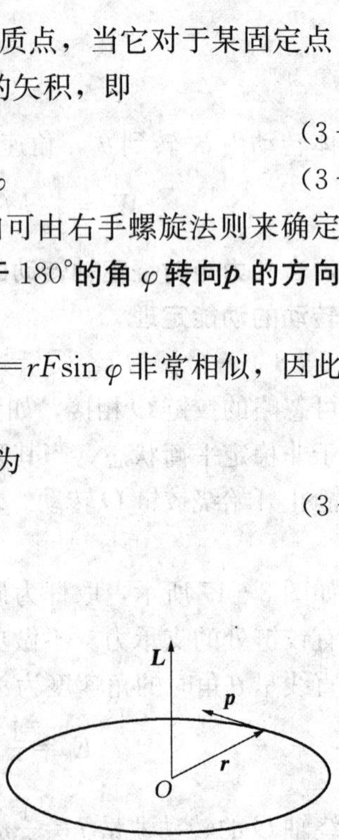

图3－19　圆周运动对圆心的角动量

在 SI 制中，角动量的单位是 $kg\cdot m^2\cdot s^{-1}$，也可写作 J・s。

（2）刚体定轴转动的角动量　刚体绕定轴转动时，也具有角动量。当一个刚体绕定轴以

角速度 ω 转动时，在刚体上任取一质元 Δm_i，由式（3-26）可知，质元 Δm_i 对转轴的角动量的大小为 $L_i=r_i\Delta m_i v_i$。由于所有质元绕定轴的角动量方向相同，故总角动量为

$$L=\sum_i L_i=\sum_i r_i\Delta m_i v_i=\sum_i \Delta m_i r_i^2\omega=\left(\sum_i \Delta m_i r_i^2\right)\omega$$

因 $\sum_i \Delta m_i r_i^2=J$，故上式表示为

$$L=J\omega \tag{3-27a}$$

它的矢量式表示为

$$\boldsymbol{L}=J\boldsymbol{\omega} \tag{3-27b}$$

角动量的方向与角速度方向相同。

利用角动量的这一表示式，刚体定轴转动定律可表示为

$$\boldsymbol{M}=J\boldsymbol{\beta}=J\frac{\mathrm{d}\boldsymbol{\omega}}{\mathrm{d}t}=\frac{\mathrm{d}(J\boldsymbol{\omega})}{\mathrm{d}t}=\frac{\mathrm{d}\boldsymbol{L}}{\mathrm{d}t} \tag{3-28}$$

此式说明，**刚体所受的外力矩等于刚体角动量的时间变化率**。这是定轴转动定律的另一表述方式，但其意义更加普遍。式（3-28）与牛顿第二定律 $\boldsymbol{F}=\frac{\mathrm{d}\boldsymbol{p}}{\mathrm{d}t}$ 在形式上是相似的，只是用 $\boldsymbol{M}$ 代替了 $\boldsymbol{F}$，用 $\boldsymbol{L}$ 代替了 $\boldsymbol{p}$。

2. 角动量定理 对式（3-28），两边同乘 $\mathrm{d}t$，得

$$\boldsymbol{M}\mathrm{d}t=\mathrm{d}(J\boldsymbol{\omega})=\mathrm{d}\boldsymbol{L} \tag{3-29}$$

将其与冲量定理的微分形式 $\boldsymbol{F}\mathrm{d}t=\mathrm{d}(m\boldsymbol{v})=\mathrm{d}\boldsymbol{p}$ 比较，将 $\boldsymbol{M}\mathrm{d}t$ 定义为**冲量矩**（impulsive moment）。于是，当刚体在力矩 $\boldsymbol{M}$ 的作用下，角速度由 t_1 时的 $\boldsymbol{\omega}_1$ 变化为 t_2 时的 $\boldsymbol{\omega}_2$ 时，将式（3-29）积分，得

$$\int_{t_1}^{t_2}\boldsymbol{M}\mathrm{d}t=J_2\boldsymbol{\omega}_2-J_1\boldsymbol{\omega}_1=\boldsymbol{L}_2-\boldsymbol{L}_1 \tag{3-30a}$$

对于刚体做定轴转动，转动惯量不变，上式变为

$$\int_{t_1}^{t_2}\boldsymbol{M}\mathrm{d}t=J\boldsymbol{\omega}_2-J\boldsymbol{\omega}_1=\boldsymbol{L}_2-\boldsymbol{L}_1 \tag{3-30b}$$

该式表明，**转动刚体所受合外力矩的冲量矩等于在这段时间内转动刚体角动量的增量**，这个结论称**角动量定理**。

例题 3-9 水平桌面上有一长 $l=1.0\ \mathrm{m}$、质量 $m=3.0\ \mathrm{kg}$ 的均质细杆，细杆可绕一端 O 点且垂直桌面的固定光滑轴转动。已知杆与桌面间的滑动摩擦系数 $\mu=0.20$，细杆绕一端转动的初角速度 $\omega_0=49\ \mathrm{rad\cdot s^{-1}}$。求棒从开始运动到停下来所需时间。

解： 在棒上取距 O 点为 r，长为 $\mathrm{d}r$ 的质量元 $\mathrm{d}m$，则 $\mathrm{d}m=\frac{m}{l}\mathrm{d}r$，棒运动时对 O 点的摩擦阻力矩为

$$M=\int-\mu(\mathrm{d}m)gr=\int_0^l-\mu\frac{m}{l}gr\,\mathrm{d}r=-\frac{1}{2}\mu mgl$$

设棒开始运动到停止所用时间为 t，由角动量定理可写出 $\int_0^t M\mathrm{d}t=0-J\omega_0$

式中细杆绕轴 O 的转动惯量 $J=\frac{1}{3}ml^2$，所以有 $-\frac{1}{2}\mu mglt=-\frac{1}{3}ml^2\omega_0$，

解得

$$t=\frac{2\omega_0 l}{3\mu g}=\frac{2\times49\times0.3}{3\times0.2\times9.8}=5(\mathrm{s})$$

二、刚体定轴转动的角动量守恒定律

由式（3-28）可知，当合外力矩 $\boldsymbol{M}=0$ 时，则有 $\mathrm{d}\boldsymbol{L}=0$，即

$$L=J\omega=\text{常量} \tag{3-31}$$

这就是说，**如果刚体所受的合外力矩为零，或不受外力矩的作用，刚体的角动量将保持不变**，这个结论称对**固定转轴的角动量守恒定律**。由角动量守恒定律可知，如果转动过程中转动惯量保持不变，则物体以恒定的角速度转动；如果转动惯量发生改变，则物体的角速度也随之改变，但二者之积保持恒定。

这里我们提一下物体与刚体碰撞时的角动量守恒问题。由式（3-30）可知，合外力矩 $\boldsymbol{M}=0$ 时，刚体所受合外力矩的冲量矩等于零，即 $\int_{t_1}^{t_2}\boldsymbol{M}\mathrm{d}t=0$，则有 $\Delta\boldsymbol{L}=0$，角动量守恒。然而，有时物体与刚体碰撞的过程中，系统所受的合外力矩不为零，如果合外力矩比碰撞过程中的内力矩小得多，且参与碰撞的物体间相互作用的时间很短，这样仍可看作合外力矩趋近于零，从而运用角动量守恒定律来解题。

上述角动量守恒定律可用图 3-20 中的实验生动地演示出来。这是一个可以绕竖直轴转动的凳子（转动中摩擦可忽略）。演示时，一人站在凳子上，两手各握一个哑铃。当他平举双臂时，在别人帮助下，使人和凳子一起以一定角速度旋转，如图 3-20(a) 所示，然后人在转动中放下两臂，由于这时没有外力矩的作用，凳子和人的角动量应保持不变，所以当人放下两臂后，转动惯量减小，人转动的角速度增大，比平举两臂时要转得快一些，如图 3-20(b) 所示。

在日常生活中，利用角动量守恒定律的例子还有很多。例如，舞蹈演员、溜冰运动员等，在旋转的时候，往往先把两臂张开旋转，然后迅速把两臂靠拢身体，使自己对身体中央竖直轴的转动惯量迅速减小，因而旋转速度加快。又如跳水运动员在空中翻筋斗时（图 3-21），运动员将两臂伸直，并以某一角速度离开跳板，在空中时，将臂和腿尽量卷缩起来，以减小他对横贯腰部的转轴的转动惯量，因而角速度增大，在空中迅速翻转，当快接近水面时，再伸直臂和腿以增大转动惯量，减小角速度，以便竖直地进入水中。

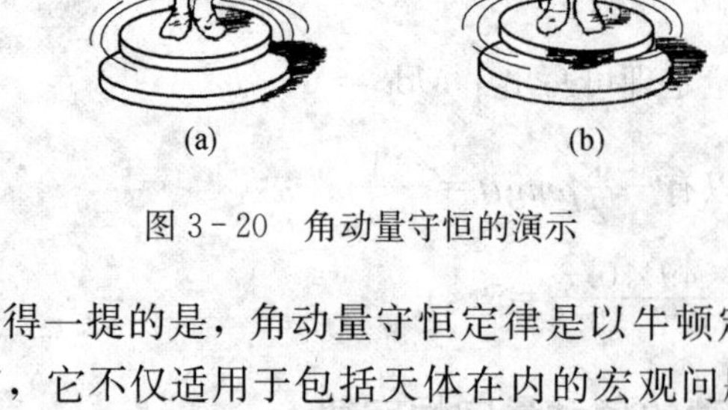

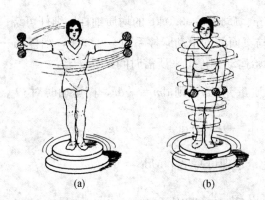

图 3-20　角动量守恒的演示

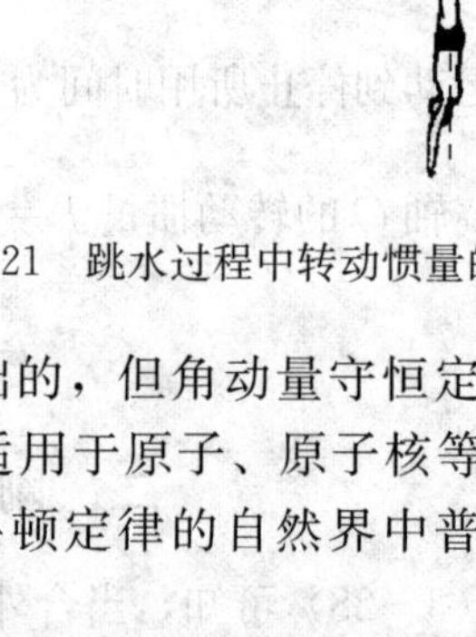

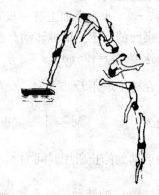

图 3-21　跳水过程中转动惯量的变化

值得一提的是，角动量守恒定律是以牛顿定律为基础的，但角动量守恒定律适用范围更广，它不仅适用于包括天体在内的宏观问题，而且适用于原子、原子核等牛顿定律已不适用的微观问题。因此，角动量守恒定律是独立于牛顿定律的自然界中普遍适用的定律。

例题 3-10　一根长为 l，质量为 M 的均匀直棒，其一端挂在一个水平光滑轴上而静止在竖直位置。今有一颗子弹，质量为 m，以水平速度 v_0 射入棒的下端而不复出。求棒和子弹开始一起运动时的角速度。

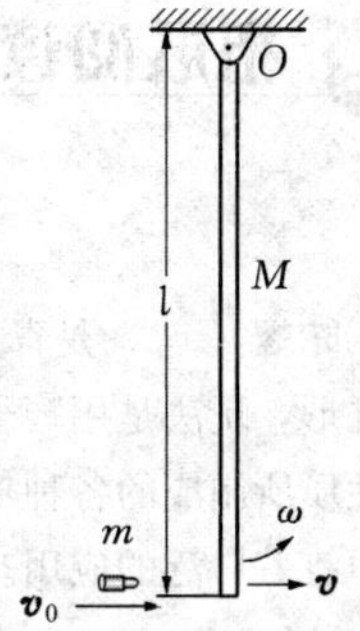

图 3 - 22　例题 3 - 10 图

解：如图 3 - 22 所示，由于从子弹进入棒到二者开始一起运动所经过的时间极短，在这一过程中棒的位置基本不变，即仍然保持竖直。因此，对于木棒和子弹系统，在子弹射入过程中，系统所受的外力（重力和轴的支持力）对于轴 O 的力矩都是零。这样，系统对轴 O 的角动量守恒。由角动量守恒可得

$$mv_0l=J\omega$$

式中子弹和木棒一起绕轴 O 的转动惯量 $J=ml^2+\frac{1}{3}Ml^2$，代入上式可得

$$\omega=\frac{3m}{3m+M}\frac{v_0}{l}$$

例题 3 - 11　如图 3 - 23 所示，一静止的匀质圆盘半径为 R，质量为 $M=2m$，圆盘可绕垂直于平面的水平固定光滑轴转动。有一质量为 m 的黏土块从距圆盘 h 处落下，粘在圆盘 P 点上，已知最初 $\angle POx=\theta$。求：(1) 黏土块与圆盘碰撞后瞬间盘的角速度 ω_0；(2) 黏土块与圆盘一起由 P 点转到 x 轴位置时圆盘的角速度 ω 和角加速度 β。

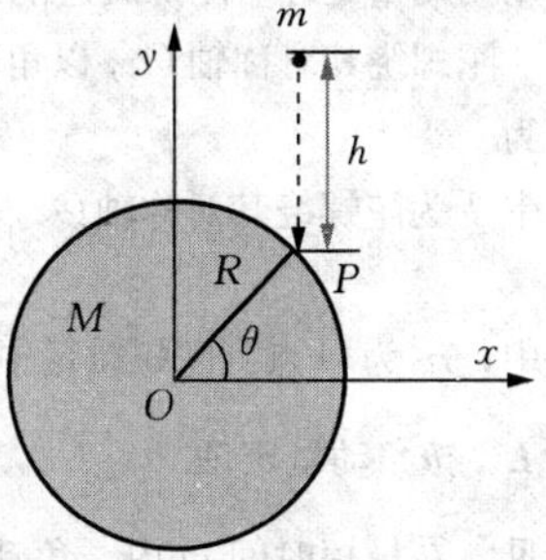

图 3 - 23　例题 3 - 11 图

解：(1) 黏土块 m 下落到 P 点前一瞬间，由机械能守恒定律得

$$mgh=\frac{1}{2}mv^2$$

解得

$$v=\sqrt{2gh}$$

黏土块落在圆盘上，可视为完全非弹性碰撞，且碰撞时间极短，重力的冲量矩可忽略不计。在碰撞前后，黏土块和圆盘系统的角动量守恒，故有

$$mvR\cos\theta=J\omega_0$$

黏土块与圆盘一起绕轴 O 的转动惯量 $J=\frac{1}{2}MR^2+mR^2=2mR^2$，解得

$$\omega_0=\frac{\sqrt{2gh}}{2R}\cos\theta$$

(2) 对黏土块、圆盘和地球组成的系统，只有重力做功，机械能守恒。令 x 轴为零势能面，故有

$$mgR\sin\theta+\frac{1}{2}J\omega_0^2=0+\frac{1}{2}J\omega^2$$

将 $J=2mR^2$ 代入上式，得到黏土块与圆盘一起由 P 点转到 x 轴位置时的角速度为

$$\omega=\sqrt{\frac{gh}{2R^2}\cos^2\theta+\frac{g}{R}\sin\theta}$$

黏土块与圆盘一起由 P 点转到 x 轴位置时，作用在圆盘和黏土块系统的外力矩仅为黏土块所受的重力矩，即

$$M=mgR$$

再由转动定律得圆盘的角加速度为

$$\beta=\frac{M}{J}=\frac{mgR}{2mR^2}=\frac{g}{2R}$$

拓展阅读

陀 螺

陀螺（top）是青少年们十分熟悉的玩具，现在这种玩具风靡全世界。传统古陀螺大致是木或铁制的倒圆锥形，玩法是用鞭子抽（现在是拉靶子），现已有各式各样的材质与形状的陀螺出现。人们利用陀螺的力学性质所制成的各种功能的陀螺装置称为**陀螺仪**（gyroscope），它在科学、技术、军事以及人们的日常生活中有着广泛的应用。

一、陀螺的运动原理

陀螺在不旋转时，它就躺在地面上，如图 3-24(a) 所示。当使它绕自己的对称轴高速旋转时，尽管陀螺受重力矩的作用，即使轴线已倾斜，它也不会倒下来，并且自转轴沿一个圆锥面转动，如图 3-24(b) 所示。在一定的初始条件和一定的外力矩作用下，陀螺会在不停绕自转轴自转的同时，自转轴还绕着另一个固定的转轴不停地旋转，这就是陀螺的**旋进**，也叫**进动**，又称为**回转效应**（gyroscopic effect）。下面我们利用角动量定理对陀螺旋进的产生和旋进速度的计算作简单说明。

陀螺绕其对称轴 Oz_0 以角速度 ω 高速旋转，在图 3-24(b) 中，对固定点 O，它的角动量 $\boldsymbol{L}$ 可近似表示为

$$\boldsymbol{L}=J\boldsymbol{\omega}$$

式中 J 为陀螺绕其对称轴 Oz_0 的转动惯量。作用在陀螺上的力对 O 点的力矩只有重力矩 $\boldsymbol{M}$，其大小等于

$$M=mgr_C\sin\varphi$$

式中，r_C 为 O 点到陀螺质量中心位矢的大小，重力矩的方向垂直于 z_0Oz 平面向外，显然也垂直于角动量矩 $\boldsymbol{L}$。按角动量定理

$$\boldsymbol{M}=\frac{\mathrm{d}\boldsymbol{L}}{\mathrm{d}t}$$

可见，在极短时间 $\mathrm{d}t$ 内，角动量的增量 $\mathrm{d}\boldsymbol{L}$ 与 $\boldsymbol{M}$ 平行，也垂直于 $\boldsymbol{L}$，如图 3-25 所示。这表明，在 $\mathrm{d}t$ 时间内，陀螺在重力矩 $\boldsymbol{M}$ 作用下，其角动量 $\boldsymbol{L}$ 的大小未变，但 $\boldsymbol{L}$ 矢量绕竖直轴 z 转过了 $\mathrm{d}\theta$ 角，这一转动就是上面讲到的旋进。我们可以近似地求出旋进的角速度 Ω 的大小。事实上，由于 $\mathrm{d}L=L\sin\varphi\mathrm{d}\theta=M\mathrm{d}t$，故有

$$J\omega\sin\varphi\mathrm{d}\theta=mgr_C\sin\varphi\mathrm{d}t$$

所以

$$\Omega=\frac{\mathrm{d}\theta}{\mathrm{d}t}=\frac{mgr_C}{J\omega} \tag{3-32}$$

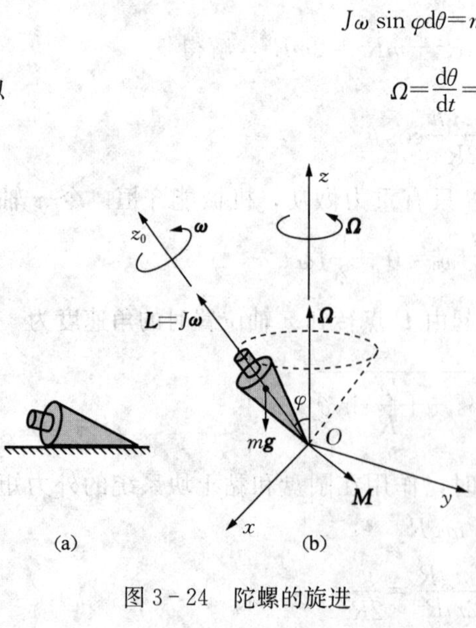

图 3-24 陀螺的旋进

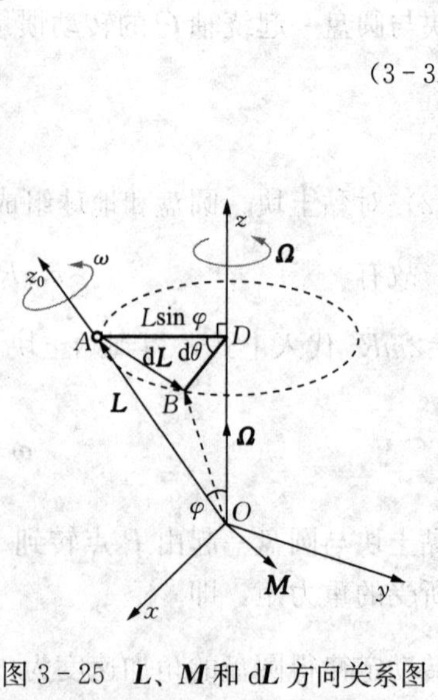

图 3-25 $\boldsymbol{L}$、$\boldsymbol{M}$ 和 $\mathrm{d}\boldsymbol{L}$ 方向关系图

由式（3-32）可知，若陀螺自转角速度ω保持不变，则旋进角速度也应保持不变。实际上，由于各种摩擦阻力矩的作用，ω将不断地减小，与此同时，旋进角速度Ω将逐渐增大，旋进将变得不稳定。

以上的分析是近似的，我们在推导上式时做了一个简化，认为陀螺的总角动量就是它绕自己的对称轴自旋的角动量。实际上它的总角动量应该是自旋角动量和它的旋进的角动量的矢量和。当高速旋转时，总角动量近似地等于陀螺的自旋角动量。更精确和详细地分析陀螺运动比较复杂，我们这里就不讨论了。

二、陀螺仪的基本结构

根据陀螺的旋进原理能制成各种功能的陀螺仪。对于它的基本结构，可根据框架的数目和支承的形式分为：二自由度陀螺仪和三自由度陀螺仪。

1. 二自由度陀螺仪　二自由度陀螺仪只有一个框架，使转子自转轴具有一个转动自由度。二自由度陀螺仪的转子支承在一个框架内，没有外框架，因而转子自转有一个进动自由度，即少了垂直于内框架轴和自转轴方向的转动自由度。对于二自由度陀螺仪，当基座绕陀螺仪自转轴或内框架轴方向转动时，仍然不会带动转子一起转动，即内框架仍然起隔离运动的作用。

2. 三自由度陀螺仪　三自由度陀螺仪具有内、外两个框架，使转子自转轴具有两个转动自由度。在没有任何力矩装置时，它就是一个自由陀螺仪。比如我国古代有一种小香炉，就是这种三轴的结构，点上香放在衣服里，无论人做什么动作，即使倒立，香灰都不会洒出来。三自由度陀螺仪，它的核心部分是装置在常平架上的一个质量较大的转子（图3-26）。常平架由套在一起、分别具有竖直轴和水平轴的两个圆环组成。转子装在内环上，其轴与内环的轴垂直。转子精确地对称于其转轴的圆柱，各轴承均高度润滑。这样转子就具有可以绕其自由转动的三个相互垂直的轴。因此，不管常平架如何移动或转动，转子都不会受到任何力矩的作用。所以一旦使转子高速转动起来，根据角动量守恒定律，它将保持其对称轴在空间的指向不变。

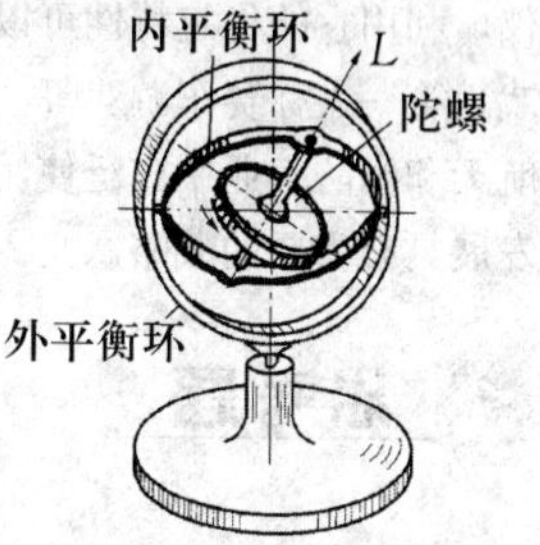

图3-26　三自由度陀螺仪

三、陀螺仪的应用

陀螺仪的种类很多，按用途来分，它可以分为传感陀螺仪和指示陀螺仪。传感陀螺仪用于飞行体运动的自动控制系统中，作为水平、垂直、俯仰、航向和角速度传感器。指示陀螺仪主要用于飞行状态的指示，作为驾驶和领航仪表使用。

1. 陀螺方向仪　能给出飞行物体转弯角度和航向指示的陀螺装置。它是三自由度均衡陀螺仪，其底座固连在飞机上，转子轴提供惯性空间的给定方向。若开始时转子轴水平放置并指向仪表的零方位，则当飞机绕竖直轴转弯时，仪表就相对转子轴转动，从而能给出转弯的角度和航向的指示。

2. 陀螺罗盘　供航行和飞行物体作方向基准用的寻找并跟踪地理子午面的三自由度陀螺仪。其外环轴竖直，转子轴水平置于子午面内，正端指北；其重心沿竖直轴向下或向上偏离支承中心。转子轴偏离子午面同时偏离水平面而产生重力矩使陀螺旋进到子午面，这种利用重力矩的陀螺罗盘称摆式罗盘。近年来发展为利用自动控制系统代替重力摆的电控陀螺罗盘，并创造出能同时指示水平面和子午面的平台罗盘。

3. 陀螺垂直仪　利用摆式敏感元件对三自由度陀螺仪施加修正力矩以指示地垂线的仪表，称为陀螺垂直仪。陀螺仪的壳体利用随动系统跟踪转子轴位置，当转子轴偏离地垂线时，固定在壳体上的摆式敏感元件输出信号使力矩器产生修正力矩，转子轴在力矩作用下旋进回到地垂线位置。陀螺垂直仪是除陀螺摆以外应用于航空和航海导航系统的又一种地垂线指示或量测仪表。

4. 陀螺稳定器　稳定船体的陀螺装置。20世纪初使用的施利克被动式稳定器实质上是一个装在船上的大型二自由度重力陀螺仪，其转子轴竖直放置，框架轴平行于船的横轴。当船体侧摇时，陀螺力矩迫使框架携带转子一起相对于船体旋进。这种摇摆式旋进引起另一个陀螺力矩，对船体产生稳定作用。斯佩里主动式稳定器是在上述装置的基础上增加一个小型操纵陀螺仪，其转子沿船横轴放置。一旦船体侧倾，小陀螺沿其竖直轴旋进，从而使主陀螺仪框架轴上的控制马达及时开动，在该轴上施加与原陀螺力矩方向相同的主动力矩，借以加强框架的旋进和由此旋进产生的对船体的稳定作用。

5. 陀螺仪传感器　陀螺仪传感器是一个简单易用的基于自由空间移动和手势的定位和控制系统。在假想的平面上挥动鼠标，屏幕上的光标就会跟着移动，并可以绕着链接画圈和点击按键。当你正在演讲或离开桌子时，这些操作都能够很方便地实现。陀螺仪传感器原本是运用到直升机模型上的，现在已经被广泛运用于手机这类移动便携设备上。

传统的惯性陀螺仪主要是指机械式的陀螺仪。机械式的陀螺仪对工艺结构的要求很高，结构复杂，它的精度受到了很多方面的制约。自从 20 世纪 70 年代以来，现代陀螺仪的发展已经进入了一个全新的阶段。到 80 年代以后，现代光纤陀螺仪得到了非常迅速的发展。与此同时，激光谐振陀螺仪也有了很大的发展。随着科学技术的进步，可以做出小型化、低成本的陀螺仪产品。现在很多智能手机里面就装了微型陀螺仪，利用它的稳定特性可以玩一些需要做动作的游戏，比如第一人称射击游戏，需要动作模拟的保龄球游戏，第一人称赛车游戏等。现代陀螺仪是一种能够精确地确定运动物体方位的仪器，它是现代航空、航海、航天和国防工业中广泛使用的一种惯性导航仪器，它的发展对一个国家的工业、国防和其他高科技产业的发展具有重要的战略意义。

思考题

3-1　火车在拐弯时所做运动是不是平动？

3-2　对静止的刚体施以外力作用，如果合外力为零，刚体会不会运动？

3-3　在求刚体所受的合外力矩时，能否先求出刚体所受合外力，再求合外力对转轴的力矩？说明其理由。

3-4　刚体绕某一定轴做匀变速转动，刚体上任一点是否有切向加速度？是否有法向加速度？它们的大小是否随时间变化？

3-5　如果刚体转动的角速度很大，那么，(1) 作用在它上面的力是否一定很大？(2) 作用在它上面的力矩是否一定很大？

3-6　在碰撞、爆炸、打击等过程中，可近似应用动量守恒定律解质点的运动问题；在这类冲击等问题中，如何运用角动量守恒定律解刚体的运动问题？

3-7　将一个生鸡蛋和一个熟鸡蛋放在桌上分别使其旋转，如何判定哪个是生的，哪个是熟的？为什么？

3-8　两个同样大小的轮子，质量也相同。一个轮子的质量均匀分布，另一个轮子的质量主要集中在轮缘。问：(1) 如果作用在它们上面的外力矩相同，哪个轮子转动的角加速度较大？(2) 如果它们的角加速度相等，作用在哪个轮子上的力矩较大？(3) 如果它们的角动量相等，哪个轮子转得快？

3-9　假定时钟的指针是质量均匀的矩形薄片。分针长而细，时针短而粗，两者具有相等的质量。哪一个指针有较大的转动惯量？哪一个有较大的动能与角动量？

3-10　一个站在水平转盘上的人，左手举一个自行车轮，使轮子的轴竖直，如图 3-27 所示。当他用右手拨动轮缘使车轮转动时，他自己会同时沿相反方向转动起来。解释其中的道理。

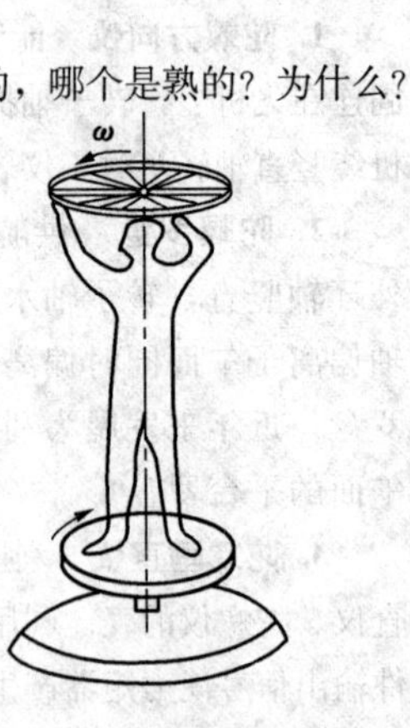

图 3-27　思考题 3-10 图

习题

3-1　一个飞轮直径为0.30 m，质量为5.00 kg，边缘绕有绳子，现用力拉绳子的一端，使其由静止均匀地加速，经0.5 s转速达10 $r\cdot s^{-1}$。假定飞轮可看作实心圆柱体，求：(1) 飞轮的角加速度；(2) 飞轮在这段时间里转过的转数；(3) 拉动后 $t=10$ s时飞轮边缘上一点的速度和加速度的大小。

3-2　在微型电机里，有一转子由静止绕固定轴加速转动，经1 min后，其转速达到3 600 $r\cdot min^{-1}$。已知转子的角加速度与时间成正比。问在这段时间内，转子转过多少转？

3-3　一质量为M，半径为R的均匀圆盘，求此圆盘对通过盘中心并与盘面垂直轴的转动惯量。

3-4　电动机带动一个转动惯量$J=50$ $kg\cdot m^2$ 的系统做定轴转动。在0.5 s内由静止开始，做匀角加速转动，最后达到120 $r\cdot min^{-1}$的转速。假定在这一过程中转速是均匀增加的，求电动机对转动系统施加的力矩。

3-5　一个滑轮的半径为0.10 m，转动惯量为1.0×10^{-3} $kg\cdot m^2$。一个变力$F=0.50t+0.30t^2$(N) 沿着切线方向作用在滑轮的边缘上。如果滑轮最初处于静止状态，试求它在3.0 s后的角速度。

3-6　用落体观察法测定飞轮的转动惯量，是将半径为R的飞轮支承在O点上，然后在绕过飞轮的绳子的一端挂一质量为m的重物，令m由静止开始下落，带动飞轮转动。如图3-28所示。记下重物下落的距离h和时间t，就可算出飞轮的转动惯量。试写出它的计算式。(假设轴承间无摩擦)

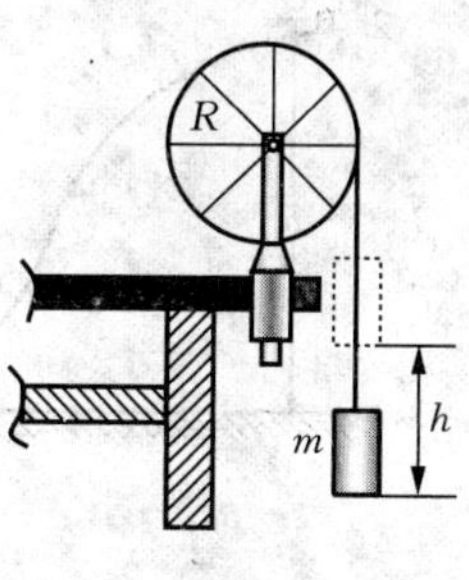

图3-28　习题3-6图

3-7　一根轻绳绕于半径为R的圆盘边缘，在绳端施挂一质量为m的物体，如图3-29(a) 所示，圆盘可绕水平固定光滑轴转动，圆盘质量为M，圆盘从静止开始转动。(1) 试求圆盘的角加速度及转动的角度和时间的关系；(2) 如果在绳端施以$F=mg$的拉力，如图3-29(b) 所示，再计算圆盘的角加速度及转动的角度和时间的关系。

3-8　如图3-30所示，一根细杆可绕轴O在竖直平面内转动，杆的长度为l，质量分布不均匀，其线密度为$\lambda=a+br$ (其中a、b为常量，r为距离转轴O点的长度)。忽略轴O的摩擦力，将杆从水平位置释放，试求杆转到竖直位置时，杆所具有的角速度。

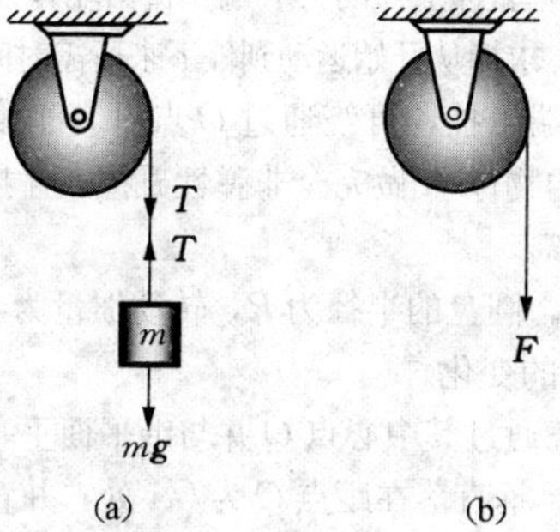

图3-29　习题3-7图

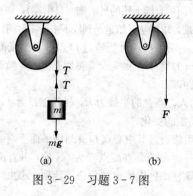

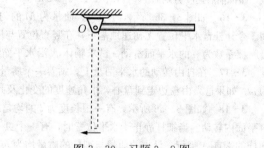

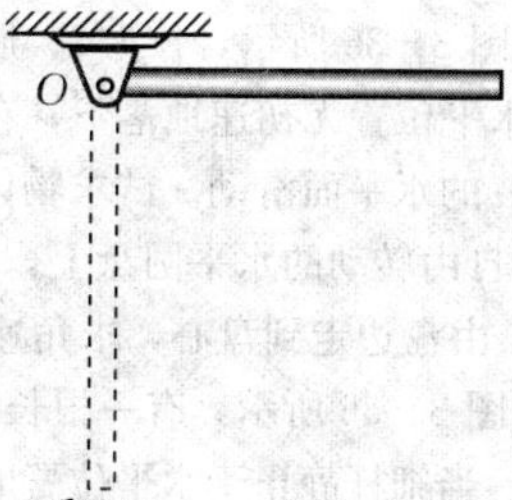

图3-30　习题3-8图

3-9　某冲床上飞轮的转动惯量为4.00×10^3 $kg\cdot m^2$，当它的转速达到30 $r\cdot min^{-1}$时，它的转动动能是多少？每冲一次，其转速降到10 $r\cdot min^{-1}$，求每冲一次，飞轮对外所做的功。

3-10　有一个均匀薄圆盘，质量为m，半径为R，可绕过盘中心的光滑竖直轴在水平桌面上转动。圆盘与桌面间的滑动摩擦系数为μ。若用外力推动它使其角速度达到ω_0时，撤去外力，求：(1) 此后圆盘还能继续转动多长时间？(2) 上述过程中摩擦力矩所做的功。

3-11　如图3-31所示，一根质量为m、长为l的匀质细棒，在A点固定一个质量亦为m的小球，此棒可绕通过其一端的光滑轴O在竖直平面内转动。如果让棒自水平位置开始自由释放，求：(1) 该刚体绕O轴的转动惯量；(2) 当棒在下落过程中与垂直线成θ角时，刚体的角速度和重心处的法向加速度 (已知

重心 O' 在棒上距 O 轴 $3l/4$ 处)；(3) 棒转到竖直位置时的角加速度 β。

3-12　有一个半径为 r 的匀质圆柱体，从其质心距地面高为 h 的滑道上由静止滚动而下，进入半径为 R 的圆环形滑道，如图 3-32 所示。设圆柱体在两段滑道上均做纯滚动。问要使此圆柱体能在圆环形滑道内完成圆周运动，h 至少需有多大的值？

3-13　如图 3-34 所示，一个质量为 m，长为 l 的均匀细棒，支点在棒的上端点，开始时棒自由悬挂。现在以 F 的力打击它的下端点，打击时间为 Δt。(1) 若打击前棒是静止的，求打击时其角动量的变化；(2) 棒的最大偏转角是多少？

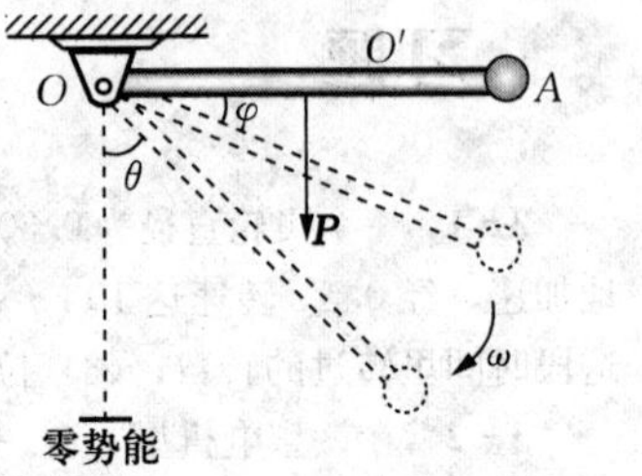

图 3-31　习题 3-11 图

3-14　如图 3-34 所示，转台绕中心竖直轴以角速度 ω_0 做匀速转动。转台对该轴的转动惯量 $J=5\times10^{-5}\ \mathrm{kg\cdot m^2}$。现有砂粒以 $1\ \mathrm{g\cdot s^{-1}}$ 的速度落到转台，并粘在台面形成一个半径 $r=0.1\ \mathrm{m}$ 的圆。试求砂粒落到转台，使转台角速度变为 $\omega_0/2$ 所花的时间。

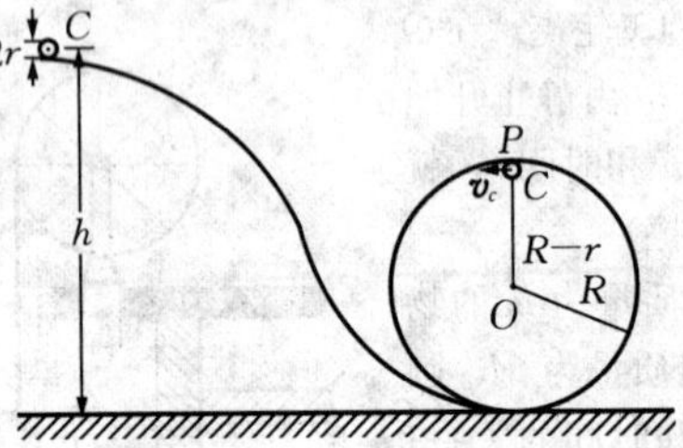

图 3-32　习题 3-12 图

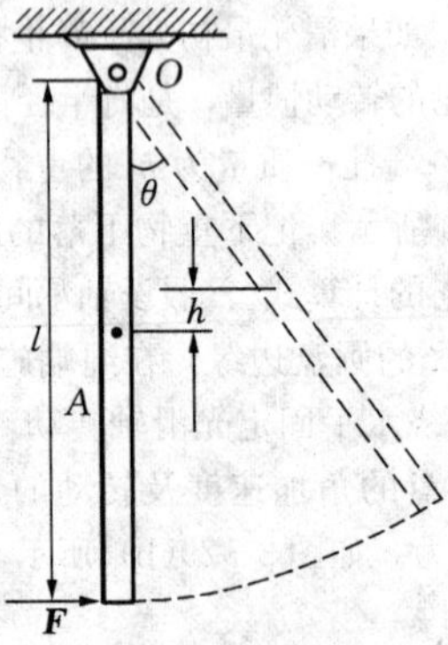

图 3-33　习题 3-13 图

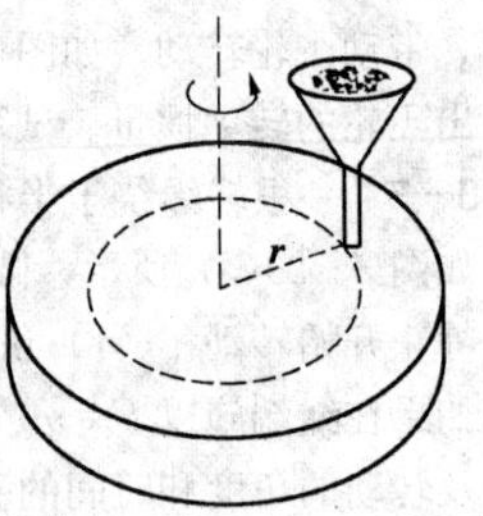

图 3-34　习题 3-14 图

3-15　质量为 $m_1=1.0\ \mathrm{kg}$ 的匀质细棒，置于水平桌面上，棒与桌面间滑动摩擦系数 $\mu=0.2$。棒一端 O 通过一个垂直桌面的固定光滑轴。有一个质量为 $m_2=20\ \mathrm{g}$ 的滑块沿桌面垂直撞上棒的另一端(自由端)，碰撞时间极短，碰撞前后速度分别为 $v_2=4\ \mathrm{m\cdot s^{-1}}$、$v_2'=2\ \mathrm{m\cdot s^{-1}}$，方向相反。求棒从开始运动到停下来所需时间。

3-16　如图 3-35 所示，长为 l、质量为 M 的匀质杆，一端悬挂，可绕通过 O 点垂直于纸面的轴转动。今让杆自水平位置无初速地落下，在竖直位置与质量为 m 的物体 A 做完全非弹性碰撞，碰撞后物体 A 沿摩擦系数为 μ 的水平面滑动。试求物体 A 沿水平面滑动的距离。

3-17　在自由转动的水平圆盘上，站着一个质量为 m 的人。圆盘的半径为 R，转动惯量为 J，角速度为 ω。如果这人由盘边走到盘心，求角速度的变化及此系统动能的变化。

3-18　如图 3-36 所示，有一根长度为 l 的均匀细杆，可绕通过其中心点 O 并与纸平面垂直的轴在竖直平面内转动。当细杆静止于水平位置时，有一个虫子以速率 v_0 垂直落在距点 O 为 $l/4$ 处，并背离点 O 向细杆的端点 A 爬行。设虫的质量与细杆的质量均为 m。问：欲使细杆以恒定的角速度转动，小虫应以多大速率向细杆端点爬行？

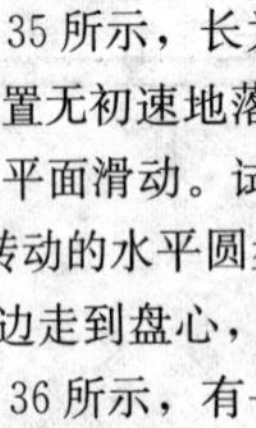

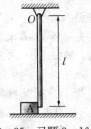

图 3-35　习题 3-16 图

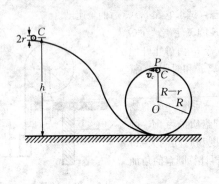

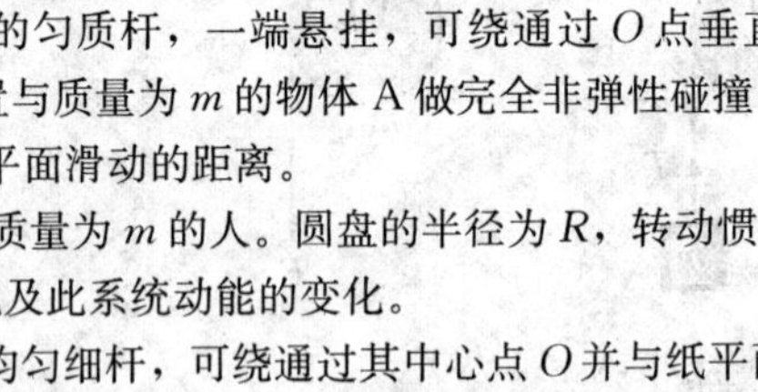

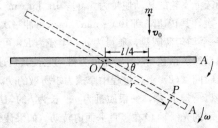

图 3-36　习题 3-18 图

第四章　流体力学

流体（fluid）是指没有固定形状、能够流动的连续介质，流体包括液体和气体。流体最显著的特征是可以流动。流动性赋予了流体生命的特征。无论是涓涓细流，还是洋洋江河，都能使人感受到流体是那么富有生气。

流体力学是力学的一个分支，主要研究内容为流体静力学和流体动力学。流动性是液体和气体的共有特点，因此液体的基本规律中，一些主要的结论也适用于气体。流体力学在水利工程学、空气动力学、气象学、气体和液体输运、动物血液循环和植物液汁输运等科研技术领域有着广泛的应用。

本章介绍流体力学的基本理论，内容包括流体静力学和流体动力学规律以及物体在黏滞液体中的运动规律。

第一节　流体静力学

一、静止流体中的压强分布

1. 应力　物体内部各部分之间存在着相互作用，为了研究这种相互作用，引入应力这个物理量。

当物体受到外力作用时，物体分子会将外力作用传递到体内的各个部分，使得物体内部的每一横截面上都会受到力的作用，作用在物体内部单位面积上的作用内力称**应力**（stress）。

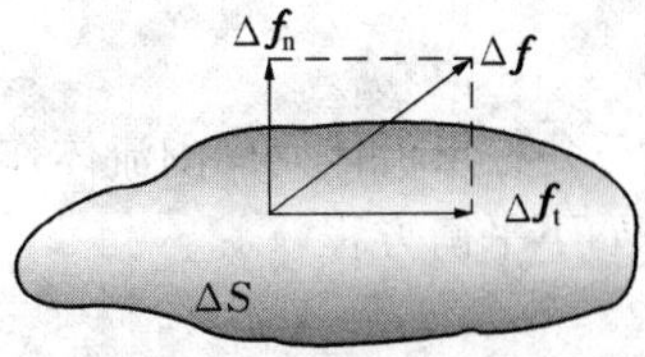

图 4-1　应力的概念

在物体内部某处设想一个截面 ΔS，如图 4-1 所示，设被此面分开的两部分物体之间的作用力与反作用力分别为 Δf 与 $-\Delta f$，则作用在此截面上的应力 σ 可表示为

$$\sigma=\frac{\Delta f}{\Delta S} \tag{4-1}$$

当 $\Delta S \to 0$ 时，截面上某一点的应力则为

$$\sigma=\lim_{\Delta S\to 0}\frac{\Delta f}{\Delta S}=\frac{df}{dS} \tag{4-2}$$

在 SI 值中，应力的单位为 $N \cdot m^{-2}$，称**帕斯卡**（Pascal），简称“帕”，用 Pa 表示。

在物体中，一个截面上的应力一般并不与此截面垂直。若将应力 σ 分解为法向分量 σ_n 和切向分量 σ_t，则前者称**正应力**（normal stress）或称压力、张力，后者称**切应力**（shearing stress）。对正应力而言，若 σ_n 的方向与假想截面的外法线方向相同，该力可称**拉伸应力**（tensile stress）；反之，则称**压缩应力**（compressive stress）。

对流体而言，当流体流动时，其内部存在着正应力和切应力；当流体静止时，切应力为零，只有正应力（即压力）。这种正应力就是常说的**静水压**（static hydraulic pressure）。

2. 静止流体中一点的压强　在流体内部某点处取一个假想面元 ΔS，用 Δf 表示该面元两侧流体的相互压力，则该面元上某一点的压强定义为

$$p=\lim_{\Delta S\to 0}\frac{\Delta f}{\Delta S}=\frac{\mathrm{d}f}{\mathrm{d}S} \tag{4-3}$$

该式表明，静止流体中任一点的压强（即应力）等于过该点的任一假想面元上正压力与面元面积之比在面元趋近于零时的极限。

流体压强的一个重要性质是流体中的压强与面元 ΔS 的取向无关，它是各向同性的。这个性质可以用下述的方法加以证明。

图 4-2 中左图为流体中的一个直角三角柱体元，其体积 ΔV 为

$$\Delta V=\frac{1}{2}\Delta x\Delta y\Delta z$$

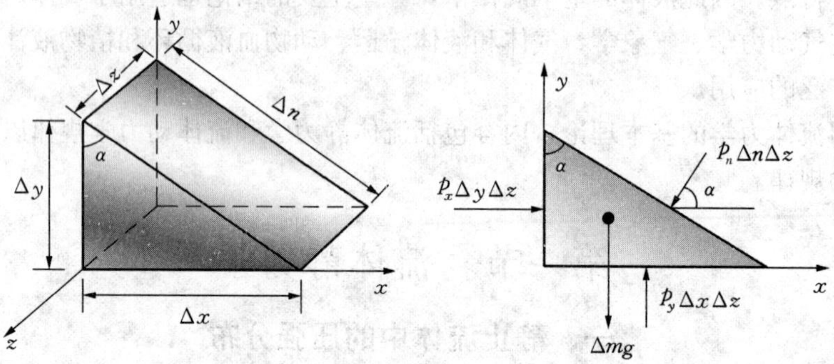

图 4-2　液体压强各向同性的证明

设体元中的液体质量为 Δm，质量密度为 ρ，则流体元的重量为

$$\Delta G=\Delta m\cdot g=\frac{1}{2}\rho g\Delta x\Delta y\Delta z$$

设三角柱形流体元周围流体作用在体元上的压强分别为 p_x、p_y、p_n，根据力的平衡条件可得如下平衡方程

$$p_x\Delta y\Delta z-p_n\Delta n\Delta z\cos\alpha=0$$

$$p_y\Delta x\Delta z-p_n\Delta n\Delta z\sin\alpha-\frac{1}{2}\rho g\Delta x\Delta y\Delta z=0$$

因为 $\Delta n\sin\alpha=\Delta x$，$\Delta n\cos\alpha=\Delta y$，将其代入上式可得

$$p_x=p_n,\quad p_y=p_n+\frac{1}{2}\rho g\Delta y$$

对于静止流体中的一点，可令 Δx、Δy、Δz、Δn 均趋近于零，即得

$$p_x=p_y=p_n \tag{4-4}$$

该式表明，对于流体中的任一点而言，来自任何方向的压强均相同。

3. 流体压强随高度的变化规律　图 4-3 中的立方体为矩形流体元，若设流体的质量密度为 ρ，则流体元的质量为 $\rho\Delta V$，所受重力为 $\rho g\Delta x\Delta y\Delta z$，其中 Δx、Δy、Δz 分别为流体元的长、宽、高。若流体元上、下表面所受的压强分别为 $p+\Delta p$ 和 p，则在 y 轴方向由力的平衡条件可得

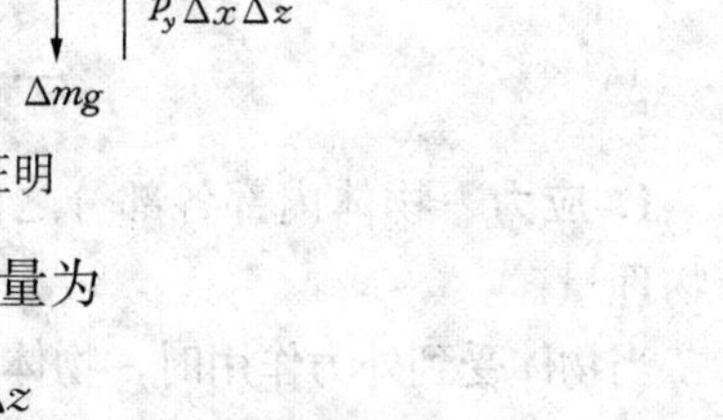

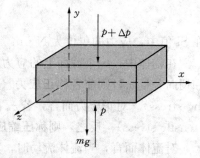

图 4-3　流体压强与高度的关系

$$p\Delta x\Delta z-(p+\Delta p)\Delta x\Delta z-\rho g\Delta x\Delta y\Delta z=0$$

化简得

$$\frac{\Delta p}{\Delta y}=-\rho g \tag{4-5}$$

当高度 $\Delta y\to 0$ 时，则有

$$\frac{\mathrm{d}p}{\mathrm{d}y}=-\rho g \tag{4-6}$$

该式反映了沿 y 轴方向压强的空间变化率，称**压强梯度**（pressure gradient）。由式（4-6）可得

$$\mathrm{d}p=-\rho g\mathrm{d}y \tag{4-7}$$

由此可知，在重力作用下，流体压强随流体高度增加。

根据式（4-7），可以求出流体内部任意两点间的压强关系。如图 4-4 所示，对流体中的两点 A、B，设其高度分别为 y_A 和 y_B，压强分别为 p_A 和 p_B，则将式（4-7）积分可得

$$\int_{p_A}^{p_B}\mathrm{d}p=\int_{y_A}^{y_B}-\rho g\,\mathrm{d}y$$

$$p_B-p_A=-\rho g(y_B-y_A) \tag{4-8}$$

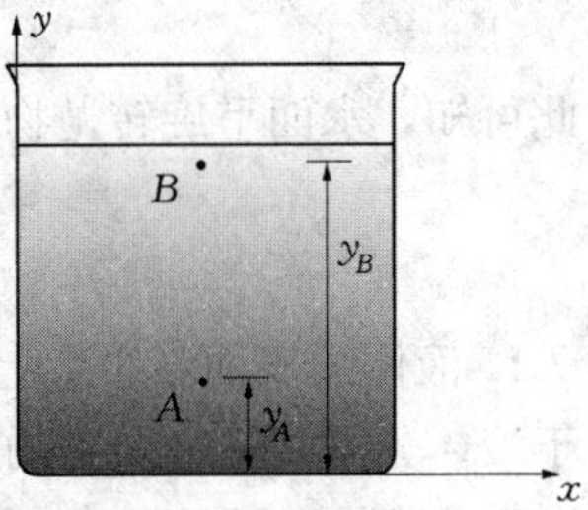

图 4-4　流体中两点间的压强差

如果 A、B 两点间的垂直距离为 h，$y_B-y_A=h$，由式（4-8）可写出

$$p_A=p_B+\rho gh \tag{4-9}$$

由该式可得两点结论：

（1）**等高点的压强相等。这一点解释了在重力场中液体的自由表面为水平面的事实，因为自由表面处的压强与大气压相等。**

（2）**高度差为 h 的两点，压强差为 ρgh，并且离液面越深处压强越大。**

例题 4-1　在密度为 ρ 的液体中沿竖直方向放置一个长为 a、宽为 b 的长方形平板，板的上边与水面相齐，求此板面所受液体压力的大小（不考虑液面外的大气压）。

解：建立如图 4-5 所示的坐标系，在深度为 y 处取宽度为 $\mathrm{d}y$ 的液层，液层的面积为 $\mathrm{d}S=a\mathrm{d}y$，该液层处液体的压强为

$$p=\frac{\mathrm{d}f}{\mathrm{d}S}=\rho gy$$

即

$$\mathrm{d}f=\rho gya\mathrm{d}y$$

积分得整个板面所受到的压力为

$$f=\int_0^b\rho gay\,\mathrm{d}y=\frac{1}{2}\rho gab^2$$

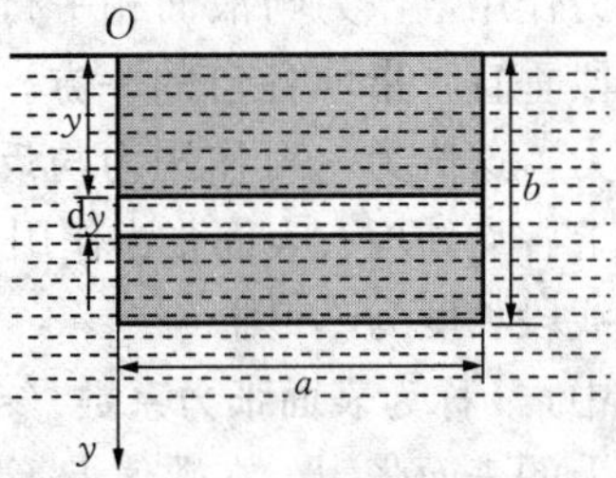

图 4-5　竖直平板所受的压力

例题 4-2　一个水桶绕自身的竖直轴以角速度 ω 旋转，当水与桶一起转动时，求水面的形状。

解：在与此桶一起旋转的参考系中，水静止不动，因而可以在此参考系中用流体静力学原理来求解。以平衡的水面与转轴的交点为原点建立如图 4-6 所示的坐标系。在水下 h 处取底面积为 $\mathrm{d}S$，长为 $\mathrm{d}r$ 的小液体元，由液体元沿径向的平衡条件可得

$$p\mathrm{d}S+\rho\mathrm{d}S\cdot\mathrm{d}r\cdot\omega^2r=p'\mathrm{d}S \quad ①$$

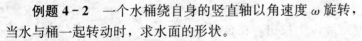

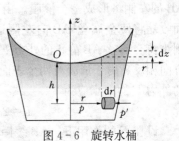

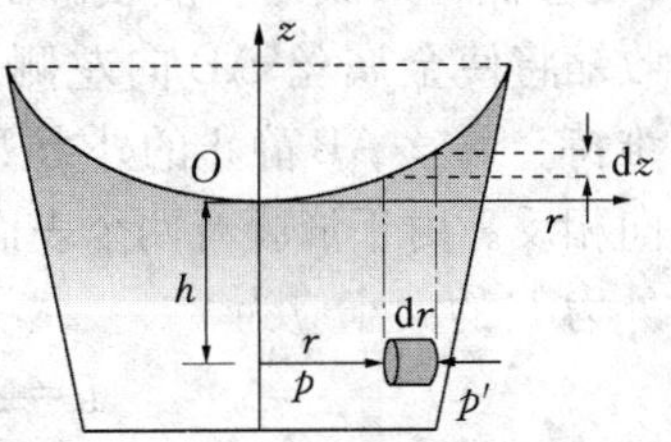

图 4-6　旋转水桶

其中，p 为液体元左侧所受的压强，p' 为液体元右侧所受的压强。等式左侧第二项为惯性离心力。该式可化简为

$$p'-p=\rho\omega^2 r\mathrm{d}r \quad ②$$

由液体静压强的规律可知

$$p=p_0+\rho gh+\rho gz \quad ③$$

$$p'=p_0+\rho gh+\rho g(z+\mathrm{d}z) \quad ④$$

将关系式③、④代入式②，化简后可得 $\mathrm{d}z=\frac{\omega^2 r}{g}\mathrm{d}r$

积分得

$$z=\frac{\omega^2}{2g}r^2+C$$

考虑当 $r=0$ 时，$z=0$，可定出 $C=0$，于是可得 z 与 r 的关系为

$$z=\frac{\omega^2}{2g}r^2$$

由此可知，水面呈旋转抛物面形。

二、液体的表面性质

1. 液体的表面张力 上面讨论了流体内部的应力状况。然而，在液体和气体的交界面，由于液体分子之间吸引力的缘故，在液体表面上存在着沿表面的收缩力，这种力只存在于液体表面极薄的表面层内（大致等于分子引力的有效作用距离，约为 10^{-9} m），这种在液体表面层上存在的使液面尽可能收缩成最小的宏观张力，称为液体的**表面张力**（surface tension）。表面张力使得液体表面犹如张紧的弹性膜而具有自发收缩的趋势，荷叶上的露珠、玻璃上的水银球都是典型的例子。

为了描述液体的表面张力，则需要在液体表面引进一条假想的直线段 MN，如图 4-7 所示，直线段把液面分成两部分，两部分液面均有收缩的趋势，即线段 MN 两边均有表面张力作用，该力与液面相平行，表现为拉力，拉力的方向与线段垂直，指向各自的一方。如用 f、f' 分别表示线段两边的力，这恰为一对作用力与反作用力，即 $\boldsymbol{f}=-\boldsymbol{f}'$。由于线段上各点处均有表面张力作用，线段越长，则合力越大，也就是说表面张力与长度成正比。

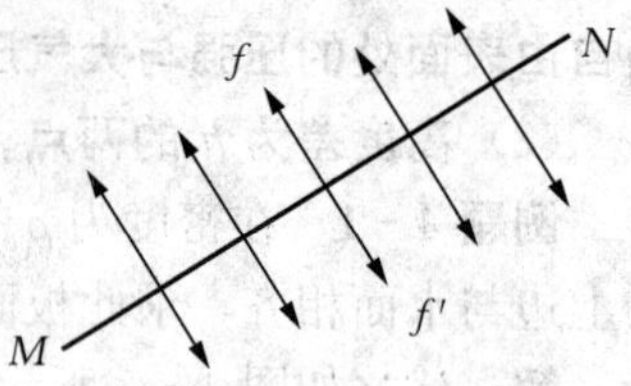

图 4-7 液体的表面张力

设线段长度为 l，则

$$f=\alpha l \quad (4-10)$$

其中，α 称为**表面张力系数**（surface tension coefficient），其物理意义为作用在液面单位长度上的表面张力，在数值上等于单位长度的直线段两侧液面的相互拉力，单位为 $\mathrm{N\cdot m^{-1}}$。

2. 表面能 表面张力系数的物理意义也可从能量的角度去理解，表面张力系数的大小可从能量的角度去计算。在图 4-8 中，在 U 形金属框上面放一个细金属丝 AB。将金属框从液体中拉出，在金属丝 AB 的左侧将形成一个液膜。由于表面张力的存在，液膜表面收缩将使金属丝 AB 向左侧运动。设金属框的宽度为 l，则维持金属丝 AB 静止的外力 F 必须与表面张力大小相等而方向相反。由于液膜有两个表面，所以，使金属丝 AB 静止的外力 F 的大小应为

$$F=2\alpha l$$

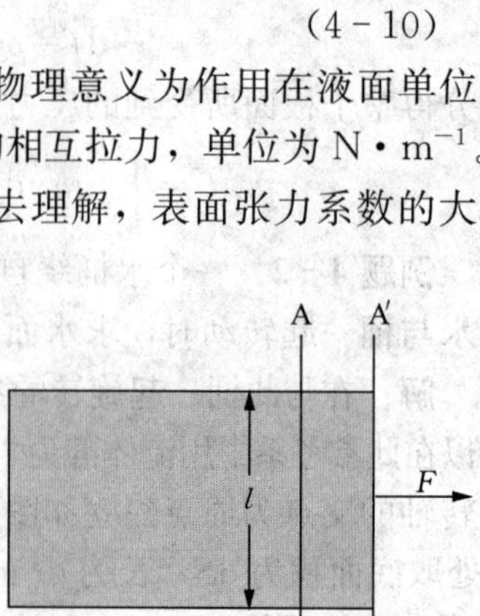

图 4-8 表面张力的物理意义

设在 F 的作用下，AB 缓慢而匀速地向右移动了一个微小距离 $\mathrm{d}x$，则 F 克服表面张力所做的功为

$$dW = F dx = 2\alpha l dx = \alpha dS \tag{4-11}$$

式中，$dS = 2l dx$ 是液膜表面积的增量。在此过程中，有一定数量的分子从液体内部移到表面层，扩大了液面面积，使表面层内分子间的相互作用势能增加，这是外力克服分子间引力做功的结果。如果用 dE 表示表面能增量，按照功能原理，dE 应与外力做功相等。即

$$dE = dW = \alpha dS$$

将上式改写为

$$\alpha = \frac{dE}{dS} = \frac{dW}{dS} \tag{4-12}$$

该式表明，**表面张力系数等于增加单位液体表面积时外力所做的功，也等于增加液体单位表面积时所增加的表面能**。这就是表面张力的能的属性。

表 4-1　部分液体的表面张力系数

液体	界面物质	温度/℃	$\alpha/\times10^{-3}$ N·m^{-1}
水	空气	20	72.8
水	空气	40	69.6
水	醚	20	12.2
酒精	空气	20	22.3
乙醚	空气	20	17.0
汞	空气	20	490
汞	水	20	420
铂	空气	2 000	1 819

要增加液体的表面积，外力需做功，如喷洒农药时，要使药液变成许多极小的液滴，其表面积要增加很多，所需做的功是相当大的。而雨滴落在水中，表面积减小则会释放出能量。事实上，各种液体的表面张力是不相同的。表 4-1 列出了一些液体的表面张力系数。由此可见，密度小，易挥发的液体 α 较小，而金属熔化后的 α 则很大。另外，α 与相邻物质性质有关，同一液体与不同物质交界时 α 不同。α 还与温度有关，液体温度升高 α 减小，两者近似是线性关系。在液体内加入杂质后，液体表面张力将显著改变。有的杂质使 α 减小，有的杂质使 α 增加，使 α 减小的物质称为**表面活性物质**（surface activator）。肥皂就是最常见的表面活性物质之一。在配制乳剂和喷洒农药时，由于要把液体分散成很多细小液滴，要消耗很多的功，又由于液滴相遇时有合并为大液滴且收缩表面、减小表面能的趋势，从而影响药液的稳定性和喷雾效果。因此制备药液时，需要添加适当的表面活性物质，以减小表面张力，提高工效和药效。

例题 4-3　试求当许多半径为 r 的小水滴融合成一个半径为 R 的大水滴时释放出的能量。假设水滴呈球状，水的表面张力系数在此过程中保持不变。

解： 设小水滴的数目为 N，融合过程中释放出的能量为水滴表面积减小时所减小的表面能。由于融合前后水滴的总体积保持不变，则

$$\frac{4}{3}\pi r^3 N = \frac{4}{3}\pi R^3$$

释放出的能量等于水滴表面积的减小量与表面张力系数的乘积，即

$$\Delta E = \alpha(4\pi r^2 N - 4\pi R^2) = 4\pi\alpha\left(\frac{R}{r} - 1\right)R^2$$

该题表明，小水滴融合成大水滴时，将释放出能量。反之，要将大水滴分解为很多小水

滴则需要吸收外界的能量。例如，喷洒农药时，就需要将药液分散成许多极小的液滴，液体的表面积将增加很多，因此，需要消耗外界的能量。

3. 弯曲液面的附加压强　拉普拉斯公式　我们知道，肥皂泡、水中的气泡、液滴以及固体与液体接触的部位，液面都是弯曲的。在某些情况下呈现凸液面，如液滴、水银温度计中的水银面等，而另一些情况下呈现凹液面，如水中的气泡、细玻璃管中的水面等。由于表面张力存在而在弯曲液面内外产生的压强差称为**附加压强**（additional pressure），用 p_s 表示。

图 4-9 为在一个球形液滴顶部所取的微小球冠形液体元，设球形液面半径为 R，其冠形液体元周界的半径为 r，在周界上取一线元 dl，作用在 dl 上的表面张力为

$$df=\alpha dl$$

力的方向垂直于 dl 并与球面相切。现将 df 分解成与半径 r 垂直和平行的两个力 $df_{\perp}$ 和 $df_{//}$，设半径 R 与 OC 间夹角为 φ，则 df 和 $df_{//}$ 之间的夹角也是 φ，于是

$$df_{//}=df\cos\varphi=\alpha dl\cos\varphi,\quad df_{\perp}=df\sin\varphi=\alpha dl\sin\varphi$$

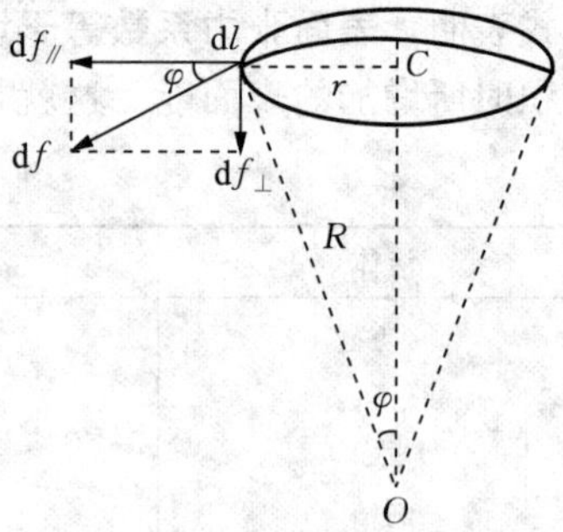

图 4-9　球形液面的附加压强

由于在圆形周界上作用着同样的表面张力，考虑到圆形的对称性，这些力的水平分力 $df_{//}$ 相互抵消，而垂直分力 $df_{\perp}$ 方向都相同，其合力为

$$f_{\perp}=\int df_{\perp}=\int_0^{2\pi r}\alpha\sin\varphi dl=2\pi r\alpha\sin\varphi$$

由于 $\sin\varphi=\dfrac{r}{R}$，所以　$$f_{\perp}=2\pi r\alpha\frac{r}{R}=\alpha\frac{2\pi r^2}{R}$$

$f_{\perp}$是指向液体内部的压力，这个压力作用在底面积为 πr^2 的一个面上，所以液体受到表面张力所产生的附加压强为

$$p_s=\frac{f_{\perp}}{\pi r^2}=\frac{2\alpha}{R}\tag{4-13}$$

式（4-13）称为**拉普拉斯公式**（Laplace formula）。由该式可知，球形液面附加压强与表面张力系数成正比，与球面半径 R 成反比，半径越小，附加压强越大；半径越大，附加压强越小。当半径无限大时，附加压强 $p_s=0$，这正是水平液面的情形。也就是说，水平液面表面张力不产生附加压强。

对于球形液面，若液面外大气压为 p_0，液面内部液体的压强 p 表示为

$$\begin{cases}p=p_0 & （平液面）\\ p=p_0+p_s & （凸液面）\\ p=p_0-p_s & （凹液面）\end{cases}\tag{4-14}$$

下面我们用拉普拉斯公式来分析球形气泡的压强分布。图 4-10是一个膜厚度很薄的肥皂泡，假定泡内外均为空气。泡内外的压强差为多少呢?

由于该肥皂泡膜有两个表面，一个是半径为 r_1 的内表面，它是球形凹液面；另一个是半径为 r_2 的外表面，它是球形凸液面。设泡外、液膜、泡内的压强分别为 p_A、p_B、p_C，则有

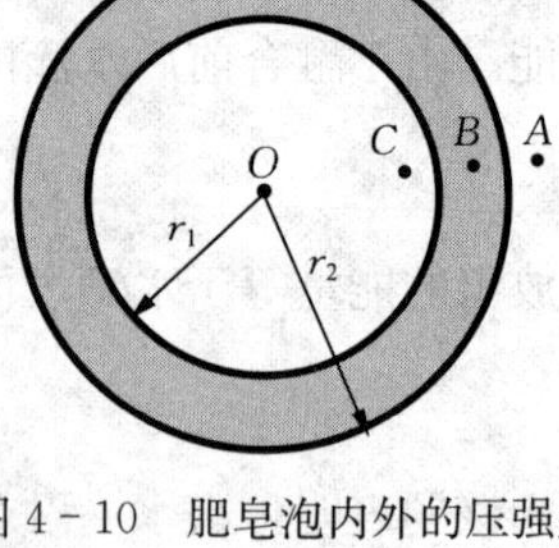

图 4-10　肥皂泡内外的压强差

$$p_B - p_A = \frac{2\alpha}{r_2},\ p_C - p_B = \frac{2\alpha}{r_1}$$

因液膜很薄，可以近似认为 $r_1 \approx r_2 \approx R$，由以上两式可求得

$$p_C - p_A = \frac{4\alpha}{R} \tag{4-15}$$

该结果表明，肥皂泡半径越小，泡内外的压强差越大。有趣的是，如果将大小不等的液泡连通，且所有液泡表面张力系数都相等，那么小气泡内压强大于大气泡内的压强，小气泡内的气体将流向大气泡，结果是大气泡膨胀而小气泡收缩，也就是说小气泡变得更小、大气泡变得更大。

4. 毛细现象　由于存在表面张力，微小的液滴单独存在时它的表面是凸起的，但是当液体和固体接触时却可能表现出不同的表面现象。有的液体在固体表面会延展开来并附着在固体上，如水在干净的玻璃板上就是如此，如图 4－11(a) 所示，我们说水润湿玻璃。这种液体沿固体表面延展的现象，称为**液体润湿固体**。有的液体在固体表面不仅不延展反而收缩，如水银在玻璃上收缩成球形，我们说水银不润湿玻璃，如图 4－11(b) 所示。这种液体在固体表面上收缩的现象，称为**液体不润湿固体**。

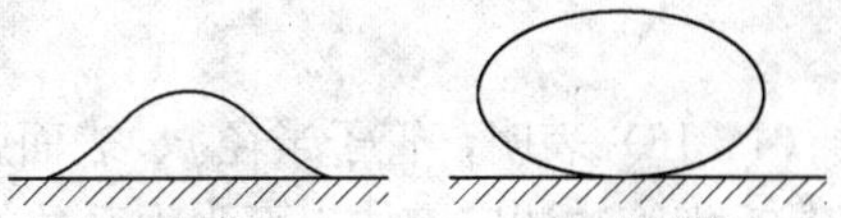

图 4－11　液体和固体接触的表面现象

润湿还是不润湿与相互接触的液体与固体的性质有关。同一种液体，对有的固体表面能润湿，对有的固体表面就不能润湿。如水能润湿玻璃，却不能润湿石蜡等脂性固体表面。水银不能润湿玻璃，却能润湿铜、铁、锌等金属。

为了定量描述润湿与不润湿程度，我们引入接触角的概念。在图 4－12 中，在液体与固体接触面处，作液体表面的切线与固体表面的切线，两切线通过液体内部所成的夹角 θ 称为**接触角**（contact angle）。

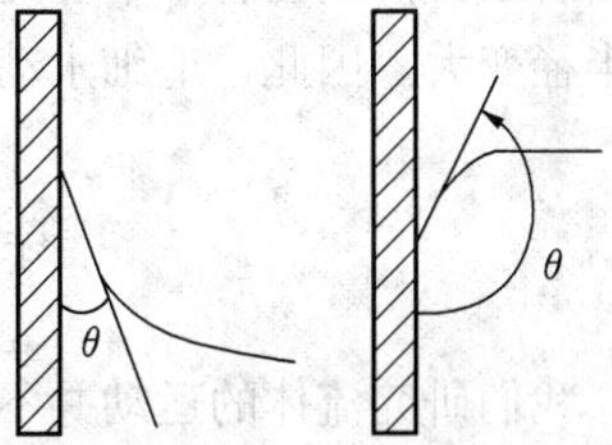

图 4－12　接触角

接触角 θ 可以定量描述润湿和不润湿的程度。当 θ 为锐角时，称液体润湿固体；θ 为钝角时，称液体不润湿固体；$\theta=0$ 表示液体完全润湿固体；$\theta=\pi$ 时表示液体完全不润湿固体。从微观角度来分析，这种现象是由于液体表面层中的分子不仅受到液体分子的作用力而且还受固体表面分子的作用力，这两种作用力都表现为吸引力，前者称为**内聚力**，后者称**为附着力**。当内聚力大于附着力时，接触面附近的液体分子受到一个指向液体内部的力，液面有收缩的趋势，从而使液体不能润湿固体。反之，接触面附近的液体分子将受到指向固体的力，液面有扩张的趋势，从而使液体润湿固体。总之，接触角是由内聚力与附着力共同作用所决定的。

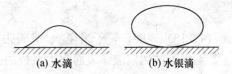

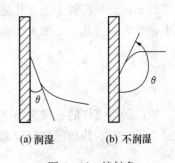

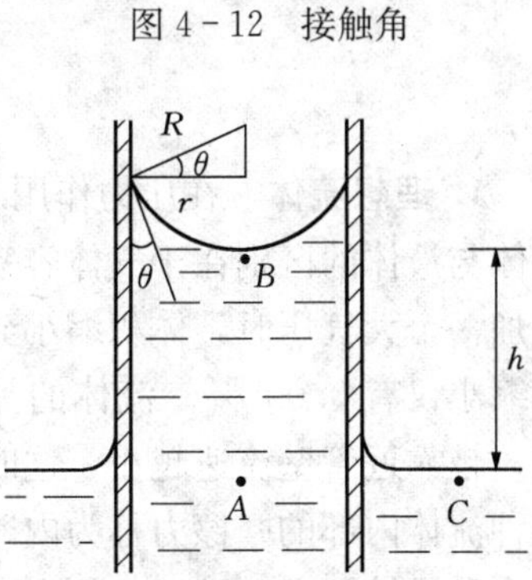

图 4－13　毛细现象

图 4－13 显示了在毛细管中液体润湿固体而液面上升的现象，管子的内径越小，这种现象越显著，这就是所

谓的**毛细现象**（capillarity）。在毛细现象中，如果液体润湿管壁，管内液面则升高；如果液体不润湿管壁，管内液面将下降，用拉普拉斯公式可以估算液面在管内上升或下降的高度。

在图 4-13 中，设毛细管半径为 r，弯曲液面的曲率半径为 R，管壁处弯曲液面的切线与管壁的接触角为 θ，显然，$R=r/\cos\theta$。若管子上端是敞开的，管内液面外的压强为大气压强 p_0，弯曲液面内 B 点的压强由拉普拉斯公式求得，即

$$p_B=p_0-\frac{2\alpha}{R}$$

设管内液面上升的高度为 h，管内与外部液面平齐的一点 A 处的压强为

$$p_A=p_B+\rho gh$$

考虑到 $p_A=p_C=p_0$（见图 4-13），于是，由上述诸关系式可解得

$$h=\frac{2\alpha\cos\theta}{\rho gr} \tag{4-16}$$

式（4-16）表明，管子半径 r、表面张力系数 α 及接触角 θ 决定了管内液面上升的高度。这正是毛细管法测定液体表面张力系数的公式。利用清洁的毛细玻璃管和水，取接触角 $\theta\approx0°$（一般认为 $\theta\leqslant8°$，由于 $\cos0°=1$，$\cos8°=0.990$。在误差范围内 θ 对 α 的值影响不大），测量毛细管中水柱上升的高度，即可求得水的表面张力系数。

毛细现象是自然界中常见的现象。在这一现象中，液体可以“自动地”上升到一定的高度。深究这一现象可能会带来一个疑问，如果用一个同样粗细的毛细管，使管子的高度低于液面可上升的高度 h，那么水能否从管子中源源不断地流出来呢？如果可以的话，用流出来的水做功就可以构成一类“永动机”，称**毛细永动机**。然而，理论和实验均表明，水并不能流出管子，而是在管子下方几毫米处静止而达到平衡，此时的差异仅在于管中弯曲液面的曲率半径变大。因此，毛细永动机是不可能制成的！

第二节 理想流体的流动

我们研究流体的运动并不追究流体中每一个粒子的运动过程，而是把整个流体当作一个连续介质从宏观的角度来研究其整体运动的情况，然后用运动学定律得到流体运动的基本规律。

一、理想流体的稳定流动

1. 理想流体 在压力作用下，流体的体积会发生变化，流体的这种性质叫做可压缩性。气体与液体的区别在于气体容易被压缩，而液体几乎不能被压缩。例如，常压下气体的压强增加一个大气压时，体积缩小到原来的 50%左右；而当水的压强增加一个大气压时，体积的缩小仅有 0.005%。流体的另一性质是具有黏滞性，流体在管中流动时，管中心处流速大，越靠近管壁流速越小，这时速度不同的各层流体之间就存在着沿分界面切向的摩擦力。这种流体内部的摩擦力称为内摩擦力或**黏滞力**（viscous force），流体内部存在黏滞力的性质称为**黏滞性**（viscosity）。显然，流体的黏滞性只是在流体做相对运动时才表现出来。在流体中，液体的黏滞性大而气体的黏滞性小。

流体的上述性质导致流体运动的复杂性，为了使问题简化，而又能反映出基本规律，我们引入一个理想模型——**理想流体**（ideal fluids），理想流体是不可压缩和没有黏滞性的流体。这种流体事实上是不存在的，但很多流体在一定条件下可近似地看成理想流体。例如，纯水是很难被压缩的，黏滞性也很小，在一般情况下就可以近似看成理想流体。再比如，空气的黏滞性很小，当它以刮风的形式在地球表面流动时，内部压强变化很小，由压强差引起的空气密度变化也很小，此时，就可把空气近似看成是理想流体。

2. 稳定流动　通常情况下流体流经空间各点的速度是随着位置和时间变化的。如图 4-14(a) 所示，在装有下水管的水箱中，箱内水位随着水的泄出而降低，泄水管中 A、B 两点的水流速度不同，A 点本身（或 B 点本身）的流速也是随时间而异，越来越小。但在如图 4-14(b) 所示的水箱内，由于水位保持不变，虽然 A、B 两点的流速不同，但 A 点本身（或 B 点本身）的流速是不随时间变化的。我们把流体质点流经空间各点的速度不随时间变化的流动叫做**稳定流动**或**定常流动**（steady flow）。水在植物导管中的流动，水缓慢地流过堤坝的流动都可以近似看成稳定流动。

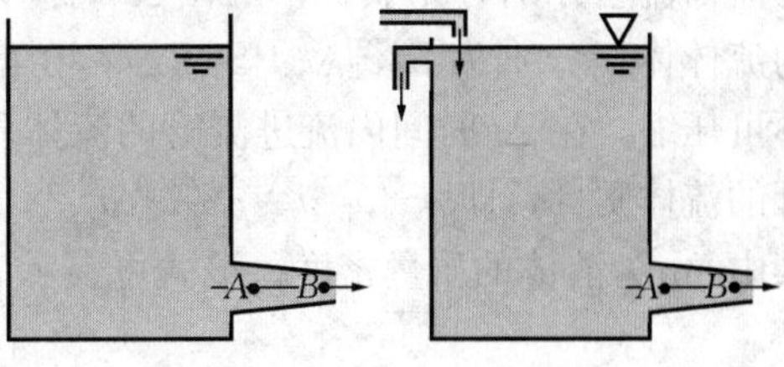

图 4-14　稳定流动

3. 流线和流管　在中学电磁学中，我们曾用电场线和磁感应线来形象地表示电场和磁场在空间的分布情况。在流体力学中我们也可以用**流线**（stream lines）来形象地表示某一时刻流场中各处流体质点的流动情况。流线是某一瞬时流场中连续的不同位置流体质点的流动方向线（图 4-15），流线上任一点的切线方向表示流体流经该处时的速度方向，而流线的疏密程度，则表示流体流经该处时的流速大小。在实验室中常把铝粉掺入到流体中，让它们随着流体一起运动，并把铝粉的运动拍成照片。对应于每颗铝粉，照片上将出现一道短线，这些短线表示了它们所在位置流体质点的运动方向。根据这些照片，就能画出流线。图 4-16为理想流体通过几种障碍物时的流线。稳定流动的流体流经空间各点的流速不随时间变化，因而其流线形状也不随时间变化。由于在同一时刻，空间一点处流体只能有一个流速，所以各流线也不可能相交。

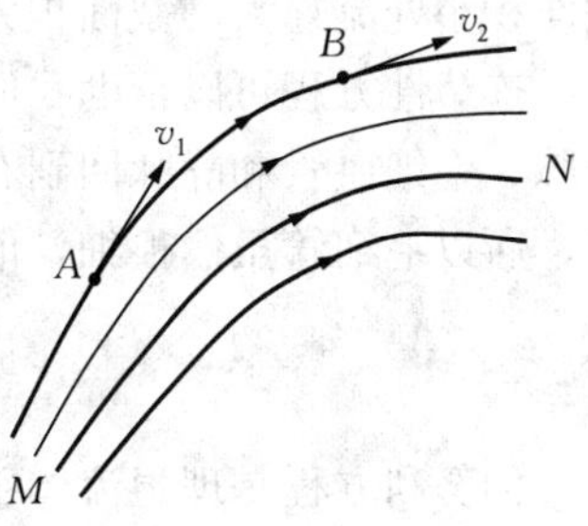

图 4-15　流　线

在流场中取任一闭合曲线 l（图 4-17），连续过曲线 l 上每一点作流线，则该流线族构成一个管状表面，叫做**流管**（tube of flow）。因为流管是由流线构成的，所以流管上各点的

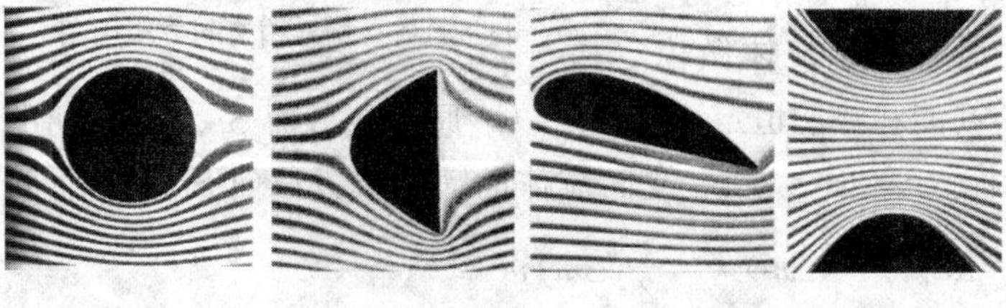

图 4-16　几种障碍物周围的流线

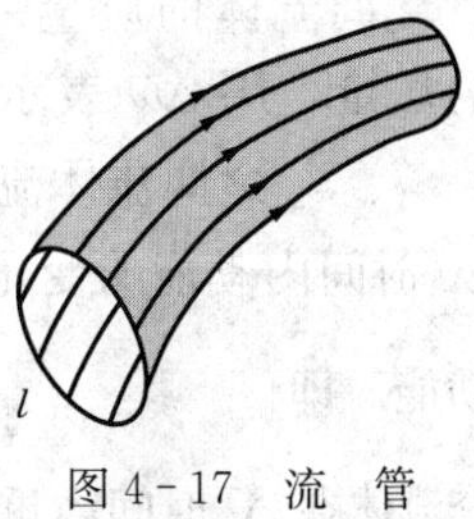

图 4-17　流　管

流速都在其切线方向，不能穿过流管表面。所以不会有流体从流管的侧壁流出或流入，即流管内外的流体不会相混。

二、连续性方程

如图 4-18 所示，理想流体在管内做稳定流动，在该流管上分别取两个与流管垂直的截面 S_1、S_2，流过 S_1、S_2 的流体流速分别为 v_1、v_2，则在 Δt 时间内流过这两个截面的流体体积分别为 $S_1v_1\Delta t$、$S_2v_2\Delta t$。在稳定流动中，流体不可压缩，在 Δt 时间内流进流管的流体质量应等于流出流管的流体质量，即 $\rho S_1v_1\Delta t=\rho S_2v_2\Delta t$

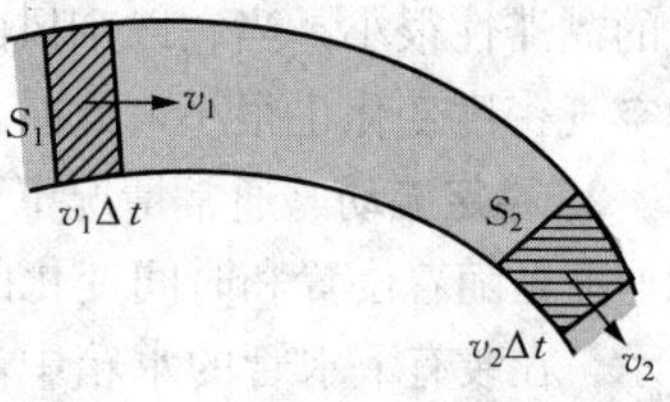

图 4-18　流速与流管截面的关系

其中，ρ 为液体的质量密度。该式可表示为

$$S_1v_1=S_2v_2=\text{常量} \tag{4-17a}$$

或者

$$Sv=\text{常量} \tag{4-17b}$$

Sv 是单位时间内流过 S 截面的流体体积，称为体积流量，简称**流量**（flow rate），用 Q 表示。式（4-17）就是**流体的连续性原理**（principle of continuity），即：**不可压缩的流体做稳定流动时，同一流管中任一横截面面积与该处流速的乘积为一常量，即流量守恒**。当不可压缩的流体沿真实管子做稳定流动时，管子就可视为一根流管，由连续性原理可知，管的截面积小处流速大，截面积大处流速小。

连续性方程可以帮助我们理解动物和人的体循环等生理过程。血液从左心房射出后，经动脉、毛细血管和静脉回到右心房。毛细血管分支很多，总截面积要比主动脉的截面积大得多，所以毛细管虽然很细，但其中血液流速要比主动脉慢得多。

三、伯努利方程

伯努利方程是理想流体稳定流动时的基本方程，它指出了理想流体在同一流管中稳定流动时，各处的压强、流速和高度之间的关系。下面用功能原理来推导这一方程。

如图 4-19 所示，理想流体在一个流管中稳定流动，在该流管中任意位置截取两个横截面 S_1、S_2，在 S_1、S_2 两处的流速分别为 v_1、v_2，压强分别是 p_1、p_2，这两处相对于参考平面 MN 的高度分别为 h_1、h_2，取 t 时刻位于截面 S_1、S_2 之间的流体为研究对象，并设在 Δt 时间内这部分流体移动到了截面 S_1'、S_2' 之间。由于理想流体是不可压缩的，截面 S_1、S_1' 之间流体的质量一定等于截面 S_2、S_2' 之间流体的质量，用 Δm 表示。另外，由于流体做稳定流动，S_1'、S_2 之间流体流动的动能和势能恒定不变。所以，原来在截面 S_1、S_2 之间的流体在 Δt 时间内动能的变化量就等于截面 S_2、S_2' 之间流体的动能减去截面 S_1、S_1' 之间流体的动能。即

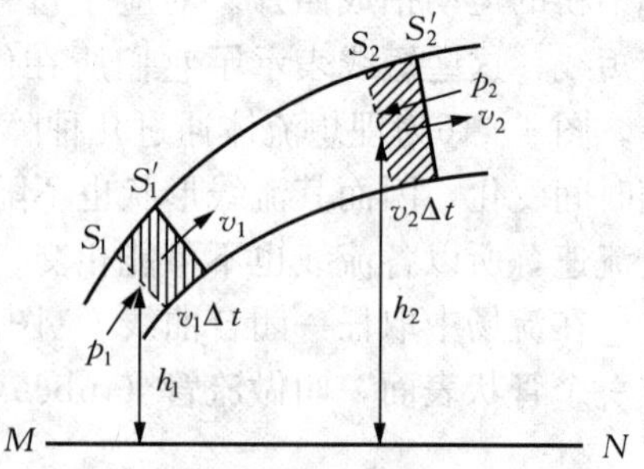

图 4-19　推导伯努利方程用图

$$\Delta E_k=\frac{1}{2}(\Delta m)v_2^2-\frac{1}{2}(\Delta m)v_1^2$$

这部分流体在 Δt 时间内重力势能的变化量为

$$\Delta E_{\mathrm{p}}=(\Delta m)gh_2-(\Delta m)gh_1$$

这部分流体在 Δt 时间内机械能的变化量为

$$\Delta E=\Delta E_{\mathrm{k}}+\Delta E_{\mathrm{p}}=\left(\frac{1}{2}v_2^2+gh_2-\frac{1}{2}v_1^2-gh_1\right)\Delta m=\left(\frac{1}{2}v_2^2+gh_2-\frac{1}{2}v_1^2-gh_1\right)\rho\Delta V$$

式中 ρ 为流体密度，ΔV 为 S_1、S_1'（或 S_2、S_2'）之间流体的体积。

作用在截面 S_1、S_2 之间流体上的力，除重力外，只有截面 S_1、S_2 和流管管壁上的压力。由于讨论的是理想流体，没有黏滞性，所以流体内没有内摩擦力，流管外的流体对这部分流体的压力垂直于流管侧表面，这部分压力不做功。所以对截面 S_1、S_2 之间流体做功的力只有作用在截面 S_1、S_2 上的压力。设在 Δt 时间内作用在 S_1 上的压力为 p_1S_1，该力做正功，为 $p_1S_1v_1\Delta t$；作用在 S_2 上的压力为 p_2S_2，该力做负功，为 $-p_2S_2v_2\Delta t$。所以，周围流体的压力所做的总功为　$W=p_1S_1v_1\Delta t-p_2S_2v_2\Delta t=(p_1-p_2)\Delta V$

根据功能原理，外力所做的总功等于机械能的增量，$W=\Delta E$，故有

$$(p_1-p_2)\Delta V=\left(\frac{1}{2}v_2^2+gh_2-\frac{1}{2}v_1^2-gh_1\right)\rho\Delta V$$

整理得

$$p_1+\frac{1}{2}\rho v_1^2+\rho gh_1=p_2+\frac{1}{2}\rho v_2^2+\rho gh_2 \tag{4-18}$$

由于两截面是任意选的，所以对于同一流管，任一截面处均有

$$p+\frac{1}{2}\rho v^2+\rho gh=\text{常量} \tag{4-19}$$

式（4－18）或式（4－19）给出了同一流线上各点的压强、高度和流速三者之间的关系，称为**伯努利方程**（Bernoulli's equation）。p、$\rho v^2/2$ 和 ρgh 均表示单位体积流体的能量，其中 p 是单位体积流体的压强能，$\rho v^2/2$ 是单位体积流体的动能，ρgh 是单位体积流体的势能。式（4－19）表明，**理想流体做稳定流动时，同一细流管中任意两截面处单位体积流体的压强能、动能和势能之和为一常量。**

将式（4－19）两边同除以 $\gamma=\rho g$，则

$$\frac{p}{\gamma}+\frac{v^2}{2g}+h=\text{常量} \tag{4-20}$$

式（4－20）在农田水利、造船、化工、航空等工程中有广泛应用。这里，我们引入**水头**（water head）的概念，p/γ 称为**压力水头**，$v^2/2g$ 称为**速度水头**，h 称为**位置水头**（也称 h 为落差）。所以伯努利方程也表明，**理想流体在同一流管中稳定流动时，流管中任一截面处的压力水头、速度水头、位置水头之和是一恒量。**

伯努利方程是在理想流体、稳定流动和同一个流管三个条件下导出的，应用时要注意它的适用范围。

如果流体流速为零（图 4－20），伯努利方程可简化为

$$p_A+\rho gh_A=p_B+\rho gh_B$$

其中，由于槽口敞开，处于液面的 A 点压强等于大气压强 p_0，即 $p_A=p_0$，则液体内一点 B 的压强为

$$p_B=p_0+\rho g(h_A-h_B)=p_0+\rho gh$$

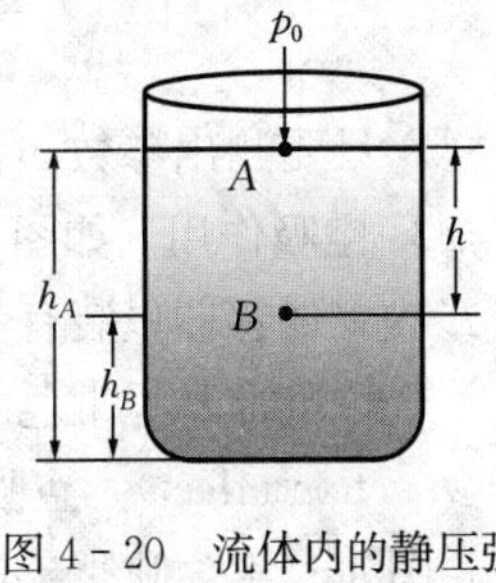

图 4－20　流体内的静压强

式中 h 为 A、B 两点高度差。因为 B 点是任意选取的，故可略去下标，则

$$p=p_0+\rho gh \tag{4-21}$$

上式就是流体内的静压强公式，与前述液体静压强公式（4-9）一致。可见流体静力学是流体动力学的一种特殊情况。

四、伯努利方程的应用

1. 小孔中的流速　如图4-21所示，水从一盛水容器壁上小孔流出，小孔中水的流速可以用伯努利方程求得。设A、B分别为同一流线上水面处与孔口处的两点，A、B间的高度差为h。由于容器截面远远大于小孔，A处的流速可视为零；A、B两点都暴露在大气中，A、B两点的压强都等于大气压强。由伯努利方程得

$$p_0+0+\rho g h_A=p_0+\frac{1}{2}\rho v_B^2+\rho g h_B$$

解得

$$v_B=\sqrt{2gh} \tag{4-22}$$

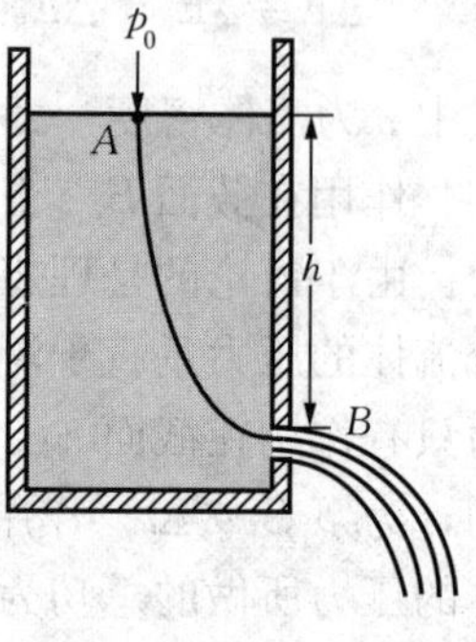

图4-21　小孔中的流速

上式表明，小孔中液体的流速和物体从高度h处自由落下的速度相同。这个结果是在不考虑水的黏滞性的假定下求出的，实际上，由于黏滞性的存在，实际流出的速度较式（4-22）计算的速度要小。式（4-22）首先是由托里拆利（E. Torricelli）发现的，故又称**托里拆利原理**（Torricelli's principle）。由该式我们可以计算水库堤坝小孔的流速与流量以及给病人输液时药液从针孔中流出的流速等。

2. 范丘里流量计　范丘里流量计（Venturi flowmeter）是一种最简单的流量计，它是由粗细不均匀的管子制成的，在较粗和较细的部位都连有竖直细管，如图4-22所示。测量时把它水平地连接在自来水或输油管上，从它上面的液面高度差就可求出液体的流量。

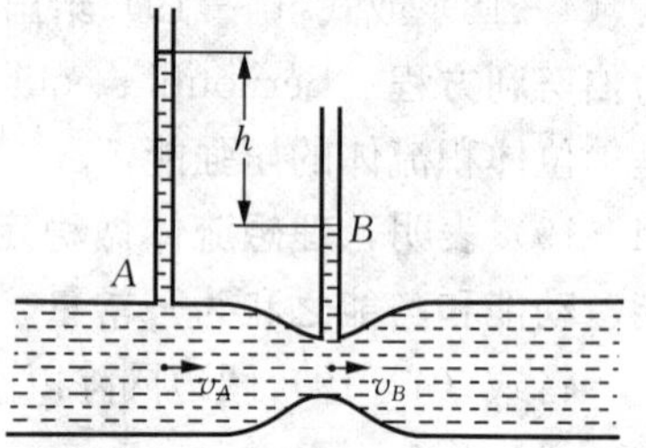

图4-22　范丘里流量计

由于流量计水平放置，可直接沿其中心轴线取水平细流管，在图4-22中所示A、B两点处取截面，面积分别为S_A、S_B，设S_A、S_B处的流速分别为v_A、v_B，两竖直细管上的液面高度差为h，对于流线中等高的A点和B点，应用伯努利方程有

$$p_A+\frac{1}{2}\rho v_A^2=p_B+\frac{1}{2}\rho v_B^2$$

将$p_A-p_B=\rho g h$，$S_A v_A=S_B v_B$代入上式得$v_B=\sqrt{\dfrac{2ghS_A^2}{S_A^2-S_B^2}}$，由此可求得液体的流量为

$$Q=S_A v_A=S_B v_B=S_A S_B\sqrt{\frac{2gh}{S_A^2-S_B^2}} \tag{4-23}$$

这样，只要测出参数S_A、S_B和h值，就可求出液体的流量Q。

3. 空吸作用　如图4-23所示，在玻璃管AB的细窄处连接一个细管CD，其下端浸到容器E内，如容器里装有带色的水，当AB管中水流速度达到一定数值，细窄处压强小于大气压强，这时容器E里带色的水就沿CD管上升，好像被吸上来似的，流体的这种作用叫做**空吸作用**（suction effect）。空吸作用应用很广，喷雾器、水流抽气机等都是根据这个原理设计的。

图4-24为喷雾器的原理图，容器内盛有待喷的液体，用一股高速气流从细管穿过，由于高速气流中的压强较小，产生空吸作用，使得液体被吸上来随气流喷散成雾状。图4-25

为水流抽气机的示意图，当水从圆锥形管的细口 A 处流出时，由于流速大，压强小于大气压，空气被吸入而和水流一起从下面的管子排出。这样与O形管相连的容器里的空气就被不断地抽出。这种抽气机可达到的真空度约为 2 kPa，常用在实验室的抽滤和减压蒸馏的操作中。

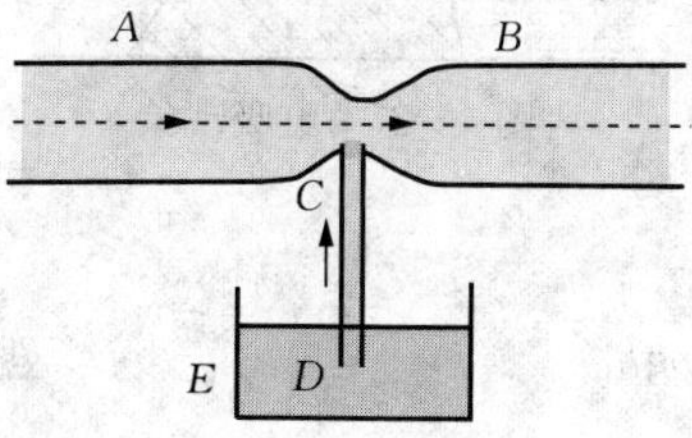

图 4－23　空吸作用

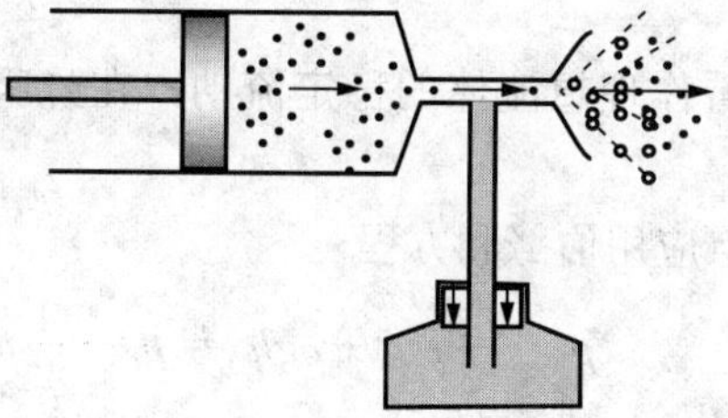

图 4－24　喷雾器原理

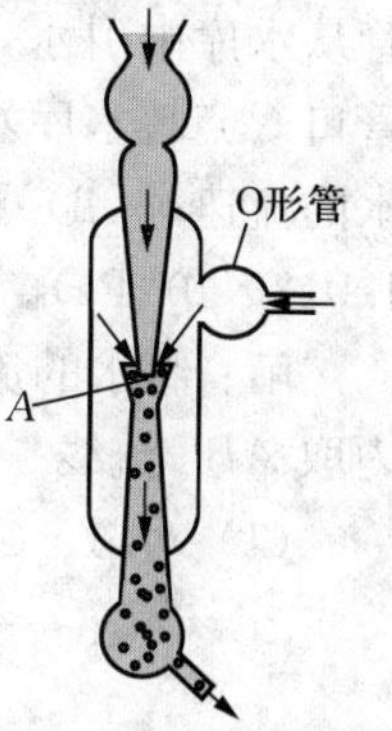

图 4－25　水流抽气机

4. 机翼的升力　茹可夫斯基公式　机翼的升力也可以由伯努利方程来解释。在相对机翼静止的参考系中，气流做自左向右的稳定流动，起初的流线分布如图 4－26(a) 所示，机翼上、下气流速度近似相等。但是，因为机翼形状的不对称和流体与机翼之间摩擦力的影响，机翼下部的气流速度超过上部的气流速度，于是，在机翼尾部形成逆时针方向的涡流。由于机翼周围的气体在总体上必须满足角动量守恒，因此，在机翼的周围就会形成一个顺时针方向的环流，如图 4－26(b) 所示。机翼尾部的涡流很快被气流带走，剩下的环流环绕着机翼。此环流与原来的气流叠加，使机翼上部的气流速度加大，下部的气流速度减小，最终形成如图 4－26(c) 所示的流线分布。根据伯努利方程，机翼下部的压强将大于上部，此压强差形成了机翼的升力。

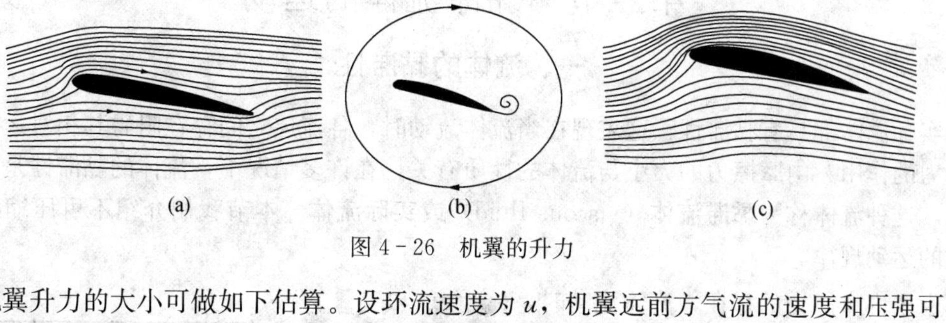

图 4－26　机翼的升力

机翼升力的大小可做如下估算。设环流速度为 u，机翼远前方气流的速度和压强可视为常量，与位置无关，分别设为 v 和 p_0；机翼上部的压强为 p_1，下部的压强为 p_2。由伯努利方程，在机翼上部

$$p_0+\frac{1}{2}\rho v^2=p_1+\frac{1}{2}\rho(v+u)^2$$

在机翼下部

$$p_0+\frac{1}{2}\rho v^2=p_2+\frac{1}{2}\rho(v-u)^2$$

由此得

$$p_2-p_1=\frac{1}{2}\rho[(v+u)^2-(v-u)^2]=2\rho uv$$

设机翼宽为 d，长为 l，则升力为

$$F=(p_2-p_1)l\mathrm{d}=2\rho uvl\mathrm{d}=\rho lv\Gamma \tag{4-24}$$

其中，$\Gamma=u\cdot 2d$ 称为环流，它等于环流速度与环流周长的乘积。式（4-24）是俄国的茹可夫斯基（N. E. Zhukovskii）于1906年提出的，称为**茹可夫斯基公式**。

例题 4-4 如图 4-27 所示，利用一管径均匀的虹吸管从水库中引水，其最高点 B 比水库水面高 $h_1=5.0$ m，管口 C 点比水库水面低 $h_2=3.0$ m，求：(1) 虹吸管口处水的流速；(2) 虹吸管内 B 点处的压强（已知大气压为 1.013×10^5 Pa）。

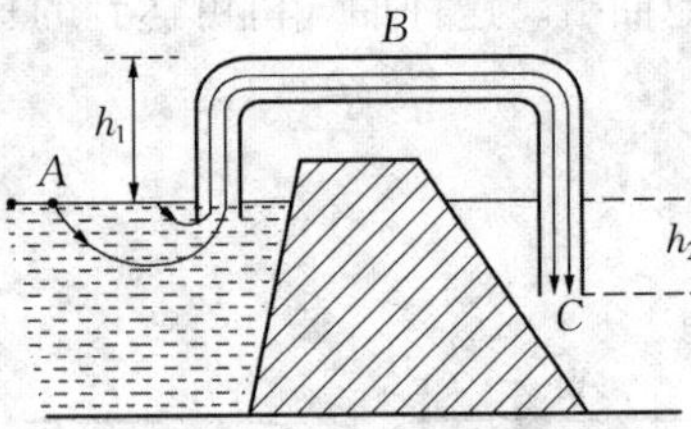

图 4-27 虹吸现象

解：将水的流动看作理想流体的稳定流动，在虹吸管内取 ABC 流线。

(1) 对 A、C 两点应用伯努利方程

$$p_A+\frac{1}{2}\rho v_A^2+\rho gh_A=p_C+\frac{1}{2}\rho v_C^2+\rho gh_C$$

由于 $p_A=p_C=p_0$，$v_A\approx0$，所以

$$v_C=\sqrt{2g(h_A-h_C)}=\sqrt{2gh_2}=\sqrt{2\times9.8\times3.0}=7.7\ (\mathrm{m\cdot s^{-1}})$$

(2) 对 B、C 两点应用伯努利方程

$$p_B+\frac{1}{2}\rho v_B^2+\rho gh_B=p_C+\frac{1}{2}\rho v_C^2+\rho gh_C$$

其中，$p_C=p_0$，由于管径均匀，所以 $v_B=v_C$，整理得

$$\begin{aligned}p_B&=p_0-\rho g(h_B-h_C)=p_0-\rho g(h_1+h_2)\\&=1.013\times10^5-10^3\times9.8\times(5.0+3.0)=2.29\times10^4(\mathrm{Pa})\end{aligned}$$

由此可见，虹吸管最高处的压强比大气压强小，A、B 两点形成压强差，水在这一压强差的作用下由 A 处流到 B 处。

第三节 黏滞流体的运动

一、流体的黏滞性

实际流体都具有黏滞性，这表现在当流体流动时，各流层之间存在阻碍其相对运动的内摩擦力的作用。内摩擦力的大小与流体的性质有关，在许多情况下，流体的黏滞性是不可忽略的，这种流体称为**黏滞流体**（viscous fluid）或**实际流体**。本节我们介绍不可压缩的黏滞流体的运动规律。

由于内摩擦力的存在，流体流动时，在同一截面上的速度是不同的。例如在流动的河水表面撒些草末，我们就会发现河心流速最快，越靠两岸的地方流速越慢，而靠近岸边水的流速几乎为零。用实验的方法也可以了解内摩擦力的存在，在滴定管下部装有无色甘油，如图 4-28(a)所示，在它的上部装些着色甘油，打开滴定管下部的阀门后，随着

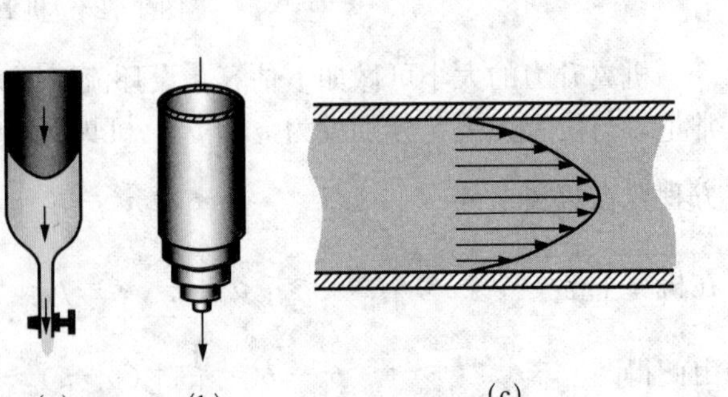

(a) (b) (c)

图 4-28 黏滞流体的流动

底部无色甘油的流出，无色甘油与有色甘油的交界面逐渐变成舌形，这说明管中各处甘油的流动速度是不同的。我们想象管壁到管心之间的液体分成许多层，如图 4-28(b) 所示，最靠近管壁的一层好像粘在管壁上一样，因而它的流速为零，与它相邻的流层，由于黏滞阻力的存在，流速较小。其他各流层流速依次增大，越靠近中心流速越大。实际流体在管内稳定流动时各流层的速度分布情况如图 4-28(c) 所示，图中箭头长短表示速度的大小。

任意两相邻流层的界面上具有内摩擦力（剪切应力）。如图 4-29 所示，设流体沿 x 方向分层流动，当两层流体相距 dy、流速差为 dv 时，用流速变化率 $\frac{dv}{dy}$ 表示该处流速变化的剧烈程度，称为**速度梯度**。实验指出，黏滞力 f 的大小与相邻两流层间接触面积 ΔS 和垂直于流速方向上的速度变化率（速度梯度）成正比。即

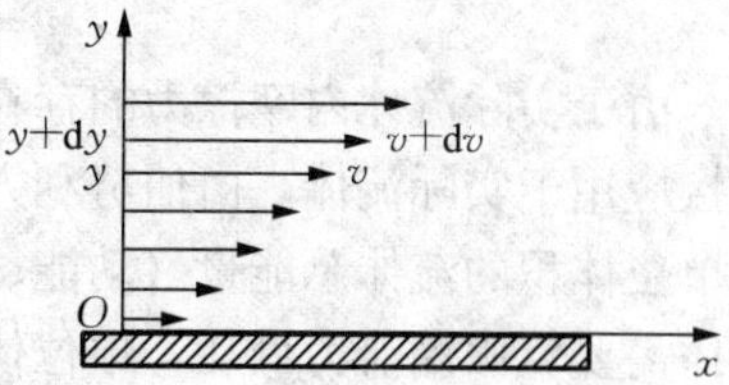

图 4-29　液体中的黏滞现象

$$f=\eta\frac{dv}{dy}\Delta S \tag{4-25}$$

式中，比例系数 η 称为流体的**黏滞系数**（coefficient of viscosity），简称**黏度**（viscosity）。在国际单位制中，黏度的单位是帕·秒（Pa·s）。它是指当两流层间具有单位速度梯度时，沿流层单位面积上所受的内摩擦力。式（4-25）称为**牛顿黏滞定律**（Newton's law of viscosity）。

流体的黏度是流体黏滞性大小的量度，由流体本身的性质决定，不同的流体黏度不同，同一种流体在不同温度下黏度也不同。一般来说，液体的黏度随温度升高而减小，气体的黏度则随温度的升高而增大。表 4-2 列出的是几种流体在不同温度下的黏滞系数。从表 4-2 可以看出，37 ℃时血液的黏度为水的 4～5 倍。血液的黏度较大，主要是由于其中有悬浮的血细胞。当血细胞减小时，血液黏度就变小，所以测量血液的黏度，对诊断某些疾病很有帮助。

表 4-2　几种流体在不同温度下的黏滞系数

液体	t/℃	$\eta/\times10^{-3}$ Pa·s	气体	t/℃	$\eta/\times10^{-5}$ Pa·s
水	0	1.70	空气	20	1.82
	20	1.01		671	4.20
	100	0.28	水蒸气	0	0.90
酒精	0	1.84		100	1.27
	20	1.20	二氧化碳	20	1.47
蓖麻油	0	5 300		302	2.70
	20	986	氦	23	1.96
甘油	2.8	4 220	氢	20	0.88
	20.3	830	氧	15	1.96
血浆	37	2.5～3.5		23	1.77

一般的流体，在一定温度下黏度 η 值是常数，遵守牛顿黏滞定律，这类流体称为**牛顿流体**（Newton's liquid）。另有一些流体，如油脂的混浊液、胶体溶液、生物大分子溶液、血液等，它们的黏度在一定温度下不是常数，还与速度梯度等有关，这类流体不遵守牛顿黏滞定律，称为**非牛顿流体**（non-Newton's liquid）。通常流体的黏度还与压强有关，一般在压

强不特别大时，对黏度的影响很小，只有在高压下黏度才较明显地增加。

牛顿黏滞定律还表明，只有在流体的各流层间速度梯度不为零时，即存在相对运动时，其黏滞性才会表现出来。当流体静止时，即使黏度很大也不存在内摩擦力。此时，只要对一部分流体施加较小的外力，就可使其运动起来，这就是流体形状极易改变的主要原因。

二、黏滞流体的伯努利方程

由于实际流体内摩擦力的存在，在其流动过程中必然有能量损耗，所以伯努利方程不能直接应用于实际流体。由伯努利方程可知，在同一流管中做稳定流动的理想流体在任何截面处单位体积的流体总能量（动能、势能、压强能之和）都是相等的。在实际流体的流动中，流体需要克服黏滞力做功，单位体积的流体总能量不再相等。设单位体积的流体经过某一路径，从1处流动到2处克服黏滞阻力所做的功为W，则单位体积的液体的能量关系为

$$p_1+\frac{1}{2}\rho v_1^2+\rho gh_1=p_2+\frac{1}{2}\rho v_2^2+\rho gh_2+W \quad (4-26)$$

此方程即为**黏滞流体的伯努利方程**，它反映了黏滞流体的运动规律。

从图4-30所示实验可以看出实际流体与理想流体的差别。图中P为盛满流体的大容器，下面连一等截面的水平管，在水平管上等距离连接几根竖管作为压强计。水平管内a、b、c三点流速相同，高度相同。对于理想流体，由于单位体积流体的总能量在管中各处都相等，因此压强也相等，则三点压强计液面高度也相等。对于实际流体，尽管a、b、c三处流速相同，高度相同，但压强计显示的液面高度是逐渐降低的。应用实际流体的伯努利方程也可以得出相同结果。设单位体积的流体从容器P底部流到a、b、c克服黏滞阻力所做的功分别为W_a、W_b、W_c，由图可知$W_a<W_b<W_c$，代入实际流体的伯努利方程可得$p_a>p_b>p_c$。这就是说，在水平管道中，要使实际流体做稳定流动，必须有一定的压强差来克服黏滞阻力做功。

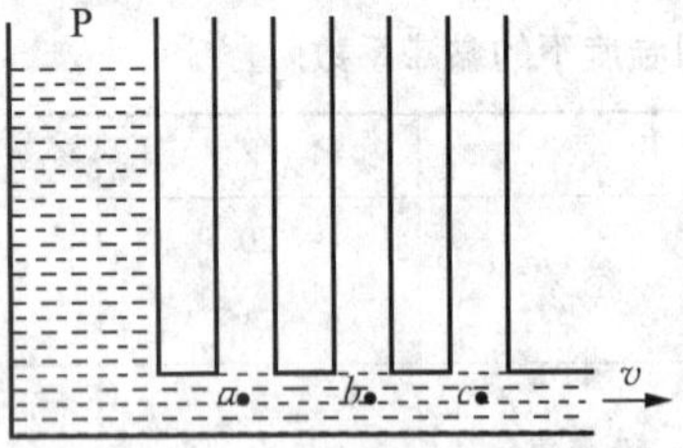

(a) 理想流体

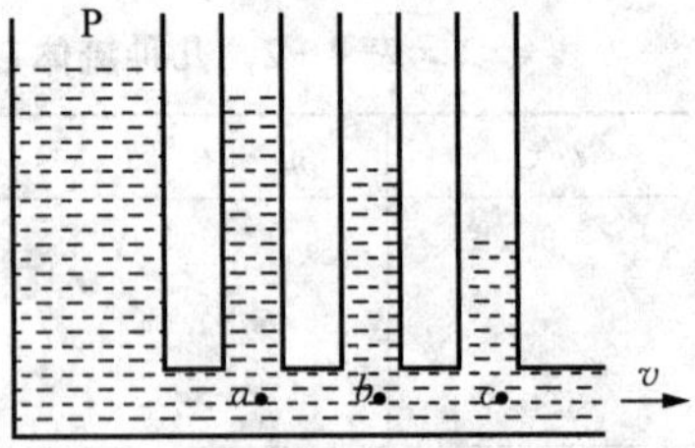

(b) 黏滞流体

图4-30 理想流体与黏滞流体的流动性差异

当流体在粗细均匀的水平圆管中流动时，由于$v_1=v_2$，$h_1=h_2$，则根据式（4-26）得

$$p_1-p_2=W \quad (4-27)$$

因此，上游压强要大于下游压强，即管道内必须有一定的压强差才能推动黏滞流体做稳定流动，这也正解释了图4-30(b)中的实验现象。

当水在截面积相同的渠道中流动时，$v_1=v_2$，$p_1=p_2=p_0$，则根据式（4-26）得

$$h_1-h_2=\frac{W}{\rho g} \quad (4-28)$$

这就是说，渠道必须有一定的高度差，才能使水在渠道中做稳定流动，这就是俗话说的“水往低处流”的道理。

三、泊肃叶定律

1. 黏滞流体的流速　了解了黏滞性的基本规律后，我们来考虑具有黏滞性的流体在圆形管道中的流动规律。由于在实际应用中的管道系统（如水管、动物血管、植物木质部导管等）大多可视为圆形管道系统，因而这种讨论是具有实际意义的。泊肃叶定律给出了黏滞流体在等截面水平圆管中做稳定层流时，其流量（流速）与管两端的压强差、流体的黏度、管的半径和长度之间的关系。

设水平圆管半径为 R，长度为 l，管两端压强差为 p_2-p_1，管内液体的黏度为 η，液体从左向右运动（图 4-31）。下面推导泊肃叶定律。图 4-32 为一个半径为 R 的圆形管道的剖面图，在流体中取一个内半径为 r、外半径为 $r+\mathrm{d}r$，长度为 l 的与管道共轴的圆筒形薄层。

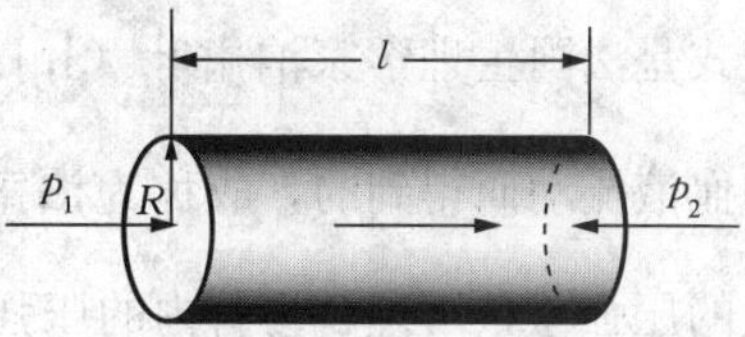

图 4-31　水平管内流体的流动

薄层受力情况为：左端面受向右的力 $f_1=p_1\pi r^2$，右端面受向左的力 $f_2=p_2\pi r^2$。由于流体元外围流体层

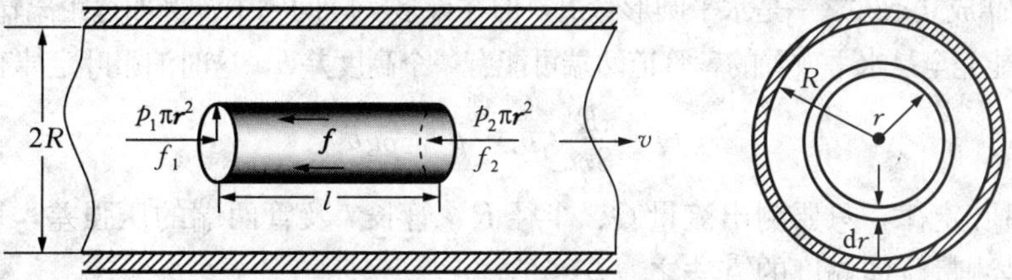

图 4-32　泊肃叶速度公式的推导

速度较慢，流体元侧面将受到与流速方向相反的黏滞力 f。

$$f=-\eta\frac{\mathrm{d}v}{\mathrm{d}r}2\pi rl$$

若流体做匀速运动，则其加速度 $a=0$，则有

$$f_1-f_2-f=0$$

因 $\frac{\mathrm{d}v}{\mathrm{d}r}<0$，上式表示为

$$p_1\pi r^2-p_2\pi r^2+2\pi rl\eta\frac{\mathrm{d}v}{\mathrm{d}r}=0$$

分离变量得

$$-\mathrm{d}v=\frac{(p_1-p_2)}{2\eta l}r\,\mathrm{d}r$$

两边积分

$$-\int_v^0\mathrm{d}v=\int_r^R\frac{(p_1-p_2)}{2\eta l}r\,\mathrm{d}r$$

解得

$$v=\frac{p_1-p_2}{4\eta l}(R^2-r^2)\tag{4-29}$$

式（4-29）给出了圆管中黏滞流体的流速 v 随半径 r 变化的规律。由此易知，管道中心处的流速最大，最大流速为

$$v_\mathrm{m}=\frac{p_1-p_2}{4\eta l}R^2\tag{4-30}$$

当 $r=R$，即在管壁处时，流速 $v=0$，为最小值。

2. 黏滞流体的流量　下面我们计算黏滞流体的流量。由于管内流体层是共轴的，我们

将圆管的横截面分割成许多半径为 $r \sim r+\mathrm{d}r$ 的圆筒状薄层（厚度为 $\mathrm{d}r$），如图 4-33 所示。按照流量的定义，通过该面元的流量 $\mathrm{d}Q$ 为

$$\mathrm{d}Q=v\mathrm{d}S=v2\pi r\mathrm{d}r=\frac{p_1-p_2}{4\eta l}(R^2-r^2)2\pi r\mathrm{d}r$$

则总流量为

$$Q=\frac{\pi(p_1-p_2)}{2\eta l}\int_0^R(R^2-r^2)r\mathrm{d}r$$

即

$$Q=\frac{\pi R^4}{8\eta}\left(\frac{p_1-p_2}{l}\right) \tag{4-31}$$

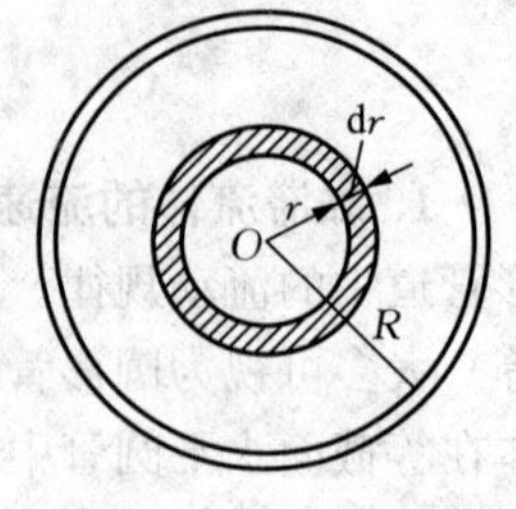

图 4-33 流量公式的推导

此式是法国生理学家泊肃叶（J. L. M. Poiseuille）在 1840—1841 年通过研究动物毛细管内的血液流动而得到的，故称为**泊肃叶定律**（Poiseuille's law）。式中 $\frac{p_2-p_1}{l}$ 为管内单位长度上的压强差，可理解为管内的压强梯度。由泊肃叶定律可以看出，流量与圆管半径的 4 次方成正比，与管内压强梯度成正比，与液体的黏度成反比。后人把流体在无限长直圆管中的流动称为**泊肃叶流动**。

泊肃叶定律成立条件之一是水平圆形管道，但在许多实际问题中，例如远距离输送石油、天然气的管道不可能完全是水平放置的，管道两端可能有一个高度差 h，这时泊肃叶定律有如下的形式

$$Q=\frac{\pi R^4}{8\eta l}(p_1-p_2+\rho gh) \tag{4-32}$$

利用泊肃叶定律，只要测出流量 Q、半径 R、管长 l 及管两端的压强差，就可求出流体的黏度，这是测量流体黏度的方法之一。

若令 $R_x=\frac{8\eta l}{\pi R^4}$，则泊肃叶定律简化为

$$Q=\frac{p_1-p_2}{R_x} \tag{4-33}$$

与电学中的欧姆定律类比，R_x 称为**流阻**（flow resistance），表示黏滞性流体在管内流动时受到的阻滞程度。该公式描述了流量、流阻和压强之间的关系，式（4-33）称**达西定理**（也称**渗透定律**）（Darcy's law），是由法国学者达西（Darcy）于 1856 年建立的，是生物科学中常用的公式。

泊肃叶定律是研究水平圆管内的流体做层流流动的一个重要方程，它考虑了黏滞性的影响，比理想流体的伯努利方程前进了一步。例如，对于水平圆管来说，由伯努利方程，圆管内不同截面上的流速相等，各截面上的压强也相等；而按泊肃叶定律，若无压强差，即 $\Delta p=p_1-p_2=0$，则流量 $Q=0$，说明需要压强差才能维持实际流体在水平管内的稳定流动。

例题 4-5 温度为 37 ℃时，水的黏度为 6.91×10^{-4} Pa·s，水在半径为 1.5×10^{-3} m，长为 0.2 m 的水平管内流动，当管两端的压强差为 $\Delta p=4.0\times10^3$ Pa 时，每秒流量为多少？

解：将 $l=0.2$ m，$R=1.5\times10^{-3}$ m，$\eta=6.91\times10^{-4}$ Pa·s，$\Delta p=p_1-p_2=4.0\times10^3$ Pa，代入式（4-31）得

$$Q=\frac{\pi R^4\Delta p}{8\eta l}=\frac{3.14\times(1.5\times10^{-3})^4\times4.0\times10^3}{8\times6.91\times10^{-4}\times0.2}=5.75\times10^{-5}(\mathrm{m^3\cdot s^{-1}})$$

例题 4-6 设动脉血管的内半径为 4.0×10^{-3} m，流过该血管的血液流量为 $1.0\times$

10^{-6} $m^3 \cdot s^{-1}$，血液的黏滞系数为 3.0×10^{-3} Pa·s。求：（1）血液的平均流速；（2）长 0.1 m的一段血管中的血压降；（3）血管中心的最大流速；（4）维持这段血管中血液流动所需要的功率为多大？

解：已知 $R=4.0\times10^{-3}$ m，$Q=1.0\times10^{-6}$ $m^3\cdot s^{-1}$，$\eta=3.0\times10^{-3}$ Pa·s，$l=0.1$ m

（1）血液的平均流速为

$$\overline{v}=\frac{Q}{S}=\frac{Q}{\pi R^2}=\frac{1.0\times10^{-6}}{3.14\times(4.0\times10^{-3})^2}=2.0\times10^{-2}\ (\mathrm{m\cdot s^{-1}})$$

（2）由式（4-31）可求得血管中的血压降为

$$\Delta p=\frac{8Q\eta l}{\pi R^4}=\frac{8\times1.0\times10^{-6}\times3.0\times10^{-3}\times0.1}{3.14\times(4.0\times10^{-3})^4}=3.0(\mathrm{Pa})$$

（3）由式（4-30）可求得血管中心的最大流速为

$$v_{\mathrm{m}}=\frac{\Delta p}{4\eta l}R^2=\frac{3.0\times(4.0\times10^{-3})^2}{4\times3.0\times10^{-3}\times0.1}=4\times10^{-2}\ (\mathrm{m\cdot s^{-1}})$$

（4）作用在这段血液的净力为　$F=\Delta pS=\Delta p\pi R^2$

所需要的功率 P 为血液的净力乘以平均流速，即

$$P=F\overline{v}=\Delta p\pi R^2\overline{v}=\Delta pQ=3.0\times10^{-6}(\mathrm{W})$$

由本例题可以看出，血液的黏滞系数越大，所需压强差就越大，心脏做功的功率也就越大。有些疾病可使血液的黏度增加至正常值的几倍以上，导致心脏需要做更多的功才能维持正常的循环。在输液的时候要注意保持正常的黏滞性是很重要的，给病人大量输入生理盐水将会降低血液的黏滞性，因此常常加葡萄糖来保持正常的黏滞系数。

第四节　物体在黏滞液体中的流动

一、斯托克斯公式

1. 斯托克斯公式　沉降分离　物体在黏滞流体中运动时要受到黏滞阻力，黏滞阻力的成因可以从流体的黏滞性规律中得到解释。由于固体分子与流体分子之间存在相互吸引力（亦称附着力），与固体相邻的流体层相对于该固体是静止的。当固体运动时，固体带动与之相邻的流体层一起运动，这层流体又会受到与之相邻的更远的流体层对其的剪切应力的作用。因此，黏滞阻力实际上来自于相互接触的各流体层之间的切应力。

当一个固体小球在流体中运动时，如果站在小球参考系上来看，小球是不动的，而流体在流动。如前所述，在稳定流动下，流体绕过障碍物时，流线的分布不是直线，说明这种流动比前述的泊肃叶流动要复杂得多，因而若从牛顿黏滞定律出发推导球形物体在流体中运动时所受的黏滞阻力，就要求解一个三维流速场的方程，这在数学处理上非常复杂。

另一方面，当物体在黏滞流体中运动时，前方流体受到挤压，前方流体对物体的压强相对增大，而后方流体对物体的压强相对减小，从而在物体前后形成了压强差，此压强差会对物体的运动产生阻力，称为**压差阻力**。在图 4-34 中，当物体运动速度较大时，流线的分布不再对称，在物体的尾部会产生涡旋，涡旋

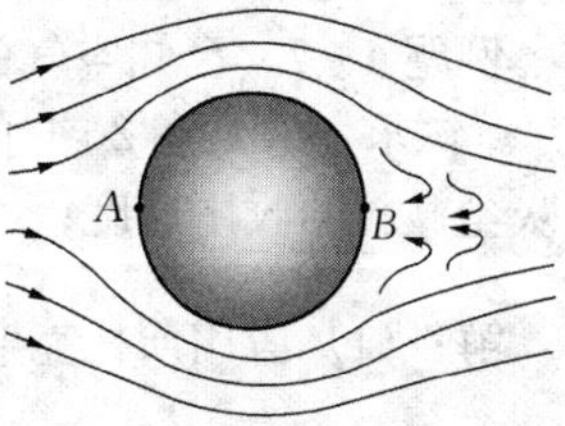

图 4-34　压差阻力

的产生将使物体前后方的压强明显增大，压差阻力也会增大。显然，要减小压差阻力，应尽量减少物体尾部的涡旋和前部迎流的面积，在实用上各种流线形设计就是这个道理（见图 4-35）。但是，速度较小时，流线形并没有什么好处，因为它会增加与流体的接触面积，从而增大黏滞阻力。所以在自然界中只有流线形的鸟，而无流线形的昆虫。

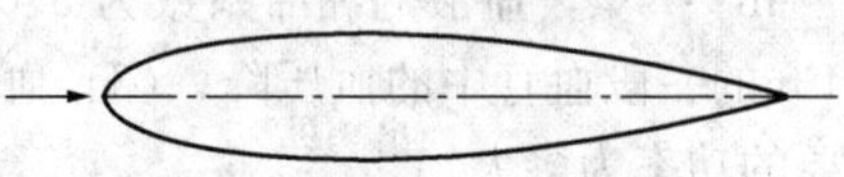

图 4-35 流线形设计

一般来说，物体在黏滞流体中运动时所受到的总阻力为黏滞阻力和压差阻力的和。1851年，英国数学和物理学家斯托克斯（G. Stokes，1819—1903）导出了球形物体在黏滞流体中运动时所受的总阻力

$$f=6\pi\eta rv \tag{4-34}$$

其中，r 和 v 分别表示球体的半径和速度，η 是流体的黏滞系数。式（4-34）称为**斯托克斯公式**（Stokes' formula），该式的推导涉及复杂的数学运算，超出了本书的范围，有兴趣的读者可查阅专业性较强的流体力学方面的书籍。

按照斯托克斯公式，当小球在黏度为 η，密度为 ρ_0 的流体中运动时，小球所受的阻力 f 与小球的运动速度的大小 v 成正比。在图 4-36 中，若小球在流体中做垂直沉降，随着 v 的增大，当 f 与小球所受浮力 F 一起与重力 mg 相平衡时，小球将做匀速直线运动。这时小球的运动速度称为**收尾速度**（terminal velocity）或**沉降速度**，用 v_T 表示。此时

$$\boldsymbol{G}-\boldsymbol{f}-\boldsymbol{F}=0$$

$$\frac{4}{3}\pi r^3\rho g-6\pi\eta rv_T-\frac{4}{3}\pi r^3\rho_0 g=0 \tag{4-35}$$

其中，ρ 为小球密度，g 为重力加速度。

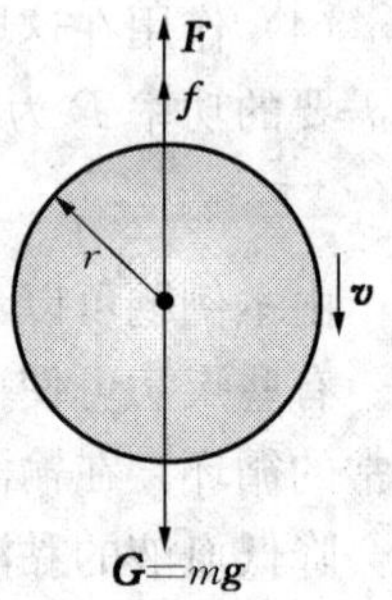

图 4-36 流体中下降的小球

由式（4-35）得
$$\eta=\frac{2}{9}\frac{(\rho-\rho_0)}{v_T}gr^2 \tag{4-36}$$

由式（4-36）得
$$v_T=\frac{2}{9}\frac{(\rho-\rho_0)}{\eta}gr^2 \tag{4-37}$$

由式（4-37）可以获得关于沉降速度的有关信息。

利用式（4-36），只要测出 v、r、ρ、ρ_0，就可以求出流体的黏度 η，这是实验室中最常用的一种测定黏度的方法，常称为**落球法**。若流体的黏度已知，利用此法还可估计颗粒的大小或沉降速度，在土壤学中该方法常被用来进行土壤颗粒分析。利用式（4-37），在重力作用下通过沉降使物质分离的方法称为**沉降分离**（settling separation）。

值得一提的是，20 世纪初，密立根（R. A. Millikan，1868—1953）通过油滴实验证明离子所带的电荷为电子电荷的整数倍，即证明电荷的量子性时，就是利用这种方法确定空气中自由下落的带电油滴半径，进而测定了电子所带的电量，使斯托克斯公式更加出名。

例题 4-7 已知空气的黏滞系数为 1.81×10^{-5} Pa·s，20 ℃时空气的密度为 1.22 kg·m^{-3}。试求：(1) 在 20 ℃的空气中，一半径为 1.0×10^{-5} m、密度为 2.0×10^3 kg·m^{-3}的球状灰尘微粒的收尾速度；(2) 灰尘微粒在收尾速度时所受的阻力。

解：(1) 应用斯托克斯公式 $v_T=\dfrac{2(\rho-\rho_0)}{9\eta}gr^2$

代入数据得 $v_T=\dfrac{2\times(2.0\times10^3-1.22)}{9\times1.81\times10^{-5}}\times9.8\times(1.0\times10^{-5})^2=2.41\times10^{-2}(\text{m}\cdot\text{s}^{-1})$

（2）灰尘微粒在达到收尾速度时所受到的阻力为

$$f=6\pi\eta r v_T=6\times3.14\times1.81\times10^{-5}\times1.0\times10^{-5}\times2.41\times10^{-2}=8.22\times10^{-11}(\text{N})$$

2. 离心分离　按式（4－37），在一定的液体中，若小球越小，沉降速度也将越小。一般来说，对于直径为微米数量级的颗粒（如红细胞）还可以观测到稳定的沉降速度，但对于直径小于微米数量级的颗粒（如病毒、蛋白质分子）就难以观测到稳定的沉降速度，也就不会发生沉降现象，从而无法分离开这些颗粒。这时，就需要利用高速离心的方法，用强大的离心力场来代替重力场。利用高速离心使物质沉降分离的方法称为**离心分离**（centrifugal separation）。离心分离技术可以提纯细胞器（如线粒体、溶酶体等）以及核酸、蛋白质等生物大分子，是生物科学研究中的重要手段。

图 4－37 是离心机的原理图，其中 O 为转轴，B、C 为离心池。当离心机高速旋转时，离心池呈水平状态，离心加速度远远大于重力加速度。这时重力的作用完全可以忽略，颗粒在强大的离心场中沉降。如用离心加速度 $R\omega^2$ 来代替前述沉降分离中的重力加速度 g，R 为沉降颗粒到转轴的距离，ω 为旋转角速度，则颗粒在离心场中的沉降速度 v_T 为

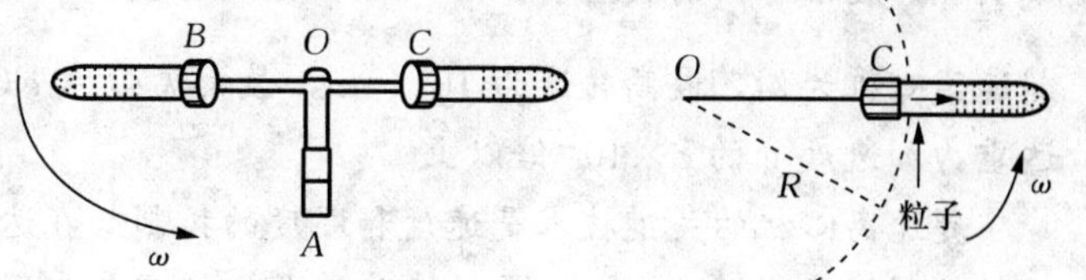

图 4－37　离心机原理图

$$v_T=\frac{2(\rho-\rho_0)}{9\eta}R\omega^2 r^2$$

上式表明，v_T 与离心加速度 $R\omega^2$ 成正比。令 $S=\frac{2(\rho-\rho_0)}{9\eta}r^2$，可得

$$v_T=SR\omega^2 \tag{4-38a}$$

或

$$S=\frac{v_T}{R\omega^2} \tag{4-38b}$$

S 表示单位离心加速度引起的沉降速度，称**沉降系数**（sedimentation coefficient），是描述颗粒沉降性质的重要物理量，其单位为秒（s）。通常 S 为 $(1\sim200)\times10^{-13}$ s 范围，10^{-13} 这个因子叫做沉降单位，用 S 表示，也称为**斯威德伯**（Svedberg），$1\text{S}=10^{-13}$ s。例如血红蛋白的沉降系数约为 4×10^{-13} s 或 4S。大多数蛋白质和核酸的沉降系数在 4S 和 40S 之间，核糖体及其亚基在 30S 和 80S 之间，多核糖体在 100S 以上。离心分离法是由瑞典物理化学家斯威德伯（S. Theodor Svedberg，1884—1971）于 1940 年设计的，它已是现代科学研究中一种常用的方法。

知识链接　　**超速离心机**

离心机是借离心力分离液相非均一体系的设备。根据物质的沉降系数、质量、密度等的不同，应用强大的离心力使物质分离、浓缩和提纯的方法称为**离心**。离心机按其转速大小不同可分为普通、高速、超速离心机三大类。一般地，离心转速在 20 000 $\text{r}\cdot\text{min}^{-1}$ 以上的离心机称为**超速离心机**（over speed centrifuge）。其结构主要由驱动控速装置、温控设备、真空系统和转子四部分组成。离心技术，特别是超速离心技术是分子生物学、生物化学研究和工业生产中不可缺少的手段。

离心机种类繁多，但其基本原理都是一样的。我们知道，对于微粒直径小于微米数量级的样品，必须用强大的离心力场替代重力场才能实现样品的沉积和分离。对于质量为 m，到旋转中心的距离为 R 的颗粒，其沉积速度为 $v_T=\frac{2}{9}\frac{(\rho-\rho_0)}{\eta}r^2\omega^2R$，其中 ω 为颗粒的角速度，$R\omega^2$ 表示单位质量的任何粒子所受的离心力，即离心加速度。离心力为 $F=mR\omega^2$，单位离心力的大小一般用相对离心力（RCF）表示，在实用中，常以离心加速度是重力加速度 g 的倍数来衡量离心能力的大小，即 $RCF=R\omega^2/g$，其单位用重力加速度 g 的倍数（或 $\times g$）来表示。若离心机转子的角速度用转速 n（单位：$r\cdot min^{-1}$，或 rpm）表示时，则 $RCF=\frac{R\ (2\pi n/60)^2}{g}=1.12\times10^{-3}Rn^2(g)$。以目前实验室使用的超速离心机为例，最高转速为 10^5 rpm，最大离心力 $RCF=803\ 000g$，即相对离心力可达重力加速度 g 的 8×10^5 倍以上。

超速离心机的关键技术是速度和温度的控制。在达到最高转速 10^5 rpm 时，已实现运转控制精度±10 rpm。由于转速非常大，转头与空气摩擦而产生的热量高的惊人。因此，温度控制更是离心分析成败的关键，超速离心机通过离心室底部的热电偶可使离心室的温度范围控制在 0～40 ℃，转头温度控制精度高，温控误差仅为±0.5 ℃。

超速离心机是生物化学、分子生物学、工业、军事上不可缺少的技术手段。在生物学领域，超速离心机广泛应用于大分子（如 DNA、RNA、蛋白质等）、细胞、细胞器等的分离和纯化。通过离心分析，可直接获得有关细胞、细胞器、病毒和生物大分子的信息，或为进一步做化学分析、生物学功能测定以及形态学上的观察等提供分离纯度高的样品。

二、雷诺数 流体相似率

斯托克斯公式给出了在流体中运动的物体所受阻力的计算方法，它是否在任何情况下都适用呢？从前述的讨论不难看出，无论斯托克斯公式还是泊肃叶定律都来源于牛顿黏滞定律，而牛顿黏滞定律有一个重要的前提，这就是流体的运动必须是各流体层只作相对滑动而彼此不混合的流动，这种流动称为**层流**（laminar flow），如图 4 - 38(a) 所示。因此，斯托克斯公式和泊肃叶定律也仅适用于层流。层流只有在流速较小时才能维持。当流速逐渐增大时，层流状态将会被破坏，各流层会相互混合，整个流体做紊乱的无规则运动，这时的流动状态称**湍流**（turbulent flow），如图 4 - 38(b) 所示。对湍流，斯托克斯公式和泊肃叶定律不再适用。

对于管中流体，湍流发生时，各流层间的阻力迅速增大，此时，在同一压强差下，流量比层流时减小了好几倍。这是由于流层的混合，使得流体在管的大部分截面上几乎以相同的速度流动，因此在管壁附近形成很大的速度梯度，而使内摩擦力增大。

流体由层流转变为湍流不仅由流速的大小 v 决定，而且还与流体的密度 ρ、黏度 η 和管道直径 d 有关。1883 年，英国实验流体力学家雷诺（Osborne Reynolds，1842—1912）用水在长管中的流动过程来研究流体的流动状态，见图 4 - 38。在图中，盛水的容器下方装有水平的玻璃管，管末端装有阀门以控制水的流速。容器内另有一个细管，管内盛有带颜色的液体，此液体可从下面的端口 A 流出。实验时先让容器中的水缓慢流动，这时，从细管流出的有色液体呈一线状，各流层互不混合，此时为层流状态。随着阀门的开大，水的流速增大，有色液体与水相互混合，色线发生波动，随后断裂并分散，逐渐扩散到管的整个截面，这就是湍流状态。经过大量实验研究，雷诺提出层流转变为湍流的条件可用无单位纯数 $\rho v d/\eta$ 的值确定。1908 年，德国物理学家索末菲（A. J. W. Sommerfeld，1868—1950）提出将这个参数命名为**雷诺数**（Reynolds number，*Re*），即

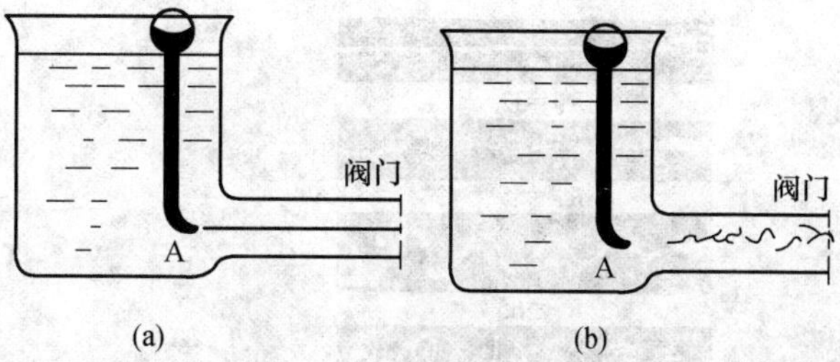

图 4 - 38　层流与湍流

$$Re=\frac{\rho v d}{\eta} \tag{4-39}$$

式中，ρ 为流体的密度，v 为流体速度的大小，η 为流体的黏度，d 为表征管道直径大小的特征常量。

由层流向湍流过渡的雷诺数称为**临界雷诺数**（critical Reynolds number，*Rec*）。水在圆形管道中流动时的临界雷诺数 *Rec* 约为 2 000～2 600。当 $Re<Rec$ 时，为层流状态；当 $Re>Rec$ 时，为湍流状态。临界雷诺数往往不是某个值，而是一个数值范围，具体数值依赖实验的条件。

液体的流动状态从层流到湍流的转变过程是复杂的，中间经过了许多阶段。图 4 - 39 为不同雷诺数的液体绕过圆柱体流动时形成的实验图像。为了较详细地了解其特征，可以用图 4 - 40来加以说明。在图 4 - 40(a) 中，当 $Re<1$ 时，流线始终贴着柱体表面，不与之分离。当 *Re* 在 10～30 之间时，可以观察到流线在圆柱的某处脱离，后面有一对对称的涡旋，见图 4 - 40(b)。当 *Re* 达到 100 左右时，又发生一次突变，一个涡旋被拉长后摆脱柱体，漂向下游，柱后另一侧的液体弯转过来，形成一个新的涡旋。就这样，两侧涡旋交替脱落向下游漂去，如图 4 - 40(c) 所示。此阶段与前两个阶段的最大区别是流动由稳定变为不稳定，从对称变得不对称。这样的涡流系列是著名美籍匈牙利力学家卡尔曼（T. von. Karman）在 1912 年首先作出理论分析的，故称为**卡尔曼涡街**（Karman vortex street）。当 *Re* 继续上升时，会发生如图 4 - 40(d) 所示的另一次转变，由边界层里产生的细小涡旋充满一条条细带，其中的流动是紊乱无规的，这就是湍流状态。

雷诺数不仅提供了一个判断流动类型的标准，而且具有如下重要的相似律：**如果两种流动的边界状况或边界条件相似且具有相同的雷诺数，则流体具有相同的动力学特征**。这就是说，如果对直圆管中的流动，尽管管子的粗细不同，流速不同和流体种类不同，但只要雷诺数相同，流动的动力学特征就是相同的。由此可以在实验室中模拟江河水流相同的雷诺数条件，对江河水流进行研究。

事实上，用雷诺数判断流动类型不仅对液体适应，对气体也是适用的，新设计的飞机要在风洞里进行模拟实验的依据就是流体相似律。在现代航空技术中，首先要在风洞里对新设计的飞机、运载火箭等模型做模拟实验，由于受到实验条件的限制，管道直径及航空器的几何线度均需减小，根据式（4 - 39），$Re=\rho v d/\eta$，为保持 *Re* 值不变，则在实验中需增大 ρ、v。航空模拟实验中的密封型风洞则是压缩空气在其中做高速循环以达到增大 ρ、v 的目的。

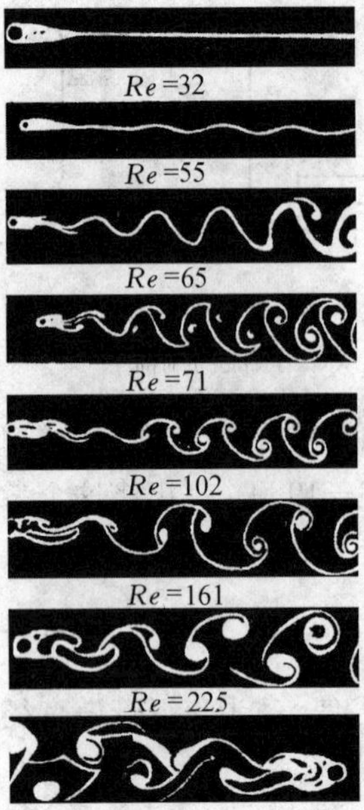

图 4-39　不同雷诺数下的圆柱绕流

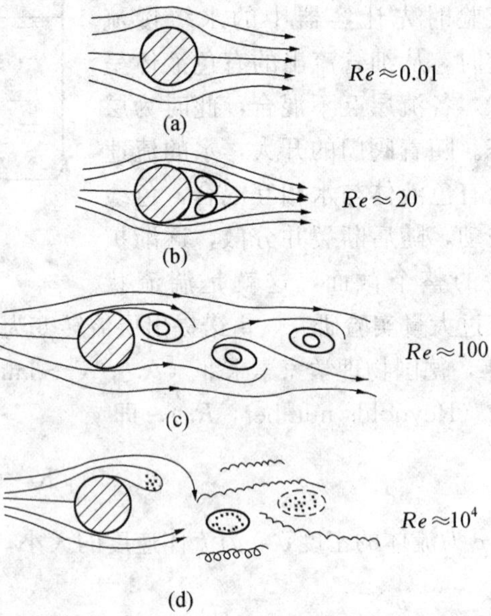

图 4-40　不同雷诺数下的圆柱绕流示意图

例题 4-8　水在内径 $d=0.1\ \mathrm{m}$ 的金属管中流动，流速 $v=0.5\ \mathrm{m\cdot s^{-1}}$，水的密度 $\rho=1.0\times10^{3}\ \mathrm{kg\cdot m^{-3}}$，黏滞系数 $\eta=1.0\times10^{-3}\ \mathrm{Pa\cdot s}$。试问：(1) 水在管中呈何种流动状态？(2) 若管中的流体是油，且流速保持不变，但其密度 $\rho=0.8\times10^{3}\ \mathrm{kg\cdot m^{-3}}$，黏滞系数 $\eta=2.5\times10^{-2}\ \mathrm{Pa\cdot s}$。油在管中又呈何种流动状态？

解：(1) 水的雷诺数为　$Re=\dfrac{\rho vd}{\eta}=\dfrac{1.0\times10^{3}\times0.5\times0.1}{1.0\times10^{-3}}=5\times10^{4}>2\,000$

所以水在管中呈湍流状态。

(2) 油的雷诺数为　$Re=\dfrac{\rho vd}{\eta}=\dfrac{0.8\times10^{3}\times0.5\times0.1}{2.5\times10^{-2}}=1\,600<2\,000$

所以油在管中呈层流状态。

由本题可以看出，在相同条件下，黏滞性小的流体比黏滞性大的流体更容易产生湍流。同理，由于空气的黏滞系数比水小得多，所以它的流动更容易处在湍流状态。点燃的香烟，升起打旋的烟雾，就是很好的例证。

拓展阅读

超　流　现　象

1911 年，荷兰物理学家卡末林·昂内斯（H. Kamerlingh Onnes，1853—1926）利用液氦将金和铂冷却到 4.3 K 以下，发现铂的电阻为一常数。随后他又将汞冷却到 4.2 K 以下，测量到其电阻几乎降为零，这就是**超导现象**（superconductivity）。超导现象的发现正是源于昂内斯对氦气的液化，由于对物质在低温状态下性质的研究以及液化氦气，昂内斯被授予 1913 年的诺贝尔物理学奖。低温液氦技术上的突破，使科学家们研究超低温下液体的性质成为可能。20 世纪 30 年代末，苏联科学家彼得·卡皮察（Peter Kapitza，

1894—1984）首先通过实验研究发现，当液氦（指^4He）的温度降到2.17 K（−271 ℃以下）时，液氦从原来的正常流体突然转变为具有一系列极不寻常的性质的流体，它的内摩擦系数变为零，这时液态氦可以自由流过毛细管而流体内部完全没有黏滞性，这种现象叫做**超流现象**（superfluidity），这种液体叫做**超流体**（superfluid）。卡皮察也因此获得了1978年诺贝尔物理学奖。

一、相　变

1. 相变　众所周知，物态是物质聚集状态的总称，常温常压下的物态有气态、液态和固态。也有人把气态、液态和固态称为气相、液相和固相的。但事实上，相与物态的内涵并不完全相同。**相**（phase）是指在热力学平衡态下，其物理、化学性质完全相同、成分相同的均匀物质的聚集态。通常的气体及纯液体都只有一个相。但有例外情况，例如能呈现液晶的纯液体有两个相：液相和液晶相；在低温下的液态^4He（氦有两种同位素，即由2个质子和2个中子组成的^4He和由2个质子和1个中子组成的^3He）有HeⅠ及HeⅡ两个液相。同一种固体可有多种不同的相。如冰有9种晶体结构，因而有9种固相。物质在压强、温度等外界条件不变的情况下，从一个相转变为另一个相的过程称为**相变**（phase change）。相变过程也就是物质结构发生突然变化的过程。在相变过程中都伴随有某些物理性质的突然变化，例如液体变为气体时，其密度突然变小，体积膨胀系数、压缩系数都突然增加等。图4-41给出了气液固三相图，它全面地反映了三相存在和相互转变的条件。

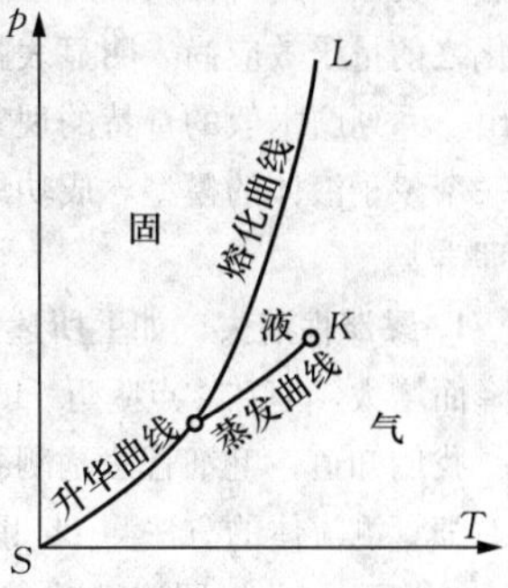

图4-41　三相图

2. 液氦的λ相变　由图4-41可见，在任何物质的三相图上有个三相点，当温度降到临界点以下时可以液化，降到三相点以下时凝结为固体。从历史上看，自18世纪末靠高压压缩方法将NH_3液化以来，19世纪中H_2S、HCl、SO_2、C_2H_2等气体陆续被液化，而O_2、N_2、H_2等气体尚无液化的迹象，曾一度被看成不能液化的“永久气体”。1877年O_2被液化，6年后除H_2和He外所有气体都被液化并固化。1898年苏格兰物理学家、化学家詹姆斯·杜瓦爵士（Sir James Dewar，1842—1923）实现了H_2的液化，并于翌年使之固化。1908年荷兰莱顿大学低温实验室的昂内斯首开纪录，获得了60 cm^3的液氦。这样，最后一个“永久气体”被液化了，昂内斯为此获得了1913年诺贝尔物理学奖。剩下最后的目标是氦的固化。对此，昂内斯用了毕生精力，达到0.83 K的低温而未获成功。他的学生凯索姆（W. H. Keesom）另辟蹊径，用加压的办法，终于在25个大气压下使氦结晶，而在常压下固态的氦根本就不存在。

鉴于氦的液化和固化过程中遇到的极大困难，当时的荷兰物理学家们意识到，液氦这种物质不是寻常的物质，必须认真对待。他们不放过液氦每种物理性质的测量，于是发现，在2.2 K（按后来更精确的测量，应是2.17 K）这个神秘的温度下反复出现一些反常的现象：在此温度下液氦的密度有个极大值，热容量曲线有个非常陡峭的尖峰，如图4-42所示，像希腊字母λ，后来这个温度被称作**λ点**。通过杜瓦瓶人们观察到，当温度降到这个突变点以下时，液氦的沸腾停止了，它因气泡的消失而变得透明了，但仍没有固化。肯定地说，液氦在这里发生了某种基本的变化。

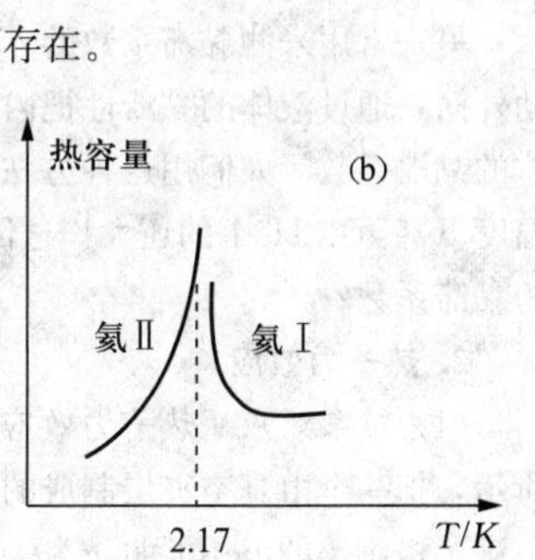

图4-42　HeⅠ和HeⅡ热容量的转变“λ”点

1935年W·H·凯索姆设法完成了氦的固化，而他在昂内斯实验室工作的姐姐A·P·凯索姆提示了有大量分子参与的宏观过程的方向性。把λ点上、下的液氦分别称作HeⅠ和HeⅡ，并倾向于认为这是一种**λ相变**。狭义地说，“相变”指的是物质聚集态的变化，如气态变液态、液态变固态，等等。有的固态物质因晶型不同而形成同素异形体，人们也称之为不同的相。但在液氦之前还没见过液态物质有不同的相。通常的相变都伴有潜热（如汽化热、熔解热等）现象和状态参量（如密度）的突变，且在相变点两相是共存的。但液氦在λ点发生的变化没有潜热，没有状态参量的突变，且两相不共存，这能否也算是一种“相变”？正好当时在莱顿大学有一位天资慧敏的理论物理学家泡利·厄任费斯特（Paul Ehrenfest，1880—1933，1904年曾在著名物理学家玻耳兹曼的指导下完成了博士论文），他坚决主张把相变的概念推广到液氦中发生的情况，把λ相变叫做二级相变，而把通常所说的相变叫做一级相变。凯索姆是1928年报道λ相变现象的，厄任费斯特1933年提出二级相变理论。

二、液氦的性质

在凯索姆发现λ相变几年之后，苏联的卡皮察经过艰苦卓绝的实验，于1937年报道了HeⅡ更加惊人的奇妙现象—超流性（黏滞系数$\eta=0$）。液氦之所以非同寻常，在于它的“量子性”。所有其他液体在它们固化之前量子效应尚未明显表露出来，而液氦在未固化之前已经成为“量子液体”，以至于不能固化，并表现出一系列魔术般的奇特的现象。20世纪40年代朗道提出有关二级相变更加普遍而深刻的理论，并且提出一个量子液体的模型，成功地解释了超流现象。朗道、卡皮察二人分别于1962年和1978年获得诺贝尔物理学奖。

1. 黏滞性消失 如上所述，λ点上、下的液氦分别叫做HeⅠ和HeⅡ。一般液体的黏滞系数随温度的下降而增大，但在λ点附近HeⅠ的黏滞系数却迅速下降，达3×10^{-5} Pa·s（约为空气黏滞系数的1/6）。

我们知道，毛细管法是测黏滞系数的一种常用方法。卡皮察和其他人用毛细管测流体的方法测HeⅡ的黏滞系数时，从实验精度看，误差不大于10^{-11} Pa·s。按照泊肃叶定律，在一定的压强梯度下管中液体的流量正比于管径的四次方，流速正比于管径的平方。管子越细，流速越小。但HeⅡ的流动性完全不是这么一回事，在直径小于10^{-5} cm的毛细管中，其流速变得与压强梯度无关，仅是温度的函数。即使容器器壁上非常细微的裂缝，HeⅡ也会漏出。例如，在图4-43中，在容器底装一个很细的毛细管，当温度为4.2 K，处于氦Ⅰ态，液体由于黏滞阻力，不能通过毛细管泄流。当温度降低到2.17 K以下，HeⅠ转变为HeⅡ，它便通过毛细管外泄。这表明在HeⅠ—HeⅡ转变点，黏滞系数发生了剧变，氦Ⅱ的黏滞系数几乎接近于零。HeⅡ这种反常的流动性并不是简单地用黏滞系数趋于零所能解释的，这是非经典的，称为**超流性**（superfluidity）。

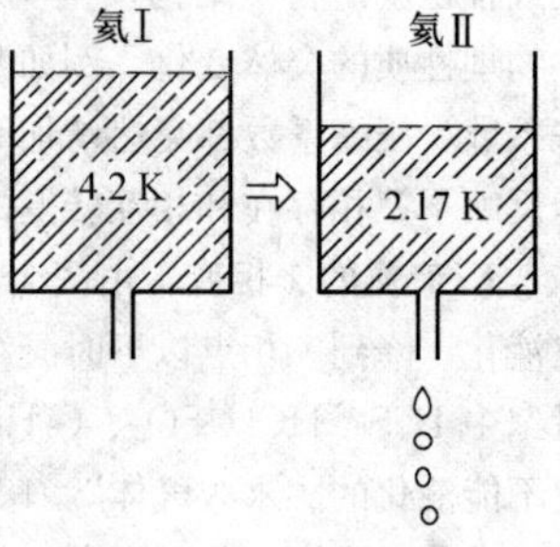

图4-43 氦Ⅰ转变为氦Ⅱ

另一常用来测黏滞系数的方法是把液体装在一对同轴圆筒之间，转动外筒，通过液体的黏滞性把内筒带动起来。从内外筒转速之差求得液体的黏滞系数。人们用这种方法测得HeⅡ的黏滞系数并不小，在某些温度下甚至比HeⅠ的还大！这倒把人搞糊涂了，难道HeⅡ有两种不同的黏滞系数？

2. 热一力效应

（1）*喷泉效应* 热一力效应最典型的例子是喷泉效应。如图4-44所示，把一个由真空夹层制成的实验容器插在氦Ⅱ中，实验容器的下部装满了极细小的Fe_3O_4抛光粉（俗称红粉）。红粉被压得十分密实。使粉末之间的间隙很小而仅有超流原子能通过，红粉层的下端由棉花塞与氦Ⅱ相通。实验容器上部为一上端开口的细管，并露出到液氦表面之外。若用强光持续照射该容器下部，红粉吸热，容器内部温度升高ΔT，这时可看到在容器顶端开口处有高达30 cm的持续液氦喷泉，这种现象称为**喷泉效应**（fountain effect）。显然液氦是从实验容器下端进入实验容器而从顶部喷出的。也就是说氦Ⅱ液体是自发地从温度低处透过极细小缝隙而进入温度高处的。这就说明，当容器内外出现温度差，并由极

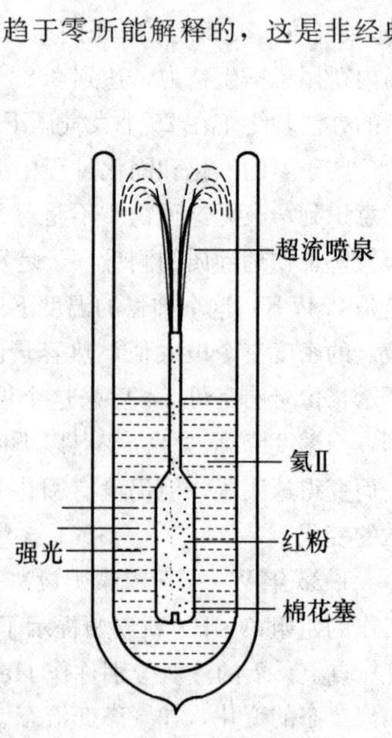

图4-44 喷泉效应

细小缝隙相联通时，则容器内外也随之出现压强差，温度高的地方压强也高，这种由于温度差而导致出现压强差的现象（或者说由于热而引起的力学效应）称为**热—力效应**。

（2）*氦膜爬移效应*　早在 1922 年昂内斯就发现，部分浸入氦Ⅱ池中的小杜瓦容器，只要小杜瓦容器内外温度相等，则最后总能自动调节到小杜瓦容器内外的液面高度相等。例如，在图 4 - 45 中，原先图（a）、图（b）容器中的液面分别低于、高于外面液池的液面，图（c）中容器悬在液面上方，但最后容器（a）、（b）中液面均与外面液池液面相平，容器（c）中液体高度为零。昂内斯当时认为此现象是由于高液面处液体蒸发成蒸气凝结到低液面处而造成的，这样的解释并不能令人满意，特别是面对图（d）的实验事实：在小杜瓦容器中加上通电加热丝后部分浸入 HeⅡ中，发现原来空的容器中会很快装满液氦，其速度比没有加热通电时快得多，甚至容器中的液面可高于液池的液面。在发现了热机械效应后，就很易解释这类奇异现象了，原来这种液氦的转移是通过氦膜进行的。通常在容器的内壁上均吸附一层氦的表面膜，其厚度约 50～100 个原子层，它与极细小缝隙一样成为超流原子畅通的通道。当小杜瓦容器被加热时，由于热机械效应，HeⅡ膜沿着容器壁的表面从液池爬向温度较高的小杜瓦容器内。图（a）、（b）中小容器并未加热，容器内外液面高度最后相等的原因是，容器内壁顶部的温度高于下部。与容器内、外液氦联通的氦膜，由于热机械效应要向上爬移到容器顶部并蒸发成蒸气，蒸气又返回液面凝结为液体。若容器内外液氦温度相等，即它们与容器壁顶部的温度差相等，则高液面处（如容器内）液氦爬移到容器壁顶部克服重力所做功要比低液面处（如杯外）液氦爬移所做功小，所以高液面处的氦膜向上输送的液氦相对多一些，但从顶部蒸发的蒸气返回到液面上凝结为液体的概率却是低液面处大，最后总能使容器内外液面高度趋于相等。

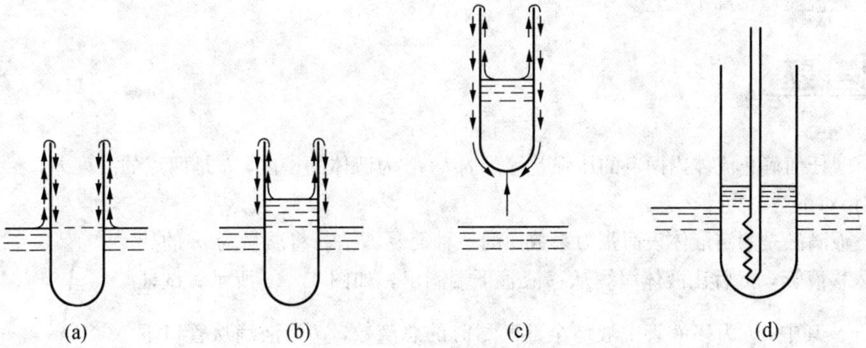

图 4 - 45　氦膜爬移效应

三、超流现象的解释与应用

HeⅡ的这些奇妙现象如何理解？它们无疑是非经典的，是量子效应的宏观表现。德国物理学家 F・伦敦（F・London，1900—1954）是开拓液氦超流动性研究的杰出先驱，他在液氦的性质方面进行了大量的研究并提供了解释。提萨（L. Tisza）也于 1938 年提出一个唯象的理论——**二流体模型**（two - fluid model），其基本思想是从玻色—爱因斯坦凝聚借鉴来的。此模型有下列几条假设：

（1）HeⅡ是由两种能够互相无阻碍穿透的“流体”组成，一种是密度为 ρ_s 的“超流体（super fluid）”，另一种是密度为 ρ_n 的“正常流体（normal fluid）”。液氦的密度为两者之和：$\rho=\rho_s+\rho_n$。

（2）在 0 K 下，HeⅡ处于基态，全为超流体，随着温度的升高，HeⅡ出现了热激发，正常液体分量增加。到温度的转变点 T_λ 时，全部转变为正常液体分量。

（3）HeⅡ中正常液体具有与 HeⅠ相似的性质，黏滞系数与 HeⅠ同数量级。当温度升到 T_λ 时，正常流体的黏滞系数连续地过渡到 HeⅠ的黏滞系数。

用二流体模型很容易解释两种测 η 方法所得结果的巨大差异。在用泊肃叶方法测 η 时，流过毛细管的只是超流分量，正常分量基本无法流过，故测得 $\eta\approx0$；当用扭摆法测 η 时，阻尼主要来自扭摆与正常分量的相互作用，超流分量对阻尼不起作用，这时测的 η 和 HeⅠ的 η 同数量级。

喷泉效应也可根据二流体模型予以解释。由于能通过微小孔隙的只能是超流原子，而超流原子的流动速度 $u=0$，所以，超流原子在流动时并不伴随有热运动能量的迁移，只有在吸收足够能量并转变为正常原子后才可能传递热量。经闪光灯照射后，实验容器内温度将升高，它将向外传递热量，但缝隙内只有超流原子，它们不能传递热量。若变为正常原子，又会由于黏性而锁在缝隙中不能流动。热量能及时地从实验容器输到 HeⅡ液池的唯一方法，是使 HeⅡ池中的超流原子透过极细缝隙向实验容器中流动，这些超流原子吸收了光能后转变为正常原子，并形成较高的压强（因为超流原子的动量 $p=0$，它们对压强不作贡献，只有正常原子才对压强作贡献），从顶端喷出形成喷泉。对于实验容器外的 HeⅡ池来讲，它流进实验容器的是超流原子，从喷泉流回来的是正常原子，因而获得了能量。热量就是这样从实验容器传到 HeⅡ池中的。

关于超流的应用目前还很少。迄今为止，超流动性的唯一应用是 20 世纪 60 年代中期发展起来的，可获得连续运转于极低温温区的 ^{3}He-^{4}He 稀释制冷机。现在几乎所有低于 0.7 K 的低温实验都用上了稀释制冷机，它能达到的最低温度约为 0.001 K。

早在 1951 年，德国物理学家 H·伦敦（H. London，1907—1970）（F·伦敦的弟弟）提出了可以用超流 ^{3}He 稀释 ^{4}He 的方法得到极低温。1962 年他又提出了稀释制冷机的方案，1965 年世界上第一台稀释制冷机问世。1978 年根据这种想法制成的稀释制冷机已可以保持 0.002 K 的低温。稀释制冷机由于较之其他极低温设备操作简便，而且可连续运转，可吸收较大的热负荷，且结构简单，因而得到广泛应用。现在，几乎所有的极低温实验都离不了它。

思考题

4-1　“任何静止流体内两点的压强差等于 ρgh，ρ 为流体的密度，h 是两点的高度差，g 是重力加速度”。这句话对不对？为什么？

4-2　液滴法是测定液体表面张力系数 α 的一种简易方法。将质量为 m 的待测液体吸入移液管，然后让液体缓缓从移液管下端滴出，如图 4-46 所示。试证明：$\alpha=\dfrac{mg}{\pi nd}$。其中，$n$ 为移液管中液体全部滴尽时的总滴数，d 为液滴从管口下落时断口的直径。

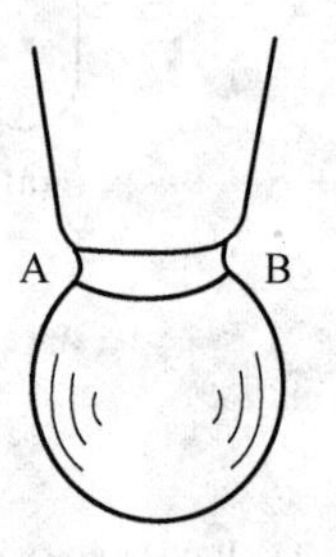

图 4-46　液滴法测表面张力系数

4-3　在自然界中经常会发现一种现象，在傍晚时地面是干燥的，而在清晨时地面却变得湿润了。试解释这种现象的成因。

4-4　连续性原理和伯努利方程是根据什么原理推出的？它们各自成立的条件是什么？如果液体有黏滞性，伯努利方程还能使用吗？

4-5　何为稳定流动？稳定流动是否是指任意一流体质元在运动过程中的流速稳定不变？

4-6　在使用伯努利原理分析问题时，总是要比较同一流线上的两点。这两点是指同一时刻上、下游的两流体质元呢？还是比较同一流体质元从上游流到下游前后的情况？

4-7　用两根细绳将两轻球吊在同一高度，使两球间距离比较靠近，然后用一细管向中间吹气，使气流从两球中间通过，问两球将逐渐分开还是逐渐靠拢？分析其原因。

4-8　两艘轮船相离很近，且并行前进，则很可能彼此相撞。试用伯努利方程解释。

4-9　在直圆管道中流动的黏性流体，流动状态是层流还是湍流，主要取决于哪些因素？

4-10　试举例说明什么是牛顿流体？什么是非牛顿流体？

4-11　在均匀水平管内流动的流体，不同截面上的流速相同，高度相同，由伯努利方程，各截面上的压强相等，即在水平管内维持流体的流动不需要压强差。但根据泊肃叶定律，若无压强差，则流量等于零，即需要压强差维持流体的流动，究竟哪一个结论正确？

4-12　某水手想用木板抵住船舱中一个正在漏水的小孔，但力气不足，水总是把板冲开，后在另一水手的帮助下，共同把板紧压住漏水的小孔以后，他就可以一个人抵住木板了。试解释为什么两种情况需要的力不同？

习题

4-1　水坝长 1.0 km，水深 5.0 m，坡度角 60°，求水对坝身的总压力。

4-2　吹一个直径为 14.0 cm 的肥皂泡，问克服表面张力需要做多少功？设在吹的过程中温度保持不变，已知肥皂水的表面张力系数为 $4.0\times10^{-2}\ \mathrm{N\cdot m^{-1}}$。

4-3　在 20 $\mathrm{km^2}$ 的湖面上下了一场 50 mm 的大雨，雨滴半径为 1.0 mm。设温度不变，雨水在此温度下的表面张力系数为 $7.3\times10^{-2}\ \mathrm{N\cdot m^{-1}}$。求降雨过程释放出来的表面能。

4-4　把一个半径为 5 cm 的金属细圆环从液体中拉出时形成了一个沿圆环的中空环形液层，圆环环绕的平面与液体表面平行。已知刚拉出圆环时需用力 28.3×10^{-3} N。若忽略圆环的重力，该液体的表面张力系数为多少？

4-5　刚刚在水面下，有一直径为 10^{-5} m 的球形气泡。若水面上的气压为 1.0×10^{5} Pa，水的表面张力系数是 $7.3\times10^{-2}\ \mathrm{N\cdot m^{-1}}$，求气泡内的压强。

4-6　如图 4-47 所示，在盛有水的 U 形管中，细管和粗管的水面间出现高度差 $h=0.08$ m，测得粗管的内半径 $r_1=0.005$ m，若为完全润湿，且已知水的表面张力系数 $\alpha=7.2\times10^{-2}\ \mathrm{N\cdot m^{-1}}$，求细管的半径 r_2。

4-7　如图 4-48 所示，已知三通管的截面积分别为 $S_1=100\ \mathrm{cm^2}$，$S_2=40\ \mathrm{cm^2}$，$S_3=80\ \mathrm{cm^2}$。在截面 S_1、S_2 两管中的水流速度分别为 $v_1=40\ \mathrm{cm\cdot s^{-1}}$ 和 $v_2=30\ \mathrm{cm\cdot s^{-1}}$。求：(1) S_3 管中的水流速度 v_3；(2) S_2 管中水的流量 Q_2。

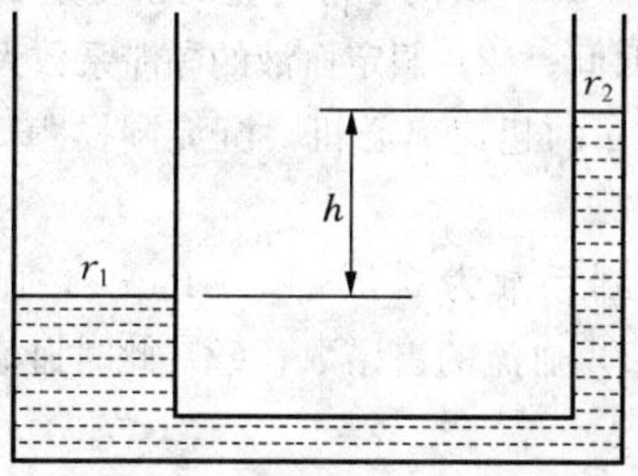

图 4-47　习题 4-6 图

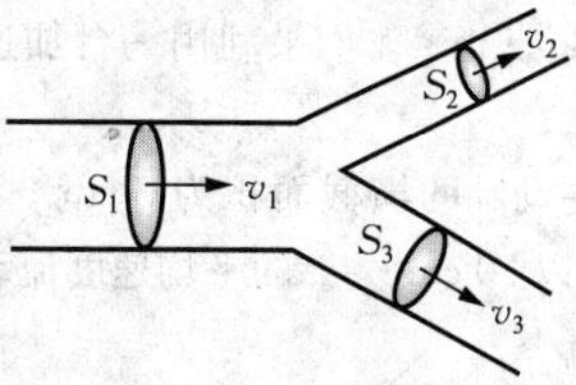

图 4-48　习题 4-7 图

4-8　如图 4-49 所示，一个器壁竖直的开口水槽，水的深度为 $H=10$ m，在水面下 $h=3$ m 处的侧壁开一个小孔。试求：(1) 从小孔射出的水流在槽底的水平射程 L 是多少？(2) h 为何值时射程最远？最远射程是多少？

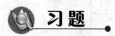

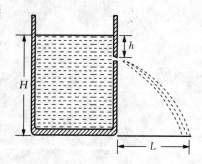

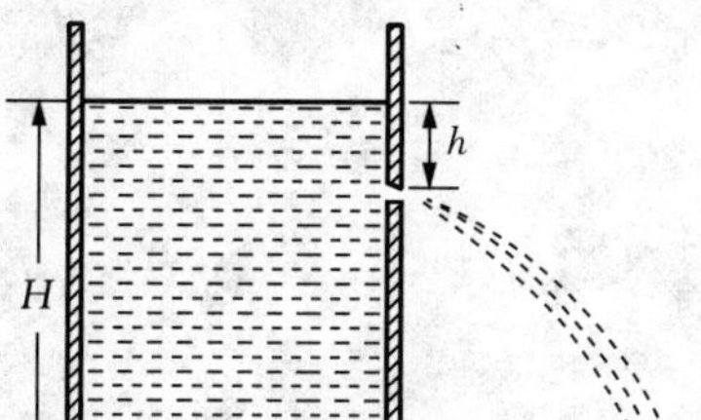

图 4-49　习题 4-8 图

4-9　根据飞机机翼的结构关系可知，机翼上面的气流速度大于下面的速度，在机翼上下两面间形成压强差，而产生使机翼上升的力。假定空气流过机翼是稳定流动，空气的密度不变，为 $1.29\ \mathrm{kg\cdot m^{-3}}$。如果机翼下面的气流速度为 $100\ \mathrm{m\cdot s^{-1}}$，求机翼要得到 1 000 Pa 的压强差时，机翼上面的气流速度应该是多少？

4-10　欲用内径为 1 cm 的细水管将地面上内径为 2 cm 的粗水管中的水引到 5 m 高的楼上。已知粗水管中的水压为 4×10^{5} Pa，流速为 $4\ \mathrm{m\cdot s^{-1}}$。若忽略水的黏滞性，问楼上细水管中的流速和压强分别为多少？

4-11　如图 4-50 所示，利用压缩空气把水从一个密封的大筒内通过一根管子以 $1.2\ \mathrm{m\cdot s^{-1}}$ 的流速压出。当管子的出口处高于筒内液面 0.6 m 时，筒内空气的压强多大？

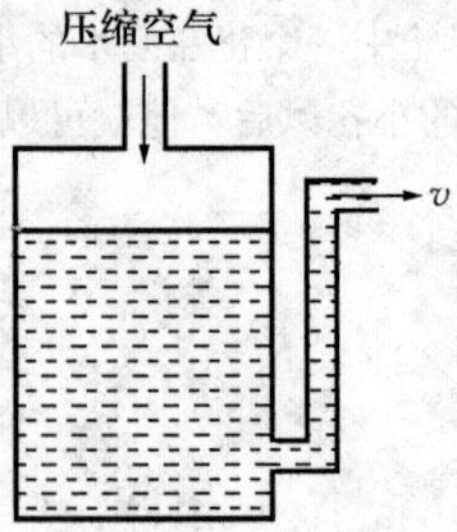

图 4-50　习题 4-11 图

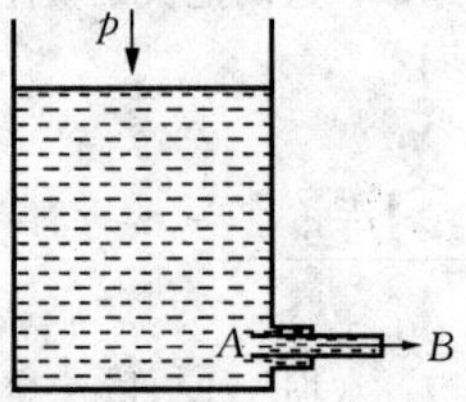

图 4-51　习题 4-13 图

4-12　有一水平放置的范丘里管，它的粗细部分的直径分别为 8 cm 和 4 cm，当水在管中流动时，连接在粗细部分的竖直细管中水面高度差为 40 cm。计算水在粗细部的流速和流量。

4-13　如图 4-51，筒内机油的温度维持在 20 ℃，将一长度为 1 m 的毛细管水平插入筒内。毛细管 A 端压强保持为 5.07×10^5 Pa，内径为 2 mm。实验测出，机油在 2 min 内通过毛细管的流量为 $24.24\ \mathrm{cm^3}$。求该机油在 20 ℃时的黏度。

4-14　下面是一个测定农药、叶肥等液体黏滞系数的简易方法。在一个宽大玻璃容器底部连接一根水平的细玻璃管，测定单位时间内由细管流出的液体质量即可知黏滞系数 η。若已知细管内直径 $d=0.1$ cm，细管长 $l=10$ cm，容器内液面高 $h=5$ cm，液体密度为 $1.9\times10^3\ \mathrm{kg\cdot m^{-3}}$，测得 1 min 内自细管流出的液体质量 $m=0.66\times10^{-3}$ kg，问该液体的黏滞系数 η 为多少？

4-15　设动脉血管的内半径为 4.0×10^{-3} m，流过该血管的血液流量为 $1.0\times10^{-6}\ \mathrm{m^3\cdot s^{-1}}$，血液的黏滞系数为 $3.5\times10^{-3}\ \mathrm{Pa\cdot s}$。求：(1) 血液的平均流速；(2) 血管中心的最大流速；(3) 如果血管长度为 0.1 m，维持这段血管中血液流动所需要的功率为多大？

4-16　如果液体的黏滞系数较大，可采用沉降法测定液体的黏滞系数。现在使一个密度为 $2.55\times10^3\ \mathrm{kg\cdot m^{-3}}$、直径为 6 mm 的玻璃球在甘油中由静止落下，测得小球的收尾速度为 $3.1\ \mathrm{cm\cdot s^{-1}}$。已知甘油的密度为 $1.26\times10^3\ \mathrm{kg\cdot m^{-3}}$，问甘油的黏滞系数为多少？

4-17　一个红细胞可以近似地认为是一个半径为 2.0×10^{-6} m 的小球，它的密度是 $1.09\times10^3\ \mathrm{kg\cdot m^{-3}}$。(1) 试计算它在重力下在 37 ℃的血液中沉淀 1 cm 所需的时间；(2) 假定血液的黏滞系数为 $1.2\times10^{-3}\ \mathrm{Pa\cdot s}$，密度为 $1.04\times10^3\ \mathrm{kg\cdot m^{-3}}$。如果利用一台加速度为 $10^5 g$ 的超速离心机，沉淀同样距离所需的时间又是多少？

4-18　动物主动脉的横截面积为 $3\ \mathrm{cm^2}$，血流的黏滞系数为 $3.5\times10^{-3}\ \mathrm{Pa\cdot s}$，血液密度为 $1.05\times10^3\ \mathrm{kg\cdot m^{-3}}$，血液以 $30\ \mathrm{cm\cdot s^{-1}}$ 的平均速度流动。问：(1) 血流的雷诺数；(2) 此时血流是层流还是湍流？

第二篇 热 学

热运动（thermal motion）是宏观物体内部微观粒子一种永不停息的无规则运动，它是由大量的微观粒子（分子、原子、电子等）所构成的宏观物体的基本运动形式。**热现象**是组成物质的大量粒子热运动的集体表现，其共同特征都与温度有关。**热学**（heat）就是研究热现象的科学，它与力学、电磁学及光学一起被称为经典物理的四大柱石。

按研究方法的不同，热学可分为描述宏观理论的**热力学**（thermodynamics）和微观理论的**统计物理学**（statistic physics）。

热力学依据有关热现象的大量观测事实，运用数学或逻辑方法，探讨各种热现象之间相互关系，特别是关于能量转移和转化过程中表现出来的规律性，所得的结论称为热力学定律。

热力学是随着18世纪工业革命开始而发展的，基本理论主要形成于19世纪上半叶，焦耳、卡诺、克劳修斯、开尔文（即威廉·汤姆孙）等做出了重要贡献。热力学的研究不涉及物质结构知识，所得结论具有普遍性，但热力学不能揭示热力学定律的微观本质，也不能揭示具体物质的特殊性质。

统计物理学也被称为分子动理论或统计力学，是从物质由大量微粒组成的前提出发，运用统计这种数学方法，探讨宏观热现象的微观原因。

统计物理学的历史从麦克斯韦等对气体分子动理论的研究开始，后经玻耳兹曼、吉布斯等学者的努力，终于在经典力学的基础上建立起经典统计物理学。20世纪量子力学建立以后，在量子力学的基础上，爱因斯坦、狄拉克、玻色、费米等建立了量子统计物理学。统计物理是从物质的微观结构出发，对热力学定律作出微观解释，揭示了宏观热现象的微观本质，使人们对自然界的认识深入了一大步。

热力学与统计物理学分别从两个不同的角度研究物质的热运动，它们彼此密切联系，相辅相成，可以讲，热学是联系微观世界与宏观世界的一座桥梁。

热学包括的内容很多，应用极为广泛，已经成为现代科学技术的基础，并渗透到了包括经济学、社会学在内的许多学科。本篇主要涉及**热力学**和统计物理学的基本知识——**气体动理论**。人类对自然界的认识总是从宏观到微观，先现象后本质。热学的发展历程也是这样，先有热力学，后有统计物理学。但是，为了便于理解和学习，更好地揭示热力学的微观本质，本篇先介绍气体动理论，然后再讨论热力学。

历史上八位对热力学有突出贡献的科学家

卡诺
Sadi Carnot
(1796—1832)

汤姆孙（开尔文）
William Thomson
(1824—1907)

克劳修斯
Rudolf Clausius
(1822—1888)

麦克斯韦
James Maxwell
(1831—1879)

玻耳兹曼
Ludwig Boltzmann
(1844—1906)

吉布斯
Willard Gibbs
(1839—1903)

佐伊纳
Gustav Zeuner
(1828—1907)

范德瓦耳斯
Johannes der Waals
(1837—1923)

与热学研究有关的诺贝尔奖

- 1910 年，荷兰科学家范德瓦耳斯，因关于气态和液态方程的研究，获诺贝尔物理学奖。
- 1911 年，德国科学家维恩，因发现热辐射定律，获诺贝尔物理学奖。
- 1913 年，荷兰科学家昂内斯，因关于低温下物体性质的研究和制成液态氦，获诺贝尔物理学奖。
- 1920 年，德国物理学家能斯特，因提出能斯特方程、热力学第三定律获诺贝尔化学奖（注：因能斯特方程是关于电极电势与溶液浓度的关系式）。
- 1962 年，苏联科学家朗道，因关于凝聚态物质，特别是液氦的开创性理论，获诺贝尔物理学奖。
- 1978 年，苏联科学家彼得·卡皮察，因发现低温下液态氦可以自由流动而无黏滞性等超流现象，获诺贝尔物理学奖。
- 1997 年，美籍华人朱棣文（Steven Chu），威廉·菲利普斯，法国科学家科恩·塔诺季，因发明用激光冷却和捕获原子的方法，获诺贝尔物理学奖。

第五章 气体动理论

构成气体的每一个分子都在做永不停息的杂乱无章的运动，这种运动的剧烈程度与温度有关，因而称为热运动。分子热运动是自然界中最普遍的运动形式之一，其特点是偶然性和无序性。由于这个特点，再用力学的方法研究每一个分子的运动就没有意义了。但是，对大量分子的整体来说，存在着确定可测的宏观性质和统计规律。**气体动理论**（kinetic theory of gases）是从气体分子热运动的观点出发，运用统计方法研究大量气体分子的宏观性质和统计规律的科学，它是统计物理学最基本的内容。

本章将在研究气体分子热运动的基础上，运用统计平均的思想和方法，从宏观和微观两方面理解压强和温度等概念，阐明气体分子能量按自由度均分定理以及速率分布函数和速率分布曲线的物理意义。

第一节 气体动理论的基本概念

一、分子动理论的基本观点

1. 宏观物体的组成 我们知道，一切宏观物体都是由大量微观粒子（分子或原子）组成的，而且微观粒子之间存在着一定的空隙，如气体易被压缩、酒精和水混合后总体积小于原体积之和、在几万大气压下钢管中的油可以透过管壁渗出等现象都说明了这一点。现在，借助于很多仪器，如扫描隧道显微镜（scanning tunnelling microscope，STM）和原子力显微镜（atomic force microscopy，AFM）等，人们已可以观察和测量原子的大小以及它们在物质中的分布，并且可以纳米水平上操控单个的原子了。1990 年 4 月，在英国的《自然》杂志上报道了美国 IBM 公司的艾格勒（D. M. Eiger）等人把 35 个氙原子在镍表面成功地排成英文字母“IBM”，见图 5－1(a)。每个字母仅长 5 nm，成为世界上最小的商徽图案。1993 年 5 月，艾格勒研究组又利用扫描隧道显微镜在铜表面用 48 个原子围成了一个半径约为 7.1 nm 的圆圈，见图 5－1(b)。这个圆圈不仅是原子纳米操作技术的一个出色作品，更有其科学价值，这个圆圈称为“**量子围栏**（quantum corral）”。原子，这个过去只存在于科学家头脑中的客体，现在已经十分清晰地展示在人们面前了。

2. 分子数密度 气体、液体和固体这些物质都是由大量分子组成的，物质的分子是可以独立存在、并保持该物质原有性质的最小单元。如用摩尔（mol）表示物质的量，实验结果表明，每 1 mol 任何一种物质所含有的分子（或原子）数目均相同，这个数叫做**阿伏伽德罗常量**（Avogadro constant），用符号 N_A 表示。

$$N_A = 6.022\,136\,7(36)\times 10^{23}\ \text{mol}^{-1}$$

由这个数字可见，气体、液体和固体内分子的数目是很多的。单位体积内的分子数叫做**分子数密度**（number density of molecule），用符号 n 表示。由实验可测得在通常温度和压强下，氮的 $n \approx 2.47\times 10^{19}\ \text{cm}^{-3}$，水的 $n \approx 3.3\times 10^{22}\ \text{cm}^{-3}$，铜的 $n \approx 7.3\times 10^{22}\ \text{cm}^{-3}$。

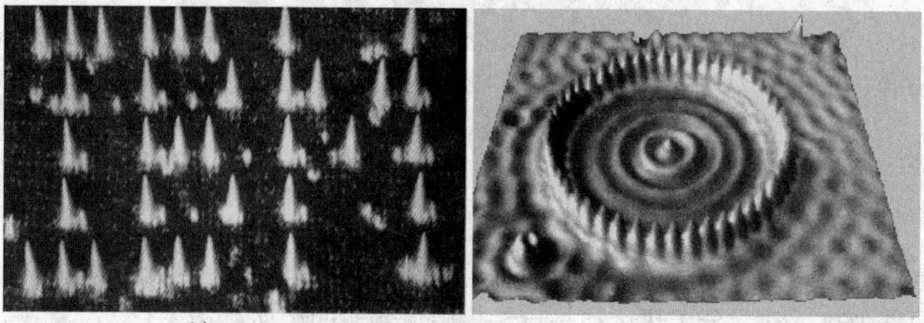
(a)　(b)

图 5-1　用 STM 观察到的原子的图像

分子有单原子分子（如 He）、双原子分子（如 O_2）、多原子分子（如 CO_2，CH_4），甚至还有由千万个原子构成的高分子（如聚丙烯）。因此，不同结构的分子，其线度是不一样的。下面以氧气分子为例来说明分子的线度。

在标准状态下，氧分子的直径约为 4×10^{-10} m。实验表明，在标准状态下，气体分子间的距离约为分子直径的 10 倍。因此，在标准状态下，每个氧分子占有的体积 V 约为氧分子本身体积的 1 000 倍。换句话说，在标准状态下容器中的气体分子可以看成大小可略去不计的质点。当然，随着气体压强的增加，分子间的距离要变小。但是，在不太大的压强下，每个分子占有的体积仍比分子本身的大小要大得多。

3. 分子力　既然物质分子在不停地做无规则运动，那么为什么固体和液体的分子不会像气体一样散开，而保持一定的体积，固体还保持一定的形状呢？这是由于分子间有相互吸引力的缘故。为什么固体和液体很难压缩呢？这是由于分子间有斥力作用的结果。这种分子间的相互作用力统称为**分子力**（molecular force）。

分子力随分子间距而变化，两者之间的关系曲线如图 5-2 所示，图中横坐标表示分子间距，纵坐标表示分子力。两虚线表示引力和斥力随距离变化的情况，斥力为正，引力为负，实线则是合力随分子间距变化的情况。由图中可知，不论是斥力还是引力，都随分子间距的减小而增大。

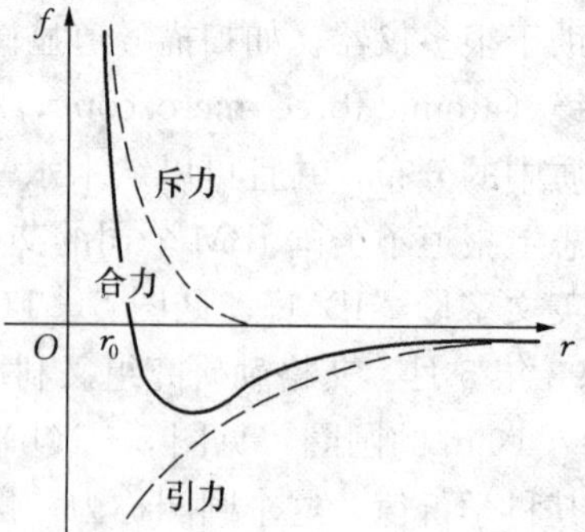

图 5-2　分子力随分子间距的变化

在分子间距 $r=r_0$ 处，引力和斥力相等，合力为零，这个位置称为**平衡位置**（equilibrium distance）。在平衡位置以内，即分子间距 $r<r_0$ 处，斥力急剧增大，斥力大于引力，两分子间作用力表现为相斥，为斥力作用范围。所谓两分子相互碰撞，实际分子并没有碰上，而是相互间距达相当近时，由于强大的斥力作用而分开了，我们把这种物理过程形象地说成“弹性碰撞”。如图 5-3 所示，用 d 来表示分子间的距离，我们就把分子看成直径为 d 的小球。实验证明，d 约为 10^{-10} m 数量级，称为分子的**有效直径**（effective diameter）。在平衡位置以外，即 $r>r_0$ 时，引力大于斥力，两分子间表现为相吸，随 r 的增大，不论斥力还是引力都减小，最终

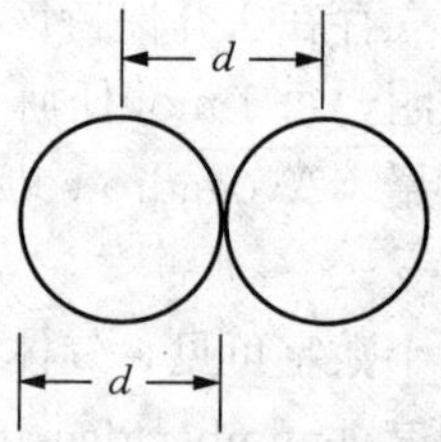

图 5-3　分子的有效直径

趋于零。我们把分子间开始具有相互作用的最大距离叫分子有效作用半径，用 R 表示，其值为 10^{-9} m 数量级。

存在于分子之间的作用力是很复杂的。因为分子具有质量，分子力与万有引力有关；分子虽然在整体上是电中性的，但具有电结构，因此分子力又与电磁相互作用有关。由于电磁相互作用通常要比引力相互作用强得多，强力和弱力的作用半径极短，只能在原子核内起作用，所以分子力基本上是电磁力。但是，分子力并非仅是简单的库仑力，分子力是由一个分子中所有的电子和核与另一个分子中所有的电子和核之间复杂因素所产生的相互作用的总和，化学中常说的范德瓦尔斯键就是这种力的具体体现。

二、理想气体状态方程

实验表明，当系统处于热平衡态时，描写该状态的各状态量之间存在一定的函数关系。我们把热平衡态下，各状态参量之间的关系式叫做系统的状态方程。状态方程的具体形式是由实验来确定的，在压强不太大（与大气压比）、温度不太低（与室温比）的条件下，各种气体都遵守三大实验定律：玻意耳（Boyle）定律、查理（Charles）定律、盖—吕萨克（Goy—Lussac）定律。在任何情况下都能严格遵从上述三个实验定律的气体称为**理想气体**。

由气体的三个实验定律可得到一定质量的理想气体状态方程为

$$pV=\frac{M}{\mu}RT \tag{5-1}$$

式中，p、V、T 分别为理想气体在某一平衡态下的压强、体积和温度；μ 为气体的摩尔质量；M 为气体的质量；R 为**摩尔气体常量**，国际单位制中 $R=8.31\ \mathrm{J\cdot mol^{-1}\cdot K^{-1}}$。

我们还可以导出理想气体状态方程的另一种形式。设气体的分子质量为 m，M 质量的气体含有 N 个分子，则 $M=Nm$，$\mu=N_A m$，其中 N_A 为阿伏伽德罗常量。代入式（5-1）得

$$pV=\frac{Nm}{N_A m}RT=\frac{N}{N_A}RT$$

如令 $k=\frac{R}{N_A}$，则 $k=\frac{R}{N_A}=\frac{8.31}{6.022\times10^{23}}=1.38\times10^{-23}\ \mathrm{J\cdot K^{-1}}$，$k$ 称为**玻耳兹曼常量**（Boltzmann constant）。将 k 值代入上式得

$$p=\frac{N}{V}kT=nkT \tag{5-2}$$

其中 $n=\frac{N}{V}$为分子数密度。式（5-2）说明在相同的温度和压强下，各种气体在相同的体积内所含的分子数相等。

平衡态除了由一组状态参量满足的状态方程来表述之处，还常用状态图中的一个点来表示，比如对给定的理想气体，其一个平衡态可由 p—V 图中对应的一个点来代表（如图 5-4 中的 A 点），当然也可以用 p—T 图或 V—T 图中的一个点来表示，不同的平衡态对应于不同的点。一条连续曲线代表一个由平衡态组成的变化过程，曲线上的箭头表示过程进行的方向，不同曲线代表不同过程，如图 5-4 所示。

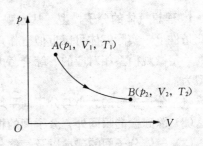

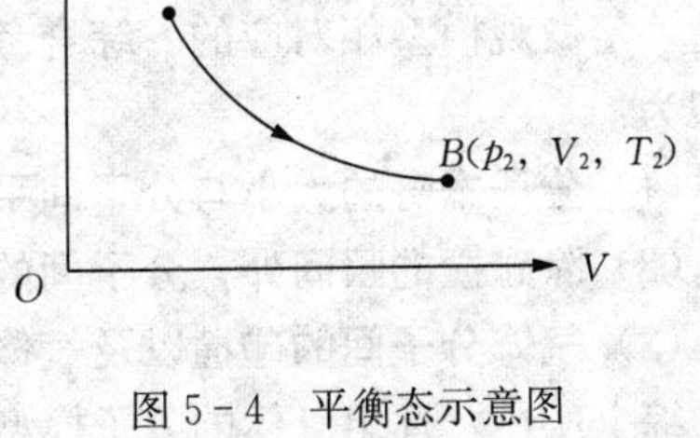

图 5-4　平衡态示意图

三、分子热运动的统计规律性

由于任一宏观物体都是由数目十分巨大的分子组成的，所以我们在描述其热现象规律时，不可能对每个分子都用牛顿运动定律来研究。人们发现对单个分子来讲，其运动状态是具有偶然性的，但对大量分子总体来讲，则表现出一定的规律性。这种大量偶发无序事件的整体所表现出来的规律性普遍存在于自然界中。著名的伽耳顿实验就很直观地说明了这一点，**伽耳顿板**（Galton plate）构造如图 5-5 所示，在一块竖直木板上规则地钉上许多铁钉，木板的下部用竖直的隔板隔成许多等宽的狭槽，上部漏斗形的入口用来投入小球，板前装上玻璃，以便于观察。实验时，分别多次单个或一次大量将小球投入入口处，小球在下落过程中先后与多个铁钉发生碰撞，最后落入狭槽。实验证明，不论将小球一个一个地投入，还是一次性地投入大量小球，个别小球落入哪个狭槽是完全偶然性的，但大量小球在各槽内的分布情况则是一致的。落入中间狭槽的小球最多，渐次向两侧对称地减少，这就是大量偶然事件的整体所具有的必然性规律。这种大量偶然事件的整体所遵从的规律称为**统计规律**（statistical law）。

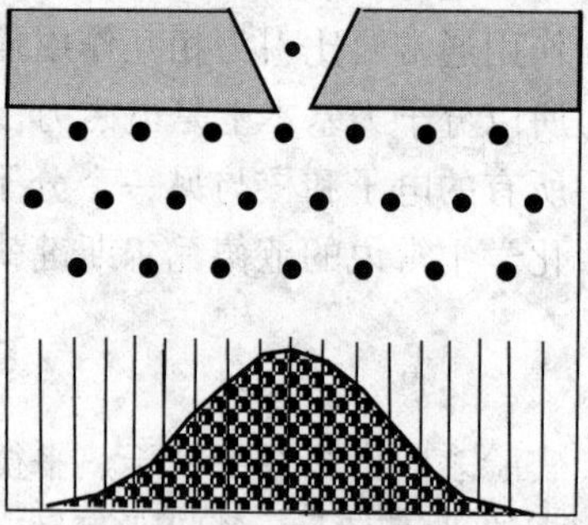

图 5-5　伽耳顿板示意图

由于统计规律所反映的是与某宏观量相联系的某些微观量的统计平均值，而系统的微观运动瞬息万变，因而任一瞬时，实验观测到的宏观量的数值，与统计规律所给出的统计平均值相比较，总是或多或少存在着偏差。参与统计的事件越多，其偏差就越小，统计平均值也越接近于实际值。所以统计规律仅对大量事件才有意义。统计平均值与实际值存在偏差的现象叫做**涨落**（fluctuation），这是统计规律的特点，这正反映了必然性与偶然性之间相互依存的辩证关系。

第二节　理想气体的压强和温度

从气体分子热运动的统计性假设出发，根据理想气体的微观模型，用统计平均的方法，可以推导出理想气体的压强公式，从而解释压强的微观本质和温度的统计意义。

一、理想气体的分子模型与统计假设

1. 理想气体的分子模型　从宏观上讲，理想气体是指压强不太高、温度不太低的气体。在此条件下，实际气体可以近似看作理想气体；从微观角度来看，理想气体是和物质分子结构的一定微观模型相对应的。综合考虑分子运动和分子相互作用两个方面，理想气体的分子模型为：

(1) **分子本身的大小与分子间平均距离相比可以忽略不计，分子可以看作是质点；**

(2) **除碰撞的瞬间外，分子间的相互作用力可忽略不计，分子所受的重力也忽略不计；**

(3) **气体分子间的碰撞以及气体分子与器壁间的碰撞可看作是完全弹性碰撞。**

综上所述，理想气体的分子模型是弹性的、自由运动的质点。显然这是一个理想化的物

理模型，它只是实际气体在压强较小时的近似。

2. 理想气体的统计性假设　针对理想气体的如上特征，再考虑到气体分子的大量性和每一个分子运动的随机性，可以对理想气体从整体上作如下的统计假设：

（1）平衡态时，由于忽略了重力的影响，每个分子的位置处在容器空间内任何一点的机会（或概率）是一样的。或者说，分子按位置的分布是均匀的，容器内分子数密度处处相同。

（2）平均而言，分子沿空间各个方向运动的分子数相等。

（3）每个分子运动速度各不相同，而且通过碰撞不断发生变化。但是在平衡态时，在各方向上分子速度的分布是均匀的，没有哪个方向特别占优势。也就是说，分子速度在各个方向上的分量统计平均值都相等。

若定义分子速率的平均值为

$$\overline{v}=\frac{\sum_{i=1}^{N}v_i}{N} \tag{5-3}$$

其中，N 为分子的总数，求和表示对所有分子的速率求代数和，则

$$\overline{v_x}=\frac{1}{N}\sum(v_{1x}+v_{2x}+\cdots+v_{Nx})$$

$$\overline{v_y}=\frac{1}{N}\sum(v_{1y}+v_{2y}+\cdots+v_{Ny})$$

$$\overline{v_z}=\frac{1}{N}\sum(v_{1z}+v_{2z}+\cdots+v_{Nz})$$

按照上述统计性假设应有

$$\overline{v_x}=\overline{v_y}=\overline{v_z} \tag{5-4}$$

若定义分子速率平方的平均值为 $\overline{v^2}=\frac{\sum_{i=1}^{N}v_i^2}{N}$，则按照理想气体的统计性假设应有

$$\overline{v_x^2}=\overline{v_y^2}=\overline{v_z^2} \tag{5-5}$$

由于对每个分子都有 $v^2=v_x^2+v_y^2+v_z^2$，对该式两端取平均值得

$$\overline{v^2}=\overline{v_x^2}+\overline{v_y^2}+\overline{v_z^2}$$

于是

$$\overline{v_x^2}=\overline{v_y^2}=\overline{v_z^2}=\frac{1}{3}\overline{v^2} \tag{5-6}$$

式（5-4）、式（5-5）表明，**气体的性质与方向无关，即各个方向上速率的各种平均值相等。**

必须强调，上述关于理想气体的统计性假设和式（5-4）、式（5-5）、式（5-6）是在忽略重力条件下关于大量分子无规则运动的统计论断，对少量分子，这些假设和论断是不成立的。

二、理想气体的压强

容器中气体施于器壁的压强是大量分子不断碰撞器壁的结果。无规则运动的气体分子不断与器壁碰撞，对于个别分子来讲，每次给予器壁的冲量多大，碰在什么位置，都是偶然的、断续的，但是对于大量分子整体来说，每时每刻都有许多分子与器壁相碰，宏观上就表现出一个恒定、持续的力的作用。分子数目越多，运动速度愈大，力也就愈大。犹如大量密集的雨点打在伞上，我们感受到一个持续向下的压力一样。下面我们就在以上微观模型及统计假设的基础上来推导压强公式。

设在体积为 V 的任意形状的容器中贮有一定量的理想气体，其中分子总数为 N，单位

体积的分子数 $n=N/V$，每个分子的质量为 m。假定单位体积内具有速率 v_i 的分子数有 n_i 个，那么单位体积内的总分子数 $n=\sum\limits_i n_i$。由于在平衡态下，分子的大量性和运动的随机性将使得器壁上各处的压强相等，据此，可以在器壁上任取一个垂直于 x 轴的面积 ΔS，如图 5-6 所示，计算分子作用在其上的冲力 ΔF，由 $p=\Delta F/\Delta S$ 获得压强。显然，这一压强也就等于气体作用在器壁任意表面处的压强。

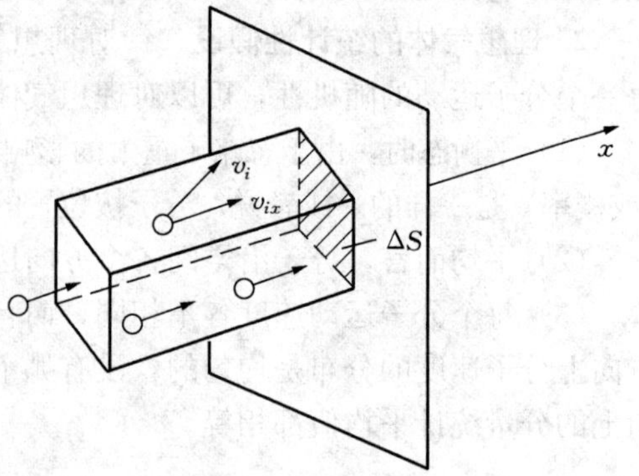

图 5-6 压强公式的推出

为了获得 ΔF，先考虑一个分子对器壁 ΔS 的碰撞。设某一个分子的速度为 v_i，其在 x、y、z 三个方向上的速度分量分别为 v_{ix}、v_{iy} 和 v_{iz}，先考虑速度的 x 分量。由于碰撞是完全弹性的，碰撞前后分子在 x 方向上的速度分量由 v_{ix} 变为 $-v_{ix}$，即速度大小不变，方向相反。分子 i 动量的改变为

$$\Delta p_i=(-mv_{ix})-mv_{ix}=-2mv_{ix}$$

由牛顿第三定律，分子作用在 ΔS 上的冲量即为 $2mv_{ix}$。由于在全部速度为 v_i 的分子中，在 Δt 时间内能与 ΔS 相碰撞的只是位于以 ΔS 为底、$v_{ix}\Delta t$ 为高的柱体内的分子，如图 5-6 所示，其中的分子数为 $n_i v_{ix}\Delta t\Delta S$，这些分子在 Δt 时间内施于 ΔS 的冲量 ΔI_i 就为

$$\Delta I_i=n_i v_{ix}\Delta t\Delta S\cdot 2mv_{ix}$$

所有速率的分子在 Δt 时间内碰撞到 ΔS 上的总冲量 ΔI 应为所有 $v_{ix}>0$ 的分子作用在 ΔS 上的冲量的和（$v_{ix}<0$ 的分子不会与 ΔS 相碰撞），即

$$\Delta I=\sum_{(v_{ix}>0)} 2n_i m v_{ix}^2\Delta S\Delta t$$

其中，求和是对 $v_{ix}>0$ 的分子求和。

由于分子的大量性和运动的随机性，$v_{ix}>0$ 的分子与 $v_{ix}<0$ 的分子应各占分子总数的一半，再考虑到求和涉及的是 v_{ix} 的平方。所以，如果上式的求和表示对所有分子求和（即不受 $v_{ix}>0$ 的限制），则所有分子给予 ΔS 的冲量为

$$\Delta I=\frac{1}{2}\sum_i 2n_i m v_{ix}^2\Delta S\Delta t=\sum_i n_i m v_{ix}^2\Delta S\Delta t$$

于是，所有分子作用在 ΔS 面积上的压强为

$$p=\frac{\Delta F}{\Delta S}=\frac{\Delta I}{\Delta S\Delta t}=\sum_i n_i m v_{ix}^2=m\sum_i n_i v_{ix}^2=nm\frac{\sum\limits_i n_i v_{ix}^2}{n}=nm\overline{v_x^2}$$

将式（5-6）代入得 $$p=\frac{1}{3}nm\overline{v^2}=\frac{2}{3}n\left(\frac{1}{2}m\overline{v^2}\right)=\frac{2}{3}n\bar{\varepsilon}_{\mathrm{kt}} \tag{5-7}$$

这就是**理想气体的压强公式**。其中 $\bar{\varepsilon}_{\mathrm{kt}}=\frac{1}{2}m\overline{v^2}$ 是气体分子的**平均平动动能**（mean translation kinetic energy）。

理想气体的压强公式建立了宏观量 p 和微观量 ε_t 间的关系，指出气体的压强与气体单位体积中的分子数及分子的平均平动动能成正比，或者说气体的压强表示的是大量气体分子在单位时间内施于器壁单位面积上的平均冲量。这正说明了压强的微观本质。

理想气体的压强公式是气体动理论的基本公式之一，下面我们给出几点说明：

● 压强是大量气体分子对器壁碰撞而产生的。它反映了器壁所受大量分子碰撞时所施加冲力的统计平均效果。因此，论及个别或少量分子压强是无意义的。

● 气体的压强可直接测量，但气体的分子数密度 n 和分子的平均平动动能 $\bar{\varepsilon}_{kt}$ 不能直接测量。所以压强公式式（5-7）不能直接用实验验证。它的正确性是以它能很好地解释和推导理想气体的有关定律而被确认的。

● 另外需要指出的是，在推导过程中我们不考虑分子间的碰撞，这是由于从统计意义上讲，分子间碰撞不影响分子向各个方向运动的概率和速度在各个方向分量的各种平均值。

三、温度的统计解释

1. 温度的微观本质　温度是表示物体冷热程度的物理量，这样定义只是从宏观上定性的认识，温度的微观本质是什么？我们将压强方程和理想气体状态方程相比较，就可以找出气体的温度与气体的平均平动动能之间的重要关系。

由式（5-2）知，$p=nkT$，与式（5-7）相比较可得

$$\bar{\varepsilon}_{kt}=\frac{1}{2}m\overline{v^2}=\frac{3}{2}kT \tag{5-8}$$

该式即为**理想气体的能量方程**。能量方程从分子运动论的角度给温度以定义，它说明气体的温度只与分子的平均平动动能有关，是气体分子平均平动动能的量度。温度越高，气体内部分子无规则运动的程度越剧烈。因此，可以说温度是表征大量分子热运动激烈程度的宏观物理量，是大量分子热运动的集体表现。宏观上任何气体，只要温度相同，则其分子的平均平动动能就相同；反之，当它们的分子的平均平动动能相同时，则它们的温度一定相同。**温度和压强一样，也是大量分子热运动的集体表现，具有统计意义，对单个分子讲温度无意义。**

由式（5-8）可知，当 $T=0$ 时，$\bar{\varepsilon}_{kt}=\frac{1}{2}m\overline{v^2}=0$。这就是说，在绝对零度时气体分子将停止运动。实际上分子的热运动是永不停止的，当气体的温度尚未达到绝对零度时，就已经变成液体或固体了，能量方程也就不适用了。但能量方程定性地适用于固体和液体，即不论什么物质，只要温度高，则意味着物质分子热运动平均平动动能大。近代量子理论证实，即使在热力学温度绝对零度时，组成固体点阵的粒子也还保持着某种振动的能量，称为**零点能量**（zero-point energy）。

2. 道耳顿分压定律　设有多种相互间不发生化学反应的气体，装在一个容器中形成混合气体，温度相同，各自的分子数密度分别为 n_1、n_2、n_3、…，那么容器中单位体积内的总分子数为

$$n=n_1+n_2+n_3+\cdots$$

由于温度相同，则各种气体分子的平均平动动能相等。因此有

$$\bar{\varepsilon}_{kt1}=\bar{\varepsilon}_{kt2}=\cdots=\bar{\varepsilon}_{kt}$$

混合气体的压强为

$$p=\frac{2}{3}(n_1+n_2+\cdots)\bar{\varepsilon}_t=\frac{2}{3}n_1\bar{\varepsilon}_{t1}+\frac{2}{3}n_2\bar{\varepsilon}_{t2}+\cdots \tag{5-9}$$

其中，$\frac{2}{3}n_1\bar{\varepsilon}_{kt1}=p_1$，$\frac{2}{3}n_2\bar{\varepsilon}_{kt2}=p_2$，$\frac{2}{3}n_3\bar{\varepsilon}_{kt3}=p_3$，…，分别为某一种气体单独占据整个容器时的压强。于是式（5-9）可写成

$$p=p_1+p_2+p_3+\cdots \tag{5-10}$$

该式说明，几种不发生化学反应的气体在同一容器中混合时，其混合的总压强等于各种气体

的分压强之和，这就是**道耳顿分压定律**（Dalton law of partial pressure）。道尔顿分压定律是化学中常用的实验定律之一，这里应用式（5-7）给出了理论上的证明。

第三节 能量按自由度均分定理

在前面几节，都把分子简化为质点而没有涉及其结构，因此只考虑了分子的平动。实际上，每一个分子的运动除了以质心代表的平动以外，还有转动和振动。因此，分子的热运动动能应包括分子的平动动能、转动动能和振动动能。分子的热运动能量除了前者三部分动能外，还应包括分子的振动势能。显然，由于分子运动的随机性使我们无法知道热运动中的每一个分子的能量有多少。但是，从大量分子的统计来看，分子的热运动能量有无规律可循呢？答案是肯定的。要讨论分子热运动能量所遵从的统计规律，必须从自由度的概念谈起。

一、分子的自由度

1. 自由度的概念 描述物体空间位置所需的独立坐标称为该物体的**自由度**（degree of freedom）。而决定物体空间位置所需的独立坐标数称为该物体的**自由度数**。如果一个质点在空间自由运动，则它的位置需要用三个独立坐标如 x、y、z 来决定，所以这个质点的自由度数是 3。如果一个质点被限制在一个平面上运动，则它的位置只需要用两个独立坐标来决定，所以它的自由度数是 2。同理，被限制在一条直线上运动的质点只有一个自由度。

对于不可变形的物体（称刚体），除了平动外还有转动。由于刚体的一般运动可分解为质心的平动及绕通过质心轴的转动，所以，刚体的空间位置可如下决定（图 5-7）：

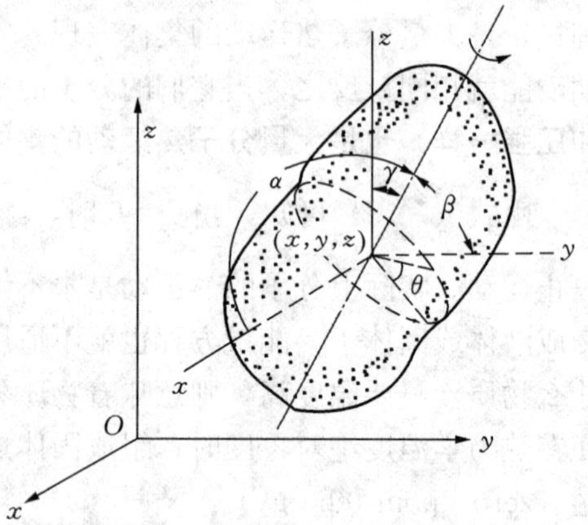

图 5-7 刚体自由度的确定

- 用三个独立坐标 x、y、z 来决定其质心的位置；
- 用两个独立坐标，如 α、β（三个方位角中只有两个是独立的，因为存在关系 $\cos^2\alpha+\cos^2\beta+\cos^2\gamma=1$）决定转轴的方位；
- 用一个独立坐标，如 θ 决定刚体相对于某一起始位置转过的角度。

因此，自由运动刚体的自由度数是 6，其中三个是平动的，三个是转动的。当刚体的运动受到限制时，自由度数也会减少。如绕定轴转动的刚体只有一个自由度。

2. 分子自由度的确定 现在根据上述概念来确定气体分子的自由度数。分如下三种情况来讨论：

（1）单原子分子气体（如氦、氖、氩等） 这类气体分子可被看作自由运动的质点，所以有三个自由度。

（2）双原子分子气体（如氢气、氧气、氮气、一氧化碳等） 这类分子中的两个原子是由一个键联结起来的。根据对分子光谱的研究知道，这类分子除整体做平动和转动外，两个原子还沿着连线方向做微小振动，其可以用一根质量可忽略的弹簧及两个质点构成的模型来表示，见图 5－8。显然，对于这样的分子，需要用三个独立坐标决定其质心的位置；两个独立坐标决定其连线的方位（由于两个原子可看作质点，其绕连线为轴的转动可以忽略）；一个独立坐标决定两质点的相对位置。这就是说，双原子分子共有 6 个自由度：3 个平动自由度，2 个转动自由度，1 个振动自由度。

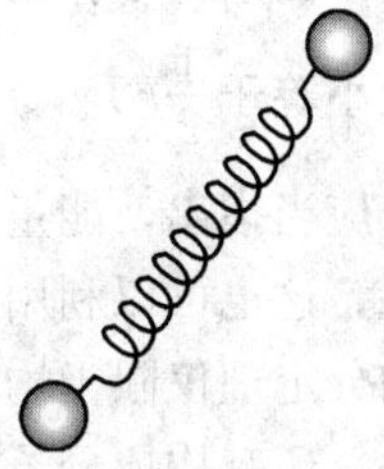

图 5－8　双原子分子模型

在常温常压下，分子中原子的振动很小可以忽略。这时，双原子分子称为刚性双原子分子（即认为联结两个原子的化学键长度不变），其自由度数为 5。其中，3 个平动自由度确定质心位置，2 个转动自由度确定化学键联的方位。

在高温下，原子的振动不能忽略，这种情况下的双原子分子称非刚性双原子分子。此时，分子的自由度为 6。

（3）多原子分子（由三个或三个以上原子组成的分子）气体　这类分子自由度数的确定较为复杂，需要根据其结构情况进行具体分析才能确定。一般地讲，由同样 N 个原子组成的多原子分子的自由度数最多为 $3N$ 个。对此可这样理解：按照自由度的定义，不管物体是否受力，只要它在某一独立坐标上可产生位移，它就具有这一坐标的自由度。虽然非刚性分子中的每一原子均受到周围其他原子的作用力，但它仍能在任意方向上产生位移，所以，要描述由 N 个原子所组成的非刚性分子的空间运动状态，仍需 $3N$ 个独立坐标。在这 $3N$ 个自由度中，有 3 个（整体）平动、3 个（整体）转动及 $3N—6$ 个振动自由度。

二、能量按自由度均分定理

理想气体分子平均平动动能与温度的关系为

$$\bar{\varepsilon}_{kt}=\frac{1}{2}m\overline{v^2}=\frac{3}{2}kT$$

由于$\overline{v_x^2}=\overline{v_y^2}=\overline{v_z^2}=\frac{1}{3}\overline{v^2}$，故

$$\frac{1}{2}m\overline{v_x^2}=\frac{1}{2}m\overline{v_y^2}=\frac{1}{2}m\overline{v_z^2}=\frac{1}{3}\left(\frac{1}{2}m\overline{v^2}\right)=\frac{1}{2}kT \qquad (5-11)$$

根据前述关于自由度的概念，式（5－11）表明，**分子在每一个平动自由度上具有相同的平均动能，其大小都等于** $kT/2$。也就是说，分子平均平动动能 $3kT/2$ 均匀地分配在每一个平动自由度上。

这个结论可以推广到刚性气体分子的转动上去。由于气体分子热运动的无序性，对于个别分子来说，它在任一瞬时的各种形式的动能和总能量完全可与其他分子相差很大，而且，每一种形式的动能也不见得相等。但是，由于分子之间存在着十分频繁的碰撞。通过碰撞，出现能量的传递与交换。如果在分子中分配于某一自由度上的能量多了，在碰撞中能量由这一自由度转换到其他自由度的概率也随之增大。因此，在平衡状态时，由于分子间频繁的无规则碰撞，平均地说，不论何种运动，相应于每一自由度的能量都应相等。不仅各个平动自由度上的能量应该相等，各个转动自由度上的能量也应该相等，而且每个平动自由度上的能量与每个转动自由度上的能量都应该相等。基于这种统计性的考虑，既然气体分子任一平动自由度的平均平动动能为 $kT/2$，那么，分子任一个转动自由度上的平均转动动能也应为 $kT/2$。于是，我们得出普遍的**能量按自由度均分定理**（theorem of equapartition of energy）：

在热平衡条件下，物质（气体、液体、固体）分子的每一个自由度都具有相同的平均动能，其大小等于$\frac{1}{2}kT$。

应当指出，能量均分定理是平衡态下关于热运动的统计规律，是对大量分子统计平均的结果，这也可以利用统计物理作严格证明。能量均分的成因是大量分子间无规则的碰撞。能量均分定理仅限于均分平均动能（包括平动动能和转动动能）。对于分子的振动能量，除动能外，还有构成分子的原子间相对位置变化所产生的势能（注意将分子中原子间的势能与分子间的势能区分开来。理想气体不存在分子间相互作用势能）。由于分子中的原子所进行的振动都是振幅非常小的微振动，可把它看作简谐振动，而在一个周期内，简谐振动的平均动能与平均势能是相等的（见第十一章），所以，对于每一分子的每个振动自由度，其平均势能和平均动能均为 $kT/2$，故每个振动自由度应均分 kT 的能量，而不是 $kT/2$。于是，若某种分子有 t 个平动自由度、r 个转动自由度、s 个振动自由度，则每个分子的平均总能量为

$$\bar{\varepsilon}=\frac{1}{2}(t+r+2s)kT \tag{5-12}$$

对于刚性分子，由于不考虑分子中原子的振动，每个分子的平均总动能为

$$\bar{\varepsilon}_k=\frac{1}{2}(t+r)kT=\frac{i}{2}kT \tag{5-13}$$

其中，自由度 $i=t+r$。

三、理想气体的内能

对于气体的能量，除了上述构成气体的每个分子所具有的分子平动动能、转动动能、振动动能和势能以外，还存在由气体的分子与分子之间引力相互作用决定的引力势能。每个气体分子的能量以及分子与分子之间的势能构成了气体的总能量，称为气体的**内能**（internal energy）。对于理想气体，由于不考虑分子的振动能量（因为温度不太高）和分子之间相互作用势能（因为不计分子与分子之间的相互作用力），所以，理想气体的内能只是分子各种动能的总和。按式（5-13），每一个刚性分子的平均总动能为$\bar{\varepsilon}_k=\frac{i}{2}kT$。1 mol 理想气体有 N_A 个分子，所以，1 mol 理想气体的内能是

$$E_{mol}=N_A\cdot\frac{i}{2}kT=\frac{i}{2}RT \tag{5-14}$$

而质量为 M、摩尔质量为 μ 的理想气体的内能 E 为

$$E=\frac{M}{\mu}\frac{i}{2}RT \tag{5-15}$$

由此可知，一定量的理想气体的内能由分子自由度和气体的温度决定，而与气体的体积和压强无关。由于这一结论与“不计气体分子之间的相互作用力”的假设是一致的，所以有时也把“理想气体的内能只是温度的单值函数”这一性质作为理想气体的一种定义。据此，对于一定质量的理想气体，在其状态变化过程中，只要温度的变化量相等，那么它的内能的变化量就相同，而与过程无关。在第六章热力学中，理想气体的这些性质将有重要的应用。

例题 5-1 一个容器内贮有氧气，其压强为 $p=1.013\times10^5$ Pa，温度为 27 ℃，试求：(1) 单位体积内的分子数；(2) 氧气的密度；(3) 氧气分子的质量；(4) 分子的平均平动动

能；(5) 分子的平均总动能。

解：氧分子为双原子分子，自由度 $i=5$

(1) 由 $p=nkT$，可得单位体积内分子数

$$n=\frac{p}{kT}=\frac{1.013\times10^{5}}{1.38\times10^{-23}\times(273+27)}=2.45\times10^{25}(\mathrm{m^{-3}})$$

(2) 氧气的密度　$\rho=\dfrac{M}{V}=\dfrac{p\mu}{RT}=\dfrac{1.013\times10^{5}\times32\times10^{-3}}{8.31\times300}=1.30(\mathrm{kg\cdot m^{-3}})$

(3) 氧分子的质量　$m=\dfrac{\mu}{N_A}=\dfrac{32\times10^{-3}}{6.022\times10^{23}}=5.31\times10^{-26}(\mathrm{kg})$

(4) 分子的平均平动动能为 $\bar{\varepsilon}_{kt}=\dfrac{1}{2}m\overline{v^2}=\dfrac{3}{2}kT=\dfrac{3}{2}\times1.38\times10^{-23}\times300=6.21\times10^{-21}(\mathrm{J})$

(5) 分子的平均总动能 $\bar{\varepsilon}_k=\dfrac{5}{2}kT=\dfrac{5}{2}\times1.38\times10^{-23}\times300=1.035\times10^{-20}(\mathrm{J})$

第四节　气体分子的速率分布规律

一、麦克斯韦速率分布规律

气体是由大量分子组成的，处于平衡态下的气体分子运动是杂乱无章的。分子之间频繁的碰撞使得每一个分子运动速度的大小和方向不断变化，各个分子的速度千差万别，不尽相同。这种分子运动的无规律性和偶然性，使得我们不可能详细了解每一个分子的速度状况。但是，若从大量分子的整体来看，气体分子速率有没有一些统计性的规律呢？

本章第一节的伽耳顿板实验表明，大量的偶然性中存在着统计规律。由伽耳顿板实验联想到分子速率，使人隐约地感到，每一个分子的速率是偶然的，但大量分子速率的分布可能具有某种确定的统计规律性。如果将分子速率划分为若干个相等的速率区间 $v\sim v+\Delta v$，在一定温度下，速率落入各个速率区间内的分子数 ΔN 占总分子数 N 的百分比 $\Delta N/N$ 可能服从一定的统计规律。

表 5-1 给出了 273 K 时空气分子的速率分布情况。由表 5-1 可见，在不同的速率附近取相等的速率区间 Δv，速率在该区间内的分子数占总分子数的比值 $\Delta N/N$ 是不同的，如在 300～400 m·s^{-1}速率区间的 $\Delta N/N$ 为 21.5%，而在 600～700 m·s^{-1}的 $\Delta N/N$ 为 9.2%，这表明 $\Delta N/N$ 是 v 的函数；另一方面，在给定的速率 v 附近，所取的速率区间越大，则 $\Delta N/N$ 的值也越大，如 300～500 m·s^{-1}区间的百分比为 42%，而 300～400 m·s^{-1}的百分率为 21.5%，这表明 $\Delta N/N$ 还是 Δv 的函数。因此，$\Delta N/N$ 与所考虑的速率 v 以及所取速率区间的大小 Δv 都有关。此外，在表 5-1 中还可以看到，速率在 300～400 m·s^{-1}速率区

表 5-1　273 K 时空气分子的速率分布

速率区间/m·s^{-1}	$\frac{\Delta N/N}{\%}$	速率区间/m·s^{-1}	$\frac{\Delta N/N}{\%}$
100 以下	1.4	400～500	20.5
100～200	8.1	500～600	15.1
200～300	16.7	600～700	9.2
300～400	21.5	700 以上	7.7

间的分子数占总分子数的百分比最大，在此区间两侧，百分比逐渐减小，呈现出了明显的统计规律性。

表 5-1 说明的分子速率分布的规律性是粗糙的和定性的。1860 年英国物理学家麦克斯韦（J. C. Maxwell，1831—1879）应用概率论和统计力学导出的关于气体分子速率分布规律的定量表达为

$$\frac{\mathrm{d}N}{N}=4\pi\left(\frac{m}{2\pi kT}\right)^{3/2}\mathrm{e}^{-\frac{mv^2}{2kT}}v^2\mathrm{d}v \tag{5-16}$$

其中，N 为总分子数，m 为分子质量，T 为绝对温度，v 为分子速率，$\mathrm{d}v$ 为速率区间 $v\sim v+\mathrm{d}v$ 的间隔宽度，$\mathrm{d}N$ 为速率落入速率区间 $v\sim v+\mathrm{d}v$ 内的分子数。式（5-16）称为**麦克斯韦速率分布律**（Maxwell speed distribution）。

根据式（5-16），尽管我们不知道每一个分子的速率有多大，但是可以知道处于某一速率区间内的分子数有多少。将式（5-16）改写为

$$\frac{\mathrm{d}N}{N\mathrm{d}v}=4\pi\left(\frac{m}{2\pi kT}\right)^{3/2}\mathrm{e}^{-\frac{mv^2}{2kT}}v^2 \tag{5-17}$$

当温度 T 一定时，上式右侧仅为 v 的函数，令其为 $f(v)$，即

$$f(v)=4\pi\left(\frac{m}{2\pi kT}\right)^{3/2}\mathrm{e}^{-\frac{mv^2}{2kT}}v^2 \tag{5-18}$$

$f(v)$ 称**麦克斯韦速率分布函数**（function of Maxwell speed distribution）。由 $\mathrm{d}N/(N\mathrm{d}v)$ 可知，**$f(v)$ 的意义为处于起点速率为 v 的单位速率区间内的分子数占总分子数的百分比**。

在三维速度空间中，如图 5-9 所示，式（5-16）中的 v 和 $\mathrm{d}v$ 可以分别写成以下的分量形式

$$v^2=v_x^2+v_y^2+v_z^2,\qquad \mathrm{d}v=\mathrm{d}v_x\mathrm{d}v_y\mathrm{d}v_z$$

其中，$\mathrm{d}v$ 表示三维速度空间的微分。

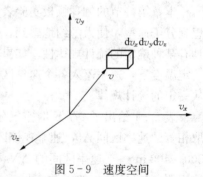

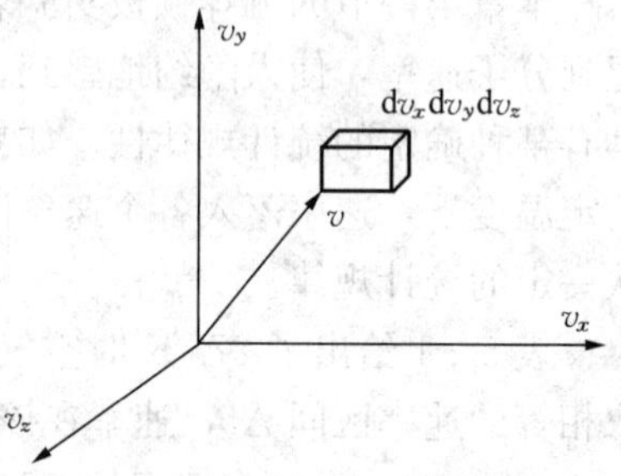

图 5-9 速度空间

$f(v)$—v 关系曲线称为麦克斯韦速率分布曲线，其形状为类钟形曲线，图 5-10 给出的是1 200 K 时 Ag 分子的速率分布曲线示意图。若在分布曲线下取一个宽为 $\mathrm{d}v$、高为 $f(v)$ 的微小矩形，如图 5-11 所示，根据分布函数的意义可知，该矩形面积的大小在数值上就等于速率分布在 $v\sim v+\mathrm{d}v$ 速率区间内的分子数占总分子数的百分比。由于分布曲线下的总面积可以视为无穷多个这样的微小矩形面积的和，因而分布曲线下的总面积在数值上就等于速率分布在所有各个速率区间内的分子数占总分子数的百分比之和。显然，这一百分比之和为 100%，即为 1。用数学式表达，就应有

$$\int_0^{\infty} f(v)\mathrm{d}v=1 \tag{5-19}$$

式（5-19）为麦克斯韦速率分布函数的归一化条件。

对麦克斯韦速率分布规律，应该强调几点：

● 麦克斯韦分布适用于平衡态的气体，因为这种分布是麦克斯韦对理想气体分子在三个直角坐标方向上做独立运动（即平衡态气体）的假设下导出的。在平衡态下气体分子数密度 n 及气体温度都有确定均匀的数值，故其速率分布也是确定的，它仅是分子质量及气体温度的函数。

● 由于在导出过程中，没有考虑到分子之间的相互作用，故麦克斯韦分布只适用于处于平衡态下的理想气体。

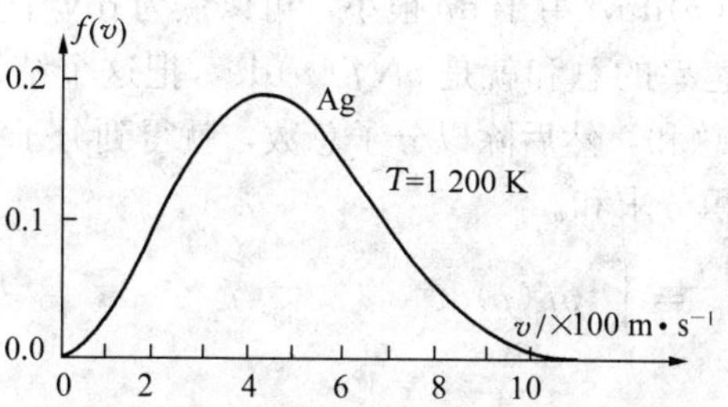

图 5-10　Ag 分子的麦克斯韦速率分布曲线

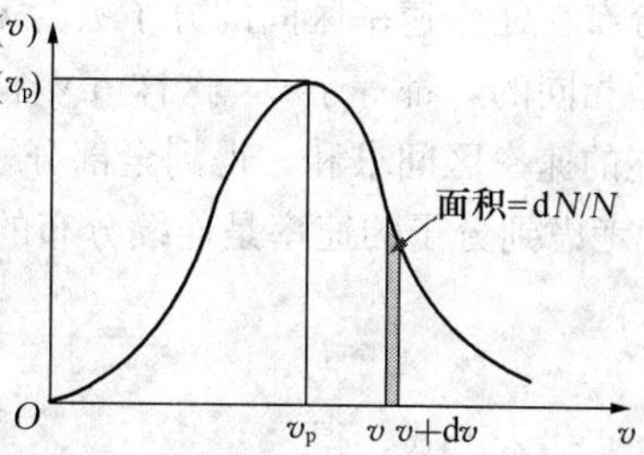

图 5-11　归一化条件的推出

● 麦克斯韦速率分布律只适用于由大量分子组成的处于平衡态的气体，不能把它用于少量分子。

● 实际值和统计平均值相比较可能会出现涨落现象。

二、气体分子速率的三种统计值

1. 最概然速率 v_p　由图 5-11 可见，$f(v)$ 有一极大值，与 $f(v)$ 极大值对应的分子速率叫做**最概然速率**（most probable speed），用 v_p 表示。v_p 的物理意义是：如果把气体分子的速率分成许多相等的速率间隔，则气体在一定温度下分布在最概然速率 v_p 附近单位速率区间内的分子数占总分子数的比例最大，或者说分子分布在 v_p 附近的概率最大。v_p 的数值可由麦克斯韦速率分布函数式（5-18）求得，我们将 $f(v)$ 对 v 求一阶导数，并令

$$\frac{\mathrm{d}}{\mathrm{d}v}f(v)=0$$

解得

$$v_p=\sqrt{\frac{2kT}{m}}=\sqrt{\frac{2kN_A T}{mN_A}}=\sqrt{\frac{2RT}{\mu}}\approx 1.41\sqrt{\frac{RT}{\mu}} \qquad (5-20)$$

该式表明，v_p 随温度的升高而增大，随 m 的增大而减小。

图 5-12(a) 中画出了同种气体不同温度下的速率分布曲线。当温度升高时，速率较大的分子增多，最概然速率 v_p 变大，曲线的高峰移向速率大的一方。由于曲线下的总面积恒为 1，所以曲线同时变得较为平坦。图 5-12(b) 给出了同一温度下不同气体分布曲线的差异。由于 v_p 与分子质量的平方根 $\sqrt{m}$ 成反比，所以分子质量小的分子的 v_p 大，峰值相对较低。

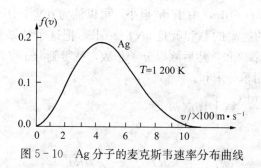

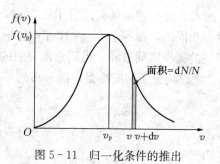

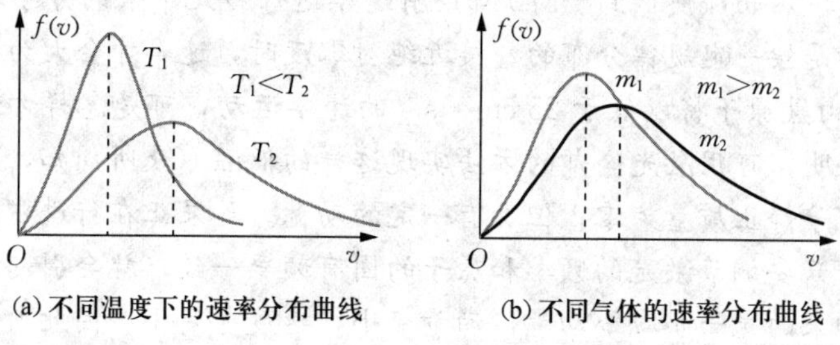

图 5-12　温度和分子质量对麦克斯韦速率分布的影响

2. 平均速率 $\bar{v}$　大量分子的速率的算术平均值叫分子的**平均速率**（mean speed），用 $\bar{v}$ 表示。下面由麦克斯韦速率分布函数来求 $\bar{v}$。

分布在任一速率区间的分子数为 $dN=Nf(v)dv$，由于 dv 很小，可以认为 dN 个分子的速率是相同的，都等于 v。这样 dN 个分子的速率的总和就是 $vNf(v)dv$，把这个结果对所有可能的速率区间求和，得到全部分子的速率总和，然后除以分子总数，就得到分子平均速率 $\bar{v}$。考虑到分子的速率是连续分布的，应用积分求和。

$$\bar{v}=\int_0^\infty \frac{vNf(v)dv}{N}=\int_0^\infty vf(v)dv$$

将 $f(v)$ 代入上式，得

$$\bar{v}=4\pi\left(\frac{m}{2\pi kT}\right)^{3/2}\int_0^\infty e^{-\frac{mv^2}{2kT}}v^3dv=\sqrt{\frac{8kT}{\pi m}}=\sqrt{\frac{8RT}{\pi\mu}}\approx 1.60\sqrt{\frac{RT}{\mu}} \quad (5-21)$$

3. 方均根速率 $\sqrt{\overline{v^2}}$　**方均根速率**（root mean square speed）是指分子速率平方平均值的平方根，用 $\sqrt{\overline{v^2}}$ 或 v_{rms} 表示。首先求出分子速率平方的平均值

$$\overline{v^2}=\int_0^\infty \frac{v^2Nf(v)dv}{N}=\int_0^\infty v^2f(v)dv=4\pi\left(\frac{m}{2\pi kT}\right)^{3/2}\int_0^\infty e^{-\frac{mv^2}{2kT}}v^4dv=\frac{3kT}{m}$$

所以

$$v_{rms}=\sqrt{\overline{v^2}}=\sqrt{\frac{3kT}{m}}=\sqrt{\frac{3RT}{\mu}}\approx 1.73\sqrt{\frac{RT}{\mu}} \quad (5-22)$$

以上三种速率都具有统计平均的意义，它们均与 $\sqrt{T}$ 成正比，与 $\sqrt{\mu}$ 成反比。在 0 ℃时，氢的方均根速率为 1 838 $m\cdot s^{-1}$，氧为 461 $m\cdot s^{-1}$，空气为 493 $m\cdot s^{-1}$。在室温下，气体分子方均根速率的数量级一般为每秒几百米。

三种速率分别有各自的应用。在讨论速率分布时，要用到最概然速率，因为它是速率分布曲线中的极大值。在讨论分子碰撞时，要利用到平均速率。在计算分子的平均平动动能时，要用到方均根速率。

知识链接　　**原子的激光冷却与捕获**

操纵和控制孤立的原子一直是物理学家刻意追求的目标。固体和液体中的原子处于密集状态，气体分子或原子则不断地做高速、无规则运动，分子或原子在这种快速运动状态下，即使有仪器能直接进行观察，它们也会很快地从视场中消失，因此也难以对它们进行单独研究。降低温度，可以使气体中的分子或原子运动变慢。但是气体一经冷却，会先凝聚成液体、再冻结成固体，如果在真空中冷冻，其密度就可以保持足够低，避免凝聚和冻结。然而即使低到 −270 ℃还有速率达每秒几十米的分子和原子，因为分子和原子的速率是按一定规律分布的。接近绝对零度时，速率才会大为降低，当温度降到 1 μK 时，自由氢原子将以低于 25 $cm\cdot s^{-1}$ 的速率运动，可是怎样才能达到这样低的温度呢？研究表明，可用激光冷却的方法实现这样的低温。众所周知，光可看成是一束光子流，这种光子静止质量为零，但具有一定的动量。如果正在行进中的原子被迎面而来的激光照射，只要调节激光的频率和原子的固有频率一致，就会引起原子的跃迁，原子会吸收迎面而来的光子而减小动量，动量变小，速度也变小。因此所谓激光冷却，就是在激光作用下使原子减速。一般情况下，激光可以把各种原子冷却到毫开（mK）量级的极低温度。

既然温度是分子平均平动动能的量度，因此可以通过降低温度的方法使分子的运动

速率减小。同样，也可以通过减小分子运动速率的方法实现降温。用激光冷却与捕获原子的技术可以使原子或分子的运动速率降至极小甚至接近于零，又使它们保持相对独立，很少相互作用。美籍华人朱棣文（Steven Chu）、威廉·菲利普斯（W. D. Phillips）和法国科学家科恩·塔诺季（C. C. Tannoudji）由于在发展原子的激光冷却与捕获方法上的杰出贡献而共同获得了1997年度诺贝尔物理学奖，他们的工作为深入理解原子在低温下的量子效应开辟了道路。

例题 5-2　导体中自由电子的运动可以看作类似于气体分子的运动，所以通常称导体中的自由电子为电子气（electron gas 或称 Fermi gas；Enrico Fermi，1901—1954）。设导体中共有 N 个自由电子，其中电子的最大速率为 v_F。电子的速率分布函数为

$$f(v)=\begin{cases}Av^2, & 0<v<v_F\\ 0, & v>v_F\end{cases}$$

（1）画出速率分布函数曲线；（2）用 N、v_F 定出常量 A；（3）求出自由电子的最概然速率 v_p、平均速率 $\bar{v}$ 和方均根速率 $\sqrt{\overline{v^2}}$；（4）电子气中一个自由电子的平均动能，m_e 为电子质量。

解：（1）由题意可知，自由电子的速率分布函数在 $0<v<v_F$ 时，$f(v)=Av^2$；在 $v>v_F$ 时，$f(v)=0$，按此可画出如图 5-13 所示的函数分布曲线。

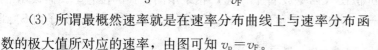

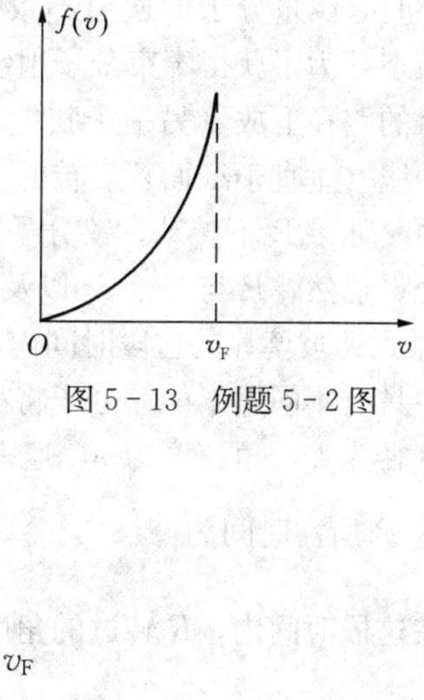

图 5-13　例题 5-2 图

（2）由速率分布函数的归一化条件 $\int_0^\infty f(v)\mathrm{d}v=1$，可知

$$\int_0^\infty f(v)\mathrm{d}v=\int_0^{v_F}Av^2\mathrm{d}v=1$$

积分后有　　$A\frac{v_F^3}{3}=1$，故 $A=\frac{3}{v_F^3}$

（3）所谓最概然速率就是在速率分布曲线上与速率分布函数的极大值所对应的速率，由图可知 $v_p=v_F$。

根据平均速率和方均根速率的定义有

$$\bar{v}=\int_0^\infty v^2 f(v)\mathrm{d}v=\int_0^{v_F}v\frac{3}{v_F^3}v^2\mathrm{d}v=\frac{3}{4}v_F$$

$$\sqrt{\overline{v^2}}=\left[\int_0^\infty v^2 f(v)\mathrm{d}v\right]^{\frac{1}{2}}=\left[\int_0^\infty v^2\frac{3}{v_F^3}v^2\mathrm{d}v\right]^{\frac{1}{2}}=v_F\sqrt{\frac{3}{5}}$$

（4）电子气中一个电子的平均动能为

$$\bar{\varepsilon}_{kt}=\frac{1}{2}m_e\overline{v^2}=\frac{1}{2}m_e\int_0^\infty v^2 f(v)\mathrm{d}v=\frac{1}{2}m_e\int_0^{v_F}v^2\frac{3}{v_F^3}v^2\mathrm{d}v=\frac{3}{10}m_e v_F^2$$

三、麦克斯韦速率分布规律的实验验证

麦克斯韦速率分布律是1860年完全从理论上推算出来的，人们自然很关心这一规律的可靠性。先后有以下的一些实验验证：

● 1873年，英国人瑞利（L. Rayleigh）通过研究分子运动对光谱线频率的影响对速率分布规律做了间接证明。

● 1892 年，美国人迈克耳孙（A. A. Michelson）通过精细光谱的观测，进一步证明了瑞利的工作，从而也间接地验证了麦克斯韦速率分布律。

● 1908 年，美国人理查森（O. W. Richardson）通过热电子发射间接验证了麦克斯韦速率分布律。

● 1920 年，美国人斯特恩（O. Stern）发展了分子束方法，第一次直接得到了麦克斯韦速率分布律的证据。

● 1934 年，中国物理学家葛正权通过对铋（Bi）蒸气分子速率分布的测定直接证明了麦克斯韦速率分布律。

● 1955 年，美国人库什（P. Kusch）和米勒（R. C. Miller）对麦克斯韦速率分布律做出了更精确的实验验证。

这里简要介绍一下中国物理学家葛正权于 1934 年测定铋（Bi）蒸气分子速率分布的实验。实验装置的主要部分如图 5－14 所示，图中 O 是分子射线源，它是一个储有铋蒸气的金属容器。在器壁上开一个狭缝 S_1，使铋分子能从容器中逸出。当狭缝很小时，少量分子的逸出不致破坏容器内铋蒸气的平衡态。为了获得窄束分子射线，在铋分子由 S_1 射出后的路径上放置另一个狭缝 S_2。R 是一个可绕中心轴线（垂直于纸面）旋转的空心圆筒，筒壁上开有一个狭缝 S_3。全部装置放置于真空容器内。如果 R 不转动，铋分子穿过狭缝 S_3 进入圆筒，并沉积在贴于 R 内壁的弯曲玻璃片的 P 处。显然，P 与 S_1、S_2 以及 S_3 在一条直线上。如果 R 以一定的角速度旋转，铋分子在由 S_3 到达玻璃片的这段时间内，由于 R 转过了某个角度而沉积在 P' 处。所以，在分子射线束中具有不同速率的铋分子将沉积在 R 内壁玻璃片的与 P 相距不同弧长的位置上。假设 R 的直径为 D，角速度为 ω，速率为 v 的铋分子落在 P' 处，弧 PP' 的长度为 l。则铋分子由 S_3 到达 P' 所需时间为

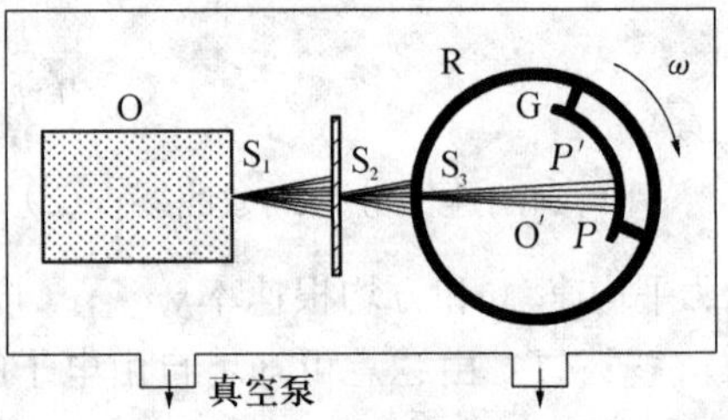

图 5－14 测定铋蒸气速率分布的装置

$$t=\frac{D}{v}$$

在这段时间内，R 转过的角度为 $\theta=\omega t$，则弧长为 $l=\frac{1}{2}D\theta=\frac{1}{2}D\omega t$。因此速率的表达式为

$$v=\frac{D^2\omega}{2l} \tag{5-23}$$

由此式可见，铋分子的速率 v 与弧长 l 相对应。

在 R 以恒定角速度旋转较长一段时间后，取下玻璃片，用测微光度计测出 l 处铋层的厚度。根据铋层厚度与 l 的关系，就能得到铋分子数按速率的分布规律。实验所得结果与麦克斯韦速率分布律相符，从而证实了麦克斯韦速率分布律的正确性。

四、玻耳兹曼分布律

一定质量的气体处于平衡态时，如果不计外力场的作用，其分子将均匀地分布在容器的整个空间中。这时，气体的分子数密度以及压强和温度都是处处均匀一致的，但各个分子可以具有不同的速度和动能。当考虑到外力场对气体的作用时，气体各处的分子还将具有不同的势能，气体的分子数密度和压强也将不再是均匀地分布了。1887 年，玻耳兹曼（L. Boltzman）求出了外力场

中气体分子按能量的分布规律，并由它出发重新导出了麦克斯韦速率分布定律。本节将概要地介绍玻耳兹曼分布律。我们先从重力场中粒子按高度的分布开始讨论。

1. 重力场中粒子按高度的分布　在重力场中，气体分子要受到两种作用：分子的热运动使得它们在空间趋于均匀分布，而重力作用则使它们趋于向地面降落。当这两种作用共同存在而达到平衡状态时，气体的分子数密度和压强都将随高度而减小。下面分析理想气体在重力场中按高度的分布规律。

平衡态下气体的温度处处相同，而气体的压强为 $p=nkT$，如果没有重力的影响，则分子数密度 n 应处处相等，这时压强 p 也处处相等。但在重力作用下，n 和 p 都将随高度而变化。

在气体中截取一竖直柱体，如图 5-15 所示。根据流体静力学原理，静止气体中高度为 h 处的压强 p 与高度为 $h+\mathrm{d}h$ 处的压强 p' 之差为

$$\mathrm{d}p=p-p'=-\rho g\mathrm{d}h$$

式中 ρ 为气体的质量密度，g 为重力加速度。考虑到 $\rho=nm$（m 为分子质量），因此有

$$\mathrm{d}p=-nmg\mathrm{d}h$$

由于气体内各处温度相同，这个压强差只能是由分子数密度 n 的不同而引起，故有

$$\mathrm{d}p=kT\mathrm{d}n$$

比较以上两式可得

$$\frac{\mathrm{d}n}{n}=-\frac{mg}{kT}\mathrm{d}h \tag{5-24}$$

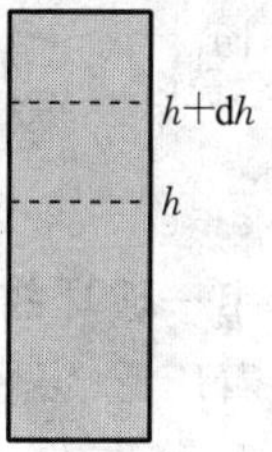

图 5-15　静止气体的压强差

假定在 $h=0$ 处的分子数密度为 n_0，积分上式可得任一高度 h 处的分子数密度为

$$n=n_0\mathrm{e}^{-\frac{mgh}{kT}} \tag{5-25}$$

这就是重力场中，处于平衡态下的**气体分子数密度按高度的分布规律**。它表明，分子数密度随高度的增加按指数规律减小。显然，分子的质量越大，重力的作用就越强，从而分子数密度随高度减小得也越快。温度越高，分子的热运动越剧烈，因而分子数密度随高度减小得越慢。

从式（5-25）不难求出高度 h 处的气体的压强为

$$p=nkT=p_0\mathrm{e}^{-\frac{mgh}{kT}} \tag{5-26}$$

式中，$p_0=n_0kT$ 是 $h=0$ 处气体的压强。上式表明，在重力场中气体的压强随高度按指数规律减小，称为**等温气压公式**。它可以用来近似地计算地面上高空某处的大气压强，也可以根据测得的大气压强来估算测量点的高度。由于大气中温度不均匀，气体也没有达到平衡态，所以无论是式（5-25）还是式（5-26），都只能近似地应用于地球表面附近的大气。

式（5-25）的结果同样适用于其他粒子在重力场中的分布。1909 年，法国物理学家皮兰，用实验直接证实了粒子数密度随高度变化的分布规律，并且第一次由实验结果利用式（5-25）比较精确地测量出了玻耳兹曼常量 k。

2. 玻耳兹曼分布律　注意到 $mgh=\varepsilon_\mathrm{p}$ 是分子的重力势能，则式（5-25）可表示为

$$n=n_0\mathrm{e}^{-\frac{\varepsilon_\mathrm{p}}{kT}} \tag{5-27}$$

如果分子处于其他保守力场（如静电场）中，上式同样适用，不过这时应把 ε_p 看成与该保守力场相应的势能（如电势能）。这样一来，就可以把上式的应用范围推广到任何形式的保守力场中去了。对于位于空间中某一小区域 $x\sim x+\mathrm{d}x$、$y\sim y+\mathrm{d}y$、$z\sim z+\mathrm{d}z$ 中的分子数

dN，利用式（5 - 27）可表示为 $$dN=n dV=n_0 e^{-\frac{\varepsilon_p}{kT}} dx dy dz \tag{5-28}$$
式中 ε_p 是位于 x、y、z 处分子的势能。式（5 - 27）及（5 - 28）的结果，常称为**玻耳兹曼分布律**，简称玻耳兹曼分布。它表明，**在势场中的分子总是优先占据势能较低的状态**。分布中的指数因子 $e^{-\frac{\varepsilon_p}{kT}}=n/n_0$，反映了在一定温度下分子具有势能 ε_p 的概率，但温度升高时，分子具有这一势能的概率将增大。玻耳兹曼分布律不仅适用于势场中的气体分子，实际上它同样适用于任何势场中的液体和固体内的分子以及其他微观粒子。

由于分子在空间的位置分布是由势能决定的，那么同样可以设想，分子按速度的分布应由其动能 $\varepsilon_k=mv^2/2$ 所决定，并且应与指数因子 $e^{-\frac{\varepsilon_k}{kT}}$ 成正比。总起来看，处于平衡态下温度为 T 的气体中，位置在 $x\sim x+dx$、$y\sim y+dy$、$z\sim z+dz$ 中并且速度在 $v_x\sim v_x+dv_x$、$v_y\sim v_y+dv_y$、$v_z\sim v_z+dv_z$ 之间的分子数可表示为

$$dN(\boldsymbol{r},\boldsymbol{v})=Ce^{-\frac{\varepsilon}{kT}} dv_x dv_y dv_z dx dy dz \tag{5-29}$$

式中 $\varepsilon=\varepsilon_k+\varepsilon_p$ 是分子的总能量，C 是与位置坐标和速度无关的比例因子。这一结论称为**麦克斯韦—玻耳兹曼分布定律**。它给出了分子数按能量的分布规律。与式（5 - 28）一样，它也有着广泛的适用范围。

知识链接 气体分子的速度分布律是麦克斯韦在 1859 年宣布的，这在热学史上是具有划时代意义的大事。起初，麦克斯韦的工作受到了许多人的怀疑，但玻耳兹曼看出了这项工作的重要性，他继承了麦克斯韦的理论并将其加以推广。麦克斯韦是幸运的，因为在这之前他已因电磁场理论方面的成就取得了很高的社会地位，又是生活在自由讨论成风的英国，他在统计力学方面的工作虽不能为多数人所理解，但也未因此而遭到嘲笑和围攻，并且毕竟还能得到了玻耳兹曼等年轻人的支持。但玻耳兹曼却很不幸，他的活动场所是封建保守势力较强大的讲德语的中欧，他因继承和发展了麦克斯韦的学说而成为围攻的对象。19 世纪 80 年代以后，奥地利物理学家马赫（E. Mach，1838—1916）的实证论和德国化学家奥斯特贯尔德（W. Ostwald，1853—1932）的唯能论迅速成为时髦的哲学，他们在 19 世纪末分别从实证论和唯能论的立场出发对分子运动论进行批判。前者认为，既然未能看到分子，那就表明分子运动论是不可信的；后者认为，能量可以解释一切，分子运动论是多余的。麦克斯韦已在 10 多年前离开人世，在奥地利和德国执教的玻耳兹曼就自然成为主要的攻击目标。在大人物们的强大攻势面前，玻耳兹曼长期孤军奋战，从忧愤、悲凉到绝望，终于在 1906 年自杀身亡。但是，科学是不可战胜的。此后不久，实证论和唯能论受到了批判。玻耳兹曼也因其在热力学和统计物理学中的贡献被载入史册。

例题 5 - 3 飞机起飞时，压强 $p_0=1$ atm、温度 $t=27$ ℃。当压强变为 $p=0.8$ atm 时，飞机的高度是多少？已知空气的摩尔质量为 29×10^{-3} kg·mol^{-1}，1 atm$=1.013\times10^5$ Pa，忽略温度随高度的变化。

解： 由 $p=p_0 e^{-\frac{mgh}{kT}}$ 得 $$h=\frac{kT}{mg}\ln\frac{p_0}{p}=\frac{RT}{\mu g}\ln\frac{p_0}{p}$$

将 $R=8.31$ J.K^{-1}·mol^{-1}，$T=300$ K，$\mu=29\times10^{-3}$ kg·mol^{-1}，$g=9.80$ m·s^{-2} 代入，得飞机的高度为 $$h=\frac{8.31\times300}{29\times10^{-3}\times9.80}\ln\frac{1}{0.8}=1.96(\text{km})$$

第五节　气体分子的平均碰撞次数及平均自由程

在常温下，气体分子运动的平均速率可达每秒几百米，按此速率计算，当我们打开香水瓶时，香味应立即传到百米之外，但经验告诉我们，即使在十几米处，也要几分钟后才能闻到。这是由于空气分子密度很大，加上分子本身要占一定体积，故气体分子在运动过程中会不断地相互碰撞，所以分子不会沿直线前进，而是沿迂回的折线前进（图 5-16），从而使气体分子在单位时间的位移比其平均速率小了许多。气体分子相互碰撞的频繁程度直接影响到扩散与热传导过程进行的快慢。

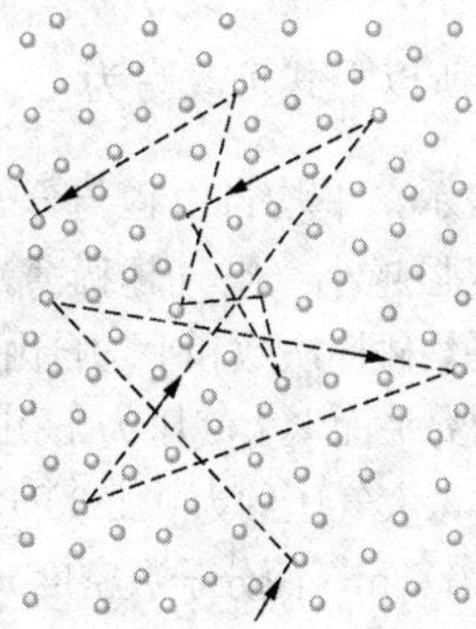

图 5-16　气体分子碰撞所走的折线

一、平均碰撞次数

一个分子在任意两次连续的碰撞之间所经过的自由路程是不等的，其大小具有偶然性。在相同的时间内，分子的碰撞次数也是偶然的。单位时间内一个分子与其他分子碰撞的平均次数称为**平均碰撞次数**，用 $\overline{Z}$ 表示。

我们来计算分子的平均碰撞次数 $\overline{Z}$。为了便于计算，我们假定每个分子都是直径为 d 的弹性小球，并且假定只有某一个分子以平均速率 $\overline{v}$ 运动，而其他分子都不动。由于运动分子与其他分子碰撞，其运动轨迹是一条折线，如图 5-17 中虚线所示。由图中可以看出，凡是球心离折线的距离小于 d 的其他分子，都将和运动分子发生弹性碰撞。如以 1 s 内球心所经过的轨道为轴，以 d 为半径，长为 $\overline{v}$，作一圆柱体，它的体积为 $\pi d^2\overline{v}$，这个圆柱体的截面积 πd^2 叫做碰撞截面。设单位体积内分子数为 n，则圆柱体内的分子数为 $\pi d^2\overline{v}n$。球心在圆柱体外的分子就不会与 A 相碰。显然，分子 A 在 1 s 内与其他分子发生碰撞的平均次数 $\overline{Z}$ 为

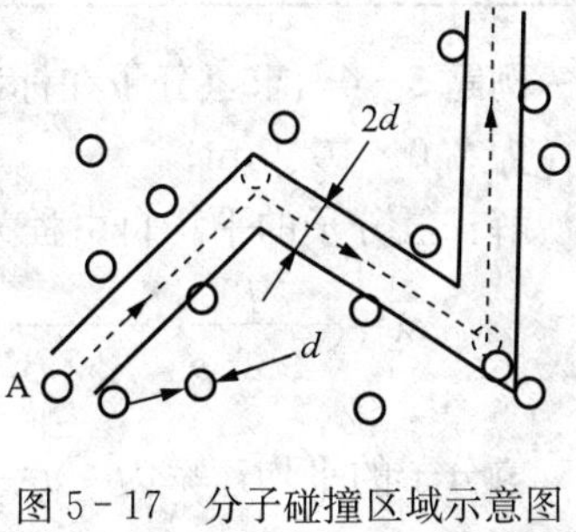

图 5-17　分子碰撞区域示意图

$$\overline{Z}=\pi d^2\overline{v}n \tag{5-30}$$

以上结果是假定一个分子运动而其他分子静止而得到的，实际上所有分子都在运动，对式（5-30）必须加以修正。利用麦克斯韦速度分布律可以证明，气体分子的平均相对速率 $\overline{u}$ 与平均速率 $\overline{v}$ 的关系为

$$\overline{u}=\sqrt{2}\,\overline{v} \tag{5-31}$$

为此，需将式（5-30）中的 $\overline{v}$ 替换成 $\overline{u}$。于是式（5-30）修正为

$$\overline{Z}=\sqrt{2}\,\pi d^2 n\overline{v} \tag{5-32}$$

上式说明分子平均碰撞次数与分子的有效直径、分子数密度及平均速率有关。在标准状态下，一个分子与其他分子的平均碰撞次数约为几十亿次之多。

二、平均自由程

每两次连续碰撞间一个分子自由运动的平均路程，称为**平均自由程**（mean free path），用 $\overline{\lambda}$ 表示。由于 1 s 内分子平均走过的路程为 $\overline{v}$，一个分子与其他分子碰撞的平均次数为 $\overline{Z}$，

因此平均自由程为

$$\bar{\lambda}=\frac{\bar{v}}{\bar{Z}}=\frac{1}{\sqrt{2}\pi d^2 n} \tag{5-33}$$

该式表明，分子的平均自由程是与分子的有效直径的平方和分子数密度成反比。又因为 $p=nkT$，所以上式可改写为

$$\bar{\lambda}=\frac{kT}{\sqrt{2}\pi d^2 p} \tag{5-34}$$

该式表示，平均自由程与分子的平均速率无关。当温度恒定时，平均自由程 $\bar{\lambda}$ 与压强 p 成反比，压强越小（空气越稀薄），平均自由程越长。

平均碰撞次数和平均自由程反映了气体运动的统计规律，是气体动理论的重要内容之一。在地球的海平面上大气压为 1.013×10^5 Pa，空气分子的平均自由程 $\bar{\lambda}$ 为 10^{-7} m。在离地面 100 km 的高空，大气压约为 0.133 Pa，$\bar{\lambda}$ 为 1 m。在离地面 300 km 的高空，大气压约为 1.33×10^{-5} Pa，$\bar{\lambda}$ 可达 1 000 m，而分子数密度 n 则下降到每立方米 10^{15} 个。为了对气体分子不规则运动程度有一个数量概念，表 5-2 给出了标准状态下，几种气体分子的有效直径 d 及平均自由程 $\bar{\lambda}$。

表 5-2　在标准状态下气体的平均自由程及有效直径

气体	$\bar{\lambda}/\times10^{-7}$ m	$d/\times10^{-10}$ m
氢气（H_2）	1.230	2.7
氮气（N_2）	0.599	3.7
氧气（O_2）	0.599	3.6
氦气（He）	1.798	2.2
氩气（Ar）	0.666	3.2

例题 5-4　求氢分子在标准状态下的平均自由程和平均碰撞次数，已知氢分子的有效直径为 2.0×10^{-10} m。

解：氢分子的平均自由程为

$$\bar{\lambda}=\frac{kT}{\sqrt{2}\pi d^2 p}=\frac{1.38\times10^{-23}\times273}{\sqrt{2}\times3.14\times(2.0\times10^{-10})^2\times1.013\times10^5}=2.10\times10^{-7}\,(\text{m})$$

氢分子的平均速率为　$\bar{v}=\sqrt{\dfrac{8RT}{\pi\mu}}=\sqrt{\dfrac{8\times8.31\times273}{3.14\times2.0\times10^{-3}}}=1.70\times10^3\,(\text{m}\cdot\text{s}^{-1})$

平均碰撞次数为　$\bar{Z}=\dfrac{\bar{v}}{\bar{\lambda}}=\dfrac{1.70\times10^3}{2.10\times10^{-7}}=8.10\times10^9\,(\text{s}^{-1})$

结果表明，在标准状态下，1 s 内一个氢分子平均碰撞次数达 80 亿次。可见气体分子的碰撞是非常频繁的。

拓展阅读

温　室　效　应

2009 年 12 月 18 日在哥本哈根举行的全球气候会议的中心议题是二氧化碳减排，提倡低碳经济，以缓解全球气候变暖。全球气候为什么会变暖呢？人所共知这是温室效应所闯的祸。

温室效应（greenhouse effect），又称“花房效应”，是地球大气保温效应的俗称。大气能使太阳辐射中的短波成分到达地面并被吸收。长波成分被大气吸收，同时地表向外辐射中的长波成分即红外辐射也被大气吸收。长波成分具有热效应，这就使地表与低层的大气温度升高，其作用类似于栽培反季节花木的人造温室，故称之为温室效应。据估计，如果没有大气，地表平均温度就会下降到－23 ℃，而实际地表平均温度为 15 ℃，这就是说温室效应使地表温度提高了 38 ℃。

自工业革命以来，人类向大气中排放的二氧化碳等吸热性强的温室气体逐年增加，大气的温室效应也随之增强，已引起全球气候变暖等一系列严重问题，引起了全世界各国的关注。

一、温室效应的产生

温室气体包括水蒸气、二氧化碳、甲烷、臭氧和氯氟烃及其他微量气体，这些气体原为大气的自然组成部分，具有吸热和隔热的功能。从这点来说，地球具有“天然的温室效应”，以适应动植物繁衍。由于现代人类过多燃烧煤炭、石油和天然气，这些燃料燃烧后放出大量的二氧化碳气体进入大气，在大气中增多的结果如同形成一种无形的“玻璃”罩，使太阳辐射到地球上的热量及大气反射回地球上的热量难以向外层空间发散，其结果是地球表面升温，破坏了地球的温室环境，如图 5-18 所示，导致全球气候变暖等一系列严重问题。

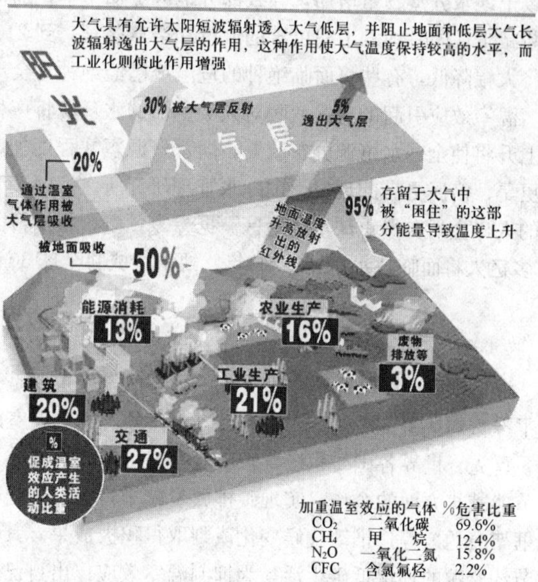

图 5-18　温室效应产生分析

关于地球升温目前有两种流行的观点：一是温室气体中的二氧化碳起主要作用；二是温室气体中的碳粒粉尘起主要作用。第二种观点来自于美国空间研究所的詹姆斯·汉森博士，他认为由于煤和柴油等含碳量高的燃料燃烧不充分，碳的利用率太低而造成的。这不仅浪费资源，而且导致环境的污染，更可甚的是众多的碳粒粉尘聚集在大气对流层中，引起云的堆积。云层越厚，热量越不易向外扩散，地球就越来越热。但不论哪种观点的解释，共同的结论是，温室气体导致了温室效应。

二、温室效应的危害

1. 温室效应对地球的影响

（1）*气候变暖，极端天气增加*　人类活动使温室效应日益加剧，自工业革命以来，资源与能源大量消耗，特别是煤、石油、天然气等物质的燃烧所排放的大量 CO_2，使其在空气中的含量增加。自 1975 年以来，地球表面的平均温度已经上升了 0.5 ℃，在 2006 年公布的气候变化经济学报告中显示，如果我们继续现在的生活方式，到 2100 年全球气温将有可能会上升 4 ℃，气候将明显变暖。气温升高，将导致某些地区雨量增加，某些地区出现干旱。温室效应还导致飓风、海啸、台风增多，夏天非常热、冬天非常冷的反常气候增多，自然灾害加剧。

（2）*海平面升高*　由于气温升高，海水将受热膨胀，同时使两极地区冰川融化，海平面将升高。海水将淹没生产的土地，盐水入侵将污染淡水资源，海平面上升将使洪涝和风暴潮灾害增多，改变海岸线和海岸生态系统，直接威胁沿海地区以及广大岛屿国家人民的生存环境及社会经济发展。按最新预测研究结果，到 2100 年地球的平均海平面上升幅度在 0.15～0.95 m。

（3）*土地沙漠化*　土地沙漠化是一个全球性的环境问题，全世界每年有 600 万 hm^2 的土地发生沙漠化，每年给农业生产造成的损失达 260 亿美元。有历史记载以来，中国已有 1 200 万 hm^2 的土地变成了沙漠，特别是近 50 年来形成的“现代沙漠化土地”就有 500 万 hm^2。沙漠化使生物界的生存空间不断缩小，已引起科学界和各国政府的高度重视。气候变暖和构造活动变弱是沙漠化的主要原因，人类活动加速了沙漠化的进程。

2. 温室效应对人类生活的影响　温室效应对世界经济的影响是不可估量的。全球有超过一半人口居住在沿海 100 km 的范围以内，其中大部分住在海港附近的城市区域。所以，海平面的显著上升和伴随而来的极端天气会对沿岸地区、海洋国家尤其是岛国造成严重的经济损害，例如海洋渔业、沿海种植业、旅游业等，更为严重的是，温室效应将危及人类赖以生存的环境。

温室效应目前对农业生产的影响最大。农作物产量除了受技术、品种和虫害等因素影响外，还受制于自然资源和气候因素。全球气候变暖增加了自然灾害发生的频率，延缓粮食产量增加的总趋势。气候变暖导致土地水分蒸发量增加，导致部分地区更加干旱，加快了土壤盐渍化与土地荒漠化的发展，使耕地面积不断减少，同时加剧了病虫害的流行和杂草蔓延。到 2100 年，受温室效应的影响，部分植物品种的生存能力将大幅降低，有些将面临绝种的危险或已经绝种，全球粮食危机的到来似乎已无法避免。

温室效应引起的气候变暖对人类生活的水环境将产生巨大的影响。极端自然灾害频繁发生以及海平面的上升将使全球水资源分布改变，淡水资源短缺程度加剧等。气候变暖将加剧旱灾的次数和程度，出现旱区更旱、涝区更涝的现象。国际水管理研究所在一项关于水资源日益紧缺的报告中指出，目前世界 1/4 以上的人口生活在严重缺水的地区。据专家预测，根据目前全球温室气体的排放量，到 2050 年，仅亚洲就有 10 多亿人将面临缺水；到 2080 年，缺水将威胁全球 30 多亿人的生命。

三、积极应对温室效应

温室效应产生的影响是世界化的，它的发生主要是人类活动造成的，同时对人类的生存和健康更是造成了严重的威胁，因此，人类有义务也必须为抑制温室效应而作出努力。

首先，世界各国要积极寻求应对全球温室效应的办法，指导并约束本国各行业开展减排工作，并寻求在节能减排方面的合作，实现碳排放量减排目标。希望联合国气候变化大会敦促各国遵循《联合国气候变化框架公约》等，推动气候变化谈判取得积极成果。其次，作为我们个人，要改变自己的生活方式，人人过节约资源的环保低碳生活，为抑制温室效应作出自己的一份努力。世界必须携手同进，共同抑制温室效应以及抵抗其带来的一系列不良影响。

思考题

5-1 对于一定量的气体来说，当温度不变时，气体的压强随体积的减小而增大；当体积不变时，压强随温度的升高而增大。从宏观来看，这两种变化同样使压强增大，从微观（分子运动）来看，它们有什么区别?

5-2 盛有气体的容器相对地面静止，若在外力作用下，容器相对地面运动，这时气体相对地面总动能增加了，气体温度是否因此提高了?

5-3 如果氢气和氦气的温度相同、物质的量相同，试问：(1) 分子平均动能是否相同? (2) 分子平均平动动能是否相同? (3) 内能是否相同?

5-4 如图 5-19 所示，两条曲线分别表示同一温度下氢气和氧气的分子速率分布。请分析各表示哪一种气体分子的速率分布。

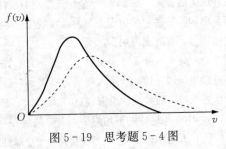

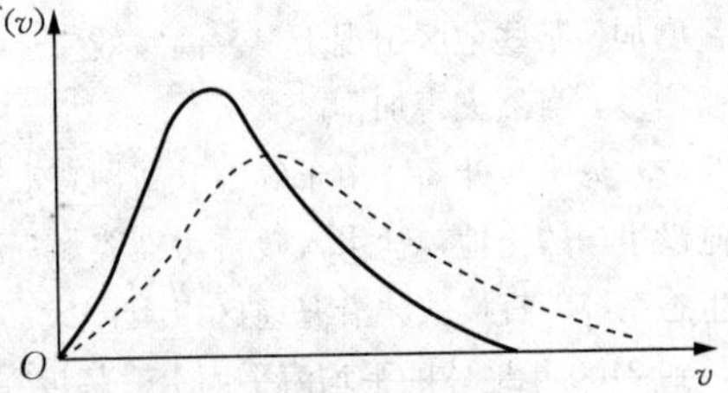

图 5-19 思考题 5-4 图

5-5 1 mol 的水蒸气（H_2O）分解成同温度的氧气和氢气，若将水蒸气视为理想气体，则分子内能增加了百分之几?

5-6 试指出下列各式所表示的物理意义。

(1) $\frac{1}{2}kT$；(2) $\frac{3}{2}kT$；(3) $\frac{i}{2}kT$；(4) $\frac{i}{2}RT$；

(5) $\frac{M}{\mu}\frac{3}{2}RT$；(6) $\frac{M}{\mu}\frac{i}{2}RT$

5-7 已知 $f(v)$ 是气体分子的速率分布函数。请说明下列各式的物理意义。

(1) $f(v)\mathrm{d}v$； (2) $Nf(v)\mathrm{d}v$； (3) $\int_{v_1}^{v_2} Nf(v)\mathrm{d}v$； (4) $\int_0^{v_0} f(v)\mathrm{d}v$；

(5) $\int_{v_1}^{v_2} Nvf(v)\mathrm{d}v$；　(6) $\int_0^{\infty} vf(v)\mathrm{d}v$；　(7) $\int_0^{\infty} v^2 f(v)\mathrm{d}v$

5-8　一定质量的气体，保持体积不变，当温度升高时，分子的无序运动更加剧烈，平均碰撞频率增大，因此平均自由程减小。该说法是否正确？

习题

5-1　每秒有 10^{23} 个氧分子以 $500\ \mathrm{m\cdot s^{-1}}$ 的速度沿与器壁法线成 $45°$ 角的方向撞在面积为 $2\times10^{-4}\ \mathrm{m^2}$ 的器壁上，问这群分子作用在器壁上的压强为多大？

5-2　目前，真空设备内部的压强可达 1.01×10^{-10} Pa，在此压强下温度为 27 ℃时 $1\ \mathrm{m^3}$ 体积中有多少个气体分子？

5-3　2.0×10^{-2} kg 的氢气装在 $4.0\times10^{-3}\ \mathrm{m^3}$ 的容器内，当容器内的压强为 3.9×10^5 Pa 时，氢气分子的平均平动动能为多大？已知氢气的摩尔质量 $\mu=2\times10^{-3}\ \mathrm{kg\cdot mol^{-1}}$。

5-4　某些恒星的温度可达到 1.0×10^8 K，这是发生聚变反应（也称热核反应）所需的温度。在此温度下的恒星可视为由质子组成（大量质子可视为由质点组成的理想气体，质子的摩尔质量 $\mu=1\times10^{-3}\ \mathrm{kg\cdot mol^{-1}}$）。试求：(1) 质子的平均动能；(2) 质子的方均根速率。

5-5　在容积为 $1\ \mathrm{m^3}$ 的密闭容器内，有 900 g 水和 1.6 kg 的氧气。计算温度为 500 ℃时容器中的压强。

5-6　若使氢分子和氧分子的方均根速率等于它们在地球表面上的逃逸速率（$11.2\times10^3\ \mathrm{m\cdot s^{-1}}$），各需要多高的温度？若等于它们在月球表面上的逃逸速率（$2.4\times10^3\ \mathrm{m\cdot s^{-1}}$），各需要多高的温度？

5-7　质量为 6.2×10^{-14} g 的粒子悬浮在 27 ℃的液体中，观测到它的方均根速率为 $1.40\ \mathrm{cm\cdot s^{-1}}$。(1) 计算阿伏伽德罗常量；(2) 设粒子遵守麦克斯韦速率分布律，计算该粒子的平均速率。

5-8　由麦克斯韦速率分布计算速率倒数的平均值 $\overline{\left(\frac{1}{v}\right)}$。

5-9　有 N 个质量为 m 的同种气体分子，它们的速率分布如图 5-20 所示，(1) 说明曲线与横坐标所包围面积的物理意义；(2) 由 N 和 v_0 求 a 值；(3) 求在速率 $v_0/2$ 到 $3v_0/2$ 间隔内的分子数；(4) 求分子的平均平动动能。

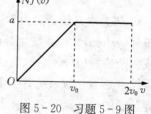

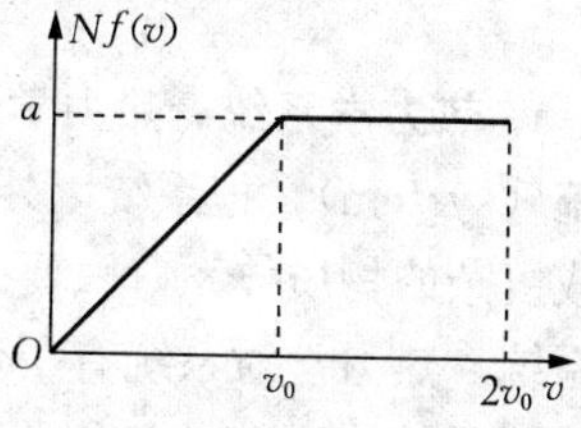

图 5-20　习题 5-9 图

5-10　有 N 个粒子，其速率分布函数为：$0<v<v_0$ 时，$f(v)=\dfrac{\mathrm{d}N}{N\mathrm{d}v}=C$；$v>v_0$ 时，$f(v)=0$。(1) 画出该粒子的速率分布曲线；(2) 由 v_0 求出常量 C；(3) 求粒子的平均速率。

5-11　假定海平面处的大气压为 1.00×10^5 Pa，大气等温并保持 0 ℃，那么，珠穆朗玛峰顶（海拔 8 844.43 m）处的大气压为多少？（已知空气的摩尔质量为 $2.89\times10^{-2}\ \mathrm{kg\cdot mol^{-1}}$）

5-12　求上升到什么高度处，大气压强减到地面的 75%。设空气的温度为 0 ℃，空气的摩尔质量为 $2.89\times10^{-2}\ \mathrm{kg\cdot mol^{-1}}$。

5-13　储有氧气的容器以速率 $v=100\ \mathrm{m\cdot s^{-1}}$ 运动，假设容器突然停止运动，全部定向运动的动能转变为气体分子热运动动能，容器中氧气的温度将上升多少？

5-14　在容积为 $2.0\times10^{-3}\ \mathrm{m^3}$ 的容器中，有内能为 6.75×10^2 J 的刚性双原子分子理想气体。(1) 计算气体的压强；(2) 设分子总数为 5.4×10^{22} 个，计算气体的温度和分子的平均平动动能。

5-15　目前实验室获得的极限真空约为 1.33×10^{-11} Pa，这与距地球表面 1.0×10^4 km 处的大气压强大致相等，试求 27 ℃时单位体积中的分子数及分子的平均自由程（设气体分子的有效直径 $d=3.0\times10^{-8}$ cm）。

5-16　若氖气分子的有效直径为 2.59×10^{-8} cm，求在温度为 600 K，压强为 1.33×10^2 Pa 时氖气分子 1 s 内的平均碰撞次数。

5-17　如果理想气体的温度保持不变，当压强降为原来的一半时，分子的碰撞频率和平均自由程如何变化？

第六章　热 力 学

气体动理论从物质的微观结构出发，建立了宏观量和微观量的关系，阐明了宏观现象的微观本质，研究了热现象的规律。和气体动理论一样，**热力学**（thermodynamics）的研究对象也是热现象，但是热力学和气体动理论的研究方法不同。热力学不考虑物质的微观结构以及微观粒子之间的相互作用，而是以人类在长期生产实践中观测到的宏观现象和客观事实为依据，从能量转化和守恒的观点研究物质的热性质，阐明能量从一种形式转换为另一种形式时应遵循的宏观规律以及物质状态变化时宏观物理量之间的关系，是从宏观上研究热现象基本规律的理论。热力学所研究的是一种唯象的宏观理论，具有高度的可靠性和普遍性，已在工程技术、农业、生命、生态以及环境科学等方面得到广泛应用。

第一节　热力学的基本概念

一、热力学系统　平衡态

1. 热力学系统　热力学研究的对象称为**热力学系统**（thermodynamics system），简称为**系统**（system），把系统以外的部分称为**外界**（surroundings）。热力学系统可以是任何简单的或复杂的物质体系，只要研究它们与热现象有关的性质和变化，它们都可以被看成是热力学系统。热力学对系统有一个特殊要求，即系统必须是由大量的微观粒子组成的。这是因为尽管分子的热运动是杂乱无章的，但是大量的分子组成的系统是有规律的，会呈现出确定的宏观性质和统计规律。热力学就是研究这样的系统与热有关的宏观性质及其转化规律的科学。

根据系统与外界相互作用的情况，可将系统分为以下三类：

（1）孤立系统（isolated system）　与外界既没有物质交换，也没有能量交换的系统。

（2）封闭系统（closed system）　系统与外界没有物质交换，只有能量交换的系统。其中与外界没有热量交换的封闭系统又称为**绝热系统**（adiabatic system）。

（3）开放系统（open system）　与外界能发生物质和能量交换的系统。

2. 平衡态　热力学研究的是由大量分子、原子等微观粒子组成的热力学系统的宏观状态及其变化规律。假设有一封闭容器，如图 6－1 所示，用隔板分成 A、B 两部分，A 部贮有气体，B 部为真空，如图 6－1(a) 所示。当把隔板抽去后，A 部的气体就会向 B 部运动，在这个过程中，气体分子在内部各处的分布是不均匀的，容器内各处气体的压强和密度都是随时间变化的，此时气体的状态叫**非平衡态**（non－equilibrium state），如图 6－1(b) 所示。若不受外界影响，经过一定时间后，整个容器内的气体达到均匀分布，各处的压强和密度都相同，气体的宏观性质不再随时间变化，如图 6－1(c) 所示。这种在不受外界影响的条件下，系统的宏观性质处处均匀并且不随时间变化的状态称为**平衡态**（equilibrium state）。

当系统处于平衡态时，系统的宏观性质不变，但系统内分子仍在不停地运动着，只是分

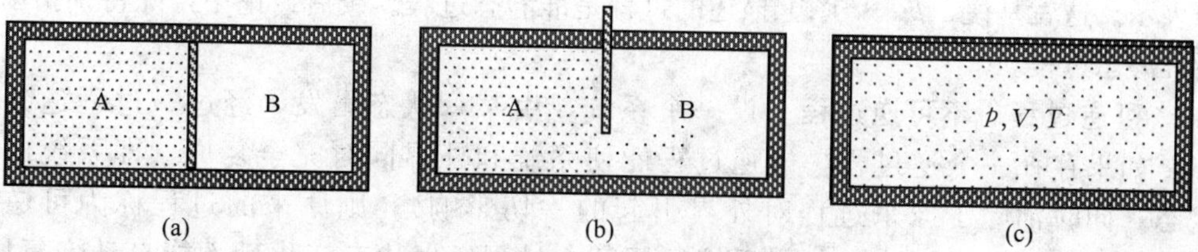

图 6-1 气体的真空膨胀过程

子运动的平均效果不随时间变化，宏观上表现为系统达到了平衡态，所以，平衡态是一种**动态平衡**（dynamic equilibrium）。当然，实际中不可能有完全不受外界影响的系统，也就是说不存在宏观性质绝对不变的系统，所谓平衡态只是一个理想的概念。在一些实际问题中，可以把实际状态近似地当作平衡态来处理。此时，可以用一组物理量（压强 p、体积 V、温度 T 值）来描述系统的宏观性质，这组描述系统状态的宏观物理量称为**状态参量**。

二、准静态过程　可逆过程

1. 准静态过程　非准静态过程　系统在外界作用下从一个稳定的平衡态变化到另一个稳定的平衡态时所经历的过程称**热力学过程**（thermodynamic process），简称**过程**（process）。例如，某系统从初态出发，经过一系列中间状态到达末态，就形成一个热力学过程。如果系统受到外界作用，原来的平衡态被破坏后需要经过一段时间才能达到新的平衡态，我们把系统由平衡态破坏到再次建立平衡态所需要的时间称为**弛豫时间**（relaxation time）。若系统状态的变化进行得足够缓慢，在整个过程中每当平衡态被破坏时，总有足够的时间使系统恢复平衡态，使得过程进行的每一个中间状态都是平衡态或无限接近平衡态，这种由一系列平衡态组成的过程称为**准静态过程**（quasi-static process）。反之，如果热力学过程进行得很快，系统在部分中间状态未达到新的平衡态时又进行了下一步变化，从而系统在整个过程中经历的一系列中间状态不全是平衡态，这种过程称为**非准静态过程**（non-static process）。

事实上，过程的发生就意味着平衡态被破坏，严格地讲，过程的每一中间状态不可能都是平衡态，所以准静态过程只是一种理想过程。在实际应用中，判断一个过程是否进行的“足够缓慢”，不是过程经历时间的长短，而是系统在状态变化过程中及时达到新的平衡态所需时间的长短。例如，四冲程内燃机的整个压缩冲程的时间是很短的（数量级约为 10^{-2} s），但因压强的传递速度更快，使过程经历的每一个中间状态都近似为平衡态，因而可将该过程近似地当作准静态过程来处理。

既然实际过程是非静态过程，为什么还要定义一个假想的准静态过程呢？

如前所述，对于由一定量的气体组成的系统，当系统处于平衡态时，可用一组状态参量 p、V、T 来表示。若以 p 为纵坐标、V 为横坐标，p—V 图上的一点就代表了系统的一个平衡态，如图 6-2 中的 A 点。若假定系统变化的过程是一个准静态过程，那么，p—V 图上的一系列点组成的光滑曲线就代表了一个准静态过程，如图 6-2 中的 AB 过程，从而使对复杂热力学过程的研究变得简单而直观。对于非准静态，由于没有确定的状态参量，所以不能用 p—V

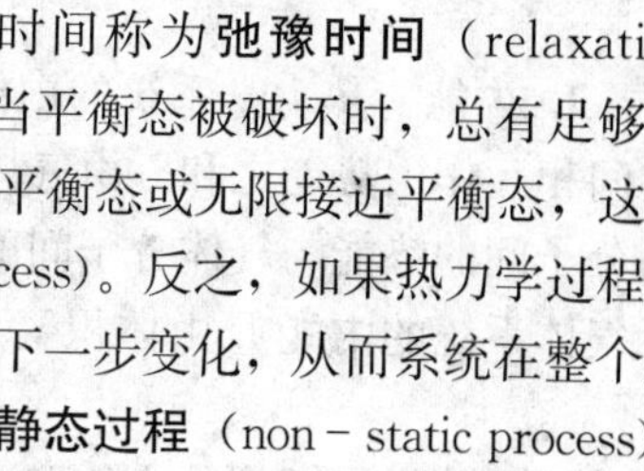

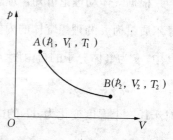

图 6-2 平衡态与准静态过程

图来表示。这就是说，p—V 图上描述的过程是准静态过程。今后讨论中，除特别指出外均是指准静态过程。

2. 可逆过程　不可逆过程　设一个系统，由某一状态出发，经过一过程达到另一状态，如果存在一个逆过程，该逆过程能使系统和外界同时完全复原（即系统回到原来状态，同时消除了原来过程对外界引起的一切影响），则原来的过程称为**可逆过程**（reversible process）；反之，如果系统经历某一过程发生状态变化后不能自动恢复原状，或者当恢复原状时对外界产生了影响，则原来的过程称为**不可逆过程**（irreversible process）。

分析自然界中各种不可逆过程，可以发现，不可逆过程产生的主要原因是：①系统内部出现了非平衡因素，如有限压强差、有限的密度差、有限的温度差等，使平衡态遭到破坏；②存在耗散效应，如摩擦、黏滞性、非弹性、电阻等。因此，若一个过程是可逆过程，它必须具有下面两个特征：首先过程中不出现非平衡因素，即过程必须是准静态的无限缓慢的过程，以保证每一中间状态均是平衡态；其次是过程中无耗散效应。由于实际的过程都不可能满足这些条件，因此，可逆的热力学过程只是一种理想模型，实际发生的过程都是不可逆过程。尽管如此，仍有研究可逆过程的必要，因为实际过程在一定条件下可以近似地作为可逆过程处理；同时还可以通过对可逆过程的研究去寻找实际过程的规律。

三、准静态过程的内能、功与热量

1. 内能　热力学系统的**内能**（internal energy）是指系统内所有分子热运动动能和分子之间相互作用势能之和。由气体动理论可知，系统分子热运动动能的多少和系统温度有关，而分子间的势能与气体分子间的距离有关，气体分子间的距离和气体的体积有关。所以，实际气体系统的内能 E 由体积 V 和温度 T 确定，即

$$E=E(V,T)$$

显然热力学系统的内能取决于系统的状态参量 V 和 T，因此系统内能是系统状态的函数，即系统内能是态函数。与势能类似，我们主要研究在系统状态变化时系统内能的变化量。由态函数的性质可知，系统内能的增量与系统所经历的中间过程无关，只取决于系统的初、末状态。对于本章所研究的理想气体而言，分子间距远远超过了分子力有效作用半径，因此分子间的相互作用力可以忽略不计，所以分子间相互作用势能为零。这样理想气体的内能只取决于系统的温度，即理想气体的内能是系统状态参量温度的单值函数，表示为

$$E=E(T)$$

根据气体动理论可知，理想气体的内能等于所有分子的热运动动能之总和。质量为 M、摩尔质量为 μ 的理想气体的内能为

$$E=\frac{M}{\mu}\frac{i}{2}RT \tag{6-1a}$$

其中，i 为气体分子的自由度。理想气体温度由 T_1 变为 T_2 时，内能增量为

$$\Delta E=\frac{M}{\mu}\frac{i}{2}R(T_2-T_1) \tag{6-1b}$$

对于任一个温度变化为 $\mathrm{d}T$ 的微小过程，内能增量表示为

$$\mathrm{d}E=\frac{M}{\mu}\frac{i}{2}R\mathrm{d}T \tag{6-1c}$$

2. 功 我们以气体膨胀为例来研究准静态过程中的体积功。在热力学中，**功**（work）是指系统做功。如图 6-3 所示，设想气缸中的气体进行准静态的膨胀过程，以 S 表示活塞的面积，以 p 表示气体的压强，则气体对活塞的压力为 $F=pS$。当气体推动活塞缓缓向外移动一段微小位移 $\mathrm{d}l$ 时，气体对外所做的功为

$$\mathrm{d}W=pS\mathrm{d}l=p\mathrm{d}V \tag{6-2}$$

其中 $\mathrm{d}V$ 为气体体积的增量。显然，如果 $\mathrm{d}V>0$，则 $\mathrm{d}W>0$，即气体体积膨胀时，系统对外界做功；如果 $\mathrm{d}V<0$，则 $\mathrm{d}W<0$，表示气体被压缩时，系统对外界做负功（换言之，外界对系统做功）。在 p—V 图上，$\mathrm{d}W$ 可用过程曲线下的条状面积元表示，如图 6-3(b) 中阴影部分所示。

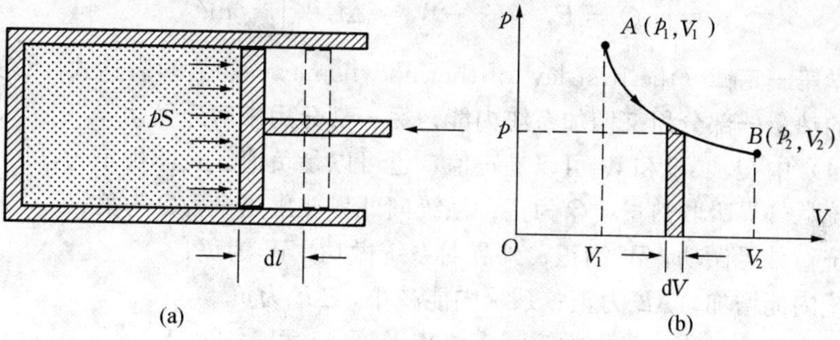

图 6-3　气体膨胀时做功的计算

当系统由初始状态 A 经历一个有限的准静态过程变化到状态 B 时，系统的体积由 V_1 变化到 V_2，则系统对外界所做的总功为

$$W=\int_A^B \mathrm{d}W=\int_{V_1}^{V_2} p\mathrm{d}V \tag{6-3}$$

如果知道了在状态变化过程中系统的压强随体积变化的具体关系式，将其代入式（6-3）就可以求出系统所做的功。根据积分的几何意义可知，用式（6-3）求出的功的大小等于 p—V 图上过程曲线下的面积。由图 6-3(b) 可知，气体的初态 $A(p_1, V_1)$ 和末态 $B(p_2, V_2)$ 确定以后，连接初态与末态的曲线可以有无穷多条，不同过程曲线下面积不同，所以功不仅取决于系统的初末状态，而且与系统经历的过程有关。所以，功不是状态量，而是一个过程量。

状态量的变化是由连接初末状态的过程量来实现的。做功可以改变系统的内能，但功不是系统状态的函数，而是过程的函数（即过程量），这个结论对其他任何形式的功都是成立的。因此，我们可以说系统的温度和压强是多少，而不能说系统的功是多少或者说处于某一状态的系统有多少功，只有在热力学过程中功才有意义。当外界对系统做功或者系统对外界做功时，系统的状态参量，如气体的温度、压强、体积等会发生变化，表明对系统做功可以改变系统的状态，即改变系统的内能。

3. 热量 两个温度不同的物体相互接触，最终会达到温度相同。这一过程是通过高温物体向低温物体传递能量来实现的，传热过程实质上是通过分子碰触传递分子无规则运动能量而改变物体内能的过程。这种由于温差的存在而在高温物体和低温物体间传递的能量叫做**热量**（heat），通常用 Q 表示。在 SI 制中，热量单位为 J（焦耳）。$Q>0$ 时表示系统从外界吸热，$Q<0$ 时表示系统对外界放热。做功和热量传递都可以改变系统的状态与内能，所以，

热量与功一样都属于过程量，都是能量转化的一种量度。

第二节 热力学第一定律

一、热力学第一定律

一般说来，如果外界对系统既做功又传热，系统内能的改变将是做功和传热的共同结果。设在某一个热力学过程中，开始时系统处于平衡态 1，系统的内能为 E_1。当系统在从外界吸收热量 Q 的同时又对外做功 W，系统达到了平衡态 2，其内能为 E_2。由于能量的传递和转换遵循能量守恒定律，所以应有

$$Q = E_2 - E_1 + W = \Delta E + \int_{V_1}^{V_2} p\mathrm{d}V \tag{6-4}$$

这就是**热力学第一定律**（the first law of thermodynamics）的数学表达式。该式表明：**系统从外界吸收的热量一部分用来增加系统内能，另一部分用来对外做功。**

式（6-4）中 Q、ΔE 和 W 可以是正值，也可以是负值，具体规定为：

（1）系统从外界吸收热量，Q 为正；系统向外界放出热量，Q 为负；

（2）系统对外界做功，W 为正；外界对系统做功，W 为负；

（3）系统内能增加，ΔE 为正；系统内能减小，ΔE 为负。

对于状态的微小变化过程，热力学第一定律式（6-4）可写成

$$\mathrm{d}Q = \mathrm{d}E + \mathrm{d}W = \mathrm{d}E + p\mathrm{d}V \tag{6-5}$$

式（6-5）是**热力学第一定律的微分形式**。

热力学第一定律是人们在长期的生产和科学实验中总结出来的一条普遍规律，适用于一切热力学过程。无论是准静态过程还是非准静态过程都要满足热力学第一定律。热力学第一定律表明，一切热力学过程都必须服从能量守恒定律，因此热力学第一定律实际上是包括热现象在内的能量守恒与转换定律。

历史上有人企图设计一种热机，使系统经历一系列状态变化回到原来状态（$E_2 = E_1$），在这个过程中无需提供任何能量而能源源不断对外做功，这种机器称为**第一类永动机**（perpetual motion machine of the first kind）。很明显，这是违反热力学第一定律的，结果都以失败而告终，所以**热力学第一定律**还可表述为：**第一类永动机是不可能造成的。**

二、理想气体的摩尔热容量

1 mol 理想气体温度升高 1 K 时所吸收的热量，称为理想气体的**摩尔热容量**（molar heat capacity），以 C_m 表示。即

$$C_\mathrm{m} = \frac{\mathrm{d}Q}{\mathrm{d}T} \tag{6-6}$$

因为热量与过程有关，所以理想气体的摩尔热容量也与过程有关。下面介绍理想气体的定体摩尔热容量和定压摩尔热容量。

1. 定体摩尔热容量 1 mol 理想气体在等体过程中温度升高 1 K 时，所吸收的热量称为**定体摩尔热容量**（molar heat capacity at constant volume），用 $C_{V,\mathrm{m}}$ 表示，简写为 C_V。

$$C_V = \frac{\mathrm{d}Q_V}{\mathrm{d}T} \tag{6-7}$$

1 mol 理想气体在等体过程中，有 $dV=0$，$dW=pdV=0$，由热力学第一定律得

$$dQ_V=dE=\frac{i}{2}RdT$$

代入式（6－7）得

$$C_V=\frac{dQ_V}{dT}=\frac{dE}{dT}=\frac{i}{2}R \tag{6-8}$$

2. 定压摩尔热容量　1 mol 理想气体在等压过程中温度升高 1 K 时，所吸收的热量称为**定压摩尔热容量**（molar heat capacity at constant pressure），用 $C_{p,m}$表示，简写为 C_p。

$$C_p=\frac{dQ_p}{dT} \tag{6-9}$$

1 mol 理想气体在等压过程中，p＝常量，由 $pV=RT$ 得，$dW=pdV=RdT$，因此

$$C_p=\frac{dQ_p}{dT}=\frac{dE}{dT}+\frac{dW}{dT}=C_V+R \tag{6-10}$$

式（6－10）称为**迈耶公式**（Mayer formula），它表明：**1 mol 理想气体在等压过程中温度升高 1 K 时所吸收的热量比在等体过程中温度升高 1 K 时所吸收的热量多 8.31 J。**

3. 比热容比　系统的定压摩尔热容量 C_p 与定体摩尔热容量 C_V 的比值，称为系统的**比热容比**（specific heat ratio），工程上称它为**绝热系数**，用 γ 表示。即

$$\gamma=\frac{C_p}{C_V}=\frac{\frac{i}{2}R+R}{\frac{i}{2}R}=\frac{i+2}{i} \tag{6-11}$$

理想气体的定压摩尔热容量、定体摩尔热容量以及比热容比的理论值只与分子的自由度有关，与气体的状态无关。表 6－1 和表 6－2 分别列出了理想气体摩尔热容量的理论值和实验值。从表中看出，单原子和双原子分子理想气体的 C_p、C_V 和 γ 的理论值与实验数据基本相符，这说明经典热容理论近似地反映了客观事实。但是，对多原子分子理想气体则差异较大。实验上还发现，实际气体的热容量还与温度有关，例如当温度 $T=50$ K 时，氢气的$C_V=12.5\ \text{J}\cdot\text{mol}^{-1}\cdot\text{K}^{-1}$，而温度 $T=2\,500$ K 时，$C_V=29.3\ \text{J}\cdot\text{mol}^{-1}\cdot\text{K}^{-1}$。理论值和实验值不相符的原因主要有两方面：一是我们把理想气体分子看作刚性分子，忽略了分子的振动能量，这种振动能量在高温下或分子结构复杂时是不能忽略的；二是热容量理论是建立在能量按自由度均分原理基础上的，是经典热容量理论。而分子是微观粒子，分子的能量是量子化的，因此只有用量子力学理论才能较准确地解决热容量的问题。

表 6－1　理想气体（刚性分子气体）摩尔热容量的理论值

原子数	i	$C_p=\frac{i+2}{2}R$ /J·mol⁻¹·K⁻¹		$C_V=\frac{i}{2}R$ /J·mol⁻¹·K⁻¹		$C_p-C_V=R$ /J·mol⁻¹·K⁻¹	$\gamma=\frac{C_p}{C_V}=\frac{i+2}{i}$	
单原子	3	$\frac{5}{2}R$	20.8	$\frac{3}{2}R$	12.5	8.31	$\frac{5}{3}$	1.67
双原子	5	$\frac{7}{2}R$	29.1	$\frac{5}{2}R$	20.8	8.31	$\frac{7}{5}$	1.40
多原子	6	$4R$	33.2	$3R$	24.9	8.31	$\frac{4}{3}$	1.33

表 6-2 实际气体摩尔热容量的实验数据（1.013×10^5 Pa，25 ℃）

原子数	气体	$C_p/\text{J}\cdot\text{mol}^{-1}\cdot\text{K}^{-1}$	$C_V/\text{J}\cdot\text{mol}^{-1}\cdot\text{K}^{-1}$	$(C_p-C_V)/\text{J}\cdot\text{mol}^{-1}\cdot\text{K}^{-1}$	$\gamma=\frac{C_p}{C_V}$
单原子	氦	20.9	12.5	8.4	1.67
	氩	21.2	12.5	8.7	1.69
双原子	氢	28.8	20.4	8.4	1.41
	氮	28.6	20.4	8.2	1.40
	一氧化碳	29.3	21.2	8.1	1.38
	氧	28.9	21.0	7.9	1.38
多原子	水蒸气	36.2	27.8	8.4	1.30
	甲烷	35.6	27.2	8.4	1.31
	氯仿	72.0	63.7	8.3	1.13
	乙醇	87.5	79.2	8.3	1.10

引入了理想气体摩尔热容量概念后，对只有体积功的理想气体准静态过程，热力学第一定律式（6-4）和式（6-5）可分别表示为

$$Q=\frac{M}{\mu}C_V(T_2-T_1)+\int_{V_1}^{V_2}p\mathrm{d}V \tag{6-12a}$$

$$\mathrm{d}Q=\frac{M}{\mu}C_V\mathrm{d}T+p\mathrm{d}V \tag{6-12b}$$

知识链接 **迈 耶 公 式**

在科学史上，德国人**迈耶**（J. R. Mayer，1814—1878 年）是一位非物理学家而对物理学有卓越贡献的人物。他曾就读于蒂宾根大学医学系，1838 年获医学博士学位，毕业后在巴黎行医，直到 1841 年，他才从行医开始转而研究物理学。

1840 年他作为一位年轻的随船医生航行到爪哇。在给患病船员抽血时，他看到从静脉血管中流出的血液要比在德国时看到的鲜红得多，此事给他深刻的印象。迈耶从拉瓦锡（A. L. Lavoisier）那里得知，静脉血液颜色的变化是由于人体中食物的氧化过程的变化引起的。一次，他和朋友在路上看到四匹马驾了一辆驿车奔驰而过，他问朋友："马的肌肉之力产生了什么物理效果？"朋友说："使车产生了位移。"他反问："若马拉车回到原地呢？"在他看来，马拉车最主要的物理效果是靠增加食物的氧化来做功，通过摩擦使路面和轴承变热。所以，动物可以用散热和做功两种方式使环境变热，它们之间必然有确定的比例关系。这些现象促使迈耶思考各种自然力的转化问题。

迈耶是历史上第一个提出能量守恒定律并计算出热功当量的人，但迈耶并不熟悉物理。1841 年他给《物理年鉴》投了一篇论文，因论文的语言是非专业性的，晦涩难懂，最终未获录用。1842 年迈耶通过朋友关系得以在完全不对口的《化学与药学年鉴》杂志上发表了一篇"论无机性质的力"的短文，给出了热功当量值。尽管此数值比正确值小了 17%，并且文中对如何得来未作说明，但它却比焦耳早了一年，算得上是世界上发表热功当量值的第一篇文章。1845 年迈耶出版了《论有机体的运动与物质代谢关系》

的论文，进一步发展了他的学说。从这里人们得知，他是基于气体的定压热容量大于定体热容量的考虑推算出热功当量的。他的计算方法完全正确，但由于缺乏准确的数据，致使计算的结果误差很大。1848 年迈耶出版了《通俗天体力学》一书，将他的热功理论运用到宇宙。1851 年迈耶出版了《论热的机械当量》一书，详细地总结了他的工作。

令人遗憾的是，除少数人外，迈耶的贡献长期未得到科学界的承认，他深邃的能量守恒思想也未获得理解，反而被学术权威们嘲笑为“肤浅的局外人”。后人提出将 $C_p = C_V + R$ 命名为迈耶公式以表示对迈耶功绩的肯定。

三、理想气体在等值过程中的热功转换

现在把热力学第一定律应用到理想气体系统，理想气体的等体过程、等压过程、等温过程和绝热过程是构成热力学过程的四个基本过程，任何一个热力学过程都可以看成是上述四个等值过程的合成。因此，在四个基本过程中的能量转化和守恒规律是研究任意热力学过程的基础。

1. 等体过程　在理想气体状态变化过程中，体积始终保持不变的过程称为**等体过程**（isometric process）。如图 6-4 所示，向密闭的气缸中的气体传递热量 Q，同时使活塞保持不动，由于这一过程气体的体积不变，所以是等体过程。等体过程的特征是 V 为恒量，即 $dV=0$。等体过程在 p—V 图上对应的是一条平行于 p 轴的直线，称为**等体线**。

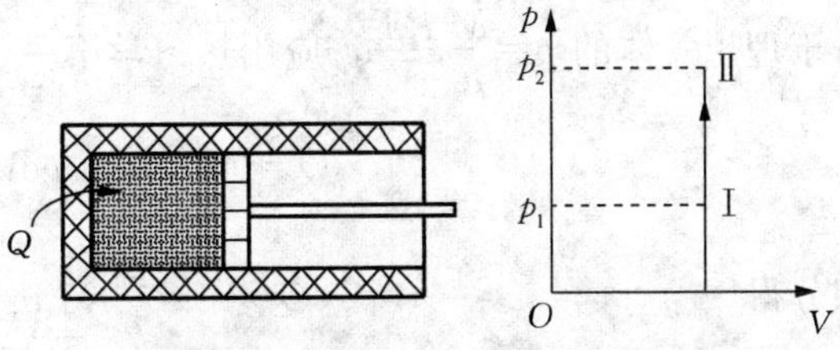

（a）气体的等体过程　（b）等体过程功的计算

图 6-4　等体过程

由于在等体过程中，$dV=0$，所以 $W=0$，应用热力学第一定律得

$$Q_V = \Delta E = \frac{M}{\mu} C_V (T_2 - T_1) \qquad (6-13)$$

由此可见，**在等体过程中，气体吸收的热量全部用来增加气体的内能，系统对外不做功。**如果理想气体对外界放热，则需要消耗自身内能，从而使得理想气体温度降低。

2. 等压过程　在气体状态变化时，压强始终保持不变的过程称为**等压过程**（isopiestic process）。如图 6-5 所示，向密闭的气缸中的气体传递热量 Q，同时使气体的压强保持不变，这一过程就是等压过程。等压过程的特征是 p 为恒量，即 $dp=0$。等压过程在 p—V 图上对应的是一条平行于 V 轴的直线，称为**等压线**。

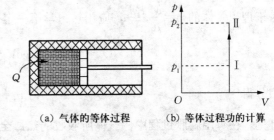

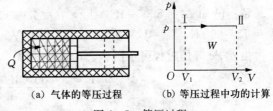

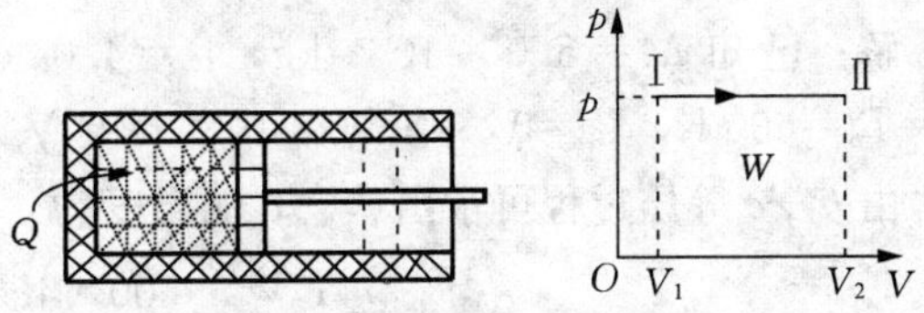

（a）气体的等压过程　（b）等压过程中功的计算

图 6-5　等压过程

在等压过程中，气体所做的功在数值上等于等压线下的矩形面积，即

$$W = p(V_2 - V_1) = \frac{M}{\mu} R (T_2 - T_1) \qquad (6-14)$$

由于理想气体内能的变化为 $\Delta E=\frac{M}{\mu}C_V(T_2-T_1)$，所以，由热力学第一定律得到气体所吸收的热量为

$$Q_p=\Delta E+W=\frac{M}{\mu}C_p(T_2-T_1) \tag{6-15}$$

式（6-15）的结果还可以由定压摩尔热容量 C_p 的定义式（6-9）$C_p=\mathrm{d}Q_p/\mathrm{d}T$ 求出。上式说明，**等压过程中气体所吸收的热量，一部分用来增加系统的内能，另一部分用来对外做功。**

3. 等温过程 在气体状态变化时，温度始终保持不变的过程称为**等温过程**（isothermal process）。如图 6-6 所示，向密闭的气缸中的气体传递热量 Q，同时保持气体的温度不变，这一过程就是等温过程。等温过程的特征是 $T=$ 恒量，即 $\mathrm{d}T=0$。等温过程在 p—V 图上对应的是一条双曲线，称为**等温线**。

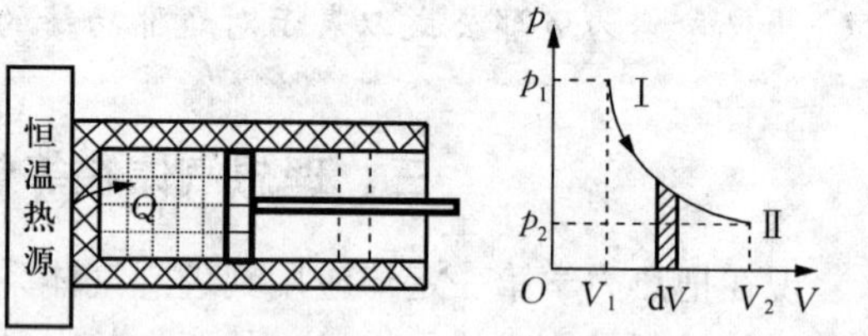

(a) 气体的等温过程　　(b) 等温过程中功的计算

图 6-6 等温过程

理想气体的内能是温度的单值函数，在等温过程中 $\mathrm{d}T=0$，气体的内能不变，即 $\Delta E=0$。由于理想气体的 $p=\frac{M}{\mu}\frac{RT}{V}$，应用热力学第一定律得

$$Q=W=\int_{V_1}^{V_2}p\mathrm{d}V=\frac{M}{\mu}RT\int_{V_1}^{V_2}\frac{\mathrm{d}V}{V}$$

积分得

$$Q=W=\frac{M}{\mu}RT\ln\frac{V_2}{V_1}=\frac{M}{\mu}RT\ln\frac{p_1}{p_2} \tag{6-16}$$

可见，**在等温膨胀过程中，气体所吸收的热量全部用来对外界做功，系统内能保持不变；而在等温压缩过程中，外界对气体所做的功全部转化为气体向外界传递的热量。**

例题 6-1 如图 6-7 所示，5 g 理想气体氦气，开始处于状态 a，温度为 600 K，体积为 $4.00\times10^{-2}\ \mathrm{m^3}$，先使其等温膨胀到状态 b，体积为 $8.00\times10^{-2}\ \mathrm{m^3}$，再等压压缩到状态 c，体积为 $4.00\times10^{-2}\ \mathrm{m^3}$，最后使之等体升温回到原来状态。求：(1) 各过程的功、热量和内能变化；(2) 全过程的功、热量和内能变化。

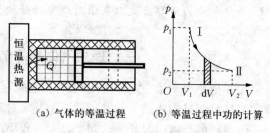

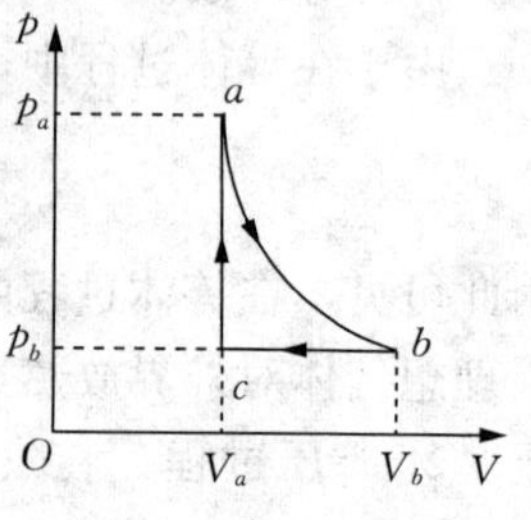

图 6-7 例题 6-1 图

解：已知 $M=5.0\times10^{-3}\ \mathrm{kg}$，$\mu=4.0\times10^{-3}\ \mathrm{kg\cdot mol^{-1}}$，$T_a=T_b=600\ \mathrm{K}$，$V_a=V_c=4.00\times10^{-2}\ \mathrm{m^3}$，$V_b=8.00\times10^{-2}\ \mathrm{m^3}$。

由 $b\to c$ 等压过程可求出状态 c 的温度为

$$T_c=\frac{T_bV_c}{V_b}=\frac{600\times4.00\times10^{-2}}{8.00\times10^{-2}}=300(\mathrm{K})$$

(1) $a\to b$ 等温膨胀过程：

$$Q_{ab}=W_{ab}=\frac{M}{\mu}RT_a\ln\frac{V_b}{V_a}=\frac{5.0\times10^{-3}}{4.0\times10^{-3}}\times8.31\times600\ln\frac{8.00\times10^{-2}}{4.00\times10^{-2}}=4.32\times10^3(\mathrm{J})$$

$$\Delta E_{ab}=\frac{M}{\mu}C_V(T_b-T_a)=0$$

$b \to c$ 等压压缩过程：

$$W_{bc}=p_b(V_c-V_b)=\frac{M}{\mu}R(T_c-T_b)=\frac{5.0\times10^{-3}}{4.0\times10^{-3}}\times8.31\times(300-600)=-3.12\times10^3(\text{J})$$

$$Q_{bc}=\frac{M}{\mu}C_p(T_c-T_b)=\frac{5.0\times10^{-3}}{4.0\times10^{-3}}\times\frac{5}{2}\times8.31\times(300-600)=-7.79\times10^3(\text{J})$$

$$\Delta E_{bc}=Q_{bc}-W_{bc}=-7.79\times10^3+3.12\times10^3=-4.67\times10^3(\text{J})$$

或 $\Delta E_{bc}=\frac{M}{\mu}C_V(T_c-T_b)=\frac{5.0\times10^{-3}}{4.0\times10^{-3}}\times\frac{3}{2}\times8.31\times(300-600)=-4.67\times10^3(\text{J})$

$c \to a$ 等体升温过程：$W_{ca}=0$

$$Q_{ca}=\Delta E_{ca}=\frac{M}{\mu}C_V(T_a-T_c)=\frac{5.0\times10^{-3}}{4.0\times10^{-3}}\times\frac{3}{2}\times8.31\times(600-300)=4.67\times10^3(\text{J})$$

（2）全过程的总功为

$$W=W_{ab}+W_{bc}+W_{ca}=4.32\times10^3-3.12\times10^3+0=1.20\times10^3(\text{J})$$

全过程的总吸热为

$$Q=Q_{ab}+Q_{bc}+Q_{ca}=4.32\times10^3-7.79\times10^3+4.67\times10^3=1.20\times10^3(\text{J})$$

全过程内能增量为

$$\Delta E=\Delta E_{ab}+\Delta E_{bc}+\Delta E_{ca}=0-4.67\times10^3+4.67\times10^3=0(\text{J})$$

全过程内能增量也可以由热力学第一定律求出

$$\Delta E=Q-W=1.20\times10^3-1.20\times10^3=0(\text{J})$$

由于内能的变化仅与初态的内能（E_a）和末态的内能（E_a）有关，易知 $\Delta E=0$ J。

4. 绝热过程

（1）绝热过程的概念和特征　在气体状态变化的过程中，如果它与外界之间没有热量交换，则该过程称为**绝热过程**（adiabatic process）。例如空气在具有绝热套的气缸中进行的过程，或当气体迅速膨胀和压缩过程中来不及与外界交换热量时，都可以近似地认为是绝热过程。绝热过程的特征是 dQ=0。理想气体在绝热过程中的过程曲线称为**绝热线**，如图 6-8 所示。

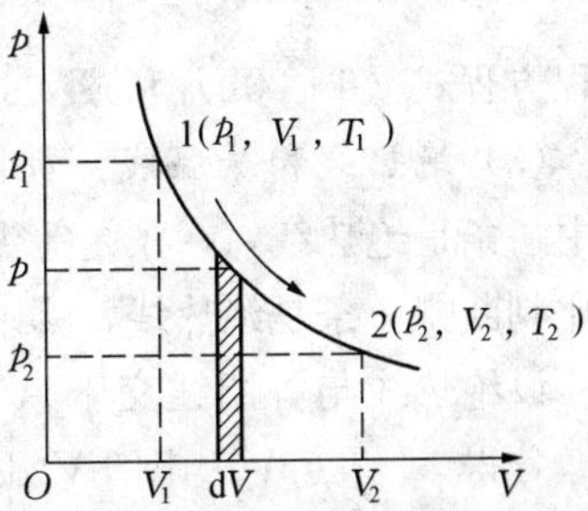

图 6-8　绝热过程

由于绝热过程中 dQ=0，所以由热力学第一定律得

$$\mathrm{d}W=-\mathrm{d}E=p\mathrm{d}V \tag{6-17}$$

由此可以看出，绝热过程中系统对外做功完全是通过内能减少完成的。

对于质量为 M、摩尔质量为 μ、温度为 T 的理想气体，当温度变化 dT 时，内能变化为

$$\mathrm{d}E=\frac{M}{\mu}C_V\mathrm{d}T$$

于是有

$$\mathrm{d}W=p\mathrm{d}V=-\mathrm{d}E=-\frac{M}{\mu}C_V\mathrm{d}T \tag{6-18}$$

则当系统从初态（p_1，V_1，T_1）绝热变化到末态（p_2，V_2，T_2）时，系统所做的功为

$$W=-\Delta E=-\frac{M}{\mu}C_V(T_2-T_1) \tag{6-19}$$

式（6-19）表明，**在绝热过程中，系统所做的功在数值上等于系统内能的变化量。**当系统

绝热膨胀时，气体对外界做功，系统内能减少，温度降低，而压强也在减少。反之，在绝热压缩过程中，外界对系统所做的功全部转化为内能的增加，致使温度升高，压强增大。由此可见，在绝热过程中，气体的 p、V、T 三个状态参量都在改变，其中任两个参量之间的关系为

$$pV^{\gamma}=\text{常量} \tag{6-20a}$$

$$V^{\gamma-1}T=\text{常量} \tag{6-20b}$$

$$p^{\gamma-1}T^{-\gamma}=\text{常量} \tag{6-20c}$$

式（6-20a）、（6-20b）和（6-20c）称为**绝热方程**，也称为**泊松方程**（Possion equation）。式中常量的大小与气体的质量及初始状态有关，并且这三个方程中各个常量并不相同。

（2）绝热方程的推导　绝热过程方程可以由热力学第一定律和理想气体状态方程推导出来。下面我们给出泊松方程（6-20a）的证明过程。

在绝热过程中，由式（6-18）得　$p\mathrm{d}V=-\dfrac{M}{\mu}C_V\mathrm{d}T$

对状态方程 $pV=\dfrac{M}{\mu}RT$ 两边微分得　$p\mathrm{d}V+V\mathrm{d}p=\dfrac{M}{\mu}R\mathrm{d}T$

将上述两个方程联立并消去 $\mathrm{d}T$，得　$C_p p\mathrm{d}V+C_V V\mathrm{d}p=0$

两边同除以 $C_V pV$，则有　$\gamma\dfrac{\mathrm{d}V}{V}+\dfrac{\mathrm{d}p}{p}=0$

积分得　$\gamma\ln V+\ln p=\text{常量}$

由此可以证明　$pV^{\gamma}=\text{常量}$

这就是绝热方程式（6-20a）。应用 $pV=\dfrac{M}{\mu}RT$ 和上式分别消去 p 或 V 可证明其他两个绝热过程方程式（6-20b）和式（6-20c）。

（3）绝热线和等温线　如图 6-9 所示，两条线中一条是绝热线，一条是等温线。下面通过斜率对比判断哪一条是绝热线，哪一条是等温线。

设绝热线与等温线交于 A 点，对式（6-20a）求微分得　$p\gamma V^{\gamma-1}\mathrm{d}V+V^{\gamma}\mathrm{d}p=0$

整理得，绝热线在 A 点的斜率为

$$k_Q=\left(\frac{\mathrm{d}p}{\mathrm{d}V}\right)_Q=-\gamma\frac{p_A}{V_A}$$

对等温过程，$pV=$恒量，两边求微分得

$$p\mathrm{d}V+V\mathrm{d}p=0$$

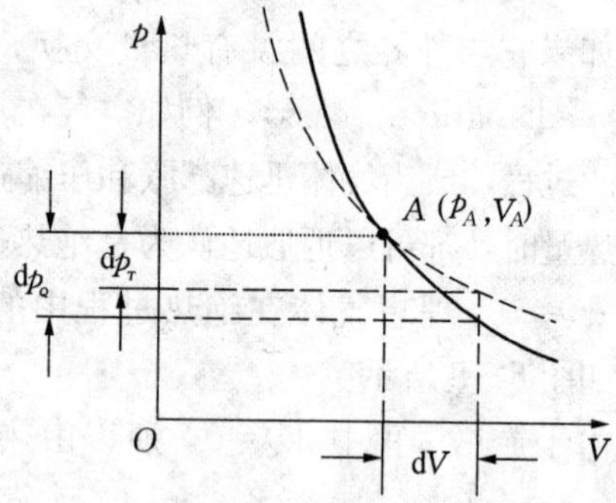

图 6-9　绝热线与等温线的比较

整理得，等温线在 A 点的斜率为　$k_T=\left(\dfrac{\mathrm{d}p}{\mathrm{d}V}\right)_T=-\dfrac{p_A}{V_A}$

由于 $\gamma=C_p/C_V>1$，在交点 A，可知 $|k_Q|>|k_T|$，即绝热线斜率的绝对值比等温线斜率的绝对值大，绝热线更陡峭。这表明气体从同一状态压缩同样的体积时，绝热过程中压强的增加更多。反之，做同样体积膨胀时，绝热过程中压强的减少比等温过程中压强的减少更多。这是因为在等温过程中，温度不变，压强的变化只是由于体积的变化引起的，而在绝热过程中，压强的变化不仅是由于体积的变化，而且还由于温度

变化共同引起的。

例题 6-2　将室温下的氮气变成液态氮，可以通过下述过程实现。把氮气放在一个绝热的汽缸中，开始时，氮气的压强为 50 个标准大气压，温度为 27 ℃；经急速膨胀后，其压强降至 1 个标准大气压，从而使氮气液化。试问此时氮气的温度变为多少？

解： 氮气可视为理想气体，由于气体膨胀速度快，故液化过程近似为绝热过程。

已知，$p_1=50\times1.013\times10^5$ Pa，$T_1=300$ K，$p_2=1.013\times10^5$ Pa。氮气为双原子气体，其 $\gamma=1.40$。

在绝热过程中，由绝热方程式 $p^{\gamma-1}T^{-\gamma}=$常量，可得 $p_1^{\gamma-1}T_1^{-\gamma}=p_2^{\gamma-1}T_2^{-\gamma}$，所以

$$T_2=T_1\left(\frac{p_2}{p_1}\right)^{(\gamma-1)/\gamma}=300\times\left(\frac{1}{50}\right)^{2/7}=300\times0.3266=98(\text{K})$$

讨论： 计算结果表明，通过绝热膨胀过程，可以将 27 ℃的氮气温度降至－175 ℃。反之，绝热压缩过程中，气体的温度将会有明显升高。相比等温过程来说，温度降低或升高的幅度都很大。

关于氮气的液化，理论上来讲，在标准大气压下，氮气冷却到－195.8 ℃时即液化。这一目标的实现，要靠多次循环（氮气加压→热交换带走升压产生的热量→节流膨胀降温）来完成。氮气的液化温度为 77.2 K，液氮的蒸发温度为 77.36 K，在 63.2 K 时转变成无色透明的结晶体。液氮的沸点和凝固点之间的温差仅为 14.16 K。

第三节　热力学第二定律

一、卡诺循环

1. 循环过程　通过热力学第一定律可知，热量可以转变为功，这为人们获取有效的动力打开了一条途径。根据上节的分析，理想气体经历等压、等温、绝热过程都可以实现热功转换，其中在等温膨胀过程中热功转换效率最大（理论上可达 100%）。然而，由于气体的等温膨胀过程不可能无限制地进行下去，因而单靠气体的等温膨胀无法获得持续不断的功输出。在生产技术上，需要不断地把热量转变为功，获得持续不断的功输出，这就需要讨论系统的循环过程。

一般说来，如果一个系统从某一状态出发，经历一系列状态变化过程后又回到初始状态的过程称为**循环过程**（cycle process），简称为**循环**。循环工作的物质系统称为**工作物质**，简称**工质**。如果一个系统经历的循环过程的各个阶段都是准静态过程，这个循环过程就可以在状态图（如 p—V 图）上用一个闭合曲线表示出来。图 6-10 中的闭合实线 $abcda$ 即表示了气体所做的一个循环过程，其进行的方向如箭头所示。循环过程按其进行的方向不同可分为两类：在 p—V 图上顺时针方向进行的循环过程称为**正循环**；在 p—V 图上按逆时针方向进行的循环过程称为**逆循环**。

由图 6-10 可见，对于正循环，在过程 abc 中，气体体积膨胀，系统对外做正功，功的数值等于 abc 曲线下的面积；在过程 cda 中，气体体积缩小，系统对外做负功，或外界对系统做功，功的数值等于 cda 曲线下的面积。因此，在整个正循环过程中，系统对外所做的净功，在数值上就等于 $abcda$ 所包围的面积。同理，对于逆循环，在整个循环过程中外界对系

统所做的净功在数值上等于逆时针闭合曲线所包围的面积。由于系统的内能是系统状态的单值函数，所以，经历一个循环之后，系统的内能不变，这是循环过程的重要特征。

在热功技术上，将工作物质做正循环的机器叫**热机**（heat engine），它是把热量持续转化为功的机器，如图 6-11(a) 所示；将工作物质做逆循环的机器叫**制冷机**（refrigerator），它是利用外界做功使热量从低温处流向高温处，从而实现制冷的机器，如图6-11(b) 所示。

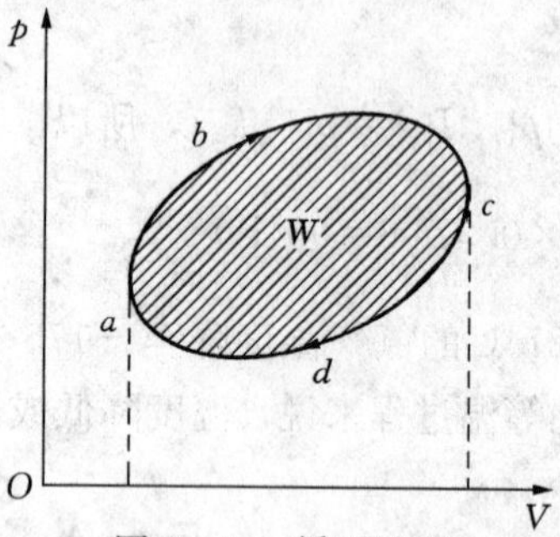

图 6-10 循环过程

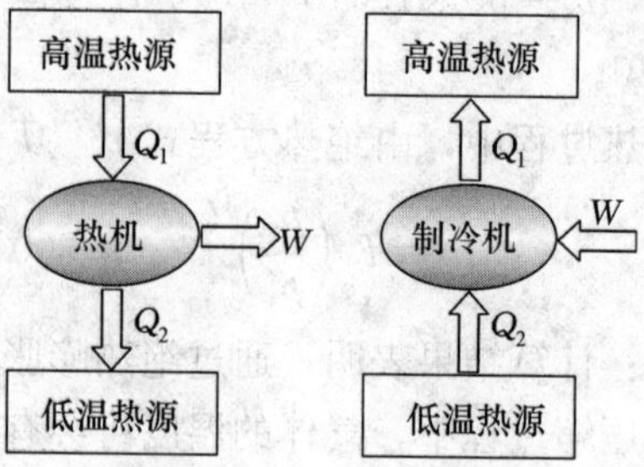

(a) 热机 (b) 制冷机

图 6-11 热机与制冷机的热功转换

热机经过一个正循环后，由于其内能不变，即 $\Delta E=0$，因此，由热力学第一定律可知，在这个循环过程中，它从高温热源吸收的热量 Q_1 必然大于向低温热源释放的热量 Q_2（为研究热循环问题的方便，热源吸收或释放的热量 Q_1、Q_2 均取正值），差值 Q_1-Q_2 就等于系统对外所做的功 W，即 $Q_1=Q_2+W$。由此可知，系统经过一个正循环，将从高温热源吸收的热量分为两部分：一部分转化为对外做功，一部分向低温热源放出。正循环的能量转换过程正是热机的工作过程，而热机性能的重要标志之一是它的效率，为了描述热功转化的程度，把**热机在一次正循环过程中工作物质对外所做的功 W 与它从高温热源吸收热量 Q_1 的比率**称为**热机效率**或**循环效率**，用 η 来表示。即

$$\eta=\frac{W}{Q_1}=\frac{Q_1-Q_2}{Q_1}=1-\frac{Q_2}{Q_1} \tag{6-21}$$

对于制冷机，其工作物质做逆循环。在一次循环过程中，工作物质从低温热源吸收热量 Q_2，向高温热源放出热量 Q_1，此过程是以外界做功 W 为代价的。因为经历一个循环后系统的内能不变，所以根据热力学第一定律有 $W=Q_1-Q_2$ 或 $Q_1=W+Q_2$。这也就是说，工作物质把从低温热源吸收的热量和外界对它做的功一起以热量的形式传递给高温热源。由于从低温热源吸热会使其温度降低，故这种循环又叫**制冷循环**。

制冷机从低温热源吸收的热量 Q_2 与外界所做的功 W 的比值定义为制冷机的**制冷系数**（coefficient of refrigeration），这里用 ε 来表示。其定义为

$$\varepsilon=\frac{Q_2}{W}=\frac{Q_2}{Q_1-Q_2} \tag{6-22a}$$

显然，ε 越大，制冷机的性能越好。如果某一可逆热机的热机效率为 η，则由相同热力学过程构成的可逆制冷机的制冷系数还可表示为

$$\varepsilon=\frac{Q_2}{Q_1-Q_2}=\frac{\dfrac{Q_2}{Q_1}}{1-\dfrac{Q_2}{Q_1}}=\frac{1-\eta}{\eta} \tag{6-22b}$$

知识链接 电冰箱是一种常用的制冷机，其工作原理如图6-12所示。工质一般选用较易液化的气体，早期如氨气（Ammonia，化学式：NH_3）、氟利昂（Freon，化学式：CCl_2F_2）等，现在已由环保冷媒所代替，因为环保制冷剂对臭氧层的破坏率几乎为零。在压缩机A内，工质被急速压缩成高温高压气体，被送入蛇形管冷凝器B中，由于周围空气或冷却水的冷却作用而使气体放出热量 Q_1。由于温度降低，气体在高压下凝结成液体。液体经过节流阀C的小口通道后，降温降压，再进入冷库中的蛇形管蒸发器D中。液体从冷库中吸热 Q_2 而使冷库降温，自身则因为吸热而变为蒸气，再被吸入压缩机A中。如此循环往复，起到制冷的作用，从而使冰箱或冷库保持低温。

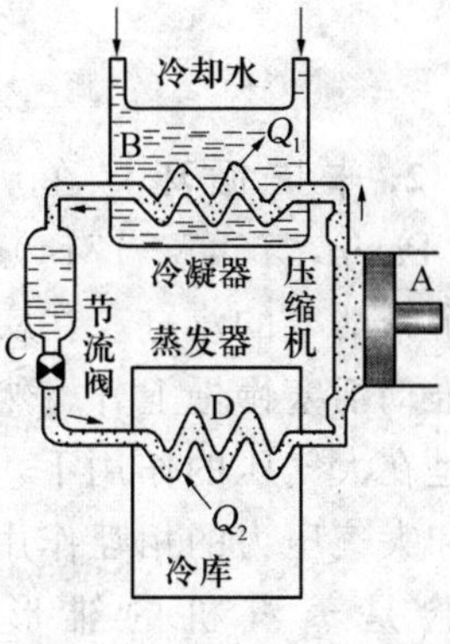

图6-12 电冰箱的原理

例题6-3 1 mol某单原子分子理想气体进行如图6-13所示的循环过程，其中AB是等温过程、BC是等体过程、CA是绝热过程，已知气体在状态A时的温度为$T_A=300$ K，求：(1) 该循环的循环效率；(2) $ACBA$循环的制冷系数。

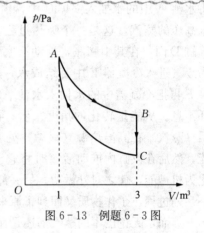

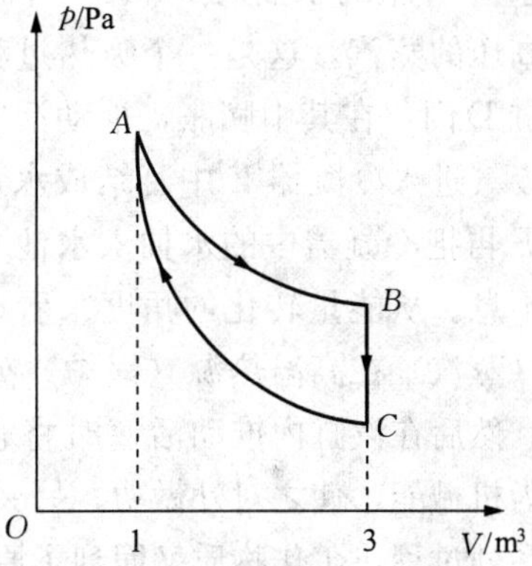

图6-13 例题6-3图

解：(1) $A\rightarrow B$ 为等温过程，所以有

$$Q_{AB}=\frac{M}{\mu}RT_A\ln\frac{V_B}{V_A}=8.31\times300\times\ln3=2\,742.3(\text{J})$$

$B\rightarrow C$ 为等体过程，所以有

$$Q_{BC}=\frac{M}{\mu}C_V(T_C-T_B) \quad ①$$

在 $C\rightarrow A$ 的绝热过程中，利用绝热方程可以求出 T_C，即

$$T_AV_A^{\gamma-1}=T_CV_C^{\gamma-1} \quad ②$$

因单原子分子的 $\gamma=\frac{5}{3}$，故 $T_C=\left(\frac{V_A}{V_C}\right)^{\frac{2}{3}}T_A=144(\text{K})$

代入式①，可求得

$$Q_{BC}=\frac{M}{\mu}C_V(T_C-T_B)=\frac{3}{2}R(T_C-T_B)=\frac{3}{2}\times8.31\times(144-300)=-1\,944.5(\text{J})$$

负号表示此过程中放热。

$C\rightarrow A$ 为绝热过程，所以有 $Q_{CA}=0$。根据式（6-21），可得 $ABCA$ 循环效率为

$$\eta=1-\frac{Q_2}{Q_1}=1-\frac{|Q_{BC}|}{Q_{AB}}=1-\frac{1\,944.5}{2\,742.3}=29.1\%$$

(2) 逆循环 $ACBA$ 为制冷过程，该过程中的吸热量及放热量正好与正循环相反。$Q_{AB}=-2\,742.3$ J，$Q_{BC}=1\,944.5$ J。由式（6-22a）可求得制冷系数为

$$\varepsilon=\frac{Q_2}{Q_1-Q_2}=\frac{Q_{BC}}{|Q_{AB}|-Q_{BC}}=\frac{1\,944.5}{2\,742.3-1\,944.5}=2.44$$

或通过热机效率 η 与制冷系数 ε 的关系式（6-22b）求出 ε，有

$$\varepsilon=\frac{1-\eta}{\eta}=\frac{1-29.1\%}{29.1\%}=2.44$$

2. 卡诺循环 在历史上，最早采用循环过程获得功输出的是法国人巴本（D. Papin，1647—1714）。巴本从炼铁厂中广泛使用的活塞式风箱中得到启发，发明了一个带活塞的汽缸。在实验时向汽缸内注入一定的水，放在火上加热。当水沸腾后蒸汽推动活塞慢慢上升。然后撤去火源，汽缸中的蒸汽慢慢冷却，汽缸内便产生真空，于是在大气压的作用下，活塞慢慢下降，完成一次循环。在这个循环中，通过蒸汽压力和大气压力的相互作用推动活塞做往复的直线运动，从而产生出机械功来。巴本的实验是蒸汽机的雏形。后来，经过塞维利（T. Savery，1650—1715）、纽可门（T. Newcomen，1663—1729）和瓦特（J. Watte，1736—1819）等人的逐步改进，才制成了具有实用价值的蒸汽机。

图 6-14 表示了蒸汽机的工作原理。在图中，水泵 B 将水池 A 中的水抽入锅炉 C 中，水在锅炉里被加热变成高温高压的蒸汽，这是一个吸热过程。蒸汽经过管道被送入气缸 D 内，在其中膨胀，推动活塞对外做功。最后蒸汽变为废气进入冷凝器 E 中凝结成水，这是一个放热过程。水泵 F 再把冷凝器中的水抽入水池 A，使过程周而复始，循环不息。从能量转化的角度来看，在一个循环中，工作物质（蒸汽）在高温热源（锅炉）处吸热后增加了自己的内能，然后在汽缸内推动活塞时将它获得的内能的一部分转化为机械能，使之对外做功，另一部分则在低温热源（冷凝器）通过放热传递给外界。经过一系列过程，工作物质又回到了原来的状态。

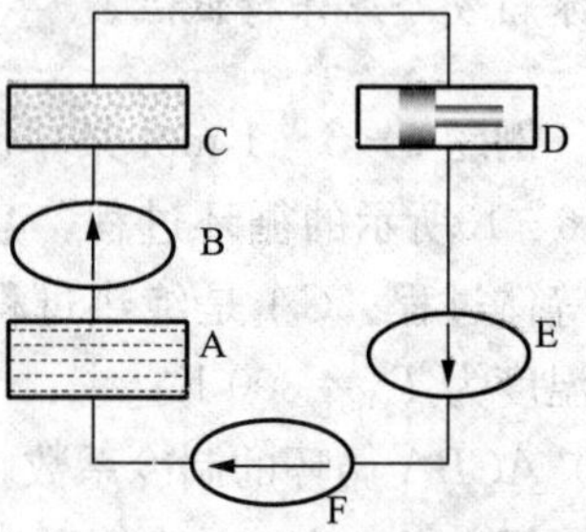

图 6-14 蒸汽机工作过程示意图

然而，无论巴本的蒸汽锅还是瓦特的蒸汽机虽然实现了热功转换，但其效率十分低下。工艺最先进的蒸汽机的热功转换效率也不超过 8%，这就是说，大量的热被浪费掉了。为了提高热机的效率，人们采用了很多办法，如减少机器部件的摩擦和防止热量的损失，但收效甚微。看来，提高蒸汽机的效率已不是工艺上的问题，而是涉及如何构造热机循环的理论问题。

为了提高热机的效率，1824 年，法国青年工程师卡诺（S. Carnot，1796—1832）在对热机的最大可能效率问题进行理论研究时提出了一个理想的循环过程。如图 6-15 所示的 *abcda* 循环，将汽缸与加热器相连，汽缸内的气体缓慢从加热器吸热做等温膨胀；然后，使汽缸与高温热源隔绝，气体做绝热膨胀，温度降低；当温度降至与低温热源有相同温度时，使汽缸与低温热源接触，气体做等温压缩，向低温热源放热；等温压缩一段时间后，再使汽缸与低温热源脱离，气体做绝热压缩，回到原来的状态。这种**由两个**

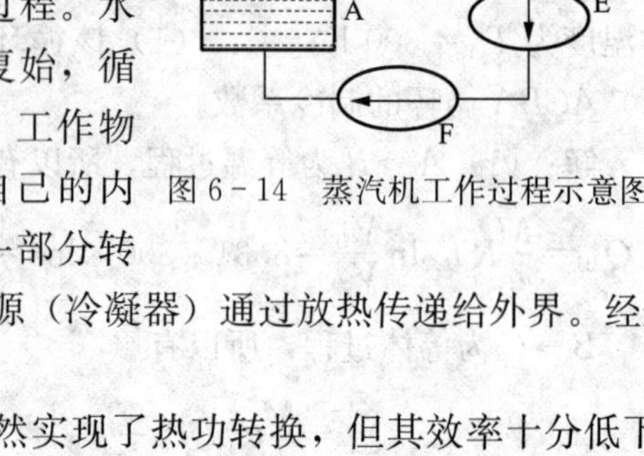

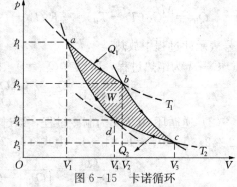

图 6-15 卡诺循环

等温过程和两个绝热过程构成的循环称卡诺循环（Carnot cycle）。

在卡诺循环中，对工作物质没有规定。下面我们以理想气体为工作物质来仔细研究一下卡诺循环。

在 p—V 图中卡诺循环如图 6－15 所示，曲线 ab 和 cd 分别是温度为 T_1 和 T_2 的两条等温线；bc 和 da 是两条绝热线。

$a\rightarrow b$ 为等温膨胀过程，气体体积由 V_1 增大到 V_2。在此过程中，系统内能不发生变化，系统对外做功，所做的功等于系统从高温热源吸收的热量。容易算出系统从高温热源吸收热量的数值为

$$Q_1=\frac{M}{\mu}RT_1\ln\frac{V_2}{V_1}$$

$b\rightarrow c$ 为绝热膨胀过程，气体体积由 V_2 增大到 V_3。在此过程中，系统与外界无热量交换，即 $Q_{bc}=0$，系统对外所做的功等于系统内能的减少量，致使气体温度降到 T_2。

$c\rightarrow d$ 为等温压缩过程，气体体积由 V_3 缩小到 V_4。在此过程中，系统内能不发生变化，外界对系统做功，所做的功等于系统向低温热源放出的热量。不难算出系统向低温热源释放热量的数值为

$$Q_2=\frac{M}{\mu}RT_2\ln\frac{V_3}{V_4}$$

$d\rightarrow a$ 为绝热压缩过程，气体体积由 V_4 缩小到 V_1，系统与外界无热量交换，即 $Q_{da}=0$，外界对系统所做的功在数值上等于系统内能的增加。

根据以上的分析可知，在整个卡诺循环中，系统吸收的总热量为 Q_1，放出的总热量为 Q_2，内能不变。根据热力学第一定律，系统对外所做的净功为 $W=Q_1-Q_2$。由热机循环效率的定义，卡诺循环的效率

$$\eta=\frac{W}{Q_1}=1-\frac{Q_2}{Q_1}$$

代入 Q_1 和 Q_2 的值，得

$$\eta=1-\frac{T_2\ln\frac{V_3}{V_4}}{T_1\ln\frac{V_2}{V_1}} \qquad (6-23)$$

下面对式（6－23）进行化简，找出四个状态量 V_1、V_2、V_3、V_4 之间的关系。由理想气体的绝热方程 $TV^{\gamma-1}=$常量可知，在卡诺循环的两个绝热过程中有如下关系

$$T_1V_2^{\gamma-1}=T_2V_3^{\gamma-1}$$

$$T_1V_1^{\gamma-1}=T_2V_4^{\gamma-1}$$

将此两式相比得

$$\frac{V_2}{V_1}=\frac{V_3}{V_4}$$

将这个关系代入式（6－23）化简后得出卡诺热机的效率为

$$\eta_C=1-\frac{T_2}{T_1} \qquad (6-24)$$

从以上的讨论可以看出：

（1）**要完成一次卡诺循环，必须有高温和低温两个热源；**

（2）**卡诺热机的效率只与两个热源的温度有关，高温热源的温度越高，低温热源的温度越低，卡诺循环的效率越高；**

(3) **卡诺循环的效率总是小于1**。

例如，现代热电厂利用的水蒸气温度可达580 ℃，冷凝水的温度约30 ℃，若按卡诺循环计算，其效率应为 $\eta=1-\frac{T_2}{T_1}=1-\frac{303}{853}=64.5\%$。当然，实际的蒸汽循环的效率远没有这么高，最高只能达到36%左右。这是因为实际的循环和卡诺循环相差很多(例如热源并不是恒温的，因而工质可以随处和外界交换热量，而且它进行的过程也不是准静态的)。

若使卡诺循环逆向进行就构成了卡诺制冷机，如图6-16所示。在这个循环中，ba 和 dc 是等温线，ad 和 cb 是绝热线。显然，在此循环中，外界将对系统做净功 W，结果使系统从低温热源吸收热量 Q_2，向高温热源释放热量 Q_1。根据前述制冷系数的定义，作与卡诺正循环类似的推导，可得理想气体在卡诺逆循环中的制冷系数为

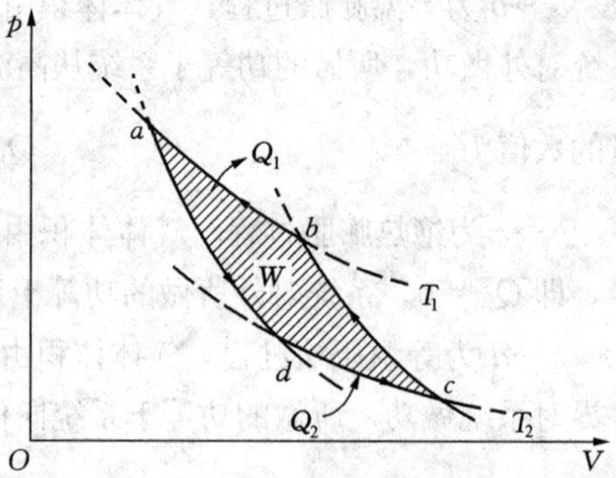

图6-16　卡诺逆循环

$$\varepsilon_C=\frac{Q_2}{W}=\frac{Q_2}{Q_1-Q_2}=\frac{T_2}{T_1-T_2} \tag{6-25}$$

式(6-25)表明，若希望达到的制冷温度 T_2 越低，制冷系数就要越小。例如，要使家用电冰箱内的温度 $T_2=280$ K，如果箱外空气温度为 $T_1=300$ K，若按卡诺制冷循环计算，则制冷系数为 $\varepsilon_C=\frac{Q_2}{W}=\frac{T_2}{T_1-T_2}=\frac{280}{300-280}=14$。需要指出的是，$\varepsilon_C$ 越小，外界需要做的功 W 就越多。如要从温度很低的热源中吸取热量，则所需消耗的功往往很多。

知识链接　　**热力学第三定律——绝对零度不能达到原理**

温度是衡量物质冷热程度的一个概念，在开尔文温标(K)中，绝对热力学温标中的0 K，就是−273.15 ℃，这一温度如何达到呢？利用制冷循环，通过核绝热去磁方法，可达到 10^{-6} K的超低温。假如这时再要从其中吸取 $Q_2=100$ J的热量，则需做功 $W=3\times10^{10}$ J，因此再要降低温度将变得极其困难。当物体温度接近0 K时，只要 Q_2 不为零，则所需的功将接近于无穷大，这表明绝对零度实际上是不能达到的。在热力学中，除了热力学第一定律和第二定律以外，还有一个**热力学第三定律**，它可以表述为：**不可能用有限的过程使物体达到绝对零度(或绝对零度时，所有纯物质的完美晶体的熵值为零)**(见第四节)。热力学第三定律也称为绝对零度不能达到原理。

在绝对零度下，物体内部的原子和分子都没有运动，物体没有内能。并且从理论上讲，气体的体积应该变为零。没有一个地方能实现这个温度，即使在最冷的宇宙中，背景温度也在3 K以上，人类也不可能通过实验实现这个温度，只能无限地接近。

例题 6-4　设某理想气体做卡诺循环。当高温热源的温度 $T_1=400$ K、低温热源的温度 $T_2=300$ K 时，气体在一个循环中对外做净功 $W=8.00\times10^3$ J。如图 6-17 所示，如果维持低温热源温度不变，提高高温热源的温度至 T_1'，使其对外做净功增加到 $W'=1.00\times10^4$ J，并且两次卡诺循环都工作在相同的两绝热过程之间。试求：(1) 第二次循环的效率 η_C'；(2) 在第二次循环中，高温热源的温度 T_1' 等于多少？

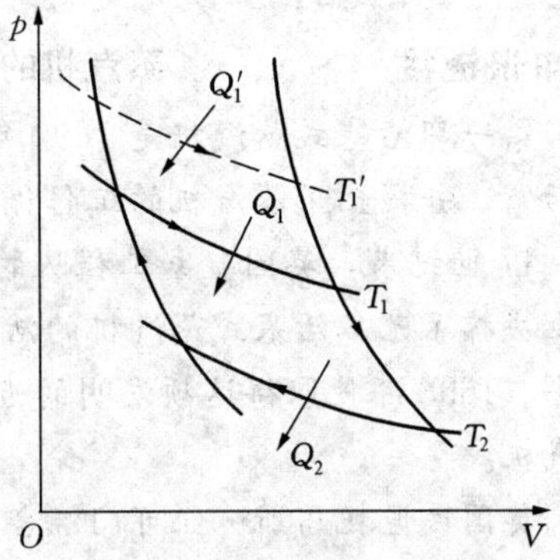

图 6-17　例题 6-4 图

解：(1) 按卡诺循环效率公式，第一次循环的效率

$$\eta_C=\frac{W}{Q_1}=1-\frac{T_2}{T_1}=1-\frac{300}{400}=25\%$$

在该次循环中气体从高温热源吸热　$Q_1=\dfrac{W}{\eta_C}=\dfrac{8.00\times10^3}{0.25}=3.20\times10^4(\text{J})$

向低温热源放热　$Q_2=Q_1-W=3.20\times10^4-8.00\times10^3=2.40\times10^4(\text{J})$

对于第二次循环，设该循环中系统从高温热源吸热 Q'_1，则第二次循环的循环效率为

$$\eta_C'=\frac{W'}{Q_1'}$$

因为第二次循环的放热过程没变，所以 $Q_2'=Q_2=2.40\times10^4$ J。于是，在此循环中气体从高温热源 T_1' 吸收的热量　$Q'_1=W'+Q_2'=1.00\times10^4+2.40\times10^4=3.40\times10^4(\text{J})$

所以第二次循环的效率　$\eta_C'=\dfrac{W'}{Q_1'}=\dfrac{1.00\times10^4}{3.40\times10^4}=29\%$

(2) 由于第二次循环的效率　$\eta_C'=1-\dfrac{T_2}{T_1'}$

由此可得第二次循环中高温热源的温度为　$T_1'=\dfrac{T_2}{1-\eta_C'}=\dfrac{300}{1-0.29}=423(\text{K})$

例题 6-5　用卡诺制冷机将质量 $M=1.00$ kg、温度为 0 ℃的水变成温度为 0 ℃的冰，若冰的熔解热为 $\lambda=3.35\times10^5\ \text{J}\cdot\text{kg}^{-1}$，环境温度为 27 ℃。试求：(1) 制冷机的制冷系数；(2) 需要对制冷机做多少功？(3) 制冷机向温度为 27 ℃的周围环境放出多少热量？

解：(1) 由题意知，$T_1=300$ K，$T_2=273$ K，制冷系数为

$$\varepsilon_C=\frac{Q_2}{W}=\frac{Q_2}{Q_1-Q_2}=\frac{T_2}{T_1-T_2}=\frac{273}{300-273}=10.1$$

(2) 使 $M=1.00$ kg，0 ℃的水变成 0 ℃的冰需要放出的热量为

$$Q_2=\lambda M=3.35\times10^5\times1.00=3.35\times10^5(\text{J})$$

外界对制冷机所做的功为　$W=\dfrac{Q_2}{\varepsilon_C}=\dfrac{3.35\times10^5}{10.1}=3.32\times10^4(\text{J})$

(3) 由能量守恒，制冷机向周围环境放出的热量为

$$Q_1=W+Q_2=3.32\times10^4+3.35\times10^5=3.68\times10^5(\text{J})$$

知识链接　**蒸汽机的效率——从巴本到卡诺之路**

第一部活塞式蒸汽机是1690年法国人**巴本**在德国发明的。他应用蒸汽在汽缸中推动活塞，并提出了蒸汽机的工作循环途径，为以后活塞式蒸汽机的发展开辟了道路。

17世纪末，英国皇家工程队的军事工程师塞维利进行蒸汽泵的研制。蒸汽泵在结构上去掉了巴本活塞式蒸汽机的活塞，直接依靠真空把水吸上来，再用蒸气压力把水挤出去。1698年他取得这项发明的专利。塞维利机是人类历史上可以实际应用的第一部蒸汽机。

英国铁匠托马斯·纽可门综合了塞维利和巴本机的优点，发明了空气蒸汽机，并于1712年有效地应用于矿井排水和农田灌溉。这部机器是一具广义上的把热变为机械力的原动机，但是和塞维利机一样都有耗煤量大、效率低、只能做往复直线运动的缺点。

对纽可门机进行全面研究和改进的是英国工程师斯米顿（J. Smeaton，1724—1792）。他改进了锅炉和点火燃烧的方法。由于斯米顿的努力，把纽可门的空气蒸汽机的效率几乎提高了一倍。然而，由于把汽缸又用作凝汽器造成热量的大量浪费，它的效率仍然很低，只有1%左右。

英国格拉斯哥大学的仪器修理工瓦特对纽可门机进行了根本性变革。他研制成了分离冷凝器，使改进后的蒸汽机的效率提高到3%。在瓦特以后的发明大都属于机械结构上的完善、效率的提高和为适应各生产部门专门要求所做的各种改进。在瓦特发明了蒸汽机以后的半个世纪里，工程师们设计出各种方法使蒸汽机变得更有效，他们的目标是要从用来加热锅炉的每吨煤中得到更多的功。像瓦特那样，这些工程师们关心的是实际的效果而不是理论。

然而，**卡诺**走的道路与他之前的那些蒸汽工程师们根本不同，他不是去对热机的按钮、阀门和活塞冲程等做小修小补，而是发展出一套热机如何工作的抽象理论，找出控制理想热机的基础原理公式。他在1824年发表的“关于热的动力的思考”的论文中这样写道：“研究这些蒸汽机是很有意义的，蒸汽机是极为重要的，其用途将不断扩大，而且看来注定要给文明世界带来一场伟大的革命。”卡诺给自己提出的任务是“从足够普遍的观点”去研究“由热得到运动的原理”。他说：“为了以最普遍的形式去研究由热得到运动的原理，必须不依赖于任何机械和任何特殊的工作物质，必须使所讨论的原理，不仅能应用于蒸汽机，而且还能应用于一切可以想象的热机，不管他们用的是什么物质，也不管它们如何运转”。卡诺抓住了问题的本质，撇开了各种热机的具体结构及一切次要因素，提出了理想的卡诺循环和卡诺定理。

卡诺的思想是重要的，虽然卡诺循环是不可能制成的，在让蒸汽机工作得更好这方面卡诺也从未成功过，但是他为提高热机的效率指明了方向。他深邃的思想在另一方向上也产生了深远的影响，导致了热力学第二定律和熵概念的产生。

二、热力学第二定律

热力学第一定律指出，任何热力学过程必须满足能量守恒定律，但是该定律对过程进行的方向没有限制。那么在自然界中凡是满足能量守恒的过程一定能发生吗？

大量的事实表明，满足能量守恒的过程不一定能发生。例如，将两个温度不同的物体孤立起来，热量会自发地从高温物体传到低温物体，最终使两个物体温度一样。反过来，热量不会自发地从低温物体传到高温物体，使两物体的温差越来越大。在焦耳实验中，重物下降会使水温升高，但水不可能自发地降低温度使重物升高。这样的自发过程很多，但我们从未看到过相反的过程会自发地进行，尽管这些过程不违反热力学第一定律。这些现象说明，还应有一个规律来支配热力学过程进行的方向性，将该规律称为热力学第二定律，该定律有多种形式的表达方式。

1. 热力学第二定律的开尔文表述　根据卡诺循环的理论可以看到，由于热机循环必须工作在高温热源和低温热源之间，因而循环的热功转换效率永远小于1，这意味着不可能制成效率为100%的循环热机。在循环过程中，工作物质吸收的热量必定有一部分要释放出去。这一推论被英国物理学家汤姆孙（W. Thomson，1824—1907；汤姆孙曾因在热力学和电磁学等方面的贡献而被英国皇室封为开尔文勋爵）在1851年总结为**热力学第二定律**，其语言表述为：**不可能制成一种循环动作的热机，只从单一热源吸收热量，使之全部转变为有用功，而不产生其他影响**。该表述又被称为**热力学第二定律的开尔文表述**。

从单一热源吸热并将热全部转换为功的循环热机称**第二类永动机**（perpetual motion machine of the second kind）。如果第二类永动机可以制成的话，人们就有可能将夏季大气中的热量转化为有用的功，而同时又使空气变得凉爽起来。有人预测，若以海水为热源，从海水中吸热而使循环热机对外做功，那么，海水温度每下降0.01 ℃，所提供的动力就可供全人类使用一千年！果真如此的话，人类就不必再为能源危机而担忧了。然而，热力学第二定律的确立，使第二类永动机成为幻想，即：**任何制造第二类永动机的企图都是不可能实现的**。人们也将这称为热力学第二定律的另一种表述。

应该说明，若系统所经历的不是循环过程，则系统可以从单一热源吸热并转化为功。例如，理想气体等温膨胀从单一热源吸热，并可全部转化为对外所做的功，但气体的体积增大了。

2. 热力学第二定律的克劳修斯表述　实际上，首先提出热力学第二定律的是德国物理学家克劳修斯（R. J. E. Clausius），他在1850年（早汤姆孙一年）就提出了热力学第二定律的另一种表述，常称为**热力学第二定律的克劳修斯表述**，其语言表述为：**热量不可能自动地从低温物体传向高温物体，而不引起外界的变化**。

初看起来，克劳修斯表述与开尔文表述似乎并无关系，但可以证明，两者是等价的，相辅相成的。从字面上看，克劳修斯表述说明的是一个简单的事实，但是它包含的物理思想却是深刻的。如果说，开尔文表述是热力学第二定律针对热机循环的局部的表述，那么，克劳修斯表述则揭示了一个更加普遍的自然法则，它说明凡是与热现象有关的自然过程都是不可逆过程，因此，可逆过程只是理想的过程。下面我们举出几例以加深对两种表述的理解。

（1）功变热过程　通过摩擦力做功可以把功完全转变为热量而不产生其他影响，但是再将热量完全转换为功，使系统和外界完全复原是不可能的。例如，具有一定初动能的物体在地面滑动时，不断克服地面摩擦力和空气阻力做功而消耗其动能并自发地将其消耗的动能转换成物体、地面和空气的分子热运动的内能。但这个功变热的逆过程，即将散失出去的热全部转变为功而对环境不造成任何影响的过程，是不可能实现的。因此，功变热过程是不可逆过程。

（2）热传导过程　热量可以自动地从高温物体传向低温物体，但是热量不能自动地由低温物体传向高温物体而使系统和外界完全复原，所以热传导过程也是不可逆的。

(3) 理想气体的自由膨胀过程 图 6-18 表示了气体的自由膨胀过程。设容器被中间隔板平均分成两部分，一边盛有理想气体，一边为真空。如果将隔板抽掉，则气体将会自发地向真空部分膨胀，最后充满整个容器，这一过程叫自由膨胀过程。自由膨胀的逆过程，即充满容器的气体自动地收缩到原来容器体积的一半空间，而另一半空间变为真空的过程是不可能实现的。因此，气体的自由膨胀的过程也是不可逆的。

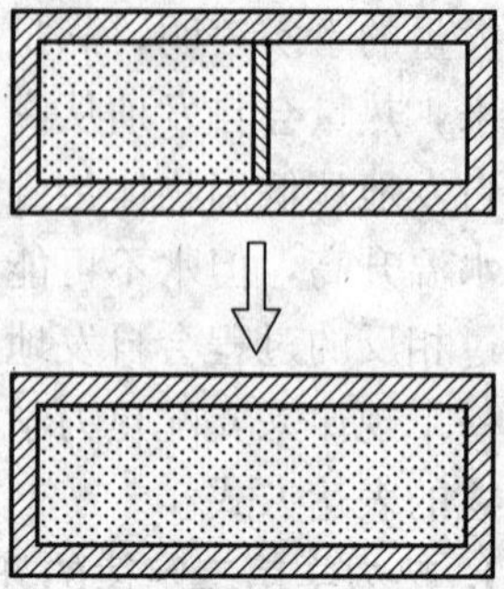

图 6-18 气体绝热自由膨胀过程

从上面讨论可以看出，凡涉及热运动的实际过程都是不可逆过程。自然界所有热力学过程的不可逆性使得热力学过程具有方向性，即任何一个与热现象有关的实际过程都有一个特定的可以自发进行的方向，其反方向不能自发进行。大量实验说明，**一切实际的宏观热力学过程都是不可逆的**。因此，在理论上，遵守热力学第一定律的过程并不一定能够发生，这就是克劳修斯表述告诉我们的一个基本事实。

3. 热力学第二定律的统计意义 热力学第二定律指出，一切实际的宏观热力学过程都是不可逆的。为了进一步理解热力学第二定律的本质，我们来考察一个包含有 4 个全同分子的孤立系统内所发生的自由膨胀过程。

在图 6-19 中，一个隔板将容器分为左、右两个相等的小室，将左侧小室称为 A 室，右边小室称为 B 室。开始时 A 室中有 4 个全同的分子 a、b、c、d，此时为系统的初态。去掉 A 室和 B 室之间的隔板后，A 室中的分子将由 A 室向 B 室扩散，结果 4 个分子在 A、B 两室中有 16 种可能的分布状态，如表 6-3 所示。如果将每一种分布状态称为系统的一种**微观状态**（microscopic state），则系统共有 16 种微观状态。

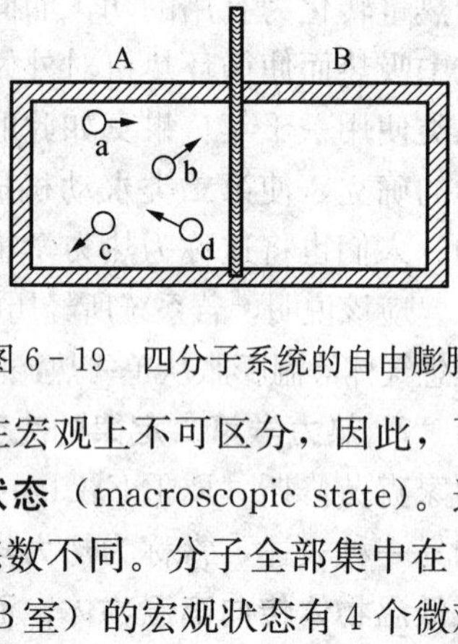

图 6-19 四分子系统的自由膨胀

由于分子是全同的，A、B 两室中分子数相同的微观状态在宏观上不可区分，因此，可将 A、B 两室中分子数分布相同的微观状态统称为一个**宏观状态**（macroscopic state）。这样，系统共有 5 种宏观状态，每一种宏观状态包含的微观状态数不同。分子全部集中在 A 室或 B 室的宏观状态各有 1 个微观状态，3 个分子在 A 室（或 B 室）的宏观状态有 4 个微观状态，两个分子在 A 室、两个分子在 B 室的宏观状态有 6 个微观状态。

由于每一种微观状态出现的概率相等，所以，包含微观态数越多的宏观状态出现的概率就越大。也就是说，系统某一宏观状态出现的概率与该宏观状态所包含的微观状态数成正比。

表 6-3 自由膨胀过程中四分子系统的分布状态

A 室	abcd	abc	bcd	cda	abd	ab	ac	ad	bc	bd	cd	a	b	c	d	0
B 室	0	d	a	b	c	cd	bd	bc	ad	ac	ab	bcd	acd	abd	abc	abcd
微观状态数	1	4				6						4				1
宏观状态数	1	1				1						1				1
热力学概率	1	4				6						4				1
宏观状态出现概率	$\frac{1}{16}$	$\frac{4}{16}$				$\frac{6}{16}$						$\frac{4}{16}$				$\frac{1}{16}$

不难看出，N 个分子全部集中在 A 室或 B 室中的概率最小，只有 $1/2^N$。对于 1 mol 气体来说，这个概率为 $\frac{1}{2^N}=\frac{1}{2^{6.02\times10^{23}}}\approx10^{-2\times10^{23}}$，这是微不足道的，实际上不可能观察到这种状态出现。

通过上面的分析不难看出，为什么气体可以向真空自由膨胀但却不能自动收缩，是因为气体自由膨胀的初始状态（全部分子集中在 A 或 B 中）所对应的微观状态数最少，因而出现的概率最小，最后的均匀分布状态对应的微观状态数最多，因而出现的概率最大。气体自由膨胀过程的不可逆性，实质上反映了热力学系统的自发过程总是由概率小的宏观状态向概率大的宏观状态进行。相反的过程，如果没有外界影响，实际上是不可能发生的。若将系统某一宏观状态所包含的微观状态数称为**热力学概率**（thermodynamics probability），用 Ω 表示，显然 Ω 越大，宏观态出现的概率也就越大。因此上述气体的自由膨胀过程就是由热力学概率小的宏观状态向热力学概率大的宏观状态发展的过程。

由于热力学概率越大，系统包含的微观状态数越多，系统就越丰富或越无序。因此，热力学概率在本质上代表了系统的丰富程度或无序程度。这样，上述自由膨胀过程也就是从无序程度小的宏观状态向无序程度大的宏观状态变化的过程，系统最终将达到一个最混乱和最无序的状态。

以上讨论的是气体的自由膨胀过程，对于热传导过程也可做类似的讨论。在热传导过程中，由于高温物体中分子的平均动能比低温物体中分子的平均动能大，所以当两物体接触时，能量从高温物体传向低温物体的概率要比反向传递的概率大得多。也就是说，最终达到两个物体中分子平均动能相等那种宏观态的概率远大于一个物体中分子平均动能比另一物体中分子平均动能大的那种宏观态的概率。因此，热量会自动地从高温物体传向低温物体，最终使两个物体的温度趋于一致，相反的过程实际上不可能自动发生。对于热功转换来说，由于机械运动是物体有规律的宏观运动，而热运动是分子无规则微观运动，所以功转化为热就是有规律的宏观运动转变为分子的无序热运动，这种转变的概率极大，可以自动发生。相反，热转化为功则是分子的无序热运动转变为物体有规律的宏观运动，这种转变的概率极小，因而实际上不可能自动发生。

综合以上讨论，可得**热力学第二定律的统计意义：一个不受外界影响的孤立系统，其内部所发生的过程总是由热力学概率小的宏观状态向热力学概率大的宏观状态进行，即从有序向无序的状态发展。系统最终将达到一个最混乱和最无序的状态。**

知识链接　　**“热寂说”与“麦克斯韦妖”**

1. 热寂说　按照热力学第二定律的发展观，热量将自发地从高温物体传向低温物体，系统将不可避免地走向混乱与无序，平衡是系统的归宿。按此，宇宙必将达到一个温度处处均匀的热平衡态，这一平衡状态常被称为**“热寂”**（heat death）状态。在历史上，首先得出这一推论的正是威廉·汤姆孙和克劳修斯。汤姆孙在 1862 年发表的论文《关于太阳热的可能寿命的物理考察》中明确写道：“热力学第二定律孕育着自然界某种不可逆作用原理，这个原理表明，虽然机械能不可消失，却会有一种普遍的耗散现象，这种耗散在物质的宇宙中会造成热量逐渐增加和扩散以及热的枯竭。如果宇宙有限并服从现有规律，那么将不可避免地出现宇宙静止和死亡的状态。”克劳修斯则在1867年召开的第41届德国自然科学家和医生代表大会上发表演讲时断言：**“宇宙将达到一个永恒的死寂状态”**。

热力学第二定律给人们带来了如此一种宇宙热死的图景，实在令人懊丧。由于它是基于严谨的科学定律而预言的“世界末日”，因此，使人们对世界的未来和社会的进步感到悲观和失望。显然，热寂说在理念和情感上都是令人难以接受的。正因为如此，一个多世纪以来，不断有人提出各种方案和假说来批判热寂说，试图说明热寂只是一个佯谬，宇宙不会走向热寂。这些努力都是值得赞赏的，因为如果这些努力成功了，将不仅拯救了物理学的名声，而且也拯救了整个宇宙。

长期以来，反对热寂说的主要观点是宇宙无限，适用于有限、孤立系统的热力学第二定律不能推广到无限广阔的、开放的宇宙中去。现在看来，宇宙是否无限尚难定论。但是，按照当今的宇宙大爆炸理论，宇宙虽不一定是无限的，但它并不是静态的。宇宙起源于一团炽热火球的异乎寻常的爆炸，这个火球最初处于一个高温（10^{32} K）、高密度（10^{93} kg·m^{-3}）的热平衡（即热寂）状态，它像一团“热粥”，又像一个“火球”。在爆炸之初，即爆炸突发后1 μs内，宇宙中充满了夸克和轻子；随后宇宙中的夸克构成强子；大约3 min后强子合成原子核，继而原子核和电子形成原子，轻元素开始出现；大约300万年后，星系开始形成；150亿年后，宇宙演化成现今的丰富多彩的样子。

20世纪20年代后期，美国天文学家哈勃（Edwin P. Hubble，1889—1953）利用美国加利福尼亚州威尔逊山上口径1.5 m和2.5 m的望远镜观测了十几亿光年范围内的星系。哈勃发现，河外星系正以很大的速度退离地球而去。这个观测的结果证明了宇宙的确在不断膨胀。更令人震惊的是，**2011年的诺贝尔物理学奖**就授予了发现宇宙加速膨胀理论的两个小组，他们各自独立发现了同样的结论：**宇宙不仅像巨大的气球一样不断膨胀，而且它膨胀的速度不断加快**。这一发现改变了宇宙学、天文学和量子物理学的原有的“万有引力作用于星系而使宇宙减慢膨胀速度”观念。现在，粒子物理学家们更是雄心勃勃地在实验室里通过相对论重粒子碰撞实验来模拟宇宙最初3 min的爆炸景观，希望由此能重睹混沌初开时宇宙的芳容。

由于那种开天辟地的大爆炸致使碎裂物四散飞扬的壮观景象以及现实的宇宙和生命从简单到复杂的进化历程与现今的实验结果和人们的理念是一致的，因此，现在人们坚信，宇宙不会走向热寂，相反，宇宙将更加生机勃勃。

2. 麦克斯韦妖 值得一提的是，除了热寂说以外，麦克斯韦也曾提出过另外一个有名的悖论，向热力学第二定律发起了挑战。他设想在两个相邻的容器之间开一个窗口，由一个可以分辨分子速度的小精灵操纵窗户的开闭，如图6-20所示。小精灵的任务是将左室中的快分子全部放入右室，而将右室中的慢分子全部放入左室。这样，只要依靠容器内小精灵的工作就可以使系统在不与外界发生联系的情况下实现右

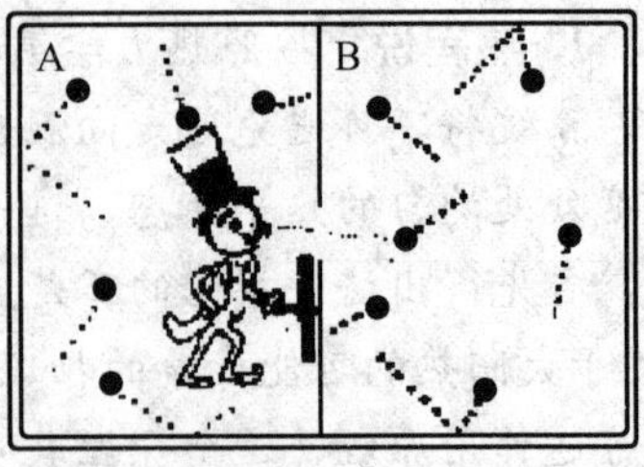

图6-20 麦克斯韦妖

室温度升高，而左室温度降低，从而破坏系统原有的热平衡。由于这个小精灵具有非凡的微观分辨力，能够做出惊人之举而破坏热力学第二定律，因而人们将其称为**麦克斯韦妖**（Maxwell demon）。对麦克斯韦妖的破解得益于信息论。信息论的缔造者香农（C. E. Shannon）同在贝尔实验室工作的法国物理学家布里渊（L. Brillouin）在1956年出版的专著《科学与信息论》中指出，小妖要能够识别分子速度就必须获取有关分子运动的信息，而要获得信息就必须有光照亮分子，即要消耗外界的能量。另一方面，小妖不断开关窗户，也要耗能，它必须不断吃进食物，因而要有外界物质的输入。看来，温度的“自动”升高是以外界物质和能量的输入为代价的，此时的系统已不再是闭合系统了。所以，热力学第二定律并无错误。

有趣的是，对麦克斯韦妖问题的解决，使人们看到了系统从无序走向有序的条件。由此自然可以想到，如果给一个系统输入能量与物质，系统就有可能从无序走向有序，这可能就是各种生物系统有序、社会经济系统有序的必要条件。这种思想直接导致了非平衡态热力学与耗散结构理论的建立。

第四节　熵　熵增加原理

一、卡诺定理

卡诺循环是一个理想的循环，其理想性不仅在于工作物质是理想气体，还在于卡诺循环所经历的四个过程都是准静态过程，是可逆循环。既然卡诺循环是理想的可逆循环，其循环的效率自然应是最大的。卡诺在1824年提出了在温度为 T_1 的热源和温度为 T_2 的热源之间做循环工作的机器，必须遵守以下两条结论，即**卡诺定理**（Carnot's theorem）：

（1）**在相同的高温热源和低温热源之间工作的任意工作物质的可逆机，都具有相同的效率。**即

$$\eta_r = 1 - \frac{Q_2}{Q_1} = 1 - \frac{T_2}{T_1} \tag{6-26}$$

（2）**工作在相同的高温热源和低温热源之间所有不可逆机的效率都不可能大于（实际上小于）可逆机的效率。**即

$$\eta_{ir} = 1 - \frac{Q_2}{Q_1} \leqslant 1 - \frac{T_2}{T_1} \tag{6-27}$$

式中 η_r 代表可逆机的效率，η_{ir} 代表不可逆机的效率。

卡诺定理指出了提高热机效率的途径。就过程而论，应当使实际的不可逆机尽量地接近可逆机。对高温热源和低温热源的温度来说，应该尽量地提高两热源的温度差，温度差愈大则热量的可利用价值也愈大。现代热电厂中尽可能提高水蒸气的温度就是这个道理。当然，降低冷凝器的温度在理论上对提高效率也有作用。但是要降低冷凝器的温度就必须用制冷机，而制冷机要消耗外功，因此通过降低低温热源的温度来提高热机的效率是不经济的，一般都不采用。

二、熵

一切实际的宏观热力学过程都是不可逆的，不可逆过程具有方向性，某些过程可以自动实现，相反的过程在不产生其他影响的条件下则不能自动实现。下面我们将从可逆卡诺循环

的效率出发引入一个新的函数——熵。

前已述及，可逆卡诺循环的效率为

$$\eta=1-\frac{Q_2}{Q_1}=1-\frac{T_2}{T_1}$$

式中，Q_1 是工作物质从高温热源 T_1 吸收的热量，Q_2 是工作物质向低温热源 T_2 放出的热量，Q_1、Q_2 取的都是绝对值。若将 Q_1 和 Q_2 都看作工作物质吸收的热量，并采用热力学第一定律中的符号规定取代数值，即工作物质吸收热量为正，放出热量为负，则 Q_2 为负，因此上式中 Q_2 前应加一负号（变为正值）。即

$$\eta=1+\frac{Q_2}{Q_1}=1-\frac{T_2}{T_1}$$

整理得

$$\frac{Q_1}{T_1}+\frac{Q_2}{T_2}=0 \tag{6-28}$$

式中，$\frac{Q}{T}$为工作物质从热源吸收的热量与工作物质温度的比值，称为**热温比**。式（6-28）说明，**在可逆卡诺循环中热温比的代数和等于零。**

如图 6-21 所示，对于任意可逆循环过程，可以近似看成由许多小可逆卡诺循环组成，而且所取的小可逆卡诺循环数目越多，就越接近于实际循环过程。在图 6-21 中，任意两相邻小可逆卡诺循环，有一段绝热过程是相同的，方向相反，效果相互抵消。因此，一系列小可逆卡诺循环的总效果就是锯齿形路径所表示的循环过程。如果小卡诺循环的数目趋于无穷，则这个锯齿形路径所表示的循环过程就无限趋近于原来的可逆循环过程。

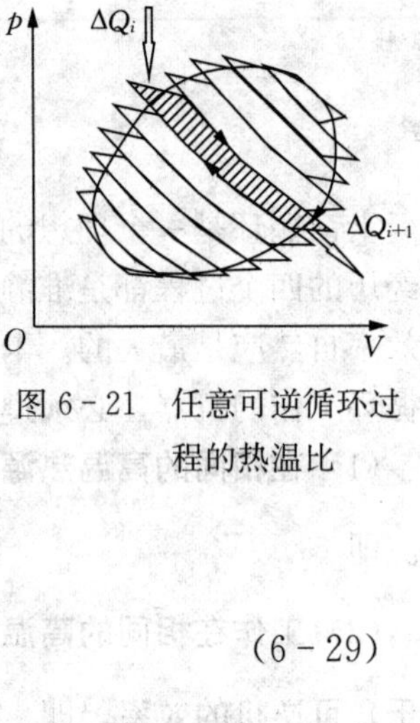

图 6-21 任意可逆循环过程的热温比

对任一微小可逆卡诺循环，都有 $\frac{\Delta Q_i}{T_i}+\frac{\Delta Q_{i+1}}{T_{i+1}}=0$

对所有微小循环求和，有$\sum_i \frac{\Delta Q_i}{T_i}=0$

当 $i\to\infty$时，则求和变为积分，有

$$\oint\frac{\mathrm{d}Q}{T}=0 \tag{6-29}$$

上式称为**克劳修斯等式**（Clausius equality）。其中$\oint$表示沿整个循环过程进行积分，$\mathrm{d}Q$ 是在各无限小的可逆等温过程中工作物质吸收的热量。

如图 6-22 所示，设任意可逆循环过程沿 1a2b1 进行，根据式（6-29），有

$$\oint\frac{\mathrm{d}Q}{T}=\int_{1a2}\frac{\mathrm{d}Q}{T}+\int_{2b1}\frac{\mathrm{d}Q}{T}=\int_{1a2}\frac{\mathrm{d}Q}{T}-\int_{1b2}\frac{\mathrm{d}Q}{T}=0$$

即

$$\int_{1a2}\frac{\mathrm{d}Q}{T}=\int_{1b2}\frac{\mathrm{d}Q}{T} \tag{6-30}$$

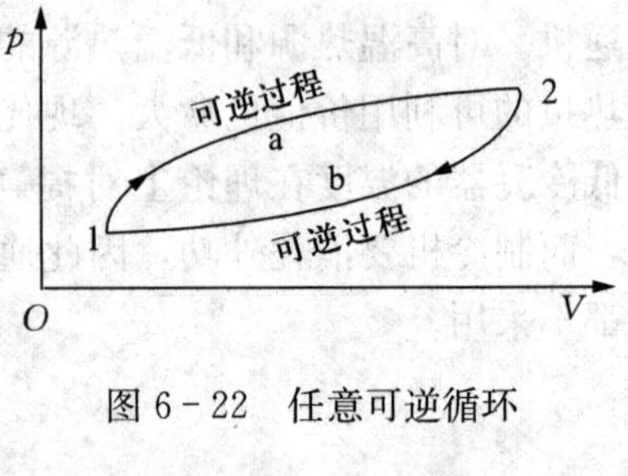

图 6-22 任意可逆循环

式（6-30）表明，两个平衡态（即状态 1 与状态 2）之间热温比的积分与可逆过程无关。即**在可逆过程中，系统从状态 1 改变到状态 2，其热温比的积分只决定于始末状态，而与过程无关，是一态函数的增量。**克劳修斯将这个态函数称为**熵**（entropy），用 S 表示，熵的单位为 $\mathrm{J}\cdot\mathrm{K}^{-1}$。

如以 S_1 和 S_2 分别表示状态 1 和状态 2 的熵，那么系统沿任一可逆过程由初态 1 变到末态 2 时熵的增量为

$$\Delta S = S_2 - S_1 = \int_1^2 \frac{dQ}{T} \tag{6-31}$$

该式表明，**系统任意两平衡态之间熵的增量，等于连接这两个平衡态的任一可逆过程** dQ/T **的积分。**

应该注意的是式（6-31）给出的只是两个平衡态的熵之差，而不是某一平衡态的熵值。实际上，对具体热力学问题来说，关键是初、末态熵的变化，而某一平衡态的熵值往往不必求出。若要比较不同状态的熵值，可选一个参考态，令其熵值为零，从而确定出其他状态的熵值。

对于一段无限小的可逆过程，熵的微分形式可以写成

$$dS = \frac{dQ}{T} \tag{6-32}$$

如图 6-23 所示，设有一不可逆卡诺循环由不可逆过程 1a2 和可逆过程 2b1 构成。根据卡诺定理，可知其循环的热机效率为 $\eta = 1 - \frac{Q_2}{Q_1} < 1 - \frac{T_2}{T_1}$

采用热力学第一定律的符号规定，则 Q_2 为负，即

$$1 + \frac{Q_2}{Q_1} < 1 - \frac{T_2}{T_1}$$

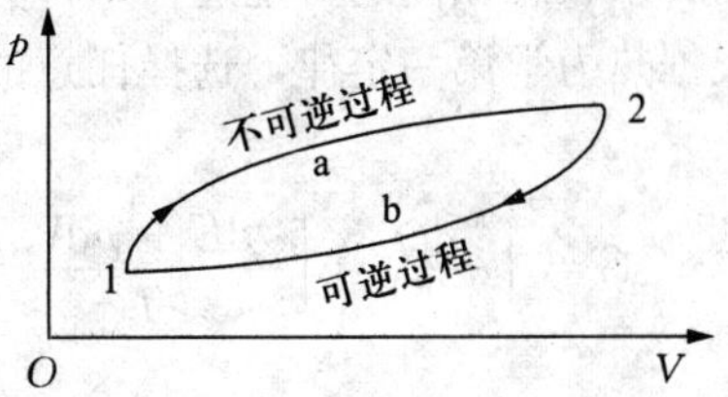

图 6-23 任意不可逆循环

由此可得

$$\frac{Q_1}{T_1} + \frac{Q_2}{T_2} < 0$$

上式表明，**对不可逆卡诺循环，热温比之和小于零**。对于任意不可逆循环，同理可得

$$\oint \frac{dQ}{T} < 0$$

上式称为**克劳修斯不等式**（Clausius inequality）。也即

$$\int_{1(a)}^2 \frac{dQ_{ir}}{T} + \int_{2(b)}^1 \frac{dQ_r}{T} < 0$$

其中 dQ_{ir} 和 dQ_r 分别是系统在不可逆微过程和可逆微过程中吸收的热量。由上式可得

$$\Delta S_{12} = \int_{1(b)}^2 \frac{dQ_r}{T} > \int_{1(a)}^2 \frac{dQ_{ir}}{T}$$

同理对任意不可逆过程都有

$$\Delta S_{12} = S_2 - S_1 > \int_1^2 \frac{dQ_{ir}}{T} \tag{6-33}$$

对无限小的任意不可逆过程有

$$dS > \frac{dQ_{ir}}{T} \tag{6-34}$$

综合式（6-31）和式（6-33）的结论可知，对任意过程，系统的熵变为

$$\Delta S = S_2 - S_1 \geqslant \int_1^2 \frac{dQ}{T} \tag{6-35}$$

$$dS \geqslant \frac{dQ}{T} \tag{6-36}$$

式（6-35）和式（6-36）称为**热力学第二定律的数学形式**。对可逆过程取等号，对不可逆过程取大于号。

为了进一步理解熵和熵变的概念，掌握熵的计算方法，下面我们作几点说明：

（1）熵是系统状态的单值函数。对于确定的状态，系统具有确定的熵值；系统的状态发生变化，系统的熵值也要发生变化。但是只要系统的初、末状态一定，不管系统经历任何过程从初态变化到末态，系统的熵变都相等。

（2）对于可逆过程，等式右边的热温比的积分值等于两态的熵变；对于不可逆过程，等式右边热温比的积分值小于两态的熵变。

（3）熵变的计算。对可逆过程，熵变等于沿可逆过程 dQ/T 的积分，即可用式（6-31）计算熵变；对不可逆过程，利用熵是态函数这一性质，可设计一个与不可逆过程初、末状态相同的可逆过程来计算熵变。

例题 6-6　质量为 M，摩尔质量为 μ 的理想气体，从初态 $1(p_1、V_1、T_1)$ 经任意热力学过程到末态 $2(p_2、V_2、T_2)$，求该理想气体的熵变。

解：对于熵变的计算，虽然经历的是任意热力学过程，但我们可以设计一个与该过程初、末状态相同的可逆过程来计算熵变，总的熵变等于沿可逆过程 dQ/T 的积分。但也可以根据热力学第一定律，选择任意的可逆过程而不是哪一个具体的过程来计算熵变。即

$$\Delta S=\int_1^2\frac{dQ}{T}=\int_1^2\frac{dE+pdV}{T}=\int_1^2\frac{\frac{M}{\mu}C_V dT+\frac{MRT}{\mu V}dV}{T}=\int_{T_1}^{T_2}\frac{M}{\mu}C_V\frac{dT}{T}+\int_{V_1}^{V_2}\frac{M}{\mu}R\frac{dV}{V}$$

积分得初末态熵变为
$$\Delta S=\frac{M}{\mu}C_V\ln\frac{T_2}{T_1}+\frac{M}{\mu}R\ln\frac{V_2}{V_1}$$

由于计算并未限制某一过程，上式可作为理想气体熵变的计算公式。

从本例中不难发现，在理想气体的可逆过程中，熵的积分表达式对任意可逆路径都通用，因而不需要具体路径就可求解。读者也可以假设一些具体的可逆过程，比如用等体、等温两过程连接初、末态，采用两个路径：

路径一：$(T_1,V_1)\xrightarrow{\text{可逆等体升温}}(T_2,V_1)\xrightarrow{\text{可逆等温膨胀}}(T_2,V_2)$

路径二：$(T_1,V_1)\xrightarrow{\text{可逆等温膨胀}}(T_1,V_2)\xrightarrow{\text{可逆等体升温}}(T_2,V_2)$

请读者对所设计路径的熵变进行具体计算，看与本题所解是否一致？

例题 6-7　如图 6-24 所示，1 mol 理想气体氦气，做 $ABCDA$ 循环，图中 AB 为等温过程，BC 和 DA 均为等压过程，CD 为等体过程，已知 A 的状态量为 p、V、T。问：（1）该循环的效率为多少？（2）其逆循环 $ADCBA$ 的制冷系数为多少？（3）从状态 B 到达状态 C，在该过程中气体的熵变为多少？

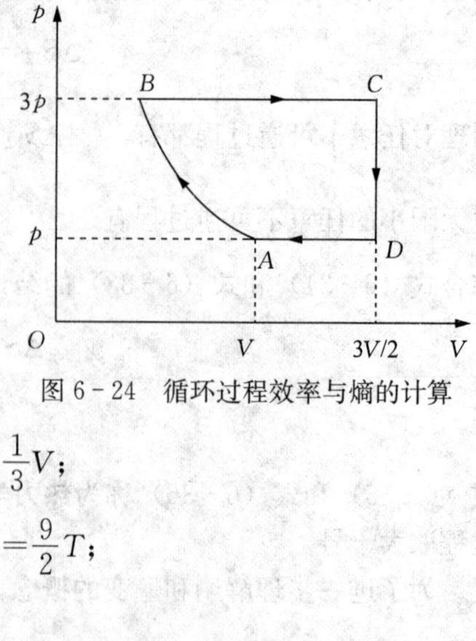

图 6-24　循环过程效率与熵的计算

解：已知 A 态的温度为 T，根据理想气体状态方程求出 B、C、D 三个状态的温度。

AB 为等温过程，故有　$T_B=T_A=T$；

因 $p_A=p$，$p_B=3p$，由 $p_AV_A=p_BV_B$，求得 $V_B=\frac{1}{3}V$；

BC 为等压过程，$V_C=\frac{3}{2}V$，由$\frac{V_B}{T_B}=\frac{V_C}{T_C}$，求得 $T_C=\frac{9}{2}T$；

CD 为等体过程，$p_C=3p$，$p_D=p$，由$\frac{p_C}{T_C}=\frac{p_D}{T_D}$，求得 $T_D=\frac{3}{2}T$。

(1) 先求出 $ABCDA$ 循环四个过程吸收的热量。

$A\to B$ 为等温过程，$Q_{AB}=RT\ln\frac{V_B}{V_A}=-RT\ln 3$；

$B\to C$ 为等压过程，$Q_{BC}=C_p(T_C-T_B)=\frac{5}{2}R\left(\frac{9}{2}T-T\right)=\frac{35}{4}RT$；

$C\to D$ 为等体过程，$Q_{CD}=C_V(T_D-T_C)=\frac{3}{2}R\left(\frac{3}{2}T-\frac{9}{2}T\right)=-\frac{9}{2}RT$；

$D\to A$ 为等压过程，$Q_{DA}=C_p(T_A-T_D)=\frac{5}{2}R\left(T-\frac{3}{2}T\right)=-\frac{5}{4}RT$。

整个循环过程系统吸热为
$$Q_1=Q_{BC}=\frac{35}{4}RT$$

系统放热为
$$Q_2=|Q_{AB}|+|Q_{CD}|+|Q_{DA}|=RT\ln 3+\frac{9}{2}RT+\frac{5}{4}RT=\left(\ln 3+\frac{23}{4}\right)RT$$

所以循环效率为
$$\eta=1-\frac{Q_2}{Q_1}=1-\frac{(\ln 3+23/4)RT}{35RT/4}\times 100\%=21.7\%$$

(2) 逆循环 $ADCBA$ 中，各过程的吸热量与放热量与正循环相反，但数值相等。此时，向高温热源放热为 $Q_1=35RT/4$，从低温热源吸热为 $Q_2=(\ln 3+23/4)RT$，故制冷系数为
$$\varepsilon=\frac{Q_2}{Q_1-Q_2}=\frac{(\ln 3+23/4)RT}{\frac{35RT}{4}-(\ln 3+23/4)RT}=3.6 \text{ 或 } \varepsilon=\frac{1-\eta}{\eta}=\frac{1-21.7\%}{21.7\%}=3.6$$

(3) 从状态 B 到达状态 C，该等压过程气体的熵变为
$$\Delta S_{BC}=\int_{T_B}^{T_C}\frac{dQ}{T}=\int_{T_B}^{T_C}\frac{C_p dT}{T}=C_p\ln\frac{T_C}{T_B}=\frac{5R}{2}\ln\frac{9}{2}=2.5\times 8.31\times 1.504=31.25(\mathrm{J\cdot K^{-1}})$$

三、熵增加原理

对于绝热系统，$dQ=0$，式（6-36）表示为
$$dS\geqslant 0 \qquad (6-37)$$

该式说明，在绝热过程中，系统的熵永不减少。**对可逆绝热过程，系统的熵不变；对不可逆绝热过程，系统的熵增加**。这一结论称为**熵增加原理**（principle of increase of entropy）。

对于孤立系统，显然有 $dQ=0$，同样有式（6-37）的结果。因此熵增加原理又可表述为：**在孤立系统中发生的任何过程，系统的熵永不减少**。

如果不是绝热系统或孤立系统，系统的熵减少是可能的。如一杯水放出热量，则水的熵就减少了。但是如果将系统跟与之有相互作用的外界组成一个大的绝热系统或孤立系统，系统的熵永不减少仍然成立。熵增加原理给出了**判断不可逆过程方向和限度的法则：绝热系统中发生的不可逆过程或孤立系统中发生的一切自发过程只能向熵增加的方向进行，过程进行的限度是熵达到极大值**。

下面我们举两个例子说明如何用熵增加原理来判断过程进行的方向。

1. 热传导 一绝热容器中间被一导热板分成两室，分别贮有温度为 T_1、T_2 的两部分气体 1 和 2，且 $T_1>T_2$，如图 6-25 所示。在气体通过导热板进行热传递的过程中，温度 T_1、T_2 都在改变。设在无限小的可逆等温过程中有热量 dQ 从气体 1 传到气体 2，由于 dQ 很小，可以认为 T_1 和 T_2 不变。那么，在此微小的热传导过程中温度为 T_1 的气体的熵变为

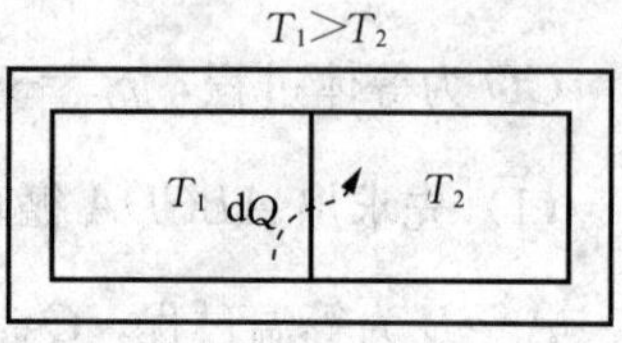

图 6-25 气体的热传导

$$dS_1=-\frac{dQ}{T_1}$$

温度为 T_2 的气体的熵变为
$$dS_2=\frac{dQ}{T_2}$$

两部分气体的总熵变为
$$dS=dS_1+dS_2=\left(\frac{1}{T_2}-\frac{1}{T_1}\right)dQ>0$$

由此可见，热量从高温物体向低温物体传递时，整个系统的熵是增加的，所以热量从高温物体向低温物体传递是能自发进行的。反之，若热量 dQ 从温度为 T_2 的气体向温度为 T_1 的气体传递，则总熵变为 $dS=\left(\frac{1}{T_1}-\frac{1}{T_2}\right)dQ<0$，即整个系统的熵减少，违背熵增加原理。所以热量从低温物体向高温物体传递是不能自发进行的。可见热力学第二定律的克劳修斯表述包括在熵增加原理这一规律中。

2. 理想气体的自由膨胀 设理想气体膨胀前后的体积分别为 V_1 和 V_2。因理想气体自由膨胀过程中，$Q=0$，$W=0$，所以理想气体自由膨胀是孤立系统中发生的自发过程，这一过程的特点是温度不变。根据过程的特点，我们可以设计一个可逆等温膨胀过程来计算熵变，有
$$\Delta S=\int_1^2\frac{dQ}{T}=\frac{Q}{T}=\frac{1}{T}\frac{M}{\mu}RT\ln\frac{V_2}{V_1}=\frac{M}{\mu}R\ln\frac{V_2}{V_1}$$

由于 $V_2>V_1$，可知 $\Delta S>0$，即理想气体的自由膨胀是可以自发进行的。反之，若膨胀后的气体再自发收缩，则 $\Delta S<0$，说明膨胀后的理想气体再自发退缩回 V_1 是不可能发生的。

四、熵的统计意义

理想气体的自由膨胀是一个自发过程。从熵的角度看，理想气体的自由膨胀导致熵的增加，到达平衡态时系统的熵达到极大值；从分子动理论的角度看，气体处在体积较小的初态时，与末态相比是比较有序的，随着过程的进行，无序程度增加，到达末态时分子在整个容器内处于最无序的状态。由此可见，随着熵的增加，分子的无序程度也增加。又如气体凝聚成液体，分子显然更趋于有序，但这个过程中系统放出热量，熵减少。0 ℃的冰融化成 0 ℃的水，虽然温度没变，但由于水的流动性，由冰到水分子的无序程度增加了，在这一过程中系统吸收热量，熵增加。以上例子都说明，当熵增加时，系统分子的无序程度也增加；当熵减少时，系统分子的无序程度也减小。因此，**熵是系统分子无序程度的量度**，这就是**熵的统计意义**。

一个系统分子的无序程度越显著，系统处于该状态的热力学概率就越大，系统的熵值也就越大。1877 年，玻耳兹曼给出系统的熵 S 与热力学概率 Ω 之间的关系为
$$S\propto\ln\Omega$$

1900 年，普朗克引入玻耳兹曼常量 k 作为比例系数，将上式写为

$$S = k\ln\Omega \tag{6-38}$$

上式称为**玻耳兹曼关系式**。由式（6－38）定义的熵常被称为**玻耳兹曼熵**（Boltzmann entropy）或**统计熵**（statistic entropy）。S 的单位应与 k 的单位相同，即为 $J\cdot K^{-1}$。

该式的物理意义是，系统的任一宏观状态，都有确定的微观状态数 Ω 与之对应。也就有确定的熵 S 与之对应。因此，式（6－38）定义的玻耳兹曼关系明确熵是系统的状态函数，其意义也是描述系统分子热运动的无序性。由于 Ω 表征了系统的无序程度，即系统 Ω 越大，微观状态数越多，系统越“混乱”，熵越大；反之，系统 Ω 越小，相应的微观态数目越少，系统内部越单一，越有序，熵也就越小。在极端情况下，系统只有一个微观状态，$\Omega=1$，熵为零。因而从微观上来看，熵是系统无序程度的标志。

例题 6－8　在 1.013×10^5 Pa 压强下，1 kg 0 ℃的冰完全融化成 0 ℃水，并被加热到 100 ℃。已知冰的熔解热为 $\lambda=3.35\times10^5\ J\cdot K^{-1}$，水的比热容 $c=4.18\times10^3\ J\cdot kg^{-1}\cdot K^{-1}$。求：（1）0 ℃冰融化为 0 ℃水的过程中的熵变；（2）0 ℃水加热到 100 ℃过程中的熵变；(3) 0 ℃的冰加热到 100 ℃的水过程中的总熵变；（4）从 0 ℃冰到 0 ℃水其微观状态数增加的倍数。

解：（1）冰的融化过程可设为它和一个 0 ℃的恒温热源接触而进行可逆等温吸热过程，因而

$$\Delta S_{12}=\int_1^2\frac{dQ}{T}=\frac{1}{T}\int_1^2 dQ=\frac{Q}{T}=\frac{m\lambda}{T}=\frac{1\times3.35\times10^5}{273}=1\,227(J\cdot K^{-1})$$

（2）先设计一个可逆过程：在 0 ℃(273 K) 到 100 ℃(373 K) 之间安装无穷多个温差无限小的热源，使水逐一接触，无限缓慢升温，这样就构成了一个可逆过程。于是有

$$\Delta S_{23}=\int_2^3\frac{dQ}{T}=\int_2^3\frac{mc\,dT}{T}=mc\ln\frac{T_3}{T_2}=1\times4.18\times10^3\ln\frac{373}{273}=1\,305(J\cdot K^{-1})$$

（3）要计算 0 ℃的冰加热到 100 ℃的水整个过程的总熵变，只要将各个分过程的熵变加起来即可。因为从积分的数学意义上看，总过程（可逆）的热温比积分等于各分过程积分的和。而分过程热温比的积分就是分过程的熵变。因此

$$\Delta S=\Delta S_{12}+\Delta S_{23}=1\,227+1\,305=2\,532(J\cdot K^{-1})$$

（4）由熵的微观态定义式（6－38）可知，从 0 ℃冰到 0 ℃水，熵变

$$\Delta S_{12}=k\ln\Omega_2-k\ln\Omega_1=k\ln\frac{\Omega_2}{\Omega_1}=2.30k\lg\frac{\Omega_2}{\Omega_1}$$

代入得

$$\frac{\Omega_2}{\Omega_1}=10^{\Delta S_{12}/2.30k}=10^{1\,227/(2.30\times1.38\times10^{-23})}=10^{3.84\times10^{25}}$$

可见，末态 0 ℃水的微观态数激增，系统的无序程度大幅增加。

知识链接　　**玻耳兹曼关系式——非凡的“记号”**

在热力学中，玻耳兹曼关系式是一个极为重要的关系，它犹如一座连接宏观与微观的桥梁，使热力学中极为抽象和有点神秘的熵有了更直接和具体的物理意义，它表明熵是热力学系统内分子热运动无序程度的量度。$S=k\ln\Omega$ 对熵概念的这一诠释不仅阐明了熵的微观本质，而且为熵从热力学进入其他学科领域开辟了道路，从而使熵概念获得了广泛的应用。玻耳兹曼关系式经历了时间的考验，成为物理学中最重要的公式之一。在一个公式里汇聚了丰富的内容，言简意赅，在整个物理学中可与之相媲美的似乎只有牛顿的 $F=ma$ 和爱因斯坦的质能关系式 $E=mc^2$。看到这类公式，很像面对完美的艺术

品，令人叹为观止！玻耳兹曼对于电磁学中的麦克斯韦方程赞赏备至，曾引用了德国著名诗人歌德（Goethe，1749—1832）在《浮士德》中的诗句予以评价："写下这些记号的，难道是一位凡人吗？"现在，我们用此诗句评价以他自己名字命名的关系式，不也是非常恰当吗？为纪念玻耳兹曼，在坐落于维也纳大学绿草如茵的校园里玻耳兹曼墓地前耸立的墓碑上，人们刻下了"S=k log W"（log 为对数符号，后人为体系统一采用自然对数 ln）。

面对这些非凡的"记号"，玻耳兹曼在世时也曾用诗一样的语言述说其切身体验："难以置信！结果，一旦发现，是如此自然、简明；而到达的途径却漫长又艰辛。"

拓展阅读

低温技术及应用

在物理学中，**低温是指低于液态空气（81 K，即 −192 ℃）的温度。**低温在现代科学技术中有很重要的意义。在工业上，空气在低温液化后可以通过分馏得到氧气、氮气、氦气等，以供工农业、医学等各方面使用；在生物科学中，低温环境常用来保存生命活体；在物理学中，低温可以使某些材料具有超导性质，这种性质现在广泛地利用以产生强磁场等。低温条件对物理理论的研究和技术创新意义重大。早期，最著名的例子是吴健雄（Chien-Shiung Wu，1912—1997）等人利用低温条件（0.01 K）所做的^{60}Co 衰变实验证实了李政道、杨振宁提出的宇称不守恒理论，从而对粒子物理的发展产生了深远的影响。现在，低温超导技术在基础科学研究中的广泛应用，极大地带动了低温工程的发展。欧洲大型强子对撞机（LHC）、国际热核聚变实验堆（ITER）、先进实验超导托卡马克（EAST）、北京正负电子对撞机重大改造项目（BEPC-Ⅱ）等都必须配套大型氦低温系统。例如，2008 年 9 月 19 日，欧洲大型强子对撞机第三与第四段之间两段超导电缆的接合处温度突然升高到超导温度以上，使该段电缆成为一个电阻，瞬间产生的高达87 000 A 的超强电流使其迅速熔化，使得电流流过附近低温制冷系统，在低温真空容器上熔化的洞口释放了数吨的液氦，导致整个欧洲大型强子对撞机被迫关闭一个多月。

下面简要介绍几种常用的获得低温的技术方法。

1. 可逆绝热膨胀降温 当气体进行近似的可逆绝热膨胀时，因对活塞或涡轮叶片做功而使自身温度大幅降低。这也是液化气体获得低温的一种常用方法。低温最初是通过空气的液化获得的，现在液态空气的生产已经非常普通。例如，一种商品用空气液化装置就是用氢气做工质的制冷机，在其中，氢气进行斯特令制冷循环（Stirling cycles），可以达到 90 K 至 12 K 的低温。液化后的空气再通过分馏的方法就可得到液氧或液氮，而液氮正是很多实验中用来维持低温所必需的。

2. 节流膨胀降温 还有一种液化气体的方法是利用焦耳—汤姆孙效应，即气体经过节流膨胀降温，这种气体液化装置如图 6-26 所示。液化气体受压缩机 A 压缩成为高温高压气体后沿管道进入冷却器 B，接着又被导入逆流换热器 C 的内管，再从小口放入容器 D 中，由于小口有节流作用，所以气体从小口喷出后温度降低，这个低温低压的气体经过逆流换热器外套管而回到压缩机中重新被压缩。由于压缩机的工作，气体经过多次在 E 中循环后温度就可以达到部分液化的程度，液化的气体可以从下面的管道 F 中取走。

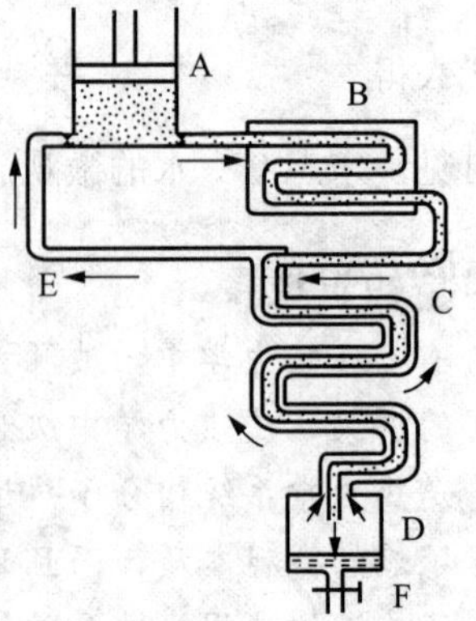

图 6-26 节流液化气体装置

节流降温方法的优点在于它在低温处没有运动部分，因而不需要润滑。但由于气体必须在低于某个温度时通过节流才能降温，所以节流前必须预冷。液化氢气时需要用液氮来预冷；液化氦气时需要用液氢来预冷。

实际上常把节流膨胀和可逆绝热膨胀联合起来使用。先用可逆绝热膨胀使气体温度降低到所需的温度，然后再通过节流使之变成液体，液氦一般就是这样制取的。用这种方法可以达到 4.2 K 的低温。

3. 液体蒸发降温 液体蒸发时要吸热，如果这时外界不供给热量，液体本身温度就要降低。利用这种方法可以使液态气体温度进一步降低。如图 6-27 所示，密闭的杜瓦瓶（Dewar flask）中装有液态气体，当用抽气机将液面上的蒸气快速抽走时，液体温度就降得更低。通过这个方法，杜瓦于 1898 年用他发明的低温恒温器（即杜瓦瓶）实现了氢的液化，达到了 20.4 K；1899 年又实现了氢的固化，靠抽出固体氢表面的蒸气，达到了惊人的 12 K 的低温。目前，利用同样的方法，液态氮已可达到 1.25 K，而液态 ^{4}He 可达到 1 K，液态 ^{3}He 可以达到 0.3 K 的超低温。

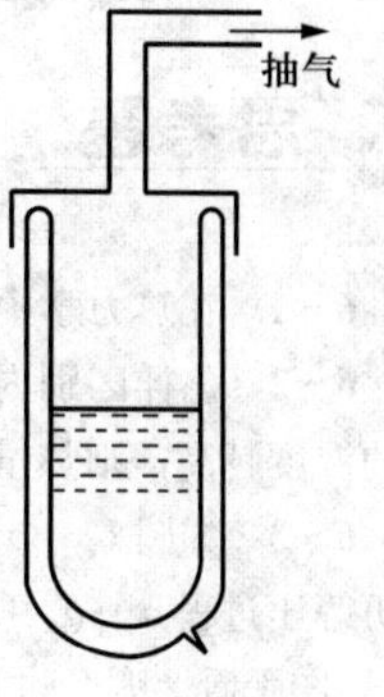

图 6-27 蒸发降温

4. 绝热退磁降温 更低的温度是通过顺磁质的绝热退磁而得到的。顺磁质的每个分子都具有固有磁矩，它的行为像一个微小的磁体一样，在磁场作用下，分子要沿磁场排列起来，此时若将顺磁质和外界绝热隔离，当撤去外磁场时，由于分子的内能减小，因此温度就要降低。图 6-28 就是一种这样的装置，将装有顺磁盐，如硝酸铈镁 $[2Ce(NO_3)_3 \cdot 3Mg(NO_3)_2 \cdot 24H_2O]$ 的容器安置在液氦内的两个超导磁极中间，先在容器中通入氦气。当加上磁场时，顺磁盐被磁化而温度升高。这时它周围的氦气作为导热剂使它很快与周围液态氦达到热平衡。然后抽走容器中的氦气使顺磁盐与外界绝热。这时如果再撤去磁场，顺磁盐分子的排列重新变无序，导致分子内能减少，顺磁质的温度就可以降到 10^{-2} K 甚至 10^{-3} K。如果在这样的低温下，再用类似的步骤使原子核进行绝热退磁，就可以得到更低的温度。

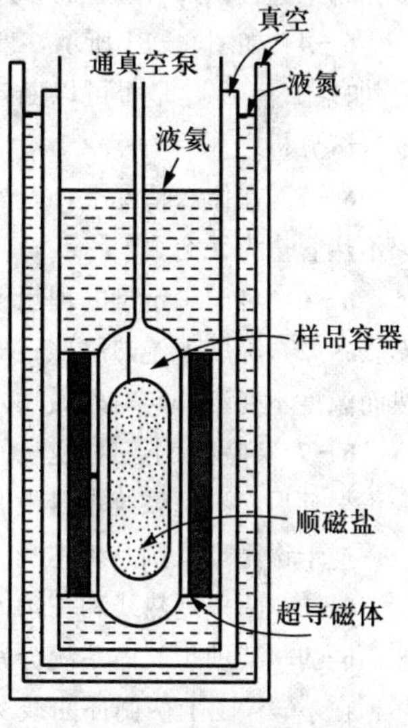

图 6-28 绝热退磁降温装置

吴健雄在实验中就是用绝热退磁法得到所需的低温而证实了宇称不守恒的预言。1956 年，吴健雄用两套实验装置观测钴60（^{60}Co）的衰变，她在极低温（0.01 K）下用强磁场把一套装置中的 ^{60}Co 原子核自旋方向转向左旋，把另一套装置中的 ^{60}Co 原子核自旋方向转向右旋，这两套装置中的 ^{60}Co 互为镜像。实验结果表明，这两套装置中的 ^{60}Co 放射出来的电子数有很大差异，而且电子放射的方向也不能互相对称。实验结果证实了弱相互作用中的宇称不守恒。吴健雄的实验成功地为杨振宁和李政道获得诺贝尔物理奖铺平了道路。

5. 稀释制冷 1951 年，德国物理学家 H·伦敦（H. London，1907—1970）（液氦低温超流体研究方面的杰出科学家 F·伦敦的弟弟）提出了可以用超流 ^{3}He 稀释 ^{4}He 的方法得到极低温。1962 年他又提出了稀释制冷机的方案，1965 年世界上第一台稀释制冷机问世，1978 年根据这种想法制成的稀释制冷机已可以保持 0.002 K 的低温。这种制冷机是根据 ^{4}He 和 ^{3}He 的混合液体的相变规律而设计的，它的构造示意图如图6-29所示。由液体 ^{4}He 的抽气蒸发而使温度达到 1.3 K 的 ^{3}He 液体被压入穿过蒸发器的管道冷却一次，此后又穿过一个热交换器进一步冷却后，进入最下面的混合室中。在混合室中 ^{3}He 和 ^{4}He 的混合液体分为两相，上面是富 ^{3}He 的浓相，下面是贫 ^{3}He 的稀相。在这个温度下，^{3}He 表现得相当活跃，将由浓相向稀相大量扩散，而 ^{4}He 表现得惰性大，好像只是给 ^{3}He 提供了活动的空间。由于液体急速蒸发时温度要降低，因此 ^{3}He 穿过分界面向稀相“蒸发”时温度也要降低，由于上面的真空泵不断抽走 ^{3}He，这一“蒸发”就不断地继续进行，因

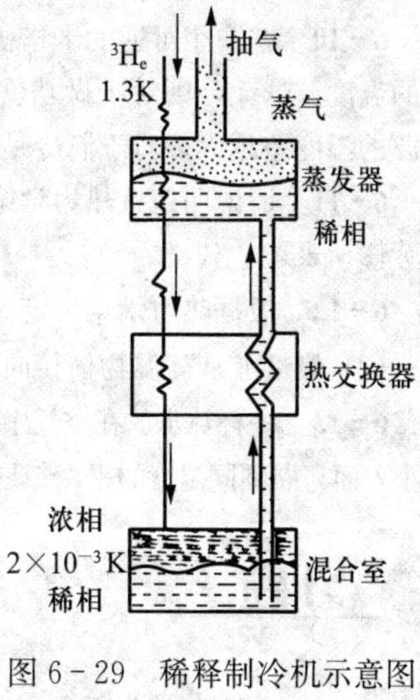

图 6-29 稀释制冷机示意图

此，使温度不断降低，最终温度可达到 0.002 K。

1979 年赫尔辛基工业大学的一个实验小组的低温系统使用一级稀释制冷和两级原子核绝热去磁，得到了 5×10^{-8} K 的极低温。目前，实验室获得的最低温度已达 10^{-11} K 量级。

思考题

6-1 在热力学中为什么要引入准静态过程的概念？

6-2 怎样区别内能与热量？下面哪种说法是正确的？（1）物体的温度越高，则热量越多；（2）物体的温度越高，则内能越大。

6-3 如图 6-30 所示，一定量的气体，体积从 V_1 膨胀到 V_2，经历等压过程 $a\rightarrow b$、等温过程 $a\rightarrow c$、绝热过程 $a\rightarrow d$。问：（1）从 p—V 图上看，哪个过程做功最多？哪个过程做功最少？（2）哪个过程内能增加？哪个过程内能减少？（3）哪个过程从外界吸热最多？哪个过程从外界吸热最少？

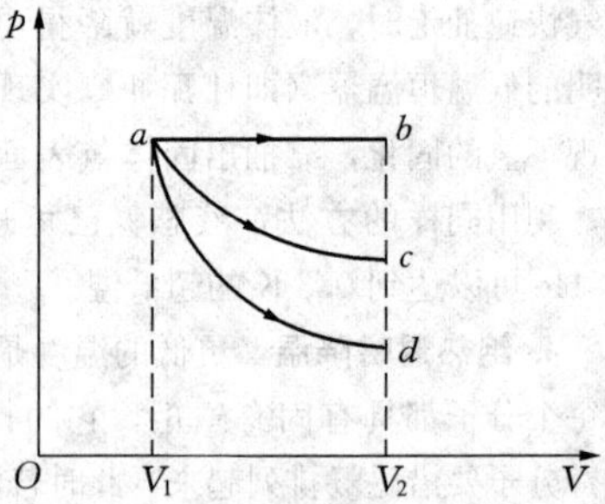

图 6-30 思考题 6-3 图

6-4 如图 6-31 所示，理想气体从状态 a 经直线过程 $a\rightarrow b$ 到达状态 b。如果 $E_a=E_b$，是否可以断定在 $a\rightarrow b$ 的过程中各微小过程的 $\mathrm{d}E$ 均为零？试分析之。

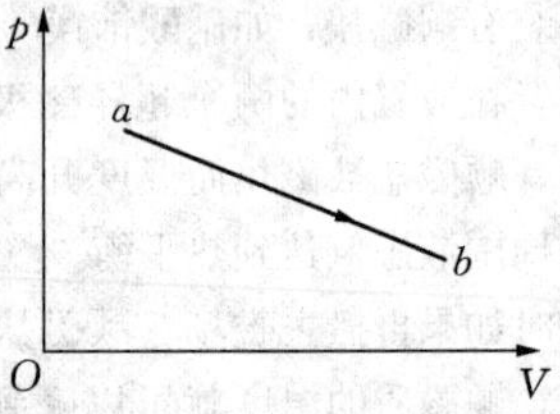

图 6-31 思考题 6-4 图

6-5 在什么情况下，气体的摩尔热容量为零？什么情况下，气体的摩尔热容量为无穷大？

6-6 对于一定量的理想气体，下列过程是否可能？（1）等温下绝热膨胀；（2）等压下绝热膨胀；（3）绝热过程中体积不变温度上升；（4）吸热而温度不变；（5）对外做功同时放热；（6）吸热同时体积缩小。

6-7 判别以下三种说法的对错：（1）系统经过一个正循环后，系统本身没有变化；（2）系统经过一个正循环后，不但系统本身没有变化，而且外界也没有变化；（3）系统经一个正循环后，再沿相反方向进行一逆卡诺循环，则系统本身以及外界都没有任何变化。

6-8 两条绝热线和一条等温线是否可以构成一个循环？为什么？

6-9 某理想气体系统分别进行了如图 6-32 所示的两个卡诺循环，在 p—V 图上两循环曲线所包围的面积相等，问哪个循环的效率高？哪个循环从高温热源处吸收的热量多？

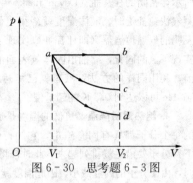

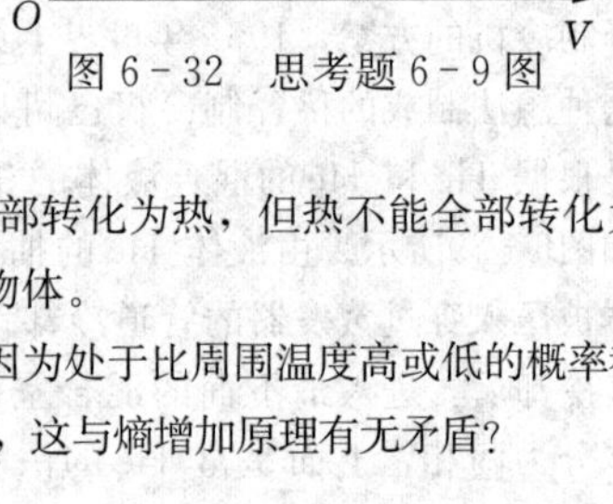

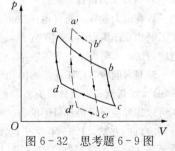

图 6-32 思考题 6-9 图

6-10 有一个可逆的卡诺机，它作热机使用时，如果工作的两热源的温度差越大，则对于做功就越有利。当作制冷机使用时，如果两热源的温度差越大，对于制冷是否也越有利？为什么？

6-11 请说明违背热力学第二定律开尔文表述的说法也必定违背克劳修斯表述。

6-12 根据热力学第二定律判断下面说法是否正确：（1）功可以全部转化为热，但热不能全部转化为功；（2）热量能从高温物体传向低温物体，但不能从低温物体传向高温物体。

6-13 一杯热水放在空气中，它总是冷却到与周围环境相同的温度，因为处于比周围温度高或低的概率都较小，而与周围同温度的平衡却是最概然状态，但是这杯水的熵却是减小了，这与熵增加原理有无矛盾？

习题

6-1 如图 6-33 所示，一定量的空气，开始在状态 A，其压强为 2.0×10^5 Pa，体积为 $2.0\times$

10^{-3} m³，沿直线 AB 变化到状态 B 后，压强变为 1.0×10^5 Pa，体积变为 3.0×10^{-3} m³，求此过程中气体所做的功。

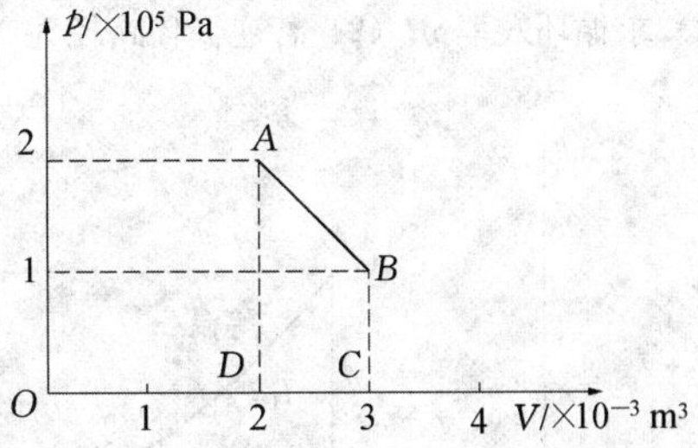

图 6-33 习题 6-1 图

6-2 一定量的空气，吸收了 1.71×10^3 J 的热量，并保持在 1.0×10^5 Pa 下膨胀，体积从 1.0×10^{-2} m³ 增加到 1.5×10^{-2} m³，问空气对外做了多少功？它的内能改变了多少？

6-3 如图 6-34 所示，3.2×10^{-3} kg 氧气的压强 $p_1=1.013\times10^5$ Pa，温度 $T=300$ K，先等体增压到 $p_2=3.039\times10^5$ Pa；再等温膨胀，使压强降至 $p_3=1.013\times10^5$ Pa；然后等压压缩至 $V_4=0.5V_3$。求：(1) 各过程系统所做的功、吸收的热量和内能的变化；(2) 全过程系统所做的功、吸收的热量和内能的变化。

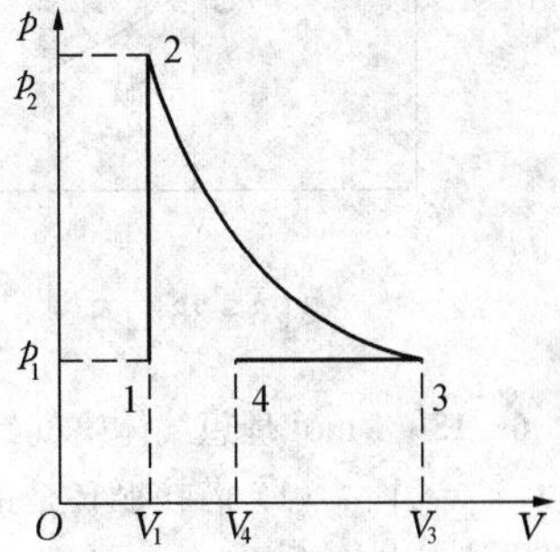

图 6-34 习题 6-3 图

6-4 一定量的氮气，温度为 300 K、压强为 10^5 Pa。现通过绝热压缩使其体积变为原来的 1/5，求压缩后的压强和温度，并和等温压缩的结果进行比较。

6-5 汽缸中有 2 mol 氦气，初始温度为 27 ℃，体积为 20 cm³，先将氦气等压膨胀到体积加倍，然后绝热膨胀，直至回复初始温度为止。若把氦气视为理想气体。求：(1) 在这过程中氦气吸收的热量；(2) 氦气的内能变化；(3) 氦气对外界所做的总功。

6-6 如图 6-35 所示，使 1 mol 氧气经两个路径由状态 a 到状态 b。过程Ⅰ：由 a 等温变到 b；过程Ⅱ：由 a 等体变到 c，再由 c 等压变到 b。求：(1) 两个过程中气体吸收的热量以及气体对外界做的功；(2) 气体做 $abca$ 循环的效率。

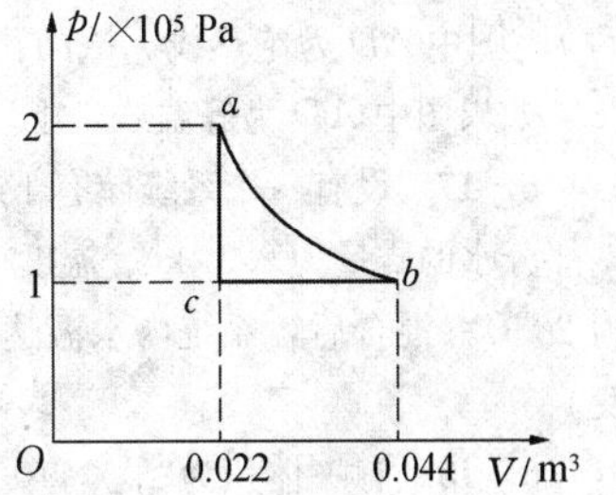

图 6-35 习题 6-6 图

6-7 试证明 1 mol 理想气体在绝热过程中所做的功为

$$W=\frac{R(T_1-T_2)}{\gamma-1}$$

其中 T_1、T_2 分别为初末状态的热力学温度。

6-8 一台卡诺热机的低温热源温度为 7 ℃，效率为 40%，若将效率提高到 50%，试问高温热源温度需提高多少？

6-9 一台卡诺热机在 1 000 K 和 300 K 的两热源之间工作。如果高温热源提高到 1 100 K 或者低温热源降到 200 K，求理论上的热机效率各增加多少？为了提高热机效率哪一种方案更好？

6-10 一个平均输出功率为 5.0×10^4 kW 的发电厂，在 $T_1=1\,000$ K 和 $T_2=300$ K 的热源下工作。试问：(1) 该电厂的理想热效率为多少？(2) 若这个电厂只能达到理想热效率的 70%，实际热效率是多少？(3) 为了产生 5.0×10^4 kW 的电功率，每秒钟需提供多少焦耳的热量？(4) 如果冷却是由一条河来完成的，其流量为 10 m³ · s⁻¹，由于电厂释放热量而引起的温度升高是多少？

6-11 有一台冰箱，在工作时其冷冻室中的温度可达 −10 ℃，室温为 15 ℃。若按理想卡诺制冷循环来计算，此制冷机每消耗 1 000 J 的功可以从被冷冻物品中吸收多少热量？

6-12 一台卡诺制冷机从 0 ℃的水中吸收热量制冰，向 27 ℃的环境放热。若将 5.0 kg 的 0 ℃的水变成 0 ℃的冰（冰的熔解热为 3.35×10^5 J · kg⁻¹），问：(1) 放到环境中的热量为多少？(2) 最少必须供给制冷机多少能量？

6-13 0.32 kg 的氧气做如图 6-36 所示的循环，循环路径为 $abcda$，$V_2=2V_1$，$T_1=300$ K，$T_2=200$ K，求循环效率。设氧气可以看作理想气体。

6-14 质量为 M 的双原子理想气体做如图 6-37 所示的循环，循环路径为 $ABCDA$。已知 AB 和 CD 过程是等压过程，BC 和 DA 过程是绝热过程，$p_A=4p_D$，$p_D=1.0\times10^5$ Pa，$V_B=4\,V_A$，$V_A=0.25$ m³。

(1) 求循环效率 η；(2) 若逆循环路径为 $ADCBA$，求制冷系数 ε。

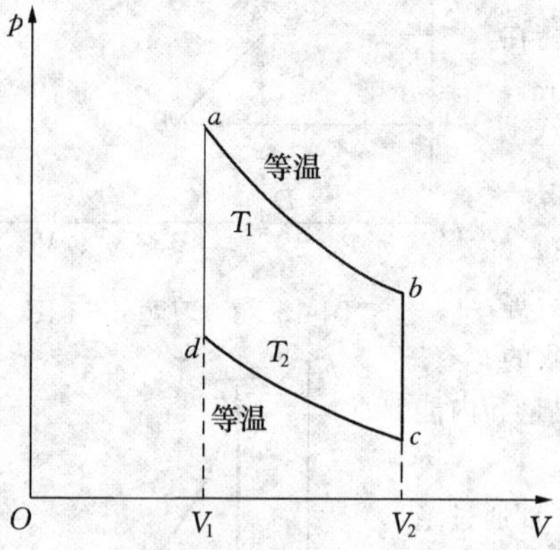

图 6-36　习题 6-13 图

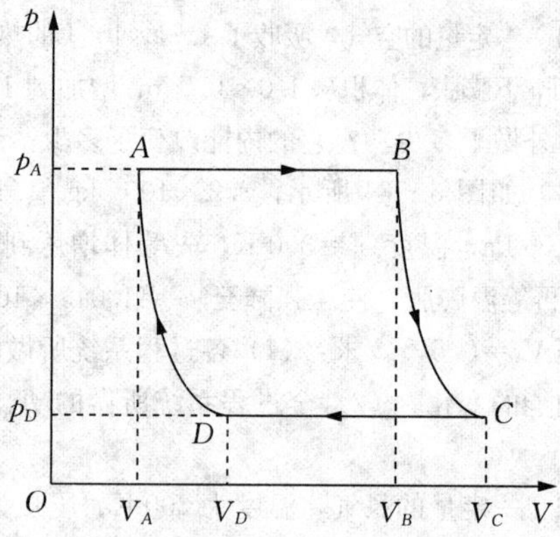

图 6-37　习题 6-14 图

6-15　1 mol 理想气体氦气经过图 6-38 所示的循环过程。其中，$p_2=2p_1$，$V_4=2V_1$，(1) 若该循环是正循环，求其热机效率；(2) 若该循环是逆循环，求其制冷系数。

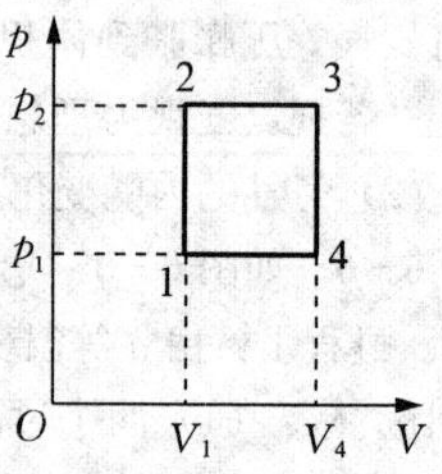

图 6-38　习题 6-15 图

6-16　1 mol 理想气体，其定体摩尔热容量 $C_V=3R/2$，从状态 $A(p_A, V_A, T_A)$ 分别经图 6-39 所示的 ADB 过程和 ACB 过程到达状态 $B(p_B, V_B, T_B)$，图中 AD 为绝热线。试问：(1) 在这两个过程中气体的熵变各为多少？(2) 如果图中 AD 为等温线，上述两个过程中气体的熵变又各为多少？

6-17　设有一个系统储有 1 kg 的水，系统与外界间无能量传递。开始时，一部分水的质量为 0.30 kg、温度为 90 ℃，另一部分水的质量为 0.70 kg、温度为 20 ℃。混合后，系统内水温达到平衡，已知水的质量定压热容为 $4.18\times10^3\ \mathrm{J\cdot kg^{-1}\cdot K^{-1}}$，试求水的熵变。

6-18　有一体积为 $2.0\times10^{-2}\ \mathrm{m^3}$ 的绝热容器，用一隔板将其分为两部分，如图 6-40 所示。开始时在左边一侧充有 1 mol 理想气体，体积为 $V_1=5.0\times10^{-3}\ \mathrm{m^3}$。右边一侧为真空，现打开隔板让气体自由膨胀而充满整个容器，求该过程的熵变。

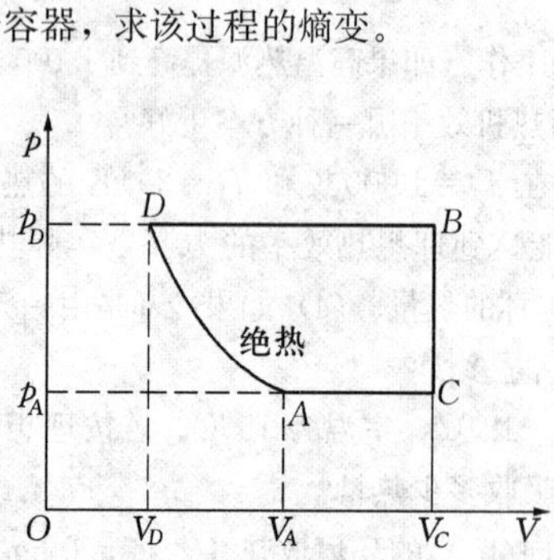

图 6-39　习题 6-16 图

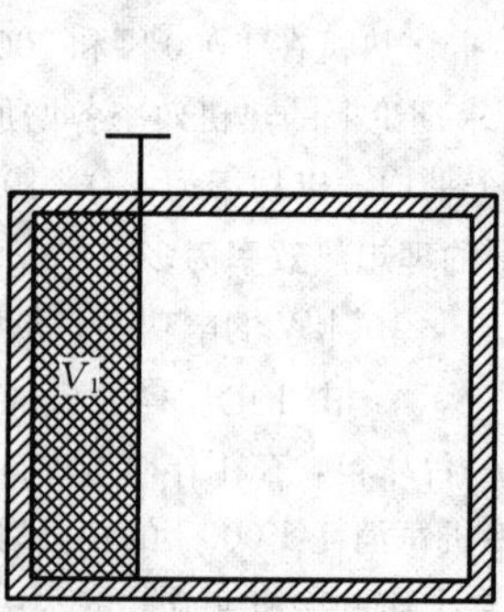

图 6-40　习题 6-18 图

6-19　把 0 ℃的 0.5 kg 冰块加热变成 100 ℃的水蒸气。(0 ℃的冰熔解热为 $3.35\times10^5\ \mathrm{J\cdot kg^{-1}}$；水的汽化热为 $2.26\times10^6\ \mathrm{J\cdot kg^{-1}}$，质量定压热容为 $4.18\times10^3\ \mathrm{J\cdot kg^{-1}\cdot K^{-1}}$)，求：(1) 冰变成水蒸气的熵变是多少？(2) 如果热源是温度为 100 ℃的热容量很大的物体，那么此物体的熵变是多少？(3) 冰和热源的总熵变是多少？

第三篇　电　磁　学

电磁现象是最基本的自然现象，电子和原子核结合成原子，原子和原子结合成分子等都是电磁现象。**电磁学**（electromagnetics）就是研究电磁现象及其应用的科学，主要内容包括静电场的基本性质、电场与物质的相互作用、磁场的基本性质、磁场与物质的相互作用以及电磁感应和电磁波等。

历史上，人们认识的电现象和磁现象与现代把电和磁当做一个整体的观点不同，在相当长的一段时间里，电现象与磁现象被认为是彼此无关的。用实验的方法研究电磁现象开始于英国医生吉尔伯特，他在 1600 年出版了《论磁》一书，披露了他所做的大量实验，其中就有用切开磁石的方法证明每块磁铁都有两极的论断。库仑定律是静电学的最重要实验定律，但库仑也认为电现象和磁现象是无关的。1800 年，伏打发明了电堆，使恒定电流的产生有了可能，人们也开始研究动电现象。后来，奥斯特发现了电流的磁效应，解开了电磁之间相互联系的面纱，建立了电与磁的联系，电学和磁学走到了一起。在这以后，电磁学的发展十分迅速，高斯、安培、法拉第、麦克斯韦等一大批科学家为此做出了杰出的贡献。

麦克斯韦是 19 世纪伟大的英国物理学家，经典电动力学的创始人。麦克斯韦是继牛顿以后又一个集大成者，他依据法拉第等前人的一系列发现和成果，创造性地提出了变化的电场产生磁场和变化的磁场产生电场的假设。在此基础上，他建立了以**麦克斯韦方程组**为核心的电动力学理论。1873 年，麦克斯韦出版《电磁学通论》，在书中他科学地预言了**电磁波**（electromagnetic wave）的存在，而且揭示了光、电、磁现象的本质的统一性，完成了物理学理论的第三次大综合。麦克斯韦电磁理论的意义极为深远，其重要性在于它不仅支配着一切宏观电磁现象，预言了电磁波的存在，引导人类进入电气化时代，而且将光现象也统一在这个理论框架之内，从而有力地推动了人们对光本质的认识，促进了现代光学的发展。

本篇包括静电场、恒定电流、稳恒磁场和电磁感应四章内容，最后归纳出麦克斯韦方程组，给出了经典电磁学的基本框架。

获得诺贝尔奖的华裔科学家——崔琦

1998年10月13日，瑞典皇家科学院宣布美籍华裔科学家崔琦（Daniel Chee Tsui，1939—）、德国科学家霍斯特·施特默和美国科学家罗伯特·劳克林分享当年的诺贝尔物理学奖，主要表彰他们发现并解释了电子量子流体这一特殊现象（如量子霍尔效应）。崔琦也成为继李政道、杨振宁、李远哲、丁肇中、朱棣文之后，第6位获得诺贝尔奖的华裔科学家。

崔琦（Daniel Chee Tsui）

崔琦1939年出生于中国河南省宝丰县肖旗乡范庄村，在村小学毕业后于1951年到北京读书，次年到香港培正中学就读，1957年毕业，1958年赴美国深造，就读于伊利诺伊州奥古斯塔纳学院。1967年，崔琦获得芝加哥大学物理学博士学位，此后加入著名的贝尔实验室，1982年起任普林斯顿大学电子工程系教授，主要从事电子材料领域的研究。2000年6月，崔琦当选为中国科学院外籍院士，2004年当选美国国家工程院院士，2005年被聘为中科院荣誉教授。崔琦的主要学术兴趣是研究金属和半导体中电子的性质，他的这些研究对研制功能更强大的计算机和先进的通信设备有重要作用。

第七章　静电场

静电学主要研究静止电荷所产生的电场，相对于观察者静止的电荷在其周围空间产生的电场称为**静电场**（electrostatic field）。静电场中的带电体系会感受到力的作用，这就是静电现象，静电现象是基本的自然现象之一。从微观到宏观、从非生命界到生命界，静电现象及其基本规律都具有重要的理论意义和应用价值。由于静止电荷通过静电场对其他电荷产生作用，所以，关于电场的概念及其规律就是电磁学最基本和最核心的内容。本章重点研究静电场的基本性质和规律以及电场与导体、电介质的相互作用。

第一节　电荷与库仑定律

一、电　　荷

1. 电荷　从对电闪雷鸣、摩擦起电现象的观察到避雷针的应用，从莱顿瓶与伏打电池的发明到对电荷是否守恒以及电本性的探索，等等，粗略地勾画出人类对电现象从观察、应用、研制设备乃至试图做出解释的早期历史轨迹，它宣告物理学一个新的研究领域——电学的诞生。美国富于创意和冒险精神的科学家富兰克林（B. Franklin，1707—1790）将地电（摩擦生电）和天电（雷电）统一起来，提出了正电荷（positive charge）和负电荷（negative charge）及其电荷守恒定律的概念和理论，为电学的研究打开了门径。

根据现代的观点，物质由原子、分子构成，而原子是由电子、质子和中子构成的。质子和中子是原子核的组成部分，统称核子。电子在核外运动，质量很小，约为 10^{-30} kg，大小很难严格确定。迄今为止的实验和理论都未发现电子具有内部结构，故都把电子作为点粒子。电子的电荷 e 是电荷的最小单元，至今尚未发现电量比一个电子电量更小的稳定的带电体。1913 年，密立根（R. A. Millikan，1868—1953）通过实验测定了所有电子都具有相同的电荷，并且带电体系的电荷是电子电荷的整数倍。因此，电子电荷是电量的基本单元，称为**元电荷**（elementary charge），而电荷只能取离散的、不连续的量值的性质称为**电荷量子化**（charge quantization）。电荷的单位是库仑（C），它的近似值取 $e=1.602\times10^{-19}$ C。

现在知道，自然界中的微观粒子包括电子、质子、中子在内，已有几百种之多，其中的带电粒子所具有的电荷或者是 $+e$、$-e$，或者是它们的整数倍。尽管诺贝尔奖获得者盖尔曼（M. Gell-Mann，1929—）在 1964 年提出的夸克模型中认为质子和中子等粒子是由具有 $\pm\frac{1}{3}e$ 和 $\pm\frac{2}{3}e$ 分数电荷的**夸克**（quark）或**反夸克**（antiquark）组成，但是，夸克被束缚在质子、中子等粒子内部，迄今还没有在实验上发现处于自由状态的夸克。事实上，即使证明了夸克是存在的，也并不破坏电荷量子化规律，因为即使分数电荷存在，它们仍然是量子化的，只不过新的基本电荷是原来的 1/3 而已。质子和中子的质量几乎相等，约为电子质量的 1 840 倍。质子带正电，电量与电子电量相等（相等的精确程度达到 $1/10^{20}$），中子不带电。

质子可以稳定的独立存在，中子则不能，它将衰变为一个质子、一个电子和一个中微子。

尽管电荷是量子化的，但是，本书讨论电磁现象的宏观规律，所涉及的电荷一般是元电荷的许多倍。在宏观电磁理论中，只从平均效果上考虑，认为电荷连续地分布于带电体上，而忽略电荷的量子性所引起的微观上的不连续性。另外，当带电体电量发生变化时，由于电荷的变化量远远大于 e，也认为电量是可以连续变化的。当然，在阐述某些宏观现象的微观本质时，仍然要从电荷的量子性出发。

2. 点电荷 点电荷是一个理想化的物理模型，如果带电体本身的几何线度远小于带电体之间的距离时，带电体的大小、形状与电荷在其上的分布状况对它们之间的相互作用力的影响小到可以忽略，这时，带电体就可看作一个带有电荷的几何点，故称**点电荷**（point charge）。将带电体简化为点电荷后，可以用一个几何点表示它的位置，两个带电体之间的距离就是表示它们位置的两个几何点之间的距离。由此可见，点电荷是个相对的概念。至于带电体的几何线度比起带电体之间的距离小多少时，它才能被当作点电荷，要依照问题所要求的精度而定。当在宏观意义上谈论电子、质子等带电粒子时，完全可以把它们视为点电荷。

知识链接 基 本 粒 子

随着加速器技术的提高，人们在更高能量的领域里陆续发现了许多新的“基本”粒子，其中有些粒子的寿命很短。目前已经比较确定的“基本”粒子有200余种。如此众多的“基本”粒子并非同样基本，有些基本粒子内部还有复杂的结构。弄清这些所谓基本粒子内部的结构，是物理学家进一步追求的目标。于是便有了有关基本粒子结构的各种模型，20世纪60年代中国物理学家提出的层子模型以及在此同期美国物理学家盖尔曼等人提出的夸克模型认为，夸克有6种，即上夸克、粲夸克、底夸克、下夸克、奇夸克和顶夸克。前三种夸克带 $2e/3$ 电量，而后三种夸克带 $-e/3$ 电量。根据目前的认识，包括电子在内的6种轻子和6种夸克是最基本的基本粒子，它们是物质的最小构件。如质子由两个上夸克和一个下夸克组成，故质子的电量正好为 e；中子由一个上夸克和两个下夸克组成，故中子不带电。但是，至今尚未观察到独立存在的夸克。

物质的结构是分层次的，人类对物质结构的认识正在向更深的层次进军。历史上，人类对物质结构每一更深层次的认识都导致重大的技术发明和进步。人类对物质的原子、分子这一层次的认识，导致了化学和化学工程以及生物和生物工程的飞速发展；对原子是由电子和原子核组成的认识导致了电子技术、半导体技术和激光技术的发展和应用；对原子核由质子和中子构成的认识导致重核裂变和轻核聚变的研究、核武器的发明及核能的和平利用。对“基本”粒子内部结构的认识会对科技的进步产生什么影响？目前尚难预料。

3. 电荷的相对论不变性 电荷的电量与其运动状态有无关系？这一问题涉及相对论的基本思想。实验证明，一个电荷的电量与它的运动状态无关。这方面较为直接的实验例子是比较氢分子和氦原子的电中性。氢分子和氦原子都有两个电子作为核外电子，这些电子的运动状态相差不大。氢分子还有两个质子，它们是作为两个原子核在保持相对距离约为0.07 nm的情况下转动的。氦原子中也有两个质子，但它们组成一个原子核，两个质子紧密地束缚在一起运动。氦原子中两个质子的能量比氢分子中两个质子的能量大得多（100万倍的数量级），因而两者的运动状态有显著的差别。如果电荷的电量与运动状态有关，氢分子中质子的电量就应该和氦原子中质子的电量不同，但是实验证实，氢分子和氦原子都精确地是电中性的，由于两者的电子的电量是相同的，且它们内部正、负电荷在数量上的相对差异都小于 $1/10^{20}$。这就说明，质子的电量是与其运动状态无关的。另外，在不同的参考系观察，同一带电粒子的电量不变。

4. 电荷守恒　任何物体，不论固体、液体还是气体，内部都存在正、负电荷。在通常情况下，物体内部正负电荷数量相等，电效应相互抵消，不呈现带电状态。如果由于某种原因，物体失去一定量的电子，它就呈现带正电状态；若物体获得一定量过剩的电子，它便呈现带负电状态。物体的带电过程实质上就是使物体失去一定数量的电子或获得一定数量的电子的过程。

大量实验事实表明，电荷还有一个属性是守恒性，即：**在任何时刻，存在于孤立系统内部的正电荷与负电荷的代数和恒定不变**。这个结论称为**电荷守恒定律**（law of conservation of charge）。电荷守恒定律是一切宏观过程和一切微观过程都必须遵循的基本规律，化学反应、放射性衰变、核反应和基本粒子的转变，都遵守电荷守恒定律，它是物理学中最基本的定律之一。

二、库仑定律

两个静止的点电荷之间的相互作用规律是 1785 年法国物理学家库仑（C. A. Coulomb，1736—1806）通过实验总结出来的，故称为**库仑定律**（Coulomb's law）。其表述为：**相对于惯性系观察，真空中两个静止点电荷之间的静电作用力大小与这两个点电荷所带电量的乘积成正比，与它们之间距离的平方成反比，作用力的方向沿着两个点电荷的连线。**

库仑定律最初的数学表达式为

$$F=k\frac{qq_0}{r^2}$$

其中，q 与 q_0 分别表示两个点电荷的电量，r 为 q 与 q_0 之间的距离，k 为比例系数。在 SI 制中，实验测得 $k=8.988\ 0\times 10^9\ \mathrm{N\cdot m^2\cdot C^{-2}}\approx 9.0\times 10^9\ \mathrm{N\cdot m^2\cdot C^{-2}}$。

由于力是矢量，既有大小，也有方向。如图 7-1 所示，为了能够表达出力的矢量性，完整的库仑定律的数学表达式为

$$\boldsymbol{F}=k\frac{qq_0}{r^2}\boldsymbol{e}_r$$

其中，$\boldsymbol{e}_r$ 表示从 q 到 q_0 的矢径 $\boldsymbol{r}$ 的单位矢量，$\boldsymbol{F}$ 为 q 对 q_0 的作用力。

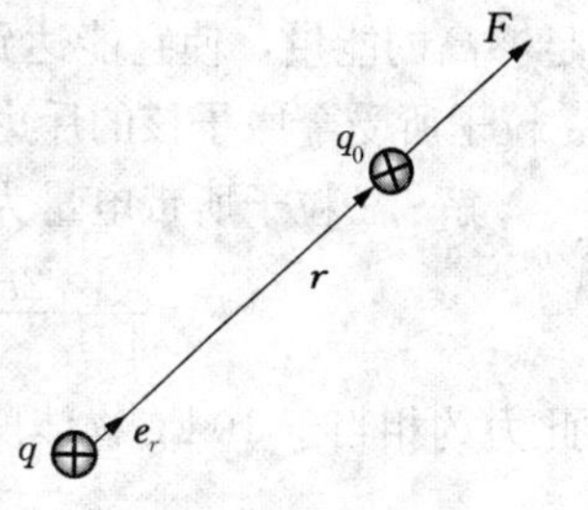

图 7-1　库仑定律

为了应用方便，上式常被表示为

$$\boldsymbol{F}=\frac{1}{4\pi\varepsilon_0}\frac{qq_0}{r^2}\boldsymbol{e}_r \tag{7-1}$$

在式（7-1）中，比例常数 k 被一个新基本常量 ε_0 所取代，ε_0 称为**真空电容率**（vacuum permittivity），也称为**真空介电常量**（vacuum dielectric constant），其大小可由 k 值算出，$\varepsilon_0\approx 8.85\times 10^{-12}\ \mathrm{C^2\cdot N^{-1}\cdot m^{-2}}=8.85\times 10^{-12}\ \mathrm{F\cdot m^{-1}}$。$4\pi$ 称有理化因子，它的引入虽然使

库仑定律表面上复杂化，但由此导出的一切电磁学规律会变得简单。

静电力是自然界中的一种基本相互作用，因而库仑定律是自然界中最基本的规律之一。库仑定律所表达的与距离平方成反比的规律，经受了大量实验的考验。现在已经证实，在 10^{-17}～10^{7} m 的广阔范围内，库仑定律都是正确的。

对库仑定律，稍加仔细地考察就会体会到库仑力具有平方反比、可加性和球对称的性质。平方反比的性质不用多说。可加性是指如果点电荷 q_0 同时受到许多点电荷 q_1，q_2，…的作用，则 q_0 所受合力，是各个点电荷单独存在时对 q_0 作用力 $\boldsymbol{F}_1$，$\boldsymbol{F}_2$，…的矢量和，即

$$\boldsymbol{F}=\sum_i \boldsymbol{F}_i=\sum_i \frac{1}{4\pi\varepsilon_0}\frac{q_i q_0}{r_i^2}\boldsymbol{e}_{ri} \tag{7-2}$$

式中 r_i 分别是 q_i 与 q_0 的距离，$\boldsymbol{e}_{ri}$ 分别是由 q_i 指向 q_0 的径向单位矢量。这种力可加性又称**静电力的叠加原理**。当然，静电力的叠加原理也可以从实验上得到证明。库仑定律和静电力的叠加原理是关于静止电荷相互作用的两个基本定律，应用它们原则上可以解决静电学的全部问题。

例题 7-1　氢原子中电子和质子的距离为 5.3×10^{-11} m。求这两个粒子间的静电力和万有引力各为多大?

解：由于电子的电荷是 $-e$，质子的电荷为 $+e$，而电子的质量 $m_e=9.1\times10^{-31}$ kg，质子的质量 $m_p=1.7\times10^{-27}$ kg，所以，由库仑定律，求得两粒子之间的静电力大小为

$$F_e=\frac{1}{4\pi\varepsilon_0}\frac{e^2}{r^2}=\frac{9.0\times10^9\times(1.6\times10^{-19})^2}{(5.3\times10^{-11})^2}=8.2\times10^{-8}(\text{N})$$

由万有引力定律，求得两粒子间的万有引力为

$$F_g=G\frac{m_e m_p}{r^2}=6.7\times10^{-11}\times\frac{9.1\times10^{-31}\times1.7\times10^{-27}}{(5.3\times10^{-11})^2}=3.7\times10^{-47}(\text{N})$$

计算结果表明，氢原子中电子与质子的相互作用的静电力远比万有引力大，前者约为后者的 10^{39} 倍。因此，在原子、分子中，一般忽略万有引力。

例题 7-2　卢瑟福（E. Rutherford，1871—1937）在 α 粒子散射实验中发现 α 粒子具有足够高的能量，使它能达到与金原子核的距离为 2×10^{-14} m 的地方。试计算在这个地方时，α 粒子所受金原子核的斥力大小。

解：α 粒子所带电量为 $2e$，金原子核所带电量为 $79e$，由库仑定律可得此斥力为

$$F=\frac{1}{4\pi\varepsilon_0}\frac{2e\times79e}{r^2}=\frac{9.0\times10^9\times2\times79\times(1.6\times10^{-19})^2}{(2\times10^{-14})^2}=91(\text{N})$$

此力约相当于 10 kg 物体所受的重力。此例说明，在原子尺度内静电力是非常强的。

知识链接　库仑定律是实验总结出来的基本定律，其中有几点需要说明：

1. 库仑定律是否是严格的平方反比规律　为了证明这一点，设定律分母中 r 的指数为 $2+\delta$，人们曾设计了各种实验来确定 δ 的上限。1772 年卡文迪许（H. Cavendish，1731—1810）的实验给出 $\delta\leqslant0.02$。此后的 100 多年里，不断有人设计实验进行测定，最新的结果是 $\delta\leqslant(2.7\pm3.1)\times10^{-16}$。为什么人们要反复验证这一规律？因为它的精度不仅直接影响到整个经典电磁理论，而且涉及物理学中的一系列根本问题，关系重大。现在看来，库仑定律所揭示的平方反比规律是迄今为止最精确的实验定律之一。

2. 对库仑定律中“真空”的理解　$\boldsymbol{F}=\frac{1}{4\pi\varepsilon_0}\frac{qq_0}{r^2}\boldsymbol{e}_r$，给出了处在真空中的两点电荷之间的作用力，通常称为真空中的库仑定律。在物理学中，真空的概念是在不断演变的，真空变得越来越复杂。真空并非什么都没有，恰恰相反，真空有许多复杂的性质，有丰富的内容。最早，人们头脑中的真空是指什么都不存在的空间，即空间内无看得见的东西，但空间仍然充满着各种气体的原子或分子，并非真空。是否把某空间的气体抽去以后，该空间便成真空了呢？场的概念确立以后，人们逐渐认识到，真空中虽无原子、分子，但仍充满着场。场是物质的一种形态，因此，真空仍是有物质存在的空间。在经典的电磁理论范围内，把真空看作没有原子、分子存在的空间就可以了。

3. 关于库仑定律的适用条件　库仑定律是针对静止的点电荷，即要求两个点电荷相对静止，且相对于观察者静止。实际上，静止条件可以适当放宽，即静止点电荷对运动点电荷的作用力仍遵循$\boldsymbol{F}=\frac{1}{4\pi\varepsilon_0}\frac{qq_0}{r^2}\boldsymbol{e}_r$。但反之，运动点电荷对静止点电荷的作用力却并不遵循该式，因为此时作用力（或运动点电荷产生的电场）不仅与两者的距离有关，还与运动点电荷的速度有关。

第二节　电场强度

一、电场强度的定义

既然电荷与电荷之间存在相互作用力，那么，这种相互作用力是如何实现的呢？在法拉第（M. Faraday，1791—1867）之前，人们认为电荷之间的相互作用是一种超距相互作用，即这种作用无需任何中间媒质的传递，也不需要时间，可以超越一切时空。对此，法拉第提出了另一种观点，他认为任何电荷周围都存在着由它产生的**电场**（electric field），即使在没有任何物质粒子的真空中也是如此。电场的基本特征是位于其中的电荷要受到力的作用。因此，电荷与电荷之间的相互作用是通过电场实现的。现代科学已经证明了电场观点的正确性，并且指出，电场是一种物质，因为它具有物质的基本属性，即具有能量、动量和质量。电场的物质性在变化的电场中将变得十分明显。

当然，电场虽然是一种物质，但也有其特殊的一面。它与传统意义上的物质不同，不是由原子或分子组成的，而是分布在一定范围的空间之中。场与实物是物质存在的两种不同形式。或者说，电场是物质的一种特殊形态。由于电场分布在一定空间之中，它具有定域的能量和动量，因而电场力也存在于一定范围的空间之中，由此也就否定了电场力是一种“超距作用”的观点。

相对于观察者静止的带电体周围存在着静电场，静电场对外界表现主要有：

（1）**处于电场中的任何带电体都受到电场的作用；**

（2）**当带电体在电场中移动时，电场力将对带电体做功。**

电场中任一点处电场的性质，可从电荷在电场中受力的特点来定量描述。设一个带电量为 q 的场源电荷在它的周围空间产生了电场，将一个电量很小的点电荷 q_0 作为试验电荷，放在电场中不同处，q_0 受到的作用力将有所不同，如图 7-2 所示。当 q 可视为点电荷时，q_0 所受到的作用力满足式（7-1）。由实验表明，q_0 所受到的作用力 $\boldsymbol{F}$ 与 q_0 的电量成正比，比值 $\boldsymbol{F}/q_0$ 只取决于场源电荷 q 的电量和 q_0 所在处的位置，而与 q_0 的电量多少无关，因此，$\boldsymbol{F}/q_0$ 反映了场源电荷 q 在其周围空间所产生的一种特殊性质，即对外来电荷有作用力的性质，这个性质就是通常所说的电场的基本性质，称为**电场强度**（electric field strength），简称场强，用 $\boldsymbol{E}$ 表示。定义

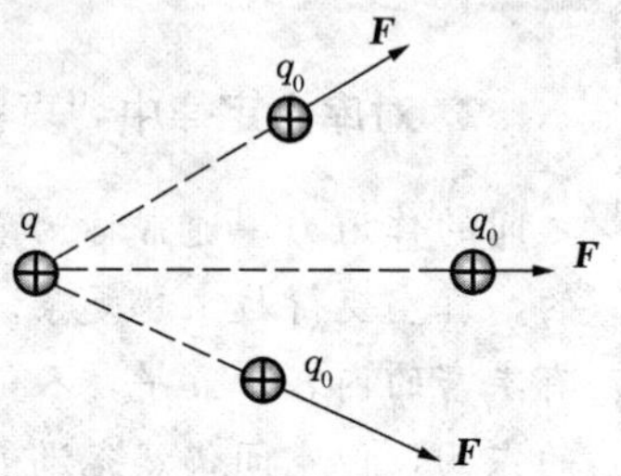

图 7-2　存在电场的实验验证

$$\boldsymbol{E}=\frac{\boldsymbol{F}}{q_0} \tag{7-3}$$

当 q_0 为一个单位正电荷时，$\boldsymbol{E}=\boldsymbol{F}$。式（7-3）表明，**电场中某点电场强度 $\boldsymbol{E}$ 的大小等于单位电荷在该点所受的电场力，其方向是正电荷在该点受力的方向。**因此，电场强度是描述电场力属性的物理量。在 SI 制中，电场强度的单位为牛顿·库仑$^{-1}$（$\mathrm{N\cdot C^{-1}}$），另一个常用单位为伏特·米$^{-1}$（$\mathrm{V\cdot m^{-1}}$）。

一般来说，电场中的不同点，其场强的大小和方向是各不相同的。电场强度 $\boldsymbol{E}$ 是空间坐标的函数，即 $\boldsymbol{E}=\boldsymbol{E}(x, y, z)$，显然，电场是矢量场。若空间各点的场强大小和方向处处相等，则称之为**均匀电场**或**匀强电场**。

按照式（7-3），反过来，若知道了电场中某一点的电场强度，那么，点电荷 q_0 在该点所受到的电场力表示为

$$\boldsymbol{F}=q_0\boldsymbol{E} \tag{7-4}$$

因此，知道了电场强度，就可以知道点电荷 q_0 在电场中的受力情况，从而可以进一步了解它的运动，这是引入电场概念的优点之一。

二、电场强度叠加原理

如何计算一个任意带电体系产生的电场中某一点的电场强度呢？确定任意带电体系电场强度的理论基础是电场强度叠加原理。如果电场是由若干个点电荷系 q_1，q_2，…，q_n 共同产生的，由式（7-2）静电力的叠加原理可知，点电荷系在某一点 P 产生的电场的合电场强度为

$$\boldsymbol{E}=\frac{\sum\limits_{i=1}^{n}\boldsymbol{F}_i}{q_0}=\sum_{i=1}^{n}\frac{1}{4\pi\varepsilon_0}\frac{q_i}{r_i^2}\boldsymbol{e}_{ri}=\sum_{i=1}^{n}\boldsymbol{E}_i \tag{7-5}$$

式（7-5）表明，**电场中某一点的电场强度等于各点电荷单独在该点产生的电场强度的矢量和**。这称为**电场强度叠加原理**（superposition principle of electric field）。

若电场是由一个电荷连续分布的带电体系产生的，这时，可以采用微积分的思想，认为该带电体系的电荷是由无穷多个电荷元 dq 组成的，其中每个电荷元均可视为点电荷。对某一个电荷元 dq 产生的电场，由式（7-5）可写出

$$\mathrm{d}\boldsymbol{E}=\frac{1}{4\pi\varepsilon_0}\frac{\mathrm{d}q}{r^2}\boldsymbol{e}_r$$

根据场强叠加原理，带电体在某一点产生的总场强为

$$\boldsymbol{E}=\int\mathrm{d}\boldsymbol{E}=\int\frac{1}{4\pi\varepsilon_0}\frac{\mathrm{d}q}{r^2}\boldsymbol{e}_r \tag{7-6}$$

其中的积分遍及 q 电荷分布的空间。式（7-6）为矢量积分，在运算时可将 $d\boldsymbol{E}$ 沿各坐标轴进行分解，然后再求积分，最后求出合电场强度 $\boldsymbol{E}$。

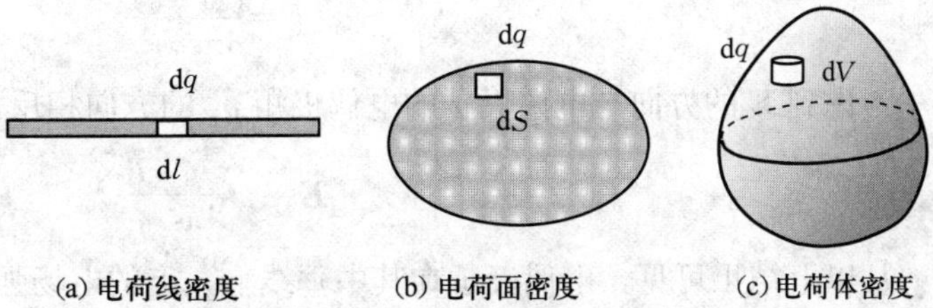

图 7-3 电荷密度

在计算带电体产生的电场强度时，常需要引入电荷密度的概念。如图 7-3 所示，若电荷 q 连续分布在一条曲线 l 上，定义电荷线密度为

$$\lambda=\frac{dq}{dl}$$

若电荷 q 连续分布在一个曲面 S 上，定义电荷面密度为

$$\sigma=\frac{dq}{dS}$$

若电荷 q 连续分布在一个体积 V 内，定义电荷体密度为

$$\rho=\frac{dq}{dV}$$

因而对于电荷的不同分布，dq 分别为 λdl、σdS、ρdV，式（7-6）的积分也就分别为线积分、面积分和体积分。

下面通过几个例题来说明电场强度的计算方法。

我们引入电偶极子的概念。如图 7-4 所示，两个大小相等的异号点电荷 $+q$ 和 $-q$，当它们之间的距离 l 比起它们与所讨论的场点的距离小得多时，这样一对点电荷称为**电偶极子**（electric dipole）。定义

$$p_e=ql \tag{7-7}$$

为电偶极子的**电偶极矩**（electric dipole moment），简称**电矩**。电偶极矩的大小为 $p_e=ql$，方向与 $\boldsymbol{l}$ 一致，规定为由负电荷指向正电荷的方向，其单位为 C·m。

例题 7-3 试求图 7-4 所示电偶极子中垂线上一点 P 的电场强度。假设 P 点到电偶极子的距离 r 远大于组成电偶极子的两电荷间的距离 l，即 $r\gg l$。

解： 设电偶极子轴线的中点 O 到 P 点的距离为 r，如图 7-4 所示。$+q$ 和 $-q$ 在 P 点产生的电场的电场强度大小为

$$E_+=E_-=\frac{1}{4\pi\varepsilon_0}\frac{q}{r^2+(l/2)^2}$$

方向分别沿着两个电荷与 P 的连线。显然 P 点的合电场强度 $\boldsymbol{E}$ 与电偶极矩 $\boldsymbol{p}_e$ 的方向相反。电场强度 $\boldsymbol{E}$ 的大小为

$$E=E_+\cos\theta+E_-\cos\theta=2E_+\cos\theta$$

因为 $\cos\theta=\frac{l/2}{[r^2+(l/2)^2]^{1/2}}$，所以

$$E=\frac{1}{4\pi\varepsilon_0}\frac{ql}{[r^2+(l/2)^2]^{3/2}}=\frac{1}{4\pi\varepsilon_0}\frac{ql}{r^3(1+l^2/4r^2)^{3/2}}$$

由于 $r\gg l$，因而 $1+l^2/4r^2\approx1$，故上式可简化为

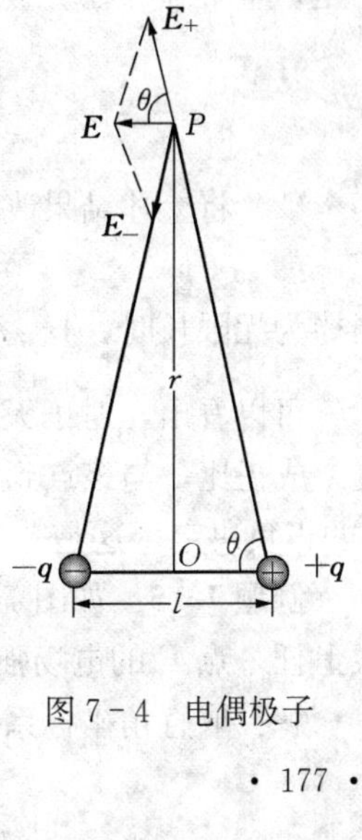

图 7-4 电偶极子

$$E=\frac{1}{4\pi\varepsilon_0}\frac{p_e}{r^3}$$

考虑到 $\boldsymbol{E}$ 的方向与电偶极子的电偶极矩 $\boldsymbol{p}_e$ 的方向相反，上式可改写为矢量式

$$\boldsymbol{E}=-\frac{1}{4\pi\varepsilon_0}\frac{\boldsymbol{p}_e}{r^3}$$

从以上结果可见，电偶极子在其中垂线上一点的电场强度与距离 r 的三次方成反比，而点电荷的电场强度与距离 r 的平方成反比。相比可见，电偶极子的电场强度大小随距离的变化比点电荷的电场强度大小随距离的变化要快。

电偶极子是一个重要的物理模型。在研究电介质的极化、电磁波的发射等问题中，都要用到这个模型。后面将会讲到，有些电介质的分子，正、负电荷中心不重合，这类分子就可视为电偶极子。在电磁波发射中，一段金属导线中的电子做周期性运动，使导线两端交替地带正、负电荷，形成所谓振荡偶极子等。

例题 7-4　一个均匀带电细棒长为 l，带电总量为 q。证明：(1) 在棒的垂直平分线上离棒为 r 处的电场强度为 $E=\frac{1}{2\pi\varepsilon_0}\frac{q}{r\sqrt{l^2+4r^2}}$；(2) 当棒为无限长时，$r$ 处的电场强度为 $E=\frac{\lambda}{2\pi\varepsilon_0 r}$。

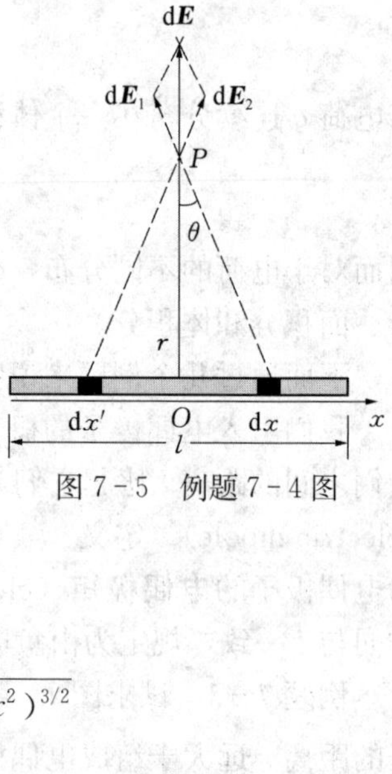

图 7-5　例题 7-4 图

证明：(1) 由题设条件可知，细棒的电荷线密度为 $\lambda=q/l$。在图 7-5 中，对称地取距离中点 O 为 x 处的电荷元 dq，$dq=\lambda\,dx=\frac{q}{l}dx$。两个电荷元在 P 点产生的电场强度 $d\boldsymbol{E}_1$ 和 $d\boldsymbol{E}_2$ 的水平分量相互抵消，在 P 点产生的合场强为 $d\boldsymbol{E}_1$ 和 $d\boldsymbol{E}_2$ 沿竖直方向上的分量之和。即

$$dE=2dE_1\cos\theta=\frac{2dq}{4\pi\varepsilon_0(r^2+x^2)}\cdot\frac{r}{(r^2+x^2)^{1/2}}=\frac{qr\,dx}{2\pi\varepsilon_0 l(r^2+x^2)^{3/2}}$$

于是，整个细棒在 P 点处的场强为

$$E=\int_0^{l/2}\frac{qr\,dx}{2\pi\varepsilon_0 l(r^2+x^2)^{3/2}}=\frac{1}{2\pi\varepsilon_0}\frac{q}{r\sqrt{l^2+4r^2}}$$

(2) 将上述结果改写为　$E=\frac{1}{2\pi\varepsilon_0}\frac{q/l}{r\sqrt{1+4r^2/l^2}}=\frac{\lambda}{2\pi\varepsilon_0 r\sqrt{1+4r^2/l^2}}$

当棒为无限长时，$4r^2/l^2\ll 1$，那么　$E=\frac{\lambda}{2\pi\varepsilon_0 r}$

可以看出，对于无限长均匀带电直线，线外任一点 P 的电场强度大小与棒的电荷线密度 λ 成正比，与该点到直线的垂直距离 r 成反比。电场强度的方向垂直于带电直线，指向由 λ 的正负决定。这是一个常用的结果。

例题 7-5　如图 7-6 所示，半径为 R 的均匀带电细圆环，带电量为 q，试计算圆环轴线上任一点 P 的电场强度。

解：取直角坐标系 $Oxyz$。如图 7-6 所示，把细圆环分割成许多电荷元，任取一电荷元

dq，它在 P 点产生的电场强度为 $d\boldsymbol{E}$。设 P 点相对于电荷元 dq 的位矢为 $\boldsymbol{r}$，且 $OP=x$，则

$$d\boldsymbol{E}=\frac{1}{4\pi\varepsilon_0}\frac{dq}{r^2}\boldsymbol{e}_r$$

$\boldsymbol{e}_r$ 是沿 dq 到 P 点方向的单位矢量，对圆环上所有电荷元在 P 点产生的电场强度求积分，即得 P 点的电场强度。将 $d\boldsymbol{E}$ 向 x 轴和 Oyz 平面投影得

$$dE_x=dE\cos\theta,\ dE_{yz}=dE\sin\theta$$

由于圆环上电荷分布相对 x 轴对称，因此，dE_{yz} 分量之和为零。故 P 点的电场强度就等于 dE_x 分量之和，即

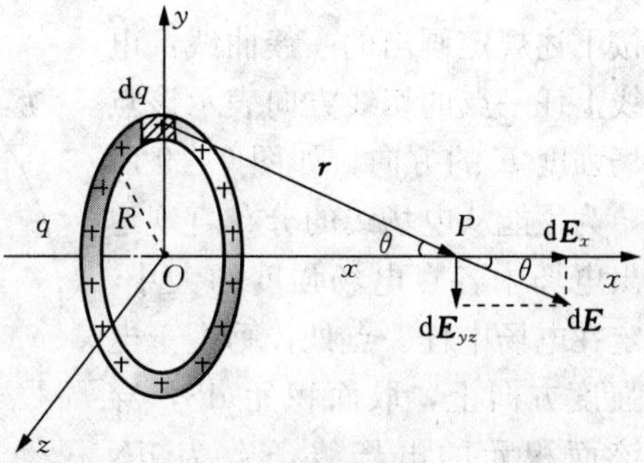

图 7－6　均匀带电圆环轴线上的电场

$$E=E_x=\int dE_x=\int\frac{1}{4\pi\varepsilon_0}\frac{dq}{r^2}\cos\theta=\frac{1}{4\pi\varepsilon_0}\frac{\cos\theta}{r^2}\int dq=\frac{1}{4\pi\varepsilon_0}\frac{q}{r^2}\cos\theta$$

从图 7－6 中的几何关系可知，$\cos\theta=x/r$，$r=(R^2+x^2)^{1/2}$，代入上式得

$$E=\frac{1}{4\pi\varepsilon_0}\frac{qx}{(R^2+x^2)^{3/2}}$$

若 q 为正电荷，$\boldsymbol{E}$ 的方向沿 x 轴正方向；若为负电荷，则 $\boldsymbol{E}$ 的方向沿 x 轴负方向。

讨论：（1）当 P 点在圆环中心处时，$x=0$，$E=0$；

（2）当 $x\gg R$ 时，$(R^2+x^2)^{3/2}\approx x^3$，此时 $E=\frac{1}{4\pi\varepsilon_0}\frac{q}{x^2}$。即在距圆环足够远处的电场，等价于把带电圆环视为位于中心 O 处的一个点电荷所产生的电场。

通过以上例题可以看出，用积分式计算电场强度时还应注意：要根据给定的电荷分布，恰当地选择电荷元 dq 和坐标系；在变矢量积分为标量积分的同时，还要重视对称性的分析，这样常可省去一些不必要的计算。

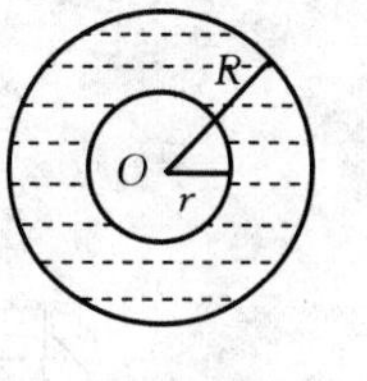

图 7－7　补偿法求电场强度（1）

除了上述求解电场的方法外，我们再介绍一种求电场强度的方法，称为**补偿法**。图 7－7 所示为半径为 R 的薄圆板，内有一半径为 r 的圆孔，板上均匀带电，面密度为 $+\sigma$，欲求轴线上一点的电场强度，则可以认为它是由半径为 R，均匀带电面密度为 $+\sigma$ 的圆板和半径为 r，均匀带电面密度为 $-\sigma$ 的圆板在该点处产生的电场强度的叠加。又如图 7－8 所示的带有狭缝的均匀带电无限长圆柱面，其上电荷面密度为 $+\sigma$，则可以认为它在轴线上一点 P 的电场强度为带正电的整个圆柱面与带负电的直线（宽度为 a）在 P 点产生的电场强度的叠加。

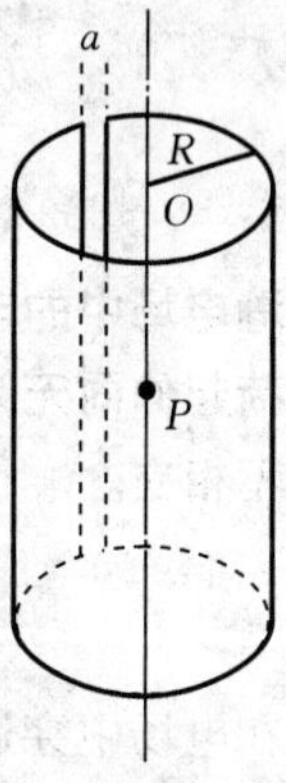

图 7－8　补偿法求电场强度（2）

第三节　静电场的高斯定理

一、电 场 线

前面讲述了根据给定的电荷分布确定电场中各点的电场强度分布的方法。下面介绍用电场线来形象地描绘电场中电场强度分布的方法。

电场线（electric field lines）是按下述规定画出的一簇曲线：电场线上任一点的切线方向表示该点电场强度 E 的方向，如图 7-9 所示。为了能从电场线的分布直观地看出电场中各点电场强度的大小，规定在电场中任一点处，垂直于电场强度方向上，取面积元 dS，穿过该面积元的电场线条数为 dN 时，则该点电场强度的大小 E 定义为

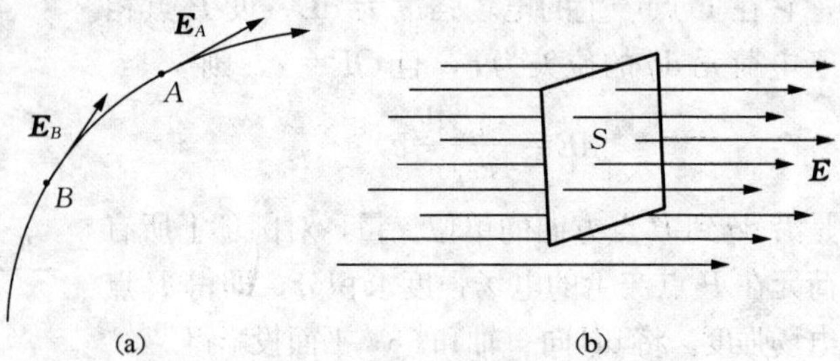

图 7-9 电场线及其性质

$$E=\frac{dN}{dS} \tag{7-8}$$

按这样的规定画出的电场线，密度大的地方电场强度大；密度小的地方，电场强度也小，如图 7-10 所示。其中 7-10(d) 表示在一密闭盒内电场分布图，绘制此图时，可以不知道电荷在盒壁、盒外的分布，只是根据实验绘制而成。

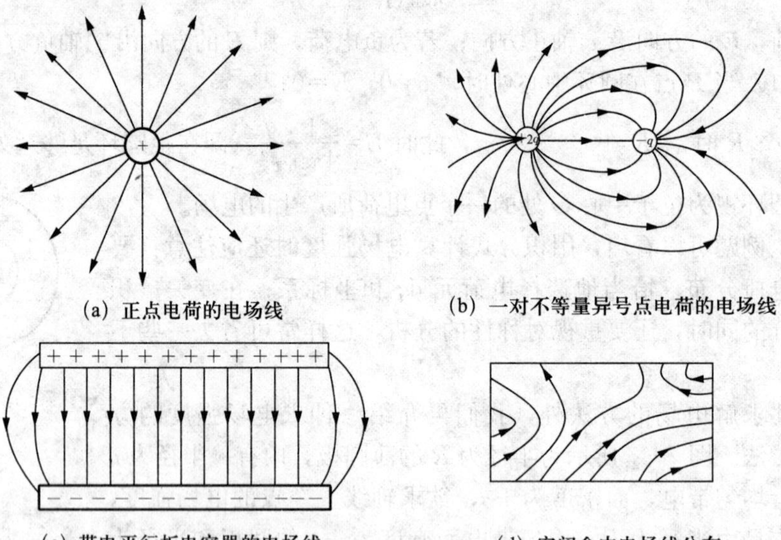

(a) 正点电荷的电场线　(b) 一对不等量异号点电荷的电场线

(c) 带电平行板电容器的电场线　(d) 密闭盒内电场线分布

图 7-10 电场的电场线分布图

静电场中的电场线有两条重要的性质：①电场线总是起自正电荷，终止于负电荷（或从正电荷起伸向无限远，或来自无限远到负电荷止），电场线不会自成闭合线；②任意两条电场线不相交。

二、电 通 量

在电场中穿过任意曲面 S 的电场线条数称为穿过该面的**电通量**（electric flux），用 Φ_e 表示。如图 7-11 所示，为求穿过曲面 S 的电通量，可将它分割为无限多个面积元。先来计算穿过任一面积元 dS 的电通量。因为 dS 无限小，所以可视为平面，其上的电场强度 E 也

可视为相同。为了表示 dS 的方位，可利用面积元的法线方向 $\boldsymbol{n}$ 将它表示为矢量

$$\mathrm{d}\boldsymbol{S}=\mathrm{d}S\boldsymbol{n}$$

θ 为 $\boldsymbol{E}$ 与 $\boldsymbol{n}$ 之间的夹角。可将 $\boldsymbol{E}$ 分解为法线方向的分量 E_{n} 和切线方向的分量 E_{t}，按照画电场线的规定，穿过面积元 dS 的电通量为

$$\mathrm{d}\Phi_{\mathrm{e}}=E_{\mathrm{n}}\mathrm{d}S=E\cos\theta\cdot\mathrm{d}S=\boldsymbol{E}\cdot\mathrm{d}\boldsymbol{S}$$

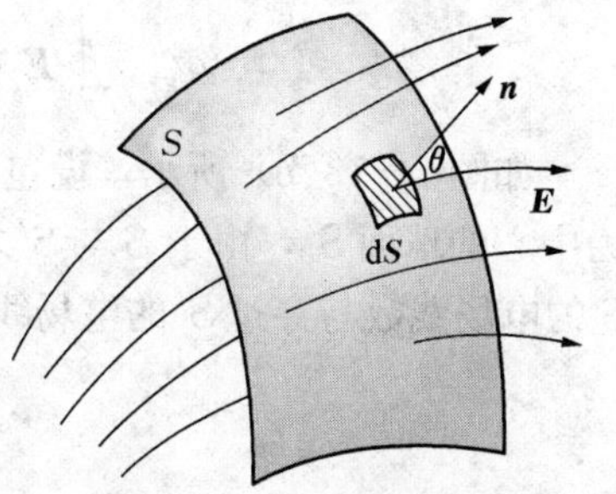

图 7－11　电通量的计算

然后求出各面积元电通量的总和，可得穿过整个曲面 S 上的电通量，即

$$\Phi_{\mathrm{e}}=\int\mathrm{d}\Phi_{\mathrm{e}}=\int_S\boldsymbol{E}\cdot\mathrm{d}\boldsymbol{S}\qquad(7-9)$$

电通量的正负依赖于面元矢量 d$\boldsymbol{S}$（或 $\boldsymbol{n}$）与面元所在处的电场强度 $\boldsymbol{E}$ 的相对取向。当 $0\leqslant\theta<\frac{\pi}{2}$ 时，$\mathrm{d}\Phi_{\mathrm{e}}>0$；当 $\frac{\pi}{2}<\theta\leqslant\pi$ 时，$\mathrm{d}\Phi_{\mathrm{e}}<0$；当 $\theta=\frac{\pi}{2}$ 时，$\mathrm{d}\Phi_{\mathrm{e}}=0$。

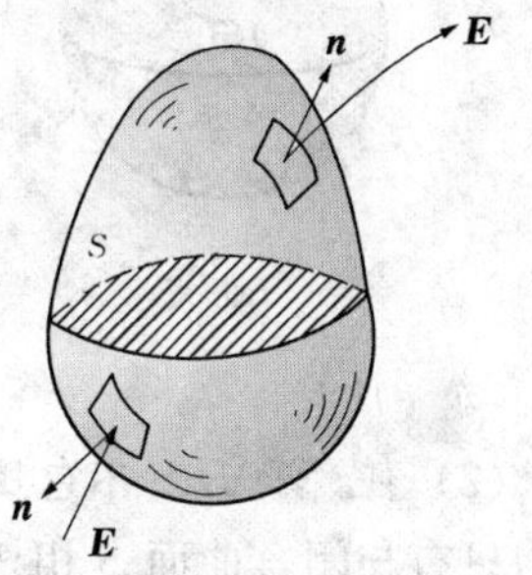

图 7－12　穿过闭合曲面的电通量

对于不闭合曲面，面上各处的法线正方向可以任意选取指向曲面的这一侧或那一侧。对于如图 7－12 所示的封闭曲面 S，通常规定 $\boldsymbol{n}$ 的方向为曲面 S 的外法线方向。于是，在电场线穿入的地方，$\mathrm{d}\Phi_{\mathrm{e}}$ 为负；在电场线穿出的地方，$\mathrm{d}\Phi_{\mathrm{e}}$ 为正。因此，不难看出，当曲面 S 内没有电荷时，穿过曲面 S 的电通量为零。

三、高斯定理

1. 高斯定理　高斯定理是电磁学的基本定理之一，它给出了静电场中穿过任一闭合曲面 S 的电通量与该闭合曲面内包围的电量之间在量值上的关系。**高斯定理**（Gauss law）表述如下：**在真空中的静电场中，穿过任一闭合曲面的电通量，在数值上等于该闭合曲面内包围的电量的代数和除以 ε_0，而与闭合面外的电荷无关。**其数学表达式为

$$\Phi_{\mathrm{e}}=\oint_S\boldsymbol{E}\cdot\mathrm{d}\boldsymbol{S}=\frac{\sum q_i}{\varepsilon_0}\quad\text{（不连续分布的源电荷）}\qquad(7-10\text{a})$$

$$\Phi_{\mathrm{e}}=\oint_S\boldsymbol{E}\cdot\mathrm{d}\boldsymbol{S}=\frac{1}{\varepsilon_0}\int_V\rho\mathrm{d}V\quad\text{（连续分布的源电荷）}\qquad(7-10\text{b})$$

ρ 为连续分布源电荷的体密度，V 为包围在闭合曲面内的源电荷分布的体积。定理中所指的任一闭合曲面 S 称为**高斯面**（gaussian surface）。

2. 高斯定理的推证　高斯定理的正确性可以从以下三个方面来加以证明：

（1）*闭合曲面 S 包围点电荷 q*　如图 7－13(a) 所示，设包围电荷 q 的闭合曲面 S 是球面。以 q 所在处为中心，作一半径为 r 的球面 S。球面上任一点的电场强度 $\boldsymbol{E}$ 的大小都相等，方向沿径向。在 S 上取面元 d$\boldsymbol{S}$，其法线 $\boldsymbol{n}$ 与面元处的场强 $\boldsymbol{E}$ 方向相同。所以，通过 d$\boldsymbol{S}$ 的电通量为

$$\mathrm{d}\Phi_{\mathrm{e}}=\boldsymbol{E}\cdot\mathrm{d}\boldsymbol{S}=E\,\mathrm{d}S\cdot\cos0^\circ=\frac{q}{4\pi\varepsilon_0r^2}\mathrm{d}S$$

通过整个闭合球面 S 的电通量为

$$\Phi_e = \oint_S \boldsymbol{E} \cdot \mathrm{d}\boldsymbol{S} = \frac{q}{4\pi\varepsilon_0 r^2}\oint_S \mathrm{d}S = \frac{q}{4\pi\varepsilon_0 r^2}4\pi r^2 = \frac{q}{\varepsilon_0}$$

如图 7－13(b) 所示，设包围电荷 q 的闭合曲面是任意闭合曲面 S。在曲面 S 外作以 q 为中心的球面 S'，由于 S 与 S' 之间没有其他电荷，从 q 发出的电场线不会中断。所以穿过 S 的电场线数与穿过 S' 的电场线数相等。即通过包围点电荷 q 的任意闭合曲面的电通量仍为

$$\Phi_e = \oint_S \boldsymbol{E} \cdot \mathrm{d}\boldsymbol{S} = \oint_{S'} \boldsymbol{E} \cdot \mathrm{d}\boldsymbol{S} = \frac{q}{\varepsilon_0}$$

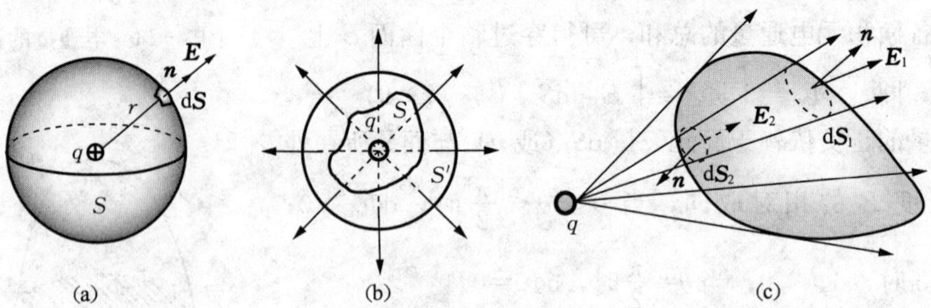

图 7－13　推证高斯定理

(2) *任意曲面 S 不包围点电荷 q*　如图 7－13(c) 所示，设点电荷 q 在闭合曲面 S 之外。因为只有与闭合曲面 S 相切的锥体内的电场线才通过闭合曲面 S，但每一条电场线从某个小锥体的左面穿入必从该小锥体的右面穿出，一进一出正负电通量相互抵消。整体上看，在闭合曲面 S 以外的电荷对闭合曲面 S 的电通量没有贡献，即通过不包围电荷（$\sum q_i = 0$）的闭合曲面 S 的电通量为零。公式 $\oint_S \boldsymbol{E} \cdot \mathrm{d}\boldsymbol{S} = \sum q_i/\varepsilon_0$ 仍然成立。

(3) *任意带电系统*　对于任意带电系统的电场可看成是点电荷电场的叠加，$\boldsymbol{E} = \sum_{i=1}^{n} \boldsymbol{E}_i$，其中 $\boldsymbol{E}_i$ 是系统中某点电荷 q_i 产生的场强。因此在这个电场中，通过任意闭合曲面 S 的电通量为

$$\Phi_e = \oint_S \boldsymbol{E} \cdot \mathrm{d}\boldsymbol{S} = \oint_S \left(\sum_{i=1}^{n} \boldsymbol{E}_i\right) \cdot \mathrm{d}\boldsymbol{S} = \sum_{i=1}^{n} \oint_S \boldsymbol{E}_i \cdot \mathrm{d}\boldsymbol{S}$$

当某一点电荷 q_i 位于闭合曲面 S 之内时，$\oint_S \boldsymbol{E}_i \cdot \mathrm{d}\boldsymbol{S} = q_i/\varepsilon_0$；当 q_i 位于闭合曲面 S 之外时，$\oint_S \boldsymbol{E}_i \cdot \mathrm{d}\boldsymbol{S} = 0$。因此，当闭合曲面 S 内包围的电荷为 $\sum q_i$ 时，仍然有 $\oint_S \boldsymbol{E} \cdot \mathrm{d}\boldsymbol{S} = \sum q_i/\varepsilon_0$ 成立。如带电系统为连续体，则只需将闭合曲面 S 内包围的电荷 $\sum q_i$ 表示为 $\int_V \rho \mathrm{d}V$ 即可。

一般地说，高斯定理说明静电场中电场强度对任意曲面的通量只取决于该闭合曲面内包围电荷的电量的代数和，与曲面内电荷的分布无关。但是应该指出，虽然高斯定理中穿过闭合曲面的电通量只与曲面内包围的电荷有关，然而定理中涉及的电场强度却是所有（包括闭合曲面内、外）源电荷产生的总电场强度。静电场中的高斯定理可推广到非静电场中去，即不论是对静电场，还是变化的电场，高斯定理都是适用的。

3. 高斯定理的应用　通常从高斯定理很难直接确定各场点的电场强度，但是，当电荷分布具有某些对称性时，可以应用高斯定理方便地计算出它所产生的电场在各场点的电场强度，其计算过程比用积分法要简便得多。而这些特殊情况，在实际中还是很有用的。下面举

例说明应用高斯定理求解电场强度的方法。

(1) 轴对称性电场

例题 7-6 求无限长均匀带电细棒外的电场分布，设棒上的电荷线密度为 λ。

解： 该带电体系的电场具有轴对称性，若以细棒为轴，在垂直于轴的平面，同一圆周上的场强大小处处相等，场强的方向垂直于棒，辐射向外。于是可选取以棒为轴，半径为 r，长为 l 的封闭圆柱面为高斯面，该高斯面可分为侧面 S_1、上底面 S_2、下底面 S_3 三部分，如图 7-14 所示。通过封闭圆柱形高斯面的电通量为

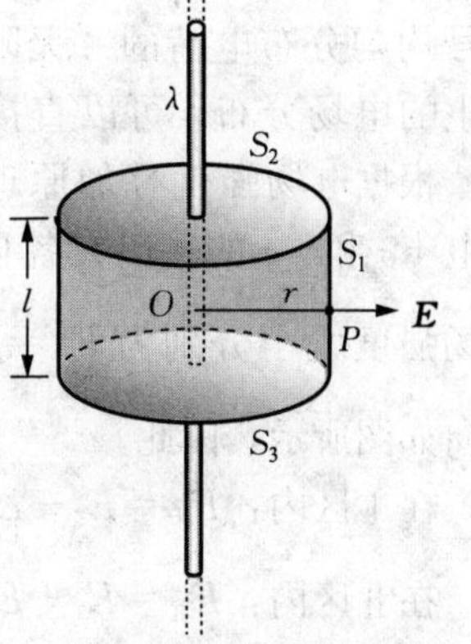

图 7-14 无限长带电细棒的电场

$$\Phi_e = \oint_S \boldsymbol{E}\cdot d\boldsymbol{S} = \int_{S_1} \boldsymbol{E}\cdot d\boldsymbol{S} + \int_{S_2} \boldsymbol{E}\cdot d\boldsymbol{S} + \int_{S_3} \boldsymbol{E}\cdot d\boldsymbol{S}$$

$$= \int_{S_1} E dS + 0 + 0 = E 2\pi r l$$

此闭合曲面内包围的电量 $\sum q_i = \lambda l$。根据高斯定理得

$$E 2\pi r l = \frac{\lambda l}{\varepsilon_0}$$

由此解出

$$E = \frac{\lambda}{2\pi\varepsilon_0 r}。$$

该结果与例题 7-4 的结果相同。显然，用高斯定理的方法要比用库仑定律积分的方法简单。

(2) "无限大" 均匀带电平面的电场

例题 7-7 试求：(1) "无限大" 均匀带电平面的电场强度分布。已知平面上带电密度为 $+\sigma$。(2) 两个带等量异号均匀分布电荷的 "无限大" 平行平面产生的电场。

解： (1) 如图 7-15(a) 所示，由于电荷均匀分布在 "无限大" 平面上，可知空间各点的电场强度分布具有面对称性。即离带电平面等距离远处各点电场强度 E 的大小相等，方向都与带电平面垂直。

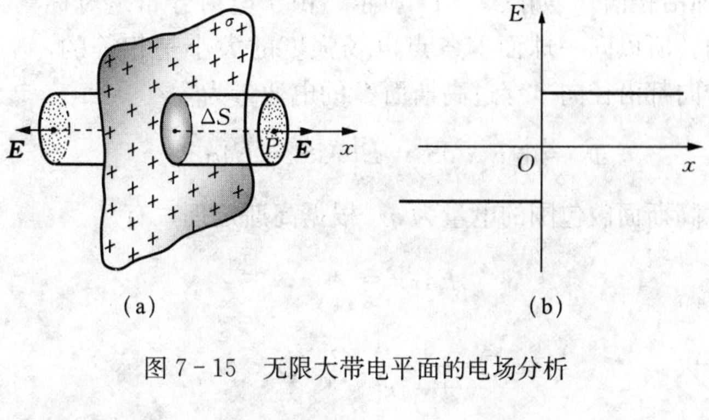

图 7-15 无限大带电平面的电场分析

选取一个圆柱形高斯面，使其轴线与带电平面垂直，并使两边对称，P 点位于一个底面上，底面的面积为 ΔS，其上的电场强度大小为 E。由于圆柱侧面上各点的电场强度与侧面平行，所以穿过侧面的电通量为零。于是穿过整个高斯面的电通量就等于两个底面上的电通量，即

$$\Phi_e = \oint_S \boldsymbol{E}\cdot d\boldsymbol{S} = \int_{\text{外侧面}} \boldsymbol{E}\cdot d\boldsymbol{S} + \int_{\text{左底}} \boldsymbol{E}\cdot d\boldsymbol{S} + \int_{\text{右底}} \boldsymbol{E}\cdot d\boldsymbol{S} = 0 + E\Delta S + E\Delta S = 2E\Delta S$$

高斯面内包围的电量之和为截面上的电荷，即 $q = \sigma\Delta S$，根据高斯定理有 $2E\Delta S = \frac{\sigma\Delta S}{\varepsilon_0}$，所以

$$E = \frac{\sigma}{2\varepsilon_0}$$

场强 E 的分布如图 7－15(b) 所示。可以看出，“无限大”均匀带电平面两侧的电场是均匀场。

(2) 如图 7－16(a) 所示，两个带等量异号均匀分布电荷的“无限大”平行平面产生的电场分布，可以直接应用本例的结果，根据电场强度叠加原理而求得。两个带电 $+\sigma$ 和 $-\sigma$ 的平面在各自的两侧产生的电场强度大小分别为 $E_1=\dfrac{\sigma}{2\varepsilon_0}$、$E_2=\dfrac{\sigma}{2\varepsilon_0}$，方向如图所示，因此

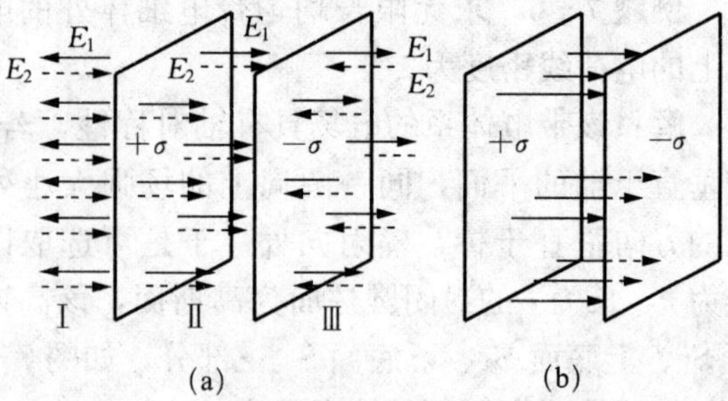

图 7－16　带等量异号均匀分布电荷的“无限大”平行平面的电场

在Ⅰ区内：$E_{\mathrm{I}}=E_2-E_1=0$；

在Ⅱ区内：$E_{\mathrm{II}}=E_1+E_2=\dfrac{\sigma}{\varepsilon_0}$；

在Ⅲ区内：$E_{\mathrm{III}}=E_1-E_2=0$。

两个带等量异号均匀分布电荷的“无限大”平行平面产生的电场分布如图 7－16(b) 所示。

(3) 球面对称性电场

例题 7－8　试求：(1) 均匀带电球面的电场强度分布。已知球面半径为 R，所带电量为 $+q$。(2) 均匀带电球体的电场强度分布。已知球体半径为 R，电荷体密度为 ρ。

解：(1) 先求球面外任一点的电场强度。设球面外任一点 P 距球心 O 为 r，以 O 为球心，r 为半径作球面 S 为高斯面。由于电荷分布相对于 OP 是对称的，因而 P 点的电场强度 $\boldsymbol{E}$ 方向必然沿 OP 的方向（即沿径向），如图 7－17 所示。由于电荷分布是对称的，所以同一球面上各点电场强度的大小是相等的，方向都沿径向。穿过高斯面 S 的电通量为

$$\Phi_{\mathrm{e}}=\oint_S \boldsymbol{E}\cdot\mathrm{d}\boldsymbol{S}=E\oint_S \mathrm{d}S=E4\pi r^2$$

此高斯面内包围的电量为 q。根据高斯定理，有

$$E4\pi r^2=\frac{q}{\varepsilon_0}$$

所以

$$E=\frac{1}{4\pi\varepsilon_0}\frac{q}{r^2}\ (r>R)$$

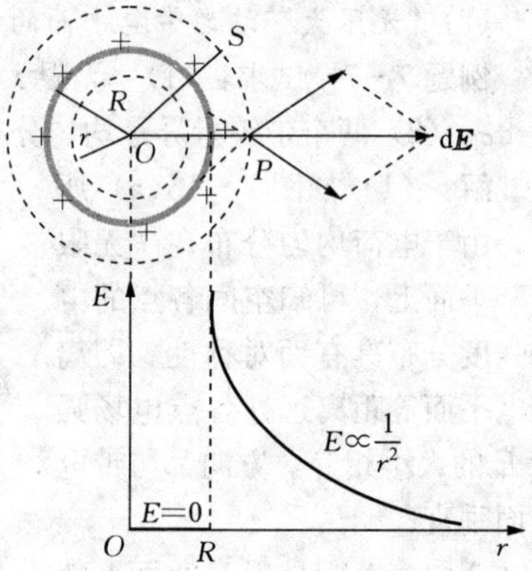

图 7－17　均匀带电球面的电场

考虑到 $\boldsymbol{E}$ 方向，可用矢量式表示为　$\boldsymbol{E}=\dfrac{1}{4\pi\varepsilon_0}\dfrac{q}{r^2}\boldsymbol{e}$

可以看出，均匀带电球面外的电场强度分布，和球面上的电荷都集中在球心时点电荷产生的电场强度分布一样。

对球面内部一点作一半径为 $r(r<R)$ 的同心球面 S 作为高斯面。由于它内部没有包围电荷，因此

$$\Phi_{\mathrm{e}}=\oint_S \boldsymbol{E}\cdot\mathrm{d}\boldsymbol{S}=0$$

所以，球面内部的电场为　　　　　　　　$\boldsymbol{E}=0$

此结果表明，均匀带电球面内部的电场强度处处为零。

画出电场强度随 r 变化的曲线，可以看出，在球面上（$r=R$）电场强度 $\boldsymbol{E}$ 是不连续的。

（2）均匀带电球体可以分割为一层一层的均匀带电球面，它产生的电场强度分布具有球对称性。如图 7－18 所示，在球外作高斯面（$r\geqslant R$），穿过高斯面 S 的电通量为

$$\Phi_e=\oint_S \boldsymbol{E}\cdot d\boldsymbol{S}=E\oint_S dS=E4\pi r^2$$

此高斯面内包围的电量为 q。根据高斯定理，有

$$\boldsymbol{E}=\frac{1}{4\pi\varepsilon_0}\frac{q}{r^2}\boldsymbol{e}_r=\frac{1}{4\pi\varepsilon_0 r^2}\frac{4}{3}\pi R^3\rho\boldsymbol{e}_r=\frac{\rho}{3\varepsilon_0}\frac{R^3}{r^2}\boldsymbol{e}_r\quad(r\geqslant R)$$

在球体外任一点产生的电场强度和所有电荷集中到球心形成的点电荷产生的电场强度分布一样。

在球体内（$r\leqslant R$）任一点 P 产生的电场强度，可以过 P 点作一半径为 r 的同心球面 S 作为高斯面，见图 7－18，穿过高斯面 S 的电通量为

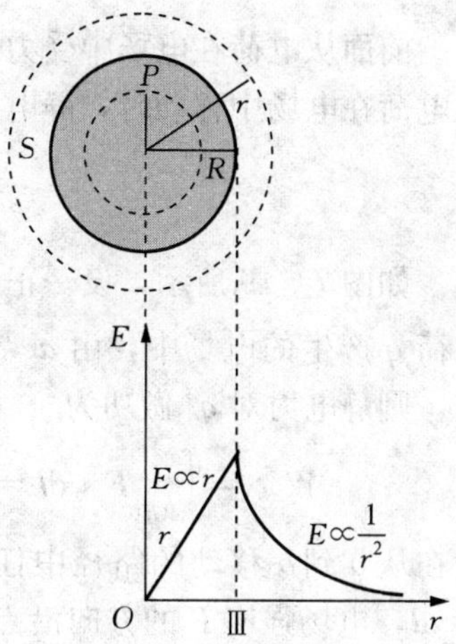

图 7－18　均匀带电球体的电场

$$\Phi_e=\oint_S \boldsymbol{E}\cdot d\boldsymbol{S}=\int_S E dS=E4\pi r^2$$

由于曲面内包围电荷 $q=\frac{4}{3}\pi r^3\rho$，故根据高斯定理有

$$E4\pi r^2=\frac{1}{\varepsilon_0}\frac{4}{3}\pi r^3\rho$$

所以　　　　　　　　$$E=\frac{\rho_r}{3\varepsilon_0}\boldsymbol{e}_r$$

写成矢量式为　　　　　　$$\boldsymbol{E}=\frac{\rho_r}{3\varepsilon_0}\boldsymbol{e}_r\quad(r\leqslant R)$$

从以上结果可知，均匀带电球体内各点的电场强度大小与 r 的大小成正比。方向都沿径向。当 ρ 为正时，$\boldsymbol{E}$ 的方向与 $\boldsymbol{e}_r$ 方向相同；当 ρ 为负时，$\boldsymbol{E}$ 的方向与 $\boldsymbol{e}_r$ 的方向相反。

综合以上各例题的分析可以看出，应用高斯定理求电场强度的一般方法和步骤是：

① 进行对称性分析，即由电荷分布的对称性，分析电场强度分布的对称性。常见的电荷分布对称性有：球对称性（均匀带电球面、球体、球壳和多层同心球壳等），轴对称性（均匀带电的可视为“无限长”的直线、圆柱体、圆柱面等），面对称性（均匀带电“无限大”平面、平行平板等）。

② 选取适当的高斯面，使穿过该面的电通量的积分易于计算。例如使高斯面的一部分与电场强度平行，或者使高斯面上（或一部分上）的电场强度大小都相等，方向都与该部分表面垂直，等等。

③ 计算高斯面上穿过的电通量和高斯面内包围的电量的代数和。最后再根据高斯定理求出电场强度的表达式。

需要强调的是，利用高斯定理可以求场强，只体现了这个定理重要性的一个方面，其更重要的意义在于它是静电场两个基本定理之一。静电场的另一个基本定理将在后面介绍，这

两个定理各自反映静电场性质的一个侧面，只有把它们结合起来，才能完整地描述静电场。

第四节 静电场的环路定理 电势

前面从电荷在电场中受力的观点研究了静电场的性质，引入了电场强度的概念。本节将从电荷在电场中移动时，静电力做功的角度来研究静电场的性质，引入电势的概念。

一、静电场力的功

如图 7-19 所示，设一正试验电荷 q_0 在静止的点电荷 q 产生的电场中，由 a 点经某一路经 L 移动到 b 点，则静电力对 q_0 做功为

$$W_{ab}=\int_{a(L)}^{b}\boldsymbol{F}\cdot\mathrm{d}\boldsymbol{l}=\int_{a(L)}^{b}q_0\boldsymbol{E}\cdot\mathrm{d}\boldsymbol{l}$$

设在从 a 到 b 移动的路径中任一点 c 处有一微小的位移 $\mathrm{d}\boldsymbol{l}$，电场强度 $\boldsymbol{E}$ 的方向沿点电荷 q 与 c 点的连线方向，$\mathrm{d}\boldsymbol{l}$ 与 $\boldsymbol{E}$ 的夹角设为 θ，可得

$$\boldsymbol{E}\cdot\mathrm{d}\boldsymbol{l}=E\mathrm{d}l\cos\theta=E\mathrm{d}r$$

因此 $$W=\frac{qq_0}{4\pi\varepsilon_0}\int_{r_a}^{r_b}\frac{\mathrm{d}r}{r^2}=\frac{qq_0}{4\pi\varepsilon_0}\left(\frac{1}{r_a}-\frac{1}{r_b}\right)\qquad(7-11)$$

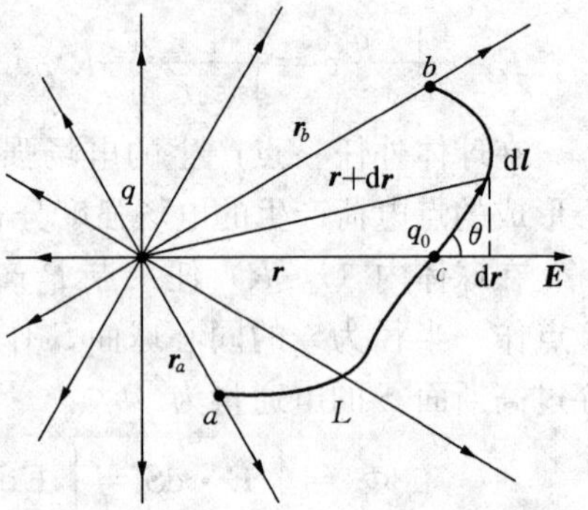

图 7-19 静电场力做功的计算

式中 r_a 和 r_b 分别表示从电荷 q 到移动路径的起点 a 和终点 b 的距离。式（7-11）表明，在点电荷 q 的静电场中，静电力对试验电荷所做的功只取决于移动路径的起点和终点的位置，而与路径无关。

可以证明，上述结论适用于任何带电体产生的静电场，因为对任何带电体都可将其分割成许多电荷元（视为点电荷）。根据电场强度叠加原理，带电体在某点产生的电场强度，等于各电荷元单独在该点产生的电场强度的矢量和，即

$$\boldsymbol{E}=\boldsymbol{E}_1+\boldsymbol{E}_2+\cdots+\boldsymbol{E}_n$$

当试验电荷 q_0 在这一电场中从 a 点经某一路径 L 移动到 b 点时，静电力做功为

$$\begin{aligned}W_{ab}&=\int_{a(L)}^{b}\boldsymbol{F}\cdot\mathrm{d}\boldsymbol{l}=\int_{a(L)}^{b}q_0\boldsymbol{E}\cdot\mathrm{d}\boldsymbol{l}=\int_{a(L)}^{b}q_0(\boldsymbol{E}_1+\boldsymbol{E}_2+\cdots+\boldsymbol{E}_n)\cdot\mathrm{d}\boldsymbol{l}\\&=\int_{a(L)}^{b}q_0\boldsymbol{E}_1\cdot\mathrm{d}\boldsymbol{l}+\int_{a(L)}^{b}q_0\boldsymbol{E}_2\cdot\mathrm{d}\boldsymbol{l}+\cdots+\int_{a(L)}^{b}q_0\boldsymbol{E}_n\cdot\mathrm{d}\boldsymbol{l}\end{aligned}\qquad(7-12)$$

由于式（7-12）等号的右端每一项都与路径无关，因此各项之和也必然与路径无关。

综上所述，可以得出如下结论：**试验电荷在任意给定的静电场中移动时，静电力对试验电荷所做的功，只取决于试验电荷的电量和所经路径的起点及终点的位置，而与移动的路径无关**。这和力学中讨论过的万有引力、弹性力等保守力做功的特性类似，所以静电力也是**保守力**，静电场也是**保守场**（conservative field）。

二、静电场的环路定理

静电力做功与路径无关的特性还可以用另一种形式来表示。设试验电荷 q_0 从电场中的

a 点沿路径 L_1 移动到 b 点，再沿路径 L_2 返回 a 点，如图 7 - 20 所示。作用在试验电荷 q_0 上的静电力在整个闭合路径上所做的功为

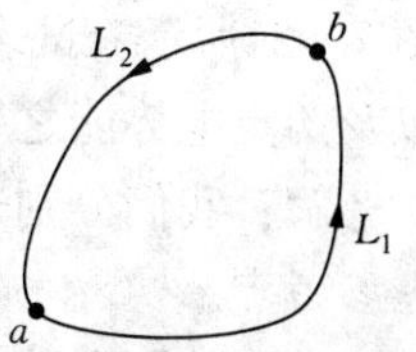

图 7 - 20　静电场的环路定理

$$W=\oint\boldsymbol{F}\cdot\mathrm{d}\boldsymbol{l}=\oint q_0\boldsymbol{E}\cdot\mathrm{d}\boldsymbol{l}=\int_{a(L_1)}^{b}q_0\boldsymbol{E}\cdot\mathrm{d}\boldsymbol{l}+\int_{b(L_2)}^{a}q_0\boldsymbol{E}\cdot\mathrm{d}\boldsymbol{l}$$
$$=\int_{a(L_1)}^{b}q_0\boldsymbol{E}\cdot\mathrm{d}\boldsymbol{l}-\int_{a(L_2)}^{b}q_0\boldsymbol{E}\cdot\mathrm{d}\boldsymbol{l}$$

由于静电力做功与路径无关，因此有

$$\int_{a(L_1)}^{b}q_0\boldsymbol{E}\cdot\mathrm{d}\boldsymbol{l}=\int_{a(L_2)}^{b}q_0\boldsymbol{E}\cdot\mathrm{d}\boldsymbol{l}$$

因为试验电荷 q_0 不为零，因此

$$\oint\boldsymbol{E}\cdot\mathrm{d}\boldsymbol{l}=0\tag{7-13}$$

式（7 - 13）表明，在**静电场中，电场强度沿任一闭合路径的线积分（称为电场强度的环流）恒为零**，这称为**静电场的环路定理**（theorem of closed - loop in an electrostatic field）。

三、电 势 能

根据力学理论，在研究静电场时，静电场作为保守场可以引入**静电势能**（electrostatic potential energy）的概念。设试验电荷 q_0 在电场中 a 点的电势能为 E_{pa}，在 b 点的电势能为 E_{pb}。由于把 q_0 从 a 点移动到 b 点，静电力做功与路径无关。因此，静电力做功 W_{ab} 就可以作为电荷 q_0 在 a、b 两点电势能改变量的量度，即

$$E_{pa}-E_{pb}=W_{ab}=\int_a^b q_0\boldsymbol{E}\cdot\mathrm{d}\boldsymbol{l}$$

或改写为

$$W_{ab}=-(E_{pb}-E_{pa})=\int_a^b q_0\boldsymbol{E}\cdot\mathrm{d}\boldsymbol{l}\tag{7-14}$$

即在静电场中，将点电荷从 a 点移动到 b 点，静电力所做的功等于该点电荷电势能增量的负值。在 q_0 移动的过程中，如果静电力做正功，即 $W_{ab}>0$，则 $E_{pa}>E_{pb}$，表示 q_0 从 a 点移动到 b 点时电势能减少；反之，如果静电力做负功（即外力克服静电力做功），$W_{ab}<0$，则 $E_{pa}<E_{pb}$，表示 q_0 从 a 点移动到 b 点电势能增加。

当电荷 q_0 从某点 a 出发沿闭合路径一周又回到原处时，静电力做功为零，电荷的电势能也就恢复为原来的值，这说明在静电场中，电荷处在任一确定的位置，具有确定的电势能。但是从式（7 - 14）只能确定电荷在 a、b 两点的电势能之差值，不能确定电荷在某点电势能的绝对值。若要确定电荷在某点电势能的值，必须选定一个电势能为零的参考点。和力学中势能零参考点选取一样，电势能零参考点也是可以任意选取的。如选定电荷在 b 点的电势能为零，即规定 $E_{pb}=0$，则电场中一点 a 处的电势能为

$$E_{pa}=W_{a\text{"0"}}=\int_a^{\text{"0"}}q_0\boldsymbol{E}\cdot\mathrm{d}\boldsymbol{l}\tag{7-15}$$

这就是说，**电荷在电场中某点的电势能，在量值上等于把电荷从该点移动到电势能零参考点时，静电力所做的功。**在理论研究中，常取无穷远处为电势能的零参考点。在实际应用中，常取地球为电势能的零参考点。电势能的单位为焦耳（J），有时也用电子伏特（eV）作单位，两者的换算关系是 1 eV=1.6×10^{-19} J。

例题 7 - 9　带电量为 Q 的点电荷所产生的静电场中，有一带电量为 q 的点电荷，如

图 7-21所示。试求点电荷 q 在 a 点和 b 点的电势能以及两点电势能之差。

解：我们分别选取无穷远处和任一点 c 为电势能零参考点。

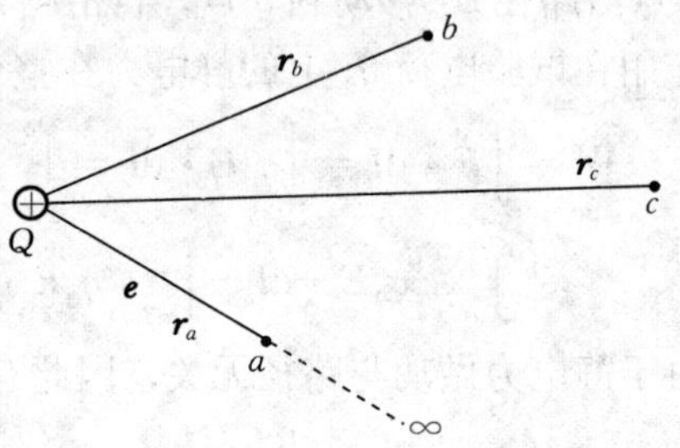

图 7-21　点电荷电场中的电势能

(1) 选距电荷 Q 无穷远处为电势能零参考点。根据电势能的定义

$$E_{pa}=\int_a^{\infty}q\boldsymbol{E}\cdot d\boldsymbol{l}=\int_a^{\infty}q\frac{Q}{4\pi\varepsilon_0 r^2}\boldsymbol{e}\cdot d\boldsymbol{l}$$

因为静电力做功与路径无关，沿 $\boldsymbol{e}$ 方向移动电荷，则

$\boldsymbol{e}\cdot d\boldsymbol{l}=dr$，于是 $$E_{pa}=\frac{qQ}{4\pi\varepsilon_0}\int_{r_a}^{\infty}\frac{dr}{r^2}=\frac{qQ}{4\pi\varepsilon_0 r_a}$$

同理可得 $$E_{pb}=\frac{qQ}{4\pi\varepsilon_0 r_b}$$

$$E_{pb}-E_{pa}=\frac{qQ}{4\pi\varepsilon_0}\left(\frac{1}{r_b}-\frac{1}{r_a}\right)$$

(2) 如果选取 c 点为电势能零参考点，如图 7-21 所示。根据电势能的定义有

$$E_{pa}=\int_{r_a}^{r_c}q\boldsymbol{E}\cdot d\boldsymbol{l}=\int_{r_a}^{r_c}\frac{qQ}{4\pi\varepsilon_0}\frac{dr}{r^2}=\frac{qQ}{4\pi\varepsilon_0}\left(\frac{1}{r_a}-\frac{1}{r_c}\right)$$

同理可得 $$E_{pb}=\int_{r_b}^{r_c}q\boldsymbol{E}\cdot d\boldsymbol{l}=\int_{r_b}^{r_c}\frac{qQ}{4\pi\varepsilon_0}\frac{dr}{r^2}=\frac{qQ}{4\pi\varepsilon_0}\left(\frac{1}{r_b}-\frac{1}{r_c}\right)$$

由以上两式得 $$E_{pb}-E_{pa}=\frac{qQ}{4\pi\varepsilon_0}\left(\frac{1}{r_b}-\frac{1}{r_a}\right)$$

从以上的计算可以看出，在给定的电场中，选取电势能的零参考点不同，某一电荷在确定点具有的电势能也不同。但是，电荷在两确定点具有的电势能之差是相同的，即电势能差与电势能零参考点的选取是无关的。

四、电势　电势叠加原理

1. 电势　和从力的观点引入电场强度，用以描述电场性质相类似，人们希望从功、能观点引入一个描述电场性质的物理量。显然，电势能不是这样的物理量，因为它不仅与电场的性质有关，而且还与引入电场中计算其电势能的电荷的电量大小与正负有关。但是人们发现，电荷在电场中某点的电势能与电量之比值与电量大小、正负无关，只与电场在该点的性质有关，把这一比值定义为电场在该点的**电势**（electric potential），用 U 来表示。如电荷 q_0 在电场中某点 a 的电势能为 E_{pa}，则电场在 a 点的电势 U 定义为

$$U_a=\frac{E_{pa}}{q_0}\tag{7-16}$$

即电场中某点的电势，其数值等于单位正电荷在该点所具有的电势能。电势的国际单位为 V，即伏特。若电量为 1 C 的正电荷在静电场中某点的电势能恰为 1 J 时，则该点的电势为 1 V，即 1 V=1 J·C^{-1}，

根据式（7-15），式（7-16）可以写作

$$U_a = \int_a^{"0"} \boldsymbol{E} \cdot \mathrm{d}\boldsymbol{l} \tag{7-17}$$

式（7－17）是电场强度和电势的积分关系，即**电场中某点的电势，其数值等于把单位正电荷从该点沿任意路径移动到电势能零参考点时，静电力所做的功。**

由电势的定义可知，电势是标量，从某点把单位正电荷移动到电势能零参考点，静电力做正功时，该点的电势为正；反之为负。要确定电场中各点的电势值，也必须先选取零参考点。电势零参考点的选择可以是任意的，主要视讨论问题的方便而定。为研究问题的方便，在同一问题中电势的零参考点总是选得与电势能的零参考点一致。相对于不同的零参考点，电场中同一点的电势可以有不同的值。

当场源电荷为点电荷 q 时，取无限远点为零势能点，向无穷远处积分路径的方向为矢径 $\boldsymbol{r}$ 的方向，于是距离电荷 q 为 r 处的某点的电势为

$$U = \int_r^{\infty} \boldsymbol{E} \cdot \mathrm{d}\boldsymbol{l} = \int_r^{\infty} \frac{1}{4\pi\varepsilon_0} \frac{q}{r^2} \boldsymbol{e}_r \cdot \mathrm{d}\boldsymbol{r} = \int_r^{\infty} \frac{1}{4\pi\varepsilon_0} \frac{q}{r^2} \mathrm{d}r$$

积分后得

$$U = \frac{1}{4\pi\varepsilon_0} \frac{q}{r} \tag{7-18}$$

该式可视为在真空中静止的点电荷的电场中各点电势的公式。式中视 q 的正负，电势 U 可正可负。在正电荷的电场中，各点电势均为正值，离电荷越远的点，电势越低。在负电荷的电场中，各点电势均为负值，离电荷越远的点，电势越高。

2. 电势差　电场中任意两点 a、b 的电势之差定义为**电势差**（potential difference）用符号 U_{ab} 表示，即

$$U_{ab} = U_a - U_b$$

由电势的定义可知，电势差也可以表示为

$$U_{ab} = \frac{E_{\mathrm{p}a}}{q_0} - \frac{E_{\mathrm{p}b}}{q_0} = \frac{W_{ab}}{q_0} = \int_a^b \boldsymbol{E} \cdot \mathrm{d}\boldsymbol{l} \tag{7-19}$$

式（7－19）说明，电场中 a、b 两点间的电势差，在数值上等于把单位正电荷从 a 点移动到 b 点时，静电力所做的功。反过来，可以利用式（7－19）方便地计算出电荷在电场中移动时，静电力所做的功。如把电荷 q_0 从 a 点移动到 b 点时，静电力做功为

$$W_{ab} = q_0 U_{ab} = q_0 (U_a - U_b) \tag{7-20}$$

即静电力对电荷所做的功，等于电荷的电量与移动的始末位置的电势差的乘积。

3. 电势叠加原理　对于一个由点电荷 q_1，q_2，…，q_n 组成的点电荷系，设各个点电荷单独存在时产生的电场强度分别为 $\boldsymbol{E}_1$，$\boldsymbol{E}_2$，…，$\boldsymbol{E}_n$，合场强为 $\boldsymbol{E}$。由式（7－17）可知，电场中某点 a 的电势为

$$U_a = \int_a^{\infty} \boldsymbol{E} \cdot \mathrm{d}\boldsymbol{l} = \int_a^{\infty} (\boldsymbol{E}_1 + \boldsymbol{E}_2 + \cdots + \boldsymbol{E}_n) \cdot \mathrm{d}\boldsymbol{l} = \int_a^{\infty} \boldsymbol{E}_1 \cdot \mathrm{d}\boldsymbol{l} + \int_a^{\infty} \boldsymbol{E}_2 \cdot \mathrm{d}\boldsymbol{l} + \cdots + \int_a^{\infty} \boldsymbol{E}_n \cdot \mathrm{d}\boldsymbol{l}$$

$$= U_{a1} + U_{a2} + \cdots + U_{an} = \sum_{i=1}^{n} U_{ai}$$

若令 r_i 为点电荷 q_i 到场点 a 的距离，上述结果可进一步表示为

$$U_a = \sum_{i=1}^{n} \frac{q_i}{4\pi\varepsilon_0 r_i} \tag{7-21}$$

该式表明，**在点电荷系的电场中，某点的电势等于各个点电荷单独存在时在该点产生的电势的代数和**。这个结论称为**电势叠加原理**。

按照电势叠加原理，对于电荷连续分布的带电体系，可以认为该带电体是由无数多个电荷元 $\mathrm{d}q$ 组成的，如图 7－22 所示。那么，该体系电场中某点 a 的电势可按照下述积分来计算

$$U_a=\int_a^{"0"}\frac{\mathrm{d}q}{4\pi\varepsilon_0 r}\qquad(7-22)$$

其中积分遍及电荷分布的空间。

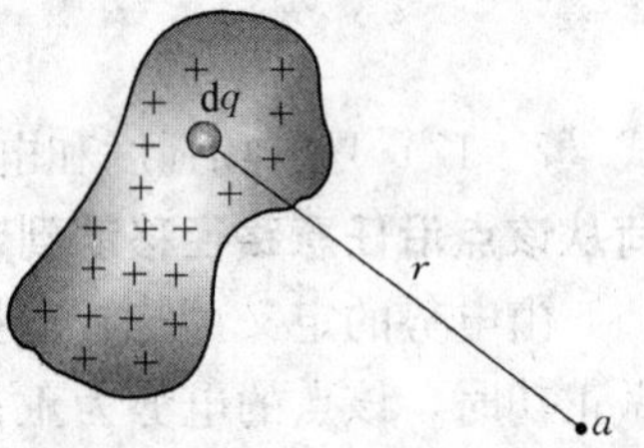

图 7－22　电荷连续分布的带电体的电势

4. 电势叠加原理的应用　计算电场中一点的电势，可以通过两种途径：一是根据已知的电荷分布，由点电荷电势的叠加原理来计算；二是根据已知的电场强度分布，由电势与电场强度的积分关系来计算。下面举例说明电势的计算方法。

(1) 从电荷分布求电势

例题 7－10　有一半径为 r，带电量为 $+q$ 的均匀带电圆环，如图 7－23(a) 所示。试求圆环轴线上距环心 O 为 x 处一点 P 的电势。

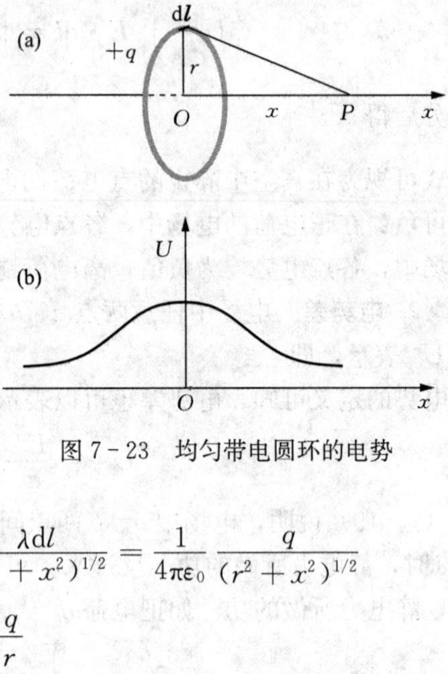

图 7－23　均匀带电圆环的电势

解：把带电圆环分割成许多电荷元 $\mathrm{d}q$（可视为点电荷），圆环带电的线密度 $\lambda=\dfrac{q}{2\pi r}$，则 $\mathrm{d}q=\lambda\mathrm{d}l$。每个电荷元到 P 点的距离均为 $(r^2+x^2)^{1/2}$。选无穷远处为电势零参考点，根据电势叠加原理，电荷元在 P 点产生的电势 $\mathrm{d}U$ 为

$$\mathrm{d}U=\frac{1}{4\pi\varepsilon_0}\frac{\mathrm{d}q}{(r^2+x^2)^{1/2}}$$

整个带电圆环在 P 点产生的电势为

$$U_P=\int\mathrm{d}U=\int\frac{1}{4\pi\varepsilon_0}\frac{\mathrm{d}q}{(r^2+x^2)^{1/2}}=\int\frac{1}{4\pi\varepsilon_0}\frac{\lambda\mathrm{d}l}{(r^2+x^2)^{1/2}}=\frac{1}{4\pi\varepsilon_0}\frac{q}{(r^2+x^2)^{1/2}}$$

当 $x=0$ 时，即圆环中心 O 处的电势为　　$U_O=\dfrac{1}{4\pi\varepsilon_0}\dfrac{q}{r}$

当 $x\gg r$ 时，因为 $(r^2+x^2)^{1/2}\approx x$，所以　　$U_P=\dfrac{1}{4\pi\varepsilon_0}\dfrac{q}{x}$

这相当于把圆环所带电量集中在环心处的一个点电荷所产生的电势。图 7－23(b) 给出了电势分布的 U—x 曲线。

例题 7－11　已知半径为 R 的均匀带电圆板，带电量为 q，电荷面密度为 σ，如图 7－24 所示。试求轴线上任一点 P 的电势。

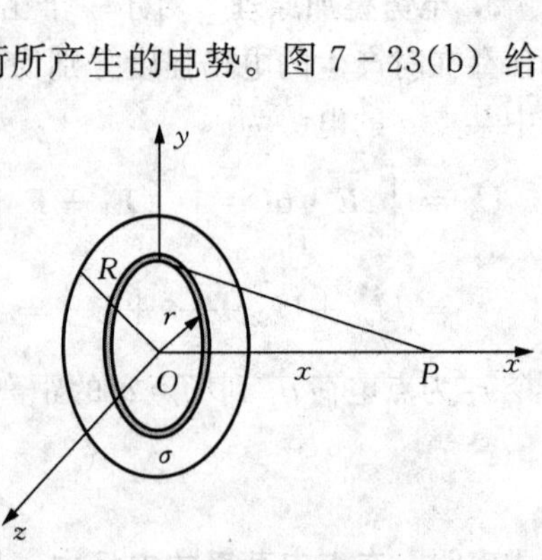

图 7－24　均匀带电圆板的电势

解：将带电圆板分割为一系列半径为 r、宽度为 $\mathrm{d}r$ 的同心带电圆环，圆环上各点离 P 点的距离都等于 $(r^2+x^2)^{1/2}$。仍然选无穷远处为电势的零参考点，利用上例所得的结果，该带电圆环的电量 $\mathrm{d}q=\sigma 2\pi r\mathrm{d}r$，在 P 点产生的电势为

$$dU=\frac{1}{4\pi\varepsilon_0}\frac{dq}{(r^2+x^2)^{1/2}}=\frac{1}{4\pi\varepsilon_0}\frac{\sigma 2\pi r dr}{(r^2+x^2)^{1/2}}$$

整个带电圆板在 P 点产生的电势为

$$U_P=\int dU=\int_0^R\frac{2\pi\sigma r dr}{4\pi\varepsilon_0(r^2+x^2)^{1/2}}=\frac{\sigma}{2\varepsilon_0}\int_0^R\frac{r dr}{(r^2+x^2)^{1/2}}=\frac{\sigma}{2\varepsilon_0}(\sqrt{R^2+x^2}-x)$$

当 $x=0$ 时，即 P 点在圆板的中心 O 处，此时

$$U_O=\frac{\sigma R}{2\varepsilon_0}=\frac{q}{2\pi\varepsilon_0 R}$$

当 $x\gg R$ 时，由级数公式展开得 $(R^2+x^2)^{1/2}=x\left(1+\frac{R^2}{x^2}\right)^{1/2}\approx x+\frac{R^2}{2x}$，所以

$$U_P\approx\frac{R^2\sigma}{4\varepsilon_0 x}=\frac{1}{4\pi\varepsilon_0}\frac{\pi R^2\sigma}{x}=\frac{1}{4\pi\varepsilon_0}\frac{q}{x}$$

结果表明，当 P 点离圆板很远时，带电圆板在 P 点产生的电势与把圆板所带电量集中于圆心时形成的点电荷产生的电势相同。

（2）从电场强度分布求电势　对于已知电场强度分布的电场，特别是当带电体上电荷分布具有某些对称性，很容易应用高斯定理求出电场强度分布时，可以应用电场强度与电势的积分关系式求电势。

例题 7-12　半径为 R 的均匀带电球面，所带电量为 $+q$，试求该带电球面的电场和电势分布。

解：（1）电场分布　如图 7-25 所示，由于电荷分布是球对称的，因此，电场方向是沿球面的径向呈辐射状，并且球面内外的电场具有相同的对称性，采用高斯定理求解电场。

P 点在球面内，$r<R$，选取一半径为 r 的高斯面，P 点位于该球面上，则高斯面内所围的电荷电量 $q=0$。

根据高斯定理　$\Phi_e=\oint_S \boldsymbol{E}\cdot d\boldsymbol{S}=E4\pi r^2=0$

由此得出 P 点场强为　$E_1=0$　$(r<R)$

即均匀带电球面在球内电场处处为零。

P 点在球面外，$r>R$，作半径为 r 的球面为高斯面，则高斯面包围了球面上的电荷 q。根据高斯定理

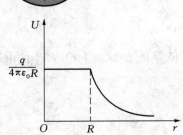

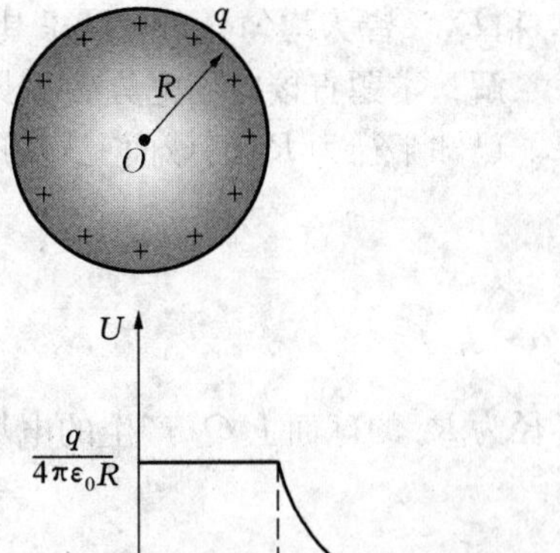

图 7-25　均匀带电球面的电势分布

$$\Phi_e=\oint_S \boldsymbol{E}\cdot d\boldsymbol{S}=E4\pi r^2=\frac{q}{\varepsilon_0}$$

所以，P 点场强为　$E_2=\frac{1}{4\pi\varepsilon_0}\frac{q}{r^2}$　$(r>R)$

$\boldsymbol{E}$ 的方向沿半径 r 方向向外。上式表明，均匀带电球面在球外空间中的电场与全部电荷聚集在球心处产生的电场相同。

（2）电势分布　选无限远处为电势零参考点，应用式（7-17）取径向为积分路线。

设 P 点到球心的距离为 r，当 P 点在球面内（$r<R$）时，从球面内一点到无限远处的路径中，电场强度 $\boldsymbol{E}$ 不连续，因此要分段积分，其电势为

$$U_P=\int_P^{\infty}\boldsymbol{E}\cdot\mathrm{d}\boldsymbol{l}=\int_P^{\infty}(\boldsymbol{E}_1+\boldsymbol{E}_2)\cdot\mathrm{d}\boldsymbol{l}=\int_r^R\boldsymbol{E}_1\cdot\mathrm{d}\boldsymbol{l}+\int_R^{\infty}\boldsymbol{E}_2\cdot\mathrm{d}\boldsymbol{l}=\int_R^{\infty}\frac{1}{4\pi\varepsilon_0}\frac{q}{r^2}\mathrm{d}r=\frac{1}{4\pi\varepsilon_0}\frac{q}{R}$$

以上结果与 P 点在球面内的位置无关，即球面内任一点的电势都相等。

当 P 点在球面上（$r=R$）时，其电势为 $U_P=\dfrac{1}{4\pi\varepsilon_0}\dfrac{q}{R}$

即球面内任一点的电势与球面上的电势相等，都等于$\dfrac{1}{4\pi\varepsilon_0}\dfrac{q}{R}$，球面为等势体。

当 P 点在球面外（$r>R$）时，其电势为 $U_P=\int_P^{\infty}\boldsymbol{E}_2\cdot\mathrm{d}\boldsymbol{l}=\int_r^{\infty}\dfrac{1}{4\pi\varepsilon_0}\dfrac{q}{r^2}\mathrm{d}r=\dfrac{1}{4\pi\varepsilon_0}\dfrac{q}{r}$

这和球面上的电荷都集中于球心形成的点电荷在 P 点产生的电势相同。

从以上例题的求解过程中可以看出，应用电场强度与电势的积分关系求电势分布的方法，一般可归结为：①根据电荷分布求出电场强度的分布，特别是电荷分布具有某些特殊对称性的情况，应用高斯定理尤为方便；②选取适当的电势零参考点；③应用 $U_a=\int_a^{\text{"0"}}\boldsymbol{E}\cdot\mathrm{d}\boldsymbol{l}$ 求出 U 的分布。这里应该注意的是，如果积分路径上各区域内电场强度的表达式不同（即电场强度不连续）就必须分段积分。由于上述积分（在静电场中）与路径无关，所以求积分时，尽可以选择最便于计算的路径。

为了简化计算，有时也可直接应用已有的计算结果，根据叠加原理来进行计算。下面再举一个例题来说明这种方法。

例题 7-13　设两个半径分别为 R_1 和 R_2（$R_1<R_2$）的球面同心放置，所带电量分别为 Q_1 和 Q_2，皆为均匀分布。试求其电场的电势分布。

解： 本题直接应用电势叠加原理来解，当然读者也可以通过微积分方法解得同样的结果。已知半径为 R_1 的球面上 Q_1 产生的电场的电势分布为

$$U_1=\begin{cases}\dfrac{1}{4\pi\varepsilon_0}\dfrac{Q_1}{R_1} & (r\leqslant R_1)\\[2ex] \dfrac{1}{4\pi\varepsilon_0}\dfrac{Q_1}{r} & (r>R_1)\end{cases}$$

半径为 R_2 的球面上 Q_2 产生的电场的电势分布为

$$U_2=\begin{cases}\dfrac{1}{4\pi\varepsilon_0}\dfrac{Q_2}{R_2} & (r\leqslant R_2)\\[2ex] \dfrac{1}{4\pi\varepsilon_0}\dfrac{Q_2}{r} & (r>R_2)\end{cases}$$

两球面上电荷产生的电场的电势叠加后为

$$U=U_1+U_2=\begin{cases}\dfrac{1}{4\pi\varepsilon_0}\dfrac{Q_1}{R_1}+\dfrac{1}{4\pi\varepsilon_0}\dfrac{Q_2}{R_2} & (r\leqslant R_1)\\[2ex] \dfrac{1}{4\pi\varepsilon_0}\dfrac{Q_1}{r}+\dfrac{1}{4\pi\varepsilon_0}\dfrac{Q_2}{R_2} & (R_1<r\leqslant R_2)\\[2ex] \dfrac{1}{4\pi\varepsilon_0}\dfrac{Q_1+Q_2}{r} & (r>R_2)\end{cases}$$

五、等势面　电势梯度

1. 等势面　前面曾经介绍过如何借助电场线来形象地描绘电场强度的空间分布。下面

介绍如何用等势面来形象地描绘电势的空间分布。

电场中，一般来说电势是位置坐标的函数，是逐点变化的。但是有一些点的电势值是相等的，这些电势值相等的点联成的面称为**等势面**（equipotential surfaces）。图 7-26 是几种典型的带电系统所形成电场的等势面（虚线）和电场线（实线）分布图。

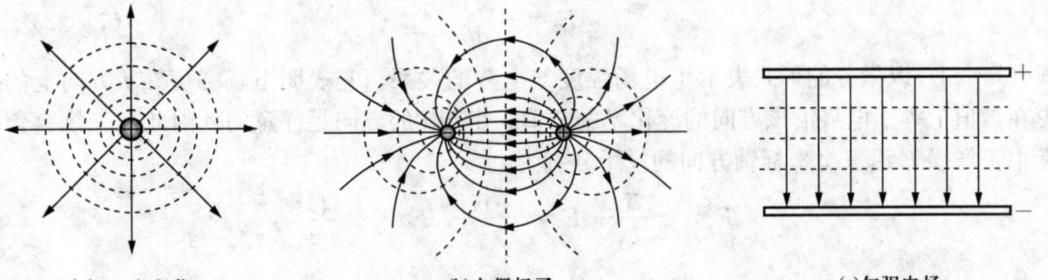

(a) 正点电荷　　(b)电偶极子　　(c)匀强电场

图 7-26 几种带电系统的等势面和电场线

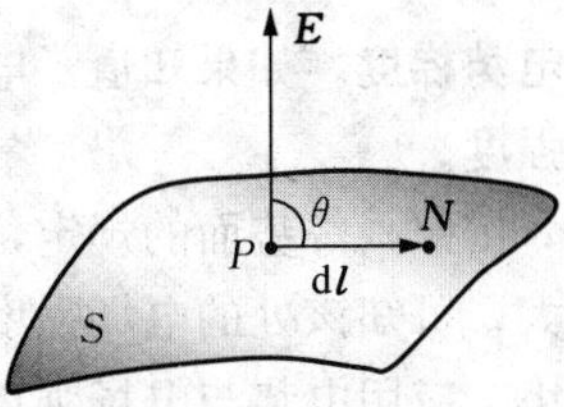

图 7-27 电场与等势面正交

等势面和电场线都可以描绘电场的分布，它们之间有什么关系呢？如图 7-27 所示，有一试验电荷 q_0，从某一等势面上的 P 点沿该等势面作微小位移 $\mathrm{d}\boldsymbol{l}$ 到 N 点，这时电场对试验电荷虽有力的作用，但试验电荷的电势能并没有变化，这说明电场力对试验电荷做功 $\mathrm{d}W$ 等于零，即

$$\mathrm{d}W=q_0\boldsymbol{E}\cdot\mathrm{d}\boldsymbol{l}=q_0E\cos\theta\mathrm{d}l=0$$

式中 $\boldsymbol{E}$ 为 P 点的电场强度，θ 为 $\boldsymbol{E}$ 与 $\mathrm{d}\boldsymbol{l}$ 之间的夹角。因为 $\boldsymbol{E}$、q_0 和 $\mathrm{d}\boldsymbol{l}$ 都不为零，所以 $\cos\theta=0$，即 $\theta=\pi/2$。这说明 P 点的电场强度垂直于过 P 点的等势面。

由于 P 点为等势面上任选的一点，因而可以得出如下结论：**在静电场中，电场线与等势面处处正交。**从分析静电力对电荷做功及电荷的电势能变化关系不难断定电场线总是指向电势降低的方向。

在画等势面时，规定相邻两等势面间的电势差都相同。按这样的规定画出的等势面图，就能从等势面的疏密分布，形象地描绘出电场中电势和电场强度的空间分布。

画等势面是研究电场的一种极为有用的方法。在很多实际问题中，电场的电势分布往往不能很方便地用函数形式表示，但可以用实验的方法测绘出等势面的分布图，从而了解整个电场的特性。

2. 电势梯度　电场强度与电势都是描述电场性质的物理量，它们之间存在着必然的相互联系。式（7-17）以积分的形式表达了电场强度与电势的关系，它表明通过作电场强度的积分可以获得电势。那么，如果知道了电势分布能否反过来获得电场强度呢？答案是肯定的。

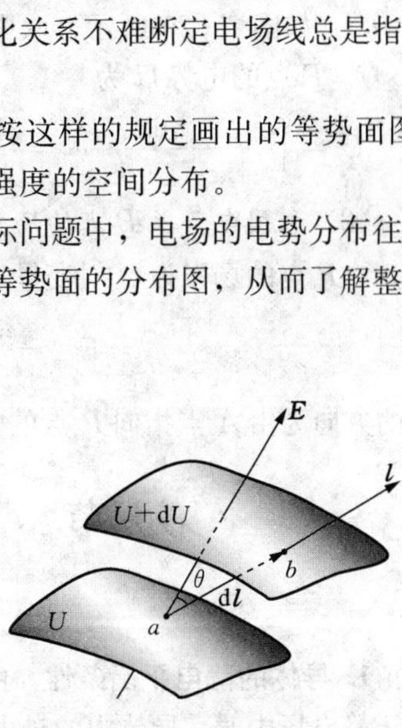

图 7-28 电场强度与电势的关系

图 7-28 为两个相距很近的等势面，设它们的电势分别为 U 和 $U+\mathrm{d}U$，如果 $\mathrm{d}U<0$，电场强度的方向如图 7-28 所示。若将正电荷 q_0 从 a 点沿任意路径移到 b 点，位移为 $\mathrm{d}\boldsymbol{l}$，则由式（7-20）可知，电场力所做的功为

$$dW=q_0(U_a-U_b)=q_0[U-(U+dU)]=-q_0dU$$

又因为

$$dW=q_0\boldsymbol{E}\cdot d\boldsymbol{l}=q_0E\cos\theta dl$$

所以

$$-q_0dU=q_0E\cos\theta dl$$

由图 7-28 可知，$E\cos\theta=E_l$，E_l 是电场强度沿 $\boldsymbol{l}$ 方向的分量。则

$$E_l=-\frac{dU}{dl} \tag{7-23}$$

式（7-23）以微分的形式表示了电场强度与电势的关系，它表明电场强度在 $\boldsymbol{l}$ 方向上的投影在数值上等于电势沿该方向的变化率的负值。由于 $\boldsymbol{l}$ 的方向是任意的，因此在三维直角坐标中，场强 $\boldsymbol{E}$ 沿三个坐标轴方向的投影分别为

$$E_x=-\frac{\partial U}{\partial x};\ E_y=-\frac{\partial U}{\partial y};\ E_z=-\frac{\partial U}{\partial z}$$

于是，合场强为

$$\boldsymbol{E}=-\left(\frac{\partial U}{\partial x}\boldsymbol{i}+\frac{\partial U}{\partial y}\boldsymbol{j}+\frac{\partial U}{\partial z}\boldsymbol{k}\right) \tag{7-24}$$

式（7-23）、式（7-24）为电势与电场强度微分关系的表达式，矢量 $\frac{\partial U}{\partial x}\boldsymbol{i}+\frac{\partial U}{\partial y}\boldsymbol{j}+\frac{\partial U}{\partial z}\boldsymbol{k}$ 称为**电势梯度**。如果知道了电势分布 $U(x, y, z)$，通过导数运算就可以求出电场中各点的电场强度。

按照画等势面的规定，相邻两等势面间的电势差都相同，则等势面较密处，电势的变化率大，可知该处的电场强度也大；反之，等势面较疏处，电势的变化率小，该处的电场强度也小。应用电势与电场强度的微分关系，在已知电势分布的情况下，可以求出电场强度的分布。

例题 7-14 一根长为 l，均匀带电 q 的细棒 AB，求其延长线上距 A 端为 a 的 P 点的电势 U 和场强 $\boldsymbol{E}$。

解：（1）求 P 点的电势 棒的线电荷密度 $\lambda=q/l$。如图 7-29 所示，取电荷元 $dq=\lambda dx=qdx/l$。P 点的电势 U 为

$$U=\int_0^l\frac{qdx}{4\pi\varepsilon_0 l(x+a)}=\frac{q}{4\pi\varepsilon_0 l}\ln\frac{l+a}{a}$$

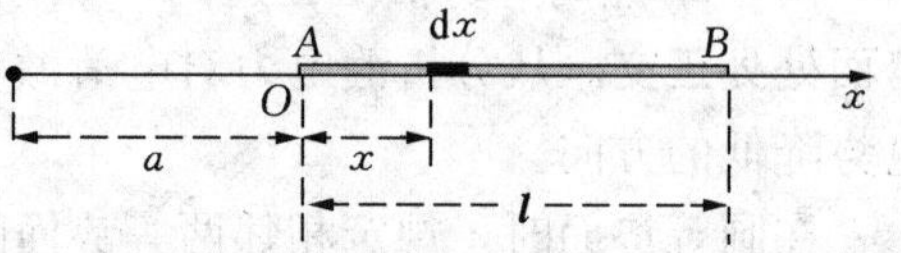

图 7-29 细杆延长线上的场强与电势

（2）利用电势求 P 点的场强 由式（7-23）可知，P 点的场强为 U 对变量 a 导数的负值

$$E=-\frac{dU}{da}=-\frac{q}{4\pi\varepsilon_0 l}\frac{d}{da}\ln\frac{l+a}{a}=\frac{q}{4\pi\varepsilon_0 a(a+l)}$$

$\boldsymbol{E}$ 的方向为由 A 点指向 P 点的方向。

第五节 静电场对导体和电介质的作用

一、静电场对导体的作用

1. 导体的静电平衡条件 由于金属导体内部包含有大量可以自由移动的电子，当导体处于静电场中时，导体内的自由电子将受到电场力的作用而发生定向运动。在图 7-30(a) 中，在电场力的作用下导体内的电子将逆着外电场的方向向左移动，使导体两侧出现等量异

号的电荷，这种在电场作用下导体中出现的电荷重新分布的现象称为**静电感应现象**（electrostatic induction），导体两端出现的电荷称为**感应电荷**（induced charge）。感应电荷在导体内部会建立起一个附加电场，其电场强度 $\boldsymbol{E}'$ 的方向与外电场强度 $\boldsymbol{E}_0$ 的方向相反。这样，导体内部的电场强度应是 $\boldsymbol{E}_0$ 与 $\boldsymbol{E}'$ 叠加的结果。开始时，$\boldsymbol{E}'<\boldsymbol{E}_0$，导体内的合电场强度不为零，电子会继续向左侧移动，使 $\boldsymbol{E}'$ 不断增大。当 $\boldsymbol{E}'$ 与 $\boldsymbol{E}_0$ 数值相等时，电子的定向运动即告停止，导体两侧积累的电荷不再变化，如图 7 - 30(b) 所示，此时称导体处于**静电平衡状态**（electrostatic equilibrium）。

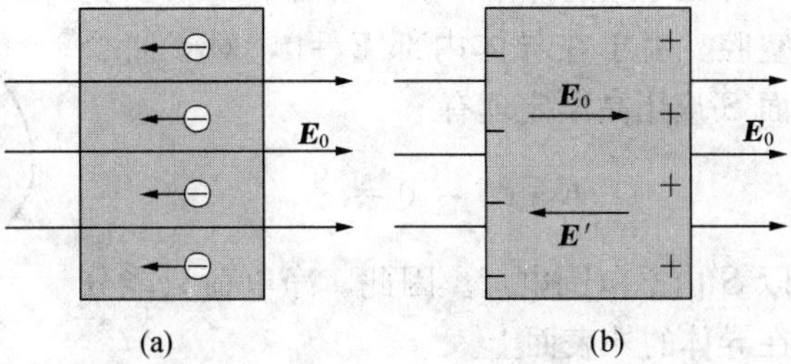

图 7 - 30 导体的静电平衡

显然，导体的静电平衡条件是：

（1）**导体内部的电场强度处处为零；**

（2）**导体表面附近电场强度的方向和导体表面垂直。**

根据导体静电平衡条件，还可以得出如下结论：**导体表面是等势面，导体内部电势相等，导体是等势体。**其证明过程如下。

如图 7 - 31 所示，导体表面的法线方向为 $\boldsymbol{n}$，沿导体表面切线方向移动的位移为 $\mathrm{d}l$，根据导体的平衡条件，$\boldsymbol{E}\perp \mathrm{d}\boldsymbol{l}$，所以

$$-\mathrm{d}U=\boldsymbol{E}\cdot\mathrm{d}\boldsymbol{l}=0$$

因此，导体表面是等势面。

在导体内任选两点 A 和 B，设两点之间的电势差为 U_{AB}。由于导体内 $\boldsymbol{E}=0$，因此

$$U_{AB}=\int_A^B \boldsymbol{E}\cdot\mathrm{d}\boldsymbol{l}=0$$

所以，导体内部电势相等，导体是等势体。

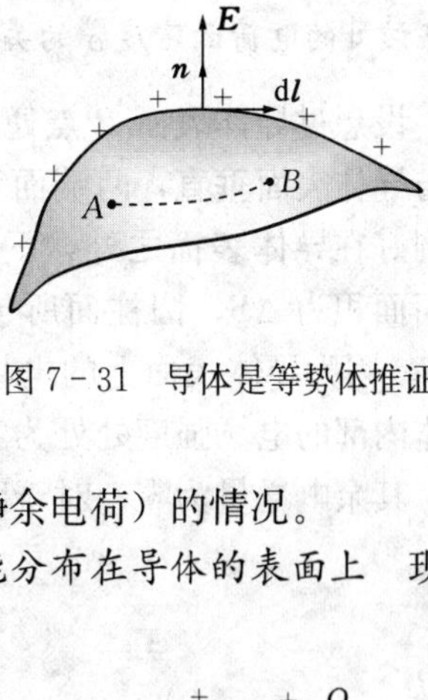

图 7 - 31 导体是等势体推证

2. 静电平衡时导体上的电荷分布与表面场强 在上述关于静电平衡的讨论中，并未涉及导体带有未被抵消的净电荷（净余电荷）的情况。

（1）*处于静电平衡状态的带电导体，未被抵消的净电荷只能分布在导体的表面上* 现在我们分两种情况来加以证明。

① 实心导体。如图 7 - 32 所示的实心导体，带电荷为 $+Q$。在导体内任作一个高斯面 S，由于在导体内部 $\boldsymbol{E}=0$，对于闭合曲面 S 应用高斯定理有

$$\oint_S \boldsymbol{E}\cdot\mathrm{d}\boldsymbol{S}=0=\frac{q}{\varepsilon_0}$$

所以 $q=0$，导体内部无净电荷。因此，净电荷只能分布在导体的表面上。

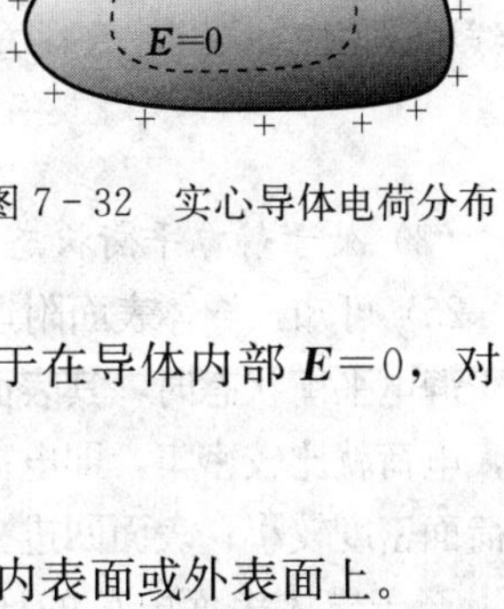

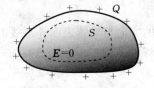

图 7 - 32 实心导体电荷分布

② 空腔导体。设空腔导体本身带有净电荷 Q。如图 7 - 33(a) 所示，若空腔导体内无电荷。在导体内部任作一个高斯面 S，由于在导体内部 $\boldsymbol{E}=0$，对于闭合曲面 S 应用高斯定理有

$$\oint_S \boldsymbol{E}\cdot\mathrm{d}\boldsymbol{S}=0=\frac{q}{\varepsilon_0}$$

所以 $q=0$，导体内部无电荷。因此，净电荷只可能分布在导体的内表面或外表面上。

另在导体内部作一个高斯面 S'，令 S' 包围空腔。由于在导体内部 $\boldsymbol{E}=0$，对于闭合曲面 S' 应用高斯定理有

$$\int_{S'}\boldsymbol{E}\cdot \mathrm{d}\boldsymbol{S}=0=\frac{q}{\varepsilon_0}$$

所以 S' 内不包围电荷。因此，净电荷只能分布在导体的外表面上。

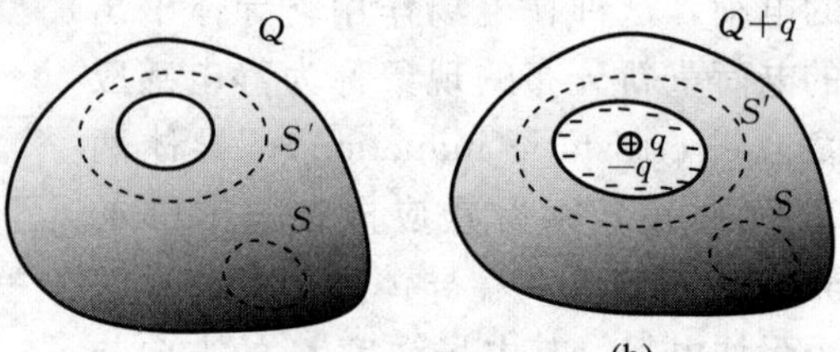

图 7-33 带电空腔导体电荷分布

当空腔内有电荷 $+q$ 时，如图 7-33(b) 所示。在导体内部任作一个高斯面 S，同上，可以推证导体内部无电荷。因此，净电荷只可能分布在导体的内表面或外表面上。

另在导体内部作一个高斯面 S'，令 S' 包围空腔。由于在导体内部 $\boldsymbol{E}=0$，对于闭合曲面 S' 应用高斯定理有

$$\int_{S'}\boldsymbol{E}\cdot \mathrm{d}\boldsymbol{S}=0=\frac{\sum q_i}{\varepsilon_0}$$

所以 $\sum q_i=0$。由于腔内已有电荷 $+q$，而腔内电荷与内表面电荷电量的代数和为零，因此空腔内表面上必定带有感应电荷 $-q$。根据电荷守恒定律，可知腔外表面上所带电荷应为净电荷与外表面感应电荷（$+q$）之和（$Q+q$）。

（2）处于静电平衡状态的导体，导体以外，靠近导体表面附近处的电场强度的大小与导体表面在该处的电荷面密度 σ 的关系为 $E=\frac{\sigma}{\varepsilon_0}$ 如图 7-34 所示，设想过导体表面 P 点处作一微小的圆柱面，使其轴线与导体表面垂直，两端面和导体表面平行。并使上端面刚好在导体表面之外，下端面刚好在导体表面之内，端面面积为 ΔS，圆柱面所包围的导体表面上带电量为 $\sigma\Delta S$。因为导体表面上的电场强度总是垂直于表面，而导体内部的电场强度处处为零，所以只有上端面有电通量，其余电通量为零。对于闭合的圆柱面应用高斯定理有

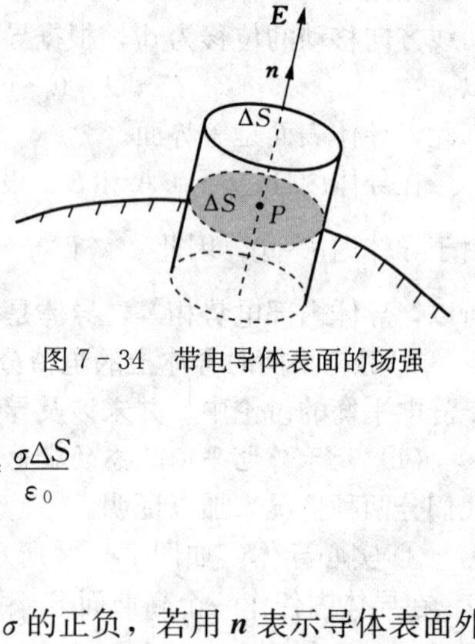

图 7-34 带电导体表面的场强

$$\int_{S}\boldsymbol{E}\cdot \mathrm{d}\boldsymbol{S}=E\int_{S}\mathrm{d}S=E\Delta S=\frac{\sigma\Delta S}{\varepsilon_0}$$

所以

$$E=\frac{\sigma}{\varepsilon_0}$$

$\boldsymbol{E}$ 的方向与导体表面外法线的方向相同还是相反，取决于 σ 的正负，若用 $\boldsymbol{n}$ 表示导体表面外法线的单位矢量，考虑到方向的关系，上式可以写成

$$\boldsymbol{E}=\frac{\sigma}{\varepsilon_0}\boldsymbol{n} \tag{7-25}$$

（3）处于静电平衡状态的孤立导体，其表面上电荷面密度的大小与表面的曲率有关 由式（7-25）可知，导体表面附近的电场强度与该表面处的电荷面密度成正比。对于孤立的导体，当处于静电平衡状态时，其表面各处的电荷面密度与各处的曲率有关。导体表面凸出的地方曲率较大，电荷就比较密集，即电荷面密度 σ 较大；导体表面较平坦的地方曲率较小，电荷就比较稀疏，电荷面密度较小；表面凹进去的地方，曲率为负，电荷面密度 σ 就更小，场强最弱。

至于导体表面电荷的详细分布情况，这个问题的定量研究比较复杂。它不仅与导体的形

状有关，还与导体是什么样的物体（带电的或不带电的）有关。现在一般认为，导体表面电荷密度与表面曲率之间可能存在一种非常复杂的非线性关系。

根据式（7-25）和导体表面电荷分布与曲率的关系我们可以对导体的尖端放电现象作一简单解释。

空气中只有少量的带电粒子。在导体的尖端附近，电场比较强，当电场足够强时，带电粒子与空气分子的碰撞是十分剧烈的，以致空气离解为电子和带正电的离子。这些新的电子和离子还会进一步与其他空气分子碰撞，又产生新的电离，从而造成“电子雪崩”。此时，与导体尖端上电荷异号的带电粒子受尖端电荷的吸引飞向尖端，与尖端电荷中和；与尖端电荷同号的带电粒子受到排斥而从尖端飞开，这种现象称尖端放电。强烈的尖端放电会发出耀眼的火花，并伴有“啪、啪”的声响。对微弱的尖端放电，在暗中可以看到尖端附近隐隐地笼罩着一层光晕，称**电晕**（corona）。

由于尖端放电会形成强大的电流，造成危害，因此，在工业上常要设法避免尖端放电的发生。为此，高压设备的电极常做成光滑的球状。但是，另一方面尖端放电也有可利用之处，避雷针就是一个典型的例子。当带电的雷雨云接近地面时，由于静电感应使地面上的物体带上了异号电荷，这些电荷较集中地分布在地面上凸起的物体（楼房、烟囱、大树）上。由于电荷面密度很大，故这些物体附近的电场强度很大，当电场强度大到一定程度足以引起空气电离时，在雷雨云与这些物体之间就会产生尖端放电，这就是雷击现象。为了防止雷击，可以安装比建筑物高的避雷针，由于避雷针尖端处场强特别大，当发生雷击时，强大的电流会由避雷针通过接地的导线流入地下，从而保护了建筑物的安全。

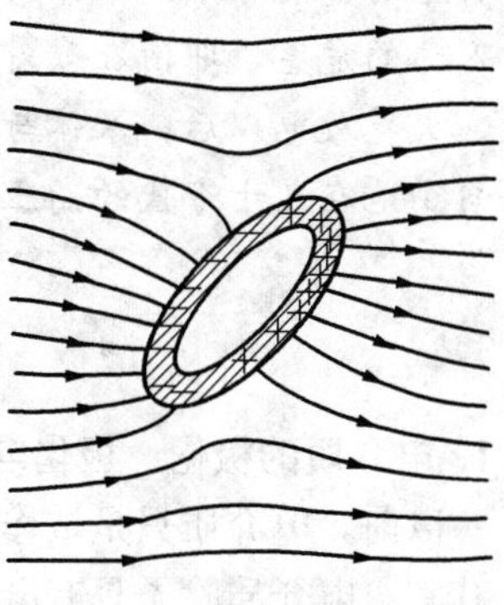

图 7-35　用空腔导体屏蔽外电场

3. 静电屏蔽　前面已经指出，把导体放到电场中，感应电荷将分布在导体的外表面上，即使导体内有一个空腔，感应电荷也只会分布在导体的外表面上。这就是说，电场线将终止于导体的外表面而不能穿过导体的内表面进入内腔，如图 7-35 所示。因此，导体内和空腔中的电场强度处处为零。这表明，可以利用空腔导体来屏蔽外电场，使空腔内的物体不受外电场的影响。这时，整个空腔导体和空腔内部的电势也必处处相等。

用空腔导体屏蔽外电场，可以使空腔内的物体不受外电场的影响。但是，有时也需要防止放在导体空腔中的电荷对导体外其他物体的影响。例如，一个导体球壳的空腔内有一正电荷，则球壳的外表面上将产生感应正电荷，从而使球壳外面的物体受到影响，如图 7-36(a) 所示。这时，如把球壳接地，则外表面上正电荷将和从地上来的负电荷中和，球壳外面的电场就消失了，如图 7-36(b) 所示。这样，接地的导体空腔内的电荷对导体外的电场就不会产生任何影响了。

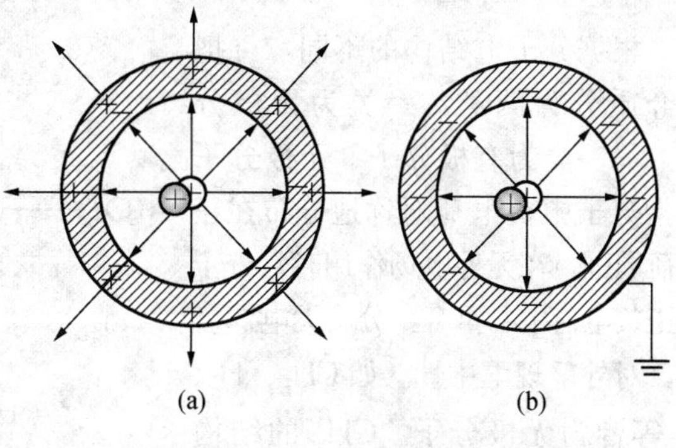

图 7-36　接地导体空腔的屏蔽作用

综上所述，空腔导体（无论接地与否）将使腔内空间不受外电场的影响，而接地空腔导体将使外部空间不受空腔内的电场的影响。这种现象称为**静电屏蔽**（electrostatic shielding）。

在实际应用中，常用编织得相当紧密的金属网来代替金属壳体。例如，高压设备周围的金属栅网，校测电子仪器的金属网屏蔽室等，都是起静电屏蔽作用的。

知识链接 利用静电平衡条件下导体是等势体以及静电屏蔽的道理，人们可在高压输电线路上进行带电维修和检测等工作。当工作人员登上数十米高的铁塔，接近高压电线时，由于人体与铁塔都和地面相通，因此高压线与人体间有很高的电位差，它们之间存在很强的电场，能使周围的空气电离而放电，危及人体安全。为解决这个困难，通常运用高绝缘性的梯架，作为人从铁塔走向导线的过道，这样，人在架梯上就完全与地绝缘，当与高压电线接触时，就会和高压电线等电位，不会有电荷通过人体流向大地。但是问题还没有解决，因为输电线上通的是交流电，在电线周围有很强的随时间变化的电场，因此只要人靠近电线，人体上感应的正负电荷也在不断地改变符号，从而在人体中就有较强的感应电流危及生命。利用静电屏蔽的原理，用细铜丝（或导电纤维）和纤维编织在一起制成导电性能良好的工作服，通常称为屏蔽服，它把手套、帽子、衣裤和鞋袜连成一体，构成一个导体网壳，工作时穿上它，就相当于把人体用导体网屏蔽起来，这样电场不能深入到人体内，感应电流的绝大部分在屏蔽服上流通，从而避免感应电流对人体的危害，即使在戴着手套的手接近电线的瞬间，放电也只是在手套与电线之间发生。火花放电以后，人体与电线有相等的电位，工作人员就可以在不停电的情况下，安全自由地在几十万伏的高压输电线上工作了。

二、静电场对电介质的作用

1. 电介质的极化 极化电荷 电介质（dielectrics）是指在通常条件下导电性能很差的物质。以前，电介质只是被作为电气绝缘材料来应用，所以，通常人们认为电介质就是绝缘体。其实，电介质除了具有电气绝缘性能以外，在电场作用下的电极化也是它的一个重要特性。随着科学技术的发展，发现某些固体电介质具有许多与极化相关的特殊性能，称为电介质的功能特性，例如电致伸缩、压电性、热释电性、铁电性等，从而使电介质引起了广泛的重视和研究。当今，在许多高新科学技术领域，如微电子技术、超声波技术、电子光学、激光技术及非线性光学中，电介质都有广泛的应用。

根据分子电结构的不同，可把电介质分为两类，一类为无极分子，另一类为有极分子。**无极分子**是指分子中负电荷对称地分布在正电荷周围，在无外电场作用时，分子的正负电荷中心重合，分子无电偶极矩，对外呈现电中性。如 CH_4、H_2、N_2 等皆为无极分子。CH_4 的结构见示意图 7-37(a)。**有极分子**是指

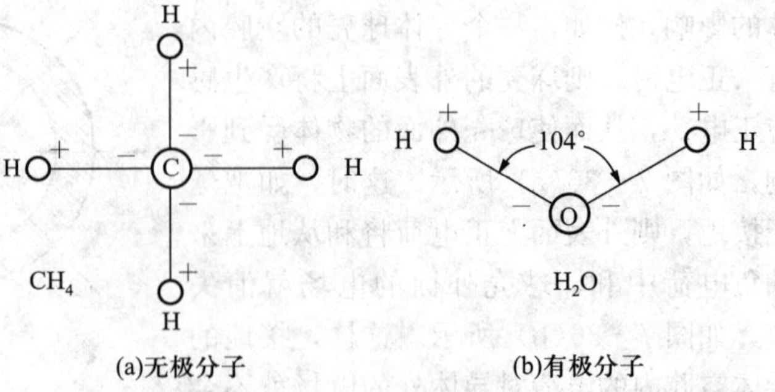

图 7-37 分子结构示意图

在无外电场作用时，分子的正负电荷中心不重合，如图 7－37(b) 所示，这时等量的分子正负电荷形成电偶极子，具有电偶极矩 $\boldsymbol{p}$。在无外电场作用时，大量有极分子组成的电介质由于分子的不规则热运动，各分子电偶极矩取向杂乱无章，因此宏观上呈现电中性。

将有极分子电介质放在均匀外电场中时，各分子的电偶极子在外电场力作用下，受到转动力矩，都要转向外电场方向有序地排列起来，如图 7－38 所示。但是由于分子的热运动，分子相互撞击使电偶极子的排列不可能是整齐的。然而从总体来看，这种转向排列的结果，使电介质沿电场方向前后两个侧面分别呈现正、负电荷，如图 7－38(a) 所示。这种不能在电介质内自由移动，也不能离开电介质表面的电荷，称为**束缚电荷**（bonded charge）或**极化电荷**。在外电场作用下，电介质分子的电偶极矩趋于外电场方向排列，结果在电介质的侧面呈现束缚电荷的现象称为**电介质的极化现象**（dielectric polarization）。有极分子电介质的极化常称为**取向极化。**

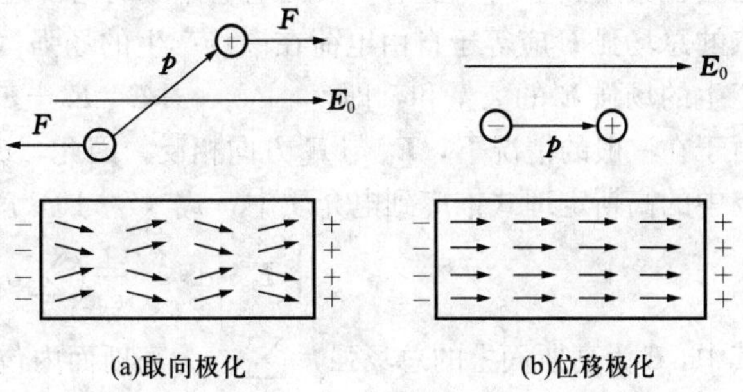

图 7－38 电介质的极化

将无极分子电介质放在外电场中，由于分子中的正负电荷受到相反方向的电场力，因而正负电荷中心将发生微小的相对位移，从而形成电偶极子，其电偶极矩将沿外电场方向排列起来，如图 7－38(b)。这时，沿外电场方向电介质的前后两侧面也将分别出现正负束缚电荷，这也是一种电介质的极化现象。无极分子电介质的极化常称为**位移极化**。

综上所述，不论是有极分子还是无极分子电介质，在外电场中都会产生极化现象，出现束缚电荷。一般说来，外电场越强，极化现象越显著，电介质两侧面束缚电荷的面密度也就越大，电极化程度也越高。还应指出，在各向同性均匀电介质内部的任何体积元内，都不会有净束缚电荷。

2. 电极化强度 在外电场中，电介质的极化程度可用**电极化强度**（electric polarization strength）来描述。电极化强度定义为单位体积内分子电偶极矩的矢量和，用 $\boldsymbol{P}$ 表示。若用 $\boldsymbol{p}_i$ 表示电介质中某一体积 ΔV 内某个分子（如第 i 个分子）的电偶极矩，则

$$\boldsymbol{P}=\frac{\sum_{i=1}^{N}\boldsymbol{p}_i}{\Delta V} \tag{7-26a}$$

令 $\Delta V\to 0$，即得电介质中某一点的电极化强度

$$\boldsymbol{P}=\lim_{\Delta V\to 0}\frac{\sum_{i=1}^{N}\boldsymbol{p}_i}{\Delta V} \tag{7-26b}$$

它表征了电介质中某一点的电极化程度。显然，$\boldsymbol{P}$ 的单位为 $\mathrm{C\cdot m^{-2}}$。

实验证明，对于各向同性的电介质，其中每一点的电极化强度 $\boldsymbol{P}$ 与该点的电场强度 $\boldsymbol{E}$ 成正比，并且方向相同，可以表示为

$$\boldsymbol{P}=\chi_e\varepsilon_0\boldsymbol{E} \tag{7-27}$$

其中，χ_e 称**电极化率**（electric susceptibility），它是一个由电介质材料决定的常量。

三、电介质中的高斯定理

有电荷就会产生电场，因此，不但自由电荷可以在其周围空间产生电场，极化电荷同样也会在其周围空间产生电场（无论电介质的内部还是外部）。按场强叠加原理，电介质中某点的总场强 $\boldsymbol{E}$ 应等于自由电荷在该点产生的场强（即外电场的场强）$\boldsymbol{E}_0$ 和极化电荷在该点产生的场强 $\boldsymbol{E}'$ 的矢量和，即 $\boldsymbol{E}=\boldsymbol{E}_0+\boldsymbol{E}'$

由于在一般的情况下，$\boldsymbol{E}_0$ 与 $\boldsymbol{E}'$ 方向相反，因此，$\boldsymbol{E}'$ 削弱了原来的电场 $\boldsymbol{E}_0$。这时，如果将真空中的高斯定理式推广到电介质中，式（7-10）就应为

$$\oint_S \boldsymbol{E}\cdot \mathrm{d}\boldsymbol{S}=\frac{1}{\varepsilon_0}\left(\sum_i q_i+\sum_i q_i'\right) \tag{7-28}$$

其中，$\boldsymbol{E}$ 为高斯面上的总场强，$\sum_i q_i$ 为高斯面内包围的自由电荷的代数和，$\sum_i q_i'$ 为高斯面内包围的极化电荷的代数和。

可以证明，电极化强度 $\boldsymbol{P}$ 与极化电荷 $\sum_i q_i'$ 之间有如下关系

$$\oint_S \boldsymbol{P}\cdot \mathrm{d}\boldsymbol{S}=-\sum_i q_i' \tag{7-29}$$

则式（7-28）变为
$$\oint_S \varepsilon_0\boldsymbol{E}\cdot \mathrm{d}\boldsymbol{S}-\sum_i q_i'=\sum_i q_i$$

也就是
$$\oint_S (\varepsilon_0\boldsymbol{E}+\boldsymbol{P})\cdot \mathrm{d}\boldsymbol{S}=\sum_i q_i \tag{7-30}$$

这里，我们引进一个辅助矢量 $\boldsymbol{D}$，令

$$\boldsymbol{D}=\varepsilon_0\boldsymbol{E}+\boldsymbol{P} \tag{7-31}$$

$\boldsymbol{D}$ 称为**电位移**（electric displacement），仿照电场强度通量的定义，式（7-30）左端可定义为穿过曲面 S 的 $\boldsymbol{D}$ 通量，即电位移通量，用 Φ_D 表示，则有

$$\Phi_D=\oint_S \boldsymbol{D}\cdot \mathrm{d}\boldsymbol{S}=\sum_i q_i \tag{7-32}$$

该式表明：**穿过任意封闭曲面的电位移通量等于该曲面所包围的自由电荷的代数和。称为电介质中的高斯定理**。

将式（7-27）带入式（7-31），得

$$\boldsymbol{D}=\varepsilon_0\boldsymbol{E}+\chi_e\varepsilon_0\boldsymbol{E}=\varepsilon_0(1+\chi_e)\boldsymbol{E}$$

令 $\varepsilon_r=1+\chi_e$，$\varepsilon=\varepsilon_0\varepsilon_r$，$\varepsilon_r$ 称为**相对介电常量**（relative dielectric constant），ε 称为**介电常量**（dielectric constant）。于是，上式可写为

$$\boldsymbol{D}=\varepsilon_0\varepsilon_r\boldsymbol{E}=\varepsilon\boldsymbol{E} \tag{7-33}$$

该式称为电介质的性质方程。由于 ε 为常量，因此，电介质中各点的 $\boldsymbol{D}$ 与 $\boldsymbol{E}$ 的方向相同。在真空中，$\boldsymbol{E}_0=\dfrac{\boldsymbol{D}}{\varepsilon_0}$，而在有介质时，$\boldsymbol{E}=\dfrac{\boldsymbol{D}}{\varepsilon_0\varepsilon_r}$，因为 $\varepsilon_r>1$，所以 $\boldsymbol{E}<\boldsymbol{E}_0$，即介质中的场强小于真空中的场强。这是因为介质上的极化电荷在介质中产生的附加电场 $\boldsymbol{E}'$ 与 $\boldsymbol{E}_0$ 的方向相反而减弱了外电场的缘故。

利用电介质中的高斯定理式（7-32）可以方便地解决某些均匀电介质中的电场问题。如果已知自由电荷的分布，可先由式（7-32）求出 $\boldsymbol{D}$。由于介质的 ε_r 可由实验测定，这样，

再利用式（7－33）就可以求出电介质中的场强 $\boldsymbol{E}$。由此可见，由于引入了 $\boldsymbol{D}$，避开了确定电介质中极化电荷的困难，从而使得电介质中的电场易于确定。但是应该指出，电位移只是一个辅助量，描写电场性质的物理量仍是电场强度。若把一个试验电荷放到电场中去，决定它受力的是电场强度，而不是电位移。

例题 7－15 设半径为 R，带电量为 q 的金属球埋在相对介电常量为 ε_r 的均匀无限大电介质中。求电介质中 D 和 E 的分布。

解： 由自由电荷和电介质分布的球对称性可知，电介质中 D 的分布具有球对称性，在电介质中任取一半径为 r 的同心球面 S，如图 7－39 所示。则 S 上各点 D 的大小相等，D 的方向沿径向，且球面 S 的外法线沿径向。于是，S 上的电位移通量为

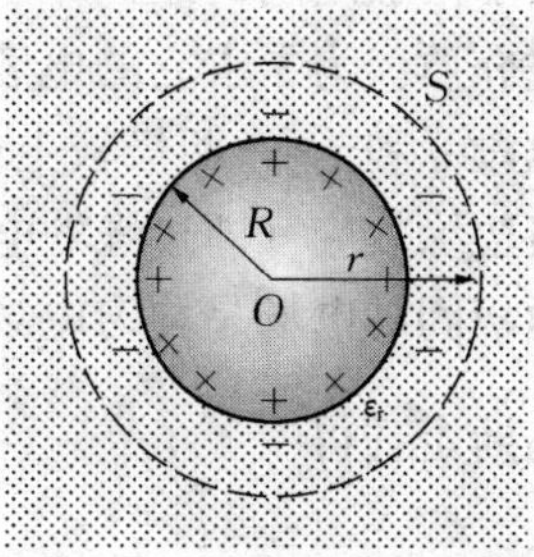

图 7－39 例题 7－15 图

$$\oint_S \boldsymbol{D}\cdot d\boldsymbol{S}=\oint_S D dS = D4\pi r^2$$

曲面 S 所包围的自由电荷为 q，根据有介质时的高斯定理得 $D4\pi r^2=q$

即
$$D=\frac{q}{4\pi r^2}$$

由电介质的性质方程式（7－33），得
$$\boldsymbol{E}=\frac{\boldsymbol{D}}{\varepsilon_0\varepsilon_r}=\frac{q}{4\pi\varepsilon_0\varepsilon_r r^2}\boldsymbol{e}_r$$

若金属球外没有电介质而金属球所带电量仍为 q，则金属球外的电场强度为

$$\boldsymbol{E}_0=\frac{q}{4\pi\varepsilon_0 r^2}\boldsymbol{e}_r$$

两式相比较，可得
$$\boldsymbol{E}=\frac{\boldsymbol{E}_0}{\varepsilon_r}$$

即在无限大均匀电介质中，任意点的场强是自由电荷在该点产生的场强的 $1/\varepsilon_r$ 倍。

第六节 电容器 电场的能量

一、电容器的电容

1. 电容器的电容 由两个相互靠近的金属极板组成的装置称为**电容器**（capacitor），当电容器两个金属极板的相对表面上分别带上等量异号的电荷时，两个极板之间也就具有一定的电势差。电容器两极板升高单位电势差时所需要的电量定义为电容器的**电容**（capacity）。按此定义，当电容器的极板 A 和极板 B 分别带有等量异号的电荷 q 和 $-q$，两极板之间的电势差为 U_A-U_B 时，电容器的电容为

$$C=\frac{q}{U_A-U_B} \qquad (7-34)$$

在 SI 制中，电容的单位名称是法拉，符号为 F，1 F＝1 C・V^{-1}。实际上 1 F 是非常大的，常用的单位是 μF 或 pF 等较小的单位，它们的关系是

$$1\,\mu F=10^{-6}\,F,\ 1\,pF=10^{-12}\,F$$

从式（7－34）看出，在电势差相同的条件下，电容 C 越大的电容器，所储存的电量越多。这说明电容是反映电容器储存电荷本领大小的物理量。实际上除了储存电量外，电容器在电工和电子线路中起着很多作用。交流电路中电流和电压的控制，发射机中振荡电流的产生，接收机中的调谐，整流电路中的滤波，电子线路中的时间延迟

等都要用到电容器。

2. 平行板电容器的电容　对于如图 7-40 所示的平行板电容器，以 S 表示两平行金属板相对着的表面积，以 d 表示两板之间的距离，设两板之间充满电容率为 ε 的均匀电介质。为了求它的电容，可假设上、下两极板分别带上电量 q 和 $-q$，两极板上的电荷面密度分别为 σ 和 $-\sigma$。忽略边缘效应（即边缘处电场的不均匀情况），可以认为它的两板间的电场是均匀电场，其中的电场强度可由介质中的高斯定理得

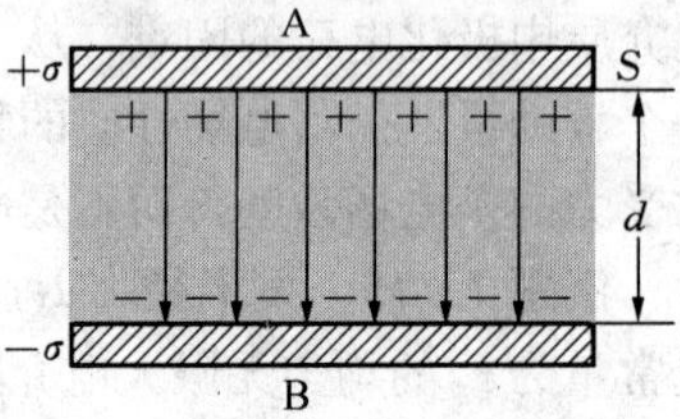

图 7-40　平行板电容器

$$E=\frac{\sigma}{\varepsilon}=\frac{q}{\varepsilon S}$$

因此，两极板间的电势差为
$$U_{\mathrm{A}}-U_{\mathrm{B}}=\int_{\mathrm{A}}^{\mathrm{B}}\boldsymbol{E}\cdot\mathrm{d}\boldsymbol{l}=Ed=\frac{qd}{\varepsilon S}$$

于是，按式（7-34）可得电容器的电容为

$$C=\frac{q}{U_{\mathrm{A}}-U_{\mathrm{B}}}=\frac{\varepsilon S}{d}=\frac{\varepsilon_0\varepsilon_{\mathrm{r}}S}{d}=\varepsilon_{\mathrm{r}}C_0 \tag{7-35a}$$

其中，C_0 为极板之间为空气时的电容，其大小为

$$C_0=\frac{\varepsilon_0 S}{d} \tag{7-35b}$$

式（7-35）表明，电容器的电容由本身的几何参数和极板间的介质决定，并且，在电容器中充满电介质后，其电容将增大 ε_{r} 倍。值得一提的是，对于真空平行板电容器，若取 S 为单位面积，d 为单位距离，则 $C=\varepsilon_0$，ε_0 称为真空电容率的名称即源于此。

3. 球形电容器的电容　球形电容器是由半径为 R_{A} 的导体球和与它同心的、内半径为 R_{B} 的导体球壳组成的，其间填充介电常量为 ε 的电介质，如图 7-41 所示。由高斯定理不难求出两球面间的电场强度 $E=\dfrac{1}{4\pi\varepsilon_0}\dfrac{q}{r^2}$，方向沿着径向。因此，两球面间的电势差为

$$U_{\mathrm{A}}-U_{\mathrm{B}}=\int_{\mathrm{A}}^{\mathrm{B}}\boldsymbol{E}\cdot\mathrm{d}\boldsymbol{l}=\int_{R_{\mathrm{A}}}^{R_{\mathrm{B}}}\frac{1}{4\pi\varepsilon}\frac{q}{r^2}\mathrm{d}r=\frac{q}{4\pi\varepsilon}\frac{R_{\mathrm{B}}-R_{\mathrm{A}}}{R_{\mathrm{A}}R_{\mathrm{B}}}$$

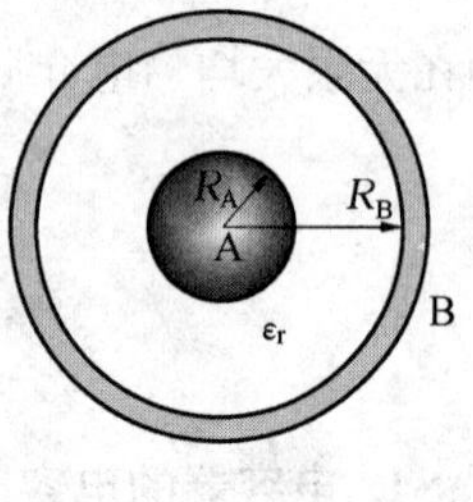

图 7-41　球形电容器

则
$$C=\frac{4\pi\varepsilon_0\varepsilon_{\mathrm{r}}R_{\mathrm{A}}R_{\mathrm{B}}}{R_{\mathrm{B}}-R_{\mathrm{A}}}=\varepsilon_{\mathrm{r}}C_0 \tag{7-36a}$$

其中
$$C_0=\frac{4\pi\varepsilon_0 R_{\mathrm{A}}R_{\mathrm{B}}}{R_{\mathrm{B}}-R_{\mathrm{A}}} \tag{7-36b}$$

为当两极板间为真空时的电容。

当两导体球面靠的比较近时，可以认为，$R_{\mathrm{A}}\approx R_{\mathrm{B}}=R$，两板间距为 $R_{\mathrm{B}}-R_{\mathrm{A}}=d$，则（7-36a）简化为
$$C=\frac{4\pi\varepsilon R^2}{d}=\frac{\varepsilon S}{d}$$

该式表明，球形电容器的电容近似地与两球面的面积成正比，与两球面间的距离成反比。

4. 圆柱形电容器的电容　圆柱形电容器由两个同轴的金属圆筒组成。如图 7-42 所示，设筒的长度为 l，两筒的半径分别为 R_{A} 和 R_{B}，两筒之间充满介电常量为 $\varepsilon=\varepsilon_0\varepsilon_{\mathrm{r}}$ 的均匀电介质。为了求出这种电容器的电容，假设内筒的外表面和外筒的内表面分别带有电量 q 和 $-q$，

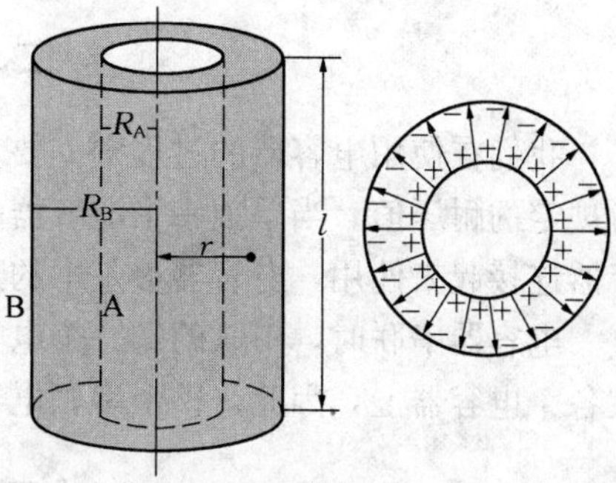

图 7-42　圆柱形电容器

正、负电荷均匀分布在内、外极板上。内、外极板上单位长度的电量分别为 λ、$-\lambda$。忽略两端的边缘效应，它们产生的电场集中在两极板之间。由介质中的高斯定理可以求出，距离轴线为 r 的电介质中一点的电位移为

$$\boldsymbol{D}=\frac{\lambda}{2\pi r}\boldsymbol{e}_r$$

由电介质的性质方程式得 $\boldsymbol{E}=\dfrac{\boldsymbol{D}}{\varepsilon}=\dfrac{\lambda}{2\pi\varepsilon r}\boldsymbol{e}_r$。于是，两极板之间的电势差为

$$U_A-U_B=\int_{R_A}^{R_B}\frac{\lambda}{2\pi\varepsilon r}\mathrm{d}r=\frac{\lambda}{2\pi\varepsilon}\ln\frac{R_B}{R_A}=\frac{q}{2\pi\varepsilon l}\ln\frac{R_B}{R_A}$$

圆柱形电容器的电容为

$$C=\frac{2\pi\varepsilon_0\varepsilon_r l}{\ln(R_B/R_A)}=\varepsilon_r C_0 \tag{7-37a}$$

其中

$$C_0=\frac{2\pi\varepsilon_0 l}{\ln(R_B/R_A)} \tag{7-37b}$$

是当两极板之间为真空时的电容。

可以看出，圆柱形电容器的电容与两圆柱面的半径及其长度等因素有关。请读者自己判断 C 是否还近似地与面积 $S=2\pi rl$ 成正比，与两圆柱面间距 $d=R_B-R_A$ 成反比？答案是肯定的。

由上述平行板电容器、圆柱形电容器和球形电容器的电容计算结果可见，在电容器中充满电介质后，其电容将比未加电介质时增大 ε_r 倍。这个结果在两极板间充满均匀电介质的情况下始终是成立的。

知识链接　下面我们再了解一下填充介质的击穿问题，当外加电场不太强时，它只是引起电介质的极化，不会破坏电介质的绝缘性能。如果外加电场很强，则电介质的分子中的正负电荷有可能被拉开而变成可以自由移动的电荷。由于大量的这种自由电荷的产生，电介质的绝缘性能就会遭到明显的破坏而变成导体，这种现象叫**电介质的击穿**（breakdown）。一种电介质材料所能承受的不被击穿的最大电场强度叫做这种电介质的**介电强度**（dielectric strength）或**击穿场强**（breakdown field strength）。表 7-1 给出了不同电介质的相对介电常量，并给出了击穿场强的参考值。

表 7-1　一些电介质的相对介电常量和击穿场强

电介质	相对介电常量 ε_r	击穿场强/$kV\cdot mm^{-1}$
空气（0 ℃，100 kPa）	1.000 54	3
水（0 ℃）	87.9	
变压器油	2.4	20
云母	3.7～7.5	80～200
陶瓷	5.7～6.8	6～20
电木	5～7.6	10～20
钛酸钡	10^3～10^4	3

二、电容器的串并联

我们在使用电容器的过程中，要考虑电容器的电容值和耐压值。两极板上电压不能超过所规定的耐压值。当单独一个电容器的电容值或耐压值不能满足实际需求时，可以把几个电容器连接起来使用，电容器最基本的连接方式分为串联和并联两种。

电容器串联时，串联的每一个电容器都带有相同的电量 q，而电压与电容成反比地分配在各个电容器上，因此，整个串联电容器系统的总电容 C 为

$$C=\frac{q}{U}=\frac{q}{U_1+U_2+\cdots+U_n}$$

总电容 C 的倒数为

$$\frac{1}{C}=\frac{U_1+U_2+\cdots+U_n}{q}=\frac{1}{C_1}+\frac{1}{C_2}+\cdots+\frac{1}{C_n} \tag{7-38}$$

可见，**电容器串联时，系统的等效电容的倒数等于各电容器电容的倒数之和。**电容器串联后，等效电容较原来各电容器的电容都小，即电容越串越小，但串联后等效电容器的耐压值提高了。

电容器并联时，并联的每一个电容器都具有相同的电压 U，而电量与电容成正比地分配在各个电容器上。因此，整个并联电容器系统的总电容 C 为

$$C=\frac{q}{U}=\frac{q_1+q_2+\cdots+q_n}{U}=C_1+C_2+\cdots+C_n \tag{7-39}$$

可见，**电容器并联时，系统的等效电容等于各电容器电容之和**。电容器并联后，等效电容较原来各电容器的电容都大，但并联后等效电容器的耐压值并未提高。

三、电容器的能量　电场的能量

如果给电容器充电，电容器中就有了电场，电场中储藏的能量等于充电时电源所做的功。这个功是由电源消耗其他形式的能量来完成的。如果让电容器放电，则储藏在电场中的能量又可以释放出来，我们称这种电场能量为**静电能**（electrostatic energy）。

以平行板电容器为例，如图 7-43 所示，电容器的带电过程可以理解为不断地把微量电荷 dq 从 B 极板移到 A 极板的过程，最后使 A 极板带正电 q，B 极板带负电 $-q$。在此过程中，外力必须克服电场力做功，外力所做的功（由电源提供）转化为电荷 q 在空间所激发的电场的能量。因此，储电的电容器具有能量，电容器的放电现象就说明了电容器储存的静电能分布在两极板间的电场中。

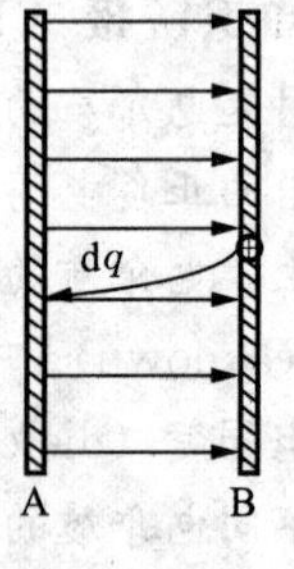

图 7-43　移动电荷做功

在充电时，当电容器两极板上电荷分别为 q 和 $-q$，两极板间电势差为 u，电容器的电容 C 为

$$C=\frac{q}{u}$$

此时，如果再将电荷 $\mathrm{d}q(\mathrm{d}q>0)$ 从负极板移到正极板上，电源做的功为

$$\mathrm{d}W=u\mathrm{d}q=\frac{q}{C}\mathrm{d}q$$

设充电结束时，两极板分别带电 $+Q$ 和 $-Q$，两极电势差为 U，则在充电全过程中，电源做

的总功为
$$W=\int_0^Q \frac{q}{C}\mathrm{d}q=\frac{Q^2}{2C} \tag{7-40}$$

根据功能原理，电容器所储存的静电能 W_e 应等于充电过程中电源所做的总功，即
$$W_e=\frac{Q^2}{2C}=\frac{1}{2}CU^2 \tag{7-41}$$

式（7－41）为电容器的能量公式。对于平板电容器 $U=Ed$，$E=\sigma/\varepsilon$，$C=\varepsilon S/d$。其中，S 为电容器极板面积，d 为极板间距，σ 为极板电荷面密度，$\varepsilon=\varepsilon_0\varepsilon_r$，$\varepsilon_r$ 为电容器极板间填充的电介质的相对介电常量。将以上各量代入式（7－41）中，可得
$$W_e=\frac{1}{2}CU^2=\frac{1}{2}\frac{\varepsilon S}{d}(Ed)^2=\frac{1}{2}\varepsilon E^2V \tag{7-42}$$

式中 $V=Sd$ 为电容器极板间电场所占空间的体积。由此可见，电容器储存的电能实际上是储存在电容器内所形成的电场之中。若定义静电场中单位体积内所具有的能量为电场的**能量密度**（energy density），用 w_e 表示，则由式（7－42）得
$$w_e=\frac{W_e}{V}=\frac{1}{2}\varepsilon E^2=\frac{1}{2}\boldsymbol{D}\cdot\boldsymbol{E} \tag{7-43}$$

式（7－43）虽然由平板电容器中的电场这一特殊情况推得，但是可以证明，这个公式是普遍成立的。它不仅适用于匀强电场，也适用于非匀强电场及变化的电场。对于非匀强电场，在小体积元 $\mathrm{d}V$ 内，可以认为 $\boldsymbol{E}$ 近似为恒量，所以在该体积元内存储的静电能为
$$\mathrm{d}W=w_e\mathrm{d}V$$

整个电场中存储的静电能为
$$W_e=\int_V w_e\mathrm{d}V=\int_V \frac{1}{2}\varepsilon E^2\mathrm{d}V \tag{7-44}$$

式中积分区域遍及整个电场空间。

例题 7－16 有一半径为 R、带电量为 q 的孤立金属球，球外充满电容率为 ε 的电介质。试求它所产生的电场中储藏的静电能。

解：在球内空间，电场强度和电位移均为零，在球外该带电金属球产生的电场具有球对称性，电位移矢量和电场强度矢量的方向沿着径向，其大小为
$$D=\frac{q}{4\pi r^2},\ E=\frac{q}{4\pi\varepsilon r^2}$$

如图 7－44 所示，半径为 r、厚度为 $\mathrm{d}r$ 的球壳层中储藏的静电能为
$$\mathrm{d}W_e=w_e\mathrm{d}V=\frac{1}{2}\varepsilon E^2\cdot 4\pi r^2\mathrm{d}r=\frac{1}{2}\varepsilon\left(\frac{q}{4\pi\varepsilon r^2}\right)^2\cdot 4\pi r^2\mathrm{d}r=\frac{q^2}{8\pi\varepsilon r^2}\mathrm{d}r$$

则整个电场中储藏的静电能为
$$W_e=\int_V \mathrm{d}W=\int_R^\infty \frac{q^2}{8\pi\varepsilon r^2}\mathrm{d}r=\frac{q^2}{8\pi\varepsilon R}$$

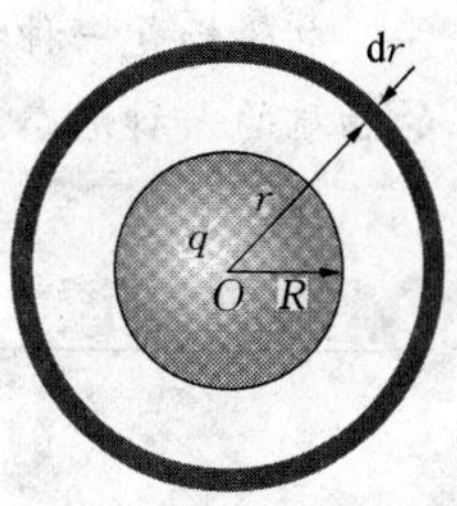

图 7－44 例题 7－16 图

知识链接 **静电体系的能量存在于何处？** 现在知道储存在电场之中。在电磁波应用得如此广泛甚至成为污染源的今天，这种认识已经司空见惯，但在电磁理论发展初期这曾经是不清楚的。对于静电场，电荷与场相伴而生，人们起初以为电能储存在电荷上。但是，随时间而变化的电场和磁场可以脱离场源（电荷和电流）存在，并以波的形式向周围空间传出（电磁波）。电磁波具有能量，收音机才能够接收到信号。因此，只要承

认能量守恒定律，就必须认为这份能量是由电磁波携带过来的，这说明电磁场具有能量，而且可被电磁波从此处携带至彼处，因此“电磁能量存在于何处?”就成了一个具有挑战性的问题。对这一问题的正确理解表明人类对能量的认识已上升到一个新的高度，那就是：不但电磁场具有能量，而且电磁场能量存在于电磁场中并可在空间传播(流动)。

自古希腊以来，自然哲学家们普遍认为，宇宙是由极微小的粒子——原子组成的，此外都是“虚空”。尽管从哥白尼到伽利略，从开普勒到牛顿，人们对宇宙结构的看法发生了根本性的变化，但古希腊的原子论却是一个与牛顿力学完全相容的观点。牛顿力学可以看作是原子运动所遵循的法则。18、19 世纪牛顿力学在科学中占据了统治地位，而且至今仍有着巨大的影响。其影响所及远远超出了科学的范畴，而成为统治一个时代的文化基础和宇宙观。按照这种宇宙观，实在的宇宙只包含原子和它们的物理属性（如质量、大小等)。感性知觉仅仅是派生的属性，不存在于实在的宇宙中。科学的任务就是要利用原子及其运动来解释自然现象。

电磁场能量的传递需要何种介质? 当法拉第提出“力线”和“场”概念的时候，它们被看作仅仅是描述电磁力的一种有用方法，而不是物理的实在。但是当麦克斯韦提出光的电磁理论和赫兹做了实验验证以后，电磁场便不再是一个有用的虚构，它已经像光一样真实了。电磁场的实在性是最有说服力的证据，它具有能量、动量和角动量！这不正是实物粒子所具有的守恒量吗？于是原子论者使用的“虚空”这个词成了问题，即使在没有“原子”的空间里，也充满了各种非实物的场，而且它们大多数是看不见的。物理学家不情愿放弃牛顿的机械式宇宙，他们提出了“以太”（ether）的概念，并假定这是一种均匀充满宇宙的看不见的物质，分别起着传递电磁力和传播光波的作用。生于那个时代的麦克斯韦本人也是借助“以太”模型来构筑他的电磁理论的，尽管他所得到的方程式本身并不需要这种累赘的支撑物，而彻底甩开“以太”的概念意味着牛顿宇宙观的最终瓦解！这是在 19 世纪到 20 世纪的世纪之交由迈克耳孙—莫雷实验和爱因斯坦的相对论完成的。

电磁场是一种特殊的物质，电磁过程无须借助其他物质来传递，电磁场本身就是它的物质的一种形态。它和其他实物形态一样，也具有质量、动量、角动量、能量。

拓展阅读

静电的危害与利用

静电（static electricity）是一种常见的物理现象，在人们的日常生活和工农业生产中，静电现象随处可见。静电有可能是造成灾害的元凶，如经常发生因静电放电引起的爆炸等安全事故，但人们可以通过研究，对静电加以很好的利用，如静电喷涂、静电复印、静电除尘等。

一、静电的危害

1. 静电放电 静电的主要危害源于**静电放电**（electrostatic discharge，ESD)。静电放电的主要形式是气体放电。气体因为所包含的自由电荷很少，故是良好的绝缘体。但由于某些原因气体中的分子可发生电离而导电，这种电流通过气体的现象称为气体放电，也称气体导电。在发生这种导电现象时，往往伴随有发声、发光等现象，这时气体被击穿，此时的电压称为击穿电压。导电的物理机制是碰撞电离、二次电子发射和热电子发射等。根据气体的性质、气压、电极形状和大小、电极间的距离、外加电压的不同以及电流的大小而呈现不同的放电现象，如电晕放电、弧光放电、火花放电、辉光放电等。其中，**电晕放电**（corona discharge）是静电放电的最主要的放电类型。当导体电极上有曲率较大的尖端，而又远离其他导体时，由于尖端附近的电场较强，电势梯度较大，使气体电离并发出与日晕相似的蓝紫色的晕光层，这叫做电晕放电。当出现电晕时，还发出哧哧的声音，产生臭氧、氧化氮等。这种放电的主要物理机制是与起晕电极正负号相同的离子在晕光层内引起的碰撞电离。当电极与周围导体间的电压增大时，电晕层逐步扩大到附近其他导体，过渡到火花放电。电晕将引起电能的损耗，并对通信和广播产生干扰。

2. 静电的危害　静电作为一种近场自然危害源，给人类社会已经造成了重大损失和危害。1969 年底在不到一个月的时间里，由于静电放电引发荷兰、挪威、英国三艘 20 万 t 超级油轮洗舱时相继发生爆炸，使全世界航运界为之震惊。静电放电曾使国际通信卫星 Ⅱ—F_1～Ⅳ-F_8 及美国的阿尼克、欧洲航天局的航海通信卫星等数十颗卫星发生故障，不能正常飞行。第一个载人宇宙飞船阿波罗也是由于静电放电导致火灾和爆炸，使三名宇航员丧生。在石油、化工、粉体和炸药生产、加工的过程中，由于 ESD 火花引发的恶性事故也时有发生。据统计，美国从 1960 年到 1975 年，由于静电放电引起的火灾爆炸事故就有 116 起。我国在 20 世纪中后期，石化企业曾发生 30 多起较大的静电事故。在烟花、爆竹、弹药、化工品生产领域，因静电放电造成的恶性事故更是触目惊心！如 1984 年春，我国太原市北郊烟花厂，因静电放电引发的爆炸造成厂毁人亡的重大恶性事故，死伤人数几乎占当天出勤人数的一半，整个工厂被毁。

现在，由于大量使用天然气和液化石油气，静电危害也出现在人们的日常生活中，因为一旦发生泄漏，房屋中充满这些可燃气体，不管是打开还是关闭家用电器，或者停电、停电后恢复供电，开关处都可能因空气被击穿而产生火花造成火灾或爆炸。

在技术领域，由于静电场的库仑力作用或静电放电的其他效应，在塑料和橡胶制品加工、成型过程中，在纺织、印刷、自动化包装、感光胶片生产等过程中，都会由于静电场的存在或静电放电使其生产出现故障，造成静电障碍。随着微电子技术的迅猛发展，电子产品的更新换代周期愈来愈短，大规模集成电路（LSI）、超大规模集成电路（VLSI）、专用集成电路（ASIC）以及超高速集成电路（UHSIC）已广泛应用于各个领域。近几年，由于航天、军事领域的特殊需要，各种微电子器件已大大提高了集成度，而且做到了微功耗、高可靠、多功能。电路中的绝缘层越来越薄，其互连导线的宽度与间距也越来越小。这样发展的器件的电磁敏感度大大提高，抗过电压能力却有所下降。如 CMOS 电路的耐击穿电压已降到 80～100 V，VMOS 电路的耐击穿电压有的只有 30 V。但是，这些器件在生产、运输、储存、周转和使用过程中，人体及周围环境中的静电源的电压常常在数千伏甚至上万伏范围。如果不采取静电防护措施，将会造成严重损失。据报道，不合格的电子器件中有 45%是静电放电危害造成的。在电子工业领域，全球每年因静电造成的损失高达数百亿美元。

总之，静电放电是一种常见的近场危害源，静电放电过程可形成高电压、强电场、瞬时大电流，其电流波形的上升时间可小于 1 ns，并伴随有强电磁辐射，形成静电放电电磁脉冲。静电放电电磁脉冲不仅可以对电子设备造成严重干扰和损伤，而且还可能形成潜在性危害，使电子设备的工作可靠性降低，引发重大工程事故。尤其是潜在性失效具有隐蔽性，实验很难检测到，用筛选的方法也很难剔除。因此，危害性很大。特别是在卫星、海底电缆通信系统等无法维修的设备中造成的危害更为严重。在美国国家航空航天局（NASA）公布的一份卫星故障报告中共指出故障 117 次，其中因静电引起的故障就达 55 次。

二、静电的利用

静电的应用有很多，下面介绍几种静电在现代技术及人们日常生活上的应用。

1. 电晕放电形成负氧离子　前已述及电晕放电有许多危害，但也有许多应用。例如，负电晕产生的电子能与氧分子结合成负氧离子，这些负氧离子将远离电极而进入到空气中，若利用吹风机则可使大量负氧离子进入空气从而起到清洁空气的作用，市场上的负氧离子发生器就是这样制成的。在医学上，空气净洁的标准是每立方厘米中含有 1 000 到 1 500 个负离子。因为负离子通过呼吸道进入人体后，便与人体的带电系统——中枢神经系统和植物神经系统相互作用，改善大脑皮层的功能状态，使人精神振奋，帮助条件反射的形成，从而提高工作效率。海滨、旷野、山村以及瀑布处，空气中的负氧离子较多，人在这种环境下会感到心旷神怡。在城市，因工业污染，空气中负氧离子大大减少，对人体健康是不利的，而负氧离子发生器有利于改善小环境空气的质量。

2. 静电复印　静电复印机早已是办公室的常用设备，顾名思义，它是利用静电效应制成的。世界上第一个静电复印实验是 1938 年在美国完成的。1959 年，第一台简便静电复印机正式产生。随着电子技术的发展，静电复印机已具有多功能、高速度和智能化方面的特点。

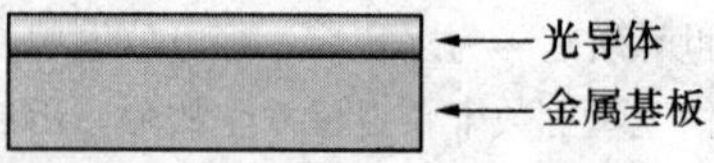

图 7－45　光导体

把一片光导材料贴在金属基板上制成一种光导体，如图 7－45 所示。光导材料是一种光敏半导体。当无光照时，它具有很高的电阻，呈现为绝缘体。当有光照时，电阻率急剧下降，呈现为良导体。实际复印机中的光导体是用真空蒸镀的方法将一层厚度约为几十微米的硒镀于铝鼓上（做成鼓状是为了便于机器运转）制成的。当无光照时，硒鼓表面的硒是绝缘体。通过电压高达 5 000～6 000 V 的一排针尖产生的电晕，对硒鼓表面放电。在电场力作用下，正离子（主要是氧离子）积聚在硒表面并均匀分布在表面上。因为硒不导电，故在基板铝的另一表面上感应出负电荷，如图 7－46(a) 所示，这一过程称为光导体的充电过程。当强光照射待复印的稿件时，稿件上有字迹的地方，无反射光，只有无字迹地方才有反射光并照到光导体上，如图 7－46(b) 所示。光导体上受到光照的地方变成导体，该处积聚的正电荷消失，而未受光照的地方的正电荷依然存在。这样，在光导体的表面上便出现了一幅与原稿字迹分布相同的正电荷分布图像，如图 7－46(c) 所示，当然这幅图像人眼是看不见的。如果让带有负电的色粉微粒与光导体表面接触，如图 7－46(d) 所示，因受正电荷的吸引，正电荷图像为色粉所覆盖，变成色粉图像（所谓色粉是一种有色塑料微粒，在与玻璃珠或铁粉摩擦后带负电）。再把复印纸盖在光导体表面上，如图 7－46(e) 所示，并通过针尖的电晕放电，使复印纸反面带正电。当电压达到 6 000 V 时，带负电的色粉就被吸引到复印纸上，原稿上的字迹就印在复印纸上。最后通过加热和加压，使塑料树脂熔融，并渗入复印纸中，复印就完成了。

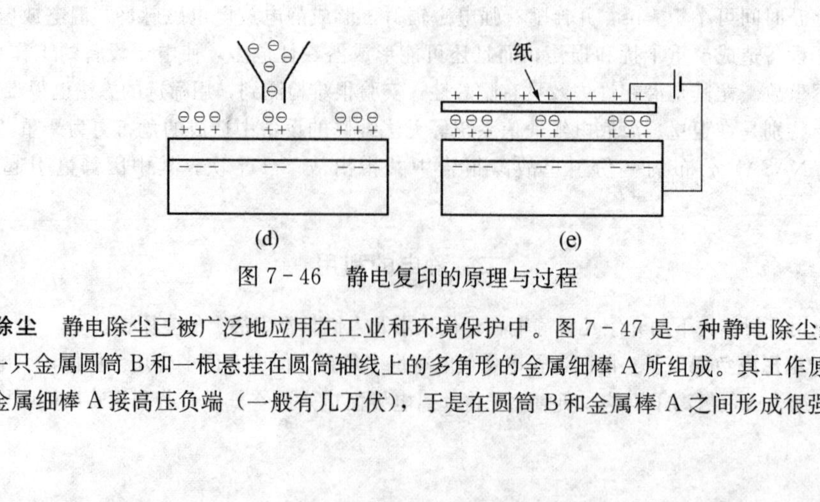

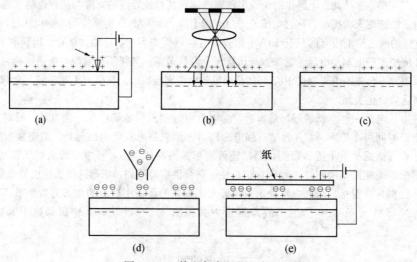

图 7－46　静电复印的原理与过程

3. 静电除尘　静电除尘已被广泛地应用在工业和环境保护中。图 7－47 是一种静电除尘装置示意图。它主要是由一只金属圆筒 B 和一根悬挂在圆筒轴线上的多角形的金属细棒 A 所组成。其工作原理如下：圆筒 B 接地，金属细棒 A 接高压负端（一般有几万伏），于是在圆筒 B 和金属棒 A 之间形成很强的径向对称

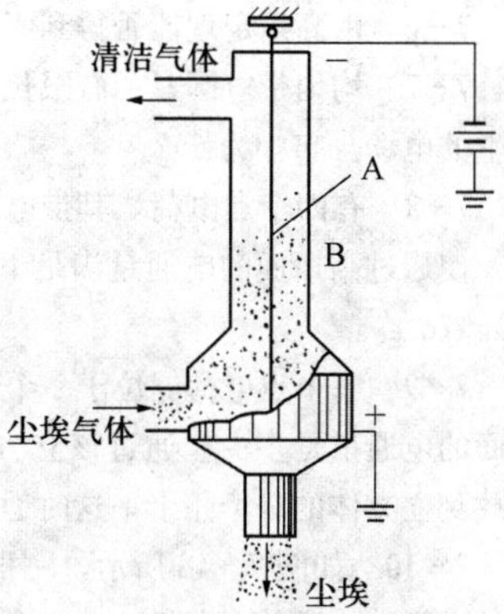

图 7-47　静电除尘

的电场。在细棒附近电场最强，它能使气体电离，产生自由电子和带正电的离子。正离子被吸引到带负电的细棒 A 上并被中和，而自由电子则被吸引向带正电的圆筒 B。电子在向圆筒 B 运动的过程中与尘埃粒子相碰，使尘埃带负电。在电场力作用下，带负电的尘埃被吸引到圆筒上，并粘附在那里。定期清理圆筒可将尘埃聚集起来并予以处理。在烟道中采用这种装置能净化气流，减少尘埃对大气的污染，还可以从这些尘埃中回收许多重要的原料，如发电厂的煤尘中可提取半导体材料锗以及橡胶工业所需的炭黑等，一举数得。

4. 静电喷雾　静电喷雾技术利用了静电独特的生物效应，比常规方法有明显的优越性，并收到良好的效果。现代农业上应用的大型静电喷雾机，由内燃机驱动，在一根或几根横梁上吊装着许多喷头，这些喷头的间距、高矮都可以调节，以适应行距、高矮不同的农作物。静电高压电源的负极与喷头连接，另一极接地。由于作物茎、叶内水分很大，相当于接地导体，因此能在喷头和植株之间建立圆锥形电场。因为叶片的边缘部分电场最强，带电的药粉、药滴在强电场作用下雾化，并在电力线引导下很容易飞进各层叶片，有效地喷洒到农作物的茎、叶上，在植株表面形成一层强附着力的薄膜，提高灭虫率。静电喷药不但大大提高了喷洒效率，还能提高农药的使用效率，节约大量农药，较常规喷头效率提高 30～50 倍。

5. 静电分选　利用物质颗粒的电导率差别，将被分选的物质颗粒接触电场的一极板，导电性好的颗粒将带电而被排斥，导电性差的绝缘颗粒将不受影响，利用此办法，可以实现颗粒的分选。

植物的种子对静电场反应敏感。如小麦等形状细长的种子，在场强达到一定值时，会按电力线取向排列，这一场强称为取向场强。根据取向场强的差异可以分选种子。这种方法能综合反映出种子的质量、密度、含水量、化学成分以及发芽率、发芽势等方面的不同。

种子静电分选仪由高压直流电源、测量指示装置组成。两平行板电极分别接电源的两极，形成匀强电场，使种子取向。取出最先取向的种子后，逐步升高电压，再把随后取向的种子一批一批分选出来。这对于在育种工作中定向改变种子品质，加速优良品种培育具有重要意义。

思考题

7-1　在真空中两个点电荷之间的相互作用力是否会因为其他带电体的移进而改变？

7-2　$\boldsymbol{E}=\dfrac{\boldsymbol{F}}{q_0}$ 与 $\boldsymbol{E}=\dfrac{q}{4\pi\varepsilon_0 r^2}\boldsymbol{e}$ 两式有什么区别与联系？

7-3　(1) 在电场中某一点的场强定义为 $\boldsymbol{E}=\boldsymbol{F}/q_0$，若该点没有试验电荷 q_0，那么该点有无场强？如果电荷在电场中某点受的电场力很大，该点的电场强度是否一定很大？

(2) 根据点电荷的场强公式 $\boldsymbol{E}=\dfrac{q}{4\pi\varepsilon_0 r^2}\boldsymbol{e}$，从形式上看，当所考察的场点和点电荷 q 间的距离 $r\to 0$ 时，则按上式，将有 $\boldsymbol{E}\to\infty$，但这是没有物理意义的。对这个问题你如何解释？

7-4　一个均匀带电球形橡皮气球，在其被吹大的过程中，下列各场点的场强将如何变化？(1) 气球内部；(2) 气球外部；(3) 气球表面。

7-5　下列几种说法是否正确，为什么？

(1) 高斯面上电场强度处处为零时，高斯面内必定没有电荷。

(2) 高斯面内净电荷数为零时，高斯面上各点的电场强度必为零。

(3) 穿过高斯面的电通量为零时，高斯面上各点的电场强度必为零。

(4) 高斯面上各点的电场强度为零时，穿过高斯面的电通量一定为零。

7-6 由高斯定理能否得到库仑定律?

7-7 均匀带电圆盘、有限长度均匀带电直杆的电荷分布具有轴对称性，是否可用高斯定理求出它们产生的电场分布?为什么?

7-8 有四个点电荷，其带电量分别为 $2q$、$5q$、$-2q$、$-5q$，试设计高斯面，使通过高斯面的电通量满足下述要求：(1) 0；(2) $-3q/\varepsilon_0$；(3) $7q/\varepsilon_0$；(4) $-7q/\varepsilon_0$。

7-9 一个点电荷 q 位于一个边长为 a 的立方体的中心，通过该立方体一个面的电通量是多少?通过该立方体各面的总电通量是多少?若把该点电荷移放到立方体的一个角上，这时通过立方体各面的电通量是多少?

7-10 如图 7-48 所示，一根有限长均匀带电直线，其电荷分布及所激发的电场有一定的对称性。能否利用高斯定理计算场强?

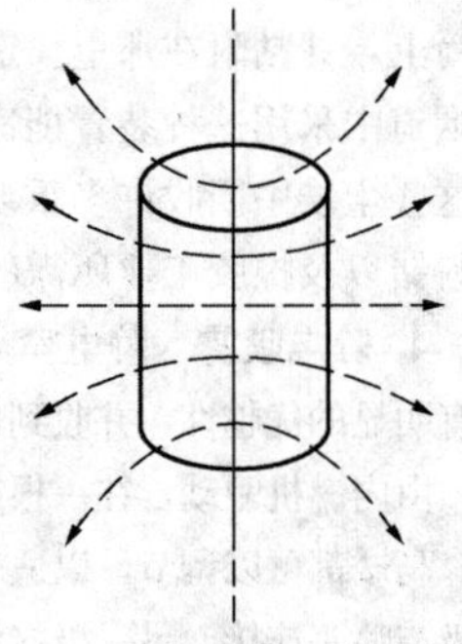

图 7-48 思考题 7-10 图

7-11 一人站在绝缘地板上，用手紧握静电起电机的金属电极，同时使电极带电产生 $10^5 V$ 的电势，试问此人是否安全?这时，如果另一人去接触已带电的电极，是否安全?为什么?

7-12 试利用电场强度与电势的关系式 $E_l=-\dfrac{dU}{dl}$ 分析下列问题：

(1) 在电势不变的空间内，电场强度是否为零?

(2) 在电势为零处，电场强度是否一定为零?

(3) 在电场强度为零处，电势是否一定为零?

7-13 当电场中存在导体和电介质时，引起电场变化的根本原因是什么?电场线的特征是否改变?电场中高斯定理和场强环流定理是不是还成立?

7-14 研究有电介质存在的电场时，为什么要引入 $\boldsymbol{D}$ 矢量? $\boldsymbol{D}$ 矢量与 $\boldsymbol{E}$ 矢量有什么区别?

7-15 如图 7-49 所示，将两个完全相同的电容器串联起来，在与电源保持连接时，将一个电介质板无摩擦地插入电容器 C_2 的两板之间，试定性地描述 C_1、C_2 上的电量、电容、电压、电场强度和能量的变化。

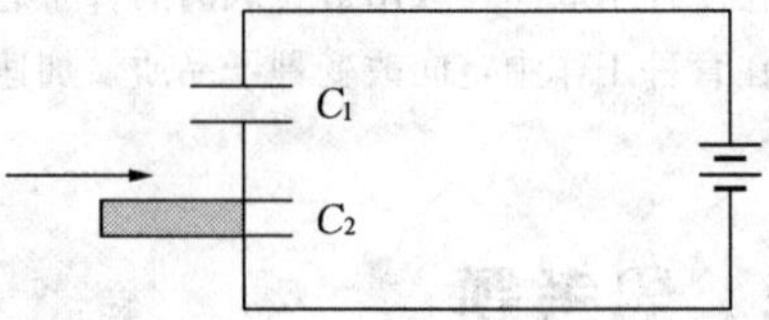

图 7-49 思考题 7-15 图

7-16 将一个空气电容器充电后切断电源，然后灌入煤油，问电容器的能量有何变化?如果在灌煤油时，电容器一直与电源相连，能量又如何变化?

习题

7-1 两个相同的小球，质量都是 m，带等值同号的电荷 q，各用长为 l 的细线挂在同一点，如图 7-50 所示。设平衡时两线间夹角 2θ 很小。(1) 试证平衡时有下列的近似等式成立：$x=\left(\dfrac{q^2 l}{2\pi\varepsilon_0 mg}\right)^{1/3}$，式中 x 为两球平衡时的距离；(2) 如果 $l=1.20$ m，$m=10$ g，$x=5.0$ cm，则每个小球上的电荷量 q 是多少?(3) 如果每个球以 $1.0\times10^{-9}\ \mathrm{C\cdot s^{-1}}$ 的变化率失去电荷，求两球彼此趋近的瞬时相对速率 (dx/dt) 是多少?

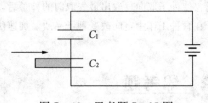

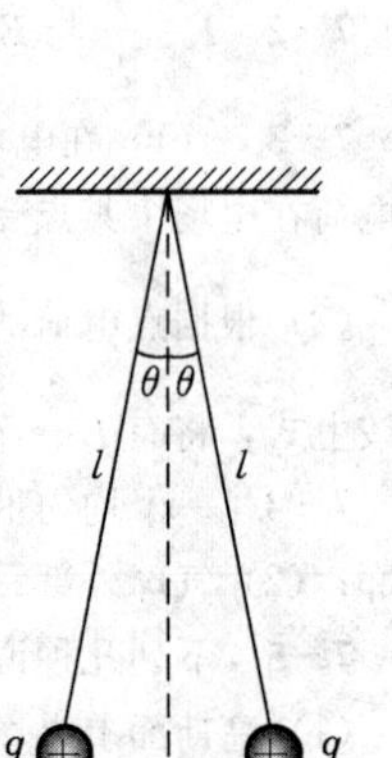

图 7-50 习题 7-1 图

7-2 如图 7-51 所示，α 粒子快速通过氢分子中心，其轨迹垂直于两核的连线，两核的距离为 d，假定粒子穿过氢分子中心时两核无多大移动，同时忽略分子中电子的电场。问 α 粒子在何处受到的力最大?

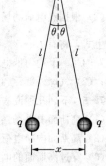

7-3 如图 7-52 所示，长为 l 的细直线 OA 带电线密度为 λ，求下面两种

情况下在线的延长线上距端点 O 为 b 的 P 点的电场强度。(1) λ 为常量，且 $\lambda>0$；(2) $\lambda=kx$，k 为大于零的常量，$0\leqslant x\leqslant 1$。

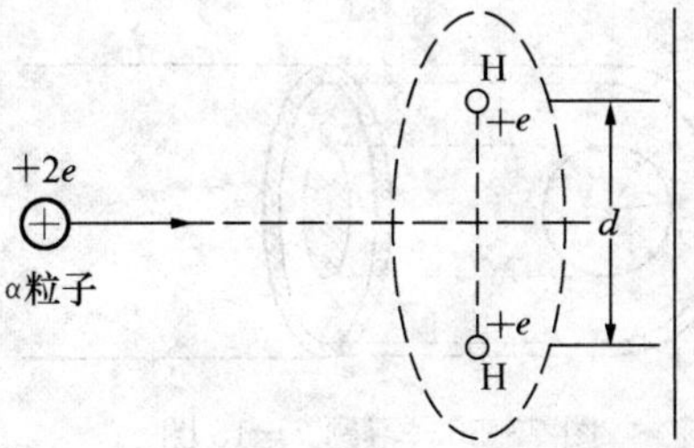

图 7-51　习题 7-2 图

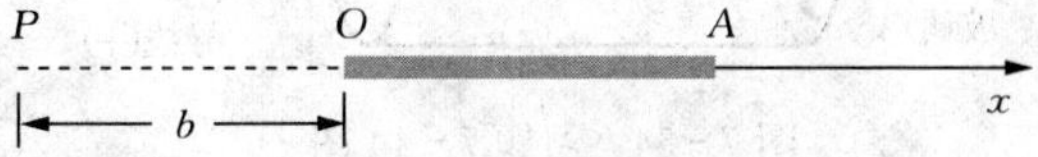

图 7-52　习题 7-3 图

7-4　一个半径为 R 的半圆细环上均匀地分布电荷 Q，求环心处的电场强度。

7-5　一个半径为 R 的带电圆盘，电荷面密度为 σ。求：(1) 圆盘轴线上距盘心为 x 处的任一点 P 的电场强度；(2) 当 $x\to\infty$ 时，P 点的电场强度为多少？(3) 当 $x\ll R$ 时，P 点的电场强度又为多少？

7-6　图 7-53 为两个分别带有电荷的同心球壳系统。设半径为 R_1 和 R_2 的球壳上分别带有电荷 Q_1 和 Q_2，求：(1) Ⅰ、Ⅱ、Ⅲ三个区域中的场强；(2) 若 $Q_1=-Q_2$，各区域的电场强度又为多少？画出此时的电场强度分布曲线（即 $E-r$ 关系曲线）。

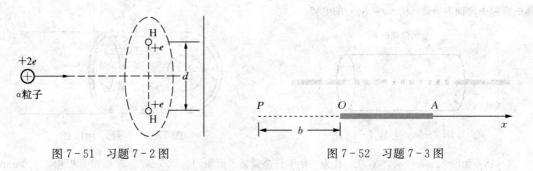

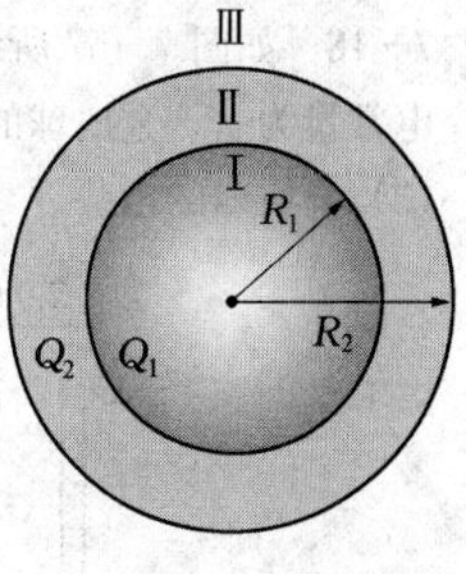

图 7-53　习题 7-6 图

7-7　实验表明，在靠近地面处有相当强的大气电场，电场强度方向垂直地面向下，大小约为 $100\ \mathrm{N\cdot C^{-1}}$；在离地面 1.5 km 高的地方，电场强度方向也是垂直地面向下的，大小约为 $25\ \mathrm{N\cdot C^{-1}}$。(1) 计算从地面到此高度的大气中电荷的平均体密度；(2) 若地球上的电荷全部分布在地球表面，求地球表面的电荷面密度；(3) 已知地球的半径为 6×10^6 m，地球表面的总电量为多少？

7-8　随着温度的升高，一般物质依次表现为固态、液态和气态。当温度继续升高时，气体中的大量分子将由于激烈碰撞而离解为电子和正离子，这种主要由带电离子组成的状态为物质的第四态，处于该态的物质称为等离子体。如果气体放电时形成的等离子体圆柱内的体电荷分布的关系为 $\rho_e(r)=\dfrac{\rho_0}{[1+(r/a)^2]^2}$。其中，$\rho_e$ 为电荷体密度，ρ_0 为轴线上的体密度，a 为常量。求圆柱体内的电场强度分布。

7-9　为了将混合在一起的带负电荷的石英颗粒和带正电荷的磷酸盐颗粒分开，可以使之沿重力方向垂直通过一个电场区域来达到。如果电场强度 $E=5\times10^5\ \mathrm{N\cdot C^{-1}}$，颗粒带电率为 $10^{-5}\ \mathrm{C\cdot kg^{-1}}$，并假设颗粒进入电场区域的初速度为零。欲将石英颗粒和磷酸盐颗粒分离 100 mm 以上，问颗粒通过电场区域的距离至少应为多少？该题说明了在工农业上很有实用价值的静电分选技术的原理。

7-10　在氢原子中，正常状态下电子到质子的距离为 5.29×10^{-11} m，已知氢原子核和电子的带电量分别为 $+e$ 和 $-e$。把原子中的电子从正常状态下离核的距离拉开到无穷远处，所需的能量叫做氢原子的电离能。求此电离能。(以电子伏特为单位)

7-11　一半径为 R 的半圆环上均匀地分布电荷 Q，求：(1) 环心处的电场强度；(2) 环心处的电势。

7-12　如图 7-53 所示，计算习题 7-6 中Ⅰ、Ⅱ、Ⅲ区域中的电势。

7-13　"无限长"均匀带电圆柱面，半径为 R，单位长度上带电量为 $+\lambda$，设距带电圆柱面轴线为 r_0 的 P_0 点为电势零点。求圆柱面内外区间的电势分布。

7-14　图 7-54 是核技术应用中常用的盖革—米勒（G-M）计数管，它实质上是一个用玻璃圆筒密封的共轴圆柱形电容器。设导线（正极）的半径为 a，金属圆筒（负极）的半径为 R，正、负极之间为真空。当两极加上电压 U 时，求导线附近的电场强度和金属圆筒内表面附近的电场强度。

7-15　同轴电缆是由两个很长且彼此绝缘的同轴金属圆柱体构成，如图 7-55 所示。设内圆柱体的电势为 U_1，半径为 R_1；外圆柱体的电势为 U_2，外圆柱体的内半径为 R_2，两圆柱体之间为空气。求两个圆柱体的空隙中离轴为 r 处（$R_1<r<R_2$）的电势。

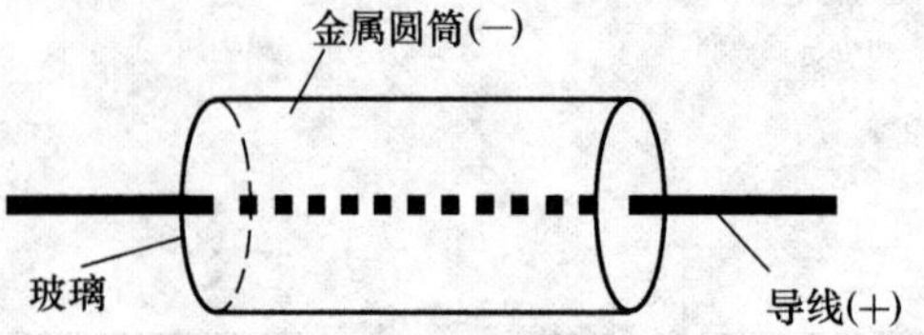

图 7-54　习题 7-14 图

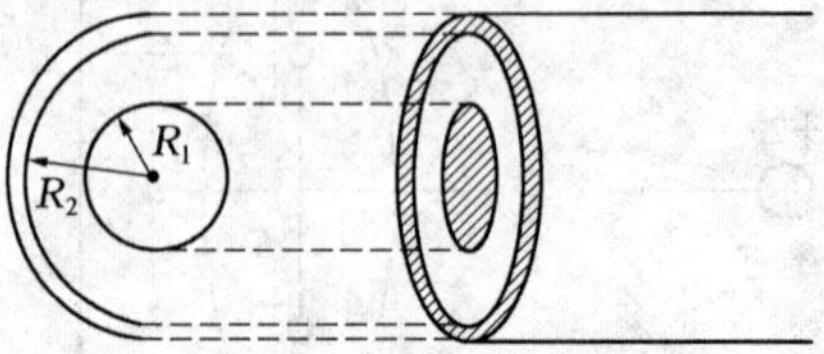

图 7-55　习题 7-15 图

7-16　如图 7-56 所示，A、B、C 为三块平行金属板，面积均为 200 cm²，A 板和 B 板相距 4.0 mm，与 C 板相距为 2.0 mm，B、C 两板均接地。如果使 A 板带正电 3.0×10^{-7} C，求：(1) B、C 板的感应电荷；(2) A 板的电势。

7-17　现有两个半径分别为 $R_1=5$ cm 及 $R_2=8$ cm 的非常薄的铜制球壳，当同心放置时，内球的电势为 2 700 V，外球带有电荷量为 8.0×10^{-9} C。现把内球和外球接触，两球的电势各变化多少？

7-18　如图 7-57 所示，在半径为 R 的金属球之外包有一层均匀介质层，外半径为 R'。设电介质相对介电常量为 ε_r，金属球的电荷量为 Q。求：(1) 介质层内、外的场强分布；(2) 介质层内、外的电势分布；(3) 金属球的电势。

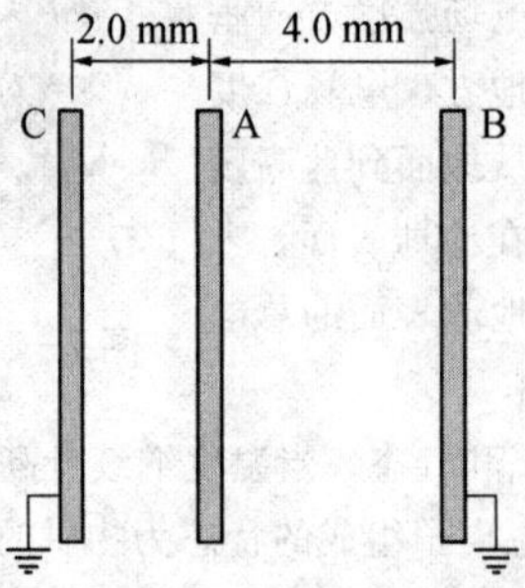

图 7-56　习题 7-16 图

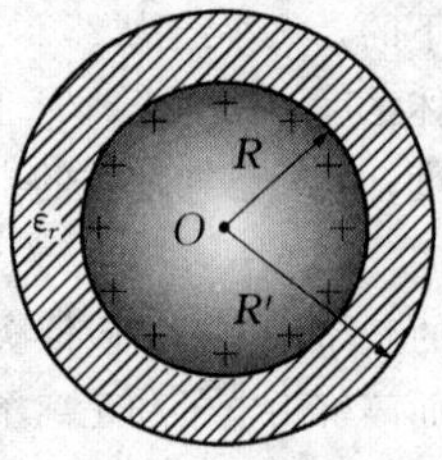

图 7-57　习题 7-18 图

7-19　某电介质的相对介电常量 $\varepsilon_r=2.8$，击穿电场强度为 18 kV·mm⁻¹，如果用它来做平板电容器的电介质，要制作电容为 0.047 μF，而耐压为 4.0 kV 的电容器，它的极板面积至少要多大？

7-20　有一同轴电缆，中间为半径 $R_1=0.5$ cm 的导线，外皮为一金属圆筒，其内半径 $R_2=1.5$ cm，两者间充以 $\varepsilon_r=2.5$ 的介质（即绝缘层），其击穿场强 $E_c=20$ kV·mm⁻¹。求：(1) 此电缆单位长度的电容；(2) 电缆能承受的最大电压。

7-21　一个球形电容器，内外壳半径分别为 R_1 和 R_2，两极板间电介质的介电常量为 ε，球形电容器内极板所带电量为 q，试计算这一电容器所储存的能量。

7-22　两个同轴圆柱面长为 l，半径为 R_1 和 R_2（$R_1<R_2$，且 R_1、R_2 远小于 l），两圆柱面间充满相对介电常量为 ε_r 的电介质。求：(1) 当内外柱面分别均匀带电 $+Q$ 和 $-Q$ 时，圆柱面间储存的电场能；(2) 由能量关系推算此电容器的电容。

第八章　恒定电流

前一章我们讨论的是静电场，处于静电平衡状态的导体内部场强为零，在导体中没有电荷做定向的移动。如果在导体两端维持恒定的电势差，导体内的电荷就会在电场力的作用下定向移动，电荷的定向移动称为**电流**（electric current）。方向和大小都不随时间改变的电流称**恒定电流**（constant current）。本章以金属导体为例，重点介绍电流密度、电阻、电源和电动势等概念，然后从欧姆定律的微分形式导出电路的基本定律。

第一节　电流与电阻

一、电　　流

电荷的定向移动形成电流。产生电流应具备如下两个条件：一是必须存在可以自由运动的电荷，即载流子（如金属导体中的载流子是自由电子；半导体材料中的载流子是电子和空穴；酸、碱、盐等电解质溶液中的载流子是正离子和负离子等）；二是必须有迫使电荷做定向运动的某种作用。根据其运动电荷的性质可把电流分为三种形式：

(1) *传导电流*　在导体中，自由电子或者离子的定向运动形成的电流。在金属中有着大量的自由电子，自由电子在外加电场的作用下沿与电场强度相反方向的定向运动，形成传导电流。在电解液和电离气体中，正离子的定向运动和负离子的运动都形成电流，这两部分电流之和便是其中的总电流。在半导体中，载流子包括带负电的自由电子及带正电的空穴（它们的数目远少于导体中的自由电子），电子或空穴在电场作用下形成半导体中的电流。

(2) *运流电流*　带有电子、离子等的带电体做机械运动所形成的电流。例如，带电圆盘的转动形成运流电流。电荷在不导电的空间，如真空或极稀薄气体中的有规则运动所形成的电流。例如，真空电子管中由阴极发射到阳极的电子流，带电的云层运动所形成的电流都是运流电流。

(3) *位移电流*　变化着的电场在真空、导体或电介质中所形成的电流。位移电流的本质是变化着的电场，而非自由电荷的定向移动。英国物理学家麦克斯韦首先提出位移电流的假设。位移电流是因电场随时间的变化而产生的，是电位移通量对于时间的变化率（见第十章）。位移电流与传导电流不同，它不产生热效应、化学效应等。但它们唯一共同点仅在于都可以在空间激发磁场。

1. 电流　当导体中存在电场时，导体中的电荷会发生定向运动形成电流。历史上，规定正电荷定向运动的方向为电流的方向。在单位时间内通过导体某一横截面的电量称为通过该截面的**电流**（current），用 I 表示。即

$$I=\frac{\Delta q}{\Delta t} \tag{8-1}$$

如果电流随时间变化，电流 I 的定义式为

$$I=\lim_{\Delta t\to 0}\frac{\Delta q}{\Delta t}=\frac{\mathrm{d}q}{\mathrm{d}t} \tag{8-2}$$

从上述电流 I 的定义式可知，电流 I 是标量，它描述了通过某一横截面的电流的整体特征。在通常的电路中，导体的横截面积是处处相等的，电流在导体中同一横截面上各个点的分布也是均匀的，这时，用电流 I 可以描述电流的基本特征。但是，如果导体的横截面积处处不相等，或者电流在导体中的分布不均匀，用电流 I 就不能精确描述导体中各点电流的分布情况。这时，必须引入电流密度的概念。

2. 电流密度　如图 8-1(a) 所示，若设想在导体中某点取一矢量面元 $d\boldsymbol{S}=dS\boldsymbol{n}$，并使 $d\boldsymbol{S}$ 与通过该处的正电荷运动方向一致，通过 dS 的电流为 dI，则

$$j=\frac{dI}{dS} \tag{8-3}$$

定义为该处的**电流密度**（electric current density）。其单位为安·米$^{-2}$，记为 $A\cdot m^{-2}$。

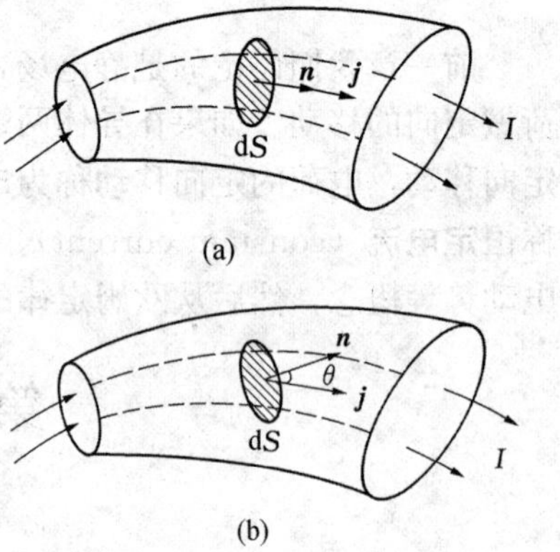

图 8-1　电流密度

电流密度是反映空间各点电流分布情况的物理量，电流密度是矢量，用 $\boldsymbol{j}$ 表示。**在导体中的某一点，电流密度的大小为单位时间内通过该点与电场强度垂直的单位截面积上的电量，方向规定为通过该点的正电荷运动的方向。**

如图 8-1(b) 所示，如果电流密度 $\boldsymbol{j}$ 与矢量面元 $d\boldsymbol{S}$ 有一夹角 θ，通过面元 $d\boldsymbol{S}$ 的电流为

$$dI=j\cos\theta dS=\boldsymbol{j}\cdot d\boldsymbol{S} \tag{8-4a}$$

对于大块导体，当其电流分布不均匀时，通过导体中各点的 $\boldsymbol{j}$ 有不同的大小和方向，这时，通过导体任意截面 S 的电流 I 可通过积分来计算

$$I=\int_S \boldsymbol{j}\cdot d\boldsymbol{S} \tag{8-4b}$$

由式（8-4b）可知，$\boldsymbol{j}$ 和 I 的关系与电场强度 E 和电通量 $\boldsymbol{\Phi}_e$ 的关系相似，电流 I 是电流密度矢量的通量。当导体内电流有一定分布时，导体内各点的 $\boldsymbol{j}$ 一般有不同的数值和方向，从而构成一个矢量场，叫做**电流场**（current field）。电流场可以用电流线来形象地描绘。电流线上每一点的切线方向和该点的电流密度矢量 $\boldsymbol{j}$ 的方向相同。

下面我们讨论金属导体中的电流和电流密度与自由电子漂移速度之间的关系。

当金属中存在电场时，每个自由电子都受到电场力的作用，因而每个自由电子都在原有热运动的基础上附加一个逆着电场方向的定向运动，也称**漂移运动**，这时自由电子的速度是其热运动速度和定向运动速度的叠加。因为热运动的速度平均值仍然等于零，所以自由电子的平均速度等于定向运动速度的平均值。定向运动的平均速度 $\bar{\boldsymbol{u}}$ 叫做**漂移速度**（drift velocity）。它的方向与金属中的电场方向相反。大量自由电子的漂移运动形成金属导体中的电流。

设通电导体内某点附近自由电子的数密度为 n，自由电子的漂移速度为 $\bar{\boldsymbol{u}}$。经过时间 dt，该点附近的自由电子都移过距离 $\bar{u}dt$。在该点附近取一体元小圆柱体，该圆柱体的截面和漂移速度方向有一夹角 θ，截面积为 dS、长为 $\bar{u}dt$，如图 8-2 所示。显然，位于这小圆柱体内的自由电子，经过时间 dt 后都将穿过小圆柱体的

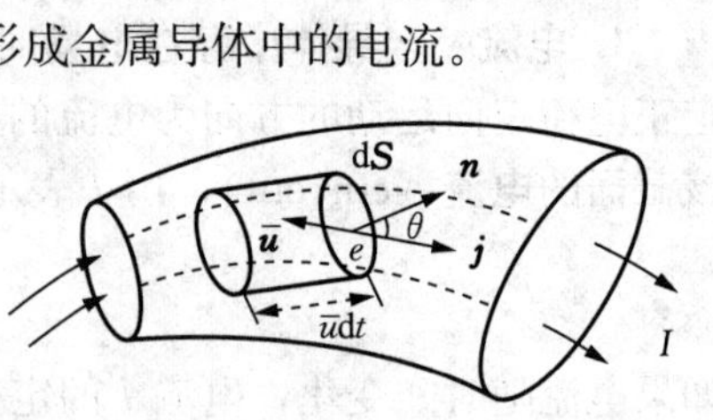

图 8-2　电流密度与漂移速度的关系

左端面，则单位时间内通过 dS 的电量，也就是通过 dS 的电流为

$$\mathrm{d}I=\frac{e\bar{n}u\mathrm{d}t\mathrm{d}S\cdot\cos\theta}{\mathrm{d}t}=-e\bar{n}u\cos(\pi-\theta)\cdot\mathrm{d}S=-en\bar{\boldsymbol{u}}\cdot\mathrm{d}\boldsymbol{S}$$

式中，e 是电子电量的绝对值。根据电流密度的定义式（8－3）可得通电导体内的电流密度的矢量形式为

$$\boldsymbol{j}=-ne\bar{\boldsymbol{u}} \tag{8-5a}$$

其电流密度的大小为

$$j=e\bar{n}u \tag{8-5b}$$

式（8－5）给出电流密度的微观意义，它说明电流密度与单位体积的电荷数、电荷电量以及电子定向运动的漂移速度有关。

知识链接　　**电子运动与电流**

根据以上讨论，可以对通电时导体中电子漂移速度做个估算。设铜导线中通有电流，电流密度为 $2.4\ \mathrm{A\cdot mm^{-2}}$，铜的自由电子数密度 $n=8.4\times10^{28}\ \mathrm{m^{-3}}$。据式（8－5）算出的电子漂移速度为

$$\bar{u}=\frac{j}{ne}=\frac{2.4\times10^{6}}{8.4\times10^{28}\times1.6\times10^{-19}}=1.8\times10^{-4}\ \mathrm{m\cdot s^{-1}}$$

电子运动的平均速度如此小，那么，为什么电流可以在瞬间传播很远的距离呢？对这一问题的解释是：产生电流的过程是建立电场的过程，当电源接通时，迅速在导体两端建立了电场，导体内各部分的电子均会在其所在处电场的作用下做定向运动，形成了整个导线上的电荷流动。可以看出，电流的传播速度就是电场的传播速度，这个速度极快，接近电磁波在真空中的传播速度（光速 c），约为 $3\times10^{8}\ \mathrm{m\cdot s^{-1}}$。电子定向的漂移速度很慢，因为它要受到分子间各种力的影响，发生无数次碰撞，之所以在通电的瞬间导体内的电子就同时移动，并不是靠电子的互相推动，而是靠电场的建立，所以，电流的传播速度是很快的。如果认为电流是电荷从电源出发流动到用电的地方，那是一个误解。

3. 电流连续性方程　由式（8－4b）不难理解，对于导体中的任意封闭曲面，通过该面的电流为

$$I=\oint_S\boldsymbol{j}\cdot\mathrm{d}\boldsymbol{S} \tag{8-6}$$

若 $I=\oint_S\boldsymbol{j}\cdot\mathrm{d}\boldsymbol{S}>0$，表明有电荷通过封闭曲面向外迁移，根据电荷守恒定律，单位时间内通过封闭曲面向外迁移的电量应等于该封闭曲面内单位时间所减少的电量；反之，若 $I=\oint_S\boldsymbol{j}\cdot\mathrm{d}\boldsymbol{S}<0$，表示有电荷通过封闭曲面进入其内部，根据电荷守恒定律，单位时间内通过封闭曲面进入其内部的电量应等于该封闭曲面内单位时间内所增加的电量。因此，若设封闭曲面内的电量为 q，则应有如下关系

$$\oint_S\boldsymbol{j}\cdot\mathrm{d}\boldsymbol{S}=-\frac{\mathrm{d}q}{\mathrm{d}t} \tag{8-7}$$

该式称**电流连续性方程**。

若电流的大小和方向不随时间变化，这种电流称为**恒定电流**，通常也称为**直流**（简记为 DC）。对恒定电流，导体内任何封闭曲面内的电量都不随时间变化，式（8－7）变为

$$\oint_S\boldsymbol{j}\cdot\mathrm{d}\boldsymbol{S}=0 \tag{8-8}$$

式（8－8）常称为电流的恒定条件，它表明从 S 面一侧流入的电量等于从 S 面另一侧流出

的电量，如图 8-3 所示。

由式（8-8）可知，对于恒定电流，空间任意封闭曲面内的电量保持不变。这就是说，恒定电流的电荷定向运动具有如下特点：在任何地点，其流失的电荷必被别处流来的电荷所补充，电荷的流动过程是空间每一点的一些电荷被另一些电荷代替的过程。正是这种代替，保证了电荷分布不随时间变化。分布不随时间变化的电荷所产生的电场亦不随时间变化，这种电场称为**恒定电场**，它是一种静态电场。恒定电场与静电场有相同的性质，服从相同的场方程式，电势的概念对恒定电场仍然有效。

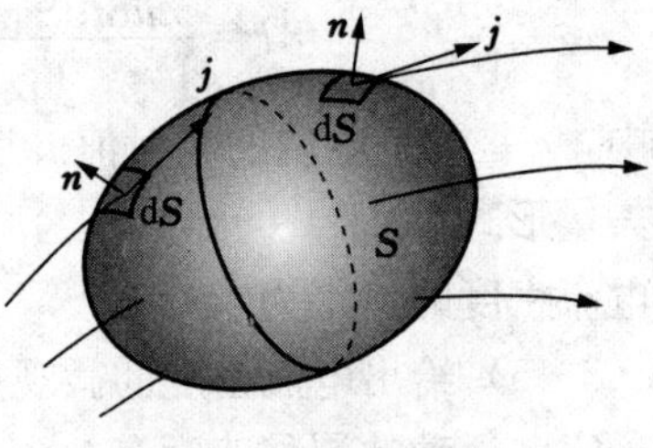

图 8-3　电流的连续性

二、欧姆定律的微分形式

电路中电流和电压的关系是 1826 年德国物理学家欧姆（G. S. Ohm，1789—1854）通过实验得到的，其表述是：导体中的电流与导体两端的电势差成正比。这个结论称为**欧姆定律**，即

$$I=\frac{U}{R} \tag{8-9}$$

其中，R 为导体的电阻，U 为导体两端的电势差。

在通电导体内取一长 $\mathrm{d}l$，横截面积为 $\mathrm{d}S$ 的圆柱形体元，其两端的电势差为 $\mathrm{d}U$，如图 8-4 所示。由欧姆定律可得

$$j\,\mathrm{d}S=\frac{\mathrm{d}U}{\rho\mathrm{d}l/\mathrm{d}S}$$

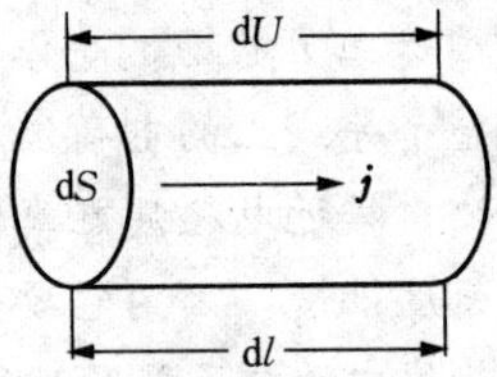

图 8-4　圆柱形导体元

其中，j 为通过导体元横截面积 $\mathrm{d}S$ 的电流密度，ρ 为导体的**电阻率**（resistivity），其单位为 $\Omega\cdot\mathrm{m}$，$\rho\mathrm{d}l/\mathrm{d}S$ 为导体元的电阻。

设导体元中的电场强度为 E，由于 $\mathrm{d}U=E\mathrm{d}l$，将其代入上式得

$$j=\frac{1}{\rho}E=\sigma E \tag{8-10}$$

由于 $\boldsymbol{j}$ 与 $\boldsymbol{E}$ 的方向相同，所以又可写成

$$\boldsymbol{j}=\frac{1}{\rho}\boldsymbol{E}=\sigma\boldsymbol{E} \tag{8-11}$$

其中，$\sigma=1/\rho$ 称为导体的**电导率**（conductivity），其单位为 $\Omega^{-1}\cdot\mathrm{m}^{-1}$。式（8-11）称为**欧姆定律的微分形式**。表述为：**导体中任一点的电流密度 $\boldsymbol{j}$ 和该点的电场强度 $\boldsymbol{E}$ 成正比**。

三、电　　阻

当导体中存在恒定电流时，导体对电流有一定的电阻。导体的电阻与导体的材料、大小、形状及所处状态（如温度等）有关。当导体的材料与温度一定时，对一段截面积均匀的导体，其电阻为

$$R=\rho\frac{l}{S} \tag{8-12}$$

其中，l 为导体长度，S 为导体的横截面积，ρ 为导体的电阻率。式（8-12）称为**电阻定律**。

如果导体的横截面积不均匀，导体的电阻应通过下述积分来计算

$$R=\int_l \rho \frac{\mathrm{d}l}{S} \tag{8-13}$$

在式（8-12）和式（8-13）中，电阻率ρ是影响导体电阻的重要因素。一般来说，导体的电阻率ρ与温度有关。实验表明，在一定的温度范围内，几乎所有的金属导体的电阻率ρ与温度t之间存在下述的线性关系

$$\rho=\rho_0(1+\alpha t) \tag{8-14}$$

其中，ρ表示温度为t(℃）时的电阻率，ρ_0表示 0 ℃时的电阻率，α称**电阻的温度系数**。不同材料的ρ_0与α值有所不同，表 8-1 给出了一些常见材料的ρ_0和α值。

表 8-1　常见材料的 ρ_0 和 α 值

材料	$\rho_0/\Omega\cdot m$	$\alpha/℃^{-1}$	材料	$\rho_0/\Omega\cdot m$	$\alpha/℃^{-1}$
银	1.5×10^{-8}	4.0×10^{-3}	铁	8.7×10^{-8}	5×10^{-3}
铜	1.6×10^{-8}	4.3×10^{-3}	汞	94×10^{-8}	8.8×10^{-3}
铝	2.5×10^{-8}	4.7×10^{-3}	碳	3.5×10^{-5}	-5×10^{-4}
钨	5.5×10^{-8}	4.6×10^{-3}	镍铬合金	1.1×10^{-6}	1.6×10^{-4}

在表 8-1 中，纯金属的ρ_0值较小，而合金的ρ_0值较大。因此，一般用铜或铝来制作导线，用镍铬合金制作电炉丝就是这个道理。对于α值而言，纯金属的α值约为 0.004 左右，即温度每升高 1 ℃，电阻率约增加 0.4%，这个增加幅度比起金属的膨胀要大得多（金属线膨胀约为 0.001%）。因此，在考虑金属导体的电阻时可以忽略导体长度l和横截面S的变化。这样，在式（8-14）两端乘以l/S就可得到

$$R=R_0(1+\alpha t) \tag{8-15}$$

其中，R为温度t(℃）时的电阻，R_0为 0 ℃的电阻。

知识链接　　**超导现象**

按照式$\rho=\rho_0(1+\alpha t)$，导体的电阻率随温度降低而减小，并呈线性关系。然而，实验发现，当温度下降到某一值时，某些材料（金属、合金及化合物）的电阻率会突然降低到零，这种现象称为**超导效应**（superconductivity effect）。这个惊人的现象是荷兰物理学家昂内斯（H. K. Onnes，1853—1926）在 1911 年发现的。他将汞冷却到零下 268.98 ℃即 4.2 K 时，汞的电阻突然消失。之所以惊人是因为如果能做到这一点就意味着一旦在回路中产生了电流，无需任何电源，这个电流就会长久地维持下去而不产生消耗。显然，这将会带来巨大的经济效益。然而，目前超导效应的大规模应用还有相当的困难，主要原因是超导现象只能在很低的温度下才能出现。1986 年年底，美国贝尔实验室邝细成研究的氧化物超导材料，其临界超导温度达到 40 K。1987 年年 2 月，美国华裔科学家朱经武和中国科学家赵忠贤相继在钇-钡-铜-氧系材料上把临界超导温度提高到 90 K 以上。1987 年年底，铊-钡-钙-铜-氧系材料又把临界超导温度的记录提高到 125 K。目前，我国超导临界温度已提高到零下 120 ℃即 153 K 左右，处于世界领先水平。高温超导材料的不断问世，为超导材料从实验室走向应用创造了可能。不管怎样，超导现象无论在理论上还是在实践上都具有极为重要的意义，高温超导方面的研究是当今科学最重要的前沿领域之一。

例题 8-1　高压输电线在一次事故中有电流 I_0 沿铁塔流入大地，设铁塔的接地电极为一半球形导体，电流在半球面上均匀分布。大地土质看成均匀分布，电导率为 σ。若这时有人在铁塔附近，他的两脚到电极中心的距离分别为 r_1 和 r_2，如图 8-5 所示。计算这人两脚之间的电压（叫做跨步电压）。

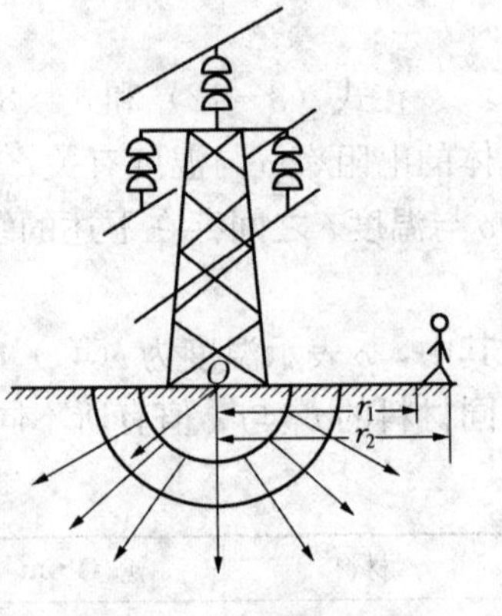

图 8-5　跨步电压

解：由于电极是半球形，土质均匀，所以可以认为大地中电流分布是辐射状的。以电极中心 O 为球心，在大地中取一个半径为 r 的半球面，则半球面上各点的电流密度 $\boldsymbol{j}$ 大小相等，且沿半径方向。半球面上的电流为

$$I_0=\int_S \boldsymbol{j}\cdot \mathrm{d}\boldsymbol{S}=j2\pi r^2$$

所以
$$j=\frac{I_0}{2\pi r^2}$$

由欧姆定律的微分形式可得，距 O 点为 r 处的场强大小为 $E=\dfrac{j}{\sigma}=\dfrac{I_0}{2\pi\sigma r^2}$。

人两脚间的电压为
$$\Delta U=\int_{r_1}^{r_2}\boldsymbol{E}\cdot \mathrm{d}\boldsymbol{r}=\int_{r_1}^{r_2}\frac{I_0}{2\pi\sigma r^2}\mathrm{d}r=\frac{I_0}{2\pi\sigma}\cdot\frac{r_2-r_1}{r_1 r_2}$$

上述结果说明，人距铁塔越近（r_1 和 r_2 越小）、迈的步子越大，两脚之间的电压就越大。

例题 8-2　在图 8-6 中，同轴金属圆筒的长为 l，内、外筒的半径分别为 R_1 和 R_2，两筒间充满电阻率为 ρ 的均匀材料。若给内、外两筒之间加上电压，电流将沿径向由内筒流向外筒（该电流常称漏电电流），此时内、外筒之间的材料对该电流的阻力称漏电电阻。试计算其漏电电阻。

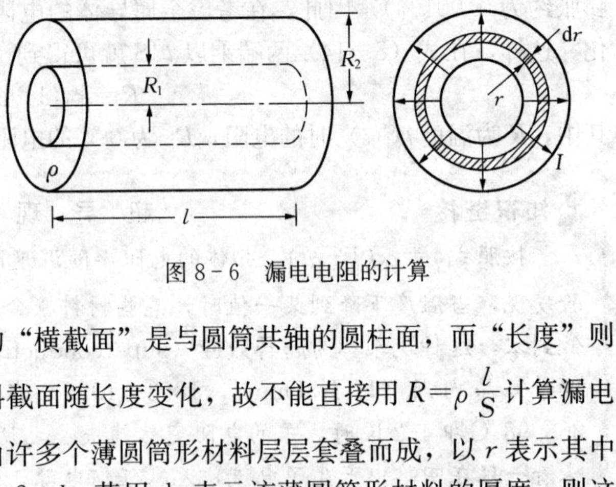

图 8-6　漏电电阻的计算

解：由电流的方向可知，通过电流的“横截面”是与圆筒共轴的圆柱面，而“长度”则为内、外筒的间隔。由于电流穿过的材料截面随长度变化，故不能直接用 $R=\rho\dfrac{l}{S}$ 计算漏电电阻。但是，若设想两圆筒间的材料是由许多个薄圆筒形材料层层套叠而成，以 r 表示其中任一个薄圆筒形材料的半径，其面积就为 $2\pi rl$。若用 $\mathrm{d}r$ 表示该薄圆筒形材料的厚度，则这一薄圆筒形材料的电阻 $\mathrm{d}R$ 可写为
$$\mathrm{d}R=\rho\frac{\mathrm{d}r}{2\pi rl}$$

由于各个薄圆筒形材料是相互串联的，它们的总电阻 R 应为各薄圆筒形材料的电阻之和，故有
$$R=\int_{R_1}^{R_2}\rho\frac{\mathrm{d}r}{2\pi rl}=\frac{\rho}{2\pi l}\ln\frac{R_2}{R_1}$$

第二节　电 动 势

一、电动势的物理概念

如前所述，电流是导体中的电子在导体两端电势差的作用下发生定向运动形成的。在图

8-7 中，当两极板间存在电势差时，导线中的电荷就会在该电势差形成的电场中做定向运动，形成电流。但是，这个电流是不可能长久地维持下去的，因为电荷流动的结果必然使两极板间的电势差减弱，最终造成电荷流动的停滞。可以设想，如果在两极板之间存在某种力，这种力可以将正电荷从低电势处（负极板）再迁移到高电势处（即正极板），这样就可以在两极板间保持稳定的电势差，从而使导线中的电流维持下去。显然，这种力不可能是静电力，因为它的作用方向恰好与静电力的方向相反，故这种力可称为**非静电力**（non-electrostatic force）。能够提供这种非静电力的装置称为**电源**（electric power），如果在前述的电容器中存在着这样一种非静电力，这个电容器就变成为一个电源。因此，在电源外部的电路中（称外电路），正电荷在电源两极板间的电势差所形成的电场作用下从正极板流向负极板；在电源内部（称内电路），正电荷在非静电力的作用下逆着静电力的方向从负极板流向正极板，从而形成了电荷持续的流动。因此，电源是产生恒定电流的必要条件。

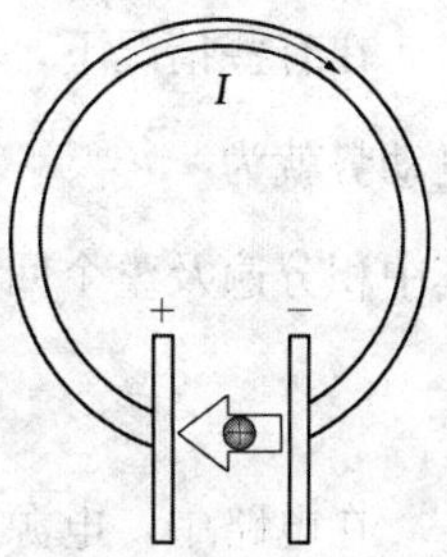

图 8-7　电容器的放电

电源的类型有很多，不同类型的电源形成非静电力的机理不同。在化学电池中（如干电池、蓄电池），非静电力是一种与离子的溶解和沉积过程相联系的化学作用；在温差电源中，非静电力是一种与温度差和电子的浓度差相联系的扩散作用；在普通的发电机中，非静电力是一种电磁感应作用。

从能量的角度来看，电源内非静电力的作用结果使电荷的电势能增加，因而，电源的工作过程是一个耗能过程，换言之，电荷电势能的增加是以消耗其他能量为代价的。在化学电池中，是化学能转化为电势能；在温差电源中，是热能转化为电势能；在发电机中，是机械能转化为电势能。

由于不同的电源转换能量的本领不同，为了能定量地描述电源转换能量本领的大小，人们引入了电动势的概念。非静电力将单位正电荷从电源负极经过电源内部移至电源正极时所做的功称为**电动势**（electromotive force）。若用 ε 表示电动势，上述定义可表达为

$$\varepsilon=\frac{W_{非}}{q} \tag{8-16}$$

显然，电动势与电势差的单位相同，在 SI 制中均为伏特（V）。但需要注意，虽然电动势与电势差的量纲相同，而且又都是标量，但它们是两个完全不同的物理量。电动势总是和非静电力的功联系在一起，而电势差和静电力的功联系在一起；电动势完全取决于电源本身的性质而与外电路无关，但电势差与外电路有关。

根据电动势的定义式（8-16）不难理解，**电源电动势在数值上等于单位正电荷从负极迁移到正极时升高的电势能**。我们通常把电源内从负极到正极的方向，也就是电势升高的方向规定为电动势的“方向”。这个规定将给复杂电路的分析带来方便。

下面我们用场的概念来进一步分析电动势。这里可把各种非静电力的作用看作是等效的各种“非静电场”的作用。如果用 $\boldsymbol{E}_{\mathrm{k}}$ 表示这个非静电场的场强，则非静电场对电荷 q 的非静电力就可表示为 $\boldsymbol{F}_{\mathrm{k}}=q\boldsymbol{E}_{\mathrm{k}}$。在电源内部，将电荷 q 从负极板迁移到正极板时，非静电力所做的功即为

$$W_{非}=\int_{(-)}^{(+)} q\boldsymbol{E}_{\mathrm{k}}\cdot \mathrm{d}\boldsymbol{l}$$

按式（8-16）可得

$$\varepsilon=\int_{(-)}^{(+)} \boldsymbol{E}_{\mathrm{k}}\cdot \mathrm{d}\boldsymbol{l} \tag{8-17}$$

在有些情况下，非静电力不仅存在于内电路中，也存在于外电路中，这时，整个回路的电动势就为

$$\varepsilon = \oint_l \boldsymbol{E}_{\mathrm{k}} \cdot \mathrm{d}\boldsymbol{l} \tag{8-18}$$

其中积分遍及整个回路。

二、常用电动势源

在电路中，电源无疑是最重要的。工业上和家庭中的最重要的电动势源是发电机，它利用电磁感应现象把机械能变成电能。另一类常独立使用、便于携带和安装因而用途广泛的电动势源（电源）是各类电池，如干电池、纽扣电池、蓄电池、燃料电池、太阳能电池等。目前开发和使用的化学电池按其工作性质及贮存方式可分为四类：

(1) 一次电池　又称原电池。这类电池在放电后不能再用充电方法使它复原后再次使用，因为放电过程中进行的化学反应是不可逆的。

(2) 二次电池　又称蓄电池。这类电池放电后可用充电方法使活性物质复原后再放电。因为放电过程中的化学反应是可逆的，故可放电、充电多次循环使用。

(3) 贮备电池　又称激活电池。这类电池的正负极活性物质和电解液在贮存期间不直接接触，在使用前临时让电解液与电极接触，故电池可长时间贮存。

(4) 燃料电池　又称连续电池。这类电池可把活性物质连续注入电池，从而使电池能长期不断放电。

下面简单介绍几种电动势源。

1. 燃料电池　燃料电池（fuel cell）是一种化学电池，它利用物质发生化学反应时释出的能量，直接将其变换为电能。从这一点看，燃料电池和其他化学电池如锰干电池、铅蓄电池等是类似的。但是，它工作时需要连续地向其供给反应物质——燃料和氧化剂，这又和其他普通化学电池不大一样。由于它是把燃料通过化学反应释出的能量变为电能输出，所以被称为燃料电池。

燃料电池是利用天然燃料如氢、一氧化碳、水煤气“燃烧”而得到电能的化学电源。其“燃烧”即燃料的氧化和氧气的还原是分开在不同的电极上进行的。一种氢—氧燃料电池如图 8-8 所示。它由正极、负极和夹在正负极中间的电解质板所组成。这种电池的化学反应结果就是氢在氧中燃烧的结果——在负极处生成水，以水蒸气的形式排出。工作时向负极供给燃料（氢），向正极供给氧化剂（空气）。具体地说，氢在负极分解成正离子 H^+ 和电子 e^-。氢离子进入电解液中，而电子则沿外部电路移向正极。在正极上，空气中的氧同电解液中的氢离子吸收抵达正极上的电子形成水。这正是水的电解反应的逆过程。利用这个原理，燃料电池便可在工作时源源不断地向外部输电，所以也可称它为一种“发电机”。

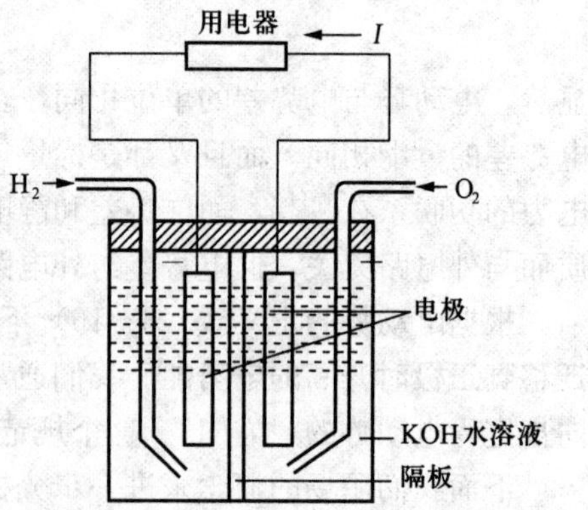

图 8-8　氢—氧燃料电池示意图

最初，电解质板是利用电解质渗入多孔的板而形成，现在正发展为直接使用固体的电解

质。现在一直被使用的单纯发电系统，能源效率只有30%～40%，而由燃料电池组成的热电并用系统，可以将能源利用效率提高到70%～80%。燃料电池是一种干净能源。特别是氢—氧燃料电池除提供电能外，还可以提供水。燃料电池的优点是它被用于直接驱动电动机，因此它在载人航天器上已得到应用。

2. 接触电动势　在通常温度下，金属导体中的自由电子在导体中做杂乱无章的运动。如果两种金属导体的电子数密度（即单位体积中的电子数）不同，当这两种导体紧密接触时，电子会从密度较高的导体向密度较低的导体扩散，结果在接触界面的两侧会形成一个电势差。在图8-9中，假设导体A中的电子数密度为n_A，导体B中的电子数密度为n_B，$n_A>n_B$。当导体A与导体B紧密接触时，从导体A扩散到导体B中的电子要比从导体B扩散到导体A的电子多，出现了电子的净迁移。净迁移的结果造成了接触面两侧出现不同的电荷积累，A端一侧带正电荷，B端一侧带负电荷，从而在接触面两侧出现电势差，这个电势差的出现将阻止电子扩散的继续进行。当电子的扩散作用与这个电势差的阻碍作用平衡时，电子的净迁移就停止下来。这时，接触面两侧就将出现一个稳定的电势差。如果将接触面看作一个极薄的电源，非静电起源的扩散作用就构成了产生电动势的“非静电力”。显然，接触面两侧稳定的电势差在数值上就等于这个电源电动势的大小。这种因电子的扩散而在导体接触面上形成的等效电动势称为**接触电动势**（contact electromotive force）。可以证明，接触电动势的大小近似为

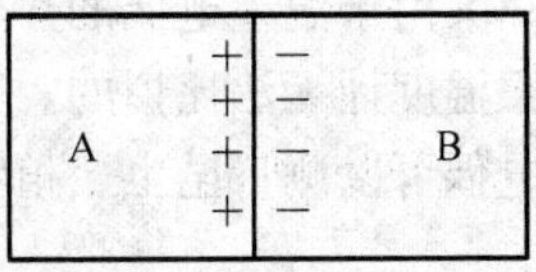

图8-9　接触电动势的形成

$$\varepsilon=\frac{kT}{e}\ln\frac{n_A}{n_B} \tag{8-19}$$

其中，e为电子电量，k为玻尔兹曼常量，T为热力学温度。一般接触电动势的数值很小，其数量级约为10^{-3}～10^{-2} V。

3. 温差电动势　如果将两种不同的金属导体相互紧密接触，构成如图8-10所示的闭合回路，并将两个接触端置于不同的温度下，在两个端面都会产生如前所述的接触电动势，从而形成电流。这种现象是德国物理学家塞贝克（T. J. Seebeck，1780—1831）在1821年首先发现的，称为**温差电效应**或**塞贝克效应**。温差电动势的大小与金属的性质、两接触面处的温度差有关。其关系式为

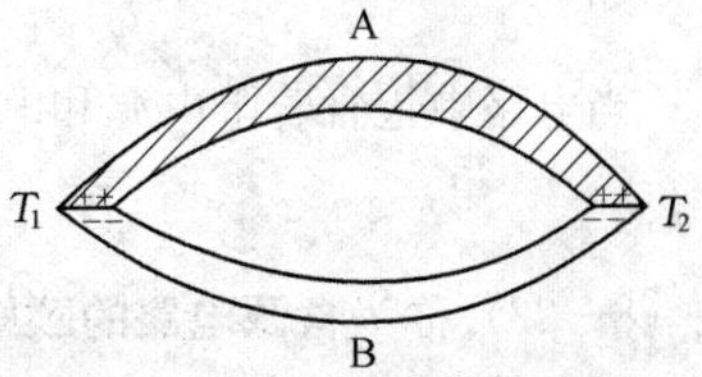

图8-10　两种不同的导体构成的闭合回路

$$\varepsilon=a(T_1-T_2)+\frac{1}{2}b(T_1-T_2)^2 \tag{8-20}$$

其中，a、b为由材料性质决定的常数。

由两种不同的金属焊接而成的闭合回路称为**温差电偶**，亦称**热电偶**（thermoelectric couple）。利用热电偶可以测量温度，其原理是通过测定温差电动势或电流来确定两接触点的温差，如果其中一个接触点的温度T_0为已知，另一个接触点的温度T_x（即待测温度）就可以得到。

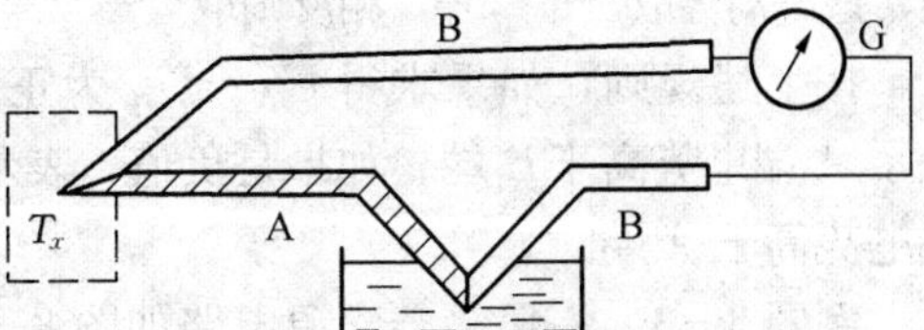

图8-11　温差电偶测温示意图

图 8-11 给出了测量的原理图。

对于非常微弱的温度变化，例如吸收光子而产生的温度升高，可以用温差电堆来测量。所谓温差电堆就是一系列串联的温差电偶。利用温差电动势测温有许多优点。由于温差电动势的大小与两种金属接触面积的大小无关，接点可以做得很小，因而可以测量很小范围的温度；又由于温差电偶的热容量小，灵敏度高，可以测到 10^{-11}℃的温差，这些优点都是一般水银温度计无法比拟的。正因为如此，温差电偶在农业中有许多重要的应用。例如，应用温差电偶可以测量昆虫、植物叶片和土壤的温度，也可以进行植物水分含量的测定。

第三节　电路的基本定律

一、含源电路的欧姆定律

在实际电路中常包含电阻和电源，驱使自由电子运动形成电流的不仅有导体中静电场的作用，而且有电源中非静电场的作用，此时欧姆定律的微分形式应推广为

$$\boldsymbol{j}=\sigma(\boldsymbol{E}+\boldsymbol{E}_{\mathrm{k}})=\frac{1}{\rho}(\boldsymbol{E}+\boldsymbol{E}_{\mathrm{k}})$$

或 $$\boldsymbol{E}=\rho\boldsymbol{j}-\boldsymbol{E}_{\mathrm{k}}$$

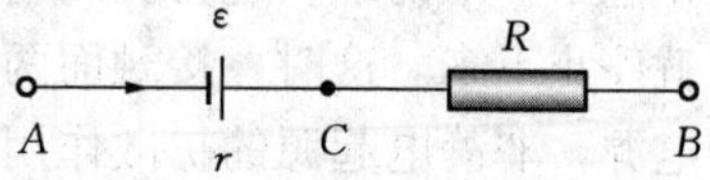

图 8-12　含源电路的欧姆定律

将该式应用于图 8-12 中的含源电路，电路两端的电压为

$$\int_A^B \boldsymbol{E}\cdot \mathrm{d}\boldsymbol{l}=\int_A^C \rho\boldsymbol{j}\cdot \mathrm{d}\boldsymbol{l}+\int_C^B \rho\boldsymbol{j}\cdot \mathrm{d}\boldsymbol{l}-\int_A^B \boldsymbol{E}_{\mathrm{k}}\cdot \mathrm{d}\boldsymbol{l}$$

由于$\int_A^B \boldsymbol{E}\cdot \mathrm{d}\boldsymbol{l}=U_A-U_B$，$\int_A^C \rho\boldsymbol{j}\cdot \mathrm{d}\boldsymbol{l}=\int_A^C \rho\frac{1}{S}\mathrm{d}l=Ir$，$\int_C^B \rho\boldsymbol{j}\cdot \mathrm{d}\boldsymbol{l}=\int_C^B \rho\frac{1}{S}\mathrm{d}l=IR$，$\int_A^B \boldsymbol{E}_{\mathrm{k}}\cdot \mathrm{d}\boldsymbol{l}=\varepsilon$，代入上式得

$$U_A-U_B=Ir+IR-\varepsilon$$

如果把图中 A 端和 B 端连接起来，形成闭合电路，这时 $U_A=U_B$，得到闭合电路的欧姆定律如下

$$I=\frac{\varepsilon}{R+r} \tag{8-21}$$

当电路中包含若干电源和电阻，并且通过各电阻的电流也不相同时，则它的一般形式为

$$U_A-U_B=\sum_i I_iR_i+\sum_i I_ir_i-\sum_i \varepsilon_i \tag{8-22}$$

式（8-22）称为**含源电路的欧姆定律**。在上式的应用中，为了不至于发生混乱，规定了如下的正负号选取规则：

（1）先任意选取沿电路的积分路径，写出始末端的电势差 U_A-U_B；

（2）如果通过电阻的电流方向与积分路径方向相同，该电阻上电势降落取“+”号，相反则取“−”号；

（3）如果电动势的指向与积分路径方向相同，该电动势取“+”号，相反则取“−”号。

按上述规则，如果求得 U_A-U_B 为正值，表示 A 端电势高于 B 端；如果是负值，表示 B 端电势高于 A 端。

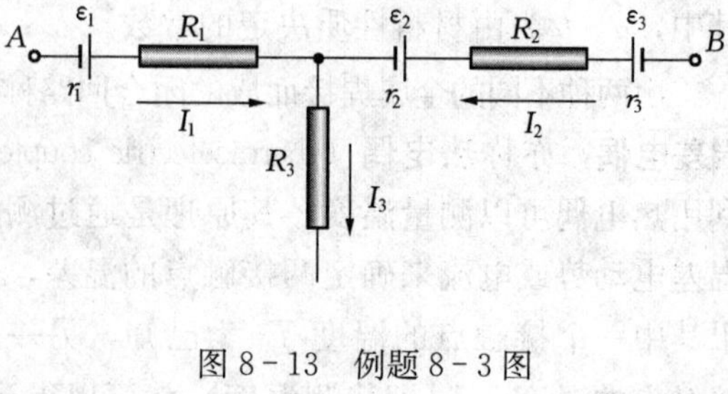

图 8-13　例题 8-3 图

例题 8-3　一段复杂含源电路如图 8-13 所示，求 A、B 两端的电势差。

解：按含源电路的欧姆定律的符号规则，由式（8－22）可得

$$U_{AB}=U_A-U_B=(I_1R_1-I_2R_2)+(I_1r_1-I_2r_2-I_2r_3)-(\varepsilon_1+\varepsilon_2-\varepsilon_3)$$

二、基尔霍夫定律

直流电路分简单电路和复杂电路，把任意一条电源和电阻串联的电路称为**支路**（branch），把几个支路构成的通路称为**回路**（loop）。仅有一条回路的直流电路称为**简单电路**。有些电路虽然有多条回路，但运用电阻的串联、并联等方法可将其简化为等效的简单电路。工程技术中更多的是一些较复杂的电路，如图 8－14 所示，它们无法用电阻的串、并联方法简化，这类电路叫做**复杂电路**。1845 年，德国物理学家基尔霍夫（G. R. Kirchhoff，1824—1887）扩展了欧姆的理论，提出了求解复杂电路的著名法则，这些法则被称为**基尔霍夫定律**。按照基尔霍夫定律，若已知电路中所有电源的电动势及所有电阻，就可求出各分支电路的电流值。

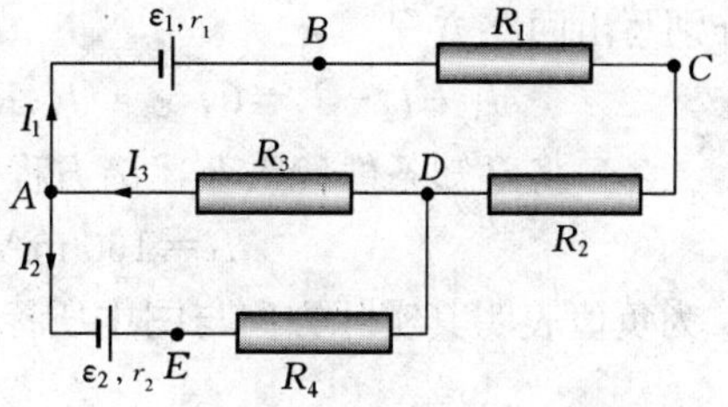

图 8－14　复杂电路

1. 基尔霍夫第一定律　电路中三条或三条以上支路的会合点称为**节点**（junction），如图 8－14 中的 A、D 点都是节点。作一个闭合曲面包围某个节点，根据恒定电流的条件，穿过该曲面的电流密度的通量恒等于零，即

$$\oint_S \boldsymbol{j}\cdot \mathrm{d}\boldsymbol{S}=0 \tag{8-23}$$

若规定流向节点的电流为负值，从节点流出的电流为正值，且用电流表示上述条件则有

$$\sum_i I_i=0 \tag{8-24}$$

式（8－24）称为**基尔霍夫第一定律**。它表明：**流入任一节点的电流和流出该节点的电流的代数和等于零**。对电路中每个节点分别运用基尔霍夫第一定律会得到一组方程，这组方程称为**基尔霍夫第一方程组**。

2. 基尔霍夫第二定律　每一个复杂电路都包含若干个闭合回路，对任意一个闭合回路运用含源电路的欧姆定律，若将始端 A 和末端 B 选为同一点，有 $U_A-U_B=0$，则由式（8－22）得

$$\sum_i \varepsilon_i=\sum_i I_iR_i+\sum_i I_ir_i \tag{8-25}$$

式（8－25）称为**基尔霍夫第二定律**。它表明：**沿任一闭合回路的电动势的代数和等于回路中各电阻上电势降落的代数和**。公式中各项的符号仍按上节的规则确定。对各回路分别运用基尔霍夫第二定律可得到一组方程，这组方程称为**基尔霍夫第二方程组**。

应用基尔霍夫第一和第二方程组求解复杂电路问题时，要注意以下几点：

（1）如果电路中有 n 个节点，那么其中只有 $n-1$ 个节点的电流方程是独立的，由此可列出 $n-1$ 个节点方程。

（2）选取闭合回路也须注意彼此的独立性，即每一新选的回路中，至少有一段电路是已选过的回路中未曾出现过的，这样所得的一组闭合回路方程将是独立的。

（3）支路的电流方向可以任意假定，若解出的电流值为负值，说明电流的实际方向与假

定方向相反。

(4) 独立方程的个数（包括第一、第二方程组）应等于所求未知数的个数。

例题 8-4　求图 8-14 中各支路电流。已知 $\varepsilon_1=3.0\ \mathrm{V}$，$\varepsilon_2=1.0\ \mathrm{V}$，$r_1=r_2=2\ \Omega$，$R_1=R_2=4\ \Omega$，$R_3=10\ \Omega$，$R_4=18\ \Omega$。

解：(1) 设定各未知电流及方向，如图 8-14 所示。

(2) 图中只有 A、D 两个节点，对 A 点列出电流方程，选择 $ABCDA$、$AEDA$ 两回路分别写出回路方程

$$I_1+I_2-I_3=0，\varepsilon_1=I_1(R_1+R_2+r_1)+I_3R_3，\varepsilon_2=I_2(R_4+r_2)+I_3R_3$$

(3) 将已知条件代入上述诸方程，解得

$$I_1=160\ \mathrm{mA}，I_2=-20\ \mathrm{mA}，I_3=140\ \mathrm{mA}$$

I_2 为负值表明其实际方向与图中所标的 $A\to E$ 相反，实际 I_2 的方向应为 $E\to A$。

三、基尔霍夫定律的应用

1. 电势差计　电势差计是测量电动势或电势差的仪器。由于它采用了比较测量法和补偿原理，因而测量准确度较高，使用方便。在科研和工程技术上常使用电势差计进行自动控制和自动检测。电势差计的原理如图 8-15 所示。

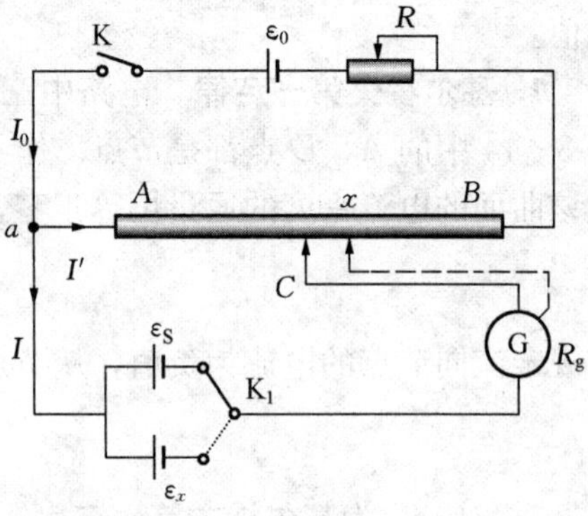

图 8-15　电势差计原理图

图中 ε_0 是电源，AB 是一根均匀的电阻丝，其上有一个滑动接头 C。ε_S 是一个标准电池，ε_x 为待测电动势。测量时合上电键 K，先将 K_1 合向 ε_S 一侧，根据标准电池电动势的大小选定 AC 间的电阻，即保持滑动接头在确定位置上。此时，对节点 a 应用基尔霍夫第一定律得

$$I+I'-I_0=0$$

对于回路 $a\varepsilon_S GCAa$，此时令 $R_{AC}=R_S$，应用基尔霍夫第二定律得　$-\varepsilon_S=IR_g-I'R_S$

联立求解上两式，可得　$I=\dfrac{I_0R_S-\varepsilon_S}{R_g+R_S}$

调节电阻 R 使检流计中无电流（指针不偏转），即 $I=0$，此时电势差计达到了平衡。则有

$$\varepsilon_S=I_0R_S$$

此后再保持 R 不变，将 K_1 合向待测电动势 ε_x 一端。这时移动滑动接头 C 的位置直到检流计中无电流为止。以 x 表示此时滑动接头的位置，此时令 $R_{AC}=R_x$。再由以上分析可得

$$\varepsilon_x=I_0R_x$$

所以待测电动势

$$\varepsilon_x=\frac{R_x}{R_S}\varepsilon_S \tag{8-26}$$

由于标准电动势 ε_S 为已知，通过测量 R_x 和 R_S 就能准确地测出未知电动势 ε_x。

通过上述电势差计的工作原理可见，当检流计中无电流时，$\varepsilon_x=I_0R_x$，而 I_0R_x 是 R_x 上的分压，是它补偿了待测电动势 ε_x，从而使检流计中无电流（电势差计达到平衡），这种测量方法称为**补偿法**。由于测量时没有电流通过待测电源，因而电源的状态不会因为测量而发

生变化，所以测量的准确度高。

2. 惠斯通电桥　惠斯通电桥是利用比较法测量电阻的仪器，其原理如图 8-16 所示，四个电阻 R_1、R_2、R_x、R_S 构成一个四边形，每条边称作电桥的一个“臂”。对角点 A、C 之间连接电源 ε，B、D 之间连接检流计 G。所谓桥就是指 BD 这条对角线路。各支路的电流如图 8-16 所示。应用基尔霍夫第一定律可得到三个独立的节点电流方程，即对节点 A、B、D 分别有

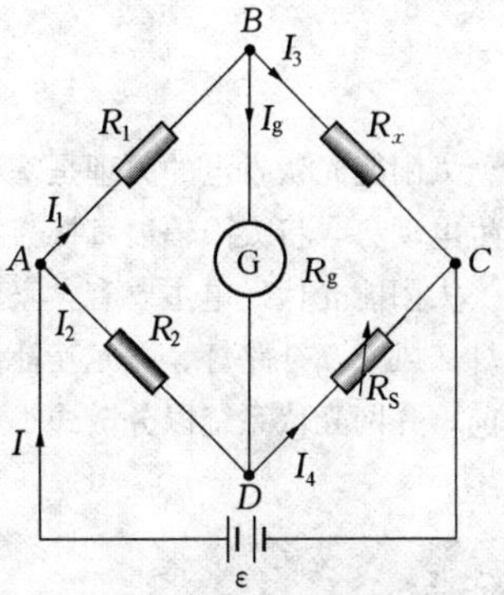

图 8-16　惠斯通电桥示意图

$$-I+I_1+I_2=0,\ -I_1+I_3+I_g=0,\ -I_2-I_g+I_4=0$$

将基尔霍夫第二定律应用于回路 $ABDA$、$BCDB$、$ABC\varepsilon A$ 可得到三个独立的回路电压方程

$$I_1R_1+I_gR_g-I_2R_2=0$$

$$I_3R_x-I_4R_S-I_gR_g=0$$

$$\varepsilon=I_1R_1+I_3R_x$$

联立求解以上诸方程，可解出 I_g。对于一定的 R_1、R_2，调节 R_S 可使 $I_g=0$，此时称电桥平衡。可以证明，$R_1R_S=R_2R_x$，即

$$R_x=\frac{R_1}{R_2}R_S \tag{8-27}$$

由于 R_1、R_2 为已知，根据该式，通过测定 R_S 可知 R_x。

拓展阅读

太 阳 能 发 电

来自地球外部的能源主要是太阳能，是太阳中的氢原子核在超高温时聚变释放出的巨大能量，人类所需能量的绝大部分都直接或间接地来自太阳。照射在地球上的太阳能非常巨大，仅一小时到达地球表面的太阳能，就足以供全球人类一年能量的消费。可以说，太阳能是真正取之不尽、用之不竭的能源。因此，利用太阳能发电被誉为最理想的能源方式。目前，太阳能的利用还不是很普及，利用太阳能发电还存在成本高、转换效率低的问题，但是随着太阳能应用技术水平的快速提高，各种问题将会逐步得以解决。

一、太阳能发电类型

利用太阳能发电有两大类型：一类是太阳能热发电；另一类是太阳光发电。

太阳能热发电又称为聚光太阳能发电，它是使用抛物镜将光线聚集，先将太阳能转化为热能，再将热能转化成电能。它有两种转化方式：一种是将太阳热能直接转化成电能，如半导体或金属材料的温差发电，真空器件中的热电子和热电离子发电，碱金属热电转换，以及磁流体发电等；另一种方式是将太阳热能通过热机（如汽轮机）带动发电机发电，与常规热力发电类似，只不过是其热能不是来自燃料，而是来自太阳能。

太阳能光发电是将太阳能直接转变成电能的一种发电方式。它包括光伏发电、光化学发电、光感应发电和光生物发电四种形式。

太阳能热发电与太阳能光发电不同，太阳能光发电使用太阳能电池板将太阳能直接变成电能，其产销量、发展速度和发展前景已远超太阳能热发电。下面重点介绍太阳能光伏发电。

二、光伏发电系统组成及原理

太阳能光伏发电的原理是基于半导体的光生伏特效应（photovoltaic effect），即半导体在受到光照射时产生电动势，将太阳辐射直接转换为电能。

太阳能光伏发电主要有：家庭用小型太阳能电站、大型并网电站、建筑一体化光伏玻璃幕墙、太阳能路灯、风光互补路灯、风光互补供电系统等。从输出形式上可分为独立光伏发电与并网光伏发电图 8-17。目前，并网光伏系统以分散式小型并网光伏系统为主，特别是光伏建筑一体化发电系统已初见成效。

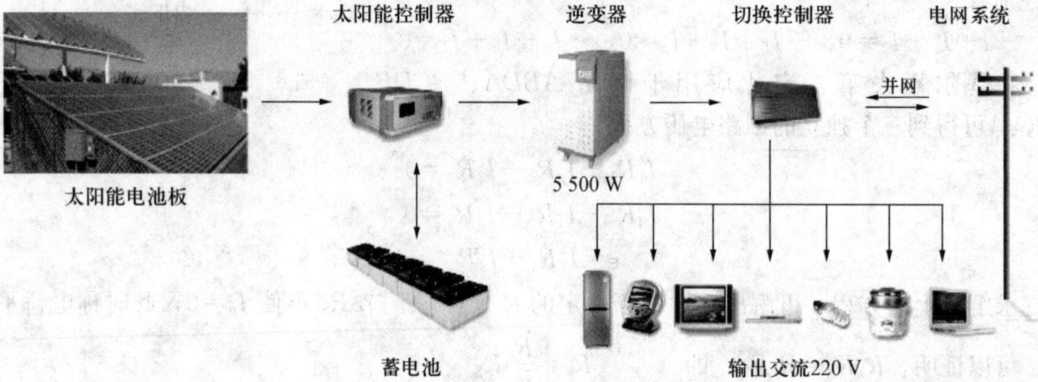

图 8-17　光伏发电及并网示意图

光伏发电系统主要由太阳能电池板、控制器和逆变器三大部分组成，它们主要由电子元器件构成。

1. 太阳能电池板　太阳能电池板是太阳能发电系统中的核心部分，也是太阳能发电系统中价值最高的部分。其作用是将太阳的辐射能力转换为电能，或送往蓄电池中存储起来，或推动负载工作。太阳能电池板，有单晶硅、多晶硅、非晶硅和薄膜电池等。它们的发电原理基本相同，都是光子能量转换成电能的过程。现以晶体硅为例描述光伏发电过程：当光线照射太阳能电池表面时，一部分光子被硅材料吸收，光子的能量传递给了硅原子，使电子发生了跃迁，带正电的空穴往 p 型区移动，带负电的电子往 n 型区移动，如图 8-18(a) 所示，在 pn 结两侧集聚形成了电位差；当外部接通电路时，在该电压的作用下，将会有电流流过外部电路产生一定的输出功率，如图 8-18(b) 所示。

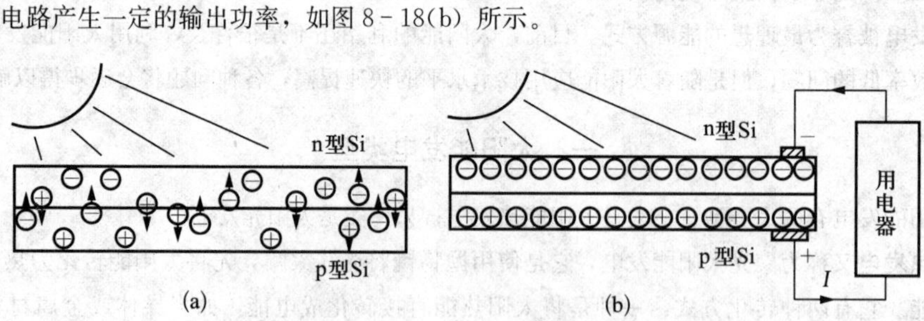

图 8-18　太阳电池结构示意图

2. 控制器　太阳能发电控制器对所发的电能进行调节和控制，一方面把调整后的能量送往直流负载或交流负载，另一方面把多余的能量送往蓄电池组储存。当所发的电不能满足负载需要时，控制器又把蓄电池的电能送往负载。蓄电池充满电后，控制器要控制蓄电池不被过充电。当蓄电池所储存的电能放完时，控制器要控制蓄电池不被过放电。控制器的性能不好时，对蓄电池的使用寿命影响很大，并最终影响系统的可靠性。

3. 逆变器　逆变器负责把直流电转换为交流电，供交流负荷使用。在很多场合，都需要提供 220 V、

110 V 的交流电源。由于太阳能的直接输出一般都是直流 12 V、24 V、48 V。为能向 220 V 的交流电器提供电能，需要将太阳能发电系统所发出的直流电能转换成交流电能，因此需要使用 DC－AC 逆变器。在某些场合，需要使用多种电压的负载时，也要用到 DC－DC 逆变器，如将 24 V 直流的电能转换成 5 V 直流的电能。

三、中国太阳能光伏产业发展现状及前景

1. 太阳能资源　在我国广阔的土地上，有着丰富的太阳能资源，理论储量达每年 17 000 亿 t 标准煤。图 8－19 所示太阳能电池板方阵是我国宁夏地区的光伏发电基地之一。大多数地区年平均日辐射量在每平方米 4 kW·h 以上，西藏日辐射量最高达每平方米 7 kW·h，年日照时数大于 2 000 h。与同纬度的其他国家相比，与美国相近，比欧洲、日本优越得多，因而有巨大的开发潜能。

图 8－19　太阳能电池板方阵

2. 光伏发电发展现状　我国光伏发电产业于 20 世纪 70 年代起步，90 年代中期进入稳步发展时期。太阳能电池及组件产量逐年稳步增加。经过 30 多年的努力，已迎来了快速发展的新阶段。在“光明工程”先导项目和“送电到乡”工程等国家项目及世界光伏市场的有力拉动下，我国光伏发电产业迅猛发展。

到 2007 年年底，全国光伏发电系统的累计装机容量达到 10 万 kW，从事太阳能电池生产的企业达到 50 余家，太阳能电池生产能力达到 290 万 kW，超过日本和欧洲，并已初步建立起从原材料生产到光伏系统建设等多个环节组成的完整产业链，特别是多晶硅材料生产取得了重大进展，突破了年产千吨大关，冲破了太阳能电池原材料生产的瓶颈制约，为我国光伏发电的规模化发展奠定了基础。

3. 光伏发电发展前景　国际能源组织对太阳能产业的发展前景进行预测，认为 2010—2020 年光伏发电发展速度复合增长率将达到 35%。预计到 2030 年，可再生能源在总能源结构中将占到 30%以上，而光伏发电在世界总电力供应中的比例也将达到 10%以上；到 2040 年，可再生能源将占总能耗的 50%以上，光伏发电将占总电力的 20%以上。光伏发电在不远的将来会占据世界能源消费的重要席位，不但要替代部分常规能源，而且将成为世界能源供应的主体。

未来十几年，我国太阳能光伏发电装机容量的复合增长率将高达 25%以上。根据中国《可再生能源中长期发展规划》，到 2020 年，我国力争使光伏发电装机容量达到 180 万 kW，到 2050 年将达到 6 亿 kW。这些数字足以显示出我国光伏产业的发展前景及其在能源领域重要的战略地位。

思考题

8－1　电流是电荷的流动，在电流密度 $\boldsymbol{j}\neq 0$ 的地方，电荷体密度 ρ 是否可能等于零？

8－2　如果通过导体中各处的电流密度不相同，那么电流能否恒定？为什么？

8－3　一根铜线外涂以银层，两端加上电压后，在铜线和银层中通过的电流是否相同？电流密度是否相同？电场强度是否相同？

8－4　截面相同的铝丝和钨丝串联，接在一个直流电源上，问通过铝丝和钨丝的电流和电流密度是否相等？铝丝内和钨丝内的电场强度是否相等？

8－5　将电压 ΔU 加在一根导线的两端，设导线的截面半径为 r，长度为 l。试分别讨论下列情况对自由电子漂移速率的影响：（1）ΔU 增至原来的两倍；（2）r 不变，l 增至原来的两倍；（3）l 不变，r 增至原来的两倍。

8－6　电源的电动势和端电压有什么区别？两者在什么情况下才相等？

习题

8-1 截面积为 10 mm^2 的铜线中，允许通过的电流是 60 A，试计算铜线中允许的电流密度大小。

8-2 有一个灵敏电流计可以测量小到 10^{-10} A 的电流，当铜导线中通有这样小的电流时，每秒内有多少个自由电子通过导线的任一个截面？如果导线的截面积是 1 mm^2，自由电子的密度是 $8.5\times10^{28}\ m^{-3}$，自由电子沿导线漂移 1 cm 需要多少时间？

8-3 大气中由于存在少量的自由电子和正离子而具有微弱的导电性。已知地球表面附近空气的电导率 $\sigma=3\times10^{-14}\ \Omega^{-1}\cdot m^{-1}$，场强 $E=100\ N\cdot C^{-1}$，地球半径 $R=6\times10^6$ m。若将大气电流视为恒定电流，计算由大气流向地球表面的总电流。

8-4 一个铜棒的截面积为 20 mm×80 mm，长为 2.0 m，两端的电势差为 50 mV。已知铜的电导率 $\sigma=5.7\times10^7\ \Omega^{-1}\cdot m^{-1}$，铜内自由电子的电荷体密度为 $1.36\times10^{10}\ C\cdot m^{-3}$。求：(1) 该铜棒的电阻；(2) 电流与电流密度；(3) 铜棒内的电场强度；(4) 铜棒中所消耗的功率；(5) 棒内电子的漂移速度。

8-5 把大地看成均匀的导电介质，其电导率为 σ。将半径为 a 的球形电极的一半埋于地面下（电极本身的电阻可忽略），如图 8-20 所示，求此电极的接地电阻。

8-6 如图 8-21 所示，圆锥体的电阻率为 ρ，长为 l，两端面的半径分别为 R_1 和 R_2。试计算此锥体两端面之间的电阻。

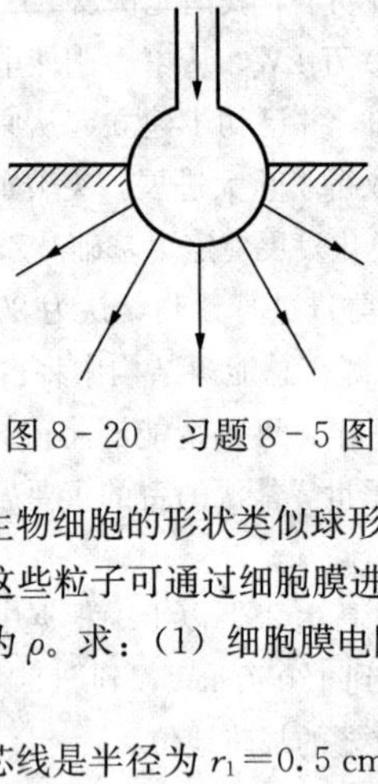

图 8-20 习题 8-5 图

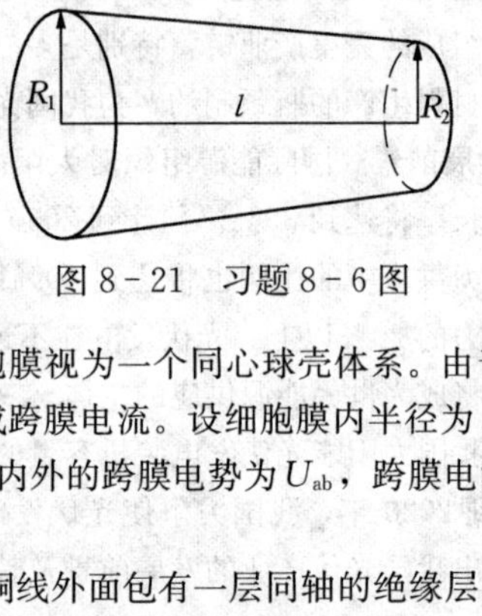

图 8-21 习题 8-6 图

8-7 大多数生物细胞的形状类似球形，可将其细胞膜视为一个同心球壳体系。由于活体细胞内外均有许多带电粒子，这些粒子可通过细胞膜进行交换，形成跨膜电流。设细胞膜内半径为 R_a，外半径为 R_b，膜中介质的电阻率为 ρ。求：(1) 细胞膜电阻；(2) 若膜内外的跨膜电势为 U_{ab}，跨膜电流的电流密度与半径 r 的关系如何？

8-8 电缆的芯线是半径为 $r_1=0.5$ cm 的铜线，在铜线外面包有一层同轴的绝缘层。绝缘层的外半径为 $r_2=1.0$ cm，电阻率 $\rho=1.0\times10^{12}\ \Omega\cdot m$。在绝缘层外面又用铅层保护起来。求：(1) 长 $l=1$km 的这种电缆沿径向的电阻；(2) 当芯线与铅层间的电势差为 100 V 时，在这电缆中沿径向的电流有多大？

8-9 如图 8-22 所示，一个蓄电池在充电时通过的电流为 3.0 A，此时蓄电池两极间的电势差为 4.25 V。当这个蓄电池放电时，通过的电流为 4.0 A，此时两极间的电势差为 3.90 V。求该蓄电池的电动势和内阻。

8-10 图 8-23 中的两个电源都是化学电池，$\varepsilon_1=6$ V，$\varepsilon_2=4$ V，内阻 $r_1=r_2=0.1\ \Omega$。求：(1) 充电电流；(2) 电源 ε_1 每秒消耗的化学能；(3) 电源 ε_2 每秒获得的化学能。

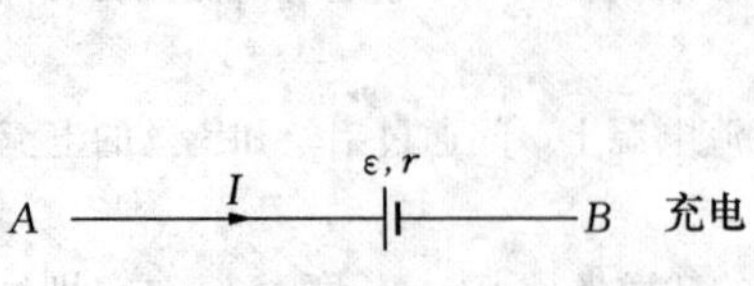

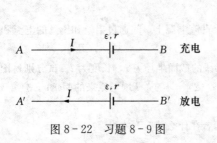

图 8-22 习题 8-9 图

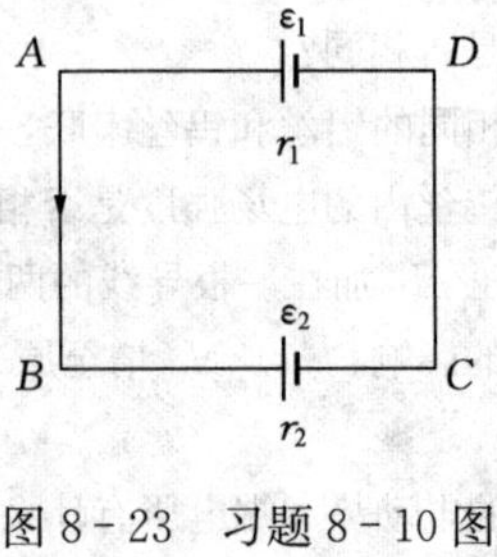

图 8-23 习题 8-10 图

8－11　电动势 $\varepsilon_1=1.8\ \mathrm{V}$ 和 $\varepsilon_2=1.4\ \mathrm{V}$ 的两个电池与外电阻 R 以两种方式连接，如图 8－24 所示，图 (a) 中伏特计 V_a 读数为 0.6 V。问：(1) 图 (b) 中伏特计的读数 V_b 为多少（伏特计的零点刻度在中央）？(2) 讨论电池在两种情形中的能量转换关系。

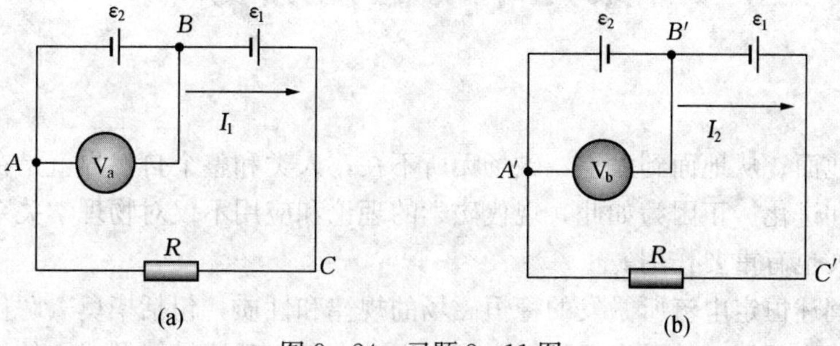

图 8－24　习题 8－11 图

8－12　在图 8－25 所示的电路中，已知 $\varepsilon_1=1.0\ \mathrm{V}$，$\varepsilon_2=2.0\ \mathrm{V}$，$\varepsilon_3=3.0\ \mathrm{V}$，$R_1=1.0\ \Omega$，$R_2=3.0\ \Omega$，$r_1=r_2=r_3=1.0\ \Omega$。求：(1) 通过 ε_3 的电流；(2) R_2 消耗的功率；(3) ε_3 对外供给的功率。

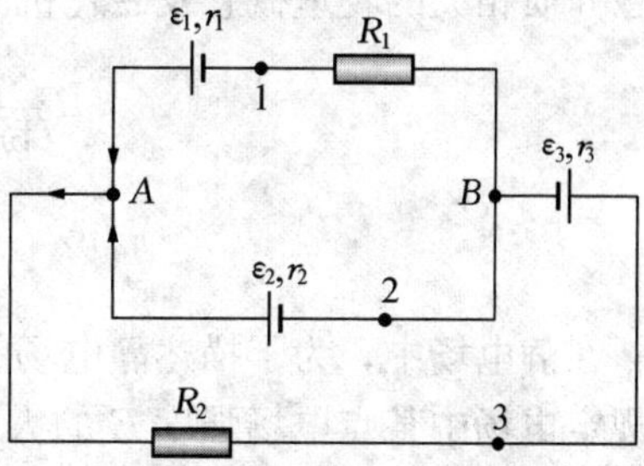

图 8－25　习题 8－12 图

8－13　在图 8－26 所示的电路中，已知 $\varepsilon_1=2.0\ \mathrm{V}$，$\varepsilon_2=6.0\ \mathrm{V}$，$\varepsilon_3=2.0\ \mathrm{V}$，$r_1=r_2=r_3=1.0\ \Omega$，$R_1=1.0\ \Omega$，$R_2=5.0\ \Omega$，$R_3=3.0\ \Omega$，$R_4=2.0\ \Omega$。求通过电阻 R_2 的电流的大小和方向。

8－14　在图 8－27 所示的电路中，已知 $\varepsilon_1=12\ \mathrm{V}$，$\varepsilon_2=9\ \mathrm{V}$，$\varepsilon_3=8\ \mathrm{V}$，$r_1=r_2=r_3=1\ \Omega$，$R_1=R_2=R_3=R_4=2\ \Omega$，$R_5=3\ \Omega$，并假设各电流的方向如图所示。求：(1) A、B 两点间的电势差；(2) C、D 两点间的电势差；(3) 如 C、D 两点短路，这时通过 R_5 的电流有多大？

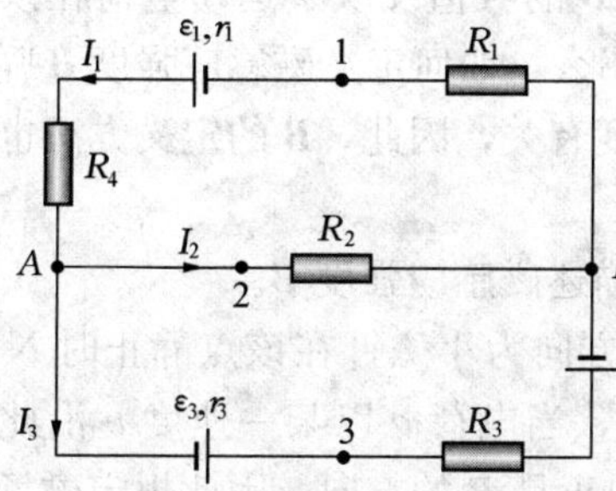

图 8－26　习题 8－13 图

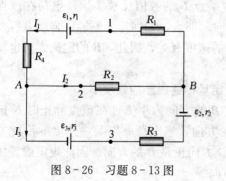

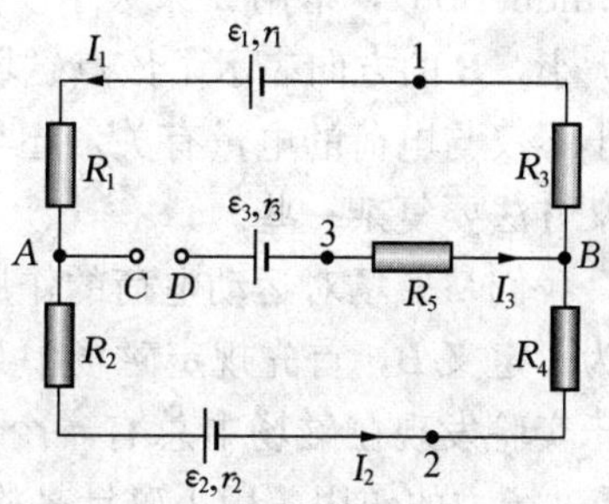

图 8－27　习题 8－14 图

第九章　稳恒磁场

从地下到地面、从地面到太空，磁场无所不在，人类和整个自然界就是在一个范围广泛的磁场中繁衍和进化。正因为如此，现代磁学的理论和应用不仅对物理学关系巨大，对现代科学技术的发展也有重要作用。

本章着重阐述恒定电流所激发的稳恒磁场的规律和性质，包括毕奥—萨伐尔定律、高斯定理、安培环路定理等；然后介绍稳恒磁场对运动电荷、载流导线及线圈的作用；最后介绍与磁介质相关的物理概念及磁化机制。

第一节　磁　　场

一、磁感应强度

在静电场中，为了描述静电场的性质，通过试验电荷在电场中受力引进了电场强度 $\boldsymbol{E}$，并规定电场中某点电场强度 $\boldsymbol{E}$ 的大小和方向与单位正电荷在该点所受电场力的大小和方向相同。与静电场类似，对磁力也可以引入场的概念，能够产生磁力的场称**磁场**（magnetic field）。一个运动电荷会在其周围产生一个磁场，其他的运动电荷进入磁场中就会受到磁力的作用，这就是磁场的基本属性。

通过运动电荷在磁场中的受力，定义描述磁场性质（力的属性）的物理量为**磁感应强度**（magnetic induction），常用 $\boldsymbol{B}$ 来表示。磁场中某点 $\boldsymbol{B}$ 的数值反映了运动电荷在该点受到的磁场力的大小，$\boldsymbol{B}$ 的方向表示了该点磁场的方向。那么，如何定义磁感应强度 $\boldsymbol{B}$ 呢？由于磁场力的大小不仅与电荷的电量有关，还与电荷的速度有关，因此，$\boldsymbol{B}$ 的定义方法也就比电场强度的定义方法要复杂一些。

下面，我们从磁场对运动电荷的作用力来定量描述磁感应强度 $\boldsymbol{B}$。

（1）为了定义 $\boldsymbol{B}$，首先规定磁场中某一点 $\boldsymbol{B}$ 的方向为小磁针在该点静止时 N 极所指的方向。由于实验发现在磁场中总有一个确定的方向，当电荷 q 以某一速度 v 沿此方向运动时，q 不受磁场力的作用，用小磁针来检验，该方向正是 $\boldsymbol{B}$ 的方向。因此规定磁场中某一点 $\boldsymbol{B}$ 的方向为小磁针在该点静止时 N 极所指的方向。

（2）实验显示，当 q 的运动方向偏离 $\boldsymbol{B}$ 的方向时，磁力开始显露出来；当 q 的运动方向垂直于 $\boldsymbol{B}$ 的方向时，如图 9-1 所示，磁力达到了最大值 F_{max}，并且对于磁场中的固定点，不同的电荷通过该点时，$F_{max}/(qv)$ 始终保持不变，对于不同点，$F_{max}/(qv)$ 有不同的值。可见，磁场中某点的 $F_{max}/(qv)$ 反映了该点磁场的性质，这个比值越大，表明运动电荷通过该点时受到的磁场力越大，磁场越强。

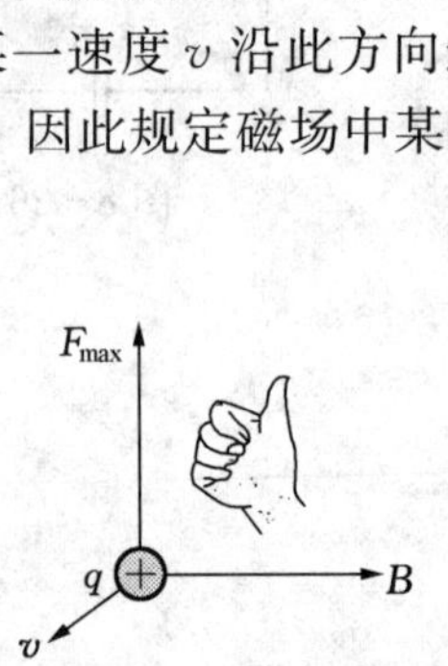

图 9-1　磁感应强度的定义

根据以上两点，磁感应强度 $\boldsymbol{B}$ 的大小可定义为

$$B=\frac{F_{max}}{qv} \tag{9-1}$$

在 SI 制中，B 的单位为**特斯拉**（T），工程技术上还常用**高斯**（Gs）作单位，二者的换算关系为 $1T=10^4$ Gs。

为了对磁感应强度的大小有个具体的认识，表 9-1 给出了几种磁场的磁感应强度大小。一般认为，$B>10^{-2}$ T 时为强磁场，10^{-6} T$<B<10^{-2}$ T 时为弱磁场，$B<10^{-6}$ T 时为极弱磁场。由表 9-1 可见，地球磁场为弱磁场，动物磁场为极弱磁场，脉冲星上的磁场是迄今为止所知的最强大的天然磁场。

表 9-1　几种磁场的磁感应强度

种类	磁场/T	种类	磁场/T
脉冲星	10^8	太阳磁场	10^{-4}
超导材料制成的磁铁	10^2	地球赤道磁场	3×10^{-5}
大型电磁铁	2	地球两极磁场	6×10^{-5}
磁疗器	0.1～0.2	动物心脏	10^{-10}
核磁共振仪	$(4\sim8)\times10^{-4}$	动物大脑	10^{-12}

知识链接　　**地球磁场翻转**

地球磁场是最常见的天然磁场。地球赤道地面处的磁感应强度约为 3.00×10^{-5} T，两极附近约 6.00×10^{-5} T，在北京约 5.48×10^{-5} T。有趣的是，地磁极轴线与地球自转轴并不重合，两者夹角为 11.5°，如图 9-2 所示。地球磁场的 S 极在北半球加拿大北海岸以北离北极约 1 600 km 处（即北纬 70°10′和西经 90°的地方），而 N 极在南半球罗斯海西部离南极约 1 600 km 处（即南纬 70°10′和西经 150°45′的地方）。地磁场虽然很弱，但确可以屏蔽宇宙射线，特别是太阳风暴对地球的袭击等，保护了地球生命的延续。

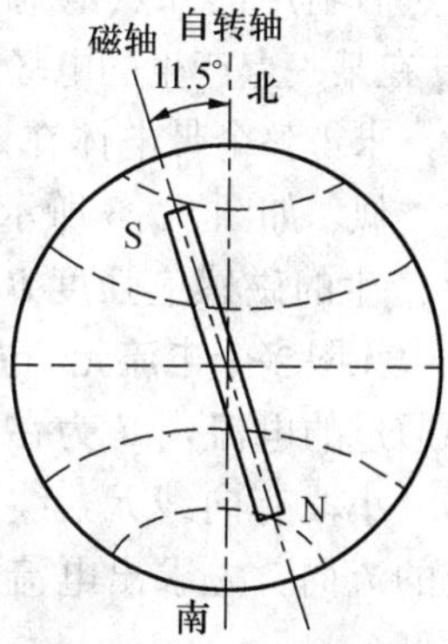

图 9-2　地球磁场

有关地磁学的研究表明，地球磁场的磁感应强度和方向发生着循环的变化，即由强到弱以至消失。然后，地磁方向发生倒转，再从弱变化至反方向的最大值。根据对火山岩的测算，在过去的 400 万年里地球磁场的方向已经先后倒转变化过 9 次。值得注意的是，人们发现，最近几个世纪以来地磁的强度在不断减弱，1845 年德国数学家卡尔·高斯开始记录地球磁场数据，与那时相比，今天的磁场强度减弱了近 10%左右，而且这种势头还将继续。有的研究人员推算，在公元 33 世纪来临之前（约 1 200 年以后）地磁场将消失殆尽。届时，我们的地球将不再是现在这样的大磁球了。那么，根据地磁的变化规律，是否从公元 33 世纪开始又将出现地磁方向的倒转呢？最新研究指出，在过去的数十亿年中，地球磁场曾多次发生翻转，美国加州大学的地球科学和磁场专家加里·格拉兹迈尔认为，从地质记录来看，地球磁场平均大约每 20 万年翻转一次，不过时间也可能相差很大，并不固定，上一次磁场翻转是在 78 万年前。而华盛顿大学的科学家罗纳德·麦里尔认为，地球磁极翻转“看起来是随机发生的”，两次翻转的最短间隔在20 000至30 000年之间，最长可能是5 000万年。不管如何，地磁翻转都将给地球环境带来巨大的变化，无疑将是未来人类必须面对和考虑的重大问题之一。

关于地球磁场的起源有许多假说。17世纪，吉尔伯特曾提出地球是一个巨大磁铁的猜想，后来人们又在地层中找到带有磁性的岩石，所以很自然地认为在地球中心存在一个巨大无比的磁铁矿，是这个磁铁矿产生了地球磁场，地球的磁性来源于由永久磁铁构成的地核。2004年9月，美国《国家地理杂志》发表文章解释了地球磁场的起源和翻转的原因。专家认为，地球磁场来自地球深处的地心部分，固体的地心四周是处在熔解状的铁和镍液体。由于地球从西向东的自转带动地球内部熔融的铁、镍流动，从而引起地核物质内部的电子或其他带电粒子的定向运动而产生了电流，形成了地球磁场。地心周围的液体物质，总是处在不稳定状态，以非常缓慢的速度转动，一般大约每年移动1°。然而在受到某种干扰时，这个速度会变得越来越快，使原有的磁场偏离极地越来越远，最后发生南北极互换的现象。地磁起源及其翻转的真正成因仍是一个待解之谜。

二、毕奥—萨伐尔定律

在静电学中，求带电体周围某点的电场强度 E 的最基本方法，是把带电体看成是由无限多个电荷元 $\mathrm{d}q$（可看作点电荷）组成的集合体，然后利用已知点电荷的电场强度公式，求出 $\mathrm{d}q$ 在某一点产生的电场强度 $\mathrm{d}E$，再通过积分运算，求得整个带电体在该点产生的电场强度。与此类似，如图9-3所示，计算载流导体在某点 P 产生的磁感应强度 $\boldsymbol{B}$，也可把载流导体看成是由无限多个**电流元** $I\mathrm{d}\boldsymbol{l}$ 组成的，其中 I 为导线中通过的电流，$\mathrm{d}\boldsymbol{l}$ 为在导线上沿电流流向任取的一小段有向线元，线元的方向规定为该处电流的流向。先求出电流元在该点产生的磁感应强度 $\mathrm{d}\boldsymbol{B}$，再通过积分求得整个载流导体在该点产生的磁感应强度，即 $\boldsymbol{B}=\int \mathrm{d}\boldsymbol{B}$。

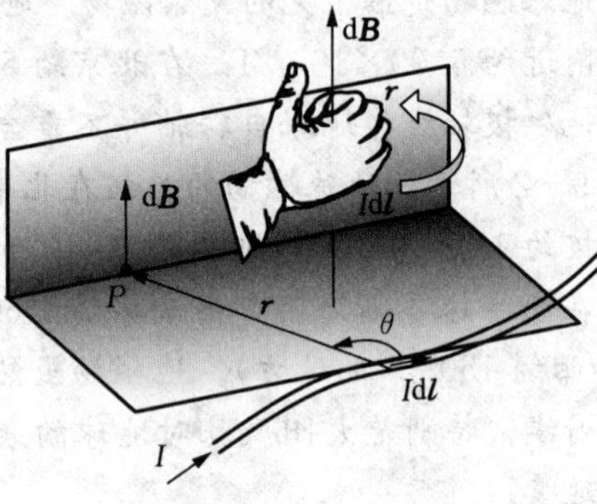

图9-3 电流元的磁场

19世纪20年代，法国物理学家毕奥（J. B. Biot，1774—1862）和萨伐尔（F. Savart，1791—1841）通过对许多实验的分析，并在著名的法国数学家拉普拉斯（P. S. M. Laplace，1749—1827）的帮助下总结出了确定载流导线产生的磁感应强度的规律，称为**毕奥—萨伐尔定律**（Biot - Savart's law）。其内容如下：

（1）**电流元 $I\mathrm{d}\boldsymbol{l}$ 在空间某点 P 处产生的磁感应强度 $\mathrm{d}\boldsymbol{B}$ 的大小与电流元 $I\mathrm{d}\boldsymbol{l}$ 的大小成正比，与电流元 $I\mathrm{d}\boldsymbol{l}$ 所在处到 P 点的位矢 $\boldsymbol{r}$ 和电流元 $I\mathrm{d}\boldsymbol{l}$ 之间的夹角 θ 的正弦成正比，而与电流元到 P 点的距离 r 的平方成反比**。用数学式表示为

$$\mathrm{d}B=\frac{\mu_0}{4\pi}\frac{I\mathrm{d}l\sin\theta}{\mathrm{r}^2} \tag{9-2}$$

式中 $\mu_0=4\pi\times10^{-7}\ \mathrm{N\cdot A^{-2}}$，称为**真空磁导率**（vacuum permeability）

（2）**d*B* 垂直于 *I*d*l* 与 *r* 组成的平面，指向可以用右手螺旋法则确定，即右手四指由 *I*d*l* 经小于 π 的角转向位矢 *r* 时，大拇指的指向即为 d*B* 的方向。**

综合以上两点，用矢量式表示 d*B* 则有

$$\mathrm{d}\boldsymbol{B}=\frac{\mu_0}{4\pi}\frac{I\mathrm{d}\boldsymbol{l}\times\boldsymbol{e}_r}{r^2} \tag{9-3}$$

式中 $\boldsymbol{e}_r$ 是电流元 $I\mathrm{d}\boldsymbol{l}$ 到场点 P 的矢径 $\boldsymbol{r}$ 的单位矢量。

整个电流在 P 点处产生的磁感应强度，可通过积分求得

$$\boldsymbol{B}=\int\mathrm{d}\boldsymbol{B}=\frac{\mu_0}{4\pi}\int\frac{I\mathrm{d}\boldsymbol{l}\times\boldsymbol{e}_r}{r^2} \tag{9-4}$$

毕奥—萨伐尔定律本身是不能用实验证明的，因为实验无法测出电流元的磁场，但由毕奥—萨伐尔定律导出的各种推论和结果，已在实践中都得到了证实，从而证明了这一定律的正确性

例题 9-1 如图 9-4 所示，在长为 L 的一段载流直导线中，通有电流 I，求距离导线为 a 处一点 P 的磁感应强度。

解： 在载流直导线上任取一电流元 $I\mathrm{d}l$，它在 P 点产生的磁感应强度的大小为

$$\mathrm{d}B=\frac{\mu_0}{4\pi}\frac{I\mathrm{d}l\sin\theta}{r^2}$$

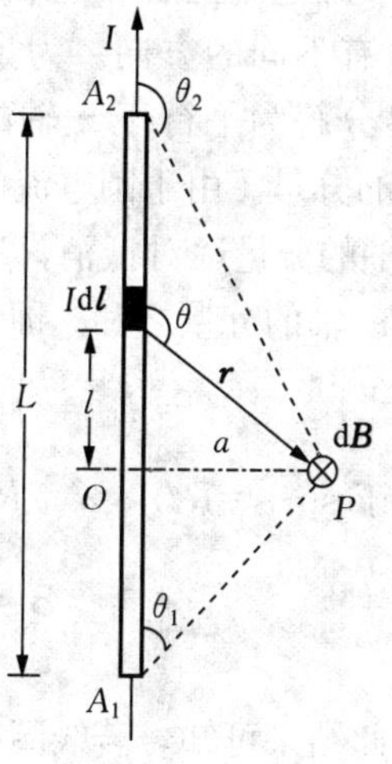

图 9-4 载流直导线的磁场

d*B* 的方向垂直纸面指向纸内，同时可以判定导线上各电流元在 P 点产生的 d*B* 的方向均相同，所以式（9-4）的矢量积分变为标量积分，即

$$B=\int\mathrm{d}B=\int\frac{\mu_0}{4\pi}\frac{I\mathrm{d}l\sin\theta}{r^2}$$

为了计算的方便，将式中 l、r、θ 三个变量要变换为同一变量，由图 9-4 可知，它们之间的关系是

$$r=\frac{a}{\sin(\pi-\theta)}=\frac{a}{\sin\theta},\ l=a\cot(\pi-\theta)=-a\cot\theta,\ \mathrm{d}l=\frac{a}{\sin^2\theta}\mathrm{d}\theta$$

代入上式可得

$$B=\frac{\mu_0 I}{4\pi a}\int_{\theta_1}^{\theta_2}\sin\theta\mathrm{d}\theta=\frac{\mu_0 I}{4\pi a}(\cos\theta_1-\cos\theta_2) \tag{9-5}$$

其中 θ_1，θ_2 分别为载流直导线两端的电流元与其到 P 点的位矢 $\boldsymbol{r}$ 所成的夹角。

下面讨论两种特殊情况：

（1）若导线可视为无限长，则 $\theta_1\to 0$，$\theta_2\to\pi$。上式变为

$$B=\frac{\mu_0 I}{2\pi a} \tag{9-6a}$$

通常在研究一段长为 L 的直导线中间部分且十分靠近导线（即 $a\ll L$）的周围各点磁场的性质时，即可把这段导线看作是“无限长”。

（2）若导线可被视为“半无限长”（如长直螺线管的一端），则 $\theta_1\to\frac{\pi}{2}$，$\theta_2\to\pi$。此时

$$B=\frac{\mu_0 I}{4\pi a} \tag{9-6b}$$

由此看出，无限长载流直导线周围各点的磁感应强度的大小，与各点到导线的垂直距离 a 成反比，与电流 I 成正比。若以长直导线上的点为圆心，作垂直于长直导线的同心圆系，则长直导线在各点产生的磁感应强度 $\boldsymbol{B}$ 的方向沿通过该点圆的切线方向，其指向与电流方向满足右手螺旋法则，如图 9-5 所示。

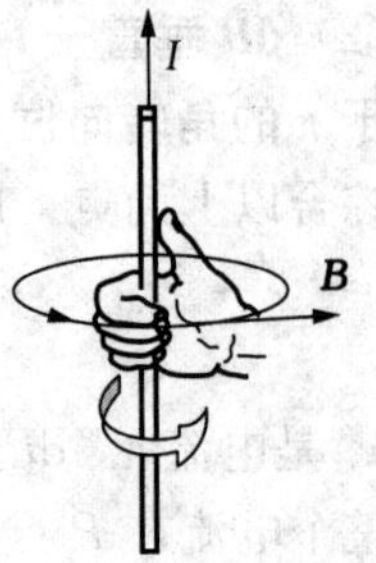

图 9-5　长直载流导线周围各点磁感应强度方向

例题 9-2　真空中半径为 R 的载流导线通有电流 I，称**圆电流**。求其轴线上一点 P 的磁场的方向和大小。

解： 由图 9-6 所示，由毕奥—萨伐尔定律，圆电流上任一电流元 $I\mathrm{d}\boldsymbol{l}$ 在 P 点产生的 $\mathrm{d}\boldsymbol{B}$ 的大小为

$$\mathrm{d}B=\frac{\mu_0}{4\pi}\frac{I\mathrm{d}l}{r^2}\sin\frac{\pi}{2}=\frac{\mu_0}{4\pi}\frac{I\mathrm{d}l}{r^2}$$

圆电流上各个电流元在 P 点产生的 $\mathrm{d}\boldsymbol{B}$ 有不同的方向。为了求矢量和，可将 $\mathrm{d}\boldsymbol{B}$ 分解为平行于 x 轴的分量和垂直于 x 轴的分量。由于圆电流的对称性，垂直于 x 轴的分量逐对抵消，$\boldsymbol{B}$ 的大小仅为平行于 x 轴的分量之和。即

$$B=B_x=\int \mathrm{d}B\sin\alpha$$

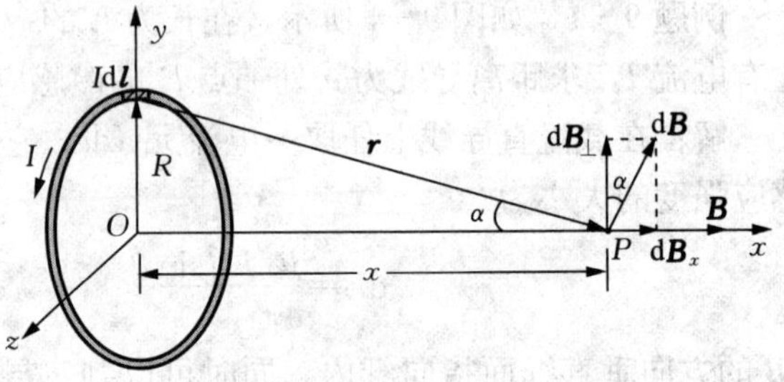

图 9-6　载流圆线圈轴线上的磁场

由于 $\sin\alpha=R/r$，$r^2=R^2+x^2$，所以

$$B=\int\frac{\mu_0 I}{4\pi}\frac{\mathrm{d}l}{r^2}\sin\alpha=\frac{\mu_0 IR}{4\pi r^3}\int_0^{2\pi R}\mathrm{d}l=\frac{\mu_0}{2}\frac{IR^2}{(x^2+R^2)^{3/2}}$$

由此结果可知，若线圈有 N 匝，则　$$B=\frac{N\mu_0 IR^2}{2(x^2+R^2)^{3/2}} \tag{9-7}$$

我们讨论两种特殊位置的磁感应强度：

(1) 当 $x=0$ 时，在圆电流圆心处的磁感应强度为

$$B=\frac{\mu_0 I}{2R}$$

(2) 当 $x\gg R$，$x^2+R^2\approx x^2$，即在轴线上远离圆心 O 处的磁感应强度近似为

$$B\approx\frac{\mu_0 IR^2}{2x^3}=\frac{\mu_0 I\pi R^2}{2\pi x^3}=\frac{\mu_0 IS}{2\pi x^3}$$

由此可知，P 点的磁感应强度的大小，决定于线圈的面积 S 和电流 I 的乘积。

如图 9-7(a) 所示，对平面载流线圈的磁感应强度也常用**磁矩**（magnetic moment）$\boldsymbol{p}_\mathrm{m}$ 这一物理量来表示，它的定义是　$$\boldsymbol{p}_\mathrm{m}=IS\boldsymbol{n} \tag{9-8}$$

式中，I 为电流，S 为圆电流环绕的面积，$\boldsymbol{n}$ 为圆电流平面的法向单位矢量，其方向与电流环绕的方向之间满足右手螺旋法则，见图 9-7(b)。则由式（9-7）可知，圆电流产生的磁场可表示为

$$\boldsymbol{B}=\frac{\mu_0 N\boldsymbol{p}_\mathrm{m}}{2\pi\ (R^2+x^2)^{3/2}} \tag{9-9}$$

上述两种特殊位置处圆线圈的磁感应强度可用磁矩表示为

$$\boldsymbol{B}=\frac{\mu_0}{2\pi}\frac{\boldsymbol{p}_m}{R^3}\ (x=0),\ \boldsymbol{B}=\frac{\mu_0}{2\pi}\frac{\boldsymbol{p}_m}{x^3}\ (x\gg 0) \qquad (9-10)$$

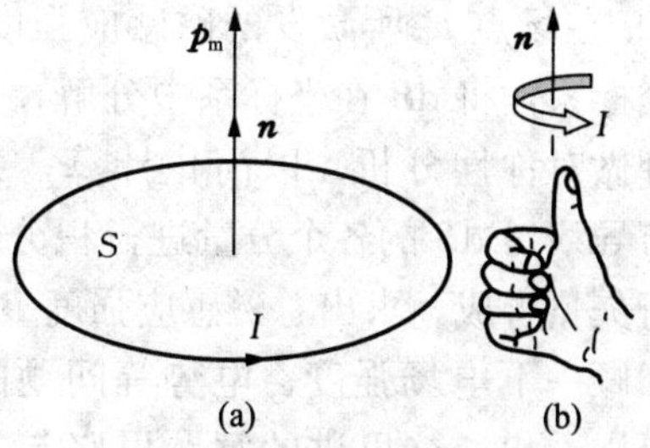

图 9－7　载流线圈的磁矩

磁矩是量子力学中一个重要的物理量，在研究物质的磁性，以及分子、原子及原子核物理学中经常用到。电子绕原子核沿轨道旋转产生轨道磁矩，电子本身做自旋运动而产生自旋磁矩，两者的矢量和称为电子磁矩。原子中所有电子的电子磁矩的矢量和（事实上还应包括原子核的磁矩）构成了原子磁矩，而分子中所有原子磁矩的矢量和又构成了分子磁矩。而分子磁矩可以视为是由一个等效电流产生的，这个等效电流就是**分子电流**（molecular current）。宏观上，这些分子磁矩会产生出磁场来，这就是物质磁性起源的机理。

例题 9－3　有一个长为 L，半径为 R 的载流密绕直螺线管，螺线管的总匝数为 N，沿轴向单位长度的匝数为 n，每一匝上通有电流 I。把螺线管放在真空中，求管内轴线上某一点处的磁场。

解：如图 9－8 所示，可以将均匀密绕的长直螺线管看成是由一系列紧密并排的圆线圈构成的，在轴线上某点 P 处的磁场为各匝圆电流在该处产生的磁场的矢量和。在距离 P 点为 l 处取长为 dl 的线元，该线元上分布的电流为

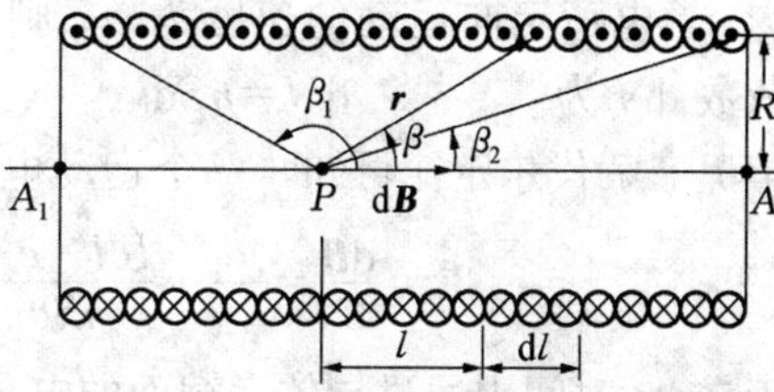

图 9－8　无限长螺线管轴线上的磁场

$$dI=nIdl$$

利用例题 9－2 的结果可知它在 P 点产生的磁场的大小为

$$dB=\frac{\mu_0}{2}\frac{R^2 nI dl}{(l^2+R^2)^{3/2}}$$

方向沿轴线向右，因各螺线管元在 P 点产生的磁场方向相同，所以整个螺线管在 P 点产生的磁场为

$$B=\int dB=\int\frac{\mu_0}{2}\frac{R^2 nI\,dl}{(l^2+R^2)^{3/2}}$$

为了便于积分，引进变量 β，做如下变量代换

$$l=R\cot\beta,\ dl=-R\csc^2\beta d\beta,\ R^2+l^2=R^2\csc^2\beta$$

所以
$$B=-\frac{\mu_0 nI}{2}\int_{\beta_1}^{\beta_2}\frac{R^3\csc^2\beta\,d\beta}{R^3\csc^3\beta}=-\frac{\mu_0 nI}{2}\int_{\beta_1}^{\beta_2}\sin\beta d\beta=\frac{\mu_0 nI}{2}(\cos\beta_2-\cos\beta_1)$$

由此结果可知，若螺线管为无限长，此时 $\beta_1\to\pi$、$\beta_2\to 0$，则

$$B=\mu_0 nI \qquad (9-11a)$$

若螺线管为半无限长，则 $\beta_1=\pi/2$、$\beta_2\to 0$，则

$$B=\frac{1}{2}\mu_0 nI \qquad (9-11b)$$

由此可画出长直螺线管轴线上的磁场分布曲线如图 9－9 所示。

从以上几个例题求解过程可以看出，求解载流导线产生的磁场，首先采用微分的方法，将载流导线视为无限多个电流元的集合，任选一段电流元 $I d\boldsymbol{l}$，根据毕奥—萨伐尔定律确定

$Id\boldsymbol{l}$ 在场点 P 所激发的磁感应强度 $d\boldsymbol{B}$；然后建立坐标系，将 $d\boldsymbol{B}$ 在坐标系中分解，并用磁场叠加原理做对称性分析，以简化计算；最后，就整个载流导线对 $d\boldsymbol{B}$ 的各个分量进行积分，对积分结果进行矢量合成，求出总磁感应强度 $\boldsymbol{B}$。其实读者只要回顾一下电场强度、电势等问题的求解过程，就可以看出，这里讲的解题思路与方法，实际是用微积分解物理问题的通用方法，读者应切实掌握这种方法。

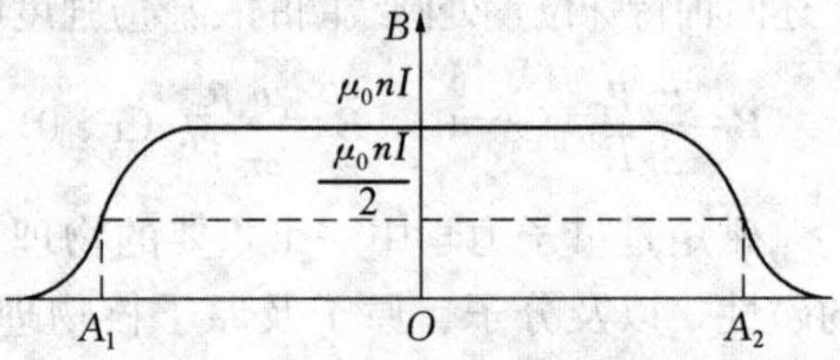

图 9-9　长螺线管轴线上的磁场分布

三、运动电荷的磁场

按照经典电子理论，导体中的电流就是大量带电粒子的定向运动。因此可知，电流产生的磁场实际上就是运动电荷产生磁场的宏观表现，由毕奥—萨伐尔定律不难推出一个运动电荷产生的磁场。

图 9-10 表示的是一段长为 dl 的电流元，S 为导线的横截面积。设导线中每个电荷的电量为 q，电荷体密度为 n，电荷定向运动的速度为 v，则该电流元包含的电荷数 dN 为

$$dN=nSdl$$

由毕奥—萨伐尔定律可知，一个运动电荷产生的磁场应为

$$\boldsymbol{B}_q=\frac{d\boldsymbol{B}}{dN}=\frac{\mu_0}{4\pi}\cdot\frac{Id\boldsymbol{l}\times\boldsymbol{e}_r}{r^2 nSdl}$$

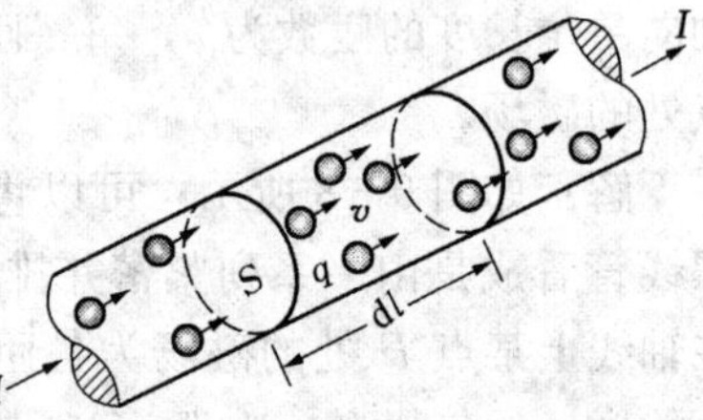

图 9-10　运动电荷磁场的推导

由于在 Δt 时间内通过导体横截面的电量 $\Delta q=qnSv\Delta t$，故电流 I 为

$$I=\frac{\Delta q}{\Delta t}=qnSv \tag{9-12}$$

由以上讨论可得，一个电荷量为 q 以速度 $\boldsymbol{v}$ 运动的带电粒子，在空间一点 P 产生的磁感应强度为

$$\boldsymbol{B}_q=\frac{\mu_0}{4\pi}\cdot\frac{q\boldsymbol{v}\times\boldsymbol{e}_r}{r^2} \tag{9-13}$$

式中 $\boldsymbol{e}_r$ 为从电荷 q 到 P 点的位矢的单位矢量。$\boldsymbol{B}$ 的方向垂直于 $\boldsymbol{v}$ 和 $\boldsymbol{r}$ 所组成的平面，指向用右手螺旋法则确定，如图 9-11 所示。

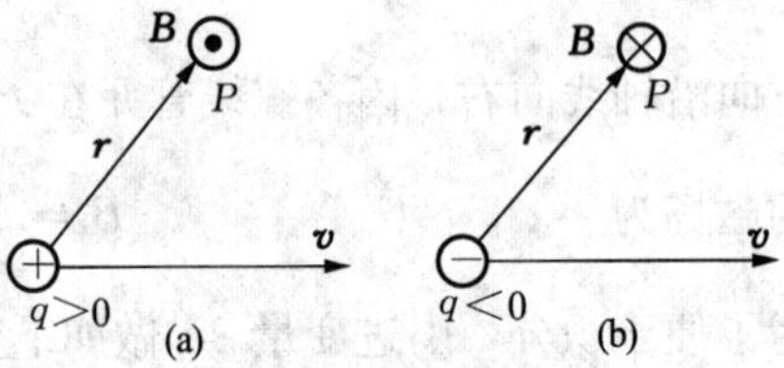

图 9-11　正负运动电荷的磁场方向

第二节　磁场的高斯定理与安培环路定理

一、磁场的高斯定理

与用电场线描绘静电场相类似，也可用磁感应线（又称磁力线）描绘恒定磁场。规定：①磁力线上各点的切线方向与该点处的磁感应强度 $\boldsymbol{B}$ 的方向一致；②磁场中的某点处，垂直于该点 $\boldsymbol{B}$ 的单位面积上，穿过磁力线的数目等于该点处 $\boldsymbol{B}$ 的大小（即该点处磁力线的疏密程度表示该点磁场 $\boldsymbol{B}$ 的大小）。图 9-12(a)、(b)、(c) 给出了几种载流导线磁场的磁力线。从图中可以看出，每一条磁力线都是无头无尾的闭合线。

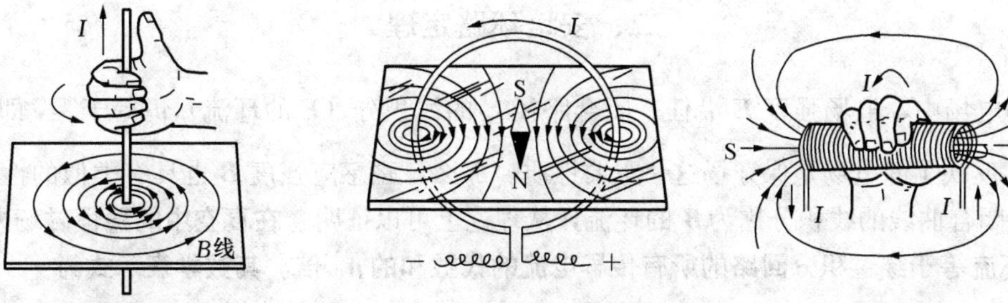

(a)直线电流　　(b)圆电流　　(c)螺线管电流

图 9－12　几种载流体系的磁场线

由于磁力线都是无头无尾的闭合曲线，根据磁场的这个性质，如果仿照静电场中电通量的概念引入磁通量，定义穿过磁场中某一面积 S 的**磁通量**（magnetic flux）为

$$\Phi_{\mathrm{m}}=\int_S \boldsymbol{B}\cdot \mathrm{d}\boldsymbol{S} \tag{9-14}$$

式中，磁通量的单位是韦伯（Weber），用 Wb 表示，1 Wb=1 T · m^2。

由磁力线性质知，**通过空间中任意封闭曲面的磁通量必为零**。即有

$$\oint_S \boldsymbol{B}\cdot \mathrm{d}\boldsymbol{S}=0 \tag{9-15}$$

这个结论称为**磁场的高斯定理**（Gauss theorem of magnetic field）。

磁场的高斯定理是磁场的一条基本规律，它是磁力线闭合性的数学表述，它也可以从毕奥—萨伐尔定律出发给出严格的证明。与静电场相比，电场线起自于正电荷，终止于负电荷，因而静电场是有源场，其场源为电荷。而磁场的高斯定理表明磁力线是无头无尾的闭合线，磁力线既无源头，又无尾闾，因而磁场是无源场，或涡旋场。显然，磁场的这个性质与**磁单极子**（magnetic monopole）的不存在是紧密相关的。

知识链接　　**磁　单　极**

和静电场的高斯定理相比，$\oint_S \boldsymbol{B}\cdot \mathrm{d}\boldsymbol{S}=0$ 表明自然界中不存在与电荷相对应的磁单极，即不存在单独的南磁极和北磁极。然而，根据对称性的想法，这似乎又“不太合理”，因为对称性是自然界中存在的普遍现象，电场和磁场之间因为没有磁单极而变得不对称了！因此，长期以来，磁单极问题一直是高悬在物理学上空的一块乌云。

1931 年，英国著名的物理学家、诺贝尔奖获得者狄拉克（P. A. M. Dirac，1902—1984）从电磁的对称性出发，根据量子力学的研究，首先提出磁单极的存在是可能的。在狄拉克之后，许多理论，例如关于电磁、弱相互作用和强相互作用相统一的“大统一理论”，都支持这一观点。然而半个多世纪以来，实验物理学家们从高能加速器、宇宙线、陨星（陨石）和月球岩石、地下的岩石和海底岩石等许多方面进行了寻找磁单极的艰苦努力，真可谓“上穷碧落下黄泉”，至今尚没有肯定的结果。人们推测，磁单极可能是在宇宙形成之初产生的，残存下来的很少，并且分布在广袤的宇宙之中，因此，寻找起来当然不易。

看来，磁单极问题不仅涉及自然界的平衡原理，还涉及小到微观，大到宇观的许多基本问题。正因为如此，它不断燃起科学家们的探索热情。在 21 世纪，磁单极之谜仍将是物理学的热点问题之一。

二、安培环路定理

在静电场中，电场强度 $\boldsymbol{E}$ 沿任一闭合路径 L 的线积分（$\boldsymbol{E}$ 的环流）恒等于零，即 $\oint_L \boldsymbol{E}\cdot \mathrm{d}\boldsymbol{l}=0$，反映了静电场是保守场这一重要性质。那么，磁感应强度 $\boldsymbol{B}$ 也具有类似的性质吗？$\boldsymbol{B}$ 对任意闭合曲线的线积分称为 $\boldsymbol{B}$ 的环流，从理论上可以证明：**在真空中的稳恒磁场内，磁场 $\boldsymbol{B}$ 的环流等于穿过积分回路的所有传导电流的代数和的 μ_0 倍。其数学表示式为**

$$\oint_L \boldsymbol{B}\cdot \mathrm{d}\boldsymbol{l}=\mu_0\sum_i I_i \tag{9-16}$$

这个结论称为**安培环路定理**（Ampere circuit theorem）。在定理中规定：当穿过环路的电流方向与环路的绕行方向服从右手螺旋关系时，电流取正值；反之，电流取负值。

安培环路定理可以由毕奥—萨伐尔定律和磁场的叠加原理推导出来，其严格证明比较复杂，下面用一个特例来说明这个定理。

在图 9－13 中，闭合回路 L 在垂直于无限长直载流导线的平面内，L 的绕行方向与电流 I 的方向成右手螺旋关系，由例题 9－1 可知，L 上距离导线为 r 的某一点 P 的磁场为

$$B=\frac{\mu_0 I}{2\pi r}$$

磁场 $\boldsymbol{B}$ 沿 L 的环流为

$$\oint_L \boldsymbol{B}\cdot \mathrm{d}\boldsymbol{l}=\oint_L B\cos\theta \mathrm{d}l$$

由图 9－13 可知，$\cos\theta\mathrm{d}l=r\mathrm{d}\varphi$，所以

$$\oint_L \boldsymbol{B}\cdot \mathrm{d}\boldsymbol{l}=\oint_L \frac{\mu_0 I}{2\pi r}r\mathrm{d}\varphi=\frac{\mu_0 I}{2\pi}\int_0^{2\pi}\mathrm{d}\varphi=\mu_0 I$$

如果上述积分的绕行方向不变而电流反向时（即回路绕行方向与电流 I 的流向成左手螺旋关系），则 $\boldsymbol{B}$ 的方向与原来的相反，$\mathrm{d}l\cos\theta=-r\mathrm{d}\varphi$，从而

$$\oint_L \boldsymbol{B}\cdot \mathrm{d}\boldsymbol{l}=-\mu_0 I$$

若电流在闭合回路 L 之外，如图 9－14 所示，作以 O 为扇形中心、扇形角为 $\mathrm{d}\varphi$ 的扇形，与环路 L 分别交于 P_1、P_2 两点，两点距离 O 分别为 r_1 和 r_2，则 P_1 和 P_1 处的磁场分别为

$$B_1=\frac{\mu_0 I}{2\pi r_1},\ B_2=\frac{\mu_0 I}{2\pi r_2}$$

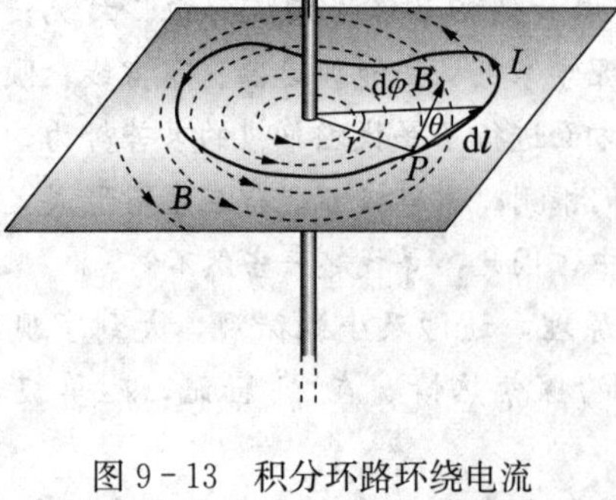

图 9－13　积分环路环绕电流

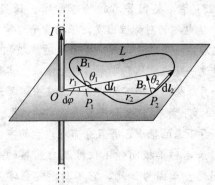

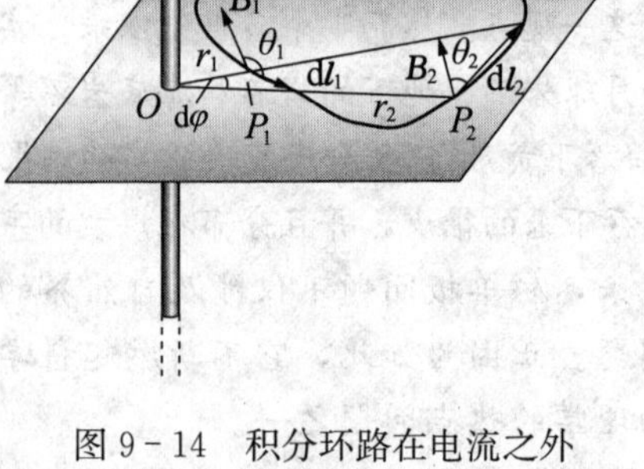

图 9－14　积分环路在电流之外

线元 $\mathrm{d}\boldsymbol{l}_1$ 和 $\mathrm{d}\boldsymbol{l}_2$ 对电流有同一张角 $\mathrm{d}\varphi$，于是，在两线元上的 $\boldsymbol{B}\cdot\mathrm{d}\boldsymbol{l}$ 之和为

$$\boldsymbol{B}_1\cdot\mathrm{d}\boldsymbol{l}_1+\boldsymbol{B}_2\cdot\mathrm{d}\boldsymbol{l}_2=\frac{\mu_0 I}{2\pi r_1}\cos\theta_1\mathrm{d}l_1+\frac{\mu_0 I}{2\pi r_2}\cos\theta_2\mathrm{d}l_2=-\frac{\mu_0 I}{2\pi r_1}r_1\mathrm{d}\varphi+\frac{\mu_0 I}{2\pi r_2}r_2\mathrm{d}\varphi=0$$

而整个导线可看成由无穷多个成对的线元组成，故 $\boldsymbol{B}$ 沿整个闭合曲线的环流必为零。即

$$\oint_L \boldsymbol{B}\cdot\mathrm{d}\boldsymbol{l}=0$$

若有 n 条无限长载流直导线，其中 I_1，I_2，…，I_k 被闭合曲线 L 所包围，而 I_{k+1}，I_{k+2}，…，I_n 未被 L 包围，则根据磁场的叠加原理，总磁感应强度 $\boldsymbol{B}$ 沿 L 的环流应为

$$\begin{aligned}\oint_L \boldsymbol{B}\cdot\mathrm{d}\boldsymbol{l}&=\oint_L(\boldsymbol{B}_1+\boldsymbol{B}_2+\cdots+\boldsymbol{B}_k+\boldsymbol{B}_{k+1}+\cdots+\boldsymbol{B}_n)\cdot\mathrm{d}\boldsymbol{l}\\&=\left(\oint_L\boldsymbol{B}_1\cdot\mathrm{d}\boldsymbol{l}+\cdots+\oint\boldsymbol{B}_k\cdot\mathrm{d}\boldsymbol{l}\right)+\left(\oint_L\boldsymbol{B}_{k+1}\cdot\mathrm{d}\boldsymbol{l}+\cdots\oint_L\boldsymbol{B}_n\cdot\mathrm{d}\boldsymbol{l}\right)\\&=\mu_0(I_1+I_2+\cdots+I_k)=\mu_0\sum_{i=1}^{k}I_i\end{aligned}$$

即，在稳恒磁场中，$\boldsymbol{B}$ 沿任意闭合路径的环流，等于路径 L 所包围的电流的代数和的 μ_0 倍。

以上虽然只是从无限长直线电流这一简单情况导出了安培环路定理，但可以证明，式（9－16）对任意形状的载流回路以及任意形状的闭合路径都是成立的，它是一个普遍的结论。

对于安培环路定理式（9－16），还应该强调如下四点：

（1）$\sum_i I_i$ 为安培环路 L 所包围的电流的代数和，I_i 作为代数量来处理，其正负按右手螺旋法则确定。

（2）式中的 $\boldsymbol{B}$ 是 L 上各点的 $\boldsymbol{B}$，它是 L 内、外所有电流激发的总磁场。但是，只有被 L 包围的电流才对 $\boldsymbol{B}$ 沿 L 的环流 $\left(\text{即}\oint_L\boldsymbol{B}\cdot\mathrm{d}\boldsymbol{l}\right)$ 有贡献。

（3）L 包围的电流是指穿过以 L 为边界的任意曲面的电流。

（4）安培环路定理仅适用于闭合的恒定电流回路，对一段电流不适用，对于非稳恒磁场也不适用。

由安培环路定理可以看出，一般说来 $\boldsymbol{B}$ 的环流不为零，只有当闭合回路内没有包围电流，或者所包围电流的代数和为零时，$\boldsymbol{B}$ 的环流才为零。因此，**稳恒磁场的性质与静电场不同，静电场是保守场，磁场是非保守场，在磁场中不存在一个与电势对应的物理量"磁势"。**但是磁场是有旋场，磁场线都是闭合曲线，这些闭合的磁场线都围绕着电流，因此，电流犹如旋涡的中心，而闭合的磁力线犹如打旋的流水，故称磁场是**涡旋场**（或**有旋场**）。如果说静电场的高斯定理反映了电荷以发散的方式激发电场，凡是存在电荷的地方必有电场线发出（或在那里汇聚），那么安培环路定理则反映了电流以涡旋的方式激发磁场，凡是有电流的地方其周围必定围绕着闭合的磁力线。

安培环路定理的意义不仅在于指出了磁场的非保守性，由于定理对积分环路没有任何限制，这就使得可以利用安培环路定理简化某些磁场的计算。

例题 9－4　求图 9－15 所示的通有电流 I 的长直密绕螺线管内的磁场。

解：由对称性分析，管内平行于轴线的任一直线上各点的磁感应强度大小相等，方向沿轴向，紧靠螺线管外部的磁场为零（见图 9－15）。在图 9－16 中选积分回路 $L(OPMN)$，磁

场的 $\boldsymbol{B}$ 方向与电流 I 的方向成右手螺旋关系，沿此回路 $\boldsymbol{B}$ 的环流为

$$\oint_L \boldsymbol{B}\cdot \mathrm{d}\boldsymbol{l}=\int_{MN}\boldsymbol{B}\cdot \mathrm{d}\boldsymbol{l}+\int_{NO}\boldsymbol{B}\cdot \mathrm{d}\boldsymbol{l}+\int_{OP}\boldsymbol{B}\cdot \mathrm{d}\boldsymbol{l}+\int_{PM}\boldsymbol{B}\cdot \mathrm{d}\boldsymbol{l}=\int_{MN}\boldsymbol{B}\cdot \mathrm{d}\boldsymbol{l}+0+0+0=B\cdot\overline{MN}$$

由安培环路定理得

$$B\cdot\overline{MN}=\mu_0 n\cdot\overline{MN}\cdot I$$

故

$$B=\mu_0 nI$$

该结果和例题 9－3 中所求结果完全相同，见式（9－11a），但解题方法要简单得多，这正是使用安培环路定理解题的方便之处。例题 9－3 和例题 9－4 的计算结果均表明，长直载流螺线管内磁场为均匀场。虽然这一结果是从长直载流螺线管导出的，但这一结论对实际螺线管内靠近中央区域的各点也可以认为是适用的。在实际中，常采用长直载流螺线管来建立匀强磁场。

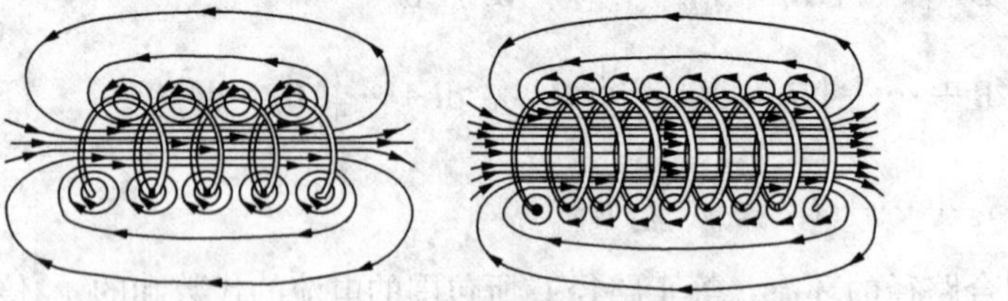

图 9－15　长直密绕螺线管的磁场

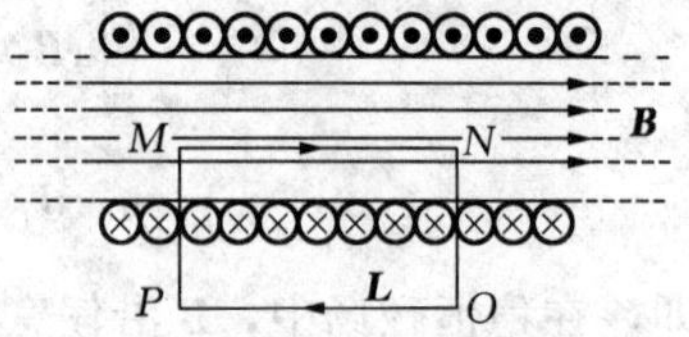

图 9－16　长直密绕螺线管剖面图

例题 9－5　求均匀载流无限长圆柱导体内外的磁场分布。设电流 I 在导体横截面上均匀分布，并沿轴线流动。

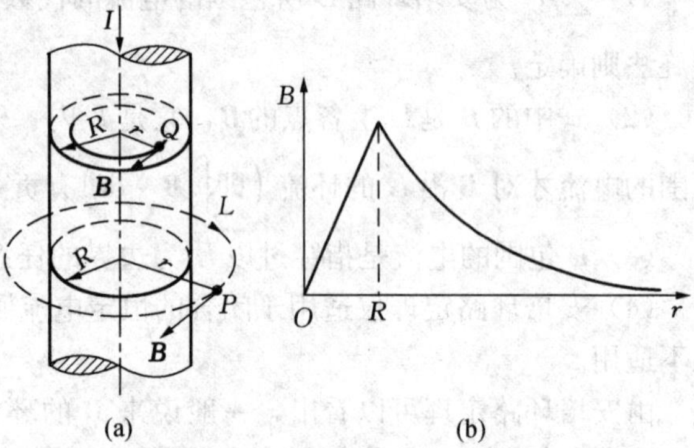

图 9－17　载流圆柱导体内外的磁场

解：如图 9－17 中（a）所示，由对称性分析，整个圆柱形载流导体在 P 点产生的磁场一定与 $\boldsymbol{r}$ 垂直，并与电流成右手螺旋关系。选取通过场点 P 的以圆柱轴线为中心的圆环 L 为积分回路，如图 9－17(a) 中虚线所示，以与电流成右手螺旋关系的方向为环路的绕行方向。在导体外任一点，即当 $r>R$ 时，应用安培环路定理可写出 $\oint_L \boldsymbol{B}\cdot \mathrm{d}\boldsymbol{l}=\mu_0 I$，

即

$$2\pi rB=\mu_0 I$$

由此得导体外的磁场为

$$B=\frac{\mu_0 I}{2\pi r}$$

在导体内部任意一点 Q，过该点做积分回路，此时 $r<R$，由安培环路定理写出

$$\oint_L \boldsymbol{B}\cdot \mathrm{d}\boldsymbol{l}=\mu_0\ \frac{\pi r^2}{\pi R^2}I$$

即

$$2\pi rB=\frac{\mu_0 r^2}{R^2}I$$

由此解出

$$B=\frac{\mu_0 Ir}{2\pi R^2}$$

可见，圆柱形导体外的磁场与电流全部集中在圆柱轴线上的一根载流直导线产生的磁场一样；在圆柱体内部，B 与 r 成正比，B 随 r 的分布如图 9-17(b) 所示。

通过以上例题可以看到，用安培环路定理计算磁场分布是简单而有效的，它可以避免应用毕奥—萨伐尔定律而必须涉及的矢量积分。但是，这种方法又具有很强的限制条件，它只能处理某些磁场分布具有对称性的情况。能否得出结果的关键在于能否找出一个合适的闭合回路，以使式（9-16）左侧中的 $\boldsymbol{B}$ 能以标量形式从积分号内提出来，从而得出 $\boldsymbol{B}$ 的环流。如果找不到这样的闭合回路，就不能够用安培环路定理来解得磁感应强度。

第三节　磁场对电流和运动电荷的作用

一、安培力

1. 安培定律　我们知道，磁场对运动电荷的作用力称为**洛伦兹力**（Lorentz force）。对于一个运动电荷而言，洛伦兹力是很小的，因而直接确定其作用力规律就较为困难。但是对于载流导线而言，导线中每一个定向运动的电荷都要受到洛伦兹力的作用，众多电荷受到的洛伦兹力传递给导线就使整个载流导线在磁场中受到一个力的作用，这种载流导线在磁场中受到的宏观力称**安培力**（Ampere force）。由于安培力是宏观可测的，因此，安培力的作用规律就较易获得。在历史上，有关安培力的作用规律是由安培在 1820 年通过四个实验和一个假定得出来的，故称**安培定律**（Ampere law）。其表述如下：**放在磁场中任一点处的电流元 $I\mathrm{d}\boldsymbol{l}$ 所受到的磁场作用力 $\mathrm{d}\boldsymbol{F}$ 的大小与电流元 $I\mathrm{d}l$ 的大小和该点的磁场 $\boldsymbol{B}$ 的大小成正比，还与电流元 $I\mathrm{d}\boldsymbol{l}$ 的方向和 $\boldsymbol{B}$ 的方向间的夹角 $\boldsymbol{\theta}$ 的正弦成正比，$\mathrm{d}\boldsymbol{F}$ 的方向为 $I\mathrm{d}\boldsymbol{l}\times\boldsymbol{B}$ 所确定的方向。**即

$$\mathrm{d}\boldsymbol{F}=I\mathrm{d}\boldsymbol{l}\times\boldsymbol{B} \tag{9-17}$$

对于任意载流导线，可以视为由无数个电流元组成，其在磁场中所受的作用力为

$$\boldsymbol{F}=\int_L I\mathrm{d}\boldsymbol{l}\times\boldsymbol{B} \tag{9-18}$$

式（9-17）称为安培定律的微分形式，式（9-18）称为安培定律的积分形式。

和毕奥—萨伐尔定律一样，安培定律是通过实验再加上数学的方法推理出来的，其正确与否是无法用实验直接验证的，因为无法获得孤立的电流元，也就无法通过实验测定它们之间的作用力来研究其相互作用规律。但是，它的正确性可以通过应用该定律计算载流导线在磁场中受力与实验相符而得到证明。

例题 9-6　无限长载有电流 I_1 的直导线旁有一共面的长度为 b、电流为 I_2 的导线，后者与前者垂直且近端与长直导线的距离为 a，如图 9-18 所示，求后者所受的安培力。

解：如图 9-18 所示，在距长直导线为 l、电流为 I_2 的导线上取电流元 $I_2\mathrm{d}\boldsymbol{l}$，电流 I_1 在此处产生的磁场方向垂直纸面向内，

大小为　$$B=\frac{\mu_0 I_1}{2\pi l}$$

电流元 $I_2\mathrm{d}\boldsymbol{l}$ 所受安培力为　$\mathrm{d}\boldsymbol{F}=I_2\mathrm{d}\boldsymbol{l}\times\boldsymbol{B}$

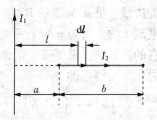

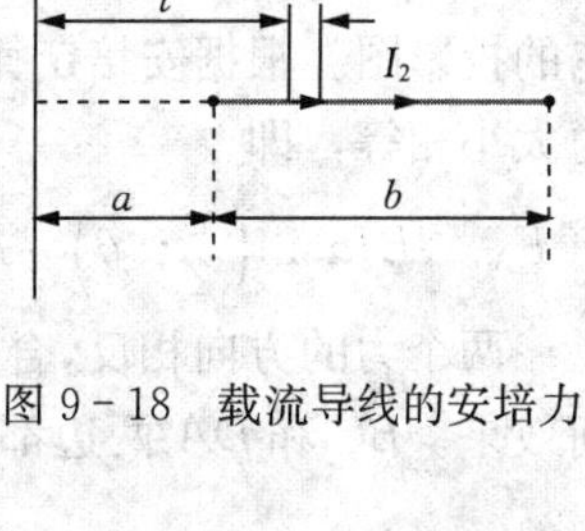

图 9-18　载流导线的安培力

各电流元受力 $\mathrm{d}\boldsymbol{F}$ 的方向相同，均垂直于电流 I_2 向上。故载流

为 I_2 的导线所受合力为

$$F=\int_a^{a+b}\mathrm{d}F=\int_a^{a+b}BI_2\,\mathrm{d}l=\int_a^{a+b}\frac{\mu_0 I_1 I_2\,\mathrm{d}l}{2\pi l}=\frac{\mu_0 I_1 I_2}{2\pi}\ln\frac{a+b}{a}$$

方向垂直载流为 I_2 的导线向上。

2. 电流单位“安培”的定义　设有两根相距为 a 的无限长平行直导线，分别通有同方向的电流 I_1 和 I_2，如图 9－19 所示，现在计算两根导线每单位长度所受的磁场力。

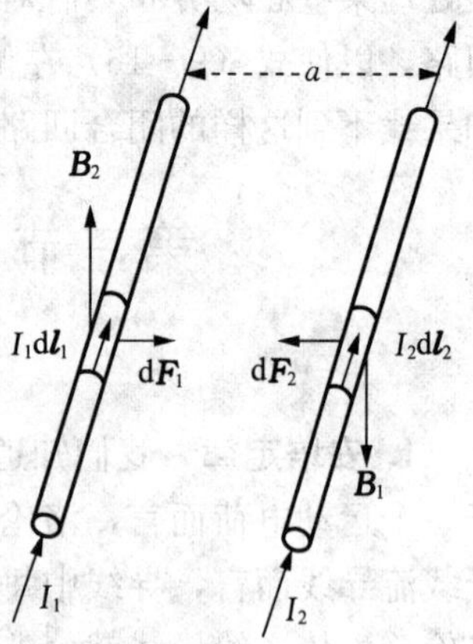

图 9－19　平行电流之间的相互作用力

I_2 在 $I_1\mathrm{d}l_1$ 处产生的磁感应强度为 B_2，其值为 $B_2=\dfrac{\mu_0 I_2}{2\pi a}$，电流元 $I_1\mathrm{d}l_1$ 所受安培力 $\mathrm{d}\boldsymbol{F}_1$ 的大小为

$$\mathrm{d}F_1=B_2 I_1\,\mathrm{d}l_1=\frac{\mu_0 I_1 I_2}{2\pi a}\mathrm{d}l_1$$

导线 l_1 单位长度上所受磁力为

$$\frac{\mathrm{d}F_1}{\mathrm{d}l_1}=\frac{\mu_0 I_1 I_2}{2\pi a}$$

同理可得导线 l_2 单位长度上所受磁力为

$$\frac{\mathrm{d}F_2}{\mathrm{d}l_2}=\frac{\mu_0 I_1 I_2}{2\pi a}$$

由此可见，两根导线单位长度上受到的安培力大小相等。从图 9－19 可看出，当两导线中通有同向的电流时两导线互相吸引，否则相互排斥。

在国际单位制中，电流的单位安培（A）就是根据上述结果规定的。**安培的定义为：在真空中的两无限长平行直导线相距为 1 m，通以大小相同的恒定电流时，如果导线每米长度受到的作用力为 2×10^{-7} N，则每根导线中的电流就规定为 1 A。**

二、磁场对载流线圈的作用　磁矩

一般而言，处于磁场中的载流导线大多构成一个闭合回路形成载流线圈，闭合载流线圈会因受到安培力的缘故而在磁场中发生转动。为了说明这种情况，首先考虑矩形线圈的情形。如图 9－20 所示，矩形线圈 $ABCD$ 的边长为 a 和 b，它可绕垂直于磁场 $\boldsymbol{B}$ 的中心轴 OO' 自由转动。设线圈 $ABCD$ 的右旋法线矢量 $\boldsymbol{n}$ 与磁场 $\boldsymbol{B}$ 之间的夹角为 θ，线圈中电流 I 的方向与 $\boldsymbol{n}$ 成右手螺旋关系，图 9－21 为它的投影图。根据安培定律，AB 和 CD 两边受的力大小相等，即

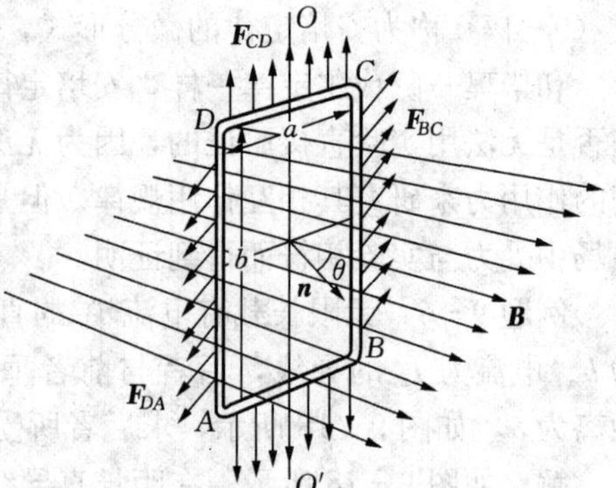

图 9－20　磁场中的矩形线圈

$$F_{AB}=BIa\sin\left(\frac{\pi}{2}-\theta\right)=BIa\sin\left(\frac{\pi}{2}+\theta\right)=F_{CD}$$

两个力的方向相反，合力的作用线都是 OO'。如果线圈是刚性的话，这一对力不产生任何效果。BC 和 DA 两边都与 $\boldsymbol{B}$ 垂直，它们受的力大小也相等。应用安培定律容易看出

$$F_{BC}=F_{DA}=BIb$$

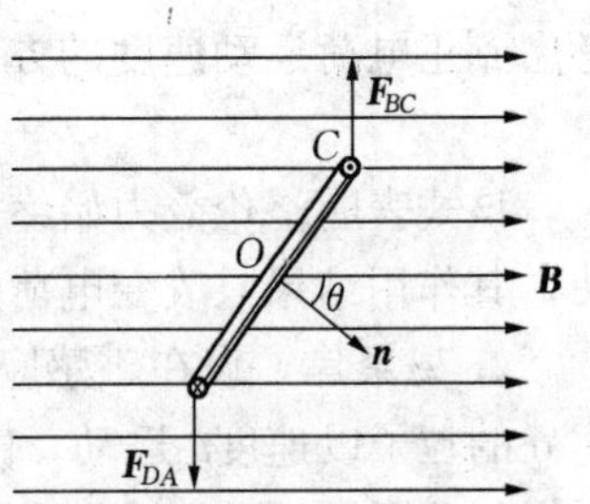

图 9-21　矩形线圈的受力分析

这两个力的方向也相反，但不作用在同一直线上（这一点可从投影图 9-21 中更明显地看出来），因此这两个力的合力为 0，但组成一个绕 OO' 轴的力偶矩，这一力偶矩使线圈的法线方向 $\boldsymbol{n}$ 向 $\boldsymbol{B}$ 的方向旋转。力偶矩两力的力臂都是 $\frac{a}{2}\sin\theta$，力矩的方向是一致的，因而力偶矩 $\boldsymbol{M}$ 的大小

$$M=F_{BC}\cdot\frac{a}{2}\sin\theta+F_{DA}\cdot\frac{a}{2}\sin\theta=BIab\sin\theta=BIS\sin\theta$$

式中，$S=ab$ 代表矩形线圈的面积。

考虑到载流线圈的磁矩 $\boldsymbol{p}_m=IS\boldsymbol{n}$ 和力偶矩 $\boldsymbol{M}$ 的方向，故磁场作用于载流线圈的磁力矩可写为

$$\boldsymbol{M}=\boldsymbol{p}_m\times\boldsymbol{B} \qquad (9-19)$$

式（9-19）虽然是从矩形载流线圈导出，但可以证明，对在均匀磁场中的任意形状的平面载流线圈也都成立。并且任意形状的载流平面线圈作为整体，在均匀外磁场中要受到一个力矩，这力矩总是力图使这线圈的磁矩 $\boldsymbol{p}_m$（或者说它的右旋法向矢量 $\boldsymbol{n}$）转到磁场 $\boldsymbol{B}$ 的方向。由此可以得出如下结论：

（1）均匀磁场对载流线圈的力矩 $\boldsymbol{M}$ 不仅与线圈中的电流 I、线圈面积 S 以及磁感应强度 $\boldsymbol{B}$ 有关，并且还与线圈与磁场之间的夹角有关；

（2）线圈在磁场中取向不同，磁力矩也不同。当 $\theta=\pi/2$ 时，（线圈平面与磁场平行），磁力矩达到最大值 $M_{max}=BIS$；当 $\theta=0$ 或 π 时，力矩数值最小，$M_{min}=0$。不过，当 $\theta=0$ 时线圈处于稳定平衡状态，$\theta=\pi$ 时线圈处于非稳定平衡状态，这时它稍一偏转，磁场的力矩就会使它继续偏转，直到 $\boldsymbol{p}_m$ 转向 $\boldsymbol{B}$ 的方向为止。

上面描述的载流线圈在磁场中所受力矩的特点和静电场中所说的电偶极子很相似。一个载流线圈在外磁场中要受到力矩的作用，电偶极子在均匀外电场 $\boldsymbol{E}$ 中也要受到力矩的作用，两者的规律类似，载流线圈的磁矩 $\boldsymbol{p}_m$ 和电偶极子的电偶极矩 $\boldsymbol{p}_e$ 相对应。正因为如此，才将一个载流圆线圈称为**磁偶极子**（magnetic dipole）。

上面仅讨论了均匀磁场对平面载流线圈的作用。如果把平面载流线圈放在非均匀磁场中，线圈上各个电流元所在处的磁感应强度 $\boldsymbol{B}$ 一般都不相同，所以各个电流元受到的作用力的大小和方向也都不相同。这时线圈除了受到力矩之外，还会受到一个不等于零的合力。

三、磁场对运动电荷的作用　磁聚焦

本节将研究磁场对运动电荷的磁力作用和带电粒子在磁场中的运动规律，以及霍尔效应等实际应用的例子。

1. 洛伦兹力　由安培定律可以方便地得出一个运动电荷在磁场中受力即洛伦兹力的基本规律。对于一个截面积为 S，长为 $\mathrm{d}l$ 的电流元，设导线中单位体积的电荷数为 n，电荷定向运动的速度为 v，每个电荷的电量为 q。由于该电流元所包含的电荷数 $\mathrm{d}N=nS\mathrm{d}l$，单位时间内通过导体横截面 S 的电量即电流为 $I=qnSv$。将这些关系代入安培定律（式 9-17）可得一个定向运动的电荷在磁场中所受的力，即洛伦兹力为

$$\boldsymbol{f}=\frac{\mathrm{d}\boldsymbol{F}}{\mathrm{d}N}=\frac{qvnS\mathrm{d}\boldsymbol{l}\times\boldsymbol{B}}{nS\mathrm{d}l}$$

考虑到正电荷运动速度的方向与 d$\boldsymbol{l}$ 的方向一致，上式可写为

$$\boldsymbol{f}=q\boldsymbol{v}\times\boldsymbol{B} \tag{9-20}$$

该式表明洛伦兹力始终与运动电荷的速度垂直，如图 9-22 所示。所以洛伦兹力永不做功，其作用结果只改变电荷的运动方向而不改变其速度的大小。

2. 磁聚焦 设在磁感应强度为 $\boldsymbol{B}$，方向如图 9-23 所示的均匀磁场中，有一带正电荷量为 q 的粒子以速度$\boldsymbol{v}$ 运动，由于洛伦兹力 $\boldsymbol{F}$ 与$\boldsymbol{v}$ 垂直，所以 $\boldsymbol{F}$ 只改变速度$\boldsymbol{v}$ 的方向，因而粒子做匀速圆周运动。

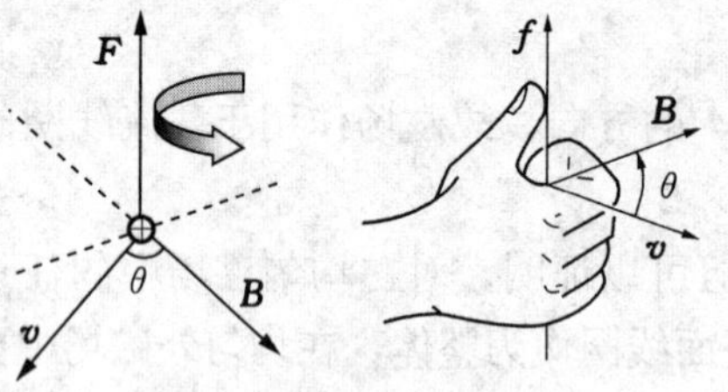

图 9-22 洛伦兹力

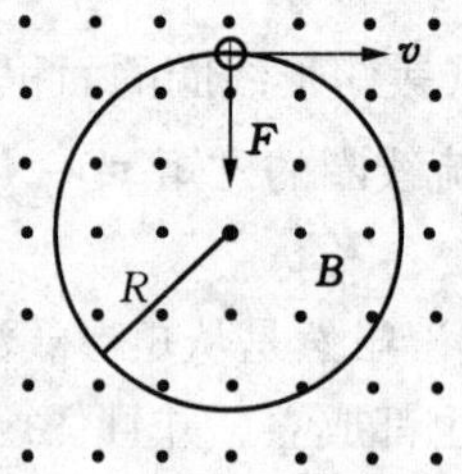

图 9-23 带电粒子在磁场中的运动

设圆轨道半径为 R，运动周期为 T，则粒子在磁场中受到的洛伦兹力有如下三种情况讨论：

(1) 当$\boldsymbol{v}\,/\!/\,\boldsymbol{B}$ 时，洛伦兹力为零，粒子仍以原来的速度做匀速直线运动。

(2) 当$\boldsymbol{v}\perp\boldsymbol{B}$ 时，带电粒子将受到一个大小不变的洛伦兹力 $f=qvB$ 的作用，粒子将在垂直于 $\boldsymbol{B}$ 的平面内做匀速圆周运动。由 $qvB=\frac{\mathrm{m}v^2}{\mathrm{R}}$，得圆周运动的半径为

$$R=\frac{mv}{qB} \tag{9-21}$$

式中，q/m 称为带电粒子的**荷质比**（charge - mass ratio）。运动的周期为

$$T=\frac{2\pi R}{v}=\frac{2\pi m}{qB} \tag{9-22}$$

上式表明，带电粒子的运动周期与其运动速率及半径无关。图 9-24 显示了在充有准备沸腾的液态氢的气泡室（用作检测带电粒子的装置）中电子的运动路径，在气泡室外加有很强的磁场。由图可见，电子实际上是做螺旋线运动的，其原因是电子与氢原子的碰撞使电子速度减小，由式（9-21）可见，轨道的半径也随之减小。

(3) 当$\boldsymbol{v}$ 与 $\boldsymbol{B}$ 有一夹角 θ 时，如图 9-25 所示，可将$\boldsymbol{v}$ 分解为两个分量

$$v_{/\!/}=v\cos\theta,\ v_{\perp}=v\sin\theta$$

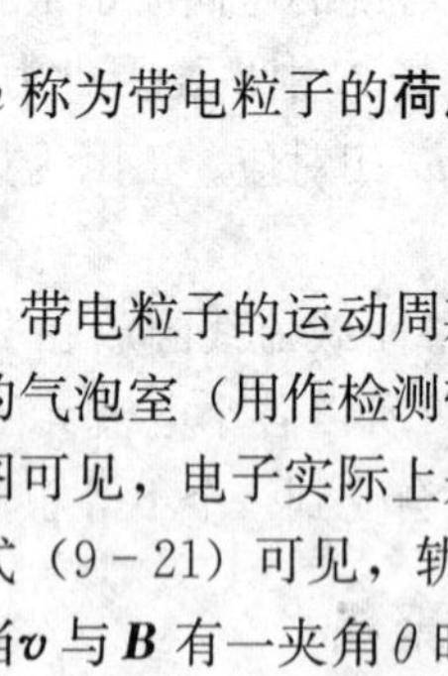

图 9-24 电子在气泡室中的运动

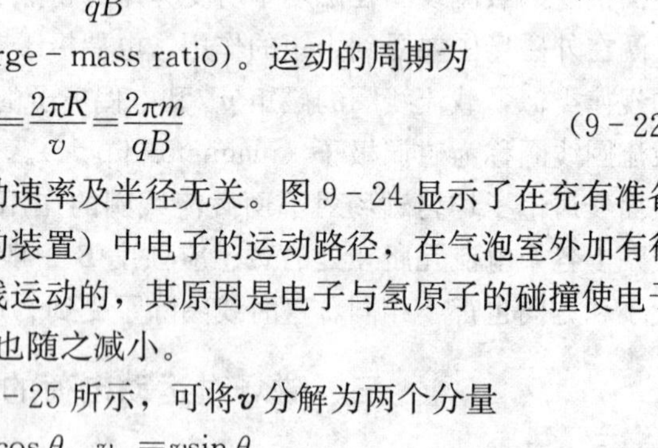

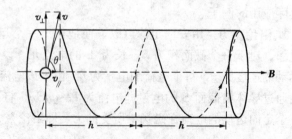

图 9-25 带电粒子在磁场中的螺旋运动

它们分别平行和垂直于 $\boldsymbol{B}$。带电粒子的 $v_{/\!/}$ 分量使带电粒子沿 $\boldsymbol{B}$ 方向做匀速直线运动，$v_{\perp}$ 分量使带电粒子在垂直于 $\boldsymbol{B}$ 的平面内做匀速圆周运动。因此，带电粒子的运动轨迹是一条螺旋线，如图 9－25 所示。其螺距为

$$h=v_{/\!/}T=\frac{2\pi mv_{/\!/}}{qB} \tag{9-23}$$

由式（9－23）可知，带电粒子运动一周所前进的距离（即螺距）与 $v_{\perp}$ 无关，所以，若从磁场中某点 A 发射出一束很窄的电子流，它们的速率很接近，并与 $\boldsymbol{B}$ 的夹角 θ 都很小，则有 $\cos\theta\approx1$，$v_{/\!/}\approx v$，即它们具有近似相同的螺距 h。此时，尽管它们的 $v_{\perp}\approx v\theta$ 不同，各电子会沿不同半径的螺旋线运动，但各电子经过螺距 h 后又会重新会聚在 A' 点，如图 9－26 所示，这种发散粒子束会聚到一点的现象与透镜将光束聚焦现象十分相似，因此叫**磁聚焦**(magnetic focusing)。磁聚焦所需要的磁场要靠类似螺线管的多线圈产生，这里线圈的作用与光学中的透镜相似，故称为**磁透镜**，如图 9－27 所示。磁聚焦在许多电真空系统（如电子显微镜等）中得到广泛应用。

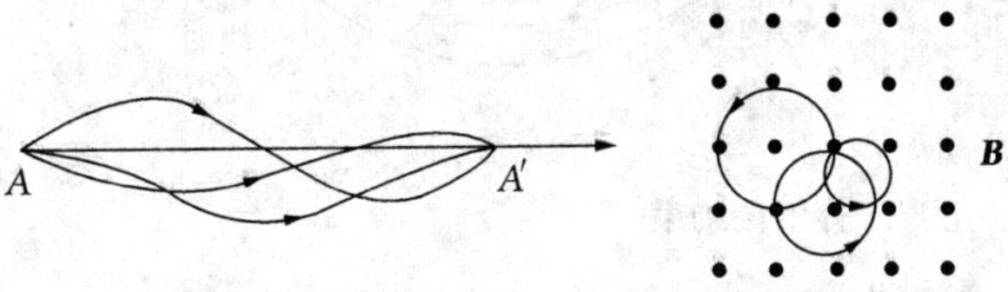

(a)电子前进一个螺距　(b)电子聚焦平面

图 9－26　磁聚焦

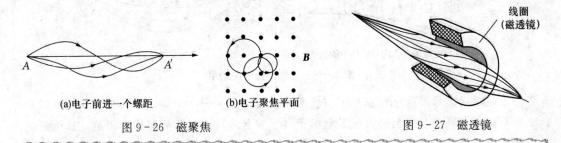

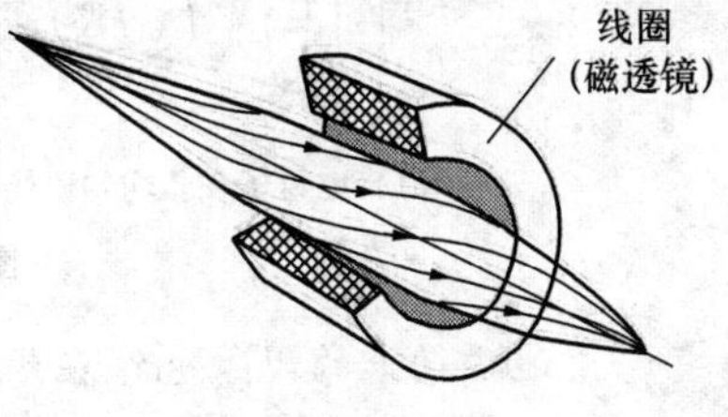

图 9－27　磁透镜

知识链接

等离子体磁约束

等离子体（plasma）是温度极高的一种由自由电子和带电离子为主要成分的物质形态，广泛存在于宇宙中，常被视为是除去固、液、气外，物质存在的**第四态**，被称为**等离子态**，或者**超气态**。宇宙中 99.9%以上的物质是处在等离子态。例如太阳、恒星就是等离子体，只有行星和某些星际物质和微尘云是处在气、液、固三态，而这只是宇宙中极小的一部分。在地球上，闪电、极光、大气电离层也是等离子体，霓虹灯发出的辉光、电焊时闪烁的电弧、火箭喷出的火焰、核爆炸产生的火球云等则是人工产生的等离子体。

等离子体分为低温等离子体和高温等离子体。在几万度下的等离子体仍称为低温等离子体，而温度达几百万度甚至几千万度时则称为高温等离子体。等离子体的电子和离子的热运动与普通气体相似，但等离子体又具有完全不同于普通气体的特性。等离子体是一种很好的导电体，但由于其极高的温度，因此没有一种有形的容器能把高温等离子体约束在空间一定区域内。不过，利用经过巧妙设计的磁场可以捕捉、移动和加速等离子体。目前，等离子体物理的发展为材料、能源、信息、环境空间、空间物理、地球物理等科学的进一步发展提供了新的技术和工艺。

如何用磁场约束等离子体呢？我们先来看带电粒子在非均匀磁场中的运动。如图 9－28(a) 所示，当带电粒子在非均匀磁场中向磁场较强的方向运动时，由式（9－21）可知螺旋线的半径将随着磁感应强度的增加而不断地减小。此时，带电粒子在非均匀磁

场中受到的洛伦兹力恒有一个指向磁场较弱方向的轴向分力 $f_{//}$，此分力阻止了带电粒子向磁场较强的方向运动，这样可使粒子沿磁场方向的速度逐渐减小到零，从而迫使粒子运动方向反转。如果在一个长直圆柱形真空室中形成一个两端很强、中间较弱的磁场，见图 9-28(b)，那么两端较强的磁场对带电粒子的运动起着阻塞的作用，它能迫使带电粒子局限在一定的范围内往返运动，这种装置称为**磁塞**或**磁瓶**。由于带电粒子在两端处的这种运动好像光线遇到镜面发生反射一样，所以这种装置也称为**磁镜**。**平行于磁场方向的速度分量不太大的带电粒子，将被约束在两个磁镜间的磁场内来回运动而无法逃脱**，这就叫做**“磁约束”**。在受控热核反应装置中，一般都采用这种磁场把等离子体约束在一定的范围内。

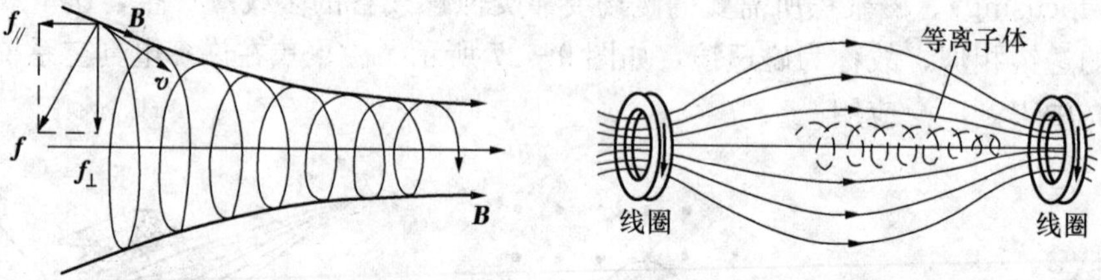

(a) 带电粒子在非均匀磁场中的运动　　(b)磁塞效应

图 9-28　等离子体的磁约束

上述磁约束的现象也存在于宇宙空间。因为地球是一个磁体，它的磁场在两极强而中间弱。当来自外层空间的大量带电粒子（宇宙射线）进入磁场影响范围后，粒子将绕地磁感应线做螺旋运动。因为在近两极处地磁场较强，做螺旋运动的粒子将被折回，结果粒子在沿磁感应线的区域内来回振荡，形成范阿仑（J. A. Van Allen）辐射带，见图 9-29。此带相对地球轴对称分布，在图 9-29(a) 中只绘出其中一支。一般的范阿仑辐射带分为内外两层，内层位于地面上 800～4 000 km，外层位于地面上 6 000 km，如图 9-29(b) 所示。有时，太阳黑子活动使宇宙中高能粒子剧增，这些高能粒子在地磁感应线的引导下在地球北极附近进入大气层时将使大气中的氧、氮分子激发，发生辐射发光，从而出现美妙的极光，如图 9-29(c) 所示。

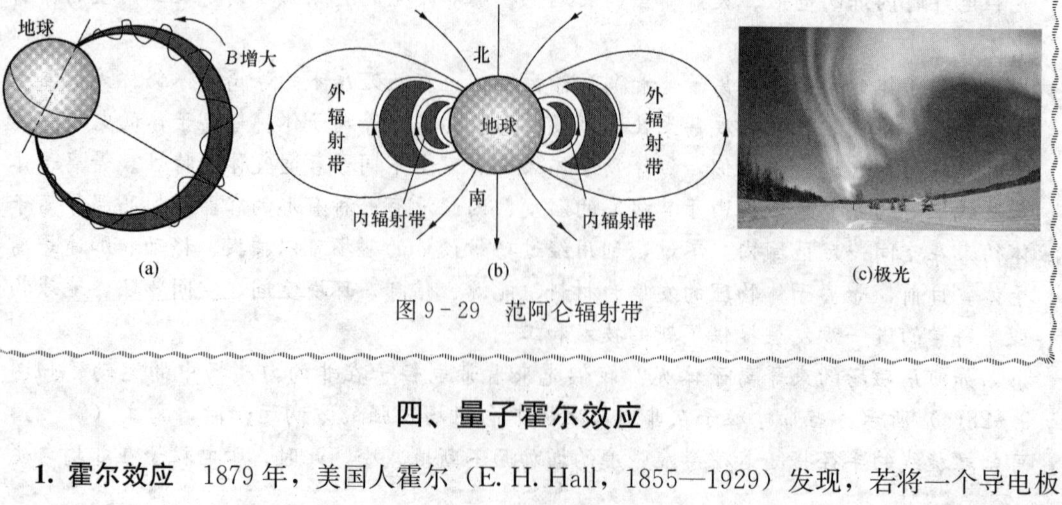

(a)　　(b)　　(c)极光

图 9-29　范阿仑辐射带

四、量子霍尔效应

1. 霍尔效应　1879 年，美国人霍尔（E. H. Hall，1855—1929）发现，若将一个导电板放在垂直于导体板的磁场中，当有电流通过导体板时，在导电板的 A、A′两侧会产生一个电势差 U_H，如图 9－30 所示，这种通电的导体板在磁场中产生纵向电势差的现象称为**霍尔效应**（Hall effect），产生的纵向电势差称为**霍尔电势差**。

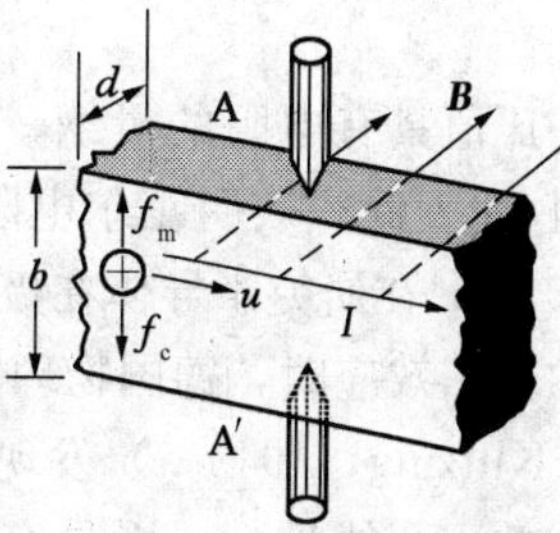

图 9－30 霍尔效应

霍尔效应可用洛伦兹力来解释。当导电板中通有电流时，其中的载流子在电场的作用下做定向运动，在磁感应强度为 $\boldsymbol{B}$ 的均匀磁场中受到洛伦兹力 $f_m=quB$ 的作用（其中 u 为载流子定向运动的平均速率），该力使导电板内的载流子产生偏转，所以在导体板的两侧分别积累了正、负电荷，形成了与 B 和 I 垂直的纵向电势差。由于纵向电势差的产生，载流子又将受到一个与洛伦兹力方向相反的电场力 $f_e=qE=qU_H/b$ 的作用（其中，E 为电场强度，b 为导电板的宽度，U_H 为导体板两侧的纵向电势差），当两力达到平衡时有

$$quB=qE=q\frac{U_H}{b}$$

若载流子的浓度为 n，则 $I=bdnqu$。将其带入上式得

$$U_H=\frac{1}{nq}\cdot\frac{BI}{d}=k\frac{IB}{d} \qquad (9-24)$$

其中，$k=\dfrac{1}{nq}$，称为**霍尔系数**（Hall coefficient）。结果表明，**在磁场不太强时，霍尔电势差 $\boldsymbol{U_H}$ 的大小与电流 $\boldsymbol{I}$ 和磁感应强度 $\boldsymbol{B}$ 成正比，而与导电板的厚度 $\boldsymbol{d}$ 成反比。**

霍尔系数 k 与载流子浓度 n 成反比，由此可以通过霍尔系数的测量来确定导电板内载流子的浓度。对半导体而言，其载流子的浓度比金属小得多，霍尔系数也就比金属大得多，因而半导体材料的霍尔效应较为显著，所以霍尔效应为半导体中载流子浓度变化的研究提供了一种重要的方法。

不难看出，A、A′两侧的电势差 U_H 与载流子电荷的正负号有关。如图 9－31(a) 所示，若 $q>0$，载流子的定向速度 $\boldsymbol{u}$ 的方向与电流方向一致，洛伦兹力 $\boldsymbol{f}$ 使它向上（即朝 A 侧）偏转，结果 $U_H>0$；反之，如图 9－31(b) 所示，若 $q<0$，载流子定向速度 $\boldsymbol{u}$ 的方向与电流的方向相反，洛伦兹力 $\boldsymbol{f}$ 也使它向上（也朝 A 侧）偏转，结果 $U_H<0$。半导体有电子型（n 型）和空穴型（p 型）两种，前者的载流子为电子，带负电；后者的载流子为“空穴”，相当于带正电的粒子。所以，通过实验测定霍尔电势差的正、负就可以判断半导体的导电类型（p 型还是 n 型）。

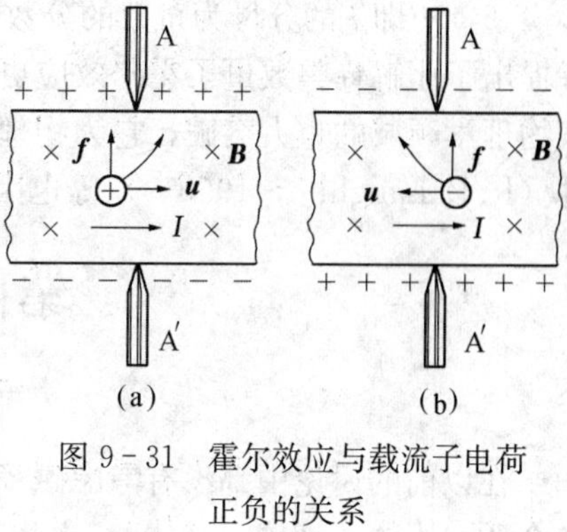

图 9－31 霍尔效应与载流子电荷正负的关系

利用霍尔效应测量磁场是霍尔效应另一个重要的应用。在式（9－24）中，将特制的霍尔系数已知的材料放在磁场中，测出了 U_H、I 和 d，就可以得到 B，这就是利用霍尔效应测磁场的基本原理。利用这种原理制成的测磁仪器称特斯拉计（或高斯计），高斯计法是目前应用最广的基本测磁方法。

2. 量子霍尔效应 由式（9－24）可得

$$\frac{U_H}{I}=\frac{B}{nqd} \quad (9-25)$$

这一比值具有电阻的量纲，因而被定义为霍尔电阻 R_H。此式表明霍尔电阻应正比于磁场 B。1980 年，在研究半导体在极低温度下和强磁场中的霍尔效应时，德国物理学家克里青（Klaus von Klitzing，1943—）发现霍尔电阻和磁场的关系并不是线性的，而是有一系列台阶式的改变（见图 9-32），这一效应叫**量子霍尔效应**。克里青为此获得了 1985 年诺贝尔物理学奖。

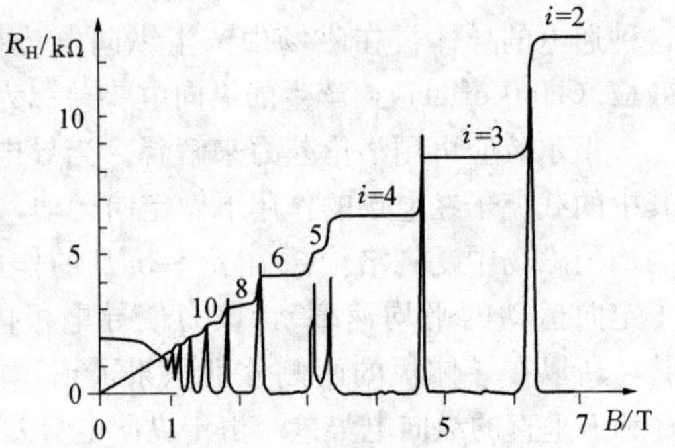

图 9-32　量子霍尔效应

量子霍尔效应只能用量子理论解释，该理论指出

$$R_H=\frac{U_H}{I}=\frac{R_K}{i},\ i=1,2,3,\cdots \quad (9-26)$$

由于 i 为整数，故该量子霍尔效应称为**整数量子霍尔效应**。式中 R_K 叫做**克里青常量**（Klitzing constant），它和普朗克常量 h 和电子电量 e 有关。即

$$R_K=\frac{h}{e^2}=25\ 813\ \Omega \quad (9-27)$$

由于 R_K 的测定值可以准确到 10^{-10}，所以量子霍尔效应被用来定义电阻的标准。从 1990 年开始，"欧姆"就根据霍尔电阻精确地等于 25 812.80 Ω 来定义了。

克里青当时的测量结果显示式（9-26）中的 i 为整数。1982 年美籍华裔物理学家崔琦（D. C. Tsui，1939 年出生在中国河南省宝丰县）和施特默（H. L. Stömer，1949—）等研究量子霍尔效应时，发现在更强的磁场（如 20T，甚至 30 T）下，霍尔电阻随磁场变化出现比 h/e^2 更大的台阶，即台阶不仅出现在 i 为整数时，而且还出现于 $i=1/3$，2/3，2/5，3/5，4/5，…即 i 的分母为奇数的分数时，这就是**分数量子霍尔效应**。这一发现，对理论工作者提出了比解释整数量子霍尔效应更大的挑战。分数量子霍尔效应的发现和理论解释是近年来物理学领域的重大突破，它为物理学新理论的发展做出了重要贡献。崔琦、施特默和劳克林（R. B. Laughlin，1950—）等也因此而获得了 1998 年诺贝尔物理学奖。

第四节　磁 介 质

一、磁介质的分类

在以前的讨论中都没有考虑磁场对其所在空间介质的影响。事实上，空间中总存在一定的介质（固体、液体、气体），这些介质因受磁场的作用或多或少要发生变化，这种变化又会反过来影响磁场。习惯上将能在磁场作用下发生变化，并且能够反过来影响磁场的介质称为**磁介质**（magnetic medium），磁介质在磁场作用下发生的变化称为**磁化**（magnetize）。

由于磁介质中的磁场与真空中的磁场有所不同，一般用磁介质中的磁场 B 的大小与真空中的磁场 B_0 的大小之比来描述磁介质被磁化后对原来外磁场的影响，即

$$\mu_r=\frac{B}{B_0} \quad (9-28)$$

其中，μ_r 称为磁介质的**相对磁导率**（relative permeability），它是一个由磁介质性质决定的纯数。若 $\mu_r>1$，表明磁介质磁化后使磁场增强，这种磁介质称为**顺磁质**（paramagnetism），锰、铬、铂、氧、氮、铝、铀等是典型的顺磁质；若 $\mu_r<1$，表明磁介质磁化的结果使原磁场减弱，这种磁介质称为**抗磁质**（diamagnetism），氢、锌、铜、水银、铋以及多数有机化合物属于此类。空气的相对磁导率 $\mu_r\approx1$。对一般的磁介质，其顺磁性和抗磁性都很弱，μ_r 与 1 相差很小（数量级为 10^{-5}），这类磁介质可统称为弱磁质。除了弱磁质以外，还有一类磁介质，其 $\mu_r\gg1$，数量级可达 $10^2\sim10^5$，这类磁介质对磁场的影响很大，有很强的顺磁性，能使磁场大为增强，因而这类磁介质称为**铁磁质**（ferromagnetism），铁、钴、镍是典型的铁磁质。

对弱磁质（包括顺磁质、抗磁质）而言，由于其相对磁导率与 1 相差很小，使用不便，因此常用**磁化率**（magnetic susceptibility）来代替相对磁导率。磁化率用 χ_m 表示，其与 μ_r 的关系是

$$\chi_m=\mu_r-1 \tag{9-29}$$

表 9-2 给出了常温下一些磁介质的 μ_r 和 χ_m 值。

实际上，磁化率 χ_m 是随温度变化的，各种磁介质的变化规律不尽相同。在低温下，一些顺磁质的磁化率 χ_m 与热力学温度 T 成反比，即摩尔磁化率 $\chi_m=\dfrac{C}{T}$，这一关系称为**居里定律**（Curie law），其中 C 为居里常量。1907 年经法国物理学家韦斯进一步研究，将居里定律的关系式表示为 $\chi_m=\dfrac{C}{T-T_C}$，该式被命名为**居里—韦斯定律**（Curie - Weiss law），式中 T_C 为铁磁性物质的转变温度，称为**居里温度**（Curie temperature）或**居里点**。达到或超过此温度，铁磁性材料将失去铁磁性，呈现顺磁性。不同的铁磁质，居里点不同，如铁的居里点为 769 ℃，镍的居里点为 358 ℃，而锰锌铁氧体的居里点只有 215 ℃。居里—韦斯定律是电介质和磁介质材料研究中非常重要的一个定律。

表 9-2 常温下一些磁介质的 μ_r 和 χ_m

顺磁质	$\mu_r=1+\chi_m>1$	抗磁质	$\mu_r=1+\chi_m<1$	铁磁质	$\mu_r=1+\chi_m\gg1$
空气	$1+30.4\times10^{-5}$	氢（气体）	$1-2.49\times10^{-5}$	纯铁	$\sim5\,000$
氧气	$1+19.4\times10^{-5}$	铜	$1-0.11\times10^{-5}$	镍铁合金	$\sim2\,000$
铝	$1+2.14\times10^{-5}$	铅	$1-1.8\times10^{-5}$	硅钢片	$(7\sim10)\times10^3$
铂	$1+26\times10^{-5}$	汞（水银）	$1-2.9\times10^{-5}$	坡莫合金	$(2\sim20)\times10^4$

二、顺磁性和抗磁性的微观解释

物质的磁性可以用物质分子的电结构予以解释。物质内部原子、分子中的每个电子都参与两种运动，一是轨道运动，为简单计，把它看成是一个圆形电流，具有一定的轨道磁矩，如图 9-33(a) 所示；二是电子本身固有的自旋，相应地也有自旋磁矩。一个分子中所有电子的各种磁矩的总和构成这个分子的固有磁矩 $\boldsymbol{p}_m$。这个分子固有磁矩可以看成是由一个等效的圆形分子电流 i 产生的，如图 9-33(b) 所示。

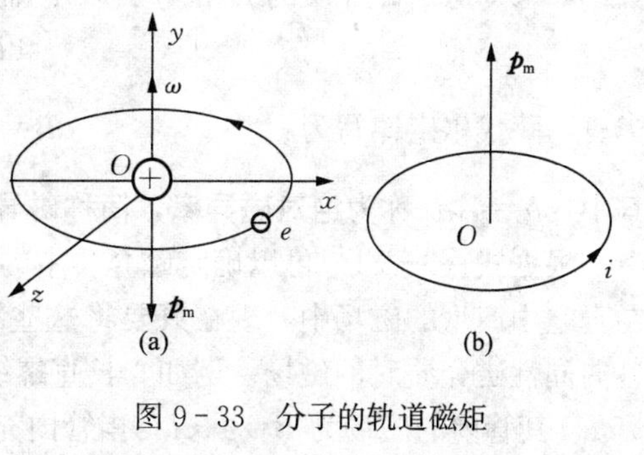

图 9-33 分子的轨道磁矩

在顺磁质中，每一个分子具有固有磁矩。在无外磁场时，由于分子热运动，各分子磁矩的取向没有规则，所以，在任一个宏观的体积元内所有分子磁矩的矢量和为零，介质不呈现出磁性，见图 9-34(a)。当存在外磁场时，磁介质内每一个分子磁矩受到一个力矩的作用，使分子磁矩的方向有转向外磁场方向的趋势，因而在宏观上呈现出顺磁性，见图 9-34(b)。在外磁场中，由于分子环流的回绕方向一致，在介质内部任何两个分子环流中相邻的那一对电流元方向总是彼此相反的，它们的效果相互抵消。只有在横截面边缘上各段电流元未被抵消，宏观看起来，这横截面内所有分子环流的总体与沿截面边缘的一个大环形电流等效，见图 9-34(c)。在各个截面的边缘上出现的这类环形电流称为**磁化电流**，整体看来，介质棒就像一个由磁化电流组成的“螺线管”。这个磁化电流的“螺线管”产生的磁场与外磁场 $\boldsymbol{B}_0$ 一致，因而棒内的总磁场为

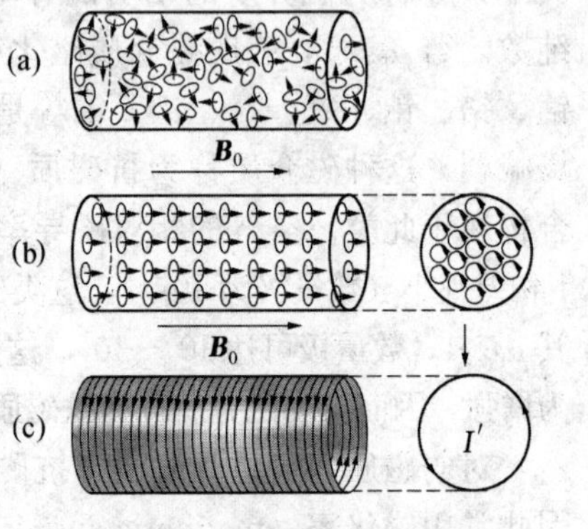

图 9-34 顺磁质的磁化

$$\boldsymbol{B}=\boldsymbol{B}_0+\boldsymbol{B}'$$

该磁场比没有介质时的磁场大了，这就是顺磁质磁化后使磁场增强的道理。

在抗磁质中，每个分子的固有磁矩为零，因而在宏观上不显磁性。但是，由于分子中的电子会在外磁场中旋进而产生**附加磁矩**或**感应磁矩**，实验和理论证明，感应磁矩的方向总与外加磁场的方向相反，因而产生抗磁性。

事实上，一切物质都有一定的抗磁性，只是因为抗磁性很弱，易被其他磁性所掩盖而已。例如，顺磁质分子的固有磁矩比在通常磁场中所产生的感应磁矩要大得多，所以，在研究顺磁质磁化时，可以忽略其分子的感应磁矩。

显然，在磁场中，磁介质内各分子的固有磁矩（对顺磁质）或感应磁矩（对抗磁质）的矢量和越大，其磁化程度越高。因此，可以用磁介质单位体积内分子磁矩的矢量和表达磁介质的磁化程度。单位体积内分子磁矩的矢量和称为磁介质的**磁化强度**（magnetization），用 $\boldsymbol{M}$ 表示。即

$$\boldsymbol{M}=\frac{\sum \boldsymbol{p}_{\mathrm{m}}}{\Delta V} \qquad (9-30)$$

在 SI 制中，磁化强度的单位为安·米$^{-1}$（A·m^{-1}）。

三、磁场强度 磁介质中的安培环路定理

如果知道了磁介质的 μ_r 值，一段电流元在磁介质中产生的磁场按式（9-28）可写为

$$\mathrm{d}\boldsymbol{B}=\mu_r \mathrm{d}\boldsymbol{B}_0$$

毕奥—萨伐尔定律写为

$$\mathrm{d}\boldsymbol{B}=\frac{\mu}{4\pi}\cdot\frac{I\mathrm{d}\boldsymbol{l}\times\boldsymbol{e}_r}{r^2} \qquad (9-31)$$

其中，$\mu=\mu_0\mu_r$ 称为**绝对磁导率**，简称**磁导率**（permeability）。

根据式（9-31）可以确定磁介质中的磁场。不难看出，在前面计算过的各种载流导体在真空中产生的磁场中，现在只要将这些结果乘以 μ_r，就能得到载流导体周围充满均匀与各向同性磁介质时的磁场。例如，长直螺线管内部为真空，单位长度上有 n 匝线圈，通有电流 I，其管内的磁场为 $B=\mu_0 nI$，当管内充满均匀与各向同性的磁介质时，管内磁场就变为

$B=\mu_r\mu_0 nI=\mu nI$。

由于磁介质中的磁感应强度与 μ 有关，若将式（9-31）稍加变形，可表示为

$$\mathrm{d}\left(\frac{\boldsymbol{B}}{\mu}\right)=\frac{1}{4\pi}\cdot\frac{I\mathrm{d}\boldsymbol{l}\times\boldsymbol{e}_r}{r^2}$$

这里引进一个辅助矢量 $\boldsymbol{H}$，令 $\boldsymbol{H}=\dfrac{\boldsymbol{B}}{\mu}$，称其为**磁场强度**（magnetic intensity），单位为 $\mathrm{A\cdot m^{-1}}$，则毕奥—萨伐尔定律还可表示为

$$\mathrm{d}\boldsymbol{H}=\frac{1}{4\pi}\cdot\frac{I\mathrm{d}\boldsymbol{l}\times\boldsymbol{e}_r}{r^2} \tag{9-32}$$

显然，$\boldsymbol{H}$ 与磁介质无关，它与 $\boldsymbol{B}$ 是两个不同的物理量。

实验表明，对各向同性的顺磁质或抗磁质，其内部某一点的磁化强度与该点的磁场强度满足关系式

$$\boldsymbol{M}=\chi_m\boldsymbol{H} \tag{9-33}$$

在磁场中，磁介质被磁化后各分子电流整齐排布，在宏观上出现整体的磁化电流。理论上可以证明，磁介质中的磁化强度 $\boldsymbol{M}$ 沿任何闭合环路的线积分等于穿过以此积分环路为周界的任意曲面的磁化电流的代数和，即

$$\oint_L\boldsymbol{M}\cdot\mathrm{d}\boldsymbol{l}=\sum_i I'_i \tag{9-34}$$

式中 I' 是磁介质中的磁化电流。在磁介质中，空间中任一点的磁场 $\boldsymbol{B}$ 是由传导电流 I 和磁化电流 I' 共同产生的。按照安培环路定理，空间中 $\boldsymbol{B}$ 的环流就应等于

$$\oint_L\boldsymbol{B}\cdot\mathrm{d}\boldsymbol{l}=\mu_0\sum_i I_i+\mu_0\sum_i I'_i$$

式中右侧第一项求和为对传导电流求和，第二项求和为对磁化电流求和。将式（9-34）代入上式得

$$\oint_L\left(\frac{\boldsymbol{B}}{\mu_0}-\boldsymbol{M}\right)\cdot\mathrm{d}\boldsymbol{l}=\sum_i I_i \tag{9-35}$$

因为 $\dfrac{\boldsymbol{B}}{\mu_0}-\boldsymbol{M}=\boldsymbol{H}$，故式（9-35）可表示为

$$\oint_L\boldsymbol{H}\cdot\mathrm{d}\boldsymbol{l}=\sum_i I_i \tag{9-36}$$

式（9-36）称为**磁介质中的安培环路定理**。该式表明，**磁介质中的磁场强度 $\boldsymbol{H}$ 沿任何闭合环路的线积分等于穿过以此积分环路为周界的任意曲面的传导电流的代数和，而与磁化电流无关。**

由 $\dfrac{\boldsymbol{B}}{\mu_0}-\boldsymbol{M}=\boldsymbol{H}$ 和 $\boldsymbol{H}=\dfrac{\boldsymbol{B}}{\mu}$，可将磁介质中的磁感应强度 $\boldsymbol{B}$ 表示为

$$\boldsymbol{B}=\mu_0\boldsymbol{H}+\mu_0\boldsymbol{M} \tag{9-37a}$$

和

$$\boldsymbol{B}=\mu\boldsymbol{H}=\mu_0\mu_r\boldsymbol{H} \tag{9-37b}$$

一般情况下，可利用磁介质中的安培环路定理先求出磁场强度 $\boldsymbol{H}$，再利用式（9-37b）就可以获得磁介质中的磁感应强度 $\boldsymbol{B}$，从而避免了确定磁化强度的困难。需要指出的是，确定磁场中运动电荷或电流受力的是 $\boldsymbol{B}$，因而具有直接物理意义的是磁感应强度 $\boldsymbol{B}$，而不是磁场强度 $\boldsymbol{H}$，$\boldsymbol{H}$ 仅仅是一个辅助量，它与电场中电位移矢量 $\boldsymbol{D}$ 的作用相似，只是由于历史的原因称它为磁场强度。

例题 9-7 无限长圆柱形铜线，外面包一层相对磁导率为 μ_r 的圆筒形磁介质。导线半径为 R_1，磁介质的外半径为 R_2，铜线内通有均匀分布的电流 I，如图 9-35 所示。铜的相

对磁导率可取为 1，试求无限长圆柱形铜线和介质内外的磁场强度 $\boldsymbol{H}$ 与磁感应强度 $\boldsymbol{B}$。

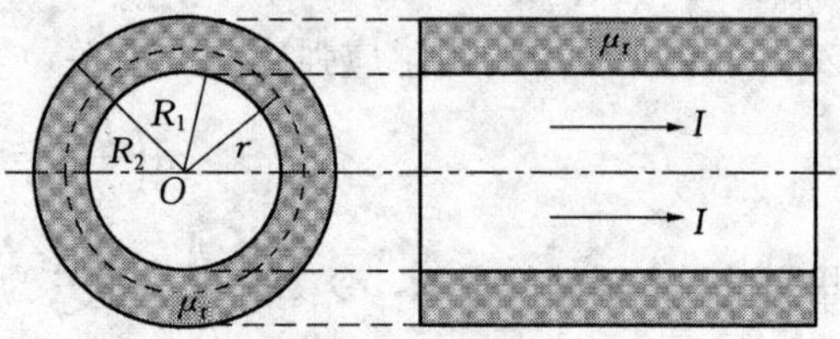

图 9-35　例题 9-7 图

解：根据无限长圆柱形铜线的轴对称性，选取铜线轴线上任一点为圆心，半径为 r 的圆周为积分路径 L。当铜线中通有电流 I 时，在此积分路径上，磁场强度 $\boldsymbol{H}$ 和磁感应强度 $\boldsymbol{B}$ 的大小分别为常量，方向都沿圆周切线方向，因此，可用安培环路定理求解。

（1）当 $0\leqslant r\leqslant R_1$ 时，根据磁介质中的安培环路定理得

$$H_1 2\pi r=\frac{I}{\pi R_1^2}\pi r^2$$

解得

$$H_1=\frac{Ir}{2\pi R_1^2}$$

由于铜线的 μ_r 取为 1，故

$$B_1=\mu_0 H_1=\frac{\mu_0 Ir}{2\pi R_1^2}$$

（2）当 $R_1\leqslant r\leqslant R_2$ 时，同理得

$$H_2 2\pi r=I$$

即

$$H_2=\frac{I}{2\pi r}$$

由于磁介质的 $\mu=\mu_0\mu_r$，于是

$$B_2=\mu_0 H_2=\frac{\mu_0\mu_r I}{2\pi r}$$

（3）当 $r>R_2$ 时，有

$$H_3=\frac{I}{2\pi r}$$

在磁介质外，$\mu=\mu_0$，由此可得

$$B_3=\mu_0 H_3=\frac{\mu_0 I}{2\pi r}$$

根据上述结果，可画出如图 9-36 所示的 $\boldsymbol{H}$ 和 $\boldsymbol{B}$ 的分布曲线。

由本题的求解过程看出，用有磁介质的安培环路定理求解磁感应强度 $\boldsymbol{B}$ 时，首先要分析磁场是否有对称性，如果有，可利用这种对称性。选择适当积分路径可以将定理左端的积分积出，在此基础上应用定理求出 $\boldsymbol{H}$，再求出 $\boldsymbol{B}$。

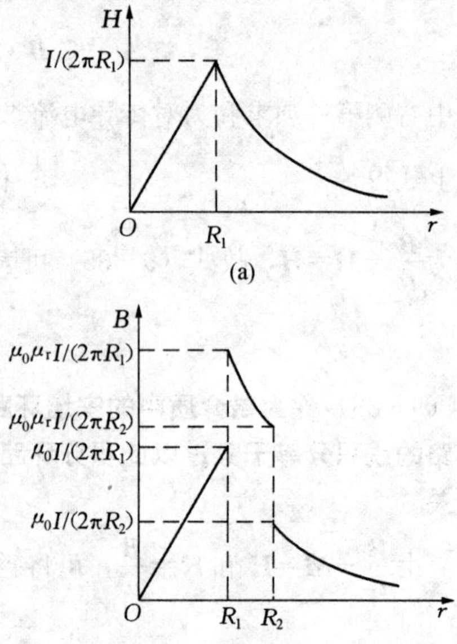

图 9-36　$\boldsymbol{H}$ 和 $\boldsymbol{B}$ 的分布曲线

四、磁滞现象　磁滞回线

1. 磁滞现象　在磁介质中，铁磁质是应用最广的一类。铁磁质又称磁性材料，其主要包括以铁元素为主要成分的金属材料，以稀土元素为主要特征的金属氧化物和以 Fe_2O_3 为重要成分的复合氧化物。铁磁质与弱磁质在宏观性质上有很大区别，前面已经讲到，铁磁质的相对磁导率 μ_r 具有 $10^2\sim10^5$ 数量级，如果在外磁场中放入铁磁质一般可使磁场增强

$10^2 \sim 10^5$倍，且在居里温度 T_C 以上时，铁磁性消失而变为正常的顺磁性。铁磁质具有的另一个重要特点是，未带磁性的铁磁质经外磁场磁化后可以带有磁性，但完全撤去外磁场后磁化了的铁磁质仍能保留部分磁性，这种现象称为**磁滞现象**（magnetic hysteresis）。

2. 磁滞回线　铁磁质的磁化规律可用从实验得到的磁滞回线来说明，图 9-37 所示为磁感应强度 B 随磁场强度 H 的变化曲线。当没有磁场时，材料处在 O 点所示的状态（即未磁化的状态）。逐渐增大 H，可得 Oa 段曲线，该段曲线称起始磁化曲线。继续增大磁化电流，即增加磁场强度 H 时，B 上升的很慢，最终达到饱和磁场强度，用 H_m 表示。这时，如果再逐渐减小 H 值，则 B 亦相应减小，但并不沿 Oa 段下降，而是沿另一条曲线 ab 下降，可以看到 B 随 H 的减小比原来增加时慢，即有一定的滞后现象。而且当 $H=0$ 时，B 并不为零，即在纵坐标是保持一定的值 B_r，如图 9-37 中 ab 段所示。当 H 恢复到零时，铁磁质中保留的磁感应强度 B_r 叫做剩余磁感强度，简称**剩磁**（residual magnetism）。这时撤去线圈，铁磁质就是一块永磁体。B 随 H 变化的全过程如下：当 H 按 $O \to H_m \to O \to -H_m \to O \to H_C \to H_m$ 的顺序变化时，B 相应沿 $O \to B_m \to B_r \to O \to -B_m \to -B_r \to O \to B_m$ 的顺序变化。将上述变化过程的各点连接起来，就得到一条封闭曲线 $abcdefa$，这条曲线称为**磁滞回线**（magnetic hysteresis loop）。

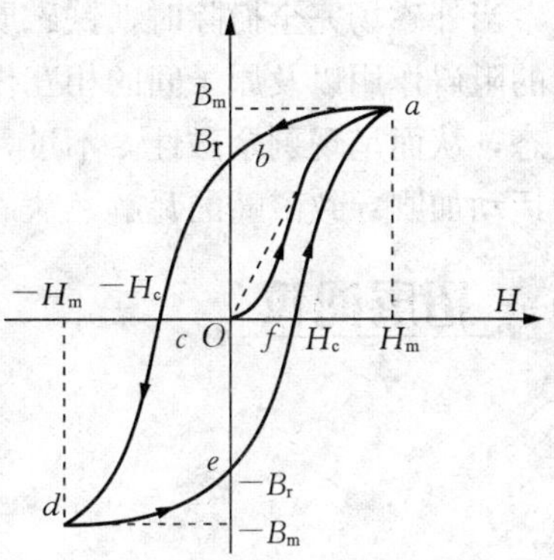

图 9-37　磁滞回线

磁滞回线形成过程主要有三点：①当 $H=0$ 时，B 不为零，铁磁材料中还保留一磁感应强度 B_r；②要消除剩磁 B_r，使 B 降为零，必须加一个反方向磁场 $-H_c$，H_c 称作该铁磁材料的**矫顽力**（coercive force）；③H 上升到某一值和下降到同一数值时，铁磁材料内的 B 值不相同，即磁化过程与铁磁材料过去的磁化经历有关。

实验指出，铁磁性材料在交变磁场的作用下反复磁化时要发热。因为铁磁质反复磁化时，铁磁质内分子的状态不断改变，分子振动加剧，温度升高。使分子振动加剧的能量是由产生磁场的电源提供的，这部分能量转化为热量而散失掉。这种在反复磁化过程中的能量损失称为磁滞损耗。理论和实验证明，磁滞回线所围的面积越大，磁滞损耗也越大。在电器设备中这种损耗是十分有害的，必须尽量减少。

3. 铁磁质的磁化机制　铁磁质的磁性主要来源于电子的自旋磁矩，可以用磁畴理论加以解释。在铁磁质内存在着无数个小区域，其线度约为 10^{-4} m，大小约为 $10^{-12} \sim 10^{-8}$ m^3，含有 $10^{17} \sim 10^{21}$ 个原子。每个小区域中所有原子磁矩都排在同一方向，这样的小区域叫**磁畴**（magnetic domain），如图 9-38 所示。磁畴中原子磁矩的排列方向称为磁畴的磁化方向，或者称为磁畴磁矩方向。在未磁化的铁磁质中，各个磁畴内总的自发磁化磁矩的取向是无规则的，因而在宏观上对外界并没有明显的磁性。当给铁磁质加上外磁场时，对于磁矩取向与外磁场方向成小角度的磁畴，其磁能小于磁矩取向与外磁场方向成大角度的磁畴，因而这些磁畴处于较为有利的地位。这时，在

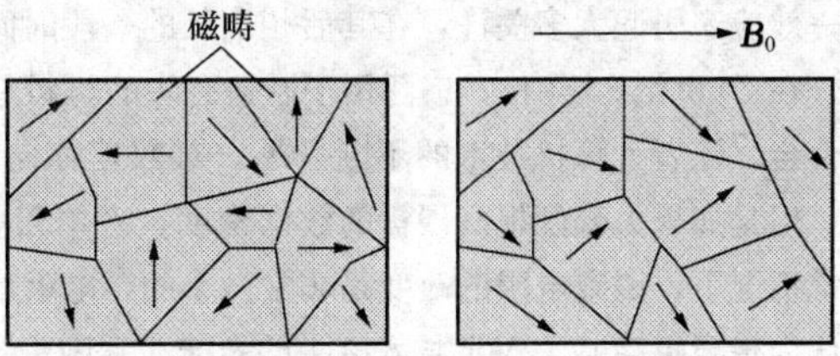

图 9-38　铁磁质的磁畴及磁化

相邻磁畴的界面附近，电子磁矩取向将发生偏转使小角度取向的磁畴面积随外磁场的增强而扩大。相反，成大角度取向的磁畴面积则逐渐减小，形成磁畴壁的移动。当外磁场继续增大直到与外磁场成大角度取向的磁畴全部消失，所有磁畴的磁矩都沿外磁场方向排列时，磁化达到了饱和。

当外磁场完全撤除时，铁磁质将重新分裂为许多磁畴，但是由于受铁磁体内杂质和内应力的阻碍作用以及原子间的相互作用，使这种状态不易被扰动，铁磁质并不能恢复磁化前的状态，从而呈现剩余磁性。不过，当对剩磁材料进行振动或加热至居里温度以上时，因分子热运动加剧导致磁畴的瓦解，从而可以去除剩磁。

拓展阅读

巨磁电阻效应及其应用

——了解我们身边的诺贝尔物理学奖

2007 年 10 月 9 日，诺贝尔物理学奖授予了法国国家科学研究中心的阿尔贝·费尔（Albert Fert，1938—）和德国于利希研究中心的彼得·格林伯格（Peter Grünberg，1939—），以表彰他们各自独立地发现了**“巨磁电阻效应”**。瑞典皇家科学院宣布，这届诺贝尔物理学奖主要奖励“用于读取硬盘数据的技术，得益于这项技术，硬盘在近年来迅速变得越来越小”。

巨磁电阻（giant magnetoresistance，GMR）的发现引发的技术进步，极大地提高了计算机硬盘磁头的数据读取能力，使硬盘无论从容量还是体积上都产生了质的飞越。这个发现还导致了新一代磁传感器的出现，而且巨磁电阻被认为是纳米技术最重要的应用之一。正如诺贝尔奖评选委员会所说的那样：“这是一次好奇心导致的发现，但其随后的应用却是革命性的，因为它使计算机硬盘的容量从几百兆字节（MB）、几千兆字节（MB），一跃而提高几百倍，达到几百吉字节（GB）乃至上千吉字节（GB）。”

一、磁电阻效应和巨磁电阻效应

1. 磁电阻效应　磁电阻效应（magnetoresistance，MR）是一种铁、钴、镍等铁磁体置于外磁场中其电阻发生变化的物理现象。铁磁体的这个性质与电流方向和外加磁场方向有密切关系。早在 1857 年，英国物理学家 W·汤姆孙（开尔文勋爵）就通过实验发现了铁磁材料在磁场中电阻改变的磁电阻效应。他写道：“我发现将铁置于磁场中，当电流方向与磁场方向一致时导体的电阻增大，而磁场方向与电流方向垂直时电阻减小。”这一现象被称为磁电阻各向异性（AMR）。由于磁致电阻的变化不大和当时技术条件的限制，这一效应未引起太多关注，在其后相当长的一段时间内磁电阻效应的研究进展缓慢。

在 20 世纪 80 年代，广泛用于制造磁头的材料是一种铁镍合金，称之为**坡莫合金**（permalloy），意即**导磁合金**。随着计算机技术的不断发展，对数据存储量的要求不断加大，人们迫切需要提高硬盘的存储密度，但是如果大幅度提高硬盘的数据密度，磁单元就要做得非常小，每个单元的磁场强度就会变得很低。通常情况下，磁致电阻的改变是非常微小的，电阻增加或减小的幅度约为 1%～2%，因此，在当时科学家们认为想要提高基于 MR 技术磁头的效能非常困难。如何提高磁致电阻效能成为当时制约硬盘数据密度进一步扩大的瓶颈技术。起源于 20 世纪 70 年代的纳米技术为问题的解决带来了曙光，固体物理学家应用纳米技术，能够制备出不同质地的强磁纳米膜和弱磁纳米膜。纳米级的薄膜，其厚度仅有数个原子，在这个尺度下，材料的性质会与宏观尺度下有极大的不同，其磁性质、电性质、光学性质、材料强度等都有很大的变化，这种新技术催生了巨磁电阻效应。

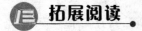

2. 巨磁电阻效应　早在 1988 年，费尔和格林伯格分别在各自的研究中各自独立地发现了完全同样的现象——“巨磁阻效应”，即在铁、铬相间的多层膜电阻中，微弱的磁场变化可以导致电阻大小的急剧变

化。但两个研究小组使用的材料不同，费尔教授领导的小组使用的是铁/铬相间的、厚度可达 60 层的磁性多层膜，即由厚度仅为几个原子的铁磁纳米材料薄膜与非磁性金属纳米膜层叠而成，如图 9－39(a) 所示；而格林伯格教授领导的小组使用的是具有层间反平行磁化的铁/铬/铁三层膜，如图 9－39(b) 所示。实验结果表明，在磁性材料和非磁性材料相间的薄膜层（几个纳米厚）结构中观察到，这种特殊结构材料的电阻值与铁磁性材料薄膜层的磁化方向有关，两层磁性材料磁化方向相反情况下的电阻值明显大于磁化方向相同时的电阻值，电阻在很弱的外加磁场下具有很大的变化量。在费尔小组的实验结果中，由 90 nm 厚的非磁性层分隔的多层磁膜的磁致电阻变化几乎达到 50%；格林伯格小组也用三层铁两层铬的多层磁膜在低温下得到了 10%的磁致电阻变化。两个方法获得的磁致电阻差别较大，主要原因是实验条件的不同，费尔小组的实验条件是多层膜和超低温（4.2 K），而格林伯格小组的实验是在三层膜和常温下进行的。有趣的是，虽然格林伯格教授观测到的磁致电阻幅度较小，却较早意识到这项发现重要的商业应用价值，并立即申请了专利。

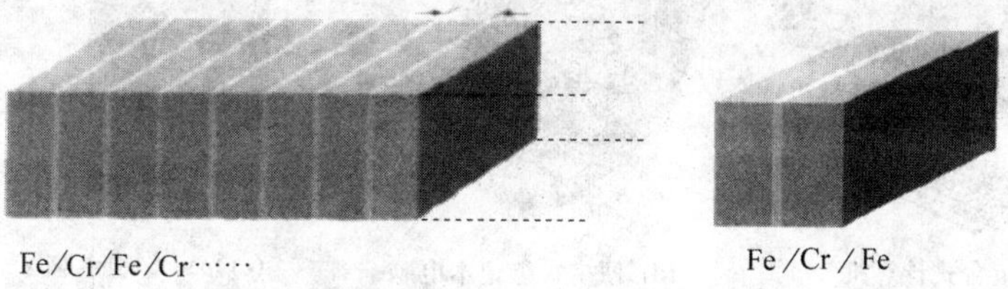

(a) 铁/铬多层磁膜结构　　(b) 铁/铬/铁三层磁膜结构

图 9－39　产生巨磁电阻的薄膜示意图

这两个研究小组的工作发表以后，引起了世界各国科学家的极大兴趣和关注，目前，科研人员发现的具有巨磁电阻效应的材料有金属多层膜、纳米颗粒膜、磁隧道结、金属氧化物薄膜，等等。巨磁阻效应的物理机理需要用能带理论来解释，它是一种量子力学和凝聚态物理学现象。有兴趣的读者可以查阅有关巨磁电阻方面的专著。

二、巨磁电阻效应的应用

巨磁阻磁头（GMR 磁头）与磁阻磁头（MR 磁头）一样，都是利用特殊材料的电阻值随磁场变化的原理来读取盘片上的数据，但是 GMR 磁头使用了磁阻效应更好的材料和多层薄膜结构，比 MR 磁头更为敏感，相同的磁场变化能引起更大的电阻值变化，从而可以实现更高的存储密度。借助巨磁电阻效应，人们能够制造出更加灵敏的数据读出头，将越来越弱的磁信号读出来后因为电阻的巨大变化而转换成为明显的电流变化，使得大容量的小硬盘成为可能。诺贝尔评委会主席佩尔·卡尔松在评价巨磁阻效应发现的意义时，用两张图片的对比通俗地说明了其重要性：一台 1954 年体积占满整间屋子的电脑［图 9－40(a)］和一个如今非常普通、手掌般大小的硬盘［图 9－40(b)］。如今，随着各种计算机技术、网络技术的飞速发展，计算机的发展已经进入了一个快速而又崭新的时代，计算机已经从功能单一、体积较大发展到了功能复杂、体积微小、资源网络化等［见图 9－40(c)、(d)、(e)］。

1. 存储介质度及容量大幅提高　得益于"巨磁电阻"效应这一重大发现，最近 20 多年来，磁存储技术和存储密度有了巨大的进展，我们已能够在越来越小的硬盘中存储海量信息（见图 9－41）。

1994 年，IBM 公司研制成功了巨磁阻效应的读出磁头，将磁盘记录密度提高了 17 倍。1995 年，IBM 公司宣布制成 3 GB·in^{-2} 硬盘面密度所用的读出磁头。1997 年第一个商业化生产的数据读取磁头由 IBM 公司投放市场，硬盘的容量从 4 GB 提升到了 600 GB。2008 年，普遍实用的 MR 磁头能够达到的盘片密度为 3～5 GB·in^{-2}，而 GMR 磁头可以达到 10～40 GB·in^{-2} 以上。磁记录密度的大幅度提高源于 2005 年提出的垂直磁记录技术（perpendicular magnetic recording，PMR），即磁记录单元的排列方式有了变化，从原

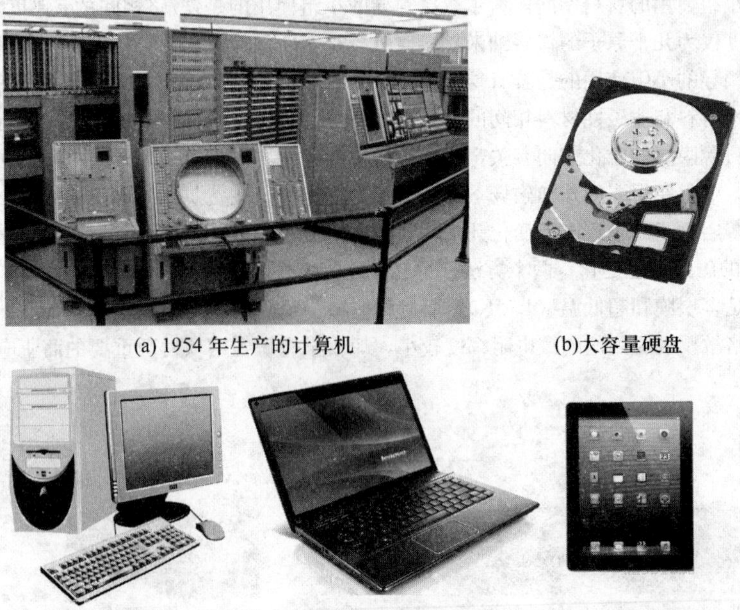

(a) 1954 年生产的计算机　(b)大容量硬盘

(c) 台式计算机　(d) 便携式笔记本电脑　(e) ipad 掌上电脑

图 9-40　越来越精巧的计算机

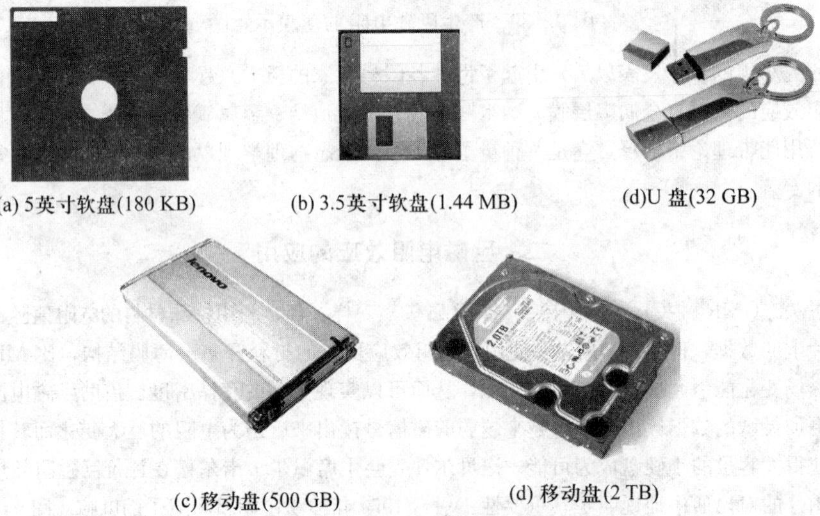

(a) 5英寸软盘(180 KB)　(b) 3.5英寸软盘(1.44 MB)　(d)U 盘(32 GB)

(c)移动盘(500 GB)　(d) 移动盘(2 TB)

图 9-41　存储介质——磁盘的变迁

来的“首尾相接”的水平排列，变为了“肩并肩”的垂直排列，这项技术使得磁记录面密度实现了飞跃性提高。理论证明，垂直记录模式能够大幅度提高存储密度，可以达到 500 GB·in^{-2}。目前，在各种高性能硬磁盘驱动器中，巨磁电阻磁头的面记录密度可达 300 GB·in^{-2}以上。预计 1～2 年内，面记录密度有望达到 1 TB·in^{-2}。1～2 TB 的大容量磁盘将普及。

2. 巨磁电阻随机存储器（MRAM）　内存用来存放计算机正在使用（或执行中）的数据或程序。计算机中所有程序的运行都是在内存中进行的，因此内存的性能对计算机的影响非常大。前些年，内存广泛采用的随机存储器（RAM）主要是半导体动态存储器（DRAM）和静态存储器（SRAM）。但这两种均为易失性的存储器，即当机件断电时，所存数据易丢失。这些年来，人们用巨磁电阻研制成了巨磁电阻随机存储器（MRAM），它是一种非挥发性的随机存储器。所谓“非挥发性”是指关电源后，仍可保持记忆完整，只有在外界的磁场影响下，才会使它改变存储的数据。运用MRAM，大大降低了器件的生产成本，在容量和运行速度上均超过半导体存储器。目前IBM、摩托罗拉和西门子等公司都在不断研究与推出新一代MRAM。另外，由于MRAM具有抗辐射性能强、寿命长等特点，在军事、航空航天、民用工业中的传真机、固态录像机及视频监控等大容量电子存储器中的应用方面将发挥极其重要的作用。

三、未来存储技术展望

两位诺贝尔奖获得者的发现，不仅对硬盘产业产生了深远的影响力，而且也随之改变和影响了我们生活的方方面面以及信息体验，普通大众分享信息高速公路的时代已经来临。今天，我们都淹没在数字膨胀的信息时代中，我们的生活也都与数字和信息息息相关。

从“巨磁电阻效应”的发现到研究成果转化为生产力仅仅间隔6年，这在历史上是罕见的，它是科研成果快速转化为高技术生产力的一个范例。从1994年第一个基于巨磁电阻效应的数据读出头问世至今还不到20年的时间里，主流硬盘容量增大了近1 000倍以上，同时每吉字节（GB）硬盘的单位价格却降低了1 000倍以上。这场源自硬盘领域的革命更带动了整个计算机行业的发展，个人电脑也在这个阶段内以突飞猛进的速度普及到千家万户，MP5、iPad、iPhone等产业以及基于巨磁电阻的高密度硬盘存储技术得以迅猛发展。

2012年10月，全球领先的硬盘制造厂商希捷（Seagate®）利用热辅助记录磁头，实现了“业界最高”的1.5 TB·in^{-2}的面记录密度，从理论上来讲，希捷的热辅助磁记录技术可以实现每平方英寸10Tb的记录密度，因此在可预计的未来我们将见到60 TB超大容量的硬盘。今后，探寻低磁场和室温下性能更加优越的巨磁电阻材料将是科学家们追求的目标。

思考题

9-1　为什么不能简单地定义$\boldsymbol{B}$的方向就是作用在运动电荷上的磁力方向？

9-2　在电子仪器中，为了减小与电源相连的两条导线的磁场，通常总是把它们扭在一起。为什么？

9-3　长为L的一根导线通有电流I，在下列情况下求中心点的磁感应强度：(1) 将导线弯成边长为$L/4$的正方形线圈；(2) 将导线弯成周长为L的圆线圈，比较哪一种情况下磁场更强。

9-4　在载有电流I的圆形回路中，回路平面内各点磁场方向是否相同？回路内各点的B是否均匀？

9-5　一个半径为R的假想球面中心有一个运动电荷。问：(1) 在球面上哪些点的磁场最强？(2) 在球面上哪些点的磁场为零？(3) 穿过球面的磁通量是多少？

9-6　一束质子发生了侧向偏转，造成这个偏转的原因可否是 (1) 电场？(2) 磁场？(3) 若是电场或是磁场在起作用，如何判断是哪一种场？

9-7　能否利用磁场对带电粒子的作用力来增大粒子的动能？

9-8　磁感应强度$\boldsymbol{B}$和磁场强度$\boldsymbol{H}$有何区别？引入辅助矢量电位移$\boldsymbol{D}$和磁场强度$\boldsymbol{H}$的作用是什么？

9-9　顺磁质和铁磁质的磁导率明显地依赖于温度，而抗磁质的磁导率则几乎与温度无关。为什么？

习题

9-1　如图9-42所示，有两根长直导线沿半径方向接到铁环的A、B两点，并与很远处的电源相接。求环心O处的磁感应强度$\boldsymbol{B}$。

9-2　如图9-43所示，一个宽为a的无限长导体薄板上通有电流I，设电流在板上均匀分布。求薄板平面外距板的一边为a处的P点的磁场$\boldsymbol{B}$。

9-3　如图9-44所示，半径为R的木球上绕有细导线，所绕线圈很紧密，相邻的线圈彼此平行，以单层盖住半个球面，共有 N 匝，导线中通有电流 I。求球心 O 处的磁感应强度。

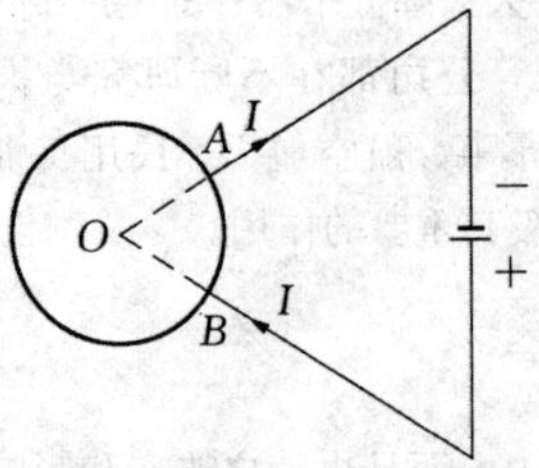

图 9-42 习题 9-1 图

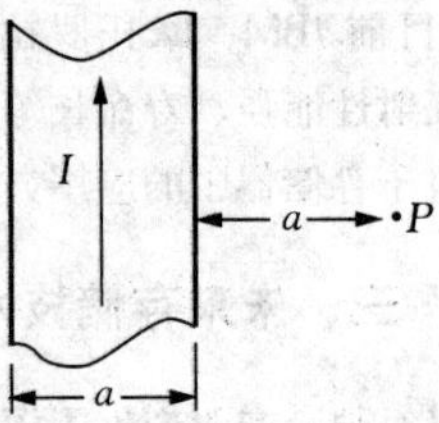

图 9-43 习题 9-2 图

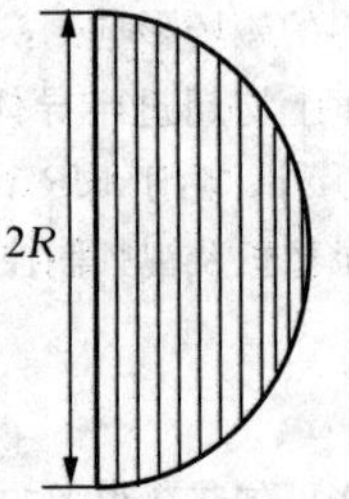

图 9-44 习题 9-3 图

9-4 如图 9-45 所示，在一个半径 $R=1.0$ cm 的无限长半圆柱形金属薄片中，自下而上地有 $I=5.0$ A的电流通过。试求圆柱轴线 OO' 上任一点的磁场 $\boldsymbol{B}$。

9-5 如图 9-46 所示，一个塑料圆盘，半径为 R，电荷 q 均匀分布于表面，圆盘绕通过圆心垂直盘面的轴转动，角速度为 ω。求圆盘中心处的磁感应强度 $\boldsymbol{B}$。

9-6 如图 9-47 所示，有一根很长的同轴电缆，由一个圆柱形导体和一个同轴圆筒状导体组成。圆柱的半径为 R_1，圆筒的内外半径分别为 R_2 和 R_3。在这两个导体中，载有大小相等而方向相反的电流 I，电流均匀分布在各导体的截面上。求四个区间（$r<R_1$、$R_1<r<R_2$、$R_2<r<R_3$、$r>R_3$）的磁感应强度。

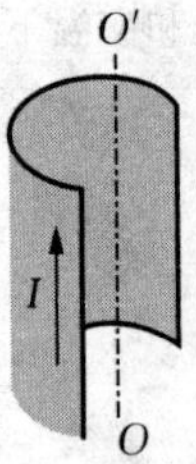

图 9-45 习题 9-4 图

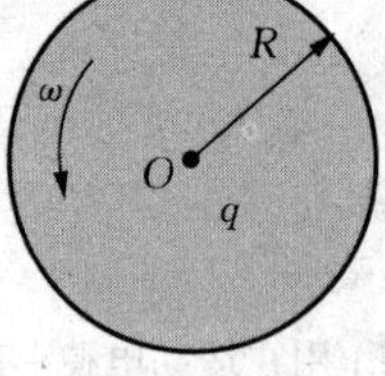

图 9-46 习题 9-5 图

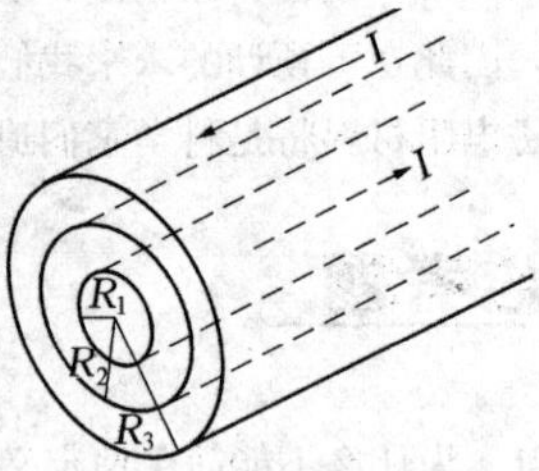

图 9-47 习题 9-6 图

9-7 在半径为 a 的金属长圆柱体内挖去一半径为 b 的圆柱体，两柱体的轴线平行，相距为 d，如图 9-48 所示。今有电流 I 沿轴线方向流动，且均匀分布在柱体的截面上。试求空心部分中的磁感强度。

9-8 如图 9-49 所示，设电流均匀流过无限大导电平面，其电流密度为 j（在平面内，通过电流垂直方向单位长度上的电流）。求空间任意点的磁感应强度。

9-9 半径为 R 的半圆形导线放在均匀磁场中，导线所在平面与磁场的方向垂直，导线中通有电流 I，方向如图 9-50 所示。求此半圆环导线所受的磁场力。

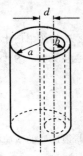

图 9-48 习题 9-7 图

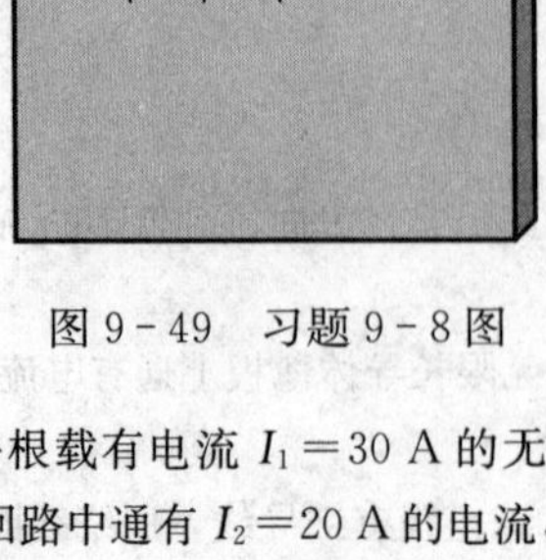

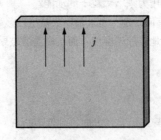

图 9-49 习题 9-8 图

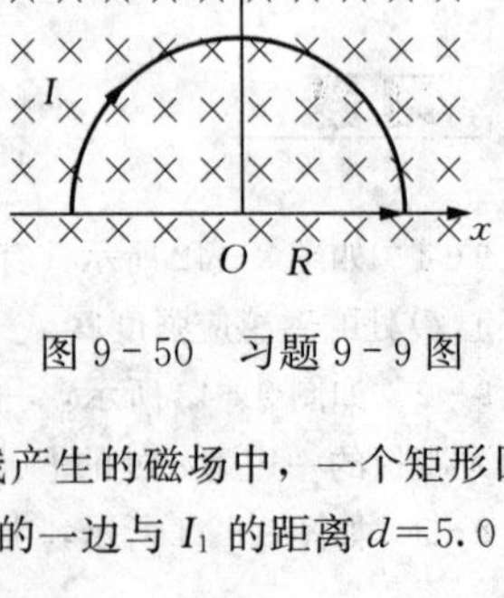

图 9-50 习题 9-9 图

9-10 如图 9-51 所示，在一根载有电流 $I_1=30$ A 的无限长直导线产生的磁场中，一个矩形回路（$a=12$ cm，$b=8$ cm）与 I_1 共面，回路中通有 $I_2=20$ A 的电流，矩形回路的一边与 I_1 的距离 $d=5.0$ cm。

试求 I_1 产生的磁场作用在矩形回路上的合力。

9－11　如图 9－52 所示，载有电流为 I_1 的长直导线，旁边有一个正三角形线圈，边长为 a，电流为 I_2，它们共平面。三角形一边与长直导线平行，其中心 O 到直导线的距离为 b。求三角形的所受的力。

9－12　如图 9－53 所示，一无限长载流为 I_1 的直导线与半径为 R 的圆形电流 I_2 处于同一平面，已知直线与圆心相距为 d。求作用在圆电流上的磁场力。

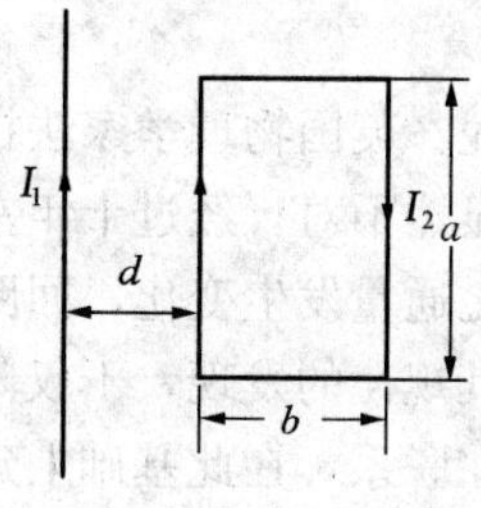

图 9－51　习题 9－10 图

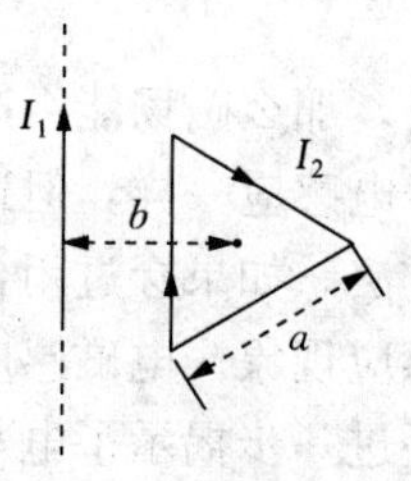

图 9－52　习题 9－11 图

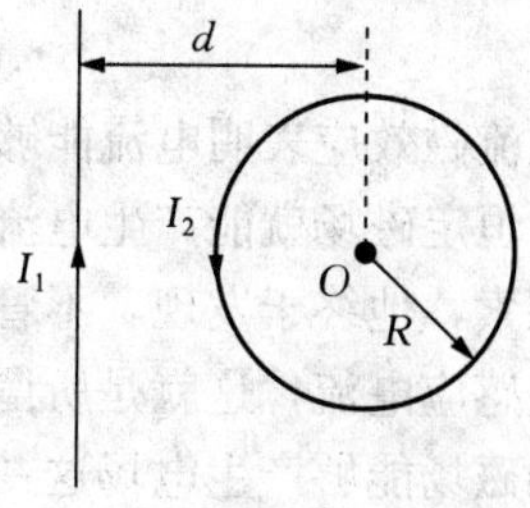

图 9－53　习题 9－12 图

9－13　如图 9－54 所示，边长为 a 的等边三角形载流线圈，通以电流 I，位于均匀磁场中，线圈可绕 OO' 轴转动。求线圈受到的磁力矩。

9－14　一个 2 cm 宽、0.1 cm 厚的金属片，载有 20 A 的电流，处于磁感应强度为 2.0 T 的均匀磁场中，如图 9－55 所示。测得霍尔电势差为 4.27 μV。（1）计算金属片中电子的漂移速度；（2）求电子的浓度；（3）a 和 b 哪点电势较高？（4）如果用 p 型半导体代替该金属片，a 和 b 哪点电势较高？

9－15　如图 9－56 所示，螺绕环中心周长 $l=10$ cm，环上线圈匝数 $N=200$，线圈中通有电流 $I=100$ mA。求：（1）管内的磁场强度 H 和磁感应强度 B_0；（2）若管内充满相对磁导率 $\mu_r=4200$ 的磁介质，则管内的 H 和 B 是多少？

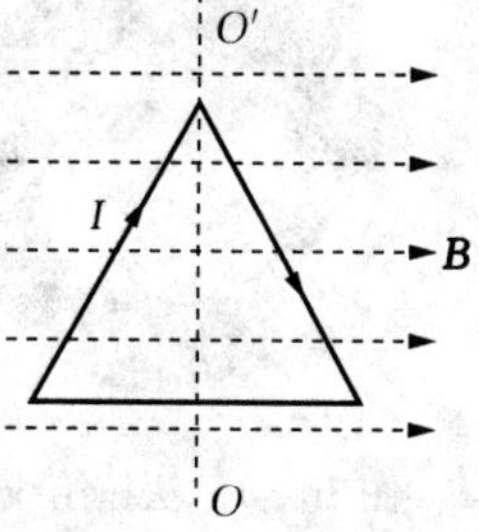

图 9－54　习题 9－13 图

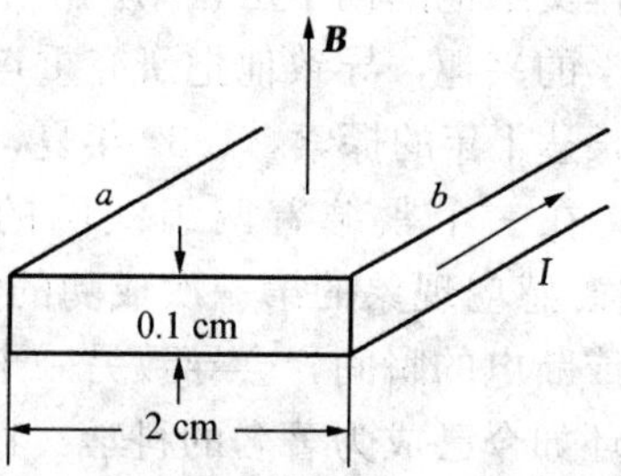

图 9－55　习题 9－14 图

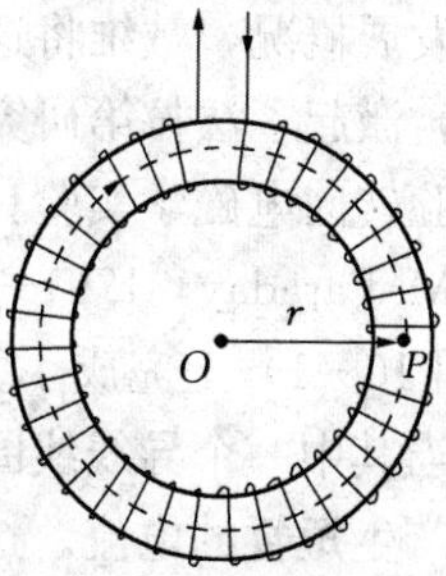

图 9－56　习题 9－15 图

9－16　一个矩磁材料具有矩形磁滞回线，如图 9－57(a)所示。外加磁场一旦超过矫顽力，磁化方向就立即翻转。矩磁材料的用途是制作电子计算机中存储元件的环行磁芯，这类磁芯由矩磁铁氧体材料制成。图 9－57(b) 表示了这样的磁芯，其外直径为 0.8 mm，内直径为 0.5 mm，高为 0.3 mm，已知矩磁芯材料的矫顽力 $H_c=1/2\pi\times10^3\ \text{A}\cdot\text{m}^{-1}$。若磁芯原来已被磁化，方向如图所示，现需使磁芯自内到外的磁化方向全部翻转，无限长载流直导线中脉冲电流的峰值 i_m 至少需要多大？

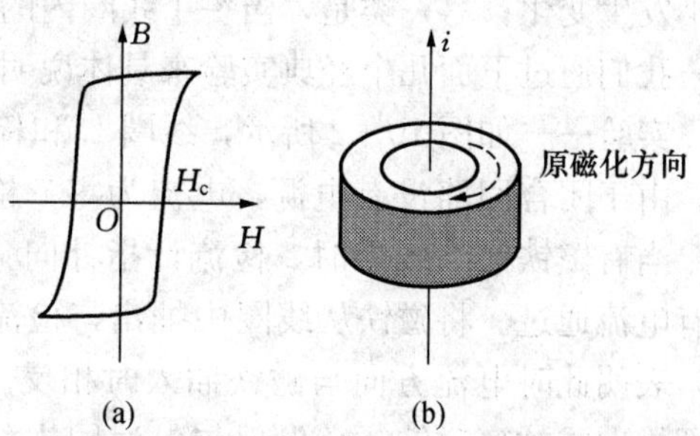

图 9－57　习题 9－16 图

第十章　电磁感应与电磁场

电流磁效应表明电流能够产生磁场，那么磁场能否产生电流呢？英国物理学家法拉第起初认为恒定磁场就能产生电流，就如静电感应一样，但这一想法显然不对！经过十年左右的研究探索，他终于发现，不管用什么方法，如果穿过闭合回路的磁通量发生变化，回路中就会产生感应电流，这就是所谓的电磁感应现象。电磁感应现象及其规律的发现，不仅阐明了变化的磁场能够产生电场这一规律，还进一步揭示了电与磁的内在联系，在此基础上建立起来的麦克斯韦方程组，使人们对电磁现象的本质有了更进一步的了解，奠定了现代电工技术和无线电通信技术的基础，为人类广泛利用电能开辟了道路。

第一节　法拉第电磁感应定律

一、电磁感应现象

1820 年，在奥斯特发现电流磁效应后，沿着逆向的思维，科学家们开始探索用磁去产生电流。1921 年，英国《哲学年鉴》杂志主编邀请著名化学家戴维（H. Davy，1878—1829）撰写一篇文章，综合评述奥斯特电流磁效应发现以来的电磁学发展概况，戴维将这一工作交给他的助手法拉第。正是这一事件，激起了法拉第研究电磁学的兴趣，导致他把研究重点从化学实验转向电磁学实验！经过长达十年的探索，1831 年夏，法拉第（M. Faraday，1791—1867）在一个紧缠着两组线圈的铁环（见图 10－1）上完成了关于电磁感应现象的第一次成功的实验，发现当其中一个导线线圈通电或断电的瞬间，会导致另一个导线线圈产生短暂的电流。这个铁环如今已成为著名的科学文物，它与多年后出现的变压器竟然出奇地相似。

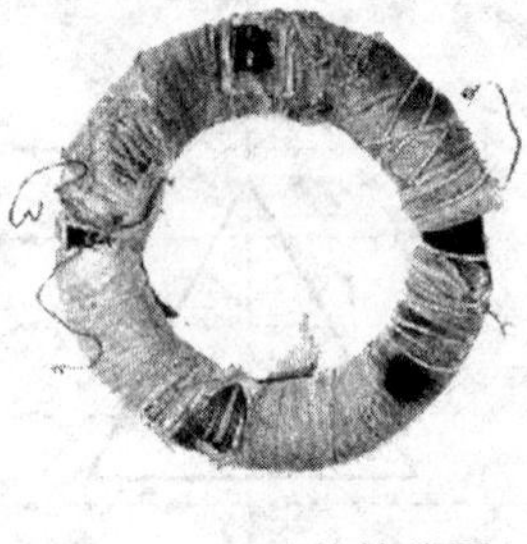

图 10－1　法拉第线圈

法拉第的实验非常多，大致可分为两类：一类是磁铁与线圈的相对位置有变化或线圈的大小发生变化；另一类是，当一个线圈内的电流发生变化时，附近的其他线圈内产生感生电流。我们通过下面几个经典实验来具体说明：

实验一　如图 10－2 所示，线圈 L 和检流计 G 构成闭合回路，由于闭合回路没有电源，电流为零，检流计指针不发生偏转。当有磁铁插入线圈时，检流计指针向一侧偏转，表明线圈中有电流通过。将磁铁从线圈中抽出，检流计指针向另一侧偏转，表明此时电流方向与磁铁插入时相反。若将磁铁固定，把线圈推向或拉离磁铁，会出现与上述同样的现象。这个实验表明，当线圈与磁铁间有相对运动时，线圈中产生了感应电流。

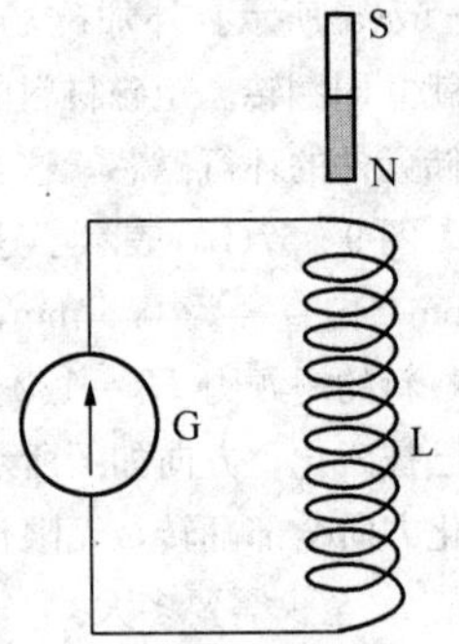

图 10－2　电磁感应实验（1）

实验二　在图 10－3 中，两个线圈彼此靠近且相对静止。

当调节变阻器使线圈Ⅱ中的电流增大时，检流计指针偏转，表明线圈Ⅰ中产生了电流；当调节变阻器使线圈Ⅱ中电流减小时，检流计指针也偏转，但偏转的方向相反。这个实验表明，线圈Ⅱ中电流变化时，线圈Ⅰ中产生了感应电流。

实验三　在图 10-4 所示的磁场中，一组导体与检流计 G 构成闭合回路。若将回路的一边 AB 向左（或向右）移动，检流计的指针就偏向一侧（或另一侧）。若将闭合回路整体相对于磁场平移，则检流计指针不偏转。

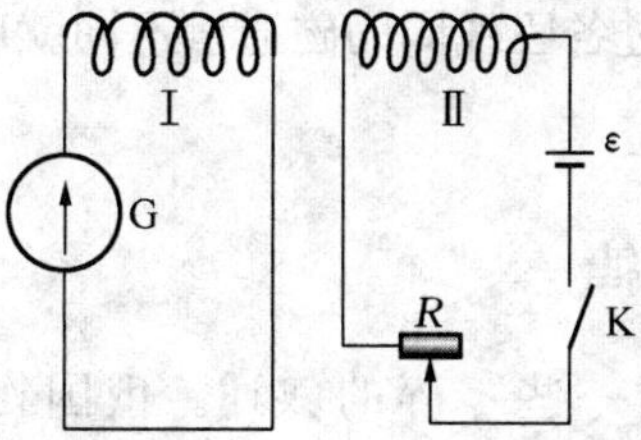

图 10-3　电磁感应实验（2）

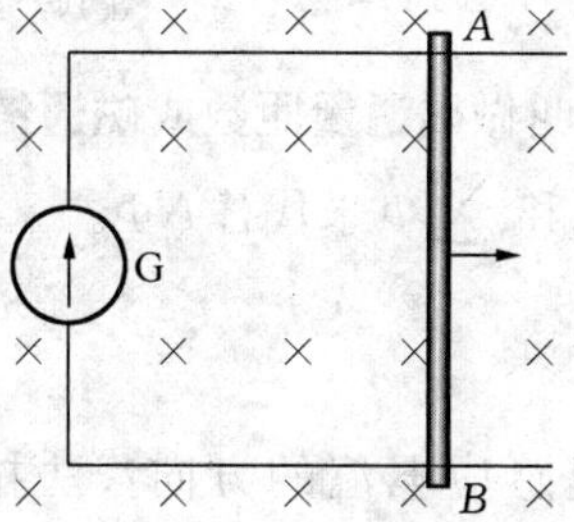

图 10-4　电磁感应实验（3）

综合分析上述实验可以看出，三个实验产生电流的具体方式虽然各不相同，但都是通过引起闭合回路所包围面积的磁通量变化来实现的。据此可知，当穿过闭合导体回路所包围面积的磁通量发生变化时，导体回路中就将产生电流，这种现象称为**电磁感应现象**（electromagnetic induction），产生的电流称为**感应电流**（induction current）。

二、法拉第电磁感应定律

在电磁感应现象中，导体回路中产生了感应电流，表明在回路中产生了电动势，这个电动势称为**感应电动势**（induction electromotive force）。法拉第通过对电磁感应现象的研究，确定了感应电动势与变化的磁通量之间的定量关系，这个关系称为**法拉第电磁感应定律**。其表述为：**通过导体回路的磁通量发生变化时，回路中产生的感应电动势 ε_i 与磁通量 Φ_m 的变化率成正比**。即

$$\varepsilon_i = -K\frac{d\Phi_m}{dt} \tag{10-1}$$

其中，K 为比例系数。在 SI 制中，Φ_m 的单位为韦伯（Wb），t 的单位为秒（s），ε_i 的单位为伏特（V），此时 $K=1$，于是上式可写为

$$\varepsilon_i = -\frac{d\Phi_m}{dt} \tag{10-2}$$

式中负号表示感应电流的方向总是阻止磁通量的变化。

为了确定感应电动势的方向，首先必须规定导体回路的绕行方向，如图 10-5 所示。当回路中磁感线的方向和所规定的回路绕行方向满足右手螺旋关系时，磁通量 Φ 取正值。此时如果回路范围内的磁通量增加（$d\Phi_m/dt>0$），感应电动势 ε_i 为负值，即 ε_i 的方向与回路 L 绕行方向相反，如图 10-5(a) 所示；当回路范围内的磁通量减少时（$d\Phi_m/dt<0$），感应电动势 ε_i 取正值，ε_i 的方向与回路绕行方向相同，如图 10-5(b) 所示。

式（10-2）只适用于单匝线圈构成的闭合回路，如果回路由 N 匝线圈串联而成，则有

$$\varepsilon_i = -N\frac{d\Phi_m}{dt} = -\frac{d(N\Phi)}{dt} = -\frac{d\Psi}{dt} \tag{10-3}$$

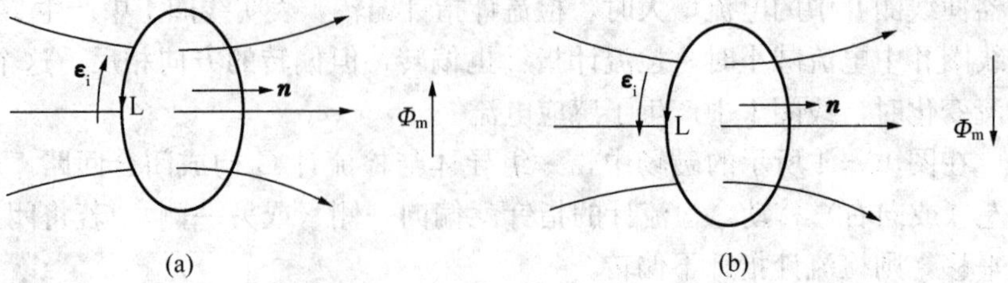

图 10－5 感应电动势方向的确定

式中 $\Psi=N\Phi$ 叫做**磁通量匝数**或**磁通链数**。如果通过各匝线圈的磁通量不同就应该用各线圈中磁通量的总和 $\sum\Phi$ 来代替 $N\Phi$。

三、楞次定律

如何确定感应电流的方向？法拉第只是有过一些零碎的叙述。俄国物理学家楞次（H. F. E. Lenz，1804—1865）在获悉法拉第的发现之后，考察了电磁感应现象的全过程。1832 年 11 月，他得出了感应电动势与绕组导线的材料和直径无关，也与线圈的直径无关的结论。1833 年 11 月，他提出了一个直接判断感应电流方向的法则，称为**楞次定律**（Lenz law），其表述为：**闭合回路中感应电流的方向总是要使它激发的磁场来阻碍引起感应电流的磁通量的变化**。

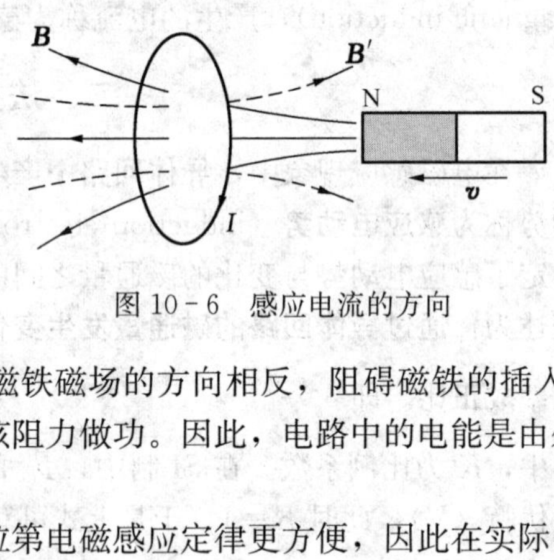

图 10－6 感应电流的方向

用楞次定律确定感应电流的方向后，进而可确定感应电动势的方向，其结果与法拉第电磁感应定律得出的方向一致。由此可见，式（10－2）和式（10－3）中的负号实际上就是楞次定律的数学表示。实际上，楞次定律的实质是能量转换与守恒定律在电磁感应现象中的反映。例如，在图 10－6 中当磁铁插入线圈时，线圈中出现了感应电流。根据楞次定律，线圈中感应电流产生的磁场 B' 的方向与磁铁磁场的方向相反，阻碍磁铁的插入。为使磁铁继续插入线圈，必须对磁铁施加外力克服该阻力做功。因此，电路中的电能是由外力做功转化而来的。

由于在判断感应电流的方向上，楞次定律比法拉第电磁感应定律更方便，因此在实际中被广泛采用。

第二节 感应电动势

法拉第电磁感应定律表明，只要闭合回路的磁通量发生变化就有感应电流产生。实际上，造成磁通量变化的原因可能不同，既可以是回路面积大小的变化而引起磁通量变化，还有可能是磁感应强度的变化而引起磁通量变化，当然也有可能两种因素同时存在。如果磁感应强度不变，回路或回路的一部分相对于磁场运动，这样产生的电动势称为**动生电动势**（motional electromotive force）；如果回路不动，而是由于磁感应强度的变化引起磁场的变化而产生的电动势称为**感生电动势**（induced electromotive force）。我们先讨论动生电动势。

一、动生电动势

从非静电力角度看，动生电动势与洛伦兹力有关。如图10-7所示，一个矩形导线框放在均匀磁场中（磁场方向垂直纸面向里），其中导体 ab 边长为 l，沿 ad 和 bc 边滑动。当 ab 以速度 $\boldsymbol{v}$ 向右滑动时，ab 边内的电子也随之向右移动，每个电子所受的洛伦兹力为

$$\boldsymbol{f}=-e\boldsymbol{v}\times\boldsymbol{B} \tag{10-4}$$

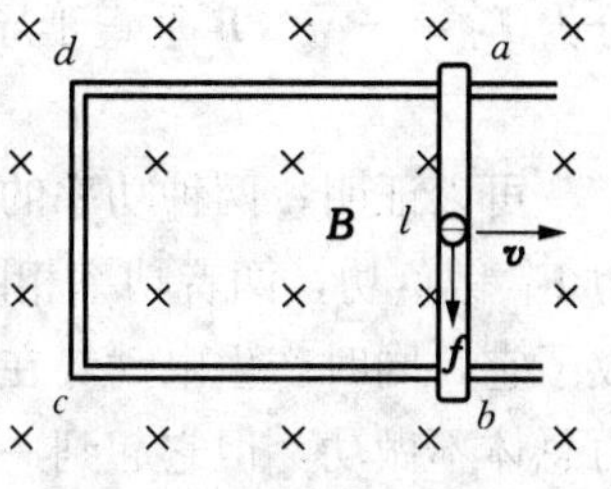

图10-7　动生电动势

洛伦兹力 $\boldsymbol{f}$ 的方向由 a 指向 b。在洛伦兹力的作用下，自由电子沿 ab 方向运动，使自由电子向 b 端聚集，结果使 b 端带负电，a 端带正电。此时，若将运动导体 ab 看成一个电源，该电源的非静电力场就是作用在单位正电荷上的洛伦兹力

$$\boldsymbol{E}_{\mathrm{k}}=\frac{\boldsymbol{f}}{-e}=\boldsymbol{v}\times\boldsymbol{B} \tag{10-5}$$

由电动势的定义，动生电动势为　$\varepsilon=\int_{-}^{+}\boldsymbol{E}_{\mathrm{k}}\cdot\mathrm{d}\boldsymbol{l}=\int_{b}^{a}(\boldsymbol{v}\times\boldsymbol{B})\cdot\mathrm{d}\boldsymbol{l}$　(10-6)

若 $\boldsymbol{v}\perp\boldsymbol{B}$，且 $\boldsymbol{v}\times\boldsymbol{B}$ 与 $\mathrm{d}\boldsymbol{l}$ 同向，则有　$\varepsilon=vBl$　(10-7)

由式（10-6）可以看出，若 v、$\boldsymbol{B}$ 和 $\boldsymbol{l}$ 中任意两个量互相平行，则 ε 为零。这些情况分别对应于导体 ab 沿着磁场方向放置（$\boldsymbol{B}/\!/l$）、导体 ab 沿着磁场方向运动（$\boldsymbol{v}/\!/\boldsymbol{B}$）和导体 ab 沿着自身方向运动（$\boldsymbol{v}/\!/\boldsymbol{l}$）。在这些情况下，导体 ab 的运动都不切割磁感应线。所以，可以形象地说，当导体做切割磁感应线运动时产生电动势为动生电动势。

例题10-1　一根长为 L 的铜棒在均匀磁场 $\boldsymbol{B}$ 中绕其一端以角速度 ω 匀速转动，转动平面与磁场方向垂直，如图10-8所示。求铜棒两端的电动势。

解： 以 O 为原点，OA 为坐标轴建立坐标。取线元 $\mathrm{d}\boldsymbol{l}$，对应的线速度为 $v=\omega l$，该线元的电动势为

$$\mathrm{d}\varepsilon=(\boldsymbol{v}\times\boldsymbol{B})\cdot\mathrm{d}\boldsymbol{l}=B\omega l\,\mathrm{d}l$$

铜棒的总电动势为

$$\varepsilon=\int\mathrm{d}\varepsilon=\int_{0}^{l}B\omega l\,\mathrm{d}l=\frac{1}{2}B\omega L^{2}$$

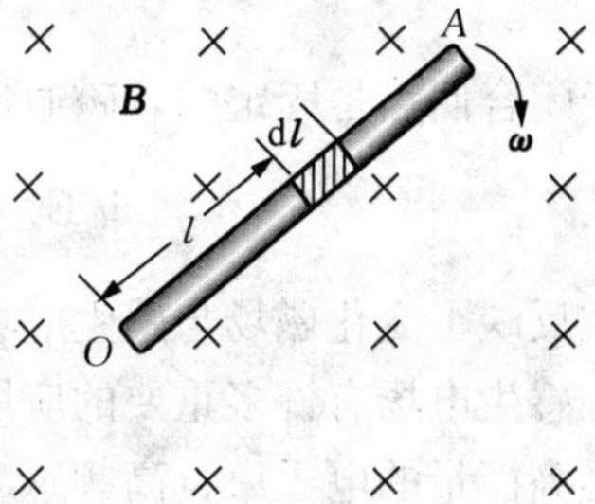

图10-8　例题10-1图

电动势方向由 O 指向 A，故 A 端电势高，O 端电势低。有一点要做说明，就是非静电力是要做功的，但洛伦兹力是不做功的，如何解释这一对表面上的矛盾。这里强调“表面”一词，是因为这一矛盾实际上不存在。在前面的讨论中，我们说动生电动势的非静电力为洛伦兹力，实际上指的是洛伦兹力的一个分力而不是洛伦兹力的全部。如图10-9所示，在外力作用下，导体 ab 向右以速度 $\boldsymbol{v}$ 运动，导体中的电子除了随导体一起运动之外，还有一个沿导体由 a 指向 b 的速度 u，正是这一运动产生了动生电动势。显然，电子受到的总洛伦兹力为

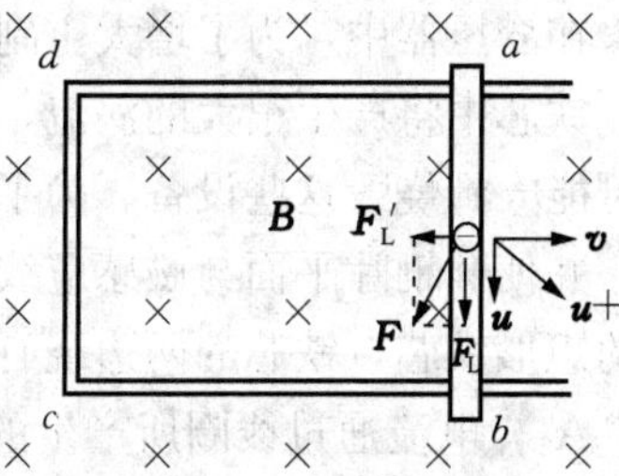

图10-9　洛伦兹力不做功

$$\boldsymbol{F}=-e(\boldsymbol{u}+\boldsymbol{v})\times\boldsymbol{B}$$

分力 $\boldsymbol{F}_{\mathrm{L}}=-e\boldsymbol{v}\times\boldsymbol{B}$ 沿导体向 b 端，相应的功率为

$$-e(\boldsymbol{v}\times\boldsymbol{B})\cdot\boldsymbol{u}$$

分力 $\boldsymbol{F}'_{\mathrm{L}}=-e\boldsymbol{u}\times\boldsymbol{B}$ 垂直于导线向左，相应的功率为

$$-e(\boldsymbol{u}\times\boldsymbol{B})\cdot\boldsymbol{v}$$

可以证明，两种功率的总和为零。即分力 $\boldsymbol{F}_{\mathrm{L}}$ 作为产生电动势的非静电力做正功，而分力 $\boldsymbol{F}'_{\mathrm{L}}$ 做负功，两者功率相同。能量转换关系是：外力做正功输入机械能，安培力做负功吸收了它，同时产生电动势在回路上做正功，以电能的形式输出。在这一过程中，尽管洛伦兹力总体不做功，但它起到一个能量转换者的作用。

二、感生电动势与感生电场

实验发现，当导体回路静止，而通过导体回路磁通量的变化仅由磁场的变化引起时，导体中也会产生感应电动势，这种电动势称为感生电动势。

我们知道，动生电动势的非静电力是洛伦兹力，那么感生电动势的非静电力又是什么呢？麦克斯韦在分析电磁感应现象的基础上提出了一个假设。他认为，即使不存在导体回路，变化的磁场也会在空间激发出一种电场，称为**感生电场**或**涡旋电场**（vortex electric field）。感生电场对电荷的作用与静电场相同。感生电场与静电场的区别在于感生电场不是由电荷激发，而是由变化的磁场激发。设感生电场的场强为 $\boldsymbol{E}_{\mathrm{k}}$，则置于其中的电荷 q 受到的力为 $F=qE_{\mathrm{k}}$，如果回路闭合，就有电流产生。由此可见，产生感生电动势的非静电力来源于感生电场力。

由电动势的定义和法拉第电磁感应定律可知，感生电动势为

$$\varepsilon=\oint_{L}\boldsymbol{E}_{\mathrm{k}}\cdot\mathrm{d}\boldsymbol{l}=-\frac{\mathrm{d}\Phi_{\mathrm{m}}}{\mathrm{d}t} \tag{10-8}$$

由于闭合回路是固定的，磁通量的变化仅由磁场的变化引起，因而上式又可改写为

$$\oint_{L}\boldsymbol{E}_{\mathrm{k}}\cdot\mathrm{d}\boldsymbol{l}=-\frac{\mathrm{d}}{\mathrm{d}t}\int_{S}\boldsymbol{B}\cdot\mathrm{d}\boldsymbol{S}=-\int_{S}\frac{\partial\boldsymbol{B}}{\partial t}\cdot\mathrm{d}\boldsymbol{S} \tag{10-9}$$

该式反映了变化磁场与感生电场之间的联系。

感生电场有许多重要的应用。例如，电子感应加速器就是利用感生电场不断对电子加速获得高能量的电子束；高频感应冶金炉利用感生电场在金属中产生很强的感应电流，俗称**涡电流**（eddy current），可以产生大量焦耳热。当然，有时候涡电流是有害的，需要加以限制，如变压器和电动机的铁芯用表面涂有绝缘漆的很薄的硅钢片制成就是这个缘故。

在变压器中，为了增大主副线圈的耦合，都采用了铁芯，变压器的线圈中通过交变电流时，铁芯中将产生很大的涡流，白白损耗了大量的能量（叫做铁芯的涡流损耗），甚至发热量可能大到烧毁这些设备。为了减小涡流及其损失，通常采用叠合起来的硅钢片代替整块铁芯，并使硅钢片平面与磁感应线平行。图 10-10(a) 所示为变压器，图 10-10(b) 为它中间的矩形铁芯，铁芯的两边绕有多匝的原线圈（或称初级绕组）A_1 和副线圈（或称次级绕组）A_2，电流通过线圈所产生的磁感应线主要集中在铁芯中。磁通量的变化除了在原、副线圈内产生感应电动势之外，也将在铁芯的每个横截面（例如 CC' 截面）内产生循环的涡电流。若铁芯是整块的，如图 10-10(c) 所示，对于涡流来说电阻很小，因涡流而损耗的焦

耳热就很多。若铁芯用硅钢片制作，并且硅钢片平面与磁感应线平行，如图 10－10(d) 所示，一方面由于硅钢片本身的电阻率较大，另一方面各片之间涂有绝缘漆把涡流限制在各薄片内，使涡流大为减小，从而减少了电能的损耗。

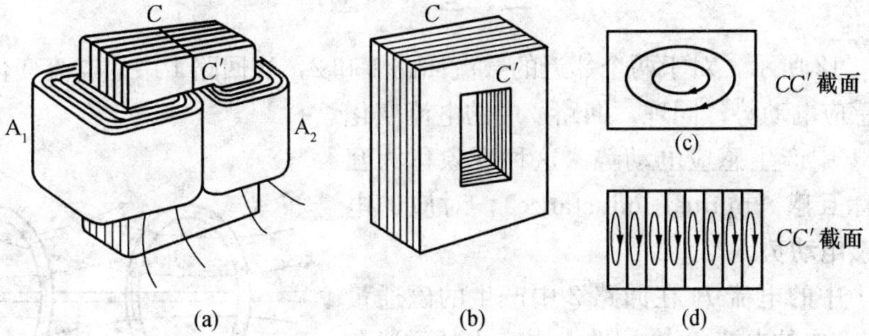

图 10－10　变压器铁芯中的涡流损耗及改善措施

第三节　自感和互感　磁场的能量

一、自　感

当一个闭合回路中通有电流时，就有磁感线穿过回路本身，如图 10－11 所示。此时，如果回路中的电流发生变化，通过自身回路的磁通量也会发生变化，回路中就会产生感应电动势。这种由于回路自身电流变化产生感应电动势的现象称为自感现象，简称**自感**(self－inductance)，相应的电动势称为**自感电动势**。

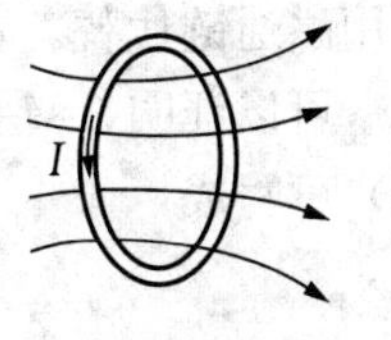

图 10－11　自感现象

由毕奥—萨伐尔定律可知，在周围没有铁磁质材料的情况下回路中的电流激发的磁场 B 与电流 I 成正比，因此通过回路的磁通量 Φ_m 也应正比于 I，即

$$\Phi_m = LI \tag{10-10a}$$

对于多匝线圈

$$\Psi = LI \tag{10-10b}$$

式中的比例系数 L 称为**自感系数**，其大小由回路的大小、形状及周围的介质等因素决定。在 SI 制中，自感系数的单位是亨利（H）。

设回路的自感系数 L 保持不变，由法拉第电磁感应定律可得回路的自感电动势为

$$\varepsilon_L = -\frac{d\Phi_m}{dt} = -L\frac{dI}{dt} \tag{10-11}$$

自感电动势的方向也遵守楞次定律，即自感电动势的方向总是要使它产生的磁场阻碍回路本身电流的变化。显然，回路中的自感有使回路电流保持不变的性质。回路的这一性质与力学中物体的惯性有些相似，可称为电磁惯性，而自感系数就是电磁惯性的量度。

例题 10－2　设有一个长直螺线管，长为 l，截面积为 S，线圈总匝数为 N，求其自感系数。

解： 忽略边缘效应，当螺线管中通有电流 I 时，管内的磁感应强度为

$$B = \mu_0 nI = \mu_0 \frac{N}{l} I$$

通过螺线管的磁通链为

$$\Psi = NBS = N\mu_0 \frac{N}{l} IS$$

螺线管的自感系数为 $$L=\frac{\Psi}{I}=\mu_0\frac{N^2}{l}S=\mu_0\frac{N^2}{l^2}lS=\mu_0 n^2 V$$

式中 $V=lS$ 为螺线管的体积。

二、互　感

如图 10-12 所示，对于两个邻近的载流回路 1 和 2，当回路 1 中的电流变化时，会在回路 2 中产生感应电动势；同理，回路 2 中的电流变化也会在回路 1 中产生感应电动势。这种现象称为互感现象，简称**互感**（mutual inductance），对应的电动势称为**互感电动势**。

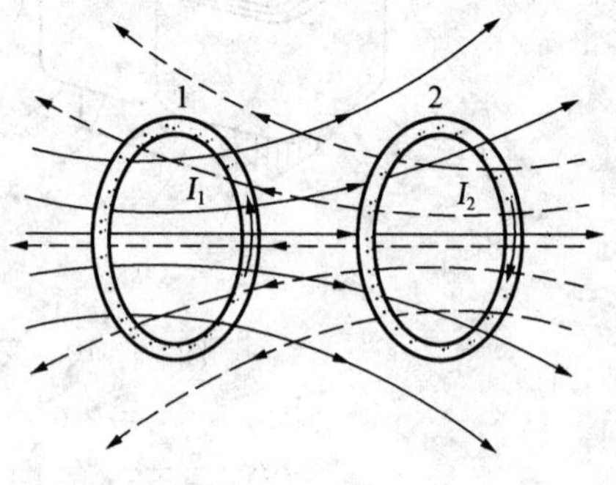

图 10-12　互感现象

设回路 1 中的电流 I_1 在回路 2 中产生的磁通量为 Φ_{21}，回路 2 中的电流 I_2 在回路 1 中产生的磁通量为 Φ_{12}，由毕奥—萨伐尔定律可知，$\Phi_{21}\propto I_1$，$\Phi_{12}\propto I_2$，写成等式有

$$\Phi_{21}=M_{21}I_1 \qquad (10-12)$$

$$\Phi_{12}=M_{12}I_2 \qquad (10-13)$$

式中比例系数 M_{21} 和 M_{12} 称为**互感系数**。互感系数的值与两个回路的大小、形状、相对位置及周围介质有关。如果线圈为多匝，上两式中的磁通量用磁通链代替。互感系数的单位也是亨利（H）。

可以证明，M_{21} 和 M_{12} 是相等的，将它们统一用 M 表示，则式（10-12）和式（10-13）可写成

$$\Phi_{21}=MI_1 \qquad (10-14)$$

$$\Phi_{12}=MI_2 \qquad (10-15)$$

如果两个线圈的大小、形状、匝数及相对位置一定，则互感 M 固定。由电磁感应定律可得，回路 1 中的电流 I_1 变化时，在回路 2 中产生的互感电动势为

$$\varepsilon_{21}=-\frac{\mathrm{d}\Phi_{21}}{\mathrm{d}t}=-M\frac{\mathrm{d}I_1}{\mathrm{d}t} \qquad (10-16)$$

同理，回路 2 中电流 I_2 变化时在回路 1 中产生的互感电动势为

$$\varepsilon_{12}=-\frac{\mathrm{d}\Phi_{12}}{\mathrm{d}t}=-M\frac{\mathrm{d}I_2}{\mathrm{d}t} \qquad (10-17)$$

互感在电工和无线电技术中也有广泛的用途，通过互感回路能使能量或信号由一个回路传递到另一个回路。电工和无线电技术中使用的各种变压器都是互感器件。

在有些情况下互感是有害的。例如，有线电话会由于两路电话之间的互感而引起串音，无线电设备中也会由于导线或器件间的互感作用妨碍设备的正常工作。对于这些情况，需要设法避免互感的产生。

例题 10-3　图 10-13 所示为两个共轴长直螺线管，一个螺线管（称为原线圈）长为 l，截面积为 S，共有 N_1 匝；另一个螺线管的长度和截面积都与其相同（称为副线圈），共有 N_2 匝。螺线管内磁介质的磁导率为 μ。求这两个共轴螺线管的互感系数。

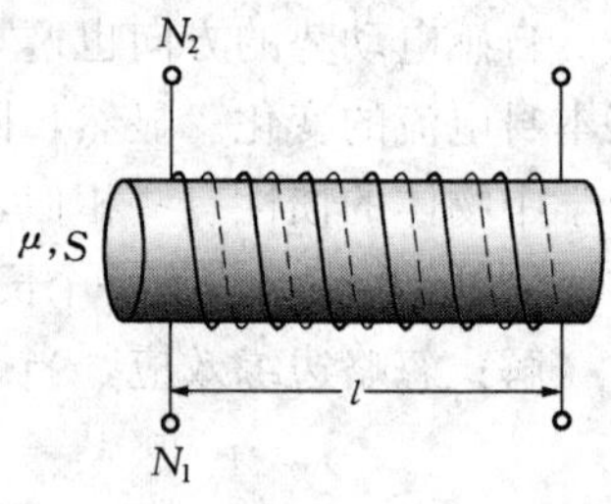

图 10-13　例题 10-3 图

解：设原线圈中通有电流 I_1，则管内磁感应强度为

$$B=\mu\frac{N_1}{l}I_1$$

通过副线圈的磁通链为
$$\Psi_{21}=N_2BS=\mu\frac{N_1N_2I_1}{l}S$$

两个线圈的互感系数为
$$M=\frac{\Psi_{21}}{I_1}=\mu\frac{N_1N_2}{l}S$$

三、磁场的能量

磁场和电场一样也具有能量。电容器是储存电能的器件，而载流线圈是储存磁能的器件。下面通过分析自感线圈中的能量转换来介绍磁场的能量。

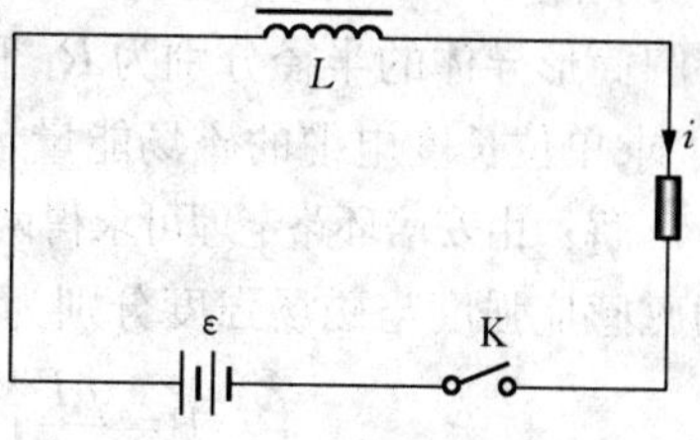

图 10－14　磁场的能量

图 10－14 所示为一个含有纯电阻和纯电感线圈的电路。当电源开关 K 接通后，电路的微分方程为

$$\varepsilon-L\frac{\mathrm{d}i}{\mathrm{d}t}=Ri$$

可化为
$$\varepsilon i\mathrm{d}t=i^2R\mathrm{d}t=Li\mathrm{d}i \qquad (10-18)$$

如果从 $t=0$ 开始，经过足够长的时间 t 后，我们认为电路中的电流已经达到恒定值 I，则在这段时间内电源电动势所做的功为 $\int_0^t\varepsilon i\,\mathrm{d}t=\int_0^I Li\,\mathrm{d}i+\int_0^t Ri^2\mathrm{d}t$

在自感 L 和电流无关的情况下，上式化为

$$\int_0^t\varepsilon i\,\mathrm{d}t=\frac{1}{2}LI^2+\int_0^t Ri^2\mathrm{d}t \qquad (10-19)$$

式中左边项是电源所消耗的能量，$\int_0^t Ri^2\mathrm{d}t$ 表示在 t 时间内由电源提供的消耗在电阻上的能量，$\frac{1}{2}LI^2$ 项代表回路中建立电流时电源克服自感电动势所做的功，这部分功转化为载流回路的能量。由于在回路形成电流的同时，在回路周围空间中也建立了磁场，显然这部分能量也就是储存在磁场中的能量，用 W_m 表示

$$W_\mathrm{m}=\frac{1}{2}LI^2 \qquad (10-20)$$

该式与电容器储能公式 $W_\mathrm{e}=\frac{1}{2}CU^2$ 在形式上是对应的。

我们知道，电场的能量与描述电场性质的电场强度 $\boldsymbol{E}$ 相关联，那么磁场能量与磁感应强度 $\boldsymbol{B}$ 有关吗？下面以长直螺线管为例来回答这一问题。

设长直螺线管长度为 l，总匝数为 N，通过螺线管的电流为 I，则螺线管内的磁感应强度 $B=\mu nI$，磁场强度 $H=nI$。由自感系数的定义式可得螺线管的自感系数为

$$L=\frac{\Psi}{I}=\mu\frac{N^2}{l^2}lS=\mu n^2V$$

式中 $V=Sl$，$n=N/l$，代入（10－20）可得

$$W_\mathrm{m}=\frac{1}{2}LI^2=\frac{1}{2}\mu n^2\,\mathrm{V}I^2=\frac{1}{2}(\mu nI)(nI)V$$

即
$$W_m=\frac{1}{2}BHV \tag{10-21}$$

由于长直螺线管内的磁场是均匀磁场，其能量是均匀分布的，若定义单位体积中的磁场能量为磁场能量密度，用 w 表示，则
$$w=\frac{W_m}{V}=\frac{1}{2}BH=\frac{1}{2}\boldsymbol{B}\cdot\boldsymbol{H} \tag{10-22}$$
事实上，这个由长直螺线管推出的磁场能量密度的关系式具有一般性。对于分布在有限体积 V 内的非均匀磁场，其总能量可通过下述积分来获得
$$W_m=\int_V w_m\mathrm{d}V=\frac{1}{2}\int_V\boldsymbol{B}\cdot\boldsymbol{H}\mathrm{d}V \tag{10-23}$$
其中，积分遍及磁场分布的空间。

例题 10-4　同轴电缆由两个同轴的圆筒形导体组成。设内外圆筒形导体的半径分别为 R_1 和 R_2，流过内、外筒的电流均为 I。求单位长度电缆的磁场能量，并由此计算电缆的自感系数。

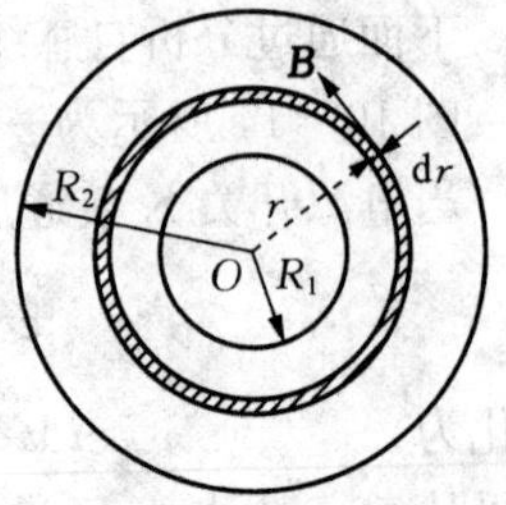

图 10-15　例题 10-4 图

解：由安培环路定理可求得两筒之间距离轴线 r 处（图 10-15）的磁感应强度与磁场强度分别为
$$B=\frac{\mu I}{2\pi r},\ H=\frac{I}{2\pi r}$$
考虑到 $\boldsymbol{B}$ 与 $\boldsymbol{H}$ 方向相同，且在 $r<R_1$ 和 $r>R_2$ 区域内 $B=0$，所以单位长度电缆的磁场能量为
$$W_m=\frac{1}{2}\int_V BH\mathrm{d}V=\frac{1}{2}\int\frac{\mu I}{2\pi r}\cdot\frac{I}{2\pi r}2\pi r\mathrm{d}r=\frac{\mu I^2}{4\pi}\int_{R_1}^{R_2}\frac{\mathrm{d}r}{r}=\frac{\mu I^2}{4\pi}\ln\frac{R_2}{R_1}$$
由式（10-20）可得电缆的自感系数为　$L=\frac{\mu}{2\pi}\ln\frac{R_2}{R_1}$

第四节　电磁场和电磁波

一、位移电流假说

迄今为止，有关静电场和稳恒磁场的基本性质可由如下四个方程来表达：

- **静电场的高斯定理**
$$\oint_S\boldsymbol{D}\cdot\mathrm{d}\boldsymbol{S}=\sum_i q_i \tag{10-24}$$
其中，q 为闭合曲面 S 内的自由电荷的总量。

- **稳恒磁场的高斯定理**
$$\oint_S\boldsymbol{B}\cdot\mathrm{d}\boldsymbol{S}=0 \tag{10-25}$$

- **静电场的环路定理**
$$\oint_L\boldsymbol{E}\cdot\mathrm{d}\boldsymbol{l}=0 \tag{10-26}$$

- **稳恒磁场的安培环路定理**
$$\oint_L\boldsymbol{H}\cdot\mathrm{d}\boldsymbol{l}=I_0 \tag{10-27}$$

其中，I_0 为穿过以闭合环路为界的任意曲面的传导电流的总和。

麦克斯韦思考的问题是，对于变化的电场和变化的磁场，这 4 个定理还成立吗？如果不成立，那么普遍的形式又如何？麦克斯韦注意到，静电场的环路定理和法拉第电磁感应定律的不同，静电场是保守场但感生电场不是。他认为，普遍的电场定理应该把这两种情况都考

虑到，因此电场的环路应加以修改。如果将式（10－26）与式（10－9）两端分别相加，以 $\boldsymbol{E}$ 代表静电场和涡旋电场的和，麦克斯韦把这个和叫做**全电场**，显然有

$$\oint_L \boldsymbol{E} \cdot \mathrm{d}\boldsymbol{l} = 0 - \frac{\mathrm{d}}{\mathrm{d}t}\int_S \boldsymbol{B} \cdot \mathrm{d}\boldsymbol{S}$$

或
$$\oint_L \boldsymbol{E} \cdot \mathrm{d}\boldsymbol{l} = -\int_S \frac{\partial \boldsymbol{B}}{\partial t} \cdot \mathrm{d}\boldsymbol{S} \tag{10-28}$$

该式概括了变化的磁场和稳恒磁场的两种情况，说明了变化的磁场可以产生涡旋电场，而静电场的环路定律只是其特例。

对于式（10－24）和式（10－25），按照当时的实验资料和理论分析，都没有发现这两个关系有不合理的地方，麦克斯韦假定它们在普遍情况下仍然成立。但是，在分析式（10－27）时发现了矛盾。

在稳恒条件下，无论载流回路周围是真空或有磁介质，安培环路定理都可写成

$$\oint_L \boldsymbol{H} \cdot \mathrm{d}\boldsymbol{l} = I_0 = \int_S \boldsymbol{j}_0 \cdot \mathrm{d}\boldsymbol{S} \tag{10-29}$$

式中 I 是穿过以闭合回路 L 为边界的任意曲面 S 的传导电流。现在要问，在非恒定条件下，安培环路定理式（10－29）是否仍成立？我们通过图 10－16 的两个电路，比较稳恒电路和非稳恒电路的差别。对于稳恒电路，如图 10－16(a) 所示，穿过以 L 为边界任意曲面的传导电流都相等。具体地说，如果以 L 为边界取两个不同的曲面 S_1 和 S_2，则应有

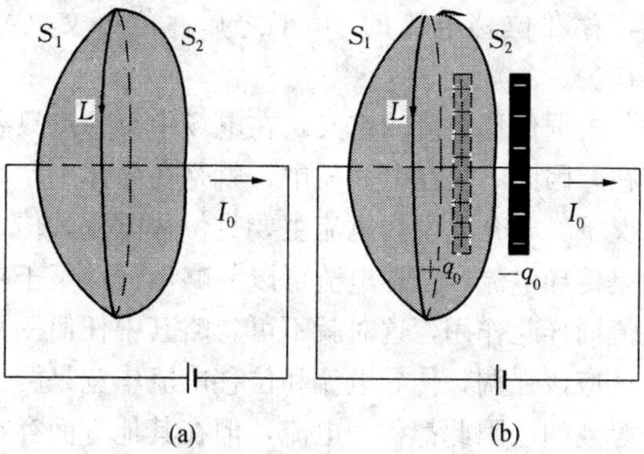

图 10－16　安培环路定理的矛盾

$$\int_{S_1} \boldsymbol{j}_0 \cdot \mathrm{d}\boldsymbol{S} = \int_{S_2} \boldsymbol{j}_0 \cdot \mathrm{d}\boldsymbol{S}$$

或 $\int_{S_1} \boldsymbol{j}_0 \cdot \mathrm{d}\boldsymbol{S} - \int_{S_2} \boldsymbol{j}_0 \cdot \mathrm{d}\boldsymbol{S} = \oint_S \boldsymbol{j}_0 \cdot \mathrm{d}\boldsymbol{S} = 0$

这里 S 为 S_1 和 S_2 组成的闭合曲面。在恒定情形下，上式是由电流的连续原理来保证的。但对于非稳恒电路，情况就会发生变化。如图 10－16(b) 所示的为电容的充放电电路，是一个典型的非恒定电路。我们知道，在电容充放电的时候电流会在电容处中断。取 S_1 与导线相交，而 S_2 穿过电容器两极板之间，则有

$$\int_{S_1} \boldsymbol{j} \cdot \mathrm{d}\boldsymbol{S} \neq 0，\int_{S_2} \boldsymbol{j} \cdot \mathrm{d}\boldsymbol{S} = 0$$

即
$$\int_{S_1} \boldsymbol{j} \cdot \mathrm{d}\boldsymbol{S} - \int_{S_2} \boldsymbol{j} \cdot \mathrm{d}\boldsymbol{S} = \oint_S \boldsymbol{j} \cdot \mathrm{d}\boldsymbol{S} \neq 0$$

此时以同一边界曲线 L 所作的不同曲面 S_1 和 S_2 上的电流不同，从而式（10－29）失去了意义。因此，在非恒定的情况下安培环路定理式（10－29）不再适用。显然，安培环路定理失效的原因是因为对电容器而言电流只进不出，电量积存在由 S_1 和 S_2 构成的闭合曲面内的缘故。

在第七章中已定义电位移通量为　$\Phi_D = \int_S \boldsymbol{D} \cdot \mathrm{d}\boldsymbol{S}$

1862 年，麦克斯韦提出位移电流的假设，若令

$$I_d = \frac{d\Phi_D}{dt} = \frac{d}{dt}\int_S \boldsymbol{D} \cdot d\boldsymbol{S} = \int_S \frac{d\boldsymbol{D}}{dt} \cdot d\boldsymbol{S} \tag{10-30}$$

由其将在闭合曲面内中断的传导电流连续起来。由于 I_d 具有电流的量纲，故麦克斯韦将其称之为**位移电流**（displacement current），将 $\boldsymbol{j}_d = d\boldsymbol{D}/dt$ 称为**位移电流密度**，将传导电流 I_0 和 I_d 合在一起称为**全电流**。于是，式（10-27）可以修改为

$$\oint_L \boldsymbol{H} \cdot d\boldsymbol{l} = I_0 + \int_S \frac{d\boldsymbol{D}}{dt} \cdot d\boldsymbol{S} \tag{10-31}$$

该式适用于非恒定的情况。

显然，在麦克斯韦的假说中位移电流名为电流，实为变化的电场。如果在传导电流不连续的地方代之以位移电流，就可以保持非恒定电路中电流的连续性。

实际上，麦克斯韦位移电流假说的意义并不仅仅在于对安培环路定理进行修正使之适用于非恒定的情况。它提供了一个极为重要的信息，即位移电流和传导电流一样，也是产生磁场的源泉，位移电流产生磁场的实质是变化的电场激发了涡旋磁场。1929 年，在麦克斯韦预言存在位移电流的 60 年之后，范可文（M. R. van Cauwenerghe）证实了位移电流的存在。

根据位移电流的定义，在电场中每一点只要有电位移的变化，就有相应的位移电流密度存在，因此不仅在电介质中，就是在导体中，甚至在真空中也可以产生位移电流。但在通常情况下，电介质中的电流主要是位移电流，传导电流可以忽略不计；而在导体中的电流，主要是传导电流，位移电流可以忽略不计。至于在高频电流的场合，导体内的位移电流和传导电流同样起作用，这时就不可忽略其中任何一个了。

应该强调，传导电流和位移电流毕竟是两个截然不同的概念，它们只有在激发磁场方面是等效的，因此都称为电流，但在其他方面存在根本的区别。首先，传导电流和自由电荷的宏观定向运动有关，而位移电流则不同，在电介质中，由关系式 $\boldsymbol{D} = \varepsilon_0 \boldsymbol{E} + \boldsymbol{P}$ 可知，位移电流由两部分组成，即

$$\boldsymbol{j}_d = \frac{d\boldsymbol{D}}{dt} = \varepsilon_0 \frac{d\boldsymbol{E}}{dt} + \frac{d\boldsymbol{P}}{dt}$$

其中第一项是和电荷运动无关的纯位移电流，第二项也只和电介质极化时极化电荷的微观运动有关。其次，传导电流通过导体时要产生焦耳热，而在位移电流中，第一项只与电场的变化率有关，不会产生热效应，第二项对于由有极分子组成的电介质会产生较大的热量（变化的电磁场迫使有极分子反复极化，从而使分子热运动加剧），但它和传导电流放出的焦耳热不同，它遵从完全不同的规律。现代家庭中的微波炉就是位移电流产生热量的一个实际应用，它是通过磁控管产生频率为几吉赫的微波，经密封的波导管进入炉腔并作用于食物上，食物在吸收微波过程中使其分子做与微波同频率的极高频振动，引起快速摩擦而产生热量，达到加热、煮熟食物的目的。

二、麦克斯韦电磁方程组

麦克斯韦把电磁现象的普遍规律概括为四个方程式，通常称之为**麦克斯韦方程组**。

$$\oint_S \boldsymbol{D} \cdot d\boldsymbol{S} = \sum_i q_i \tag{10-32}$$

$$\oint_L \boldsymbol{E} \cdot \mathrm{d}\boldsymbol{l} = -\int_S \frac{\mathrm{d}\boldsymbol{B}}{\mathrm{d}t} \cdot \mathrm{d}\boldsymbol{S} \tag{10-33}$$

$$\oint_S \boldsymbol{B} \cdot \mathrm{d}\boldsymbol{S} = 0 \tag{10-34}$$

$$\oint_L \boldsymbol{H} \cdot \mathrm{d}\boldsymbol{l} = I_0 + \int_S \frac{\mathrm{d}\boldsymbol{D}}{\mathrm{d}t} \cdot \mathrm{d}\boldsymbol{S} \tag{10-35}$$

在有介质存在时，$\boldsymbol{E}$ 和 $\boldsymbol{B}$ 都与介质的特性有关，因此上述方程组是不完备的，还需要再补充描述介质性质的如下方程

$$\boldsymbol{D} = \varepsilon \boldsymbol{E} \tag{10-36}$$

$$\boldsymbol{B} = \mu \boldsymbol{H} \tag{10-37}$$

$$\boldsymbol{j} = \sigma \boldsymbol{E} \tag{10-38}$$

这样，就构成了完整的描述电磁场性质的理论体系，原则上，所有的经典电磁场问题都可以通过这一理论来解决。

在上述的方程组中，式（10-32）表示，穿过任意封闭曲面的电位移通量只决定于包围在该封闭曲面内的电量，它反映了电荷以发散的方式激发电场，这种电场的电场线是有头有尾的。这一方程就是高斯定理，它是以库仑定律为基础导出来的，原本只适用于静电场，麦克斯韦把它推广到了变化的电场。式（10-33）表示，电场强度对任意闭合路径的环流取决于磁感应强度的变化率对该闭合路径所围面积的通量，它表明变化的磁场必伴随着电场，而变化的磁场是涡旋电场的涡旋中心。这一方程式来源于法拉第电磁感应定律，它是一个普遍的结论。式（10-34）表示磁感应强度对任意封闭曲面的通量恒为零，它反映了自然界中不存在磁荷这一事实。这一方程式原来是在稳恒磁场中得到的，麦克斯韦把它推广到变化的磁场中。式（10-35）表示磁感应强度对任意闭合路径的环流取决于通过该闭合路径所围面积的传导电流和电位移变化率的通量，它反映了传导电流和变化的电场都是磁场的涡旋中心，同时也表明变化的电场必伴随着磁场。这一方程式起源于稳恒磁场的安培环路定理，加上麦克斯韦的位移电流假设后，适用于随时间变化的电流和磁场。

不难看出，在麦克斯韦方程组中，同一方程式内既有磁学量，又有电学量，说明随时间变化的电场和磁场是不可分割地联系在一起的。若场矢量不随时间变化，即 $\mathrm{d}\boldsymbol{B}/\mathrm{d}t=0$，$\mathrm{d}\boldsymbol{D}/\mathrm{d}t=0$，则麦克斯韦方程组就分成两组独立的方程组：一组为静电场的基本方程，另一组为稳恒磁场的基本方程，因此，电场和磁场通过变化耦合成不可分割的和谐统一体，这就是电磁场。

应该注意，麦克斯韦方程组在形式上并不对称。$\boldsymbol{D}$ 或 $\boldsymbol{E}$ 对封闭曲面的通量不为零，但 $\boldsymbol{B}$ 对封闭曲面的通量恒为零；$\boldsymbol{E}$ 的环流只决定于 $\mathrm{d}\boldsymbol{B}/\mathrm{d}t$，而 B 的环流不仅与 $\mathrm{d}\boldsymbol{E}/\mathrm{d}t$ 有关，还与位移电流有关。场方程式不对称的根本原因是自然界存在电荷，却不存在磁荷，当然也就不存在类似于电流的“磁流”了。

麦克斯韦方程组是麦克斯韦所建立的电磁场理论体系的核心，也是继牛顿之后人类对自然界认识的又一次大综合。半个世纪后，爱因斯坦建立了相对论，人们发现在高速运动情况下牛顿定律必须进行修改，而麦克斯韦方程却不必修改。又经过 20 年，量子论建立了，人们又发现在微观世界中牛顿定律不再适用，而麦克斯韦方程仍然正确。这说明麦克斯韦的工作是何等的出色！

麦克斯韦方程组的一个重要结果就是预言了电磁波的存在。从麦克斯韦方程组可以推知，变化的电场在其周围产生与之垂直的磁场，变化的磁场也会在其周围产生与之垂直的电

场，变化的电场和变化磁场沿着与两者均垂直的方向传播，这就是电磁波。麦克斯韦的理论计算表明，电磁波的传播速度与当时测得的光速十分接近，因此有理由认为光本身（以及热辐射和其他形式的辐射）是以波动形式按电磁波规律传播的一种电磁振动。这样就把表面上似乎毫不相干的光现象与电磁现象统一了起来。

例题 10-5 一平行板电容器的两极板都是半径为 5.0 cm 的圆导体片。设充电后电荷在极板上均匀分布，两极板间电场强度的时间变化率为 $\mathrm{d}\boldsymbol{E}/\mathrm{d}t=2.0\times10^{13}\ \mathrm{V\cdot m^{-1}\cdot s^{-1}}$。试求：(1) 两极板间的位移电流 I_d；(2) 两极板间磁场分布和极板边缘处的磁场。

解：(1) 由式（10-30）得两极板间的位移电流为

$$I_\mathrm{d}=\frac{\mathrm{d}\Phi_D}{\mathrm{d}t}=\frac{\mathrm{d}}{\mathrm{d}t}\int_S\boldsymbol{D}\cdot\mathrm{d}\boldsymbol{S}=\int_S\frac{\mathrm{d}\boldsymbol{D}}{\mathrm{d}t}\cdot\mathrm{d}\boldsymbol{S}=\frac{\mathrm{d}\boldsymbol{D}}{\mathrm{d}t}\cdot\int_S\mathrm{d}\boldsymbol{S}=\varepsilon_0\pi R^2\frac{\mathrm{d}\boldsymbol{E}}{\mathrm{d}t}$$

代入数据得 $I_\mathrm{d}=8.85\times10^{-12}\times3.14\times(5.0\times10^{-2})^2\times2.0\times10^{13}=1.4(\mathrm{A})$

(2) 因为两极板为同轴圆片，所以，磁场对于两极板的中心连线（轴线）具有对称性。在垂直于该轴的平面上，取轴上一点为圆心，以 r 为半径的圆作为积分环路。根据对称性，在此积分环路上磁场 $\boldsymbol{B}$ 的大小相等，方向沿环路的切线方向，且与位移电流成右手螺旋关系。于是，由式（10-35）可得 $\oint_L\boldsymbol{H}\cdot\mathrm{d}\boldsymbol{l}=\int_S\frac{\mathrm{d}\boldsymbol{D}}{\mathrm{d}t}\cdot\mathrm{d}\boldsymbol{S}$

即
$$\frac{1}{\mu_0}B2\pi r=\pi r^2\varepsilon_0\frac{\mathrm{d}E}{\mathrm{d}t}$$

解得两极板间磁场 B 的分布为
$$B=\frac{\mu_0\varepsilon_0 r}{2}\frac{\mathrm{d}E}{\mathrm{d}t}$$

当 $r=R$ 时，由上式可得两极板边缘处的磁场为

$$B=\frac{\mu_0\varepsilon_0 R}{2}\frac{\mathrm{d}E}{\mathrm{d}t}=\frac{4\pi\times10^{-7}\times8.85\times10^{-12}}{2}\times5.0\times10^{-2}\times2.0\times10^{13}=5.6\times10^{-6}(\mathrm{T})$$

结果表明，虽然电场强度的时间变化率已经相当大，但它所激发的磁场仍然是很弱的，在实验上不易测量到。

知识链接　　麦克斯韦与电磁波

若论 19 世纪最伟大的两位物理学家，毫无疑问应该是法拉第和麦克斯韦。但是他们的出身、所受的教育以及性情、爱好、特长等方面迥然不同。法拉第来自社会底层，连小学也没有上过；而麦克斯韦则是出生于家境富裕的知识分子家庭，毕业于英国爱丁堡大学和剑桥大学，是著名数学家和物理学家霍普金斯和斯托克斯的高足。可是他们在对物质世界的认识上却产生了共鸣，这真是奇妙的结合！法拉第快活、和蔼、讲话娓娓动听，引人入胜；麦克斯韦严肃、机智、才思敏捷却不善辞令。法拉第是实验巨匠，善于运用直觉形象思维，把握住物理现象的本质，设计巧妙地实验、观察、记录、归纳；麦克斯韦却是数学高手，擅长建立物理模型，进行理论概括，运用数学技巧演绎、分析、提高。法拉第谙熟 18 世纪后半叶开始的几乎一个世纪内所有电和磁的基本实验规律，如库仑定律、安培定律，以及他自己发现的法拉第定律。他不用一个数学公式，凭直觉的可靠性创造出“力线”和“场”的概念。麦克斯韦非常钦佩法拉第提出的概念，但他也意识到法拉第的表达不够完善，而应该把这些物理思想用数学公式定量地表达出来。

1860 年，麦克斯韦开始担任伦敦国王学院的教授，见到了仰慕已久的法拉第。两位伟人谈论起他们共同关心的问题——力线、场、电磁、光……麦克斯韦和法拉第的相会在物理学史上具有伟大的象征意义，它象征着理论和实验的结合，电磁学即将腾飞了。在这次会面中，法拉第对麦克斯韦的建议是“不要停留在单纯用数学来解释我的观点，而应该突破它！”两年后，麦克斯韦提出了位移电流的假说，正是这个假说导致了电磁场理论的建立和电磁波的发现。

三、电 磁 波

1. 电磁波的预言　1865 年，麦克斯韦由他的方程组出发，导出了如下关系：

$$\frac{\partial^2 \boldsymbol{E}}{\partial z^2}=\varepsilon_r\varepsilon_0\mu_r\mu_0\frac{\partial^2 \boldsymbol{E}}{\partial t^2} \tag{10-39}$$

$$\frac{\partial^2 \boldsymbol{H}}{\partial z^2}=\varepsilon_r\varepsilon_0\mu_r\mu_0\frac{\partial^2 \boldsymbol{H}}{\partial t^2} \tag{10-40}$$

显然，这两个偏微分方程是波动方程，它们的解肯定是波，z 为传播方向，麦克斯韦将这种波称为**电磁波**（electromagnetic wave）。其波速为

$$u=\frac{1}{\sqrt{\varepsilon_r\varepsilon_0\mu_r\mu_0}} \tag{10-41}$$

在真空中，$\varepsilon_r=1$，$\mu_r=1$，所以

$$u_0=\frac{1}{\sqrt{\varepsilon_0\mu_0}} \tag{10-42}$$

在上式中，ε_0 的值约为 $8.85\times10^{-12}\ \mathrm{C^2\cdot N^{-1}\cdot m^{-2}}$，$\mu_0$ 的值为 $4\pi\times10^{-7}\ \mathrm{N\cdot A^{-2}}$，将它们代入式（10－42）得电磁波在真空中传播的速度为

$$u_0=c=\frac{1}{\sqrt{\varepsilon_0\mu_0}}\approx2.997\,9\times10^8\ \mathrm{m\cdot s^{-1}}$$

由于这一速度与当时测量的真空中的光速非常接近，麦克斯韦据此断定，“光是一种电磁波”。

2. 赫兹实验与电磁波的产生　1873 年，麦克斯韦电磁理论发表后，起初接受的人不多，其中就有德国物理学家亥姆霍兹（H. L. F. Helmhotz，1821—1894）。1878 年的夏天，身为柏林大学教授的亥姆霍兹出了一个竞赛题，用实验方法来验证麦克斯韦的电磁理论。他的一位学生，后来成为著名物理学家的赫兹（H. R. Hertz，1857—1894）从此开始了这方面的研究。1888 年，赫兹在雷顿瓶实验中证实了电磁波的存在，并且证明电磁波具有反射、折射、衍射和偏振等性质，而且以真空中的光速传播，从而证明了麦克斯韦电磁理论。

赫兹实验中所用的振子如图 10－17 所示，A、B 是两段共轴的黄铜杆，它们是振荡偶极子的两半。A、B 中间留有一个火花间隙，间隙两边杆的端点上焊有一对磨光的黄铜球。振子的两半连接到感应圈的两极上。当充电到一定程度，间隙被火花击穿时，两段金属杆连成一条导电通路，这时它相当于一个振荡偶极子，在其中激起高频的振荡（在赫兹实验中振荡频率约为 $10^8\sim10^9$ Hz）。感应圈以每秒 $10\sim10^2$ 次的重复率使火花间隙充电。但是由于能量不断辐射出去而损失，每次放电后引起的高频振荡衰减得很快。因此，赫兹振子中产生的是一种间歇性的阻尼振荡，如图 10－18 所示。

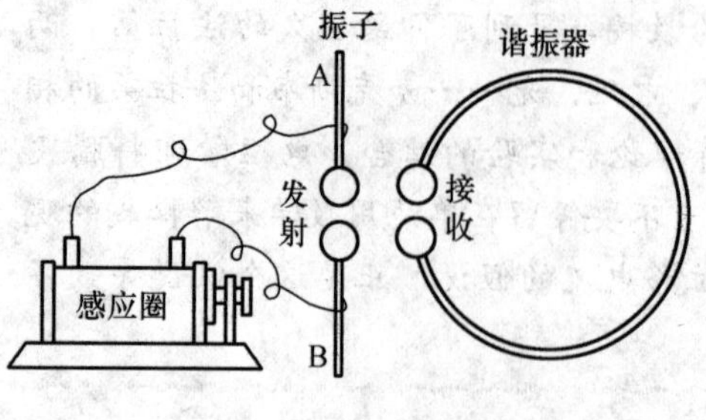

图 10－17 赫兹实验示意图

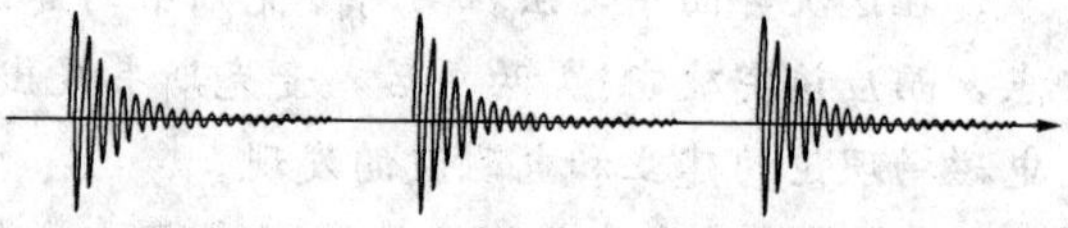

图 10－18 赫兹振子产生的间歇性

为了探测由振子发射出来的电磁波，赫兹采用过两种类型的接收装置：一种与发射阻尼振荡振子的形状和结构相同，另一种是一个圆形铜环，在其中也留有端点为球状的火花间隙(图 10－17 右方)，间隙的距离可利用螺旋做微小调节。接收装置称为谐振器。将谐振器放在距振子一定的距离以外，适当地选择其方位，并使之与振子谐振。赫兹发现，在发射振子的间隙有火花跳过的同时，谐振器的间隙里也有火花跳过，这样，他在实验中初次观察到电磁振荡在空间的传播。

以后，赫兹利用振荡偶极子和谐振器进行了许多实验，观察到振荡偶极子辐射的电磁波与由金属面反射回来的电磁波叠加产生的驻波现象，并测定了波长，这就令人信服地证实了振荡偶极子发射的确实是电磁波。

赫兹的实验轰动了当时整个物理学界，他不仅证明了麦克斯韦所预言的电磁波，更重要的是导致了无线电技术的发展。理论只能认识世界，它回到实践才能改造世界，显示出理论的巨大作用，赫兹实验促成了这一转变。此后，全世界许多实验室立即投入对电磁波及其应用的研究。在赫兹宣布他的发现后不到 6 年，意大利人马可尼（Marcohi，1874—1937）与俄罗斯人波波夫（Popov，1859—1906）分别实现了无线电远距离传播，并很快投入实际应用。在此后的三四十年间，无线电报（1894）、无线电广播（1906）、导航（1911）、无线电话（1916）、短波通信（1921）、传真（1923）、电视（1929）、微波通信（1933）、雷达(1935）等无线电技术像雨后春笋般地涌现了出来。近几十年来，又实现了无线电遥测、卫星通信，等等。可以说，麦克斯韦电磁理论和赫兹实验将人类带进了电子技术的新时代。

3. 电磁波的性质 电磁波的性质可由麦克斯韦方程组导出。电磁波是球面波，但是在远离波源的自由空间（不存在自由电荷和传导电流的空间）中传播的电磁波可近似为平面波。自由平面电磁波具有下列性质：

● 电矢量 $\boldsymbol{E}$ 和磁矢量 $\boldsymbol{H}$ 都按正弦（或余弦）规律变化且相位相同，在时刻 t 的量值可表示为

$$E=E_0\cos\omega\left(t-\frac{x}{u}\right) \tag{10-43}$$

$$H=H_0\cos\omega\left(t-\frac{x}{u}\right) \tag{10-44}$$

式中，u 是电磁波的传播速度，E_0 与 H_0 分别为电矢量 $\boldsymbol{E}$ 和磁矢量 $\boldsymbol{H}$ 的幅值。

● 电磁波是横波。在传播过程中，$\boldsymbol{E}$ 和 $\boldsymbol{B}$ 的振动方向与传播方向三者相互垂直；$\boldsymbol{E}$、$\boldsymbol{H}$ 与传播方向成右手螺旋关系，如图 10－19 所示。

● $\boldsymbol{E}$ 和 $\boldsymbol{H}$ 的振幅成比例，满足关系

$$\sqrt{\varepsilon}E=\sqrt{\mu}H \quad (10-45)$$

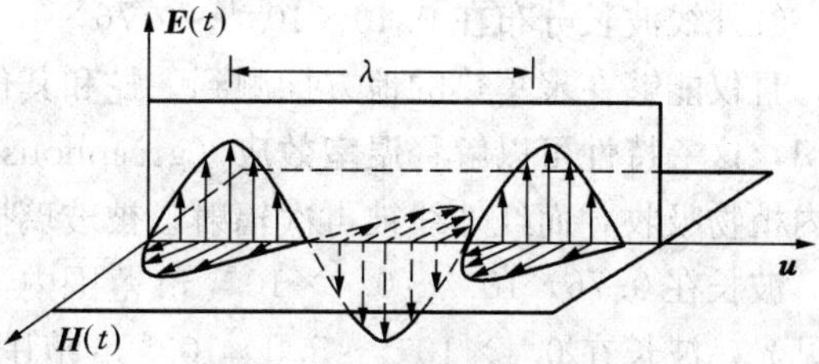

图 10-19　电磁波的传播模式

● 电磁波的传播速度

$$u=\frac{1}{\sqrt{\varepsilon\mu}} \quad (10-46)$$

● 电磁波的能流密度：由于电磁波中既有电场分量又有磁场分量，所以电磁波的能量包括电场能量和磁场能量，其中电场能量密度为

$$w_e=\frac{1}{2}\boldsymbol{D}\cdot\boldsymbol{E}$$

磁场能量密度为

$$w_m=\frac{1}{2}\boldsymbol{B}\cdot\boldsymbol{H}$$

电磁场总能量密度为

$$w=w_e+w_m=\frac{1}{2}\boldsymbol{D}\cdot\boldsymbol{E}+\frac{1}{2}\boldsymbol{B}\cdot\boldsymbol{H} \quad (10-47)$$

4. 电磁波谱　电磁波的范围很广，无线电波、红外线、可见光、紫外线、X 射线、γ 射线都是电磁波。所有电磁波本质上完全相同，只是频率或波长不同而已。在真空中，不同频率的电磁波具有相同的传播速度，因而其波长和频率具有确定的对应关系。按照频率或波长的顺序把各种电磁波排列起来就构成了**电磁波谱**（electromagnetic wave spectrum），如图 10-20 所示。

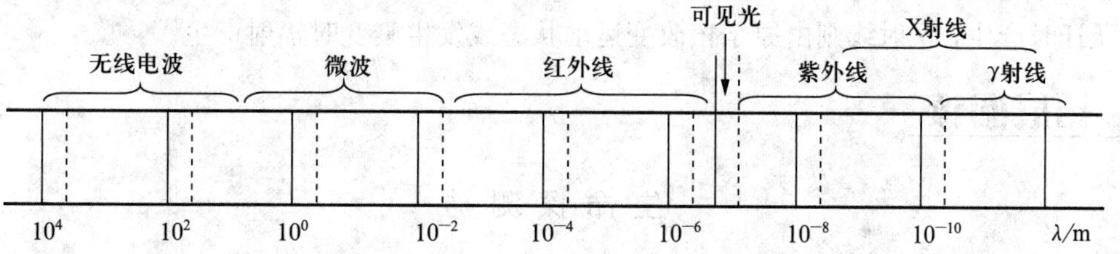

图 10-20　电磁波谱

在电磁波谱中，无线电波的波长最长，其波长范围为 10^4～10^0 m，按不同波长可分为长波、中波、短波、超短波等。表 10-1 给出了各种无线电波的波段划分及主要用途。

表 10-1　无线电波的范围及用途

波段名称	波长范围/m	频率范围/kHz	主要用途
长波	30 000～3 000	10～10^2	长距离通信和导航
中波	3 000～200	10^2～1.5×10^3	无线电广播
中短波	200～50	1.5×10^3～6×10^3	电报通信
短波	50～10	6×10^3～3×10^4	无线电广播、电报通信
超短波（米波）	10～1	3×10^4～3×10^5	调频无线电广播、电视、导航

波长约在 0.01～1 m 的电磁波称为微波，按波长不同，可将其细分为分米波（1 dm<λ<10 dm）、厘米波（1 cm<λ<10 cm）和毫米波（1 mm>λ>10 mm）。现在由于微波具有宽频带特性（3 MHz～300 GHz，频带宽度达 229.7 GHz）和极高的频率，可以穿透电离层等特点，从而在移动通信、卫星通信、宇宙通信等现代通信技术中发挥越来越重要的作用。在农业上，微波应用最广泛的是其与物质相互作用时产生的热效应。各种农业物料的微波干燥，生物制品的微波解冻和食品的微波灭菌等都是这方面的典型例子。

红外线波长分布在 $0.40\times10^{-4}\sim0.76\times10^{-6}$ m 范围内，不引起视觉，但热效应特别显著，且仅能够在聚集热的地方探测到。蛇和其他一些生物对红外线很敏感。红外线不能透过玻璃，这一特性可以解释**温室效应**（greenhouse effect）。晴天时，经过温室玻璃的可见光被室内植物吸收，而红外线被再次辐射，被玻璃捕获的红外线引起温室内部的温度升高。

波长在 $0.76\times10^{-6}\sim0.4\times10^{-6}$ m 范围内，能引起视觉的电磁波称为**可见光**。频率高于可见光，波长在 $0.4\times10^{-6}\sim5.0\times10^{-9}$ m 范围内的是**紫外线**（UV），它不能引起视觉，但会对生命造成危害。来自太阳的紫外线几乎被大气中的臭氧完全吸收，臭氧保护着地球上的生命，少量透过大气的紫外线会晒黑皮肤，严重的可导致皮肤癌的发生。红外线造成的温室效应和大气中臭氧对紫外线的吸收无疑是当今科学关注的重大问题。

比紫外线波长还短的电磁波叫做 **X 射线**，波长在 $5.0\times10^{-9}\sim2.5\times10^{-11}$ m 范围内，它们很容易穿过大多数物质。致密的物质、固体材料比稀疏物质容易吸收更多的 X 射线，这就是为什么在 X 射线照片上显现的是骨骼而不是骨骼周围的组织。

在电磁波谱中波长最短、波长尺寸约为原子核大小量级的波，就是 **γ 射线**和**宇宙射线**。γ 射线的波长在 2×10^{-11} m 以下。γ 射线产生于核反应及其他特殊的激发过程，宇宙射线来自地球之外的空间。

不同波长的电磁波，其产生方法和机理不同。无线电波由开放的电磁振荡电路产生；红外线、可见光和紫外线在分子或原子外层电子产生能级跃迁时发生；X 射线在原子内层电子发生跃迁时产生；γ 射线则由原子核改变运动状态或发生衰变时辐射产生。

拓展阅读

生命探测器

2008 年 5 月 12 日 14 时 28 分，四川省汶川县发生 8 级地震，全国许多省区市均有震感。这场地震强度之大，波及之广，为几十年来所罕见，人民群众生命财产安全受到严重威胁。建筑倒塌，余震频频，快速搜寻到幸存者是抢险救灾的首要任务。倒塌建筑物造成的生存空间非常狭小，以至于许多情况下搜索人员和搜索犬都不能进入，使搜索范围限制在倒塌建筑物表面范围，而幸存者则多数被掩埋在废墟之中。国内外历次大地震抢救生命的事实证明：对压埋人员抢救越快速及时，救出救活的可能性越大；实施救助的时间越早，救出的人员越多，因此说“灾情就是命令，时间就是生命”。利用新技术的新装备——生命探测器在此危难之际大显身手。

最初的生命探测器是美国超视安全系统公司于 2005 年新近推出的一种安全救生系统。著名地球物理学家，麻省理工学院博士大卫·席思（David Cist）创造性地将雷达**超宽带技术**（ultra - wide band，UWB）应用于安全救生领域，从而为该领域带来一项革命性的新技术。基于这种新技术的安全救生系统——生命探测器，成功地解决了多项困扰传统安全救生系统的问题，使搜救工作比以往更迅速，更精确，也更安全，是现在世界上最先进的生命探测系统。该系统的天线是美国航空航天局（NASA）指定的火星探测器两种候选雷达天线之一，是世界上最先进的探地雷达天线，能够非常敏锐地捕捉到非常微弱的运动。

超宽带技术实际上是美国军方使用多年的作战技术，可运用于地面穿透雷达、穿墙影响侦测等特种任务。美国在 2002 年 2 月 14 日经美国联邦传播通信委员会（FCC）正式立法通过开放商业化用途。之后立即成为了各界关注的焦点，其中尤以通信与测量系统领域最受人瞩目。UWB 通信与测量系统使用频段为 3.1～10.6 GHz，发射功率限制在－41.25 dBm/GHz，以避免干扰其他现存的通信系统（图 10 - 21）。

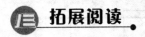

UWB 是一种无载波通信技术，利用纳秒（ns）至皮秒（ps）级的非正弦波窄脉冲传输数据，这些脉冲所占用的带宽可达几吉赫兹（GHz），因此最大数据传输速率可以达到每秒几百兆位（Mbps）。由于使用的

是极短脉冲，因此在高速通信的同时，UWB设备的发射功率却很小，仅仅只有目前的连续载波系统的几百分之一。超宽带的传输速率可高达480 Mbps，是蓝牙的159倍，是Wi-Fi标准的18.5倍，非常适合多媒体信息的大量传输。

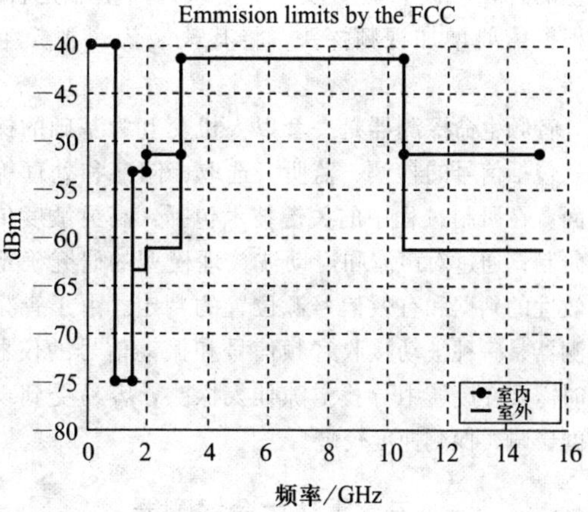

图10-21　FCC关于UWB设备发射功率的限制

生命探测器是一种用于探测生命迹象的高科技援救设备。它是基于穿墙生命探测（Though-the-Wall Surveillance，TWS）技术的发展应运而生的。TWS是研究障碍物后有无生命现象的一种探测技术，可采用无源探测和有源探测两种方法。无源探测主要是根据人体辐射能量与背景能量的差异，或者人体发出的声波或震动波等进行被动式探测，如红外生命探测器、音频生命探测器；有源探测则主动发射电磁波，根据人的呼吸、心跳等生理特点，从反射回来的电磁波中探测是否存在生命，如雷达生命探测器。

一般的生命探测器由一个发送超宽带信号的发送器，一个侦测接收返回信号的接收器，一台用于读入接收器的信号并进行算法处理的电脑组成。

雷达信号发送器连续发射电磁信号，对一定空间进行扫描，接收器不断接收反射信号并对返回信号进行算法处理。如果被探测者保持静止，返回信号是相同的。如果目标在动，则信号有差异。通过对不同时间段接收的信号进行比较等算法处理，就可以判断目标是否在动。因此生命探测器实际上是一个呼吸和运动探测器，通过测试被探测者的呼吸运动或者移动来工作。由于呼吸的频率较低，一般每秒1～2次，就可以把呼吸运动和其他较高频率的运动区分开来。测移动的原理也大致是这样。

一、红外生命探测器

任何物体只要温度在绝对零度以上都会产生红外辐射，人体也是天然的红外辐射源。但人体的红外辐射特性与周围环境的红外辐射特性不同，红外生命探测器（图10-22）就是利用它们之间的差别，以成像的方式把要搜索的目标与背景分开。人体的红外辐射能量较集中的中心波长为9.4 μm，人体皮肤的红外辐射范围为3～50 μm，其中8～14 μm占全部人体辐射能量的46%，这个波长是设计人体红外探测器的重要的技术参数。

图10-22　红外生命探测器

红外生命探测器能适用于救援现场的恶劣条件下，可在震后的浓烟、大火和黑暗的环境中搜寻生命，红外生命探测器探测出遇难者身体的热量，光学系统将接收到的人体热辐射能量聚焦在红外传感器上后转变成电信号，处理后经监视器显示红外热像图，从而帮助救援人员确定遇难者的位置。

二、音频生命探测器

音频生命探测器（图10-23）应用了声波及震动波的原理，采用先进的微电子处理器和声音/振动传感器，进行全方位的振动信息收集，可探测以空气为载体的各种声波和以其他媒体为载体的振动，并将非目标的噪声波和其他生命探测器等背景干扰波过滤，进而迅速确定被困者的位置。

高灵敏度的音频生命探测器采用两级放大技术，探头内置频率放大器，接收频率范围为1～4 000 Hz，主机收到目标信号后再次升级放大。这样，它通过探测地下微弱的诸如被困者呻吟、呼喊、爬动、敲打等产生的音频声波和振动波，就可以判断生命是否存在。可根据需要增加视频探头，将其改装为音视频生命探测器。

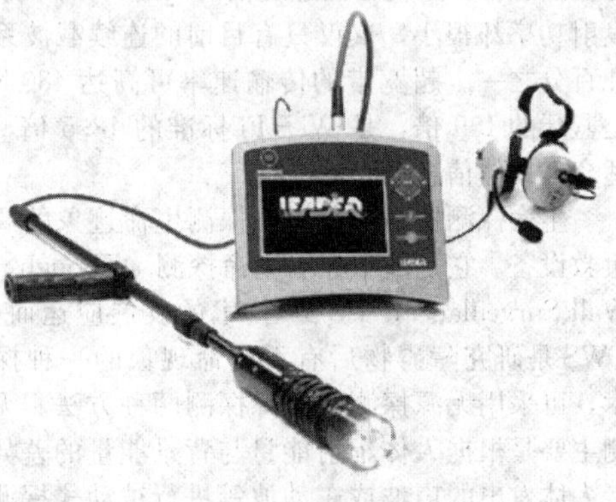

图 10－23 音视频生命探测器

音频生命探测器是一套以人机交互为基础的探测系统，包括信号的检测、监听、选取、储存和处理等几个方面。在研制过程中的关键技术包括：高灵敏度传感器的研制；通过对声波和震动波数理模型的研究确定信号有效性的判据和有效信号源位置的判定。由于音频生命探测器是一种被动接收音频信号和振动信号的仪器，救援时需要在废墟中寻找空隙伸入探头，容易受到现场噪声的影响，探测速度较慢。

三、雷达生命探测器

雷达生命探测器（图 10－24）是融合雷达技术、生物医学工程技术于一体的生命探测设备。它主要利用电磁波的反射原理制成，通过检测人体生命活动所引起的各种微动，从这些微动中得到呼吸、心跳的有关信息，从而辨识有无生命。

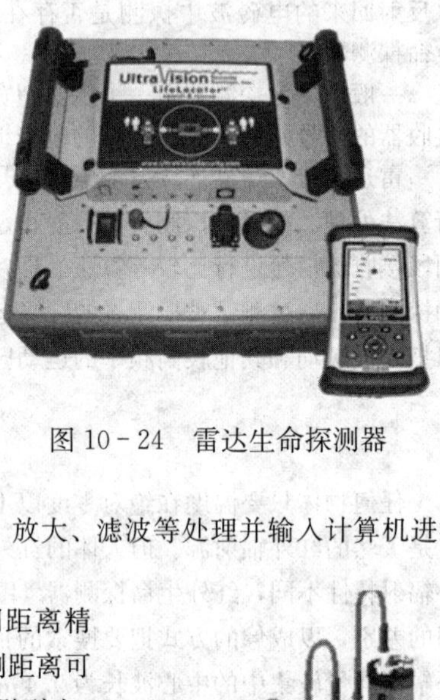

图 10－24 雷达生命探测器

雷达生命探测器主动探测的方式使其不易受到温度、湿度、噪声、现场地形等因素的影响。电磁信号连续发射机制更增加了其区域性侦测的功能。超宽带雷达生命探测器是该类型中最先进的一种。超宽谱雷达生命探测器具有很大的相对带宽（信号的带宽与中心频率之比），一般大于 25%，以脉冲形式的微波束照射人体来检验人体的生命参数。由于人体生命活动（呼吸、心跳、肠蠕动等）的存在，使得被人体反射后的回波脉冲序列的重复周期发生变化。如果对经人体反射后的回波脉冲序列进行解调、积分、放大、滤波等处理并输入计算机进行数据处理和分析，就可以得到与被测人体生命特征相关的参数。

超宽谱雷达生命探测器用于震区生命探测具有穿透力强、作用距离精确、抗干扰能力强、多目标探测能力强、探测灵敏度高等优点，探测距离可达 30～50 m，穿透实体砖墙厚度可达 2 m 以上，可隔着几间房探测到人，并具有人体自动识别功能，在生命探测领域拥有广泛的应用前景。它与红外生命探测器、音频生命探测器相比更实用，因此成为现在研究的热点。

另外还有利用光反射进行生命探测的光学生命探测器（又被称作“蛇眼生命探测器”），以及依靠识别被困者发出的声音来探测的声波生命探测器（图 10－25）等多种类型的生命探测器。

生命探测技术的发展，必将使其应用范围不断扩大，如用于医学上的非接触式生命监护等，并将通过更多的途径来挽救生命，造福人类。

图 10－25 声波生命探测器

思考题

10－1 一个导体圆线圈在均匀磁场中运动，在下列几种情况下，哪些会产生感应电流？为什么？（1）线圈沿磁场方向平移；（2）线圈沿垂直方向平移；（3）线圈以自身的直径为轴转动，轴与磁场方向平行；（4）线圈以自身的直径为轴转动，轴与磁场方向垂直。

10-2　灵敏电流计的线圈处于永磁体的磁场中，通入电流线圈就会发生偏转，切断电流后线圈在回到原来位置前总要来回摆动几次。这时，如果用导线把线圈的两个头短路，摆动就会马上停止，这是为什么？

10-3　变压器的铁芯为什么总做成片状的，而且涂上绝缘漆相互隔开？铁片放置的方向应和线圈中磁场的方向成什么关系？

10-4　如图 10-26 中所示为一观察电磁感应现象的装置。左边 a 为闭合导体圆环，右边 b 为缺口的导体圆环，两环用细杆连接支在 O 点，可绕 O 在水平面内自由转动。用足够强的磁铁的任何一极插入圆环。当插入环 a 时，可观察到环向后退；插入环 b 时，环不动。试解释所观察到的现象。当用 S 未及插入 a 环时，环中的感应电流方向如何？

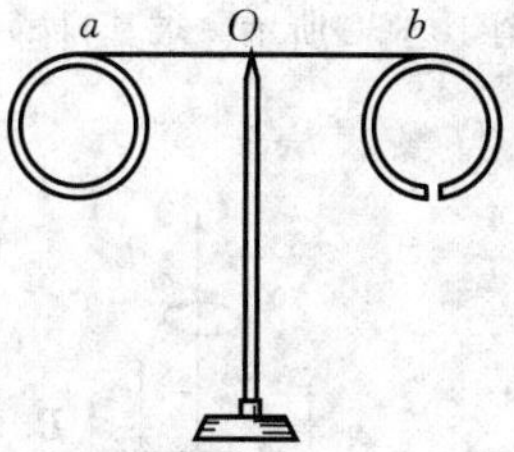

图 10-26　思考题 10-4 图

10-5　要求用金属线绕制的标准电阻无自感，怎样绕制才能达到此目的？

10-6　两个共轴长线圈的自感系数 L_1 和 L_2 的比为 4，这两线圈的匝数比是多少？

10-7　有两个相隔距离不太远的线圈，如何放置可使其互感系数为零？如果两个线圈串联，其自感系数如何变化？

10-8　什么叫位移电流？位移电流和传导电流有什么不同？

10-9　感生电场与静电场有什么相同之处？又有什么不同？

10-10　变化磁场所产生的电场是否也一定随时间变化？

10-11　穿过闭合回路的磁通量发生变化，回路中就会有感应电流，那么变化的磁通量是磁力线运动引起的还是磁力线消失引起的？

习题

10-1　如图 10-27 所示，在通有电流 I 的无限长直导线近旁有一导线 ab，长为 l，离长直导线的距离为 d。当它沿平行于长直导线的方向以速度 v 平移时，导线中的感应电动势有多大？a、b 哪端的电势高？

10-2　在图 10-28 中，无限长直导线通有电流 $I=5\sin100\pi t$(A)，另一个矩形线圈共 1×10^3 匝，宽 $a=10$ cm，长 $L=20$ cm，以 $v=2\ \text{m}\cdot\text{s}^{-1}$ 的速度向右运动。当 $d=10$ cm 时求：(1) 线圈中的动生电动势；(2) 线圈中的感生电动势。

10-3　只有一根辐条的轮子在均匀外磁场 $\boldsymbol{B}$ 中转动，轮轴与 $\boldsymbol{B}$ 平行，如图 10-29 所示。轮子和辐条都是导体，辐条长为 R，轮子每秒转 N 圈。两根导线 a 和 b 通过各自的刷子分别与轮轴和轮边接触。求：(1) a、b 间的感应电动势；(2) 若在 a、b 间接一个电阻，流过电阻的电流方向如何？(3) 当轮子反转时，电流方向是否会反向？(4) 若轮子的辐条是对称的两根或更多，结果又将如何？

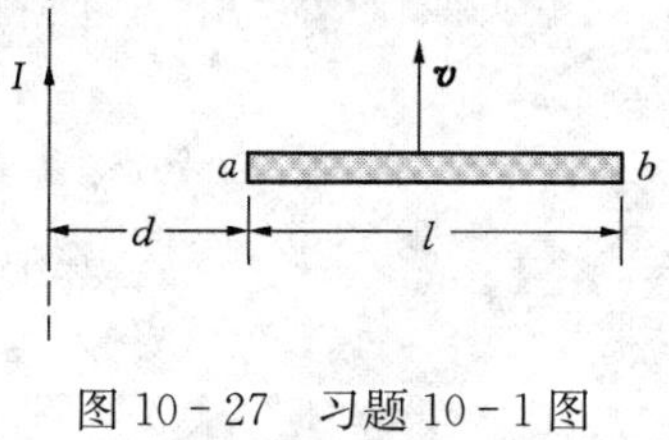

图 10-27　习题 10-1 图

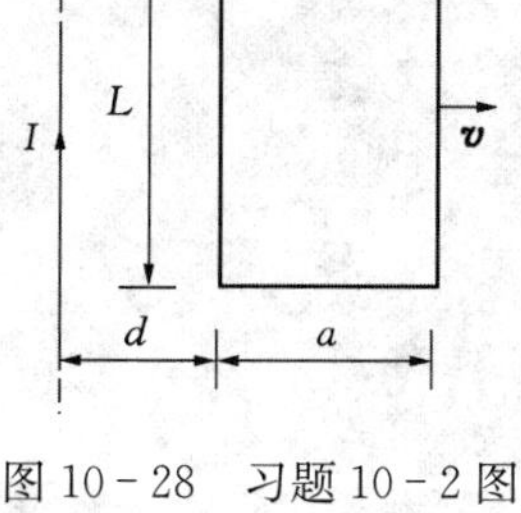

图 10-28　习题 10-2 图

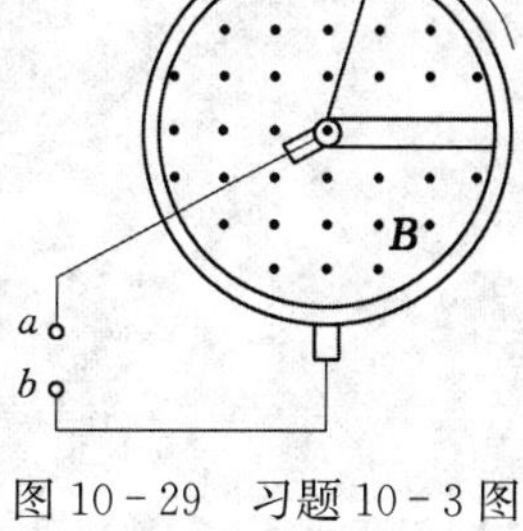

图 10-29　习题 10-3 图

10-4　法拉第盘发电机是一个在磁场中转动的导体圆盘。设圆盘的半径为 R，它的轴线与均匀外磁场 $\boldsymbol{B}$ 平行，它以角速度 ω 绕轴转动，如图 10-30 所示。求：(1) 盘边与盘心的电位差；(2) 当 $R=15$ cm 时，$B=0.60$ T。若转速 $n=30\ \text{rad}\cdot\text{s}^{-1}$，电压 U 等于多少？(3) 盘边与盘心哪处电位高？当盘反转时，它们的电位高低是否会反过来?

10-5　在半径为 r 的圆柱体内充满均匀磁场 B，如图 10-31 所示。有一个长为 l 的金属杆放在磁场中，若 B 随时间的变化率为 dB/dt，求杆上的电动势。

10-6　环形螺线管的截面为矩形，内径为 D_2，外径为 D_1，高为 h，总匝数为 N，介质磁导率为 μ，如图 10-32 所示。求其自感系数。

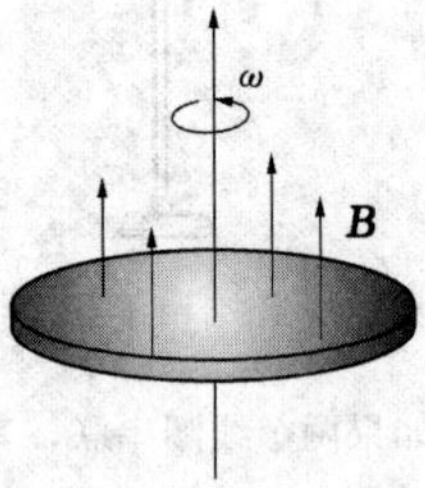

图 10-30　习题 10-4 图

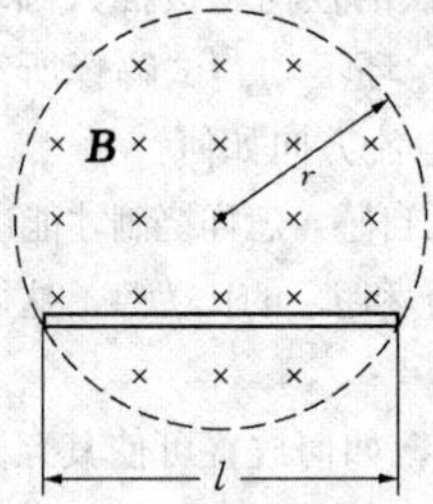

图 10-31　习题 10-5 图

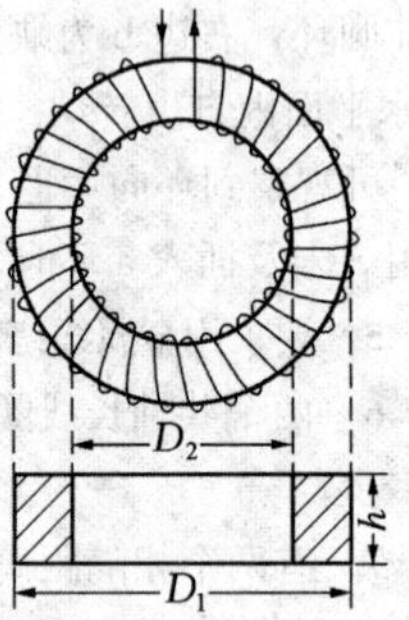

图10-32　习题 10-6 图

10-7　在长为 60 cm，直径为 5.0 cm 的空心纸筒上绕多少匝导线才能得到自感系数为 6.0×10^{-3} H 的线圈?

10-8　有一螺线管，每米长度上有 1 200 匝线圈，在其中心处放置了一个匝数为 30，半径为 1.0 cm 的圆形小线圈回路。在 0.01 s 的时间内，螺线管中产生 5.0 A 的电流，问在小回路中产生的感生电动势为多大?

10-9　一个长为 l，截面半径为 $R(R\ll l)$ 的圆柱形纸筒上均匀密绕有两组线圈，一组总匝数为 N_1，另一组总匝数为 N_2。当筒内介质为空气时，两线圈的互感为多少?

10-10　实验室中可获得的强磁场约为 2.0 T，强电场约为 10^6 V·m^{-1}，问相应的磁场能量密度和电场能量密度为多少?

10-11　试证明：电容器的位移电流 $I_d=C\dfrac{dU}{dt}$。其中，C 为电容器的电容，U 为两极板间的电压。

10-12　如图 10-33 所示，两块半径为 R 的圆形极板组成的一个平行板电容器，接到一个交流电源上。使得两极板之间的电场按照 $E=E_0\sin\omega t$ 振荡，假定电容器里面的电场是均匀的，忽略电场的边缘效应。试求：(1) 电容器内外的磁场 B；(2) 电容器中的位移电流 I_d。

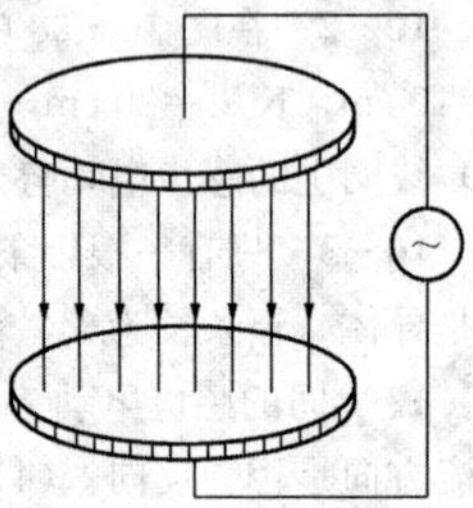

图 10-33　习题 10-12 图

第四篇　机械振动与波动

物质运动的形式是多种多样的，振动和波动就是常见的两种形式。所谓**振动**（vibration），是指一个物理量在某一数值附近的周期性变化，而振动在空间的传播则称为波动，简称**波**（wave）。显然，振动和波动是有紧密联系的两种运动形式。

最简单也最直观的振动是**机械振动**（mechanical vibration），它是指物体的机械位置的周期性变化，常见的钟摆摆动、树叶在空气中的抖动、琴弦的振动、声带的振动，心脏的跳动都是机械振动。电磁振动是另一种重要的振动，它可以由一个包含电容器和电感线圈的回路产生，广泛应用于电子电路中。机械振动在连续介质中的传播叫做**机械波**（mechanical wave），声波和水波都是常见的机械波。电磁振动在真空或介质中的传播称为**电磁波**（electromagnetic wave），麦克斯韦电磁理论认为可见光也是一定波段的电磁波。

虽然各种振动和波动的具体形式不同，而且本质也往往不同，但描述它们的数学形式及其所遵守的物理规律是相似的，我们可以通过机械振动和机械波讨论了解振动和波的一般特性。可见，机械振动和机械波不仅是声学、地震学、建筑学、机械制造等必需的基础知识，也是电磁学、光学、无线电子学和量子力学的重要基础。

本篇第十一章介绍机械振动理论，主要介绍简谐振动的基本概念，包括振动方程、振动能量，振动的合成和分解。由于任何振动都可以分解为简谐振动的叠加，所以简谐振动理论是普遍振动的基础。第十二章介绍机械波基础知识，重点是简谐波，包括波函数、波动方程、波的能量、波的叠加以及波的干涉、衍射，最后介绍多普勒效应和声障现象等。

多普勒与多普勒效应

奥地利物理学家、数学家和天文学家**克里斯琴·约翰·多普勒**（Christian Johann Doppler，1803—1853）因他1842年的一篇论文而闻名于世。多普勒推导出当波源和观察者有相对运动时，观察者接收到的波频会改变。后人为纪念多普勒的这一个重大发现而将此现象命名为**“多普勒效应”**（Doppler effect）。

多普勒1803年11月29日出生于奥地利的萨尔茨堡。1822年他开始在维也纳工学院学习，他在数学方面显示出超常的水平，1825年他以各科优异的成绩毕业。在这之后他回到萨尔茨堡教授哲学，后去维也纳大学学习高等数学、力学和天文学。1829年多普勒结束了在维也纳大学的学习，他在四年期间发表了4篇数学论文，被任命为高等数学和力学教授助理。后来，多普勒又到布拉格一所技术中学任教，其间曾任布拉格理工学院的兼职讲师，1841年他才正式成为理工学院的数学教授。

多普勒

C. J. Doppler，1803—1853

一天，多普勒沿着铁路旁边散步，恰逢一列火车从远处开来。多普勒注意到：火车在靠近他时汽笛声变响，音调变尖，然而就在火车通过他身旁的一刹那，笛声声调突然变低了。随着火车的远去，笛声响度逐渐变弱，直到消失。这个平常的现象吸引了多普勒的注意，为什么笛声声调会变化呢？他抓住问题，潜心研究。1842年，他发现这是由于振源与观察者之间存在着相对运动，使观察者听到的声音频率不同于振源频率的现象，这就是**频移现象**。多普勒从理论上证明：物体辐射的波长因为波源和观测者的相对运动而产生变化。在运动的波源前面，波被压缩，波长变得较短，频率变得较高，称为**蓝移**（blue shift）；当运动在波源后面时，会产生相反的效应，波长变得较长，频率变得较低，称为**红移**（red shift）。波源的速度越高，所产生的效应越明显。根据波红（蓝）移的程度，可以计算出波源循着观测方向运动的速度。

现在多普勒效应的证明已非常容易，而在多普勒生活的时代，实验证明却颇富戏剧性。由于没有精密仪器能够测量出频率的微小变化，1845年巴罗特（Buys Ballot）在荷兰让一队小号手在行进的火车上奏乐，由一些训练有素的音乐家用自己的耳朵来判断音调的变化；然后音乐家和号手的位置对调，重做此实验，测出了声波的多普勒效应。

第十一章　机械振动

振动是物质的一种基本运动形式。**机械振动**（mechanical vibration）是指物体在其平衡位置附近所做的往复运动。振动现象在自然界是广泛存在的，例如钟摆的摆动、活塞的往复运动、心脏的跳动等，都是机械振动。广义的振动是指任何一个物理量随时间的周期性变化过程。在振动中，最基本、最简单的振动是简谐振动。一切复杂的振动都可以分解为若干个简谐振动，简谐振动是整个振动学的核心与基础。本章主要研究简谐振动，并简要介绍阻尼振动、受迫振动和共振现象。

第一节　简谐振动

一、简谐振动的描述

简谐振动是一个理想化的振动，其最具代表性的典型例子是弹簧振子的振动。所谓弹簧振子是由一个质量可以忽略的劲度系数为 k 的弹簧和一个质量为 m 的物体构成的物理系统。在这个系统中，将全部的质量集中在物体（视为质点）m 上，将"弹性"集中在弹簧上。图 11－1 所示为一水平放置的弹簧振子，弹簧的左端固定，右端连一质量为 m 的物体，放置在光滑的水平面上。将弹簧自由伸长时物体所处的位置 O 称为平衡位置。当外力作用使 m 离开平衡位置一定距离后，除去外力，m 将在弹簧弹性力的作用下在平衡位置附近振动。在振动过程中，弹性力总是起着将振动物体拉向平衡位置的作用，而惯性则起着使物体离开平衡位置的作用。正是这样一对矛盾的存在，才保证了运动周期性的实现。因此，这里的弹性力常被称为**回复力**。显然，弹性回复力和惯性是产生振动的两个基本原因。

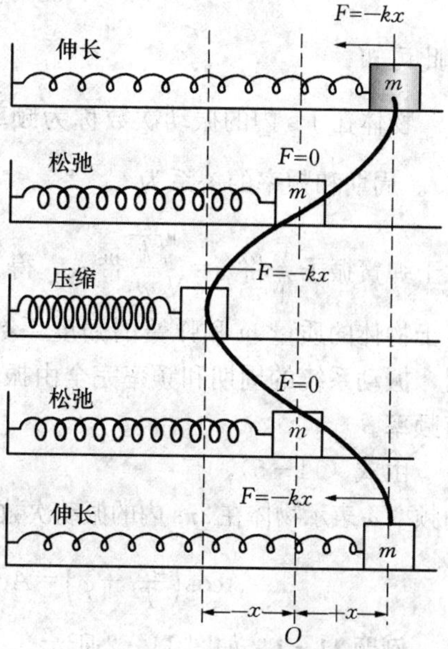

图 11－1　弹簧振子的振动

物体只在弹性回复力的作用下所做的振动称**自由振动**。在自由振动中，在弹簧形变较小的情况下，弹性回复力与弹簧形变量的大小呈线性关系，即服从胡克定律。

1. 简谐振动的运动方程　为了定量研究做简谐振动的弹簧振子的运动规律，在图 11－1 中，以平衡位置 O 点为坐标原点，取水平向右的方向为 Ox 轴正方向，设物体 m 距平衡位置的位移为 x，则此时物体 m 所受的弹性回复力由胡克定律可表示为

$$\boldsymbol{F}=-k\boldsymbol{x} \tag{11-1}$$

忽略物体在运动过程中所受的各种摩擦力，由牛顿第二定律可知

$$ma=m\frac{dx^2}{dt^2}=-kx$$

上式可改写为
$$\frac{d^2x}{dt^2}+\omega^2x=0 \qquad (11-2)$$

其中 $\omega^2=\frac{k}{m}$，即 $\omega=\sqrt{\frac{k}{m}}$。该式是简谐振动所满足的运动微分方程，它的通解为

$$x=A\cos(\omega t+\varphi) \qquad (11-3)$$

其中，最大位移 A 称为**振幅**（amplitude），ω 称为**角频率**（angular frequency），$(\omega t+\varphi)$ 称为简谐振动的**相位**（phase），$t=0$ 时的相位 φ 称为**初相位**（initial phase）。由式（11－3）可见，弹簧振子运动时，物体相对平衡位置的位移按余弦函数随时间变化，具有这种特征的振动就是**简谐振动**（simple harmonic motion）。式（11－3）也称为简谐振动方程或简谐振动表达式。

2. 简谐振动的周期和频率　由上述关于简谐振动的讨论可知，简谐振动的运动方程是周期性函数，因此，简谐振动是周期性运动，即每隔一个固定的时间间隔 T，运动就将重复一次。这个固定的时间间隔 T 称为**振动周期**（period）。根据周期的意义可知，t 时刻的位移应该等于 $T+t$ 时刻的位移，即应有

$$x=A\cos(\omega t+\varphi)=A\cos[\omega(t+T)+\varphi]$$

由此可知
$$T=\frac{2\pi}{\omega} \qquad (11-4)$$

物体在 1 s 内的振动次数称为**频率**（frequency），常用 ν（或 f）表示，单位是 Hz（赫兹）。周期和频率的关系为
$$\nu=\frac{1}{T}=\frac{\omega}{2\pi} \qquad (11-5)$$

对于弹簧振子，将 $\omega=\sqrt{\frac{k}{m}}$ 带入，得
$$\nu=\frac{1}{T}=\frac{1}{2\pi}\sqrt{\frac{k}{m}} \qquad (11-6)$$

由于物体的质量 m 和弹簧的劲度系数 k 都是振动系统的固有参数，因此，式（11－6）表明，振动系统的周期和频率完全由振动系统的固有性质来决定，故常将其称为**固有周期**和**固有频率**。

由式（11－5），有
$$\omega=2\pi\nu \qquad (11-7)$$

角频率 ω 表示物体在 2πs 内的振动次数。因此，振动的运动学方程也常用周期和频率表示如下

$$x=A\cos\left(\frac{2\pi}{T}t+\varphi\right)=A\cos(2\pi\nu t+\varphi)$$

例题 11－1　如图 11－2 所示，一个劲度系数为 k 的弹簧，上端固定，下端悬挂一个质量为 m 的物体 M。静止不动时，弹簧将伸长距离 δ_{st}，δ_{st} 称为静止形变。如果再用手向下拉物体，然后无初速度地释放，物体 M 将在垂直方向上下运动，试写出物体 M 的运动微分方程，并确定其运动规律。

解： 以物体 M 为研究对象，它共受重力 $\boldsymbol{P}$ 和弹性回复力 $\boldsymbol{f}$ 两个力的作用。

以平衡位置 O 为坐标原点，建立坐标系，如图 11－2 所示。当物体处于平衡位置时有　$mg-k\delta_{st}=0$

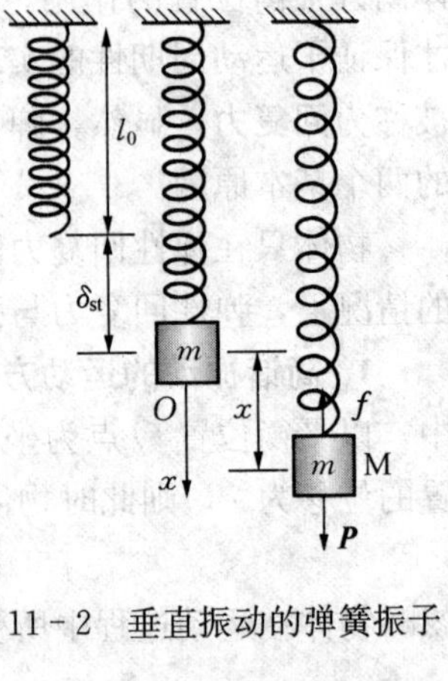

图 11－2　垂直振动的弹簧振子

弹簧的静止形变为 $$\delta_{st}=\frac{mg}{k}$$

在运动过程中，当物体 M 的坐标为 x 时，物体所受的合力为

$$F=mg-k(\delta_{st}+x)=-kx$$

根据牛顿第二定律，物体 M 运动的微分方程为

$$m\frac{d^2x}{dt^2}=-kx$$

即 $$\frac{d^2x}{dt^2}=-\frac{k}{m}x$$

令 $\omega^2=\frac{k}{m}$，将 $\delta_{st}=\frac{mg}{k}$带入得 $$\omega^2=\frac{k}{m}=\frac{g}{\delta_{st}}$$

于是有 $$\frac{d^2x}{dt^2}+\omega^2x=0$$

这个结果与简谐振动运动方程（11－2）完全相同，表明此时物体 M 做简谐振动。由此易知，振动的固有周期和固有频率可写成

$$T=\frac{2\pi}{\omega}=2\pi\sqrt{\frac{\delta_{st}}{g}},\ \nu=\frac{1}{2\pi}\sqrt{\frac{g}{\delta_{st}}}$$

即对竖直方向运动的弹簧振子，只要知道了 δ_{st}，就可求得其固有频率。由于 δ_{st} 不难用实验方法测出，因此这一关系在工程上有很大用处。例如，已知客车和货车车厢引起支持弹簧的静止形变分别为 $\delta_{st}=240$ mm 和 $\delta'_{st}=30$ mm，则根据上述关系式可算出客车车厢和货车车厢每分钟振动的次数为 $$n=\frac{60}{2\pi}\sqrt{\frac{g}{\delta_{st}}}=61\ \text{min}^{-1},\ n'=\frac{60}{2\pi}\sqrt{\frac{g}{\delta'_{st}}}=173\ \text{min}^{-1}$$

客车弹簧软，每分钟振动次数与人的脉搏跳动次数接近，人坐在车厢内较舒适；货车弹簧硬，每分钟振动次数较人的脉搏跳动次数高得多，因此人坐在货车车厢内感到不舒适。

3. 简谐振动的速度和加速度　将简谐振动方程式（11－3）对时间求一阶和二阶导数可得简谐振动的速度和加速度 $$v=\frac{dx}{dt}=-\omega A\sin(\omega t+\varphi) \tag{11-8}$$

$$a=\frac{d^2x}{dt^2}=-\omega^2A\cos(\omega t+\varphi) \tag{11-9}$$

由式（11－3）、式（11－8）和式（11－9）可以做出简谐振动的位移、速度和加速度关于时间的函数图像。图 11－3 给出了 $\varphi=0$时的位移、速度和加速度与时间的函数图像。在图 11－3 中，位移、速度和加速度都是时间的余弦或正弦函数，位移的最大值为 A，速度的最大值为 ωA，加速度的最大值为 ω^2A。

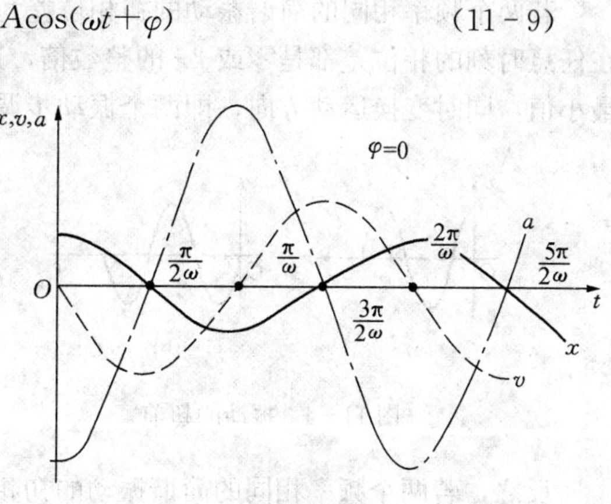

图 11－3　简谐振动的位移、速度、加速度与时间的关系

在式（11－3）中，A 和 φ 是在解微分方程过程中引入的两个待定常数。由于任意时刻 t，x 和 v 随时间的变化关系为

$$x=A\cos(\omega t+\varphi),\ v=-\omega A\sin(\omega t+\varphi)$$

因此，振幅 A 和初相 φ 可以由上述两式解得

$$A=\sqrt{x^2+\frac{v^2}{\omega^2}} \tag{11-10}$$

$$\tan\varphi=-\frac{v}{\omega x} \tag{11-11}$$

当 $t=0$ 时，它们的值可以根据初始条件 x_0 和 v_0 来确定。即

$$A=\sqrt{x_0^2+\frac{v_0^2}{\omega^2}} \tag{11-12}$$

$$\tan\varphi=-\frac{v_0}{\omega x_0} \tag{11-13}$$

4. 简谐振动的相位　当简谐振动的振幅和角频率都确定时，由式（11－3）、式（11－8）和式（11－9）可见，振动物体在任意时刻 t 的位移 x、速度 v 和加速度 a 都由 $(\omega t+\varphi)$ 决定，$(\omega t+\varphi)$ 称为相位。在一次完全振动中，每一时刻物体的运动状态都不同，这种不同就反映在相位的不同上。例如，若物体按照式（11－3）的规律运动，当 $\omega t+\varphi=\pi/2$ 时，$x=0$，$v=-A\omega$，表明物体此时处于平衡位置并以速度 $A\omega$ 向左运动；当 $\omega t+\varphi=3\pi/2$ 时，$x=0$，$v=A\omega$，表明物体此时处于平衡位置并以速度 $A\omega$ 向右运动。可见，不同的相位反映了不同的运动状态，物体的运动状态由相位来决定。

前已说明，$t=0$ 时，相位简化为 φ，φ 称为初相位，初相位的数值由振动的初始条件（初始位移和初始速度）决定。对于两个频率相同的简谐振动 1 和 2，设它们的运动方程分别为

$$x_1=A_1\cos(\omega t+\varphi_1)$$

$$x_2=A_2\cos(\omega t+\varphi_2)$$

两个振动的相位差为

$$\Delta\varphi=(\omega t+\varphi_2)-(\omega t+\varphi_1)=\varphi_2-\varphi_1$$

由此可见，相位差就等于它们的初相位差。如果初相位差 $\varphi_2-\varphi_1>0$，称振动 2 的相位超前振动 1 的相位。例如，图 11－4 中的两个曲线代表了两个简谐振动，我们称振动（b）的相位比振动（a）的相位超前 $\pi/2$。

若两个频率相同的简谐振动的初相位差为零或为 2π 的整数倍，见图 11－5(a)，则它们在任意时刻的相位差都是零或 2π 的整数倍，这时，两个振动物体同时达到位移的最大值和最小值，同时变换运动方向，即两个振动步调完全相同，我们称这两个振动同相或同步。

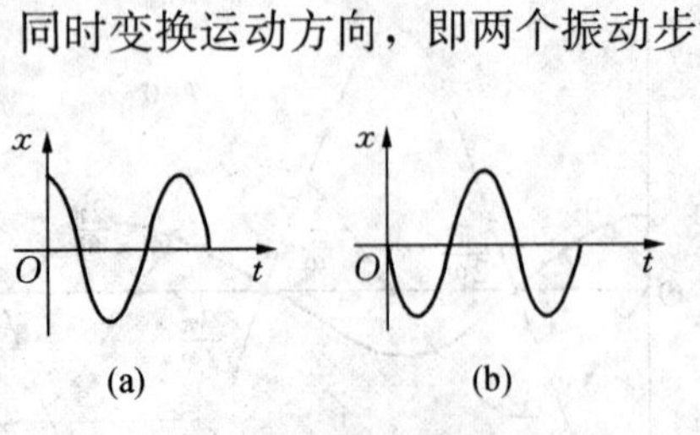

图 11－4　振动的超前

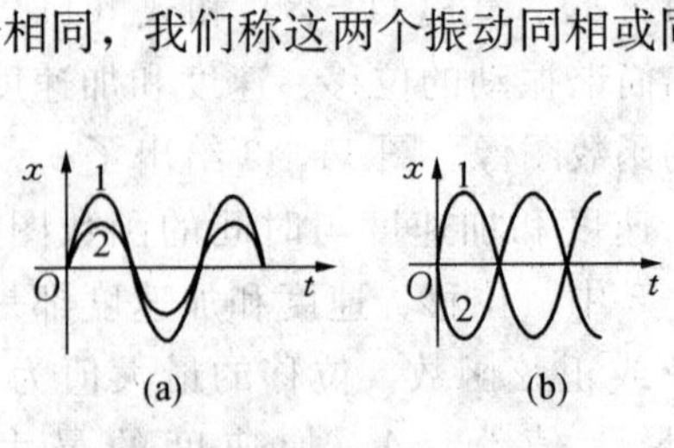

图 11－5　振动的反相

反之，若两个频率相同的简谐振动的初相位差为 π 的奇数倍时，则一个物体振动达到正的最大位移时，另一个物体达到负的最大位移，之后，它们同时回到平衡位置，但速度方向相反，即两个振动的步调完全相反，见图 11－5(b)。此时，我们称这两个振动**反相**。

我们再来看一看速度和加速度的相位，若将式（11-8）和式（11-9）改写为

$$v=-\omega A\sin(\omega t+\varphi)=\omega A\cos\left(\omega t+\varphi+\frac{\pi}{2}\right)$$

$$a=-\omega^2 A\cos(\omega t+\varphi)=\omega^2 A\cos(\omega t+\varphi+\pi)$$

由此可见，在位移做简谐振动的同时，速度和加速度也在做简谐振动，只不过是速度的相位比位移的相位超前 $\pi/2$，而加速度的相位比位移的相位超前 π。

在简谐振动中，相位和相位差是极为重要的概念。相位突出地反映了振动的周期性特征，相位差则决定了两个振动的叠加情况。它们不仅在振动与波动中有重要的应用，在光学、近代物理、交流电和无线电技术中也有广泛的应用。

例题 11-2　一个物体做如图 11-1 所示的简谐振动。设 $t=0$ 时，物体的位置坐标为 $x_0=-8.50\ \text{cm}$，速度为 $v_0=-0.92\ \text{m}\cdot\text{s}^{-1}$，加速度为 $a_0=47.0\ \text{m}\cdot\text{s}^{-2}$。求：(1) 振动的角频率和周期；(2) 初相位和振幅。

解：已知物体做简谐振动，设物体的运动方程为

$$x=A\cos(\omega t+\varphi) \quad ①$$

由于初始位移、初始速度和初始加速度分别为

$$x_0=A\cos\varphi \quad ②$$

$$v_0=-\omega A\sin\varphi \quad ③$$

$$a_0=-\omega^2 A\cos\varphi \quad ④$$

(1) 由式②和式④解得角频率为

$$\omega=\sqrt{-\frac{a_0}{x_0}}=\sqrt{-\frac{47.0}{-8.5\times10^{-2}}}=23.5(\text{rad}\cdot\text{s}^{-1})$$

由周期的定义知　$T=\dfrac{2\pi}{\omega}=\dfrac{2\times3.14}{23.5}=0.27(\text{s})$

(2) 由式②和式③解得　$\tan\varphi=-\dfrac{v_0}{\omega x_0}=-\dfrac{-0.92}{23.5\times(-8.5\times10^{-2})}=-0.461$

由此可知，φ 可能有两个取值　　$\varphi_1=-25°$，$\varphi_2=155°$

具体取哪一个值，应该由初始条件来确定。由式②可知 $A=\dfrac{x_0}{\cos\varphi}$，其中，$x_0=-0.085\ \text{m}$，而 A 必须为正值，因此，只能取 $\varphi_2=155°$，于是

$$A=\frac{x_0}{\cos\varphi}=\frac{-0.085}{\cos155°}=9.4(\text{cm})$$

二、表示简谐振动的旋转矢量法

在研究简谐振动问题时，常采用一种较为直观的几何方法，即旋转矢量法。如图 11-6 所示，取水平向右的方向为 Ox 轴正方向，由原点 O 引出一个长度为 A 的矢量 $\boldsymbol{A}$，设想矢量 $\boldsymbol{A}$ 以角速度 ω 绕原点 O 逆时针旋转。在 $t=0$ 时，$\boldsymbol{A}$ 与 Ox 轴的夹角为 φ，经过时间 t 以后，$\boldsymbol{A}$ 与 Ox 轴的夹角为 $\omega t+\varphi$，此时 $\boldsymbol{A}$ 在 Ox 轴上的投影为

$$x=A\cos(\omega t+\varphi)$$

该式与式（11-3）完全相同。由此可见，当矢量 $\boldsymbol{A}$ 以匀角速度 ω 绕原点 O 旋转时，$\boldsymbol{A}$ 在 x 轴上的投影的变化规律与简谐振动相同，因此可以用旋转矢量来表示简谐振动。由图 11-6

可知，旋转矢量 **A** 的模为简谐振动的振幅，$t=0$ 时 A 与 Ox 轴的夹角为简谐振动的初相位。因此，只要能确定一个简谐振动对应的旋转矢量的模与它在初始时刻的位置，就可以据此确定简谐振动的振幅与初相位。

旋转矢量图还可以确定简谐振动的速度 v 和加速度 $\boldsymbol{a}$，如图 11-7 所示。矢端沿圆周运动的速度大小为 $v_m=\omega A$，其方向与 x 轴的夹角为（$\omega t+\varphi_0+\pi/2$），在 Ox 轴上的投影为

$$v=v_m\cos(\omega t+\varphi_0+\pi/2)=-\omega A\sin(\omega t+\varphi_0)$$

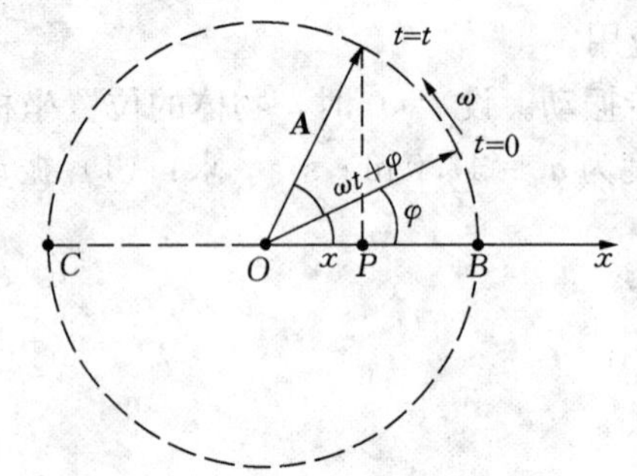

图 11-6　简谐振动的旋转矢量

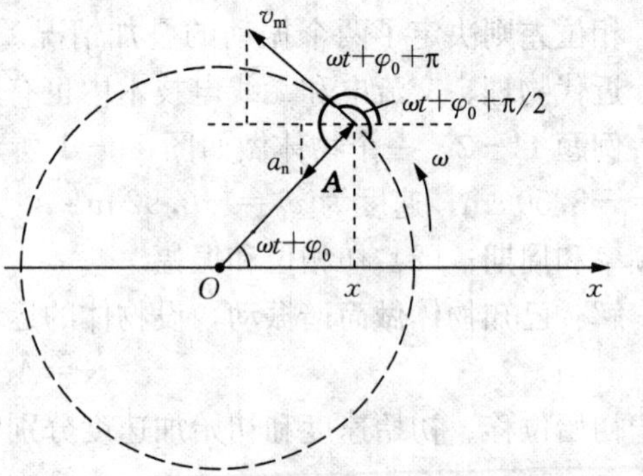

图 11-7　位移、速度和加速度的旋转矢量表示

这就是式（11-8）给出的物体做简谐振动的速度公式。同理，矢端做圆周运动的加速度大小为 $a_n=\omega^2A$，与 x 轴的夹角为（$\omega t+\varphi_0+\pi$），则在 Ox 轴上的投影为

$$a=a_n\cos(\omega t+\varphi_0+\pi)=-\omega^2A\cos(\omega t+\varphi_0)$$

这也就是式（11-9）给出的物体做简谐振动的加速度公式。这说明，旋转矢量 **A** 及其端点沿圆周运动的速度与加速度在坐标轴上的投影正好等于特定的简谐振动的位移、速度和加速度，因此还可以用旋转矢量来表示简谐振动。

旋转矢量法是研究简谐振动的一种辅助方法，这种方法比较直观，在分析简谐振动及简谐振动的合成时采用这种方法可以使研究变得简单。

例题 11-3　如图 11-8 所示，一个物体做简谐振动，振幅为 0.24 m，振动周期为 4 s。开始时物体在 $x=0.12$ m 处，向负方向运动。（1）试写出该物体的振动方程；（2）求出 $t=1$ s 时物体的位移、速度和加速度。

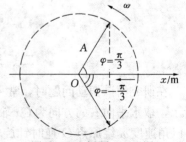

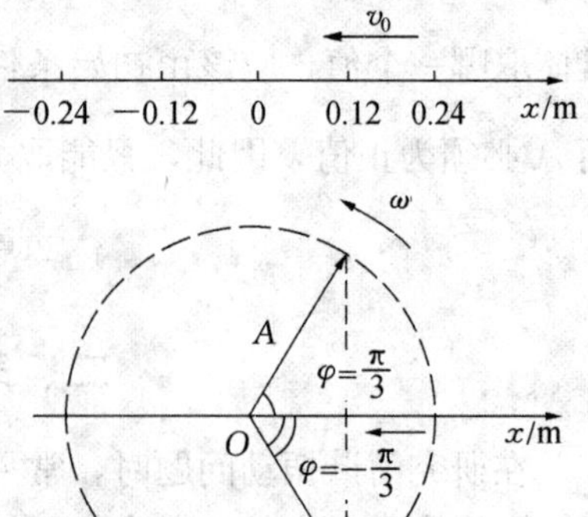

图 11-8　例题 11-3 图

解：（1）在简谐振动方程 $x=A\cos(\omega t+\varphi)$ 中，求出简谐振动的 A、ω 和 φ 即可写出该物体的振动方程。

由题意可知，$A=0.24$ m，$T=4$ s，则

$$\omega=\frac{2\pi}{T}=\frac{2\pi}{4}=\frac{\pi}{2}(\text{rad}\cdot\text{s}^{-1})$$

把 $t=0$ 时，$x_0=0.12$ m 代入振动方程得，$0.12=0.24\cos\varphi$。由此解得 $\cos\varphi=0.5$。

因为 v_0 为负值，根据 $v_0=-\omega A\sin\varphi$，必有 $\sin\varphi>0$，故在 $\varphi=\pm\pi/3$ 中，只能取 $\varphi=\pi/3$。

φ 也可以用旋转矢量法求得。由已知 $x_0=0.12$ m 时，v_0 的方向为 x 轴的负方向，画出 $t=0$ 时的旋转矢量 **A** 的位置，如图 11-8 所示。旋转矢量 **A** 与 Ox 轴夹角 $\pi/3$，即为初相位

φ。因此，该物体的振动方程为　　$x=0.24\cos\left(\frac{\pi}{2}t+\frac{\pi}{3}\right)$(m)

（2）当 $t=1$ s 时，振动位移为　$x=0.24\cos\left(\frac{\pi}{2}+\frac{\pi}{3}\right)=-0.208$(m)

式中负号说明此时物体在平衡位置的左方。

振动速度为　$v=-\omega A\sin(\omega t+\varphi)=-\frac{\pi}{2}\times 0.24\sin\left(\frac{\pi}{2}+\frac{\pi}{3}\right)=-0.189(\mathrm{m\cdot s^{-1}})$

负号说明此时物体向 Ox 轴负方向运动。

振动加速度为　$a=-\omega^2 A\cos(\omega t+\varphi)=-\left(\frac{\pi}{2}\right)^2\times 0.24\cos\left(\frac{\pi}{2}+\frac{\pi}{3}\right)=0.513(\mathrm{m\cdot s^{-2}})$

此时加速度沿 Ox 轴正方向。

三、其他形式的简谐振动

前面讨论的都是弹簧振子的简谐振动，事实上，简谐振动并不局限于弹簧振子。广义上来说，对于任何物理量，只要其与时间 t 的关系满足式（11－3）那样的余弦函数关系，那么，该物理量就在做简谐振动。在前面讨论过的内容中已知弹簧振子的位移、速度和加速度都在做简谐振动。对于摆的运动、木块在水面上的浮动等类似的运动，运动物体所受的力与弹性力相似，称为**准弹性力**，这些在准弹性力作用下的运动也是简谐振动。下面举两例加以说明。

1. 单摆　长为 l 的不可伸缩的轻绳，一端固定，另一端悬挂一个质量为 m 的小球，小球受扰动后在铅垂平面内围绕平衡位置 O 来回摆动，这样的系统称为**单摆**（simple pendulum）或称**数学摆**（mathematical pendulum），如图 11－9 所示。现在证明当摆动角度很小时，单摆的运动是简谐振动。

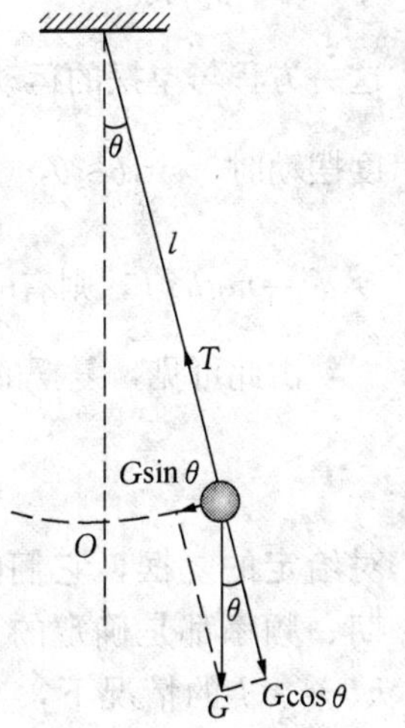

图 11－9　单摆

以摆球为研究对象，摆球受重力 $G(G=mg)$ 及绳子拉力 T 的作用。小球运动的角位移 θ 从铅垂位置算起，沿逆时针方向为正。当小球在某时刻运动到图 11－9 所示的 θ 角时，作用在小球上的重力的切向分力大小为 $mg\sin\theta$，其方向总是与摆线垂直且指向平衡位置，这个力起着回复力的作用，可表示为

$$f=-mg\sin\theta$$

其中，负号表示 f 的方向与角位移的方向相反。

由于摆球的切向加速度为 $a_t=R\beta=l\frac{d^2\theta}{dt^2}$，由牛顿第二定律可得

$$ml\frac{d^2\theta}{dt^2}=-mg\sin\theta$$

其可改写为

$$\frac{d^2\theta}{dt^2}+\frac{g}{l}\sin\theta=0 \qquad (11-14)$$

若单摆运动时，θ 在很小的范围内变化（通常认为在 5°以内），可近似地取 $\sin\theta\approx\theta$。这时，式（11－14）简化为

$$\frac{d^2\theta}{dt^2}+\frac{g}{l}\theta=0$$

令 $\omega^2=g/l$，则有
$$\frac{d^2\theta}{dt^2}+\omega^2\theta=0$$
与式（11－2）相比可知，在摆角很小时，单摆的运动是简谐振动，振动的周期和频率分别为
$$T=2\pi\sqrt{\frac{l}{g}},\ \nu=\frac{1}{2\pi}\sqrt{\frac{g}{l}} \tag{11-15}$$
这个结果表明，单摆的振动周期完全决定于振动系统本身的性质，即决定于重力加速度 g 和摆长 l，而与摆球的质量无关（这一点与弹簧振子不同，弹簧振子的周期与振子的质量有关）。在小角度摆动的情况下周期和频率都是确定的，与起始条件无关的性质称为等时性。单摆的等时性可用来计时，同时也为测量重力加速度 g 提供了一种简便方法。

2. 复摆　质量为 m 的任意形状物体，悬挂于不通过质心 C 的水平轴 Oz，在重力作用下，能绕其平衡位置来回摆动，见图 11－10，这样的系统称为**复摆**（compound pendulum）或称为**物理摆**（physical pendulum）。下面证明，当其摆角很小时，复摆的运动是简谐振动（不计各种阻力矩）。

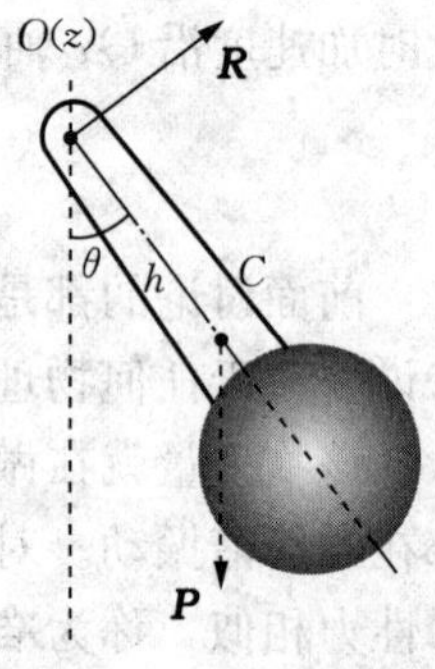

图 11－10　复　摆

令质心 C 到 Oz 轴的距离为 h，刚体相对于 Oz 轴的转动惯量为 J。以复摆为研究对象，复摆所受的作用力为作用在质心（重心）C 的重力 $\boldsymbol{P}$ 和过悬挂轴的约束力 $\boldsymbol{R}$。以铅垂线与 OC 连线间的夹角 θ 为角坐标，其正负号取法与单摆相同。根据刚体绕定轴转动的转动定律，$\boldsymbol{M}=J\boldsymbol{\beta}$ 得
$$J\frac{d^2\theta}{dt^2}=-mgh\sin\theta$$
这一方程与单摆的运动微分方程相似，因此，可以直接引用单摆的相关结果。在复摆做小角度摆动时，$\sin\theta\approx\theta$，上式可改写为
$$\frac{d^2\theta}{dt^2}+\frac{mgh}{J}\theta=0$$
令 $\omega^2=mgh/J$，则有
$$\frac{d^2\theta}{dt^2}+\omega^2\theta=0$$
由此可见，复摆的小角度摆动为简谐振动，振动的周期和频率分别为
$$T=2\pi\sqrt{\frac{J}{mgh}},\ \nu=\frac{1}{2\pi}\sqrt{\frac{mgh}{J}} \tag{11-16}$$
对给定的复摆，它们的 m、h、g、J 都是确定的，因此，在小角度摆动的情况下它的周期、频率都是确定的，与起始条件无关，也具有等时性。利用这一性质，在已知 l、m、h、g、J 的情况下，复摆也可用于测定 g，这在地球物理等学科中有着重要的应用。此外，利用复摆的等时性，在已知 m、h 和 g 的情况下，还可测量物体绕定轴的转动惯量。

四、简谐振动的能量

下面仍以弹簧振子为例，来讨论简谐振动的能量。设在某一时刻 m 的位移为 x，振动速度为 v，则振动物体 m 的动能为
$$E_k=\frac{1}{2}mv^2$$
设弹簧的平衡位置为零势能点，弹簧的势能为
$$E_p=\frac{1}{2}kx^2$$

将物体 m 在任意时刻 t 时的位移 x 和振动速度 v 代入上面两式得

$$E_k=\frac{1}{2}m\omega^2A^2\sin^2(\omega t+\varphi) \tag{11-17}$$

$$E_p=\frac{1}{2}kA^2\cos^2(\omega t+\varphi) \tag{11-18}$$

式（11－17）和式（11－18）表明，在振动过程中，振动物体的动能和势能都是随时间 t 作周期性变化的。考虑到 $\omega^2=\frac{k}{m}$，即 $m\omega^2=k$，故振子的总能量为

$$E=E_k+E_p=\frac{1}{2}m\omega^2A^2\sin^2(\omega t+\varphi)+\frac{1}{2}kA^2\cos^2(\omega t+\varphi)=\frac{1}{2}kA^2 \tag{11-19}$$

上式表明，简谐振动的总能量与振幅的平方成正比。在振动过程中，尽管振动系统的动能和势能不断地互相转换，但总能量保持不变，即弹簧振子做简谐振动时机械能守恒。由于弹性回复力是保守力，因此，这一结果正是我们所预期的。图 11－11 给出了弹簧振子的动能和势能的变化规律。由图可知，动能和势能的变化周期是位移变化周期的一半，即 $T/2$。

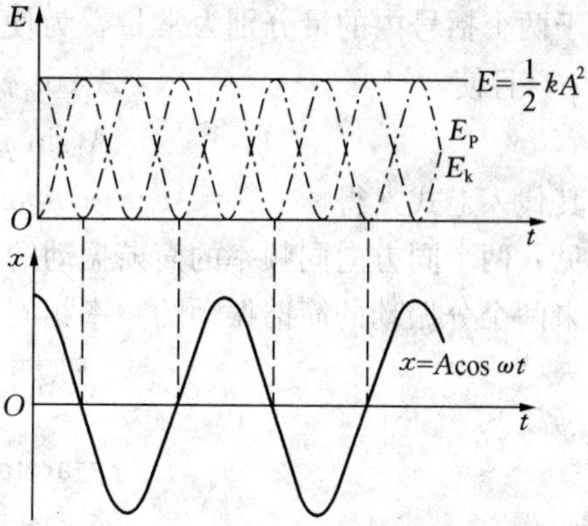

图 11－11　动能和势能的变化规律

在许多问题的研究中，常要用到简谐振动的动能和势能在一个周期内的平均值 $\overline{E_k}$ 和 $\overline{E_p}$。一般而言，一个与时间有关的物理量 $F(t)$ 在时间间隔 T 内的平均值 $\overline{F}$ 定义为

$$\overline{F}=\frac{1}{T}\int_0^T F(t)\mathrm{d}t \tag{11-20}$$

根据这一定义可以算出简谐振动在一个周期 T 内的动能 E_k 和势能 E_p 的平均值分别为

$$\overline{E_k}=\frac{1}{T}\int_0^T\frac{1}{2}mv^2\mathrm{d}t=\frac{1}{T}\int_0^T\frac{1}{2}m\omega^2A^2\sin^2(\omega t+\varphi)\mathrm{d}t=\frac{1}{4}kA^2 \tag{11-21}$$

$$\overline{E_p}=\frac{1}{T}\int_0^T\frac{1}{2}kx^2\mathrm{d}t=\frac{1}{T}\int_0^T\frac{1}{2}kA^2\cos^2(\omega t+\varphi)\mathrm{d}t=\frac{1}{4}kA^2 \tag{11-22}$$

由此可见，**简谐振动在一个周期内的平均势能和平均动能相等，且等于总能量的一半**。这是简谐振动的一个重要性质。

第二节　简谐振动的合成与分解

实际的振动问题往往是几个振动的合成。例如，当两列声波同时传到空间某一点时，该点空气质点就同时参与两个振动。根据运动叠加原理，这时质点的运动实际上就是两个振动的合成。有关振动合成与分解的基本知识不但在力学中有重要的应用，在声学、光学、电工学和无线电技术等方面都有广泛的应用。在了解了简谐振动的基本知识以后，作为自然的推广，来研究一下简谐振动的合成与分解。

一、两个同方向的简谐振动的合成

1. 同方向同频率简谐振动的合成　设质点沿 x 轴同时参与两个独立的同频率的简谐运

动。在任意时刻 t，这两个振动的位移分别为

$$x_1 = A_1\cos(\omega t+\varphi_1),\ x_2 = A_2\cos(\omega t+\varphi_2)$$

显然，合振动的位移也在 x 方向上，并且合成以后的位移为两个振动位移的代数和，即

$$x = x_1 + x_2$$

为了获得合成后的信息，下面分别用解析法（三角法）和旋转矢量法来讨论合成的结果。

(1) 解析法

$$\begin{aligned} x &= x_1 + x_2 = A_1\cos(\omega t+\varphi_1) + A_2\cos(\omega t+\varphi_2) \\ &= (A_1\cos\varphi_1 + A_2\cos\varphi_2)\cos\omega t - (A_1\sin\varphi_1 + A_2\sin\varphi_2)\sin\omega t \end{aligned}$$

由于两个括号内的量分别为常量，为使 x 改写为谐振动的标准形式，现引入两个新常量 A 和 φ，且使

$$A_1\cos\varphi_1 + A_2\cos\varphi_2 = A\cos\varphi$$

$$A_1\sin\varphi_1 + A_2\sin\varphi_2 = A\sin\varphi$$

将其代入上式，得

$$x = A\cos\varphi\cos\omega t - A\sin\varphi\sin\omega t = A\cos(\omega t+\varphi) \tag{11-23}$$

可见，两个同方向同频率的简谐振动的合成运动仍为简谐振动，合成后的简谐振动的频率和原来两个分振动的简谐振动的频率相同，合成后的振幅为 A，初相位为 φ，且有

$$A = \sqrt{A_1^2 + A_2^2 + 2A_1A_2\cos(\varphi_2-\varphi_1)} \tag{11-24}$$

$$\varphi = \arctan\frac{A_1\sin\varphi_1 + A_2\sin\varphi_2}{A_1\cos\varphi_1 + A_2\cos\varphi_2} \tag{11-25}$$

由式（11-24）可见，合成后的简谐振动的振幅不仅与原来两个分振动的振幅 A_1 和 A_2 有关，而且还与两个分振动的初相差 $\Delta\varphi = \varphi_2 - \varphi_1$ 有关。下面讨论两个特例，这两个特例在讨论声波以及光波的干涉和衍射问题时会经常用到。

讨论：①当 $\Delta\varphi = 2k\pi$ 时，其中 $k=0$，±1，±2，…。由于此时 $\cos(\varphi_2-\varphi_1)=1$，由式 (11-24)可得

$$A = \sqrt{A_1^2 + A_2^2 + 2A_1A_2} = A_1 + A_2 \tag{11-26}$$

即合成简谐振动振幅等于原来两个简谐振动振幅之和，合振幅最大，合振动叠加增强，如图 11-12 所示。

② 当 $\Delta\varphi = (2k+1)\pi$ 时，其中 $k=0$，±1，±2，…。此时 $\cos(\varphi_2-\varphi_1) = -1$，由式（11-24）得

$$A = \sqrt{A_1^2 + A_2^2 - 2A_1A_2} = |A_2 - A_1| \tag{11-27}$$

即合成谐振动振幅等于原来两个谐振动振幅之差，合振幅最小，合振动叠加减弱，如图 11-13所示。当 $A_1 = A_2$ 时，$A=0$，此时两个振动互相抵消，质点处于静止状态。

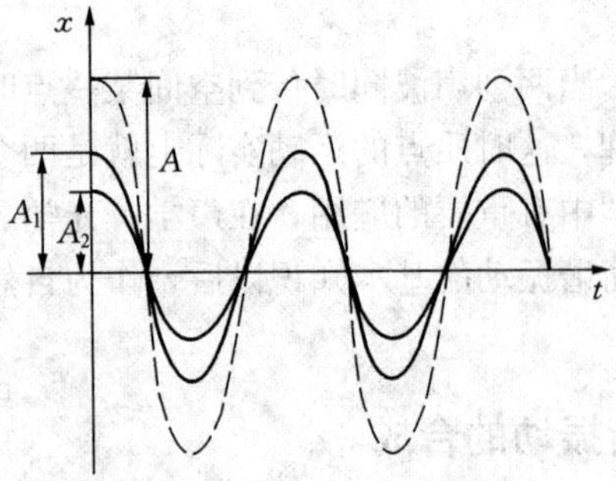

图 11-12　振动互相加强

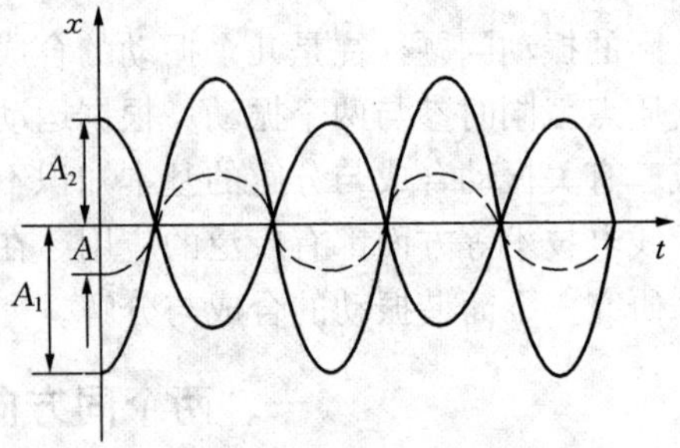

图 11-13　振动互相减弱

(2) *旋转矢量法*　用简谐振动的旋转矢量法来研究同方向同频率简谐振动的合成，方法更为简单。如图 11-14 所示，对应于 x_1 和 x_2 这两个简谐振动的旋转矢量分别是 $\boldsymbol{A}_1$ 和 $\boldsymbol{A}_2$。$t=0$ 时，它们与 x 轴的夹角分别是 φ_1 和 φ_2。由于 $\boldsymbol{A}_1$ 和 $\boldsymbol{A}_2$ 的角速度相同，$\boldsymbol{A}_1$ 和 $\boldsymbol{A}_2$ 间的夹角（$\varphi_2-\varphi_1$）始终保持不变，所以，合矢量 $\boldsymbol{A}$ 的大小也保持不变，并以相同的角速度 ω 和 $\boldsymbol{A}_1$、$\boldsymbol{A}_2$ 一起绕 O 做逆时针旋转。显然，$\boldsymbol{A}$ 的投影仍是简谐振动，其角频率和两个分振动的角频率相同。这样，合振动的振动方程即可表示为

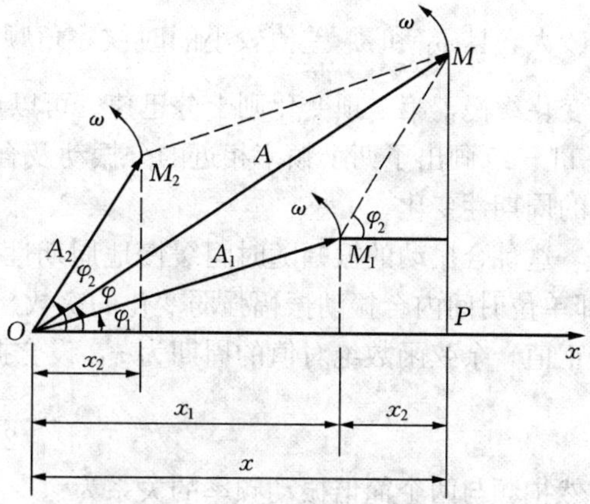

图 11-14　同频率振动的合成

$$x=x_1+x_2=A\cos(\omega t+\varphi)$$

式中 A 和 φ 分别为合振动的振幅与初相位。根据矢量合成的平行四边形法则容易求得

$$A=\sqrt{A_1^2+A_2^2+2A_1A_2\cos(\varphi_2-\varphi_1)}$$

由直角三角形 OMP 可以求得合振动的初相位为

$$\tan\varphi=\frac{A_1\sin\varphi_1+A_2\sin\varphi_2}{A_1\cos\varphi_1+A_2\cos\varphi_2}$$

这个结果与前面的解析法完全相同。

2. 同方向不同频率简谐振动的合成　拍　如果一个质点同时参与两个在同一方向但频率不同的简谐振动，为简单起见，设两同方向不同频率的简谐振动的振幅相同（设为 $A_1=A_2=A$）、初相位相同（设为 $\varphi_1=\varphi_2=\varphi$）（这一假定不影响结果的普遍适用性）。由于这两个简谐振动的频率不相等，代表它们的旋转矢量 $\boldsymbol{A}_1$ 和 $\boldsymbol{A}_2$ 的角速度不等，因此它们间的夹角是随时间变化的，$\boldsymbol{A}_1$ 和 $\boldsymbol{A}_2$ 的合矢量的大小也是随时间变化的，且以不恒定的角速度旋转。由于合矢量沿 x 轴的投影 $x=x_1+x_2$ 代表两个简谐振动的合成运动，故合成运动虽是振动，但不是简谐振动。因此，频率不同的两个振动的表达式分别为

$$x_1=A\cos(\omega_1 t+\varphi),\quad x_2=A\cos(\omega_2 t+\varphi)$$

合振动为
$$x=x_1+x_2=2A\cos\left(\frac{\omega_2-\omega_1}{2}t\right)\cos\left(\frac{\omega_2+\omega_1}{2}t+\varphi\right)\qquad(11-28)$$

我们可以把它分为两部分来考虑，前面部分看成是合振动的振幅，表示振幅按 $2A\cos\left(\frac{\omega_2-\omega_1}{2}t\right)$ 随时间从 $A_{\max}=2A$ 到 $A_{\min}=0$ 做周期性的缓慢变化；后面部分看成是以 $\frac{\omega_2+\omega_1}{2}$ 为频率的简谐振动函数。一般情况下图形比较复杂，我们不易觉察到合振动振幅的周期性变化。但当两个分振动的角频率 ω_1 和 ω_2

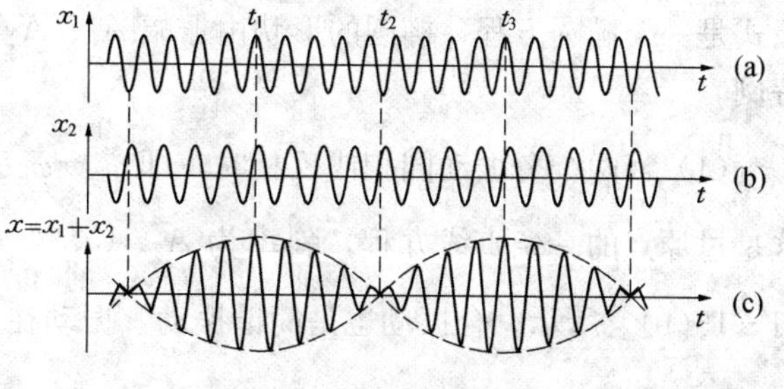

图 11-15　振动的合成　拍

都较大，且 ω_1 和 ω_2 差值较小的时候，角频率$\frac{\omega_2-\omega_1}{2}$远小于$\frac{\omega_2+\omega_1}{2}$，式（11-28）中第一项变化缓慢，第二项变化则十分迅速。可以认为，合振动是一个振幅缓慢变化的简谐振动。图 11-15 画出了两个频率相近的分振动及合振动的图形，从图中看出，合振动的振幅做缓慢的周期性变化。

这种合振动的振幅随时间缓慢地周期性变化的现象称为拍（beat）。合振幅变化的频率（即单位时间内合振动振幅强弱变化的次数）称为**拍频**（beat frequency），记为 ν。由于振幅为正值，余弦函数绝对值的周期为 π，设合振动振幅的变化周期为 T，则有

$$\left|\frac{\omega_2-\omega_1}{2}\right|T=\pi$$

显然拍频与两个简谐振动频率的关系为

$$\nu=\left|\frac{\omega_2-\omega_1}{2\pi}\right|=|\nu_2-\nu_1| \tag{11-29}$$

拍是一种常见的现象，如两个频率分别为 $\nu_1=100.2$ Hz 和 $\nu_2=100.0$ Hz 的音叉并列放置，本例的拍频 $\nu=|\nu_2-\nu_1|=0.2$ Hz，敲击后我们可以直接用耳朵听到每隔 5 s 左右就有一次强弱变化，这就是声振动的拍现象。拍现象在技术上也有许多重要的应用。例如，管乐器中的双簧管就是利用两个簧片振动频率的微小差别产生颤动的拍音；调整乐器时，使被调乐器和标准音叉出现的拍音消失来校准乐器。在汽车速度监视器、地面卫星跟踪系统以及各种电子测量仪器中，也可以找到拍现象的应用。

值得一提的是，只有 ω_2 和 ω_1 的比值 ω_2/ω_1 可以化为两整数之比时，其合振动才有严格的周期性，否则这个比值是个无理数，即无论经过多长时间都不会使合振动的图形出现重复。所以说两个不同频率简谐振动的合振动很可能是非周期性的。这也给了我们一个重要的启示，就是一个非周期性的振动，完全可以看成是由简谐振动叠加而成的，换句话说，一个非周期的振动可以分解为两个或两个以上简谐振动的合成。

二、两个相互垂直的简谐振动的合成

1. 相互垂直的同频率的简谐振动的合成　设一个质点同时参与两个同频率的简谐振动，这两个简谐振动分别在 x 轴和 y 轴上进行，运动方程分别为

$$x=A_1\cos(\omega t+\varphi_1),\ y=A_2\cos(\omega t+\varphi_2)$$

将上面两式中的 t 消去，可以得到合振动的轨迹方程为

$$\frac{x^2}{A_1^2}+\frac{y^2}{A_2^2}-\frac{2xy}{A_1A_2}\cos(\varphi_2-\varphi_1)=\sin^2(\varphi_2-\varphi_1) \tag{11-30}$$

该式是一个椭圆方程，椭圆的形状由振幅 A_1、A_2 及相位差（$\varphi_2-\varphi_1$）决定。下面分析几种特例。

（1）当两个分振动同相或反相时，即 $\varphi_2-\varphi_1=0$ 或 π 时，式（11-30）变为 $y=\pm\frac{A_2}{A_1}x$。这是过原点的一条直线方程，斜率为 A_2/A_1，［如图 11-16(a) 所示］或 $-A_2/A_1$［如图 11-16(b)］所示。合振动也是简谐振动，振动在直线 $y=\pm\frac{A_2}{A_1}x$ 上进行。

（2）当两个分振动相位差为 $\varphi_2-\varphi_1=\pm\frac{\pi}{2}$ 时，$\frac{x^2}{A_1^2}+\frac{y^2}{A_2^2}=1$，轨迹为正椭圆。当 φ_2-

$\varphi_1=\pi/2$ 时，由于 y 方向的振动比 x 方向的振动超前 $\pi/2$，所以质点的运动是顺时针的，如图 11-16(c) 所示。当 $\varphi_2-\varphi_1=-\pi/2$ 时，由于 y 方向的振动比 x 方向的振动落后 $-\pi/2$，所以质点沿逆时针方向运动，如图 11-16(d) 所示；当 $A_1=A_2$ 时，轨迹为圆，如图 11-16(e) 和图 11-16(f) 所示。

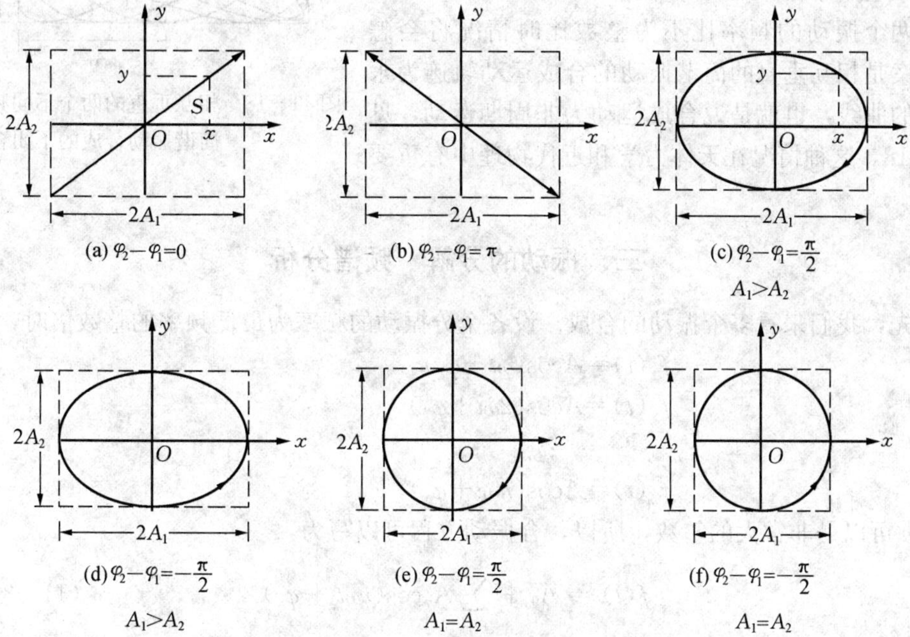

图 11-16　相互垂直的同频率简谐振动的合成

(3) 当两个分振动相位差等于上述未讨论的其他任意值时，运动的轨迹不再是以 x 轴和 y 轴为长短轴的正椭圆，而是其他方向的椭圆。

综上所述，有如下结论：**两个频率相同、互相垂直的简谐振动，其合振动为椭圆、圆或直线。反之，任何频率为 ω 的椭圆运动（包括线振动和圆振动）都可以分解为相同频率的互相垂直的简谐振动。**

2. 相互垂直的不同频率的简谐振动的合成　两个相互垂直的不同频率的简谐振动合成时，合成的轨迹较为复杂，而且轨迹不稳定。只有在两振动的角频率为简单的整数比时，合运动的轨迹才是稳定的闭合曲线，但轨迹形状不仅与原来两振动的频率比（或周期比）有关，而且与两振动的初相和初相差有关。图 11-17 画出了具有不同频率比，且 $\varphi_1=0$，φ_2 分别等于 0、$\pi/8$、$\pi/4$、$3\pi/8$、$\pi/2$ 的合成运动轨迹图形，这些图形称作**李萨如图**

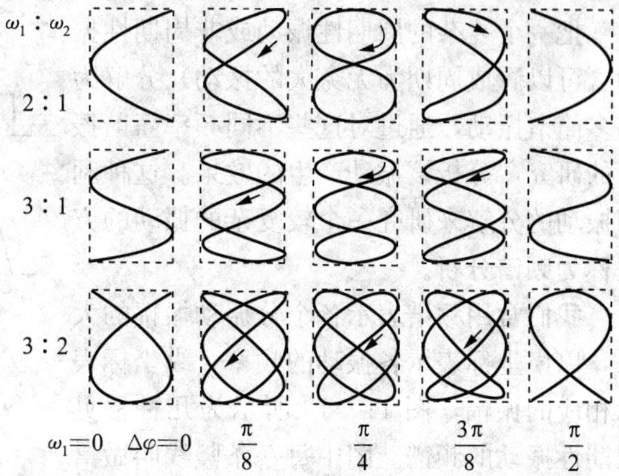

图 11-17　李萨如图形

形（Lissajous' figure）。由于在闭合的李萨如图形中两个振动的频率严格地成整数比，人们可以在示波器上用李萨如图来精确地比较频率，进而确定出未知振动的频率。这是许多科技领域中常用的测定频率和确定相位的方法。

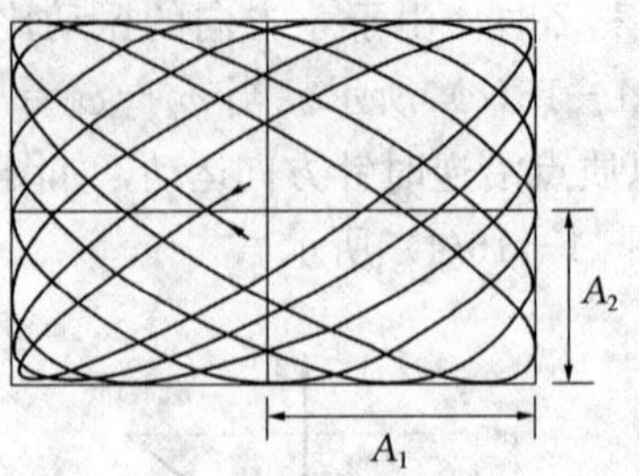

图 11－18　相互垂直的两个不同频率的简谐振动合成的不闭合曲线

若两个振动的频率比不为整数比时情况将会怎样？答案是相互垂直的简谐振动的合成运动轨迹为永不闭合的曲线，也就是说合成运动为非周期运动，见图 11－18，这种情况在天体力学和近代物理中有重要的应用。

三、振动的分解　频谱分析

首先，我们来看多个振动的合成。设各个分振动的频率为最低频率的整数倍时，即

$$f_1(t)=A\cos(\omega t+\varphi_1)$$
$$f_2(t)=A\cos(2\omega t+\varphi_2)$$
$$\vdots$$
$$f_n(t)=A\cos(n\omega t+\varphi_n)$$

式中，n 可以是非常大的整数，所以，合振动方程可以写为

$$f(t)=A_0+\sum_{i=1}^{\infty}A_n\cos(n\omega t+\varphi_n) \tag{11-31}$$

这一函数称为**傅里叶级数**（Fourier series），其中 A_0、A_n 为**傅里叶系数**。可以证明，合振动 $f(t)$ 是一个以 ω 为频率的周期性振动。

合成的逆过程便是分解。既然多个不同频率的简谐振动可以合成为一个周期性振动 $f(t)$，那么一个复杂的周期性振动就一定可以分解为多个简谐振动，式（11－31）就是把一个周期性振动分解为几个或无穷多个简谐振动的表达式。这些简谐振动的频率为原来周期性振动频率的整数倍。$n=1$ 的简谐振动称为**基频振动**，$n=2,3,\cdots$的简谐振动分别称为 n 次**谐频振动**。

把一个复杂的周期性振动或非周期性振动（可以看成周期为无穷大的振动）分解为许多简谐振动，通过对这些不同频率简谐振动的研究，分析该振动产生的效果。这种利用振动的分解来研究一个较复杂的振动的方法称为**频谱分析**。

我们常用频谱表示各个分振动振幅的大小，以横坐标表示各振动的频率，纵坐标表示相应的振幅，图 11－19 所示为几种常见周期性振动的频谱。图中每一条竖线叫做谱线，其长度即是该频率成分的相对振幅值。不同的周期振动具有不同的频谱。

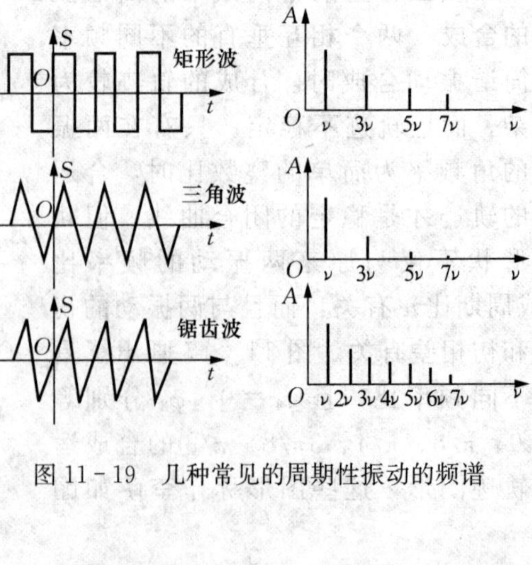

图 11－19　几种常见的周期性振动的频谱

由上述讨论可知，周期性振动的频谱是分立谱，频谱具有不连续结构。这种周期性振动都是持续性振动，所以对这种振动进行频谱分析时，只需取一个典型部分来分析，就能概括整个持续振动情况了。还有一些只持续了一段有限的、孤立的、单个脉冲式的振动，不具有周期性的特性。对于这些非周期性振动的频谱分析要用到傅里叶变换，频谱不再是分立的，而是一条能反映振幅随频率而变的连续谱。

频谱分析技术在实际应用和理论研究中都有着重要应用。每一个振动都有其特征的频谱，无论是光、电还是声的波形及其频谱，都可以同等地看成是能进行物理演示和测量的实体。示波器能使我们看到电的波形，而分光计或摄谱仪能使我们看到光谱或电磁波频谱。

第三节 阻尼振动 受迫振动 共振

一、阻尼振动

前面研究了不考虑阻力情况下物体的自由振动。实际上，振动物体总是要受到各种阻力的作用，使得其机械能不断地转化为其他形式的能量，因此振幅将逐渐减小。这种振幅随时间减小的振动叫做**阻尼振动**（damped vibration）。阻尼振动中能量损失的原因通常有两种：一种是由于介质对振动物体的摩擦阻力使振动系统的能量逐渐转变为热运动的能量，这叫摩擦阻尼；另一种是振动物体的能量以波的形式向外传播，使振动能量转变为波动的能量，这叫辐射阻尼。例如，扬声器和天线振子的能量以波的形式向外传播。音叉振动时，不仅因为摩擦而消耗能量，同时也因辐射声波而减少能量。在振动的研究中，常把辐射阻尼当作是某种等效的摩擦阻尼来处理。

理论上研究一般的阻尼振动的运动规律较为繁杂，在大学物理中，通常只研究在摩擦阻尼情况下线性弹簧振子的运动速度不太大的情况，这是因为一方面在速度不太大的情况下，介质阻力的大小可近似地认为与速度一次方成正比，研究这种情况具有较大的实用价值；另一方面，在摩擦阻尼情况下，线性弹簧振子的运动微分方程容易求出准确解。

当运动物体的速度不太大时，介质对运动物体的摩擦阻力与速度成正比，方向相反。可以表示为

$$f=-Cv=-C\frac{\mathrm{d}x}{\mathrm{d}t} \qquad (11-32)$$

这里，C 是阻尼系数，它的大小由物体的形状、大小和介质的性质来决定。于是，考虑摩擦阻力时弹簧振子的运动微分方程为

$$m\frac{\mathrm{d}^2x}{\mathrm{d}t^2}=-kx-C\frac{\mathrm{d}x}{\mathrm{d}t}$$

令 $\omega_0^2=\frac{k}{m}$，$2\beta=\frac{C}{m}$，这里 ω_0 是无阻尼时弹簧振子的**固有角频率**，β 称为**阻尼因子**（或**阻尼系数**）。于是，上式可写为

$$\frac{\mathrm{d}^2x}{\mathrm{d}t^2}+2\beta\frac{\mathrm{d}x}{\mathrm{d}t}+\omega_0^2x=0 \qquad (11-33)$$

这是一个二阶线性常系数齐次微分方程。根据微分方程理论，式（11－33）的解有三种情况：

（1）小阻尼 当 $\omega_0^2>\beta^2$ 的情况下，方程（11－33）的解为

$$x=A_0\mathrm{e}^{-\beta t}\cos(\omega t+\varphi) \qquad (11-34)$$

其中，$\omega=\sqrt{\omega_0^2-\beta^2}$，$A_0$ 和 φ 是由初始条件决定的积分常数。位移与时间的关系，如

图 11-20 所示，显然阻尼振动不是周期运动，这是一种准周期性运动。余弦项反映了在弹性力和阻力作用下振子在做周期运动；而余弦项前的系数反映了阻尼对振幅的影响，可以看出，这是一种衰减振动。阻尼振动的周期 T' 可表示为

$$T'=\frac{2\pi}{\omega}=\frac{2\pi}{\sqrt{\omega_0^2-\beta^2}}>T=\frac{2\pi}{\omega_0} \tag{11-35}$$

即阻尼振动的周期 T' 较无阻尼自由振动周期 T 要长，而且 T' 不仅决定于弹簧振子本身的性质，还与阻尼大小有关。

(2) 临界阻尼　当 $\omega_0^2=\beta^2$ 时，式 (11-33) 的解为

$$x=(C_1+C_2t)\mathrm{e}^{-\beta t} \tag{11-36}$$

其中，C_1 和 C_2 为积分常数。如果振子从最大振幅开始运动，因为频率 ω 等于零，它将不再出现振荡，而是以负指数方式（一种可能的最快方式）直接趋向平衡点，并静止下来。这种情况称为**临界阻尼**（图 11-21）。

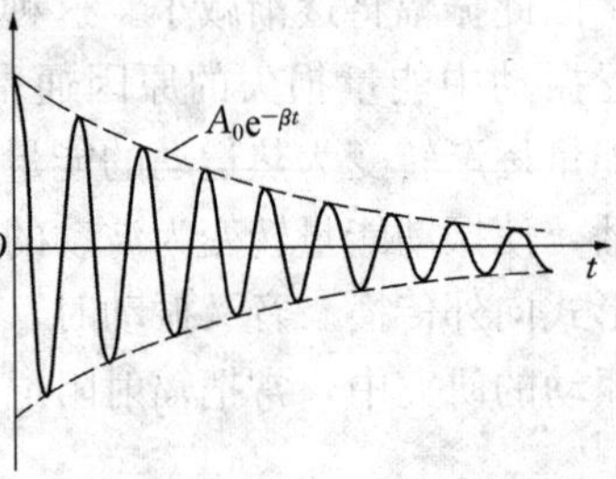

图 11-20　阻尼振动曲线——小阻尼

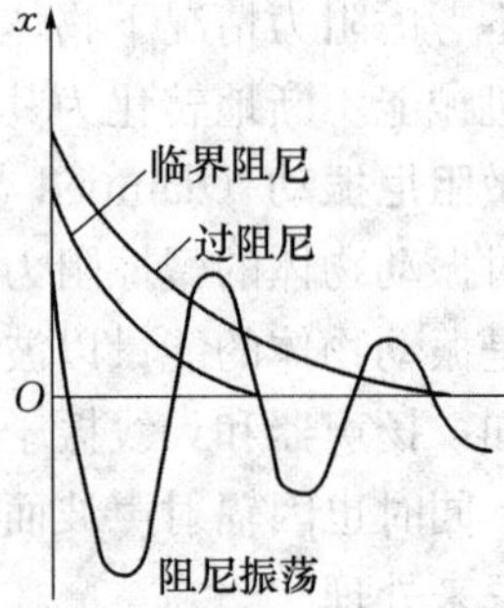

图 11-21　过阻尼和临界阻尼振动曲线

(3) 过阻尼　当 $\omega_0^2<\beta^2$ 时，式 (11-33) 的解为

$$x=C_1\mathrm{e}^{-(\beta-\beta_0)t}+C_2\mathrm{e}^{-(\beta+\beta_0)t} \tag{11-37}$$

其中，C_1 和 C_2 为积分常数，$\beta_0=\sqrt{\beta^2-\omega_0^2}$。此时，振动系统不做周期性振动而是逐渐停止在平衡位置（比临界阻尼过程更慢的方式），如单摆在液体中的运动，这种情况称为**过阻尼**（图 11-21）。

阻尼振动、临界阻尼和过阻尼都有重要的应用。在生产和技术上，人们可以根据实际需要，用不同的办法改变阻尼的大小以控制系统的振动情况。如在灵敏电流计内，表头中的指针是和通电线圈相连的，当它在磁场中运动时会受到电磁阻尼的作用。若电磁阻尼过小或过大，会使指针摆动不停或到达平衡点的时间过长，而不便于测量读数。所以，必须调整电路电阻，使电表在临界阻尼状态下工作。类似的情况在使用精密天平中也会遇到，故在精密天平中一般都加有阻尼气垫，以防止其长时间的摆动，节约时间，便于测量。

二、受迫振动

在实际的振动系统中，总免不了由于阻力而消耗能量，即实际的振动都是阻尼振动。一切阻尼振动最后都要停止下来。要使振动持续下去，必须对振子施加持续的周期性外力，使其因阻尼而损失的能量得到不断补充。振子在周期性外力作用下发生的振动叫做**受迫振动**（forced vibration），周期性的外力称为**驱动力**（driving force）。实际发生的许多振动都属于

受迫振动。例如，机器运转时所引起的机架和基础的振动、扬声器纸盆在音圈的带动下所发生的振动、声波的周期性压力使耳膜产生的振动，都属于受迫振动。

设一个系统在弹性力 $-kx$、阻力 $-Cv$ 和周期性外力 $F=F_0\cos\omega t$ 作用下做受迫振动，F_0 为驱动力的幅值，ω 为驱动力的角频率。根据牛顿第二定律可知，受迫振动的运动方程为

$$-kx-Cv+F_0\cos\omega t=ma$$

即

$$\frac{\mathrm{d}^2x}{\mathrm{d}t^2}+2\beta\frac{\mathrm{d}x}{\mathrm{d}t}+\omega_0^2x=\frac{F_0}{m}\cos\omega t \tag{11-38}$$

令 $\omega_0^2=k/m$，$2\beta=C/m$。式（11-38）是一个二阶线性常系数非齐次常微分方程。在阻尼较小的情况下，方程的解为

$$x=A_0\mathrm{e}^{-\beta t}\cos(\sqrt{\omega_0^2-\beta^2}\,t+\varphi_0')+A\cos(\omega t+\varphi_0) \tag{11-39}$$

它可以看成是两个振动合成的，一个振动由式（11-39）中的第一项表示，它是一个减幅的阻尼振动；另一个振动由式（11-39）中的第二项表示，它是一个振幅不变的振动。两个振动合成后，在起始阶段，两个振动同时起作用，在这个阶段，运动情况是复杂的，不稳定的，这个过程称为**暂态过程**。经过一段时间之后，第一项分振动将减弱到可以忽略不计，余下的就是受迫振动达到稳定状态后的简谐振动，即式（11-39）的稳定解为

$$x=A\cos(\omega t+\varphi_0) \tag{11-40}$$

应该指出，稳态时的受迫振动的表达式虽然和无阻尼的简谐振动的表达式相同，都是简谐振动，但其实质已有所不同。首先，受迫振动的角频率不是振子的固有角频率，而是驱动力的角频率；其次，受迫振动的振幅和初相位不是决定于振子的初始状态，而是依赖于振子的性质、阻尼的大小和驱动力的特征。根据理论计算可得

$$A=\frac{F_0}{m\sqrt{(\omega_0^2-\omega^2)^2+4\beta^2\omega^2}} \tag{11-41}$$

$$\tan\varphi_0=-\frac{2\beta\omega}{\omega_0^2-\omega^2} \tag{11-42}$$

在稳态时，振动物体的速度

$$v=\frac{\mathrm{d}x}{\mathrm{d}t}=v_{\mathrm{m}}\cos\left(\omega t+\varphi_0+\frac{\pi}{2}\right) \tag{11-43}$$

其中

$$v_{\mathrm{m}}=\frac{\omega F_0}{m\sqrt{(\omega_0^2-\omega^2)^2+4\beta^2\omega^2}} \tag{11-44}$$

从能量角度来看，在受迫振动中，振动物体因驱动力做功而获得能量（实际上在一个周期内驱动力有时做正功，有时做负功，但总效果还是做正功），同时又因阻尼作用而消耗能量。受迫振动开始时，驱动力所做的功往往大于阻尼消耗的能量，所以总的趋势是能量逐渐增大。由于阻尼力一般随速度的增大而增大，当振动加强时，因阻尼而消耗的能量也要增多。在稳态振动的情况下，一个周期内，外力所做的功恰好补偿因阻尼而消耗的能量，因而系统维持等幅振动，如果撤去驱动力，振动能量又将逐渐减小而成为减幅振动。

三、共　振

由式（11-41）可知，对于一定的振动系统，如果驱动力的幅值一定，则受迫振动稳定态时的位移振幅随驱动力的频率而改变。按式（11-41）画出的不同阻尼时位移振幅和驱动力频率之间的关系曲线如图 11-22 所示。从图 11-22 可以看出，当驱动力的角频率为某个

特定值时，位移振幅达到最大值，这种位移振幅达到最大值的现象叫做**位移共振**（resonance）。如果将式（11－41）对 ω 求导数，并令 $dA/d\omega=0$，就可得到共振时驱动力的角频率为

$$\omega_{共振}=\sqrt{\omega_0^2-2\beta^2} \tag{11-45}$$

由此可见，发生位移共振时，驱动力的角频率略小于系统的固有角频率 ω_0，阻尼越小，共振频率越接近 ω_0，共振位移的振幅也就越大。如果 $\beta\to0$，即使驱动力的振幅很小，也可以得到很大的振幅，因为此时 $\omega=\omega_0$，式（11－41）分母中的两项都等于零，所以，振幅 A 有无限上升的趋势。当然，由于阻尼总是存在的，振幅达到无限大是不可能的。在实际中，振动将在振幅大到使振动系统破坏为止。

由式（11－44）可知，当驱动力的角频率为某个特定值时，速度振幅达到最大值，这种速度振幅达到最大值的现象叫做**速度共振**。如果将式（11－44）对 ω 求导数，并 $dv_m/d\omega=0$，可求得速度共振的频率为

$$\omega_{共振}=\omega_0 \tag{11-46}$$

这个结果表明，当驱动力的频率等于系统固有频率 ω_0 时，速度幅值达到最大值。在给定幅值的周期性外力作用下，振动时的阻尼越小，速度幅值的极大值也越大，共振曲线越尖锐，如图 11－23 所示。

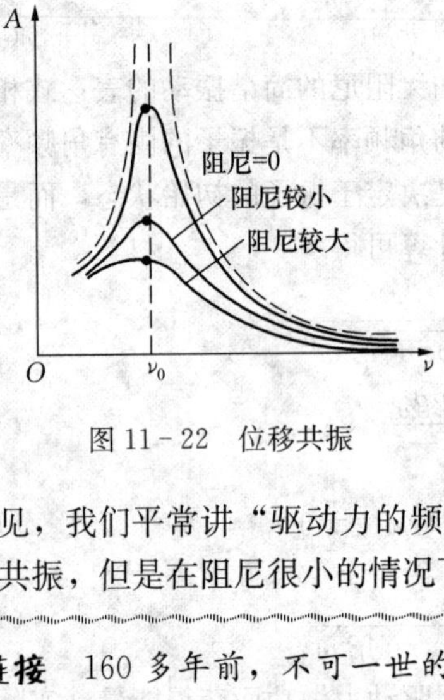

图 11－22　位移共振

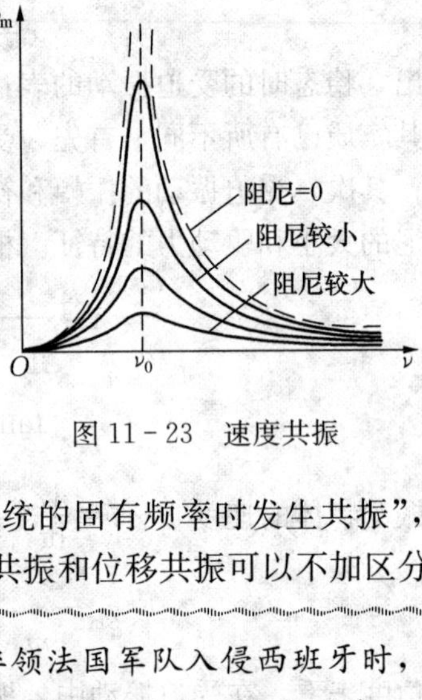

图 11－23　速度共振

由此可见，我们平常讲“驱动力的频率等于系统的固有频率时发生共振”，严格地说，这是指速度共振，但是在阻尼很小的情况下，速度共振和位移共振可以不加区分。

知识链接　160 多年前，不可一世的拿破仑率领法国军队入侵西班牙时，部队行军经过一座铁链悬桥，随着军官雄壮的口令，队伍迈着整齐的步伐走向对岸。正在这时，轰隆一声巨响，大桥坍塌了。悲剧的发生是由于军队步伐的周期与桥的固有周期相近，发生共振所致。1904 年，俄国一队骑兵以整齐的步伐通过彼得堡的一座桥时，也因步伐的频率与桥身的固有频率接近而发生共振，使桥塌毁。伦敦的“千年大桥”在 2000 年 6 月 1 日开通时，成千上万的参观者不由自主地统一了脚步，脚步对桥身的策动，使这座长达 320 m 的大桥发生摇晃，虽然在此之前大桥的建设者已经人为地模拟了大桥的各种振动情况，但仍险些垮塌。

有趣的是，1940 年，美国华盛顿州的塔科马海峡大桥（Tacoma Narrows Bridge），刚启用四个月就在一场不算太强的风中坍塌了（图 11－24），当时的风速仅有 $19\ \mathrm{m\cdot s^{-1}}$，远低于设计标准，此事件震动了世界桥梁界。风的作用不是周期性的，这难道也是共振作

用？令人深思。

图 11-24 美国塔科马大桥的坍塌

塔科马大桥在当时是世界上第三长的悬索桥。在大桥建成之初人们就发现即使在微风中桥身也会呈现波浪状起伏。但是人们并没给予这种现象足够的重视，当地人笑称它是“飞奔的野马”。它吸引了不少远方的客人驾车到此一游，为的是寻求刺激，尝尝汽车驶过摇摇晃晃的狭桥时的滋味。据说，有时桥身上下振动的幅度竟达到 1.5 m，致使驾驶员看不见在它前面行驶的汽车。

调查这次倒塌事件的国家委员会的成员里包括加州理工学院的空气动力学家 T·冯·卡尔曼（T. von Karman）。他解释说，是桥上竖直方向的结构板引起了桥的振动。它对风的阻力很大，风被挡之后，大量的气流便从结构板的上方经过然后压向桥面。由于吹过的气流因不断地被曲折而使速度增加，所以在竖直结构板的上方和下方压力降低（伯努利定律）。如果风总是从板的正前方吹来，那倒不要紧，因为上下方的压力降低会互相抵消。但是，如果风的方向不停地变换的话，压力就会不断地变化。这一压力差作用在整个桥面上，并因挡风的竖直结构板后所产生的涡流而得到加强，结果桥就开始振动，最后导致桥的倒塌。在华盛顿大学和加州理工学院两地的风洞实验室用结构模型所做的实验都证实了他的解释。塔科马大桥的这场灾难使桥梁建筑师了解到在设计上以前只考虑静态力是不够的，还必须考虑动态的力。从此，迫使桥梁工程师们在设计中开始考虑空气动力学问题。

现在，在同一个地方又有了一座根据冯·卡尔曼的建议修改后建造的新的悬索桥。主要的改变是把桥修成四车道宽，使用侧面开放的桁架，并且在车道之间放通风的铁栅格以平衡桥面上下的风压。尽管如此，在大风天人们还是紧张地望着它，但它从来都是纹丝不动的。

空气气流造成共振的另一个例子是在风中摇摆和唱歌的电线。在一定的风速下，电线的两端也会出现由空气气流产生的卡尔曼涡街，电线在这种气流的作用下发生共振，于是开始了“唱歌”。实事上，古希腊人早就注意到了竖琴发出的可怕的声音就是这种效应的结果。架空电线在风中的共振是必须设法消除的，因为振动会使导线悬挂点处的导线持续地受到弯折，致使导线疲劳断股，甚至折断。在风速为 0.5～10 m·s^{-1}（微风或小风）时，它会使电线产生 3～120 Hz 的振动，振幅都会达到几厘米。现在，在架设电线时通常采用防振锤来减轻电线的这种共振效应。

实际上，人们不仅在力学中发现和利用共振现象，在物理学的其他分支学科和许多技术学科中也都利用了共振现象。提琴琴弦的微弱振动之所以能发出响亮、悦耳动听的乐曲，靠的是共鸣箱和弦的振动发生共鸣。收音机和电视机等通过调谐使机内调谐电路的频率与某电台发射的电磁波频率重合发生共振，此时，电路从这个台吸收能量最大，这样人们就能从众多电台中选择出感兴趣的电台，并清晰地听到、看到该电台的节目。

各种分子振动都有确定的固有频率，当有连续谱的电磁波入射到某种物质上时，则频率与该物质中分子固有频率相同波段的电磁能量将被共振吸收，从不同方面研究这种共振吸收，如电子顺磁共振和核磁共振等，已经成为当今研究物质结构的重要手段，这些在现代科学技术中已有广泛的应用。

拓展阅读

混　沌

一、混沌现象对牛顿力学的挑战

300年前，牛顿的万有引力定律及其三大力学定律将天体的运动和地球上物体的运动统一起来，使人们坚信：在已知物体受力的情况下，初始状态精确地决定以后的状态。这种认识称为决定论的可预测性。牛顿力学的广泛成功，使得人们对自然现象的决定论的可预测性深信不疑。但是，这种传统的思想信念在20世纪60年代遇到了严重的挑战。人们发现由牛顿力学支配的系统，虽然其运动是由外力决定的，但是在一定条件下，却是完全不能预测的。原来，牛顿力学显示出的决定论的可预测性，只是那些受力和位置或速度有线性关系的系统才具有的，这样的系统叫**线性系统**。牛顿力学能严格成功处理的系统都是这种线性系统。

在简谐振动中，只有在微小形变的情况下，弹性回复力 f 与弹簧形变量 x 之间才满足胡克定律。一般来说，弹性回复力 f 与弹簧形变量 x 的关系应为

$$f(x)=\alpha x+\beta x^2+\gamma x^3+\cdots \tag{11-47}$$

其中，α，β，γ，…为常数。由此可见，本章对振动的讨论只是一级近似的情况。

在前面研究阻尼振动时，也只讨论黏滞阻尼的情况，即假定阻力有与速度一次方成正比的线性关系。实际上，只有当物体以不太大的速度在气体或油类介质中运动时，上述假设才成立。随速度的逐渐增大，阻力与速度之间不再满足线性关系。在非线性弹性回复力及非黏滞阻尼作用下，描写物体运动的微分方程为**非线性方程**，这类问题属于非线性问题。对于**非线性系统**，系统可能出现混沌现象。

为了说明混沌现象的出现，我们来看一下图 11-25 所示的弹簧振子，它的上端固定在一个框架上。当框架上下振动时，振子也就随着上下振动。振子的这种振动是受迫振动。

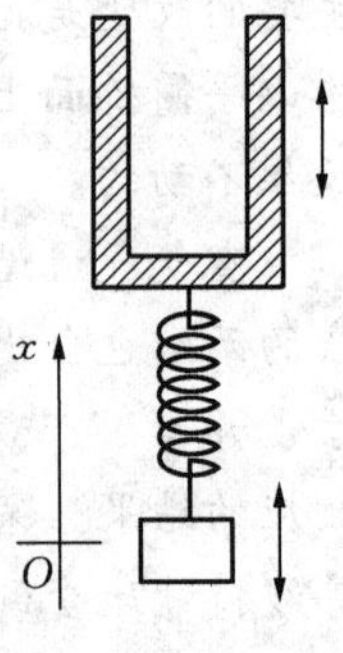

图 11-25　受迫振动

在理想的情况下，即弹性力完全符合胡克定律，空气阻力也与速率成正比的情况下，这个弹簧振子就是一个线性系统。它的运动可以根据牛顿定律用数学解析方法求出来。它的振动曲线如图 11-26 所示。虽然在开始一段短时间内有点起伏，但很快会达到一种振幅和周期都不再改变的稳定状态。在这种情况下，振动的运动是完全决定而且可以预测的。

如果把实验条件改变一下，如图 11-27 所示，在振子的平衡位置处放一质量较大的砧块，使振子撞击它以后以同样速率反跳。这时振子所受的弹性力不再与位移成正比，因而系统成为非线性的。虽然系统的运动还是由外力所决定，即受牛顿定律决定论的支配，但已无法给出其运动状态的数学表示式了。可以用实验描绘其振动曲线。

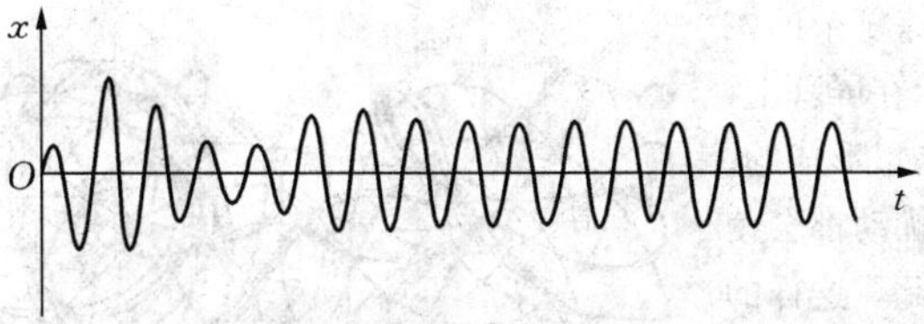

图 11 - 26 受迫振动的振动曲线

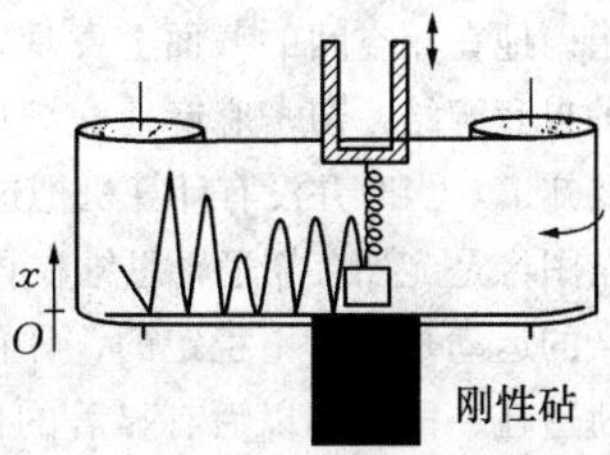

图 11 - 27 反跳振子

实验发现，虽然在框架振动频率为某些值时，振子的振动最后也能达到周期和振幅都一定的稳定状态，如图 11 - 28 所示，但在框架振动频率为另一些值时，振子的振动曲线出现了如图 11 - 29 所示的情况，振动变得完全杂乱而无法预测了，这时振子的运动进入了混沌状态。

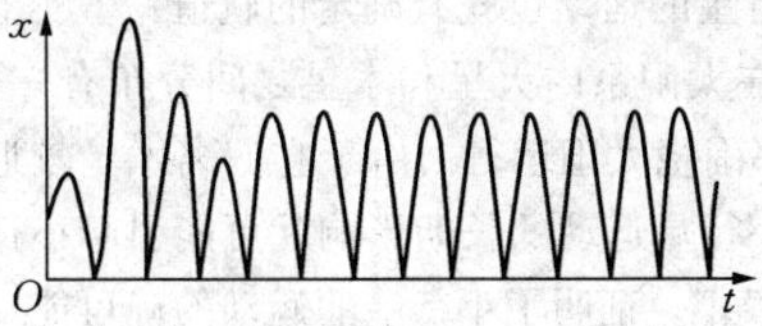

图 11 - 28 反跳振子的稳定振动

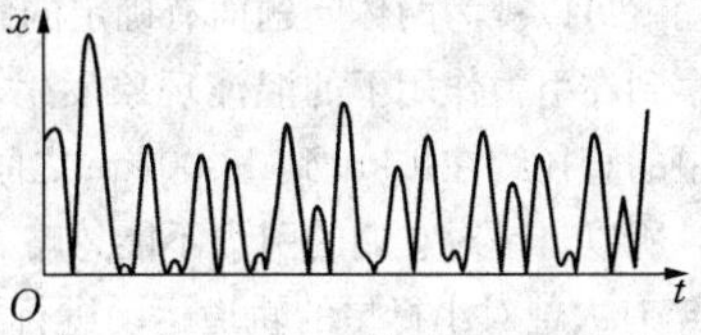

图 11 - 29 反跳振子的混沌振动

反跳振子的混沌运动，除了每一次实验都表现得非常混乱外，在框架振动的频率保持不变的条件下做几次实验，会发现如果初始条件略有不同，振子的振动情况会发生很明显的不同。图11 - 30画出了 5 次振子初位置略有不同（其差别已在实验误差范围之内）的混沌振动曲线。最初几次反跳，它们基本上是一样的。但是，随着时间的推移，它们的差别越来越大。这显示了反跳振子的混沌运动对初值的极端敏感性——最初的微小差别会随时间逐渐放大而导致明显的巨大差别。这样，本来任一次混沌运动，由于其混乱复杂，就很难预测，再加上这种对初值的极端敏感性，而初值在任何一次实验中又不可能完全精确地给定，因而，对任何一次混沌运动，其进程就更加不能预测了。

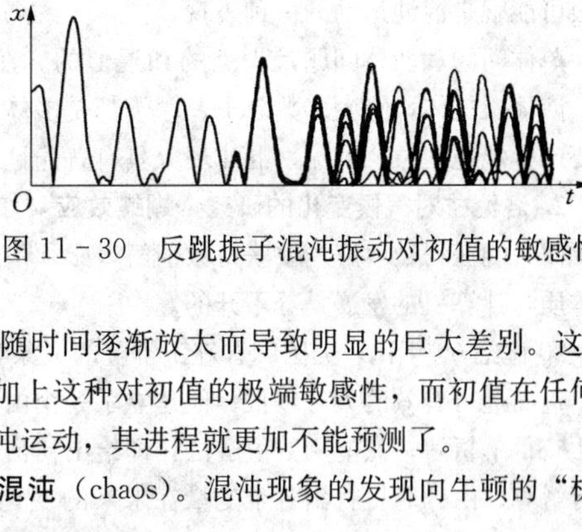

图 11 - 30 反跳振子混沌振动对初值的敏感性

确定性动力学系统出现的貌似随机或混乱的运动称为**混沌**（chaos）。混沌现象的发现向牛顿的“机械决定论”发起了挑战。

二、非线性——产生混沌的根源

1. 庞加莱对三体问题的研究 实际上，早在 19 世纪初在研究复杂系统时就有学者已经认识到牛顿力学在研究复杂系统时的局限性。当时法国数学家庞加莱（J. H. Poincaré，1854—1912）就发现，牛顿力学无法精确地处理“三体问题”并已意识到混沌运动的复杂性。

1887 年瑞典国王奥斯卡二世以 2 500 克朗为奖金征文，题目是天文学上的基本问题——“太阳系稳定吗?”。庞加莱用牛顿定律来研究三个星体在相互引力作用下的运动时，列出了一组非线性微分方程，然而，这组方程没有解析解（事后证明，不仅三体问题的运动方程不可解，对于绝大多数非线性微分方程都无法获得解析解）。庞加莱采用相图的方法，在不求出解的情况下，通过直接考察微分方程的结构去研究解的性质。十足的三体问题太复杂了，庞加莱假定，有两个天体 M_1、M_2 在万有引力的作用下，围绕共同的质心，沿着椭圆形的轨道做严格的周期性运动。另有一个宇宙尘埃 M_3，在两个天体的引力场中游荡。由于颗粒的质量相对于天体来说可忽略不计，因此可完全忽略颗粒对天体运动的影响。可是颗粒的运动会是怎样的呢？这个简化模型现称之为“限制性三体问题”。庞加莱用自己发明的独特方法探寻着该颗粒有没有周期性轨道。他在相空间的截面上发现，颗粒的运动竟是没完没了的自我缠结，密密麻麻地交织成如此错综复杂的蜘蛛网。要知道，当时并没有计算机把这一切显示在屏幕上，上述复杂图像是庞加莱靠逻辑思维在自己的头脑里形成的。这样复杂的运动是高度不稳定的，任何微小的扰动都会使粒子的轨道在一段时间以后有显著的偏离。因此，这样的运动在一段时间以后是不可预测的，因为在初始条件或计算过程中任何微小的误差，都会导致计算结果严重的失实。图 11－31 给出了计算机模拟的结果。

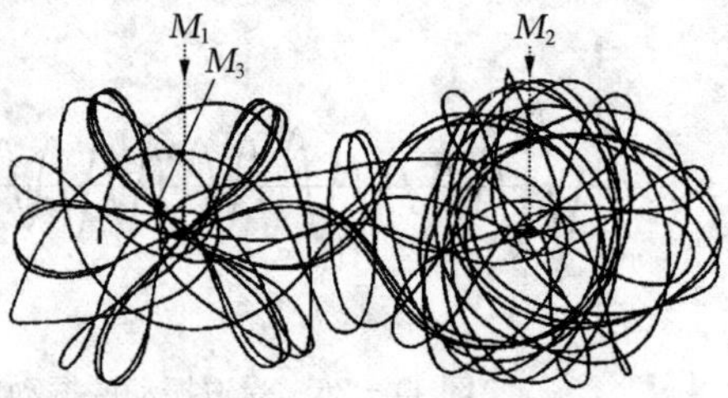

图 11－31　三体中的混沌现象

但为何在太阳系中并未观察到行星运动的这种混乱情况？这是因为各行星受的引力主要是太阳的引力。作为一级近似，它们都可以被认为是单独在太阳引力作用下运动而不受其他行星的影响。这样太阳系中行星的运动就可以视为两体问题而有确定的解析解，行星的运动也就有确定的轨道。事实上，在太阳系内也确实观察到在引力作用下的混沌现象发生。例如，在太阳系内火星和木星之间分布有一个小行星带。其中的小行星的直径约在 1 km 到 1 000 km 之间，它们都围绕太阳运行。由于它们离木星较近，而木星是最大的行星，所以木星对它们的引力不能忽略。木星对小行星运动的长期影响就可能引起小行星进入混沌运动。1985 年有人曾对小行星的轨道运动进行了计算机模拟，证明了小行星的运动的确可能变得混沌，其后果是可能被从原来轨道中甩出，有的甚至可能最终被抛入地球大气层中成为流星。此外，哈雷彗星运行周期的微小变动也可用混沌理论来解释。1994 年 7 月苏梅克—列维 9 号彗星撞上木星这种罕见的太空奇观也很可能就是混沌运动的一种表现。

单体问题和两体问题是少见的和近似的。在宇宙和自然界中大量存在的是多体问题，如太阳系，固体、液体、气体，绝大多数分子、原子都是多体问题。多体系统是非线性系统，在其演化过程中不可避免地要产生混沌现象。可见，混沌现象具有普遍性。

2. 洛伦兹对气候变化的研究　蝴蝶效应　如上所述，描述系统的非线性微分方程一般不可能获得解析解，而只能获得数值解。要获得数值解，必须借助计算机通过大量的计算才能得到。因此，真正揭示混沌的本质与计算机的发展是分不开的。

20 世纪 60 年代，美国麻省理工学院的气象学家洛伦兹（E. N. Lorenz）为了研究大气对流对天气的影响，进而进行有效的天气预报，他建立了一个由 12 个变量和 12 个方程构成的非线性方程组。对这组方程无法获得解析解，只能用数值解法，即给出初值后一次次地迭代、逼近。洛伦兹使用一台计算机对方程组进行解算，由计算机打出各个变量在未来的变化趋势，进而模拟出未来的天气演化情况。1961 年冬的一天，他在某一初值的设定下算出了一系列气候演变的数据，尔后他决定重新计算。在他再次开机时，为了省事，不再从头算起，他将该数据中的一个中间数据 0.506 127 当作初值以 0.506 输入（按四舍五入法），然后以同样的程序计算。原来预计会得到和原来计算后半段相同的结果，但出乎预料的是，计算机打印出来的参量经过短时间的重复后很快偏离了原来的结果，并且随着时间的推移，偏差越来越大。图 11－32 给出了 12 个变量中一个变量随时间的变化。

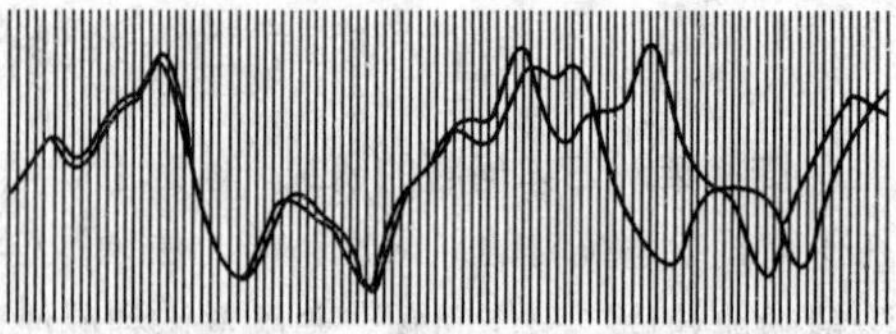
图 11－32　洛伦兹气候演变曲线

原来以为初值不到千分之一的误差无关紧要，但没有想到“失之毫厘，差之千里”。这一现象使洛伦兹认识到，如果大气演变符合这一模型的话，那么长期天气预报是不可能的，因为温度、气流以及其他因素都不可能精确地测量到三位小数，从而给初值的选取带来误差，导致长期预报的失败。对于这种系统对初值的极端敏感性，在 1972 年美国召开的一次会议上，洛伦兹宣读了一篇文章，题为“在巴西一只蝴蝶翅膀的拍打能够在美国得克萨斯州产生一场龙卷风吗?”，他没有给出问题的答案。洛伦兹风趣地比喻说，如果一个蝴蝶翅膀的一次拍打能够产生一场龙卷风的话，那么它同样能够抑制一场龙卷风。**蝴蝶效应**（the Butterfly Effect）是指**在一个动力系统中，初始条件的微小的变化能带动整个系统的长期的巨大的连锁反应。**

这是一种混沌现象。蝴蝶在热带轻轻扇动一下翅膀，遥远的国家就可能造成一场飓风！

为了证明这种效应的成因，1963 年洛伦兹将问题简化，提出了如下著名的**洛伦兹方程组**：

$$\frac{\mathrm{d}x}{\mathrm{d}t}=-\sigma x+\sigma y,\ \frac{\mathrm{d}y}{\mathrm{d}t}=rx-y+xz,\ \frac{\mathrm{d}z}{\mathrm{d}t}=xy-bz$$

其中，b 和 σ 为常数，r 为控制参数。这个方程组从数学上看并不复杂，它的每一个方程都是确定性方程。如果方程右侧不包括 xz 和 xy 两个非线性项，方程组就是线性方程组。然而，正是因为有了这两个“怪物”，方程组成了非线性方程组，要想获得它的解只能用数值解法。

有趣的是，在洛伦兹系统中，若以 x、y、z 各作一维，可张成一个三维相空间。将洛伦兹方程组的解随时间的变化显示在 xOz、yOz 和 xOy 平面上（图中 1、2、3 分别是在 xOz、yOz 和 xOy 平面上的投影），则出现了如图 11 - 33 所示的景象。你看，它们多像一只展翅飞翔的蝴蝶！

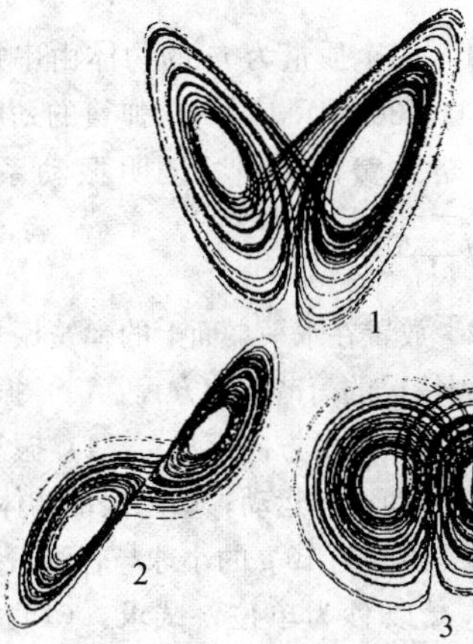

图 11 - 33　洛伦兹方程组的解

总结上述对振动、天体运动、洛伦兹方程的讨论，混沌现象的基本特征可归纳如下：①描述系统的动力学方程是非线性方程；②非线性方程是“确定性”方程，其中不包含任何随时间变化的随机项；③在某些情况下，系统的变化对初始条件具有敏感性，从而使系统的长期行为可能变得貌似混乱，难以预测。

思考题

11 - 1　从运动学角度看，什么是简谐振动？从动力学角度看，什么是简谐振动？一个物体受到一个使它返回平衡位置的力，它是否一定做简谐振动？

11 - 2　试说明下列运动是不是简谐振动：(1) 小球在地面上做完全弹性的上下跳动；(2) 小球在半径很大的光滑凹球面底部做小幅度的摆动；(3) 曲柄连杆机构使活塞做往复运动；(4) 小磁针在地磁的南北方向附近摆动。

11 - 3　若把单摆或弹簧振子放到月球上去，它们的振动周期会发生变化吗？

11 - 4　已知物体在做简谐振动时机械能守恒，请从机械能守恒的角度出发导出做简谐振动的弹簧振子所满足的运动微分方程。设振子的质量为 m，弹簧的劲度系数为 k。

11 - 5　两个轻弹簧与物体相连，如图 11 - 34 所示，弹簧的劲度系数分别为 k_1 和 k_2，物体的质量为 m。若不考虑任何摩擦，该系统的振动周期是多少？

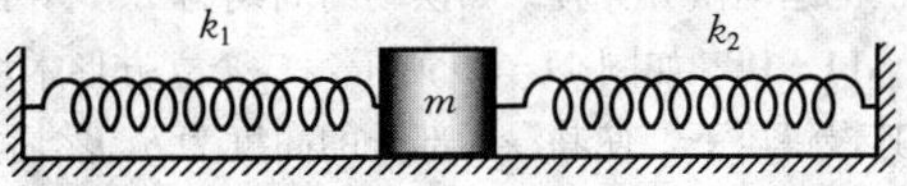

图 11 - 34　思考题 11 - 5 图

11 - 6　一个弹簧振子振动的振幅增大到两倍时，振动的周期、频率、最大速度、最大加速度和振动能量将如何变化？

11 - 7　如图 11 - 35 所示，对两个完全相同的弹簧振子，如将一个拉长 10 cm，另一个压缩 5 cm，然后放手，试问两物体在何处相遇？

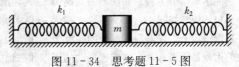

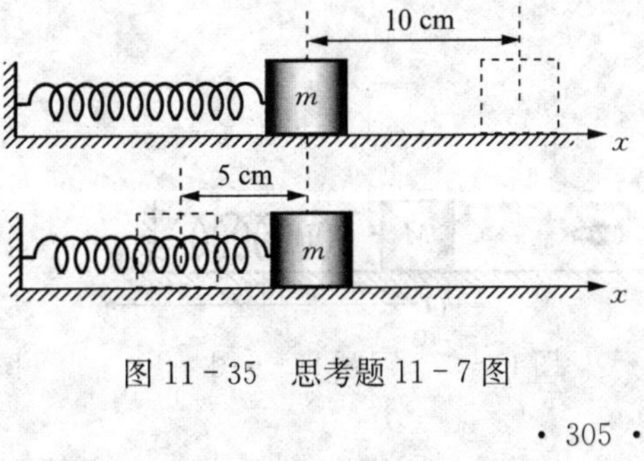

图 11 - 35　思考题 11 - 7 图

11 - 8　弹簧振子的无阻尼自由振动是简谐振动，同一弹簧振子在周期性驱动力持续作用下的稳态受迫振动也是简谐振动，这两种简谐振动有什么不同？

11 - 9　何谓拍现象，出现拍现象的条件是什么？如果参与叠加的两个振动的频率相差很大，能否出现拍现象？如何利用拍音来确定一音叉的频率？

习题

11-1　一个质量为 m 的物体由串接的两个弹簧相连，如图 11-36 所示，设两个弹簧的劲度系数分别为 k_1 和 k_2，忽略弹簧的质量。证明振动系统的振动频率为$\nu=\frac{1}{2\pi}\sqrt{\frac{k_1k_2}{(k_1+k_2)m}}$。

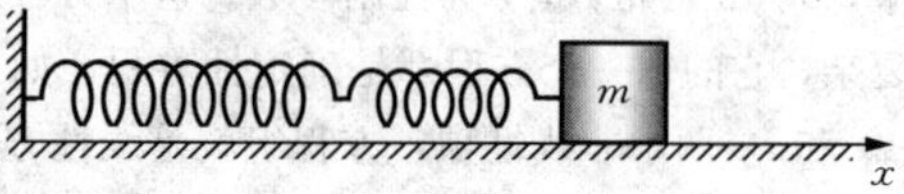

图 11-36　习题 11-1 图

11-2　放置在水平桌面上的弹簧振子，其简谐振动的振幅 $A=2.0\times10^{-2}$ m，周期 $T=0.5$ s，求起始状态为下列情况的简谐振动方程：(1) 振动物体在正方向端点；(2) 振动物体在负方向端点；(3) 振动物体在平衡位置，向负方向运动；(4) 振动物体在平衡位置，向正方向运动；(5) 振动物体在 $x=1.0\times10^{-2}$ m处，向负方向运动；(6) 振动物体在 $x=-1.0\times10^{-2}$ m处，向正方向运动。

11-3　质量为 10 g 的小球与轻弹簧组成的系统，按 $x=0.5\cos(8\pi t+\pi/3)$ m 的规律而振动，式中 x 以米为单位，t 以秒为单位。试求：(1) 振动的角频率，周期、振幅、初相、速度及加速度的最大值；(2) $t=1$ s、2 s、10 s 时刻的相位各为多少？

11-4　一个弹簧振子沿 x 轴做简谐运动，已知弹簧的劲度系数 $k=15.8\ \text{N}\cdot\text{m}^{-1}$，物体质量 $m=0.1$ kg，在 $t=0$ 时物体对平衡位置的位移 $x_0=0.05$ m，速度 $v_0=-0.628\ \text{m}\cdot\text{s}^{-1}$。写出此简谐运动的表达式。

11-5　经验证明，当车辆沿竖直方向振动时，如果振动的加速度不超过 $1\ \text{m}\cdot\text{s}^{-2}$，乘客不会有不舒服的感觉。若车辆竖直振动频率为每分钟 90 次，为保证乘客没有不舒服的感觉，车辆允许振动的最大振幅为多少？

11-6　如图 11-37 所示，质量 $m=10$ g 的子弹，以1 000 $\text{m}\cdot\text{s}^{-1}$ 的速度射入置于光滑平面上的木块并嵌入木块中，致使弹簧压缩而做简谐振动，若木块质量 $M=4.99$ kg，弹簧的劲度系数为 $8\times10^3\ \text{N}\cdot\text{m}^{-1}$。求振动的振幅，并写出振动方程。

11-7　一个质量为 5 g 的物体做简谐振动，其振动方程为 $x=6\cos\left(5t+\frac{3}{4}\pi\right)$ cm。求：(1) 振动的周期和振幅；(2) 起始时刻的位置；(3) 在 1 s 末的位置；(4) 振动的总能量。

11-8　有一个在光滑水平面上做简谐振动的弹簧振子，劲度系数为 k，物体质量为 m，振幅为 A。当物体通过平衡位置时，有一质量为 m' 的泥团竖直落在物体上并与之粘结在一起。求：(1) 系统的振动周期和振幅；(2) 振动总能量损失了多少？

11-9　一个落地座钟的钟摆是由长为 l 的轻杆与半径为 r 的匀质圆盘组成，如图 11-38 所示，试建立钟摆的运动微分方程。如摆动的周期为 1 s，导出 r 与 l 间的关系。

11-10　如图 11-39 所示，一个立方形木块浮于静水中，其浸入部分的高度为 a，用手指沿竖直方向将其慢慢压下，使其浸入部分的高度为 b，然后放手让其运动。试证明：若不计水对木块的黏滞阻力，木块的运动是简谐振动，并求出振动的周期和振幅。

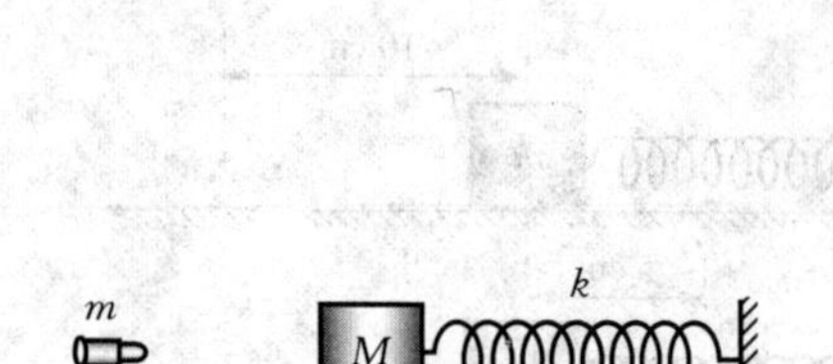

图 11-37　习题 11-6 图

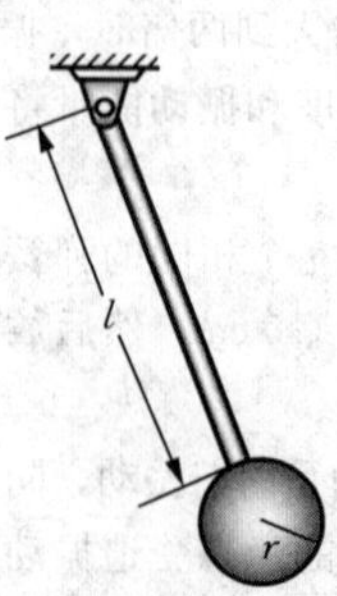

图 11-38　习题 11-9 图

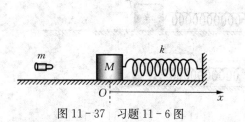

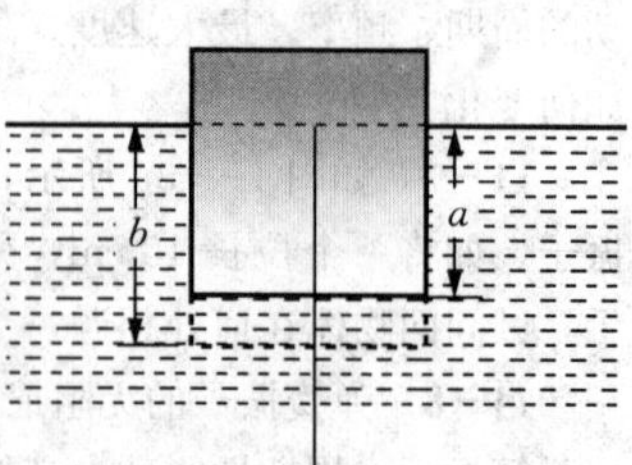

图 11-39　习题 11-10 图

11-11　质量为 $m=5.88\ \mathrm{kg}$ 的物体，挂在弹簧上，让它在竖直方向上做自由振动。在无阻尼情况下，其振动周期为 $T=0.4\pi(\mathrm{s})$；在阻力与物体运动速度成正比的某一介质中，它的振动周期为 $T=0.5\pi(\mathrm{s})$。求当速度为 $0.01\ \mathrm{m\cdot s^{-1}}$ 时，物体在阻尼介质中所受的阻力。

11-12　一个摆在空中振动，某时刻，振幅为 $A_0=0.03\ \mathrm{m}$，经 $t_1=10\ \mathrm{s}$ 后，振幅变为 $A_1=0.01\ \mathrm{m}$。问：由振幅为 A_0 时起，经过多长时间，其振幅减为 $A_2=0.003\ \mathrm{m}$？

11-13　当两个同方向的简谐振动合成为一个振动时，其振动表示式为 $x=A\cos 2.1t\cos 50.0t$，式中 t 以秒为单位。求各分振动的角频率和合振动的拍的周期。

11-14　将频率为 348 Hz 的标准音叉振动和一待测频率的音叉振动合成，测得拍频为 3.0 Hz。若在待测频率音叉的一端加上一小块物体，则拍频数将减少，求待测音叉的固有频率。

11-15　质量为 $m=0.4\ \mathrm{kg}$ 的质点同时参与互相垂直的两个振动，其振动方程分别为

$$x=0.6\cos\left(\frac{\pi}{3}t+\frac{\pi}{3}\right)\mathrm{m},\ y=0.3\cos\left(\frac{\pi}{3}t-\frac{\pi}{6}\right)\mathrm{m}$$

试求：(1) 质点的运动轨迹方程；(2) 质点在任一位置时所受的作用力。

第十二章 波 动

波动是振动在空间的传播，水波、声波和光波等都是常见的波动。一般来说，波动可分为三大类：一类是机械振动在介质中的传播，称为机械波；另一类是变化的电场和磁场在空间的传播，称为电磁波；第三类是物质波，它是实物粒子的一种属性，相应的波也称概率波，概率波与前两种波在本质上不同，对此波的讨论放在量子力学一章中进行。虽然各类波动的本质不同，但它们具有波动的共同特征，遵守的规律也有许多类似之处。本章主要讨论机械波，但结果对电磁波和物质波也是适用的。

第一节 波动的基本概念

一、机械波产生的条件

提起“波”，人们自然会想到波涛汹涌的海面。如果投石于一潭静水，漂浮在水面上的树叶只是在原处摇曳，并不随波纹向外漂流。树叶的运动反映了载波的介质——水并没有向外流动。那么，向外传播的是什么呢？是水的振动状态，以及伴随它的能量。所以，波动是介质中振动状态的传播，这是机械波传播的基本特征。

为了说明波动，我们构造弹性介质的物理模型。无限多个质点相互之间通过弹性回复力联系在一起的连续介质称为弹性介质，它可以是固体、液体或气体。当弹性介质中任意一个质点因受外界的扰动而离开平衡位置时，邻近质点将对它作用一个弹性回复力，使它在平衡位置附近振动起来。与此同时，这个质点也给邻近质点以弹性回复力的作用，使邻近质点也在自己的平衡位置附近振动起来。这样，弹性介质中一个质点的振动会引起它邻近质点的振动，邻近质点又会带动它的邻近质点振动，这样依次带动，使振动以一定速度在弹性介质中由近及远地传播出去，从而形成机械波。通过水波的形成和传播，我们可以得到产生机械波的条件，首先要有作机械振动的“物体”，即波源；同时，还要有能够传播机械振动的弹性介质。波源和弹性介质是产生机械波的必备条件。

二、横波和纵波

按介质质点的振动方向与波传播方向间的关系不同分类，最基本的波动有横波和纵波。如果介质质点的振动方向与波传播方向相互垂直，这种波叫做**横波**（transverse wave），例如柔绳上传播的波即为横波；如果介质质点的振动方向和波的传播方向相互平行，这种波叫做**纵波**（longitudinal wave），例如空气中传播的声波。

横波和纵波的形成过程如图 12-1(a)、(b) 所示，图中等距地画出了弹性介质中邻近的 18 个质点在不同时刻的位移及其运动方向。在图 12-1(a) 中，$t=0$ 时，介质中各质点处于平衡位置。随即质点 1 受到横向扰动开始做周期为 T 的简谐振动，并带动邻近质点也做相同周期的简谐振动，$t=T/4$ 时，振动传到质点 4，质点 4 开始振动，$t=T$ 时，质点 1

经过一个周期振动，回到平衡位置，振动传到质点 13。从图中可以看到，质点 13 与质点 1 处于同一振动状态，但在时间上落后了一个振动周期 T，即相位落后 2π。弹性介质中一个质点的振动，依次引起邻近质点的振动，这样振动就由近及远传播出去，形成机械波。因为质点的振动方向与波的传播方向相垂直，波为横波。横波的外形特征是在横向具有凸起的“波峰”和凹下的“波谷”，横波在弹性介质中传播时，一层介质相对于另一层介质发生的横向平移称为切变。固体能够产生恢复这一切变的弹性力，而液体和气体却不能产生这种切变弹性力。因此，只有固体才能传播机械横波。同样可分析图 12-1(b) 的情况，只不过此时质点的振动方向与波的传播方向相互平行，波为纵波。纵波的外形特征是在纵向具有“稀疏”和“稠密”的区域。纵波在弹性介质中传播时，介质产生压缩或膨胀形变。固体、液体和气体都能产生恢复这种形变的弹性力。因此，纵波在固体、液体和气体中都可以传播。

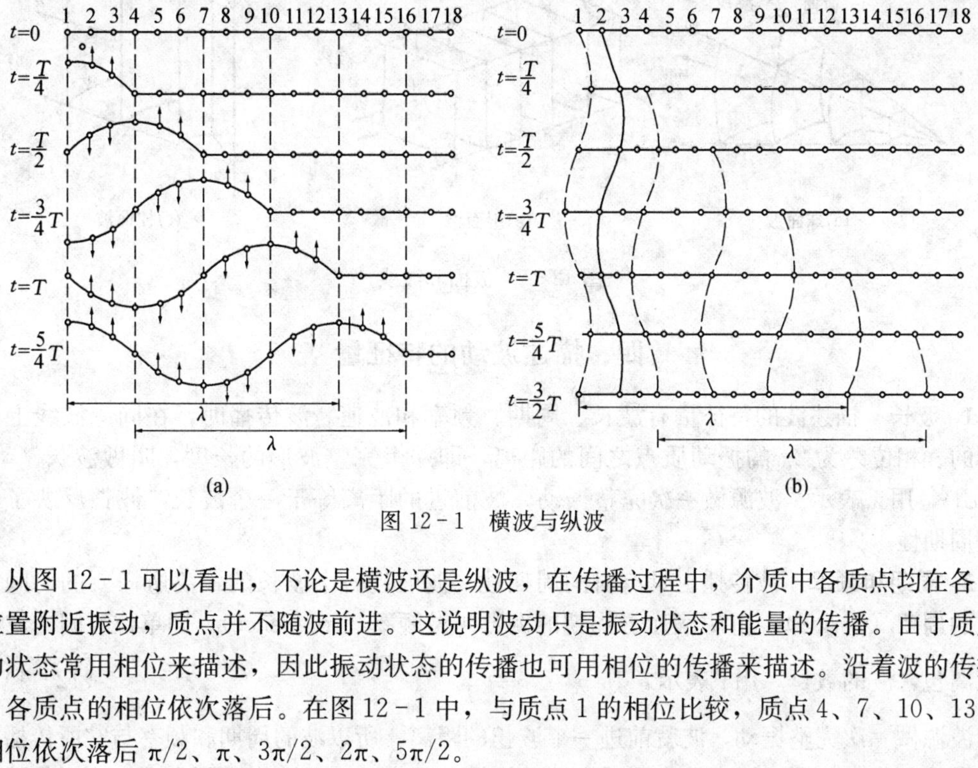

图 12-1 横波与纵波

从图 12-1 可以看出，不论是横波还是纵波，在传播过程中，介质中各质点均在各自平衡位置附近振动，质点并不随波前进。这说明波动只是振动状态和能量的传播。由于质点的振动状态常用相位来描述，因此振动状态的传播也可用相位的传播来描述。沿着波的传播方向，各质点的相位依次落后。在图 12-1 中，与质点 1 的相位比较，质点 4、7、10、13、16 的相位依次落后 $\pi/2$、π、$3\pi/2$、2π、$5\pi/2$。

三、波面和波线

1. 波面 用波面和波线可以形象表示波在空间的传播情况。在波的传播过程中，任意时刻介质中所有振动相位相同的点联结成的面叫做**波面**（wave surface），波面也称同相面。在某一时刻，波传播到的最前面的波面称为该时刻的**波前**（wavefront）。显然，在某一时刻，波面可以有许多，而波前只有一个。

波面具有不同的形状，波面为平面的波称为**平面波**（plane wave），波面为球面的波称为**球面波**（spherical wave），波面为柱面的波则称为**柱面波**（cylindrical wave）。

点波源在各向同性均匀介质中向各方向发出的波就是球面波，其波面是以点波源为球心的球面。球面波传播到离点波源很远的距离处时，在空间的某一小区域内各相邻的球形波面可以近似地看做是相互平行的平面，因此可以近似认为是平面波。例如太阳是一个波源。就整个太阳系来看，太阳可看作是点波源，它发出的光波是球面波。但在地球表面（对整个太阳系来说这是一个很小的区域）上某处看，太阳光波可以认为是平面波。直线波源在各向同性均匀介质中将产生柱面波。

2. 波线 如图 12-2 所示，沿波的传播方向所做的一些带箭头的射线叫做**波线**（wave rays）。波线的指向表示波的传播方向。在各向同性均匀介质中，波线恒与波面垂直。平面波的波线是垂直于波面的平行直线，球面波和柱面波的波线是沿半径方向的直线。

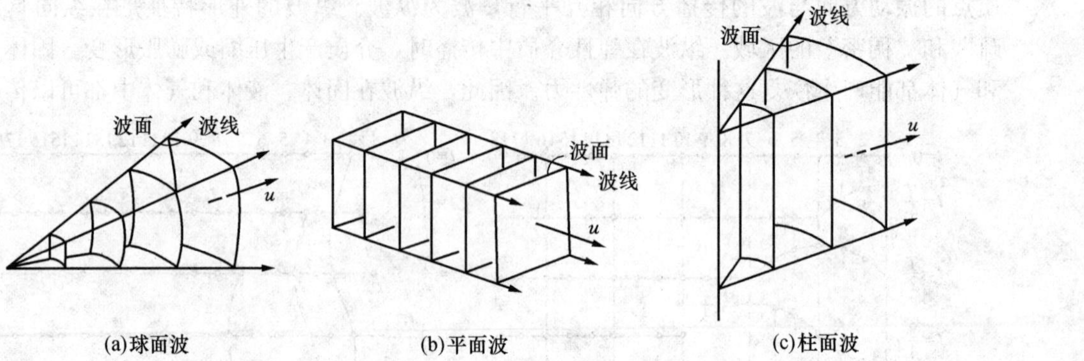

图 12-2 波面和波线

四、描述波动的特征量

1. 波长 描述波的特征量有波长、周期、频率和波速。波传播时，在同一波线上两个相邻的、相位差为 2π 的振动质点之间的距离，即一个完整波形的长度，叫做**波长**（wavelength），用 λ 表示。波源做一次完整振动，波前进的距离等于一个波长，波长反映了波的空间周期性。

2. 周期和频率 波传播也具有时间周期性。波前进一个波长的距离所需要的时间，称为波的**周期**（period），用 T 表示。周期的倒数叫做**频率**（frequence），即单位时间内波前进的距离包含波的数目，用 ν 表示，有

$$\nu=\frac{1}{T} \tag{12-1}$$

由于波源做一次完整振动，波就前进一个波长的距离，所以波的周期和频率与它所传播的振动的周期和频率相同。因此，具有一定振动周期和频率的波源，在不同介质中产生的波的周期和频率是相同的，与介质的性质无关。

3. 波速 在波动过程中，某一振动状态在单位时间内所传播的距离叫做**波速**（wave speed），用 u 表示。由于波动本身就是振动相位的传播过程，所以波速实质上是相位传播的速度，故也称为**相速度**。波速与波长、周期和频率间的关系为

$$u=\frac{\lambda}{T}=\lambda\nu \tag{12-2}$$

波速与许多因素有关，但其大小主要取决于介质的性质。波在固体、液体和气体中传播速率不同；在同一固体介质中，纵波和横波的传播速率不同；在不同温度下，波速一般也不相同。一般来说，介质的弹性越大，密度越小，波速就越快，可以证明波速 $u=\sqrt{\frac{\text{弹性模量}}{\text{介质密度}}}$。

表 12-1 给出了某些常见介质中的波速。

表 12-1 某些常见介质中的波速

介质	状态	波速/m·s⁻¹	
		纵波	横波
干燥空气	0 ℃，1 atm	331.45	
	20 ℃，1 atm	343.37	
水蒸气	100 ℃，1 atm	404.8	
水	20 ℃，1 atm	1 482.9	
铝	室温，1 atm	6 420	3 040
铜	室温，1 atm	5 010	2 270
地表		8 000	4 450

注：1 atm=1.013×10^5 Pa

例题 12-1 能够引起人们听觉的机械波叫做声波，其频率大约在 20 Hz 至 20 kHz 之间，高于 20 kHz 的声波叫超声波，低于 20 Hz 的声波叫次声波。已知声波在 0 ℃空气中的波速为 331.5 m·s^{-1}，在 20 ℃水中的波速为 1 483 m·s^{-1}，问相应温度下声波在空气和水中的波长范围分别是多少？

解： 由关系式 $\lambda=u/\nu$ 可解出在空气中

$$\lambda_1=\frac{u}{\nu_1}=\frac{331.5}{20}=16.58(\mathrm{m}),\ \lambda_2=\frac{u}{\nu_2}=\frac{331.5}{20\times10^3}=1.658\times10^{-2}(\mathrm{m})$$

即在 0 ℃的空气中，声波波长范围大约为 17 mm 至 17 m。

在水中 $$\lambda_1=\frac{u}{\nu_1}=\frac{1\,483}{20}=74.15(\mathrm{m}),\ \lambda_2=\frac{u}{\nu_2}=\frac{1\,483}{20\times10^3}=7.415\times10^{-2}(\mathrm{m})$$

即在 20 ℃的水中，声波波长范围大约为 74 mm 至 74 m。

第二节 简 谐 波

如果波源做简谐振动，那么当这种振动在介质中传播时，介质中的各点也做相同频率的简谐振动，这样形成的波动称为**简谐波**（simple harmonic wave)。简谐波是一种最简单、最基本的波，它可以合成各种带有特定信息的波，研究简谐波的传播规律是研究复杂波动的基础。

如果简谐波的波面为平面，则这样的简谐波称为平面简谐波。这里主要讨论在无吸收(即不吸收所传播的振动能量)、各向同性、均匀无限大介质中传播的平面简谐波。

一、平面简谐波的波函数

假设有一平面简谐波沿 x 轴正向传播，介质中各质点沿 y 方向振动。取振源所在平衡位置为坐标原点 O，传播方向为 x 轴，建立如图 12-3 所示的坐标系。坐标为 x 的任意一点 P 在任意时刻 t 的位移 y 应为坐标 x 和时间 t 的二元函数，即

$$y=\psi(x,\ t) \tag{12-3}$$

该式称为**波函数**（wave function)。知道了波函数，就可以确定距离振源为 x 处的质点在 t

时刻的位移。

对平面简谐波来说，波线上各点都在做简谐振动，因此，在图 12-3 中，设位于坐标原点 O 处波面上质点（即振源）的振动方程为

$$y_0 = A\cos(\omega t + \varphi_0) \qquad (12-4)$$

式中，A 为质点振动的振幅，ω 为角频率，φ_0 为振源的初相位，y_0 为振源质点在 t 时刻的位移。由于介质不吸收能量，当振动由原点 O 沿 x 轴正向以波速 u 传播到坐标为 x 的任意点 P 时，P 点处波面上各质点以相同的振幅 A 和相同的角频率 ω 重复 O 点的振动，但它的相位要比 O 点处质点的相位落后。由于波的传播速度为 u，P 与 O 的距离为 x，则振动状态从 O 点传到 P 点所需的时间为 x/u。这表明若点 O 振动了 t 时间，则点 P 只振动了（$t-x/u$）的时间。也就是说，P 点在 t 时刻的振动状态应与 O 点在（$t-x/u$）时刻的振动状态一样，即当点 O 的相位为 $\omega t+\varphi_0$ 时，P 点的相位则是 $\omega(t-x/u)+\varphi_0$。若用 $y(x,\ t)$ 表示 P 处质点在 t 时刻的振动位移，则

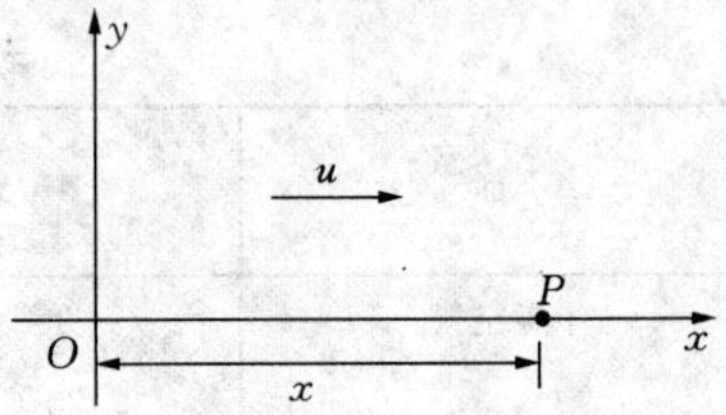

图 12-3　波动的描述

$$y(x,\ t) = A\cos\left[\omega\left(t-\frac{x}{u}\right)+\varphi_0\right] \qquad (12-5)$$

将 $\omega=\frac{2\pi}{T}=2\pi\nu$，$u=\nu\lambda=\frac{\lambda}{T}$ 代入上式，可得

$$y(x,\ t) = A\cos\left[2\pi\left(\frac{t}{T}-\frac{x}{\lambda}\right)+\varphi_0\right] = A\cos\left[2\pi\left(\nu t-\frac{x}{\lambda}\right)+\varphi_0\right] \qquad (12-6)$$

式（12-5）、式（12-6）均表示波线上距离振源为 x 的某质点在任一瞬时的位移，它们均称为沿 x 轴正方向传播的简谐波的波函数，也称为平面简谐波的**波动方程**（wave equation）。

为了进一步理解波动方程的物理意义，下面讨论几点：

（1）当 x 取一定值 x_0 时，由式（12-5）得到

$$y(x,\ t) = A\cos\left[\omega\left(t-\frac{x_0}{u}\right)+\varphi_0\right] = A\cos\left(\omega t-\frac{\omega x_0}{u}+\varphi_0\right)$$

由于式中 x_0 为一常数，所以 y 仅是时间 t 的函数，此时波动方程表示了距原点 O 为 x_0 处的质点的振动情况。根据上式做出的 y—t 曲线就是距 O 为 x_0 处的质点的位移—时间曲线。显然 x_0 点的振动仍为简谐振动。

（2）当 t 取一定值 t_0 时，y 仅是 x 的函数，这时波函数表示在给定时刻波线上各点的振动位移，即给定时刻的波形。图 12-4(a) 所示为简谐波在 $t=0$、$\varphi_0=0$ 的波形图，图 12-4(b) 所示为 $t=T/4$、$\varphi_0=0$ 时的波形图。

（3）当 x 和 t 都在变化，式（12-5）是一个二元函数，它描述了波动沿 x 轴正方向传播的情况。对于给定的时刻 t，可画出该时刻的波形图。对稍后一些的 $t+\Delta t$ 时刻，也可画出其波形图，见图 12-5。设初相 $\varphi_0=0$，假定 t 时刻距原点 x 处质点的振动位移为 y_1，

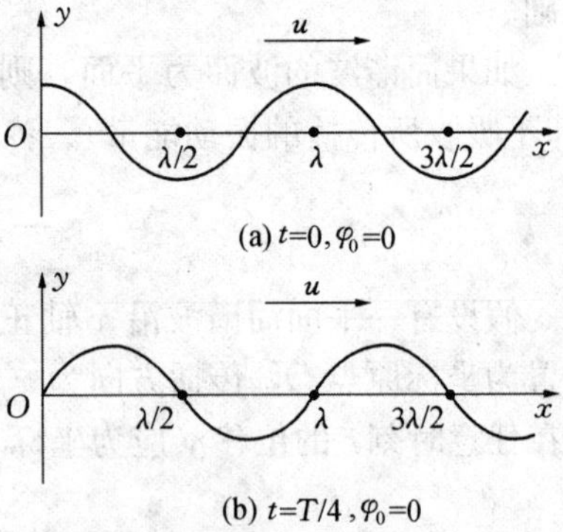

图 12-4　波形图

则由式（12-5）可得

$$y_1=A\cos\omega\left(t-\frac{x}{u}\right)$$

在（$t+\Delta t$）时刻，位移 y_1 代表的运动状态传到了$(x+\Delta x)$处，此时有

$$y_1=A\cos\omega\left(t+\Delta t-\frac{x+\Delta x}{u}\right)$$

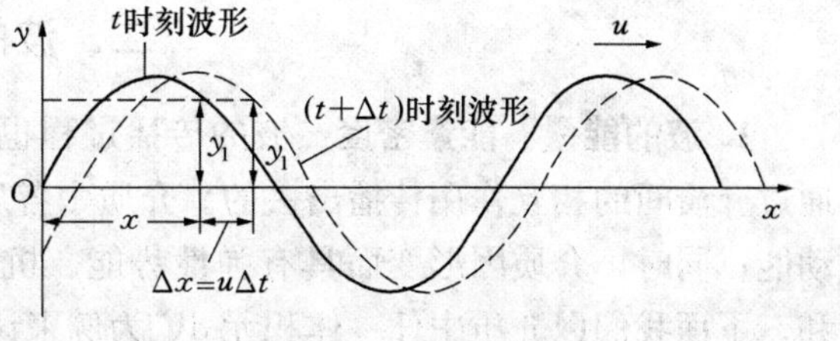

图 12-5　波的传播

比较上两式可得

$$t-\frac{x}{u}=t+\Delta t-\frac{x+\Delta x}{u}$$

整理得，$\Delta x=u\Delta t$。这就是说，在 Δt 这段时间内，一定的振动位移沿 x 轴正方向传播了 $\Delta x=u\Delta t$的距离。因此，波动方程描述了波的传播过程。

（4）前面在导出波动方程时，曾假定波动是沿 x 轴正方向传播的，现在讨论波动沿 x 轴负方向传播的情况，如图 12-6 所示。同样设位于坐标原点 O 处波面上质点的振动方程为

$$y_0=A\cos(\omega t+\varphi_0)$$

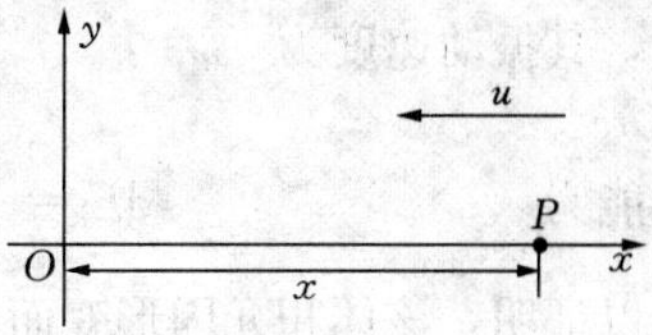

图 12-6　沿 x 轴负方向传播的波

P 点是波线上坐标为 x 的任一点。由于波沿 x 轴负向传播，P 处质点的振动较坐标原点 O 处质点的振动超前一段时间 x/u，即 P 点 t 时刻的振动应与 O 点$(t+x/u)$时刻的振动相同，所以 P 点处质点的振动方程为

$$y(x,\ t)=A\cos\left[\omega\left(t+\frac{x}{u}\right)+\varphi_0\right]=A\cos\left[2\pi\left(\frac{t}{T}+\frac{x}{\lambda}\right)+\varphi_0\right] \tag{12-7}$$

上式是沿 x 轴负方向传播的平面简谐波的波动方程（波函数）。

例题 12-2　一个沿 x 轴正向传播的平面简谐波的振幅 $A=0.10$ m，周期 $T=0.50$ s，波长 $\lambda=10$ m，若 $t=0$ 时位于坐标原点的质点的位移为 $y_0=+0.05$ m，且向平衡位置运动。（1）写出该波的波动方程；（2）求出波线上相距 2.5 m 的两点的相位差。

解：（1）取过坐标原点的波线为 x 轴，因为该波沿 x 轴正向传播，将各已知量代入简谐波波动方程的标准形式可得

$$y=0.10\cos\left[2\pi\left(\frac{t}{0.50}-\frac{x}{10}\right)+\varphi_0\right]$$

将初始条件 $t=0$、$x=0$ 时 $y=+0.05$ m 代入上式，得 $\cos\varphi_0=\frac{0.05}{0.10}=\frac{1}{2}$，由此可知，$\varphi_0=\pm\pi/3$。

由于在初始时刻，坐标原点的质点位移为正值，且向平衡位置运动，所以初始速度 $v_0<0$，即

$$v_0=-\omega A\sin\varphi_0<0$$

则要求

$$\sin\varphi_0>0$$

因此，应取 $\varphi_0=+\pi/3$（事实上，由旋转矢量法很易确定）。于是，波动方程为

$$y=0.10\cos\left[2\pi\left(\frac{t}{0.50}-\frac{x}{10}\right)+\frac{\pi}{3}\right]$$

（2）设一点位于 x 处，令一点位于 $(x+2.5)$m 处，两点的相位差为

$$\Delta\varphi=\frac{2\pi}{\lambda}\Delta x=\frac{2\pi}{10}[(x+2.5)-x]=\frac{2\pi\times2.5}{10}=\frac{\pi}{2}$$

二、波的能量

1. 波的能量　能量密度　波的传播过程也是振动能量的传播过程，波源的振动能量是通过介质间的相互作用传播出去的。介质中各质点都在各自的平衡位置附近振动，因而具有动能；同时，介质因形变而具有弹性势能。机械波的能量是介质中各体积元振动能量的总和。下面我们以介质中任一体积元 dV 为例来讨论波动能量。

设有一平面简谐波在密度为 ρ 的均匀弹性介质中沿 x 轴正方向传播，假定振源的初相位为零，则其波动方程为

$$y=A\cos\omega\left(t-\frac{x}{u}\right)$$

在坐标 x 处取一体积元为 dV，其质量 $dm=\rho dV$，视该体积元为质点，当波传播到该体积元时，其振动速度为

$$v=\frac{\partial y}{\partial t}=-\omega A\sin\omega\left(t-\frac{x}{u}\right)$$

动能为

$$dE_k=\frac{1}{2}(dm)\cdot v^2=\frac{1}{2}\rho A^2\omega^2\sin^2\omega\left(t-\frac{x}{u}\right)dV \tag{12-8}$$

可以证明，该体积元因形变而具有的弹性势能为

$$dE_p=\frac{1}{2}\rho A^2\omega^2\sin^2\omega\left(t-\frac{x}{u}\right)dV \tag{12-9}$$

于是该体积元所具有的总能量为

$$dE=dE_k+dE_p=\rho A^2\omega^2\sin^2\omega\left(t-\frac{x}{u}\right)dV \tag{12-10}$$

从以上分析可知，波动传播过程中，介质内任何位置处体积元的动能、弹性势能和总机械能均随时间 t 作周期性变化。体积元内的动能和弹性势能在任意时刻都相等，也就是说，两者变化是同相的，某时刻它们同时达到最大值，另一时刻又同时达到最小值。例如，在振动位移最大处的体积元，其振动速度为零，动能等于零，而此处体积元的相对形变量为最小值零（$\partial y/\partial x=0$），其弹性势能亦为零。

单位体积的介质中波的能量称**能量密度**（energy density），用 w 表示，它描述了介质中各处能量的分布情况。由式（12-10）可得介质中 x 处在 t 时刻的能量密度为

$$w=\frac{dE}{dV}=\rho\omega^2A^2\sin^2\omega\left(t-\frac{x}{u}\right) \tag{12-11}$$

能量密度在一个周期内的平均值称为**平均能量密度**（mean energy density），用 $\overline{w}$ 表示，则对平面简谐波有

$$\overline{w}=\frac{1}{T}\int_0^T w\,dt=\frac{1}{T}\int_0^T\rho A^2\omega^2\sin^2\omega\left(t-\frac{x}{u}\right)dt=\frac{1}{2}\rho A^2\omega^2 \tag{12-12}$$

上式指出，平均能量密度与波振幅的平方、角频率的平方及介质密度成正比。此公式适用于各种弹性波。

2. 波的能流　能流密度　为了描述波动过程中能量的传播，还需引入能流和能流密度的概念。

所谓**能流**（energy flow），即单位时间内通过某一截面的能量。如图 12-7 所示，在垂直波的传播方向上取一个小面积 dS，那么在 dt 时间内体积为 $u\,dt\,dS$ 的长方体内的波动能量为

$$dE=\overline{w}u\,dt\,dS$$

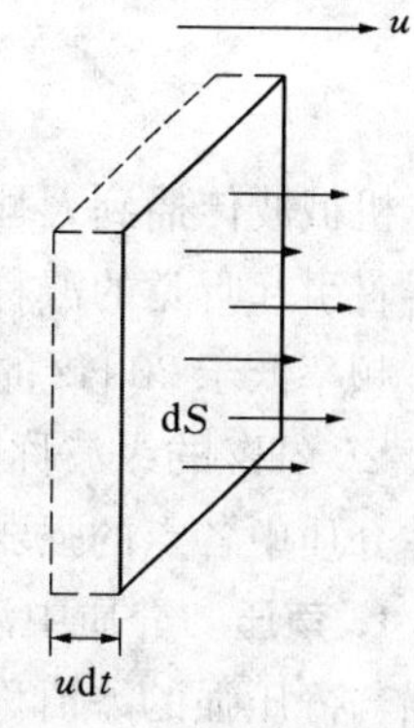

图 12-7　波的能流密度

我们把单位时间内通过垂直于波速方向的单位截面上的平均能量定义为**能流密度**（energy flow density）或**波强**（wave intensity），用 I 表示。则有

$$I=\frac{dE}{dtdS}=\bar{w}u=\frac{1}{2}\rho uA^2\omega^2 \qquad (12-13)$$

即能流密度与波振幅的平方、角频率的平方成正比，其单位为 $W\cdot m^{-2}$。式（12-13）只对弹性波成立。

3. 波的吸收　平面简谐波因为能量没有损耗，所以其振幅将保持不变。实际上，平面行波在均匀介质中传播时，介质总要吸收一部分波的能量，所吸收的能量通常转换成介质的内能或热。因此，波的能流密度将随振幅的减弱而逐渐减小，这种现象叫做**波的吸收**或波的衰减。在图 12-8 中，设在 x 轴上离原点 O 为 x 处的波动，通过极薄的厚度为 dx 的一层介质后，振幅的衰减为 dA，它应正比于该处的振幅 A，也应正比于介质厚度 dx，即有

$$dA=-\alpha A dx$$

其中，α 称为介质的**吸收系数**（absorption coefficient），它由介质自身的性质所决定。对上式积分，可得

$$A=A_0 e^{-\alpha x} \qquad (12-14)$$

式中，A_0 为 $x=0$ 处的振幅。由于波的强度与振幅平方成正比，所以平面波强度衰减的规律为

$$I=I_0 e^{-2\alpha x} \qquad (12-15)$$

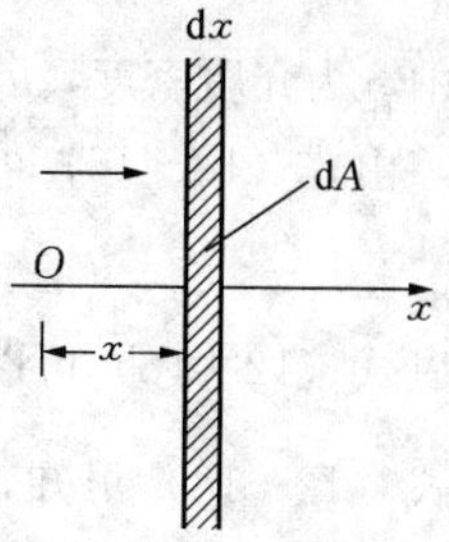

图 12-8　波的吸收

其中，I_0 和 I 分别为 $x=0$ 和 x 处波的强度。该式表明，波在介质中传播时波的强度实际上是按指数规律衰减的。波的这一特性被广泛地应用于工程技术的各个领域，如探测材料内部有无伤痕，人体内部组织是否有病变，常用超声波注入，观察与测量波的衰减，然后再和正常情况下的衰减进行比较，就可了解材料或人体内部是否有异常变化。

例题 12-3　空气中声波的吸收系数为 $\alpha_1=2\times10^{-11}\nu^2\cdot m^{-1}$。钢中的吸收系数为 $\alpha_2=4\times10^{-7}\nu\cdot m^{-1}$，式中 ν 代表声波的频率。问 5 MHz 的超声波透过多少厚度的空气或钢材后，其声强衰减到原来的 1%。

解：据题意，空气和钢的吸收系数分别为

$$\alpha_1=2\times10^{-11}\nu^2=2\times10^{-11}\times(5\times10^6)^2=500(m^{-1})$$

$$\alpha_2=4\times10^{-7}\nu=4\times10^{-7}\times(5\times10^6)=2(m^{-1})$$

把 α_1 和 α_2 分别代入式（12-15），移项再取对数后得

$$x=\frac{1}{2\alpha}\ln\frac{I_0}{I}$$

按题意 $I_0/I=100$，则空气的厚度为　$x=\frac{1}{1\,000}\ln100=0.004\,6(m)$

而钢的厚度为　$x=\frac{1}{4}\ln100=1.15(m)$

由此可见，高频超声波很难透过气体，但极易透过固体。

三、声　　波

机械波传播到人耳时，会引起耳膜振动，刺激人的听觉神经，引起人的听觉。能够在听觉器官引起听觉的波称为**声波**（sound wave）。声波是纵波，频率约在 20 Hz 到 20 kHz 之间。频率低于 20 Hz 的纵波称为**次声波**（infrasonic wave），如地震波、海啸产生的波；频率高于 20 kHz 的纵波称为**超声波**（supersonic wave）。常用声压和声强这两个物理量来描述声波在介质中各点的强弱。

1. 声压　介质中没有声波传播时的压强定义为静压强，当声波在介质中传播时该点的压强与静压强的差值称**声压**（sound pressure），它是由声波而引起的附加压强。因为声波是纵波，在稠密区域，实际压强比静压强大，声压为正值。在稀疏区域，实际压强比静压强小，声压为负值。在声波传播过程中，介质中各振动质点做周期性变化，声压也做周期性变化。可以证明声压的大小为

$$p=-\rho u\omega A\sin\omega\left(t-\frac{x}{u}\right) \tag{12-16}$$

式中 ρ 为介质密度，u 是波速，ω 是角频率，A 是声振动的振幅。声压的单位为 $N\cdot m^{-2}$。

由式（12-16）可知，声压的振幅为

$$p_m=\rho u\omega A \tag{12-17}$$

所以式（12-16）可以写成

$$p=p_m\cos\left[\omega\left(t-\frac{x}{u}\right)-\frac{\pi}{2}\right] \tag{12-18}$$

由式（12-18）可知，声压波比位移波在相位上落后 $\pi/2$。因此，在位移最大处，声压为零；在位移为零处，声压最大。

值得一提的是，我们日常所说的声压，指的是声压的有效值，即

$$p_e=\frac{p_m}{\sqrt{2}} \tag{12-19}$$

2. 声强及声强级　声波的平均能流密度叫**声强**（sound intensity）。由式（12-13）可知声强 I 为

$$I=\frac{1}{2}\rho uA^2\omega^2=\frac{1}{2}\frac{p_m^2}{\rho u}$$

由此可知，声强与频率的平方及振幅的平方成正比。超声波的频率高，因而它的声强就很大，声压也会很大；雷声、炮声的振幅大，声强也很大。声强的单位是 $W\cdot m^{-2}$。可以想见，人对声音感觉的响亮程度与声强有关，声强越大，听起来就越响。

能引起正常听觉的声波不仅在频率上有一定范围，在声强上也有一定范围。对于每个给定的可闻频率，声强都有上下两个限值。能引起听觉的最低声强称为闻阈；当声强超过某一上限，不能引起听觉而只能引起痛觉时，这一声强的上限值称为痛阈。闻阈和痛阈对不同的频率有不同的值。例如，在 1 000 Hz 时，正常人听觉的痛阈约为 $1\ W\cdot m^{-2}$，闻阈约为 $10^{-12}\ W\cdot m^{-2}$。通常把这一最低的声强作为测定声强的标准，用 I_0 来表示，国际上规定 $I_0=10^{-12}\ W\cdot m^{-2}$。声强度 I 和闻阈 I_0 的比值称为相对强度。韦伯发现，人耳感觉到的声音的响亮程度并不是正比于声强度，而是正比于相对强度的对数，这个结论称为**韦伯定律**（Weber's law），其数学表达式为

$$L=k\lg\frac{I}{I_0} \tag{12-20}$$

L 称为**声强级**（sound intensity level），又叫响度。若比例系数 $k=1$，L 的单位称贝尔

(bel)；若比例系数 $k=10$，L 的单位称**分贝**（dB）。在国际单位制中，声强级以分贝（dB）为单位。因此，常使用的声强级的公式为

$$L=10\lg\frac{I}{I_0} \qquad (12-21)$$

这样，能引起人听觉的声强级范围大致为 0～120 dB。国际上规定 90 dB 是听力保护的最高限度，在此环境下，每天工作 8 小时，30 年后才刚刚不致耳聋。当噪声超过 115 dB，可能立即引起暂时或永久性耳聋。表 12－2 给出了几种声音的声强级。

表 12－2 几种声音的声强级

声 音	声强级/dB	声强/$W\cdot m^{-2}$	响度
树叶沙沙声	10	10^{-11}	极轻
低语	40	10^{-8}	轻
交谈	50	10^{-7}	正常
工厂车间	60	10^{-6}	响
收音机	70	10^{-5}	响
闹市	90	10^{-2}	极响
震耳雷，炮声	120	10	极响
强噪声	160	10^{4}	具有破坏作用
聚焦超声波	210	10^{9}	具有破坏作用

例题 12－4 用聚焦超声波的方法在水中可以产生较高强度的超声波。设该超声波的频率为 $\nu=500$ kHz，水的密度为 $\rho=10^3\ kg\cdot m^{-3}$，其中声速为 $u=1\,500\ m\cdot s^{-1}$，液体质元振动的位移振幅为 1.27×10^{-5} m。求：（1）液体质元振动的速度振幅和加速度振幅；（2）超声波的声强。

解：（1）质元振动时的速度振幅为

$$v_m=A\omega=1.27\times10^{-5}\times2\pi\times500\times10^3=40(m\cdot s^{-1})$$

加速度振幅为 $a_m=A\omega^2=1.27\times10^{-5}\times(2\pi\times500\times10^3)^2=1.26\times10^6(m\cdot s^{-2})$

对高频超声波，如半波长约为 1 mm，在这样小的距离内就要出现这样大的方向相反的加速度，可以想象，高频超声波对介质的作用是异常巨大的。

（2）由式（12－13）可得超声波的声强为

$$I=\frac{1}{2}\rho uA^2\omega^2=\frac{1}{2}\times10^3\times1\,500\times(1.27\times10^{-5})^2\times(2\pi\times500\times10^3)^2=1.2\times10^9(W\cdot m^{-2})$$

由此可见，尽管液体中超声波的振幅很小，但因为频率极高，其速度和加速度振幅都很大。从而可以使超声波的强度达到 $120\ kW\cdot cm^{-2}$。

例题 12－5 一面向街道的窗口，面积约为 3 m^2，街道上的噪声在窗口的声强级为 70 dB，问传入室内的声功率多大？

解：先由给定的声强级 L 求出声强 I，按 L 的定义得到声强为

$$I=I_0 10^{\frac{L}{10}}=10^{-12}\times10^7=10^{-5}(W\cdot m^{-2})$$

传入室内的声功率，就是单位时间进入室内的声能，于是

$$P=IS=10^{-5}\times3=3\times10^{-5}(W)$$

第三节　波的传播与叠加

一、波的传播

波在传播过程中有衍射、反射和折射现象。惠更斯原理成功地解释了波的衍射现象，以及波的反射和折射现象。

1. 波的衍射与惠更斯原理　水波传播时，如果没有遇到障碍物，波前的形状保持不变。但是，如果用一块有小孔的隔板挡在波的前面，不论原来的波面是什么形状，只要小孔的线度小于波长，通过小孔后的波面都将变成以小孔为中心的圆形弧，好像这个小孔是点波源一样，如图 12－9 所示，当一个平面波通过障碍物上的开口后，波前已不再是平面，这表明波动扩展到了按直线传播本应该是阴影的区域，通过小孔后波拐弯了。图 12－10 是利用水波演示仪拍摄的水波通过障碍物小孔的照片。一般将波在传播过程中遇到障碍物时，其传播方向发生改变，能绕过障碍物的边缘继续前进的现象称为**波的衍射**（diffraction）。

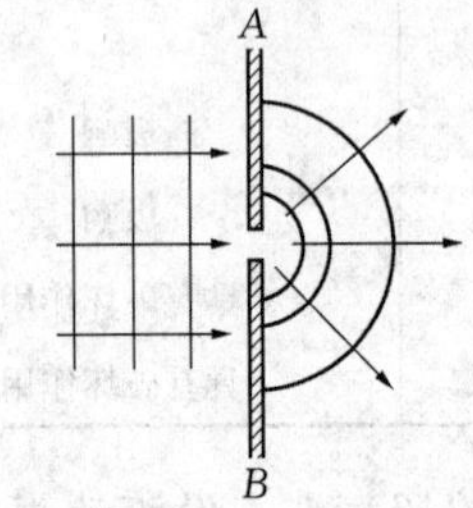

图12－9　波衍射现象示意

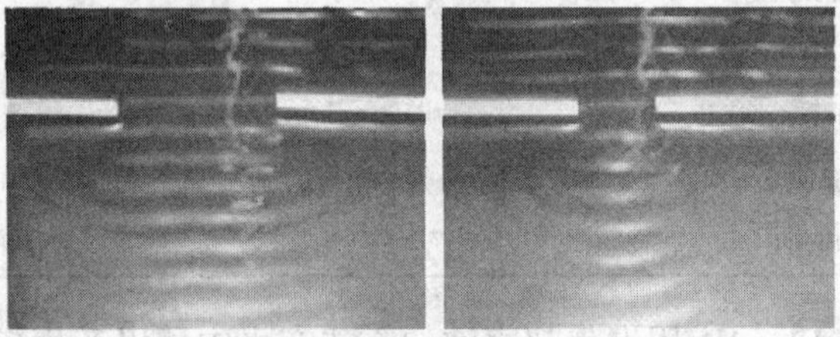

图 12－10　水波的衍射

1690 年，荷兰物理学家惠更斯观察和研究了大量的类似现象，总结出一条重要的关于波传播特性的原理，称为**惠更斯原理**（Huygens' principle）。其内容如下：

介质中的某一波面（波前）上的任意一点都可看作是新的子波源，从波面上各点发出的子波的包络面就是下一时刻新的波面（波前）。

惠更斯原理给出了绘制波前的方法，根据惠更斯原理，只要知道了某一时刻的波面，就可根据惠更斯原理利用几何作图的方法决定出以后任意时刻的波前，因而在很广泛的范围内解决了波的传播问题。

图 12－11(a) 所示为惠更斯原理在球面波上的应用，设以 O 为中心的球面波以波速 u 在各向同性的均匀介质中传播，在时刻 t 的波前是半径为 R_1 的球面 S_1。根据惠更斯原理，S_1 上的各点都可以看成是发射子波的点波源。以 S_1 上各点为中心，以 $r=u\Delta t$ 为半径，画出许多球形的子波，这些子波在波行进的前方的包络面 S_2 就是 $t+\Delta t$ 时刻的新的波前。显然，S_2 是以 O 为中心，以 $R_2=R_1+u\Delta t$ 为半径的球面。

若已知平面波在某时刻的波前 S_1，根据惠更斯原理，应用同样的方法，也可以求出以后时

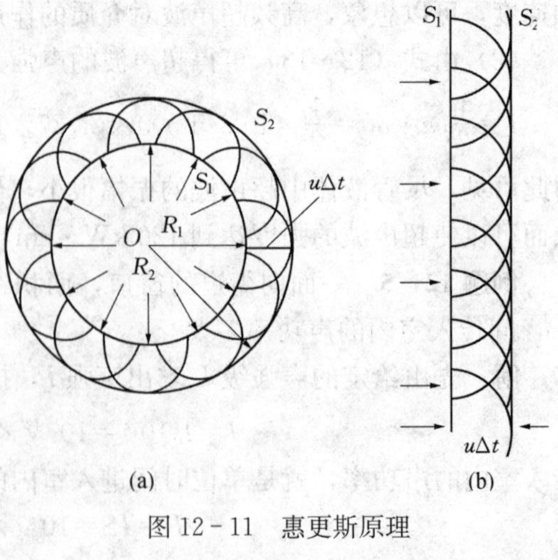

图 12－11　惠更斯原理

刻的新的波阵面 S_2，如图 12－11(b) 所示。

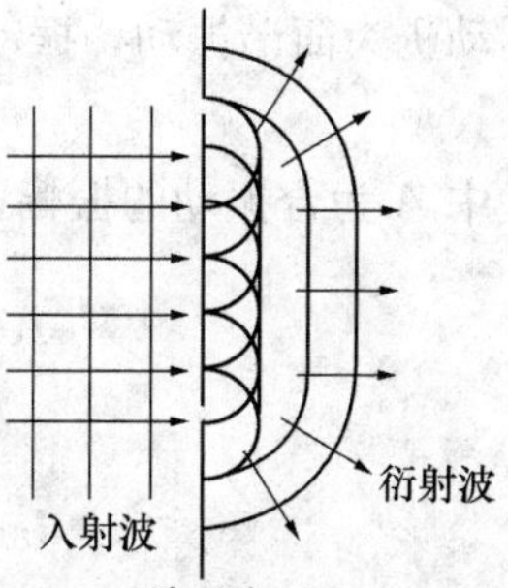

图 12－12　惠更斯原理对衍射的解释

用惠更斯作图法很容易解释波的衍射现象。在图12－12中，当一个平面波通过障碍物上的开口后，波动扩展到了按直线传播应该是阴影的区域。利用惠更斯原理解释这种现象时，就认为开口处各点都可看作是发射子波的波源，作出这些子波的包络面，可得到新的波前。很明显，此时波前已不再是平面，在靠近边缘处，波面进入了阴影区域，表示波已绕过障碍物的边缘而传播了。

一般说来，任何波动（声波、水波、光波等）都会产生衍射现象，因此，衍射现象是波动过程所独具的特征之一。但是衍射现象明显与否，取决于孔（或缝）的宽度 d 和波长 λ 的比值。d 越小或 λ 越大，则衍射现象越显著。声波的波长较大，因此衍射较显著；而波长较短的波（如超声波、光波等），衍射现象就不那么显著，而呈现出明显的方向性，即按直线定向传播。

二、波的叠加

1. 波的叠加原理　当几列波在介质中传播时，无论是否相遇，每列波都保持各自原有的振动特性（如频率、波长、振幅、振动方向等），并按各自原来的传播方向继续前进，不受其他波的影响，这叫波传播的独立性原理。

当几列波在介质中某点相遇时，相遇处质点的振动将是各列波所引起的分振动的合成，或者说，相遇处质点振动的位移是各列波单独存在时在该点引起的位移矢量和，这叫**波的叠加原理**（principle of superposition）。

叠加原理只有当波的强度较小时才普遍成立，通常讨论的波，如一般的声波和光波，都满足这种条件。例如，乐队演奏时，从各种乐器发出的不同频率的声波都能够传到人的耳膜，引起耳膜的振动。尽管乐器种类很多，我们还是可以分辨出各种乐器的声音，这表明某种乐器发出的声波，并不因其他乐器同时发出的声波而受到影响。

2. 波的干涉　一般情况下，几列波在空间相遇而叠加的问题是很复杂的。但是，当频率相同、振动方向相同、相位相同或相位差恒定的两列波在空间相遇时，会使某些地方振动始终加强，而使另一些地方振动始终减弱，从而在空间形成稳定的强度分布，这种现象叫做波的**干涉**（interference）。满足上述条件（相干条件）能够产生干涉现象的两列波称为相干波，而它们的波源就称为相干波源。

设有两相干波源 S_1 和 S_2，它们的振动方程分别为

$$y_{10}=A_1\cos(\omega t+\varphi_{10}),\quad y_{20}=A_2\cos(\omega t+\varphi_{20})$$

若这两个波源发出的波在同一介质中传播，它们的波长均为 λ，且不考虑介质对波能量的吸收，则两列波的振幅亦分别为 A_1 和 A_2。设两列波分别经过 r_1 和 r_2 的距离后在 P 点相遇，如图 12－13 所示，则它们在 P 点引起的振动分别为

$$y_1=A_1\cos\left(\omega t-2\pi\frac{r_1}{\lambda}+\varphi_{10}\right)$$

$$y_2=A_2\cos\left(\omega t-2\pi\frac{r_2}{\lambda}+\varphi_{20}\right)$$

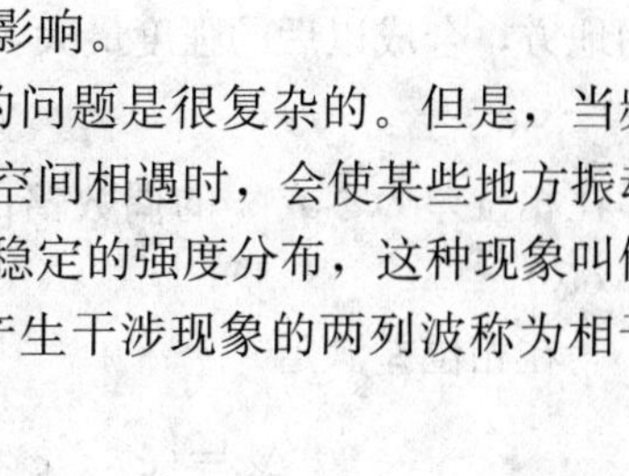

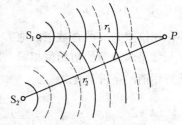

图 12－13　波的叠加

由于这两个分振动的频率和振动方向均相同，根据同方向同频率振动合成法则可知 P 点的运动仍为简谐振动，振动方程为

$$y=y_1+y_2=A\cos(\omega t+\varphi_0) \tag{12-22}$$

式中 A 为合振动的振幅，φ_0 为合振动的初相位，它们分别由下式决定：

$$A=\sqrt{A_1^2+A_2^2+2A_1A_2\cos\left(\varphi_{20}-\varphi_{10}-2\pi\frac{r_2-r_1}{\lambda}\right)} \tag{12-23}$$

$$\tan\varphi_0=\frac{A_1\sin\left(\varphi_{10}-2\pi\frac{r_1}{\lambda}\right)+A_2\sin\left(\varphi_{20}-2\pi\frac{r_2}{\lambda}\right)}{A_1\cos\left(\varphi_{10}-2\pi\frac{r_1}{\lambda}\right)+A_2\cos\left(\varphi_{20}-2\pi\frac{r_2}{\lambda}\right)} \tag{12-24}$$

因为波的强度正比于振幅的平方，如以 I_1、I_2 和 I 分别表示两个分振动和合振动的强度，则有

$$I=I_1+I_2+2\sqrt{I_1I_2}\cos\Delta\varphi \tag{12-25}$$

其中，$\Delta\varphi$ 为 P 点处两分振动的相位差，由式（12-23）可知 $\Delta\varphi$ 为

$$\Delta\varphi=(\varphi_{20}-\varphi_{10})-2\pi\frac{r_2-r_1}{\lambda} \tag{12-26}$$

$(\varphi_{20}-\varphi_{10})$ 是两相干波源的初相差，$2\pi(r_2-r_1)/\lambda$ 是由于两波的传播路程（称为波程）不同而产生的相位差。对空间给定点 P，波程差（r_2-r_1）是一定的，两相干波源的初相差 $(\varphi_{20}-\varphi_{10})$ 也是恒定的，因此，两波在 P 点相位差 $\Delta\varphi$ 也将保持恒定。由于两波叠加时在空间的不同点有不同的恒定相位差 $\Delta\varphi$，因而由式（12-23）和式（12-25）可知，对空间不同点将有不同的恒定振幅和不同的恒定强度，在某些点处 A 和 I 始终最大，振动加强；而在另外一些点处 A 和 I 始终最小，振动减弱，合振幅 A 和合强度 I 将在空间形成一种稳定的分布，这就是波的干涉现象。

由式（12-25）和式（12-26）可知，在相位差满足

$$\Delta\varphi=(\varphi_{20}-\varphi_{10})-2\pi\frac{r_2-r_1}{\lambda}=\pm 2k\pi,\ k=0,1,2,\cdots \tag{12-27a}$$

的地方，合成以后的强度最大，最大强度为

$$I_{\max}=I_1+I_2+2\sqrt{I_1I_2}$$

即在相位差为零或 π 的偶数倍的地方，振动始终加强，称为**干涉相长**（interfere constructively）。

在相位差满足

$$\Delta\varphi=(\varphi_{20}-\varphi_{10})-2\pi\frac{r_2-r_1}{\lambda}=\pm(2k+1)\pi,\ k=0,1,2,\cdots \tag{12-27b}$$

的地方，合成后的强度最小，最小强度为

$$I_{\min}=I_1+I_2-2\sqrt{I_1I_2}$$

即在相位差为 π 的奇数倍的地方，振动始终减弱，称为**干涉相消**（interfere destructively）。

如果两波源的初相位相同，即 $\varphi_{10}=\varphi_{20}$，则 $\Delta\varphi$ 只决定于波程差 $\delta=r_1-r_2$，于是上述相长与相消的条件简化为

$$\delta=r_1-r_2=\begin{cases}\pm k\lambda, & k=0,1,2,\cdots\ \text{（干涉相长）}\\ \pm(2k+1)\dfrac{\lambda}{2}, & k=0,1,2,\cdots\ \text{（干涉相消）}\end{cases} \tag{12-28}$$

上式表明，两个初相位相同的相干波源发出的波在空间叠加时，凡是波程差等于零或是波长整数倍的各点，干涉相长；凡是波程差等于半波长奇数倍的各点，干涉相消。

波的干涉现象可用水波演示仪演示。将相距一定距离的两根探针 S_1 和 S_2 固定在音叉的一臂上。当音叉振动时，两探针就在水面上下振动，不断打击水面。水面上被扰动的两点 S_1 和 S_2 便发出振动方向相同、频率相同、相位相同的两列相干波。在两波相遇的区域就会看到有些地方振动始终加强，有些地方振动始终减弱的现象，图 12-14 显示了水面波的干涉现象。

应用前述干涉加强和减弱的条件，很容易分析出哪些地方始终加强，哪些地方始终减弱。在图 12-15 中，以实线圆弧和虚线圆弧分别表示两相干波源 S_1 和 S_2 发出的水面波的波峰和波谷的波面。根据叠加原理，在两波的波峰和波峰相遇处（$\Delta\varphi=\pm 2k\pi$）合振幅最大。若此时位移为向上的最大，则这些点处的水面将隆起。经过半个周期，原来的波峰与波峰相遇处变成了波谷与波谷相遇，合振幅仍为最大，只是位移达到反方向最大，这时水面将下陷。

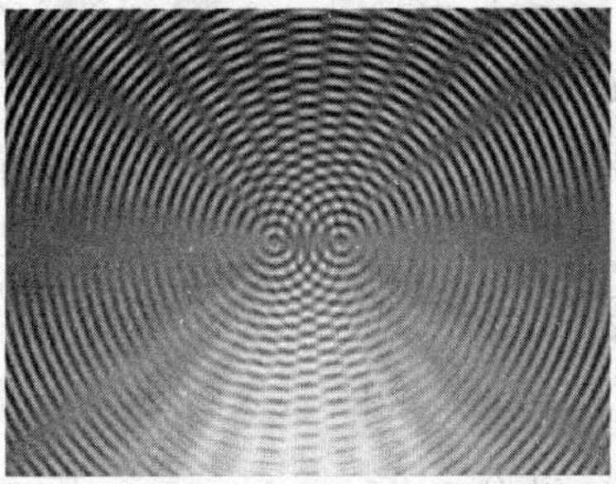

图 12-14　水波的干涉

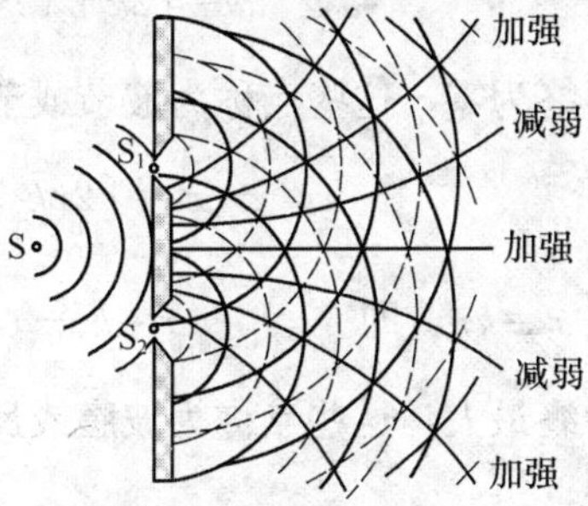

图 12-15　干涉示意图

例题 12-6　如图 12-16 所示，两波源分别位于同一介质中 A 和 B 处，振动方向相同，振幅相等，频率皆为 100 Hz，但 B 处波源比 A 处波源位相超前 π。若 A、B 相距 10 m，波速为 400 $\mathrm{m\cdot s^{-1}}$，试求 A、B 连线上因干涉而静止的各点。

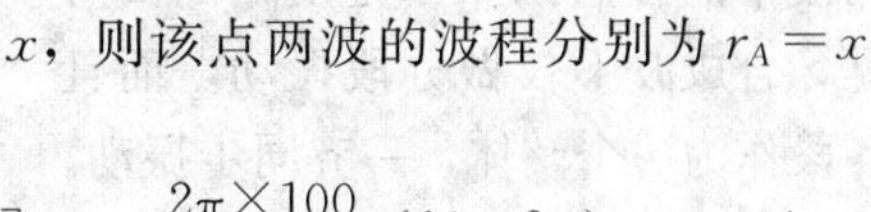

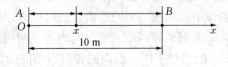

图 12-16　例题 12-6 图

解：由题设知两波源发出的波是振幅相等的相干波。取 A 为坐标原点，AB 连线方向为 x 轴正向，在 A、B 之间坐标轴上任取一点，坐标为 x，则该点两波的波程分别为 $r_A=x$，$r_B=10-x$，两波的相位差为

$$\Delta\varphi=\varphi_{B0}-\varphi_{A0}-\frac{2\pi}{\lambda}(r_B-r_A)=\pi-\frac{2\pi\nu}{u}[(10-x)-x]=\pi-\frac{2\pi\times 100}{400}(10-2x)=\pi x-4\pi$$

由于静止不动的点应满足干涉相消的条件，于是应有

$$\pi x-4\pi=\pm(2k+1)\pi,\ k=0,1,2,\cdots$$

由此得

$$x=\pm 2k+5,\ k=0,1,2,\cdots$$

将 $k=0,1,2$ 代入可得因干涉相消的点为 $x=1,3,5,7,9$ m。

3. 驻波　**驻波**（standing wave）是由振幅、频率和传播速度都相同的两列相干波，在同一直线上沿相反方向传播时叠加而成的一种特殊形式的干涉现象。

设有两列振幅相同、频率相同、初相皆为零的简谐波，分别沿 x 轴正方向和负方向传播，它们的波动方程分别为

$$y_1=A\cos\left(\omega t-\frac{2\pi}{\lambda}x\right),\ y_2=A\cos\left(\omega t+\frac{2\pi}{\lambda}x\right)$$

两列波叠加后其合成波为

$$y=y_1+y_2=A\cos\left(\omega t-\frac{2\pi}{\lambda}x\right)+A\cos\left(\omega t+\frac{2\pi}{\lambda}x\right)$$

利用三角函数关系上式可化为

$$y=2A\cos\left(\frac{2\pi}{\lambda}x\right)\cos\omega t \tag{12-29}$$

这就是驻波的波函数，即常称的驻波方程。式中 $\cos\omega t$ 表示质点做简谐运动，而 $\left|2A\cos\frac{2\pi}{\lambda}x\right|$ 就是这个简谐运动的振幅。说明形成驻波后，各质点都在做与分振动频率相同的简谐运动，只是各点的振幅随位置 x 的不同而不同。

由式（12-29）可知，当 x 满足 $\frac{2\pi}{\lambda}x=(2k+1)\frac{\pi}{2}$，即

$$x=(2k+1)\frac{\lambda}{4},\ k=0,\ \pm1,\ \pm2,\cdots \tag{12-30}$$

此时振幅始终为零，这些点称为**波节**或**节点**（node）。相邻波节的距离为

$$x_{k+1}-x_k=[2(k+1)+1]\frac{\lambda}{4}-(2k+1)\frac{\lambda}{4}=\frac{\lambda}{2}$$

当 x 满足 $\frac{2\pi}{\lambda}x=k\pi$，即

$$x=k\frac{\lambda}{2},\ k=0,\ \pm1,\ \pm2,\cdots \tag{12-31}$$

此时振幅始终最大，这些点称为**波腹**或**反节点**（antinode）。相邻波腹的距离为

$$x_{k+1}-x_k=(k+1)\frac{\lambda}{2}-k\frac{\lambda}{2}=\frac{\lambda}{2}$$

由此可见，相邻的两个波节和相邻的两个波腹之间的距离都是 $\lambda/2$，只要从实验中测出相邻两波节或波腹之间的距离，就可以求出波长 λ。

若把相邻两个波节之间的各点叫做一段，则由余弦函数取值的规律可以知道，$\cos(2\pi/\lambda)x$ 的值对于同一段内的各点有相同的符号，对于分别在相邻两段内的两点则符号相反。这种符号的相同或相反表明，同一段上的各点的振动是同相的，而相邻两段中的各点的振动是反相的。可见，合成波不仅做分段振动，而且各段作为一个整体，一齐同步振动。在每一时刻，合成波都有一定的形状，但此波形既不左移，也不右移，各点以确定的振幅在各自的平衡位置附近振动，没有振动状态或相位的传播，也没有能量的传播，呈现原地振荡而不向前传播的运动状态，故称其为驻波。

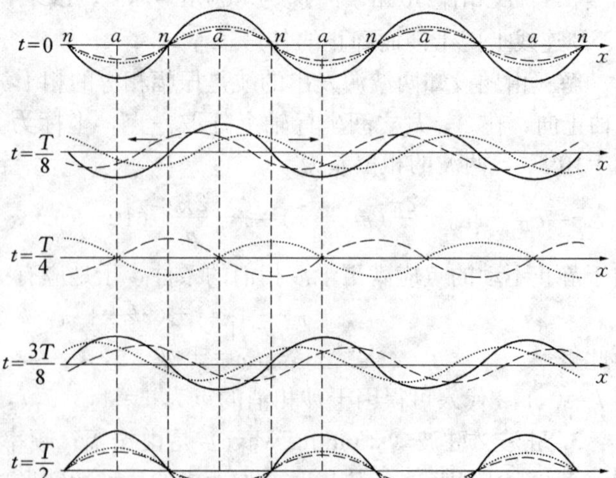

图 12-17　驻波的形成

图 12-17 画出了驻波形成的物理过程，其中点线表示向右传播的

波，虚线表示向左传播的波，粗实线表示两波叠加的结果。图中各行依次表示 $t=0$、$T/8$、$T/4$、$3T/8$、$T/2$ 时刻各质点的分位移和合位移。在图中可看出波腹（a）和波节（n）的位置。

驻波现象有许多实际应用。例如，将一根弦线的两端用一定的张力固定在相距 L 的两点间，当拨动弦线使其振动时，形成的波将沿弦线传播，在固定端发生反射而在弦线上形成驻波。由于绳的两个端点固定不动，所以这两点必须是波节，因此驻波的波长必须满足下列条件

$$L=n\frac{\lambda}{2},\quad n=1,2,3,\cdots$$

以 λ_n 表示与某一 n 值对应的波长，则由上式可得容许的波长为

$$\lambda_n=\frac{2L}{n} \tag{12-32}$$

这就是说能在弦线上形成驻波的波长值是不连续的，或者用现代物理的语言说，波长是“量子化”的。由关系式 $\nu=u/\lambda$ 可知，频率也是量子化的，相应的可能频率为

$$\nu_n=n\frac{u}{2L},\quad n=1,2,3,\cdots \tag{12-33}$$

其中，u 为波在弦上的波速。

由式（12-33）决定的频率叫弦振动的本征频率，每一频率对应于一种可能的振动方式，这些振动方式称为弦线振动的简正模式，其中最低频率 ν_1 称为基频，其他较高频率 ν_2，ν_3，…都是基频的整数倍，它们各以其对基频的倍数而称为二次、三次……谐频。简正模式的频率称为系统的固有频率。如上所述，一个驻波系统有许多个固有频率。这和弹簧振子只有一个固有频率不同。图 12-18 画出了频率为 ν_1、ν_2、ν_3 的三种简正模式，图 12-19 是相应的一组实验照片。

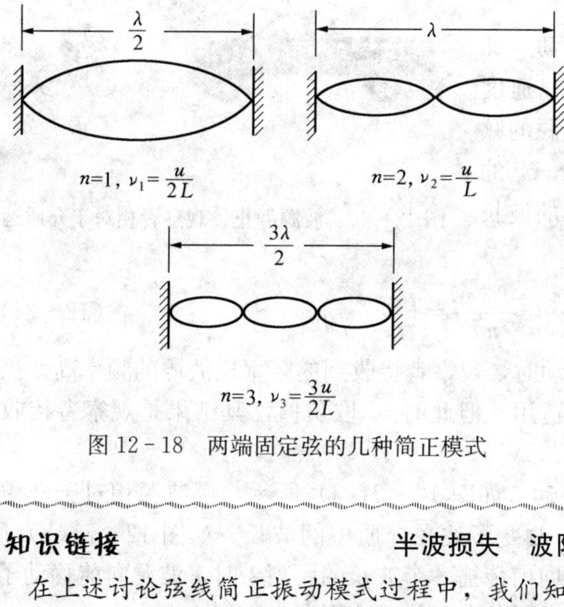

图 12-18　两端固定弦的几种简正模式

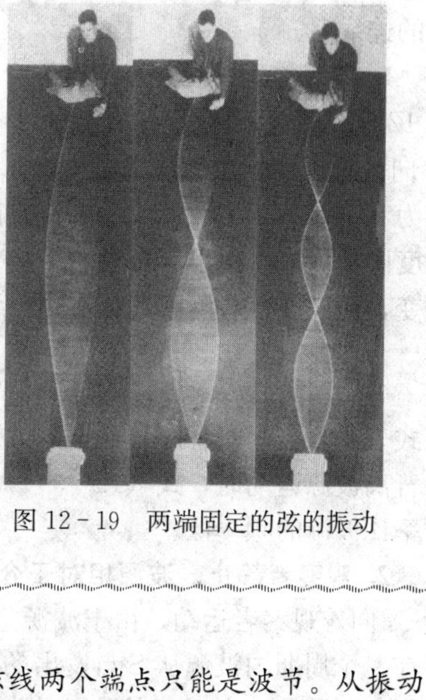

图 12-19　两端固定的弦的振动

知识链接　　**半波损失　波阻**

在上述讨论弦线简正振动模式过程中，我们知道弦线两个端点只能是波节。从振动合成考虑，这意味着反射波与入射波的相位在此处正好相反，即入射波在反射时有 π 的

相位跃变，相当于出现了半个波长的波程差。通常把这种现象称为**半波损失**（half wavelength loss）。

半波损失是一个重要而有趣的问题。一般情况下，入射波在两种介质分界处反射时是否发生半波损失，与波的种类、两种介质的性质以及入射角的大小有关。对机械波而言，是否有半波损失取决于界面两边介质的相对波阻。所谓**波阻**是指介质的密度与波速的乘积 ρu。相对来讲，ρu 较大的介质称为波密介质，ρu 较小的称为波疏介质。当波从波疏介质垂直入射到波密介质界面上反射时，有半波损失，形成的驻波在界面处出现波节。反之，当波从波密介质垂直入射到波疏介质界面上反射时，无半波损失，界面处出现波腹。关于半波损失现象我们在波动光学一章中还会碰到。

第四节　多普勒效应　超波速运动

一、多普勒效应

当一辆汽车从我们身边疾驶而过时，会听到汽车喇叭的音调会发生从高到低的变化；站在铁路旁边听列车的汽笛声也能够发现，列车迅速迎面而来时音调较静止时高，而列车迅速离去时则音调较静止时低。此外，若声源静止而观察者运动，或者声源和观察者都运动，也会发生接收到的声音频率和声源频率不一致的现象。一般说来，当观察者或波源相对于传播的介质运动时，观察者接收到的频率与波源发出的频率不同，这种现象称为**多普勒效应**（Doppler effect）。

下面分三种情况讨论多普勒效应。为简单起见，设波源和观察者相对于介质的运动在二者的连线上。

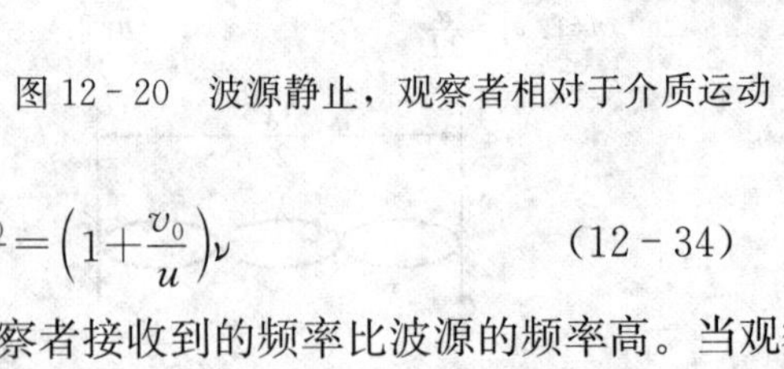

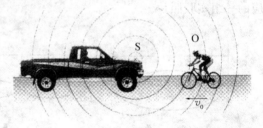

图 12－20　波源静止，观察者相对于介质运动

1. 波源静止，观察者相对于介质运动　如图 12－20 所示，设观察者相对于介质以速度 v_0 向波源运动，波的传播速度为 u，波源的频率为 ν，这时，以观察者看来，波以 $u+v_0$ 的速度向他传来，由于波源静止，介质中的波长不变，所以观察者测得的频率为

$$\nu'=\frac{u+v_0}{\lambda}=\frac{u+v_0}{uT}=\left(1+\frac{v_0}{u}\right)\nu \tag{12-34}$$

该式表明，当观察者向着静止的波源运动时，观察者接收到的频率比波源的频率高。当观察者背离波源运动时，式（12－34）仍然适用，但此时 v_0 取负值，其结果是观察者接收到的频率比波源的频率低。

2. 观察者静止，波源相对于介质运动　如图 12－21(a) 所示，设波源相对于介质以速度 v_S 向着观察者运动。由于波源运动，改变了波在介质中的波长。如图 12－21(b) 所示，当在一个周期内波源从 S 点发出的振动向前传播一个波长的距离 λ 时，波源向前移动了 v_ST 的距离。因此，在观察者看来，波在一个周期内所前进的距离应为

$$\lambda'=\lambda-v_ST$$

这就是说，对于观察者来说，波长小于波源静止时的波长。这样，观察者接收到的频率为

$$\nu'=\frac{u}{\lambda'}=\frac{u}{\lambda-v_S T}=\frac{u}{uT-v_S T}=\frac{u}{u-v_S}\nu \tag{12-35}$$

上式表明，当波源向着观察者运动时，观察者接收到的频率大于波源的频率。当波源背离观察者运动时，只需将 v_S 取负值，式（12-35）仍然适用，此时的结果是观察者接收到的频率小于波源的频率。这个结果可以解释疾驰而过的火车笛声频率改变的原因。

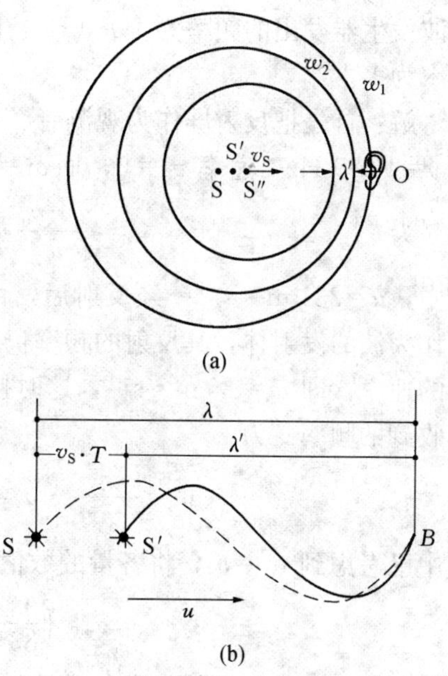

图 12-21　观察者静止，波源相对于介质运动

3. 波源和观察者同时相对于介质运动　若波源和观察者同时相对于介质运动，根据以上讨论，当波源以速度 v_S 相对于介质运动时，对观察者来说波长为 $\lambda'=\lambda-v_S T$；当观察者以速度 v_0 相对于介质运动时，对观察者来说，波的速度为 $u+v_0$。因此，当两者同时相对于介质（相向）运动时，观察者接收到的频率为

$$\nu'=\frac{u+v_0}{\lambda-v_S T}=\frac{u+v_0}{u-v_S}\nu \tag{12-36}$$

式中 v_0 和 v_S 的正负处理方法同前。若反向运动时

$$\nu'=\frac{u+v_0}{\lambda-v_S T}=\frac{u-v_0}{u+v_S}\nu \tag{12-37}$$

以上结果都是在假定观察者和波源的运动方向在两者的连线上的前提下得出的，如果观察者和波源的运动方向不在两者的连线上，则只要将观察者或波源的速度在连线方向的分量代入式（12-36）或式（12-37）即可，而垂直于连线方向的速度分量是不产生多普勒效应的。

多普勒效应有很多重要的应用。在自然界中许多动物，如蝙蝠和一些鸟类都能用回声定位法来捕捉昆虫。它们在空中飞行时，口中发出一定频率的超声脉冲，当遇到昆虫时，产生回声，探测来自昆虫的回声，利用多普勒偏移就能确定昆虫离它的距离及飞行的速度。除了蝙蝠和鸟类能用回声定位法来捕捉昆虫外，还有许多其他动物，如鲸、海豹、海豚等，都能发出一定频率的声波，利用接收到的回声来捕食或与同类之间相互联系。

目前，多普勒效应在科学研究、工程技术、交通管理、医疗诊断等各方面有十分广泛的应用。例如，基于反射波多普勒效应的原理，雷达系统已广泛地应用于车辆、导弹、人造卫星等运动目标速度的监测。在医学上所谓“D 超”，是利用超声波的多普勒效应来检查人体内脏、血管的运动和血液的流速、流量等情况，从而对心脏跳动情况进行诊断。在工矿企业中则利用多普勒效应来测量管道中有悬浮物液体的流速。当然，在大多数应用中，发射和接收的不是声波，而是电磁波。

例题 12-7　某观测者携带一架声波发生器和接收器，相对地面静止，在其右方有一反射屏相对地面以 65 m·s^{-1} 的速率向左运动，见图12-22。设空气中的声速为 331 m·s^{-1}，

声波发生器发出的频率为 1 080 Hz，问接收器接收到的反射波频率为多少？

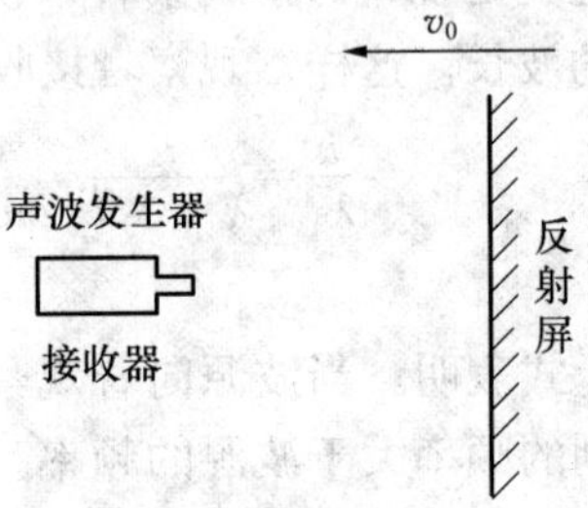

图 12 - 22 例题 12 - 7 图

解：首先把反射屏作为观测者。当声波发生器产生波的频率 $\nu=1\,080$ Hz，速率 $v_S=0$，而 $v_0=65\ \mathrm{m\cdot s^{-1}}$ 时，收到的频率 ν' 为

$$\nu'=\frac{u+v_0}{u}\nu$$

其中，$u=331\ \mathrm{m\cdot s^{-1}}$。经反射后，由惠更斯原理，反射屏又可作为波的发射体，其反射的频率仍为 ν'，但是发射体具有一定的速率，即 $v_S=65\ \mathrm{m\cdot s^{-1}}$，这时接收器作为不动的观测者，其收到的频率 ν'' 为

$$\nu''=\frac{u}{u-v_S}\cdot\nu'=\left(\frac{u}{u-v_S}\right)\cdot\left(\frac{u+v_0}{u}\right)\nu=\left(\frac{u+v_0}{u-v_0}\right)\nu$$

其中已考虑到 $v_0=v_S$，将各量的数值代入后得

$$\nu''=\left(\frac{331+65}{331-65}\right)\times 1\,080=1\,608(\mathrm{Hz})$$

若该题中接收到的频率（或拍频）已知，利用上式可以计算反射屏的运动速度，公路上对车速的检测就是利用这个原理。不过，公路上用于监测车辆速度的监测器由微波雷达发射器、探测器及数据处理系统等组成，使用的是微波（电磁波）。

二、艏波 声障现象

1. 艏波 马赫锥 按式（12 - 35），当波源向着观察者运动时，观察者接收到的频率比波源的频率大。但是当波源的速度 v_S 超过波速时，式(12 - 35)将失去意义，因为这时在任一时刻波源本身将超过它此前发出的波的波前，在波源前方不可能有任何波动产生，如图 12 - 23 所示。

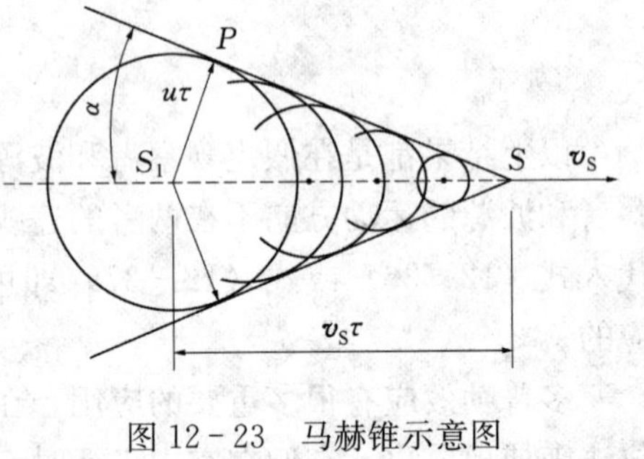

图 12 - 23 马赫锥示意图

当波源经过 S_1 位置时发出的波在其后 τ 时刻的波前为半径等于 $u\tau$ 的球面，但此时刻波源已前进了 $v_S\tau$ 的距离到达 S 位置。在整个 τ 时间内，波源发出的波到达的前沿形成了一个圆锥面，这个圆锥面叫**马赫锥**（Mach cone）。由于在这种情况下波的传播不会超过运动物体本身，马赫锥面是波的前沿，其外没有扰动波及，这种锥面波称为**艏波**（bow wave）。马赫锥的半顶角 α 由下式决定

$$\sin\alpha=\frac{u}{v_S} \tag{12-38}$$

在空气动力学中，u 为声速，无量纲的参数 v_S/u 称为**马赫数**（Mach number），它是一个极为重要的参数。

艏波最直观的例子，要算快艇掠过水面后留下的尾迹，当船速超过水面上的水波波速时，在船后就激起以船为顶端的 V 形波就是艏波。子弹掠空而过发出的呼啸声，超音速飞机发出震耳的裂空之声都是艏波。空气中激起的艏波也称为**冲击波**（shock wave）。冲击波面到达的地方，空气压强突然增大。过强的冲击波掠过物体时甚至会造成损害（如使窗玻璃

碎裂），这种现象称为声爆。

2. 声障现象 上面我们提到超音速飞机将在空气中激起冲击波，然而当时在飞机发明后的很长一段时间都无法逾越声速。人们为提高飞机的飞行速度不断努力。但是当飞行速度接近声速时，爆炸事故不断发生，原因是飞机碰到了空气墙壁。人们把空气墙形成的飞行障碍叫做**声障**（sound barrier）。声障是一种物理现象，当物体（通常是航空器）的速度接近声速时，将会逐渐追上自己发出的声波。声波叠合累积的结果，会造成**震波**（shock wave）的产生，进而对飞行器的加速产生障碍。然而在工程师们的多方努力和精心安排下已顺利地克服了这一困难。为了提高飞机的速度，必须冲破空气墙设置的障碍。为此，科学家改进飞机的外形，将机翼做成薄的菱形或三角形，同时将机身和机翼前缘做成尖形，并使机翼后掠，整个飞机变成箭头形。通过一系列改进，飞机终于顺利地穿过了空气墙。1947年人类首次实现超声速飞行。现在已有超声速飞机、超声速汽车。一些先进的喷气式飞机，速度已经是声速的两倍甚至三倍，即达到 2～3 马赫。图 12－24 为战斗机突破声障瞬间。

图 12－24 战斗机突破声障瞬间

拓展阅读

超声波及其应用

按频率数量级的高低粗略来分，频率为 10^{-5}～10^{1} Hz 的声波称为次声波，次声波可用于探测气象变化，预报地震，海啸，核爆炸等；频率为 10^{1}～10^{4} Hz 的声波称为可闻声波，人们通过可闻声波来进行语言、音乐等文化交流；频率为 10^{4}～10^{8} Hz 的声波称为超声波；频率高于 10^{8} Hz 的声波称为特超声波。超声波与声波的波动规律相同，有关声波的结论也适用于超声波。然而超声波具有频率高、波长短、功率大等特点，在工业、医学和农业等领域广泛应用。

一、超声波的产生和接收

一般情况下，只要能在介质中产生超声频率振动就能产生超声波。超声波发生器分为两类：机械类和电声类。机械类发生器产生的超声波功率小，用途有限。下面主要介绍电声型超声发生器。

电声型超声发生器是将电磁能转换为机械能，其结构主要由两部分组成，如图 12－25 所示。一部分是产生高频交变电压的高频振荡器；另一部分是换能器，其作用是把高频交变电压信号转换成高频机械振动而产生超声波。

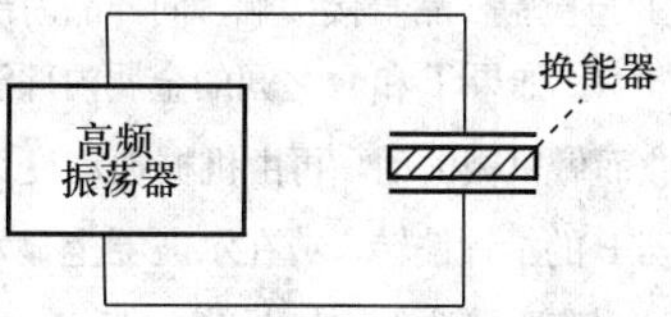

图 12－25 超声波发生器

常用的换能器有压电式和磁致伸缩式两种。压电式换能器是在压电材料制成的压电晶片两侧施加一高频电压，晶片的厚度随交变电压产生周期性变化，也就是晶片沿厚度方向产生振动，在晶片周围的介质也被迫做周期性机械振动，此振动向外传播形成超声波。

磁致伸缩式利用某些铁磁金属合金具有的磁致伸缩特性，即在交变磁场作用下，其长度产生周期性变化。如图 12－26 所示，在磁致伸缩体的伸缩方向上的介质产生机械振动，形成超声波。

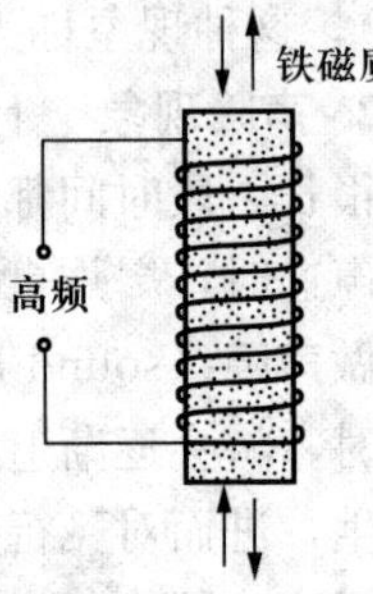

图 12－26　磁致伸缩换能器

电声型超声波发生器不仅可以产生超声波，也可以将接收到的超声波转换成电信号，起着能量转换的作用，所以称为超声型换能器。一般换能器的中心工作频率在几万赫兹到几兆赫兹，因此可以得到中心频率为几千兆赫兹的高频超声波，这种超声波常用在超声显微技术中。

二、超声波的物理性质

超声波具有频率高、波长短等特点，使超声波具有如下特殊的物理性质。

（1）方向性强　由于超声波的波长短，衍射现象不严重，能够定向发射。在反射、折射、聚焦等方面均与光波类似，特别是超声波的聚焦特性，更使得超声波能获得极强的方向性。

（2）强度大　超声波在传播过程中，引起介质交替的压缩与伸张，构成了压力的变化，这个压力的变化将引起机械效应。超声波引起的介质质点运动，虽然质点位移和速度不大，但与超声振动频率的平方成正比的质点加速度却很大，有时超过重力加速度的数万倍，这么大的加速度足以对介质造成强大的机械效应，甚至能达到破坏介质的作用。

（3）穿透本领强　由于超声波的频率高、波长短、强度大，因此超声波在液体、固体中传播时衰减小，有极强的穿透能力，例如超声波可以穿透几十米厚的不透明固体。

（4）空化作用　当频率高、功率大的超声波作用于液体介质时会产生较大的声压，液体不断受到压缩和拉伸。由于液体耐压不耐拉，当液体支持不住这种拉力，就会断裂，在液体内形成小空泡或“空穴”，到压缩阶段，这些空穴发生崩溃，空穴内部压强可高达几万大气压，同时产生局部几千摄氏度的高温和放电现象等，这种作用称为**空化作用**（ultrasonic cavitation）。

（5）热学作用　超声波作用于介质中时会被介质吸收，也就是有能量吸收。这种变化的能量使介质产生强烈的高频振荡，介质间互相摩擦而发热，从而使液体或固体温度升高。超声在穿透两种不同介质的分界面时，温度升高会更大，这是因为分界面两侧介质的特性阻抗不同，超声波将产生反射，形成驻波，使分子间的相对摩擦更为剧烈。因此，在流体介质与其中悬浮粒子的分界面上，超声能将大量地转换成热能，往往造成分界面处的局部高温，甚至产生电离效应。

三、超声波的应用

1. 超声波的工业用途

（1）超声探伤　超声波的波长短、方向性强，能定向发射、穿透力强，因此可以用超声波检验工业样品的内部缺陷。超声波探伤原理如图 12－27 所示，H 是高频振荡器，T 是超声波发生器，M 是被检查的样品，发生器 T 与检验样品直接接触，向样品内部发送超声波。靠近样品的另一面，在超声波的发送方向上安装超声波接收器 R。如果 T 和 R 之间的金属内部没有任何缺陷，如图 12－27(a) 所示，则由 T 发出的超声波将穿过样品被 R 接收而做机械振动，再由机械振动变为电振荡，使指示器 P 的指针偏转，或在示波器上显示波形图。如果样品内存在气孔 V，如图 12－27(b) 所示，则在固体（或液体）与气体的分界面上大部分能量被反射，因而超声传到 V 的边缘上将受到不规则的反射而向各方向散开，不再为 R 所接收，在传播方向上产生“声影”，指示器 P 的指针就不偏转。

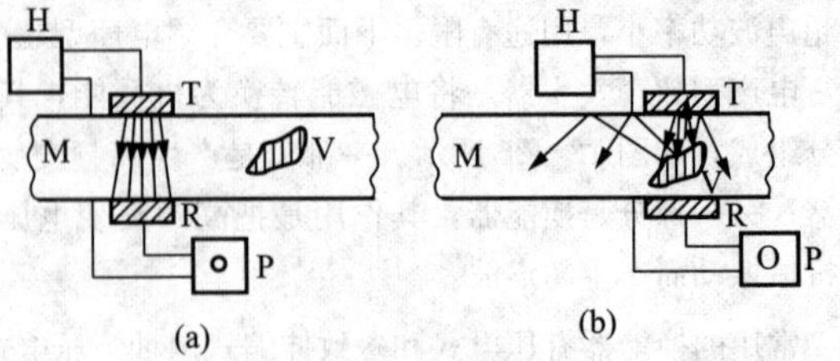

图 12－27　超声探伤原理

超声探伤在工业生产上有重要用途，可用来检查钢块、钢管以及大型机器轮盘和轴轮的质量，可以用来检查电焊焊接处是否焊牢、焊透。此外，混凝土制成的材料、陶瓷材料，甚至巨大水库的堤坝，也可利用超声波进行检查。简易便携的超声探伤实物图如图 12－28 所示。

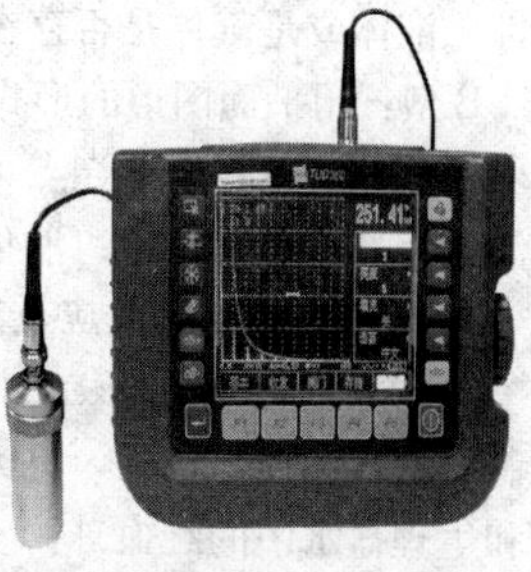

图 12－28　超声探伤机

（2）*超声清洗*　超声清洗是将超声振动加到清洗液中，使液体产生空化。液体中发生空化时，局部压力可高达上千个大气压，局部温度可达 5 000 K。依靠这些物理过程，加上洗液中的化学洗涤剂的充分搅拌作用，将物体表面的杂质、污垢和油垢等清洗干净，其洁净程度无与伦比，特别对于其他方法难以进入的小孔及缝隙中的污垢，都能被清除的干干净净。

超声清洗可以不用强酸、强碱，是对传统清洗方法的重大改善，也是环境保护的理想清洗设备。如图 12－29 所示，超声清洗设备的核心是夹心式超声换能器，它能把超声电源的电能转换成超声振动能，并传入装有清洗液的清洗槽中。自 1951 年日本造出第一台超声清洗机以来，至今超声清洗已成为若干工业产品（轴承、喷嘴、磁头、半导体硅片、光学镜头、钟表零件、金银饰品、玻璃器皿、核元件，等等）必不可少的工艺环节。

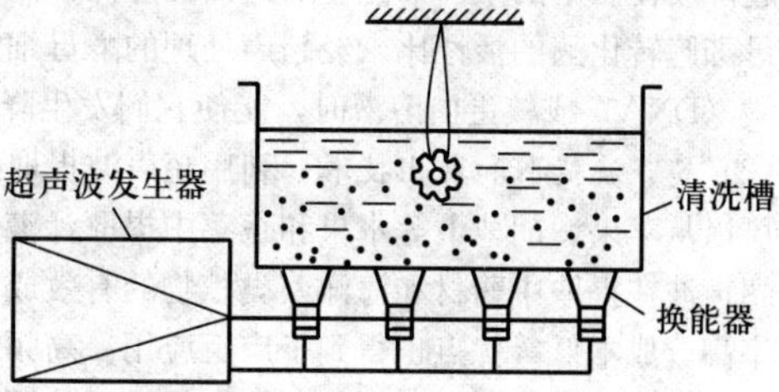

图 12－29　超声清洗原理图

（3）*超声焊接*　超声焊接主要包括超声塑料焊接和超声金属焊接。超声塑料焊接是一种新颖的塑料加工技术，不需要添加任何黏结剂，也不消耗大量热源，具有操作简便、焊接速度快，焊接强度与本体一样，生产效率高等优点。超声塑料焊接原理如图 12－30 所示。当超声作用于热塑性塑料的接触面时，每秒几万次的高频振动把超声能量传送到焊区。由于两焊件交界面处声阻大，因此会产生局部高温，接触面迅速熔化，在一定的压力作用下，使其融合成一体。当超声停止作用后，让压力持续几秒钟，使其凝固定型，这样就形成一个坚固的分子链，使焊接强度接近原材料强度。超声焊接装置实物图如图 12－31 所示。

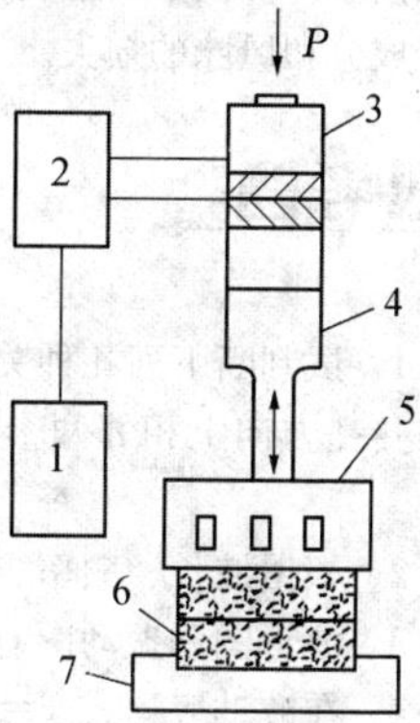

图 12－30　超声塑料焊接装置

1. 焊接程序控制　2. 超声发生器　3. 换能器　4. 变幅杆　5. 工具头　6. 焊件　7. 工作台

超声金属焊接是利用声头的切向振动，使两焊件交界面产生摩擦作用，破除表面氧化层，进而使焊区温度升高，产生塑性变形。在一定的接触压力下，互相接近到原子引力能够发生作用的距离时，产生金属键连接，完成焊接。超声金属焊接能够焊接异种金属，能够把金属薄片或金属箔焊接到较厚的金属板上，焊区中金属性能变化很小，可以焊接表面有氧化膜的金属。

2. 超声波在医学领域的应用　超声波在医学上有着广泛的用途，最常见的是用 A 型超声波（A 超）和 B 型超声波（B 超）去探测人体内部的情况，以此诊断病因。其基本原理是由于人体是一种综合性的弹性介质，即具有相同固体部分，也有液体成分和少量的气体。因此，在人体内部可以传播超声波，由于各个组织（介质）的声阻不同，超声波在传播过程中部分能量将被反射回来，形成回波，声阻差越大反射越强。根据反射波出现的时间间隔，就可知道不同组织间距离。因此超声诊断的理论基础就是超声反射原理。

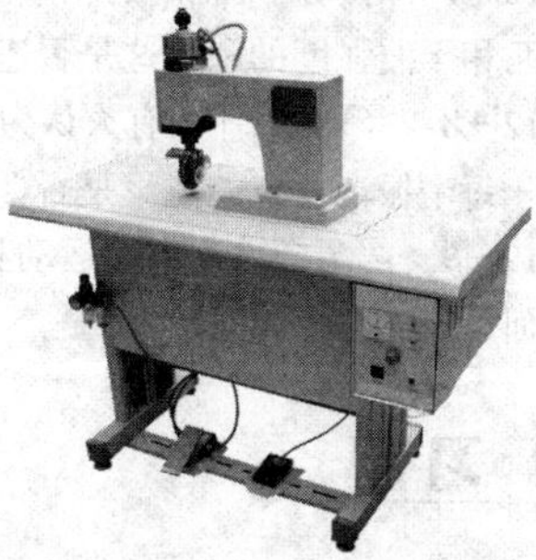

图 12－31　超声焊接装置实物图

A 型：是以波形来显示组织特征的方法，主要用于测量器官的径线，以判定其大小。可用来鉴别病变组织的一些物理特性，如实质性、液体或是气体是否存在等。

B型：用平面图形的形式来显示被探查组织的具体情况。检查时，首先将人体界面的反射信号转变为强弱不同的光点，这些光点可通过荧光屏显现出来，这种方法直观性好，重复性强，可供前后对比，所以广泛用于妇产科、泌尿、消化及心血管等系统疾病的诊断。

3. 超声波的生物效应及其在农业上的应用

(1) *超声波的生物效应*　超声波具有明显的生物学效应。它对生物机体的作用是多方面的，如刺激、抑制、治疗和损伤作用，更为突出的是破坏作用。超声波在细胞内形成剧烈的运动，超声波能杀死大肠杆菌和生理盐水中的红血球。实验表明，超声波对生物的效应取决于超声波的频率和强度，还和活体的结构、构造以及它的生理状态有很大的关系。

超声波在一定的条件下能使酶的活性降低，但在酶剂量低的条件下又可以提高酶的活性。经超声处理的酵母细胞转化酶的活性比未经超声处理的酵母细胞中酶的活性要大约2～3倍。当用超声波作用于脱氧核糖核酸（DNA）或核蛋白溶液时，能使它们发生降解。

(2) *超声波提取和乳化技术*　利用超声波提取技术可以从农产品的果实、根、茎、叶中提取有用成分。例如可以从苹果、胡萝卜等水果和蔬菜中提取汁液；还可以从农产品的花、果、籽粒中提取油和香料；同时，超声波在提取中药材和海洋藻类植物的有效成分中也取得了非常好的效果。此外，超声乳化技术由于其效率高、成本低等优点也得到了广泛应用。高频超声波因可以使水产生微米量级小而均匀的液滴，常用于果汁、人造奶油及色拉油等的制取和加工，从而得到稳定、均匀的乳液。更为重要的是在超声提取和超声乳化的同时，可使细菌细胞壁破碎造成细菌死亡，从而实现农产品加工过程中的“冷杀菌”，有效避免食品中营养成分和风味的损失。

思考题

12-1　试判断下列几种关于波长的说法是否正确：(1) 在波传播方向上相邻两个位移相同点的距离；(2) 在波传播方向上相邻两个运动速度相同点的距离；(3) 在波传播方向上相邻两个振动相位相同点的距离。

12-2　根据波长、频率、波速的关系式 $u=\lambda\nu$，有人认为频率高的波传播速度大，你认为对否？

12-3　波形图和振动图有些相似，但本质是不同的，请说明它们的区别。

12-4　在波动表达式 $y=A\cos[\omega(t-x/u)+\varphi_0]$中，$x/u$ 表示什么？φ_0 表示什么？如果把上式改写成 $y=A\cos(\omega t-\omega x/u+\varphi_0)$，则 $\omega x/u$ 表示什么？

12-5　在波动方程中，是否一定要假定波源在坐标原点？对于以波速 u 沿 x 轴正方向传播的简谐波，若波源处的坐标为 x_0，振动方程为 $y=A\cos\omega t$，其波动方程是什么样子？

12-6　弹性波在介质中传播时，取一个质元来看，它的振动动能和振动势能与自由弹簧振子的情况有何不同？一个平面简谐波在弹性介质中传播时，某介质元从最大位移处回到平衡位置的过程中及从平衡位置运动到最大位移处的过程中，能量是怎样变化的？

12-7　两列振幅相同的相干波在空间相遇时，干涉加强处的合成波的强度为一个波的强度的4倍，而不是两相干波强度的和，这是否违反了能量守恒定律？

12-8　(1) 为什么有人认为驻波不是波？(2) 在驻波中，两波节间各个质点均做同相位的简谐振动，那么，每个振动质点的能量是否保持不变？

12-9　声源向着观察者运动和观察者向声源运动都使观察者接收的声波频率变高，这两种过程在物理上有何区别？

习题

12-1　以 $y=0.040\cos 2.5\pi t$(m) 的形式做简谐振动的波源，在介质中产生平面简谐波的波速为

$100\ m\cdot s^{-1}$。(1) 写出沿 x 轴正向传播的平面简谐波的波动方程；(2) 求出 $t=1.0\ s$ 时，距波源 20 m 处质点的位移、速度和加速度。

12-2　已知平面简谐波的波动方程为 $y=A\cos(Bt-Cx)$，其中，A、B、C 为正常数。试求：(1) 波动的振幅、波速、频率、周期和波长；(2) 在波传播方向上距原点为 l 处某点的振动方程；(3) 任意时刻在传播方向上相距为 d 的两点间的相位差。

12-3　一个波源做简谐振动，周期为 0.01 s，振幅为 0.01 m。以它经过平衡位置向正方向运动时为计时起点，若此振动的振动状态以 $u=400\ m\cdot s^{-1}$ 的速度沿直线传播。(1) 求波源的振动方程；(2) 求此波的波动方程；(3) 求距波源 8 m 处的振动方程；(4) 求距波源 9 m 和 10 m 处两点之间的相位差。

12-4　有一个沿 x 轴正方向传播的平面波，波速 $u=1\ m\cdot s^{-1}$，波长 $\lambda=0.04\ m$，振幅 $A=0.03\ m$。若以坐标原点 O 处的质点恰在平衡位置且向负方向运动为计时起点，试求：(1) 此平面波的波动方程；(2) 距原点 $x_1=0.05\ m$ 处质点的振动方程；(3) 在 $t=3\ s$ 时，距原点 $x_2=0.045\ m$ 处的质点的位移和速度。

12-5　图 12-32 所示为一开始时刻的横波波形曲线，一切数据均由图中标明，写出此波的波函数，并画出经 2 s 后的波形曲线。

12-6　图 12-33 为 $t=3T/4$（T 为周期）时刻的横波波形曲线，写出其波函数。

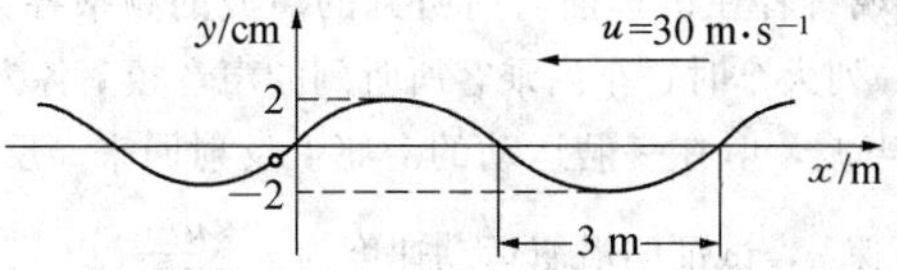

图 12-32　习题 12-5 图

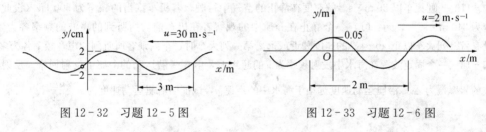

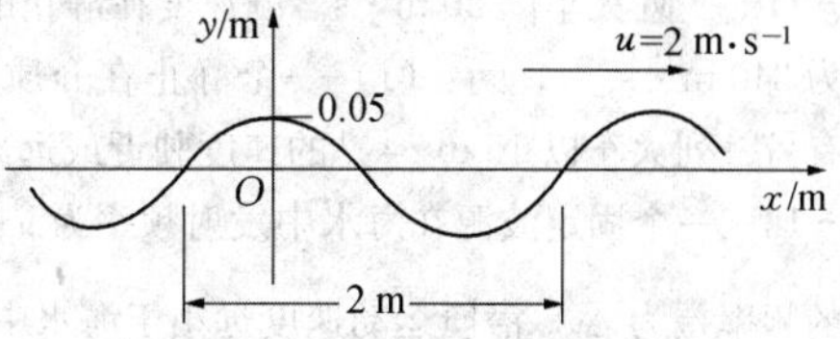

图 12-33　习题 12-6 图

12-7　有一个波在介质中传播，其波速 $u=10^2\ m\cdot s^{-1}$，振幅 $A=1.0\times10^{-4}\ m$，频率 $\nu=10^3\ Hz$。若介质密度为 $\rho=800\ kg\cdot m^{-3}$，求：(1) 波的能流密度；(2) 1 min 内垂直通过截面 $S=4\times10^{-4}\ m^2$ 的总能量。

12-8　声强达到 $10^{-3}\ J\cdot m^{-2}\cdot s^{-1}$ 已属于一种公害，试按频率 $\nu=1\ 000\ Hz$，估算此声强所对应的声振动的振幅。空气的密度 $\rho=1.29\ kg\cdot m^{-3}$，空气中声速约为 $340\ m\cdot s^{-1}$。

12-9　无线电波在可视为无吸收的介质中传播，传播速度为 $3\times10^8\ m\cdot s^{-1}$。在距功率为 25 kW 的波源 250km 处，试求：(1) 无线电波的平均能量密度；(2) 波的强度（设无线电波是球面波）。

12-10　《三国演义》中有大将张飞喝断当阳桥的故事。设张飞大喝一声的声强级为 140 dB，频率为 400 Hz，声速为 $340\ m\cdot s^{-1}$，空气的密度为 $1.29\ kg\cdot m^{-3}$。问：(1) 张飞喝声的声压幅和振幅各是多少？(2) 如果一个士兵喝声的声强级为 90 dB，张飞一喝相当于多少士兵同时大喝一声？

12-11　一只唢呐演奏的平均声强级为 70 dB，五只同样的唢呐同时演奏的声强级有多大？

12-12　在图 12-34 中，S_1 和 S_2 为同一介质中的两个相干波源，其振动方程分别为 $y_1=0.10\cos2\pi t$(m)，$y_2=0.10\cos(2\pi t+\pi)$(m)。假定两波传播过程中振幅不变，它们传到 P 点相遇，已知两波的波速为 $20\ m\cdot s^{-1}$，两波源到 P 点的距离分别为 $r_1=40\ m$，$r_2=50\ m$，试求两波在 P 点的分振动运动方程及在 P 点的合振幅。

12-13　在图 12-35 中，两列相干的简谐横波在不同介质中传播，在两介质分界面上的 P 点相遇。波的频率 $\nu=100\ Hz$，振幅 $A_1=A_2=1.00\times10^{-3}\ m$，波源 S_1 的相位比 S_2 的相位超前 $\pi/2$，波在 r_1 路径上的波速 $u_1=400\ m\cdot s^{-1}$，r_2 路径上的波速 $u_2=500\ m\cdot s^{-1}$，$r_1=4.00\ m$，$r_2=3.75\ m$，求 P 点的合振幅。

12-14　如图 12-36 所示，高频波的振源 S 与检波器 D 在地面上相距为 d。设由 S 发出而直接传到 D 处的波和由 S 发出而经 H 高处水平层反射再到 D 处的波同相。当反射层升高 h 距离时，检波器中没有检测到信号。设大气吸收忽略不计，求此高频波的波长。

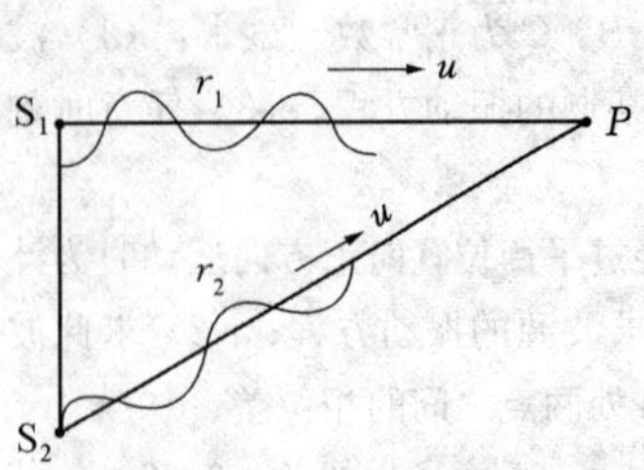

图 12-34　习题 12-12 图

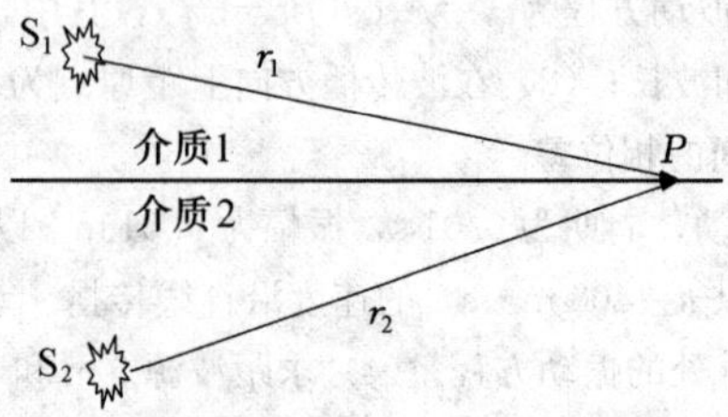

图 12-35　习题 12-13 图

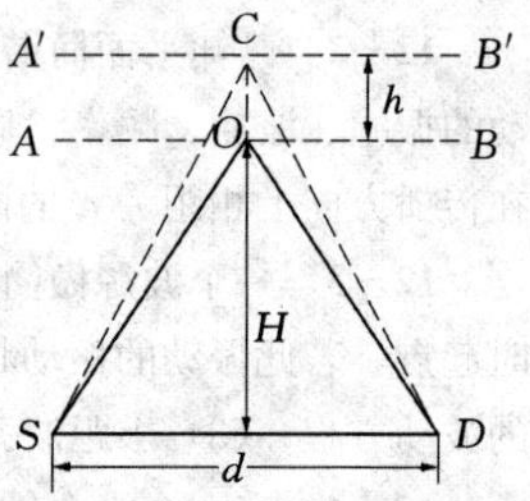

图 12-36　习题 12-14 图

12-15　两个沿 x 轴传播的平面简谐波，它们的波函数分别为 $y_1=0.08\cos\pi(6t-0.1x)$ m，$y_2=0.08\cos\pi(6t+0.1x)$ m。试求合成波的波函数，并讨论这两列波的叠加结果，哪些地方振幅最大？哪些地方振幅为零？

12-16　已知驻波的波函数为 $y=2.0\cos(0.16x)\cos(750t)$ cm，求：(1) 节点间的距离；(2) 在 $t=2.0\times10^{-3}$ s 时，位于 $x=5.0$ cm 处质点的运动速度。

12-17　一列火车以 20 m·s^{-1}的速度在静止的空气中行驶，若机车汽笛的频率为 500 Hz（设此时声波波速为 340 m·s^{-1}），问：(1) 一个静止在介质中的观察者在机车前后所听到的声波的频率各为多大？(2) 设有另一列火车以 15 m·s^{-1}的速度驶近或远离第一列火车时，车内乘客所听到的声音频率各为多少？

12-18　一个固定波源在海水中发射频率为 ν 的超声波，射在一艘运动的潜艇上反射回来。反射波和发射波的频率差为 $\Delta\nu$，潜艇运动速度远小于海水中的声速 u，试证明潜艇运动速度为 $v=\dfrac{u\Delta\nu}{2\nu}$。

第五篇　光　　学

光学（optics）是研究光的发射、传播、散射和吸收规律的科学，通常分为**几何光学**（geometrical optics）和**物理光学**（physical optics）两部分。几何光学不涉及光的本性，以光的直线传播、光的反射和折射等实验定律为基础讨论光的传播、成像规律及其应用。物理光学又分为**波动光学**（wave optics）和**量子光学**（quantum optics）两部分，前者讨论光在传播过程中表现的波动性，包括光的干涉、衍射、偏振等现象，后者讨论光在发射、散射和吸收过程中表现出来的量子性。光的这种波动性和量子性的结合被物理学家爱因斯坦称为波粒二象性。限于篇幅，本篇只研究波动光学这一部分。

对于光的本性的探讨开始于17世纪，其中以牛顿为代表的微粒说和惠更斯为代表的波动说影响较大，这两种理论的争论一直持续到20世纪初。总的来说，波动说比较主动，尤其是麦克斯韦的电磁波理论提出以后，学者们普遍认为光是特定波长的电磁波。但从19世纪末开始，学者们陆续发现光在发射、吸收和散射过程中表现的粒子特性，才由爱因斯坦把粒子说和波动说在新的层次上统一起来，提出了光的波粒二象性，并得到普遍承认。

应用研究一直是光学研究的重要内容，因此形成了许多应用光学的分支和交叉学科，如光度学、色度学、干涉量度学、薄膜光学、海洋光学、大气光学、天文光学和生理光学等。1960年美国物理学家梅曼制成了第一台激光器，为人类提供了单色性、方向性和相干性很好的高亮度光源，使光学的理论和技术都有了新的突破，标志着光学这门历史悠久的学科又一次焕发了青春，成为现代物理学与现代科学技术的前沿学科。

激光的出现导致许多光学的新分支的产生，如激光物理、激光化学、傅里叶光学、信息光学、激光光谱学、统计光学、集成光学、非线性光学以及与激光通信有关的纤维光学，等等。光学这个古老而又欣欣向荣的学科，正以其快速的发展和应用改变着世界的面貌。

中国光学科学家王大珩

王大珩（1915—2011），原籍江苏苏州，1936 年毕业于清华大学物理系。中国科学院院士，中国工程院院士，国际宇航科学院院士，中国科协第三届副主席，中国光学界的重要学术奠基人、开拓者和组织领导者。开拓和推动了中国光学研究及光学仪器制造、特别是国防光学工程事业，曾获国家科技进步特等奖。在激光技术、遥感技术、计量科学、色度标准等方面都做出了重要贡献。他还是“两弹一星功勋奖章”获得者，是高科技“863”计划的主要倡导者，被称为“中国光学之父”。

“中国光学之父”—王大珩

1996 年，王大珩出资在中国科学技术发展基金会设立基金，用于“中国光学学会科技奖”的颁发。在 2000 年 3 月 31 日举行的中国光学学会常务理事会会议上，决定将该奖的名称改为“王大珩光学奖”。

与光学相关的诺贝尔物理学奖

- 1907 年，美国科学家迈克耳孙，因测量了光速。
- 1921 年，美籍德国犹太裔理论物理学家爱因斯坦，因阐明光电效应原理。
- 1953 年，荷兰科学家泽尔尼克，提出位相反衬观察法。
- 1964 年，苏联物理学家巴索夫、普罗霍罗夫和美国的汤斯，因对量子电子学的研究，导致微波激射器和激光器的发展。
- 1971 年，英国籍匈牙利裔物理学家伽柏，因提出波阵面再现原理。
- 1989 年，美国物理学家拉姆齐，因发展了原子精确光谱学和发明了分离振荡场方法以及将其用于氢微波激射器和原子钟。
- 1997 年，美籍华人朱棣文（Steven Chu），威廉·菲利普斯，法国科学家科恩·塔诺季，因发明用激光冷却和捕获原子的方法。
- 2009 年，英国华裔科学家高锟、美国科学家威拉德·博伊尔和乔治·史密斯，因在光纤维通信领域的突破性成就和发明半导体成像器件。

第十三章　波动光学

本章从光的波动性出发，研究光的干涉、衍射和偏振等现象发生的条件、规律及其应用。光是波长处于一定波段范围的电磁波，麦克斯韦电磁理论是波动光学的基础。随着科学技术的发展，现代许多高新技术中的精密测量和控制就应用了波动光学的原理。因此，波动光学对于了解和掌握现代科学技术十分重要。

第一节　波动光学的基本概念

一、光的电磁特征　光强

1. 光波是电磁波　19 世纪 60 年代，麦克斯韦（J. C. Maxwell，1831—1879）发表了一篇短而重要的论文《关于光的电磁理论》，明确地提出光是一种电磁波的观点。经实验测定表明，光在真空中的传播速率等于电磁波在真空中的传播速率；光与电磁波在两种不同介质分界面上都发生反射和折射；光与电磁波都能产生波动特有的干涉、衍射现象。以上事实以及用电磁波理论研究光学现象的结果都表明光是电磁波。

光既然是电磁波，则它应该是由振动的电场强度矢量和磁感应强度矢量组成。根据麦克斯韦电磁理论，光的传播模式如图 13-1 所示，光的电场强度 $\boldsymbol{E}$ 和磁场强度 $\boldsymbol{H}$ 做同步同频率的振动，振动方向相互垂直并且均与传播方向 $\boldsymbol{u}$ 垂直。$\boldsymbol{E}$ 和 $\boldsymbol{H}$ 各自与光传播方向 $\boldsymbol{u}$ 构成的平面分别称为的 $\boldsymbol{E}$ 振动面和 $\boldsymbol{H}$ 振动面。由于产生感光作用和生理作用的主要是电场强度矢量 $\boldsymbol{E}$，所以常取电场强度矢量 $\boldsymbol{E}$ 为光振动矢量，即**光矢量**（light vector），它的振动称为**光振动**（light vibration）。

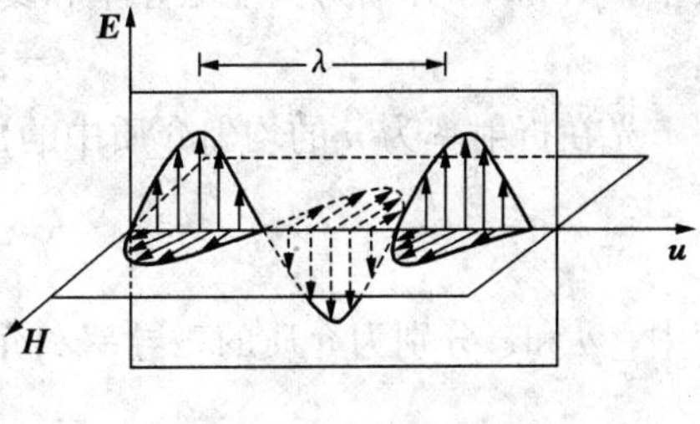

图 13-1　光的电磁振动

若用 $\boldsymbol{E}_0$ 和 $\boldsymbol{H}_0$ 分别表示平面简谐光波场矢量 $\boldsymbol{E}$ 和 $\boldsymbol{H}$ 的振幅矢量，ω 表示该光波的角频率（ω 与周期 T 的关系为 $\omega=2\pi/T$），φ_0 表示该光波的初相位。由麦克斯韦电磁理论可知，则沿 r 轴正向传播的单色平面简谐光波的电场强度 $\boldsymbol{E}$ 和磁场强度 $\boldsymbol{H}$ 可分别表示为

$$\boldsymbol{E}=\boldsymbol{E}_0\cos\left[\omega\left(t-\frac{r}{u}\right)+\varphi_0\right]=\boldsymbol{E}_0\cos\left(\omega t-\frac{2\pi r}{\lambda}+\varphi_0\right) \tag{13-1a}$$

$$\boldsymbol{H}=\boldsymbol{H}_0\cos\left[\omega\left(t-\frac{r}{u}\right)+\varphi_0\right]=\boldsymbol{H}_0\cos\left(\omega t-\frac{2\pi r}{\lambda}+\varphi_0\right) \tag{13-1b}$$

本章主要讨论光振动式（13-1a）的性质。

2. 光的波长范围　电磁波的波长范围很广，从无线电波、红外线、可见光、紫外线到 X 射线、γ 射线等都是电磁波。其中**可见光**（visible light）是一种波长范围很窄的电磁波，其频率范围为 $7.5\times10^{14}\sim3.9\times10^{14}$ Hz，对应波长为 400～770 nm。可见光不仅“可见”，还能给人以色感，从长波到短波依次呈现红、橙、黄、绿、青、蓝、紫七种颜色。表 13-1 列出了可见光中不同颜色的波长和频率范围。特定的频率显示出特定的颜色，我们把波长单一的光叫做**单色光**（monochromatic light）。一般光源所发出的光往往包含多种波长成分，如果光源发出的光的波长范围很窄，可称这种光为**准单色光**。波长范围越窄，单色性越好，如激光就具有单色性好的特点，但严格意义上的单色光实际上是不存在的。人眼对不同波长光的相对敏感度不同，人眼对可见光区的中心波长约为 555 nm 的黄绿光最敏感。

表 13-1 可见光不同颜色的波长和频率范围

光色	波长/nm	频率/Hz	中心波长/nm	中心频率/Hz
红	760～622	3.9×10^{14}～4.8×10^{14}	660	4.5×10^{14}
橙	622～597	4.8×10^{14}～5.0×10^{14}	610	4.9×10^{14}
黄	597～577	5.0×10^{14}～5.4×10^{14}	570	5.3×10^{14}
绿	577～492	5.4×10^{14}～6.1×10^{14}	540	5.5×10^{14}
青	492～470	6.1×10^{14}～6.4×10^{14}	480	6.3×10^{14}
蓝	470～455	6.4×10^{14}～6.6×10^{14}	460	6.5×10^{14}
紫	455～400	6.6×10^{14}～7.5×10^{14}	430	7.0×10^{14}

3. 光速 包括光波在内的电磁波在真空中的传播速度都相同，用 c 表示。根据麦克斯韦电磁理论证明

$$c=\frac{1}{\sqrt{\mu_0\varepsilon_0}} \tag{13-2}$$

其中，μ_0 和 ε_0 分别为真空磁导率和真空介电常量。将 μ_0 和 ε_0 的值带入式（13-2）可以算出

$$c=2.997\,9\times10^8\ \mathrm{m\cdot s^{-1}}$$

光在折射率为 n 的均匀介质中的传播速度为

$$u=\frac{1}{\sqrt{\mu\varepsilon}} \tag{13-3}$$

其中，μ 和 ε 分别为介质的磁导率和介电常量。而介质的折射率 n 为

$$n=\frac{c}{u} \tag{13-4}$$

若频率为 ν 的光在真空中的波长用 λ 表示，光在折射率为 n 的介质中的波长用 λ_n 表示。则

$$\lambda_n=\frac{u}{\nu}=\frac{c}{n\nu}=\frac{\lambda}{n} \tag{13-5}$$

真空中的光速是一个重要的物理常量。物理学家和天文学家们希望有一个不随测量精确度而变的光速值，加之光速的测定已达到很高的精确度，所以，1983 年第 17 届国际计量大会上把光速的值定义为 $c=299\,792\,458\ \mathrm{m\cdot s^{-1}}=299\,792.458\ \mathrm{km\cdot s^{-1}}$（一般常取 $3\times10^8\ \mathrm{m\cdot s^{-1}}$），并以光速取代了保存在巴黎国际计量局的铂制米原器被选作定义“米”的标准，即：**光在真空中 1/299 792 458 s 内通过的距离为 1 m。**

当取值在 4 位数字以内时，可以认为空气中的光速 $u=c$。

4. 光强 由于光波中的电场强度矢量 $\boldsymbol{E}$ 能引起视觉和光化学效应，则光的强弱与光矢量 $\boldsymbol{E}$ 有关。我们知道，表征电磁波能量传播的物理量是能流密度 $\boldsymbol{S}$（$\boldsymbol{S}=\boldsymbol{E}\times\boldsymbol{H}$），又称为坡印廷矢量。它的方向为能量传播的方向，其大小的物理意义为单位时间内通过与传播方向垂直

的单位面积截面的能量。在光学中通常把平均能流密度的大小称为**光强**（intensity of light），用 I 表示。I 与 E^2 成正比，在波动光学中，我们主要讨论光强的相对数值，因此在同一介质中可直接把光强定义为

$$I=E^2 \tag{13-6}$$

光强是表征光的能量传播的物理量，像的照度或干涉图样的明暗程度都正比于光强。

二、光源　光的相干性

1. 光源及其发光机理　能发光的物体称为**光源**（light source），从发光机理上光源可分为普通光源和激光光源。

常见**普通光源**发光的微观机理是处于激发态的原子或分子的自发辐射。按能量补给的方式不同，普通光源大致可分为两大类：一类是利用热能激发的光源称为**热光源**（heat light source），热光源发光的过程也是不断发热的过程，产生连续光谱，发光效率低，如白炽灯、高压汞灯、钠光灯等；另一类是利用化学能、电能或光能激发的光源，称为**冷光源**（cold light source），如日光灯、各种气体放电管等。对于热光源来说，光源中的原子吸收外界能量后，从基态跃迁到激发态，处于激发态的原子是不稳定的，它会自发地跃迁到低激发态或基态。通过这种跃迁，原子的能量减小，其减小的能量以电磁波的形式辐射出来。图 13-2 所示为氢原子的能级及发光跃迁图。

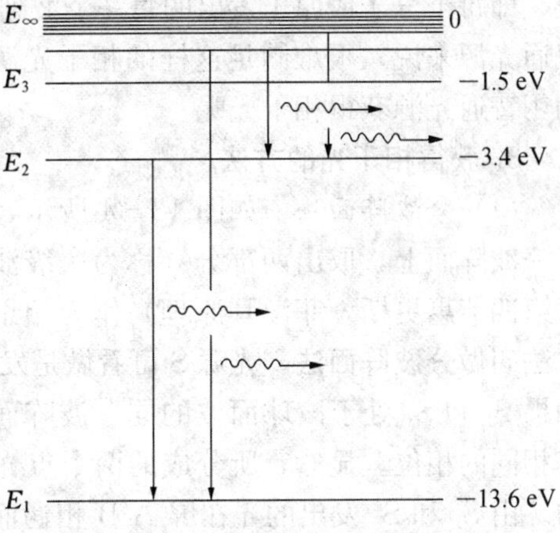

图 13-2　氢原子的能级及发光跃迁

一般来说，同一时刻，各个不同原子或分子所发出的电磁波的频率、振动方向、位相也不相同（随机性、独立性）；另外，原子或分子的发光是间歇的，每次发光的时间极短，约为 $10^{-10}\sim10^{-8}$ s（间歇性），每一次发光就只能发出一段长度有限、频率一定（实际上频率是在一个很小范围内）和振动方向一定的光波，如图 13-3 所示，这一段光波叫做一个**波列**。所发出的波列长度 L 在真空中等于发光的持续时间 t 和光速 c 的乘积，即 $L=ct$。对同一原子或分子来说，先后所发出的电磁波的频率、振动方向、位相也不可能完全相同。显然，普通光源发出的光并不是具有单一波长的单色光，而是由许多不同波长（或频率）的单色光叠加而成的复色光。实用中常需要采用滤光片、三棱镜、光栅等从复色光中获取近似单色的准单色光。

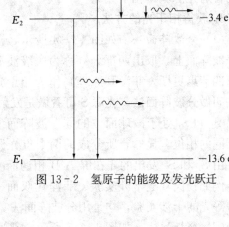

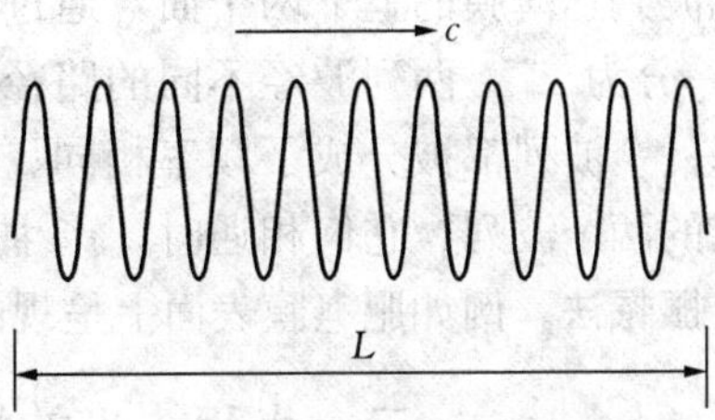

图 13-3　一个光波列示意图

激光光源与普通光源的自发辐射过程不同，激光器的发光机理是一种受激辐射（stimulated radiation）方式的能级跃迁，它是在一定频率的外界光子的“诱导”下，处于高能级的粒子向低能级跃迁而发射光子的过程（激光产生的机理详见本章后面的拓展阅读料）。受激辐射的光子（激光），与外来光子同频率、同振动方向和同相位。因此，激

光具有亮度高、方向性强、单色性好、相干性好等特点，使之在各个领域有着广泛的应用。

2. 相干光　在第十二章中我们讨论了机械波的叠加原理，两列机械波满足相干条件（频率相同、振动方向相同、相位差恒定），在相遇的区间将产生干涉现象。同样，若两束光满足了相干条件，也能产生干涉现象，我们把满足相干条件的光称为**相干光**（coherent light），对应的光源称**相干光源**（coherent light source）。

由普通光源发光的微观机理可知，对于两个完全独立的普通光源来说它们所发出的光是非相干的。如房间的两盏灯同时打开不能看到干涉现象，只是简单的亮度相加，不会产生明暗相间的干涉条纹。根据相干光的条件，如果将一个普通点光源所发出的每一束光分成两束，即每个分子或原子发出的每一个波列都一分为二，这样分出的两束光为相干光。但对于普通光源来说，很难满足这样的相干光源的条件，那么如何利用普通光源获得相干光呢？

3. 获得相干光的方法

（1）分波阵面法　如图 13-4 所示，在同一光源发出的某一波阵面上，取出两部分（称为次级波源或子波源，见本章第四节惠更斯—菲涅耳原理）作为相干光源的方法，这种方法叫做**分波阵面法**。光源 S 可看做是发射球面波的点光源，如果 S_1 和 S_2 处于该球面波的同一波阵面上，则它们振动具有相同的相位。显然，所分成的两个点光源是满足相干条件的。由 S_1 和 S_2 发出的光在屏 $A'B'$ 相遇而叠加，形成干涉条纹。例如杨氏双缝干涉实验、菲涅耳双面镜实验、洛埃德镜实验等光的干涉实验，均是用分波阵面法实现的干涉。

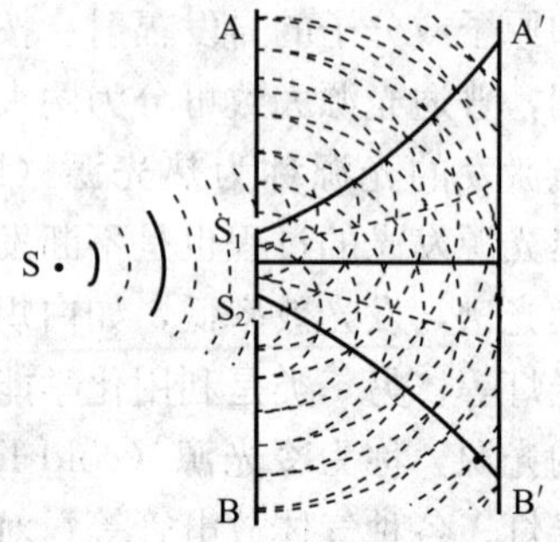

图 13-4　分波阵面法获得相干光

（2）分振幅法　如图 13-5 所示，普通光源 S 上发出的光波到达薄膜的上下两个面，通过光的反射和折射，使光波“一分为二”，两列波经不同的路径传播并相遇。这时原来的每一个波列都被分成了频率相同、振动方向相同、相位差恒定的两个波列，它们相遇时，产生干涉现象，这种方法叫做**分振幅法**。例如肥皂膜表面上呈现的彩色条纹。

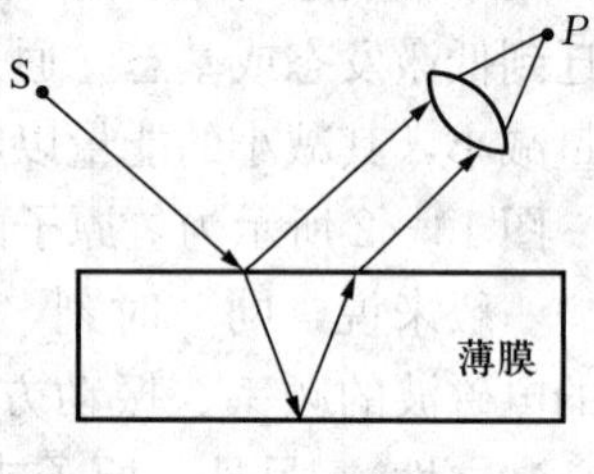

图 13-5　分振幅法获得相干光

三、光程　光的相干叠加

1. 光程　光程差　相位差的计算在分析光的干涉现象时十分重要。为了便于计算相干光在不同介质中传播相遇时的相位差，我们引入光程这一概念。如图 13-6 所示，对于光波，它在均匀介质 n 中行进，经过的几何路程 r 与介质的折射率 n 的乘积 nr 定义为**光程**（optical path），用 L 表示。在均匀介质中，光程为

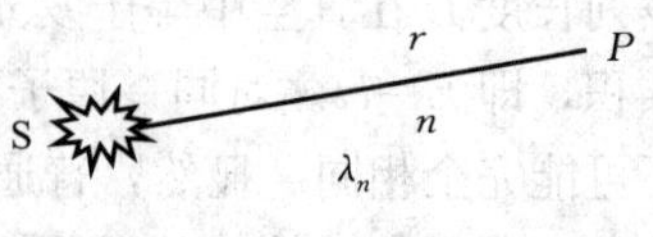

图 13-6　光　程

$$L=nr=c\frac{r}{u}=c\Delta t \tag{13-7a}$$

该式表明，**光在介质中的光程（nr）就等于在相同时间内光在真空中通过的路程**（$c\Delta t$）。这也正是将 nr 称为光程的原因。

当一束光连续通过几种介质时，则

$$L=\sum_i n_i r_i \tag{13-7b}$$

如果光源 S_1 和 S_2 发出的两列波分别在折射率为 n_1 和 n_2 的介质中传播，相遇点 P 与光源 S_1 和 S_2 的距离分别为 r_1 和 r_2，如图 13-7 所示，则两束光的**光程差**（optical path difference）为

$$\delta=L_2-L_1=n_2r_2-n_1r_1 \tag{13-8}$$

当 $n_2=n_1=1$ 时，则有 $\delta=r_2-r_1$，这时的光程差就是光在真空中传播的几何路径之差。根据以上讨论可知，即便两束光传播的几何路程相同，光程也可能是不同的。例如，在图 13-8中，从 S_1 和 S_2 发出的两相干光，在距 S_1 和 S_2 等距离的 P 点相遇。其中一束光 S_1P 通过空气（空气折射率 $n=1$），另一束光 S_2P 还通过了长为 d、折射率为 n 的介质。虽然这两束光通过的几何路程都是 r，但 S_1P 的光程为 $L_1=r$，而 S_2P 的光程则为

$$L_2=(r-d)+nd=r+(n-1)d>r，则\ \delta=(n-1)d$$

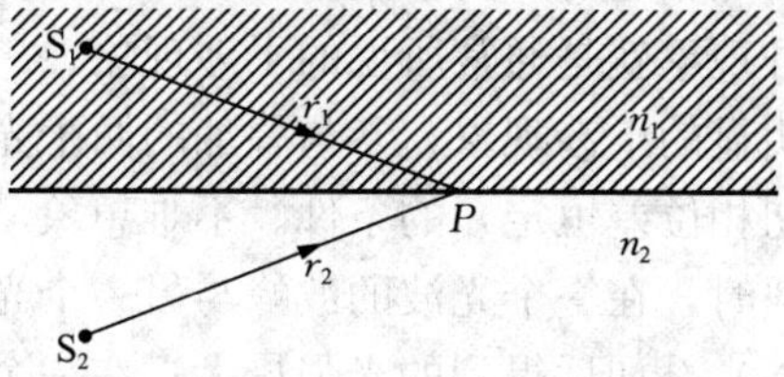

图 13-7　两相干光在不同介质中传播

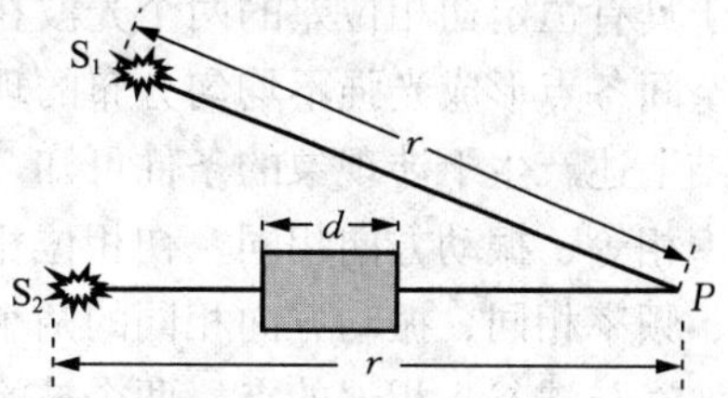

图 13-8　光程与介质

2. 光的相干叠加　在图 13-7 中，设光源 S_1 和 S_2 发出的两列光波为频率相同、初位相相同（即 $\varphi_{10}=\varphi_{20}$）的相干光，两列光波在空间中某点 P 的光振动可分别表示为

$$E_1=E_{10}\cos\left(\omega t-\frac{2\pi r_1}{\lambda_1}\right) \tag{13-9a}$$

$$E_2=E_{20}\cos\left(\omega t-\frac{2\pi r_2}{\lambda_2}\right) \tag{13-9b}$$

其中，E_{10} 和 E_{20} 分别表示两个光振动的振幅，ω 为两个光振动的角频率，λ_1 和 λ_2 是两列光波在介质中的波长。

当两列同频率同振动方向的光波分别经过 r_1 和 r_2 的距离在空间某点 P 相遇时，P 点的光振动应该是两列光波分别引起的光振动的叠加。因此，P 点的光振动应由下式决定

$$E=E_1+E_2=E_0\cos(\omega t+\varphi_0) \tag{13-10}$$

将式（13-9a）和（13-9b）代入式（13-10），展开后可以解得

$$E_0=\sqrt{E_{10}^2+E_{20}^2+2E_{10}E_{20}\cos\Delta\varphi} \tag{13-11}$$

$$\varphi_0=\arctan\frac{E_{10}\sin\dfrac{2\pi r_1}{\lambda_1}+E_{20}\sin\dfrac{2\pi r_2}{\lambda_2}}{E_{10}\cos\dfrac{2\pi r_1}{\lambda_1}+E_{20}\cos\dfrac{2\pi r_2}{\lambda_2}} \tag{13-12}$$

设 λ 是两波在真空中的波长，由于 $\lambda_1=\dfrac{\lambda}{n_1}$，$\lambda_2=\dfrac{\lambda}{n_2}$，则两振动在 P 点的位相差为

$$\Delta\varphi=-2\pi\left(\frac{r_2}{\lambda_2}-\frac{r_1}{\lambda_1}\right)=-\frac{2\pi}{\lambda}(n_2r_2-n_1r_1)=-\frac{2\pi}{\lambda}\delta \tag{13-13}$$

将式（13-11）两端平方，并根据式（13-6），可得 P 点合振动的光强为

$$I=I_1+I_2+2\sqrt{I_1I_2}\cos\Delta\varphi \qquad (13-14)$$

其中 $I=E_0^2$、$I_1=E_{10}^2$、$I_2=E_{20}^2$，I_1 和 I_2 分别为光源 S_1 和 S_2 单独在 P 点产生的光强。

根据式（13-14）可知，光振动叠加后，第三项中的余弦函数 $\cos\Delta\varphi$ 随空间位置的变化而变化，由它决定了空间各点的实际光强。由于在空间不同点 r_1 和 r_2 不同，因而在空间不同点可能会有不同的光强。当 $\cos\Delta\varphi=1$ 时，P 点的光强最大；当 $\cos\Delta\varphi=-1$ 时，P 点的光强最小。由此，我们可以得到相干光干涉加强和减弱的条件为

$$\Delta\varphi=-\frac{2\pi}{\lambda}\delta=\begin{cases}\pm 2k\pi, & k=0,1,2,3,\cdots\text{（干涉加强）}\\ \pm(2k+1)\pi, & k=0,1,2,3,\cdots\text{（干涉减弱）}\end{cases} \qquad (13-15a)$$

用光程差表示为

$$\delta=\begin{cases}\pm k\lambda, & k=0,1,2,3,\cdots\text{（干涉加强）}\\ \pm(2k+1)\dfrac{\lambda}{2}, & k=0,1,2,3,\cdots\text{（干涉减弱）}\end{cases} \qquad (13-15b)$$

由于具有恒定初相位差的两个光波在空间不同点相遇时，两个光波有不同的光程差，因而会在空间各点形成光强不均匀分布的现象，这种现象就是通常所说的干涉现象。

总结上述产生干涉现象的条件可知，要出现明显的干涉现象，参与叠加的两个光波必须满足频率相等、振动方向相同、初相位相等（或初相位差恒定）的条件。不难想象，当初相位相等、频率相同、振动方向相同的两个光波相遇时，在一个光波的波峰与另一个光波的波峰（或波谷与波谷）相遇的点，两个波峰（或波谷）叠加后得到的光强最大；在一个光波的波峰与另一个光波的波谷相遇的点，波峰与波谷叠加后使光强减弱。

3. 透镜的等光程性　在观察光的干涉和衍射现象时，经常要用到透镜。透镜的插入，对光路中的光程差会产生什么影响呢？如图 13-9 或图 13-10 所示，入射的平行光通过透镜后，会聚到焦平面（通过焦点垂直于透镜中轴线的平面）上 F 或 F' 点，光从 A、B、C 到 F 或 F' 点，在空气中行进的几何路程虽然不同，但两者的光程是相等的。例如在图 13-9 中正入射的平行光线 BbF 的几何路程比 AaF 短，但是前者在透镜中的一段路程比后者长，而透镜材料的折射率大于空气中的折射率，如果折算成光程，通过计算可以证明两者的光程相等。对于斜入射的平行光这一结果同样正确。所以**透镜不产生附加光程差，透镜只改变光线的传播方向。**

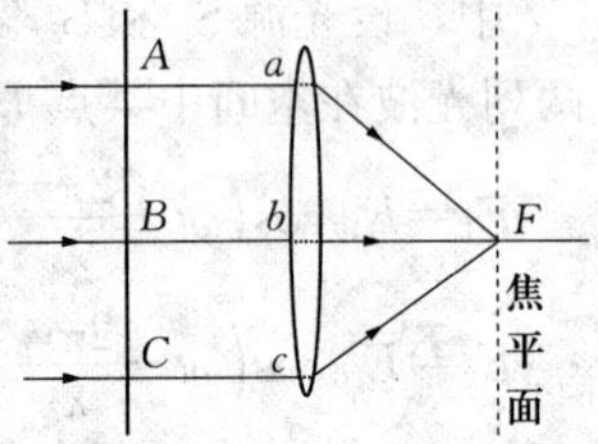

图 13-9　正入射的平行光

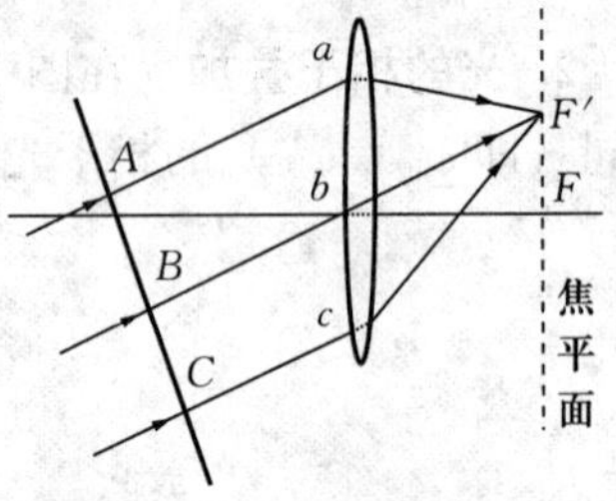

图 13-10　斜入射的平行光

第二节　分波阵面法干涉

一、杨氏干涉

1801 年，英国人托马斯·杨（Thomas Young，1773—1829）首次用普通光源实现了光的干涉实验。杨氏干涉实验是最早用实验装置观察双光束干涉的实验，实现了用分波振面法获得相干光源，为光的波动理论奠定了实验基础。杨氏使一个点光源发出的光通过两个小

孔，将其分成两个部分，让它们重新相遇而叠加，如图 13－11 所示，结果在屏上观察到了干涉图样，如图 13－12(a) 所示。为了提高干涉条纹的亮度，后来人们改用狭缝代替上述小孔，即用柱面波代替球面波，这种实验就叫**杨氏双缝干涉实验**。光源经缝后产生干涉图样，如图 13－12(b) 所示，称**杨氏双缝干涉图样**。由于其构思之巧妙，装置之简单，条纹之明显，使得这个实验在波动光学中具有划时代的意义，它成为了光的波动学说的立论基础之一，被誉为物理学中最美的实验之一。

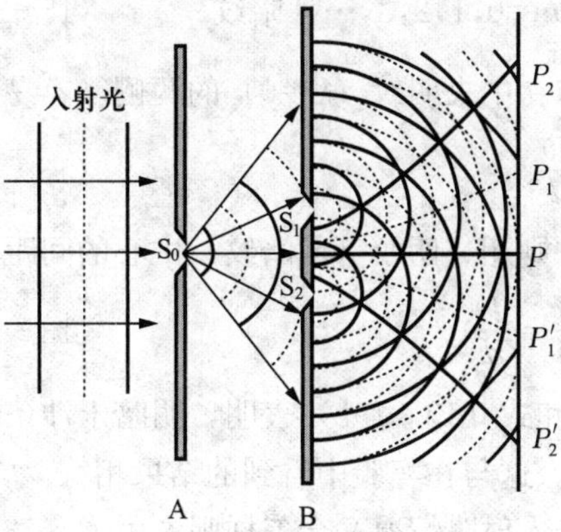

图 13－11　杨氏双缝干涉实验图

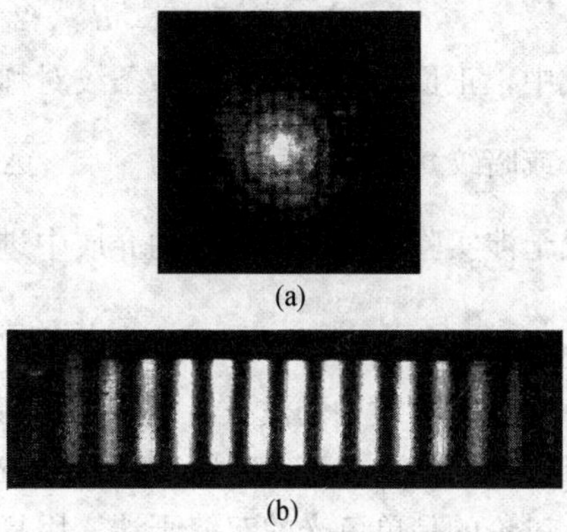

图 13－12　杨氏干涉图样

下面用干涉的理论讨论接收屏上明暗相间的干涉条纹形成的原因。图 13－13 为杨氏双缝干涉实验的光路图，设双缝间的距离为 d，缝与光屏的距离为 D，双缝的中垂线与光屏交于 O 点。S_1 和 S_2 可视为两个相干光源，对屏上任一点 P，从 S_1 和 S_2 到 P 的距离分别为 r_1 和 r_2。P 点光的强度仅由从 S_1 和 S_2 发出的光到 P 点的光程差决定。在通常的实验中，两个光路中的介质为空气，$n_1=n_2=1.0$，$D\gg d$，θ 角很小。由图 13－13 可见，从 S_1 和 S_2 发出的光到 P 点的光程差为

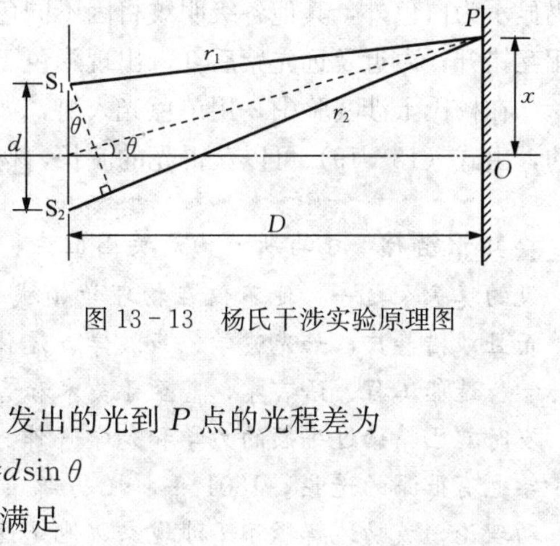

图 13－13　杨氏干涉实验原理图

$$\delta=r_2-r_1\approx d\sin\theta$$

由式（13－15）知，在 P 点发生干涉加强的条件满足

$$d\sin\theta=\pm k\lambda,\ k=0,1,2,3,\cdots \tag{13-16}$$

由该式可以确定明条纹中心的角位置 θ，其中 k 称为明条纹的级次。$k=0$ 时得中央明纹的角位置，$k=1,2,\cdots$时分别得± 1 级，± 2 级，…明纹的角位置。k 常称为**干涉级**（order of interference）。

同理，由式（13－15）可知在 P 点产生干涉减弱时满足

$$d\sin\theta=\pm(2k+1)\frac{\lambda}{2},\ k=0,1,2,3,\cdots \tag{13-17}$$

$k=0$ 时可得到± 1 级暗纹的角位置，$k=1,2,\cdots$时可得± 2，± 3，…级暗纹的角位置。

根据上述讨论，很容易得出明暗条纹在屏上的具体位置。若以 x 表示 P 点在屏上的位

置，由于θ很小，则由图 13-13 可得如下关系

$$x=D\tan\theta,\ \sin\theta\approx\tan\theta=\frac{x}{D}$$

代入式（13-16）和式（13-17）可得屏上明、暗纹中心的位置为

$$x=\pm k\frac{D}{d}\lambda,\quad k=0,1,2,3,\cdots\quad \text{明纹} \tag{13-18a}$$

$$x=\pm(2k+1)\frac{D}{d}\cdot\frac{\lambda}{2},\quad k=0,1,2,3,\cdots\quad \text{暗纹} \tag{13-18b}$$

以上两式中，正负号表示各级干涉条纹对称分布在中央明纹（$k=0$）的两侧。容易证明，相邻明纹（或暗纹）中心的间距均为

$$\Delta x=\frac{D}{d}\lambda \tag{13-19a}$$

如果杨氏干涉实验在折射率为n的介质中进行，则相邻明纹（或暗纹）中心的间距为

$$\Delta x=\frac{D}{d}\cdot\frac{\lambda}{n}=\frac{D}{d}\lambda_n \tag{13-19b}$$

式中，λ_n为光在介质中的波长。式（13-19a）和式（13-19b）表明，明暗干涉条纹的间距Δx均与级次k无关，因而条纹分布是等间距的。这与在实验中看到的结果相符。

以上讨论的是单色光的双缝干涉，用复色光入射时情况又会怎样呢？由式（13-18）可知，相邻明纹（或暗纹）的间距和波长成正比。波长越小的光形成的干涉条纹离中心越近，且条纹间距越窄。因此，如用白光入射，则除了$k=0$的中央明纹的中心因各单色光重合而仍显示为白色外，其他各级明纹将因不同色光的波长不同，而使得它们的极大所出现的位置相互错开，由近及远先紫后红，出现彩色干涉条纹。

在杨氏干涉实验中，用单色光入射，如果测出了条纹间距Δx，则由于D和d都是已知的，由式（13-19）可以获得光的波长，杨氏就是用这种方法第一次测定了光的波长。

知识链接 托马斯·杨是英国医生、物理学家，光的波动说的奠基人之一。他不仅在物理学领域领袖群英、名享世界，而且涉猎甚广，如光波学、声波学、流体动力学、数学、动物学、造船工程、语言学，甚至于美术和音乐等。托马斯·杨 17 岁时就已精读过牛顿的力学和光学著作。他是医生，但对物理学也有很深的造诣。1801 年，托马斯·杨发展了惠更斯的波动理论，成功地解释了干涉现象。他是这样阐述他的干涉原理的：“当同一束光的两部分从不同的路径，精确地或者非常接近地沿同一方向进入人眼，则在光线的路程差是某一长度的整数倍处，光将最强，而在干涉区之间的中间带则最弱，这一长度对于不同颜色的光是不同的。”他明确指出，要使两部分光的作用叠加，必须是发自同一光源。这是他获得相干光源，用实验成功地演示干涉现象的关键。许多人想尝试这类实验往往都因用的是两个不同的光源即非相干光源而失败。

图 13-14 托马斯·杨

(Thomas Young，1773—1829)

双缝干涉实验为托马斯·杨的波动学说提供了很好的证据，这对长期与牛顿的名字连在一起的光的微粒说是严重的挑战。托马斯·杨说得好：“尽管我仰慕牛顿的大名，

但我并不因此非得认为他是百无一失的。我遗憾地看到他也会弄错，而他的权威也许有时甚至阻碍了科学的进步。”

和许多新理论一样，托马斯·杨由于提出干涉原理而受到当时一些牛顿的支持者和权威学者的围攻，认为托马斯·杨的文章“没有任何价值”，“称不上是实验”，干涉原理是“荒唐”和“不合逻辑”的等。导致杨的革命性的“波动”概念被英国科学界冷落了将近 20 年。1809 年，法国的马吕斯（E. L. Malus）发现偏振现象，并认为找到了决定性的证据，证明光的波动理论与事实矛盾。然而，托马斯·杨面对困难并没有动摇自己的科学信念，他写信给马吕斯说：“您的实验证明了我采用的理论（即光的干涉理论）有不足之处，但是这些实验并没有证明它是虚伪的。”经过几年的研究，托马斯·杨逐渐领悟到要用横波概念来代替纵波，这为光学理论的发展奠定了基础。

例题 13-1　在杨氏实验中，双缝间距为 0.45 mm，使用波长为 540 nm 的光观测。(1) 要使光屏上相邻明纹的间距为 1.2 mm，光屏应距离双缝多远？(2) 若用折射率为 1.5、厚度为 9.0 μm 的薄玻璃片遮盖住狭缝 S_2，参见图 13-13 光屏上的干涉条纹将发生什么变化？

解：(1) 根据光屏上相邻明纹干涉条纹间距的表示式

$$\Delta x=\frac{D}{d}\lambda$$

光屏与双缝的距离为　$D=\dfrac{d\Delta x}{\lambda}=\dfrac{0.45\times10^{-3}\times1.2\times10^{-3}}{540\times10^{-9}}=1.0(\text{m})$

(2) 在 S_2 未被玻璃片遮盖时，中央明条纹的中心应处于 $x=0$ 的地方。遮盖厚度为 h 的玻璃片后，参与叠加的两束光的光程差为

$$\delta=(nh+r_2-h)-r_1=h(n-1)+(r_2-r_1)=h(n-1)+\frac{d}{D}x$$

对中央明纹，$\delta=0$，即　$h(n-1)+\dfrac{d}{D}x=0$

由此解得遮盖厚度为 h 的玻璃片后中央明纹的位置为

$$x=-\frac{h(n-1)D}{d}=-\frac{(1.5-1)\times9.0\times10^{-6}\times1.0}{0.45\times10^{-3}}=-1.0\times10^{-2}(\text{m})$$

即干涉条纹整体向下平移了 10 mm。

二、洛埃镜实验　半波损失

受杨氏实验的启发，人们又先后提出了菲涅耳双棱镜实验、菲涅耳双平面镜实验和洛埃镜实验等多种实验方案，这些实验都属于分波阵面法干涉，它们无一例外地显示出了光的干涉现象。其中洛埃镜实验最值得引起注意，因为它还显示了光波动性的另一种现象——半波损失现象。

图 13-15 为洛埃（H. Lloyd，1800—1881）在 1834 年提出的一种简单的干涉实验装置。S_1 是一个狭缝光源，M 为一块平面镜即称为洛埃镜，用作反射镜。从 S_1 光源发出的光波，一部分掠射（即入射角接近 90°）到洛埃镜上，经表面反射到达屏上，反射光可看作是从 S_1 光源的虚光源 S_2 发出的；另一部分直接射到屏上。S_1 与 S_2 这一对镜像光源构成了一对相干光源，如图 13-15(a) 所示。这两部分光在屏上相遇叠加，出现了干涉条纹。

在这个实验中，按照干涉理论，S_1 与 S_2 发出的光到达 O 点相遇时的光程差为零，O 点应该出现明条纹。有趣的是，若把屏幕由 P 位置移到 P' 位置，在屏幕与洛埃镜的交点 O 处出现了暗条纹，如图 13－15(b) 所示。出现暗条纹的实验事实说明了，虽然亮光的光程相同，但相位相反。这只能认为光从空气掠射到洛埃镜而发生反射时，反射光有相位 π 的突变。由于这一相位的突变，使得 S_1 发出的光经镜面反射比直接入射到屏幕上的光多走或少走了 $\lambda/2$ 的光程，在 O 点叠加时满足暗条纹的条件，这样在 O 点才会观察到暗条纹。

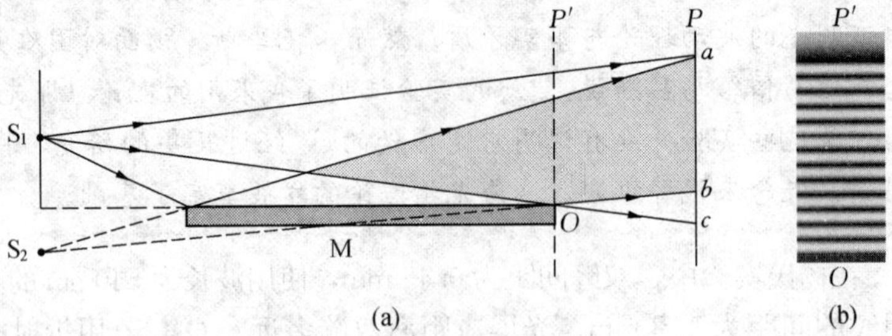

图 13－15 洛埃镜实验

现在已经确认，当光从光疏介质正入射或掠入射到光密介质的分界面上时，在入射点，反射光的光矢量的振动方向与入射光的光矢量的振动方向相反（相位突变了 π），这种现象叫做**半波损失**（half－wave loss）。从波动理论知道，波的振动方向相反相当于波少走（或多走）了半个波长的光程，故称为“半波损失”。光的半波损失现象还得到了其他实验的进一步证明，并由光的电磁理论给出合理的解释，因而它也成为光的波动说的又一个实验证据。

在计算光程差时是否要考虑半波损失（$\lambda/2$），理论上的讨论较为复杂，可从如下两点进行判断：

(1) 对于双层介质，光由介质 $n_1 \to n_2$。当光从折射率小的光疏介质，正入射或掠入射于折射率大的光密介质时，即 $n_1 < n_2$ 时，反射光有半波损失；反之，若 $n_1 > n_2$，反射光没有半波损失。

(2) 对于三层介质，光由介质 $n_1 \to n_2 \to n_3$。折射率依次增大（$n_1 > n_2 > n_3$）时，反射光在两个介质分界面上均有半波损失；折射率依次减小（$n_1 < n_2 < n_3$）时，反射光在两个介质分界面上均无半波损失。这两种情况下，在计算光程差时不必考虑半波损失；反之，当 $n_1 < n_2 > n_3$ 或 $n_1 > n_2 < n_3$ 时，都要考虑半波损失。

(3) 对于多层介质，在计算光程差时是否考虑半波损失，要依据上述规则分别分析。

第三节 分振幅法干涉

在了解了杨氏干涉以后，或许会给人造成一种印象，要想看到干涉那奇特的花纹必须借助特殊的实验装置。然而，在自然界中无需特殊的装置也可以观察到光的干涉现象。例如，在日光的照射下，水面上的油膜、肥皂泡、金属表面氧化层膜以及许多昆虫（如蜻蜓、蝉、甲虫）和鸟类的翅膀上都可以看到色彩斑斓的花纹，这些花纹都是干涉的结果，这类干涉常称**薄膜干涉**（film interference）。薄膜可以是某种透明介质形成的厚度很薄的一层介质膜，也可以是两块玻璃板之间的空气薄层。薄膜干涉属于**分振幅法干涉**（amplitude - splitting interference）。

对薄膜干涉现象的详细分析比较复杂，本书仅讨论两种有实际意义的薄膜干涉：一是两表面平行的薄膜产生的等倾干涉，干涉条纹定域在无穷远处；二是两表面不平行的薄膜产生的等厚干涉，干涉条纹定域在薄膜表面附近。这两种干涉的理论较为简单，而且实际应用广泛。它们都可采用扩展光源，使干涉条纹的光强较强，易于观察。

一、等倾干涉

1. 等倾干涉　我们先来讨论光线入射在厚度均匀的平面薄膜上产生的干涉现象。如图 13 - 16(a) 所示，有一束光线斜入射到厚度为 e 的均匀平面薄膜上，光线在入射点 A 处分成反射光和折射光两部分。折射光经下表面反射后又从上表面射出形成光线 2，由于这样形成的两条相干光线 1 和 2 是平行的，所以它们只能在无穷远处相交而发生干涉。在实验室中，为了能在有限远处观察到干涉条纹，使用凸透镜让这两束光线会聚相交于焦平面上一点 P，从而在此处产生干涉。

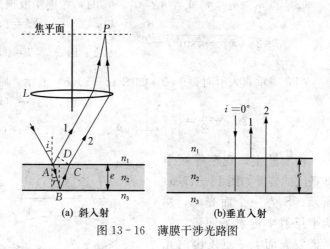

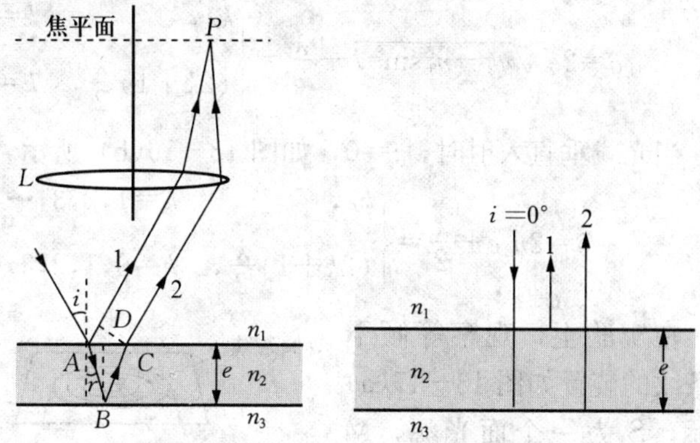

(a) 斜入射　(b)垂直入射

图 13 - 16　薄膜干涉光路图

现在来计算两光线 1 和 2 在 P 点相遇时的光程差。已知光线的入射角为 i，折射角为 r，作 $CD\perp AD$，根据透镜的等光程性，从 C、D 两点光线 1 和 2 到达 P 点时不产生附加光程差，所以它们的光程差就是光线经过 ABC 和 AD 两段所产生光程的差。根据折射率的相对大小关系，两光线的光程差可分为两种情况：

(1) 当 $n_1>n_2>n_3$ 或者 $n_1<n_2<n_3$ 时，两光线都产生半波损失或者都不产生半波损失，在计算光程差时不计入 $\lambda/2$ 的附加光程差。所以此时两束光的光程差为

$$\delta=n_2(AB+BC)-n_1AD$$

由图 13 - 16(a) 可知，$AB=BC=\dfrac{e}{\cos r}$，$AD=AC\sin i=2e\tan r\sin i$，再利用折射定律 $n_1\sin i=n_2\sin r$，整理得

$$\delta=2n_2e\cos r=2e\sqrt{n_2^2-n_1^2\sin^2 i} \qquad (13-20)$$

(2) 当 $n_1>n_2<n_3$ 或者 $n_1<n_2>n_3$ 时，两束光线中，其中一条产生半波损失而另一条不产生半波损失，在计算光程差时要计入 $\lambda/2$ 的附加光程差。所以此时两束光的光程差为

$$\delta=2e\sqrt{n_2^2-n_1^2\sin^2 i}+\frac{\lambda}{2} \qquad (13-21)$$

以上两式表明，光程差决定于倾角（即入射角 i）。因此，凡是以相同倾角 i 入射到厚度均匀的平面薄膜上的光线，经膜上、下表面反射后产生的相干光束有相等的光程差，这样形成的干涉条纹称为**等倾干涉**（equal inclination interference）。

根据光的干涉条件，我们来讨论干涉明纹和暗纹满足的条件：

(1) 当 $n_1>n_2>n_3$ 或者 $n_1<n_2<n_3$ 时，不考虑半波损失。对于入射角为 i，有

$$\delta=2e\sqrt{n_2^2-n_1^2\sin^2 i}=\begin{cases}k\lambda, & k=1,2,3,\cdots\text{（明纹）}\\(2k+1)\dfrac{\lambda}{2}, & k=0,1,2,3,\cdots\text{（暗纹）}\end{cases}\tag{13-22a}$$

当光线垂直入射时，$i=0$，如图 13-16(b) 所示，则有

$$\delta=2n_2e=\begin{cases}k\lambda, & k=1,2,3,\cdots\text{（明纹）}\\(2k+1)\dfrac{\lambda}{2}, & k=0,1,2,3,\cdots\text{（暗纹）}\end{cases}\tag{13-22b}$$

(2) 当 $n_1>n_2<n_3$ 或者 $n_1<n_2>n_3$ 时，考虑半波损失。对于入射角为 i，有

$$\delta=2e\sqrt{n_2^2-n_1^2\sin^2 i}+\frac{\lambda}{2}=\begin{cases}k\lambda, & k=1,2,3,\cdots\text{（明纹）}\\(2k+1)\dfrac{\lambda}{2}, & k=0,1,2,3,\cdots\text{（暗纹）}\end{cases}\tag{13-23a}$$

当光线垂直入射时，$i=0$，如图 13-16(b) 所示，则有

$$\delta=2n_2e+\frac{\lambda}{2}=\begin{cases}k\lambda, & k=1,2,3,\cdots\text{（明纹）}\\(2k+1)\dfrac{\lambda}{2}, & k=0,1,2,3,\cdots\text{（暗纹）}\end{cases}\tag{13-23b}$$

在实验上，观察等倾干涉条纹的装置如图 13-17(a) 所示。S 为一个面光源，M 为半反射半透射平面镜。先考虑发光面上一点发出的光线，这些光线中以相同倾角入射到膜表面上的光线应该在同一个锥面上，它们的反射线经透镜 L 会聚后分别相交于焦平面上的同一个圆周上。因此，形成的等倾条纹是一组明暗相间的同心圆环。

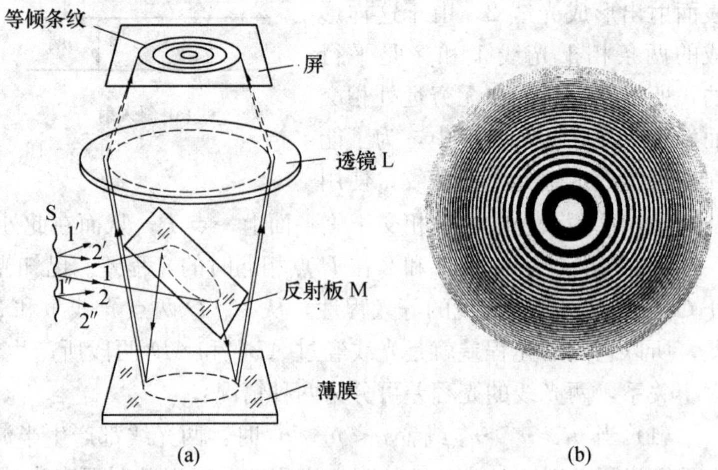

图 13-17　观察等倾干涉的实验装置

光源上每一点发出的光束都产生一组相应的干涉圆环。由于方向相同的平行光线将被透镜会聚在焦平面上同一点，与光线从何处来无关，所以，在由光源上不同点发出的光线中，凡有相同倾角的光线形成的干涉环都将重叠在一起，总光强为各个干涉环光强的非相干叠加。因而，条纹明暗对比更加鲜明，这也就是观察等倾条纹时使用面光源的道理。等倾干涉的图像是一组内疏外密的圆环，如图 13-17(b) 所示。由式 (13-22)、式 (13-23) 可见，入射角 i 越小的光线所形成的环纹的级次 k 越高，即内环纹的级次比外环纹的级次高。

2. 增透膜与增反膜　利用等倾干涉的原理可以测定薄膜的厚度或波长，除此之外，还可用以提高光学仪器的透射或反射本领。当光线入射到两种介质的分界面上时，如光线从空气入射到玻璃表面上，发生了反射和折射，会造成光能量的损失。一般说来，光射到光学元件表面时，其能量要分成反射与透射两部分，于是透过来的光能（强度）或反射出的光能都

要相对原光能减少。透镜越多，损失的光能越多，为了减少这种损失，在现代光学仪器中，人们常在透镜表面镀上一层薄膜，并恰当选择薄膜的厚度和折射率，使得入射光的反射最小，透射光最强，这种能使透射光增强的薄膜叫做**增透膜**（reflection reducing coating）。

另一方面，在有些光学系统中，又要求某些光学元件具有较高的反射本领，例如，激光中的反射镜要求对某种频率的单色光的反射率在99%以上，为了增强反射能量，常在玻璃表面上镀一层高反射率的透明薄膜，利用薄膜上、下表面反射光的光程差满足干涉加强条件，从而使反射光增强，这种薄膜叫**增反膜**（reflection increasing film）。

最简单的单层增透膜如图 13－18 所示。设膜的厚度为 e，光线垂直入射膜表面，即 $i=0°$。我们分析在膜上表面 A 点入射的光线，由于在膜的上、下表面反射时都有半波损失，在计算光程差时不计入 $\lambda/2$ 的附加光程差。由式（13－22b）可知，此时 1、2 两束光的光程差等于 $2n_2e$。两反射光干涉相消时应满足关系

$$2n_2e=(2k+1)\frac{\lambda}{2},\ k=0,1,2,3,\cdots$$

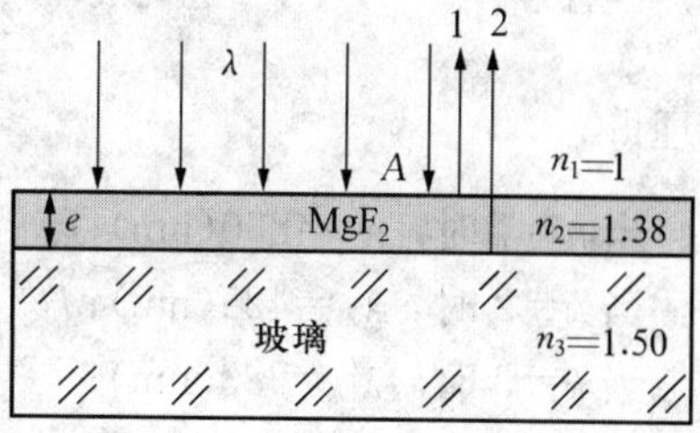

图 13－18　增透膜

当 $k=0$ 时，膜的厚度最小 $e=\frac{\lambda}{4n_2}$。由于反射光相消，因而透射光加强，起到了增透膜的作用。

需要注意的是，一定厚度的薄膜只对某一波长的光有增透作用，并不是对任意波长的光都起增透作用。例如照相机镜头表面呈现蓝紫色，这是由于镜头上都镀有一层增透膜，使可见光中的黄绿光（550 nm）在薄膜表面反射时干涉相消，当光线入射到镜头上时，人眼看不到黄绿光反射，而能看到远离 550 nm 的蓝紫光反射，所以呈现蓝紫色。

图 13－19 所示是有多层镀膜的干涉滤光片。在玻璃表面上交替地镀上折射率 n 和厚度 e 不相同的多层薄膜，恰当地选择它们的折射率和厚度，使得某种波长范围较窄的光通过，使得这组薄膜对此光起到增透作用，在透射光中得到此单色光，该组合称为**透射式干涉滤光片**（interference filter）。如果这组薄膜对此光起到增反作用，在反射光中能得到此单色光，这种镀膜的玻璃片称为**反射式干涉滤光片**。

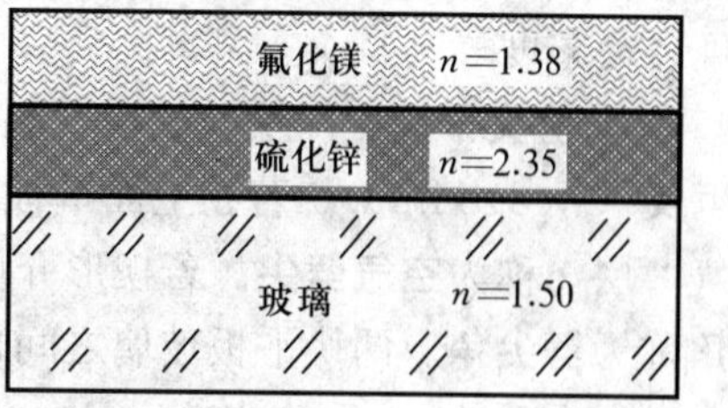

图 13－19　干涉滤光片

例题 13－2　空气中有一水平肥皂膜，设折射率为 $n=1.33$，厚度为 $e=3.20\times10^{-7}$ m，如果用白光垂直照射，试判断：(1) 该膜的正面呈什么颜色？(2) 背面呈什么颜色？

解：(1) 光在肥皂膜上表面反射时有半波损失，而光在肥皂膜下表面反射时没有半波损失。因而，肥皂膜上、下表面反射光的光程差为

$$\delta=2ne+\frac{\lambda}{2}$$

在正面看到什么颜色，是指这一颜色光经膜反射后应满足干涉加强的条件，即

$$2ne+\frac{\lambda}{2}=k\lambda(k=1,2,\cdots)$$

整理得
$$\lambda=\frac{4ne}{2k-1}=\frac{1\,700}{2k-1}$$

当 $k=1$ 时，$\lambda_1=1\,700(\text{nm})$；

当 $k=2$ 时，$\lambda_2=567(\text{nm})$；

当 $k=3$ 时，$\lambda_3=340(\text{nm})$；

……

由以上结果可知，$\lambda_2=567$ nm 在可见光范围内，肥皂膜的正面呈绿色。

(2) 在薄膜背面能看到的光，应该满足在薄膜正面干涉相消的条件（即在薄膜正面看不到）。所以有
$$2ne+\frac{\lambda'}{2}=(2k+1)\frac{\lambda'}{2}\quad(k=1,2,\cdots)$$

整理得
$$\lambda'=\frac{2ne}{k}=\frac{850}{k}$$

当 $k=1$ 时，$\lambda'_1=850(\text{nm})$；

当 $k=2$ 时，$\lambda'_2=425(\text{nm})$；

当 $k=3$ 时，$\lambda'_3=283(\text{nm})$；

……

由以上结果可知，$\lambda'_2=425$ nm 在可见光范围内，肥皂膜的背面呈紫色。

二、等厚干涉　劈尖干涉与牛顿环

当薄膜层的上下表面有一很小的倾角时，从光源发出的光经上下表面反射后在上表面附近相遇时产生干涉，并且厚度相同的地方形成同一干涉条纹，这种干涉就叫**等厚干涉**（equal thickness interference）。其中牛顿环是等厚干涉的一个最典型的例子，最早为牛顿所发现，但由于他主张微粒学说而未能对它做出正确的解释。光的等厚干涉原理在生产实践中具有广泛的应用，可用于检测透镜的曲率，测量光波波长、微小长度，检验物体表面的光洁度、平整度等。

1. 劈尖干涉　两块叠放在一起的平板，并形成一个很小的夹角的楔形介质薄膜，简称**劈尖**（wedge film）。若在上面平板玻璃的下表面和下面平板玻璃的上表面之间形成楔形空气薄层，称为**空气劈尖**。若楔形介质薄膜是由玻璃制成的，则称为玻璃劈尖。两平板间的夹角称为**劈尖角**。两块平板玻璃之间也可充满其他介质，如水、油等液体，形成各式劈尖。

在介质上表面 P 点入射的光线，如图 13-20 所示。此光线射到 P 点时，一部分在 P 点处反射，成为反射光线 1；另一部分则折射进入介质内部到达介质下表面时又被反射，然后再通过上表面折射出来（实际上，由于 θ 很小，入射线、折射线和反射线都几乎重合），成为反射光线

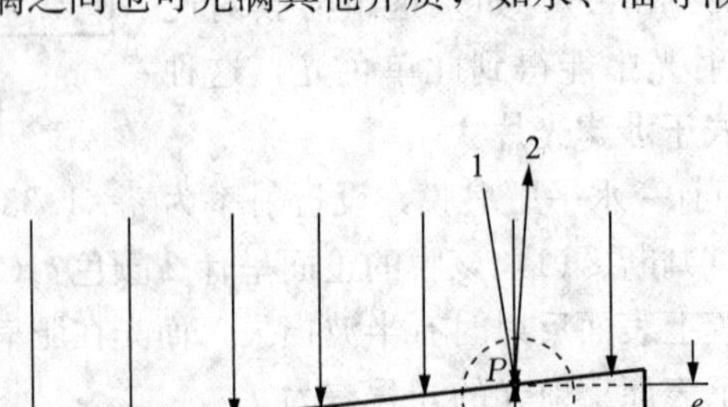

(a) 劈尖干涉光路图

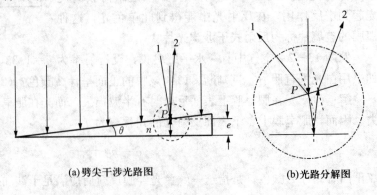

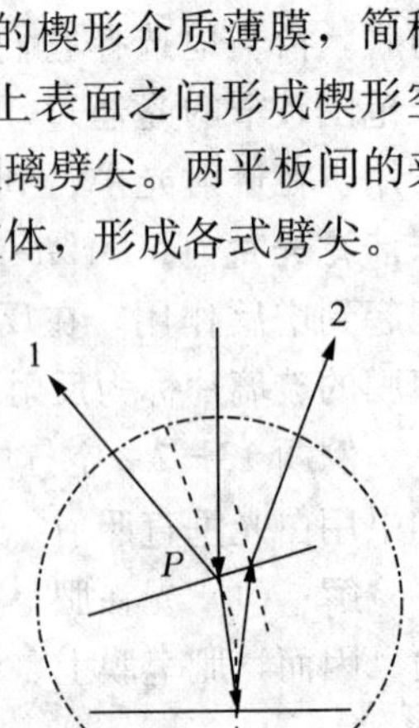

(b) 光路分解图

图 13-20　劈尖干涉

2。因为 1 和 2 这两条光线是从同一条入射光线出来的，所以它们一定是相干光，当它们在膜的上表面相遇时就会发生干涉现象。

设劈尖的折射率 n 大于空气的折射率，劈尖上下表面反射光有附加光程差 $\lambda/2$，以 e 表示入射点 P 处薄膜的厚度，则两束相干的反射光在薄膜表面相遇时的光程差为

$$\delta=2ne+\frac{\lambda}{2}$$

于是，劈尖薄膜反射光干涉的明、暗纹条件为

$$\delta=2ne+\frac{\lambda}{2}=\begin{cases}k\lambda, & k=1,2,3,\cdots\ (\text{明纹}) \\ (2k+1)\ \dfrac{\lambda}{2}, & k=0,1,2,3,\cdots\ (\text{暗纹})\end{cases} \tag{13-24}$$

式中 k 是干涉条纹的级次。该式表明，每条明纹或暗纹都与一定的膜厚度 e 相对应。因此，在介质薄膜上表面的同一条等厚线上就会形成同一级次的一个干涉条纹，这样形成的干涉条纹称为**等厚条纹**（equal thickness fringes）。

由于劈尖的等厚线是一些平行于棱边的直线，所以等厚条纹是一些与棱边平行的明暗相间的直条纹，如图 13-21 所示。**在劈尖棱边处，厚度 $e=0$，两束相干光的光程差为 $\lambda/2$，形成暗纹。**

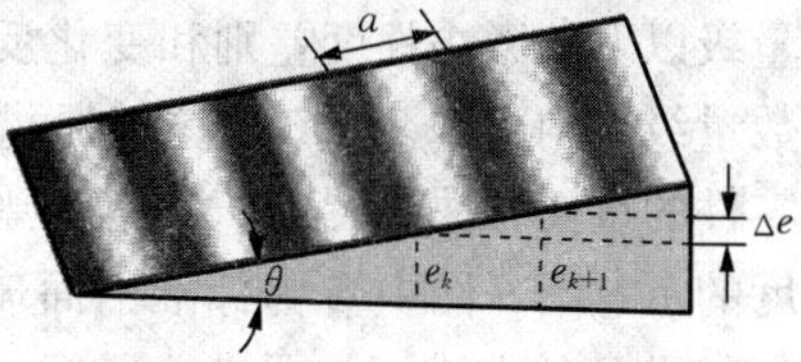

图 13-21　劈尖干涉条纹

对第 k 和第 $k+1$ 级明纹，由式（13-24）得

$$2ne_k+\frac{\lambda}{2}=k\lambda$$

$$2ne_{k+1}+\frac{\lambda}{2}=(k+1)\lambda$$

其中，e_k、e_{k+1} 分别为第 k 级、第 $k+1$ 级明纹所在处介质的厚度。将两式相减可得两条相邻明条纹对应的介质厚度差为

$$\Delta e=e_{k+1}-e_k=\frac{\lambda}{2n}=\frac{\lambda_n}{2} \tag{13-25}$$

式中，λ_n 表示光在劈尖介质中的波长。同样，对相邻暗条纹进行分析，结果同式（13-25）。因此，**在劈尖干涉中，相邻明条纹或暗条纹对应的介质薄层的厚度差均为** $\lambda_n/2$。若为空气劈尖，$n=1$，厚度差为 $\lambda/2$。

若以 a 表示相邻两个明纹或暗纹在表面上的距离，则

$$a=\frac{\Delta e}{\sin\theta}=\frac{\lambda}{2n\sin\theta}=\frac{\lambda_n/2}{\sin\theta} \tag{13-26a}$$

其中，θ 为劈尖的顶角，通常 θ 很小，可取 $\sin\theta\approx\theta$，所以上式又可改写为

$$a=\frac{\lambda}{2n\theta}=\frac{\lambda_n/2}{\theta} \tag{13-26b}$$

式（13-26）表明，劈尖干涉形成的干涉条纹是等间距的，条纹间距与劈尖角 θ 有关，与劈尖厚度 e 无关。θ 越小，条纹间距越大，条纹越疏，越易于观察；θ 越大，条纹间距越小，条纹越密，越不易观察。当 θ 大到一定程度后，条纹就密不可分了。

2. 劈尖干涉的应用　劈尖形薄膜干涉在工程实际中有较为广泛的应用。可以用来测量光波的波长、细丝的直径、薄片的厚度、微小的角度，以及检查工件的平整度等。

（1）精确测定微小厚度　如图 13-22 所示，为了测量薄片的厚度 d，将两平板玻璃一

端接触，另一端用待测薄片垫起，于是在两平板玻璃之间形成空气劈尖。当用单色光垂直照射时，可用显微镜测出明条纹或暗条纹的总数，由于相邻明条纹或暗条纹对应的介质薄层的厚度差为 $\lambda/2$，因此，可直接测量出薄片的厚度。

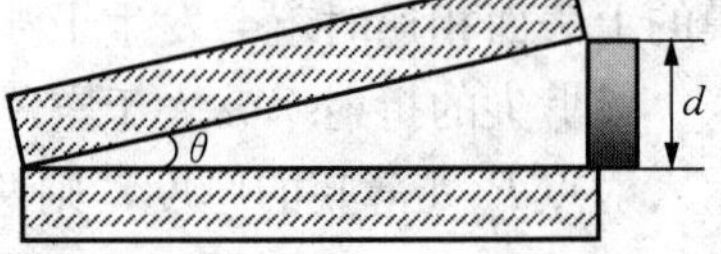

图 13－22　劈尖测定微小厚度

利用劈尖干涉不仅可测量微小厚度、微小角度、单色光波长，而且也可测量长度的微小变化，还可测量出材料的折射率。

（2）*检查光学元件表面*　现代科学技术的发展对度量的精确性提出了愈来愈高的要求，精密机械零件的尺寸必须准确到 10^{-1} μm 的数量级，而对精密光学仪器零件精密度的要求更高，达 10^{-2} μm 的数量级。用机械检验方法达到这样的精密度是十分困难的，但光的干涉条纹可将波长数量级以下的微小长度差别和变化反映出来（可见光波长的数量级平均为 0.5 μm），这就提供了检验精密机械或光学零件的重要方法。图 13－23 为检验精密机械零件面的光洁度的示意图，图中 S 为标准平面玻璃板，P 为待检验零件。如果 P 的上表面是严格的平面，空气层形成的等厚条纹是一组平行的直线。若 P 的表面有微小的凹凸不平，则凹或凸处的条纹就会发生弯曲，可根据条纹的弯曲方向判断表面的凹凸，并根据条纹的弯曲程度估算出凹凸的程度。

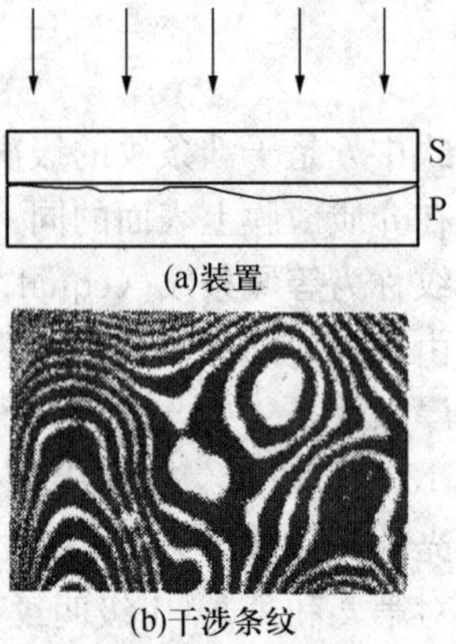

图 13－23　零件表面光洁度的检验

以上只讨论了单色光的干涉条纹。如果光源是非单色的，则其中不同波长的成分各自在薄膜表面形成一套等厚干涉图样。由于干涉条纹的间隔与波长有关，因而各色的条纹彼此错开，在薄膜表面形成色彩绚丽的干涉图样。例如，注视水面上的油膜或肥皂泡等薄膜的表面时，能看到薄膜在日光照射下显现出五彩缤纷的条纹，这就是白光在薄膜表面产生的等厚干涉条纹。在高温下金属表面被氧化而形成的氧化层上，也能看到因在氧化层薄膜表面产生等厚干涉现象而出现的彩色条纹。

例题 13－3　为了测量一根细的金属丝直径 D，按图 13－24 的办法形成空气劈尖，用单色光照射形成等厚干涉条纹。用读数显微镜测出干涉明条纹的间距，就可以算出 D。实验所用光源为钠光灯，波长为 $\lambda=589.3$ nm，测量结果：金属丝与劈尖顶点距离 $L=28.880$ mm，第 1 条明条纹到第 31 条明条纹的距离为 4.295 mm。求金属丝的直径 D。

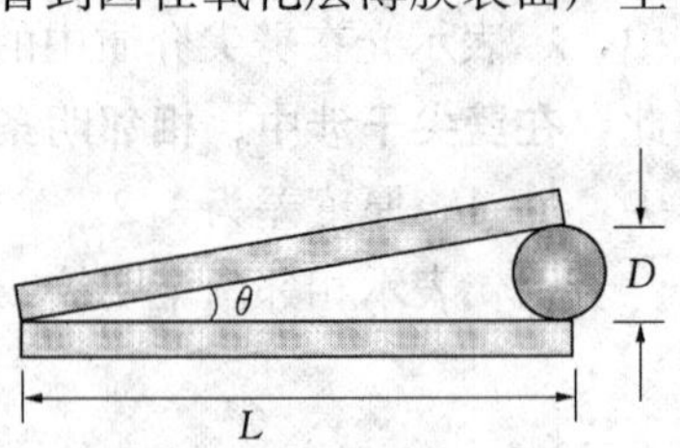

图 13－24　例题 13－3 图

解：因角度 θ 很小，故可取　　$\sin\theta\approx\dfrac{D}{L}$

空气劈尖，$n=1$，于是由式（13－26a）可得相邻明条纹的间距为

$$a=\frac{\lambda}{2n\sin\theta}=\frac{\lambda L}{2D}$$

由题设条件可知，$a=4.295/30=0.143\,17$ mm。故金属丝直径为

$$D=\frac{L}{a}\cdot\frac{\lambda}{2}=\frac{28.880}{0.143\,17}\times\frac{589.3\times10^{-6}}{2}=6.0\times10^{-2}\text{(mm)}$$

3. 牛顿环 牛顿环属于等厚干涉，图 13－25(a)、(b) 为牛顿环干涉实验的结构图和实物图。在一块平玻璃B上放一个曲率半径 R 很大的平凸透镜A，在A、B之间形成一个厚度不均匀的空气薄层。图 13－25(c) 为实验所用牛顿环仪的光路图，图中M为倾斜45°放置的半透射半反射的平面镜，当单色平行光垂直入射到平凸透镜上时，在透镜下表面附近会出现一组干涉条纹，这些条纹是以接触点 O 为中心的同心圆环，这些圆环称为**牛顿环**（Newton ring)，如图 13－25(d) 所示。

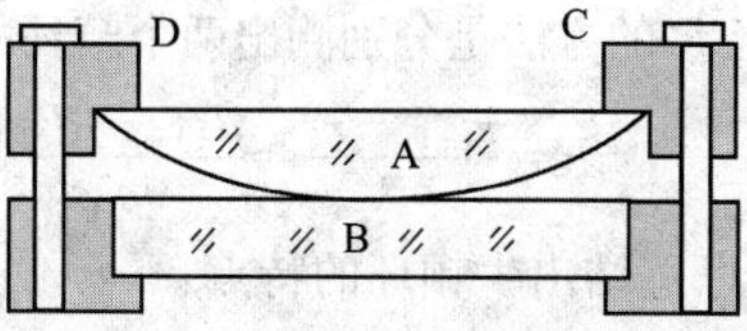

(a) 牛顿环仪的结构图

(b) 牛顿环仪实物图

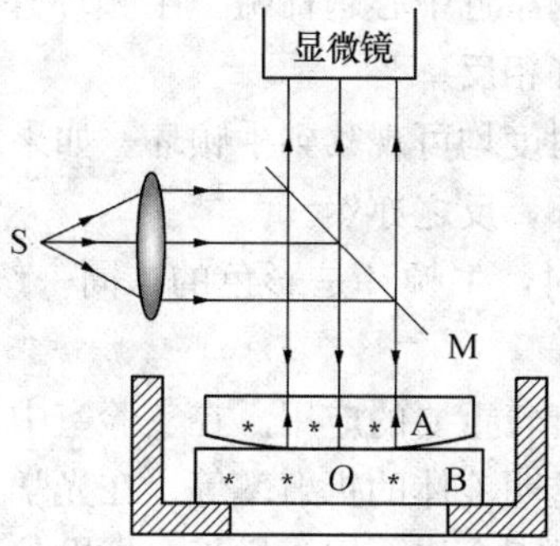

(c) 牛顿环仪光路图

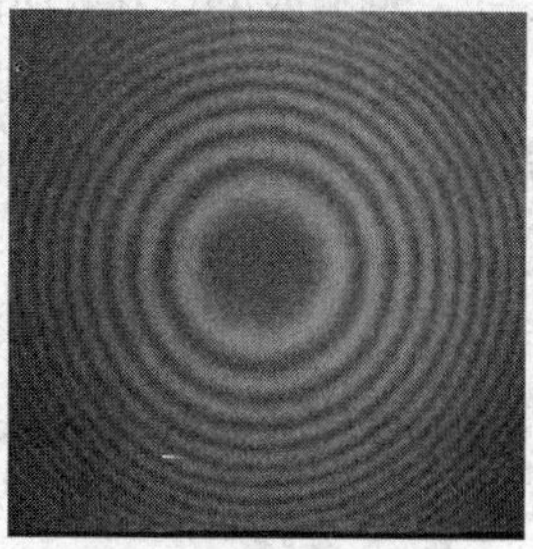
(d) 牛顿环干涉图样

图 13－25 牛顿环

现在我们来研究环纹半径 r、波长 λ 及透镜曲率半径 R 三者之间的关系。如图 13－26 所示，当垂直入射的单色平行光透过平凸透镜后，在空气层的上、下表面发生反射形成两束向上的相干光，这两束相干光在平凸透镜下表面相遇而发生干涉。考虑到空气的折射率约等于 1.0，并在空气层和平板玻璃B的分界面上反射时产生的半波损失，则这两束相干光在厚度为 e 处的光程差为

$$\delta=2e+\frac{\lambda}{2}$$

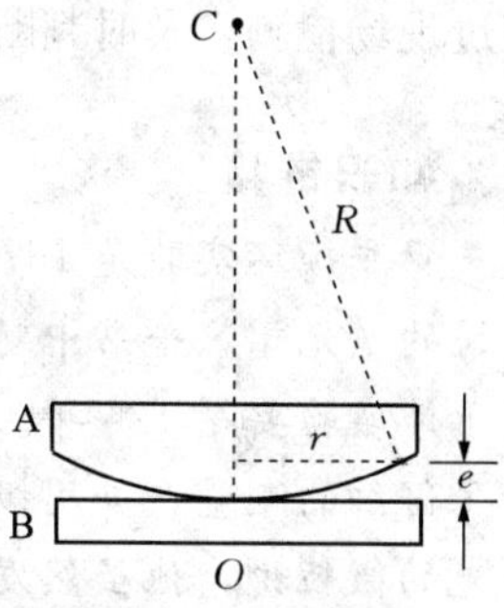

图 13－26 牛顿环的计算

由于空气层的等厚线是以 O 为中心的同心圆，所以干涉条纹为明暗相间的同心圆环。显然，其形成明、暗环的条件为

$$\delta=2e+\frac{\lambda}{2}=\begin{cases} k\lambda, & k=1,2,3,\cdots\ (\text{明纹}) \\ (2k+1)\ \dfrac{\lambda}{2}, & k=0,1,2,3,\cdots\ (\text{暗纹}) \end{cases} \tag{13-27}$$

在透镜与平板玻璃接触的中心处，$e=0$，但由于半波损失，所以在中心处应是暗点。但实验中我们看到牛顿环中心是一暗圆斑，这是因为平凸透镜和平板玻璃接触处在压力作用下，O 点处发生了形变，接触处不是一个点而是一个面。

由图 13－26 可知 $$r^2=R^2-(R-e)^2=2Re-e^2$$

因为 $R\gg e$，可略去 e^2，可得 $$r^2=2Re$$

将上式代入式（13－27）可求得明、暗环的半径为

$$r=\begin{cases} \sqrt{\left(k-\dfrac{1}{2}\right)R\lambda}, & k=1,2,3,\cdots\ (\text{明环}) \\ \sqrt{kR\lambda}, & k=0,1,2,3,\cdots\ (\text{暗环}) \end{cases} \tag{13-28}$$

从上式可知，环纹半径 r 与环的级次的平方根成正比，所以越向外环纹越密集。

实际测量透镜的曲率半径 R 的方法是分别测出两个暗环的直径 d_k 和 d_{k+m}，代入（13-28）暗环公式得

$$R=\frac{r_{k+m}^2-r_k^2}{m\lambda}=\frac{d_{k+m}^2-d_k^2}{4m\lambda} \tag{13-29}$$

根据以上讨论，我们可以总结出牛顿环的特点：

（1）由明环或暗环的半径公式可知，相邻明环或暗环的间距不相等。说明环的分布是不均匀的，越远离中心越密集，越靠近中心越稀疏。牛顿环外环纹的级次比内环纹的级次高，这与等倾干涉的图像的情况正好相反。

（2）从反射光和透射光的角度均可观察到牛顿环。如果从反射光观察到的是明环，则从透射光对应位置处可观察到暗环，反之亦然。

（3）当用白光照射牛顿环时，牛顿环是彩色的，同一级干涉环，按照内紫外红的顺序排列。

牛顿环实验在工业生产中有着重要的应用。在实验室中，常用牛顿环测量平凸透镜的曲率半径、入射单色光的波长、透明液体的折射率等。在光学元件加工车间，常用牛顿环快速检测透镜的曲率半径及其表面是否合格。用一样板（标准件）覆盖在待测件上，如果两者完全密合，即达到标准值要求，不出现牛顿环。如果被测件曲率半径小于或大于标准值，则产生牛顿环。圆环条纹越多，误差越大；若条纹不圆，则说明被测件曲率半径不均匀。这样，通过现场检测，及时判断，再对不合格元件进行相应精加工，直到合乎标准为止。

知识链接 **“牛顿环”——一个束缚光学的光环**

牛顿环实验是1675年牛顿首先提出的，在1704年出版的汇集牛顿全部光学研究成果的《光学》一书中对此有详细的描述。牛顿环实验比1801年托马斯·杨所做的杨氏干涉实验要早126年。在书中，牛顿不仅对所观察到的现象做了详尽的描述，他还进行了仔细的测量，并用级数表示亮环和暗环的变化规律。然而，遗憾的是，由于牛顿信奉光的微粒说，他虽然发现了这一表明光是一种波动的极好的实验证据，却未能给出合理的解释。后来，托马斯·杨圆满地解释了这一现象，终于摆脱了“牛顿环”的束缚。如果当初牛顿根据他所发现的牛顿环实验，进而提出光的波动说，加之牛顿的权威地位，那么，光学的进程将至少提前100多年。这是牛顿的遗憾，更是科学的遗憾！

例题 13-4 用等厚干涉测量平凸透镜的曲率半径。实验光源为钠光灯，波长 $\lambda=589.3\text{ nm}$，用测量显微镜测得牛顿环第 k 级暗纹直径 $d_k=6.220\text{ mm}$，第 $k+5$ 级暗纹直径 $d_{k+5}=8.188\text{ mm}$，问透镜的曲率半径 R 是多少？

解：由式（13-28），对第 k 级暗纹有

$$r_k^2=\left(\frac{d_k}{2}\right)^2=k\lambda R$$

对第 $k+5$ 级暗纹有

$$r_{k+5}^2=\left(\frac{d_{k+5}}{2}\right)^2=(k+5)\lambda R$$

两式相减，得

$$\frac{d_{k+5}^2-d_k^2}{4}=5\lambda R$$

因此，平凸透镜的曲率半径 R 为

$$R=\frac{d_{k+5}^2-d_k^2}{4\times5\lambda}=\frac{(8.188\times10^{-3})^2-(6.220\times10^{-3})^2}{4\times5\times589.3\times10^{-9}}=2.40(\mathrm{m})$$

本例题通过测量不同级次牛顿环的直径，用直径平方差而不用直径平方来求平凸透镜的曲率半径，这样可以消除平凸透镜与平板玻璃的不良接触所带来的误差。

三、迈克耳孙干涉仪

迈克耳孙干涉仪（Michelson interferometer）是1880年由美国人迈克耳孙（A. A. Michelson，1852—1931）设计制成的，是用分振幅法产生双光束干涉的仪器，其结构和光路如图13－27所示。图中M_1和M_2是两面精密磨光的平面反射镜，它们分别安装在相互垂直的两臂上，其中M_2固定，M_1通过精密丝杠的带动，可以沿臂轴方向移动。在两臂相交处放一个与两臂成45°角的平面玻璃板G_1，在G_1的后表面镀有一层半透膜，膜的作用是将入射光束分成振幅近似相等的反射光1和透射光2。因此，G_1称为**分光板**。由面光源S发出的光射向分光板G_1，经分光后形成两个部分，透射光2通过另一块与G_1完全相同并且平行G_1放置的玻璃板G_2（没有镀膜）射向M_2，经M_2反射后又经过G_2到达G_1，再经半透膜反射后成为$2'$光射到屏幕上。反射光1射向M_1，经M_1反射后透过G_1成为$1'$光也射到屏幕上，$1'$光和$2'$光在屏幕上相干叠加产生干涉图样。

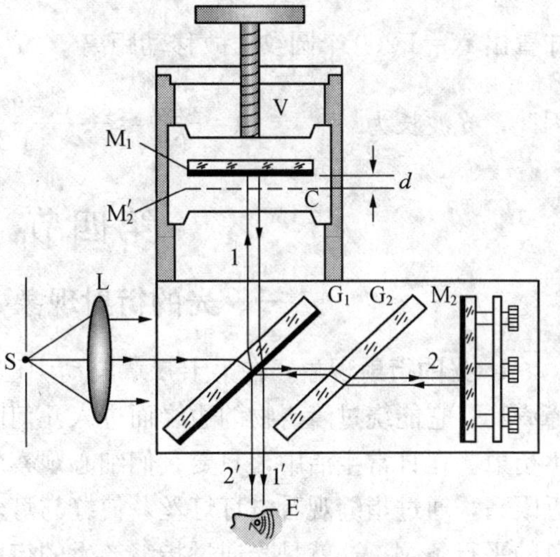

图13－27　迈克耳孙干涉仪

由光路图可以看出，由于玻璃板G_2的插入，反射光和透射光一样都是三次通过玻璃板，这样反射光和透射光的光程差就和在玻璃板中的光程无关了。因此，玻璃板G_2称为**补偿板**。分光板G_1后表面的半反射膜使得M_2在M_1附近形成一个虚像M_2'，这样，透射光就如同由M_2'形成的反射光。因而，干涉所产生的图样就如同由M_1和M_2'之间的空气膜产生的干涉图样一样。

当M_1和M_2严格垂直时，M_1与M_2'之间形成平行平面空气膜，可以观察到等倾干涉条纹；当M_1和M_2不严格垂直时，M_1与M'_2之间形成空气劈尖，可以观察到劈尖等厚干涉条纹。

若入射单色光的波长为λ，当M_1向前或向后每移动距离为$\lambda/2$时，就可观察到干涉条纹平移过一条，如果测出视场中移过的干涉条纹数目为N，那么就可计算出M_1移动的距离为

$$\Delta d=N\frac{\lambda}{2} \tag{13-30}$$

由于光波的波长数量级是10^{-7} m，因而迈克耳孙干涉仪可以测量微小长度或长度的微小变化。由上式可知，如果测量出N干涉条纹移动的距离Δd，就可求出入射光的波长λ。

迈克耳孙干涉仪设计精巧，用途广泛，可用于测量微小长度和介质折射率、测量光谱线的波长和精密结构以及检查光学元件的质量，等等。迈克耳孙干涉仪是许多近代干涉仪的原

型，迈克耳孙因发明干涉仪和测定光速而获得 1907 年诺贝尔物理学奖。值得一提的是，1881 年迈克耳孙和莫雷曾用这一干涉仪进行了著名的迈克耳孙—莫雷实验，用于检验“以太”是否存在。这一实验得出的结果是爱因斯坦狭义相对论的实验基础之一。

例题 13－5　用迈克耳孙干涉仪测量光波长，当可动反射镜移动距离 $\Delta d=0.3276\ \mathrm{mm}$ 时，由光电计数器测得等倾条纹在中心处冒出 1 200 个圆纹，求所测光的波长。

解： 因为可动反射镜每移动 $\lambda/2$，视场中心处就冒出或陷入一个明（暗）圆纹。由题意知冒出 $N=1\,200$ 个圆纹，故移动距离　$\Delta d=N\dfrac{\lambda}{2}$

因此，光波长为
$$\lambda=\frac{2\Delta d}{N}=\frac{2\times0.3276\times10^{-3}}{1\,200}=546.0(\mathrm{nm})$$

第四节　光的衍射

一、光的衍射现象　惠更斯—菲涅耳原理

1. 光的衍射现象　在第十二章波动中已介绍过，波的衍射是指波在其传播路径上遇到障碍物，它能绕过障碍物的边缘而进入几何阴影区域内传播的现象。光波是电磁波，也会发生衍射。在日常生活中，只要我们细心观察就能看到不少光的衍射现象。把两个指头并拢靠近眼睛，通过指缝观看电灯灯丝，使缝与灯丝平行，可以看到灯丝两旁有明暗相间并带有彩色的平行条纹，这就是光通过指缝产生的衍射。眯起眼睛看远处的路灯，能看到灯光周围有一些明暗相间辐射状的彩色光带，这是光通过眼睑、睫毛以及瞳孔时产生的衍射。在晴朗的夜晚，当你仰望明月时，有时会看到明月周围有一个大光圈，光圈内呈紫色，外呈黄色，这个光圈称为月晕（在太阳周围也能观察到这种光圈，称日晕），这种月晕是天空中的雾滴或小冰晶所产生的衍射图样。

为了更清楚地了解衍射现象的特点及其规律性，我们来看一组单缝衍射演示实验。用一束激光照射在一个宽度可调的水平单狭缝上，在数米外放置接收屏幕。图 13－28(a)～(d) 对应缝宽从大变小时的衍射图样。如果狭缝较宽，对入射光束限制不足，屏幕上出现一个与缝几何形状相似的亮斑，它是入射光束沿直线传播的结果，这时衍射效应极不明显。在图 13－28(a)、(b) 中，收缩缝宽，使之对光束上下施加愈来愈大的限制时，屏幕上的光斑将向上下两侧铺展，同时出现一系列亮暗相间的结构，中央亮斑强度最大，并向两侧递减，此时衍射现象相当明显。随着狭缝进一步变窄，中央亮斑沿竖直方向扩展，两侧亮斑向外疏散，见图 13－28(c)。最后当狭缝很窄时，中央亮斑已延伸为一条竖直细带，在整个视场内不再察觉到光强的周期性起伏，如图 13－28(d) 所示，这时衍射已向散射过渡。当然，在狭缝收缩的过程中，屏幕上光强总的来说是变得愈来愈暗淡了。光的衍射效应是否明显，除了光孔的线度外，还与观察的距离和方式、光源的强度等多方面的因素有关。

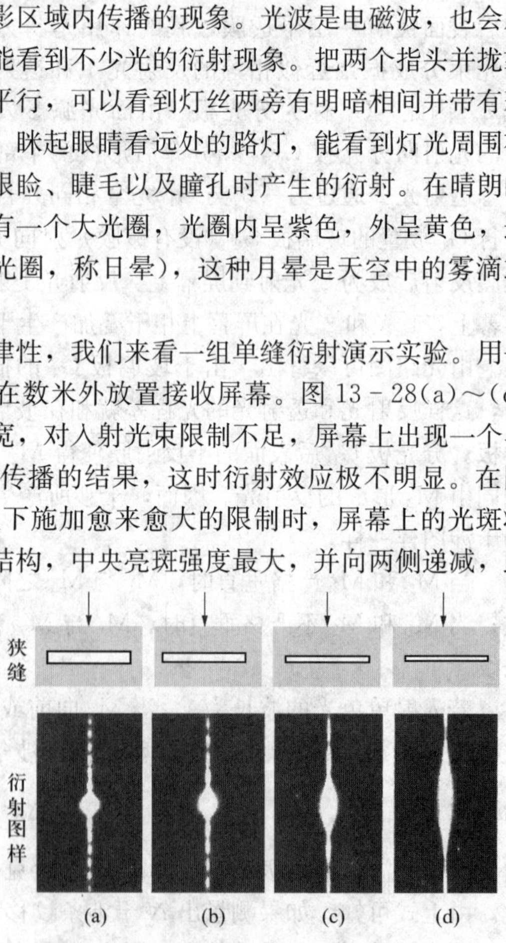

图 13－28　不同宽度的单缝衍射图样

总结起来，可以看出光的衍射现象有三个显著的特点：

(1) 衍射不仅绕过了障碍物使物体的几何阴影失去了清晰的轮廓，而且在边缘附近还出现一系列明暗相间的条纹。这些现象表明，在几何阴影区和几何照明区的光强在衍射时发生了重新分布，衍射不单是偏离直线传播的问题，它与某种复杂的干涉效应有联系。

(2) 光束在衍射屏上的什么方位受到限制，则接收屏幕上的衍射图样就沿该方向扩展。对光束的限制越厉害，则衍射图样越加扩展，即衍射效应越强。

(3) 可以粗略地认为，当障碍物的线度近似于或略大于光的波长的量级时，可以发生较明显的光的衍射现象。

综上所述，光波遇到小障碍物（如小孔、狭缝、细丝、圆盘等）时，绕过障碍物进入几何阴影区继续传播，并在障碍物后的观察屏上形成光强的不均匀分布，这种现象称为**光的衍射现象**（diffraction of light）。

2. 光衍射现象的分类　衍射系统一般由光源、衍射屏和接收屏（又称观察屏）三部分组成。根据它们相互距离的不同，通常把衍射现象分为两类。一类如图 13-29(a) 所示那样，光源和接收屏离衍射孔（或缝）的距离有限，这种衍射称为**菲涅耳衍射**（Fresnel diffraction），又称**近场衍射**。另一种如图 13-29(b) 所示，光源和接收屏都在离衍射孔（或缝）无限远处，这种衍射称为**夫琅禾费衍射**（Franhofer diffraction），又称**远场衍射**。夫琅禾费衍射实际上是菲涅耳衍射的极限情况。在实验室中，夫琅禾费衍射实验可用两个会聚透镜来实现。如图 13-29(c) 所示，因为使用了两个透镜，对于衍射缝来讲，仍相当于把光源和接收屏都推到了无限远处，即到达衍射屏的光和衍射光都是平行光，满足夫琅禾费衍射的条件。接下来只讨论夫琅禾费衍射。

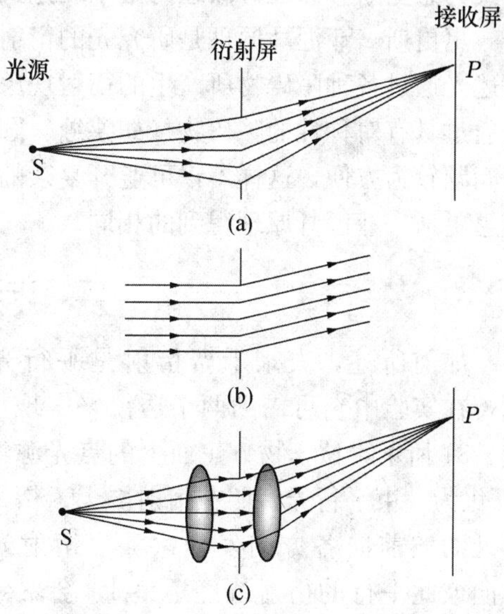

图 13-29　光衍射的分类

3. 惠更斯—菲涅耳原理　光的衍射现象是奇特的，其特殊性不仅在于光会“绕弯”传播，并且绕弯的结果出现了光强的不均匀分布。这种现象与光的直线传播原理是相违背的，对它的解释必须认为光是一种波动。人们早就发现了机械波（如水波、声波等）的绕射。对此，荷兰人惠更斯曾提出过一个著名的惠更斯原理用于解释波的绕射（见第十二章）。然而，对于光的衍射，单靠惠更斯原理并不能解释光强发生的不均匀分布的现象。对此，1815 年法国物理学家菲涅耳用子波的相干叠加概念发展了惠更斯原理，提出了**惠更斯—菲涅耳原理**（Huygens-Fresnel principle），用以解释光的衍射现象。其表述如下：

波在传播过程中，从同一波前上的各点发出的子波都是相干的子波，这些子波在空间某点相遇时，产生了相干叠加。因而，衍射波场中各点的强度由各子波在该点的相干叠加决定。

根据惠更斯—菲涅耳原理，如果已知某时刻波前 S，则空间任意点 P 的光振动就可由波前 S 上每个面元 dS 发出的次波在该点叠加后的合振动来决定。如图 13-30 所示，将波前 S 分成许多面元 dS，菲涅耳假设面元 dS 发出的次波在 P 点引起的光振动的振幅与 dS 成正比，与 P 点到 dS 的距离 r 成反比，而且和倾角 φ 有关。若取 $t=0$ 时刻该波前的初相为零，则在时刻 t，面元 dS 在 P 点引起的振动可表示为

$$dE=k\frac{f(\varphi)}{r}\cos\left(\omega t-\frac{2\pi r}{\lambda}\right)dS \qquad (13-31a)$$

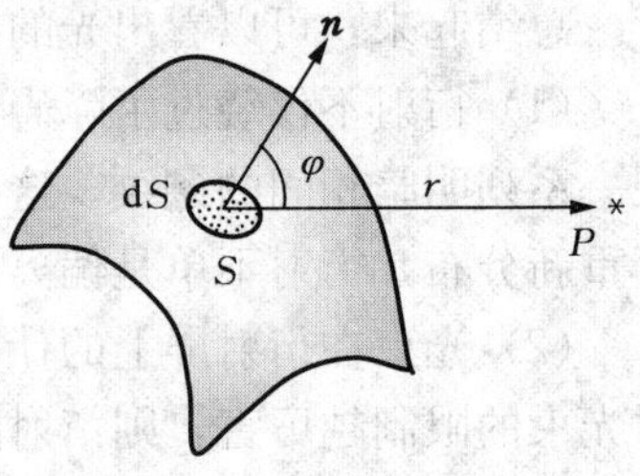

图 13－30　惠更斯—菲涅耳原理

式中，k 是比例系数，$f(\varphi)$ 称为倾斜因子，是角 φ 的函数，随 φ 增大而减小，当 $\varphi=0$ 时，$f(\varphi)$ 最大，可取作 1。t 时刻 P 点处的合振动就等于波前 S 上所有 dS 发出的次波在 P 点引起振动的叠加，故有

$$E=\int_S k\frac{f(\varphi)}{r}\cos\left(\omega t-\frac{2\pi r}{\lambda}\right)dS \qquad (13-31b)$$

该式为**惠更斯—菲涅耳原理的数学表达式。**

惠更斯—菲涅耳原理是研究光的衍射现象的理论基础，根据这一原理，原则上可定量地描述光通过各种障碍物所产生的衍射现象。但对一般衍射问题，积分计算是相当复杂的。当光通过具有对称性的障碍物（如狭缝、圆孔等）发生衍射时，采用菲涅耳半波带法来研究衍射问题较为方便，这样不仅可避开复杂的积分运算，而且物理图像比较清晰，所得结果也与用惠更斯—菲涅耳原理得到的相同。

二、夫琅禾费单缝衍射

如前所述，夫琅禾费衍射是平行光的衍射，在实验中它可借助两个透镜来实现。如图 13－31 所示，位于物方焦面上的点光源经透镜 L_1 化为一束平行光，照在衍射屏上。衍射屏开口处的波前向各方向发出次波（衍射光线）。方向彼此平行的衍射线经透镜 L_2 会聚到其像方焦面的同一点上。

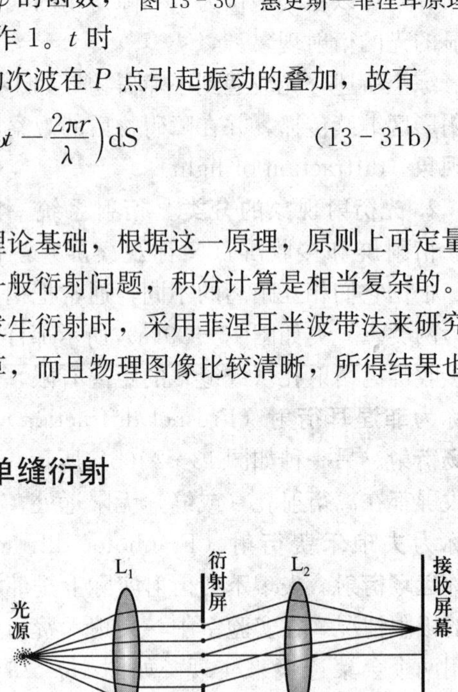

图 13－31　实现夫琅禾费衍射的实验装置

为了对比，在图 13－32 中给出一系列不同情况下的夫琅禾费矩孔衍射图样。其中，单缝是拉长了的矩孔，可看作是矩孔的一个特例。

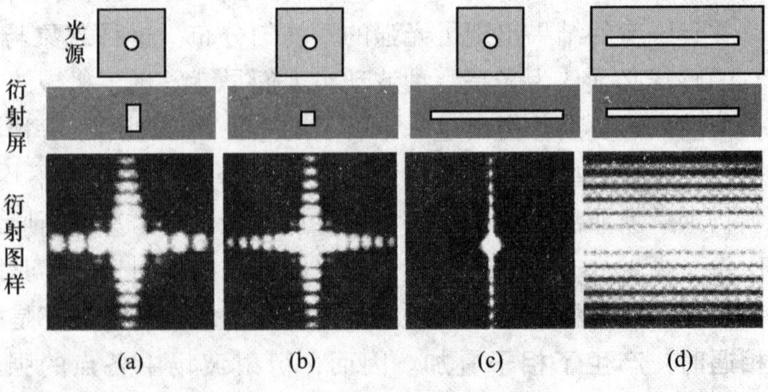

图 13－32　夫琅禾费衍射图样

图 13－32 中（a）、（b）、（c）中光源都是点光源，即入射在衍射孔上的都是单一方向的平行光。如果不发生衍射，在接收屏幕上我们看到的只是中央有个亮点（几何像点）。从（a）、（b）、（c）的衍射图样可以看出，衍射是朝上下左右多个方向进行的，但是当开口在水平方向拉得很长时（单缝），衍射图样基本上只在上下这个一维的方向上铺展，见图（c）。在（d）

中的光源为线光源，它可看成是一系列不相干的点光源的集合。把点光源在各个位置上形成的衍射图样不相干地叠加在一起，就得到了图（d）中的直线形衍射条纹。

对夫琅禾费单缝衍射条纹，用前文所述的关于无穷多束相干光叠加的惠更斯—菲涅耳原理可以给出定量的计算，但是计算过程比较复杂。对此，菲涅耳又提出了一种划分波带的方法，称为**菲涅耳半波带法**，用这种方法可以简便地得出单缝衍射条纹的分布规律。

菲涅耳认为，由于满足光程差 $\delta=(2k+1)\lambda/2$ 的两束相干光叠加后将出现暗点，如果将通光孔上可通过的波前分成若干个窄带，使相邻窄带上的对应点发出的对应光束到观察点的光程差为 $\lambda/2$，那么，相邻窄带上发出的各对应光束到达观察点时将因为两两干涉相消而使观察点出现暗点。

如图 13-33(a) 所示，φ 是衍射光线与缝面法线方向间的夹角，称为**衍射角**（angle of diffraction）。当光垂直入射到缝宽为 a 的单缝上时，波面 AB 上每个子波源之间无位相差。为了求出衍射角为 φ 方向的子波在 P 点的位相差，过 A 点向衍射角为 φ 方向的这一组平行衍射光线作垂线，垂足为 C，则垂面 AC 上各点到达 P 点是等光程的，因此 AB 上每个子波源发出的沿 φ 方向的衍射光线的相位差仅取决于从波面 AB 到垂面 AC 的光程，即

$$BC=a\sin\varphi$$

如图 13-33(b) 所示，再以 AC 为基准，做与 AC 平行、相互间距为 $\lambda/2$ 的一系列平面，其与狭缝 AB 相交于 A_1，A_2，…。这样，A_1，A_2，…各点将单缝处宽度为 a 的波前 AB 分成 AA_1，A_1A_2，…若干个等宽度的细长条带，见图中的 ΔS。由于这种做法使得相邻两带上的对应点（例如每个条带的最下点、中点或最上点）发出的对应光束在 P 点的光程差等于半个波长，因而将这些等宽度的细长条带（ΔS）称为**半波带**（half-wave band），或**菲涅耳半波带**。

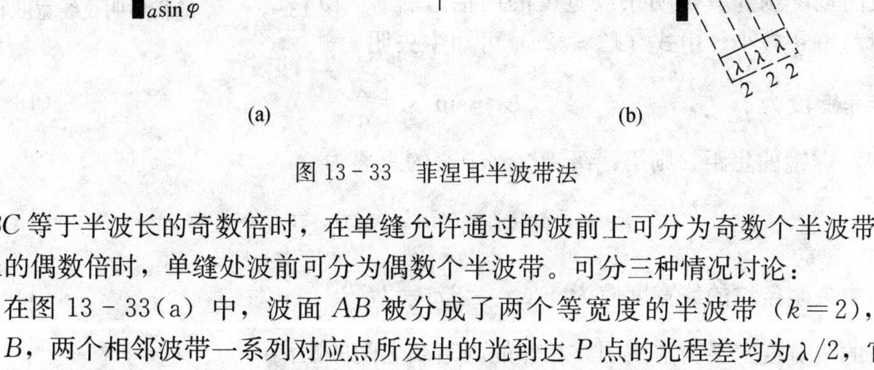

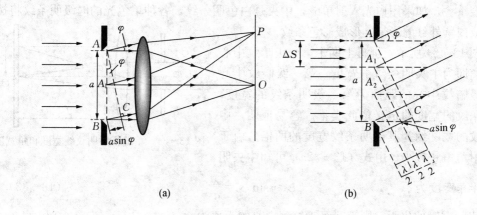

图 13-33　菲涅耳半波带法

当 BC 等于半波长的奇数倍时，在单缝允许通过的波前上可分为奇数个半波带；当 BC 为半波长的偶数倍时，单缝处波前可分为偶数个半波带。可分三种情况讨论：

（1）在图 13-33(a) 中，波面 AB 被分成了两个等宽度的半波带（$k=2$），分别为 AA_1、A_1B，两个相邻波带一系列对应点所发出的光到达 P 点的光程差均为 $\lambda/2$，它们在 P 点相遇时发生干涉相消，在 P 点观察到的是暗条纹。依此类推，只要波面 AB 被划分为偶数个半波带，则相邻两个半波带上发出的光在 P 点叠加时将互相抵消，P 点的合振幅为零，P 点将是暗条纹的中心。

(2) 在图 13-33(b) 中，波面 AB 被分成了三个等宽度的波带 ($k=3$)，分别为 AA_1、A_1A_2、A_2B，两个相邻半波带（如 AA_1 和 A_1A_2）一系列对应点的子波，相互干涉相消，剩余一个半波带 (A_2B) 不能被抵消，则 P 点为明条纹。依此类推，如果波面 AB 被分成了奇数个半波带，则只剩一个半波带发出的光到达 P 点，形成亮条纹，这时，P 点应为明条纹的中心。

(3) 当 $\varphi=0$ 时，AB 上各点发出的衍射光到达 P 点的光程差为零，通过透镜后会聚在透镜焦平面上，这就是中央明纹（或零级明纹）中心的位置，该处的光强最大。

(4) 当波面 AB 不能恰巧分成整数个半波带时，P 点对应的条纹亮度介于明条纹和暗条纹之间。

通过上述的分析可知，当平行光垂直入射到单缝平面时，衍射形成的明暗条纹的角位置条件分别为

暗条纹中心： $a\sin\varphi=\pm k\lambda,\quad k=1,2,3,\cdots$ (13-32a)

明条纹中心： $a\sin\varphi=\pm(2k+1)\dfrac{\lambda}{2},\quad k=1,2,3,\cdots$ (13-32b)

中央明条纹中心： $\varphi=0,\quad k=0$ (13-32c)

讨论：

(1) 对于给定波长为 λ 的单色光来说，a 越小，与各级条纹相对应的衍射角 φ 越大，衍射效果就越显著。

(2) 当 $a\gg\lambda$ 时，各级衍射条纹在中央明纹附近，形成明条纹，这是透镜所成的单缝的像，这时，光显示出直线传播的性质。

(3) 对宽度为 a 的单缝来说，$\sin\varphi$ 与波长 λ 成正比，不同波长的光在屏幕上的同级明条纹不会重叠。如果用白光入射单缝，中央是白色明条纹，各种单色光的同级明条纹将按波长排列成内紫外红的彩带，形成彩色条纹。

如图 13-34 所示，屏幕上两个第一级暗纹中心间的距离即为中央明条纹的宽度，第一级暗纹中心和第二级暗纹中心的距离为第一级明条纹的宽度，其他明条纹的宽度的定义依此类推。容易证明，中央明条纹的宽度约为其他明条纹宽度的两倍。由于一般衍射角角 φ 较小，由式 (13-32a) 可知**中央明条纹的半角宽度**为

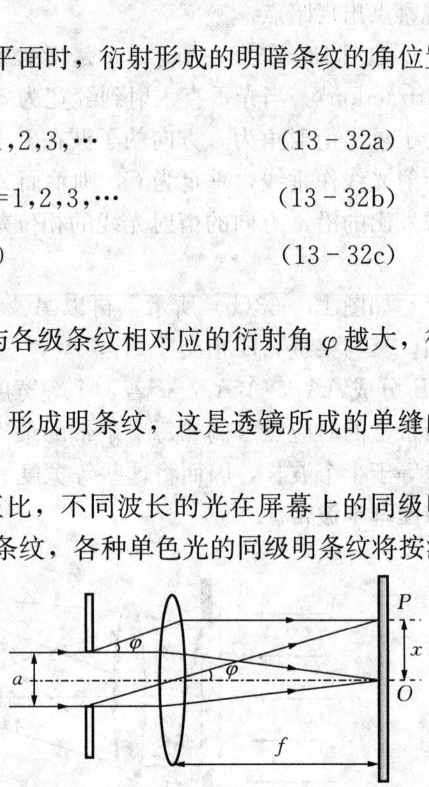

图 13-34 单缝衍射明纹线宽度和角宽度

$$\varphi_0\approx\sin\varphi_0=\frac{\lambda}{a} \tag{13-33}$$

若以 f 表示透镜的焦距，则第一级暗纹到中心的距离为

$$x_1=f\tan\varphi_1\approx f\sin\varphi_1\approx f\varphi_1=f\frac{\lambda}{a} \tag{13-34}$$

观察屏上**中央明条纹的线宽度**应为 $\Delta x_0=2x_1=2f\dfrac{\lambda}{a}$ (13-35)

次级明纹的线宽度定义为与该明纹相邻的两暗纹之间的距离

$$\Delta x\approx\varphi_{k+1}f-\varphi_k f=\frac{k+1}{a}\lambda-\frac{k\lambda}{a}=f\frac{\lambda}{a} \tag{13-36}$$

同样，次级暗纹的线宽度为与该暗纹相邻的两明纹之间的距离，结果同上。可见，**除了中央**

明条纹外，其他明纹（暗纹）都有相同的线宽度，且是中央明纹线宽度的一半。

式（13－35）还表明，**中央明条纹的宽度正比于波长 λ，反比于缝宽 a**，这一关系称为**衍射反比律**。缝越窄，衍射越显著；缝越宽，衍射越不明显。对于透镜成像来讲，仅当衍射不显著时才能形成物的几何像。如果观察物的尺寸与波长相当，则衍射不能忽略，此时透镜所成的像将不是物的几何像，而是一个衍射图样，影响了成像的质量，限制了光学成像仪器的像分辨本领。

知识链接　　**菲涅耳与泊松亮斑**

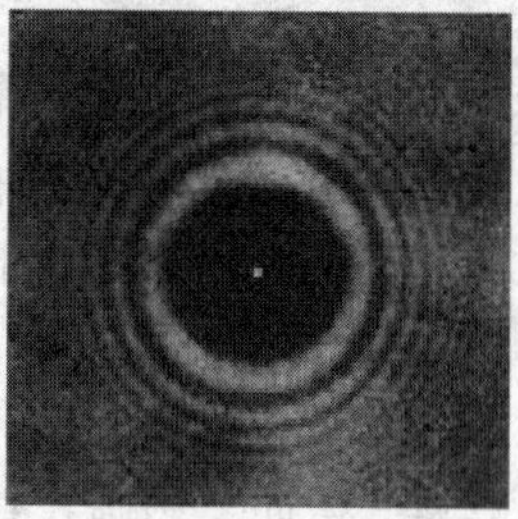

图 13－35　泊松亮斑

1818 年法国科学院进行了一次悬赏征文活动，竞赛的评奖委员会的本意是希望通过这次征文，鼓励用微粒理论解释光的衍射现象，以期取得微粒理论的决定性胜利。主持这项活动的都是当时著名的科学家且是微粒说的积极拥护者，如毕奥（J. B. Biot，1774—1862）、拉普拉斯（P. S. M. Laplace，1749—1827）和泊松（S. D. Poission，1781—1840）。出乎意料地是，当时只有 30 岁的不知名学者菲涅耳（A. J. Fresnel，1788—1827）却以严密的数学推理，从横波观点出发，圆满地解释了光的偏振现象，提出了惠更斯—菲涅耳原理，并用**半波带法**定量地计算了圆孔、圆板等形状的障碍物所产生的衍射花纹，推出的结果与实验符合得很好，使评奖委员会大为惊讶。比奥叹服菲涅耳的才能，写道："菲涅耳从这个观点出发，严格地把所有衍射现象归于统一，并用公式予以概括，从而永恒地确定了它们之间的相互关系。"评奖委员泊松在审查菲涅耳的理论时，运用菲涅耳的方程推导圆盘衍射，得到了一个令人稀奇的结果：在盘后方一定距离的屏幕上影子的中心应出现亮点。泊松认为这是荒谬的，在影子的中心怎么可能出现亮点呢？于是，他声称这个理论已被驳倒。在这个关键时刻，阿喇果（D. F. J. Arago，1786—1853）向菲涅耳伸出了援手，他用实验对泊松提出的问题进行了检验。实验非常精彩地证实了菲涅耳理论的结论，影子中心果然出现了一个亮点（见图 13－35）。这一事实轰动了巴黎的法国科学院。于是菲涅耳就荣获了这一届的科学奖，而后人却戏剧性地称这个亮点为**泊松亮斑**。由于菲涅耳开创了光学研究的新阶段，发展了惠更斯和托马斯·杨的波动理论，被誉为"物理光学的缔造者"。

例题 13－6　单色光垂直照射宽度为 $a=2.0\times10^{-4}$ m 的单缝，缝后放置焦距为 $f=0.40$ m 的透镜，如果测得光屏上第三级明条纹的位置 $x_3=4.2\times10^{-3}$ m，求此单色光的波长。

解：根据明条纹中心位置公式

$$a\sin\varphi=\pm(2k+1)\frac{\lambda}{2},\ k=1,2,3,\cdots$$

由于 $x_3/f=1.05\times10^{-2}$，故衍射角 φ 较小，因此上式可写成

$$a\frac{x_k}{f}=(2k+1)\ \frac{\lambda}{2},\ k=3$$

解得　$$\lambda=\frac{2a}{2k+1}\cdot\frac{x_3}{f}=\frac{2\times2.0\times10^{-4}}{2\times3+1}\times\frac{4.2\times10^{-3}}{0.40}=6.0\times10^{-7}(\text{m})(=600\ \text{nm})$$

例题 13-7 用波长为589 nm的钠光灯作光源，在焦距为 $f=0.80$ m的透镜的焦平面上观察单缝衍射条纹，缝宽为 $a=0.50$ mm，则中央明纹有多宽？其他明纹有多宽？

解： 根据中央明纹的线宽度公式（13-35）得

$$\Delta x_0=2f\frac{\lambda}{a}=2\times0.80\times\frac{589\times10^{-9}}{0.50\times10^{-3}}=1.88\times10^{-3}(\mathrm{m})(=1.88\ \mathrm{mm})$$

由式（13-36）得其他明纹的宽度为

$$\Delta x=f\frac{\lambda}{a}=\frac{\Delta x_0}{2}=0.94\times10^{-3}(\mathrm{m})(=0.94\ \mathrm{mm})$$

三、圆孔衍射 光学仪器的分辨率

在夫琅禾费衍射中，如果通光孔是圆孔，情况将会怎样？由于一般的光学仪器所用的孔径光阑和透镜边框都相当于一个透光的圆孔，因此，考虑这一类夫琅禾费衍射问题具有重要的实用价值。

1. 圆孔衍射现象 按照几何光学，当平行单色光通过圆孔时在透镜的焦平面上将出现一个亮斑。然而，当圆孔较小时，在焦平面上实际看到的是一个中央为亮斑、周围为明暗相间的环形图样，如图13-36(a) 所示。这种现象是由于光通过圆孔时发生衍射造成的，这种衍射称**夫琅禾费圆孔衍射**（Fraunhofer diffraction of circular aperture）。

第一暗环所围的中央亮斑称为**艾里斑**（Airy disk）。理论计算得知，中央亮斑的光强最大，约占全部衍射光能的84%，其余约16%的光能量分布在周围的各级亮环中。

若艾里斑的直径用 d 表示，透镜的焦距用 f 表示，小圆孔的直径用 D 表示，艾里斑对透镜光心的张角为 $2\varphi_0$，如图13-36(b)、(c) 所示，入射光的波长为 λ。由理论计算可以证明

$$\sin\varphi_0=1.22\frac{\lambda}{D}\qquad(13-37)$$

φ_0 称为艾里斑的**半角宽度**。

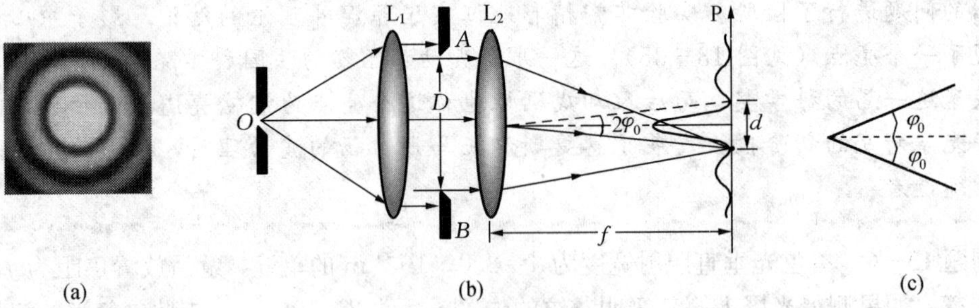

图13-36 夫琅禾费圆孔衍射

2. 瑞利判据 遥望星空，望远镜能否区别开远方的两颗星星呢？人的眼睛能否分辨出一定距离处两个不同的物点呢？下面分析一下光学仪器的分辨本领与哪些因素有关。

在一般的光学仪器中，由于透镜和光阑等都相当于一个透光的圆孔，每一个物点发出的光线经圆孔后都会发生圆孔衍射，因此，像点也就不是一个几何点，而是一个包含艾里斑的衍射图样。显然，当两个相距很近的物点经过某一个透镜成像时，若它们各自形成的艾里斑重叠很少，该透镜就将能分辨这两个物点，如图13-37(a) 所示；反之，若两个艾里斑重

叠很多，该透镜就不能分辨清这两个物点，如图 13－37(c) 所示。英国物理学家瑞利 (J. W. Rayleigh，1842—1919) 提出，当一个物点形成的艾里斑的中心刚好落在另一物点形成的艾里斑的边缘（即第一级暗环）处时，该透镜恰好可以分辨清这两个物点，如图 13－37(b) 所示。这一依据衍射图样判断透镜或光学仪器能否分辨两个物点的方法称为**瑞利判据** (Rayleigh's criterion)。按照瑞利判据，若将恰能分辨的两个物点之间的距离称为最小分辨距离，这两个物点的两个衍射图样中心的距离应等于艾里斑的半径。此时，艾里斑半径对透镜中心所张的角称为**最小分辨角** (angle of minimum resolution)，用 φ_0 表示。由于 $\sin\varphi_0 \approx \varphi_0$，因此，最小分辨角就等于 φ_0，即有

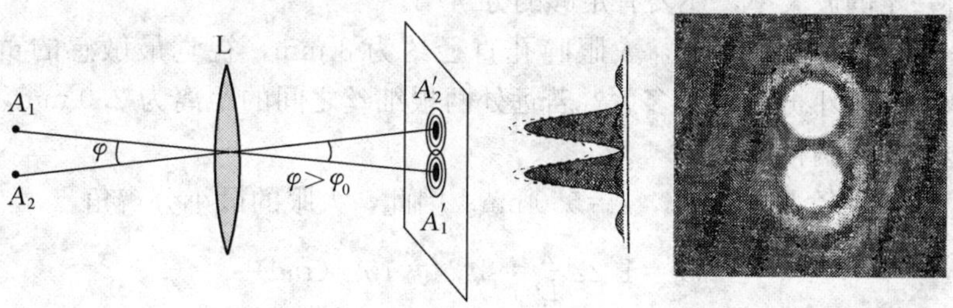

(a)

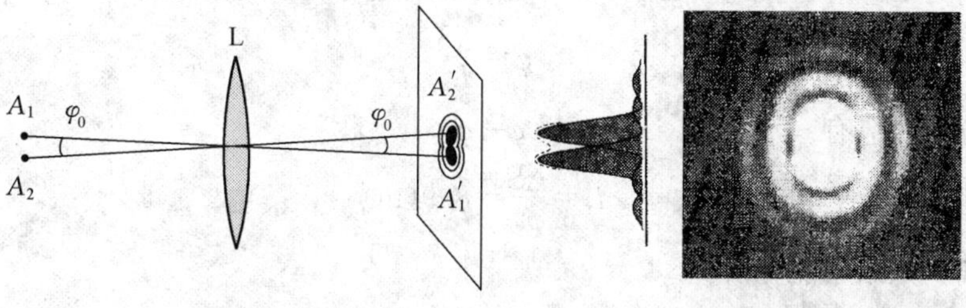

(b)

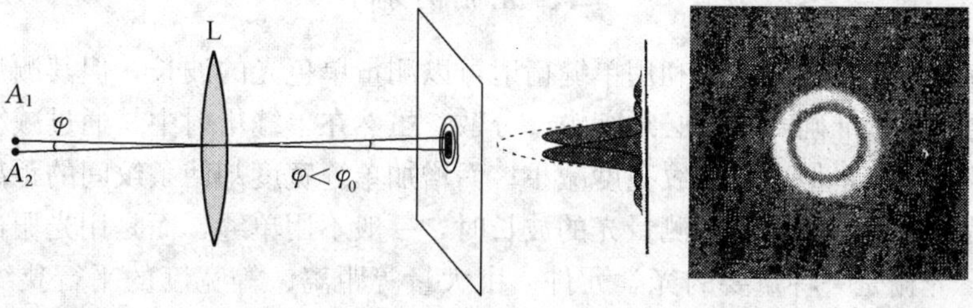

(c)

图 13－37　瑞利判据

$$\varphi_0 = 1.22\frac{\lambda}{D} \tag{13-38}$$

最小分辨角的倒数 $1/\varphi_0$ 称为光学仪器的**分辨率**或**分辨本领**。即

$$\frac{1}{\varphi_0} = \frac{D}{1.22\lambda} \tag{13-39}$$

结合最小分辨率的表达式可看出，最小分辨角越小，分辨率就越高。按照式 (13－39)，要提高分辨本领，可以通过增大通光孔径 D 或减小入射光的波长 λ 来实现。1990 年发射的哈勃太空望远镜的凹面物镜的直径为 2.4 m，它可观察 130 亿光年远的太空深处，发现了 500 亿个星系。对光学显微镜而言，如采用波长为 400 nm 的紫外光来代替可见光，

紫外光显微镜的鉴别距离约为 0.1 μm，显微镜的分辨本领可以大为提高，这样就能达到观察细微结构的目的。除了利用光波的波动性，20 世纪 30 年代，人们发明了电子显微镜，根据量子力学理论，高速运动的电子也呈现一种所谓物质波的波动性（参阅第十五章），波长仅为 0.1 nm 左右，因此，电子显微镜的分辨本领可以较普通光学显微镜提高数千至数万倍，其放大倍数可达 100 万倍以上，能清晰地观察到极微小的物体如细胞器内部结构等。

光学仪器有一定的放大能力，有助于人眼更好地分辨物体的细节。但是光学仪器放大了像点之间的距离，同时也放大了物点所对应的艾里斑。因此，利用光学仪器观察微小物体时，不仅要有一定的放大率，还要有足够的分辨率。

例题 13-8　在通常亮度下，人眼瞳孔直径约为 3 mm，视觉最敏感的黄绿光波长为 550 nm。问人眼的最小分辨角是多大？若远处两根细丝之间的距离为 2.0 mm，问离开多远时人眼恰好能分辨这两根细丝？

解： 人眼瞳孔直径 $D=3\ \text{mm}$，$\lambda=550\ \text{nm}$。因此，人眼的最小分辨角

$$\varphi_0=1.22\frac{\lambda}{D}=2.24\times10^{-4}(\text{rad})$$

设细丝间距离为 ΔS，人与细丝相距为 L，则两根细丝对人眼的张角为

$$\varphi=\frac{\Delta S}{L}$$

人眼恰好能分辨时应有

$$\varphi=\varphi_0$$

于是

$$L=\frac{\Delta S}{\varphi_0}=8.9(\text{m})$$

超过上述距离，人眼不能分辨。

四、光栅衍射

从上一节的讨论我们知道，利用单缝衍射可以测量单色光的波长，但其测量一般精度不够高。因为要使测量准确，条纹必须细锐、分散。虽然在单缝衍射中，通过减小单缝宽度可使条纹间的距离增大，但也使条纹亮度减小；而增加单缝宽度却使条纹间的距离减小，条纹分界模糊不易分辨。因此在实际测量光的波长时，一般不用单缝，而是用光栅进行测量。

1. 光栅　光栅是一种重要的光学元件。由大量等距离、等宽度的平行狭缝组成的光学元件叫**光栅**（grating）。光栅可分为两类，一类是透射光栅，另一类是反射光栅。例如，用照相的方法将印有一系列平行而且等间距的黑色条纹的照相底片作为光栅，曝光的部分相当于透光的狭缝，这样就做成了**透射光栅**（transmission grating），见图 13-38(a)；在光洁度很高的金属表面刻出一系列等间距的平行细槽，就做成了**反射光栅**（reflection grating），见图 13-38(b)。我们将以透射光栅为例来分析光栅衍射。

如图 13-38(a) 所示，平面透射光栅是由大量等宽等间距的平行狭缝组成的，实际制作中，通常是在一玻璃片上刻上大量等宽等间距的平行刻痕，刻痕处相当于毛玻璃，不透光，两刻痕之间的光滑部分透光，成为一条狭缝。设每条缝的宽度为 a，缝间不透明部分的宽度为 b，则相邻狭缝上对应点之间的距离为 $d=a+b$，d 称为**光栅常数**（grating constant），它是表示光栅空间周期性的特征量。一般光栅的光栅常数约为 $10^{-6}\sim10^{-5}$ m，对应于 1 cm 内刻有 10 000～1 000 条缝。光栅透光缝的总数用 N 表示。d 和 N 是光栅的两个重

要的特征量。

光栅衍射的实验装置如图 13－39 所示，线光源位于透镜 L_1 的焦面上，屏幕放在另一个透镜 L_2 的焦面上，光栅置于两个透镜之间。

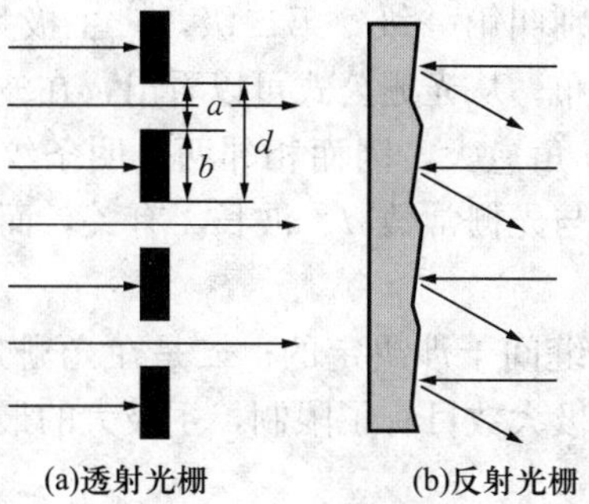

图 13－38　光栅示意图

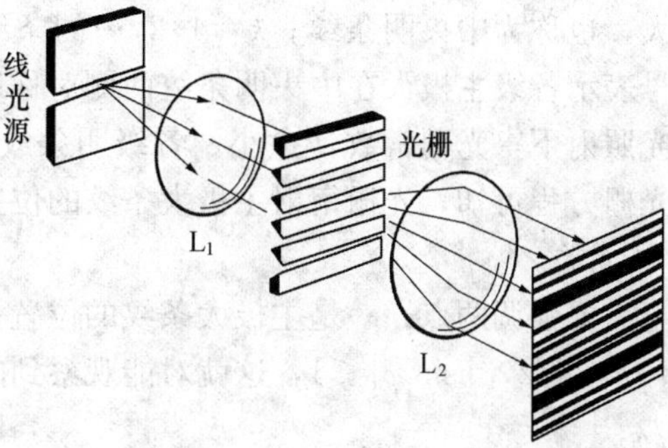

图 13－39　光栅衍射的实验装置

当光通过光栅时，各个缝发出的光都会发生干涉，而每个缝发出的光还会产生衍射。图 13－40 给出了不同数目的狭缝在幕上形成的衍射图样。

在图 13－40 中，$N=1$ 是我们已熟悉的单缝衍射图样，以下顺次分别是缝数 $N=2$、5 和 20 的衍射图样。通过仔细观察，可以看到多缝衍射条纹与单缝衍射条纹相比有明显的差别：多缝的衍射图样中比单缝衍射图样多出现了一系列新的明条纹；明条纹的宽度随缝数 N 的增大而减小，随着 N 的增加，屏上明条纹越来越细，也越来越亮，相应地，这些又细又亮的条纹之间的暗背景也越来越暗。

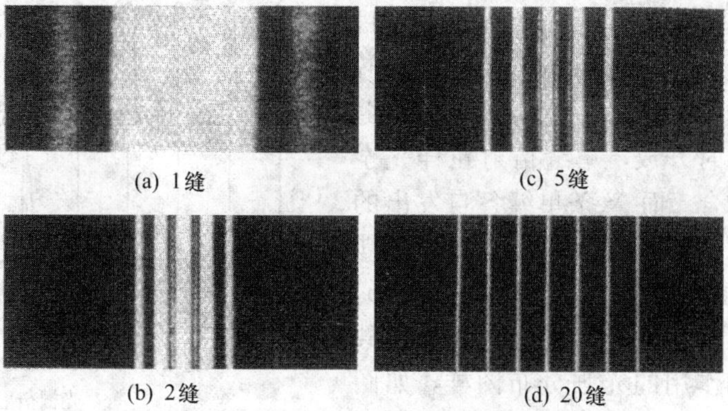

图 13－40　多缝夫琅禾费衍射图样

2. 光栅衍射规律　光栅衍射条纹与单缝衍射条纹如此不同，原因在于光栅是单缝衍射和多缝干涉的综合结果。光栅中每一缝都将按单缝衍射规律对入射光进行衍射，但是各单缝发出的光是相干光，他们将发生干涉，结果形成不同于单缝的光栅衍射规律和相应的衍射图样。

(1) 光栅方程　主极大条纹的位置　在图 13－41 中，一束沿衍射角为 φ 的平行光线经过透镜会聚于接收屏上一点 P，任意相邻两缝发出的光到达 P 点的光程差都是 $(a+b)\sin\varphi$，当此光程差等于入射光波长 λ 的整数倍时，各缝射出的、聚焦于屏上 P 点的光因相干叠加得到加强，形成明条纹。因此，决定光栅衍射明纹位置

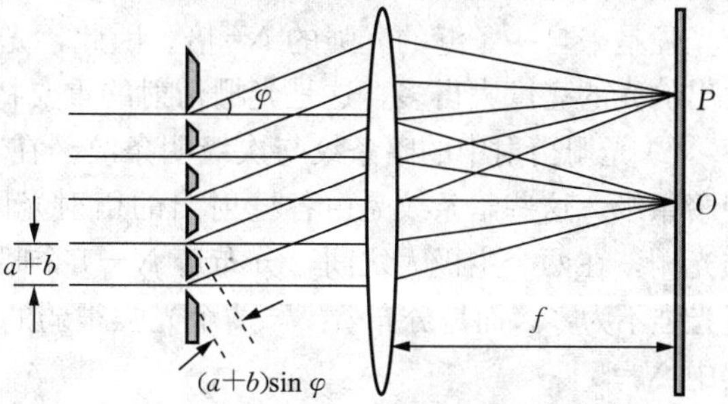

图 13－41　光栅方程

的条件是 $$(a+b)\sin\varphi=d\sin\varphi=\pm k\lambda,\ k=0,1,2,3,\cdots \tag{13-40}$$

式（13-40）称为**光栅方程**（grating equation）。

满足光栅方程的明条纹称**主极大条纹**（也称光谱线），k 称主极大的级数。$k=0$，为零级主极大，也称为中央明条纹；$k=1,2,\cdots$的条纹分别叫第一级，第二级，…主极大条纹。正、负号表示各级主极大在中央明条纹两侧对称地分布。从光栅公式可以看出，在波长一定的单色光照射下，光栅常数 d 愈小，各级明条纹的 φ 角愈大，因而相邻两个明条纹分得愈开。由光栅方程可知，光栅衍射主极大条纹的位置只与光栅常数 d、波长 λ 有关，而与光栅的缝数 N 无关。

这里需要强调两点：一是主极大条纹的位置是由缝间干涉决定的；二是在光栅方程中，衍射角 $|\varphi|\leqslant\pi/2$，$|\sin\varphi|\leqslant1$，这就对能观察到的主极大数目有了限制，主极大的最大级数 $k_{\max}<d/\lambda$。

（2）光栅衍射的光强分布

缺级现象　由单缝衍射实验可知，当缝做上下移动时，屏上的单缝衍射花样不动。当平行单色光垂直入射到光栅上时，各条缝都产生单缝衍射花样，如图 13-42(a) 所示，N 条缝同时开放，单缝衍射花样完全重合。而 N 条单缝各自发出的光是相干光，他们将发生干涉（多光束干涉，如图 13-42(b) 所示，屏上形成衍射和干涉共同作用的光强分布图样，如图 13-42(c) 所示。

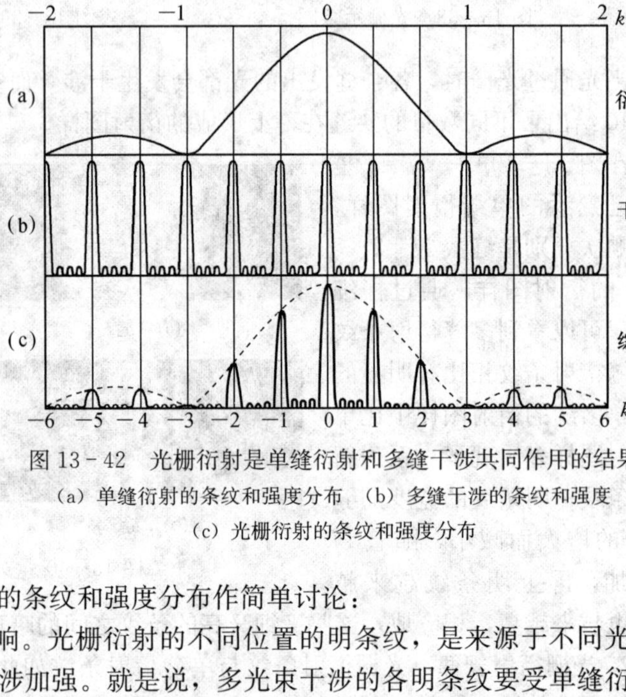

图 13-42　光栅衍射是单缝衍射和多缝干涉共同作用的结果
（a）单缝衍射的条纹和强度分布　（b）多缝干涉的条纹和强度
（c）光栅衍射的条纹和强度分布

下面对图 13-42 中光栅衍射的条纹和强度分布作简单讨论：

① 单缝衍射对光强分布的影响。光栅衍射的不同位置的明条纹，是来源于不同光强度（不同 φ 方向）的单缝衍射光的干涉加强。就是说，多光束干涉的各明条纹要受单缝衍射的调制［见图 13-42(c)］。单缝衍射光强大的方向明条纹的光强也大，单缝衍射光强小的方向明条纹的光强也小。可以证明，主极大的合振幅是来自于一条缝的光振幅的 N 倍，因此，合光强是来自一条缝的光强的 N^2 倍。因此，光栅的多光束干涉形成的明纹亮度要比一条缝发出的光的亮度大得多，这是光栅衍射的重要特点之一。

② 光栅衍射中的暗条纹与次级明条纹。在光栅衍射中，相邻两主极大之间还分布着一些暗条级。这些暗条纹是由各缝射出的衍射光因干涉相消而形成的。可以证明，缝数为 N 的光栅，在两个主极大之间，分布着 $N-1$ 个暗条纹。显然，在这 $N-1$ 个暗条纹之间的位置光强不为零，而是分布着 $N-2$ 个光强很弱的明条纹，称为**次级明条纹**［见图 13-42(c)，其中 $N=5$］。

③ 缺级现象。根据光栅方程，如果衍射角 φ 的某些值满足光栅衍射明纹位置的条件，而且又恰好也满足单缝衍射的暗纹位置的条件时，这些主极大明纹将消失，这种现象称为光

栅的**缺级现象**（missing order）。显然，在缺级处，应同时满足光栅方程和单缝衍射的暗纹公式，即

$$d\sin\varphi=\pm k\lambda,\ k=0,1,2,3,\cdots$$

$$a\sin\varphi=\pm k'\lambda,\ k'=1,2,3,\cdots$$

若某衍射角 φ 同时满足以上两个方程，则 k 级主极大明纹缺级，以上两式相除，可得缺级条件为

$$k=\frac{d}{a}k',\ k'=1,2,3,\cdots \tag{13-41}$$

例如，在图 13-42 中，缝数 $N=5$，$d=a+b=3a$，则 $k=3k'$，这时 ±3 级、±6 级等明条纹将缺失。

3. 光栅光谱 由以上讨论可知，用单色光入射时，由于光栅每厘米有上千条甚至上万条狭缝，所以其衍射图样上的明条纹很亮很细锐，这样某级细锐的明条纹的位置就易于准确测量。因此，利用光栅方程就可以比较准确地测定光波波长。

如果入射光是复色光，各种波长的单色光将产生各自的衍射条纹。根据光栅方程 $d\sin\varphi=\pm k\lambda$，光栅常数 d 保持不变时，衍射角 φ 与入射光的波长 λ 有关。如图 13-43 所示，当用白光垂直照射光栅时，各种单色光各自发生光栅衍射，在中央明纹位置处发生重叠，呈现白色（$k=0$）。各单色光波长不同，对应各级明纹的衍射角也不同，波长越大，同级衍射条纹对应的衍射角越大。两侧的明纹（$k=\pm1$，$k=\pm2$，…等）各自对称分布在中央明纹两侧。同级衍射明纹，波长较短的紫光靠近零级明条纹，波长较长的红光远离零级明条纹。这样，除中央明纹为白色外，其余各级明纹都是由紫色到红色对称地分布在中央明条纹两侧，排列成彩色光带，称**光栅光谱**（grating spectrum）。观察光栅光谱，可看到在高级次（k 较大，如图 13-43，从第 2 级光谱开始）光谱范围内发生重叠现象。光源种类不同，光谱分布也不同。炽热固体发射的光谱是连续光谱，放电管中气体发出的光谱是线状光谱。

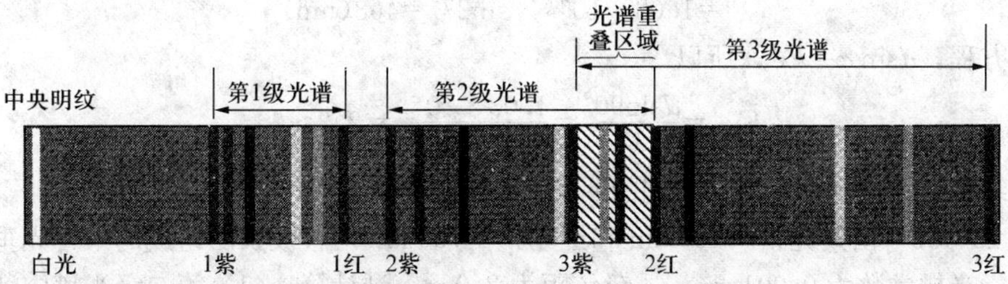

图 13-43 光栅光谱示意图

不同物质作为光源发出的光所形成的光谱是各不相同的，测定其光栅光谱中各光谱线的波长及其相对强度，就可以确定发光物质的成分和含量。光谱分析的方法在科学研究和工程技术上有着广泛的应用。

知识链接 **他使星球靠近了我们**

夫琅禾费（Joseph von Fraunhofer，1787—1826）是德国人，他少年时跟随父亲磨制玻璃镜片，长大后到一家光学研究所供职。由于夫琅禾费制作技术精良，用他制作的仪器观察到很多新的现象。在夫琅禾费的众多发现中，最重要的当属 1822 年发明的衍射光栅。

夫琅禾费用钻石刻刀在玻璃上刻成透射光栅。刻线的宽度达 0.04～0.6 mm，刻线间隔达 0.052 8～0.686 6 mm。借此他测得钠光 D 线波长为 588.77 nm，这是一个非常精确的

数值。夫琅禾费是第一位用衍射光栅测量波长的科学家，他被誉为光谱学的创始人。为了纪念他在光谱学上的贡献，人们在他的墓碑上写下了这样的话：**“他使星球靠近了我们。”**

光栅对制作技术要求极高。在光栅制作上，最值得一提的是美国物理学家罗兰（H. A. Rowland，1848—1901）。1882 年，罗兰研制出平面光栅和凹面光栅，借此获得了极其精密的太阳光谱，其中的谱线多达 20 000 多条。据此编制的“太阳光谱波长表”被作为国际标准，使用长达 30 年之久。目前广泛应用的平面反射光栅，是在玻璃坯上镀一层铝膜，然后用金刚石在铝膜上刻划出很密的平行刻槽而成，常用的平面反射光栅已达每毫米刻槽 1 800 条。

例题 13-9 用平行单色光 $\lambda=632.8$ nm 照射光栅，已知第一级明纹出现在衍射角 38° 的方向上，问：(1) 光栅常数为多少？(2) 第二级明纹是否存在？(3) 若使用某单色光 λ' 进行同样的光栅衍射实验，测得第一级明纹出现在衍射角 27°方向上，问此单色光 λ' 的波长为多少？对于此单色光，最多可看到几条明条纹？

解：(1) 根据光栅方程，可得光栅常数为

$$d=\frac{k\lambda}{\sin\varphi}=\frac{1\times632.8\times10^{-9}}{\sin38^{\circ}}=1.03\times10^{-6}(\text{m})$$

(2) 对于第二级明条纹，应满足 $d\sin\varphi_2=2\lambda$，解得

$$\sin\varphi_2=\frac{2\lambda}{d}=\frac{2\times632.8\times10^{-9}}{1.03\times10^{-6}}>1$$

因此，第二级明纹不存在。

(3) 假设此未知单色光的波长为 λ'，则 $d\sin\varphi=\lambda'$，解得

$$\lambda'=1.03\times10^{-6}\times\sin27^{\circ}=468(\text{nm})$$

根据光栅方程，$d\sin\varphi=k\lambda'$，所以

$$k_{\max}=\frac{d\sin90^{\circ}}{\lambda'}=\frac{1.03\times10^{-6}}{468\times10^{-9}}=2.2\approx2$$

考虑到零级明条纹，则最多可以看到的明条纹数为 $2k+1=5$（条）。

例题 13-10 由紫光 $\lambda_1=400$ nm 和红光 $\lambda_2=750$ nm 两种波长所组成的平行光垂直照射在光栅上，光栅常数为 0.001 cm，透镜焦距为 2.0 m，试计算：(1) 第二级光谱中紫光与红光对应谱线间的距离；(2) 第二级紫光与第三级紫光对应谱线间的距离。

解：(1) 设第二级紫光和第二级红光相对零级明条纹中心（设为坐标原点）的坐标为 x_2 和 x_2'，则两谱线间的距离为

$$\Delta x=x_2'-x_2=f\sin\theta_2'-f\sin\theta_2=f\frac{2\lambda_2}{d}-f\frac{2\lambda_1}{d}=\frac{2f}{d}(\lambda_2-\lambda_1)$$

$$=\frac{2\times2.0}{0.001\times10^{-2}}\times(750-400)\times10^{-9}=0.14(\text{m})$$

(2) 第二级紫光与第三级紫光谱线间的距离为

$$\Delta x'=x_3-x_2=f\sin\theta_3-f\sin\theta_2=f\frac{3\lambda_1}{d}-f\frac{2\lambda_1}{d}=\frac{f\lambda_1}{d}$$

$$=\frac{2.0\times400\times10^{-9}}{0.001\times10^{-2}}=8.0\times10^{-2}(\text{m})$$

因为 $\Delta x' < \Delta x$，所以第二级光谱与第三级光谱有部分重叠。

知识链接　　**X 射线衍射**

1895 年，德国物理学家**伦琴**（W. K. Rontgen，1845—1923）发现，受高速电子撞击的金属（如钨、钼）会产生一种人眼看不见的射线，这种射线可以穿过许多可见光不能透过的物体，能使感光乳胶感光，能使气体电离。由于起初不知道这种射线的本性，故将其称为 **X 射线**（X - ray）。在 X 射线发现后不久，实验证明它是一种波长很短的电磁波，其波长约在 0.01～10 nm 范围。既然是一种电磁波，它也应有干涉和衍射现象。但用普通光学光栅观察不到衍射现象，因为其光栅常数远大于 X 射线波长。

1912 年，德国人劳厄（M. von Laue，1879—1960）认为，晶体是由按一定的点阵在空间作周期性排列的原子构成的，晶体中相邻原子间的距离约为 10^{-10} m，与 X 射线的波长同数量级。因此，晶体就相当于光栅常数为 10^{-10} m 的天然三维衍射光栅，当 X 射线照射在晶体上就应能看到 X 射线的衍射图像。按照这个思路，劳厄进行了如图 13 - 44 所示的实验。他让一束 X 射线穿过铅板上的小孔投射到晶体薄片上，结果在晶片后面的屏板上出现了一些规则分布的亮斑。这些亮斑称为**劳厄斑点**（Laue spot）。

对于上述现象，英国人布拉格父子（W. H. Bragg，1862—1942；W. L. Bragg，1890—1971）提出了一个简单而合理的解释。布喇格父子认为，晶体是由一系列平行的原子层构成的，这些原子层称**晶面**（crystal plane），如图 13 - 45 所示。若各原子层（或晶面）之间的距离为 d，称为晶格常数，当单色的平行 X 射线以掠射角 φ 入射到晶面上时，相邻两晶面的反射光的光程差为

$$\delta = AC + CB = 2d\sin\varphi$$

显然，当光程差满足干涉加强的条件时，即

$$\delta = 2d\sin\varphi = k\lambda,\ k = 1, 2, 3, \cdots$$

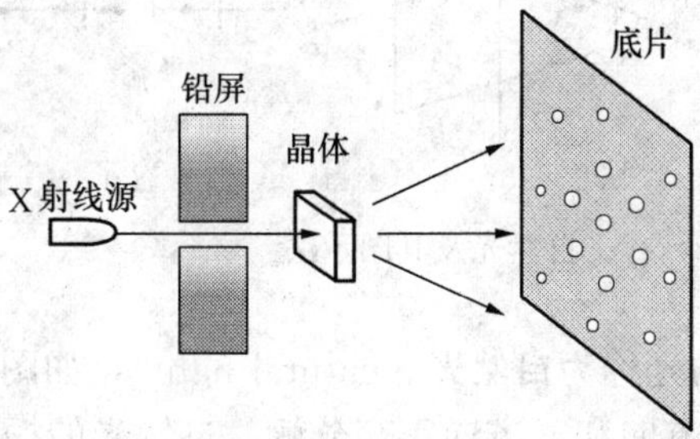

图 13 - 44　劳厄实验

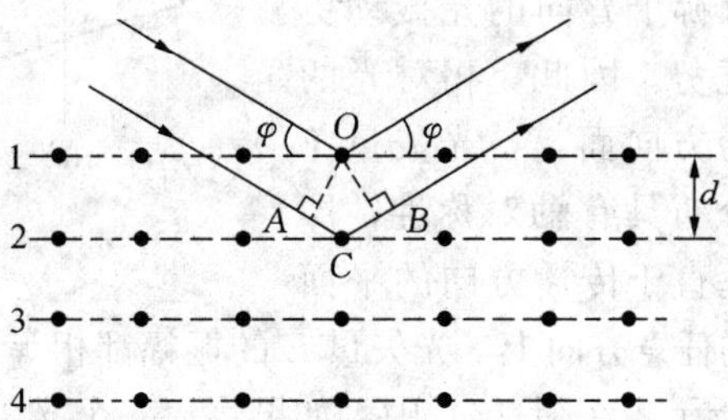

图 13 - 45　布拉格公式导出图示

各层晶面的反射光都将相互干涉增强而形成亮点（劳厄斑点），该式称为晶体衍射的**布拉格公式**（Bragg formula）。从布拉格公式可知，如果已知晶格常数 d 和掠射角 φ，则可计算出 X 射线的波长 λ；同理，如果已知 X 射线的波长 λ 和掠射角 φ，则可推算出晶体的晶格常数 d。

伦琴发现X射线在物理学发展中具有极为重要的意义。1895年首次公布的第一张X射线照片是伦琴拍摄的他夫人的手指骨的照片，其上所带的戒指清晰可见（图13-46）。由于X射线具有极大的应用价值，伦琴为此获得了1901年首届诺贝尔物理学奖。此后，许多人投入到对X射线及其应用的研究中，迄今为止，除伦琴外，有15项获诺贝尔奖的课题与X射线有关。例如，劳厄发现了X射线的衍射现象，从而判断出X射线是高频电磁波，他为此获得了1914年诺贝尔物理学奖。布拉格父子将X射线衍射用于晶体结构的研究，奠定了X射线谱学和X射线结构分析的基础，他们分享了1915年诺贝尔物理学奖。

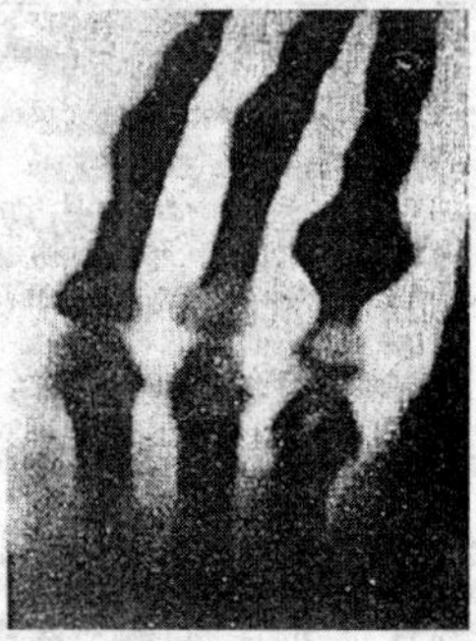

图13-46 历史上第一张X射线照片

第五节 光的偏振

光的干涉和衍射现象揭示了光的波动性，但仍不能说明光是横波还是纵波。光的电磁理论指出，光矢量的振动方向与光的传播方向垂直，所以光是横波，而光的偏振现象则有力地证明了光是横波。

一、偏振光 马吕斯定律

1. 自然光 偏振光 我们已经知道，普通光源中包含大量发光的原子或分子，各个原子或分子自发辐射发出的光波列不仅相位彼此没有关系，而且光矢量 $\boldsymbol{E}$ 的振动方向也是完全随机的，没有哪个方向的光振动更占优势。因此，相对光的传播方向而言，光矢量 $\boldsymbol{E}$ 的分布具有轴对称性，即在垂直于传播方向的平面内的任意方向上，光矢量 $\boldsymbol{E}$ 的振幅都相等，这样的光称为**自然光**（natural light），如图13-47所示。在图（a）中，如果将每一个光矢量沿 x 方向和 y 方向正交分解，自然光的振动模式可表示为图（b）的形式。为了方便，自然光又常被表示为图（c）的形式，在图中用短线和点分别表示在纸面内和垂直于纸面的光振动。点和短线等量均匀画出，表示光矢量对称均匀分布，箭头表示光传播方向。由以上讨论可知，自然光可以看成是两个互相垂直且没有固定相位差的光振动的传播，这两个互相垂直的光振动在与光传播方向垂直的平面内的取向是任意的，它们各占自然光总强度的一半。

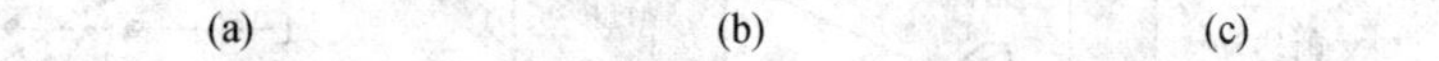

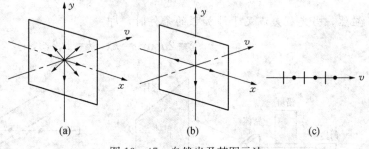

图13-47 自然光及其图示法

如果将自然光的两个垂直振动中的一个全部或部分去除，使得在垂直传播方向的平面内光矢量的振动不再对称，这时获得的光即为**偏振光**（polarized light）。如果光矢量的振动方向始终保持在某一固定方向，这种光称为**线偏振光**（linear polarized light）或**完全偏振光**。线偏振光的光矢量振动方向和光的传播方向构成的平面叫振动面，如图 13－48(a) 所示。其中（b）图表示光振动方向在纸面内的线偏振光，图（c）表示光振动方向与纸面垂直的线偏振光。原子每次自发辐射发出的光波列是线偏振光。

如果在垂直于其传播方向的平面内，光矢量 E 各方向都有，但在某一方向 E 的振幅明显较大，这种光称为**部分偏振光**（partial polarized light），如图 13－49 所示。部分偏振光用数目不等的点和短线表示，其中图（a）表示在纸面内的光振动较强的部分偏振光，图（b）表示在垂直纸面内的光振动较强的部分偏振光。部分偏振光可以看成是自然光和线偏振光的混合。

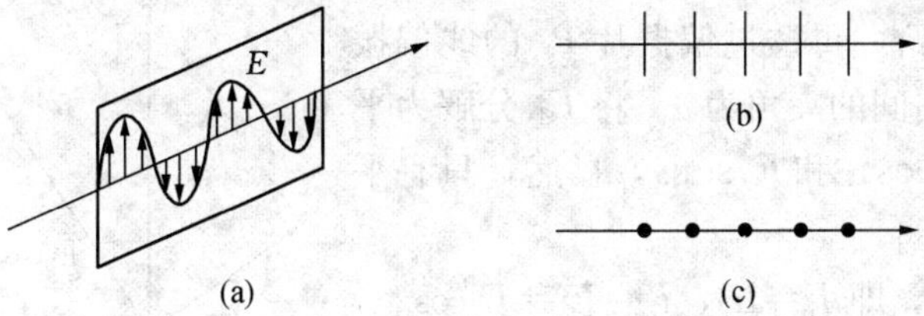

图 13－48　线偏振光及其图示法

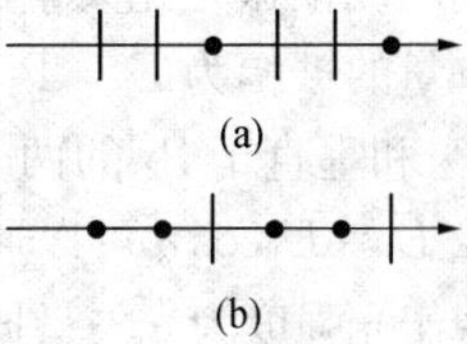

图 13－49　部分偏振光图示法

2. 起偏　检偏　普通光源（如太阳、日光灯等）发出的光都是自然光，使自然光变为偏振光的过程称为**起偏**，所用的光学器件称为**起偏器**（polarizer）；检验某光是否为偏振光的过程称为**检偏**，所用的光学器件称为**检偏器**（analyzer）。偏振片是常用的偏振器件，既可用作起偏器也可用作检偏器。

实验发现，有些晶体对不同方向的电磁振动吸收不同。例如，天然的电气石晶体呈六角形的片状。当光垂直入射时，与晶体长对角线的方向平行的光振动被晶体吸收得较少，通过晶体的光线较强；与晶体长对角线的方向垂直的光振动被晶体吸收得较多，通过晶体的光线较弱。这种晶体对不同方向的偏振光具有选择吸收的性质称为**二向色性**（dichroism）。显然，当自然光通过具有强烈二向色性的晶体时，透射光将成为线偏振光。这种能使自然光变为偏振光的晶体薄片常称为**偏振片**（polaroid）。

无论天然的偏振片还是人工制备的偏振片，其允许透过的光振动的方向称为偏振片的**偏振化方向**，用↕表示。

图 13－50 是两块偏振片 P_1、P_2 叠放在一起，让自然光入射到 P_1 上，再使得透过 P_1 的光入射到 P_2 上，从 P_2 透射出的光具有怎样的变化特点呢？

当两个偏振片的偏振化方向平行时，透过 P_1 的光也透过 P_2，这时光强最大；当两个偏振片的偏振化方向垂直时，透过 P_1 的光被 P_2 完全吸收，两偏振片重叠部分变得最暗（透过的光强为零，常称为消光）；若将 P_2 绕光传播方向慢慢转动，可以发现透过 P_2 的光强将随 P_2 的转动发生周期性的变化，光强由大逐渐变小，再由小逐渐变大。如果让 P_2 旋转 360°，则在整个的转动过程中，出现了两次最亮，两次最暗，其他情况的光强介于最大和最小之间。上述实验也可用两个具有偏振片功能的眼镜交叉进行验证，如图 13－51 所示。

由此可知，对于一束偏振情况不明的光，将一块偏振片以光传播方向为轴旋转一周，若观察到透射光强发生了周期性变化就可以断定该光束为偏振光；反之，若透射光强始终不变，则该光束为自然光。这就是起偏器和检偏器的工作原理。

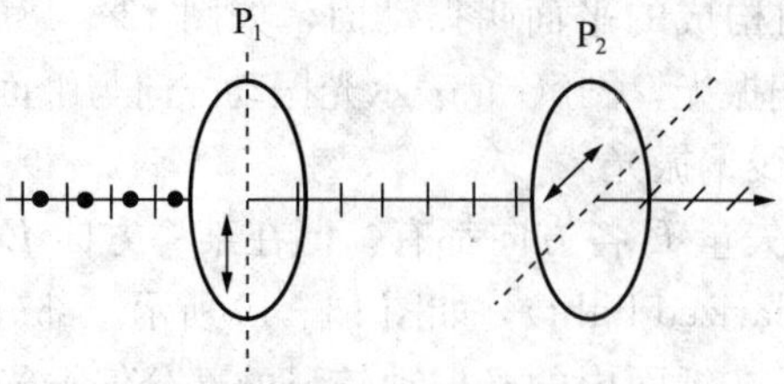

图 13－50　起偏和检偏

图13－51　交叉观看立体电影的眼镜

3. 马吕斯定律　事实上，线偏振光通过偏振片后的光强变化情况是可以定量计算的。在图 13－52 中，设自然光入射到偏振片 P_1 上得到的线偏振光光矢量的振幅为 E_1，再透过偏振片 P_2 的线偏振光光矢量的振幅为 E_2，P_1 与 P_2 方向间的夹角为 α。将 E_1 分解为平行于 P_2 和垂直于 P_2 的两个分量 $E_1\cos\alpha$ 和 $E_1\sin\alpha$，显然，只有平行分量 $E_2=E_1\cos\alpha$ 可以通过 P_2。

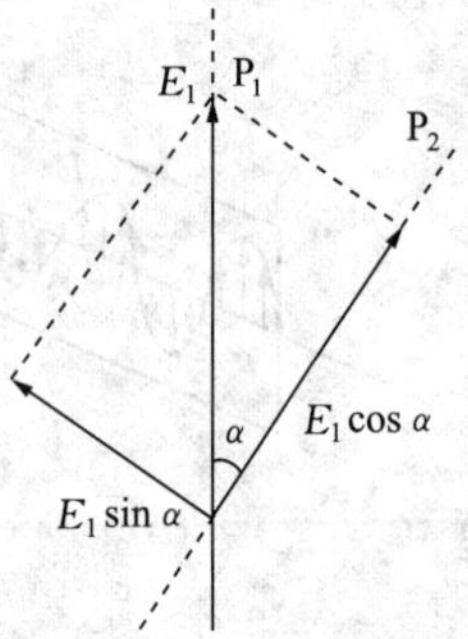

图 13－52　马吕斯定律推导

由于光强度为光矢量振幅的平方，即 $I_1=E_1^2$，$I_2=E_2^2=E_1^2\cos^2\alpha$，故得透射光的光强度为

$$I_2=I_1\cos^2\alpha \qquad (13-42)$$

据此可知，当转动 P_2 时，光强 I_2 是周期性变化的。式（13－42）是法国工程师马吕斯（E. L. Malus，1775—1812）首先提出的，故称为**马吕斯定律**（Malus' law）。

偏振片的应用很广。如汽车夜间行车时为了避免对方汽车灯光晃眼以保证安全行车，可以在所有汽车的车窗玻璃和车灯前装上与水平方向成 45°角而且向同一方向倾斜的偏振片。这样，相向行驶的汽车可以都不必熄灯，各自前方的道路仍然被照亮，同时也不会被对方车灯晃眼了。

例题 13－11　如图 13－53 所示，在两块正交偏振片（即偏振化方向相互垂直）P_1 和 P_3 之间插入另一块偏振片 P_2，使光强为 I_0 的自然光垂直入射在偏振片 P_1 上。若转动 P_2，试确定透过 P_3 的光强 I_3 与转角的关系。

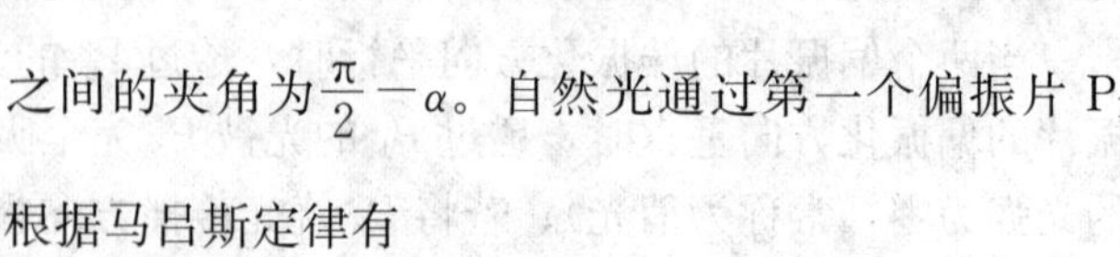

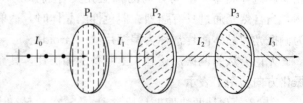

图 13－53　例题 13－11 图

解： 设 α 为 P_1 和 P_2 的偏振化方向之间的夹角，则 P_2 和 P_3 的偏振化方向之间的夹角为 $\frac{\pi}{2}-\alpha$。自然光通过第一个偏振片 P_1 后，变为光强为 $I_1=\frac{1}{2}I_0$ 的线偏振光。根据马吕斯定律有

$$I_2=\frac{1}{2}I_0\cos^2\alpha$$

光强为 I_2 的线偏振光再入射到偏振片 P_3 上，由马吕斯定律，其出射线偏振光光强为

$$I_3=I_2\cos^2\left(\frac{\pi}{2}-\alpha\right)=\frac{1}{2}I_0\cos^2\alpha\cos^2\left(\frac{\pi}{2}-\alpha\right)=\frac{1}{8}I_0\sin^2 2\alpha$$

二、反射光和折射光的偏振　布儒斯特定律

1. 反射光和折射光的偏振　实际上，获得偏振光的最简单的方法是利用光的反射与折射。实验表明，当自然光射入到两种各向同性的介质分界面上时，将产生反射和折射，如图 13-54 所示，在一般情况下，反射光和折射光均为部分偏振光，其偏振化程度与入射角和两种介质的折射率有关。实验发现，反射光是垂直入射面（入射光线与法线构成的平面）振动占优势的部分偏振光，折射光是平行入射面振动占优势的部分偏振光。

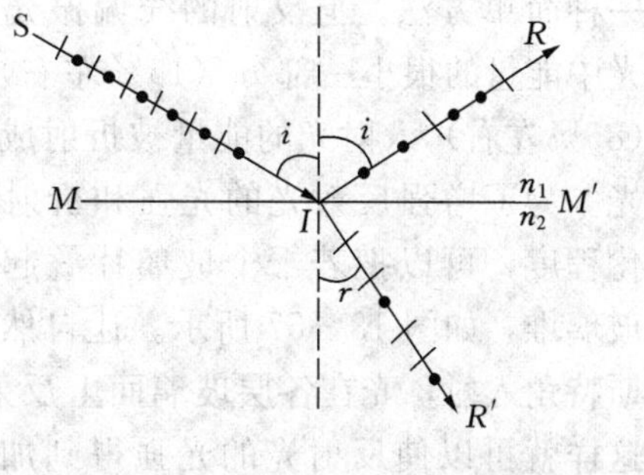

图 13-54　反射光与折射光的偏振图

我们在日常生活中常遇到反射光的偏振现象，由于反射光是部分偏振光，我们可以通过偏振片消除对我们不利的反射光。例如，夏天日光强烈，在地面上产生很强的反射，这种反射光是部分偏振光，且大部分光的偏振方向是垂直于日光的入射平面，即平行于产生反射的地面，如图 13-55 所示。为了保护眼睛，可以戴一副墨镜，它用吸收光的深色玻璃制成，同时上面贴有一片“起偏薄膜”，只允许垂直方向的线偏振光透过，这样大部分地面反射光便被挡掉了。

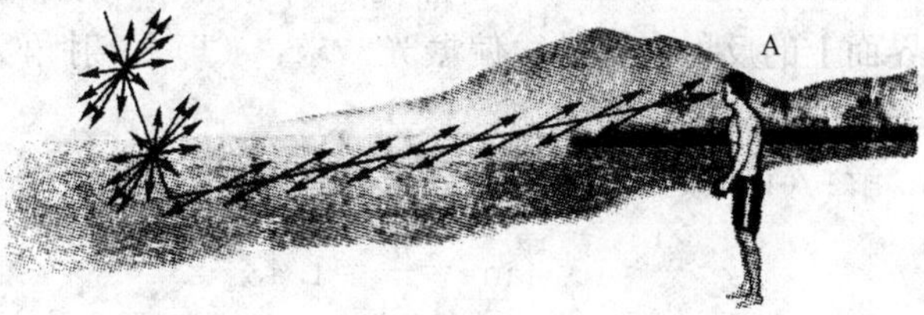

图 13-55　日光在地面上反射的偏振

2. 布儒斯特定律　1815 年英国物理学家布儒斯特（D. Brewster，1781—1868）在研究反射光的偏振化程度时发现，反射光的偏振化程度决定于入射角。当光从折射率 n_1 的介质射向折射率为 n_2 的介质时，若入射角 i_B 满足下述关系

$$\tan i_B = \frac{n_2}{n_1} \tag{13-43}$$

则反射光成为振动方向垂直于入射面的线性偏振光，折射光仍为部分偏振光，如图 13-56 所示。式（13-43）称为**布儒斯特定律**（Brewster's law），式中的角 i_B 称**布儒斯特角**（Brewster angle）或**起偏角**（polarizing angle）。

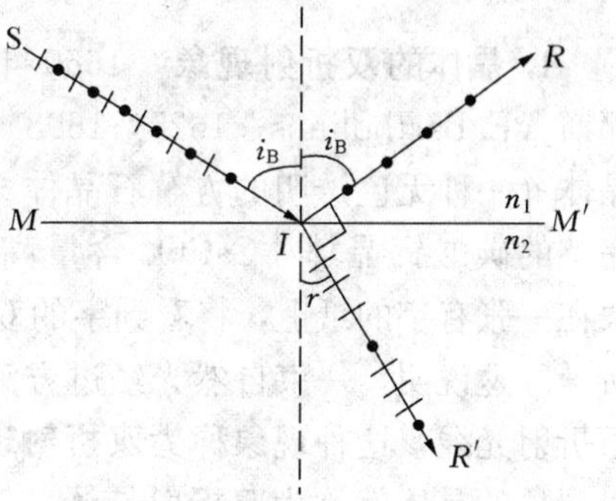

图 13-56　布儒斯特定律

根据布儒斯特定律和折射率，可得布儒斯特角 i_B 和折射角 r 的关系。即

$$\tan i_B = \frac{\sin i_B}{\cos i_B} = \frac{n_2}{n_1} = \frac{\sin i_B}{\sin r}$$

所以

$$\sin r = \cos i_B = \sin\left(\frac{\pi}{2} - i_B\right)$$

因此

$$i_B + r = \frac{\pi}{2} \tag{13-44}$$

该式表明，**当光线以布儒斯特角 i_B 入射时，反射光线和折射光线相互垂直。**

在两种介质分界面（如空气与玻璃界面）上，利用布儒斯特角反射是获得线偏振光的一种简单方法。但反射的线偏振光仅是入射光中能量的很小一部分（15%左右），大部分（85%左右）入射光的能量被折射成部分偏振光。为了增强反射光的光强和折射光的偏振化程度，可以把若干个玻璃片叠起来，形成玻璃堆，如图 13－57 所示。让自然光以布儒斯特角入射，光在各层玻璃面上反射和折射，这样就可以使反射光的光强得到加强，同时逐次反射而使偏振化程度提高，最后折射出去的光就接近线偏振光了。利用反射和折射获得偏振光这一原理在激光器中也有应用。

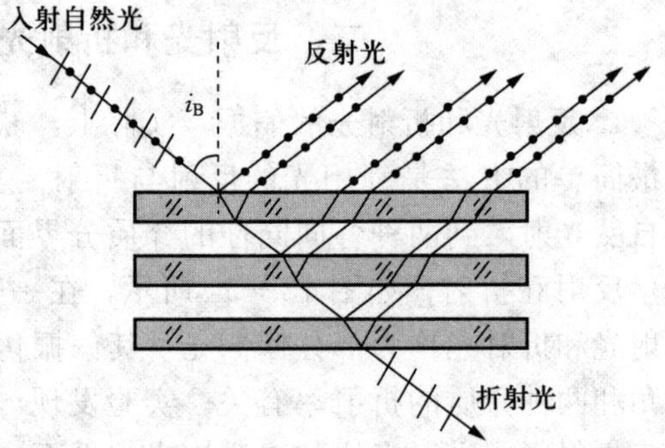

图 13－57　玻璃堆起偏

例题 13－12　如图 13－58 所示，有三种透明介质，已知 $n_1=1.0$，$n_2=1.43$，一束自然光以入射角 i 入射，若在两介质分界面上的反射光都是线偏振光。求：（1）入射角 i；（2）折射率 n_3 大小。

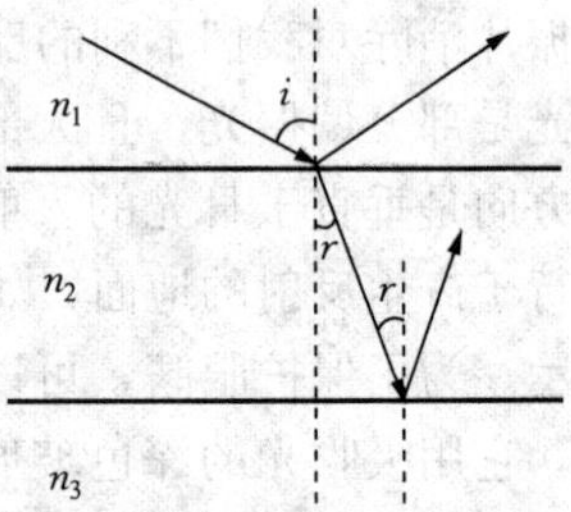

图 13－58　例题 13－12 图

解：（1）根据布儒斯特定律，此入射角 i 应为布儒斯特角。

故
$$\tan i=\frac{n_2}{n_1}=1.43$$

解得
$$i=55.03。$$

（2）折射角 $r=\frac{\pi}{2}-i$，则入射到 n_2 和 n_3 两介质界面上的入射角为 r。由布儒斯特定律可知
$$\tan r=\frac{n_3}{n_2}$$

所以
$$n_3=n_2\tan r=1.43\times\tan\left(\frac{\pi}{2}-i\right)=1.0$$

三、双折射现象　尼科耳棱镜

1. 晶体的双折射现象　1669 年，丹麦人巴塞林那斯（E. Bartholinus，1625—1698）发现，将冰洲石晶体（一种无色透明的方解石晶体。完全透明、结构完整的碳酸钙晶体，$CaCO_3$ 含量高达 99.95%以上）放在一张有字的纸上，将看到字的双像，如图 13－59 所示。这说明，一束自然光经过方解石晶体会产生两条折射光线，这种现象称为**双折射现象**。可产生双折射现象的晶体就称为双折射晶体。后来发现，除了方解石晶体以外，石英、红宝石、云母、蓝宝石、橄榄石等许多晶体都可以产生双折射现象。

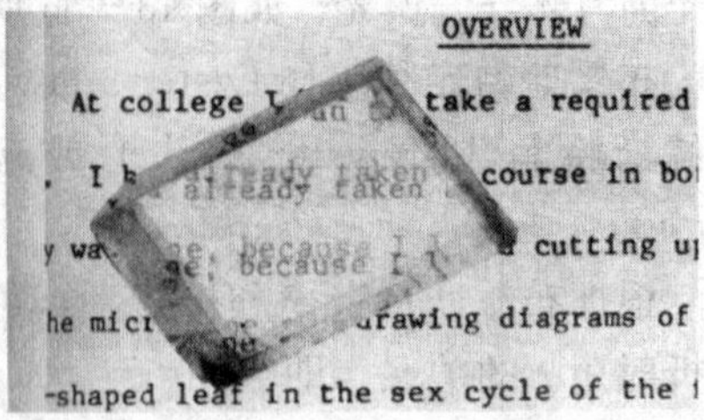

图 13－59　方解石的双折射现象

实验发现，当光垂直入射到晶体表面上而产生双折射时，若使晶体绕光的入射方向慢慢转动，其中按原方向传播的那一束光的传播方向不变，而另一束光则随着晶体的转动绕前一束光旋转，如图 13－60(a) 所示。根据折射定律，入射角 i 为零时，折射光应沿着原方向传

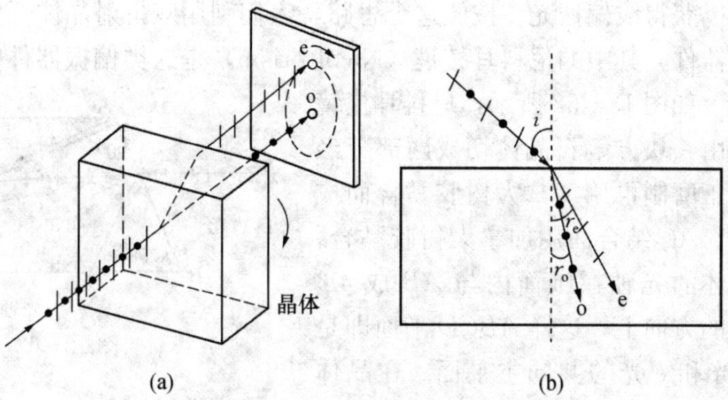

图 13-60　双折射的 o 光和 e 光

播，因此，沿原方向传播的光束是遵守折射定律的，而另一束则不遵守折射定律。当改变入射角 i 时，如图 13-60(b) 所示，两束折射光中的一束光遵守折射定律，这束光称为**寻常光**（ordinary light），简称 o 光；另一束光不遵守折射定律，称为**非常光**（extraordinary light），简称 e 光。用检偏器检验的结果表明，o 光和 e 光都是线偏振光。

在双折射晶体中，o 光和 e 光的偏折程度不同，表明双折射晶体对 o 光和 e 光的折射率不同，表 13-2 给出了几种双折射晶体的 o 光和 e 光折射率。

表 13-2　几种双折射晶体的 o 光和 e 光折射率

双折射晶体	o 光折射率 n_o	e 光折射率 n_e
方解石	1.658	1.486
电气石	1.640	1.620
硝酸钠	1.585	1.332
石英	1.543	1.552
冰	1.309	1.310

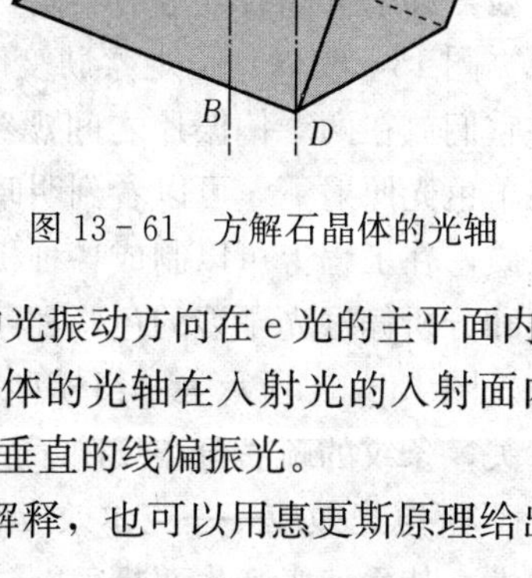

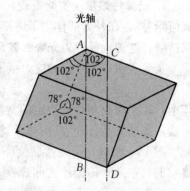

图 13-61　方解石晶体的光轴

研究发现，在方解石等双折射晶体中存在一个特殊的方向，当光线在晶体内沿该方向传播时不发生双折射现象，o 光和 e 光不会分开，这个特殊的方向称晶体的**光轴**（optical axis）。光轴表示的是一个方向，而不是一条具体的直线，凡是与此方向平行的直线都是光轴。天然的方解石晶体为平行六面棱体，如图 13-61 所示，两棱之间的夹角约为 78°或 102°。从其三个钝角相会合的顶点引出一条直线，并使其与三棱边都成等角，这一直线方向就是方解石晶体的光轴方向，如图中 AB 或 CD 直线的方向。

在双折射晶体中，晶体内光线的传播方向和光轴方向组成的平面称该光线的**主平面**（principal plane of crystal）。实验发现，o 光的光振动方向垂直于 o 光的主平面，而 e 光的光振动方向在 e 光的主平面内。一般而言，在晶体内 o 光和 e 光的主平面并不重合。但当晶体的光轴在入射光的入射面内时，o 光和 e 光的主平面是重合的。这时，o 光和 e 光是相互垂直的线偏振光。

双折射现象可以用晶体结构和光的电磁理论给出全面的解释，也可以用惠更斯原理给出定性的说明，有兴趣的读者可参阅有关文献。

2. 尼科耳棱镜　既然 o 光和 e 光都是线偏振光，如果设法去除 o 光和 e 光中的一个，就可以获得线偏振光。按照这个思路，人们利用双折射晶体开发了一类可以产生线偏振光的偏振器件，其中的**尼科耳棱镜**（Nicol prism）是这类偏振器件中最典型的一个。

如图 13－62 所示，尼科耳棱镜是由一块方解石晶体切成两部分经加工磨制再用加拿大树胶黏合而成的。*AC* 结合面用加拿大树胶黏合，晶体的光轴在纸面内与 *AB* 成 48°角的方向上，这样 *ABCD* 平面即是 o 光和 e 光的共同主平面。在晶体内，o 光折射率 n_o 为 1.658，e 光折射率 n_e 为 1.486，树胶层的折射率 n 为 1.550，介于 n_o 和 n_e 之间。在左半个方解石晶体中，入射的自然光被分解为振动方向相互垂直的 o 光和 e 光。若 o 光射向树胶层的入射角大于发生全反射的临界角，o 光将在树胶层上发生全反射，而 e 光则会穿过树胶层经右半个方解石晶体射出。如将 *BC* 面涂黑使之将 o 光全部吸收，在棱镜的右端出射的将是一束线偏振光，即 e 光。显然，尼科耳棱镜不仅可用作起偏器，也可用作检偏器。

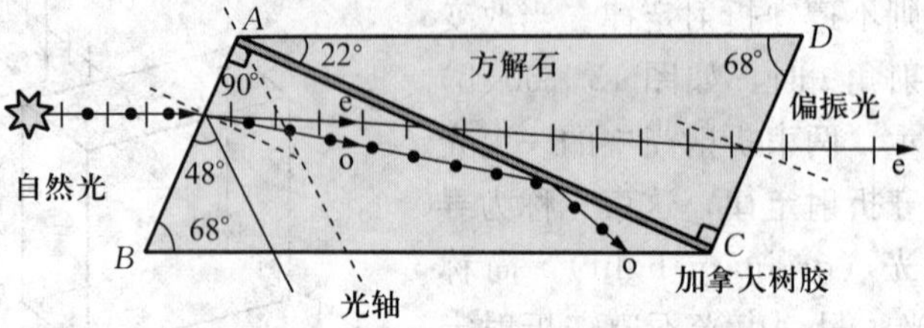

图 13－62　尼科耳棱镜示意图

最后应该指出，所谓 o 光和 e 光只是对双折射晶体中的光而言，它们一旦从晶体出射后，就是一般的线偏振光了，没有 o 光和 e 光之说了。

四、偏振光的应用

偏振光的应用十分广泛，无论是在摄影、交通还是在医学方面都发挥着独特的作用。各种偏振器件有：偏振器、波片和补偿器、隔离器、光纤偏振器、偏振控制器以及消偏器等。下面重点讨论光弹性效应、电光效应以及旋光效应等的应用。

1. 光弹性效应　实验发现，一些通常呈现各向同性的透明介质（例如塑料、玻璃、环氧树脂等），在外力的作用下内部应力出现不均匀分布，从而获得各向异性的性质，可产生双折射，这种现象称为**光弹性效应**（photoelastic effect）。

实验表明，在一定的应力范围内，$|n_o-n_e|$ 与应力 $p=F/S$ 成正比，即

$$|n_o-n_e|=Kp \tag{13-45}$$

其中，K 是由材料性质决定的常数。如图 13－63 所示，o 光和 e 光穿过偏振片 P_2 后将进行干涉，如果样品各处应力不同，将出现明显的干涉条纹。

图 13－63(a) 是观察胁变下双折射现象的装置简图。如果把这种透明介质做成片状，将它们放在两个偏振片之间观察，就可以获得偏振光的干涉图样，如图 13－63(b) 所示。在单色光照射下，可以看到明暗交替的花样；在白光的照射下则显示出彩色花样。利用这种性质，在工程上可以制成各种机械零件的透明塑料模型，然后模拟零件的受力情况，通过观察和分析偏振光干涉的色彩和条纹分布来判断零件内部的应力分布，这种方法称为**光弹性方法**。图 13－64 所示为一组模型在受力时产生的偏振光干涉图样的照片，图中的条纹与应力有关，条纹的疏密分布反映了应力的分布情况，条纹越密的地方，应力越集中。

2. 电光效应——克尔效应　在电场作用下，可以使某些各向同性的透明介质变为各向异性，从而使光产生双折射，这种现象被称为**电致双折射**或**克尔效应**（Kerr effect）。它是英国物理学家克尔（J. Kerr，1824—1907）于 1875 年首次发现的。

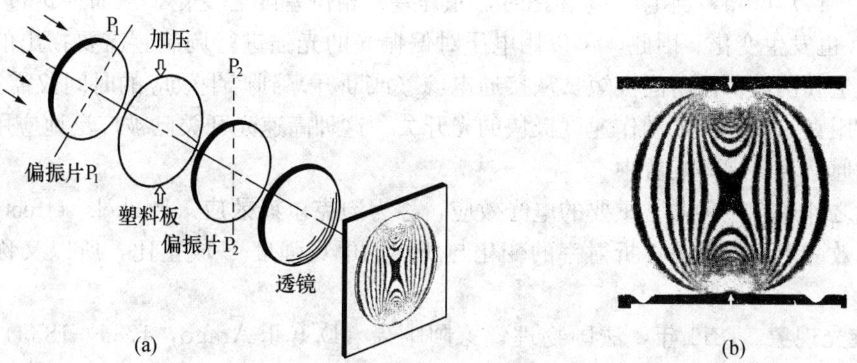

图 13－63　观察胁变下双折射现象

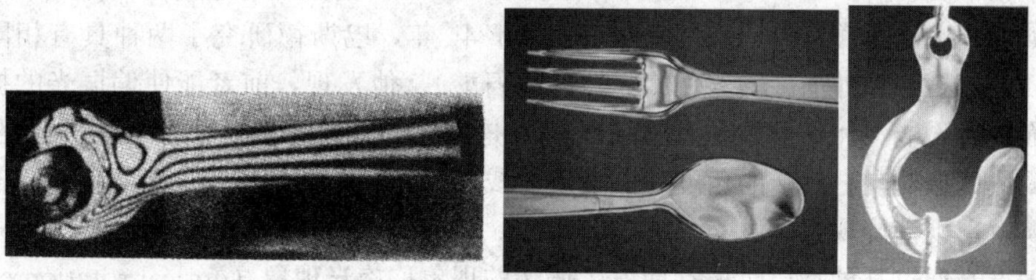

图 13－64　光弹性干涉图样示例

在图 13－65 是一个观测克尔效应的实验装置原理图，在图中，C 是一个具有一对平行板电极并盛有液体（如硝基苯等）的容器，称为克尔盒。P_1 和 P_2 为偏振化方向正交的偏振片。在没有给电容器充电之前，光不能通过偏振片 P_2。加电场后，两极之间的液体在电场的作用下变为各向异性，两极间的液体呈现单轴晶体的性质，其光轴方向沿电场方向（垂直于光路）。实验表明，在克尔效应中，o 光和 e 光折射率的差值正比于电场强度的平方，即

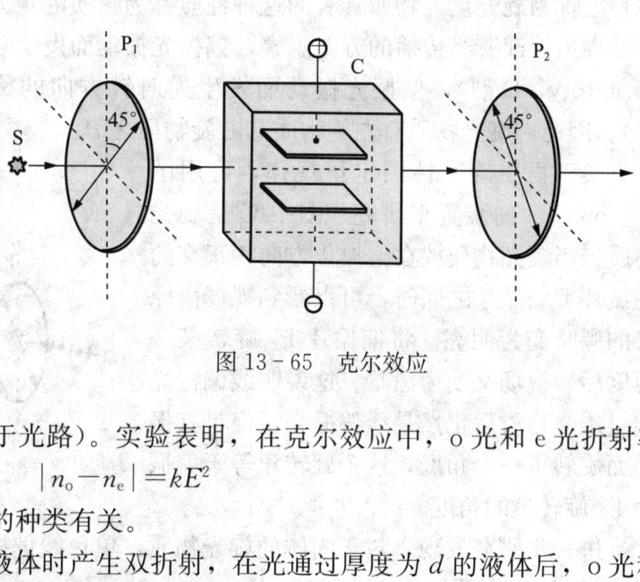

图 13－65　克尔效应

$$|n_o - n_e| = kE^2$$

式中 k 称为**克尔常量**，它只和液体的种类有关。

按照以上分析，线偏振光通过液体时产生双折射，在光通过厚度为 d 的液体后，o 光和 e 光的光程差为

$$\delta = |n_o - n_e| d = dkE^2$$

如果平行板电极间的距离为 l，两极板间所加电压为 U，则上式中的 E 可用 U/l 代替，于是有

$$\delta = \frac{kd}{l^2}U^2 \qquad (13-46a)$$

o 光和 e 光的相位差为

$$\Delta\varphi = \frac{2\pi}{\lambda}\frac{kd}{l^2}U^2 \qquad (13-46b)$$

由式（13-46）可知，当电压 U 变化时，光程差和相位差随之变化，从而使透过 P_2 的光强（因干涉）也发生变化。因此，可以用电压对偏振光的光强进行调制。需要指出的是，克尔效应的产生和消失所需时间极短，从接通电源（或断开）到产生效应的时间仅需 10^{-9} s，因此可以利用克尔效应制成动作速度极快的光开关。这种高速光开关已被广泛地应用于高速摄影、激光通信和电视等装置中。

除此之外还有一种非常重要的电光效应，称为**泡克尔斯效应**（Pockels' effect），这种效应与克尔效应不同的是晶体折射率的变化与所加的电场强度 E 成正比，所以又称**线性电光效应**。

3. 旋光现象　1811 年，法国物理学家阿喇果（D. F. J. Arago，1785—1853）发现，一束线偏振光沿石英片的光轴传播时，透射光虽然仍是线偏振光，但它的振动面（光矢量的振动方向与传播方向所构成的平面）将以光的传播方向为轴线转过一定的角度。1815 年，法国物理学家毕奥（J. B. Boit，1775—1862）发现，当平面偏振光通过石英晶体或有些有机化合物（如樟脑和酒石酸）时，偏振面会转动。1844 年，巴斯德研究了两种具有相同化学成分的物质：酒石酸和外消旋酸（无旋光性的酒石酸）。他发现，前者能使偏振光的振动平面转动，而后者不能。1848 年，他发现外消旋酸是由数量一样的右旋和左旋酒石酸混合成的，右旋使得线偏振光向右旋转的角度和左旋使得线偏振光向左旋转的角度相等，所以它们等量配合时，就出现消旋现象。

线偏振光通过某种物质时振动面发生偏转的现象称**旋光现象**（optical rotation phenomenon），该物质称为旋光物质（或手性物质）。不具有旋光性的物质，称为非旋光物质，旋转的角度称为**旋光度**。物质具有的这种性质称为物质的**旋光性**（optical activity）。旋光现象有两种类型。迎着光传播的方向观察，偏振光振动面发生顺时针方向的旋转称为**右旋**（dextro-rotatory，D 型），偏振光振动面发生逆时针方向的旋转称为**左旋**（laevo-rotatory，L 型）。因此，旋光物质有左旋物质和右旋物质之分。

关于物质旋光性的定量规律，可用图 13-66 所示的装置来研究，图中 C 是旋光物质。当旋光物质放在偏振化方向相正交的偏振片 P_1 和 P_2 之间时，可以看到视场由原来的黑暗变为明亮。将偏振片 P_2 旋转某一角度后，视场又变为黑暗。这说明线偏振光透过旋光物质后仍然是线偏振光，但是其振动面旋转了一个角度，这个旋转角等于偏振片 P_2 旋转过的角度。

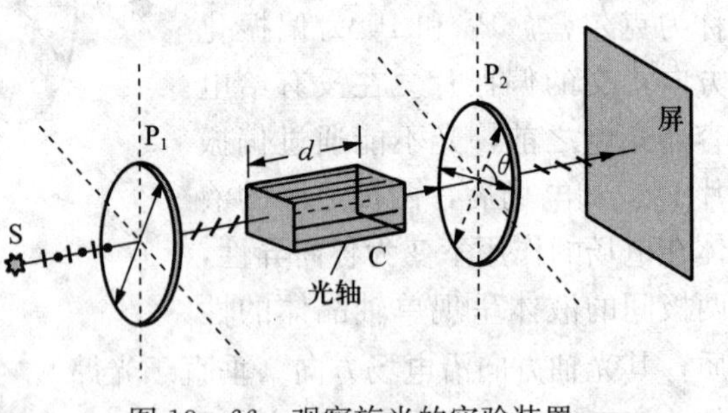

图 13-66　观察旋光的实验装置

进一步研究发现，对于固体的旋光物质，单色线偏振光振动面的旋转角 θ 与旋光物质的厚度 d 成正比。即

$$\theta=\alpha d \tag{13-47}$$

其中，α 为比例系数，称为该固体旋光物质的**旋光率**（specific rotation），它表征线偏振光通过单位长度旋光物质时，振动面旋转的角度。一般而言，α 与旋光物质及入射光的波长有关。例如，石英对 $\lambda=589$ nm 黄色光，$\alpha=21.8°\mathrm{mm}^{-1}$；而对 $\lambda=405$ nm 紫色光，$\alpha=45.9°\mathrm{mm}^{-1}$。

对于溶液的旋光物质，单色线偏振光通过时振动面偏转的角度与光穿过的溶液透光长度

d 和溶液的浓度 c 成正比，即

$$\theta=\alpha cd \tag{13-48}$$

在式（13-48）中，由于 α 为常量，通过测量 θ 和 d，就可以得到溶液的浓度 c。按照这个思路，人们开发了一类专门用于测定旋光溶液浓度的偏振仪器，称**偏振计**或**旋光仪**。用旋光效应测定溶液的浓度既可靠又迅速，具有广泛的应用价值。例如在工业生产、质量检验中使用的量糖计就是根据这一原理制成的；在医院中，旋光效应还被用来测定血糖。

拓展阅读

现代激光技术应用

激光技术是 20 世纪科技领域的奇迹之一。1960 年 7 月 7 日，美国科学家梅曼（T. H. Maiman，1927—2007，见图 13-67）研制出第一台红宝石激光器，就以其特异的性能赢得了人们的极大兴趣。随着世界科技与经济发展的需要，激光技术有了迅速发展，尤其近十几年来的发展更为迅速，从而也极大地促进了激光及激光加工技术的更广泛应用。

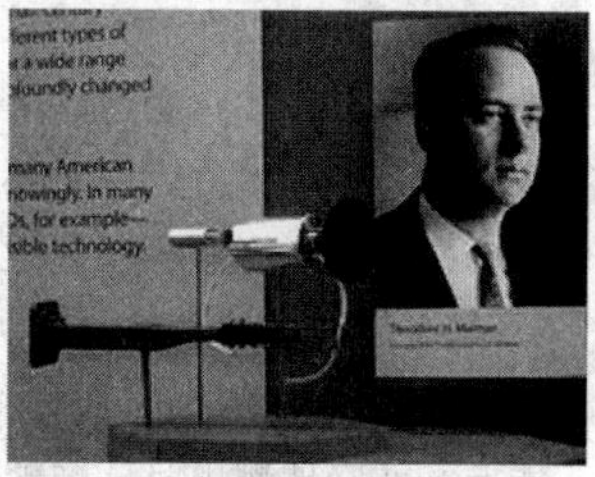

图 13-67　梅曼——激光器之父

（Theodore Harold Maiman，1927—2007）

一、激光产生的机理

激光的英文名称 laser，是取自英文“light amplification of stimulated emission radiation”的各单词第一个字母组成的缩写词，意思是“光的受激辐射放大”。在 1964 年 12 月中国第三届光受激辐射学术会议上，代表们接受了钱学森教授的建议，将“激光”作为 laser 的中文名称。此后，我国就统一使用激光、激光器这两个名称了。

受激辐射的概念是爱因斯坦于 1917 年在推导普朗克的黑体辐射公式时第一个提出来的。他从理论上预言了原子发生受激辐射的可能性，这是激光的理论基础。受激辐射的过程大致如下：如图 13-69所示，原子开始处于高能级 E_2，当一个外来光子所带的能量 $h\nu$ 正好等于某一能级之差 E_2-E_1 时，该原子可以在此外来光子的诱发下从高能级 E_2 向低能级 E_1 跃迁。这种受激辐射的光子有显著的特点，就是原子可发出与诱发光子全同的光子，不仅频率（能量）相同，而且发射方向、偏振方向以及光波的相位都完全一样。于是，在受激辐射中，有一个光子引发了一次受激辐射，就会产生两个相同的光子（见图 13-68）。这两个光子如果都再遇到类似的情况，就能够产生 4 个相同的光子。由此可以产生 8 个、16 个、……不断倍增的光子，从而形成“光放大”。

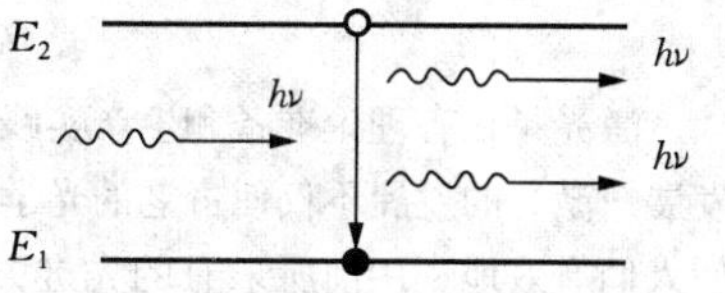

图 13-68　受激辐射示意图

实际上，激光器在发光时并没有依靠外来光子来激发，而是依靠其内部自发辐射时产生的光子。在众多自发辐射产生的光子中只有满足 $h\nu=E_2-E_1$ 的光子可以通过受激辐射产生光放大。如图 13-69(a) 所示，如果在工作物质两侧各加一个反射镜使该光子在两个反射镜中来回反射（也称振荡），不断激发工作物质中反转分布的粒子使之产生受激辐射，这种光子的数目将不断增多。与此同时，其他方向和频率的光子将由于得不到放大而最终散失或被吸收。结果，在两个反射镜中最终形成了方向和频率完全一致的光子流。激光器中两反射镜之间的部分称**谐振腔**（resonant cavity），其中的一个反射镜（M_1）的反射率接近 100%，另一个反射镜（M_2）可以透光，这部分透出来的光称为激光。

图 13-69(a) 中的玻璃管内充有惰性气体氦气和氖气，两侧装有反射镜 M_1 和 M_2，激光管的一端另有一个所谓的布儒斯特窗。氦氖激光器的激发方式是碰撞激发。在激光器两端的平面镜（或凹面镜）M_1 和 M_2 的反射下，光子来回穿行于激光管内，增大了加倍的机会。放大后的光的一部分从谐振腔一侧可透射的镜 M_2 射出就成为实际可应用的激光束，如图 13-69(b) 所示。

现代发展起来的各种激光器，其工作原理基本相同，区别仅在于工作物质的种类、激光波长和强度的

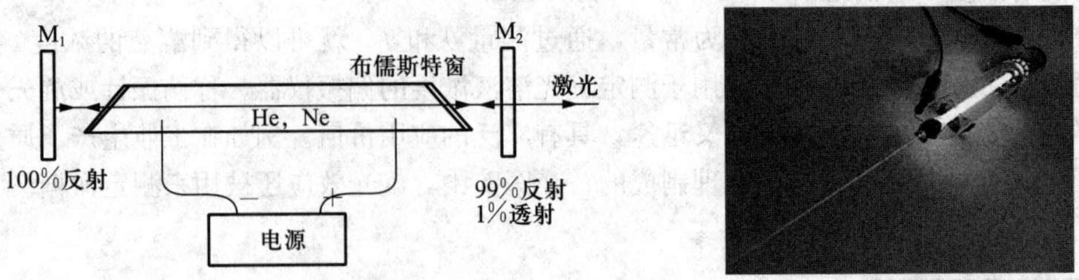

(a) (b)

图 13－69 氦氖激光器及结构示意图

差异。激光有很多特性，通过以上激光的产生原理可知，激光主要具有以下特点：

① 高亮度。强激光的亮度比太阳表面亮度高出百亿倍，这样的高亮度是普通光源无法比拟的。因为激光的亮度极高，所以能够照亮远距离的物体。

② 方向性强。激光发射的几乎是一束理想的单色平行光，它可以传播很远而极少发散，一束激光在 20 km的距离上几乎不发散。假如将激光射向月球，激光在月球表面形成的光斑也不到 2 km。人们正是利用这一特点，准确地测出月球与地球间的距离约为 384 000km。

③ 单色性好。光的颜色不同，本质上是光的波长不同。普通光源的波长有一个范围，人眼所能感觉的波长一般是 400～760 nm，而激光的波长范围很窄，比一般单色光源频谱窄上万倍至千万倍，是目前单色性最好的光源。

④ 相干性好。由于激光是受激辐射，单色性好、方向集中，其振动方向、频率、相位都高度一致，所以光激光是很好的相干光。

二、激光研究进展

激光是在有理论准备和生产实践迫切需要的背景下应运而生的，它一问世，就获得了异乎寻常的飞快发展。激光的发展不仅使古老的光学科学和光学技术获得了新生，而且导致一个新兴产业的出现。激光可使人们有效地利用前所未有的先进方法和手段去获得空前的效益和成果，从而促进了生产力的发展。下面，我们简要介绍近 50 年来激光发展的主要进程。

1917 年：爱因斯坦提出“受激辐射”理论，一个光子使得受激原子发出一个相同的光子。

1953 年：美国物理学家 Charles Townes 把受激辐射应用到了实践中，使用的是微波，称为微波受激辐射放大（maser），用微波实现了激光器的前身。

1960 年：**美国加州 Hughes 实验室的梅曼**（T. H. Maiman）**用红宝石通过受激辐射产生了第一束激光，世界上第一台激光器诞生了。**

1969 年：激光用于遥感勘测，激光被射向阿波罗 11 号放在月球表面的反射器，测得的地月距离误差在几米范围内。

1971 年：激光进入艺术世界，用于舞台光影效果，以及激光全息摄像。英国籍匈牙利裔物理学家伽柏（Dennis Gabor，1900—1979）凭借对全息摄像的研究获得了 1971 年诺贝尔物理学奖。

1975 年：IBM 投放第一台商用激光打印机。

1978 年：飞利浦公司制造出第一台激光盘（LD）播放机。

1988 年：北美和欧洲间架设了第一根光纤，用光脉冲来传输数据。

2010 年：美国国家核安全管理局（NNSA）表示，通过使用 192 束激光来束缚核聚变的反应原料——氢的同位素氘和氚，解决了核聚变的一个关键困难。美国科学家已建成拥有世界上最强大激光束的核聚变实验装置，准备探索以核聚变利用核能的可能性。

1980—2030 年，中国“神光计划”：我国从 20 世纪 60 年代即开始激光聚变研究，启动了著名的中国

“神光计划——惯性约束核聚变激光驱动装置”，该工程期限为1980—2030年。目前，“神光-Ⅰ”、“神光-Ⅱ”装置已经建设完成，“神光-Ⅲ”原型装置建设目标也已完成。标志着我国成为继美、法后世界上第三个系统掌握新一代高功率激光驱动器总体技术的国家，使我国成为继美国之后世界上第二个具有独立研究、建设新一代高功率激光驱动器能力的国家，其作用和意义不亚于当年的“两弹”。目前，我国已开始研制“神光-Ⅳ”激光核聚变点火装置。

三、激光在不同领域中的应用

由于激光具有普通光源不具备的特征，因而它获得了极其广泛的应用。

1. 在工业上的应用　激光方向集中，强度大，所以激光是工业上理想的加工手段。激光加工技术是利用激光束与物质相互作用的特性对材料进行焊接、切割、打孔、热处理及微加工等的一门加工技术。

（1）*激光焊接技术*　主要运用在汽车、航空航天器、锂电池、心脏起搏器、密封继电器等高精密产品以及各种不允许焊接污染和变形的器件。激光焊接可以最小的表面汽化达到所要求的熔融深度，焊接质量、精度都远优于传统方法，如图13-70所示。

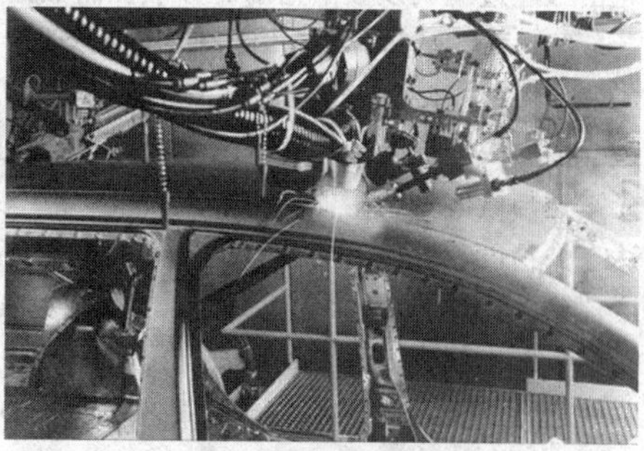

汽车车身激光焊接

图13-70　激光焊接技术应用

（2）*激光切割技术*　它是一种摆脱传统的机械切割、热处理切割之类的全新切割法，具有更高的切割精度、更低的粗糙度、更灵活的切割方法和更高的生产效率等特点，可对各种金属零件和特殊材料进行切割，如图13-71所示。

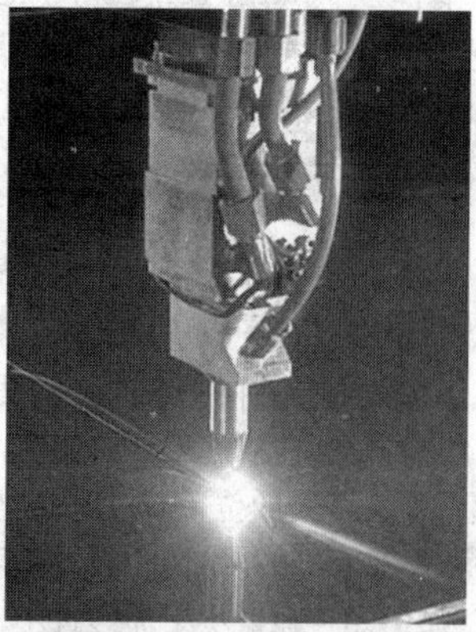

图13-71　激光切割技术应用

（3）*激光打孔技术*　主要运用在航空航天、汽车制造与微电子行业中。激光打孔精度高，且不受材料限制，这对易碎的陶瓷材料来说，几乎是唯一的钻孔方法。

（4）*激光热处理技术*　包括用激光淬火、镶嵌、合金化等，这能提高金属的耐磨性能和耐疲劳性能。激光热处理具有工艺简单，能准确地进行表面局部加热，被加热物体受热范围小，无变形，表面精度不受影响等优点。

2. 在农业上的应用　在农业方面，利用激光辐射作用可达到选择和培育优良品种的目的。利用激光还可以研究植物从发芽直到成熟结籽的各种基本过程以及光合作用的基本机理；研究病虫害的发生发展规律及防治方法，各种农副产品的保管方法；此外，还可以利用激光遥测对农作物产量进行估算和预报等。最常见的应用是激光诱变育种，使其产生性状变异。例如水稻经激光照射后，可产生株高、株型、粒型、抗性等变异，出现早熟、矮秆、株型紧凑、颗粒饱满等特点。

3. 在医学上的应用　多年来，激光技术已成为发展医学诊断的关键技术，也成为临床治疗的有效手段。它解决了医学中的许多难题，为医学的发展做出了重大贡献。激光在医学上的应用分为两大类：激光诊断与激光治疗。

激光诊断是以激光作为信息载体，进行光纤探视。在医学诊断上，将激光全息照相与超声波技术相结合，可探查人体内的病变，譬如肿瘤、心脏病等，因全息照片形象逼真、立体感强，更有助于疾病的确诊。

激光治疗则以激光作为能量载体，利用“激光刀”进行外科手术。激光治疗在肿瘤科、眼科、整形外科、皮肤科、妇科和心脏外科等手术中已大显身手。

4. 在军事上的应用　激光备受各大军事强国的重视，未来有望成为军事技术中最活跃、竞争最激烈的一个领域。激光技术已在军事领域得到广泛的应用。这里仅作简单介绍。

(1) 激光武器 激光武器是一种利用定向发射的激光束直接毁伤目标或使之失效的定向武器。由于强激光束具有很强的烧蚀作用、辐射作用和激光效应，因而对武器装备具有很大的破坏力。激光武器可以破坏制导系统、引爆弹头和毁坏壳体、拦击制导炸弹、炮弹、导弹、卫星、飞机、巡航导弹以及破坏雷达、通信系统等。

(2) 激光制导 激光制导具有投掷精度高、捕获目标灵活，导引头成本低、抗干扰性能好、操作简单等优点。其主要制导方式有半主动制导、主动制导和波束制导。激光制导可同时攻击多个来袭目标，即把激光信号经过编码以数个指示器分别控制数枚导弹，打击来袭目标，各军事大国都已有大量激光制导武器装备部队，海湾战争再一次让我们见识了激光制导的作用与威力。

(3) 激光测距与激光雷达 激光测距的原理如同微波雷达测距一样，但激光测距与普通测距相比，具有远、准、快、抗干扰、无盲区等优点。激光测距在常规兵器中已广泛应用，有取代普通光学测距的趋势。激光雷达与微波雷达相似，用窄激光束对某一地区进行扫描，可得出雷达图。随着激光技术的发展，激光雷达在高精度和成像方面占有优势，其测距精度可达厘米甚至毫米级，比微波雷达高近 100 倍；测角测速精度比微波雷达高 1 000～10 000 倍。

(4) 激光侦察对抗 利用激光技术进行多光谱摄影（全息摄影），可以识别伪装目标。激光对抗可对激光测距进行欺骗，使其无法测定其真实距离或使导弹改变弹道。激光对抗还可利用光的特性对激光进行干扰。

总之，激光作为高新技术，不仅只是一项技术，其应用也不只是局限于上述领域，还广泛应用在人们的日常生活中。如激光唱片、激光打印机、激光传真机、激光照排、激光大屏幕彩色电视、光纤有线电视以及大气激光通信等均已得到广泛应用。激光技术及其应用将给人类社会带来巨大的变化。

思考题

13-1 为什么两个独立的同频率的普通光源发出的光波叠加时不能得到光的干涉图样？

13-2 在杨氏双缝干涉实验中 (1) 当缝间距不断增大时，干涉条纹如何变化？(2) 当狭缝光源在垂直于轴线方向上向下或向上移动时，干涉条纹将如何变化？

13-3 在双缝干涉实验中，如果在上方的缝后面贴一片薄的透明云母片，干涉条纹的间距有没有变化？中央条纹的位置有没有变化？

13-4 照相机镜头镀上一层氟化镁薄膜的目的是什么？怎样从理论上确定薄膜的厚度？

13-5 在劈尖干涉装置中，如果增大或降低上面平板的倾斜度，干涉条纹如何变化？

13-6 牛顿环和迈克耳孙干涉仪实验中的圆条纹均是从中心向外由疏到密的明暗相间的同心圆，试说明这两种干涉条纹的不同之处。若增加空气薄膜的厚度，这两种条纹将如何变化？为什么？

13-7 在日常经验中，为什么容易发现声波的衍射而难以发现光波的衍射？

13-8 在单缝夫琅禾费衍射中，如果单缝逐渐加宽，衍射图样会发生什么变化？

13-9 衍射的本质是什么？干涉与衍射有什么区别和联系？

13-10 (1) 如果人眼的瞳孔直径增大 10 倍；(2) 如果可见光波段不在 400～780 nm 而在毫米波段，眼睛的瞳孔直径保持 3 mm，人们看到的外部世界将如何变化？

13-11 如何用实验判断光束是 (1) 线偏振光；(2) 部分偏振光；(3) 自然光？

13-12 当一束光入射到两种透明介质的分界面上时，发现只有透射光而无反射光，试说明这束光是怎样入射的？其偏振状态如何？

习题

13-1 在杨氏干涉实验中，用波长为 632.8 nm 的氦氖激光束垂直照射到间距为 1.14 mm 的两个小孔上，小孔至屏幕的垂直距离为 1.50 m。试求在下列两种情况下屏幕上干涉条纹的间距：(1) 整个装置放在空气中；(2) 整个装置放在 $n=1.33$ 的水中。

13-2　在杨氏干涉装置中，已知双缝的间距为 0.342 mm，双缝至屏幕的垂直距离为 2.00 m。测得单色光源产生的第 11 级干涉亮纹至中央亮纹之间的距离为 3.44 cm，求单色光的波长。

13-3　将很薄的云母片（$n=1.58$）覆盖在双缝干涉实验装置的一条缝上，利用波长为 550.0 nm 的光源，观察到干涉条纹移动了 9 个条纹的距离，求该云母片的厚度。

13-4　如图 13-72 所示，一个射电望远镜的天线设在湖岸上，距湖面高度为 h，对岸地平线上方有一恒星刚在升起，恒星发出波长为 λ 的电磁波。试求当天线测得第一级干涉极大时恒星所在的角位置 θ（提示：作为洛埃镜干涉分析）。

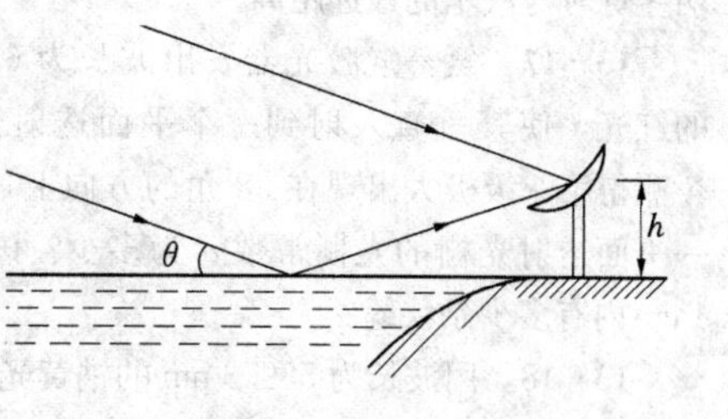

图 13-72　习题 13-4 图

13-5　在折射率为 1.52 的照相机镜头表面涂有一层折射率为 1.38 的 MgF_2 增透膜，若此膜仅适用于波长 $\lambda=550$ nm 的光，则此膜的最小厚度为多少？

13-6　一油轮漏出的油（折射率为 $n_1=1.20$）污染了某海域，在海水（折射率 $n_2=1.30$）表面形成一层薄薄的油污，油层厚度为 0.46 μm。试问：(1) 如果太阳正位于海域上空，一直升飞机的驾驶员从机上向下观察，则他将观察到油层呈什么颜色？(2) 如果一潜水员潜入该区域水下，又将观察到油层呈什么颜色？

13-7　经实验表明，不同波长的光对植物生长发育有不同的影响。如果建一个玻璃大棚，在太阳光垂直照射下，使玻璃大棚内获得不同波长的强弱光，可在玻璃上表面涂上一层氟化镁薄膜。已知氟化镁的折射率为 $n=1.38$，玻璃的折射率为 $n'=1.50$，试求：(1) 如果使玻璃大棚内波长为 660 nm 的红光加强，氟化镁薄膜的最小厚度；(2) 如果使玻璃大棚内波长为 550 nm 的绿光减弱，此时氟化镁薄膜的最小厚度；(3) 如果使玻璃大棚内波长为 660 nm 的红光加强，波长为 550 nm 的绿光减弱，同时满足上述两个条件时氟化镁薄膜的最小厚度。

13-8　有一折射率为 1.52 的玻璃劈尖，用波长 589.3 nm 的钠黄光垂直照射时，测得相邻干涉明条纹的间距为 5.0 mm，求劈尖角。

13-9　如图 13-73 所示，将两块平板玻璃叠合在一起，一端互相接触。在距离接触线为 $L=12.40$ cm 处将一金属丝垫在两板之间。用波长为 546.0 nm 的单色光垂直入射到玻璃板上，测得相邻暗条纹间距为 $l=1.50$ mm，试求该金属细丝的直径 D。

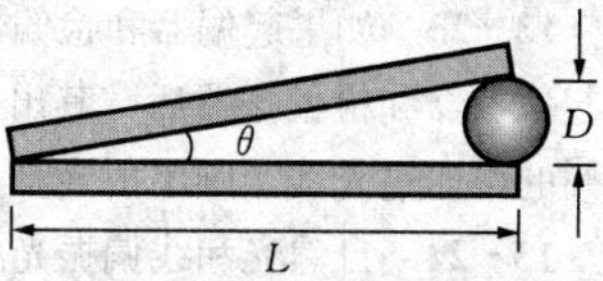

图 13-73　习题 13-9 图

13-10　使用单色光来观察牛顿环，测得某一暗环的直径为 3.00 mm，在它外面第五个暗环的直径为 4.60 mm，所用平凸透镜的曲率半径为 1.03 m，求此单色光的波长。

13-11　如图 13-74 所示，在迈克耳孙干涉仪的平面镜 M_2 前插入一个透明介质薄片时，观察到有 150 条干涉条纹向一个方向移过，若该介质薄片的折射率为 1.652，所用单色光的波长为 600 nm，求该介质片的厚度 d。

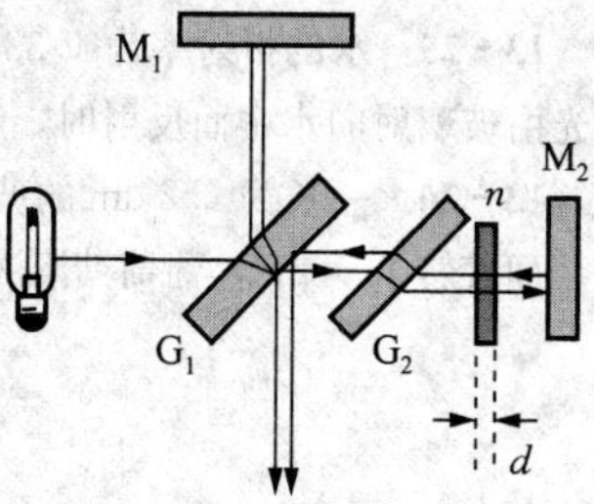

图 13-74　习题 13-11 图

13-12　在夫琅禾费单缝衍射实验中，以波长为 589 nm 的平行光垂直照射到单缝上。若缝宽为 0.10 m，试问第一级极小出现在多大的角度上？若要使第一级极小在 0.50°的方向上，则缝宽应多大？

13-13　在夫琅禾费单缝衍射实验装置中，用细丝代替单缝，就构成衍射细丝测径仪。已知光波波长为 630 nm，透镜焦距为 50 cm，今测得零级衍射斑的宽度为 1.0 cm，试求该细丝的直径。

13-14　用水银灯发出的波长为 546 nm 的绿色平行光垂直入射到一个单缝上，置于缝后的透镜的焦距为 40 cm，测得第二级极小至衍射图样中心的线距离为 0.30 cm。当用未知波长的光做实验时，测得第三级极小至衍射图样中心的线距离为 0.42 cm。试求该光的波长。

13-15　已知天空中两颗星相对于望远镜的分辨角为 4.84×10^{-6} rad，由它们发出的光波波长 $\lambda=550.0$ nm。问望远镜物镜的口径至少要多大，才能分辨出这两颗星？

13-16　在迎面驶来的小汽车上，两盏前灯相距 1.54 m，设眼睛瞳孔的直径为 3.5 mm，光照波长为 550 nm，如图 13-75 所示，试求人能分辨出两盏灯时与汽车的最远距离。

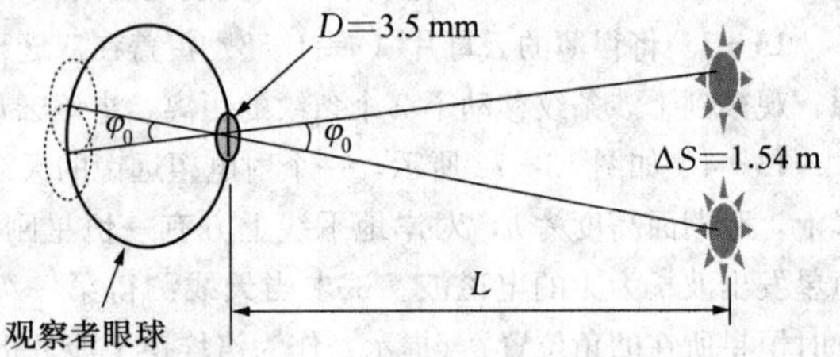

图 13-75　习题 13-16 图

13-17　氦—氖激光器发出波长为 632.8 nm 的红光，使其垂直入射到一个平面透射光栅上。今测得第一级极大出现在 38°角的方向上，试求这一平面透射光栅的光栅常数 d 为多少？该光栅在 1 cm内有多少条狭缝？

13-18　用波长为 589.3 nm 的钠黄光垂直入射到一个平面透射光栅上，测得第三级谱线的衍射角为 10°11′。用未知波长的单色光垂直入射时，测得第二级谱线的衍射角为 6°12′，求此光的波长。

13-19　波长 600 nm 的单色光垂直入射到一个光栅上，第二级明条纹出现在 $\sin\varphi=0.20$ 处，第四级缺级。试问：(1) 光栅上相邻两缝的间距 $a+b$ 有多大？(2) 光栅上狭缝可能的最小宽度 a 有多大？(3) 按上述选定的 a、b 值，在光屏上可能观察到的全部级数是多少？

13-20　波长为 0.168 nm 的平行 X 射线射到食盐晶体的晶面上，已知食盐晶体的晶格常数 $d=0.28$ nm。当光线与晶面分别成多大掠射角时，可观测到第一、第二级反射主极大谱线？

13-21　将偏振化方向相互平行的两块偏振片 M 和 N 共轴平行放置，在它们之间平行地插入另一块偏振片 B。B 与 M 的偏振化方向之间的夹角为 θ。若用强度为 I_0 的单色自然光垂直入射到偏振片 M 上，并假定不计偏振片对光能量的吸收，试问透过检偏器 N 的出射光强将如何随 θ 角的变化而变化？

13-22　使自然光通过两个偏振化方向成 60°角的偏振片，透射光强为 I_1，今在这两个偏振片之间再插入另一偏振片，它的偏振化方向与前两个偏振片均成 30°角，则透射光强为多少？

13-23　如果起偏器和检偏器的偏振化方向之间的夹角为 30°，(1) 假定起偏器是理想的，则自然光通过起偏振器和检偏振器后，其出射光强与原来光强之比是多少？(2) 如果起偏振器和检偏振器分别吸收了 10%的可通过光线，则出射光强与原来光强之比是多少？

13-24　自然光和线偏振光的混合光束通过一偏振片，当偏振片以光的传播方向为轴转动时，透射光的强度也随之变化。如果最强和最弱的光强之比为 6∶1，那么入射光中自然光和线偏振光的强度之比为多少？

13-25　水的折射率为 1.33，玻璃的折射率为 1.50。当光由水中射向玻璃而反射时，起偏角为多少？当光由玻璃射向水中而反射时，起偏角又为多少？这两个起偏角的数值间是什么关系？

13-26　一长为 2.2 dm 的玻璃管中装满葡萄糖溶液，一单色线偏振光沿管中心轴线方向通过时，光的振动面旋转了 5.27°，葡萄糖溶液的旋光率为 52.7°ml・g^{-1}・dm^{-1}，求葡萄糖溶液的浓度。

第六篇　近代物理基础

从伽利略时代开始到19世纪末，经过300多年的艰难探索，物理学已经取得了巨大成就。一方面，以经典力学、热力学和统计物理、电动力学和光的波动理论为主要内容的经典物理学日趋完善并且极大地推动了社会生产力的发展；另一方面，高潮过后的物理学暂时失去了明确的方向，许多物理学家甚至认为，物理学今后的任务只是继续提高实验精度和扩大理论应用范围而已。1899年除夕，英国物理学家开尔文勋爵在欧洲著名科学家新年聚会上说："19世纪已将物理学大厦全部建成，今后物理学家的任务就是修饰完善这所大厦了。"然而，他也提到"在物理学晴朗天空的远处，还有两朵小小的令人不安的乌云。"所谓"乌云"指的是当时在经典物理学框架内无法解释的两个重要实验：一个是用来验证"以太"存在的实验，由美国科学家迈克耳孙和莫雷完成的这项实验表明，光速的测量值和参考系无关；另一个是有关黑体辐射实验，在黑体辐射的高频部分，实验结果与根据能均分定理获得的瑞利—金斯公式存在巨大的差别，史称**"紫外灾难"**。

危机也意味着机会，发生在20世纪初期的物理学突破就是从这两个地方开始的。1905年，德国物理学家爱因斯坦发表了**狭义相对论**，他以相对性原理和光速不变原理为基础，建立了适用于高速运动物体的相对论时空理论，不但对迈克耳孙和莫雷的实验提供了合理的解释，而且找到了能量和质量的关系，为后来大规模的原子能开发利用提供了理论基础。1915年，爱因斯坦进一步把相对论推广到引力领域，建立了**广义相对论**。在黑体辐射研究领域，德国物理学家普朗克于1900年首先提出了**能量量子化**的概念，成功地解决了"紫外灾难"。1905年，爱因斯坦将量子概念应用到光的吸收领域，成功地解释了**光电效应**实验中发现的一系列问题。1913年，丹麦物理学家玻尔将量子概念应用到氢原子中，提出了氢原子能量的量子理论。1924年，法国物理学家德布罗意将量子化现象与驻波相联系，提出了**物质波**理论，开始了经典量子论向量子力学的发展。1926年，德国物理学家海森伯和玻恩、约尔丹一起建立了量子力学的矩阵理论。同时，奥地利物理学家薛定谔建立了物质波的波动方程，此后英国物理学家狄拉克将量子力学发展到高速领域，建立了**相对论量子力学**。经过众多科学家的努力，到20世纪30年代初，完整的量子力学理论已经建立，这标志着物理学发展到微观领域，在此基础上建立起来的**能带理论**成为整个微电子科技的基础。

量子力学是一门关于微观世界的理论，它和相对论一起构成近代物理学乃至近代科学的理论基础。本篇第十四章介绍狭义相对论，包括相对论的基本原理、相对论时空观和相对论动力学；第十五章介绍量子力学的基本概念，包括德布罗意物质波、波函数的统计解释、定态薛定谔方程及其应用。

与相对论和量子力学相关的诺贝尔物理学奖

● 1906 年，美国科学家 J·J·汤姆孙，因发现电子以及对气体放电理论和实验做出的重要贡献。

● 1918 年，德国物理学家普朗克，因确立量子论做出的巨大贡献。

● 1921 年，美籍德国犹太裔理论物理学家爱因斯坦，因阐明光电效应原理。

● 1922 年，丹麦科学家玻尔，因原子结构以及原子辐射的研究。

● 1923 年，美国科学家密立根，因基本电荷的研究以及验证爱因斯坦光电效应理论。

● 1927 年，美国科学家康普顿，因发现光子散射的康普顿效应。

● 1929 年，法国科学家 L·德布罗意，因发现电子的波动性和提出了“物质波”。

● 1932 年，德国科学家海森伯，因在量子力学方面的贡献。

● 1933 年，奥地利科学家薛定谔，因创立原子理论的有效的新形式——波动力学（薛定谔方程）；英国科学家狄拉克，因创立相对论性的波动力学方程——狄拉克方程。

● 1937 年，美国科学家戴维森、英国科学家 G·P·汤姆孙，因发现晶体对电子的衍射现象，并从电子衍射证明电子具有波动性。

● 1945 年，奥地利科学家泡利，因发现泡利不相容原理。

● 1954 年，德国科学家玻恩，因在量子力学和波函数的统计解释及研究方面做出的贡献。

● 1955 年，美国科学家兰姆因氢光谱的精细结构的研究成果；库施因精确地测定出电子磁矩。

● 1963 年，德裔美国科学家玛丽亚·格佩特·梅耶和德国科学家约翰内斯·延森，因提出原子核的壳层结构模型。

● 1985 年，德国科学家克利青，因发现量子霍尔效应。

● 1986 年，德国科学家宾宁和瑞士科学家罗雷尔，因研制扫描隧道显微镜。

● 1993 年，美国科学家赫尔斯和泰勒，因发现了一种新型的脉冲星，这一发现为研究引力开辟了新的可能性，为检验爱因斯坦的广义相对论和其他引力理论找到了一个新的革命性的“空间实验室”。

● 2012 年，法国科学家阿罗什和美国科学家维因兰德，因他们突破性的实验方法使得测量和操纵单个量子系统成为可能。

第十四章　狭义相对论

相对论是 20 世纪初物理学取得的两个最伟大成就之一，它是在研究传播电磁场的介质存在问题时产生的。但是相对论的成就远远地超出了电磁场理论的范畴，它阐释了高速物体的力学规律，并从根本上改变了许多世纪以来形成的有关时间、空间和运动的概念，建立起新的时空观，并且揭示了质量和能量的内在联系，奠定了现代宇宙学的理论基础。尽管它的一些概念与结论和人们的日常经验大相径庭，但它已被大量实验证明是正确的理论。现在，相对论已经成为现代物理学以及现代工程技术不可缺少的理论基础，是近代物理学的理论支柱之一。相对论分为狭义相对论和广义相对论，本章只对狭义相对论作简要的介绍。

第一节　伽利略相对性原理

我们以**抛体运动**为例说明运动描述与参考系选择的关系。站在车上的人向上抛出一只球，如果车静止，球在重力作用下做匀变速直线运动——**竖直上抛运动**，如图 14－1(a) 所示。如果是在沿水平方向匀速运动的车上向上抛球，那么球做怎样的运动？对于两个不同的观察者——一个静止在地面上，一个随车一起运动——得到的结论是不一样的［图 14－1(b)］。设想车上的实验者处于封闭的车厢中，只要车速保持不变，没有上下颠簸或左右摇摆，那么竖直向上抛出的球还会落回实验者手中，实验者无法通过球的运动区分出车是否在运动。车上的观察者（称为运动系）认为球仍然做竖直上抛运动，运动轨迹是一条竖直线；地面上静止的观察者（称为静止系）观察到球做**斜抛运动**（球相对车的上抛运动与随车一起沿水平方向的匀速直线运动的合成），运动轨迹为抛物线。同一只球的运动，在静止系和运动系中描述的结果不同，其中有什么定量的差别和联系呢？

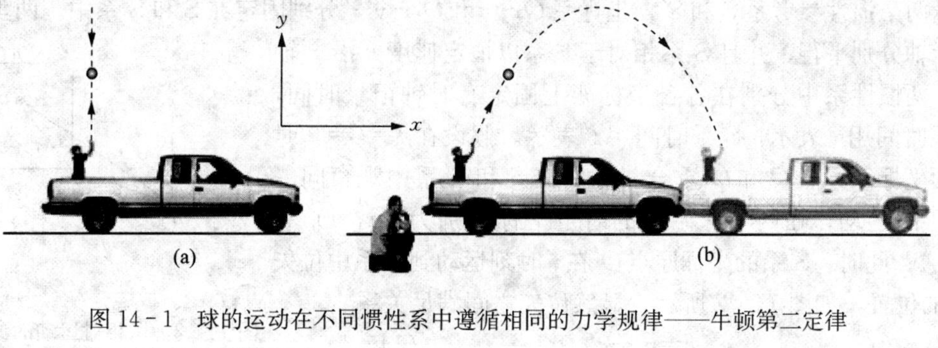

图 14－1　球的运动在不同惯性系中遵循相同的力学规律——牛顿第二定律

上述运动描述的不同结果，在数学上可以用矢量表示。具体来说，在图 14－1 所示的直角坐标系中，竖直上抛运动的位矢为

$$\boldsymbol{r}=y\boldsymbol{j}$$

$\boldsymbol{j}$ 为竖直 y 方向的单位矢量。斜抛运动的位矢为

$$\boldsymbol{r}'=x\boldsymbol{i}+y\boldsymbol{j}$$

$\boldsymbol{i}$ 为水平 x 方向的单位矢量。显然，在两种参考系中描述小球运动的矢量具有不同形式。尽管有这种运动描述上的差别，两位矢却满足相同的力学规律，即

$$\boldsymbol{F}=-mg\boldsymbol{j}=m\frac{\mathrm{d}^2\boldsymbol{r}}{\mathrm{d}t^2},\ \boldsymbol{F}'=-m'g\boldsymbol{j}=m'\frac{\mathrm{d}^2\boldsymbol{r}'}{\mathrm{d}t^2}$$

这里的 F 和 F' 分别表示在地面和车上测到的重力，m 和 m' 则分别表示称量到的球质量。虽然使用不同符号表示两种情况下的重力和质量，但是在牛顿力学中，物体受力（例如用弹簧的伸长量表示力的大小）和物体质量（例如用天平的读数表示物体质量大小）在不同的惯性系中都是不变的，因此 $\boldsymbol{F}=\boldsymbol{F}'$，$m=m'$。上式变为

$$\boldsymbol{F}=-mg\boldsymbol{j}=m\frac{\mathrm{d}^2\boldsymbol{r}}{\mathrm{d}t^2},\ \boldsymbol{F}'=-mg\boldsymbol{j}=m\frac{\mathrm{d}^2\boldsymbol{r}'}{\mathrm{d}t^2}$$

由此得出，两种抛体运动在 x、y 两个方向的分运动都满足下式

$$F_y=-mg=m\frac{\mathrm{d}^2y}{\mathrm{d}t^2},\ F_x=0=m\frac{\mathrm{d}^2x}{\mathrm{d}t^2}$$

从这个例子中我们发现，球的运动对两个不同的观察者具有不同的描述形式（位矢形式不同），但是两种运动形式符合相同的物理规律——牛顿第二定律 $\boldsymbol{F}=m\boldsymbol{a}$。因此，对任何物体的运动，具体的描述形式依赖于观察者的运动状况，也就是运动的描述首先要指明是相对于哪一参考对象的，如球做上抛运动是相对于车来说的，而球做斜抛运动则是相对于地面。这里，车和地面就是分别选定的运动参考对象，我们称为**参考系**（reference frame）。能够使牛顿第二定律成立的参考系称为**惯性系**（inertial frame）。上述例子说明，相对于惯性系做匀速直线运动的一切参考系都是惯性系。事实上，对于一切惯性系，牛顿力学定律都具有相同的形式，例如牛顿第二定律保持 $\boldsymbol{F}=m\boldsymbol{a}$ 的形式不变。这称为**伽利略相对性原理**（Galilean principle of relativity）。

既然两种运动形式符合相同的物理规律，那么很自然地设想两种运动之间具有某种数学上的关联。下面我们通过伽利略变换来建立起对同一运动在不同惯性系中的描述形式之间的等价关系。

一、伽利略变换

设两个惯性参考系 S 和 S′，坐标系 $Oxyz$ 和 $O'x'y'z'$ 分别固定在 S 和 S′系中。两坐标系的坐标轴分别平行，并且 S′系相对于 S 系以恒定速度 $\boldsymbol{u}$ 沿 x 轴运动。两惯性系中分别在各自坐标架上固定有时钟记录时间，设 S 系时间用 t 表示，S′系时间用 t' 表示。假设在 $t=t'=0$ 时刻，两坐标系原点 O 和 O' 重合。分别在 S 和 S′系中观察同一质点 P 的运动，在两参考系中的时空坐标分别为（$\boldsymbol{r}$，t）和（$\boldsymbol{r}'$，t'）；此时，S′系的坐标原点 O' 在 t 时刻运动到 S 系中位矢为 $\boldsymbol{r}_0$ 的位置，如图 14－2 所示。显然位矢之间满足关系

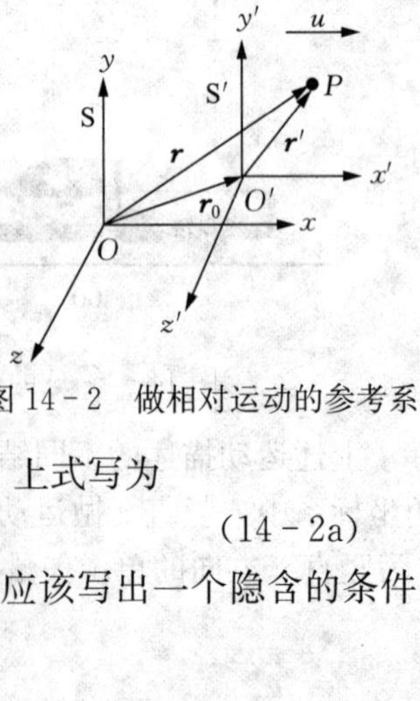

图 14－2　做相对运动的参考系

$$\boldsymbol{r}=\boldsymbol{r}'+\boldsymbol{r}_0 \qquad (14-1)$$

设两坐标系的 x 轴和 x' 轴重合，则有 $\boldsymbol{r}_0=ut\boldsymbol{i}$。在直角坐标系中，上式写为

$$x'=x-ut,\ y'=y,\ z'=z \qquad (14-2a)$$

式（14－2a）给出了惯性系中运动物体的空间坐标关系。我们还应该写出一个隐含的条件，

即两个坐标系的时间坐标满足关系 $t'=t$ （14-2b）

式（14-2b）的物理意义是，两只钟表，一只固定在地面上，一只固定在车上，经过校准，在 $t=t'=0$ 时刻，两只钟都指零。在随后的时刻，两只钟虽然有相对运动，但是不会影响钟的运转，而是完全同步，指示相同的时间。也就是说，时间的流逝是独立于运动物体之外的，无论物体（或钟）运动或静止，总有一个绝对的时间在流逝。所以不妨把各个惯性系的时间用同一符号表示，例如都为 t。

对式（14-1）两边求时间 t 的导数，得到两个惯性系中运动物体速度的变换关系

$$\boldsymbol{v}=\boldsymbol{v}'+\boldsymbol{u} \tag{14-3}$$

其中，$\boldsymbol{v}=\frac{\mathrm{d}\boldsymbol{r}}{\mathrm{d}t}$为质点 P 在 S 系中的速度，$\boldsymbol{v}'=\frac{\mathrm{d}\boldsymbol{r}'}{\mathrm{d}t}$为 S′系中的速度。式（14-3）表示经典的速度叠加原理，它在直角坐标系中的形式为

$$v_x=v'_x+u,\ v_y=v'_y,\ v_z=v'_z \tag{14-4}$$

式（14-3）两边对时间 t 求导，由于惯性系之间的相对运动速度不随时间改变，因此$\frac{\mathrm{d}u}{\mathrm{d}t}=0$，得到两个惯性系中物体运动加速度的变换关系

$$\boldsymbol{a}=\boldsymbol{a}' \tag{14-5}$$

如果在第一个惯性系（例如 S 系）中牛顿第二定律 $\boldsymbol{F}=m\boldsymbol{a}$ 成立，如前所述，在牛顿力学中，物体受力和物体质量不依赖于惯性系的选择，即 $\boldsymbol{F}=\boldsymbol{F}'$，$m=m'$，由上式和式（14-5）立即可以推出

$$\boldsymbol{F}'=m'\boldsymbol{a}'$$

在第二个惯性系（S′系）中，牛顿第二定律也成立。这就证明了伽利略相对性原理。式(14-1)、式（14-2）称为伽利略坐标变换，式（14-3）、式（14-4）称为伽利略速度变换，式（14-5）称为伽利略加速度变换，它们统称为**伽利略变换**。有时伽利略变换特指伽利略坐标变换。

二、绝对时空观

伽利略变换式（14-1）和式（14-2）反映了经典力学（即牛顿力学）的时空观，经典时空观的特点可以概括为：

（1）时间是绝对的，并且均匀流逝，不依赖于惯性系的选择。两物理事件发生的时间间隔在任意惯性系中的测量结果都是相同的。

（2）长度是绝对的，不依赖于惯性系的选择。两物理事件发生时的空间间隔或物体的长度在任意惯性系中的测量结果都是相同的。

（3）力学规律（如牛顿运动定律、机械能守恒定律等）在不同的惯性系中具有相同的数学形式。

经典时空观用牛顿的话来说就是，“绝对的、真正的和数学的时间自身在流逝着，而且由于其本性在均匀地、与任何其他外界事物无关地流逝着”。“绝对空间就其本质而言，是与任何外界事物无关，而且永远是相同的和不动的”。因此，经典时空观也称为绝对时空观。

第二节 相对论运动学

一、狭义相对论的两个基本假设

我们由伽利略速度变换式（14-3）计算运动光源发射激光的光速。众所周知，无论何

种颜色（即频率）的光在真空中的传播速度都是 $c=299\ 792\ 458\ \mathrm{m\cdot s^{-1}}\approx 3\times 10^{8}\ \mathrm{m\cdot s^{-1}}$，这里没有要求光源是否运动。如果光从运动速度为 $\boldsymbol{u}$ 的光源发出，那么静止在地面上位于光源正前方的观察者测到的光速是多大呢？是否应该由伽利略速度变换公式得出为 $v=c+u$ 呢？如果这一速度关系成立，光速是可以大于 c 的。具体来说，假设光源以速率 $\boldsymbol{u}$ 水平向右沿直线运动，同时水平向右（与光源运动方向相同）发射激光，激光相对于光源的速率为光速 c，与光源是否运动无关。因此，按照伽利略速度变换式（14－3），在地面上静止的观察者测量到的激光的光速是

$$v'=c+u>c \tag{14-6}$$

式（14－6）是速度叠加式（14－3）在光的传播这一情况下的特例。光是电磁波，遵从电磁场传播的规律，式（14－6）可以看作伽利略相对性原理从牛顿力学推广应用到经典的电磁学中得出的结果，它能否成立需要实验检验后作出判断。

又如，设想一个电子，质量 $m=9.11\times10^{-31}\ \mathrm{kg}$，电荷量为 $e=1.60\times10^{-19}\ \mathrm{C}$，受到电场强度为 $E=10^{6}\ \mathrm{V\cdot m^{-1}}$的电场作用，电场力很容易由第七章静电场的知识计算得到，为 $F=eE=1.60\times10^{-13}\ \mathrm{N}$，加速度为 $a=F/m=1.76\times10^{17}\ \mathrm{m\cdot s^{-2}}$。在电场作用下，电子由静止加速运动一段距离 $s=10\ \mathrm{m}$ 所获得的速度为

$$v=\sqrt{2as}=1.9\times10^{9}\ \mathrm{m\cdot s^{-1}}$$

显然 $v>c$。目前，用来加速电子的电场强度所能达到的最大值约为 $4\times10^{9}\ \mathrm{V\cdot m^{-1}}$，但是实验上从未观测到被加速电子的速度超过光速。这一实验事实明确地告诉我们，速度叠加式（14－3）并不是普遍适用的，需要修正。

对于“运动光源的光速是否比静止光源的光速大”这样的问题，年青的爱因斯坦也做过认真思考。按照伽利略变换，运动光源的光速应与参考系有关。但是，在麦克斯韦电磁理论中给出的光在真空中的速率是

$$c=\frac{1}{\sqrt{\mu_0\varepsilon_0}}$$

由于 μ_0、ε_0 是常量而与参考系无关，因此，光速 c 也应与参考系无关。由此看来，经典的伽利略变换和电磁学规律之间存在着深刻的矛盾，伽利略相对性原理只适用于力学规律，而不适用于电磁学规律。爱因斯坦认为世界是和谐的和统一的，自然界是对称的，一切物理现象包括电磁学现象应和力学现象一样，都满足相对性原理，即在不同的惯性系中任何物理规律及其相应的数学表达都应具有相同的形式。按照这个思路，他在 1905 年发表的论文《论动体的电动力学》中提出了如下两条基本假设：

（1）**在所有惯性系中，物理学定律的表达形式都是相同的。也就是说，物理学定律与惯性系的选择无关。**

上述假设称为狭义相对论的相对性原理（principle of relativity）。它表明，在任何惯性系中进行任何物理实验，无论是力学实验，还是其他的电磁学实验、光学实验，其结果都是相同的，与观测者所在的惯性系本身的运动状态无关。显然，爱因斯坦提出的狭义相对论的相对性原理是伽利略相对性原理的推广。

（2）**光在真空中总是以确定的速度 c 传播，与光源的运动情况无关。**

上述假设称为**光速不变原理**（principle of constancy of light speed）。它表明，光的速度与光源是否运动，以及与观测者所在的惯性系是否运动无关。

光速不变原理的假设是很大胆的，因为它不但与经典的伽利略变换不符，而且似乎和人们的“常识”相矛盾。但是，实践是检验真理的标准，人们在天文观察和近代物理实验中找

到了光速不变原理的有力证据。1964 年到 1966 年，欧洲核子中心（CERN）在质子同步加速器中做了光速的精密实验测量，直接验证了光速不变原理。

对于上述两个基本假设，迄今为止，尚没有发现任何一个与其相违背的事例。因此，人们公认这两个假设是正确的。后来发展的整个狭义相对论就是在上述两个假设的基础上通过数学和逻辑上的推导而得到的。

二、狭义相对论的时空观

1. 同时的相对性　在经典时空观中，假设存在着绝对时间 t，它不依赖于惯性系独立存在，各个惯性系（或相对做匀速运动的物体）中的时钟都是完全同步的。例如，在图 14 - 3(a) 中，位于地面上相距为 $2l$ 的两只钟 A、B 已调节同步。在它们中点 P 处有一光源，同时向 A、B 发射光信号，可以预期，信号将同时到达。设信号到达 A、B 钟的时间分别记为 t_A、t_B，可知 $t_A=t_B$。

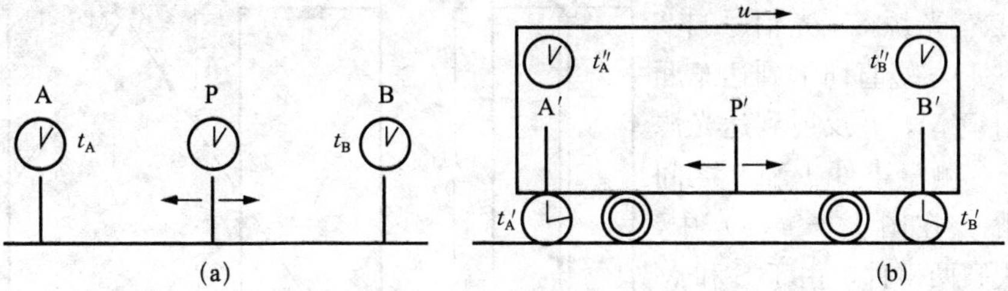

图 14 - 3　同时的相对性

再考虑运动光源的情况。如图 14 - 3(b) 所示，假设在长为 $2l$ 的车厢两端分别放置已调节同步的两只钟 A′、B′，与图 14 - 3(a) 的情形类似，从它们中点 P′向 A′、B′钟同时发出光信号。地面视为惯性系 S 系，相对地面运动的车厢记为 S′系。A′、B′钟相对 S′系静止，从车厢内观察，光源是静止的，观察到的现象与（a）中的相同，即光将同时到达 A′、B′钟，两钟记录的光信号到达时间相同。假设 A′钟记录的光信号到达时间为 $t'_{A'}$，B′钟记录的到达时间为 $t'_{B'}$，显然 $t'_{A'}=t'_{B'}$。

那么，由地面上的观察者（S 系）测量，光信号到达 A′、B′钟的时间相同吗？这里，我们不是比较光信号到达 A′、B′钟时它们记录的时间，前面已说明，这两个记录下来的时间是相同的。事实上，我们假定在车厢运动轨道沿线放置一系列固定在地面上调节同步的时钟，用它们记录光信号到达 A′、B′钟的时间，记为 $t_{A'}$ 和 $t_{B'}$，分别表示光信号到达 A′钟时，该钟随车厢运动到达处地面上时钟记录的时间，以及光信号到达 B′钟时该钟随车厢运动到达处地面上时钟记录的时间。这里我们将光信号到达 A′钟称为物理事件 A′、光信号到达 B′钟称为物理事件 B′。因此，$t_{A'}$ 和 $t_{B'}$ 分别表示物理事件 A′和 B′发生时，固定在地面上车厢运动轨道沿线的时钟记录的时间。按照牛顿力学的绝对时空观，时间是绝对的，在任意惯性系中两物理事件发生时间的间隔都相同，如果在惯性系 S′中观察是同时发生的，那么在另一惯性系 S 中观察也是同时发生的。因此，在牛顿力学中会得出 $t_{A'}=t_{B'}$ 的结论。

但是如果承认爱因斯坦的光速不变原理，假定在两惯性系中光的传播速度相同，那么可以推导出这样的结论：**从地面看，光信号到达 A′、B′钟不是同时的**。由光速不变原理可知，光从车厢中点 P′处发出，无论 P′是否运动、光信号向哪个方向传播，地面的观察者测到的光速都是相同的，并且向各个方向运动的光相对地面的传播速率相同。因为车厢的 A′钟相对地面以速率 u 与光相向运动，而 B′钟相对地面以速率 u 与光同向运动，所以光到达 A′钟要比到达 B′钟早些，即 $t_{A'}<t_{B'}$。也就是说，从 S 系看，由光源 P′发出的光不是同时到达 A′和 B′的。在 S′系看来同时发生的事件（$t'_{A'}=t'_{B'}$），在 S 系看来不是同时发生的（$t_{A'}\neq t_{B'}$），即同时是相对的，与参考系的运动状态有关。追根溯源，体现绝对时空观的伽利略变换也要修改。因为如果描述同时的绝对性的变换式（14－2b）($t'=t$) 成立，由 $t'_{A'}=t'_{B'}$ 必然推出 $t_{A'}=t_{B'}$，而这是与光速不变原理的结论相悖的。因此，如果承认狭义相对论的光速不变原理是正确的，就必须用新的变换关系来代替伽利略变换式，建立起惯性系之间的新的时空联系。

2. 时间延缓　由狭义相对论的光速不变原理可以推出运动的钟“变慢”（“时间延缓”）的概念。

如图 14－4 所示，在运动的车厢底部固定有光源 S。光信号自 S 发出（事件 1），竖直向上到达车厢顶部的反射镜 M，并反射到达光源 S（事件 2），测量事件 1 和 2 之间的时间间隔。在图 14－4(a) 中，在车厢内观察两事件，由于 S 和 M 都是相对车厢静止的，时间间隔为

$$\Delta t'=\frac{2H}{c}$$

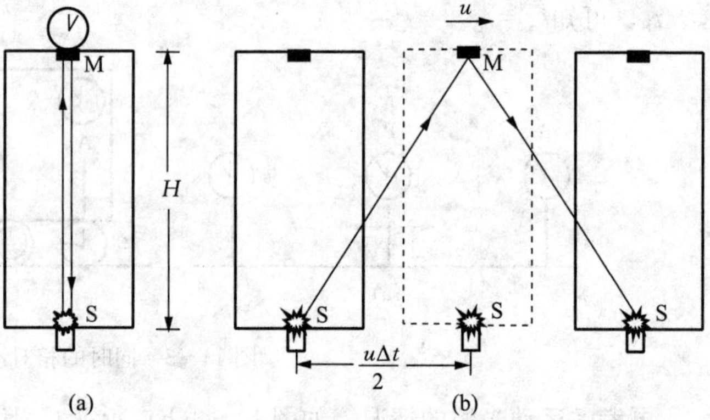

图 14－4　运动的钟“时间延缓”

其中，H 为车厢高度，c 为光速。

在图 14－4(b) 中，从地面上观察光的传播过程，发现光走过了一个折线轨迹。狭义相对论假设光速不变，即无论光是从静止光源发出还是从运动光源发出，测得的光速都是一样的。因此光以不变的速度走过折线轨迹所需时间必然长于走竖直路径，即从地面观察事件 1 和事件 2 的时间间隔 Δt 要长于在车厢内测得的时间间隔 $\Delta t'$。由等式

$$\left(\frac{u\Delta t}{2}\right)^2+H^2=\left(\frac{c\Delta t}{2}\right)^2$$

可得

$$\Delta t=\frac{2H}{\sqrt{c^2-u^2}}=\frac{\Delta t'}{\sqrt{1-\beta^2}}=\gamma\Delta t' \qquad (14-7)$$

其中，$\beta=\frac{u}{c}$，$\gamma=\frac{1}{\sqrt{1-\beta^2}}$。车厢的运动速度通常远小于光速，即 $u<c$，显然，$\Delta t>\Delta t'$。

这里，t 是同地面上的观察者相对静止的时钟测量到的时间，而 t' 是随车厢一起运动并同车厢相对静止的时钟测量到的时间。物理事件 1 和 2 的发生是客观事实，无论是否去观测它们，或者在什么样的惯性系中观测它们。$\Delta t>\Delta t'$ 的结果表明，如果承认光速不变的事实，那么物理事件 1 和 2 发生的时间间隔在不同的惯性系中测量得到的结果是不一样的。

在某一参考系中同一地点发生的物理事件的时间间隔称为固有时，是由静止在参考系中的时钟测得的，本例中 $\Delta t'$ 就是固有时。显然，固有时最短。在另一做相对运动的惯性系中测得同样两个物理事件发生的时间间隔称为测量时。本例中 Δt 就是测量时。因此，$\Delta t\geqslant\Delta t'$。当惯性系相对运动的速度为零时，上式的等号成立。当把时钟的单位时间（固有时）

间隔（如一秒钟）看作两个物理事件的时间间隔时，$\Delta t>\Delta t'$说明，运动的钟走一秒钟，静止的观察者以自己的时钟记录这段时间间隔，发现自己的时钟在这段时间间隔中走时比一秒钟长。总之，静止的观察者认为运动的钟慢，这一效应称为运动的钟**时间延缓**。

在式（14－7）中，当$u\ll c$时，$\gamma\approx 1$，$\Delta t\approx\Delta t'$。这意味着，物理事件之间的时间间隔，在相对做低速运动的惯性系中测量的结果都是相同的，即时间的测量与参考系是否运动无关。这正是牛顿的绝对时间概念。因此，绝对时空观中的绝对时间概念是狭义相对论的时间概念在参考系相对运动速度远小于光速时的近似。

例题 14－1　π^+介子是一种不稳定的粒子，可以衰变为一个μ^+轻子和一个中微子。从产生到衰变为其他粒子的时间间隔称为π^+介子的寿命。假设，静止π^+介子的寿命为2.5×10^{-8} s。在实验室参考系中，一个π^+介子以速率$u=0.99c$运动，则在实验室参考系中测量，它的寿命是多少？

解：在与π^+介子相对静止的参考系中测得的粒子寿命是固有时，设为$\Delta t'=2.5\times 10^{-8}$ s。当π^+介子高速飞行时，在实验室参考系测得的粒子寿命是测量时，设为Δt。由于时间延缓效应，$\Delta t>\Delta t'$，即高速飞行的π^+介子比静止时寿命延长。由式（14－7）得实验室系测量到的π^+介子寿命为　$\Delta t=\gamma\Delta t'=\dfrac{2.5\times 10^{-8}}{\sqrt{1-0.99^2}}=1.8\times 10^{-7}\,(\mathrm{s})$

3. 长度收缩　由时间延缓效应可以推出运动的尺“长度收缩”的概念。

如图 14－5 所示，惯性系 S′相对于 S 系沿$x(x')$轴正向以恒定的速率u运动。在 S 系x轴各处放置调节同步的时钟，并且在x轴上固定有一根尺子。假设尺子 A、B 两端的坐标分别为x_1和x_2，在 S 系中尺子的长度为$l_0=x_2-x_1$。有一观察者 P 静止在 S′系中，P 随 S′系一起沿x轴运动，先后到达尺的 A 端和 B 端。P 到达 A 端（事件 1）时，设 A 处时钟指示 S 系中的时间为t，如图 14－5(a) 所示。假设此时 S′系中 P 所在位置处的时钟恰好指示时刻t'。经过一段时间以后，P 到达 B 端（事件 2），如图 14－5(b) 所示。此时，B 处时钟指示的时间为$t+\Delta t$，S′系中的时钟指示的时间为$t'+\Delta t'$。S 系和 S′系中事件 1 和 2 的时间间隔关系为

$$\Delta t=\gamma\Delta t'>\Delta t'$$

在 S 系中，尺子长度l_0可以通过尺子的运动速度u和事件 1、2 发生的时间间隔Δt计算出，即

$$l_0=x_2-x_1=u\Delta t$$

换一个角度，在 S′系中描述两个物理事件。这时，尺子以速率u沿x'轴负向运动。A 端经过 P（事件 1 发生）时，如前所述，S′系中时钟指示t'，如图 14－5(c) 所示。而 B 端经过 P（事件 2 发生）时，S′系中时钟指示$t'+\Delta t'$，如图 14－5(d) 所示。因此观察者 P 认为 B 端经过时，A 端在距离为$u\Delta t'$的位置处。因此，P 测得 S′系中尺子的长度为

$$l'=u\Delta t'<l_0$$

与尺子相对静止的观察者测得的尺子长度称为原长，记为l_0。测量运动尺子得到的长度，称为测量长度，记为l'。尺子原长与测量长度的关系为

$$l_0=u\Delta t=\gamma u\Delta t'=\gamma l' \qquad (14-8)$$

式（14－8）表明，运动的尺子比静止时短，这称为运动的尺收缩，也称为**长度收缩**。

在式（14－8）中，当$u\ll c$时，$\gamma\approx 1$，$l_0\approx l'$。这说明物体的长度或空间的距离，在相对做低速运动的惯性系中测量的结果都是相同的，即空间的测量与参考系是否运动无关。这正是牛顿的绝对空间概念。因此，绝对时空观中的绝对空间概念是狭义相对论的空间概念在

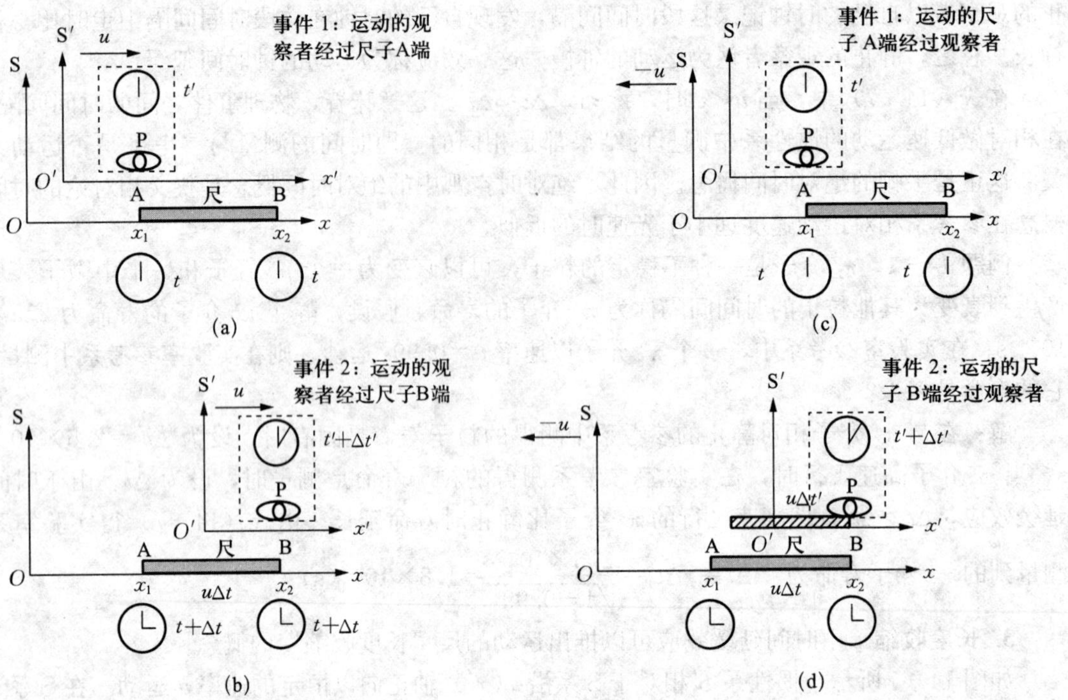

图 14-5　运动的尺“长度收缩”

参考系相对运动速度远小于光速时的近似。

三、洛伦兹变换

由伽利略变换得出的经典的速度叠加原理［式（14-4）］，要求光速随惯性系的不同而改变［式（14-6）］，在本章第二节中我们已经说明，这与电磁学的实验事实产生矛盾。同时，经典电磁学的理论（如麦克斯韦电磁场方程）是与“光速不变”的要求一致的，这意味着伽利略变换不适用于电磁学。因此，必须修改经典的伽利略变换，以使其不仅与宏观的经验事实一致（如经典的速度叠加原理与日常经验相符），也要概括经典电磁学中光速不变的事实。如前所述，爱因斯坦提出的狭义相对论的两个基本假设——相对性原理和光速不变原理正确反映了上述实验和理论事实。

1905 年，爱因斯坦在前述的两个基本假设的基础上通过数学推导得到了两个运动参考系之间的时空坐标变换式。此前一年，荷兰物理学家洛伦兹（H. A. Lorentz，1853—1928）在经典物理的假设基础上也导出了同样的一组变换，故这一变换称为洛伦兹—爱因斯坦变换，简称为**洛伦兹变换**（Lorentz transformation）。但洛伦兹对它的解释仍停留在经典的绝对时空观的框架内，只有爱因斯坦揭示了这一变换所蕴含的时空观的深刻

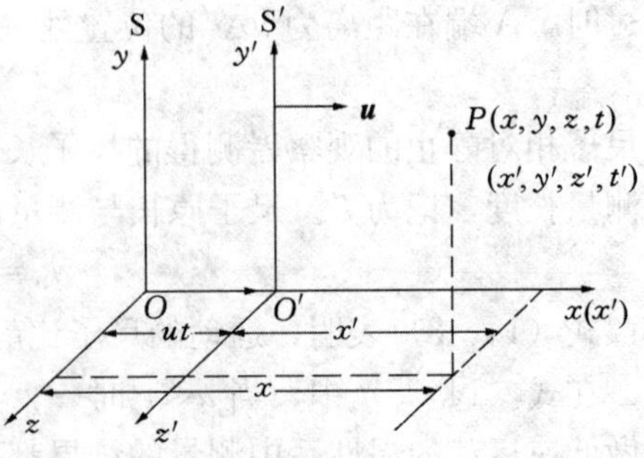

图 14-6　洛伦兹变换

革命。

洛伦兹变换指出，在图 14-6 所示的两个惯性系 S 系和 S′系中，同一事件的两组时空坐标（x、y、z、t）和（x'、y'、z'、t'）之间的变换关系为

$$\begin{cases} x=\dfrac{1}{\sqrt{1-u^2/c^2}}(x'+ut')=\gamma(x'+ut') \\ y=y' \\ z=z' \\ t=\dfrac{1}{\sqrt{1-u^2/c^2}}\left(t'+\dfrac{u}{c^2}x'\right)=\gamma\left(t'+\dfrac{u}{c^2}x'\right) \end{cases} \tag{14-9}$$

反变换为

$$\begin{cases} x'=\dfrac{1}{\sqrt{1-u^2/c^2}}(x-ut)=\gamma(x-ut) \\ y'=y \\ z'=z \\ t'=\dfrac{1}{\sqrt{1-u^2/c^2}}\left(t-\dfrac{u}{c^2}x\right)=\gamma\left(t-\dfrac{u}{c^2}x\right) \end{cases} \tag{14-10}$$

由于 $\beta\equiv u/c$，$\gamma\equiv 1/\sqrt{1-\beta^2}$，因此惯性系运动的速度（即任何相对运动的物体之间的相对速度）u 不能大于 c，即 $u\leqslant c$，否则 γ 成为复数，式（14-9）和式（14-10）没有物理意义。

由洛伦兹变换可以获得以下信息：

● 时间坐标和空间坐标不再像伽利略变换中那样是相互独立的，而是具有密切的联系，时间与空间坐标结合成一个整体，称为**“四维时空”**。

● 当物体运动速度远远小于光速，即 u/c、u/c^2 和 u^2/c^2 均可忽略时，洛伦兹变换转化为伽利略变换。因此，伽利略变换是洛伦兹变换在低速条件下的特例。

● 在洛伦兹变换中，当 $u\to c$ 时，洛伦兹变换将会因出现无限大而没有意义。因此，洛伦兹变换意味着任何物体的运动速度不可能超过光速。

● 由洛伦兹变换可以得到相对论的速度变换关系。将式（14-9）中的第一个关系式对时间求导数得

$$v=\frac{\mathrm{d}x}{\mathrm{d}t}=\frac{1}{\sqrt{1-u^2/c^2}}\left(\frac{\mathrm{d}x'}{\mathrm{d}t}+u\frac{\mathrm{d}t'}{\mathrm{d}t}\right)=\frac{1}{\sqrt{1-u^2/c^2}}\left(\frac{\mathrm{d}x'}{\mathrm{d}t'}\cdot\frac{\mathrm{d}t'}{\mathrm{d}t}+u\frac{\mathrm{d}t'}{\mathrm{d}t}\right)$$

由式（14-9）中的时间关系式得

$$\frac{\mathrm{d}t}{\mathrm{d}t'}=\frac{1}{\sqrt{1-u^2/c^2}}\left(1+\frac{u}{c^2}\frac{\mathrm{d}x'}{\mathrm{d}t'}\right)=\frac{1}{\sqrt{1-u^2/c^2}}\left(1+\frac{u}{c^2}v'\right)$$

将其带入上式得

$$v=\frac{v'+u}{1+\dfrac{u}{c^2}v'} \tag{14-11}$$

该式为**相对论速度相加公式**（relativistic formula of velocity addition）。当 $u\ll c$ 时，式(14-11)简化为

$$v=v'+u \tag{14-12}$$

此即经典的伽利略速度变换式［式（14-3）］。

用类似的方法可以推出式（14-11）的逆变换式为

$$v'=\frac{v-u}{1-\dfrac{u}{c^2}v} \tag{14-13}$$

若在 S′系中测得的光速为 c，则在 S 系中测得的光速由式（14－11）可知为

$$v=\frac{v'+u}{1+\frac{u}{c^2}v'}=\frac{c+u}{1+\frac{u}{c^2}c}=c$$

由此可见，在不同的参考系中光速是相同的。

对于洛伦兹变换，几十年的实践表明，就如同牛顿第二定律在通过伽利略变换后保持原有的形式不变一样，一切物理定律只要是能在高速运动条件下仍然适用，就必须在通过洛伦兹变换后保持原有的形式不变。物理定律的这种性质称为洛伦兹不变性或洛伦兹协变性，这是狭义相对论的两个基本假设之一的相对性原理的另一种表述。这样，物理定律能否满足洛伦兹不变性就成为该定律能否成为普遍规律的必要条件，关于这一点在相对论动力学中有重要的应用。

四、洛伦兹变换与狭义相对论时空观的关系

在本节第二小节中，从狭义相对论的两个基本假设（特别是光速不变假设）出发，得出相对论的时空观，包括“同时性是相对的”、“运动的时钟时间延缓”、“运动的尺长度收缩”这些与经典的绝对时空观迥然不同的结论。此外，在第三小节中我们看到，狭义相对论的时空坐标变换是洛伦兹变换。因此，很自然地产生一个问题，狭义相对论的时空坐标变换（洛伦兹变换）能够反映相对论时空观吗？答案是肯定的。下面就从洛伦兹变换出发严格地得出狭义相对论时空观的上述几个结论。

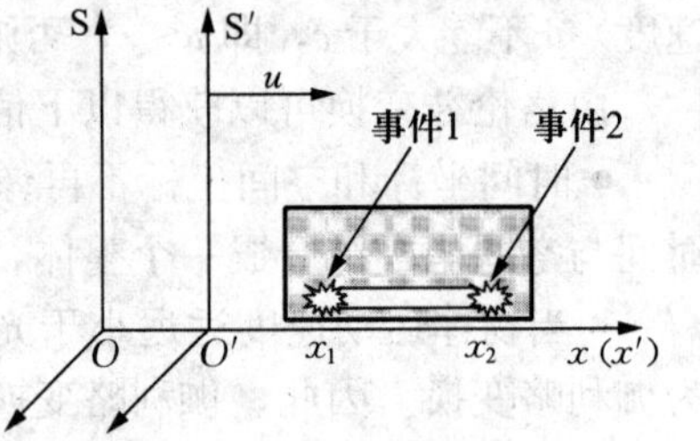

图 14－7　同时的相对性

1. 同时的相对性　在图 14－7 中发生两个事件（如闪光），它们在 S 系中的时空坐标为（x_1，t_1）和（x_2，t_2），时间间隔为 $\Delta t=t_2-t_1$；在 S′系中的时空坐标为（x_1'，t_1'）和（x_2'，t_2'），时间间隔为 $\Delta t'=t_2'-t_1'$。由式（14－10）中的关系得

$$\Delta t'=t_2'-t_1'=\frac{(t_2-t_1)-\frac{u}{c^2}(x_2-x_1)}{\sqrt{1-u^2/c^2}} \tag{14-14}$$

在 S 系中的观测者来看，两事件同时但不同地点发生，$\Delta t=t_2-t_1=0$，由式（14－14）得

$$\Delta t'=t_2'-t_1'=\frac{\frac{u}{c^2}(x_1-x_2)}{\sqrt{1-u^2/c^2}}<0$$

由此可知 $t_2'<t_1'$。这个结果表明，在 S 系中的观测者来看同时发生的事件在 S′系中的观测者来看是不同时的，处于运动方向前方的事件（事件 2）比后方的事件（事件 1）先发生。因此，不同地点发生的两个事件的同时性是相对的，与参考系的选择有关。

若两个事件同时同地发生，因为 $\Delta t=t_2-t_1=0$，$\Delta x=x_2-x_1=0$，由式（14－14）给出的是

$$\Delta t'=t_2'-t_1'=0$$

这就是说，同地发生的两个事件的同时性是绝对的。因此，**一般而言，对一个观测者来说是同时发生的两个事件，对于另一个观测者来说不一定同时发生，与参考系的选择有关**。这个结论称为**同时的相对性**（relativity of simultaneity）。同时的相对性否定了在各个惯性系中存在统一时间的可能性，从而也否定了牛顿的绝对时空观。

2. 时间延缓　如图 14－8 所示，设 S' 系相对于 S 系以速度 u 做匀速直线运动，在 S' 系的坐标 x' 处有一个相对于 S' 系静止的钟，用这个钟测得发生在该处的两个事件（例如滴答两声）的时间分别为 t_1' 与 t_2'，而 S 系中的观测者用固定在 S 系中的时钟测量这两个事件发生的时间分别为 t_1 和 t_2。由式（14－9）得

$$t_1=\frac{1}{\sqrt{1-u^2/c^2}}\left(t_1'+\frac{u}{c^2}x_1'\right)$$

$$t_2=\frac{1}{\sqrt{1-u^2/c^2}}\left(t_2'+\frac{u}{c^2}x_2'\right)$$

这两个事件发生的时间间隔为　$\Delta t=t_2-t_1=\dfrac{(t_2'-t_1')+\dfrac{u}{c^2}(x_2'-x_1')}{\sqrt{1-u^2/c^2}}$

由于 $x_1'=x_2'$，故有　$$\Delta t=t_2-t_1=\frac{(t_2'-t_1')}{\sqrt{1-u^2/c^2}}=\frac{\Delta t'}{\sqrt{1-u^2/c^2}} \tag{14-15}$$

因此 $\Delta t'\leqslant\Delta t$，这就是说，**在两个相对做匀速直线运动的惯性系中测量两个事件的时间间隔是不同的，在 S' 系中测得发生在同一地点的两个事件之间的时间间隔 $\Delta t'$ 永远小于在 S 系中测量该两个事件的时间间隔 Δt**。这个效应称为**时间延缓或时间膨胀**（time dilation）。

本章第二节定义了固有时或**原时**（proper time），即在某一参考系中同一地点先后发生的两个事件之间的时间间隔，它是由静止于该参考系中的钟测出的。式（14－15）表明，固有时最短。固有时和在其他参考系中测得的时间的关系，如果用钟走的快慢来说明，就是 S 系中的观察者把相对于他运动的那只 S' 系中的钟和自己的许多同步的钟对比，发现那只钟慢了，如图 14－8 所示。这就是时间延缓的意义。在本章第二节，我们从狭义相对论的两个基本假设出发，而不是基于洛伦兹变换，直接推导出时间延缓的结论。本节则从洛伦兹变换出发，借助于时空坐标变换，严格推导出该结论。殊途同归，从中我们可以发现洛伦兹变换揭示了狭义相对论的时空观。

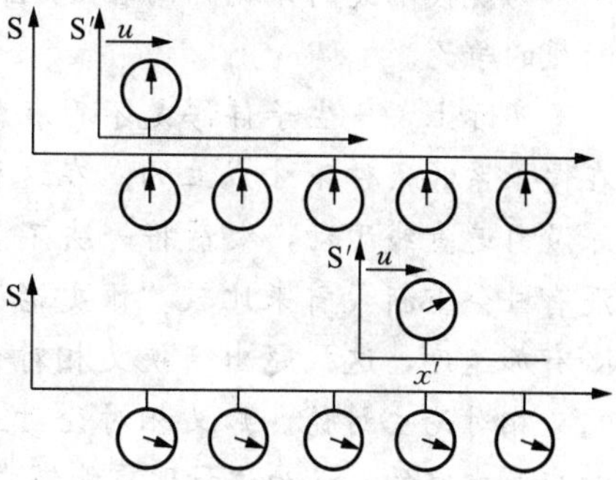

图 14－8　时间延缓效应

由于运动是相对的，时间延缓是一种相对效应。也就是说，S' 系中的观察者会发现静止于 S 系中而相对于自己运动的任一个钟比自己的参考系中的一系列同步的钟走得慢。用通俗的话来说就是“你看我的钟慢，我看你的钟慢”。

时间延缓效应只有在运动速度 u 很大而接近于光速 c 时才变得显著起来。例如，若有一个速度 $u=0.5c$ 的火箭，在地球上看经历 1.15 s 的时间，而火箭上的运动钟则只过了1 s；若 $u=0.999\,8c$，则地球上的静止钟经过了 50 s，而火箭上的运动钟才过了 1 s，而在 $u\ll c$ 时，由式（14－15）可以看出，$\Delta t\approx\Delta t'$。这种情况下，两个事件之间的时间间隔在各参考系中测得的结果都是一样的，即时间的测量与参考系无关，这就是牛顿的绝对时间概念。由此可知，牛顿的绝对时间概念实际上是相对论时间概念在参考系的相对速度很小时的近似。

时间延缓或相对观测者运动的钟变慢的效应与钟的具体结构无关，完全是一种相对论效

应。运动的钟变慢意味着相对观测者运动的人的脉搏跳动也变慢，思维过程以致衰老的过程都以同样的比率变慢。

时间延缓或运动的钟变慢这一结论与我们日常的经验极不一致，以致难以使人相信，这是因为在宏观世界中，物体的运动速率一般都远远地小于真空光速，如空气中的声速通常为 $340\ \mathrm{m\cdot s^{-1}}$，第三宇宙速度也只有 $1.67\times10^{4}\ \mathrm{m\cdot s^{-1}}$。因而，在宏观世界中相对论效应极不显著。但是，微观粒子和遥远的天体运动有可能达到与光速相比拟的速度，因而时间延缓效应可以在微观粒子现象中得到直接的实验验证。历史上，高速运动粒子的衰变现象已经为这一论断提供了确凿无疑的证据。

知识链接　时间延缓效应带来了一个很有趣的问题，这便是有名的"孪生子佯谬（twin paradox）"。孪生子佯谬是爱因斯坦在1905年发表的第一篇关于相对论的文章中首次提出的，他在文中设想有一对孪生兄弟出生后，一位留在地球上，另一位被带上飞船进行宇宙旅行，当他回到地球上时，留在家里的已是20岁的成年人，而旅行回归者尚是12岁的儿童（图14-9）。爱因斯坦的推论在1939年经历了一场规模不大的争论，而在20世纪50年代变成了一场激烈的争论。

图14-9　孪生子佯谬

实际上，孪生子佯谬是不存在的，因为狭义相对论是在惯性系的条件下才成立的。在这种条件下，火箭相对地球做匀速直线运动，火箭将一去不复返，兄弟永别，再也没有机会重新聚首来比较"谁更老了"。若火箭得以返回，必有加速度，这就超出了狭义相对论的理论范围，需要用广义相对论去讨论。广义相对论对上述被看作"佯谬"的效应是肯定的，认为这种现象能够发生。

1971年人们真的做了一次"孪生子旅游"实验，不过旅游的不是人，而是用机器来模拟。实验是这样的：将铯原子钟放在飞机上，沿赤道向东和向西绕地球一周，回到原处后，分别比静止在地面上的钟慢59 ns和快273 ns（1 ns秒等于10^{-9} s）。因为地球以一定的角速度从西往东转，地面不是惯性系，而将从地心指向太阳的参考系视为惯性系。飞机的速度总小于太阳的速度，无论向东还是向西，它相对于惯性系都是向东转的，只是前者转速大，后者转速小，而地面上的钟转速介于二者之间。上述实验表明，相对于惯性系转速愈大的钟走得愈慢，这和孪生子问题所预期的效应是一致的。上述实验结果与广义相对论的理论计算比较，在实验误差范围内相符。因而，我们今天不应再说"孪生子佯谬"，而应改称孪生子效应了。

例题 14-2　静止的 π^{+} 介子的半衰期 $\tau'_{1/2}=1.77\times10^{-8}$ s，已知 π^{+} 介子束产生后以速率 $u=0.99c$ 离开 π^{+} 介子源，在实验室参考系经 38 m 后，强度减小为原来的一半。试解释这一现象。

解： 根据经典力学理论，π^{+} 介子经过一个半衰期前进的距离 L 为

$$L=u\tau'_{1/2}=0.99\times3\times10^8\times1.77\times10^{-8}=5.3(\mathrm{m})$$

这是随 π^+ 介子一起运动（S′系）的观测者所测得的距离，与在实验室测定的结果相差甚远。

由于 π^+ 介子运动速率接近光速，因此，处理这一问题必须用相对论。实际上，题中给出的半衰期是固有时。故根据式（14－15）可知，在实验室参考系中运动的 π^+ 介子的半衰期 $\tau_{1/2}$ 为

$$\tau_{1/2}=\frac{\tau'_{1/2}}{\sqrt{1-(u/c)^2}}=\frac{1.77\times10^{-8}}{\sqrt{1-0.99^2}}=12.5\times10^{-8}(\mathrm{s})$$

π^+ 介子在这一段时间内在实验室参考系内前进的距离 L 为

$$L=u\tau_{1/2}=0.99\times3\times10^8\times12.5\times10^{-8}=37.1(\mathrm{m})$$

这和实验结果已比较好地符合了。本例是验证相对论的一个高能粒子的实验，近代的许多高能粒子实验，每天都在考验着相对论，而相对论每次也都经受住了考验。

例题 14－3　飞船经过地球时，相对地球的速率 $u=0.99c$，以飞船时间飞行了 5 年后停靠到空间站，随即调头，以相同的相对速率返回，再次经过地球又经历了 5 年。试问地球上的观察者看来，飞船来回经历的时间是多少？停靠及调头过程中的加速度不计。

解：在飞往空间站过程中，计时始终在飞船中同一地点，因此所测时间 5 年系固有时，按式（14－15），地面上测得的相应时间为

$$\Delta t=\frac{\Delta t'}{\sqrt{1-(u/c)^2}}=\frac{5}{\sqrt{1-0.99^2}}=35.4\ (\text{年})$$

同理，从空间站返回，地面上测得的时间也是 Δt。因此，飞船往返，在飞船上经历的时间为 10 年，在地面上看来经历的时间是 70.8 年。

3. 长度收缩　测量杆的长度是将杆与标准尺平行并置，杆首尾两端在尺上对应的刻度之差即为杆的长度。需要注意的是，测量运动杆的长度时，杆首尾两端的刻度要同时读出，否则测得的就不是杆长度。

假设图 14－7 所示的 S′系为一运动的车厢，车厢内固定有一根运动的杆。两根尺子分别固定在参考系 S 的 x 轴和 S′的 x' 轴上，假设杆的两端可以发射激光并在两根尺上分别留下刻痕。在 S 系中观察，设某一时刻，杆两端的激光同时在尺上留下刻痕（分别称为事件 1 和事件 2），坐标分别是 x_1 和 x_2。在 S 系中测得杆的长度就是

$$l=x_2-x_1$$

在 S′系中观察，事件 1 和事件 2 发生时，两束激光在 S′系的尺上也分别留下了刻痕，设坐标分别为 x'_1 和 x'_2。

由"同时的相对性"，在 S 系中同时发生的两事件（事件 1 和事件 2）在 S′系中不一定是同时的。但是由于杆和 S′系中的尺子一样是固定在 S′系中的，杆和尺子相对静止，杆两端的激光留在 S′系中尺上的刻痕在任意时刻都是不变的。因此，S′系中杆的长度为

$$l'=x'_2-x'_1$$

l' 称为杆的静止长度，也称**本征长度**或**固有长度**（proper length），为 $l_0=l'=x'_2-x'_1$。若 S′系以速度 u 相对于 S 系做匀速直线运动，由式（14－10）可得

$$x'_2=\frac{1}{\sqrt{1-u^2/c^2}}(x_2-ut_2),\quad x'_1=\frac{1}{\sqrt{1-u^2/c^2}}(x_1-ut_1)$$

故

$$x'_2-x'_1=\frac{(x_2-x_1)-u(t_2-t_1)}{\sqrt{1-u^2/c^2}}\qquad(14-16)$$

由于 x_2 和 x_1 是 S 系中的观测者同时测得的，故 $t_1=t_2$，由式（14-16）可得

$$l_0=l'=\frac{l}{\sqrt{1-u^2/c^2}}$$

即
$$l=l_0\sqrt{1-u^2/c^2} \tag{14-17}$$

在该式中，因为 $u<c$，所以 $l<l_0$。这就是说，**在不同的惯性系中观测同一根尺子时，长度是不同的，运动尺的长度要缩短**。这种现象称为**"洛伦兹收缩"**或**"长度收缩"**（length contraction）。例如，假定有一列火车的速度为 $0.999\,8c$，地面上的观测者所看到的火车上的一根长为 1 m 的尺子仅为 2 cm 了！当然，长度收缩效应是一种高速下的相对论效应，在日常生活中是观察不到的，原因是宏观物体的运动速度和光速相比太小了，$\sqrt{1-u^2/c^2}\approx 1$。

由此可见，物体的空间尺度并不是绝对的，与参考系的选择有关。若要问一根 1 m 长的尺子有多长？我们只能说在与这根尺相对静止的参考系中，它的长度是 1 m，或者说其本征长度为 1 m。需要说明的是，从式（14-9）和式（14-10）可以看出，与两惯性系相对运动方向（即 x 方向）垂直的方向（即 y—z 平面内的任意方向）上，由于对应的空间坐标不变，因此在垂直方向上不发生长度收缩。

例题 14-4　在地面上观察，宇宙射线中的 μ 子以 $0.998c$ 的速度穿越厚 8 000 m 的大气层到达地面，若在 μ 子参考系中观察，大气层的厚度为多少？

解：在 μ 子参考系中，地球和大气层以 $0.998c$ 的速度相对于 μ 子运动。由于大气层与地球相对静止，故原来在地球上测得的大气层厚度为本征长度。在 μ 子参考系中测量时，大气层的厚度为运动长度，由式（14-17）可得

$$l=l_0\sqrt{1-u^2/c^2}=8\,000\sqrt{1-(0.998c/c)^2}\approx 506(\text{m})$$

可见，在高速运动的 μ 子参考系中测得大气层的厚度变薄了。

第三节　相对论动力学

一、相对论中的动量和质量

上述关于坐标变换及其时空关系的讨论是最抽象和极富学院气的理论，这种理论对科学技术会带来什么影响呢？本节将讨论这一问题。

前面已经提到，在高速情况下伽利略变换被洛伦兹变换所取代，由此产生了相对论运动学。与此相对应，经典动力学中的一系列物理概念和规律，如动量、质量、能量和牛顿运动定律、动量守恒定律等等都面临着重新定义的问题。换言之，必须在新的实验事实的基础上，找到适当的物理概念来全面描述客观规律。由此产生了相对论动力学。定义新物理概念和规律的原则是：

- 必须符合相对论的基本假设即光速不变原理和相对性原理，即在洛伦兹变换下公式的形式是不变的。

- 当物体的运动速度值 $u\ll c$ 时，它们还原为经典力学的公式，即经典力学是在 $u\ll c$ 时相对论动力学的一级近似，从而保持逻辑上的自洽性。

按此，我们首先考察经典动力学中最基本的动量守恒定律。

在经典力学中，物体的动量定义为 $\boldsymbol{p}=m\boldsymbol{v}$，$m$ 与速度 $\boldsymbol{v}$ 无关，在此条件下，可以证明，

动量守恒定律满足伽利略不变性。但是，在高速情况下，若仍定义动量$\boldsymbol{p}=m\boldsymbol{v}$，而$m$与速度$\boldsymbol{v}$无关的话，动量守恒定律在洛伦兹变换下不能保持相同的形式。这就是说，经典的动量守恒定律与相对性原理是不相容的。因此，动量的定义必须修改。理论分析表明，若质量定义为

$$m=\frac{m_0}{\sqrt{1-v^2/c^2}} \tag{14-18}$$

动量定义为

$$\boldsymbol{p}=m\boldsymbol{v} \tag{14-19}$$

动量守恒定律才能满足洛伦兹不变性，并且，当$v \ll c$时自然过渡为经典力学的形式。

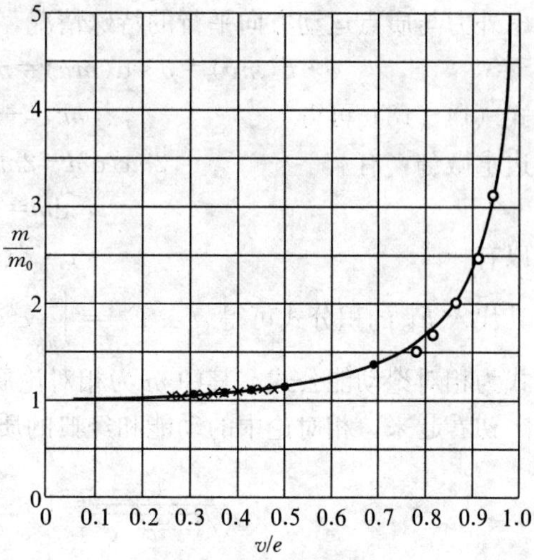

图 14-10　质速关系的实验验证

在式（14-18）中，v为物体的运动速度，m为物体以速度v运动时所具有的质量，称**相对论质量**（relativistic mass），m_0是物体静止时所具有的质量，称**静质量**（rest mass）。式（14-18）表明，当物体以一定速率相对观测者运动时，观测者测得其质量大于其静止质量，因此，物体的质量不是绝对的，而是相对的。式（14-18）称为相对论的质速关系。图14-10给出验证质速关系的实验数据图。

事实上，在爱因斯坦提出狭义相对论以前，1901年，德国物理学家考夫曼（W. Kaufmann，1871—1947）在测定放射性镭盐发出的β射线中的电子荷质比e/m时就发现（在图14-10中用圆圈表示他的实验数据点），高速电子的荷质比随电子速率的增大而变小。根据电荷守恒定律，他假定电子电荷不会随电子运动速度而变化，于是得出了质量m随速率增大而增大的结论，这一结论和爱因斯坦的质速关系是一致的。

在一般技术中宏观物体所能达到的速度范围内，质量随速率的变化非常小。例如，当$v=10^4\ \mathrm{m \cdot s^{-1}}$时，物体的质量和静质量相比的相对变化为

$$\frac{m-m_0}{m_0}=\frac{1}{\sqrt{1-v^2/c^2}}-1\approx\frac{1}{2}\left(\frac{v}{c}\right)^2=\frac{1}{2}\times\left(\frac{10^4}{3\times10^8}\right)^2=5.6\times10^{-10}$$

因而，质量的变化可以忽略不计。但是，在微观粒子实验中，粒子的速率经常会达到接近光速的程度，这时质量随速率的改变就非常明显了。例如，当电子的速率达到$v=0.98c$时，按式（14-18）可以算出此时电子的质量$m=5.03m_0$。现代的质子加速器已在$m/m_0=3\,700$下工作，而电子加速器则可高达200 000。

由于m不再是恒量，由质速关系式（14-18），牛顿第二定律也应该改写为

$$\boldsymbol{F}=\frac{\mathrm{d}\boldsymbol{p}}{\mathrm{d}t}=\frac{\mathrm{d}(m\boldsymbol{v})}{\mathrm{d}t}=m\frac{\mathrm{d}\boldsymbol{v}}{\mathrm{d}t}+\boldsymbol{v}\frac{\mathrm{d}m}{\mathrm{d}t} \tag{14-20}$$

这表明改变物体动量所需要的力包含两个分量：一个平行于加速度，用于改变速度；另一个平行于速度，用于改变质量。可以证明，式（14-20）满足洛伦兹不变性，故其为牛顿第二定律更普遍的表达式。

二、相对论中的动能　质能关系

1. 相对论中的动能　由于在相对论条件下牛顿第二定律修改为式（14-20），相应的动能定理也必须修改。按照动能定理，物体动能的增加等于合外力所做的功。若取质点速度为零时的动能为零，则在力 $\boldsymbol{F}$ 的作用下，质点速度由零增大到 v 时，其动能为

$$E_k=\int \boldsymbol{F}\cdot \mathrm{d}\boldsymbol{r}=\int \frac{\mathrm{d}(m\boldsymbol{v})}{\mathrm{d}t}\cdot \mathrm{d}\boldsymbol{r}=\int \frac{\mathrm{d}\boldsymbol{r}}{\mathrm{d}t}\cdot \mathrm{d}(m\boldsymbol{v})=\int_0^v \boldsymbol{v}\cdot \mathrm{d}(m\boldsymbol{v})$$

考虑外力与质点运动方向平行的特殊情况，由于

$$\boldsymbol{v}\cdot \mathrm{d}(m\boldsymbol{v})=v\cdot \mathrm{d}(mv)=mv\cdot \mathrm{d}v+v\cdot v\mathrm{d}m=mv\mathrm{d}v+v^2\mathrm{d}m$$

由式（14-18）可得
$$m^2c^2-m^2v^2=m_0^2c^2$$
两边求微分，有
$$2mc^2\mathrm{d}m-2mv^2\mathrm{d}m-2m^2v\mathrm{d}v=0$$
即
$$c^2\mathrm{d}m=v^2\mathrm{d}m+mv\mathrm{d}v$$
所以有
$$\boldsymbol{v}\cdot \mathrm{d}(m\boldsymbol{v})=c^2\mathrm{d}m$$
将其代入 E_k 的积分式可得
$$E_k=\int_{m_0}^{m} c^2\mathrm{d}m=mc^2-m_0c^2 \tag{14-21}$$
该式为相对论动能公式，其中 m 为相对论质量。

初看起来，相对论中的动能和经典的质点动能的表达式不同，但是当 $v\ll c$ 时，有

$$\frac{1}{\sqrt{1-v^2/c^2}}=1+\frac{1}{2}\cdot\frac{v^2}{c^2}+\cdots\approx 1+\frac{1}{2}\cdot\frac{v^2}{c^2}$$

将其代入式（14-18），由式（14-21）可得低速运动的质点的动能为

$$E_k=\frac{1}{2}m_0v^2$$

即经典力学的动能表达式是相对论动能表达式在低速条件下的近似。

2. 质能关系　在相对论动能公式（14-21）中，等号右端两项都具有能量的量纲，因此，爱因斯坦将 m_0c^2 解释为物体静止时具有的能量，称为**静能**（rest energy），用 E_0 表示，即
$$E_0=m_0c^2 \tag{14-22}$$
而将 mc^2 解释为物体以速率 v 运动时所具有的能量，称为**质能**（mass-energy），这个能量是包含物体机械能、电磁能、原子和分子的动能和势能以及结合能等的总能量，以 E 表示，即
$$E=mc^2 \tag{14-23}$$
E 与 E_0 之差即为物体从静止开始运动而增加的能量，这一能量就是动能 E_k，即
$$E_k=mc^2-E_0 \tag{14-24}$$
式（14-22）和式（14-23）称为**质能关系**（mass-energy relation），它揭示出质量和能量这两个物质基本属性之间的内在联系，即一定的质量 m 相应地联系着一定的能量——$E=mc^2$，即使处于静止状态的物体也具有能量 $E_0=m_0c^2$。

把粒子的能量 E 和它的质量 m（甚至是静质量 m_0）直接联系起来的结论是相对论最有意义的结论之一。一定的质量相应于一定的能量，二者的数值只相差一个恒定的因子 c^2。按式（14-22）计算，和一个电子的静质量 9.11×10^{-31} kg 相应的静能为 8.19×10^{-14} J 或 0.511 MeV($1\ \mathrm{eV}=1.6\times10^{-19}$ J)，和一个质子的静质量 1.673×10^{-27} kg 相应的静能为 1.503×10^{-10} J 或 938 MeV。静能是巨大的，1 kg 的物体包含的静能为 9×10^{16} J，而 1 kg 汽

油的燃烧值为 4.6×10^7 J，只是其静能的二十亿分之一（5×10^{-10}）；1 kg 的 TNT 炸药爆炸时释放的能量为 4.54×10^5 J，故 1 kg 物质蕴含着相当于 2×10^{11} kg$=2\times10^8$ t 的 TNT 炸药释放的能量！可见，物质所包含的化学能只占其静能的极小一部分，开发静能也就成为极具诱惑的问题之一，随之而来的受控热核反应的研究就是人类向着开发静能方面迈出的重要一步。

按照式（14-23），若质量为 m 时，相应的能量为 $E_1=mc^2$，当质量变为 $m+\Delta m$ 时，相应的能量为 $E_2=(m+\Delta m)c^2$，能量的增量为

$$\Delta E=E_2-E_1=(m+\Delta m)c^2-mc^2=\Delta m\cdot c^2 \qquad (14-25)$$

这就是说，质量的变化伴随有能量的变化。由于能量将发生 c^2 倍于 Δm 的变化，因此，ΔE 将是一个巨大的值，这一结论在原子核反应等过程中得到证实。实验发现，在某些原子核反应如重核裂变和轻核聚变过程中，会发生静止质量减小的现象，称为**质量亏损**（mass defect）。按照上式，产生质量亏损的原因是在重核裂变和轻核聚变过程中有一部分能量释放出去了，这就是原子弹、核电站等的能量来源于核裂变反应，氢弹和恒星能量来源于核聚变反应的原因。因此，爱因斯坦的相对论推出的“$E=mc^2$”这样一个简短的公式为开创原子能时代提供了理论依据，人们的视野也开始从同时相对性、坐标变换等最富有学院气和最抽象的问题转向核反应的技术问题。这样看来，如果说世界上谁能将那么多的哲学思考、物理理论和技术应用融汇一身，充分显示出人类智慧的巨大潜能，那么，迄今为止，爱因斯坦及其给出的“$E=mc^2$”可能是最好的一个例子。正因为如此，人们常将“$E=mc^2$”看作一个具有划时代意义的理论公式。在各种场合的宣传品上，它常被作为纪念爱因斯坦伟大功绩的标志。

知识链接　质能关系式 $\Delta E=\Delta m\cdot c^2$ 表明，能量的释放带来了相应的质量损失，那么，你也许会问，太阳每天都辐射着大量的能量，这岂不意味着太阳在日渐枯竭？对此问题我们估算一下就可以释然了。太阳在单位时间内辐射到地球表面单位面积上的能量（称太阳常数）约为 1 340 W·m^{-2}，地球与太阳的距离约为 $r=1.5\times10^{11}$ m。由质能关系式可得太阳质量的流失率为

$$-\frac{\mathrm{d}m}{\mathrm{d}t}=-\frac{1}{c^2}\frac{\mathrm{d}E}{\mathrm{d}t}=-\frac{1}{c^2}\times1\,340\times4\pi r^2=4.2\times10^9(\mathrm{kg\cdot s^{-1}})$$

由于太阳的总质量约为 2.0×10^{30} kg，太阳质量每年的相对流失率为

$$-\frac{\mathrm{d}m}{\mathrm{d}t}\Big/m=\frac{4.2\times10^9}{2.0\times10^{30}}\times365\times24\times3\,600=6.6\times10^{-14}$$

根据最新的数据，宇宙的年龄约为 1.37×10^{10} 年，于是，从宇宙诞生至今太阳共流失的质量为 $6.6\times10^{-14}\times1.37\times10^{10}=0.09\%$，可见太阳至今只流失了很少一部分质量。因此，太阳能可以说是“取之不尽”的能源。

例题 14-5　热核反应：${}^2_1\mathrm{H}+{}^3_1\mathrm{H}\rightarrow{}^4_2\mathrm{He}+{}^1_0\mathrm{n}$。其中各种粒子的静质量为

氘核（${}^2_1\mathrm{H}$），$m_\mathrm{D}=3.343\,7\times10^{-27}$ kg；氚核（${}^3_1\mathrm{H}$），$m_\mathrm{T}=5.004\,9\times10^{-27}$ kg；

氦核（${}^4_2\mathrm{He}$），$m_\mathrm{He}=6.642\,5\times10^{-27}$ kg；中子（n），$m_\mathrm{n}=1.675\,0\times10^{-27}$ kg。

求这一热核反应释放的能量是多少？

解：这一反应的质量亏损为

$$\Delta m_0 = (m_D + m_T) - (m_{He} + m_n)$$
$$= [(3.3437 + 5.0049) - (6.6425 + 1.6750)] \times 10^{-27} = 0.0311 \times 10^{-27} (\text{kg})$$

释放的能量为　$\Delta E = \Delta m_0 c^2 = 0.0311 \times 10^{-27} \times 9 \times 10^{16} = 2.799 \times 10^{-12} (\text{J})$

1 kg 的这种核燃料所释放的能量为

$$\frac{\Delta E}{m_D + m_T} = \frac{2.799 \times 10^{-12}}{8.3486 \times 10^{-27}} = 3.35 \times 10^{14} (\text{J} \cdot \text{kg}^{-1})$$

这一数值是 1 kg 优质煤燃烧所释放热量（约 7×10^6 cal · kg^{-1} = 2.93×10^7 J · kg^{-1}）的 1.15×10^7 倍，即 1 千多万倍!

三、相对论中能量和动量的关系

将相对论动量公式　$$p = mv = \frac{m_0 v}{\sqrt{1 - v^2/c^2}}$$

和能量公式　$$E = mc^2 = \frac{m_0 c^2}{\sqrt{1 - v^2/c^2}}$$

两端平方，消去速度 v，可得

$$E^2 = p^2 c^2 + m_0^2 c^4 \qquad (14-26)$$

该式称为**相对论动量能量公式**。

对于动能为 E_k 的质点，用 $E = E_k + m_0 c^2$ 带入式（14-26）可得

$$E_k^2 + 2E_k m_0 c^2 = p^2 c^2$$

当 $v \ll c$ 时，质点的动能 E_k 要比其静能 $m_0 c^2$ 小得多，因而上式中第一项和第二项相比可以忽略，于是得　$$E_k = \frac{p^2}{2m_0}$$

又回到了牛顿力学的动能表达式。

式（14-26）的一个令人惊奇的结果是指出了存在“无质量”粒子的可能性。这些微观粒子具有动量和能量，但是它们没有静质量（$m_0 = 0$），因而也没有静能。这时，由式（14-26）可知，它们的总能量为

$$E = pc \qquad (14-27)$$

根据 $p = mv$ 和 $E = mc^2$ 可知，这类粒子的运动速度由下式给出：

$$v = \frac{pc^2}{E} \qquad (14-28)$$

将式（14-27）代入上式可以得出 $v = c$，这就是说，零静止质量的粒子必须以光的速度运动，并且永远不会停止。

光子是静质量为零的粒子。光子概念是爱因斯坦为解释光电效应实验而提出的，这一点将在下一章有详细的讨论。按照爱因斯坦的假设，光子是以速度 c 运动的微观粒子，其能量 $E = h\nu$，其中的 h 为普朗克常量，ν 为光的频率。根据质能关系可以得知光子的质量为

$$m = \frac{E}{c^2} = \frac{h\nu}{c^2} \qquad (14-29)$$

由于 E 具有确定值，所以，光子的质量也是确定的。这说明光子和其他物体一样，都具有物质的属性。但是光子没有静质量，意味着光子始终处于以速度 c 运动之中，根本不会静止下来。

光子既然具有质量，也就必须具有动量。根据式（14-27）可知光子的动量为

$$p=\frac{E}{c}=\frac{h\nu}{c}=\frac{h}{\lambda} \tag{14-30}$$

其中，λ 为光的波长。光子具有动量的这一结论，可由光压现象给出证明。由于光具有动量，当光照射到物体表面时，就犹如大雨落到雨伞上产生压力一样，光会对物体表面产生压力，这称为**光压**（light pressure）。太阳照射到地球表面的辐射能流约为 $1.36\times10^{3}\ \mathrm{W\cdot m^{-2}}$，如果全被地面吸收，就将产生大约 $4.5\times10^{-6}\ \mathrm{N\cdot m^{-2}}$ 的光压。当然这个压力并不大，不致引起明显的效应。但是，当光很强时，光压就不能忽略了。

拓展阅读

广义相对论基础

1905 年爱因斯坦建立狭义相对论以后，有一个问题一直困扰着他，这就是狭义相对论只适用于惯性系，通常我们以地球作为惯性系，然而地球有自转和公转，所以从严格意义上来讲地球并不是惯性系，即使在地面的小区域里（如实验室），也只能当作是近似的惯性系，为了将非惯性系也包括在相对论之中，爱因斯坦于 1915 年提出了包括非惯性系在内的相对论，即广义相对论。比起狭义相对论来，广义相对论所用的数学知识要艰深得多，这里只能简略地介绍一下广义相对论的等效原理和时空特性的概念。

一、广义相对论的等效原理

牛顿力学指出，在一均匀引力场中，如能略去除引力以外其他力的作用，则所有物体均以相同的加速度 g 下落，爱因斯坦在牛顿力学的基础上进一步提出：一个物体在均匀引力场中的动力学效应与此物体在加速参考系中的动力学效应是不可区分的、等效的，这就是广义相对论的等效原理。爱因斯坦还为此举了一个展示等效原理的升降机的例子，下面仿效他的思路，叙述一下当代宇宙航行中的情形。

如图 14－11 所示，假设有一空间实验室在引力可略去不计的宇宙空间飞行，并设此实验室的加速度 a 与地球表面的重力加速度 g 之间的关系为 $a=-g$，实验室内一位站在体重计上的工作者发现，体重计的读数与他在地面时的读数相同。这表明，在引力可略去的情况下，实验室以加速度 $a=-g$ 运动时，实验室内物体的动力学效应与地面实验室在引力作用下的动力学效应是等效的，无法区分。再如图 14－12 所示，若在前述的空间实验室内，工作者使一小球自由下落，他测得此小球的加速度为 $a'=g$；而若此实验室停在地面上，实验工作者也使一小球自由下落，他测得小球的加速度仍为 $a'=g$。这同样表明，两者的动力学效应是无法区分的，必须强调指出，这里所讲的等效原理只适用于均匀引力场（或引力场中范围很小的区域）和匀加速参考系。

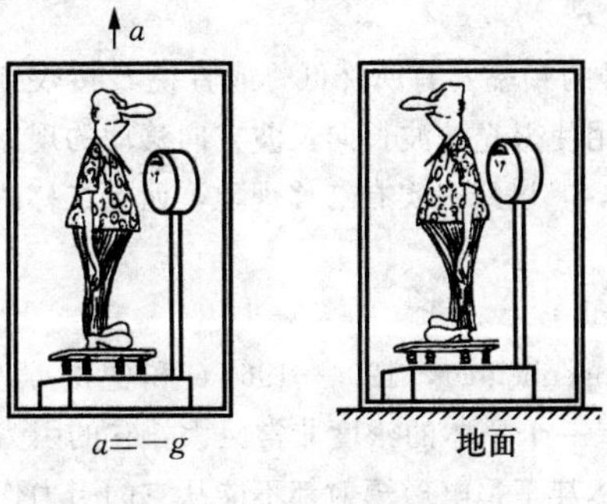

图 14－11　等效原理（一）

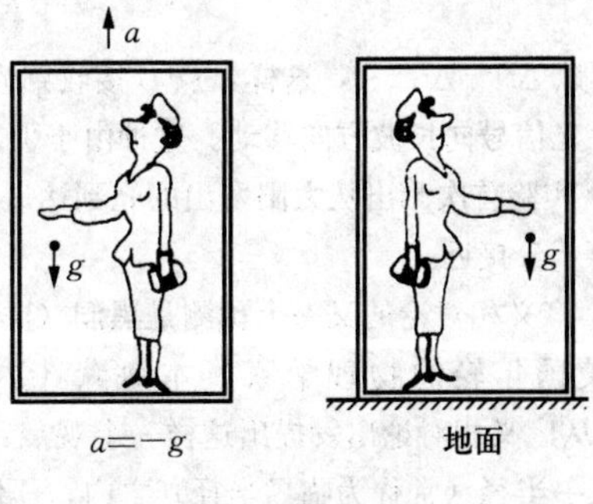

图 14－12　等效原理（二）

二、广义相对论时空特性的应用

1. 引力场中光线的弯曲　按照广义相对论的等效原理，光束在引力的作用下沿抛物线路径传播。然而光速太快，要观测光线在重力场中的变曲是非常困难的，可是，在宇宙空间内，由于太阳附近强大的引力场，就有可能观测到光线在引力场中弯曲的现象。爱因斯坦曾指出，从某一星体发出的光线，经过太阳附近时，在太阳引力的作用下会发生弯曲，爱因斯坦计算出其偏转角

$$\alpha=\frac{4Gm}{c^2R} \tag{14-31}$$

式中 m 和 R 分别为太阳的质量和半径，c 为光速，若设想星体光束与太阳相切，那么代入已知数值，得 $\alpha\approx1.75''$。但由于太阳光太亮，星体所发出的光太弱，难以被观测到，直到 1919 年 5 月 29 日的日全食时，光线经过太阳附近时的弯曲现象才被观测到。这一年，戴森（F. W. Dyson，1868—1939）测得 $\alpha\approx1.98''$，爱丁顿（A. S. Eddington，1882—1944）测得 $\alpha\approx1.61''$。此后，1929 年 5 月 9 日，费伦里奇（E. F. Freundlich，1885—1964）测得 $\alpha\approx2.24''$，1952 年 5 月 25 日，范·比斯布罗克（G. Von Biesbroeck，1880—1974）测得 $\alpha\approx1.70''$，1973 年，美国的德克萨斯大学测得 $\alpha\approx1.58''$。

按照狭义相对论，光子具有质量，如果用牛顿万有引力理论计算得出的光子运动轨迹偏转来表示光线在引力作用下的弯曲，其结果只是广义相对论计算结果式（14-31）的一半。上述观测数据与广义相对论的理论预言一致，不仅证实了广义相对论的正确性，也促使人们进一步认识到爱因斯坦广义相对论的重要意义。

2. 引力红移　这是爱因斯坦广义相对论的另一项预测。

在力学中曾得到相距为 r，质量分别为 m' 和 m 的物体之间的引力势能为

$$V=-\frac{Gmm'}{r}$$

在质量为 m' 的物体附近，单位质量物体的引力势能 V/m 称作引力势，用符号 φ 表示，有

$$\varphi=-\frac{Gm'}{r} \tag{14-32}$$

其中，$G=6.67259(85)\times10^{-11}(\mathrm{m^3\cdot kg^{-1}\cdot s^{-2}})$ 为万有引力常数。例如，质量为 m' 的太阳附近的引力场中，有点 A 和点 B，它们到太阳中心的距离分别为 r_1 和 $r_2(r_2>r_1)$。若从点 A 发出一光信号，由时钟测得发射此光信号经历的时间为 Δt_1，而用同一钟测得点 B 处接受此光信号所经历的时间则为 Δt_2，这是因为根据等效原理，处于引力场中的时钟犹如做加速运动的时钟，其用以计时的周期随距太阳的远近而异，由广义相对论可以得到 Δt_1 和 Δt_2 之间有如下关系

$$\Delta t_2-\Delta t_1=k\,\frac{1}{c^2}(\varphi_2-\varphi_1)$$

式中 k 为常数，c 为光速，由式（14-32），上式可写成

$$\Delta t_2-\Delta t_1=k\,\frac{1}{c^2}\left(\frac{Gm'}{r_1}-\frac{Gm'}{r_2}\right)$$

因 $r_1>r_2$，所以 $\Delta t_2-\Delta t_1>0$，这样，点 B 接收到光信号的频率要有所降低，或者说 B 接收到光信号的波长有所增加，光信号向长波方向移动。这种由于引力作用使得光波波长向长波方向移动的现象称为引力红移。1959 年，实验首次测出从太阳发出的光到达地球后，其谱线确实有红移现象，而且红移的量值与广义相对论的预言十分接近。

3. 黑洞　广义相对论的又一个预测是黑洞（black hole）。

1939 年美国年轻的物理学家奥本海默（J. R. Oppenheimer，1904—1967）和他的学生斯奈德尔（H. Snyder）从广义相对论出发提出这样一个观点：如果一个星体的密度非常巨大，它的引力也是非常巨大，以致在某一半径（常称为临界半径）之内，任何物体甚至是电磁辐射都不能从它的引力作用下逃逸出来。下面我们仅用牛顿力学来估计一下这样的临界半径。

根据牛顿运动定律可得到一质点从质量为 m、半径为 R 的行星或星体表面附近逃逸出星体引力束缚的速度为

$$v_2=\sqrt{\frac{2Gm}{R}}$$

如果设想这个星体的逃逸速度等于光速 c，那么由上式可得此星体的临界半径为

$$R=\sqrt{\frac{2Gm}{c^2}}$$

显然，任何物体（包括电磁辐射）只要其速度小于或等于光速，它们都会被这种致密的星体的引力所吸引，而落入这个星体之中，R 又称**施瓦氏半径**（Schwarzschild radius）。上述讨论还表明，任何光束，只要它距此致密星体的距离略小于临界半径，光束都将落入此星体中。

这样，在宇宙空间出现了一种引力极强的星体，光束只要从它附近经过都将落入其中，而这个星又没有任何电磁辐射发射出来，这种星体被称为黑洞。正因为黑洞没有电磁辐射发射出来，故它是很难被探测出来的，直到 1964 年，天文学家发现宇宙中有一颗星的光谱线出现周期性的变红和变紫。经计算，在这颗星的附近应有一颗质量很大、而半径很小的伴星；但又观察不到这颗伴星的谱线，因此天文学家猜测这颗伴星实际上是一个黑洞。这是人类首次发现的黑洞。此后，天文物理学家又陆续发现了一些黑洞，并认为黑洞是由恒星在其引力坍缩下形成的。

总之，狭义相对论和广义相对论对物理学的不同领域所起的作用各不相同，在宏观、低速的情况下，两者的效应均可略去，而在微观、高能物理中狭义相对论取得了辉煌的成就，它是人们认识微观世界和高能物理的基础。它和弱相互作用、电磁相互作用和强相互作用有着密切的联系。而广义相对论则适用于大尺度的时空，即大于 10^8 光年范围的所谓宇观世界，广义相对论的成果要在宇观世界里才能显示出来。

思考题

14-1　伽利略相对性原理与爱因斯坦相对性原理有什么区别？

14-2　洛伦兹变换与伽利略变换的本质差别是什么？如何理解洛伦兹变换的物理意义？

14-3　在 S 系中发生了一场枪击事件，一个警察在 t_1 时刻 x_1 处开了一枪，在 t_2 时刻击中位于 x_2 处的一个匪徒。试问是否存在某个惯性系，在该惯性系中将看到此有因果关系两事件的时序颠倒，即看到匪徒被击中在前，开枪却在后？

14-4　下面两种论断是否正确？

(1) 在某一惯性系中同时、同地发生的事件，在所有其他惯性系中也一定是同时、同地发生的；(2) 在某一惯性系中有两个事件，同时发生在不同地点，而在对该系有相对运动的其他惯性系中，这两个事件却一定不同时。

14-5　长度测量和同时性有什么关系？如何理解长度测量的相对性？

14-6　有人推导在 S 系中运动的棒的长度变短时，用了下面的洛伦兹变换式

$$\Delta x=x_2-x_1=\frac{(x_2'-x_1')+u(t_2'-t_1')}{\sqrt{1-u^2/c^2}}$$

并令 $\Delta t'=t_2'-t_1'=0$，则

$$\Delta x=x_2-x_1=\frac{(x_2'-x_1')}{\sqrt{1-u^2/c^2}}=\frac{\Delta x'}{\sqrt{1-u^2/c^2}}$$

这样就得出“运动长度 Δx 比静止长度 $\Delta x'$ 长了”的结论。请你指出他的错误所在。

14-7　两只相对运动的标准时钟 A 和 B，从 A 所在惯性系观察，哪个钟走得更快？从 B 所在惯性系观察，又是如何呢？

14-8　有一枚以接近于光速相对于地球飞行的宇宙火箭，在地球上的观察者将测得火箭上的物体长度缩短，物理过程经历的时间延长，有人因此得出结论说：火箭上观察者将测得地球上的物体比火箭上同类物体更长，而同一过程的时间缩短。这个结论对吗？

14-9　在电子偶的湮没过程中，一个电子和一个正电子相碰撞而消失，并产生电磁辐射。假定正负电子在湮没前均静止，由此估算辐射的总能量 E。

习题

14-1　地球上一个观察者，看见一个飞船A以速度 $2.5\times10^8\ m\cdot s^{-1}$ 从他身边飞过，另一个飞船B以速度 $2.0\times10^8\ m\cdot s^{-1}$ 跟随A飞行。求：(1) A上的乘客看到B的相对速度；(2) B上的乘客看到A的相对速度。

14-2　一个原子核以 $0.5c$ 的速度离开一个观察者而运动。原子核在它运动方向上向前发射一电子，该电子相对于原子核有 $0.8c$ 的速度；此原子核又向后发射了一个光子指向观察者。对静止观察者来讲，(1) 电子具有多大的速度？(2) 光子具有多大的速度？

14-3　在惯性系S中，某事件A发生在 x_1 处，2.0×10^{-6} s后，另一事件B发生在 x_2 处，已知 $x_2-x_1=300$ m。问：(1) 能否找到一个相对S系做匀速直线运动的参考系S′，在S′系中，两事件发生在同一地点？(2) 在S′系中，上述两事件的时间间隔为多少？

14-4　一列火车长0.30 km（火车上观察者测得），以 $100\ km\cdot h^{-1}$ 的速度行驶，地面上观察者发现有两个闪电同时击中火车的前后两端。问火车上的观察者测得两闪电击中火车前后两端的时间间隔为多少？

14-5　北京和广州的直线距离为 1.89×10^6 m，在某一时刻从两地同时各开出一列火车。设有一艘宇宙飞船沿北京到广州方向在高空掠过，速率恒为 $u=0.5c$。问宇航员观测哪一列火车先开？两列火车开出时刻的时间间隔是多少？

14-6　静止长为1 200 m的高速列车，相对车站做匀速直线运动，车速为 u。已知车站站台长900 m，站上观察者看到车尾通过站台进口时，车头正好通过站台出口。问车的速率是多少？车上乘客看车站站台是多长？

14-7　两个惯性系S和S′，各对应坐标轴相互平行，彼此沿 xx' 方向做匀速直线运动。若有一个长度为1 m的尺子静止在S′系中，与 $O'x'$ 轴成30°角。而在S系中测得该米尺与 Ox 轴成45°角。问S′系相对S系的速度是多少？在S系中测得该尺的长度是多少？

14-8　从地球上测得到最近的恒星半人马座α星的距离是 4.3×10^{16} m，设一宇宙飞船以速度 $0.999c$ 从地球飞向该星。(1) 飞船中的观测者测得地球和该星间距离为多少？(2) 按地球上的钟计算，飞船往返一次需多少时间？若以飞船上的钟计算，往返一次的时间又为多少？

14-9　设想一辆火箭列车，以 $u=0.8c$ 的速度行驶，当驶经地面上的某一时钟时，驾驶员注意到地面上的那只钟指向 $t_1=0$，于是他立即把自己的钟也拨到 $t_1'=0$，后来当他自己的钟指到6 μs时，驾驶员又看他经过的地面上的另一只钟。假设地面上所有的钟都彼此调校同步，问此钟的读数为多少？

14-10　某人测得一根静止棒长为 l，质量为 m，于是求得此棒的线密度为 $\rho=m/l$。假定此棒以速度 u 在棒长方向上运动，此人再测棒的线密度应为多少？若棒在垂直长度方向上运动，它的线密度又为多少？（考虑相对论效应）

14-11　一个物体的速度使其质量增加了10%，求此物体在运动方向缩短了百分之几？

14-12　把电子速率从 $0.9c$ 增加到 $0.99c$，所需的能量是多少？这时电子的质量增加了多少？已知电子的静止质量为 $m_0=9.11\times10^{-31}$ kg。

14-13　有一个静止质量为 m_0、带电量为 q 的粒子，其初速度为零，在均匀电场 E 中加速。在时刻 t 时它所获得的速度是多少？如果不考虑相对论效应，它的速度又是多少？这两个速度间有什么关系？

14-14　太阳由于向四面空间辐射能量，每秒损失质量 4×10^9 kg。求太阳的辐射功率。

14-15　一个电子由静止出发，经过电势差为 1.00×10^4 V的一个匀强电场，电子被加速，已知电子的静止质量为 $m_0=9.11\times10^{-31}$ kg。问：(1) 电子被加速后的动能是多少？(2) 电子被加速后的质量是多少？(3) 电子被加速后的速度是多少？

第十五章　量子力学基础

所谓量子或量子化是指物理量的不连续变化。尽管自然界的各种量有连续变化和非连续变化两种，但在经典物理学中由于众多物理规律是以微积分的形式表示的，事实上就是假设物理量是连续变化的。但随着人类对物质世界的认识逐步深入到微观领域，陆续发现了一些难以用连续变化加以解释的现象，也就是在探讨这些现象的过程中，人们逐步认识到在微观领域中量子化是一个普遍的现象。从 1900 年普朗克提出能量子概念开始，经历了爱因斯坦的光量子假说、德布罗意的物质波假设，最终建立了量子力学。现在，量子力学已成为近代物理的基础理论之一，由此确立的一系列新概念扩展了人们对物质结构和运动规律的认识，导致了一大批新技术的产生。本章主要介绍量子力学的基本概念，主要包括光的波粒二象性理论、德布罗意的物质波假设、测不准关系和薛定谔方程的一些应用。

第一节　光的量子性

一、光电效应　爱因斯坦光量子理论

1. 光电效应　实验发现，当一定频率的光特别是紫外光照射到金属表面时，电子会从金属表面逸出，这种现象称为**光电效应**（photoelectric effect）。光电效应是德国物理学家赫兹（H. R Hertz，1857—1894）在 1887 年做火花放电实验时首先发现的，1899—1902 年间赫兹的助手勒纳德（P. Lenard，1862—1947）对这一现象做了进一步研究，并将这一现象称为光电效应。

图 15－1 为光电效应的实验装置简图，图中 AK 为**光电管**（photocell），管内为真空。当光通过石英窗口照射到阴极 K 上时，就有电子从阴极表面逸出，这种电子叫**光电子**（photoelectron），光电子在电场加速下向阳极 A 运动，形成**光电流**（photocurrent）。实验发现，当入射光频率和光强一定时，光电流 I 和两极间电压 U 的关系如图 15－2 中的曲线所示。由光电效应的实验结果可以获得如下信息：

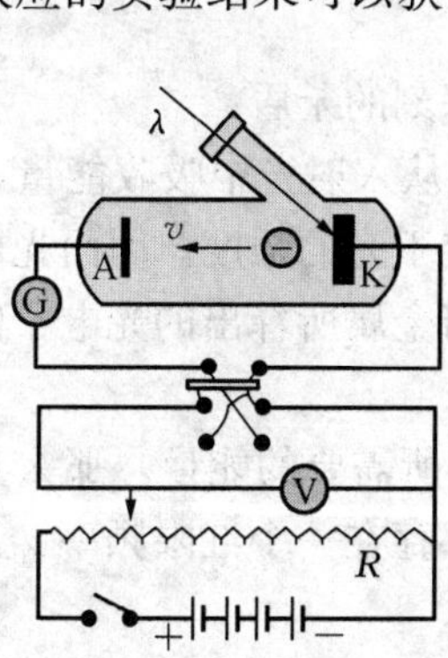

图15－1　光电效应实验示意图

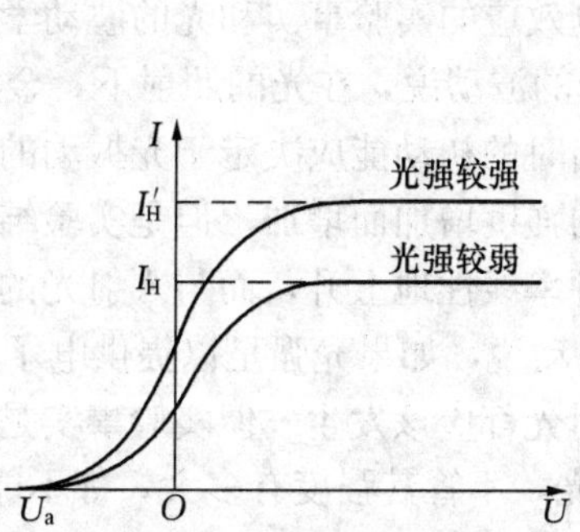

图 15－2　光电流与电压的关系

● 当入射光强一定时光电流随电压增大而达到一个饱和值 I_H，而且饱和电流 I_H 和光强成正比。由于电流增大说明从电极 K 逸出的电子数增加了，于是可得关于光电效应的第一个结论：在单位时间内受光照的金属板释放出的电子数和入射光强度成正比。

● 当加速电压减小到零并逐渐变为负时，光电流并不为零。当反向电压增大到一定值 U_a 时，光电流才减小到零，U_a 称为**截止电压**（cutoff voltage），它表明光电子的动能有一最大值。在频率不变的条件下，改变入射光强，截止电压是相同的，表明电子的最大初动能与光强无关，光电子的最大初动能和截止电压 U_a 的关系为

$$\frac{1}{2}mv_m^2 = eU_a \tag{15-1}$$

式中，m 和 e 分别表示电子的质量和电量，v_m 是光电子逸出金属表面时的最大速率。由此可得关于光电效应的第二个结论：光电子从金属表面逸出时具有一定的动能，最大初动能等于电子的电荷与截止电压的乘积，与入射光的强度无关。

● 截止电压 U_a 和入射光的频率 ν 的关系满足图 15-3 给出的线性关系，图中的不同直线对应于不同的金属阴极。这些线性关系可表示为

$$U_a = K\nu - U_0 \tag{15-2}$$

式中 K 是直线的斜率，是与金属材料无关的普适常量。将式（15-2）代入式（15-1）可得

$$\frac{1}{2}mv_m^2 = eK\nu - eU_0 \tag{15-3}$$

图 15-3 中直线与横轴的交点用 ν_0 表示，它表明当入射光的频率等于或大于 ν_0 时，$U_a \geqslant 0$。根据式（15-3），当光的频率小于 ν_0 时，电子将不具有足够的能量逸出金属表面，因而也就没有光电子。此外，由图 15-3 可知，对于不同的金属有不同的 ν_0，这表明要使某种金属产生光电效应，必须使入射光的频率大于其对应的频率 ν_0，ν_0 称为**截止频率**（cutoff frequency）或红限频率，对应的波长叫**截止波长**（cutoff wavelength）或红限波长。在式（15-2）中，令 $U_a = 0$，可得红限频率 ν_0 为

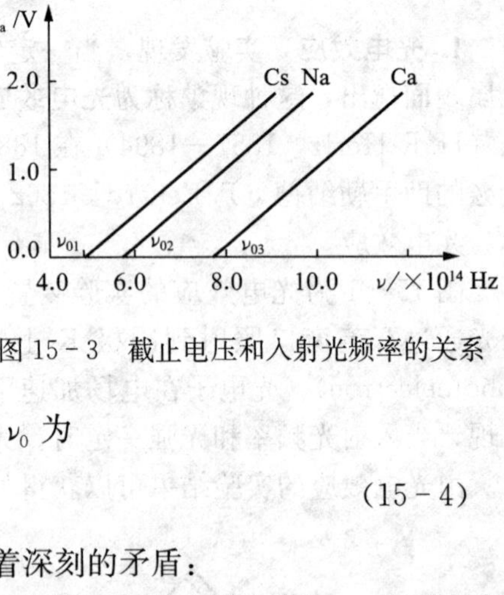

图 15-3　截止电压和入射光频率的关系

$$\nu_0 = \frac{U_0}{K} \tag{15-4}$$

上述光电效应的实验事实和光的波动学说之间有着深刻的矛盾：

● 按照光的波动说，在光的照射下，金属中的电子将从入射光中吸收能量，从而逸出金属表面，逸出时的初动能应决定于光振动的振幅，即决定于光的强度。因而光电子的初动能应随入射光的强度增加而增加。但是实验结果显示，任何金属所释出的光电子的最大初动能随入射光的频率线性地上升，而与入射光的强度无关。

● 根据波动说，如果光强足以提供电子从金属逸出时所需要的能量，那么光电效应对各种频率的入射光都应该发生。但实验事实是，每种金属都存在一个红限频率 ν_0。对于频率小于 ν_0 的入射光，不管其强度有多大，都不能放出光电子。

● 实验还发现，光电子的逸出几乎是在光照射到金属表面上同时发生的，与光的强弱无关。而从经典电磁理论来看，照射光强越弱，电子要达到逸出金属表面所需能量的积累时间

就越长，因而，电子的逸出需要一定的延迟时间。

2. 爱因斯坦的光量子理论　为了解释光电效应，1905 年爱因斯坦（A. Einstein，1879—1955）仿照普朗克的能量子假说提出了光量子理论。爱因斯坦假设，金属中的电子吸收光的时候，不是连续吸收光的能量，是以量子的形式实现的。电子每次吸收的能量称为**光量子**，光量子的值与光的频率成正比，并且电子一次只能吸收一个光量子，后来人们将光量子称为**光子**（photon）。不同频率的光子能量不同，若光的频率为 ν，一个光子具有的能量 ε 为

$$\varepsilon=h\nu \tag{15-5}$$

其中，h 是普朗克常量，其值为 6.62×10^{-34} J·s。

用爱因斯坦的光子理论可以很好地解释上述现象，当频率为 ν 的单色光照射在金属上时，一个光子会被一个电子整个吸收而使电子动能增加 $h\nu$，动能增大的电子有可能脱离金属表面。以 W 表示电子从金属表面逸出时克服阻力需要做的功，称之为**逸出功**，则由能量守恒可得一个电子逸出金属表面后的最大动能应为

$$\frac{1}{2}mv_{\mathrm{m}}^2=h\nu-W \tag{15-6}$$

此方程被称为**爱因斯坦方程**。

比较式（15－6）和式（15－3）可得

$$h=eK \tag{15-7}$$

和

$$W=eU_0 \tag{15-8}$$

再由式（15－4）得

$$\nu_0=\frac{W}{eK}=\frac{W}{h} \tag{15-9}$$

这说明红限频率与逸出功有一个简单的数量关系。因此，可以由红限频率计算金属的逸出功。不同金属的逸出功列于表 15－1 中。

表 15－1　几种金属的逸出功和红限

金属	逸出功 W/eV	截止频率 ν_0/$\times10^{14}$ Hz	截止波长 λ_0/nm
铯 Cs	1.94	4.69	639
铷 Rb	2.13	5.15	582
钾 K	2.25	5.44	551
钠 Na	2.29	5.53	541
钙 Ca	3.20	7.73	387
铍 Be	3.88	9.40	319
汞 Hg	4.53	10.95	273
金 Au	4.80	11.60	258

爱因斯坦的光子理论也可以对饱和电流和光强的关系做出合理解释。由于入射光强度大表示单位时间内入射的光子多，因而产生的光电子也多，于是导致饱和电流增大。至于光电效应的瞬时性则是光子被电子一次吸收后电子能量积累的过程很短的缘故。

光子理论对光电效应的成功解释说明了光具有量子性。而光的干涉、衍射和偏振等现象又证明了光具有波动性。那么，光到底是什么呢？1909 年爱因斯坦提出，光既有波动性，又具有粒子性，是波动性和粒子性的统一，即具有**波粒二象性**（wave－particle dualism）。

把光单纯地看成粒子或波都是不完整的，光在传播过程中显示出波动性，在与物质相互作用而转移能量时表现出粒子性。可见，光子概念的提出不仅很好地解释了光电效应，而且使人们对光的本性有了更深入的了解。

光子既然是粒子，也应具有质量、动量和能量等粒子的属性。根据相对论的质能关系可得

$$\varepsilon=mc^2 \tag{15-10}$$

那么，光子的质量就为

$$m=\frac{h\nu}{c^2}=\frac{h}{\lambda c} \tag{15-11}$$

在相对论中，粒子质量和运动速度的关系为

$$m=\frac{m_0}{\sqrt{1-\frac{v^2}{c^2}}}$$

对于光子，$v=c$，而 m 是有限的，所以只能是 $m_0=0$，即光子是静止质量为零的一种粒子。但是，由于光子对于任何参考系都不会静止，所以，在任何参考系中光子的质量实际上都不会是零。

光子的动量为 $p=mc$，将式（15－11）代入得

$$p=\frac{h}{\lambda} \tag{15-12}$$

式（15－5）和式（15－12）是描述光性质的基本关系，其中左侧的物理量描述光的粒子性，右侧的物理量描述光的波动性，光的粒子性和波动性通过普朗克常量联系起来了。

例题 15－1　设有一个功率 $P=1\ \mathrm{W}$ 的点光源，距光源 $d=3\ \mathrm{m}$ 处有一个钾薄片。假定钾薄片中的电子可以在半径约为原子半径 $r=0.5\times10^{-10}\ \mathrm{m}$ 的圆面积范围内收集能量，已知钾的逸出功 $W=1.8\ \mathrm{eV}$。（1）按照经典电磁理论，电子从照射到逸出需要多长时间？（2）如果光源发出波长为 $\lambda=589.3\ \mathrm{nm}$ 的单色光，根据光子理论，求每单位时间打到钾片单位面积上的光子数。

解:（1）电子吸收能量的面积为 πr^2。按照经典电磁理论，由光源发射的辐射能均匀分布在以点光源为中心、以 d 为半径的球形波阵面上，这个波阵面的面积为 $4\pi d^2$。所以，照射到离光源 d 处、半径为 r 的圆面积内的功率是

$$P'=\frac{\pi r^2}{4\pi d^2}P=\frac{\pi\times(0.5\times10^{-10})^2}{4\pi\times3^2}\times1=7\times10^{-23}(\mathrm{W})$$

假定这些能量全部为电子所吸收，那么可以计算从光开始照射到电子逸出表面所需的时间为

$$t=\frac{W}{P'}=\frac{1.8\times1.6\times10^{-19}}{7\times10^{-23}}\approx4\,000(\mathrm{s})$$

实验指出，在任何情况下，都没有测得这样长的滞后时间。按现代的实验判断，可能的滞后时间不会超过 10^{-9} s。

（2）按光子理论，波长为 589.3 nm 的每一个光子的能量为

$$\varepsilon=h\nu=\frac{hc}{\lambda}=\frac{6.63\times10^{-34}\times3\times10^8}{589.3\times10^{-9}}=3.4\times10^{-19}(\mathrm{J})(\approx2.1\ \mathrm{eV})$$

每单位时间打在距光源 3 m 的钾片单位面积上的能量为

$$I=\frac{P}{4\pi d^2}=\frac{1.0}{4\pi\times3^2}=0.88\times10^{-2}(\mathrm{J\cdot m^{-2}\cdot s^{-1}})=5.5\times10^{16}(\mathrm{eV\cdot m^{-2}\cdot s^{-1}})$$

打到钾片单位面积上的光子数为　$N=\frac{I}{\varepsilon}=\frac{5.5\times10^{16}}{2.1}=2.6\times10^{16}(\mathrm{m^{-2}\cdot s^{-1}})$

二、康普顿散射

光的量子论尽管能很好地说明光电效应现象，但在 1923 年前光子的实在性仍缺少实验事实支持。1923 年美国物理学家康普顿（A. H. Compton，1892—1962）发现，石墨对 X 射线的散射会导致光波长的变化，并利用光子的理论对这种现象做出了符合实验结果的解释，从而证实了光子的客观实在，这就是著名的康普顿散射实验。图 15－4 是康普顿实验装置的示意图，在图中，X 射线源发射出一束波长为 λ_0 的 X 射线，并投射到一块石墨上。经石墨散射后，其波长及相对强度可以由晶体和探测器所组成的摄谱仪来测定。改变散射角，进行同样的测量。康普顿发现，在散射光谱中除有与入射线波长 λ_0 相同的射线外，同时还有波长 $\lambda>\lambda_0$ 的射线，这种改变波长的散射称为**康普顿效应**（Compton effect）。按照波动理论，波通过物质散射时波长是不会改变的，只有承认光具有粒子性，才能解释这种散射现象，因此康普顿效应证实了光子存在。康普顿也因此发现而获得 1925 年诺贝尔物理学奖。

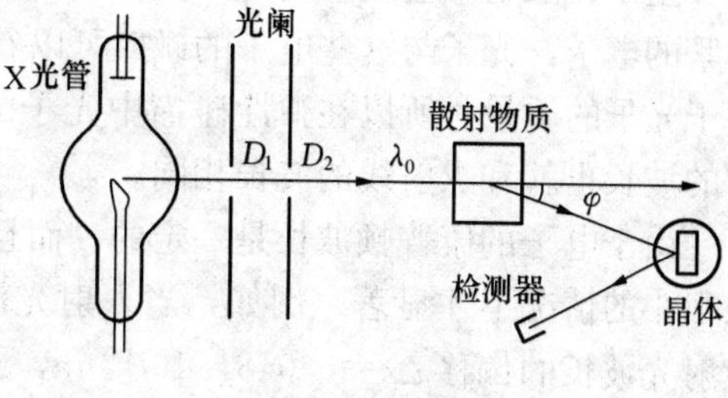

图 15－4　康普顿实验示意图

根据光子理论，X 射线的散射是单个光子和单个电子发生弹性碰撞的结果。在固体（如各种金属）中，许多和原子核联系较弱的电子可以看作自由电子。由于这些电子的平均热运动动能（约百分之几电子伏特）和入射 X 射线光子的能量（$10^4\sim10^5$ eV）比起来可以略去不计，因而可以认为这些电子在和光子碰撞前是静止的。如图 15－5 所示，设电子的静止能量为 m_0c^2、动量为零，入射光的频率为 ν_0、光子的能量为 $h\nu_0$、动量为 $(h\nu_0/c)\boldsymbol{n}_0$、波长为 λ_0。弹性碰撞后，电子的能量变为 mc^2、动量变为 $m\boldsymbol{v}$，散射光子的能量为 $h\nu$、动量为 $(h\nu/c)\boldsymbol{n}$、波长为 λ，散射角为 φ。这里 $\boldsymbol{n}_0$ 和 $\boldsymbol{n}$ 分别为在碰撞前和碰撞后光子运动方向上的单位矢量。

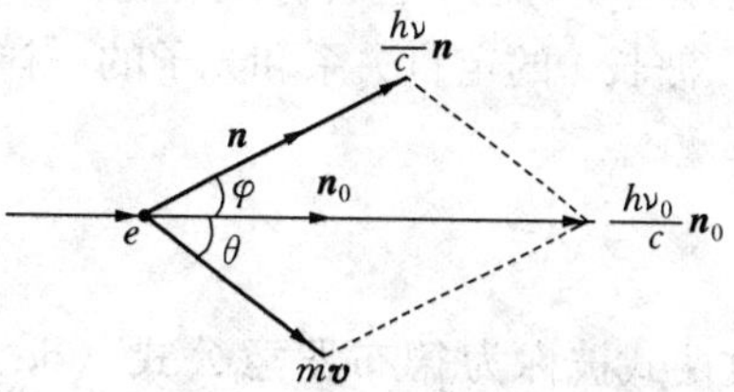

图 15－5　光子与静止的自由电子的碰撞

按照能量和动量守恒定律，应该有

$$h\nu_0+m_0c^2=h\nu+mc^2 \tag{15-13}$$

和

$$\frac{h\nu_0}{c}\boldsymbol{n}_0=\frac{h\nu}{c}\boldsymbol{n}+m\boldsymbol{v} \tag{15-14}$$

考虑到反冲电子的速度可能很大，上式中 $m=m_0/\sqrt{1-(v/c)^2}$。由这两个式子可解得

$$\Delta\lambda=\lambda-\lambda_0=\frac{h}{m_0c}\ (1-\cos\varphi) \tag{15-15}$$

此式被称为**康普顿散射公式**，其中 $h/(m_0c)$ 具有波长的量纲，称为电子的**康普顿波长**（Compton wavelength），以 λ_C 表示。将各常量代入可算出电子的康普顿波长 $\lambda_C=0.024\,263\times10^{-10}$ m，它与短波 X 射线的波长相当。

显然，所谓的康普顿效应就是入射光子和电子碰撞时，把一部分能量传给了电子，导致光子能量减少，频率降低，波长变长，这就是康普顿散射的实质。波长偏移 $\Delta\lambda$ 和散射角 φ 的关系式（15-15）也与实验结果相符合。

至于在散射中还观察到与原波长相同的射线的原因是散射物质中还有许多被原子核束缚很紧的电子，光子与这些电子的碰撞可以看做是光子和整个原子的碰撞。由于原子的质量远大于光子的质量，所以在弹性碰撞中光子的能量几乎没有改变，散射光子的能量仍为 $h\nu_0$，它的波长也就和入射线的波长相同。

由于电子的康普顿波长是一定的，而且数值非常小，所以康普顿散射只有在入射光的波长很小的情况下才显著。例如，当入射光波长 $\lambda_0=4\,000\times10^{-10}$ m 时，在 $\varphi=\pi$ 的方向上，散射光波长的偏移 $\Delta\lambda=0.048\times10^{-10}$ m，$\Delta\lambda/\lambda=10^{-5}$。在这种情况下很难观察到康普顿效应。如果入射光波长 $\lambda_0=0.5\times10^{-10}$ m，当 $\varphi=\pi$ 时，虽然波长的偏移仍是 $\Delta\lambda=0.048\times10^{-10}$ m，但 $\Delta\lambda/\lambda\approx10\%$，这时就能比较明显地观察到康普顿散射了，这就是选用 X 射线观察康普顿散射的原因。

第二节　粒子的波动性

一、物质波

1924 年，法国物理学家德布罗意（L. de Broglie，1892—1987）在他的博士论文中大胆地提出实物粒子也具有波动性，并且实物粒子的能量 E、动量 p 跟和它相联系的波的频率 ν、波长 λ 的定量关系和光子的一样，即

$$E=mc^2=h\nu \tag{15-16}$$

$$p=mv=\frac{h}{\lambda} \tag{15-17}$$

这两式被称为**德布罗意公式**（de Broglie formula），和实物粒子相联系的波称为**物质波**（matter wave）或**德布罗意波**（de Broglie wave）。

德布罗意假设是否正确必须由实验来判断。1927 年，美国物理学家戴维逊（C. J. Davisson，1881—1958）和革末（L. H. Germer，1896—1971）观察到了在晶体表面存在和 X 射线衍射类似的电子衍射现象，首先证实了电子的波动性。

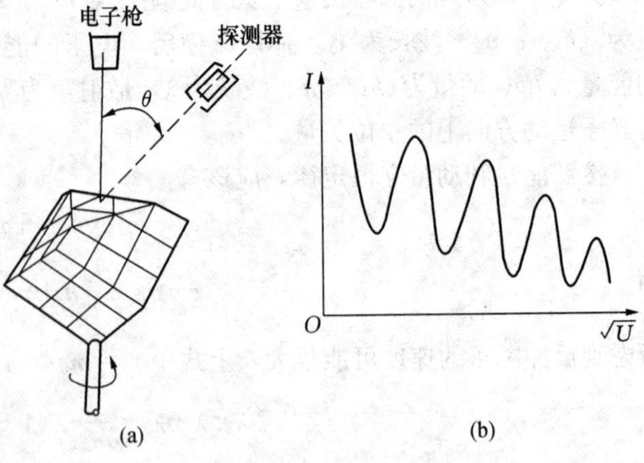

图 15-6　电子衍射实验

戴维逊—革末实验装置如图 15-6(a)所示。用一定的电位差 U 把自热阴极发出的电子加速后经狭缝形成细束平行电子射线投射到镍单晶上，经晶面反射后用探测器收集，若电子具有波性，会被晶体所衍射，并符合布拉格公式。

在实验中，保持晶格常量和衍射角不变，通过改变加速电压 U 来改变电子波的波长 λ。

这样，只有当λ符合布拉格衍射条件时，才会使探测器接收到的电子束最强，即I最大。图15-6(b)为探测器中电子束强度与$\sqrt{U}$的实验关系，图中曲线上出现了一系列峰值，反映出确有电子的布拉格衍射存在，从而证明了电子具有波动性。

比戴维逊等人的实验迟两个月，英国物理学家汤姆逊（G. P. Thomson，1892—1975）观察到了电子束穿过多晶薄膜后的衍射现象，他在照相屏上得出了和X射线穿过多晶薄膜后产生的衍射图样极其相似的环状衍射图样。与戴维逊等人的实验不同的是，汤姆逊是以高能电子（能量为几万电子伏特）穿过多晶样品而得到衍射图像，如图15-7所示。

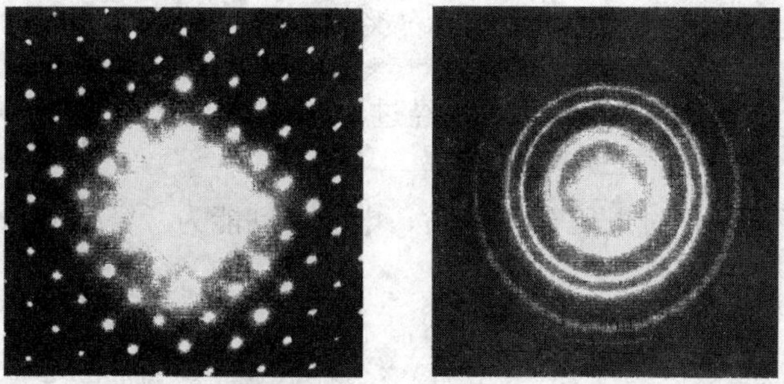

(a)电子在MoO_3单晶上的衍射图样　(b)电子在金(Au)多晶上的衍射图样

图15-7　电子衍射图样

除了电子以外，其他学者的实验陆续证明了中子和质子乃至原子和分子等都具有波动性，德布罗意公式对这些粒子同样是正确的。由此看来，一切微观粒子都具有波动性，德布罗意波假设被完全证实了。

知识链接　L·德布罗意，1875年8月15日出生于一个法国贵族家庭，1909年进入巴黎大学攻读历史，第二年通过专业证书考试。而后，由于受到他哥哥的影响志趣转向理论物理学，于1911年转入巴黎大学自然科学系学习，1913年获得理学学士学位。第一次世界大战期间，德布罗意在军中从事无线电工作。1919年返回巴黎大学，师从郎之万（P. Langevin，1872—1946）和布里渊攻读博士学位。由于他的兄长M·德布罗意是一位研究X射线的实验物理学家，耳闻目睹使德布罗意对辐射的波动性和粒子性有很好的理解。1911年召开的第一届索尔维会议，讨论的主题是“辐射和量子论”，正是因为看到这次会议的材料，德布罗意才把研究的方向确定为量子论。1924年，德布罗意向巴黎大学提交了《关于量子理论的研究》的博士论文，提出了作为现代物理学重要基础的物质波思想。

物质波思想的本质是把光的波粒二象性推广到普遍情况，这在当时是一个很新颖或超前的思想。加之德布罗意的论文非常短，导致在论文答辩时，答辩委员会不知如何评价，不好肯定但也不敢轻易否定，答辩没有结果。导师朗之万只好将论文副本寄给了爱因斯坦求助。爱因斯坦读后，立即赞赏道：“厚幕的一角被L·德布罗意揭开了，……我相信，这是对物理之谜中最棘手的一个谜投下了第一道微弱的光芒。”在爱因斯坦的大力推荐下，不但L·德布罗意顺利地获得了博士学位，而且引起更多的物理学家迅速注意到这个新思想。

有趣的是，在L·德布罗意的论文答辩会上，主持人佩兰（J. Perrin，1870—1942）问他，你指的波动性能否用实验检验？L·德布罗意明确地回答道“电子射线通过晶体时会发生衍射，这种衍射是来自晶体中原子对电子的阻碍所引起的，就像X射线通过晶体发生的情况一样。”在德布罗意年过花甲之时，他告诉史学家们，他那时（1924年）曾向他兄长的实验室中一位实验物理学家亚历山大·道维勒（Dauvillier）提出可进行这项实验以验证电子的波动性，但是，道维勒以忙于其他工作为由没有做这件事，失去了这个可能获得诺贝尔奖的大好机会。

例题 15-2　计算分别经过 $U_1=100$ V 和 $U_2=10\,000$ V 的电压加速后电子的德布罗意波长 λ_1 和 λ_2。

解： 经过电压 U 加速后，电子的动能为

$$\frac{1}{2}mv^2=eU$$

由此得

$$v=\sqrt{\frac{2eU}{m}}$$

根据德布罗意公式，此时电子波的波长为 $\lambda=\frac{h}{mv}=\frac{h}{\sqrt{2em}}\frac{1}{\sqrt{U}}$

将已知数据代入可得 $\lambda_1=1.23\times10^{-10}$ m，$\lambda_2=0.123\times10^{-10}$ m。

这些波长都和 X 射线的波长相当。由此可见，一般实验中电子波的波长是很短的，正是因为这个缘故，观察电子衍射时就需要利用晶体。

我们知道，显微镜的鉴别距离约为波长的三分之一，受到可见光波长的严格制约。而电子波的波长比可见光的波长要短得多，若能用到显微镜中，就可以大大地提高显微镜的分辨本领。放大倍数高达几十万倍的电子显微镜就是利用电子波作为观察手段的，1986 年的诺贝尔物理学奖授予了电子显微镜的发明者德国人鲁斯卡（E. Ruska）。

例题 15-3　计算质量 $m=0.01$ kg、速率 $v=300\ \text{m}\cdot\text{s}^{-1}$ 的子弹的德布罗意波长。

解： 根据德布罗意公式可得

$$\lambda=\frac{h}{mv}=\frac{6.63\times10^{-34}}{0.01\times300}=2.21\times10^{-34}(\text{m})$$

由此可以看出，因为普朗克常量是个极微小的量，所以宏观物体的波长小到实验难以测量的程度，因而也就很难观察到宏观物体的粒子性。

二、概 率 波

实物粒子尽管被证明具有波动性，但它们的运动轨迹并不是一条波动的曲线。那么，如何理解物质波的本性呢？

1926 年德国物理学家玻恩（M. Born，1882—1970）提出，物质波并不像经典波动那样代表实在物理量的波动，而是一种表明粒子在空间分布的**概率波**（probability wave）。那么，如何理解概率波的概念呢？在图 15-8 中，从光源 S 发出的光通过双缝 S_1 和 S_2 后在屏上形成明暗相间的条纹。按照经典波动理论，这是光通过双缝后干涉和衍射的结果，条纹的明暗表示光的强度不同。但是，若用光子的概念，由于每个光子都带有相同的一份能量，光的强度表示光子数目

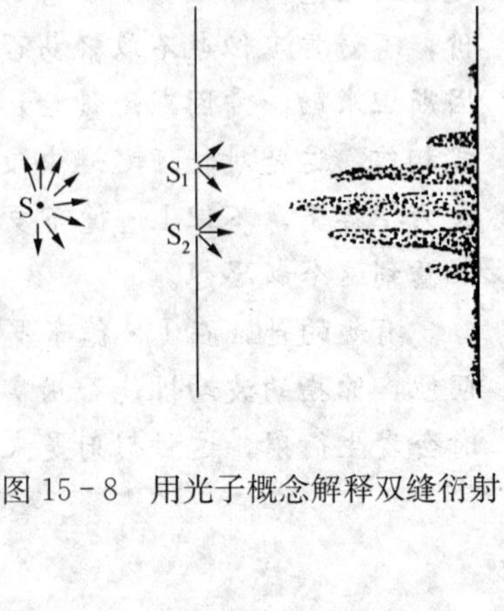

图 15-8　用光子概念解释双缝衍射

的多少，因此，条纹的明暗分布实际上是到达屏上的光子数目的分布，光的强度分布曲线可以看成是“光子堆积曲线”。这样，屏上光强度的分布实际上是大量光子位置分布的总结果。

也许读者会问，如果光源S非常弱，以至于它一个一个地发出光子，这时每个光子又该如何运动呢？很明显，由于每个光子都是一个独立的单元，它只能通过双缝中的某一个缝到达屏上某一点。那么，一个光子通过一个缝后到底会落在屏上哪一点呢？按照玻恩的想法，答案是不确定的，光子落在哪一点都有可能。但是，由屏上各处明暗不同可知，落在各处的可能性不同，即落点有一定的概率分布，这一概率分布就是由波的干涉和衍射所确定的强度分布。这就是说，光的强度（或光波振幅的平方）决定了光子到达屏上各处的概率。强度大的地方，光子到达的概率也大。因此，若从光子的概念出发，光波（即与光子相联系的波）是概率波，干涉条纹实际上描述了光子到达空间各处的概率分布。

概率波的概念可以用电子双缝实验来验证。图 15－9 是电子计算机模拟的不同数目的电子到达双缝后在照相底片上产生的衍射图样。图 15－9 最左边的图表示 7 个电子通过双缝到达照相底片上的情况，每一个点表示一个电子的落点，落点分布的不规则性说明单个电子到达照相底片上的位置的随机性，但是，当电子数增多时就逐渐显示出衍射条纹的分布了。图 15－9 最右边是有 70 000 个电子通过双缝后形成的图样，它已经是明暗几乎连续变化的条纹了。这表明电子落到照相底片上的位置有确定的概率分布。电子数越多，这种概率分布的特征就越明显。

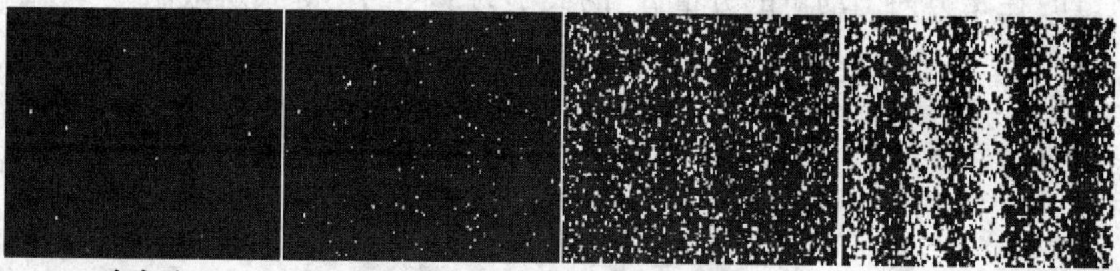

图 15－9　电子双缝衍射对概率波的验证

对于其他微观粒子，由于它们同样具有波粒二象性，所以和它们相联系的物质波也和光子和电子的波动性一样，是概率波。这就是说，单个粒子在空间的位置（例如电子双缝实验中电子落在照相底片上的位置）是不确定的，但有一定的概率分布，这个分布是由物质波的强度决定的。在物质波强度大的地方，粒子出现的概率大。

单个粒子在空间出现的位置是不确定的，呈现一定的概率分布。对于大量的粒子，这种概率分布就给出了确定的宏观结果（例如电子衍射条纹的位置与强度分布）。粒子所遵循的这种规律性和分子速度遵循的规律相似，是统计规律性。对物质波的统计性解释把微观粒子的波动性和粒子性联系起来了。

三、不确定关系

实物粒子的波动性说明现实的粒子和牛顿力学所处理的“经典粒子”（质点）根本不同。根据牛顿力学，质点的运动都沿着一定的轨道，在轨道上任意时刻质点都有确定的位置和动量，牛顿力学正是用位置和动量来描述质点在任一时刻的运动状态的。而对于现实的粒子则不然。由于其粒子性，可以谈论它的位置和动量，但由于其波动性，它的空间位置需要用概率波来描述，而概率波只能给出粒子在各处出现的概率，而不能给出粒子出现的确切位置。

与此联系，也无法知道粒子在各个时刻确切的动量。这就是说，由于波粒二象性，在任意时刻粒子的位置和动量都有一个不确定量。量子力学理论证明，在某一方向上，例如 x 方向上，粒子的位置不确定量 Δx 和在该方向上的动量不确定量 Δp_x 有一个简单的关系，这一关系叫做**不确定关系**（uncertainty relation），这个关系是 1927 年德国物理学家海森伯（W. K. Hisenberg，1901—1976）提出来的。

如图 15-10 所示，一束动量为 p 的电子通过宽为 $\Delta x=d$ 的单缝后由于衍射而在屏上形成衍射条纹。对一个电子来说，我们不能确定地说它是从缝中的哪一点通过的，而只能说它是从宽为 Δx 的缝中通过的，因此，它在 x 方向上的位置不确定量就是 Δx。那么，它沿 x 方向的动量 p_x 有多大呢？如果说它在狭缝前的 p_x 等于零，则在通过狭缝时，p_x 就不再是零，因为如果还是零的话，电子就要沿原方向前进而不会发生衍射现象了。屏上电子落点沿 x 方向展开，说明电子通过狭缝时已有了不为零的 p_x 值。忽略次级衍射条纹，可以认为电子都落在中央明纹内。因而当电子通过狭缝时，其运动方向可以有 θ_1 角的偏转。根据动量矢量的合成规则，当一个电子通过狭缝时在 x 方向上动量的分量 p_x 的大小为下面的不等式所限制

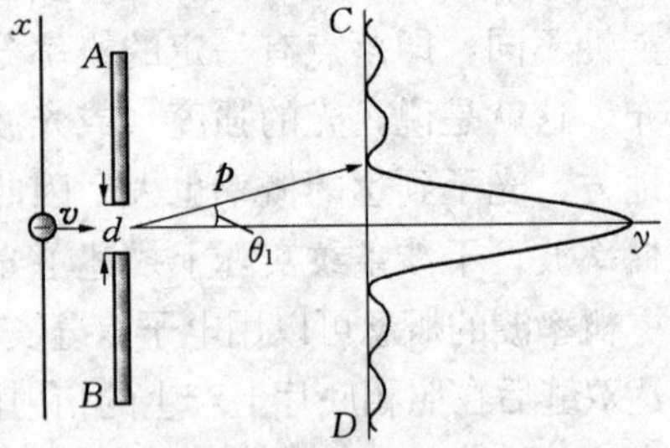

图 15-10　从电子单缝衍射说明不确定关系

$$0\leqslant p_x\leqslant p\sin\theta_1$$

这表明，一个电子通过缝时在 x 方向上的动量不确定量为 $\Delta p_x=p\sin\theta_1$。考虑到衍射条纹的次极大，可得 $\Delta p_x\geqslant p\sin\theta_1$。由单缝衍射公式，第一级暗纹中心的角位置 θ_1 由下式决定

$$\Delta x\sin\theta_1=\lambda$$

式中，λ 为电子波的波长。由于 $\lambda=\dfrac{h}{p}$，所以 $\sin\theta_1=\dfrac{h}{p\Delta x}$。故有

$$\Delta p_x\geqslant\frac{h}{\Delta x}$$

即

$$\Delta x\Delta p_x\geqslant h \tag{15-18}$$

这就是**不确定关系式**。它说明位置不确定性越小，则同方向上的动量不确定性越大。也就是说，粒子位置限制的越准确，则动量就越不能准确地确定，即微观粒子的动量和坐标无法同时被精确测定。

应当指出，这里的不确定不是由于测量仪器或方法的缺陷造成的，完全是由于电子本身的固有性质所引起的。因此，无论怎样改善仪器和方法，测量准确度都不可能超过这个公式给出的限度。

式（15-18）只是借助一个特例粗略估算的结果，更一般的推导给出的关系是

$$\Delta x\Delta p_x\geqslant\frac{h}{4\pi}$$

引入另一个常用的量 $\hbar$，$\hbar=\dfrac{h}{2\pi}=1.054\,588\,7\times10^{-34}$ J·s，也叫做**普朗克常量**，上式可写为

$$\Delta x\Delta p_x\geqslant\frac{\hbar}{2} \tag{15-19}$$

粒子做三维运动时的不确定关系为

$$\Delta p_x \cdot \Delta x \geqslant \frac{\hbar}{2},\ \Delta p_y \cdot \Delta y \geqslant \frac{\hbar}{2},\ \Delta p_z \cdot \Delta z \geqslant \frac{\hbar}{2} \quad (15-20a)$$

另外，微观粒子的能量和时间之间也存在不确定关系

$$\Delta E \cdot \Delta t \geqslant \frac{\hbar}{2} \quad (15-20b)$$

例题 15－4　设子弹的质量 $m=0.01$ kg，枪口的直径 $d=0.005$ m，试用不确定关系计算子弹射出枪口时的横向速度。

解：枪口直径可以当作子弹射出枪口时位置的不确定量 Δx，由于 $\Delta p_x = m\Delta v_x$，所以由式（15－20a）可得

$$\Delta x \Delta p_x = \Delta x \cdot m\Delta v_x \geqslant \frac{\hbar}{2}$$

取等号计算

$$\Delta v_x = \frac{\hbar}{2m\Delta x} = \frac{\hbar}{2md} = \frac{1.055\times10^{-34}}{2\times0.01\times0.005} = 1.055\times10^{-30}(\mathrm{m\cdot s^{-1}})$$

这也就是子弹的横向速度。该值很小，和子弹飞行速度每秒几百米相比，这一速度引起的运动方向的偏转是微不足道的。因此，对于子弹这种宏观粒子而言，它的波动性不会对它的“经典式”运动以及射击时的瞄准带来任何实质的影响。

例题 15－5　原子的线度为 10^{-10} m，求原子中电子速度的不确定量。

解：常说的“电子在原子中”意味着电子的位置不确定量 $\Delta x=10^{-10}$ m，由不确定关系可得

$$\Delta v_x = \frac{\hbar}{m\Delta x} = \frac{1.05\times10^{-34}}{0.91\times10^{-30}\times10^{-10}} \approx 1.2\times10^{6}(\mathrm{m\cdot s^{-1}})$$

按照牛顿力学的计算，氢原子中电子的轨道运动速度约为 $10^6\ \mathrm{m\cdot s^{-1}}$，它与上面的速度不确定量有相同的数量级。由此可见，对原子范围内的电子，谈论其速度是没有什么实际意义的。由于电子的波动性十分明显，描述它的运动必须抛弃轨道概念而代之以电子在空间概率分布的电子云图像。

第三节　薛定谔方程及其应用

一、波函数　薛定谔方程

1. 波函数　既然微观粒子具有波动性，就存在与之相对应的**波函数**。1925 年奥地利物理学家薛定谔（E. Schrödinger，1887—1961）首先提出了波函数 ψ 的一般表达式

$$\psi = \psi(x,\ y,\ z,\ t)$$

先来讨论一维运动物质波的具体形式。我们知道，一维平面简谐波的波函数 $y(x,\ t)$ 可以用下列复函数的实部（或虚部）表示，即 $y(x,\ t)=A\mathrm{e}^{-\mathrm{i}2\pi(\nu t - x/\lambda)}$

类似地，物质波的函数应该有相似的形式，同时又满足德布罗意公式。所以，沿 x 方向运动的自由电子的波函数可写为

$$\psi(x,\ t) = A\mathrm{e}^{-\mathrm{i}2\pi(\nu t - x/\lambda)} = A\mathrm{e}^{-\frac{2\pi\mathrm{i}}{h}(Et - px)} \quad (15-21)$$

物质波的波函数 $\psi=\psi(x,\ y,\ z,\ t)$ 是复数，它本身并不代表任何可观测的物理量。那么，波函数的意义是什么呢？

1926 年德国物理学家玻恩（M. Born，1882—1970）给出了物质波波函数的统计解释，他指出，实物粒子的物质波是一种概率波，波函数在任意时刻任意地点的强度用 $|\psi|^2$ 表示（与机械波的强度用振幅的平方表示类似），$|\psi|^2$ 表示粒子出现在单位体积内的概率，故

$|\psi|^2$ 又叫**概率密度**（probability density）。若以 dV 表示在空间某点（x，y，z）附近的一个小体积元，则在 t 时刻粒子出现在该体积元内的概率为$|\psi|^2\mathrm{d}V$。

根据概率的定义，在任意时刻粒子在整个空间出现的概率应等于 1。所以物质波的波函数应满足**归一化条件**，即

$$\int|\psi|^2\mathrm{d}V=1 \tag{15-22}$$

其中积分遍及整个空间。

由于在空间任意点粒子出现的概率应该是唯一的和有限的，空间各点的概率分布应该连续变化，也不能在某一地点变为无穷大值。所以**波函数必须满足单值、连续和有限的条件**。

2. 一维定态薛定谔方程　现在我们来介绍关于物质波的微分方程，它是由奥地利物理学家薛定谔首先提出的，故称为**薛定谔方程**（Schrödinger equation）。其地位和经典力学中的牛顿第二定律相当，通过它可求得波函数的具体表达式。

对（15-21）求导得
$$\frac{\partial^2\Psi}{\partial x^2}=-\frac{4\pi^2p^2}{h^2}\Psi=-\frac{p^2}{\hbar^2}\Psi$$

式中 $\hbar=h/2\pi$，以及$\frac{\partial\Psi}{\partial t}=-\frac{\mathrm{i}}{\hbar}E\Psi$，由上两式可得动量 p^2 和能量 E 的表达式，考虑到 $E=p^2/2m$，则有

$$-\frac{\hbar^2}{2m}\frac{\partial^2\Psi}{\partial x^2}=\mathrm{i}\hbar\frac{\partial\Psi}{\partial t} \tag{15-23}$$

这就是做一维自由运动粒子的薛定谔方程。

对于具有势能的非自由运动粒子，其总能量包括势能，即

$$E=\frac{p^2}{2m}+U(x,\ t)$$

用类似的思路可得其薛定谔方程为

$$-\frac{\hbar^2}{2m}\frac{\partial^2\Psi}{\partial x^2}+U(x,\ t)\Psi=\mathrm{i}\hbar\frac{\partial\Psi}{\partial t} \tag{15-24}$$

这就是在一维势场中运动粒子的薛定谔方程。

理论上，我们只要知道势能的表达式和粒子的质量，就可以通过求解薛定谔方程得到运动粒子的本征波函数和能量本征值。但事实上，薛定谔方程的求解过程非常复杂，本课程不准备进行系统地讨论，只讨论所谓的定态问题。

当势能 U 与时间无关而只是坐标的函数时，其波函数可写为

$$\Psi(x,\ t)=\psi(x)f(t)$$

将上式代入薛定谔方程（15-24），整理得

$$\left[-\frac{\hbar^2}{2m}\frac{\mathrm{d}^2\psi(x)}{\mathrm{d}x^2}+U(x)\psi(x)\right]\frac{1}{\psi(x)}=\mathrm{i}\hbar\frac{\mathrm{d}f(t)}{\mathrm{d}t}\frac{1}{f(t)}$$

此式左边只与坐标 x 有关，右边只与时间 t 有关，所以只能等于一个常量，设为 E，则有

$$\mathrm{i}\hbar\frac{\mathrm{d}f(t)}{\mathrm{d}t}\frac{1}{f(t)}=E$$

和
$$\left[-\frac{\hbar^2}{2m}\frac{\mathrm{d}^2\psi(x)}{\mathrm{d}x^2}+U(x)\psi(x)\right]\frac{1}{\psi(x)}=E$$

解得
$$f(t)=\mathrm{e}^{-\frac{\mathrm{i}}{\hbar}Et}$$

和
$$-\frac{\hbar^2}{2m}\frac{\mathrm{d}^2\psi}{\mathrm{d}x^2}+U(x)\psi=E\psi \tag{15-25}$$

显然，尽管波函数 Ψ 含有时间因子 $e^{-\frac{i}{\hbar}Et}$，但概率密度为

$$|\Psi|^2=\Psi\Psi^*=|\psi^2|e^{-\frac{i}{\hbar}Et}\cdot e^{\frac{i}{\hbar}Et}=|\psi|^2$$

却与时间无关，习惯上将这样的状态称为定态，对应的（15-25）称为一维定态薛定谔方程。类似地，做三维运动的**定态薛定谔方程**（stationary Schrödinger equation）为

$$-\frac{\hbar^2}{2m}\left(\frac{\partial^2\psi}{\partial x^2}+\frac{\partial^2\psi}{\partial y^2}+\frac{\partial^2\psi}{\partial z^2}\right)+U(x,\ y,\ z)\psi=E\psi \qquad (15-26)$$

其中，m 为粒子的质量，U 是粒子在外力场中的势能函数，E 是粒子的总能量。

薛定谔方程是量子力学的基本方程，像牛顿第二定律是经典力学的基本方程一样。经典力学的任务在于求解在各种条件下牛顿方程的解，而量子力学对粒子运动的研究与解决也归结为求解各种条件下薛定谔方程的解。在下面的内容中我们将在数学允许的条件下简单介绍量子力学处理问题的最基本方法，并引出一些重要的结论。

知识链接　在德布罗意获得博士学位后，按照欧洲的传统，他的论文被分送到各个大学的图书馆供公众查阅。1925 年 11 月，在瑞士苏黎世大学举行的一次关于德布罗意论文的专题讨论会上，苏黎世大学的物理学家薛定谔介绍了德布罗意的工作。报告后，德拜（P. Debye，1884—1966）指出："有了波，就应有个波动方程。"在德拜的启示下，薛定谔用了约两个月的时间，于 1926 年 1 月完成了波动方程的建立，并在学术讨论会上宣布了他的方程，这就是后来的薛定谔方程。薛定谔从这个方程得到了氢原子的能级公式，使量子化成为求解薛定谔方程的自然结果。然而，当时人们（包括薛定谔本人）并没有真正认识到他所提出的波函数的真正涵义。后来，德国理论物理学家玻恩才对波函数做出了正确的解释，利用统计性把波与粒子两个截然不同的经典概念联系起来。在玻恩的统计解释中，描写微观粒子运动的波函数与经典振幅有完全不同的物理意义。经典波振幅是可以测量的，波的能量是与波振幅的平方成正比，而这里的波函数 ψ 本身没有直接可观察的物理意义，只有 $|\psi|^2$ 才表示粒子在空间被测到的概率密度。

当然，玻恩关于波函数的统计解释与薛定谔方程一样都只是一种基本假设，其是否正确，必须在实践中得到检验。由于大量的实验事实证明了他们的理论是正确的，于是为公众普遍接受。薛定谔和玻恩也都由于对量子力学基础研究所作的重要贡献，分别于 1933 年和 1954 年获诺贝尔物理学奖。

二、薛定谔方程的应用

1. 无限深势阱　通常金属中的自由电子可以在金属里面自由运动，由于受到金属离子的吸引，如果电子要逃出金属表面是比较困难的。用能量的观点来说，在金属里面电子的势能低，而金属表面以外则是一个势能较高的地方，因而电子要逃出金属表面就需要克服势能差做功。金属内外的势能分布如图 15-11 所示。由于其形状像一个一定深度的陷阱，所以这种势能分布叫**势阱**（potential well）。为了使计算简化，这里考虑一个理想的势阱模型——无限深方势阱。一维无限深方势阱粒子的势能分布为

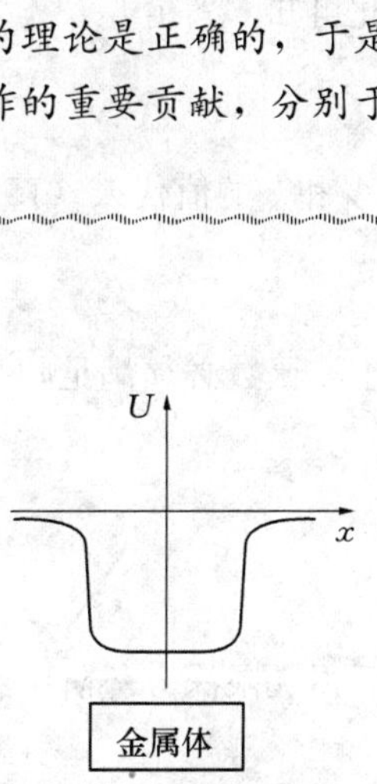

图 15-11　电子在金属中的势能曲线

$$U(x)=\begin{cases}0, & 0<x<a,\\ \infty, & x\leqslant 0,\ x\geqslant a\end{cases}$$

这种势能函数的势能曲线如图 15－12 所示。在阱内，由于势能是常量，所以粒子不受力。在边界 $x=0$ 和 $x=a$ 处，由于势能突然增大到无限大，所以粒子受到无限大的指向阱内的力。因此，粒子不可能到达 $0<x<a$ 的范围以外。

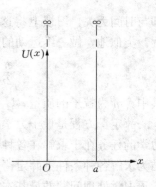

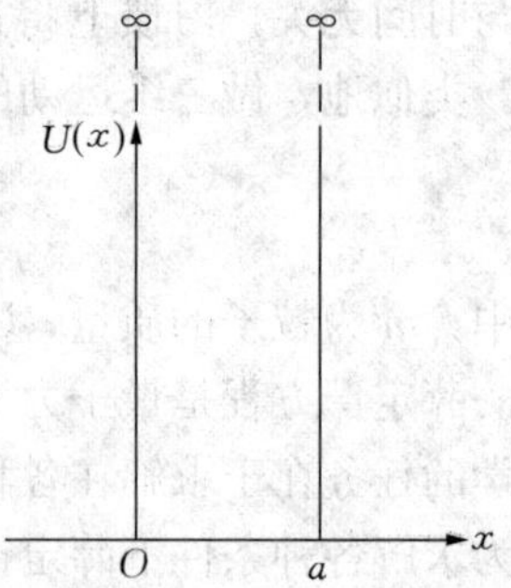

图 15－12　一维无限深势阱

按照经典理论，对于无限深势阱中的粒子，其能量可取任意的有限值，粒子处于势阱内各处的概率是一样的。那么，若用量子力学来分析，结果将会怎样呢?

由于势能函数与时间无关，因此，上述势阱问题就是定态薛定谔方程适用的情况。如上分析，由于粒子不能到达 $0<x<a$ 区域以外，那么表示粒子出现概率的波函数 ψ 的值在 $x\leqslant 0$ 和 $x\geqslant a$ 的区域应该等于零。因此，只要求出势阱内的波函数就行了。在势阱内，$U=0$，由式（15－25），可得一维定态薛定谔方程为

$$\frac{\mathrm{d}^2\psi}{\mathrm{d}x^2}+\frac{2m}{\hbar^2}E\psi=0$$

令
$$k^2=\frac{2m}{\hbar^2}E$$

则上式变为
$$\frac{\mathrm{d}^2\psi}{\mathrm{d}x^2}+k^2\psi=0$$

方程的通解为
$$\psi(x)=A\cos kx+B\sin kx \tag{15-27}$$

其中，A 和 B 是由边界条件决定的常数。

由于 $\psi(x)$ 在 $x=0$ 处必须连续，在 $x=0$ 时 $\psi=0$，所以有 $A=0$。又由于 $\psi(x)$ 在 $x=a$ 处必须连续，而在 $x=a$ 时 $\psi=0$，所以有

$$\psi(a)=B\sin ka=0$$

据此可知 k 满足
$$ka=n\pi$$

或
$$k=\frac{n\pi}{a},\ n=1,2,3,\cdots$$

将 A 和 k 的值代入（15－27）得归一化前的波函数形式为

$$\psi(x)=B\sin\frac{n\pi}{a}x,\ 0<x<a$$

由于波函数必须满足归一化条件

$$I=\int_{-\infty}^{\infty}|\psi(x)|^2\mathrm{d}x=\int_0^a B^2\sin^2\frac{n\pi}{a}x\,\mathrm{d}x=\frac{1}{2}aB^2=1$$

所以
$$B=\sqrt{\frac{2}{a}}$$

最后得无限深方势阱中粒子运动的归一化波函数为

$$\psi(x)=\sqrt{\frac{2}{a}}\sin\frac{n\pi}{a}x,\ 0<x<a \tag{15-28}$$

根据经典理论，在势阱内各处粒子出现的概率是相同的，即对 $0<x<a$ 范围内的任意

点粒子在运动中出现的可能性是相同的。但量子力学给出的出现在势阱内各点的概率密度为

$$|\psi(x)|^2=\frac{2}{a}\sin^2\frac{n\pi}{a}x$$

这一概率密度是随 x 改变的，粒子在有的地方出现的概率大，在有的地方出现的概率小，而且概率分布还和整数 n 有关系。图 15－13 画出了波函数 ψ（左图）和概率密度 $|\psi|^2$（右图）与 x 的关系曲线。

与经典力学更为不同的是，在无限深方势阱中的粒子能量应该而且只能是

$$E_n=\frac{k^2\hbar^2}{2m}=n^2\frac{\pi^2\hbar^2}{2ma^2} \tag{15-29}$$

由于 n 是整数，所以粒子能量只能取离散的值，例如

$$E_1=\frac{\pi^2\hbar^2}{2ma^2},\ E_2=\frac{4\pi^2\hbar^2}{2ma^2},\ \cdots$$

粒子能量只能取离散值的结论，称**能量量子化**（energy quantization）。整数 n 称为**量子数**（quantum number）。每一个可能的能量值称为一个**能级**（energy level），图 15－14 中画出了几个能级。在不同的能级上（即粒子具有不同的能量），粒子的波函数才有所不同。

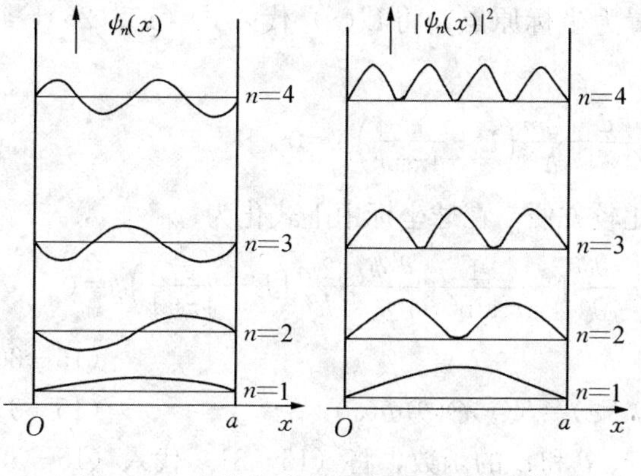

图 15－13 势阱中的波函数和概率密度

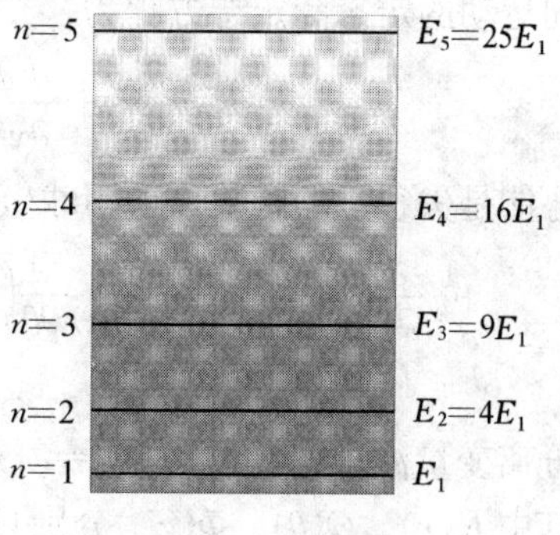

图 15－14 势阱中电子的能级

2. 势垒 以上讨论的是无限深方势阱中的粒子。如果粒子的势能的分布如图 15－15 所示，为

$$U(x)=\begin{cases}0, & x<0,\ x>a\\ U_0, & 0<x<a\end{cases}$$

这种势能分布称为**势垒**（potential barrier）。对于粒子总能量 E 低于 U_0 的粒子，按照经典的理论，它只能在 $x<0$ 的范围内运动，不可能进入 $x>0$ 的区域。但是，在量子力学中，用前述类似的方法求解薛定谔方程可知，ψ 在 $x>0$ 和 $x>a$ 的区域仍有一定的值，这种穿越势垒的现象被称为**隧道效应**（tunnel effect），如图 15－15 所示。

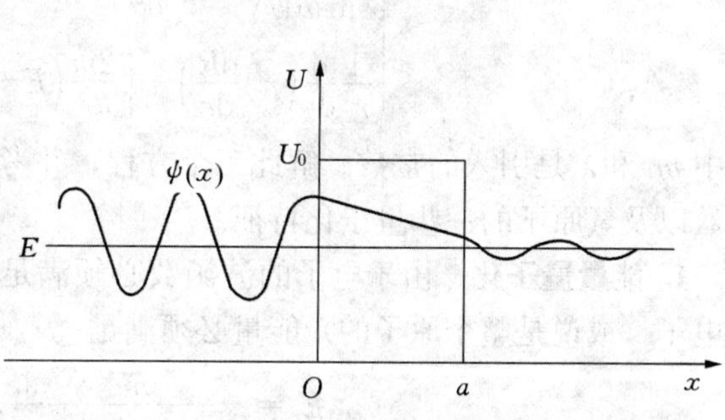

图 15－15 隧道效应

隧道效应已为许多实验所证实。1973 年诺贝尔物理学奖被江崎玲裕奈（L. Esaki）、贾

埃弗（I. Giaever）和约瑟夫森（B. Josephson）所共享，就是因为前两位在半导体和超导体中发现了隧道穿透现象，而后一位则在理论上预言了超导电流能够通过隧道阻挡层的现象。特别值得一提的是，1982 年宾尼希（G. Binnig）和罗雷尔（H. Rohrer）利用了隧道效应研制成了**扫描隧道显微镜**（scanning tunneling microscopy，STM），为人们研究材料表面的细微结构提供了重要的工具，为此他们获得了 1986 年诺贝尔物理学奖（1986 年诺贝尔物理学奖的另一半授予了电子显微镜的发明人鲁斯卡）。

第四节　氢原子的量子力学描述　电子自旋

一、氢原子的量子力学结论

氢原子中电子的运动的严格解必须利用薛定谔方程来讨论，由于用薛定谔方程求解氢原子涉及的数学过程比较复杂，这里仅简略说明求解的方法以及一些重要的结论。

在氢原子中，电子所受的外力场是原子核的库仑电场，这电场的势能函数是

$$U(r)=-\frac{e^2}{4\pi\varepsilon_0 r}$$

其中 r 是电子离核的距离。取核所在位置为坐标原点，将 $U(r)$ 代入式（15－26），得电子在空间运动的定态薛定谔方程为

$$\frac{\partial^2\psi}{\partial x^2}+\frac{\partial^2\psi}{\partial y^2}+\frac{\partial^2\psi}{\partial z^2}+\frac{2m}{\hbar^2}\left(E+\frac{e^2}{4\pi\varepsilon_0 r}\right)\psi=0$$

由于势能是矢径 r 的函数，采用球坐标比较方便，在球坐标中上式化为

$$\frac{1}{r^2}\frac{\partial}{\partial r}\left(r^2\frac{\partial\psi}{\partial r}\right)+\frac{1}{r^2\sin\theta}\frac{\partial}{\partial\theta}\left(\sin\theta\frac{\partial\psi}{\partial\theta}\right)+\frac{1}{r^2\sin^2\theta}\frac{\partial^2\psi}{\partial\varphi^2}+\frac{2m}{\hbar^2}\left(E+\frac{e^2}{4\pi\varepsilon_0 r}\right)\psi=0 \tag{15-30}$$

采用分离变量法求解，设　$\psi=\psi(r,\ \theta,\ \varphi)=R(r)\Theta(\theta)\Phi(\varphi)$　（15－31）

其中 $R(r)$、$\Theta(\theta)$、$\Phi(\varphi)$ 分别只是 r、θ 和 φ 的函数，将（15－31）代入（15－30），并经过一系列变换可得三个独立的方程：

$$\begin{cases}\dfrac{d^2\Phi}{d\varphi^2}+m_l^2\Phi=0\\[2ex]\dfrac{1}{\sin\theta}\dfrac{d}{d\theta}\left(\sin\theta\dfrac{d\Theta}{d\theta}\right)+\left(\lambda-\dfrac{m_l^2}{\sin^2\theta}\right)\Theta=0\\[2ex]\dfrac{1}{r^2}\dfrac{d}{dr}\left(r^2\dfrac{dR}{dr}\right)+\left[\dfrac{2m}{\hbar^2}\left(E+\dfrac{e^2}{4\pi\varepsilon_0 r}\right)-\dfrac{\lambda}{r^2}\right]R=0\end{cases} \tag{15-32}$$

其中 m_l 和 λ 是引入的常数。解此三个方程，并考虑到波函数应该满足的条件，就可得到波函数以及氢原子的一些量子化特征。

1. 能量量子化　由于电子的波函数必须满足单值、有限和连续等物理条件，故可以求得电子（或说是整个原子的）能量必须满足

$$E_n=-\frac{me^4}{(4\pi\varepsilon_0)^2 2\hbar^2}\frac{1}{n^2},\ n=1,2,3,\cdots \tag{15-33}$$

显然，氢原子的能量只能取离散的值，式中的 n 叫做**主量子数**（principal quantum number）。最低的能级（$n=1$）称为**基态能级**（ground energy level），其值可用式（15－33）求

得 $E_n=-13.6/n^2$，因而基态能量为 $E_1=-13.6\ \text{eV}$。

由式（15-33）可以很容易地算得 $n>1$ 的激发态能级为 $E_2=-3.4\ \text{eV}$、$E_3=-1.51\ \text{eV}$，等等。由于 E_n 的值和 n^2 成反比，当 n 很大时，相邻能级的间隔 $\Delta E=E_n-E_{n-1}$ 非常小，这时原子的能量可看作是连续变化的。

2. 角动量量子化　薛定谔方程的解还预言电子在绕核转动，此转动可形象地用电子云的转动来说明，转动的角动量也是量子化的。以 L 表示电子运动的角动量，薛定谔方程给出的角动量的大小用下式表示

$$L=\sqrt{l(l+1)}\hbar,\ l=0,1,2,\cdots,(n-1) \tag{15-34}$$

其中，l 称为**角量子数**（angular quantum number）。对于一定的 n，l 共有 n 个可能的取值。l 值不同表明电子云绕核转动的情况不同，也表现为波函数不同。不管 n 如何，$l=0$ 时，$L=0$，即角动量为零，表示电子云不转动。这种情况下电子云的分布具有球对称性。

3. 角动量的空间量子化　薛定谔方程的解还指出，电子轨道角动量矢量 $\boldsymbol{L}$ 的方向在空间的取向不能连续地改变，而只能取一些特定的方向。在外磁场中，取外磁场方向为 z 轴正方向，薛定谔方程给出电子轨道角动量 $\boldsymbol{L}$ 在外磁场方向的投影只能取以下离散的值：

$$L_z=m_l\hbar,\ m_l=0,\ \pm1,\ \pm2,\ \cdots,\ \pm l \tag{15-35}$$

其中，m_l 称**磁量子数**（magnetic quantum number）。对于一定的角量子数 l，m_l 可取（$2l+1$）个值，这表明电子轨道角动量在空间的取向是量子化的，有（$2l+1$）种可能。这个结论称为电子轨道角动量的空间量子化，图 15-16 中画出了 $l=1$ 和 $l=2$ 时 L_z 的可能取向。在 $l=1$时，$m_l=-1$、0、1，$L=\sqrt{(1+1)}\hbar=\sqrt{2}\hbar$，$L_z$ 的可能取值为$\pm\hbar$、0；$l=2$ 时，$m_l=-2$、-1、0、1、2，$L=\sqrt{2(2+1)}\hbar=\sqrt{6}\hbar$，而 L_z 的可能取值为$\pm2\hbar$、$\pm\hbar$、0。

在通常情况下，自由空间是各向同性的，z 轴可以取任意方向，这时，m_l 这一量子数没有什么实际意义。但是，如果把原子放到磁场中，则磁场方向就是一个特定的方向，取磁场方向为 z 方向，m_l 就决定了轨道角动量在 z 方向的投影，这也就是之所以将 m_l 叫做磁量子数的原因。由于只有在磁场中原子轨道角动量才有确定的取向，所以实际上能直接测定的是 L_z 而不是 L 本身。

由于对于一定的角量子数 l，m_l 可取（$2l+1$）个值，表明在磁场中能级会发生分裂，图 15-17 表示在 $l=0$、$l=1$ 和 $l=2$ 时，有无外磁场情况下能级发生分裂的情况。

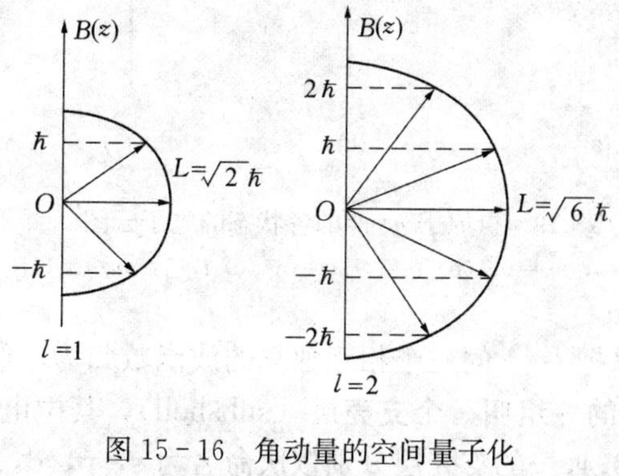

图 15-16　角动量的空间量子化

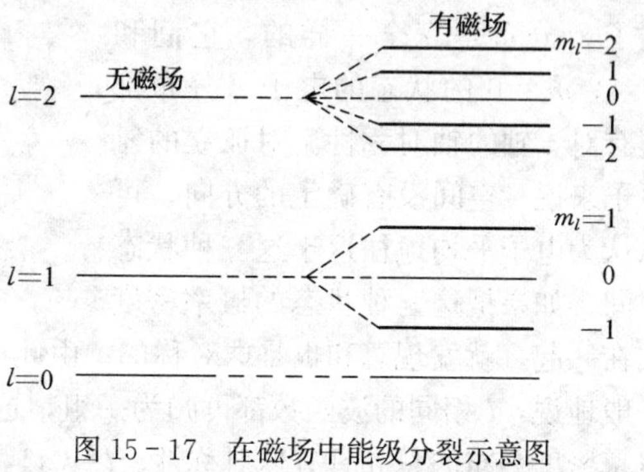

图 15-17　在磁场中能级分裂示意图

上述结果可以很好地解释在实验中观测到的磁场中原子光谱线的分裂即**塞曼效应**（Zeeman effect)。例如，对氢原子的发光，当氢原子从 $n=3$ 的能级跃迁到 $n=2$ 的能级时，在不存在磁场时，光的波长是 656.3 nm，它是巴耳末系的第一条谱线的波长。然而，有磁场存在时，$n=3$ 和 $n=2$ 这两个能级实际上都分裂成几个间隔很近的次能级。于是，当不同的氢原子从 $n=3$ 能级跃迁到 $n=2$ 能级时，发射出若干波长不等但都接近于 656.3 nm 的光，巴耳末系的第一条谱线就分裂为几条接近于 656.3 nm 但又各自分立的谱线。

有确定量子数 n、l、m_l 的电子状态的定态波函数记作 ψ_{n,l,m_l}。对于基态，$n=1$，$l=0$，$m_l=0$，量子力学计算出的电子波函数为

$$\psi_{1,0,0}=\frac{1}{\sqrt{\pi}\,a_0^{3/2}}\mathrm{e}^{-r/a_0} \tag{15-36}$$

其中，$a_0=0.529\times10^{-10}$ m。此状态下的电子概率密度分布为

$$|\psi_{1,0,0}|^2=\frac{1}{\pi a_0^3}\mathrm{e}^{-2r/a_0} \tag{15-37}$$

这是一个球对称分布。以点的密度表示概率密度的大小，则基态下氢原子中电子的概率密度分布可以形象化地用图15-18来表示。这种图常被说成是“电子云”图。注意，量子力学对电子绕原子核运动的图像（或意义）只是给出这个疏密分布，即只能说出电子在空间某处小体积内出现的概率多大，而没有经典的位移随时间变化的概念，因而也就没有轨道的概念。早期量子论，如玻尔最先提出的原子模型，认为电子是绕原子核在确定的轨道上运动的，这种概念今天看来是错误的。上面提到角动量时所加的“轨道”二字只是沿用的词，不能认为是电子沿某封闭轨道运动时的角动量。现在可以理解为“和位置变动相联系的”角动量，以区别于在下节将要讨论的“自旋角动量”。

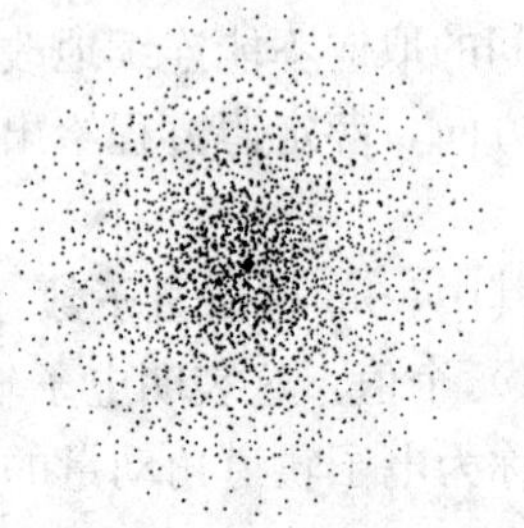

图 15-18　氢原子基态的电子云

对于 $n=2$ 的状态，l 可取 0 和 1 两个值。$l=0$ 时，$m_l=0$；$l=1$ 时，$m_l=-1$，0，或+1，这几个状态下氢原子电子云图如图 15-19 所示。$l=0$，$m_l=0$ 的电子云分布具有球对称性。$l=1$，$m_l=\pm1$ 这两个状态的电子云分布是完全一样的。它们和 $l=1$，$m_l=0$ 的状态的电子云分布都具有对 z 轴的轴对称性。对孤立的氢原子来说，空间没有确定的方向，可以认为电子平均地往返于这三种状态之间。如果把这三种状态的概率密度加在一起，就发现总和也是球对称的。由此可以把 $l=1$ 的三个相互独立的波函数归为一组。一般地说，l 相同的波函数都可归为一组，这样的一组叫一个**支壳层**（subshell），其中电子概率密度分布的总和具有球对称性。$l=0,1,2,3,4,\cdots$ 的支壳层分别依次命名为 s，p，d，f，g，…支壳层。

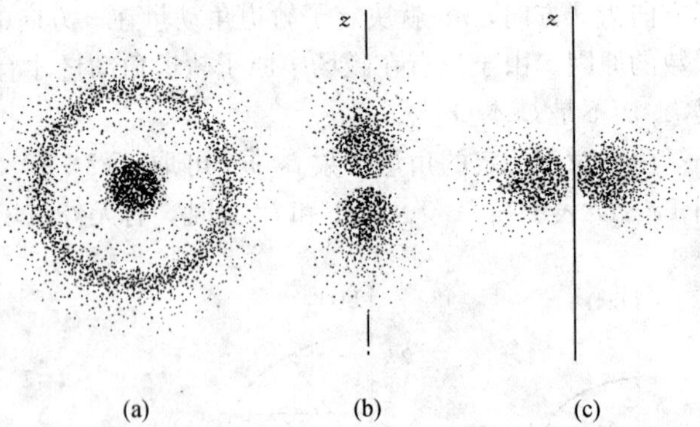

图 15-19　氢原子 $n=2$ 的各状态的电子云图

(a) $l=0$，$m_l=0$；(b) $l=1$，$m_l=0$；(c) $l=1$，$m_l=\pm1$

由式（15－33）可以看出，氢原子的能量只和主量子数 n 有关，n 相同而 l 和 m_l 不同的各状态的能量是相同的。这种情形叫能级的**简并**（degeneracy）。具有同一能级的各状态称为简并态。具有同一主量子数的各状态可以认为组成一组，这样的一组叫做一个**壳层**（shell）。$n=1,2,3,4,\cdots$的壳层分别依次命名为 K，L，M，N，…壳层。联系到上面提到的支壳层的意义可知，主量子数为 n 的壳层内共有 n 个支壳层。

对于概率密度分布，考虑到势能的球对称性。人们更感兴趣的是径向概率密度 $P(r)$。$P(r)$ 的定义是：在半径为 r 和 $r+\mathrm{d}r$ 的两球面间的体积内电子出现的概率为 $P(r)\mathrm{d}r$。对于氢原子基态，由于式（15－37）表示的概率密度分布是球对称的，因此有

$$P_{1,0,0}(r)\mathrm{d}r=|\psi_{1,0,0}|^2\cdot 4\pi r^2\mathrm{d}r \qquad (15-38)$$

由此得

$$P_{1,0,0}(r)=|\psi_{1,0,0}|^2\cdot 4\pi r^2=\frac{4}{a_0^3}r^2\mathrm{e}^{-2r/a_0} \qquad (15-39)$$

此式所表示的关系如图 15－20 所示。由式（15－39）可求得 $P_{1,0,0}(r)$ 的极大值出现在 $r=a_0$ 处，即从离原子核远近来说，电子出现在 $r=a_0$ 附近的概率最大。在量子论早期，玻尔用半经典理论求出的氢原子中电子绕核运动的最小的可能圆轨道的半径就是这个 a_0 值，因此，a_0 叫做玻尔半径。

$n=2$，$l=0$ 的径向概率密度分布如图 15－21 中的 $P_{2,0}$ 曲线所示，它对应于图 15－19(a) 的电子云分布。$n=2$，$l=1$ 的径向概率密度分布如图 15－21 中的 $P_{2,1}$ 曲线所示，它对应于图 15－19(b)、(c) 叠加后的电子云分布。$P_{2,1}$ 曲线的极大值出现在 $r=4a_0$ 的地方。

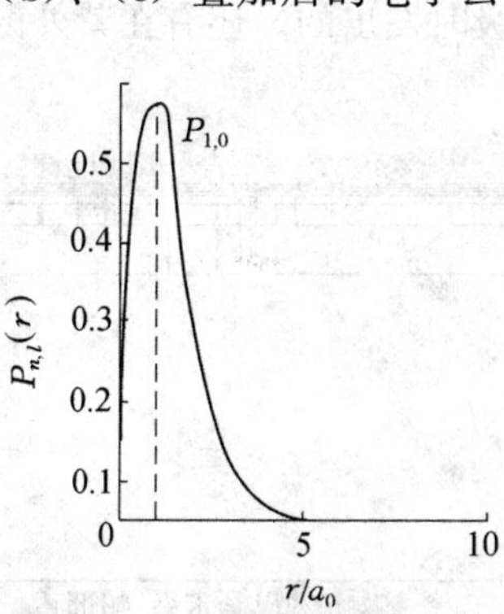

图 15－20　氢原子基态的电子径向概率密度分布曲线

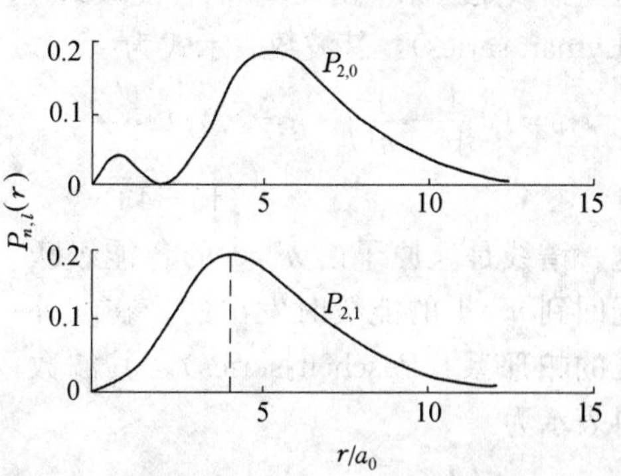

图 15－21　$n=2$ 的电子径向概率密度分布曲线

一般说来，对于主量子数为 n 而轨道量子数 $l=n-l$ 的状态，其电子的径向概率密度分布只有一个极大值，出现在 $r_n=n^2a_0$ 处。例如 $n=3$ 时，出现在 $r_3=9a_0$。这个 r_n 值就是玻尔半经典理论给出的氢原子中电子运动的可能圆轨道的半径。

二、氢光谱

用上述量子力学揭示的氢原子中电子的运动规律可以用来圆满地解释氢光谱。

一个氢原子可以和外界交换能量，这种交换总伴随着电子的运动状态在各能级之间的变化，这一能量交换可能以吸收或放出光子的方式进行。当吸收具有恰当能量的光子时，氢原子从低能级跃迁到高能级而处于激发态。处于激发态的原子是不稳定的，经过很短的时间，它将回到基态，同时放出一个光子。在所有情况下，放出光子的能量都等于两个能级之差。

以 E_i 和 E_f 分别表示较高和较低的两个能级的值，则当氢原子从能级 E_i 跃迁到能级 E_f 时所发出的光子的频率为

$$\nu=\frac{E_i-E_f}{h}$$

这一公式称做**频率条件**（frequency condition）。

将氢原子能级公式（15－33）代入上式可得氢原子发光的可能频率为

$$\nu=\frac{me^4}{(4\pi\varepsilon_0)^2 4\pi\hbar^3}\left(\frac{1}{n_f^2}-\frac{1}{n_i^2}\right) \tag{15－40}$$

如果采用**波数**（wave number）$\tilde{\nu}=1/\lambda$ 表示，由上式可求得氢原子发光的可能波数为

$$\tilde{\nu}=\frac{1}{\lambda}=\frac{\nu}{c}=\frac{me^4}{(4\pi\varepsilon_0)^2 4\pi\hbar^3 c}\left(\frac{1}{n_f^2}-\frac{1}{n_i^2}\right)$$

令 $R=\dfrac{me^4}{(4\pi\varepsilon_0)^2 4\pi\hbar^3 c}$，计算得 $R=1.097\,373\times10^7\ \mathrm{m^{-1}}$。则上式可表示为

$$\tilde{\nu}=R\left(\frac{1}{n_f^2}-\frac{1}{n_i^2}\right) \tag{15－41}$$

其中 R 被称为**里德伯常量**（Rydberg constant）。

用式（15－41）计算出的波数与实验测得的氢光谱各谱线的波数符合得很好。例如，氢光谱中在可见光范围内的**巴耳末系谱线系**（Balmer series）的波数由下面的巴耳末公式给出

$$\tilde{\nu}=R\left(\frac{1}{2^2}-\frac{1}{n^2}\right),\ n=3,4,5,\cdots \tag{15－42}$$

这一谱线是氢原子由 $n>2$ 的各能级跃迁回到 $n=2$ 的能级时发出的。还有在紫外区的**莱曼系**（Lyman series），其波数表示式为

$$\tilde{\nu}=R\left(\frac{1}{1^2}-\frac{1}{n^2}\right),\ n=2,3,4,\cdots \tag{15－43}$$

这一谱线是氢原子由 $n>1$ 的各能级跃迁回到 $n=1$ 的能级时发出的。在红外区的**帕邢系**（Paschen series），其波数可表示为

$$\tilde{\nu}=R\left(\frac{1}{3^2}-\frac{1}{n^2}\right),\ n=4,5,6,\cdots \tag{15－44}$$

这一谱线是氢原子由 $n>3$ 的各能级跃迁回到 $n=3$ 的能级时发出的，如图 15－22 所示。

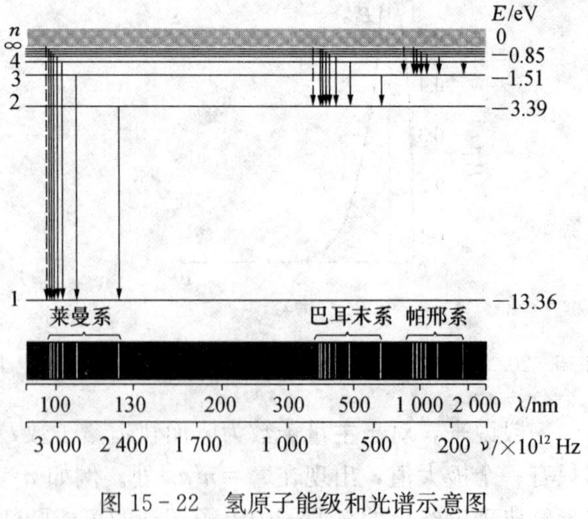

图 15－22　氢原子能级和光谱示意图

三、电子的自旋　四个量子数

1921 年美国物理学家斯特恩（O. Stern）和盖拉赫（W. Gerlach）首先对原子角动量的空间量子化进行了实验观察，其实验装置如图 15－23 所示。在图中，O 为原子射线源，当时所用的是银原子，S_0 为狭缝，N 和 S 为产生不均匀磁场的电磁铁的两极，P 为照相底片。全部仪器放置在高真空的容器中。

实验所依据的原理是具有磁矩的磁体在不均匀磁场中的运动将因受到磁力而发生偏转，

偏转的大小和方向与磁矩在磁场中的指向有关。由于电子在原子内的运动使原子具有一定的磁矩，因此，从原子射线源发射的原子束经过不均匀磁场时，将因受到磁力的作用而偏转。如果原子具有磁矩而没有空间量子化，即磁矩的指向可以是任意方向，在P上应得到连成一片的原子沉积。如果原子具有磁矩而且是空间量子化的，则在P上应得到分立的条状的原子沉积。斯特恩和盖拉赫在实验中果然得到了成条状的原子沉积，从而证实了原子磁矩的空间量子化以及相应的角动量空间量子化。

但是，在斯特恩和盖拉赫实验中还有令人费解的地方，这就是银原子射线在磁场作用下只形成两条上下对称的原子沉积，如图15－23(c)所示。按当时已知的角动量量子化规律，电子的轨道角动量量子数为l时，它在空间取向应有（$2l+1$）种可能，原子射线在磁场中发生偏转就应该产生奇数条沉积，而银原子沉积却是两条！为了解释这一实验结果，荷兰著名物理学家埃伦费斯特的两个学生，时年25岁的荷兰人乌伦贝克（G. E. Uhlenbeck，1900—1988）和时年23岁的哥德斯密特（S. A. Goudsmit，1902—1978）在1925年提出：电子除了轨道运动外，还有自旋运动，因此，电子有自旋角动量和自旋磁矩。即

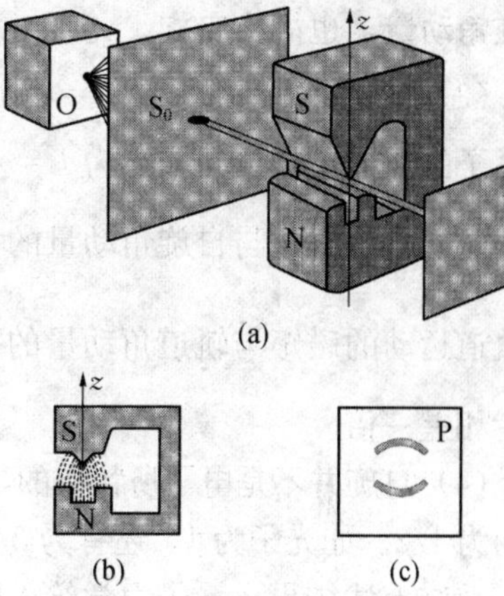

图15－23　斯特恩—盖拉赫实验

- 每个电子具有自旋角动量$\boldsymbol{S}$，它在空间任何方向的投影只可能有两种取值。
- 每个电子具有自旋磁矩$\boldsymbol{\mu}_s$，它和自旋角动量$\boldsymbol{S}$的关系为

$$\boldsymbol{\mu}_s=\frac{-e}{m}\boldsymbol{S} \tag{15-45}$$

故而$\boldsymbol{\mu}_s$或$\boldsymbol{S}$在空间中任意方向的投影也只有两种可能值。

当时，他们假定电子自旋磁矩只能有与磁场平行或反向两个指向，因而，银原子射线分裂成了两束。

乌伦贝克和哥德斯密特关于电子自旋的概念是在薛定谔理论之前提出的，后来，量子力学的结果表明，电子自旋角动量$\boldsymbol{S}$的大小为

$$S=\sqrt{s(s+1)}\hbar \tag{15-46}$$

其中，s称**自旋量子数**（spin quantum number），它只能取一个值，即$s=\frac{1}{2}$。因而电子的自旋角动量的大小为$S=\sqrt{\frac{3}{4}}\hbar$。电子自旋角动量$S$在外磁场方向的投影为

$$S_z=m_s\hbar$$

其中，m_s为电子自旋磁量子数，它只能取两个值，即$m_s=\pm\frac{1}{2}$。因而有

$$S_z=\pm\frac{1}{2}\hbar \tag{15-47}$$

图15－24形象地表示了电子在磁场中自旋运动状态的两个可能情况。

对于电子自旋的概念必须说明几点：

(1) 原子中的电子不但具有轨道角动量，而且具有自旋角动量。这一事实的经典模型是

太阳系中地球的运动。地球不但绕太阳运动具有轨道角动量，而且由于围绕自己的轴旋转而具有自旋角动量。但是，正像不能用轨道概念来描述电子在原子核周围的运动一样，也不能把经典的小球的自旋图像硬套在电子的自旋上。电子的自旋和电子的电量及质量一样，是一种“内禀的”，即本身固有的性质。由于这种性质具有角动量的一切特征（例如参与角动量守恒），所以称为**自旋角动量**，也简称**自旋**。

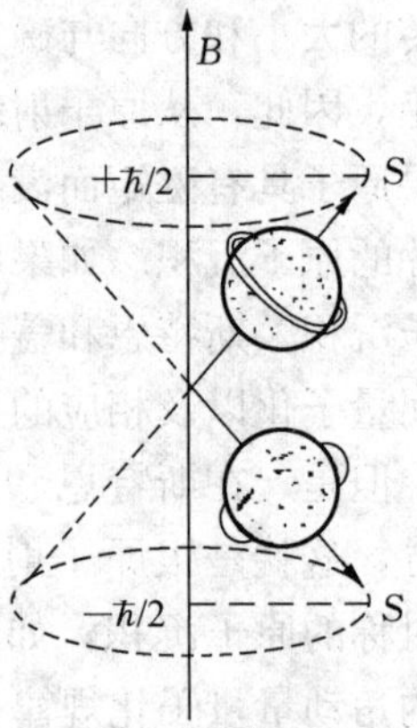

图 15-24　电子自旋的两个可能状态

（2）自旋角动量的大小 $S=\sqrt{s(s+1)}\hbar=\sqrt{3/4}\hbar$，即 $s=1/2$，而电子的轨道角动量的大小为 $L=\sqrt{l(l+1)}\hbar$，l 为正整数。

（3）自旋磁矩与自旋角动量的关系为 $\boldsymbol{\mu}_s=\frac{-e}{m}\boldsymbol{S}$

而轨道运动的磁矩与轨道角动量的关系为 $\boldsymbol{\mu}_l=\frac{-e}{2m}\boldsymbol{L}$

两者相差一倍。

（4）自旋并不是电子所特有的，质子、中子和光子也都存在着自旋，而且自旋量子数 s 并非均为 1/2。如光子为 1，还有为 3/2，0 等值的粒子，自旋现象是微观粒子的基本性质。

总结上述结果，量子力学给出的原子中电子的运动状态由以下四个量子数决定：

- **主量子数** n，$n=1,2,3,\cdots$。它大体上决定了原子中电子的能量。
- **角量子数** l，$l=1,2,3,\cdots,(n-1)$。它决定电子绕核运动的角动量的大小。一般说来，主量子数 n 相同，而角量子数 l 不同的电子，其能量也稍有不同。
- **磁量子数** m_l，$m_l=0,\pm1,\pm2,\cdots,\pm l$。它决定了电子绕核运动的角动量矢量在外磁场中的指向。
- **自旋磁量子数** m_s，$m_s=\pm1/2$。它决定了电子自旋角动量矢量在外磁场中的指向，它也影响原子在外磁场中的能量。

拓展阅读

神奇的二维纳米材料——石墨烯

2010 年诺贝尔物理学奖颁发给了英国曼彻斯特大学物理学家**安德烈·盖姆**（Andre Geim，1958—）和**康斯坦丁·诺沃肖罗夫**（Konstantin Novoselov，1974—），以表彰他们成功地从石墨中分离出稳定的二维石墨烯纳米材料。

石墨烯（Graphene）是一种由碳原子以 sp^2 杂化轨道组成的呈六角形蜂巢状晶格的单原子层二维薄膜材料，如图 15-25 所示。石墨烯一直被认为是假设性的结构，无法单独稳定存在，直到 2004 年，才由上述两位科学家成功获得。

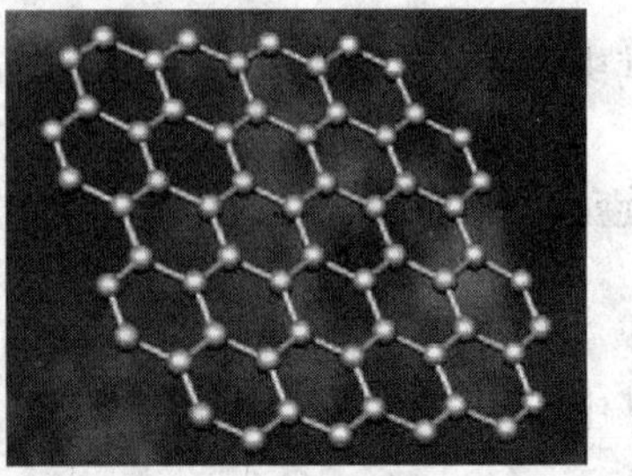
图 15-25　石墨烯结构示意图

一、石墨烯诞生的时代背景

英特尔（Intel）创始人之一戈登·摩尔（Gordon Moore）提出著名的摩尔定律，其表述为：集成在单位面积中央处理器（CPU）上的晶体管数目每 18 个月翻一倍。在相当长一段时间内摩尔定律都很好地描述了计算机产业的发展步伐，然而如此快的发展速度使晶体管的尺寸快速逼近纳米尺度，这必将受到量子尺寸效应的限制，而有限尺度的物理器件也将产生更大的热耗散。要保持计算机信息产业的快速发展，必须开发并制备出新型的二维纳米材料和器件来替代现有的硅基半导体材料器件。

然而对于二维材料的研制，始终存在一个稳定性的问题。前苏联学者朗道曾经提出，在有限温度下，任何二维的晶格体系都是不稳定的。虽然 1947 年就有人提出石墨烯可能具有许多特殊的物理特性，但很多资深物理学家和研究组织都不朝这个方向努力。

二、“游戏”的奖赏

瑞典皇家科学院提供的介绍材料将盖姆和诺沃肖罗夫的发现总结为一种“严肃的游戏”，因为他们一开始完全是以游戏心态着手研究，只是在一系列巧合之中看到曙光后，才变得“严肃”起来。据说，盖姆小组的研究气氛非常轻松，他们在每个星期五晚上都会做一些异想天开甚至是有点疯狂的实验。他们曾经让青蛙在磁场中悬浮，像变戏法一样变出“飞翔的青蛙”，这项研究为他带来了 2000 年的“搞笑诺贝尔奖(Ig Nobel Prize)”。

石墨烯实验也是星期五晚上实验中的一个，盖姆最初将这个疯狂的想法交给一位来自中国的博士生。他买了一大块高定向裂解石墨，让这位博士生在一台很好的抛光机上研磨，越薄越好。三个星期后，获得的石墨片仍然厚达 10 μm，相当于 1 000 层。通过研磨获得更薄的石墨片几乎是不可能的，盖姆只好让助手康斯坦丁·诺沃肖罗夫接手这个实验，并改变方法，他们决定用透明胶带来试试。之所以想到透明胶带，是因为研究小组当时引进了一位技术员来搭建低温扫描隧道显微镜，而这位技术员清洁石墨样品表面的方法就是用透明胶带把石墨表层粘掉。这提醒了他们，如果不断地粘起、撕开，就可以得到更薄的薄膜。非常幸运，他们获得了成功，并且把这种技术命名为透明胶带技术。虽然后来出现很多制造石墨烯的复杂技术，但透明胶带技术为这一切提供了可能。

和其他重大科学发现一样，石墨稀的发现也凝聚了众多科学家的心血，其中张远波和他在美国哥伦比亚大学的韩裔导师金必立，从 2002 年开始这方面的研究，他们的方法是，做一个很小的石墨纳米铅笔，铅笔头直径大约 1～2 μm，然后在硅片衬底上“写”，“写”出来的石墨薄膜最薄到 30 层左右。这时候，已经出现了一些新奇的物理现象。

2005 年，盖姆研究小组在英国《自然》杂志发表第二篇论文，介绍石墨烯的新颖物理特性。在同一期杂志上，发表了张远波作为第一作者、金必立作为通讯作者的类似论文。这几篇论文后来引领了全球对石墨烯的研究。

三、石墨烯的物理特性

石墨烯的结构非常稳定，碳碳键仅为 14.2 nm。石墨烯内部的碳原子之间的连接很柔韧，当施加外力于石墨烯时，碳原子面会弯曲变形，使得碳原子不必重新排列来适应外力，从而保持结构稳定。这种稳定的晶格结构使石墨烯具有优秀的导热性。另外，石墨烯中的电子在轨道中移动时，不会因晶格缺陷或引入外来原子而发生散射。由于原子间作用力十分强，在常温下，即使周围碳原子发生挤撞，石墨烯内部电子受到的干扰也非常小。

石墨烯也是到目前为止世界上最薄也是最坚硬的纳米材料，它几乎是完全透明的，只吸收 2.3%的光；导热系数高达 5 300 $W \cdot m^{-1} \cdot K^{-1}$，高于碳纳米管和金刚石；常温下其电子迁移率超过 15 000 $cm^2 \cdot V^{-1} \cdot s^{-1}$，又比纳米碳管或硅晶体高；电阻率只约 $10^{-6}\ \Omega \cdot cm$，比铜或银更低，为世上电阻率最小的材料。因为它的电阻率极低，电子跑的速度极快，因此被期待可用来发展出更薄、导电速度更快的新一代电子元件或晶体管。由于石墨烯实质上是一种透明、良好的导体，也适合用来制造透明触控屏幕、光板、甚至是太阳能电池。

四、石墨烯的应用前景

石墨烯所具有的新颖物理特性决定了石墨烯的广泛应用前景，主要表现以下几个方面。

1. 在纳米电子器件方面的应用　2005 年，Geim 研究组与 Kim 研究组发现，室温下石墨烯具有 10 倍于商用硅片的高载流子迁移率，并且受温度和掺杂效应的影响很小，表现出室温亚微米尺度的弹道传输特性，这是石墨烯作为纳米电子器件最突出的优势，使电子工程领域极具吸引力的室温弹道场效应管成为可能。较大的费米速度和低接触电阻则有助于进一步减小器件开关时间，超高频率的操作响应特性是石墨烯基电子器件的另一显著优势。此外，石墨烯减小到纳米尺度甚至单个苯环同样保持很好的稳定性和电学性能，使探索单电子器件成为可能。

2. 代替硅生产超级计算机　科学家发现，石墨烯是目前已知导电性能最出色的材料。石墨烯的这种特性尤其适合于高频电路。高频电路是现代电子工业的领头羊，一些电子设备，例如手机，由于工程师们正在设法将越来越多的信息填充在信号中，它们被要求使用越来越高的频率，然而手机的工作频率越高，热量也越高，于是，高频的提升便受到很大的限制。由于石墨烯的出现，高频提升的发展前景似乎变得无限广阔了。这使它在微电子领域也具有巨大的应用潜力。研究人员甚至将石墨烯看作是硅的替代品，能用来生产未来的超级计算机。

3. 光子传感器　石墨烯还可以以光子传感器的面貌出现在更大的市场上，这种传感器是用于检测光纤中携带的信息的，现在，这个角色还在由硅担当，但硅的时代似乎就要结束。IBM 的一个研究小组首次披露了他们研制的石墨烯光电探测器，接下来人们要期待的就是基于石墨烯的太阳能电池和液晶显示屏了。因为石墨烯是透明的，用它制造的电板比其他材料具有更优良的透光性。

4. 基因电子测序　由于导电的石墨烯的厚度小于 DNA 链中相邻碱基之间的距离以及 DNA 四种碱基之间存在电子指纹，因此，石墨烯有望实现直接的、快速的、低成本的基因电子测序技术。

5. 减少噪声　美国 IBM 宣布，通过重叠 2 层相当于石墨单原子层的“石墨烯”，试制成功了新型晶体管，同时发现可大幅降低纳米元件特有的 $1/f$。利用石墨烯试制成功了相同的晶体管，不过与预计的相反，发现能够大幅控制噪声。通过在二层石墨烯之间生成的强电子结合，从而控制噪声。

6. 其他应用　石墨烯不仅可以应用于晶体管、触摸屏、基因测序等领域，同时有望帮助物理学家在量子物理学研究领域取得新突破。中国科研人员发现细菌的细胞在石墨烯上无法生长，而人类细胞却不会受损。利用这一点石墨烯可以用来做绷带，食品包装甚至抗菌 T 恤；用石墨烯做的光电化学电池可以取代基于金属的有机发光二极管，因石墨烯还可以取代灯具的传统金属石墨电极，使之更易于回收。这种物质不仅可以用来开发制造出纸片般薄的超轻型飞机材料、制造出超坚韧的防弹衣，甚至能让科学家梦寐以求的 3.7 万 km 长太空电梯成为现实。

目前，石墨烯已经在晶体管、光学调制器和新型电池等方面取得了初步进展。在不断的科研和开发过程中，石墨烯有望获得更加广泛、更加深入的应用。

思考题

15-1　普朗克提出了能量量子化的概念，在经典物理学范围内有没有量子化的物理量？请举出例子。

15-2　什么是爱因斯坦的光量子假说，光子的能量和动量与什么因素有关？

15-3　光子与其他微观粒子有什么相似和不同？

15-4　“光的强度越大，光子的能量就越大”。这句话对吗？

15-5　已知一些材料的逸出功如下：钽 4.12 eV，钨 4.50 eV，铝 4.20 eV，钡 2.50 eV，锂 2.30 eV。试问：如果制造在可见光下工作的光电管，应取哪种材料？

15-6　什么是康普顿效应？它与光电效应有什么不同？

15-7　日常生活中，为什么觉察不到粒子的波动性和电磁辐射的粒子性？

15-8　一个电子和一个原子具有相同的动能，相应的德布罗意波长哪个大？

15-9　说明物质波与机械波和电磁波的区别。

15-10　在经典力学中用粒子的位置和速度来描述粒子的运动状态。在量子力学中，粒子的运动状态是如何描述的？

15-11　在一维无限深势阱中，如果减小势阱的宽度，其能级将如何变化？如果增大势阱的宽度，其能级又将如何变化？

15-12　一个谐振子，其势能函数可写为$U(x)=\frac{1}{2}m\omega^2x^2$，试写出其薛定谔方程。

习题

15-1　在理想条件下，如果正常人的眼睛接收 550 nm 的可见光，此时只要每秒有 100 个光子数就会产生光的感觉。试问与此相当的光功率是多少？

15-2　(1) 广播天线以频率 1 MHz、功率 1 kW 发射无线电波，试求它每秒发射的光子数；(2) 利用太阳常量 $I_0=1.3\ \mathrm{kW\cdot m^{-2}}$，计算每秒人眼接收到的来自太阳的光子数。假设人的瞳孔面积约为 $3\times10^{-6}\ \mathrm{m^2}$，光波波长约为 550 nm。

15-3　从钠中脱出一个电子至少需要 2.30 eV 的能量，若用波长为 430 nm 的光投射到钠的表面上，试求：(1) 钠的截止频率 ν_0 及其相应的波长 λ_0；(2) 出射光电子的最大动能 $E_{k\max}$ 和最小动能 $E_{k\min}$；(3) 截止电压 U_0。

15-4　一束带电量与电子电量相同的粒子经 206 V 电压加速后，测得其德布罗意波长为 0.002 nm，试求粒子的质量。(已知电子电量为 1.60×10^{-19} C)

15-5　热中子平均动能为 $3kT/2$，试问当温度为 300 K 时，一个热中子的动能为多大？相应的德布罗意波长是多少？(已知热中子的质量为 1.67×10^{-27} kg)

15-6　设电子和光子的波长均为 0.50 nm，试求两者的动量之比及动能之比。(已知电子的质量为 9.1×10^{-31} kg)

15-7　物理光学的一个基本结论是：在被观测物小于所用照射光波长的情况下，任何光学仪器都不能把物体的细节分辨出来，这对电子显微镜中的电子德布罗意波同样适用。因此，若要研究线度为 0.020 μm 的病毒，用光学显微镜是不可能的。然而，电子的德布罗意波长约比病毒的线度小 1 000 倍，用电子显微镜可以形成非常好的病毒的像，问这时电子所需要的加速电压是多少？(已知电子电量为 1.6×10^{-19} C，电子质量为 9.1×10^{-31} kg。)

15-8　(1) 在磁感应强度为 5.4 mT 的均匀磁场中，电子做半径为 1.2 cm 的圆周运动，试求它的德布罗意波长；(2) 20 世纪 90 年代欧洲核子研究中心建成了世界上能量最高的正负电子对撞机，电子束的总对撞能量可达到 200 GeV，试求这些电子的德布罗意波波长。(提示：注意考虑相对论效应)

15-9　设粒子在 x 轴方向运动时，速率的不确定量为 $\Delta v=1\ \mathrm{cm\cdot s^{-1}}$。试估算下列情况下坐标的不确定量 Δx：(1) 质量为 9.1×10^{-31} kg 的电子；(2) 质量为 10^{-13} kg 的布朗粒子；(3) 质量为 10^{-4} kg 的小弹丸。

15-10　做一维运动的电子，其动量不确定量 $\Delta p_x=10^{-25}\ \mathrm{kg\cdot m\cdot s^{-1}}$，能将这个电子约束在内的最小容器的大概尺寸是多少？

15-11　若不确定关系为 $\Delta x\Delta p\geqslant\frac{\hbar}{2}$，氦—氖激光器所发出的红光波长为 $\lambda=632.8$ nm，谱线宽度 $\Delta\lambda=10^{-9}$ nm。试求光子沿运动方向的位置不确定量（即波列长度）。

15-12　一维无限深势阱中粒子的定态波函数为 $\psi_n=\sqrt{\frac{2}{a}}\sin\frac{n\pi x}{a}$。试求粒子处于下述状态时在 $x=0$

和 $x=a/3$ 之间找到粒子的概率：(1) 粒子处于基态；(2) 粒子处于 $n=2$ 的状态。

15-13　设粒子的波函数为 $\psi(x)=Ae^{-\frac{1}{2}a^2x^2}$，$a$ 为常数，求归一化常数 A。

15-14　一维运动的粒子处于如下波函数所描述的状态：

$$\psi(x)=\begin{cases}Axe^{-\lambda x}, & x\geqslant 0\\ 0, & x<0\end{cases}$$

式中 $\lambda>0$。(1) 计算波函数 $\psi(x)$ 中的归一化常数 A；(2) 求粒子的概率分布函数；(3) 在何处发现粒子的概率最大?

15-15　动能为 20 eV 的电子与处在基态的氢原子相碰撞使氢原子激发。当氢原子回到基态时，辐射出波长为 121.6 nm 的光子。求碰撞后电子的速度。

15-16　已知氢原子的电离能为 13.60 eV，一个能量为 15.20 eV 的光子被氢原子中的基态电子吸收而形成一个光电子。试求该光电子远离氢原子核时的速度及其德布罗意波长。

附　录

附录Ⅰ　矢量的标积和矢积

在物理学中常常遇到两个矢量相乘的情形。例如，功是力和位移相乘的结果，即

$$A=\boldsymbol{F}\cdot\boldsymbol{s}=Fs\cos\theta$$

其中力 $\boldsymbol{F}$ 和位移 $\boldsymbol{s}$ 都是矢量，功是标量，θ 是力与位移的夹角（图Ⅰ-1）。又如力矩 $\boldsymbol{M}=\boldsymbol{r}\times\boldsymbol{F}$ 的大小为

$$M=Fd=Fr\sin\theta$$

其中 d 是力臂，θ 是 $\boldsymbol{r}$ 与力 $\boldsymbol{F}$ 的夹角，$\boldsymbol{r}$ 是力 $\boldsymbol{F}$ 的作用点的位置矢量，$\boldsymbol{F}$ 和位移 $\boldsymbol{r}$ 都是矢量，力矩也是矢量（图Ⅰ-2）。由此可见，都是两个矢量相乘，但得到的却是两种结果：一种结果是为标量（功），而另一种是矢量（力矩）。我们把两矢量相乘得到一个标量的叫做**标积**（scalar product），又称**点积**；两矢量相乘得到一个矢量的叫做**矢积**（vector product），也称**叉积**。

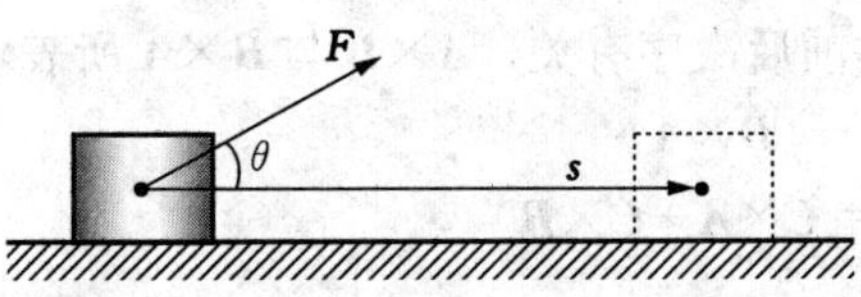

图Ⅰ-1　恒力的功

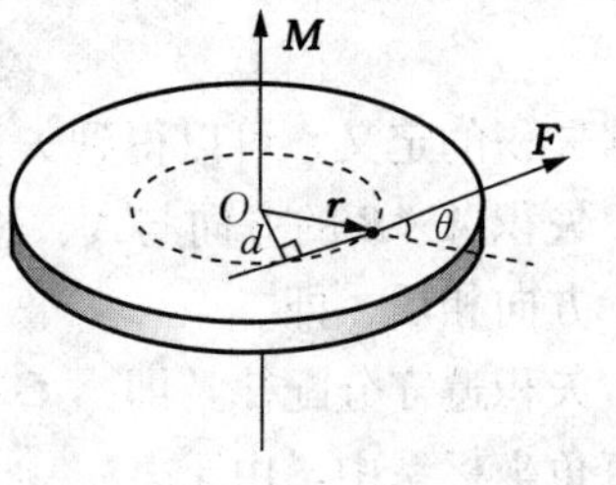

图Ⅰ-2　力矩

1. 矢量的标积　设有两个矢量 $\boldsymbol{A}$、$\boldsymbol{B}$，它们的夹角为 θ，则它们的标积通常用 $\boldsymbol{A}\cdot\boldsymbol{B}$ 表示，其定义为

$$\boldsymbol{A}\cdot\boldsymbol{B}=AB\cos\theta \qquad (Ⅰ-1)$$

应该注意，θ 的取值范围应小于等于 180°。当 $\theta=0$ 时，$\cos\theta=1$，$\boldsymbol{A}\cdot\boldsymbol{B}=AB$；当 $\theta=\frac{\pi}{2}$ 时，$\cos\theta=0$，$\boldsymbol{A}\cdot\boldsymbol{B}=0$。引入矢量的标积后，功就可用力和位移的标积来表示，即

$$A=\boldsymbol{F}\cdot\boldsymbol{s}=Fs\cos\theta$$

根据标积的定义，可以得到标积的运算规则：

（1）遵守交换律，即 $\boldsymbol{A}\cdot\boldsymbol{B}=\boldsymbol{B}\cdot\boldsymbol{A}$。

（2）遵守分配律，即 $(\boldsymbol{A}+\boldsymbol{B})\cdot\boldsymbol{C}=\boldsymbol{A}\cdot\boldsymbol{C}+\boldsymbol{B}\cdot\boldsymbol{C}$。

在直角坐标系中任一矢量 $\boldsymbol{A}$ 可分解为沿坐标轴方向的三个分矢量，即 $\boldsymbol{A}$ 可表示为

$$\boldsymbol{A}=A_x\boldsymbol{i}+A_y\boldsymbol{j}+A_z\boldsymbol{k}$$

其中 A_x、A_y、A_z 为矢量 $\boldsymbol{A}$ 在坐标轴上的分量，$\boldsymbol{i}$、$\boldsymbol{j}$、$\boldsymbol{k}$ 分别为沿三个坐标轴方向的单位矢量（大小为 1 的矢量），如图Ⅰ-3 所示。由于

$$\boldsymbol{i}\cdot\boldsymbol{i}=\boldsymbol{j}\cdot\boldsymbol{j}=\boldsymbol{k}\cdot\boldsymbol{k}=1,\ \boldsymbol{i}\cdot\boldsymbol{j}=\boldsymbol{j}\cdot\boldsymbol{k}=\boldsymbol{k}\cdot\boldsymbol{i}=0$$

所以有　　$\boldsymbol{A}\cdot\boldsymbol{B}=(A_x\boldsymbol{i}+A_y\boldsymbol{j}+A_z\boldsymbol{k})\cdot(B_x\boldsymbol{i}+B_y\boldsymbol{j}+B_z\boldsymbol{k})=A_xB_x+A_yB_y+A_zB_z$

2. 矢量的矢积　设 $\boldsymbol{A}$、$\boldsymbol{B}$ 两矢量的夹角为 θ，它们的矢积 $\boldsymbol{A}\times\boldsymbol{B}$ 是另一矢量 $\boldsymbol{C}$，即

$$\boldsymbol{C}=\boldsymbol{A}\times\boldsymbol{B} \tag{Ⅰ-2}$$

定义 $\boldsymbol{C}$ 的大小为　　$C=AB\sin\theta$

$\boldsymbol{C}$ 的方向垂直于 $\boldsymbol{A}$ 和 $\boldsymbol{B}$ 组成的平面，指向用右手螺旋法则确定，即右手四指从 $\boldsymbol{A}$ 经小于 180°的角转向 $\boldsymbol{B}$ 时，右手拇指伸直的方向就是 $\boldsymbol{C}$ 的方向（图Ⅰ-4）。当 $\theta=0$ 时，$\sin\theta=0$，$\boldsymbol{A}\times\boldsymbol{B}=0$；当 $\theta=\pi/2$，$\sin\theta=1$，有 $C=AB$，为最大值。

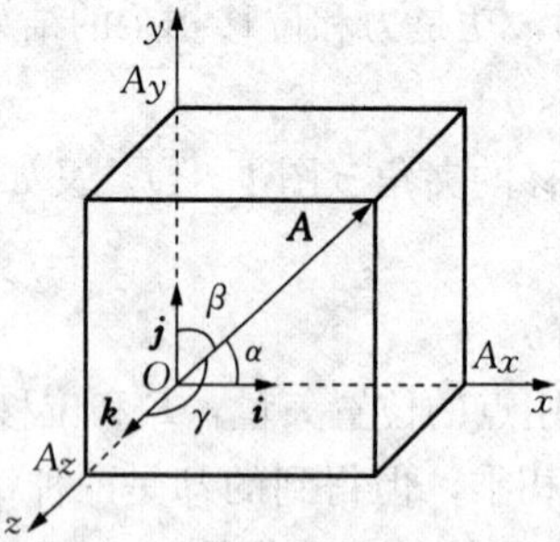

图Ⅰ-3　矢量在直角坐标系中的表示

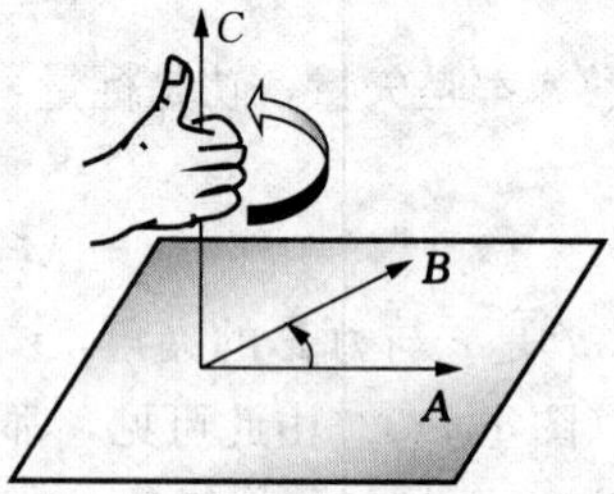

图Ⅰ-4　矢积的方向服从右手螺旋关系

引进了矢量的矢积后，力矩就可以用力的作用点的位置矢量 $\boldsymbol{r}$ 与力 $\boldsymbol{F}$ 的矢积来表示，即

$$\boldsymbol{M}=\boldsymbol{r}\times\boldsymbol{F}$$

根据矢积的定义，可以得到矢积的运算规则：

(1) 矢积 $\boldsymbol{A}\times\boldsymbol{B}$ 的方向与 $\boldsymbol{A}$、$\boldsymbol{B}$ 两矢量的前后次序有关，$\boldsymbol{A}\times\boldsymbol{B}$ 与 $\boldsymbol{B}\times\boldsymbol{A}$ 所表示的矢量大小相等，方向相反，即　　$\boldsymbol{A}\times\boldsymbol{B}=-(\boldsymbol{B}\times\boldsymbol{A})$

(2) 矢积遵守分配律，即　$\boldsymbol{C}\times(\boldsymbol{A}+\boldsymbol{B})=\boldsymbol{C}\times\boldsymbol{A}+\boldsymbol{C}\times\boldsymbol{B}$

在直角坐标系中，由于

$$\boldsymbol{i}\times\boldsymbol{i}=\boldsymbol{j}\times\boldsymbol{j}=\boldsymbol{k}\times\boldsymbol{k}=0;\ \boldsymbol{i}\times\boldsymbol{j}=\boldsymbol{k},\ \boldsymbol{j}\times\boldsymbol{k}=\boldsymbol{i},\ \boldsymbol{k}\times\boldsymbol{i}=\boldsymbol{j}$$

所以 $\boldsymbol{A}$、$\boldsymbol{B}$ 两矢量的矢积可表示为

$$\begin{aligned}\boldsymbol{A}\times\boldsymbol{B}&=(A_x\boldsymbol{i}+A_y\boldsymbol{j}+A_z\boldsymbol{k})\times(B_x\boldsymbol{i}+B_y\boldsymbol{j}+B_z\boldsymbol{k})\\&=(A_yB_z-A_zB_y)\boldsymbol{i}+(A_zB_x-A_xB_z)\boldsymbol{j}+(A_xB_y-A_yB_x)\boldsymbol{k}\end{aligned}$$

利用行列式的表达式，上式可写成

$$\boldsymbol{A}\times\boldsymbol{B}=\begin{vmatrix}\boldsymbol{i} & \boldsymbol{j} & \boldsymbol{k}\\ A_x & A_y & A_z\\ B_x & B_y & B_z\end{vmatrix} \tag{Ⅰ-3}$$

附录Ⅱ　常用基本物理常量

（2002 年国际推荐值）

名　称	符　号	单　位	数　值 （括弧里数字是末尾数值的标准不确定度）
真空中光速	c	$\mathrm{m\cdot s^{-1}}$	299 792 458
真空磁导率	μ_0	$\mathrm{N\cdot A^{-2}}$	$4\pi\times10^{-7}=12.566\ 370\ 614\cdots\times10^{-7}$

（续）

名　称	符号	单　位	数　值 （括弧里数字是末尾数值的标准不确定度）
真空电容率	ε_0	$F\cdot m^{-1}$	$8.854\,187\,817\cdots\times10^{-12}$
万有引力常量	G	$m^3\cdot kg^{-1}\cdot s^{-1}$	$6.674\,2(10)\times10^{-11}$
阿伏伽德罗常量	N_A	mol^{-1}	$6.022\,136\,7(36)\times10^{23}$
摩尔气体常量	R	$J\cdot mol^{-1}\cdot K^{-1}$	$8.314\,472(15)$
玻耳兹曼常量	k	$J\cdot K^{-1}$	$1.380\,650\,5(24)\times10^{-23}$
标准状态下理想气体摩尔体积	V_m	$m^3\cdot mol^{-1}$	$22.413\,996(39)\times10^{-3}$
基元电荷	e	C	$1.602\,176\,53(14)\times10^{-19}$
原子质量单位（1 u）	m_u	kg	$1.660\,538\,86(28)\times10^{-27}$
电子质量	m_e	kg	$9.109\,382\,6(16)\times10^{-31}$
质子质量	m_p	kg	$1.672\,621\,71(29)\times10^{-27}$
中子质量	m_n	kg	$1.674\,927\,28(29)\times10^{-27}$
电子磁矩	μ_e	$J\cdot T^{-1}$	$-9.284\,764\,121(80)\times10^{-24}$
质子磁矩	μ_p	$J\cdot T^{-1}$	$1.410\,606\,633(58)\times10^{-26}$
中子磁矩	μ_n	$J\cdot T^{-1}$	$0.966\,236\,40(23)\times10^{-26}$
普朗克常量	h	$J\cdot s$	$6.626\,069\,3(11)\times10^{34}$
里德伯常量	R_∞	m^{-1}	$10\,973\,731.568\,525(73)$
斯特藩-玻耳兹曼常量	σ	$W\cdot m^{-2}\cdot K^{-4}$	$5.670\,400(40)\times10^{-8}$
维恩位移定律常量	b	$m\cdot K$	$2.897\,768\,5(51)\times10^{-3}$

附录Ⅲ　地球和太阳的一些常用数据

地球质量	M_e	kg	5.976×10^{24}
地球半径	R_e	m	6.37103×10^6（平均半径）
标准重力加速度	g	$m\cdot s^{-2}$	$9.806\,65$
月球质量	M_m	kg	7.350×10^{22}（$=0.012\,3M_e$）
月球半径	R_m	m	1.739×10^6（$=0.272\,8R_e$）
太阳质量	M_s	kg	1.99×10^{30}（$=3.329\times10^5M_e$）
太阳半径	R_s	m	6.9599×10^8（$=109.2R_e$）
太阳表面温度	T	K	5 770
月地中心距离	R_{me}	m	3.844×10^8
日地中心距离	R_{se}	m	1.495×10^{11}（平均值）
标准大气压	p_0	$N\cdot m^{-2}$	$1.013\,25\times10^5$
空气密度	ρ_0	$kg\cdot m^{-3}$	1.293（在 0 ℃下，101 kP_a）
干燥空气的摩尔质量	M_{mol}	$kg\cdot m^{-3}$	28.964×10^{-3}（在 0 ℃下，101 kP_a）
空气中的声速	v_0	$m\cdot s^{-1}$	331.45（在 0 ℃下，101 kP_a）

参 考 文 献

爱德华·格兰特，著，郝刘祥，译 . 2000. 中世纪的物理科学思想 . 上海：复旦大学出版社 .
爱因斯坦，著，范岱年，等，编译 . 1977. 爱因斯坦文集（第二卷）：论动体的电动力学 . 北京：商务印书馆 .
曹学成，姜永超 . 2009. 大学物理 . 北京：中国农业出版社 .
曹学成，姜贵君 . 2010. 大学物理学习指导 . 北京：中国农业出版社 .
程守洙，江之永 . 1998. 普通物理学 . 5 版 . 北京：高等教育出版社 .
丁士章，王安筑，等 . 1988. 简明物理学史 . 太原：山西人民出版社 .
弗·卡约里，著 . 戴念祖，译 . 2002. 物理学史 . 桂林：广西师范大学出版社 .
费曼著，王子辅译 . 1981. 费曼物理学讲义 . 上海：上海科学技术出版社 .
郭奕玲，沈慧君 . 2002. 诺贝尔物理学奖一百年 . 上海：上海科学普及出版社 .
黄克孙 . 1988. 夸克、轻子与规范场 . 北京：北京师范大学出版社 .
黄润生 . 2000. 混沌及其应用 . 武汉：武汉大学出版社 .
贾贵儒，曹学成 . 2009. 大学物理学 . 北京：中国农业大学出版社 .
李竞 . 2011. 宇宙膨胀正在加速——2011 诺贝尔物理学奖新贡献百科知识（2011,22）：4 - 6.
李艳平，申先甲 . 2003. 物理学史教程 . 北京：科学出版社 .
刘尚合，武占成 . 2004. 静电放电及危害防护 . 北京：北京邮电大学出版社 .
卢德馨 . 1998. 大学物理学 . 北京：高等教育出版社 .
马文蔚，等 . 2006. 物理原理在工程技术中的应用 . 北京：高等教育出版社 .
门德尔松，著，张长贵，等，译 . 1987. 绝对零度的探索一低温物理趣谈 . 北京：北京科普出版社 .
塞耶著，王福山，等，译 . 2001. 牛顿自然哲学著作选 . 上海：上海译文出版社 .
W·T·汤姆逊，著，胡宗武，等，译 . 1980. 振动理论及其应用 . 北京：煤炭工业出版社 .
王永刚，曹学成，高峰，陈洪叶 . 2011. 大学物理实验 . 北京：中国农业出版社 .
王宙斐，曹学成，胡玉才，等 . 2009. 大学物理实验 . 北京：中国农业大学出版社 .
吴百诗 . 2007. 大学基础物理（上册、下册）. 北京：科学出版社 .
武秀荣，曹学成 . 2012. 普通物理学（上册、下册）. 2 版 . 北京：中国农业出版社 .
习岗 . 2007. 普通物理学（上册、下册）. 北京：中国农业出版社 .
杨福家 . 2000. 原子物理学 . 3 版 . 北京：高等教育出版社 .
俞允强 . 2002. 物理宇宙学讲义 . 北京：北京大学出版社 .
赵凯华，陈熙谋 . 2006. 新概念物理教程：电磁学 . 北京：高等教育出版社 .
张三慧 . 2003. 大学基础物理学 . 北京：清华大学出版社 .
周忠谟，易本军 . 1992. GPS 测量原理与应用 . 北京：测绘出版社 .
Serway&Jewett. 2004. 物理学原理 . 3 版 . 北京：清华大学出版社 .
Andrew Liddle. 2003. An introduction of modern cosmology. England：John Wiley & Sons Ltd.
J Allday. 2002. Quarks，Leptons and the Big Bang(2ed.). London：Institute of Physics Publishing.
J D Watson，F H C Crick. Molecular structure of nuclei acids：a structure for deoxyribose nucleic acid. Nature，1953，171：737 - 738.
北斗网 . http：//www. beidou. gov. cn/.

图书在版编目（CIP）数据

普通物理学：精编版 / 曹学成，武秀荣主编．—北京：中国农业出版社，2013.2（2018.12 重印）
普通高等教育农业部“十二五”规划教材　全国高等农林院校“十二五”规划教材
ISBN 978-7-109-17422-1

Ⅰ.①普…　Ⅱ.①曹…　②武…　Ⅲ.①普通物理学-高等学校-教材　Ⅳ.①O4

中国版本图书馆 CIP 数据核字（2012）第 308898 号

中国农业出版社出版
（北京市朝阳区农展馆北路 2 号）
（邮政编码 100125）
策划编辑　薛　波
文字编辑　薛　波

北京中兴印刷有限公司印刷　　新华书店北京发行所发行
2013 年 2 月第 1 版　　2018 年 12 月北京第 5 次印刷

开本：787mm×1092mm　1/16　　印张：28.25
字数：682 千字
定价：45.00 元